2023

MASTER 마스터 구조역학
STRUCTURAL MECHANICS

권용근 著

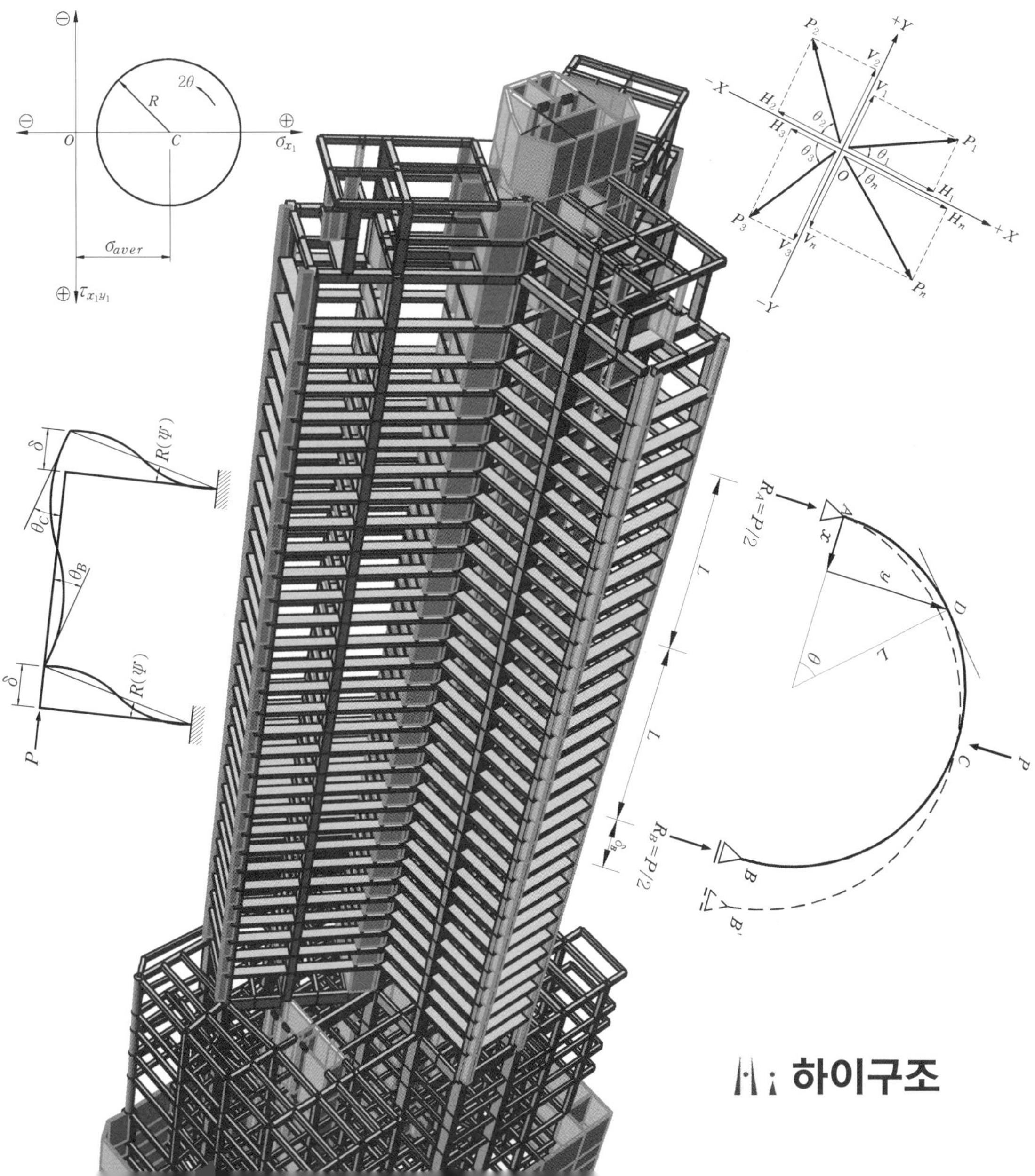

하이구조

◈ 머 리 말 ◈

구조역학(構造力學, Structural Mechanics)은 외력을 받는 구조물의 구조적 거동을 규명하는 학문으로, 응용역학(應用力學, Applied Mechanics)의 한 분야이고, 대학과정에서 구조전공과목으로 먼저 배우는 구조공학의 입문서이며, 구조공학의 기초가 되는 필독서이다.

저자는 독자들이 이 책으로부터 역학 및 공학적 개념을 습득하고, 해석능력 및 문제해결능력을 익히며, 논리적, 공학적, 창의적 사고를 키우길 기대한다.

본 책은 정역학(靜力學, Statics)과 재료역학(材料力學, Material Mechanics)의 기본이론을 중심으로 구성되었으며, 대학 2학년 수준의 독자가 제1장부터 순차적으로 공부해 나간다면 누구나 혼자서도 충분히 학습할 수 있도록 구성하였다.

각 장에서 나오는 많은 이론과 공식들은 상세한 해설 및 논리적인 유도과정을 통하여 합리적으로 실으려고 노력하였다. 또한 후속과목으로 배우게 될 구조설계, 철근콘크리트구조, 철골구조, 목구조, 동적해석, 소성해석, 매트릭스해석 등과의 연관성을 고려하였고, 현실 구조와의 연결 및 실무적인 내용을 곳곳에 설명함으로써 역학에 대한 흥미와 공학적 사고의 이해력을 높이려 노력했다.

엄선된 예제와 연습문제는 초보자를 위한 기초적인 것으로부터 구조기술사시험을 준비하는 수험자를 위한 난이도가 높은 문제까지 다양하게 소개하고 있다.

본 책에서 사용한 단위는 원칙적으로 절대단위계이자 국제단위계인 SI단위계(International System of Units)를 채택하였으나, 단위환산과 다른 단위계의 이해를 위하여 중력단위계와 미국관용단위 USCS(US Customary System)를 때때로 사용하기도 하였다.

목차에 나와 있는 이 책의 구성은 현실적으로 건축구조분야에서 많이 다루는 내용을 위주로 하였으며, 독자의 수준에 따라 권장하는 학습방법은 다음과 같다.

제1장과 2장은 본격적인 구조역학에 입문하기에 앞서 반드시 알아야 하는 힘과 구조물 및 도형의 단면성능에 대한 내용으로, 초보자는 반드시 다른 장에 앞서 학습해야 한다.

제3장은 재료의 역학적 성질 즉 인장, 압축, 전단에 대한 기본적인 내용으로, 초보자의 경우 3.4절과 3.5절은 넘어가거나 필요하면 나중에 학습하여도 될 것이다.

제4장은 정정보의 단면력 즉 휨모멘트, 전단력, 축방향력을 구하는 내용으로, 초보자의 경우 4.8절과 4.9절은 넘어가거나 필요하면 나중에 학습하여도 될 것이다.

제5장은 보의 응력 및 변형률과 함께 보의 해석 및 설계에 대한 기본적인 내

용을 살펴보는데, 초보자의 경우 5.1절과 5.2절은 반드시 학습해야 하지만 난이도가 다소 높은 5.3절부터 5.6절까지는 넘어가도 추후 다른 장의 학습에 크게 지장이 없을 것이다. 물론 구조기술사시험을 대비하거나 구조전문가를 꿈꾸는 독자는 반드시 학습해야 할 것이다.

제6장은 단주와 장주로 구별되는 기둥의 구조적 거동을 다루는데, 초보자의 경우 6.5절, 6.6절, 6.7절은 넘어가도 될 것이다.

제7장은 정정라멘, 정정아치 및 케이블의 해법에 대하여 살펴보는데, 7.1 정정라멘과 7.2 정정아치는 제4장의 연장선에서 학습하면 되며, 초보자의 경우 7.3 케이블은 넘어가거나 나중에 필요할 때 학습하면 될 것이다.

제8장은 정정트러스의 수식해법을 중심으로 서술되어 있는데, 8.6 입체트러스는 해법이 복잡함으로 넘어가거나 나중에 필요할 때 학습하기 바란다.

제9장은 비틀림을 받는 원형봉을 중심으로 그 응력과 변형에 대한 내용으로, 다른 장과의 연관성이 별로 없으므로 필요할 때 학습하면 되며 초보자의 경우 넘어가도 될 것이다.

초보자는 제1장부터 제5장까지는 순차적으로 학습하는 것이 바람직하며, 그 후 제6장, 제7장, 제8장, 제9장은 어느 장을 먼저 학습하여도 크게 상관은 없다. 이후 난이도가 높은 제10장과 제11장을 순차적으로 공부하기 바란다.

제1장부터 제9장까지는 독자가 학습내용이 과중하다고 생각한다면, 생략하거나 나중에 학습하도록 해당절 제목 뒤에 위첨자로 별표(*)를 표시하여 핵심적인 부분과 구별할 수 있게 하였다.

제10장은 정정보 및 정정구조물의 변위를 산정할 수 있는 여러 가지 해법에 대하여 자세히 살펴보는데, 여기부터는 구조기술사시험을 대비하거나 구조전문가를 꿈꾸는 독자를 위하여 내용과 난이도를 상향조정하였다.

제11장은 부정정구조물의 해석으로, 구조역학을 깊이 공부하고자 하는 독자에게는 반드시 극복해야하는 구조역학의 백미(白眉)인 장이다. 여기에서는 부정정구조물의 해법 중 변위법으로 분류되는 처짐각법, 모멘트분배법과 응력법으로 분류되는 3연모멘트법, 변위일치의 방법, 최소일의 방법에 대하여 자세히 알아보고, 수평하중을 받는 다층라멘의 근사해법인 포탈법과 캔틸레버법을 다루었다.

최근 컴퓨터의 발달에 힘입어 건축물의 구조설계에 있어서 구조역학을 잘 알지 못해도 구조해석프로그램의 사용법만 익히면 설계가 가능하다고 생각하는 사람들이 많다. 그러나 컴퓨터는 대단히 편리한 도구이지만, 구조물에서의 힘의 흐름과 응력 및 변형에 대한 기본적인 이해가 없으면 컴퓨터 출력물에 대한 정확한 평가를 할 수 없으며 만약 잘못된 출력결과로 인한 설계하자가 있더라도 이에 대한 검증이 어렵게 된다. 따라서 유능한 구조공학자 또는 구조엔지니어가 되려면 구조역학의 기초를 확실하게 다져서 구조적 사고방식을 좋게 정립시키는 것이 무엇보다도 중요하다.

속담에 비유하면, 『구조역학에는 왕도(王道)가 없다.』

구조역학의 정복에는 어떤 특정한 방법이나 쉽게 터득하는 지름길은 없다는 말이다. 내용도 광범위하고, 많은 이론의 이해와 공식의 암기가 필요하며, 난이도 높은 문제는 많은 응용력이 요구된다. 독자는 꾸준하고, 끈기와 집중력 있는 반복학습과 다양한 문제풀이를 통하여 생각하는 힘을 기르고, 자신을 약점을 알고 결손을 보강해야 한다.

저자는 대학에서 건축구조를 전공하였고, 졸업 후 국내·외 많은 다양한 프로젝트의 구조계획, 설계, 안전진단, VE, 현장기술지원 등을 수행했던 건축구조기술사로, 현재 하이구조의 대표로 수많은 구조관련 업무를 활발히 수행하고 있으며, 대학에서는 구조관련 강좌들을 통하여 학생들과 만나고 있다. 구조에 대한 자부심과 사랑으로 이 길을 한결같이 걷고 있는 저자는 구조역학을 정복하기를 원하고, 미래의 유능한 구조공학자 또는 구조엔지니어를 꿈꾸는 후배들에게 본인의 학습경험을 토대로 공부하는데 다소나마 도움이 되었으면 하는 바람에서 본 책을 집필하게 되었다.

이 책을 집필함에 있어서 부족한 저로서는 국내외의 많은 분들의 구조역학, 재료역학, 응용역학, 구조공학 관련 서적들의 훌륭한 자료들을 활용할 수 밖에 없었다. 특히 자세하고 논리적인 이론으로 학창시절 본인에게 구조 및 재료역학적 기본개념을 일깨워주었고, 지금의 구조엔지니어로 성장하는데 초석을 다질 수 있게 만들어 준 세계적인 명서이자 재료역학의 기본서인 Timoshenko교수와 Gere교수의 Mechanics of Materials(3rd SI Edition)을 이론 전개과정에서 인용하였음을 미리 밝히는 바이다. 이 책의 집필과정에서 많은 가르침을 주신 서적 및 저자들은 책 뒤의 참고문헌에 모아져 있다.

본 책의 내용, 표기, 그림, 문제 등에 대한 오류가 없도록 많은 검토와 수정을 반복하며 나름대로의 노력은 기울였으나, 부족함이 많은 사람이기에 오류가 없다고 말할 수는 없다. 이에 대하여 먼저 독자께 양해를 구하고, 만약 오류가 발견되면 간단히 기술하여 저자(creatman@chol.com 또는 www.higujo.co.kr)에게 보내주시면 감사와 함께 앞으로 수정해 나가도록 하겠다.

끝으로 그 동안 바쁜 와중에서도 원고의 교정을 맡아 검토해 주었고, 그림, 표, 예제, 연습문제를 만들고, 편집과 제작에 많은 도움을 준 박상현, 송종욱, 김유리, 박영민, 김영환, 이송현, 지인선, 박현철님에게 감사를 드린다. 그리고 사랑의 하나님과 항상 믿어주고 격려해 주는 사랑하는 아내 최문영에게 고마움을 전한다.

2012년 8월

권 용 근

차 례

제 1 장 외력과 구조물

제 2 장 부재의 단면성능

제 3 장 재료의 역학적 성질

제 4 장 정정보의 단면력

제 5 장 보의 응력

제 6 장 기 둥

제 9 장 비 틀 림

제 10 장 정정구조물의 변위

제 11 장 부정정구조물의 해석

CHAPTER 1

제 1 장 외력과 구조물

일반적으로 건축 및 토목구조물은 움직이는 자동차 등과는 달리 정지상태에 있는 물체로, 외부에서 작용하는 수많은 힘을 받게 된다. 이때 구조물은 이들 외력(外力)과 평형(平衡)을 유지하면서 파괴되지 않고 안정화되어야 그 본연의 기능을 발휘할 수 있다. 따라서 외력(外力)과 구조물(構造物)에 대한 기본적인 고찰은 구조역학의 시작이라 할 수 있다.

본 장에서는 구조역학의 기초가 되는 힘, 모멘트, 힘의 합성 및 분해, 힘의 평형에 대하여 먼저 학습하고, 힘과 평형을 이루어야 하는 구조물의 구성 및 판별법에 대하여 살펴보도록 한다. 그리고 구조물에 작용하는 외력(外力)인 하중(荷重)과 반력(反力)의 이해와 표시방법 및 그 산정법에 대하여 살펴보도록 한다.

1.1 힘 (Force)

구조물은 외부로부터 **하중**(荷重, Load)과 **반력**(反力, Reaction)의 형태인 여러 가지 힘, 즉 **외력**(外力, External Force)을 받게 된다. 우리가 외력에 대하여 저항하는 구조물을 이해하려면 먼저 구조역학의 기초인 힘에 대하여 알아보아야 한다.

힘(Force)이란 물체의 운동상태 및 형태를 변화시키는 원인이 되는 것으로, 힘이 작용하여 물체의 운동상태를 변화시키는 것을 **힘의 외적효과**(外的效果, External Effect of a Force)라고 하고, 물체의 형태를 변화시키는 것을 **힘의 내적효과**(內的效果, Internal Effect of a Force)라고 한다.

힘에 대하여 물체 내의 모든 질점(質點, Particle)의 상대적 위치가 고정인 물체, 즉 아무리 큰 힘이 작용하여도 형태가 변하지 않는 물체를 **강체**(剛體, Rigid Body)라고 한다. 현실적으로 구조물은 힘을 받으면 약간의 변형이라도 하기 때문에 완전한 강체는 있을 수 없으나, 이론상 힘의 내적효과를 고려하지 않고 오직 힘의 외적효과만을 생각할 때에는 완전한 강체라고 가정되기도 한다.

1.1.1 힘의 3요소

물체에 작용하는 힘의 효과는 먼저 힘의 크기에 따라 달라지며, 같은 크기의 힘이라도 힘의 방향과 위치에 따라 달라진다. 따라서 힘의 **크기**(Magnitude), **방향**(Direction), **작용점**(Point of Application)을 **힘의 3요소**(Three Elements of Force)라고 한다.

[그림1.1.1]은 힘의 표시방법을 나타내고 있는데, 크기는 적당히 축척된 선분의 길이로 표시되고, 방향은 선분의 기울기와 힘이 향하는 쪽을 가리키는 화살표로 표시된다. 그리고 작용점을 지나서 힘의 방향으로 그은 직선을 그 힘의 **작용선**(Line of Application)이라고 한다.

크기와 방향이 동일하면 같은 벡터(Vector)이지만, 작용하는 위치가 다르면 동일벡터라도 다른 힘이 된다. 따라서 힘은 크기와 방향이 있는 벡터(Vector)와 작용점(Point of Application)으로 표현할 수 있다.

한편 [그림1.1.1]에서 점A를 시점(始點), 점B를 종점(終點)이라 하고, 힘을 $\overrightarrow{AB}$로 표시하기도 한다.

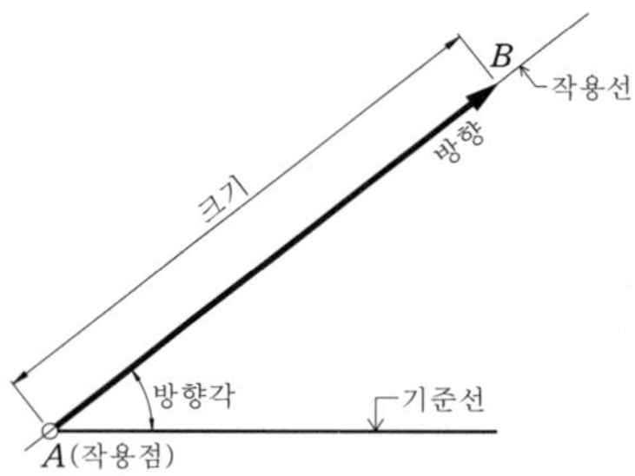

[그림1.1.1] 힘의 3요소

강체(剛體)에 작용하는 힘은 그 크기와 방향을 바꾸지 않고 그 작용점을 작용선상의 임의의 어느 위치로 이동시키더라도 힘의 효과에는 변함이 없다. 이를 **힘의 이동성의 법칙**(Law of Movement of a Force)이라고 한다. 이 법칙은 힘의 외적효과에 대해서만 성립되는 것인데, 강체가 아닌 구조물의 경우에는 작용점을 옮기면 힘의 내적효과는 변한다.

1.1.2 힘의 단위

단위계(單位系, System of Units)에는 측정하는 장소에 상관없이 항상 일정한 값을 나타내는 **절대단위계**(絶對單位系, Absolute System of Units)와 무게는 중력작용에 좌우되므로 장소에 따라 변화하는 **중력단위계**(重力單位系, Gravitational System of Units)가 있다.

미터법(Metric System)에서의 절대단위계로는 길이, 질량, 시간의 단위를 각각 미터(Meter, m), 킬로그램(Kilogram, kg), 초(Second, sec)를 기본단위로 하는 **MKS단위계**(MKS System of Units)와 길이, 질량, 시간의 단위를 각각 센티미터(Centimeter, cm), 그램(Gram, g), 초(Second, sec)를 기본단위로 하는 **CGS단위계**(CGS System of Units)가 있다.

뉴턴의 운동 제2법칙 $F = Ma$에 의하면, 힘 F는 물체의 질량 M과 가속도 a의 곱에 비례한다. 이에 MKS단위계에서는 질량 1kg의 물체가 $1 m/sec^2$의 가속도를 생기게 하는 힘을 $1N$(Newton)이라고 한다. 통상 **SI단위계**라고 부르는 **국제단위계**(國際單位系, International System of Units)에서는 N(Newton)을 힘의 단위로 정하고 있다. CGS단위계에서는 질량 1g의 물체가 $1 cm/sec^2$의 가속도를 생기게 하는 힘을 $1\,dyne$이라고 하는데, $1N = 10^5\,dyne$이다. 우리나라의 건축구조설계기준은 국제적인 추세에 맞추어 2003년부터 SI단위계를 채택하여 사용하고 있다.

중력단위계(重力單位系, Gravitational System of Units)에서는 뉴턴의 운동 제2법칙 $F = Ma$에서 가속도 a 대신에 중력가속도 $g\,(\approx 9.8\,m/sec^2)$를 대입한 물체의 중량($W = Mg$)을 힘의 단위로 사용한다. 다시 말해 단위질량의 물체가 중력가속도 $g\,(\approx 9.8\,m/sec^2)$를 생기게 하는 힘, 즉 단위질량의 물체의 무게를 힘의 단위로 한다. 쉽게 설명하자면 물체를 저울에 올려놓았을 때 나타나는 중량 W $(= Mg)$가 곧 힘이다. 예를 들어 어떤 사람이 저울에 올라갔을 때 몸무게가 '$70\,kg$중'이 나왔다면, 이 값은 그 사람의 질량 '$70\,kg$'에 중력가속도 g를 곱한 것으로, 이것이 곧 저울에 작용하는 힘이 된다.

구조역학에서는 이들 중력단위 g중, kg중, ton중을 각각 gf, kgf, $tonf$로 표기하기도 하는데, 이는 force의 앞 글자인 'f'를 '중' 대신에 뒤에 붙인 것이다.

따라서 힘의 절대단위와 중력단위 사이에는 다음과 같은 관계가 성립된다.

$$1\,kgf \approx 1\,kg \times 9.80665\,m/sec^2 \approx 9.8\,N$$

공학에서는 이들 힘의 중력단위를 간략하게 g, kg, ton으로 표시하기도 하는데, 이것은 질량단위와 같으므로 혼돈하지 말아야 한다.

참고로 질량(M)은 물질의 양을 나타내는 기본물리량으로, 세계적으로 표준화를 위하여 **킬로그램원기**(Prototype Kilogram)를 사용하는데, 킬로그램원기는 백금 90%, 이리듐 10%의 합금으로 만들어진 지름과 높이가 39mm의 원주형으로, 실물은 국제도량형국에 보관되어 있다. 이 원기는 1기압, 4℃ 아래 놓여있는, 물 $1.0 \times 10^{-3} m^3$, 즉 물 1리터(ℓ)의 질량을 1kg이라 하고, 이것을 기준으로 만들어졌다. 보통 어떤 물체의 질량을 측정하는데는 무게를 비교하는 방법으로 천칭(양팔저울)을 사용한다.

여기서 질량(M)은 장소에 구분없이 어디서나 고유한 값인데 비하여, 중량(W)은 지역마다 약간의 차이가 있음을 알아야 한다. 왜냐하면 중력가속도(g)는 지구의 원심력에 의한 영향으로, 적도지방에서 가장 작고 극지방에서 가장 커서, 지역별로 약간의 오차가 있기 때문이다.

한편 미국에서 주로 사용하는 중력단위계인 일명 **미국관용단위 USCS**(美國慣用單位, US Customary System)는 전통적으로 영국에서 왔는데, 역학에 관련된 기본단위들은 힘은 Pound(lb), 길이는 Foot(ft), 시간은 Second(sec)이다.

USCS의 힘의 단위인 Pound(lb)에 대응되는 질량의 단위는 Slug로, 1Slug는 1Pound의 힘에 의하여 1ft/sec^{2}로 가속되는 질량을 말한다. USCS에서의 중력가속도는 $g = 32.2\ ft/sec^2$ 이다. 부가적으로 USCS 단위는 다음과 같다.

$$1\ inch(in) = 1/12\ feet(ft) \approx 2.54\ cm$$
$$1\ yard(yd) = 3\ feet(ft)$$
$$1\ mile = 5280\ feet(ft)$$
$$1\ pound(lb) \approx 453.6\ gf$$
$$1\ kip(k) = 1000\ pounds(lb)$$
$$1\ ounce(oz) = 1/16\ pound(lb)$$
$$1\ pound\ per\ square\ inch(psi) = 144\ pounds\ per\ square\ foot(psf)$$

◆ ◆ ◆ ◆ ◆ ◆

예제 1.1.1

① 힘 $100\,kgf$ 를 SI단위계인 N(Newton)으로 환산하여라.

② 미국관용단위인 중량 $100\,lb$(Pound)를 중력단위계인 kgf 로 환산하여라.

③ 중량 $100\,lb$(Pound)를 SI단위계인 N(Newton)으로 환산하여라.

풀이

① $1kgf = 9.8N$ 이므로 $100\,kgf = 100\,kgf \times 9.8N/kgf = 980\,N$

② $1\,lb = 453.6\,gf = 0.4536\,kgf$ 이므로

$100\,lb = 100\,lb \times 0.4536\,kgf/lb = 45.36\,kgf$

③ $1\,lb = 0.4536\,kgf = 0.4536\,kgf \times 9.8\,N/kgf = 4.4453\,N$ 이므로

$100\,lb = 100\,lb \times 4.4453\,N/lb = 444.53\,N$

예제 1.1.2

① 길이 $200\,in$ (Inch)를 미터법인 m (Meter)로 환산하여라.

② 길이 $100\,ft$ (Feet)를 in (Inch)로 환산하여라.

③ 길이 $50\,ft$ (Feet)를 미터법인 m (Meter)로 환산하여라.

풀이

① $1\,in = 2.54cm = 0.0254m$ 이므로 $200\,in = 200\,in \times 0.0254\,m/in = 5.08\,m$

② $1ft - 12\,in$ 이므로 $100ft = 100ft \times 12\,in/ft = 1200\,in$

③ $1ft = 12\,in = 12\,in \times\ 0.0254\,m/in = 0.3048m$ 이므로

$50ft = 50ft \times 0.3048\,m/ft = 15.24m$

예제 1.1.3

단위면적당 힘인 $300\,kgf/m^2$ 을 SI단위계인 kN/m^2 으로 환산하여라.

풀이

$1\,kgf/m^2 = 9.8\,N/m^2 = 9.8 \times 10^{-3}\,kN/m^2$ 이므로

$300\,kgf/m^2 = 300 \times (9.8 \times 10^{-3}) = 2.94kN/m^2$

◆ ◆ ◆ ◆ ◆ ◆

1.1.3 한 점에 작용하는 힘의 합성과 분해

어떤 물체에 동시에 여러 개의 힘이 작용할 때, 이들 여러 개의 힘과 똑같은 외적효과를 주는 1개의 힘을 구하는 것을 힘의 **합성**(合成, Composition of Forces)이라 하고, 이때 합성된 1개의 힘을 **합력**(合力, Resultant Force)이라고 한다. 한편 이와 반대로 물체에 1개의 힘이 작용할 때, 이를 1개의 힘과 똑같은 외적효과를 주는 2개 이상의 힘으로 분리할 수도 있는데 이들 과정을 힘의 **분해**(分解, Decomposition of Force)라 하고, 이때 나누어진 각 힘들을 **분력**(分力, Component of Force)이라고 한다.

물체에 작용하는 힘들을 합성하거나 분해하는 방법에는 수식적으로 계산하여 푸는 **수식해법**(數式解法, Analytical Solution)과 그림으로 작도하여 푸는 **도해법**(圖解法, Graphical Solution)이 있다. 수식해법은 정밀해를 얻을 수 있고, 도해법은 근사해를 쉽게 얻을 수 있다. 이들 방법은 문제에 따라 하나 또는 2가지를 함께 사용하기도 한다.

가. 한 점에 작용하는 두 힘의 합성

한 점에 작용하는 두 힘의 합성은 가장 기본적인 것으로, 도해법에는 평행사변형법과 삼각형법이 있으며, 수식해법은 도해법을 기본으로 쉽게 유도할 수 있다.

(1) 도해법 (圖解法)

[그림1.1.2](a)와 같이 한 점 O에 작용하는 두 힘 P_1, P_2가 있을 때, 두 힘을 변으로 하는 평행사변형 $OACB$를 작도하고, 점O를 시점(始點)으로 대각방향의 교점C를 종점(終點)으로 하는 대각선 OC를 연결한다. 이때 힘 $\overrightarrow{OC}$를 두 힘 P_1, P_2의 합력 R이라고 한다. 이러한 도해법을 **힘의 평행사변형법**(平行四邊形法, Parallelogram of Force)이라고 한다.

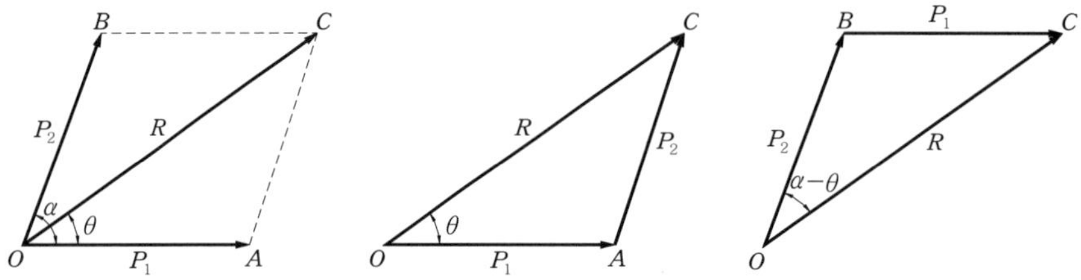

[그림1.1.2] 도해법을 이용한 한 점에 작용하는 두 힘의 합성

한편 [그림1.1.2](a)와 같이 한 점O에 작용하는 두 힘 P_1, P_2가 있을 때, 그림(b)와 같이 힘 P_2의 시점O를 힘 P_1의 종점A에 일치시켜 한 힘 P_2를 평행이동시키고, 힘 P_1의 시점O와 힘 P_2의 종점C를 직선으로 연결한다. 이때 힘 $\overrightarrow{OC}$를 두 힘 P_1, P_2의 합력 R이라고 한다. 이러한 도해법을 **힘의 삼각형법**(三角形法, Triangle of Force)이라고 한다.

같은 방법으로 이번에는 그림(c)와 같이 힘 P_1의 시점O를 힘 P_2의 종점B에 일치시켜 한 힘 P_1를 평행이동시키고, 힘 P_2의 시점O와 힘 P_1의 종점C를 직선으로 연결하면, 앞서 진행한 그림(a), (b)와 같은 합력 R을 구할 수 있다.

여기서 [그림1.1.2](a)와 같이 실제의 힘과 작용상태를 표시한 것으로 힘의 **위치도**(位置圖, Space Diagram)라 하고, 그림(b), (c)와 같이 힘의 크기와 방향만을 표시한 것을 **시력도**(示力圖, Force Diagram)라고 한다.

(2) 수식해법 (數式解法)

한편 앞서 힘의 평행사변형법을 설명한 [그림1.1.2](a)와 같이 한 점O에 작용하는 두 힘 P_1, P_2가 임의의 각 α를 이루고 있을 경우에 합력 R과 그 방향 θ를 수식해법으로 구할 수 있다.

한 점에 작용하는 두 힘의 합성을 [그림1.1.3](a)와 같이 삼각법과 피타고라스의 정리를 이용하여 수식해법을 구하여 보면 다음과 같다.

[그림1.1.3](a)에서 $\overrightarrow{AC} = P_2$ 이므로, $\overline{AD} = P_2 \cos\alpha$, $\overline{CD} = P_2 \sin\alpha$ 이다.

한편 그림(a)에서 삼각형 OCD는 직각삼각형이므로, 피타고라스의 정리에 의하여 $R^2 = \overline{CD}^2 + \overline{OD}^2$ 이다. 따라서 합력 R은 다음과 같이 나타낼 수 있다.

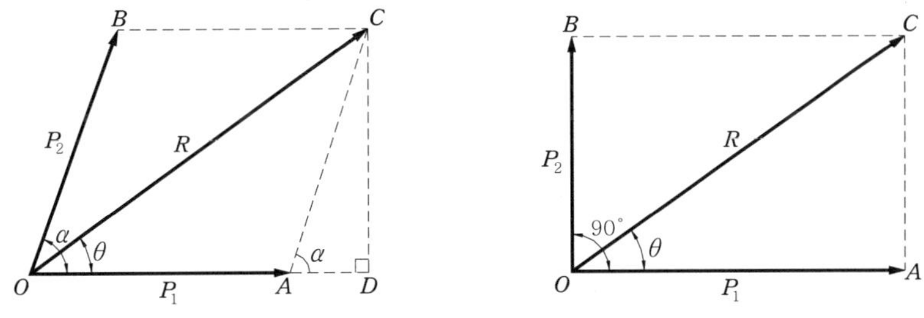

(a) (b)

[그림1.1.3] 수식해법을 이용한 한 점에 작용하는 두 힘의 합성

$$R = \sqrt{(P_2\sin\alpha)^2 + (P_1 + P_2\cos\alpha)^2} = \sqrt{P_2^{\,2}\sin^2\alpha + P_1^{\,2} + 2P_1P_2\cos\alpha + P_2^{\,2}\cos^2\alpha}$$

$$= \sqrt{P_1^{\,2} + 2P_1P_2\cos\alpha + P_2^{\,2}(\sin^2\alpha + \cos^2\alpha)} = \sqrt{P_1^{\,2} + 2P_1P_2\cos\alpha + P_2^{\,2}}$$

$$\therefore\ R = \sqrt{P_1^{\,2} + P_2^{\,2} + 2P_1P_2\cos\alpha} \qquad (1.1.1)$$

또한 합력 R과 한 힘 P_1이 이루는 각을 θ라 할 때, 각 θ는 다음과 같이 구할 수 있다.

$$\tan\theta = \frac{\overline{CD}}{\overline{OD}} = \frac{\overline{CD}}{\overline{OA} + \overline{AD}} = \frac{P_2\sin\alpha}{P_1 + P_2\cos\alpha}$$

$$\therefore\ \tan\theta = \frac{P_2\sin\alpha}{P_1 + P_2\cos\alpha} \qquad (1.1.2)$$

한편 [그림1.1.3](b)와 같이 P_1, P_2가 직교하는 경우는 식(1.1.1)과 식(1.1.2)에 의하여 합력 R과 그 방향 θ는 다음과 같이 정리할 수 있다.

$$R = \sqrt{P_1^{\,2} + P_2^{\,2}} \qquad (1.1.3)$$

$$\tan\theta = \frac{P_2}{P_1} \qquad (1.1.4)$$

◆ ◆ ◆ ◆ ◆ ◆

예제 1.1.4

다음과 같은 그림(a), (b), (c)의 두 힘 P_1, P_2의 합력 R을 구하여라.

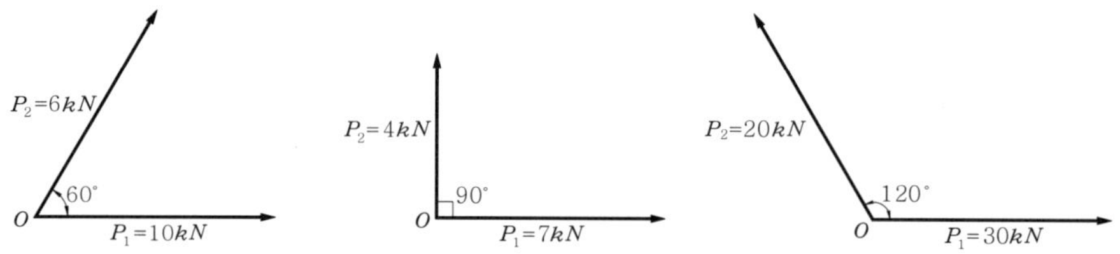

(a) (b) (c)

풀이

합력 R의 크기와 방향은 식(1.1.1)과 식(1.1.2)를 이용하여 구한다.

(1) 그림(a)에서

$$R = \sqrt{P_1^{\,2}+P_2^{\,2}+2P_1P_2\cos\alpha} = \sqrt{10^2+6^2+2\times10\times6\times\cos60°}$$

$$= \sqrt{10^2+6^2+2\times10\times6\times\frac{1}{2}} = \sqrt{196}\,kN \qquad \therefore\ R=14kN$$

합력 R이 P_1과 이루는 각도를 θ라 하면,

$$\tan\theta = \frac{P_2\sin\alpha}{P_1+P_2\cos\alpha}$$

$$= \frac{6\times\frac{\sqrt{3}}{2}}{10+6\times\frac{1}{2}} = \frac{3\sqrt{3}}{13} = 0.3997 \qquad \therefore\ \theta=21°47'$$

(2) 그림(b)에서

$$R = \sqrt{P_1^{\,2}+P_2^{\,2}} = \sqrt{7^2+4^2} = 8.06\,kN \qquad \therefore\ R=8.06kN$$

합력 R이 P_1과 이루는 각도를 θ라 하면,

$$\tan\theta = \frac{P_2}{P_1} = \frac{4kN}{7kN} = 0.57 \qquad \therefore\ \theta=29°41'$$

(3) 그림(c)에서

$$R = \sqrt{P_1^{\,2}+P_2^{\,2}+2P_1P_2\cos\alpha} = \sqrt{30^2+20^2+2\times30\times20\times\cos120°}$$

$$= \sqrt{30^2+20^2+2\times30\times20\times(-\frac{1}{2})} = \sqrt{700}\,kN \qquad \therefore\ R=26.46kN$$

합력 R이 P_1과 이루는 각도를 θ라 하면,

$$\tan\theta = \frac{P_2 \sin\alpha}{P_1 + P_2 \cos\alpha}$$

$$= \frac{20 \times \frac{\sqrt{3}}{2}}{30 + 20 \times (-\frac{1}{2})} = \frac{\sqrt{3}}{2} = 0.866 \qquad \therefore \ \theta = 40^\circ 54'$$

◆ ◆ ◆ ◆ ◆ ◆

나. 한 힘을 작용점이 동일한 두 힘으로 분해

일반적으로 1개의 힘을 2방향으로 분해할 수는 있으나, 1개의 힘을 3방향 이상으로 분해하는 것은 분력의 방향이 서로 평행하지 않고 작용점이 서로 같지 않아야 가능하다.

한편 1개의 힘을 3방향 이상으로 분해하는 경우는 모든 분력의 크기와 방향이 미리 결정되어 있지 않으면 그 해를 정할 수 없다. 그래서 실제로는 2방향의 서로 직교하는 분력으로 나누는 경우가 많다.

이 직교하는 2방향의 분력을 **직각분력**(直角分力, Rectangular Component)이라 하는데, 수평방향의 직각분력을 수평분력(水平分力), 수직방향의 직각분력을 수직분력(垂直分力)이라고 한다.

(1) 도해법 (圖解法)

힘의 **분해**(分解, Decomposition of Force)는 합력을 구할 때와 반대로 하면 된다. [그림1.1.4](a)의 하나의 힘 R을 각각 주어진 X축과 Y축 방향으로 분해하려면, 그림(b)처럼 분해될 두 힘의 합력인 R을 대각선으로 하고 점 C에서 주어진 X축과 Y축에 평행한 선을 그어 힘의 평행사변형을 만들어 분력 P_1과 P_2를 만든다. 또한 그림(c)처럼 힘의 삼각형으로 나타내어 힘 R을 P_1과 P_2로 분해할 수도 있다.

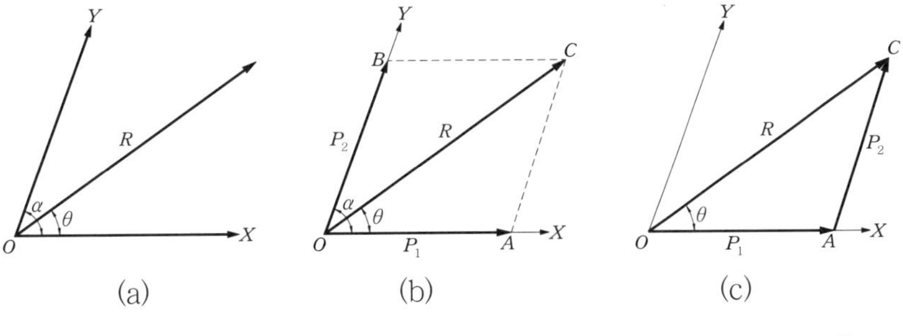

[그림1.1.4] 도해법을 이용한 한 힘의 두 힘으로의 분해

(2) 수식해법 (數式解法)

수식해법을 사용하여 한 힘 R을 임의 방향의 두 힘 P_1과 P_2로 분해할 때는 [그림1.5.1](a)에서와 같이 삼각함수의 사인(Sine)법칙을 이용하면 된다.

$$\frac{P_1}{\sin(\alpha-\theta)} = \frac{P_2}{\sin\theta} = \frac{R}{\sin(180^\circ-\alpha)} \tag{1.1.5}$$

식(1.1.5)에서 $\sin(180^\circ-\alpha)=\sin\alpha$ 이므로, 임의의 분력 P_1과 P_2는 다음과 같다.

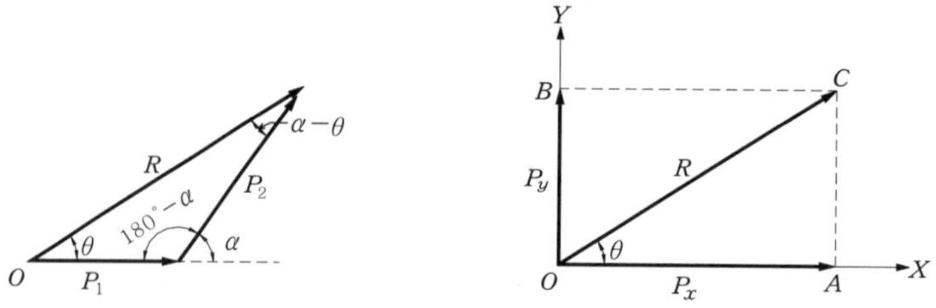

(a) (b)

[그림1.1.5] 수식해법을 이용한 한 힘의 두 힘으로의 분해

$$P_1 = \frac{\sin(\alpha-\theta)}{\sin\alpha}R \quad , \quad P_2 = \frac{\sin\theta}{\sin\alpha}R \tag{1.1.6}$$

한편 [그림1.1.5](b)에서와 같이 한 힘 R을 직교하는 2방향의 분력인 직각분력으로 분해할 때는 $\overrightarrow{OA}$를 수평분력 P_x, $\overrightarrow{OB}$를 수직분력 P_y라 하면 다음과 같이 정리된다.

$$P_x = R\cos\theta \quad , \quad P_y = R\sin\theta \tag{1.1.7}$$

◆ ◆ ◆ ◆ ◆ ◆

예제 1.1.5

다음과 같은 그림(a), (b), (c)의 합력 R의 분력 P_1과 P_2를 구하여라.

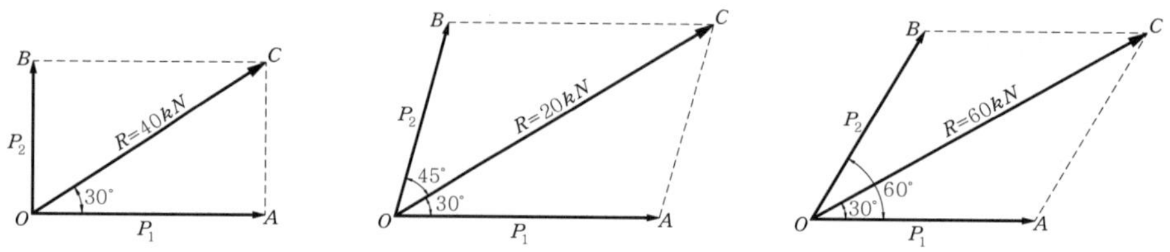

(a) (b) ©

풀이

(1) 그림(a)

수평, 수직분력은 식(1.1.7)에서 $P_x = R\cos\theta$, $P_y = R\sin\theta$ 으로 구한다.

$$P_1 = 40kN \times \frac{\sqrt{3}}{2} = 20\sqrt{3}\,kN \qquad \therefore\ P_1 = 20\sqrt{3}\,kN$$

$$P_2 = 40kN \times \frac{1}{2} = 20kN \qquad \therefore\ P_2 = 20kN$$

(2) 그림(b)

삼각형 OAC에 대하여 삼각함수의 사인(Sine)법칙을 사용하여 구할 수 있다.

$$\frac{P_1}{\sin(\alpha-\theta)} = \frac{P_2}{\sin\theta} = \frac{R}{\sin(180^\circ-\alpha)}\ ,\quad \frac{P_1}{\sin 45^\circ} = \frac{P_2}{\sin 30^\circ} = \frac{20}{\sin 105^\circ}$$

$$P_1 = \frac{20kN \times \sin 45^\circ}{\sin 105^\circ} = 14.64\,kN \qquad \therefore\ P_1 = 14.64kN$$

$$P_2 = \frac{20kN \times \sin 30^\circ}{\sin 105^\circ} = 10.35\,kN \qquad \therefore\ P_2 = 10.35kN$$

(3) 그림(c)

식(1.1.6)을 사용하여 구할 수 있다.

$$P_1 = \frac{\sin(\alpha-\theta)}{\sin\alpha}\cdot R\ ,\qquad P_2 = \frac{\sin\theta}{\sin\alpha}\cdot R$$

$$P_1 = \frac{\sin(60^\circ-30^\circ)}{\sin 60^\circ} \times 60kN = 20\sqrt{3}\,kN \qquad \therefore\ P_1 = 20\sqrt{3}\,kN$$

$$P_2 = \frac{\sin 30^\circ}{\sin 60^\circ} \times 60kN = 20\sqrt{3}\,kN \qquad \therefore\ P_2 = 20\sqrt{3}\,kN$$

◆ ◆ ◆ ◆ ◆ ◆

다. 한 점에 작용하는 여러 힘의 합성

(1) 도해법 (圖解法)

한 점에 작용하는 여러 힘의 합성은 힘의 삼각형법을 이용하여 구할 수 있다. 예를 들어 [그림1.1.6](a)의 한 점O에 힘 P_1, P_2, P_3, P_4가 작용하는 경우, 이들 힘의 합력 R을 구해보자.

결국 [그림1.1.6](a)의 힘의 위치도를 그림(b)와 같은 시력도로 나타내면, 최초의 힘 P_1의 시점O에서 최종 힘 P_4의 종점D까지를 잇는 $\overrightarrow{OD}$가 힘 P_1, P_2, P_3, P_4의 합력 R이 된다. 이처럼 한 점에 작용하는 여러 힘의 합력을 구할 때는 [그림1.1.6](b)와 같은 시력도를 그리면 합력의 크기와 방향을 구할 수 있다.

먼저 힘 P_1과 P_2의 합력 R_{1-2}를 구하고, 다음 R_{1-2}와 P_3의 합력 R_{1-3}을 구한다. 이후 R_{1-3}과 P_4의 합력 R을 구하면 이 최종값 R이 P_1, P_2, P_3, P_4의 합력이 된다.

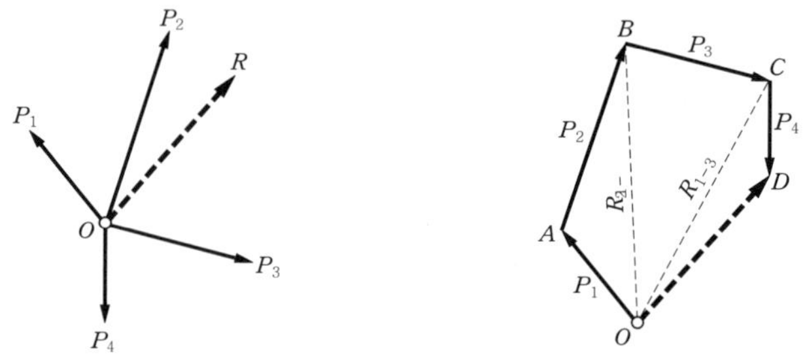

(a) 힘의 위치도　　　　(b) 시력도

[그림1.1.6] 힘의 다각형법

이러한 도해법을 **힘의 다각형법**(多角形法, Polygon of Force)이라고 한다. 이때 [그림1.1.6](b)의 다각형 $OABCD$를 힘의 다각형이라고 하는데, 힘의 다각형은 힘의 합성 순서가 바뀌어도 같은 결과를 가져온다.

(2) 수식해법 (數式解法)

[그림1.1.7]과 같이 한 점O에 여러 힘 P_1, P_2, P_3, …… , P_n이 작용하는 경우를 수식해법으로 구해보면 다음과 같다.

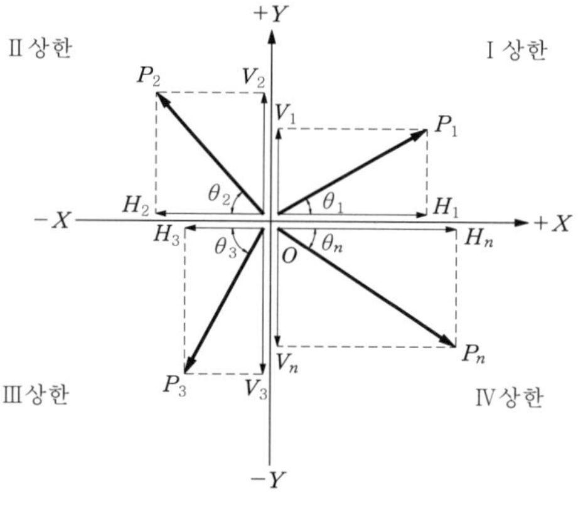

[그림1.1.7] 수식해법을 이용한 한 점에 작용하는 여러 힘의 합성

먼저 한 점O를 원점으로 하는 직교좌표축 X, Y를 정한다. 그리고 각 힘 P_i ($i=1,2,3,\cdots\cdots,n$) 을 각각 X축과 Y축의 직각분력으로 분해하여 각각 수평분력을 H_i , 수직분력을 V_i 로 표기하면 다음과 같다.

$$
\begin{aligned}
H_i &= P_i \cos\theta_i \quad (i=1,2,3,\cdots\cdots,n) \\
V_i &= P_i \sin\theta_i \quad (i=1,2,3,\cdots\cdots,n)
\end{aligned}
\tag{1.1.8}
$$

식(1.1.8)에서 θ_i 는 각 힘들이 X축과 이루는 각을 말한다. 한편 수평분력 H_i 와, 수직분력 V_i 의 부호는 원점O를 기준으로 오른쪽이나 위쪽으로 향하는 힘을 양(+)으로, 왼쪽이나 아래쪽으로 향하는 힘을 음(−)으로 표기한다.

다음으로 수평분력의 대수합 ΣH_i 와 수직분력의 대수합 ΣV_i 를 구하면 다음과 같이 표현된다.

$$\begin{aligned} \Sigma H_i &= \Sigma P_i \cos\theta_i \quad (i = 1, 2, 3, \cdots\cdots, n) \\ \Sigma V_i &= \Sigma P_i \sin\theta_i \quad (i = 1, 2, 3, \cdots\cdots, n) \end{aligned} \tag{1.1.9}$$

수평분력의 대수합 ΣH_i 와 수직분력의 대수합 ΣV_i 은 직교하는 힘이므로, 합력의 크기 R 과 작용방향 θ 는 다음과 같이 구할 수 있다.

$$\begin{aligned} R &= \sqrt{(\Sigma H_i)^2 + (\Sigma V_i)^2} \\ \tan\theta &= \frac{\Sigma V_i}{\Sigma H_i} \end{aligned} \tag{1.1.10}$$

여기서 ΣV_i, ΣH_i 의 작용방향에 따른 부호를 정리하면 다음의 [표1.1.1]과 같다.

[표1.1.1] 직교분력의 작용방향 부호판정

상 한	I	II	III	IV
$\Sigma V_i = \Sigma P_i \sin\theta_i$	(+)	(+)	(−)	(−)
$\Sigma H_i = \Sigma P_i \cos\theta_i$	(+)	(−)	(−)	(+)
$\tan\theta = \dfrac{\Sigma V_i}{\Sigma H_i}$	$\dfrac{(+)}{(+)} = (+)$	$\dfrac{(+)}{(-)} = (-)$	$\dfrac{(-)}{(-)} = (+)$	$\dfrac{(-)}{(+)} = (-)$

◆ ◆ ◆ ◆ ◆ ◆

예제 1.1.6

다음 그림과 같이 점 O 에 작용하는 힘들의 합력 R 을 구하여라.

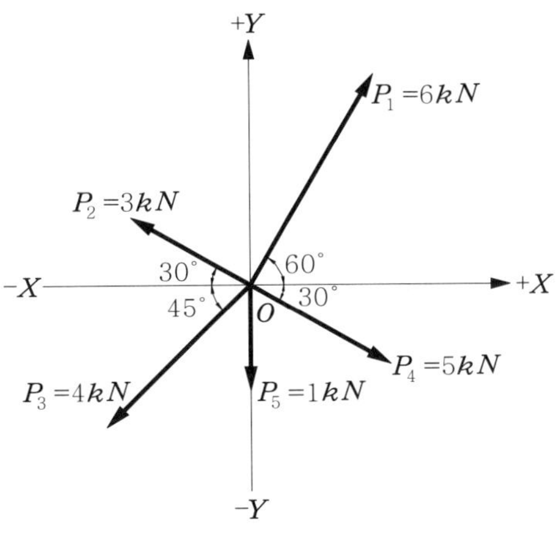

풀이

임의 방향의 힘을 수평분력 H_i 와, 수직분력 V_i 로 분해한 후, 수평분력의 대수합 ΣH 과 수직분력의 대수합 ΣV 를 구한 후, 합력 R 과 작용방향 θ 를 구한다.

$$\begin{aligned}\Sigma H &= P_1\cos\theta_1 + P_2\cos\theta_2 + P_3\cos\theta_3 + P_4\cos\theta_4 \\ &= P_1\cos 60° - P_2\cos 30° - P_3\cos 45° + P_4\cos 30° \\ &= 6\times\frac{1}{2} - 3\times\frac{\sqrt{3}}{2} - 4\times\frac{1}{\sqrt{2}} + 5\times\frac{\sqrt{3}}{2} \\ &= 3kN - 2.6kN - 2.83kN + 4.33kN = 1.9\,kN\end{aligned}$$

$$\begin{aligned}\Sigma V &= P_1\sin\theta_1 + P_2\sin\theta_2 + P_3\sin\theta_3 + P_4\sin\theta_4 + P_5\sin\theta_5 \\ &= P_1\sin 60° + P_2\sin 30° - P_3\sin 45° - P_4\sin 30° - P_5\sin 90° \\ &= 6\times\frac{\sqrt{3}}{2} + 3\times\frac{1}{2} - 4\times\frac{1}{\sqrt{2}} - 5\times\frac{1}{2} - 1 \\ &= 5.2kN + 1.5kN - 2.83kN - 2.5kN - 1kN = 0.37\,kN\end{aligned}$$

합력 R 과 작용방향 θ 는 식(1.1.10)을 사용하여 구한다.

$$R = \sqrt{(\Sigma H)^2 + (\Sigma V)^2} = \sqrt{(1.9)^2 + (0.37)^2} = 1.94\,kN$$

합력 R 과 X 축이 이루는 각도를 θ 라고 하면,

$$\tan\theta = \frac{\Sigma V}{\Sigma H} = \frac{0.37}{1.9} = 0.1947 \qquad \therefore\ \theta = 11°01'$$

◆ ◆ ◆ ◆ ◆ ◆

◈ 연 습 문 제 ◈

1.1.1 다음 중 벡터(Vector)량인 것은?

① 면적(面積) ② 시간(時間) ③ 변위(變位) ④ 온도(溫度)

1.1.2 다음은 힘의 합성과 분해에 대한 설명이다. 옳지 않은 것은?

① 수식해법은 좌표축에 대한 X, Y 성분을 이용한 것이다.

② 동일점에 작용하는 힘의 합력(R)은 $R=(\Sigma X^2+\Sigma Y^2)^{1/2}$ 이고, 방향(θ)은 $\tan\theta=\Sigma Y/\Sigma X$ 가 성립된다.

③ 두 힘의 교각이 직각일 때, 분력은 $P_1=R\cdot\sin\theta$, $P_2=R\cdot\cos\theta$로 표시된다.

④ 다수의 동점 평면력을 합성하면 하나의 힘이 되는데, 하나의 힘은 2개 이상의 동점 평면력으로 분해할 수 있다.

1.1.3 다음 그림에서 두 힘에 대한 합력(R)의 크기와 합력의 방향(θ)은?

① $R=6.40\,kN$, $\theta=30°\,20'\,10''$

② $R=7.15\,kN$, $\theta=27°\,20'\,15''$

③ $R=7.76\,kN$, $\theta=26°\,30'\,17''$

④ $R=7.81\,kN$, $\theta=26°\,19'\,46''$

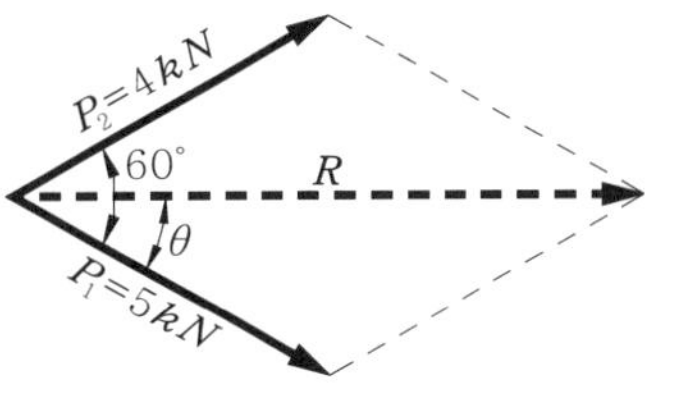

1.1.4 다음 그림에서 물체가 강체일 때, 두 힘 $P_1=2tf$, $P_2=3tf$의 합력은?

① $3.61\,tf$

② $4.36\,tf$

③ $4.5\,tf$

④ $5.0\,tf$

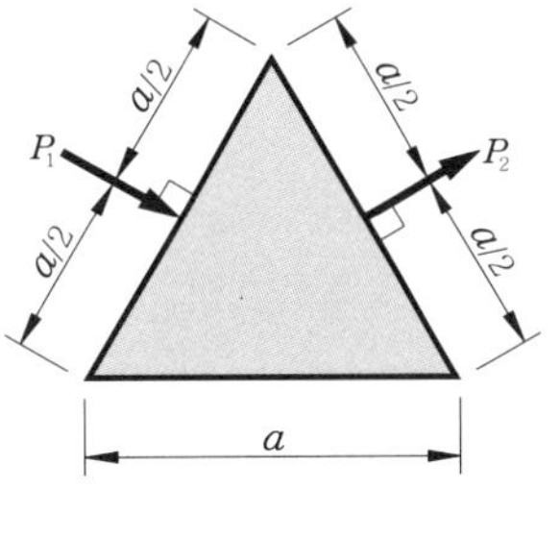

1.1.5 다음 그림에서 경사면에 평행, 수직한 힘으로 나눈 것은?

	평행력	수직력
①	$15tf$	$25.98tf$
②	$25.98tf$	$15tf$
③	$21.21tf$	$21.21tf$
④	$0tf$	$30tf$

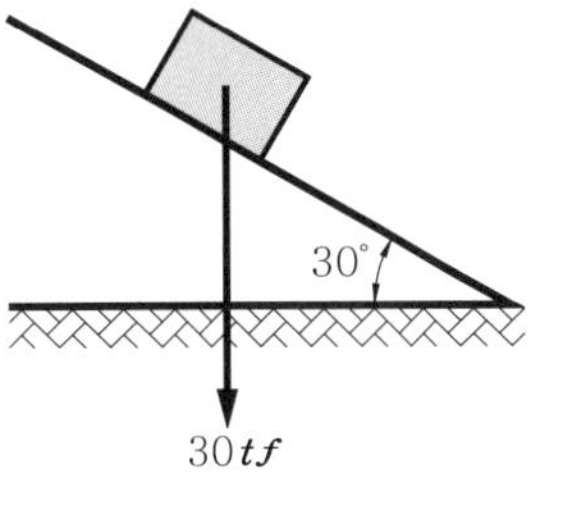

1.1.6 다음 그림과 같이 $20tf$의 힘을 $\alpha_1 = 30^\circ$, $\alpha_2 = 40^\circ$의 두 방향으로 분해하여 분력 P_1과 P_2를 계산한 값은?

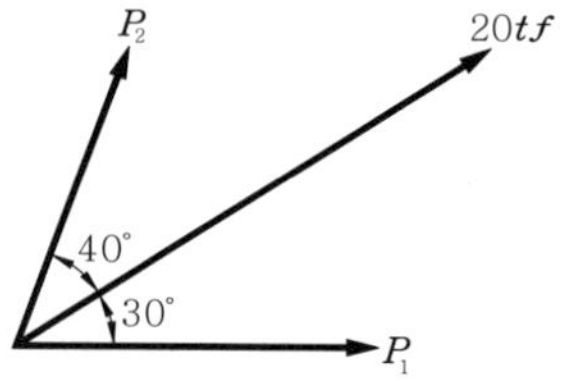

① $P_1 = 17.32tf$, $P_2 = 10.00tf$
② $P_1 = 12.86tf$, $P_2 = 15.32tf$
③ $P_1 = 13.68tf$, $P_2 = 10.64tf$
④ $P_1 = 11.25tf$, $P_2 = 14.36tf$

1.1.7 한 힘 R이 두 성분 P_1과 P_2로 분해되었을 때, cosine법칙으로 α를 구할 수 있는 식이 맞는 것은?

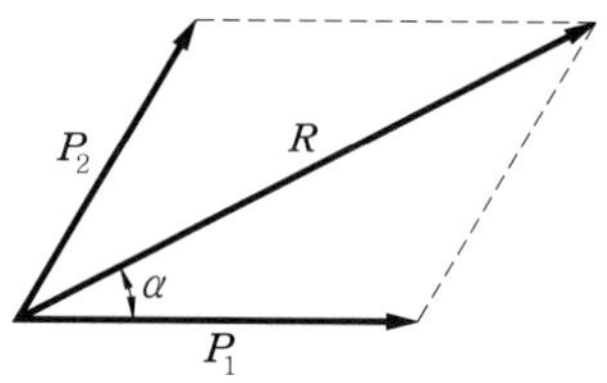

① $\cos\alpha = \dfrac{P_1^2 + R^2 + P_2^2}{2RP_2}$

② $\cos\alpha = \dfrac{P_1^2 + R^2 + P_2^2}{2RP_1}$

③ $\cos\alpha = \dfrac{P_1^2 + R^2 - P_2^2}{2RP_1}$

④ $\cos\alpha = \dfrac{P_1^2 + R^2 - P_2^2}{2RP_2}$

1.1.8 그림과 같이 $R = 90kN$의 힘을 두 힘 $P_1 = 70kN$, $P_2 = 45kN$로 분해할 때, β각의 크기는?

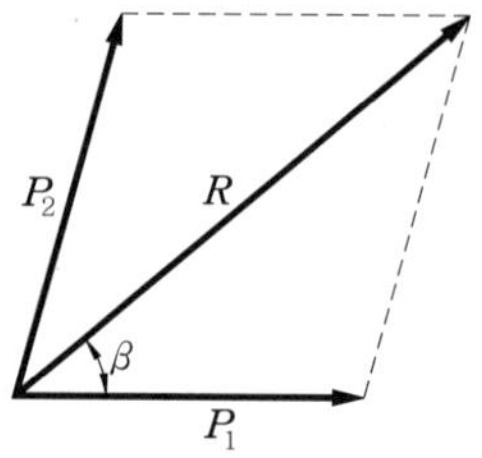

① $29^\circ 25' 16''$
② $30^\circ 27' 18''$
③ $31^\circ 27' 14''$
④ $32^\circ 47' 35''$

1.1.9 그림과 같이 O점에 여러 힘이 작용할 때, 합력은 몇 상한에 위치하는가?

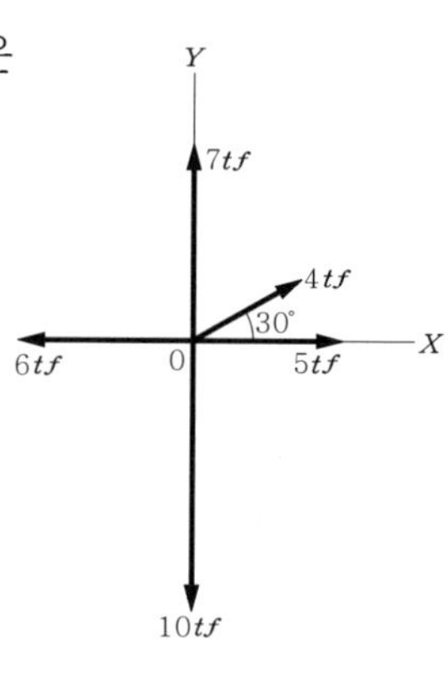

① Ⅰ상한
② Ⅱ상한
③ Ⅲ상한
④ Ⅳ상한

1.2 모멘트 (Moment)

1.2.1 힘의 모멘트 (Moment of Force)

힘은 물체의 운동상태를 변화시키는데, 이때 작용선 방향으로 물체를 수평이동시키려 할 뿐만 아니라 물체를 어떤 점이나 축을 중심으로 회전시키려고도 한다.

[그림1.2.1](a)에서 물체의 O점이 수평이동하지 못하도록 하고 한 점 A에 힘 P를 가할 때, 물체는 O점을 중심으로 회전하려고 한다. 이러한 힘의 회전능력을 **힘의 모멘트**(Moment of Force) 또는 간단히 **모멘트**(Moment)라고 한다.

이때 한 힘의 어떤 점이나 축에 대한 모멘트의 크기 M은 그림(b)에서와 같이 힘의 크기 P와 어떤 점 또는 축에서 그 힘의 작용선까지의 수직거리 l을 곱한 값으로, 식(1.2.1)과 같이 표시된다.

$$M = P\,l \tag{1.2.1}$$

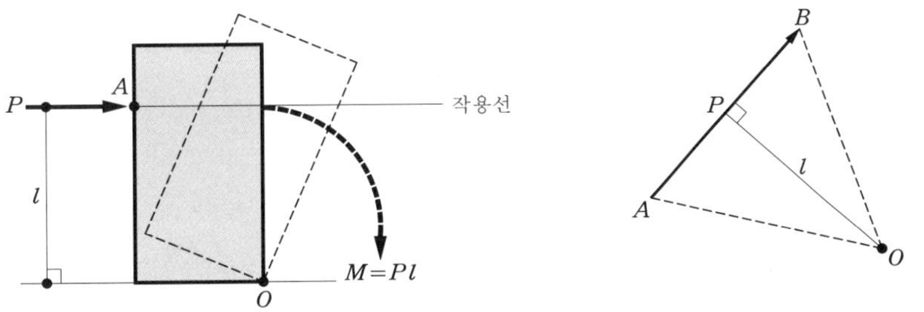

(a) (b)

[그림1.2.1] 힘의 모멘트

[그림1.2.1](b)는 O점에 대한 힘의 모멘트를 나타내고 있는데, 기하학적 의미로 모멘트의 크기 M은 힘을 밑변으로 하고 모멘트의 중심 O점을 꼭짓점으로 하는 삼각형($\triangle OAB$) 면적의 2배에 해당한다. 즉 $M = P\,l = 2\triangle OAB$이다.

여기서 O점을 **모멘트의 중심**(Center of Moment), 수직거리 l을 **모멘트의 팔**(Arm of Moment)이라고 한다.

모멘트의 단위는 힘의 단위와 길이단위의 곱으로, $N\cdot m$, $N\cdot cm$, $kN\cdot m$, $kgf\cdot cm$, $tf\cdot m$ 등으로 표시된다.

한편 본 교재에서 모멘트의 부호는 시계방향(↻)으로 회전하는 것을 양(+), 반시계방향(↺)으로 회전하는 것을 음(−)이라고 규약하기로 한다.

예제 1.2.1

다음 그림(a), (b)에서 O점에 대한 힘의 모멘트를 구하여라.

(a) (b)

풀이

O점에 대한 힘의 모멘트는 식(1.2.1)로 구하되, 먼저 힘의 작용선까지의 수직 거리 l을 구한다.

(1) 그림(a)

$$M = P\,l = -20\,kN \times (4m \times \sin 30^\circ) = -40\ kN \cdot m$$

(2) 그림(b)

$$M = P\,l = 10kN \times (6m \times \sin 60^\circ) = 30\sqrt{3}\ kN \cdot m$$

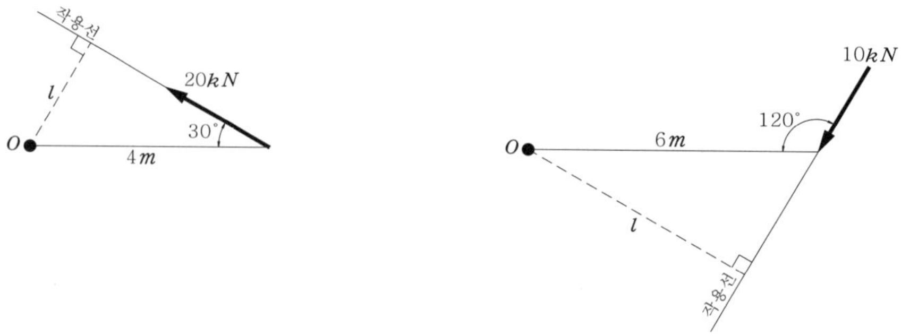

1.2.2 바리뇽의 정리 (Varignon's Theorem)

프랑스의 수학자 바리뇽(Pierre Varignon, 1654~1722)은 다음과 같은 사실을 발견하였다. 이것을 **바리뇽의 정리**(Varignon's Theorem)라고 한다,

『 동일평면 내에 여러 개의 힘이 작용할 때, 여러 힘의 어느 한 점에 대한 모멘트의 대수합은 그들 여러 힘의 합력의 그 점에 대한 모멘트와 같다. 』

이 바리뇽의 정리(Varignon's Theorem)는 다음과 같이 증명할 수 있다.

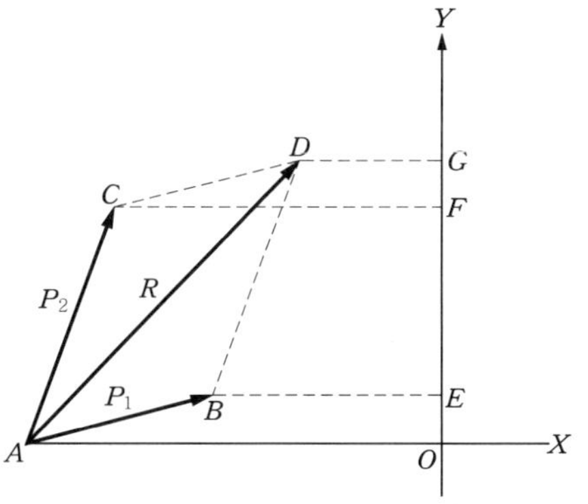

[그림1.2.2] 바리뇽의 정리 증명

[그림1.2.2]에서 $P_1 = \overrightarrow{AB}$, $P_2 = \overrightarrow{AC}$, P_1과 P_2의 합력 $R = \overrightarrow{AD}$라 할 때, 임의의 O점과 A점을 연결하여 X축으로 삼고, X축과 직교하는 Y축을 설정한다. 여기서 점 B, C, D에서 Y축에 수선을 내려 Y축과 만나는 점을 각각 점 E, F, G라고 한다.

또한 $P_1 = \overrightarrow{AB}$, $P_2 = \overrightarrow{AC}$, $R = \overrightarrow{AD}$의 O점에 대한 모멘트를 각각 M_1, M_2, M_3라 하면 다음과 같이 표현된다.

$$M_1 = 2\triangle AOB = \overline{AO} \times \overline{OE}$$
$$M_2 = 2\triangle AOC = \overline{AO} \times \overline{OF}$$
$$M_3 = 2\triangle AOD = \overline{AO} \times \overline{OG}$$

한편 [그림1.2.2]에서 사변형 $ABDC$는 평행사변형이므로, $\overline{OF} = \overline{EG}$이다.

따라서 다음과 같은 관계가 성립된다.

$$M_1 + M_2 = \overline{AO} \times \overline{OE} + \overline{AO} \times \overline{OF} = \overline{AO} \times (\overline{OE} + \overline{OF})$$
$$= \overline{AO} \times (\overline{OE} + \overline{EG}) = \overline{AO} \times \overline{OG} = M_3$$

즉, 두 힘 P_1과 P_2의 임의의 O점에 대한 모멘트의 대수합은 두 힘 P_1과 P_2의 합력인 R의 O점에 대한 모멘트와 같다.

상기의 증명은 두 힘 P_1과 P_2를 대상으로 이루어졌지만, 여러 힘이 작용하는 경우도 마찬가지로 먼저 P_1과 P_2를 진행하고 P_1, P_2의 합력과 P_3를 진행하는 식으로 반복하면, 바리뇽의 정리(Varignon‘s Theorem)가 성립됨을 증명할 수 있다.

작용선이 평행한 여러 힘을 합성할 때는 각 힘의 대수합으로 합력 R의 크기와 방향을 구하고, 바리뇽의 정리(Varignon‘s Theorem)로 합력 R의 작용점의 위치를 구한다.

예를 들어 [그림1.2.3]과 같이 작용선이 평행한 힘 P_1, P_2, P_3가 작용할 때, 합력 R의 작용선을 구하기 위해서는 임의의 O점을 중심으로 바리뇽의 정리(Varignon‘s Theorem)를 다음과 같이 적용한다.

$$R \cdot x = P_1 x_1 + P_2 x_2 - P_3 x_3$$

따라서 임의의 O점에서 작용점까지의 거리 x는 다음과 같다.

$$x = \frac{P_1 x_1 + P_2 x_2 - P_3 x_3}{R}$$

이때 결과값 x의 부호가 양(+)이면 작용위치가 가정한 방향과 일치하는 것이고, 음(–)이면 작용위치가 가정한 방향과 반대가 되는 것이다.

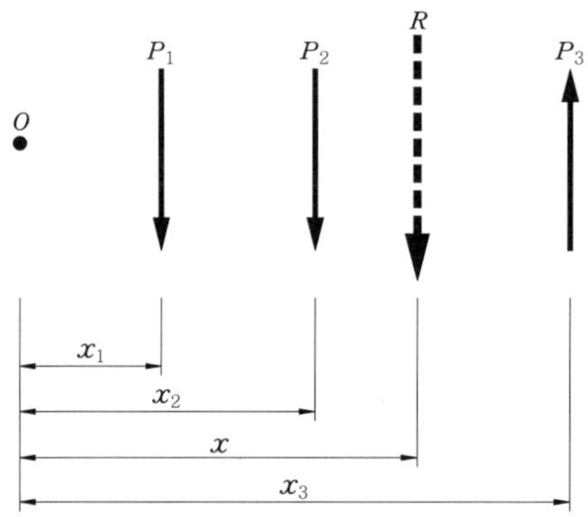

[그림1.2.3] 작용선이 평행한 여러 힘의 합성

◆ ◆ ◆ ◆ ◆ ◆

예제 1.2.2

다음 그림과 같은 힘들의 합력의 크기와 방향, 작용위치를 구하여라.

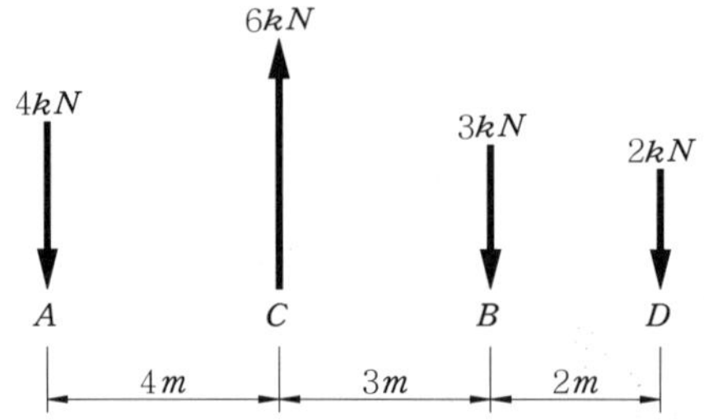

풀이

상향의 힘을 양(+), 하향의 힘을 음(–)으로 하여 합력 R을 구하면,

$R = -4kN + 6kN - 3kN - 2kN = -3kN$ (하향)

A점의 작용선 위에 모멘트의 중심을 잡고 바리뇽의 정리를 사용하여 합력의 작용위치 x를 구한다.

$3kN \cdot x = -6kN \times 4m + 3kN \times 7m + 2kN \times 9m$

$x = \frac{-24kN \cdot m + 21kN \cdot m + 18kN \cdot m}{3kN} = 5m$ $\qquad \therefore \ x = 5m$

① 합력의 크기 : $R = 3kN$

② 합력의 방향 : 하향

③ 합력의 작용위치 : A점의 우측으로 $5m$ 위치

◆ ◆ ◆ ◆ ◆ ◆

1.2.3 우력모멘트 (Couple Moment)

[그림1.2.4]와 같이 크기가 같고 방향이 반대이며 작용선이 같지 않은 한 쌍의 힘을 **우력**(偶力, Couple of Forces) 또는 **짝힘**이라고 한다.

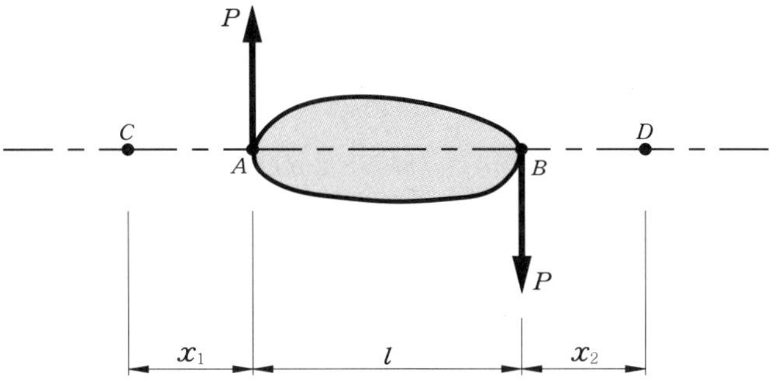

[그림1.2.4] 우력모멘트

[그림1.2.4]와 같이 우력은 물체를 회전시키려는 작용을 하는데, 우력의 크기 M은 한쪽 힘 P와 두 힘 사이의 거리 l의 곱으로, $M = P\,l$ 이다.

이때 M을 **우력모멘트**(Couple Moment)라고 하며, 우력모멘트의 부호는 힘의 모멘트 부호와 마찬가지로, 시계방향으로 회전하는 것을 양(+), 반시계방향으로 회전하는 것을 음(−)이라고 규약한다.

[그림1.2.4]에서 우력의 임의의 A점, B점, C점, D점에 대한 모멘트의 대수합을 각각 구해보면 다음과 같다.

$$M_A = P\,l$$
$$M_B = P\,l$$
$$M_C = P\,(l + x_1) - P\,x_1 = P\,l$$
$$M_D = P\,(l + x_2) - P\,x_2 = P\,l$$

결국 우력과 같은 평면 내에 있는 임의의 점(A, B, C, D)에 대하여 우력모멘트 값은 항상 일정함을 알 수 있다.

◆ ◆ ◆ ◆ ◆ ◆

예제 1.2.3

다음 그림의 A, B, C, D점에 대한 모멘트의 합을 구하여라.

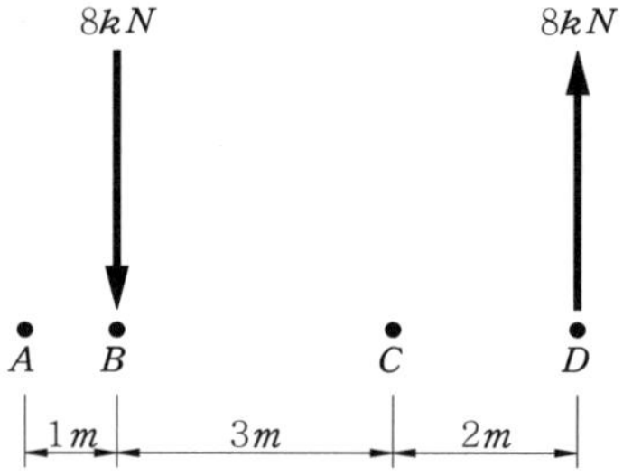

풀이

A점 : $M_A = (8kN \times 1m) - (8kN \times 6m) = -40\,kN \cdot m$

B점 : $M_B = -(8kN \times 5m) = -40\,kN \cdot m$

C점 : $M_C = -(8kN \times 3m) - (8kN \times 2m) = -40\,kN \cdot m$

D점 : $M_C = -(8kN \times 5m) = -40\,kN \cdot m$

그림과 같이 작용선이 나란하고 힘의 크기가 같으나 방향이 반대인 힘을 우력이라 하는데, 우력과 같은 평면 내에 있는 A, B, C, D점에 대한 모멘트 값은 항상 일정하고, 힘의 작용선 위에 있는 B, D점에서 구하는 것이 가장 간편하다.

◆ ◆ ◆ ◆ ◆ ◆

1.2.4 힘과 우력모멘트의 합성과 분해

한 쌍의 우력은 다른 힘과 동일한 평면에서 표시할 때는 떨어져 있는 힘으로 표시하지 않고 시계방향 또는 반시계방향의 화살표로 표시하기도 한다.

한편 동일평면 내에 있는 한 쌍의 우력과 한 힘은 합성할 수 있는데, [그림 1.2.5]를 통해 살펴보도록 한다.

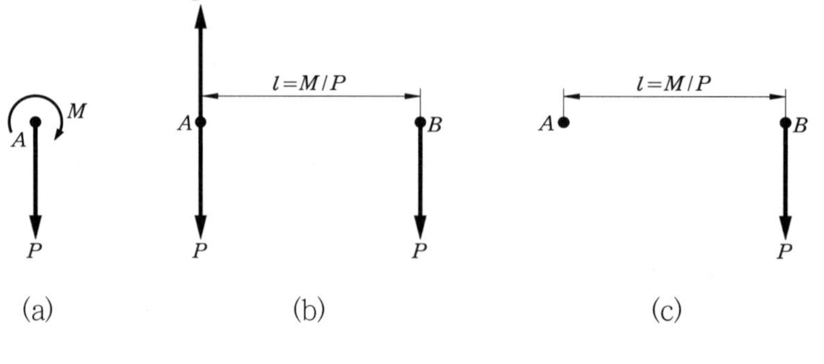

[그림1.2.5] 힘과 우력모멘트의 합성

[그림1.2.5](a)는 한 힘 P의 작용점 A에 우력모멘트 M이 작용하는 경우로, 먼저 그림(b)와 같이 우력모멘트 M을 한 힘 P와 크기가 같고 방향이 반대인 힘과 그 힘의 우력관계에 있는 힘을 거리 l만큼 떨어뜨림으로써 분리시킬 수 있다. 그러면 A점에서 크기가 같고 방향이 반대인 두 힘은 서로 상쇄되므로, 그림(c)와 같이 A점에서 우력의 팔길이 $l = M/P$만큼 떨어진 B점에서 힘 P만 남게 된다. 이것이 한 힘 P의 작용점 A에 우력모멘트 M이 작용하는 경우의 힘의 합성이다.

또한 반대로 생각하면 1개의 힘은 그 힘에 평행한 크기와 방향이 같은 1개의 힘과 1개의 우력모멘트로 분해할 수도 있다.

◆ ◆ ◆ ◆ ◆ ◆

예제 1.2.4

다음과 같은 그림의 각 힘들을 D점에 작용하는 힘 P와 우력모멘트 M으로 분해하여라.

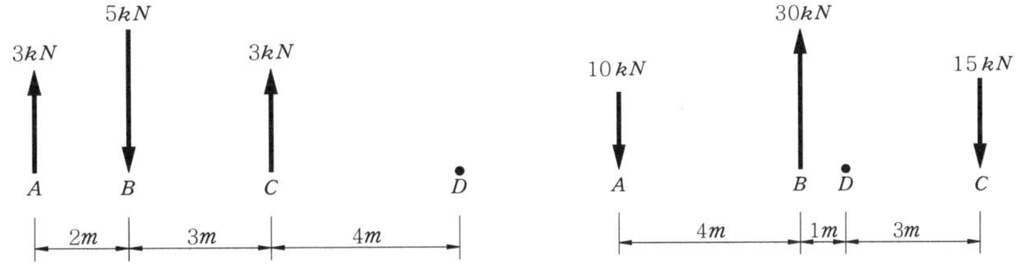

(a) (b)

풀이

(1) 그림(a)

D점의 힘 P는 각 힘의 합력과 같으므로,

$P = 3kN - 5kN + 3kN = 1kN\ (\uparrow)$

우력모멘트 M은 각 힘이 D점에 대한 모멘트와 같아야 하기 때문에,

$M = 3kN \times 9m - 5kN \times 7m + 3kN \times 4m = 4kN \cdot m\ (\circlearrowright)$

(2) 그림(b)에서

D점에서 작용하는 힘은

$P = -10kN + 30kN - 15kN = 5kN\ (\uparrow)$

우력모멘트 M은

$M = -10kN \times 5m + 30kN \times 1m + 15kN \times 3m = 25kN \cdot m\ (\circlearrowright)$

◆ ◆ ◆ ◆ ◆ ◆

◈ 연 습 문 제 ◈

1.2.1 다음 그림에서 힘 P의 O점에 대한 모멘트를 옳게 나타낸 것은?

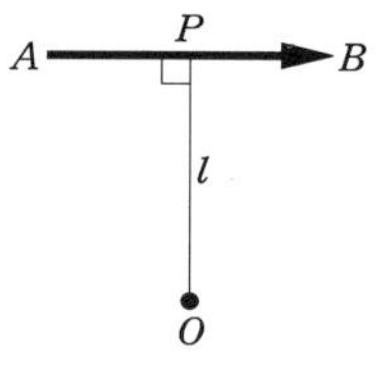

① $M_O = P\cdot l = \overrightarrow{AB} \times l = \triangle AOB$

② $M_O = P\cdot l = \overrightarrow{AB} \times l = 2\triangle AOB$

③ $M_O = P\cdot l = \overrightarrow{AB} \times l = 3\triangle AOB$

④ $M_O = P\cdot l = \overrightarrow{AB} \times l = 4\triangle AOB$

1.2.2 다음 그림에서 A점에 대한 모멘트의 값은?

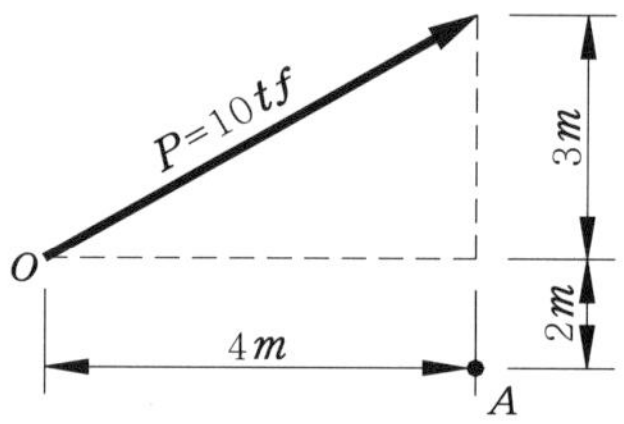

① $30\,tf\cdot m$

② $35\,tf\cdot m$

③ $40\,tf\cdot m$

④ $45\,tf\cdot m$

1.2.3 힘 P_1, P_2, P_3, P_4의 임의 점 O에 대한 모멘트의 합과 이들 힘의 합력 R의 같은 O점에 대한 모멘트와의 관계가 맞는 것은?

① 같다. ② 크다.

③ 작다. ④ 클 수도 있고 작을 수도 있다.

1.2.4 다음의 그림과 같이 3개의 평행력이 작용하고 있을 때, 합력(R)의 위치 x는 얼마인가?

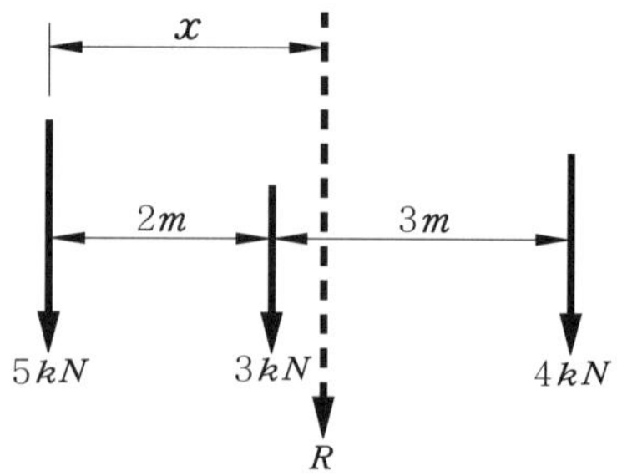

① $2.17\,m$

② $2.25\,m$

③ $2.37\,m$

④ $2.45\,m$

1.2.5 다음 설명 중 옳지 않은 것은?

① 우력의 합은 '0' 이며, 그 크기는 우력모멘트로 표시한다.

② 임의 점의 우력모멘트는 항상 일정하다.

③ 힘의 3요소는 크기, 방향, 작용점이다.

④ 평면상의 여러 힘의 합력은 1개의 힘으로 된다.

1.3 일반 평면에서의 여러 힘의 합성

강체(剛體, Rigid Body)는 힘을 받더라도 변형이 생기지 않는 물체로, 강체에 작용하는 힘은 작용점을 작용선상의 어느 곳에 두어도 강체에 미치는 힘은 변함이 없다. 보통 구조물은 힘을 받아 변형이 생겨도 적게 생기기 때문에 일반적으로 강체로 취급된다.

1.3.1 도해법 (圖解法)

도해법(圖解法, Graphical Solution)을 이용한 일반 평면에서의 여러 힘의 합성에서, 합력의 크기와 방향은 시력도(示力圖, Force Diagram)에 의해서 구하고, 합력의 작용선은 교차법(交叉法, Method of Intersection)이나 연력도법(連力圖法, Method of Funicular Polygon)에 의하여 구한다.

가. 교차법 (交叉法)

[그림1.3.1](a)와 같이 작용점이 서로 다른 힘 P_1, P_2, P_3, P_4가 동일평면에서 작용할 때, 도해법을 통하여 합력의 크기와 방향 및 작용선을 구해보도록 한다.

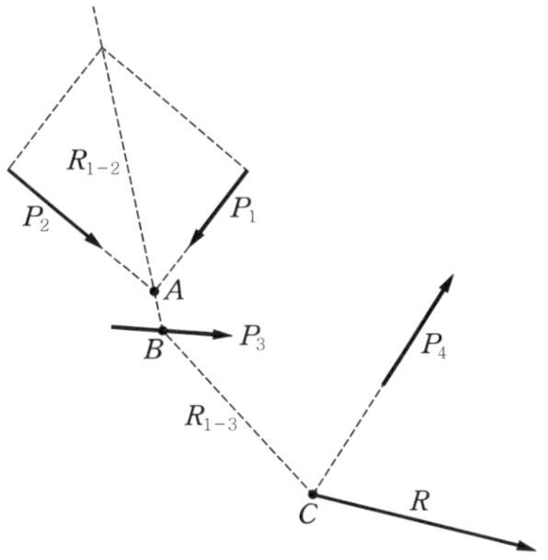

(a) 힘의 위치도

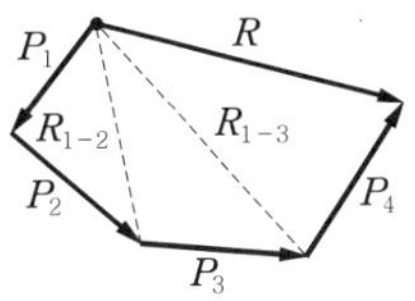

(b) 시력도

[그림1.3.1] 교차법

작용점이 서로 다른 여러 힘을 합성하기 위해서는 먼저 [그림1.3.1](b)처럼 힘의 다각형법을 이용하여 시력도를 작도함으로써 합력 R의 크기와 방향을 구한다.

다음으로 합력 R의 작용선을 구하기 위하여 먼저 그림(b)에서 P_1과 P_2의 합력 R_{1-2}를 구한다. 힘의 이동성의 법칙에 의하여 그림(a)에서 P_1과 P_2의 작용선의 교차점 A를 구하면 점 A는 두 힘 P_1과 P_2의 합력의 작용선이 되므로, 그림(b)에서의 P_1과 P_2의 합력 R_{1-2}를 그림(a)의 점 A에 평행이동시킨다. 다음 그림(a)에서 R_{1-2}와 P_3의 작용선의 교차점 B를 구하면 점B는 두 힘 R_{1-2}와 P_3의 합력의 작용선이 되므로, 그림(b)에서의 R_{1-2}와 P_3의 합력 R_{1-3}을 그림(a)의 점B에 평행이동시킨다. 또 그림(a)에서 R_{1-3}과 P_4의 작용선의 교차점 C를 구하면 점C는 두 힘 R_{1-3}과 P_4의 합력의 작용선이 되므로, 그림(b)에서의 R_{1-3}과 P_4의 합력 R을 그림(a)의 점C에 평행이동시킨다. 이때 점C를 지나는 합력 R의 작용선 및 방향이 결정된다.

이처럼 힘의 위치도에서 작용선을 차례로 교차시켜 합력의 작용선을 구하는 방법을 **교차법**(交叉法, Method of Intersection)이라고 한다. 그러나 교차법은 주어진 힘들이 평행하거나 거의 평행하면 힘의 작용선의 교차점을 주어진 도면에서 찾기 어렵다는 단점이 있다. 따라서 이러한 경우에는 연력도법을 사용하여야 한다.

나. 연력도법 (連力圖法)

[그림1.3.2](a)와 같이 작용선이 서로 다른 힘 P_1, P_2, P_3이 동일평면에서 작용할 때, 이번에는 연력도법을 사용하여 합력의 크기와 방향 및 작용선을 구해보도록 한다.

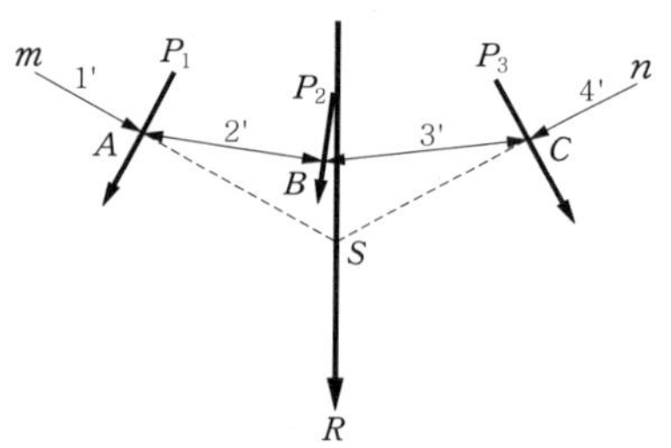

(a) 힘의 위치도

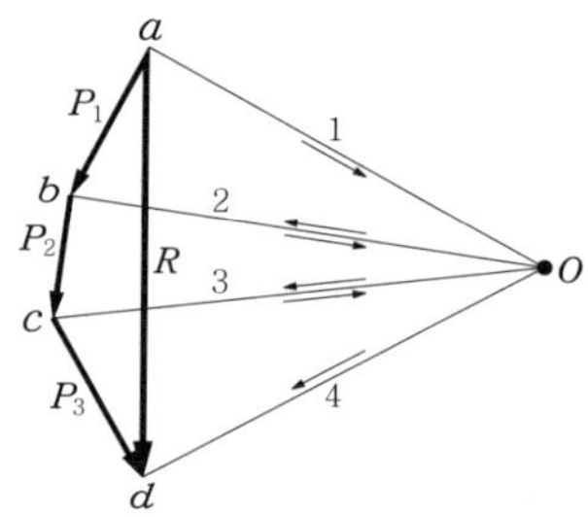

(b) 시력도

[그림1.3.2] 연력도법

먼저 교차법에서와 마찬가지로, [그림1.3.2](b)처럼 힘의 다각형법을 이용하여 시력도를 작도함으로써 합력 R의 크기와 방향을 구한다.

다음으로 그림(b)에서 임의의 **극점**(極點, Pole) O를 정하고, 극점 O와 각 힘의 시점과 종점인 a, b, c, d를 잇는 **극사선**(極射線, Polar Ray) 1, 2, 3, 4를 그린다. 다음 그림(a)에서 힘 P_1의 임의의 점m에서 극사선 1과 평행한 $1'$를 그어 힘 P_1의 작용선과의 교점을 A라고 한다. 다음은 점A에서 극사선 2와 평행한 직선 $2'$를 그어 힘 P_2의 작용선과의 교점을 B라고 한다. 이와 같은 방법으로 점B에서 극사선 3과 평행한 직선 $3'$를 그어 힘 P_3와 만나는 교점을 C라고 한다. 그리고 극사선 4와 평행한 직선 $4'$를 임의의 점n에서 점C로 잇는다. 이때 변 $1'$와 변 $4'$를 연장하여 만나는 교점S가 생기는데, 점S가 합력

R의 작용선이 지나는 점이다. 따라서 그림(b)의 시력도에서의 합력 R을 그림(a)의 점 S를 지나도록 평행이동시키면 힘의 합성이 완료된다.

그림(a)에서 $mABCn$을 **연력도**(連力圖, Funicular Polygon)라 하고, 선분 mA, AB, BC, Cn을 연력도의 **변**(邊, Side, String)이라고 한다.

한편 극점 O의 위치가 변하면 연력도의 형상도 달라져 연력도의 최초 변과 최후 변의 연장선의 교점도 변하지만, 교점은 항상 합력의 작용선상에 있기 때문에 극점은 연력도를 그리는데 편리한 위치에 정하는 것이 좋다. 또한 시력도와 연력도를 그릴 때의 힘의 순서가 변해도 결과는 변함이 없으나, 시력도, 극사선 및 연력도의 변의 순서에 주의하여야 한다.

1.3.2 수식해법 (數式解法)

이번에는 [그림1.3.3]과 같이 작용점이 다른 여러 힘 P_1, P_2, ⋯⋯ , P_n이 작용하는 경우에 대하여 수식해법을 통하여 합력의 크기와 방향 및 작용선을 구해보도록 한다.

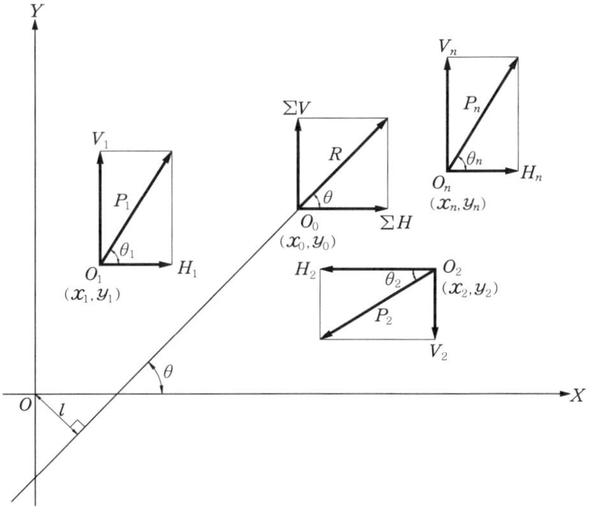

[그림1.3.3] 수식해법을 이용한 일반 평면에서의 여러 힘의 합성

이때 합력의 크기와 방향은 한 점에 작용하는 여러 힘을 합성할 때와 동일한 방법으로 구하고, 작용점은 바리뇽의 정리(Varignon‘s Theorem)를 이용하여 구한다. 한 점에 작용하는 여러 힘을 합성하면 그 결과가 하나의 힘이 되지만, 작용점이 다른 여러 힘을 합성하면 그 결과는 하나의 힘이거나 하나의 우력이 된다.

[그림1.3.3]에서 먼저 임의의 한 점 O를 원점으로 하는 직교좌표축 X, Y를 정한다. 그리고 한 점에 작용하는 여러 힘을 합성할 때와 마찬가지로 주어진 힘 P_1, P_2, ⋯⋯ , P_n의 수평분력의 대수합 ΣH_i와 수직분력의 대수합 ΣV_i를 계산한 후, 합력의 크기 R과 작용방향 θ는 다음과 같이 구한다.

$$R = \sqrt{(\Sigma H_i)^2 + (\Sigma V_i)^2}$$
$$\tan\theta = \frac{\Sigma V_i}{\Sigma H_i} \tag{1.3.1}$$

상기 식(1.3.1)에서 만약 힘 P_1, P_2, ······ , P_n 이외에 합력 R과 크기가 같고 방향이 반대인 다른 한 힘이 합력 R과 평행을 이루면서 작용한다면, 두 힘은 우력을 이루게 된다.

한편 합력의 작용점은 바리뇽의 정리(Varignon‘s Theorem)를 이용하여 다음과 같이 구한다. [그림1.3.3]에서 보는 바와 같이 주어진 힘 P_1, P_2, ······ , P_n의 작용점 O_1, O_2, ······ , O_n의 좌표를 각각 (x_1, y_1), (x_2, y_2), ······ , (x_n, y_n)이라 하고, 합력 R의 작용점의 좌표를 (x_o, y_o)라 하고, 좌표축의 원점 O를 모멘트의 중심으로 하여 바리뇽의 정리(Varignon‘s Theorem)를 적용하면 다음과 같이 된다.

$$(\Sigma V_i)\,x_o = V_1 x_1 + V_2 x_2 + \cdots\cdots + V_n x_n = \Sigma\, V_i\, x_i$$
$$(\Sigma H_i)\,y_o = H_1 y_1 + H_2 y_2 + \cdots\cdots + H_n y_n = \Sigma\, H_i\, y_i \tag{1.3.2}$$
여기서, $i = 1, 2, 3, \cdots\cdots, n$

상기 식(1.3.2)로부터 합력 R의 작용점의 좌표(x_o, y_o)는 다음과 같이 구해진다.

$$x_o = \frac{\Sigma\, V_i\, x_i}{\Sigma\, V_i} = \frac{V_1 x_1 + V_2 x_2 + \cdots\cdots + V_n x_n}{V_1 + V_2 + \cdots\cdots + V_n}$$
$$y_o = \frac{\Sigma\, H_i\, y_i}{\Sigma\, H_i} = \frac{H_1 y_1 + H_2 y_2 + \cdots\cdots + H_n y_n}{H_1 + H_2 + \cdots\cdots + H_n} \tag{1.3.3}$$

여기서, 주의해야 할 것은 합력 R의 작용점의 x좌표인 x_o를 계산할 때, 수직분력 V_i는 상향(↑)을 양(+), 하향(↓)을 음(−)으로 하고, 거리 x는 우향(→)을 양(+), 좌향(←)을 음(−)으로 하여, 수직분력 V_i의 원점 O에 대한 모멘트 $V_i\, x_i$를 계산하면 모멘트의 부호가 반대로 되므로, 만일 모멘트의 부호가 반대로 되지 않게 하기 위해서는 수직분력의 부호를 반대로 해야 된다.

한편 힘의 이동성의 법칙에 따라 강체에 작용하는 힘은 작용점이 작용선상의 어느 점에 있어도 상관없이 힘의 외적효과에는 변함이 없으므로, 합력의 작용선의 위치만 구하면 된다. 따라서 [그림1.3.3]에서 합력의 작용점 O_o의 좌표 (x_o, y_o)를 구하는 대신에 원점 O로부터 합력 R의 수직거리 l을 구해도 된다. 이때 바리뇽의 정리(Varignon‘s Theorem)에 의하여 합력 R의 원점 O에 대한 모멘트 $R\,l$은 힘 P_1, P_2, ······ , P_n의 수평분력 H_1, H_2, ······ , H_n의 원점 O에 대한 모멘트의 대수합 및 수직분력 V_1, V_2, ······ , V_n의 원점 O에 대한 모멘트의 대수합인 ΣM_o와 같다. 즉 $R\,l = \Sigma M_o$이므로 l은 다음과 같이 나타낼 수 있다.

$$l = \frac{\Sigma M_o}{R} \tag{1.3.4}$$

그런데 $\Sigma M_o = (\Sigma H)\, y_o - (\Sigma V)\, x_o$ 이며,
$(\Sigma H)\, y_o = \Sigma H_i\, y_i$ 이고, $(\Sigma V)\, x_o = \Sigma V_i\, x_i$ 이므로 다음과 같이 된다.

$$\begin{aligned}\Sigma M_o &= \Sigma H_i\, y_i - \Sigma V_i\, x_i \\ &= (H_1 y_1 + H_2 y_2 + \cdots\cdots + H_n y_n) - (V_1 x_1 + V_2 x_2 + \cdots\cdots + V_n x_n) \\ &= (H_1 y_1 - V_1 x_1) + (H_2 y_2 - V_2 x_2) + \cdots\cdots + (H_n y_n - V_n x_n) = \Sigma (H_i y_i - V_i x_i)\end{aligned}$$

그래서 위의 수식은 다음의 식(1.3.5)로 정리된다.

$$\Sigma M_o = \Sigma (H_i\, y_i - V_i\, x_i) \tag{1.3.5}$$

따라서 식(1.3.4)와 식(1.3.5)에 의하여 원점 O로부터 합력 R의 수직거리 l은 다음과 같이 나타낼 수 있다.

$$l = \frac{\Sigma M_o}{R} = \frac{\Sigma (H_i\, y_i - V_i\, x_i)}{R} \tag{1.3.6}$$

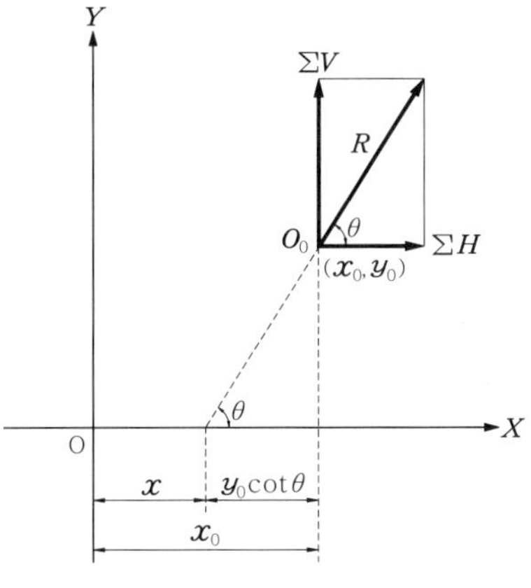

[그림1.3.4] 합력 R의 작용선이 X축과 만나는 점까지의 거리 x의 산정

또한 [그림1.3.4]에서 보는 바와 같이 원점 O로부터 합력 R의 작용선이 X축과 만나는 점까지의 거리 x를 구해본다.

$x = x_o - y_o \cot\theta = x_o - y_o \dfrac{\Sigma H}{\Sigma V}$ 이므로 다음과 같은 식이 성립된다.

$$x(\Sigma V) = x_o \Sigma V - y_o \Sigma H = -\Sigma M_o \tag{1.3.7}$$

식(1.3.5)와 식(1.3.7)을 통하여 결국 원점 O로부터 합력 R의 작용선이 X축과 만나는 점까지의 거리 x는 다음과 같은 식으로 나타낼 수 있다.

$$x = -\frac{\Sigma M_o}{\Sigma V} = -\frac{\Sigma (H_i\, y_i - V_i\, x_i)}{\Sigma V} \tag{1.3.8}$$

◆ ◆ ◆ ◆ ◆ ◆

예제 1.3.1

다음 그림과 같은 여러 가지 평면력(平面力)을 합성하여라.

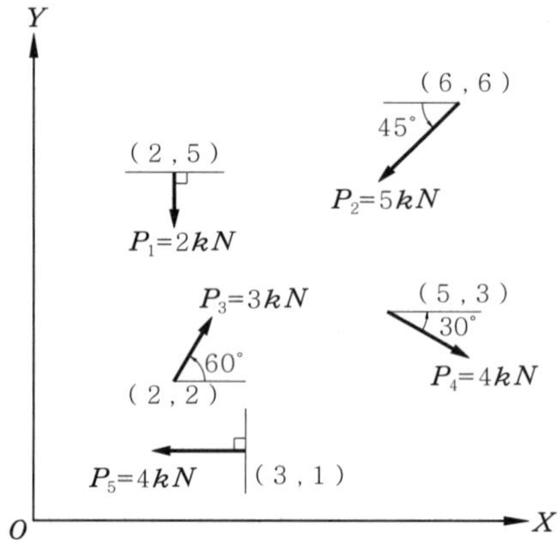

풀이

힘 P_1, P_2, P_3, P_4, P_5의 수평분력 H_1, H_2, H_3, H_4, H_5는 다음과 같다.

$$H_1 = 0$$

$$H_2 = -P\cos 45° = -5kN \times 1/\sqrt{2} = -2.5\sqrt{2}\,kN$$

$$H_3 = P\cos 60° = 3kN \times 1/2 = 1.5\,kN$$

$$H_4 = P\cos 30° = 4kN \times \sqrt{3}/2 = 2\sqrt{3}\,kN$$

$$H_5 = -P_5 = -4kN$$

따라서 수평분력의 합계 ΣH는 다음과 같다.

$$\Sigma H = H_1 + H_2 + H_3 + H_4 + H_5 = 0 - 2.5\sqrt{2} + 1.5 + 2\sqrt{3} - 4 = -2.571\,kN$$

힘 P_1, P_2, P_3, P_4, P_5의 수직분력 V_1, V_2, V_3, V_4, V_5는 다음과 같다.

$$V_1 = -P_1 = -2kN$$

$$V_2 = -P\sin 45° = -5kN \times 1/\sqrt{2} = -2.5\sqrt{2}\,kN$$

$$V_3 = P\sin 60° = 3kN \times \sqrt{3}/2 = 1.5\sqrt{3}\,kN$$

$$V_4 = -P\sin 30° = -4kN \times 1/2 = -2kN$$

$$V_5 = 0$$

따라서 수직분력의 합계 ΣV는 다음과 같다.

$$\Sigma V = V_1 + V_2 + V_3 + V_4 + V_5 = -2 - 2.5\sqrt{2} + 1.5\sqrt{3} - 2 + 0 = -4.937\,kN$$

식(1.3.1)을 이용하여 합력의 크기 R을 구하면,

$$R = \sqrt{(\Sigma H)^2 + (\Sigma V)^2} = \sqrt{(-2.571)^2 + (-4.937)^2} = 5.566\,kN$$

합력의 작용방향은

$$\tan\theta = \frac{\sum V}{\sum H} = \frac{4.937}{2.571} = 1.92$$

$\sum H < 0$, $\sum V < 0$ 이므로 $180^\circ < \theta < 270^\circ$ $\quad \therefore \ \theta = 242^\circ 29'$

합력 R 의 작용점의 좌표 (x_o, y_o) 을 식(1.3.3)으로 구해보면,

$$x_o = \frac{\sum V x}{\sum V} = \frac{-2\times2-2.5\sqrt{2}\times6+1.5\sqrt{3}\times2-2\times5}{-4.937} = 6.08$$

$$y_o = \frac{\sum H y}{\sum H} = \frac{-2.5\sqrt{2}\times6+1.5\times2+2\sqrt{3}\times3-4\times1}{-2.571} = 4.60$$

원점 O 로부터 합력의 작용선까지의 거리 l 을 식(1.3.4)으로 구해보면,

$$l = \frac{\sum M_o}{R} = \frac{2\times2-2.5\sqrt{2}\times6+2.5\sqrt{2}\times6+1.5\times2-1.5\sqrt{3}\times2+2\sqrt{3}\times3+2\times5-4\times1}{5.566}$$

$$= 3.27$$

원점 O 로부터 합력 R 의 작용선이 X 축과 만나는 점까지의 거리 x 를 식(1.3.8)을 이용하여 구해보면,

$$x = -\frac{\sum M_o}{\sum V} = -\frac{18.196}{-4.937} = 3.686$$

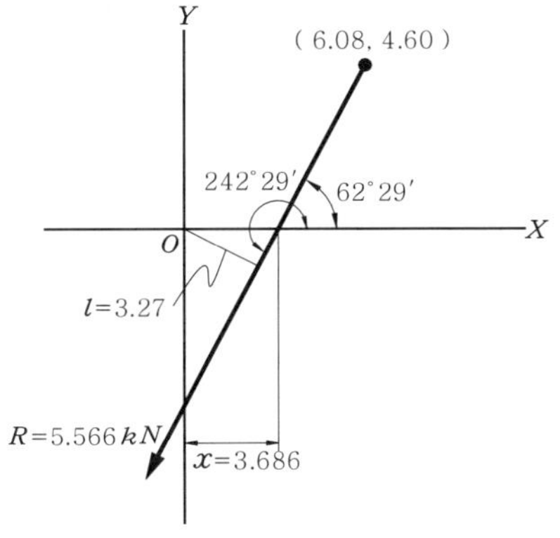

◆ ◆ ◆ ◆ ◆ ◆

◈ 연 습 문 제 ◈

1.3.1 서로 평행한 여러 개의 평면력(平面力)을 가장 쉽게 합성할 수 있는 도해 방법은?

① 힘의 삼각형을 이용한다.
② 힘의 평행사변형을 함께 이용한다.
③ 힘의 삼각형과 평행사변형을 함께 이용한다.
④ 시력도와 연력도를 이용한다.

1.3.2 연력도(連力圖)는 어떤 경우에 무엇을 구하기 위해서 그려지는가?

① 한 점에 작용하지 않는 여러 힘을 합성할 때 합력의 크기와 방향을 구한다.
② 한 점에 작용하는 여러 힘을 합성할 때 합력의 작용선을 찾는다.
③ 한 점에 작용하지 않는 여러 힘을 합성할 때 합력의 작용선을 찾는다.
④ 한 점에 작용하는 여러 힘을 합성할 때 합력의 크기와 방향과 작용선을 찾는다.

1.3.3 도해법(圖解法)을 이용한 일반 평면에서의 여러 힘의 합성에 대한 다음 설명 중 틀린 것은?

① 합력의 크기와 방향은 시력도(示力圖)에 의해서 구한다.
② 합력의 작용선은 교차법(交叉法)이나 연력도법(連力圖法)에 의하여 구한다.
③ 교차법(交叉法)은 주어진 힘들이 평행하거나 거의 평행하여도 힘의 작용선을 쉽게 찾을 수 있다.
④ 연력도법(連力圖法)에서 시력도와 연력도를 그릴 때의 힘의 순서가 변해도 결과는 변함이 없으나, 시력도, 극사선 및 연력도의 변의 순서에 주의하여야 한다.

1.3.4 일반 평면에서의 여러 힘의 합성을 구하는 도해법(圖解法)에서 다음 용어 중 성격이 다른 하나는?

① 연력도의 변(邊, Side, String)
② 교차법(交叉法, Method of Intersection)
③ 극점(極點, Pole)
④ 극사선(極射線, Polar Ray)
⑤ 시력도(示力圖, Force Diagram)

1.4 힘의 평형 (Equilibrium of Forces)

물체에 여러 힘이 작용하는 경우, 그 물체의 운동상태 및 정지상태가 힘이 작용하기 전과 비교하여 아무런 변화가 없을 때 이 물체는 **평형상태**(平衡狀態, Equilibrium State)에 있다고 하며, 이들의 여러 힘은 **힘의 평형**(Equilibrium of Forces)을 유지한다고 한다.

특히 건축 및 토목 구조물과 같은 정지상태에 있는 물체에 힘이 작용하여 힘의 외적효과로 인하여 그 물체가 이동이나 회전하지 않으며 원래 정지상태를 유지하고 있다면, 이를 **정역학적 평형상태**(靜力學的 平衡狀態, Static Equilibrium)에 있다고 하며, 정역학적 평형상태를 다루는 학문을 **정역학**(靜力學, Statics)이라고 한다.

1.4.1 힘의 평형조건식

물체가 외부에서 작용하는 힘인 외력(外力)에 대하여 정지상태를 유지하는 정역학적 평형상태를 위해서는 다음과 같은 3가지 힘의 평형조건식을 만족하여야 한다.

$$\sum V = 0 \qquad (1.4.1.a)$$

$$\sum H = 0 \qquad (1.4.1.b)$$

$$\sum M = 0 \qquad (1.4.1.c)$$

식(1.4.1.a)의 $\sum V = 0$ 는 "수직으로 작용하는 여러 힘(Vertical Forces)의 대수합은 '0'이다."라는 뜻으로, 물체가 수직방향으로 움직이지 않는다는 것을 의미한다.

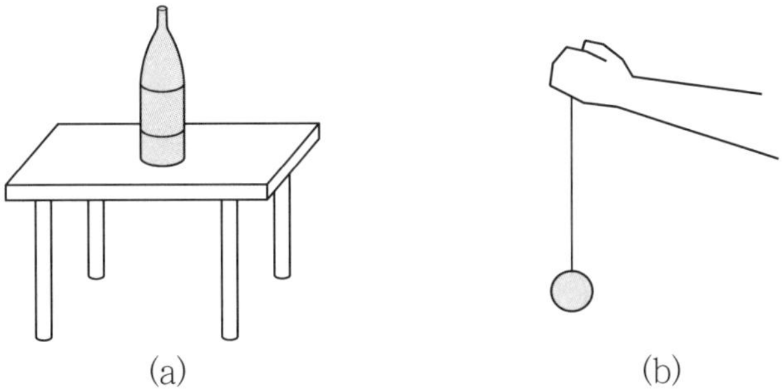

(a) (b)

[그림1.4.1] 수직방향의 힘의 평형

예를 들어 [그림1.4.1](a)와 같이 탁자 위에 놓인 물체가 아래로 움직이지 않는 것은 중력과 탁자가 지지하는 힘이 평형을 이루고 있기 때문이다. 여기서 탁자가 지지하는 힘, 즉 중력에 저항하여 아래에서 위로 지지하는 힘을 반력(反力, 반작용힘)이라 하는데, 물체의 중량(W)과 같은 힘이 반력으로 작용하게 된다. 결국 이 경우는 두 힘, 즉 지구가 끌어당기는 힘(중력)과 탁자가 지지하는 힘(반력)

이 힘의 평형을 이루고 있는 것으로, 두 힘은 크기가 같고 방향이 반대이므로 두 힘의 대수합은 '0' 이 된다. 또한 [그림1.4.1](b)는 추를 줄에 매달아 손으로 잡고 있는 경우로, 만약 추가 상하로 움직이지 않는다면 이는 추를 아래로 당기는 중력과 그 추의 중량을 지지하는 상향의 반력인 손의 힘이 서로 평형을 이루고 있기 때문이다. 이때 두 힘은 크기가 같고 방향이 서로 반대로, 수직방향으로 작용하는 힘의 대수합은 '0' 이 된다.

식(1.4.1.b)의 $\Sigma H = 0$ 는 "수평으로 작용하는 여러 힘(Horizontal Forces)의 대수합은 '0' 이다." 라는 뜻으로, 물체가 수평방향으로 움직이지 않는다는 것을 의미한다.

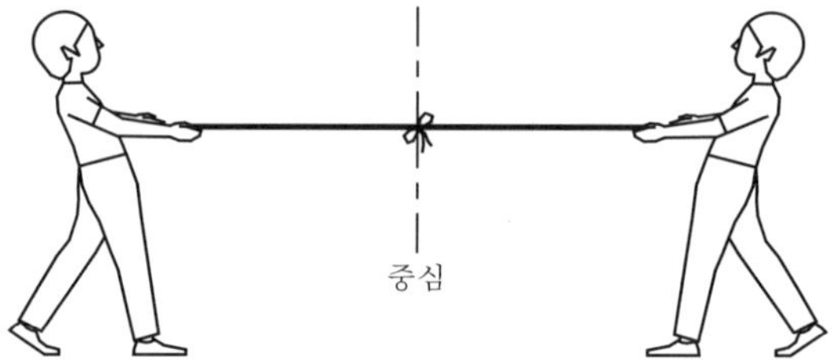

[그림1.4.2] 수평방향의 힘의 평형

[그림1.4.2]와 같은 줄다리기를 예로 들면, 양편에서 서로 수평으로 당기는 힘 중 어느 한 쪽이 크면 줄의 중앙점이 힘이 큰 쪽으로 수평이동하지만, 서로 당기는 힘이 같으면 줄의 중앙점은 움직이지 않으면서 평형상태를 유지한다. 결국 줄다리기에서 평형상태를 유지한다는 것은 힘의 크기가 같고 방향이 반대인 수평방향의 두 힘의 대수합이 '0' 이라는 뜻이 된다.

식(1.4.1.c)의 $\Sigma M = 0$ 는 "임의 점에서의 모멘트(Moment)의 대수합은 '0'이다."라는 뜻으로, 물체가 회전하지 않는다는 것을 의미한다.

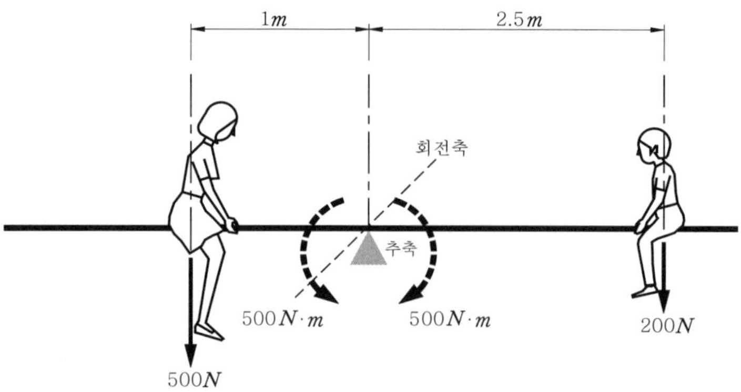

[그림1.4.3] 모멘트의 평형

예를 들어 시소(Seesaw)는 중앙의 회전축을 중심으로 한 양측의 모멘트의 대소(大小)에 따라 모멘트가 큰 한 쪽으로 회전한다. [그림1.4.3]은 시소의 중앙의 회전축에서 왼쪽으로 $1m$ 떨어진 곳에 $500N$의 몸무게를 지닌 여성이 앉아 있고, 회전축에서 오른쪽으로 $2.5m$ 떨어진 곳에 $200N$의 몸무게를 지닌 어린이가 앉아 있으므로 시소는 어느 한 쪽으로 회전하지 않고 모멘트의 평형상태를 유지하고 있는 모습이다. 이때 중앙부 회전축을 기준으로 왼쪽에 여성으로 인하여 작용하는 힘의 모멘트는 $-(500N \times 1m) = -500N \cdot m$ 이고, 오른쪽에 어린이로 인하여 작용하는 힘의 모멘트는 $200N \times 2.5m = 500N \cdot m$ 이다. 이는 서로 크기가 같고 방향이 반대인 모멘트로, 이들 모멘트의 대수합은 '0' 이 된다.

◆ ◆ ◆ ◆ ◆ ◆

예제 1.4.1

다음 그림과 같이 평형을 이루기 위하여 A와 B점에 작용하는 힘 P_1, P_2를 구하여라.

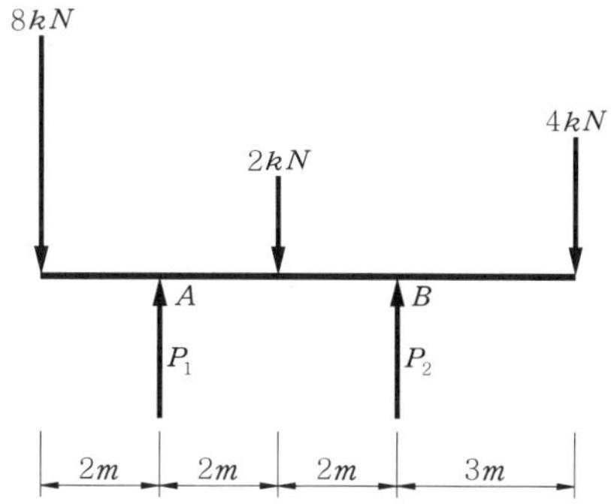

풀이

$\Sigma V = 0 \quad : P_1 + P_2 - 8kN - 2kN - 4kN = 0$

$P_1 + P_2 = 14kN \quad \cdots\cdots\cdots\cdots ①$

$\Sigma M_A = 0 \ : -8kN \times 2m + 2kN \times 2m - P_2 \times 4m + 4kN \times 7m = 0$

$4P_2 = 16kN \cdot m$

$\therefore \ P_2 = 4kN$

$P_2 = 4kN$을 ①식에 대입하여 P_1을 구한다.

$\therefore \ P_1 = 10kN$

◆ ◆ ◆ ◆ ◆ ◆

1.4.2 한 점에 작용하는 여러 힘의 평형

한 점에 작용하는 여러 개의 힘을 합성하면 하나의 힘이 될 뿐 하나의 우력은 되지 않으며, 이들 힘에 의하여 물체는 합력의 작용방향으로 이동을 한다. 따라서 한 점에 작용하는 여러 힘이 평형상태를 유지하려면 그 합력이 '0'이 되어야 한다.

가. 도해조건

한 점에 작용하는 여러 힘의 합성에서 도해법을 사용할 때, 합력의 크기는 시력도의 시점과 종점을 잇는 선분으로 표현되므로, 합력이 '0' 이 되려면 시력도의 시점과 종점이 일치하여야 한다. 이처럼 시력도의 시점과 종점이 일치되면 시력도는 폐쇄형 다각형이 되는데, 이를 시력도가 **폐합**(閉合, Closure)되었다고 한다. 즉 한 점에 작용하는 여러 힘이 평형상태를 유지하기 위해서는 시력도가 폐합되어야 한다.

[그림1.4.4](a)에서 한 점 O에 작용하는 5개의 힘 P_1, P_2, P_3, P_4, P_5가 평형상태를 유지한다면, 이들의 시력도는 [그림1.4.4](b)와 같이 폐합되어야 한다. 이때 5개의 힘 가운데 어느 한 힘은 나머지 다른 4개 힘의 합력과 크기가 같고 방향이 반대이다.

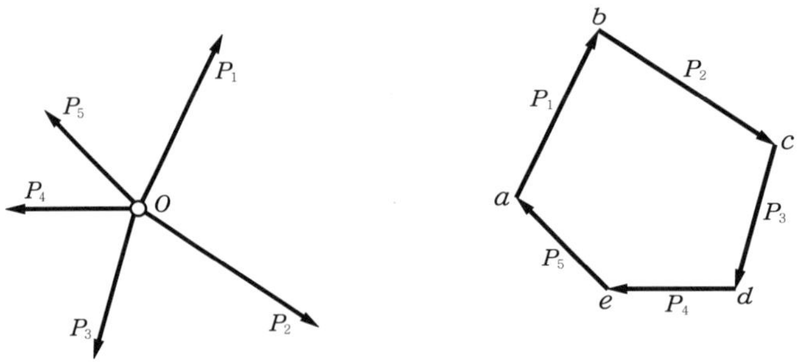

(a) 위치도 (b) 시력도

[그림1.4.4] 도해법을 이용한 한 점에 작용하는 여러 힘의 합성

나. 수식조건

한 점에 작용하는 여러 힘의 수직분력 V_1, V_2, V_3, …… , V_n의 대수합을 ΣV, 수평분력 H_1, H_2, H_3, …… , H_n의 대수합을 ΣH라고 하면,

합력 R은 $R = \sqrt{(\Sigma V)^2 + (\Sigma H)^2}$ 이므로, 합력이 '0' 이 되어 한 점에 작용하는 여러 힘이 평형상태를 유지하려면 다음과 같은 관계가 성립되어야 한다.

$$\Sigma V = 0 \quad , \quad \Sigma H = 0 \qquad (1.4.2)$$

즉, 한 점에 작용하는 여러 힘이 평형상태를 이루기 위한 수식조건은 모든 힘의 수직분력의 대수합과 수평분력의 대수합이 동시에 '0' 이 되어야 한다.

한편 다른 방법으로 힘의 평형조건을 생각할 수 있는데, 한 점에 작용하는 여러 힘의 모멘트의 합계가 '0' 이 되려면 모멘트의 중심이 합력의 작용선상에 있거나 합력이 '0' 이 되어야 한다.

[그림1.4.5]와 같이 한 점 O에서 작용하는 여러 힘이 있을 때, 점 A에 대한 이들 힘의 모멘트의 대수합이 '0' 이라면 합력이 '0' 이거나 합력의 작용선이 $\overline{OA}$와 일치하여야 한다.

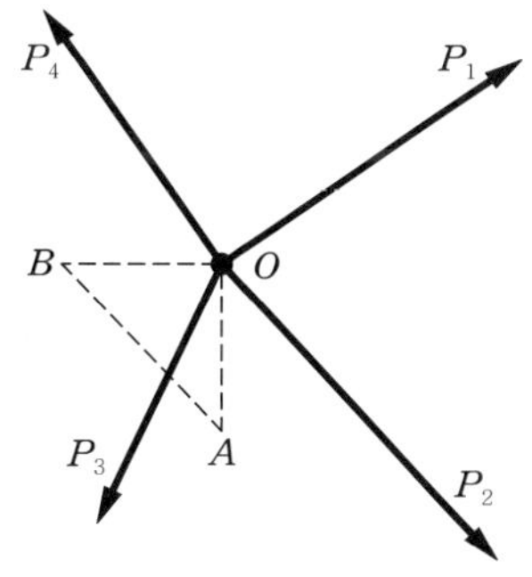

[그림1.4.5] 한 점에 작용하는 여러 힘

만약 $\overline{OA}$ 상에 있지 않은 다른 한 점 B에 대한 힘들의 모멘트의 대수합이 '0' 이라면 합력은 '0' 이어야 한다. 왜냐하면 합력의 작용선이 $\overline{OA}$ 와 $\overline{OB}$ 즉 2개가 될 수는 없기 때문이다.

따라서 한 점에 작용하는 여러 힘이 평형상태를 유지하려면, 힘의 작용점과 일직선상에 있지 않는 임의의 두 점 A, B에 대하여 다음과 같은 관계가 성립되어야 한다.

$$\Sigma M_A = 0 \quad , \qquad \Sigma M_B = 0 \tag{1.4.3}$$

식(1.4.2)와 식(1.4.3)은 서로 독립된 해석조건식으로, 한 점에 작용하는 여러 힘이 평형상태를 이루기 위한 필수조건식이다. 따라서 한 점에 작용하는 여러 힘의 평형에 관한 문제를 풀 때에는 위의 두 조건식 중 어느 것을 사용하여도 되며, 이때 관계식이 2개이므로 미지수가 2개 이하이어야 문제를 해결할 수 있다.

◆ ◆ ◆ ◆ ◆ ◆

예제 1.4.2

다음과 같은 그림의 두 힘과 평형을 이루는 힘 P를 구하여라.

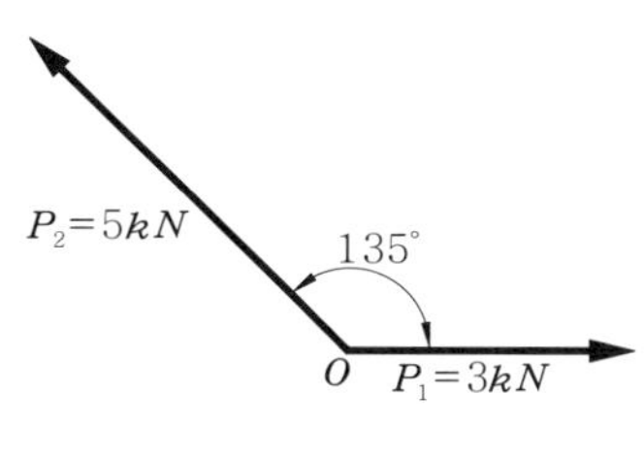

풀이

두 힘 P_1과 P_2는 한 점 O에서 만나므로 두 힘과 평형을 이루는 힘 P도 점 O에서 만난다. 두 힘의 합력 R과 크기가 같고 방향이 반대인 힘을 P라 했을 때, 점 O을 원점으로 하고 P_1의 작용선을 X축으로 하는 직교좌표를 만들어 두 힘의 수평분력의 합력 ΣH와 수직분력의 합력 ΣV를 구하면 다음과 같다.

$$\Sigma H = P_1 - P_2 \cos 45^\circ = 3kN - 5kN \times \frac{1}{\sqrt{2}} = -0.536\,kN$$

$$\Sigma V = P_2 \cos 45^\circ = 5kN \times \frac{1}{\sqrt{2}} = 3.536\,kN$$

힘 P의 수평분력과 수직분력은,

$$H = 0.536\,kN, \quad V = -3.536\,kN$$

힘 P의 크기와 방향을 구하면 다음과 같다.

$$P = \sqrt{(H)^2 + (V)^2} = \sqrt{(0.536)^2 + (-3.536)^2} = 3.576\,kN$$

$$\tan\theta = \frac{V}{H} = \frac{-3.536}{0.536} = -6.597 \qquad \therefore\ \theta = 81^\circ 23'$$

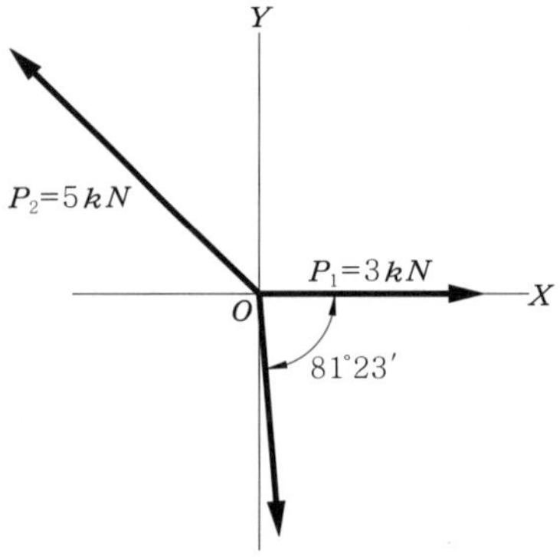

◆ ◆ ◆ ◆ ◆ ◆

다. 라미의 정리 (Rami's Theorem)

동일평면에서 한 점에 3개의 힘이 평형을 이루고 있을 때는 라미의 정리(Rami's Theorem)를 사용하면 문제해결이 편리하다. [그림1.4.6](a)와 같이 한 점에 3개의 힘 P_1, P_2, P_3가 작용하여 평형을 유지할 때, [그림1.4.6](b)와 같이 폐합된 삼각형의 시력도로 나타낼 수 있다. 이때 시력도인 Δabc에 대하여 삼각함수의 sine법칙을 적용하면 다음과 같은 관계가 성립된다.

$$\frac{P_1}{\sin(180^\circ - \theta_1)} = \frac{P_2}{\sin(180^\circ - \theta_2)} = \frac{P_3}{\sin(180^\circ - \theta_3)} \tag{1.4.4}$$

상기 식(1.4.4)에서 $\sin(180^\circ - \theta) = \sin\theta$ 이므로, 다음과 같이 나타낼 수 있다.

$$\frac{P_1}{\sin\theta_1} = \frac{P_2}{\sin\theta_2} = \frac{P_3}{\sin\theta_3} \tag{1.4.5}$$

상기 식(1.4.5)를 3개의 힘의 평형에 관한 **라미의 정리**(Rami's Theorem)라고 한다.

한편 라미의 정리를 통하여 문제를 해결할 때, [그림1.4.6](a)와 같이 한 점에서 평형을 이루는 3개의 힘 중 구하고자 하는 미지의 힘은 한 점을 기준으로 밖으로 향하는 힘, 즉 인장력으로 가정하기 때문에 미지의 힘에 대한 결과값의 부호가 양(+) 이면 가정한 방향과 일치함으로 인장력을 뜻하고, 음(−) 이면 가정한 방향과 반대방향이므로 압축력을 의미함에 주의하여야 한다.

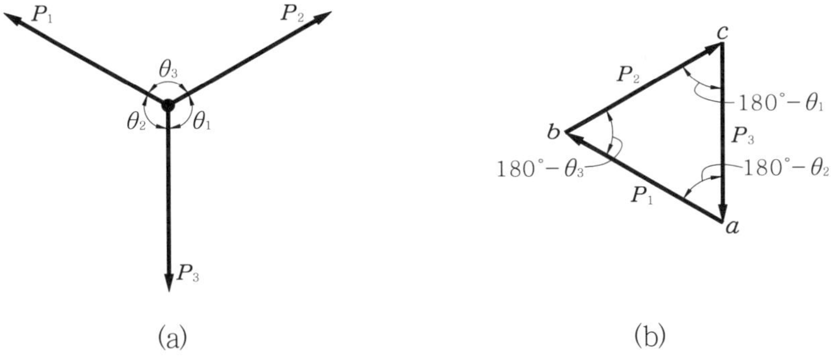

[그림1.4.6] 라미의 정리 (Rami's Theorem)

◆ ◆ ◆ ◆ ◆ ◆

예제 1.4.3

다음과 같은 그림의 힘 $\overrightarrow{AC}$, $\overrightarrow{BC}$ 의 값은 얼마인지 구하여라.

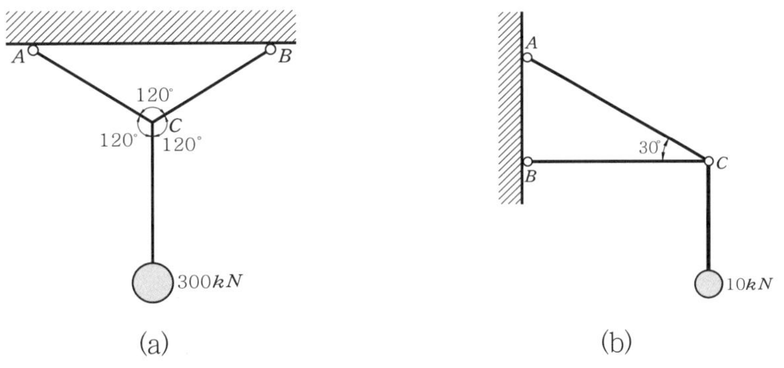

풀이-1 힘의 평형조건식을 이용한 경우

(1) 그림(a)

그림(c)에서 C 점에서 부재력 $\overrightarrow{AC}$ 와 $\overrightarrow{BC}$ 를 수직분력으로 분해하여 힘의 평형조건식을 세워보면 다음과 같다.

$\Sigma V_C = 0$: $\overrightarrow{AC}\ \sin 30^\circ + \overrightarrow{BC}\ \sin 30^\circ - 300\,kN = 0$ .... ①

$\Sigma H_C = 0$: $-\overrightarrow{AC}\ \cos 30^\circ + \overrightarrow{BC}\ \cos 30^\circ = 0$ .... ②

식①과 식②를 연립방정식으로 풀면, 부재력은 다음과 같다.

$\therefore\ \overrightarrow{AC} = \overrightarrow{BC} = 300\,kN$ (인장력)

(2) 그림(b)

그림(a)와 같은 해법으로 부재력를 분해하여 힘의 평형 조건식을 세워보자.

$\Sigma V_C = 0 \;:\; \overrightarrow{AC}\sin30^\circ - 10kN = 0$ .... ③

$\Sigma H_C = 0 \;:\; -\overrightarrow{AC}\cos30^\circ - \overrightarrow{BC} = 0$ .... ④

식③과 식④를 연립방정식으로 풀면, 부재력은 다음과 같다.

$\therefore\; \overrightarrow{AC} = 20kN$ (인장력), $\overrightarrow{BC} = -10\sqrt{3}\,kN = -17.32kN$ (압축력)

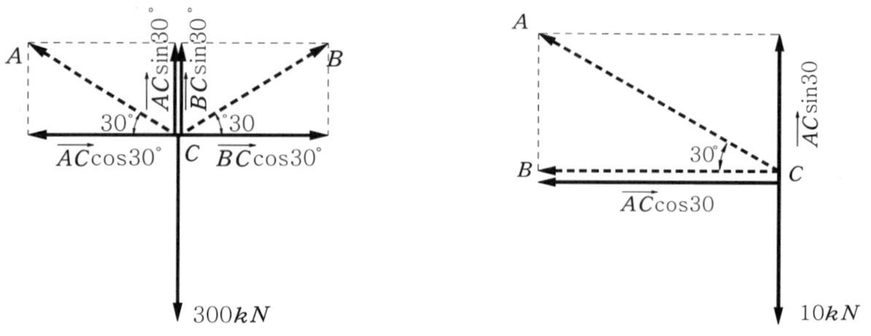

(c) (d)

풀이-2 라미의 정리를 이용한 경우

식(1.4.5)의 라미(Ramy)의 정리를 이용하여 구한다.

(1) 그림(a)

$$\frac{\overrightarrow{AC}}{\sin120^\circ} = \frac{\overrightarrow{BC}}{\sin120^\circ} = \frac{300kN}{\sin120^\circ}$$

$\therefore\; \overrightarrow{AC} = \overrightarrow{BC} = 300kN$ (인장력)

(2) 그림(b)

$$\frac{10kN}{\sin30^\circ} = \frac{\overrightarrow{AC}}{\sin90^\circ} = \frac{\overrightarrow{BC}}{\sin240^\circ}$$

$\therefore\; \overrightarrow{AC} = \dfrac{10kN}{\sin30^\circ} \times \sin90^\circ = 20kN$ (인장력)

$\therefore\; \overrightarrow{BC} = \dfrac{10kN}{\sin30^\circ} \times \sin240^\circ = -17.32kN$ (압축력)

상기 힘 $\overrightarrow{BC}$의 (−) 부호는 처음 가정한 힘(인장력)의 방향과 반대방향을 뜻함으로 압축력을 의미함에 주의해야 한다.

◆ ◆ ◆ ◆ ◆ ◆

1.4.3 일반 평면에서의 여러 힘의 평형

일반 평면에서의 여러 힘을 합성하여 하나의 힘이 되거나 하나의 우력이 되면 이들 힘에 의하여 물체는 합력의 작용방향으로 이동하거나 우력모멘트의 방향으로 회전한다. 따라서 일반 평면에서 여러 힘이 평형을 유지하려면 그 합력은 '0'

이 되어야 한다.

가. 도해조건

앞서 설명한 한 점에 작용하는 여러 힘의 평형에서와 마찬가지로, 일반 평면에서의 여러 힘이 평형을 유지하려면 도해법에서 시력도가 폐합되어야 한다.

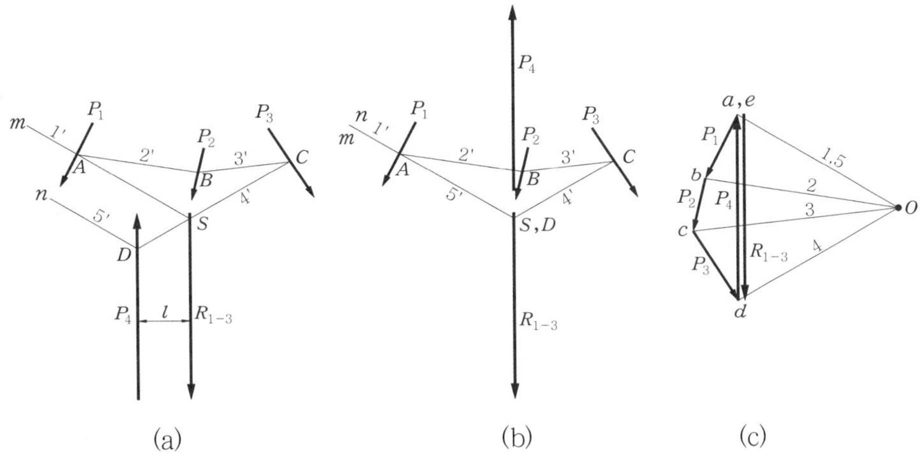

[그림1.4.7] 일반 평면에서 여러 힘이 평형일 때의 도해조건

시력도가 폐합되면 [그림1.4.7](c)와 같이 최초의 극사선 1과 최후의 극사선 5가 일치한다. 이런 경우 연력도의 최초의 변과 최후의 변은 평행하게 되거나 겹쳐진다. [그림1.4.7](a)는 연력도의 최초의 변과 최후의 변이 평행하게 되는 경우로, P_1, P_2, P_3의 합력 R_{1-3}과 P_4는 크기가 같고 방향이 반대이나 작용선이 일치하지 않고 거리 l 만큼 떨어져 있다. 이에 R_{1-3}과 P_4가 우력을 이루게 되므로 P_1, P_2, P_3, P_4는 평형을 이루지 못한다. 이때 연력도의 최초의 변 $1'$와 최후의 변 $5'$는 평행하다. [그림1.4.7](b)는 연력도의 최초의 변과 최후의 변이 일치하여 겹쳐지는 경우로, P_1, P_2, P_3의 합력 R_{1-3}과 P_4는 크기가 같고 방향이 반대이며, 작용선이 일치하여 합력이 '0' 이 된다. 즉 P_1, P_2, P_3, P_4는 평형을 이루며, 이때 연력도의 최초의 변 $1'$와 최후의 변 $5'$는 겹쳐진다.

이와 같이 연력도의 최초의 변과 최후의 변이 일치하는 것을 연력도가 폐합되었다고 한다. 즉 일반 평면에서의 여러 힘이 평형을 유지하려면 연력도가 폐합되어야 한다.

종합하건데 위의 설명에서 알 수 있듯이 일반 평면에서의 여러 힘이 평형을 이루기 위해서는 시력도와 연력도가 동시에 폐합되어야 한다.

나. 수식조건

일반 평면에서의 여러 힘을 합성하면 하나의 힘이 되거나 하나의 우력이 되지 않으려면, 이들 힘의 수평분력의 대수합과 수직분력의 대수합이 '0' 이 되어야 할 뿐 아니라 임의 점에 대한 모든 힘들의 모멘트의 대수합이 '0' 이어야 한다. 따라서 다음과 같은 평형조건식을 만족해야 한다.

$$\Sigma V = 0 \quad , \quad \Sigma H = 0 \quad , \quad \Sigma M = 0 \tag{1.4.6}$$

한편 다른 방법으로 일반 평면에서 여러 힘이 작용할 때의 평형조건식을 생각할 수 있다. 한 점에 작용하지 않는 여러 힘의 어떤 한 점 A에 대한 모멘트의 대수합이 '0' 이면 이들의 힘은 우력을 이루지 않는다. 그러나 합력이 모멘트의 중심인 A점을 지날 수도 있으므로, 합력이 '0' 이 아닐 수도 있다.

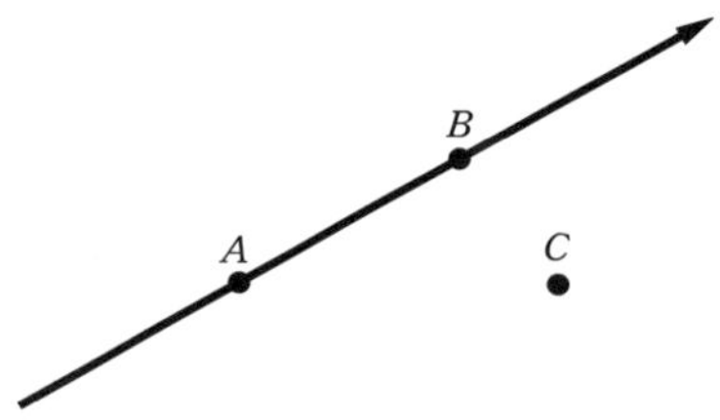

[그림1.4.8] 일직선상에 있지 않는 임의의 세 점

예를 들어 [그림1.4.8]을 보면, 임의의 두 점 A, B에 대한 모멘트의 대수합이 '0'이면 합력의 작용선이 두 점 A, B를 지나는 직선과 일치할 수 있으므로 합력이 '0' 이 아닐 수도 있다. 그런데 두 점 A, B뿐만 아니라 직선 AB상에 있지 않는 제3의 임의의 점 C에 대한 모멘트의 대수합도 '0' 이면 합력은 '0' 임을 알 수 있다.

따라서 일반 평면에서 여러 힘이 평형을 유지하려면 일직선상에 있지 않는 임의의 세 점 A, B, C에 대한 모멘트의 대수합이 각각 '0' 이 되어야 한다.

이를 평형조건식으로 표현하면 다음과 같다.

$$\Sigma M_A = 0 \quad , \quad \Sigma M_B = 0 \quad , \quad \Sigma M_C = 0 \tag{1.4.7}$$

식(1.4.6)과 식(1.4.7)은 서로 독립된 해석조건식으로, 일반 평면에 작용하는 여러 힘이 평형상태를 이루기 위한 필수조건식이다.

따라서 일반 평면에서의 여러 힘의 평형에 관한 문제를 풀 때에는 위의 두 조건식 중 어느 것을 사용하여도 되며, 이때 관계식이 3개이므로 미지수가 3개 이하이어야 문제를 해결할 수 있다.

◆ ◆ ◆ ◆ ◆ ◆

예제 1.4.4

다음과 같은 그림(a), (b)가 평형을 이루기 위한 점 A 의 힘과 모멘트를 구하여라.

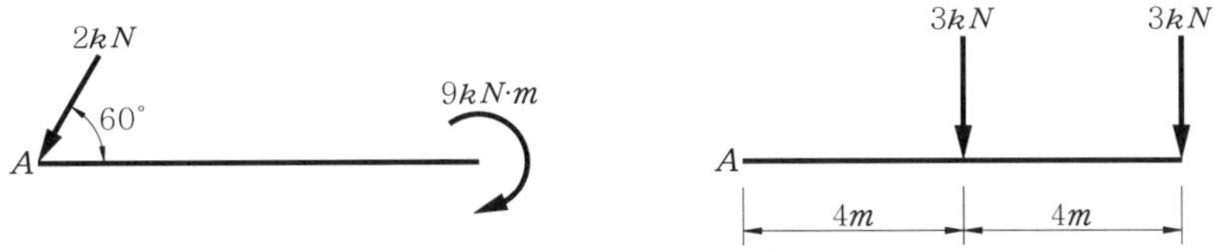

(a) (b)

풀이

식(1.4.6)을 이용하여 구한다.

(1) 그림(a)

$\sum H=0 \ : \ H_A-2\cos 60° =0$ $\therefore \ H_A=1\,kN \ (\rightarrow)$

$\sum V=0 \ : \ V_A-2\sin 60° =0$ $\therefore \ V_A=\sqrt{3}\,kN \ (\uparrow)$

$\sum M_A=0 : \ M_A+9kN\cdot m=0$ $\therefore \ M_A=-9\,kN\cdot m \ (\circlearrowleft)$

(2) 그림(b)

$\sum H=0 \ : \ H_A=0$ $\therefore \ H_A=0$

$\sum V=0 \ : \ V_A-3kN-3kN=0$ $\therefore \ V_A=6\,kN \ (\uparrow)$

$\sum M_A=0 \ : \ M_A+3kN\times 4m+3kN\times 8m=0$ $\therefore \ M_A=-36\,kN\cdot m \ (\circlearrowleft)$

◆ ◆ ◆ ◆ ◆ ◆

◈ 연 습 문 제 ◈

1.4.1 한 점에 작용하는 여러 개의 평면력이 평형을 이룰 수 있는 최소 조건은?

① $\Sigma X=0$　　② $\Sigma Y=0$

③ $\Sigma X=0$, $\Sigma Y=0$　　④ $\Sigma X=0$, $\Sigma Y=0$, $\Sigma M=0$

1.4.2 힘의 평형조건에 대한 설명 중 옳지 않은 것은?

① 동일점에 작용하지 않는 여러 개의 힘의 해석적 평형조건은 $\Sigma H=0$, $\Sigma V=0$, $\Sigma M=0$ 이다.

② 동일점에 작용하지 않는 여러 개의 힘의 도해적 평형조건은 시력도 및 연력도가 폐합되어야 한다.

③ 동일점에 작용하는 여러 개의 힘의 해석적 평형조건은 $\Sigma H=0$, $\Sigma V=0$ 이다.

④ 동일점에 작용하는 여러 개의 힘의 도해적 평형조건은 연력도가 폐합되어야 한다.

1.4.3 다음 설명 중 옳지 않은 것은?

① 힘의 합성과 분해에서 수식해법의 필요충분조건은 수평분력의 합 $\Sigma H=0$, 수직분력의 합 $\Sigma V=0$ 이다.

② 힘의 합성에서 시력도가 폐합되면 합력은 '0'이 된다.

③ 힘의 합성에서 연력도가 폐합되면 우력이 '0'이 된다.

④ 평면 역계의 합력은 1개의 힘 또는 1개의 우력으로 된다.

1.4.4 다음과 같은 그림(a)와 그림(b)에서 부재력 $\overrightarrow{AC}$와 $\overrightarrow{BC}$를 구하여라.

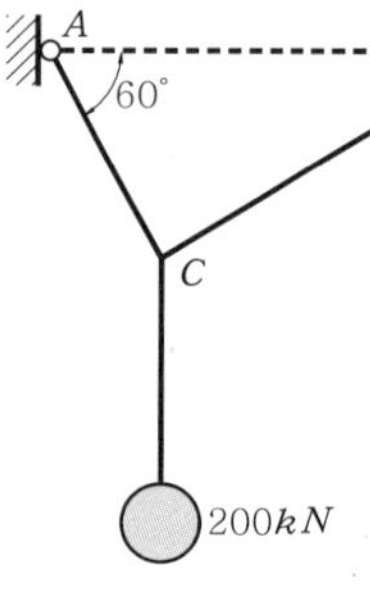

그림(a)

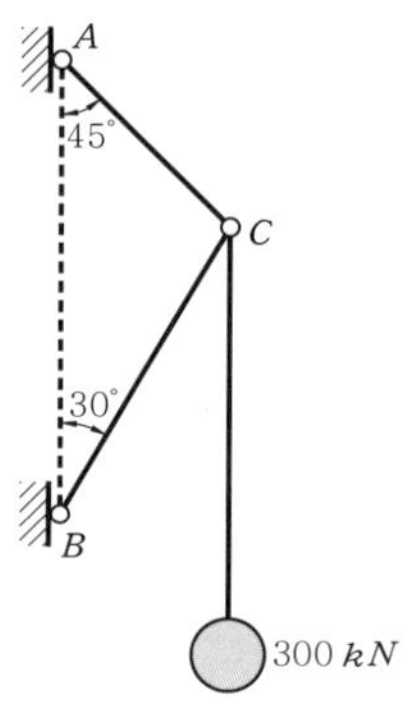

그림(b)

1.4.5 다음 그림에서 A 부재의 부재력은?

① 800 kgf
② 1000 kgf
③ 1200 kgf
④ 2400 kgf

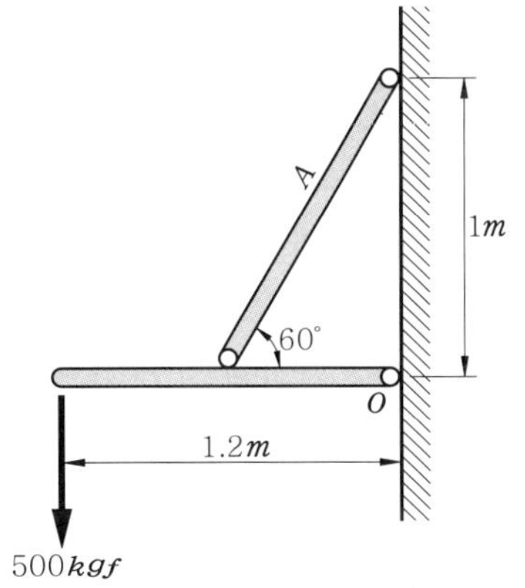

1.4.6 다음 그림과 같은 부양력(浮揚力) 300 kN 인 기구가 수평선과 60 ° 의 각을 이루고 정지상태에 있을 때 기구가 받는 풍압 W 및 로프(Rope)에 작용하는 힘 T 는?

① $T = 346.4\,kN$, $W = 173.2\,kN$
② $T = 600.0\,kN$, $W = 519.6\,kN$
③ $T = 173.2\,kN$, $W = 346.4\,kN$
④ $T = 519.6\,kN$, $W = 600.0\,kN$

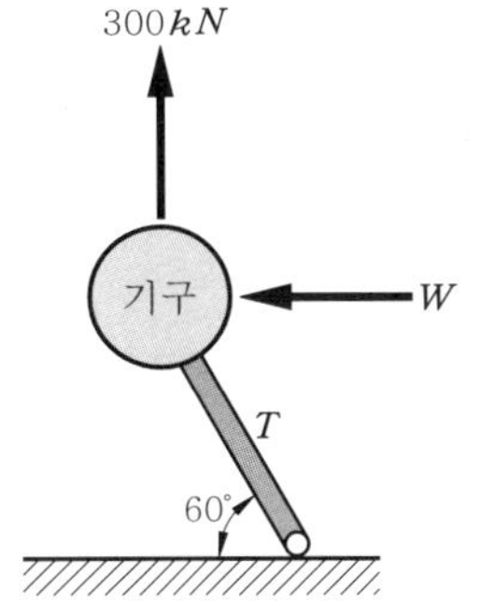

1.4.7 다음 그림과 같은 10 cm 높이의 장애물을 하중 3 tf 인 차륜이 넘어가는데 필요한 최소 힘 P 는?

① $P = 2.51\,tf$
② $P = 3.01\,tf$
③ $P = 2.75\,tf$
④ $P = 2.65\,tf$

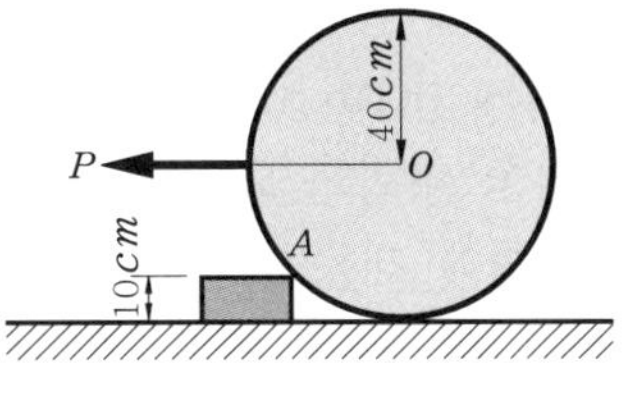

1.5 구조물의 구성

일반적으로 건축 및 토목구조물의 구성요소로 사용되는 보(Beam, Girder), 기둥(Column), 아치(Arch), 트러스(Truss) 등의 **부재**(部材, Member)는 단면과 길이로 표현된다. 이때 **단면**(斷面, Cross Section)은 부재의 길이방향축에 직각인 절단면(切斷面)을 말한다.

이들 부재는 길이에 비하여 단면이 작은 것이 보통이므로, 구조역학에서는 이들 부재를 추상적으로 단면의 중심선을 연결한 선인 **선재**(線材)로 표현한다.

이에 대하여 슬래브(Slab), 벽체(Wall), 쉘(Shell), 돔(Dome) 등과 같이 평면 또는 곡면으로 이루어진 부재는 면에 비하여 두께가 매우 얇으므로, 이들 부재를 추상적으로 두께의 중앙면을 연결한 면, 즉 **면재**(面材)로 표현한다.

본 교재에서는 선재(線材)인 보(Beam, Girder), 기둥(Column), 라멘(Rahmen), 트러스(Truss), 아치(Arch)를 주로 다루도록 한다.

한편 부분구조물은 부재간의 연결을 통하여 어떤 전체구조물을 형성시키기도 하며, 전체구조물이나 부분구조물은 지반 또는 다른 구조물에 지지되어 외력에 대하여 정역학적 평형상태를 유지한다.

이 절에서는 구조역학에서 필요한 지점, 절점 및 구조물의 종류와 이들의 표기방법에 대하여 살펴보도록 한다.

1.5.1 지점 (Supporting Point)

일반적으로 어떤 부재나 구조물은 지반(地盤) 또는 다른 구조물에 의하여 지지(支持)되는데, 이때 지지하는 받침을 **지점**(支點, Supporting Point)이라고 한다.

실제 구조물에서 지점은 다양하지만, 구조역학에서는 이들 지점을 3가지로 이상화하여 분류하는 것이 일반적이다.

이 3가지의 이상화된 지점이 바로 이동단(移動端, Roller Support), 회전단(回轉端, Hinged Support) 그리고 고정단(固定端, Fixed Support)이다.

한편 구조물에 작용하는 하중에 대응하여 지점에는 반작용력이 생기는데, 이를 **반력**(反力, Reaction) 또는 **지점반력**(支點反力, Support Reaction)이라고 한다.

반력은 하중 이외의 외력으로 간주할 수 있으며, 구조물의 평형을 유지하기 위하여 작용하중에 대응하는 지점 저항력이라 말할 수 있다. 지점반력은 지점의 형태에 따라 작용방향과 반력수가 달라진다.

구조물과 외력이 모두 동일평면 내에 있는 평면구조물에서 사용되는 대표적인 3가지 지점을 살펴보기로 한다.

가. 이동단 (Roller Support)

이동단(移動端, Roller Support)은 [그림1.5.1]과 같이 구조물이 로울러(Roller)에 의하여 지지면에 평행한 방향으로 수평이동이 가능하고, 힌지(Hinge)에 의하여 회전도 자유로우나, 수직방향으로는 이동하지 못하는 지점을 말한다.

따라서 구조물이 외력에 대하여 평형상태를 유지할 때, 이동단에서의 반력은 지지면에 수직한 반력 1개만이 존재한다. 여기서 이동단이 수평방향으로 이동가능하고 회전이 자유롭다는 것은 이것들에 대한 마찰이 전혀 없다고 가정된 것이며, 수직방향으로 이동하지 못하다는 것은 이 방향으로 운동이 구속되었다는 뜻이다. 반력은 운동이 구속되어야 발생하는 것이다.

구 조	설 명	기 호	반 력
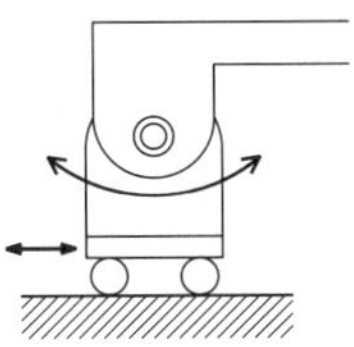	수평방향 이동 가능 (○) 수직방향 이동 불가 (×) 회전 가능 (○)	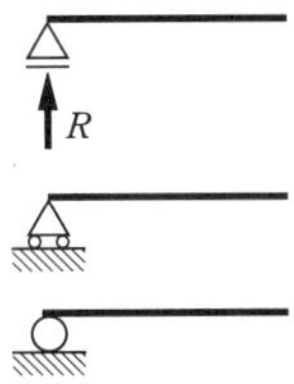	반력수 : 1개 (수직반력 R)

[그림1.5.1] 이동단 (Roller Support)

한편 [그림1.5.2](a)는 수직봉(垂直棒)의 일단이 하부의 지점에 타단이 상부 구조물에 각각 힌지(Hinge)로 연결된 경우로 그림(b)와 같이 나타낼 수 있다. 이때 이러한 수직봉을 **지지봉**(支持棒, Link, Supporting Bar)이라 하고, 이러한 지점을 **링크지점**(Link Support)이라고 한다. 링크지점은 구조물에 미소한 수평이동과 함께 회전을 시키므로 로울러(Roller)와 같은 작용을 한다고 볼 수 있기 때문에 이동단에 포함시킬 수 있다.

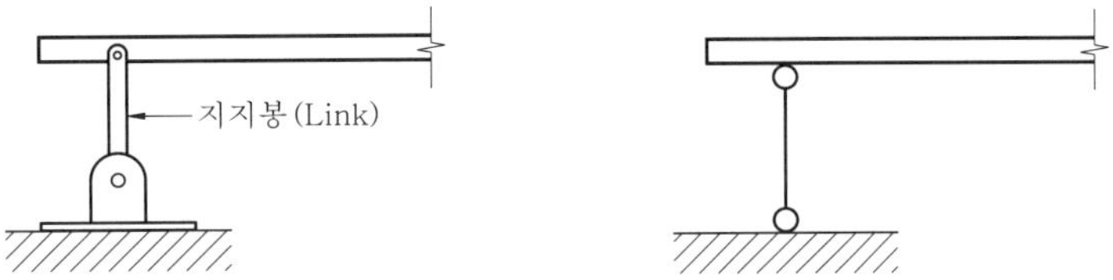

(a) (b)

[그림1.5.2] 링크지점 (Link Support)

[그림1.5.3]은 실질적으로 구조물에서 나타나는 이동단의 예를 보여주고 있다.

그림(a)는 철근콘크리트 보의 내민받침 위에 H형강의 철골보가 이동단으로 설치된 경우이다. 철근콘크리트 받침에 설치된 매립철판(Embedded Plate) 위에 슬라이딩 패드(Sliding Pad)를 놓고 H형강의 철골보를 지지시킴으로써, 철골보의 지점은 수직이동만이 구속되고 수평이동과 회전이 자유로운 이동단이 된다.

그림(b)는 상부 철골트러스의 하현재와 연결된 H형강의 풍하중용 철골기둥(Wind Column)의 상부지점이 이동단으로 된 경우이다. 세로방향의 슬롯구멍(Slot Hole)을 이용하여 고장력 볼트(High Tension Bolt)를 체결함으로써 철골기둥의 수직방향의 이동을 가능케 하였고 수평방향의 이동을 구속하였다. 또한 철골기둥 위에 탄성체인 네오프랜 패드(Neoprene Pad)를 사이에 두고 2개의 철판(PL-18^t×487×400)을 네 개의 직경 22mm의 크립볼트(4-ϕ22 Clip Bolt)로 연결함으로써 철골기둥의 회전을 자유롭게 하였다. 결국 그림(b)에서 H형강의 풍하중용 철골기둥의 지점은 수평이동만이 구속되고 수직이동과 회전이 가능한 이동단이 된다.

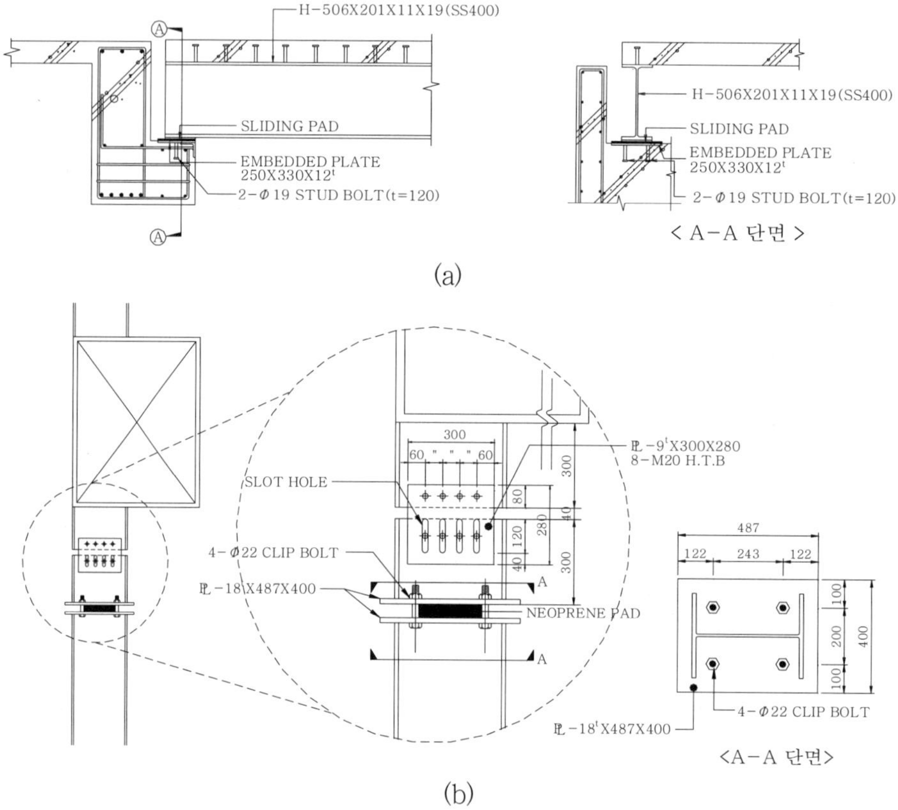

[그림1.5.3] 실제 구조물에 나타나는 이동단의 실례

나. 회전단 (Hinged Support)

회전단(回轉端, Hinged Support)은 [그림1.5.4]와 같이 구조물이 힌지(Hinge)를 중심으로 회전은 자유로우나, 지지면의 수평 및 수직방향으로는 이동하지 못하는 지점을 말한다.

따라서 구조물이 외력에 대하여 평형상태를 유지할 때, 회전단에서의 반력은 지지면에 평행한 1개의 반력과 지지면에 수직한 1개의 반력, 즉 모두 2개가 존재한다. 여기서 회전단의 회전이 자유롭다는 것은 이것에 대한 마찰이 전혀 없다고 가정된 것이며, 수평 및 수직방향으로 이동하지 못하다는 것은 이들 방향으로 운동이 구속되었다는 뜻이다.

구 조	설 명	기 호	반 력
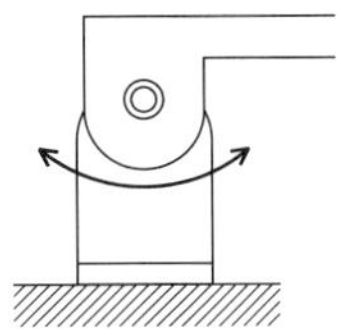	수평방향 이동 불가 (×) 수직방향 이동 불가 (×) 회전 가능 (○)	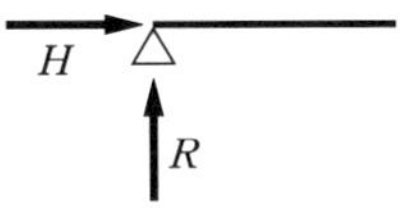	반력수 : 2개 (수평반력 H, 수직반력 R)

[그림1.5.4] 회전단 (Hinged Support)

[그림1.5.5]는 실제 구조물에서 나타나는 회전단의 예를 보여주고 있다.

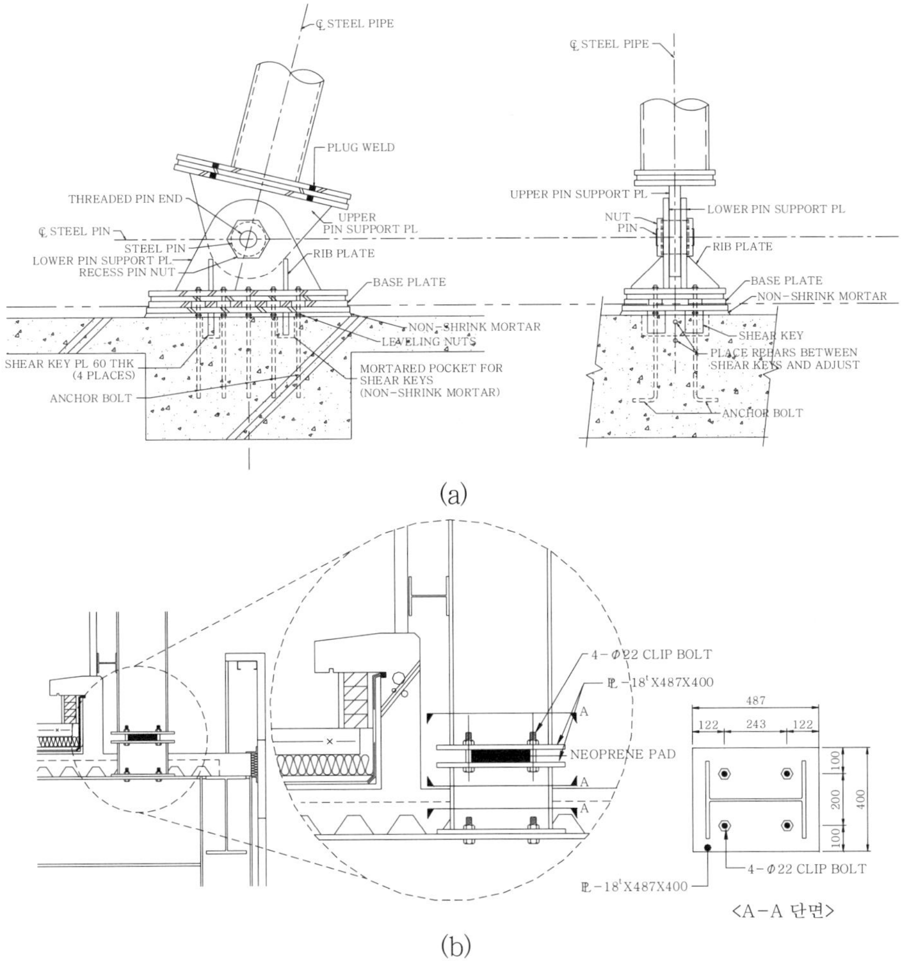

[그림1.5.5] 실제 구조물에 나타나는 회전단의 실례

그림(a)는 기둥인 원형강관(Steel Pipe)이 핀지지 철판(Pin Support Plate)에 의하여 핀(Pin)으로 연결되어 회전단이 된 경우이다. 원형강관은 1개의 상부 핀지지 철판(Upper Pin Support Plate)으로 연결되어 있고, 앵커볼트(Anchor Bolt)로 하부 콘크리트 구조물에 긴결된 베이스플레이트(Base Plate)는 2개의 하부 핀지지 철판(Lower Pin Support Plate)으로 연결되어 있다. 그리고 이들 핀지지 철판(Pin Support Plate)은 핀(Pin)으로 긴결되어, 결국 원형강관기둥의 지점은 수직이동과 수평이동이 구속되고 회전만이 자유로운 회전단이 된다.

그림(b)는 하부 철골보와 연결된 H형강의 풍하중용 철골기둥(Wind Column)의 하부 지점이 회전단으로 된 경우이다. 철골기둥 아래에 탄성체인 네오프랜 패드(Neoprene Pad)를 사이에 두고 2개의 철판(PL-18^t×487×400)을 4개의 직경 22mm의 크립볼트(4-ϕ22 Clip Bolt)로 연결함으로써 철골기둥의 회전을 자유롭게 하였다. 결국 그림(b)에서 H형강의 풍하중용 철골기둥의 하부의 지점은 수평이동과 수직하중이 구속되고 회전만이 가능한 회전단이 된다.

다. 고정단 (Fixed Support)

고정단(固定端, Fixed Support)은, [그림1.5.6]에서 수평재의 지점이 수직재에 콘크리트로 일체화되어 단단히 고정된 경우와 같이, 구조물이 지지면의 수평 및 수직방향으로 이동하지 못할 뿐만 아니라 회전하지도 못하게 강하게 구속된 지점을 말한다.

따라서 구조물이 외력에 대하여 평형상태를 유지할 때, 고정단에서의 반력은 지지면에 평행한 1개의 반력과 지지면에 수직한 1개의 반력 그리고 1개의 반력모멘트, 즉 모두 3개가 존재한다. 여기서 고정단이 수평 및 수직방향으로 이동하지 못하고, 회전하지도 못한다는 것은 이들 방향으로 운동이 모두 구속되었다는 뜻이다.

구 조	설 명	기 호	반 력
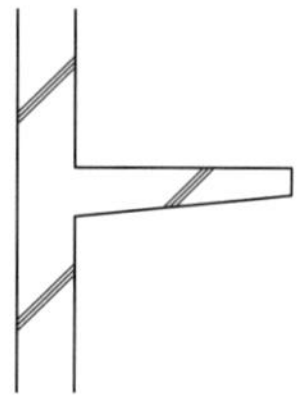	수평방향 이동 불가 (×) 수직방향 이동 불가 (×) 회전 불가 (×)	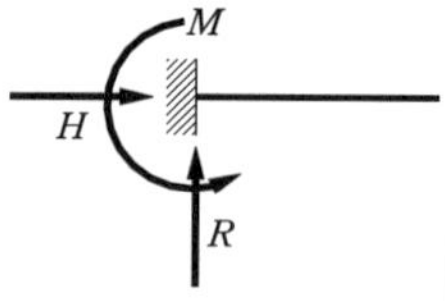 	반력수 : 3개 (수평반력 H, 수직반력 R, 반력모멘트 M)

[그림1.5.6] 고정단 (Fixed Support)

[그림1.5.7]은 실제 구조물에서 나타나는 고정단의 예를 보여주고 있다.

그림(a)는 가로등, 신호등, 교통감시카메라 등에서 캔틸레버 형태의 기둥 하부 구조상세로, 기둥인 원형강관(Steel Pipe)이 하부에서 기초(Footing)에 강하게 연결되어 고정단이 된 경우이다. 원형강관은 하부에 설치된 베이스플레이트(Base Plate)를 통하여 기초에 힘을 전달하고 있는데, 본 구조물이 안정화되기 위해서는 베이스플레이트(Base Plate)가 고정단이 되어야 한다. 따라서 베이스플레이트는 수평 및 수직반력 뿐만 아니라 반력모멘트를 저항해야함으로, 적정한 면적 및 두께와 함께 윙플레이트(Wing Plate) 등으로 튼튼히 보강되어야 하고, 충분한 앵커볼트(Anchor Bolt)를 통하여 기초에 단단히 긴결되어야 한다. 그래야 이 지점은 수직이동, 수평이동, 그리고 회전이 모두 구속된 고정단이 된다.

그림(b)는 그림(a)와 마찬가지로 캔틸레버 형태의 기둥 하부 구조상세인데, 그림(a)와는 달리 큰 반력들이 작용함으로 인하여 베이스플레이트를 외부로 노출시키지 못하고, 원형강관(Steel Pipe) 하부를 기초(Footing)에 매립하여 고정단을 만든 경우이다. 그림(b)에서 기둥인 원형강관의 하부는 기초에 깊고 강하게 매립됨으로써, 수직이동, 수평이동, 그리고 회전이 모두 구속된 고정단이 되어 있다.

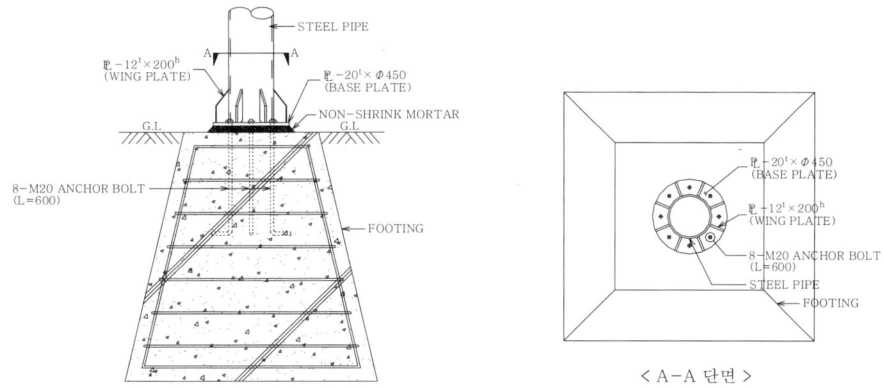

(a)

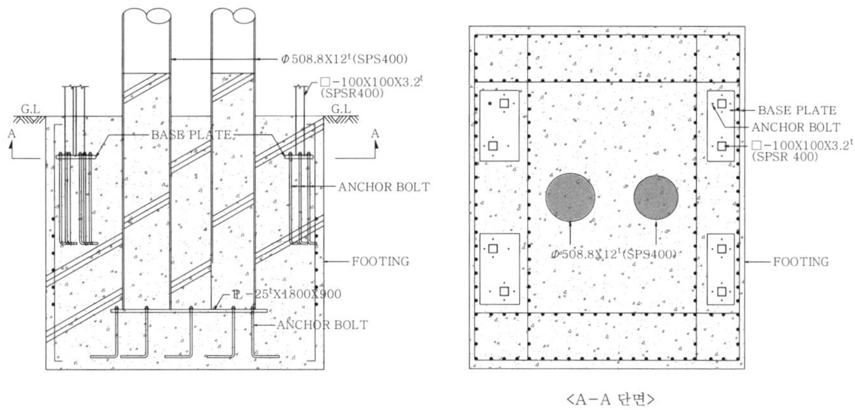

(b)

[그림1.5.7] 실제 구조물에 나타나는 고정단의 실례

예제 1.5.1

다음 그림과 같은 구조물의 반력수를 구하여라.

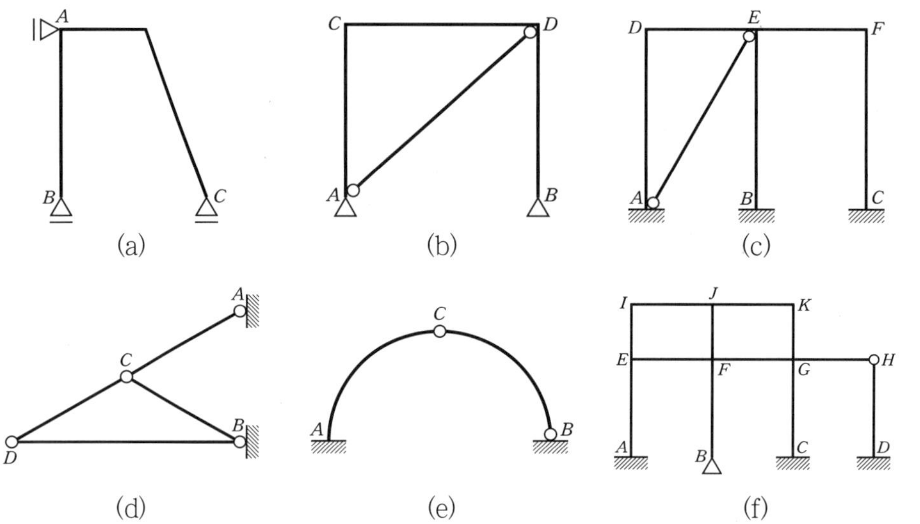

풀이

(1) 그림(a) : 지점 A, B, C는 모두 이동단(移動端, Roller Support)으로, 지점당 반력은 지지면에 수직한 반력 1개만이 존재한다. ∴ 총 반력수는 3개

(2) 그림(b) : 지점 A, B는 모두 회전단(回轉端, Hinged Support)으로, 지점당 반력은 지지면에 평행한 1개의 반력과 지지면에 수직한 1개의 반력, 즉 모두 2개가 존재한다. ∴ 총 반력수는 4개

(3) 그림(c) : 지점 A, B, C는 모두 고정단(固定端, Fixed Support)으로, 지점당 반력은 지지면에 평행한 1개의 반력과 지지면에 수직한 1개의 반력 그리고 1개의 반력모멘트, 즉 모두 3개가 존재한다. ∴ 총 반력수는 9개

(4) 그림(d) : 지점 A, B는 모두 회전단(回轉端, Hinged Support)으로, 지점당 반력은 지지면에 평행한 1개의 반력과 지지면에 수직한 1개의 반력, 즉 모두 2개가 존재한다. ∴ 총 반력수는 4개

(5) 그림(e) : 지점 A는 고정단으로 반력이 3개이고, 지점 B는 회전단으로 반력이 2개이다. ∴ 총 반력수는 5개

(6) 그림(f) : 지점 A, C, D는 고정단으로 반력이 각각 3개씩이고, 지점 B는 회전단으로 반력이 2개이다. ∴ 총 반력수는 11개

1.5.2 절점 (Joint)

구조물은 단일부재로 이루어진 것도 있지만, 대부분의 구조물은 여러 개의 부재(部材, Member)가 결합되어 있는데, 부재사이의 접합점을 **절점**(節點, Joint) 또는 **격점**(格點, Panel Point)이라고 한다.

실제 구조물에서 모든 절점은 완전히 유연하거나 완전히 강한 것은 없으나, 구조역학에서는 절점을 이상화하여 크게 2가지, 즉 활절(滑節, Hinge Joint, Pin Joint)과 강절(剛節, Rigid Joint)로 분류하여 사용하고 있다.

구조물과 외력이 모두 동일평면 내에 있는 평면구조물에서 사용되는 대표적인 2가지 절점, 즉 활절과 강절에 대하여 살펴보도록 한다.

가. 활절 (Hinge Joint, Pin Joint)

부재간의 접합점(Joint)을 힌지(Hinge) 및 핀(Pin)으로 결합한 절점을 **활절**(滑節, Hinge Joint, Pin Joint)이라고 한다.

활절은 절점의 회전이 자유롭기 때문에 부재사이에서 수직 및 수평방향의 힘만이 전달되고, 모멘트는 전달되지 않는다. 즉 활절에는 축방향력과 전단력만이 작용하고 휨모멘트는 작용하지 않는다.

또한 활절로 연결된 부재들은 힘을 받아 변형될 때 그 절점에서의 이동은 같지만 부재간의 각도는 변한다.

한편 다른 구조물에 의하여 지지되는 회전단은 활절에 해당되므로, 회전단과 활절은 비슷한 뜻으로 혼용되고 있다.

활절의 표기방법은 [그림1.5.8]과 같다.

구 조		기 호	설 명	작용력
입면	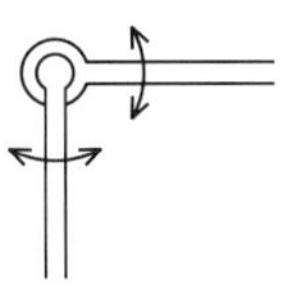	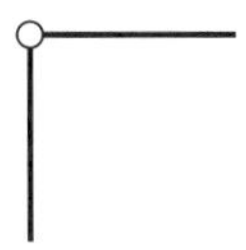	부재간 회전 가능 (○)	작용력수 : 2개 (축방향력 N, 전단력 V)
평면	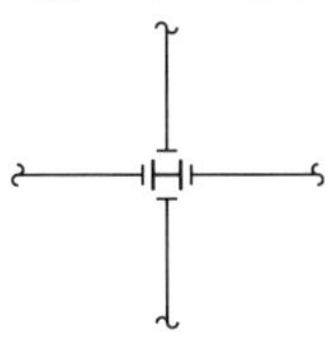			

[그림1.5.8] 활절 (Hinge Joint , Pin Joint)

실제 철골구조에서 활절인 핀접합(Pin Connection)의 형태를 살펴보면 [그림1.5.9]와 같다.

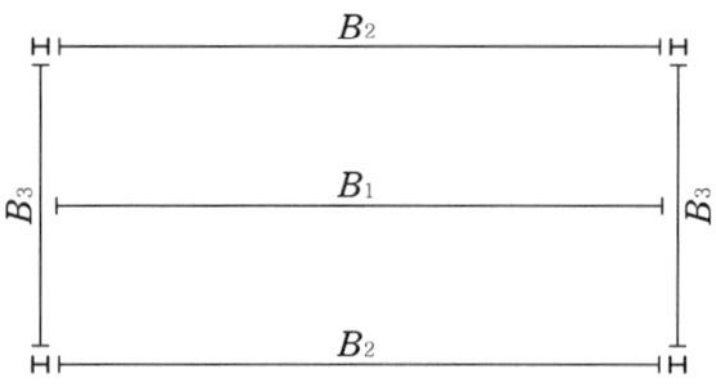

구조평면도

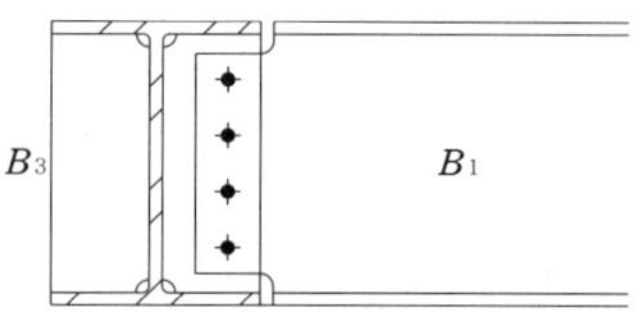

(a) Beam To Beam

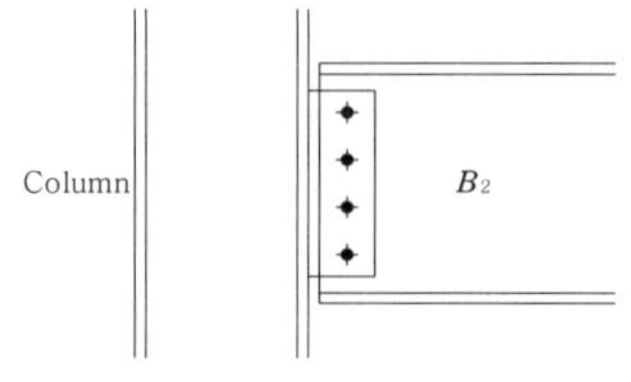

(b) Beam To Column Flange

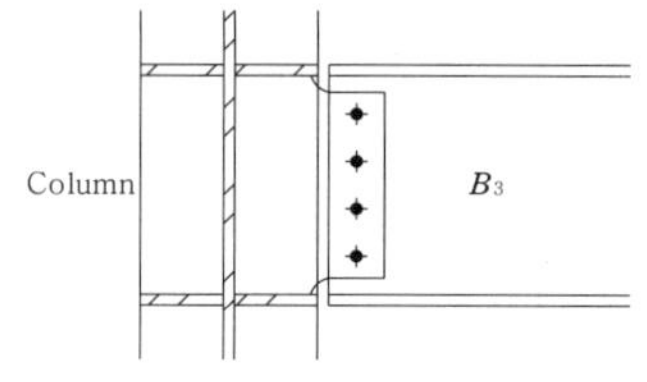

(c) Beam To Column Web

[그림1.5.9] 철골구조의 핀접합 (Pin Connection)

핀접합(Pin Connection)은 H형강 보의 웨브(Web)만 고력볼트 및 용접 등으로 접합시키고 보의 플랜지(Flange)는 접합시키지 않은, 설계개념상 보의 회전을 허용한 접합형태이다. 핀접합은 일반적으로 전단력에 저항하는 보의 웨브(Web) 부분만을 접합하고 휨모멘트에 저항하는 보의 플랜지(Flange)는 접합하지 않아, 보의 회전을 허용한다고 가정한 것으로, **전단접합**(剪斷接合, Shear Connection)이라고도 한다.

나. 강절 (Rigid Joint)

부재간의 접합점을 강하게 결합하여 부재가 회전하지 못하게 한 절점을 **강절**(剛節, Rigid Joint)이라고 한다.

강절은 절점의 회전이 자유롭지 못하기 때문에 부재사이에서 수직 및 수평방향의 힘뿐만 아니라 모멘트도 전달된다. 즉 강절에는 축방향력, 전단력, 휨모멘트가 작용한다.

또한 강절로 연결된 부재들은 힘을 받아 변형될 때 그 절점에서의 동일한 이동과 함께 부재간의 각도가 변형 전과 변함이 없다.

한편 다른 구조물에 의하여 지지되는 고정단은 강절에 해당되므로, 고정단과 강절은 비슷한 뜻으로 혼용되고 있다.

강절의 표기방법은 [그림1.5.10]과 같다.

<table>
<tr><th colspan="2">구 조</th><th>기 호</th><th>설 명</th><th>작용력</th></tr>
<tr><td>입면</td><td>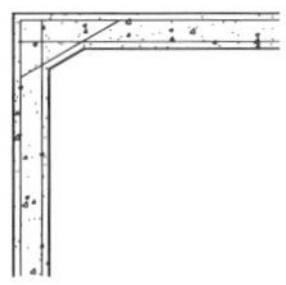</td><td></td><td rowspan="2">부재간 회전 불가능 (×)</td><td rowspan="2">작용력수 : 3개 (축방향력 N, 전단력 V, 휨모멘트 M)</td></tr>
<tr><td>평면</td><td>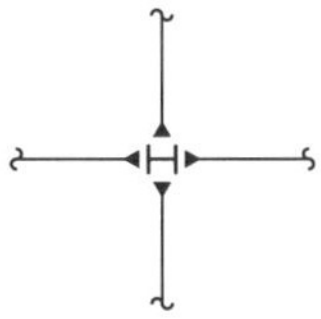</td><td></td></tr>
</table>

[그림1.5.10] 강절 (Rigid Joint)

실제 철골구조에서 강절인 강접합(Rigid Connection)의 형태를 살펴보면 [그림1.5.11]과 같다.

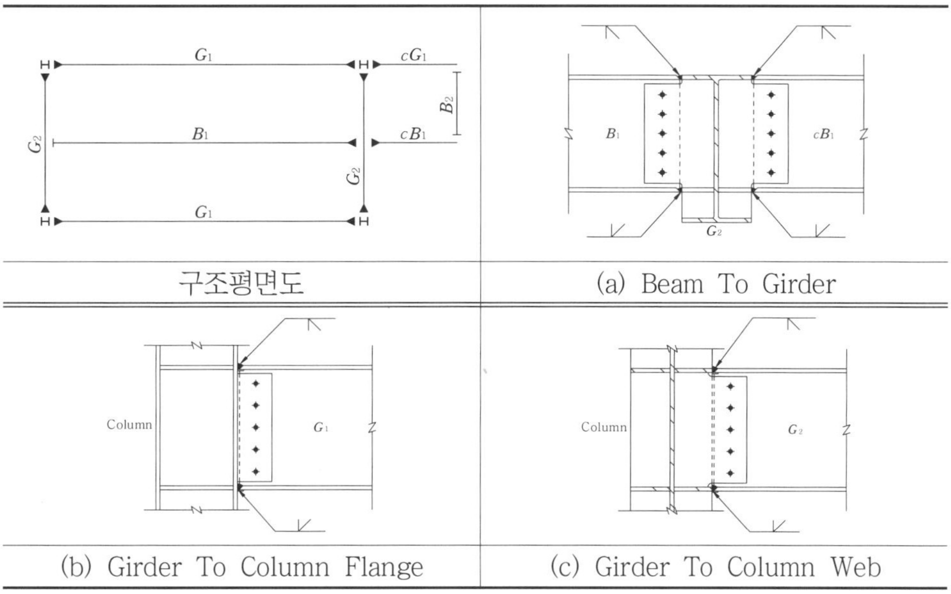

구조평면도 / (a) Beam To Girder / (b) Girder To Column Flange / (c) Girder To Column Web

[그림1.5.11] 철골구조의 강접합 (Rigid Connection)

강접합(剛接合, Rigid Connection)은 H형강 보의 웨브(Web) 뿐만 아니라 플랜지(Flange)도 용접 및 고력볼트 등으로 강하게 접합시켜 설계개념상 보의 회전을 완전히 구속시킨 접합형식이다. 강접합은 일반적으로 전단력에 저항하는 보의 웨브(Web) 뿐만 아니라 휨모멘트에 저항하는 보의 플랜지(Flange)도 강하게 접합하여 보의 회전을 구속한다고 가정한 것으로, **모멘트접합**(Moment Connection)이라고도 한다.

◆ ◆ ◆ ◆ ◆ ◆

예제 1.5.2

다음 철골조의 구조평면도에서 점선부분 철골보의 절점의 접합형식을 합리적으로 완성하시오. (단, 접합형식은 강절인 강접합과 활절인 핀접합으로 표시하시고, 가능한 강절수를 최소화할 것.)

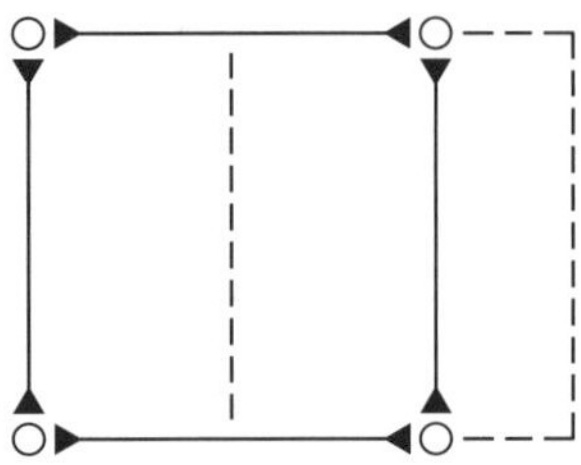

(a)

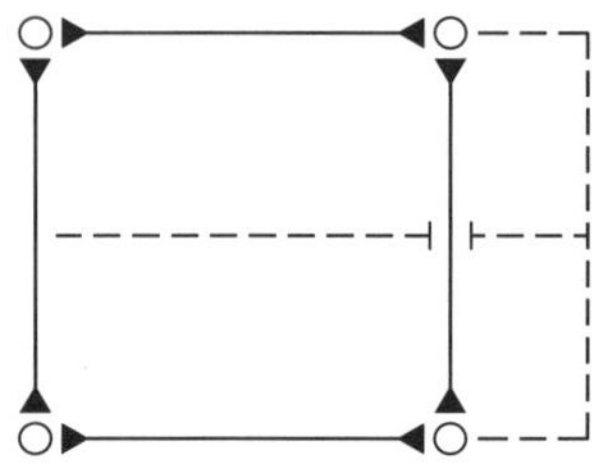

(b)

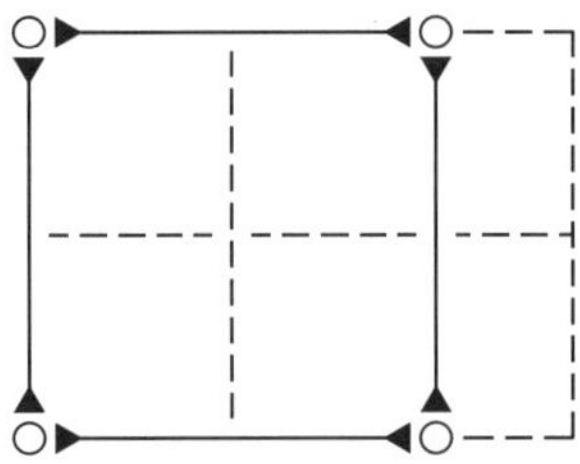

(c)

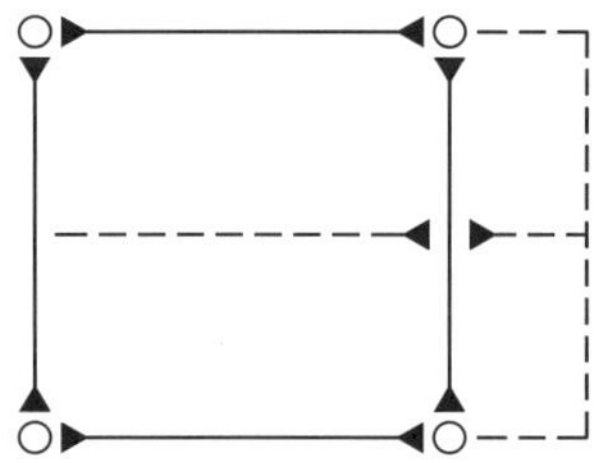

(d)

풀이

점선부분 철골보의 절점의 접합형식을 다음과 같이 완성할 수 있다.

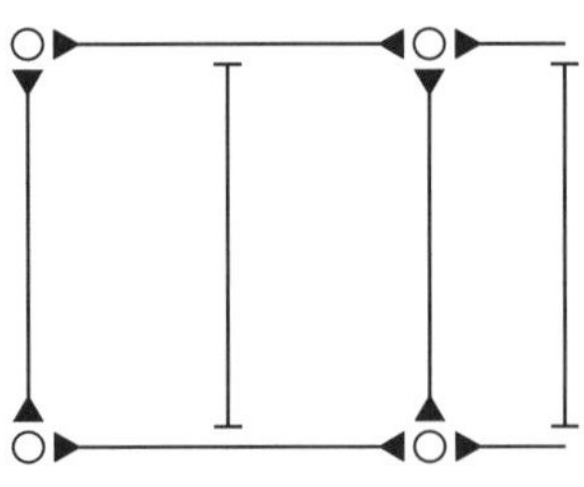

(a)

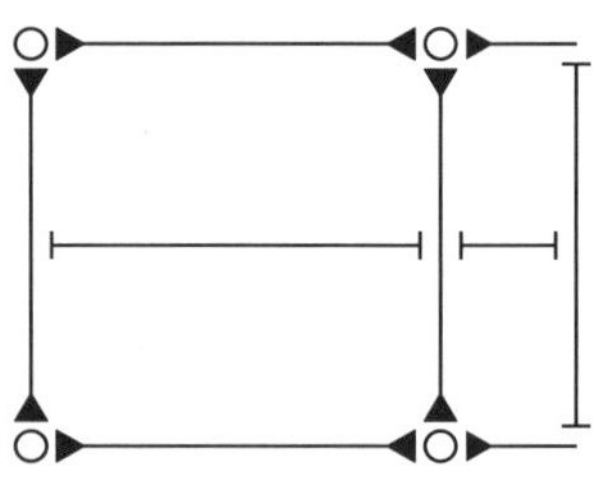

(b)

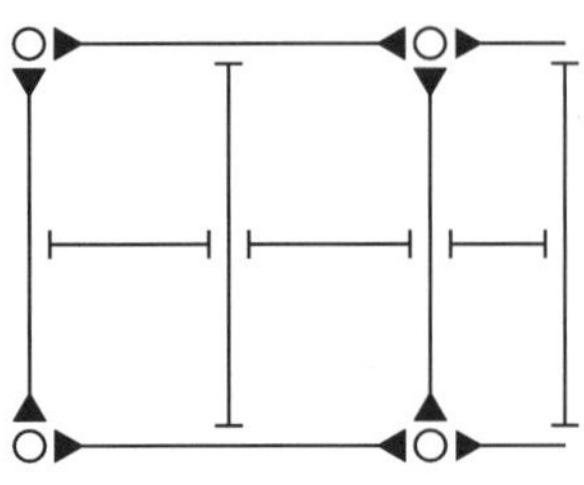

(c)

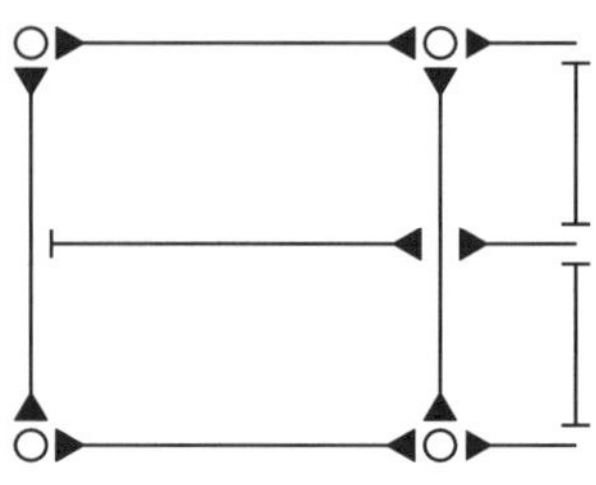

(d)

◆ ◆ ◆ ◆ ◆ ◆

1.5.3 구조물의 종류

구조역학에서 주로 다루는 구조물에 대하여 형태나 지지조건에 따라 분류하고, 그 표기법을 살펴보면 다음과 같다.

가. 보 (Beam)

보(Beam)는 보통 연직하중을 받는 슬래브를 지탱하는 수평구조재로, 주로 가로축에 직각방향의 힘을 받아 휨에 의하여 하중을 지탱한다. 단일 또는 연속된 보를 지점의 종류에 따라 분류하면 [그림1.5.12]와 같으며, 각각의 특징을 살펴보면 다음과 같다.

① 단순보(Simple Beam) : 구조물을 일단 회전단, 타단 이동단으로 지지하는 것을 단순지지(Simple Support)라 하고, 단순지지된 보를 단순보라고 한다.
② 캔틸레버 보(Cantilever Beam) : 보의 일단을 고정단으로 하고, 타단을 자유단으로 한 보를 캔틸레버 보라고 한다. 일명 외팔보라고도 한다.
③ 내민보(Overhanging Beam) : 단순보의 한쪽 또는 양쪽 끝이 지점 밖으로 내밀어 자유단을 가진 보를 내민보라고 한다.
④ 겔버보(Gerber's Beam) : 구조상 내민보와 단순보 또는 캔틸레버 보와 단순보가 조합된 보로, 제안자 독일인 Gerber의 이름을 따 겔버보라고 한다.
⑤ 양단 고정보(Fixed End Beam) : 양단이 고정단으로 지지되어있는 보를 양단 고정보라고 한다.
⑥ 연속보(Continuous Beam) : 연속된 부재로 3개 이상의 지점으로 지지된 보를 연속보라고 한다. 이때 3개 이상의 지점 중 1개는 회전단 또는 고정단이어야 한다.

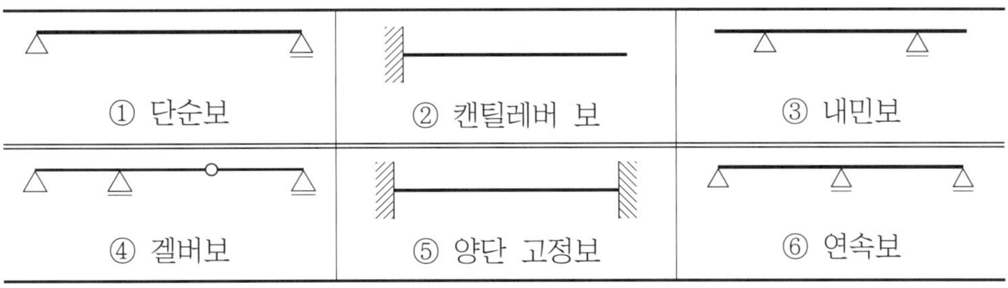

[그림1.5.12] 보의 종류와 그 표기법

나. 기둥 (Column)

기둥(Column)은 지붕, 바닥, 보 등 상부의 하중을 지탱하는 수직구조재로, 구조역학에서는 주로 축방향력인 압축을 받는 직선부재를 말한다. 일반적으로 단주

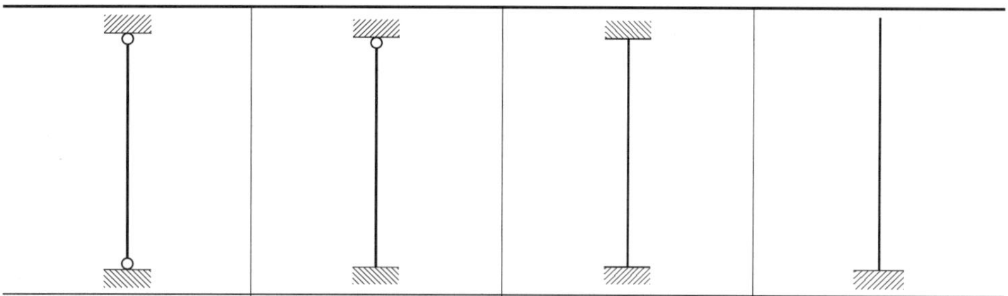

① 양단 회전단의 장주	② 일단 고정, 타단 회전단의 장주	③ 양단 고정단의 장주	④ 일단 고정, 타단 자유단의 장주

[그림1.5.13] 기둥의 종류와 그 표기법

(短柱, Short Column)와 장주(長柱, Long Column)로 나누는데, 단주는 비교적 단면이 굵고 길이가 짧은 기둥을, 장주는 단면이 비교적 가늘고 길이가 긴 기둥을 말한다. 한편 좌굴로 파괴되는 단일부재인 장주는 지점의 지지조건에 따라 [그림1.5.13]에서 보는 바와 같이 분류된다.

① 양단 회전단의 장주 : 부재의 양단이 회전단인 세장한 기둥이다.
② 일단 고정, 타단 회전단의 장주 : 부재의 일단은 고정단이고, 타단은 회전단인 세장한 기둥이다.
③ 양단 고정단의 장주 : 부재의 양단이 고정단인 세장한 기둥이다.
④ 일단 고정, 타단 자유단의 장주 : 부재의 일단은 고정단이고, 타단은 자유단인 캔틸레버 형태의 세장한 기둥이다.

다. 라멘 (Rahmen, Column & Girder)

라멘(Rahmen)은 독일어로, 영어의 프레임(Frame)을 의미하며, 기둥과 보가 강절로 연결되어 구성된 골조이다. 절점이 강절로 이루어져 있어서 기둥과 보의 상대적 부재각이 하중을 받아도 변화하지 않는다는 가정하에서 주로 기둥과 보 부재의 휨강성으로 외력에 저항하는 보통 평면격자형태의 구조이다. 일명 강접골조, 모멘트저항골조, 강성골조 등으로 불리기도 한다.

한편 기둥과 강절형태로 연결되어 있는 보를 **큰보**(Girder)라고 하는데, 일반적으로 큰보와 큰보 사이를 지나거나 기둥에 활절로 연결되는 **작은보**(Beam)와 구별되기도 한다. [그림1.5.14]에서 ①~④는 힘의 평형조건식만으로 해석이 가능한 정정라멘이고, ⑤~⑥은 힘의 평형조건식뿐만 아니라 변형조건식이 있어야 해석이 가능한 부정정라멘이다.

① 캔틸레버형 라멘 : 일단이 고정단이고, 타단이 모두 자유단인 캔틸레버 형태의 라멘이다.
② 단순보형 라멘 : 지점의 일단이 회전단이고 타단이 이동단인 단순지지된 라멘이다.

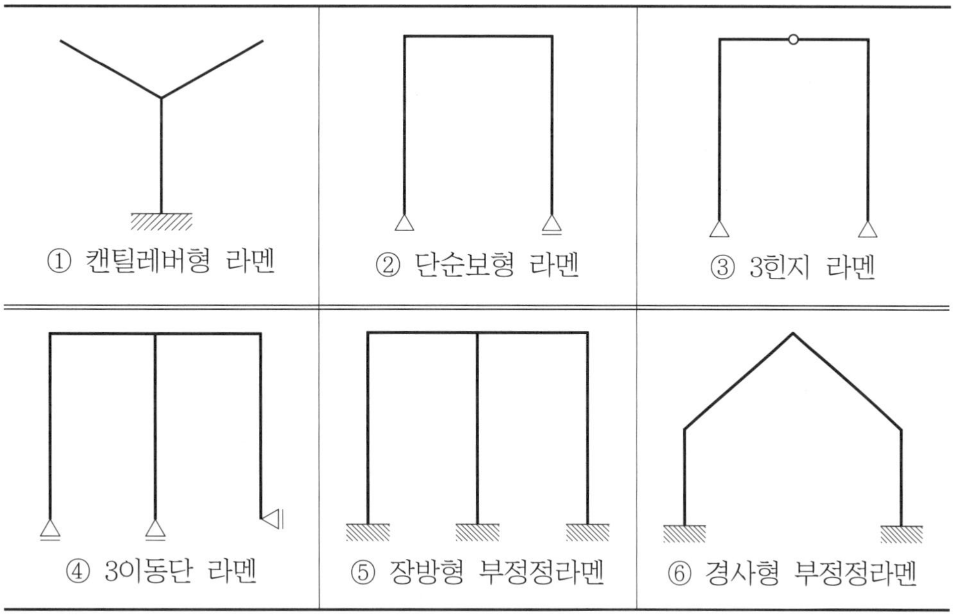

[그림1.5.14] 라멘의 종류와 그 표기법

③ 3힌지 라멘 : 2개의 지점이 모두 회전단이고, 라멘의 내부에 1개의 활절(Hinge)이 있는 라멘이다.

④ 3이동단 라멘 : 3개의 지점이 모두 이동단인 라멘이다.

⑤ 장방형 부정정라멘 : 수직인 기둥에 수평인 보로 이루어진, 힘의 평형조건식만으로는 해석이 불가능한 라멘이다. 단일 경간(Span)의 단층라멘부터 다(多)경간의 고층라멘까지 다양하다.

⑥ 경사형 부정정라멘 : 수직인 기둥에 경사진 보로 이루어진, 힘의 평형조건식만으로는 해석이 불가능한 라멘이다. 이 라멘은 보통 경사지붕의 구조형태로 사용되며, 단일 경간에서 다(多) 경간의 라멘까지 다양하다.

라. 트러스 (Truss)

트러스(Truss)는 직선부재를 삼각형 모양으로 결합하여 원하는 형태로 만든 구조물로, 보통 부재간 절점을 활절로 가정하여 부재가 휘지 않고 부재의 길이방향으로만 힘이 작용하도록 하여 재료를 경제적이고 효율적으로 사용토록 하는 구조이다. 트러스의 형상과 작용하는 외력이 한 평면 안에 있는 평면트러스(Plane Truss)와 공간상에 있는 입체트러스(Space Truss)로 나눌 수 있는데, [그림1.5.15]는 몇 가지 평면트러스를 보여주고 있다.

① 프랫트러스(Pratt Truss) : 복부재의 경사재가 양단에서 중앙부를 향하여 하향(↘ 또는 ↙)하는 형태의 트러스이다.

② 하우트러스(Howe Truss) : 복부재의 경사재가 양단에서 중앙부를 향하여 상향(↗ 또는 ↖)하는 형태의 트러스이다.

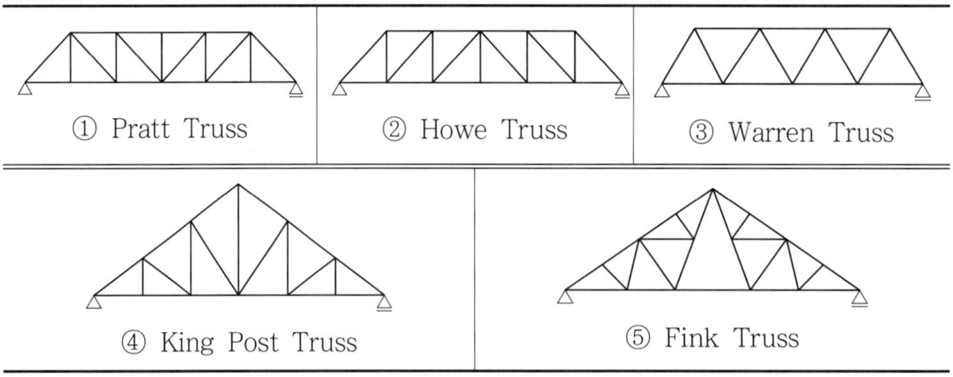

[그림1.5.15] 트러스의 종류와 그 표기법

③ 와렌트러스(Warren Truss) : 복부재의 경사재가 상향(↗)과 하향(↘)을 교대로 하는 트러스이다.

④ 왕대공트러스(King Post Truss) : 트러스 부재의 조립방식이 산형(山形) 트러스의 중앙에 왕대공(King Post)이 있는 트러스로, 보통 양식 목조지붕틀에 쓰이며 ㅅ자보, 왕대공, 평보, 빗대공, 달대공 등의 부재로 구성되어 있다.

⑤ 핑크트러스(Fink Truss) : 보통 양식 철골지붕틀에 쓰이는 산형(山形) 트러스로, 복부재의 길이를 짧게 유지할 수 있는 장점이 있다.

마. 아치 (Arch)

아치(Arch)는 부재축이 원호, 포물선, 현수선 등과 같은 곡선재로, 주로 부재축 방향의 힘을 받으며, 곡선형상 및 지지조건 등에 따라 분류되는데, [그림1.5.16]은 몇 가지 아치를 보여주고 있다.

① 원형 아치(Circular Arch) : 곡선형상에 따른 분류에서 부재축이 원호인 아치이다.

② 포물선 아치(Parabolic Arch) : 곡선형상에 따른 분류에서 부재축이 포물선인 아치이다

③ 3힌지 아치(Three Hinged Arch) : 2개의 지점이 모두 회전단이고, 아치 내부에 1개의 활절(Hinge)이 있는 정정아치이다.

④ 고정 아치(Fixed Arch) : 부재의 양단이 고정단인 부정정아치이다.

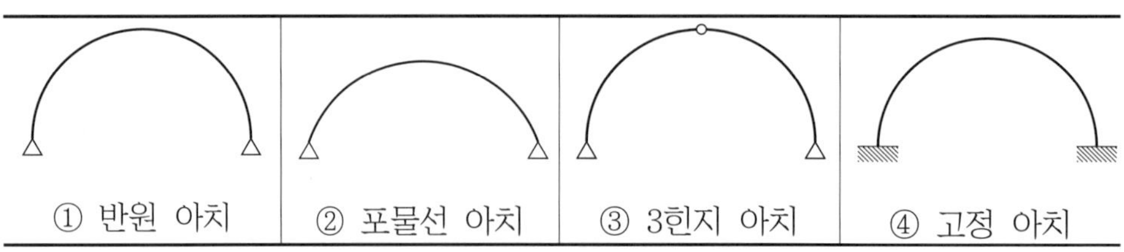

[그림1.5.16] 아치의 종류와 그 표기법

◈ 연 습 문 제 ◈

1.5.1 다음 그림과 같이 풍압력을 받는 트러스 지점 B에 일어나는 반력의 방향은?

① ㉮방향
② ㉯방향
③ ㉰방향
④ ㉱방향

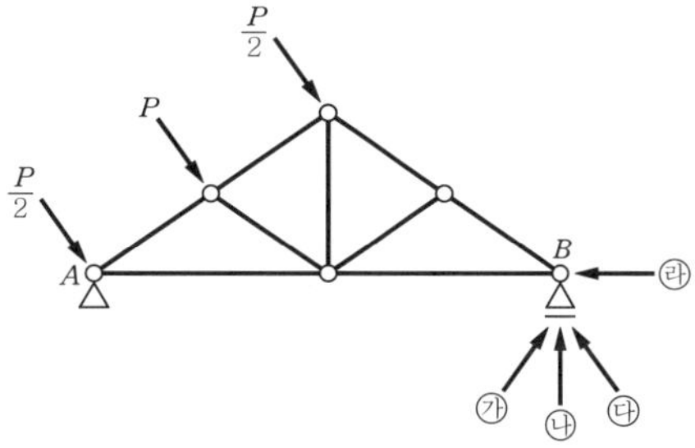

1.5.2 다음 그림과 같은 라멘에서 지점 A의 반력의 방향은 어느 것인가?

① ㉮방향
② ㉯방향
③ ㉰방향
④ ㉱방향

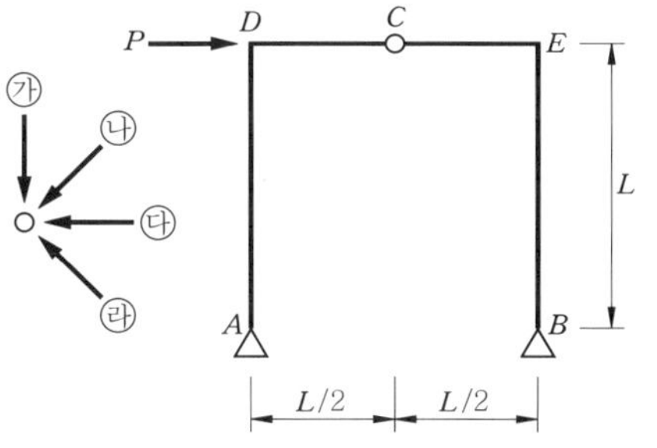

1.5.3 지점으로서 회전과 수평이동은 자유로우나, 수직이동은 허용되지 않는 지점으로 옳은 것은?

① 가동지점　② 활절지점　③ 고정지점　④ 절점

1.5.4 다음 구조물에 대한 설명 중 옳지 않은 것은?

① 구조물은 최소 단위의 구성요소인 부재(Member)로 이루어진다.
② 구조물을 만드는 부재와 부재의 이음을 절점 또는 격점이라고 한다.
③ 3개 이상의 부재를 마찰이 없는 활절로 연결된 뼈대구조를 라멘(Rahmen)이라고 한다.
④ 아치(Arch)는 부재축이 원호, 포물선, 현수선 등과 같은 곡선재로, 주로 부재축방향의 힘을 받는다.

1.5.5 다음 그림과 같은 형태의 트러스를 무슨 트러스라 부르는가?

① 프랫트러스(Pratt Truss)
② 하우트러스(Howe Truss)
③ 와렌트러스(Warren Truss)
④ 핑크트러스(Fink Truss)

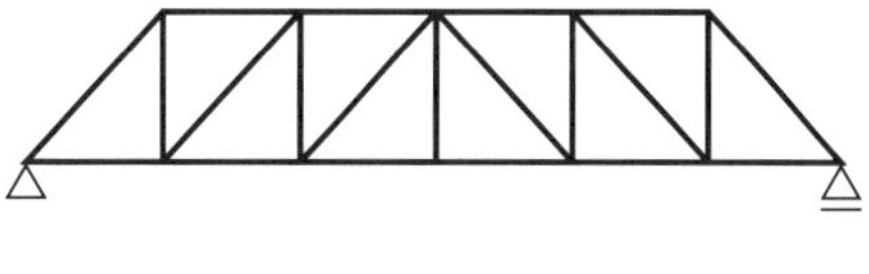

1.6 구조물의 판별법

구조물의 판별(判別)에서 구조물은 먼저 크게 안정(安定, Stable)한 것과 불안정(不安定, Unstable)한 것으로 나눌 수 있다.

그리고 안정한 구조물은 다시 정정(靜定, Statically Determinate)과 부정정(不靜定, Statically Indeterminate)으로 구별될 수 있다.

1.6.1 구조물의 안정·불안정

구조물이 어떤 외력을 받아 정역학적 평형상태를 유지하면, 다시 말해 정지하고 있는 구조물에 여러 힘이 작용해도 그 구조물이 이동이나 회전을 하지 않고 원 위치를 유지하며 큰 변형이 생기지 않으면, 그 구조물은 **안정**(安定, Stable)하다고 하며, 그렇지 못하면 **불안정**(不安定, Unstable)하다고 한다.

그리고 구조물의 안정·불안정은 다시 외적과 내적으로 나눌 수 있다.

가. 외적 안정·불안정

[그림1.6.1](a)는 2개의 이동단인 지점을 가진 트러스(Truss)로, 이동단은 수평반력이 없이 수직반력만 있으므로 중력방향의 힘에는 반력이 작용하나, 수평방향의 힘에는 저항하지 못하고 이동한다. 즉 힘의 평형조건식에서 $\sum H = 0$ 을 만족하지 못한다. 이와 같이 구조물은 그 지점의 지지상태에 따라서 불안정한 상태가 될 수 있는데, 이를 **외적 불안정**(外的 不安定, Externally Unstable) 또는 **지지(支持)의 불안정**이라고 한다.

한편 [그림1.6.1](b)와 같이 일단 회전단, 타단 이동단으로 단순지지된 트러스는 중력방향의 힘에 저항할 뿐만 아니라 회전단에 있는 수평반력으로 인하여 수평방향의 힘에 저항할 수 있어 이동하지 않는다. 즉 힘의 평형조건식에서 $\sum H = 0$ 을 만족한다. 이와 같이 구조물은 그 지점의 지지상태에 따라서 안정한 상태가 될 수 있는데, 이를 **외적 안정**(外的 安定, Externally Stable) 또는 **지지(支持)의 안정**이라고 한다.

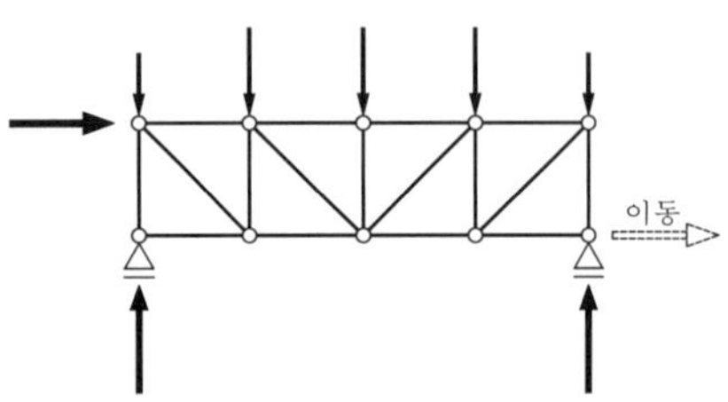

(a)

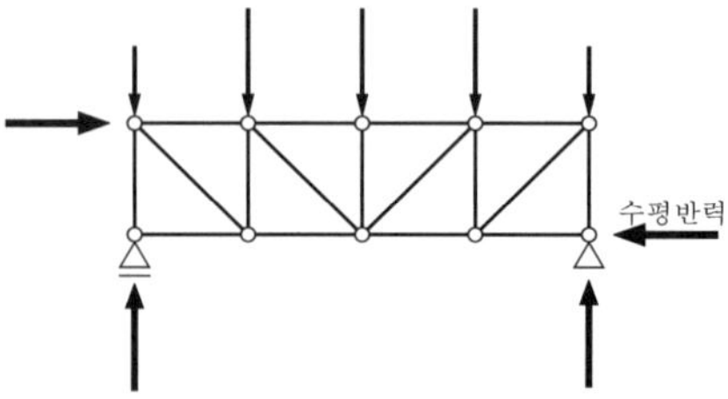

(b)

[그림1.6.1] 외적 또는 지지의 안정·불안정

위의 설명에서 알 수 있듯이 구조물의 외적 안정·불안정은 지지조건에 따라 결정되는 것으로, 구조물이 안정하려면 적어도 3개 이상의 지점반력이 필요하다. 그러나 [그림1.6.2]와 같이 구조물이 3개 이상의 지점반력을 가져도 그림(a)와 같이 반력의 작용방향이 모두 평행하거나, 그림(b)와 같이 작용선이 모두 한 점에 모이면 외적으로 불안정한 상태가 된다. 그림(a)의 경우는 시각적인 관찰로도 쉽게 불안정한 상태임을 알 수 있다.

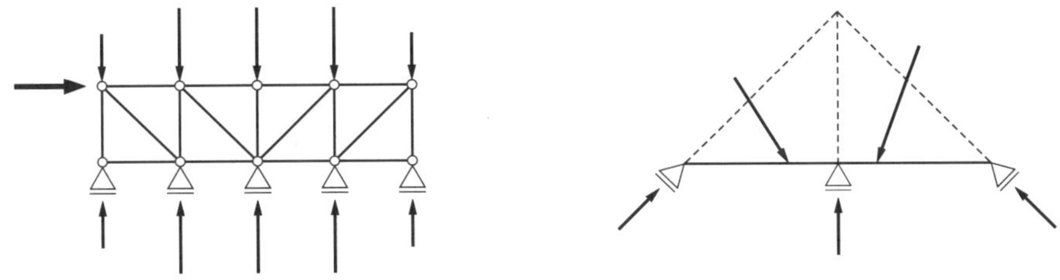

(a) (b)

[그림1.6.2] 외적 불안정의 구조물

나. 내적 안정·불안정

[그림1.6.3](a)처럼 2개의 회전단과 2개의 활절로 결합된 사각형의 구조물은 그림의 수평하중 P와 같은 임의의 힘을 받으면 심한 변형을 일으켜 불안정한 상태가 된다. 이처럼 구조물은 그 형상에 따라서 불안정한 상태가 될 수 있는데, 이를 **내적 불안정**(內的 不安定, Internally Unstable) 또는 **형(形)의 불안정**이라고 한다. 그림(a)와 같이 절점 및 지점이 모두 힌지(Hinge)인 사각형의 구조물은 시각적 관찰로도 쉽게 내적 불안정임을 알 수 있다.

한편 [그림1.6.3](a)의 내적 불안정 구조물을 그림(b)와 같이 활절 1개를 강절로 하거나, 그림(c)와 같이 지점 1개를 고정단으로 하거나, 그림(d)와 같이 사재(斜材, Brace)로 보강하면, 구조물은 임의의 힘을 받아도 그 형상이 크게 변하지 않는다. 이를 **내적 안정**(內的 安定, Internally Stable) 또는 **형(形)의 안정**이라고 한다.

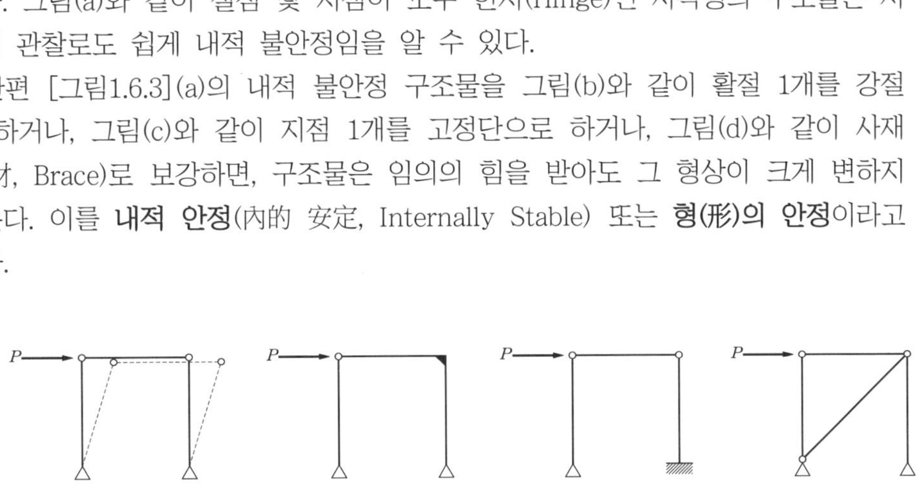

(a) (b) (c) (d)

[그림1.6.3] 내적 또는 형의 안정·불안정

이처럼 구조물의 내적 안정·불안정은 부재의 구성, 지점 및 절점 등에 따라 결정된다.

구조물은 외적 그리고 내적으로 모두 안정이어야 안정(安定, Stable)이라고 말할 수 있으며, 외적과 내적 중 어느 한쪽이라도 불안정이면 불안정(不安定, Unstable)이라고 한다.

1.6.2 구조물의 정정 · 부정정

안정(安定, Stable)한 구조물 가운데, 힘의 평형조건식만으로 지점반력 및 부재의 단면력을 구할 수 있는 구조물을 **정정**(靜定, Statically Determinate)이라고 하고, 정정구조물보다 과잉 구속된 구조물로 힘의 평형조건식 뿐만 아니라 변형조건식이 있어야 지점반력 및 부재의 단면력을 구할 수 있는 구조물을 **부정정**(不靜定, Statically Indeterminate)이라고 한다.

그리고 구조물의 정정 · 부정정도 다시 외적과 내적으로 나눌 수 있다.

가. 외적 정정 · 부정정

외적으로 안정한 구조물 중, 그 지점반력을 힘의 평형조건식만으로 구할 수 있는 구조물을 **외적 정정**(外的 靜定, Externally Statically Determinate) 또는 **지지(支持)의 정정**이라고 하며, 그 지점반력을 힘의 평형조건식 뿐만 아니라 변형조건식이 있어야 구할 수 있는 구조물을 **외적 부정정**(外的 不靜定, Externally Statically Indeterminate) 또는 **지지(支持)의 부정정**이라고 한다.

나. 내적 정정 · 부정정

내적으로 안정한 구조물 중, 그 부재의 단면력을 힘의 평형조건식만으로 구할 수 있는 구조물을 **내적 정정**(內的 靜定, Internally Statically Determinate) 또는 **형(形)의 정정**이라고 하며, 그 부재의 단면력을 힘의 평형조건식뿐만 아니라 변형조건식이 있어야 구할 수 있는 구조물을 **내적 부정정**(內的 不靜定, Internally Statically Indeterminate) 또는 **형(形)의 부정정**이라고 한다.

안정한 구조물 중, 외적 그리고 내적으로 모두 정정이어야 정정(靜定, Statically Determinate)이라고 말할 수 있으며, 외적과 내적 중 어느 한쪽이라도 부정정이면 부정정(不靜定, Statically Indeterminate)이라고 한다.

1.6.3 구조물의 판별식

어떤 구조물이 안정인지 불안정인지, 안정하다면 정정인지 부정정인지, 부정정이라면 몇 차 부정정인지를 판별하는 구조물의 판별식(判別式)을 살펴보도록 한다.

(a) (b) (c)

[그림1.6.4] 2개 부재의 연결

[그림1.6.4](a)에서 부재 A 는 양단이 활절로 연결된 부재로서, 인접한 부재 B 로부터 활절을 통하여 부재 A 에 전달되는 힘은 축방향력(N), 1개뿐이다.

한편 그림(b)에서의 부재 A 는 일단 활절, 타단 강절로 연결된 부재로서, 인접한 부재 B 로부터 활절을 통하여 부재 A 에 전달되는 힘은 축방향력(N)과 전단력(V), 2개이다.

마지막으로 그림(c)의 부재 A 는 양단이 강절로 연결된 부재로서, 인접한 부재 B 로부터 강절을 통하여 부재 A 에 전달되는 힘은 축방향력(N), 전단력(V), 휨모멘트(M), 3개이다.

어떤 구조물에서, 지점반력의 총수를 n 이라 하고, 그림(a)의 부재 A 와 같이 양단이 활절로 연결된 부재의 수를 s_1, 그림(b)의 부재 A 와 같이 일단 활절, 타단 강절로 연결된 부재의 수를 s_2, 그림(c)의 부재 A 와 같이 양단이 강절로 연결된 부재의 수를 s_3 이라고 하면, 이 구조물에서 미지수의 총수는 다음과 같다.

$$n + s_1 + 2s_2 + 3s_3 \qquad (1.6.1)$$

한편 활절에서는 2개의 평형조건식($\Sigma V = 0$, $\Sigma H = 0$)이, 강절에서는 3개의 평형조건식($\Sigma V = 0$, $\Sigma H = 0$, $\Sigma M = 0$)이 성립됨으로, 활절의 수를 k_2, 강절의 수를 k_3 이라고 하면, 미지수를 구하기 위한 절점의 정역학적 평형방정식의 총수는 다음과 같다.

$$2k_2 + 3k_3 \qquad (1.6.2)$$

따라서 미지수의 총수 식(1.6.1)에서 정역학적 평형방정식의 총수 식(1.6.2)를 뺀 값을 m 이라 하면, m 은 다음과 같다.

$$m = n + s_1 + 2s_2 + 3s_3 - 2k_2 - 3k_3 \qquad (1.6.3)$$

한편 구조물을 구성하는 부재수를 s 라 하고, 지점과 자유단을 포함한 절점수를 k 라 하면 다음과 같다.

$$s = s_1 + s_2 + s_3 \quad \Rightarrow \quad s_1 = s - s_2 - s_3 \tag{1.6.4}$$

$$k = k_2 + k_3 \quad \Rightarrow \quad k_2 = k - k_3 \tag{1.6.5}$$

식(1.6.4)와 식(1.6.5)를 식(1.6.3)에 대입하면 다음과 같이 된다.

$$m = n + s + s_2 + 2s_3 - 2k - k_3 \tag{1.6.6}$$

식(1.6.6)에서 $r = s_2 + 2s_3 - k_3$ 이라고 하면, 다음과 같은 일반적인 구조물의 판별식이 완성된다.

$$m = (n + s + r) - 2k \tag{1.6.7}$$

상기 $r = s_2 + 2s_3 - k_3$ 에서 $s_2 + 2s_3$ 는 강접합된 부재단의 총수이므로, 이로부터 강절의 수 k_3 을 뺀 r 은 각 절점에서 하나의 부재에 강접합된 다른 부재의 수를 모든 절점에 대하여 합한 것과 같다.

다음 [표1.6.1]은 한 절점에서의 r 의 수를 예를 들어 보여주고 있다.

[표1.6.1] r : 모재(母材)에 강접합된 부재수

접합부 형상	설 명	r
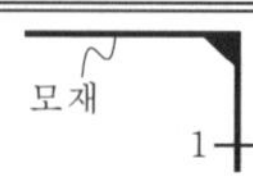	모재에 부재1이 강접합	1개
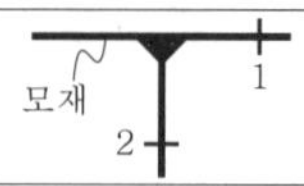	모재에 부재1, 부재2가 강접합	2개
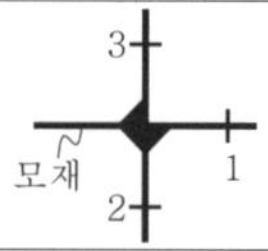	모재에 부재1, 부재2, 부재3이 강접합	3개
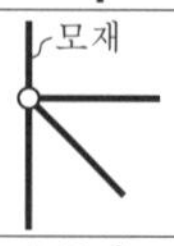	절점의 모든 부재가 활절로 접합	0개
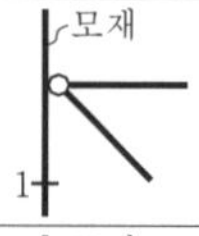	모재에 부재1이 강접합	1개
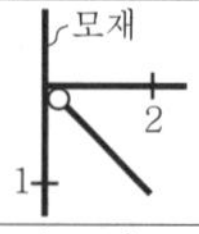	모재에 부재1, 부재2가 강접합	2개
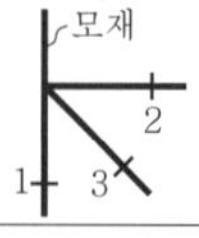	모재에 부재1, 부재2, 부재3이 강접합	3개

식(1.6.7)은 보, 라멘, 트러스, 아치 등 모든 구조물의 안정·불안정 및 정정·부정정을 판별할 수 있는 일반적인 구조물의 판별식이다.

일반적으로 식(1.6.7)의 m 값에 따라 구조물은 다음과 같이 판별된다.

$m < 0$ 이면 불안정(不安定, Unstable).

$m = 0$ 이면 안정(安定, Stable)이면서 정정(靜定, Statically Determinate).

$m > 0$ 이면 안정(安定, Stable)이면서 부정정(不靜定, Statically Indeterminate).

여기서 $m > 0$ 일 때 m 의 값을 **부정정차수**(Degree of Indeterminacy)라고 하며, 이는 구조물의 외적 부정정차수 m_e 와 내적 부정정차수 m_i 를 합한 값으로 전체 부정정차수라고도 한다. 그리고 $m < 0$ 일 때 m 의 값을 불안정차수라고 한다.

한편 [그림1.6.2]와 같이 $m \geq 0$ 일지라도 반력의 작용방향이 모두 평행하거나 작용선이 모두 한 점에 모이면 불안정이므로, 모든 구조물은 판별식을 사용하기 전에 시각적 관찰을 통하여 불안정성 여부를 반드시 검토하여야 한다.

또한 보나 1층 라멘과 같은 경우는 다음과 같은 약산식으로 구조물을 쉽게 판별할 수 있다.

$$m = (n-3) - h \tag{1.6.8}$$

여기서, h 는 구조물 내의 힌지(Hinge)의 수를 뜻한다.

보나 1층 라멘과 같은 구조물의 지점반력을 구하기 위하여 사용할 수 있는 조건방정식은 정역학적 평형방정식($\Sigma V = 0$, $\Sigma H = 0$, $\Sigma M = 0$) 3개와 구조물의 중간에 있는 힌지(Hinge)나 로울러(Roller)와 같이 특별한 조건에서 세워지는 조건방정식 h 개가 있다. 여기서 힌지(Hinge)는 회전이 자유로우므로 힌지(Hinge) 좌우 어느 한 쪽 구조물에 대하여 1개의 조건방정식 $\Sigma M = 0$ 을 세울 수 있고, 로울러(Roller)는 회전과 지지면에 평행한 방향으로의 수평이동이 자유로우므로, 로울러(Roller) 좌우 어느 한 쪽 구조물에 대하여 2개의 조건방정식 $\Sigma H = 0$, $\Sigma M = 0$ 을 세울 수 있다. 따라서 구조물의 지점반력의 총수 n 에서 이를 구하기 위하여 사용할 수 있는 조건방정식의 수 $(3+h)$ 를 뺀 값을 m 이라고 하면 상기 식(1.6.8)이 성립된다.

또한 식(1.6.8)은 구조물의 외적 부정정차수 m_e 로 다음과 같이 표현되기도 한다.

$$m_e = n - 3 - h \tag{1.6.9}$$

따라서 내적 부정정차수 m_i 는 전체 부정정차수 m 에서 외적 부정정차수 m_e 를 뺀 값이므로 다음과 같이 나타낼 수 있다.

$$m_i = m - m_e = (n+s+r-2k) - (n-3-h) = 3+s+r+h-2k \tag{1.6.10}$$

한편 [그림1.6.5](a)와 같이 구조물 내부에 로울러(Roller)가 들어 있으면, 그림(b)와 같이 로울러(Roller)를 지지봉 및 링크지점으로 치환하여 구조물의 판별식 식(1.6.7)을 사용하여야 한다.

(a) (b)

[그림1.6.5] 내부에 로울러가 있는 구조물

◆ ◆ ◆ ◆ ◆ ◆

예제 1.6.1

다음과 같은 구조물의 안정·불안정 및 정정·부정정을 판별하여라.

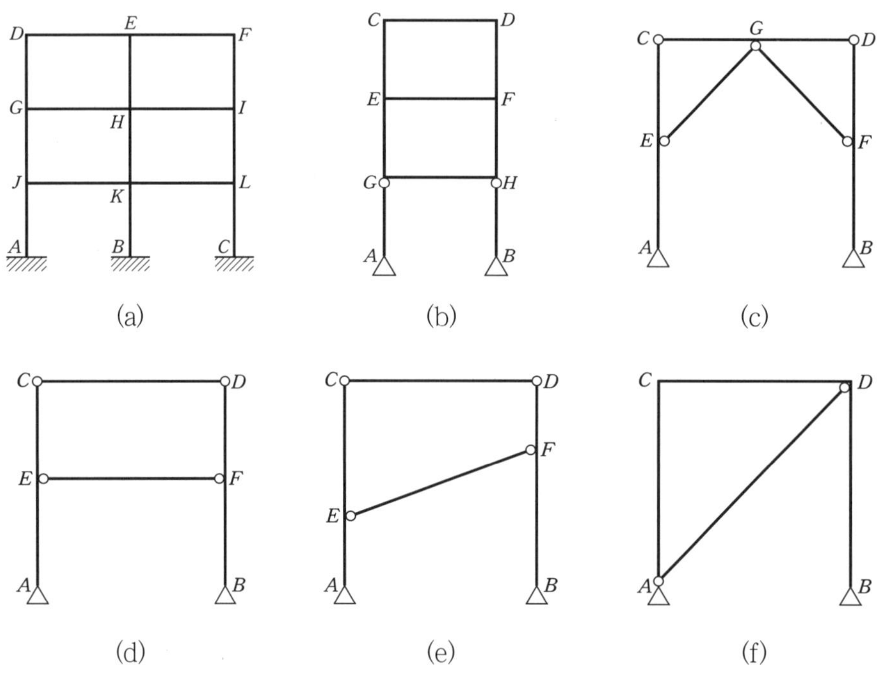

(a) (b) (c)

(d) (e) (f)

풀이

(1) 그림(a)

반력수 $n=9$, 부재수 $s=15$, 강절수 $r=18$, 절점수 $k=12$ 이므로

$m=n+s+r-2k=9+15+18-2\times 12=18$ ∴ 18차 부정정구조물

(2) 그림(b)

시각적 관찰로 볼 때 수직재인 AG부재와 BH부재의 상, 하부의 절점 및 지점이 모두 힌지(Hinge)로, 내적 또는 형의 불안정상태에 있다.

∴ 불안정구조물

※ 판별식으로는 반력수 $n=4$, 부재수 $s=9$, 강절수 $r=8$, 절점수 $k=8$

이므로, $m=n+s+r-2k=4+9+8-2\times8=5$ 로 5차 부정정구조물처럼 계산됨으로 주의해야 한다.

(3) 그림(c)

반력수 $n=4$, 부재수 $s=8$, 강절수 $r=3$, 절점수 $k=7$ 이므로

$m=n+s+r-2k=4+8+3-2\times7=1$ ∴ 1차 부정정구조물

※ 절점 E, F, G에서 각각 강절수(r)가 1개씩임에 유의해야 한다.

(4) 그림(d)

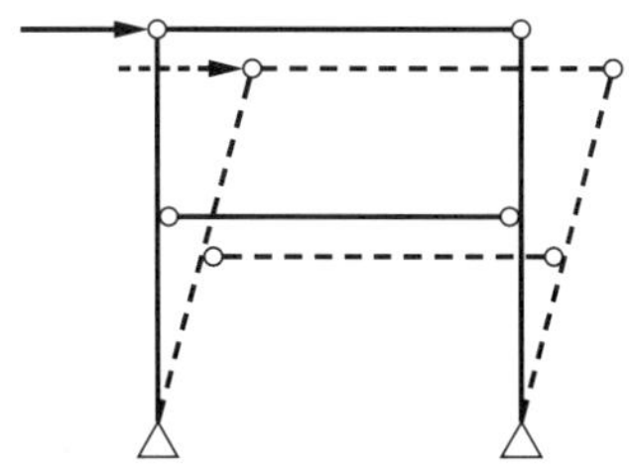

기둥인 AC부재와 BD부재의 상, 하부의 절점 및 지점이 모두 힌지(Hinge)이고, 수평재인 EF부재가 기둥 사이에 힌지(Hinge)로 접합되어 있는 형태로, 수평력에 대하여 그림과 같이 대변형(大變形)하므로 내적 또는 형의 불안정상태에 있다.

∴ 불안정구조물

※ 판별식으로는 반력수 $n=4$, 부재수 $s=6$, 강절수 $r=2$, 절점수 $k=6$ 이므로, $m=n+s+r-2k=4+6+2-2\times6=0$으로 정정구조물처럼 계산됨으로 주의해야 한다.

(5) 그림(e)

반력수 $n=4$, 부재수 $s=6$, 강절수 $r=2$, 절점수 $k=6$ 이므로

$m=n+s+r-2k=4+6+2-2\times6=0$ ∴ 정정구조물

※ 기둥 부재인 AC와 BD의 상, 하부의 절점 및 지점이 모두 힌지이지만, 그림(d)와 달리 경사진 EF부재가 기둥 사이에 힌지(Hinge)로 접합되어 가새(Bracing)의 역할을 하기 때문에 안정구조물이 된다.

(6) 그림(f)

반력수 $n=4$, 부재수 $s=4$, 강절수 $r=2$, 절점수 $k=4$ 이므로

$m=n+s+r-2k=4+4+2-2\times4=2$ ∴ 2차 부정정구조물

※ 절점 C, D에서 각각 강절수(r)가 1개씩임에 유의해야 한다.

예제 1.6.2

다음 그림과 같은 구조물의 안정·불안정 및 정정·부정정을 판별하여라.

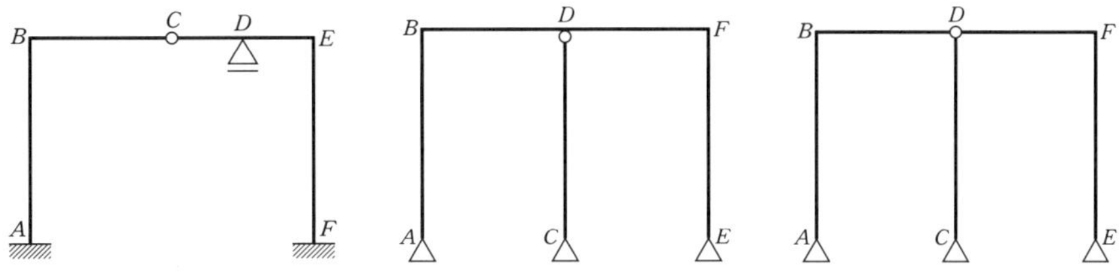

(a) (b) (c)

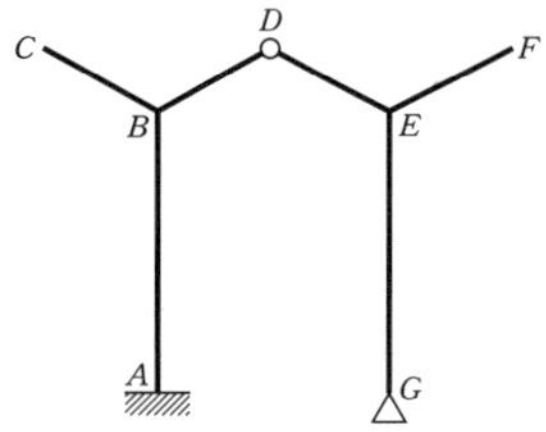

(d)

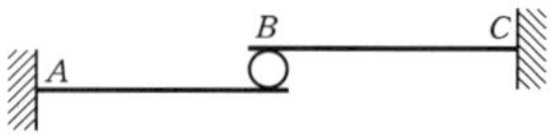

(e)

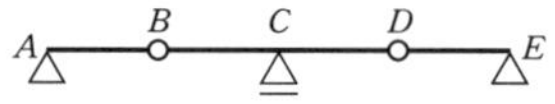

(f)

풀이

	n	s	r	k	h	일반 구조물의 판별식 $m=(n+s+r)-2k$	보 또는 1층 라멘의 판별식 $m=(n-3)-h$	판정
(a)	7	5	3	6	1	$m=(7+5+3)-2\times6=3$	$m=(7-3)-1=3$	3차 부정정
(b)	6	5	3	6	1	$m=(6+5+3)-2\times6=2$	$m=(6-3)-1=2$	2차 부정정
(c)	6	5	2	6	2	$m=(6+5+2)-2\times6=1$	$m=(6-3)-2=1$	1차 부정정
(d)	5	6	4	7	1	$m=(5+6+4)-2\times7=1$	$m=(5-3)-1=1$	1차 부정정
(e)	6	3	0	4	2	$m=(6+3)-2\times4=1$	$m=(6-3)-2=1$	1차 부정정
(f)	5	4	1	5	2	$m=(5+4+1)-2\times5=0$	$m=(5-3)-2=0$	정정

그림(a) : 절점 B, D, E에서 각각 강절수(r)가 1개씩임에 유의해야 한다.

그림(b) : 절점 B, D, F에서 각각 강절수(r)가 1개씩이고,
절점 D에서 힌지수(h)가 1개임에 유의해야 한다.

그림(c) : 절점 D에서 힌지수(h)가 2개임에 유의해야 한다.

그림(d) : 자유단 C, F도 절점수(k)에 포함된다.

그림(e) : [그림1.6.5](a)의 내부에 로울러(Roller)가 있는 구조물로, 그림(b)와 같이 로울러를 지지봉 및 링크지점으로 치환하여 계산한다.

그림(f) : 절점 C에서 강절수(r)가 1개임에 유의해야 한다.

예제 1.6.3

다음과 같은 트러스의 안정·불안정 및 정정·부정정을 판별하여라.

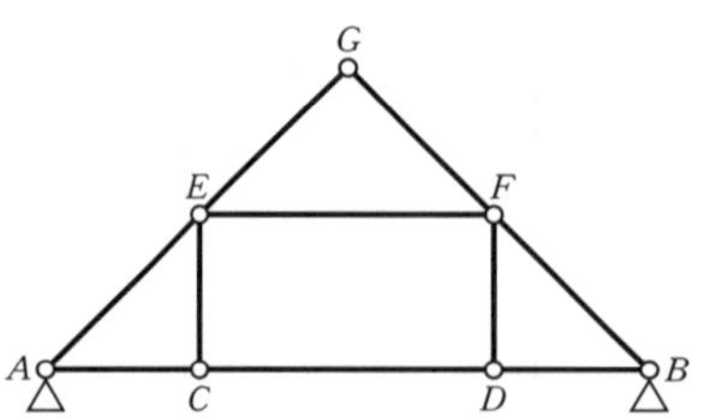

(a)

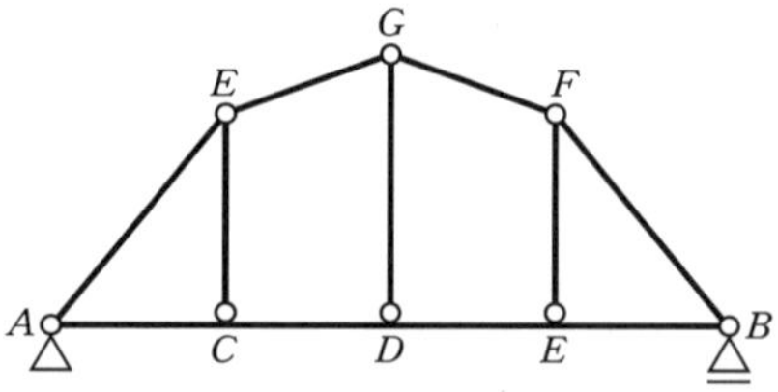

(b)

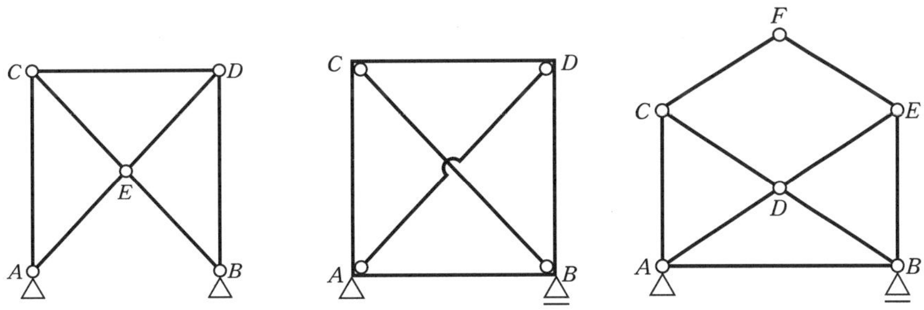

(c) (d) (e)

풀이

(1) 그림(a)

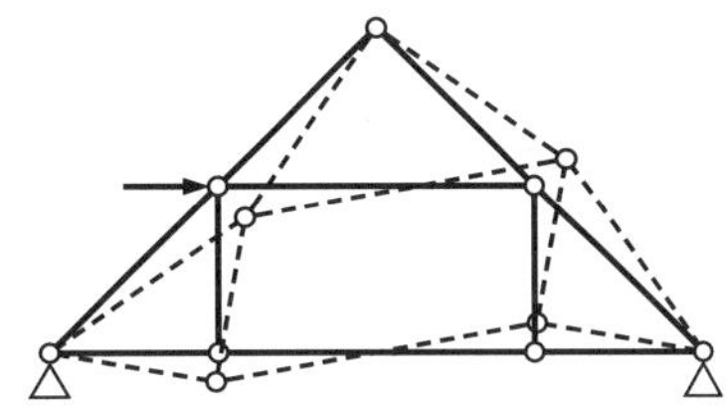

외력에 대하여 그림과 같이 대변형(大變形)이 생기므로 내적 또는 형의 불안정상태에 있는 구조물이다. 이는 시각적으로 볼 때 사각형 $CDEF$의 절점이 모두 힌지로 외부에 접하고 있기 때문이다.

∴ 불안정구조물

※ 판별식으로는 반력수 $n=4$, 부재수 $s=10$, 강절수 $r=0$, 절점수 $k=7$이므로 $m=n+s+r-2k=4+10+0-2\times7=0$으로 정정구조물처럼 계산됨으로 주의해야 한다.

(2) 그림(b)

반력수 $n=3$, 부재수 $s=11$, 강절수 $r=3$, 절점수 $k=8$ 이므로

$m=n+s+r-2k=3+11+3-2\times8=1$ ∴ 1차 부정정구조물

※ 절점 C, D, E에서 각각 강절수(r)가 1개씩임에 유의해야 한다.

(3) 그림(c)

반력수 $n=4$, 부재수 $s=7$, 강절수 $r=0$, 절점수 $k=5$ 이므로

$m=n+s+r-2k=4+7+0-2\times5=1$ ∴ 1차 부정정구조물

(4) 그림(d)

반력수 $n=3$, 부재수 $s=6$, 강절수 $r=4$, 절점수 $k=4$ 이므로

$m=n+s+r-2k=3+6+4-2\times4=5$ ∴ 5차 부정정구조물

※ 절점 A, B, C, D에서 각각 강절수(r)가 1개씩임에 유의해야 한다.

(5) 그림(e)

반력수 $n=3$, 부재수 $s=9$, 강절수 $r=0$, 절점수 $k=6$ 이므로

$m=n+s+r-2k=3+9+0-2\times6=0$ ∴ 정정구조물

※ 시각적 관찰로 볼 때 사각형 $CDEF$의 절점이 모두 힌지이지만 절점 D가 외부에 접하지 않고 내부에 있으므로 내적 또는 형의 안정상태에 있음에 유의해야 한다.

◈ 연 습 문 제 ◈

1.6.1 다음 그림과 같은 구조물의 안정·불안정 및 정정·부정정을 판별하여라.

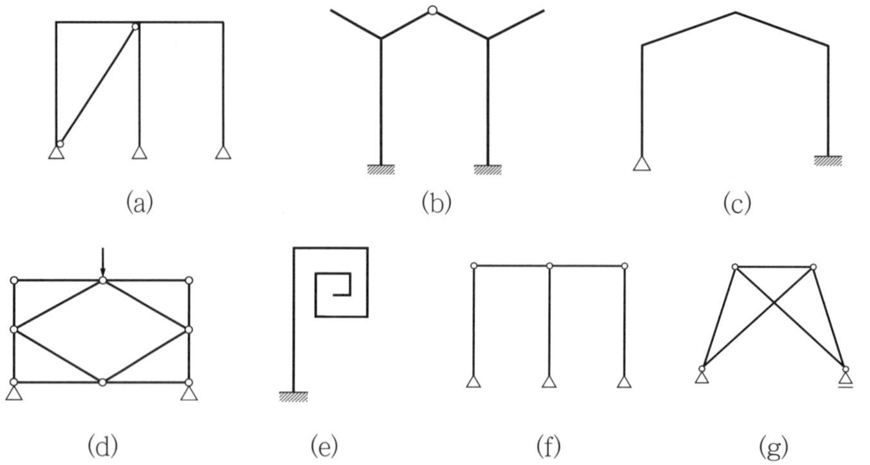

1.6.2 다음 그림과 같은 구조물의 안정·불안정 및 정정·부정정을 판별하여라.

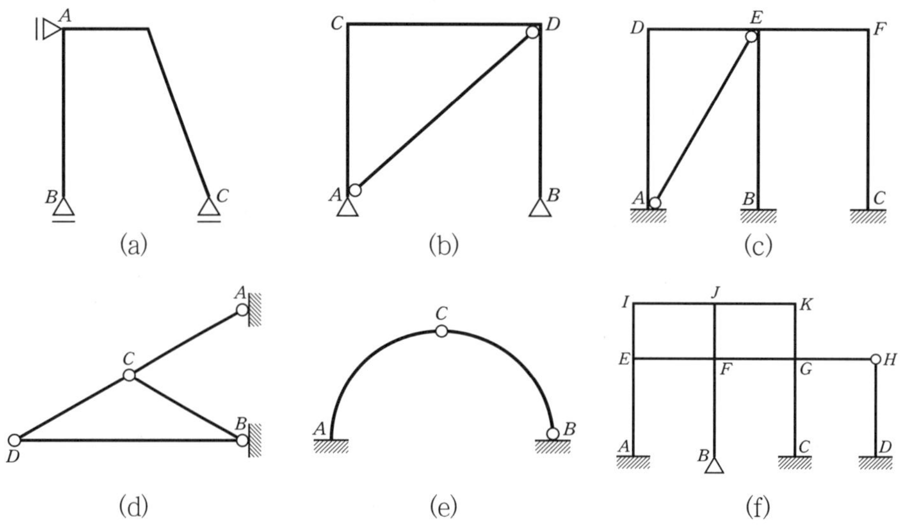

1.6.3 다음 구조물 중 불안정이 아닌 것은?

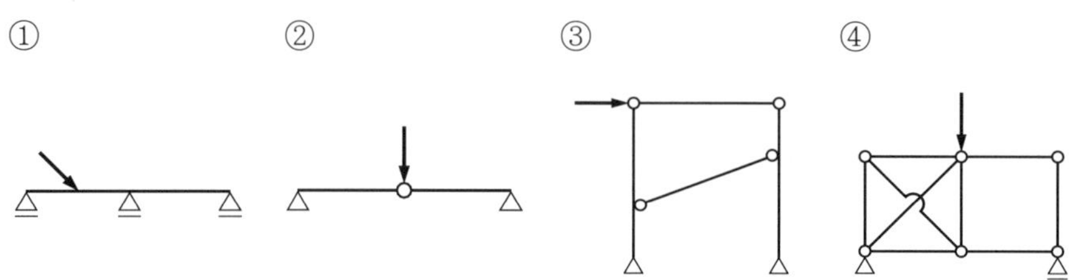

1.6.4 다음 구조물 중 불안정이 아닌 것은?

①

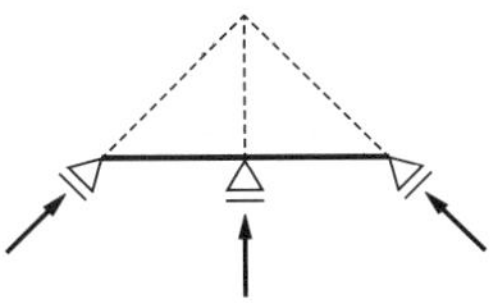

②

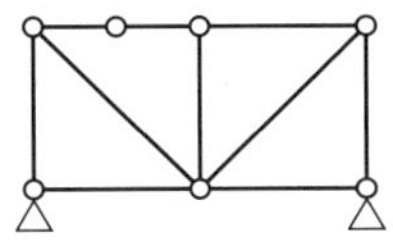

③

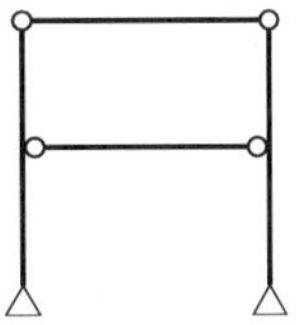

④

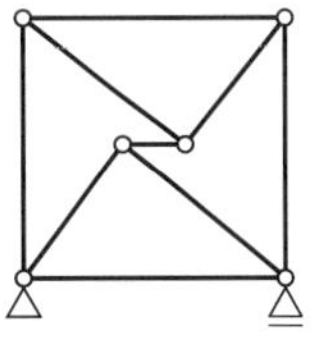

1.7 하중과 그 표시

일반적으로 구조물에 직접적으로 작용하는 외부의 힘을 **하중**(荷重, Load)이라고 한다. 구조물이 그 기능을 발휘하기 위해서는 필연적으로 하중을 받게 되는데, 설계하중은 하중의 가변성은 물론 구조물의 안전성 및 경제성을 고려하여 합리적인 경험과 확률통계학적 분석을 통하여 신중히 결정되어야 한다.

본 절에서는 구조설계시 고려해야 할 하중과 그 표시방법에 대하여 간략히 살펴보도록 한다.

1.7.1 구조물의 설계하중

일반적인 구조물의 설계하중에는 고정하중, 활하중, 적설하중, 풍하중, 지진하중, 토압, 지하수압 등 여러 가지가 있는데, 현재 구조설계기준에 명기되어 있는 대표적인 하중들을 살펴보면 다음과 같다.

고정하중(固定荷重, Dead Load)은 구조체 자체의 무게나 구조물의 존재기간 중 지속적으로 구조물에 작용하는 중력방향의 하중을 말하며, 사하중(死荷重)이라고도 한다. 지붕, 천장, 바닥, 벽 등 구조물의 각 부분의 고정하중은 각 부분의 실상에 따라 계산하는데, 각 부분의 중량은 사용하는 재료의 밀도, 단위체적중량, 조합중량을 사용하여 산정한다. 참고로 일반적인 재료의 단위체적중량을 정리해 보면 [표1.7.1]과 같다.

[표1.7.1] 재료의 단위체적중량 단위 : kN/m^3

재 료	단위체적중량	재 료	단위체적중량	재 료	단위체적중량
철근콘크리트	24	알루미늄	26.6	석 재	20∼28
무근콘크리트	23	황동 및 청동	80∼86	목 재	4.7∼7.1
경량콘크리트	11∼19	흙(함수)	18	유 리	24∼28
모르타르	20	벽 돌(보통)	19	석고보드	7.5
철(Steel)	78.5	타 일(보통)	20	ALC판	6.5

활하중(活荷重, Live Load)은 일반적으로 구조물의 사용 및 점용에 의하여 발생되는 하중으로 사람, 가구, 이동 칸막이벽, 창고의 저장물, 설비기계, 차량 등의 중량을 말하며, 적재하중(積載荷重)이라고도 한다. 구조물의 각 부분의 활하중은 각 부분의 실상에 따라 산정하는데, 현재 『건축구조기준』에서는 건축물의 용도별 작용하는 활하중으로 최소값의 등분포 활하중을 규정하고 있다.

참고로 『건축물 설계하중, KDS 41 12 00 ; 2022』에서의 기본등분포 활하중을 살펴보면 [표1.7.2]와 같다.

[표1.7.2] 기본등분포 활하중 단위 : kN/m^2

	용 도	구조물의 부분	활 하 중
1	주 택	주거용 구조물의 거실	2.0
		공동주택의 공용실	5.0
2	병 원	병실	2.0
		수술실, 공용실, 실험실	3.0
		1층 외의 모든 층 복도	4.0
3	숙박시설	객실	2.0
		공용실	5.0
4	사 무 실	일반 사무실	2.5
		특수용도사무실	5.0
		문서보관실	5.0
		1층 외의 모든 층 복도	4.0
5	학 교	교실	3.0
		일반 실험실	3.0
		중량물 실험실	5.0
		1층 외의 모든 층 복도	4.0
6	판 매 장	상점, 백화점(1층)	5.0
		상점, 백화점(2층 이상)	4.0
		창고형 매장	6.0
7	집회 및 유흥장	모든 층 복도	5.0
		무대	7.0
		식당	5.0
		주방	7.0
		극장 및 집회장 (고정 좌석)	4.0
		집회장 (이동 좌석)	5.0
		연회장, 무도장	5.0
8	체육시설	체육관 바닥, 옥외경기장	5.0
		스탠드 (고정 좌석)	4.0
		스탠드 (이동 좌석)	5.0
9	도 서 관	열람실	3.0
		서고	7.5
		1층 외의 모든 층 복도	4.0
10	주차장 및 옥외 차도	총중량 30kN 이하의 차량(옥내)	3.0
		총중량 30kN 이하의 차량(옥외)	5.0
		총중량 30kN 초과 90kN 이하의 차량	6.0
		총중량 90kN 초과 180kN 이하의 차량	12.0
		옥외 차도와 차도 양측의 보도	12.0
11	창 고	경량품 저장창고	6.0
		중량품 저장창고	12.0
12	공 장	경공업 공장	6.0
		중공업 공장	12.0
13	지 붕	점유·사용하지 않는 지붕 (지붕활하중)	1.0
		산책로 용도	3.0
		정원 또는 집회 용도	5.0
		출입이 제한된 조경 구역	1.0
		헬리콥터 이착륙장	5.0
14	기 계 실	공조실, 전기실, 기계실 등	5.0
15	광 장	옥외광장	12.0
16	발 코 니	출입 바닥 활하중의 1.5배 (최대 $5.0kN/m^2$)	
17	로비 및 복도	로비, 1층 복도	5.0
		1층 외의 모든 층 복도 (병원, 사무실, 학교, 집회 및 유흥장, 도서관은 별도 규정)	출입 바닥 활하중
18	계 단	단독주택 또는 2세대 거주 주택	2.0
		기타의 계단	5.0

적설하중(積雪荷重, Snow Load)은 내린 눈이 지붕에 쌓임으로써 생기는 하중을 말하는데, 눈이 내릴 때는 그 비중이 크지 않지만 쌓이면 눌리면서 단위중량이 증가하게 된다. 현재 『건축구조기준』에서 설계용 지붕 적설하중은 지상 적설하중의 기본값을 기준으로 하여 기본 지붕 적설하중계수, 노출계수, 온도계수, 중요도계수, 지붕의 형상계수와 기타 재하분포상태 등을 고려하여 산정하고 있다. 지상 적설하중의 기본값은 재현기간 100년에 대한 수직 최심적설깊이를 기준으로 지역별로 구분하고 있다.

풍하중(風荷重, Wind Load)은 바람에 의하여 구조물에 작용하는 수평방향의 하중을 말하는데, 일반적으로 고도가 높아질수록 바람의 세기는 강해진다. 현재 『건축구조기준』에서 풍하중은 등가정적개념에 근간을 둔 것으로, 구조물의 탄성적 거동을 전제로 확률통계적 수법에 의해 정해진 것이다. 이 기준의 풍하중은 구조골조설계용 풍하중, 지붕골조설계용 풍하중, 외장재설계용 풍하중으로 구분하고, 각각의 설계풍력 또는 설계풍압에 유효면적을 곱하여 산정한다. 또한 설계풍력 및 설계풍압은 설계속도압, 가스트영향계수, 풍력계수 또는 풍압계수를 곱하여 산정한다. 이때, 풍하중 산정에 필요한 각종 계수로는 기본풍속, 풍향계수, 풍속고도분포계수, 지형계수, 중요도계수 등이 있다. 한편 지역별로 구분되어있는 기본풍속은 지표면으로부터 10M 높이에서 측정한 10분간의 평균풍속에 대한 500년 재현기대풍속으로, 즉 우리나라 전국 기상관측소의 자료에 근거하여 임의 지역에서 500년 동안 한번 발생할 가능성이 있는 태풍을 기준으로 한 10분간의 평균풍속을 의미한다. 그리고 기준에서는 바람에 의한 동적 영향을 고려하여 강풍의 작용에 의해 풍직각방향진동, 비틀림진동, 와류진동 및 공기력 불안정진동이 예상되는 건축물은 풍동실험 또는 적절한 해석에 의해 설계하도록 명기하고 있다.

지진하중(地震荷重, Earthquake Load)은 지진에 의하여 구조물에 작용하는 보통 수평방향의 하중을 말하는데, 지진이 일어날 때 땅에 접하는 구조물이 지진운동으로 흔들림에 따라 구조물의 질량과 지반의 가속도로 인하여 관성력이 생겨 발생하는 하중이다. 지진하중에 의한 구조물의 거동은 지진의 속도, 가속도, 지속시간 및 방향과 구조체의 탄성복원력, 관성력, 감쇠성능에 의하여 좌우된다. 현재 『건축구조기준』에 의하면 내진설계를 하는 건축물은 지진하중에 의한 밑면전단력, 층지진하중, 층전단력, 수평비틀림모멘트, 전도모멘트 등에 저항할 수 있도록 설계되어야 하며, 기타 층간변위와 인접건물간 최소거리 등이 검토되어야 한다. 또한 지진에 대한 구조물의 해석법으로는 등가정적해석법과 동적해석법이 있으며, 지진하중 산정을 위한 계수로는 지역계수, 지반계수, 중요도계수, 반응수정계수, 시스템초과 강도계수, 변위증폭계수 등이 있다.

이밖에도 지하 외부벽체에 작용하는 토압 및 수압, 옹벽에 작용하는 토압, 최하층 바닥에 작용하는 수압, 온도하중, 지상에 있는 용기로서 수조, 기름탱크 등 이와 유사한 유체압, 용기 내용물 하중, 운반설비 및 부속장치하중 등이 있으며, 이들은 현재 『건축구조기준』에 명기되어 있다.

구조물은 존치기간 동안 앞에서 설명한 설계하중을 비롯하여 수많은 하중을 받는다. 이러한 하중들은 동시에 작용하는 경우가 많은데, 이들 하중이 중첩되면 각 하중을 조합하여야 한다. 하중의 조합은 보통 각종 구조설계기준에서 정한 바에 의하여 이루어지는데, 어느 때는 적당한 하중조합을 채택하기 위하여 구조설계사의 경험과 기술적 판단이 필요하다. 선정된 하중조합은 구조물의 해석에 사용되어지는데, 구조물은 여러 가지 하중조합 중 가장 불리한 조건 및 모든 조건을 만족하도록 설계되어야 한다.

1.7.2 하중의 표시

구조물에 작용하는 하중을 구조해석에서 사용되는 하중의 작용형태에 따라 구분해 보고, 그 표기법에 대하여 알아보도록 한다.

가. 집중하중

[그림1.7.1]에서와 같이 한 점에 집중하여 작용하는 하중(P)을 **집중하중**(集中荷重, Concentrated Load)라고 한다. 집중하중의 단위는 힘의 단위인 N, kN, kgf, tf, lb 등을 사용한다. 집중하중이 작용하는 경우로는 큰보(Girder) 위에 놓인 작은보(Beam)의 하중이 작용할 때, 자동차의 무게가 바퀴를 통하여 구조물에 작용할 때, 공장이나 창고건물의 지붕구조에 중량물이 매달릴 때 등을 예로 들 수 있다.

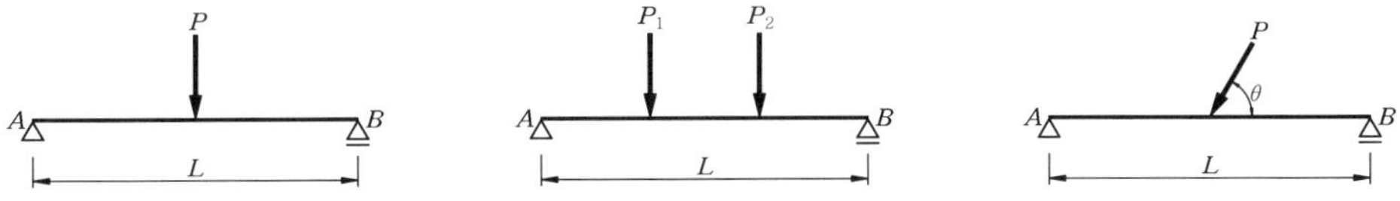

[그림1.7.1] 집중하중

나. 등분포하중

[그림1.7.2]에서와 같이 같은 크기의 분포하중이 연속적으로 작용하는 것을 **등분포하중**(等分布荷重, Uniform Load)이라고 한다. 그림(a)는 슬래브(Slab)에 단위면적당 같은 크기로 작용하는 등분포하중을 보여주고 있다. 이때 단위는 N/m^2, kN/m^2, kgf/m^2, tf/m^2, psf 등으로 표시되는데, 주로 고정하중, 활하중, 적설하중 등 중력방향 하중들이 바닥 및 지붕에 작용할 때 사용된다. 한편 그림(b), (c)는 주로 보에 단위길이당 같은 크기로 작용하는 등분포하중(ω)을 보여주고 있다. 이때 단위는 N/m, kN/m, kgf/m, tf/m, lb/ft 등으로 표시된다. 그림(b)는 1방향 슬래브를 통하여 보에 작용하는 중력방향 하중의 경우에, 그림(c)는 보 위에 작용하는 조적하중 등에서 자주 나타난다.

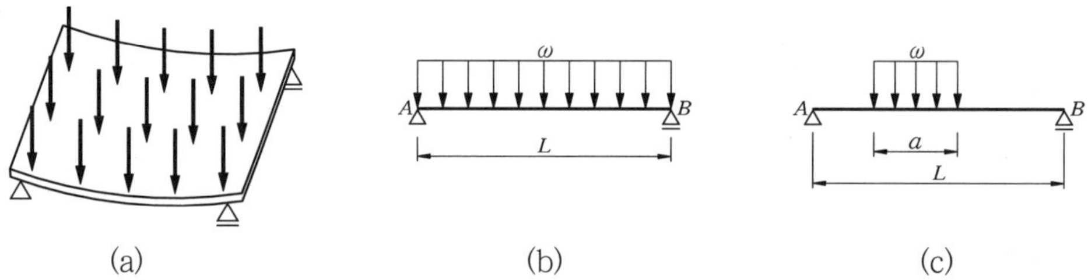

[그림1.7.2] 등분포하중

다. 등변분포하중

[그림1.7.3]에서와 같이 분포하중이 부재축에 따라 변화하면서 작용하는 것을 **등변분포하중**(等變分布荷重, Uniformly Varying Load)이라고 한다. 그림(a), (b)는 2방향 슬래브를 통하여 보에 작용하는 중력방향 하중의 경우로, 그림(c)는 수조에서의 수압에 의한 하중으로, 그림(d)는 지하외벽에 작용하는 토압에 의한 하중으로 자주 나타난다. 한편 그림(e), (f)는 구조물의 변위를 구하는 탄성하중으로 표현된다. 이들은 모두 단위길이당 작용하는 하중으로, 단위는 N/m, kN/m, kgf/m, tf/m, lb/ft 등으로 표시된다.

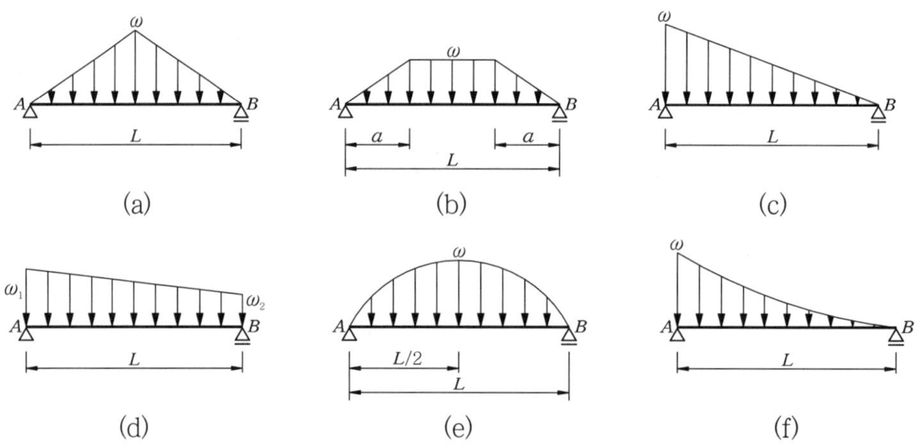

[그림1.7.3] 등변분포하중

라. 모멘트하중

[그림1.7.4]에서와 같이 구조물의 어느 점 또는 단부에서 구조물을 회전시키려는 힘, 즉 모멘트로 작용하는 하중을 **모멘트하중**(Moment Load)이라고 한다. 단위는 모멘트의 단위인 $N\cdot m$, $kN\cdot m$, $kgf\cdot m$, $tf\cdot m$ 등으로 표시된다.

[그림1.7.4] 모멘트하중

마. 이동하중

[그림1.7.5]에서와 같이 구조물에 집중하중 및 기타 하중이 이동하면서 작용하는 하중을 **이동하중**(移動荷重, Moving Load)이라 한다. 집중하중의 경우, 단위는 일반적으로 힘의 단위인 N, kN, kgf , tf , lb 등을 사용하는데, 예를 들면 자동차, 열차, 크레인 등의 차륜이 이동하면서 보에 작용하는 경우가 이에 해당된다.

[그림1.7.5] 이동하중

1.7.3 보 및 라멘의 하중산정

슬래브(Slab) 위에 작용하는 수직하중이 보(Beam & Girder)에 어떻게 전달되는지는 슬래브 위의 하중상태, 주변조건, 슬래브 형상 및 배근법 등에 따라 달라진다.

먼저 [그림1.7.6]과 같이 철근콘크리트 장방형 슬래브가 4변 주위로 보에 지지되어 있을 때, 슬래브의 하중분포상태를 고찰해 보자.

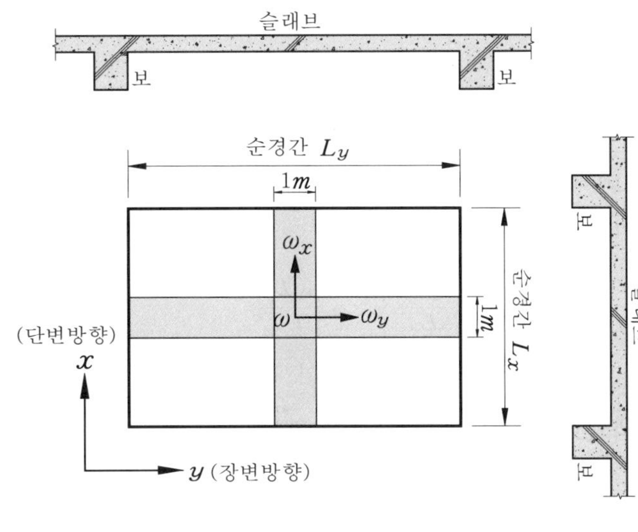

[그림1.7.6] 장방형 슬래브의 하중분포

[그림1.7.6]에서 단변방향을 x, 단변 순경간을 L_x 라 하고, 장변방향을 y, 장변 순경간을 L_y 라고 표시한다. 여기서 순경간이란 보와 같은 지지부재간의 안쪽 치수를 말한다. 또한 x 방향의 분담하중을 ω_x, y 방향의 분담하중을 ω_y 라 하면, 전체하중 ω 는 다음과 같이 나타낼 수 있다.

$$\omega = \omega_x + \omega_y \tag{1.7.1}$$

[그림1.7.6]에서 장방형 슬래브는 단위 폭($1m$)을 가진 경간 L_x 와 L_y 의 2개의 보가 직교하여 일체로 하중에 저항하는 것으로 가정하여 풀이한다.

[그림1.7.7]과 같이 두 사람이 1조로 하여 어깨 위에 놓은 보의 중앙을 일체로 묶고, 여기에 하중 ω 를 작용시키면, 두 보의 중앙부의 처짐 δ 는 다음과 같이 된다.

$$\delta_x = \alpha \frac{\omega_x L_x^4}{EI} \quad , \quad \delta_y = \alpha \frac{\omega_y L_y^4}{EI} \tag{1.7.2}$$

상기 식(1.7.2)는 본 교재의 제10장에서 자세히 다룰 것이므로, 여기서는 자세한 설명을 생략하기로 한다.

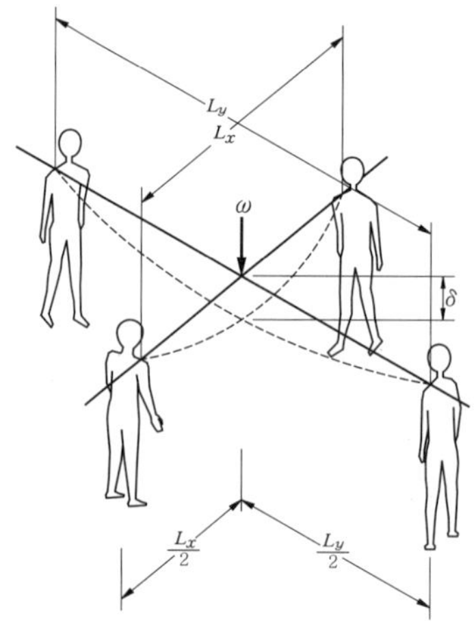

[그림1.7.7] 중앙이 묶인 2개의 보

[그림1.7.7]에서 2개의 보는 중앙이 일체로 묶여 있기 때문에 처짐이 같아야 함으로 다음과 같이 나타낼 수 있다.

$$\alpha \frac{\omega_x L_x^4}{EI} = \alpha \frac{\omega_y L_y^4}{EI} \tag{1.7.3}$$

한편 2개의 보의 재료(E)와 단면(I)이 같고, 주변의 지지상태에 따른 계수 α 가 같기 때문에 식(1.7.3)은 다음과 같이 간략하게 표시된다.

$$\omega_x L_x^4 = \omega_y L_y^4 \tag{1.7.4}$$

상기 식(1.7.4)에 식(1.7.1)에서의 $\omega_y = \omega - \omega_x$ 를 대입하여 정리하면 다음과 같다.

$$\omega_x = \frac{L_y^4}{L_x^4 + L_y^4}\,\omega \tag{1.7.5}$$

한편 상기 식(1.7.5)을 간략화하기 위하여 변장비(邊長比) $\lambda = L_y / L_x$ 를 대입하면 다음과 같이 된다.

$$\omega_x = \frac{L_y^4}{L_x^4 + L_y^4}\,\omega = \frac{(L_y/L_x)^4}{(L_x/L_x)^4 + (L_y/L_x)^4}\,\omega = \frac{\lambda^4}{1+\lambda^4}\,\omega \tag{1.7.6}$$

상기 식(1.7.6)에서 변장비 λ 가 커질수록 슬래브의 x 방향의 분담하중 ω_x 는 증가함을 알 수 있다. 예를 들어 $\lambda = L_y / L_x = 2$ 인 슬래브의 x 방향의 분담하중 ω_x 을 구해보면, $\omega_x = 0.941\,\omega$ 가 된다. 이는 슬래브 단변방향(x 방향)의 분담하중률이 0.941 즉 94.1 % 나 되는 것으로, $\lambda > 2$ 인 슬래브는 단변방향(x 방향)으로 94.1 % 이상, 즉 거의 100 % 의 전체하중이 1방향(1Way)으로 분담된다고 볼 수 있다. 따라서 슬래브는 역학적으로 변장비(邊長比, λ)에 따라 다음과 같이 나눌 수 있다.

$$\begin{aligned} &\text{1방향 슬래브 (1 Way Slab)} \quad : \quad \lambda = \frac{L_y}{L_x} > 2 \\ &\text{2방향 슬래브 (2 Way Slab)} \quad : \quad \lambda = \frac{L_y}{L_x} \le 2 \end{aligned} \tag{1.7.7}$$

등분포하중을 받는 장방형 2방향 슬래브로부터 주변의 보에 배분되는 하중은 [그림1.7.8]에서 표시한 것과 같이, 슬래브의 우각(隅角)의 2등분선과 보와 보 사이의 중심선으로 형성되는 사다리꼴, 사각형, 삼각형의 구역을 보가 분담하는 하중영역으로 볼 수 있다.

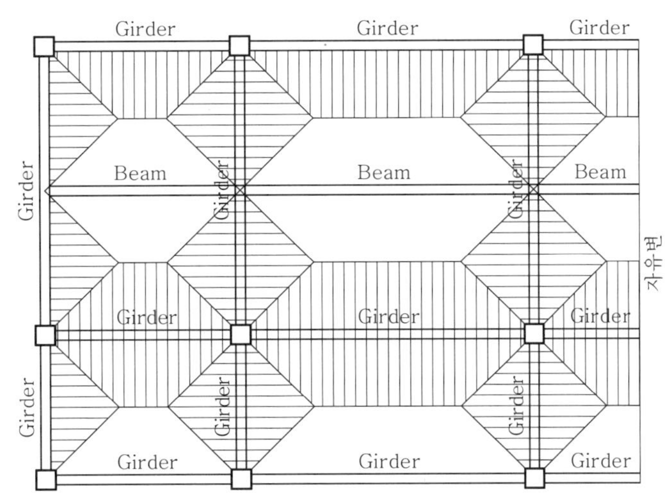

[그림1.7.8] 보에 전달되는 2방향 슬래브의 하중영역

건물의 구조설계에서는 설계자의 의도에 따라 계산상의 취급방법이 일정하지 않고 다양한 것이 사실이지만, 여기서는 어떤 구조설계자가 슬래브에 작용하는 수직하중인 고정하중($D.L$)과 활하중($L.L$)을 슬래브를 통하여 보에 작용시키는 한 실례를 설명하고자 한다.

[그림1.7.9]는 어떤 철근콘크리트 건물의 지상3층 바닥구조평면도를 보여주고 있다.

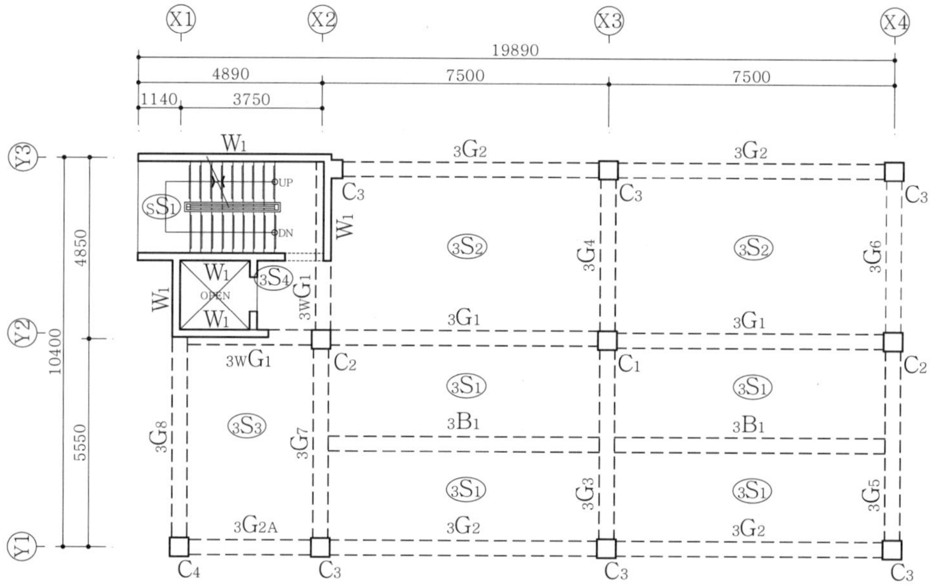

[그림1.7.9] 지상3층 바닥구조평면도

[그림1.7.9]에서 모든 슬래브의 두께는 $150mm$ 이다. 또한 모든 보(Beam & Girder)의 크기는 $B \times D = 400 \times 600$ 으로, 이는 보폭(B)이 $400mm$, 보춤(D)이 슬래브 두께를 포함하여 $600mm$ 임을 뜻한다.

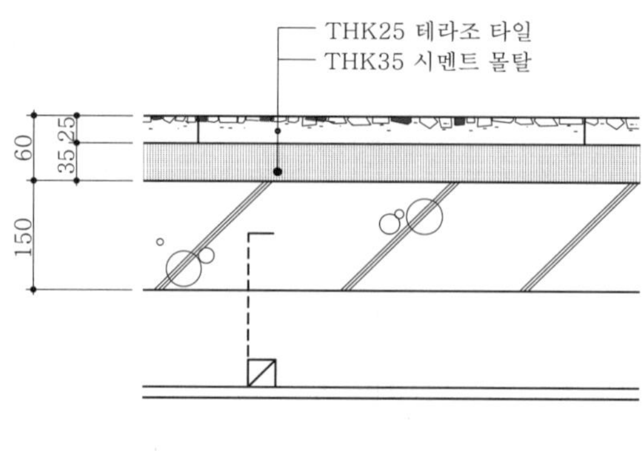

[그림1.7.10] 지상3층 슬래브의 마감

지상3층의 용도가 사무실이고 슬래브의 마감이 [그림1.7.10]과 같다면, 지상3층 바닥의 고정하중($D.L$)과 활하중($L.L$)은 다음과 같이 정리할 수 있다.

$D.L$			
	칸막이벽	1.0	
	시멘트 모르타르 + 테라조 타일 (t=60)	1.2	
	콘크리트 슬래브 (t=150)	3.6	
	천장 마감재	0.3	
		6.1	kN/m^2
$L.L$		2.5	kN/m^2

여기에서 고정하중($D.L$)은 사용재료의 단위체적당중량 또는 그 표면적의 단위면적당 중량에 마감재료의 두께를 곱하여 산출한다. 철근콘크리트의 단위체적당중량은 철근의 사용량에 따라 다소 차이는 있지만 보통 $24\,kN/m^3$으로 산출하므로, 두께 $150\,mm$의 슬래브 하중은 다음과 같이 계산된다.

$$24\,kN/m^3 \times 0.15\,m = 3.6\,kN/m^2$$

또한 시멘트 모르타르과 테라조 타일의 단위체적당중량은 $20\,kN/m^3$이므로 두께 $60\,mm$의 이들 마감재 하중은 다음과 같이 산정된다.

$$20\,kN/m^3 \times 0.06\,m = 1.2\,kN/m^2$$

한편 일반적으로 많이 사용되는 지붕, 바닥, 천장 및 벽 등의 마감재료의 중량은 실용적으로 사용할 수 있도록 설계자료 및 전문서적에 많이 정리되어 있다.

활하중($L.L$)은 『건축구조기준』에서 건축물의 용도별 작용하는 최소 등분포 활하중을 규정하고 있는데, [표1.7.2]의 기본등분포 활하중에 의하면 일반 사무실의 경우, 활하중은 $2.5\,kN/m^2$이다.

한편 수직하중에 의한 보의 설계를 위하여 『콘크리트 구조설계기준』에서의 강도설계법을 적용하면, 수직하중인 고정하중($D.L$)과 활하중($L.L$)의 하중조합에 의한 계수하중(U)은 $U = 1.2\,D.L + 1.6\,L.L$ 이다. 여기서 계수 1.2와 1.6을 각각 고정하중($D.L$)과 활하중($L.L$)의 **하중계수**(荷重係數, Load Factor)라고 한다.

따라서 [그림1.7.9]의 사무실에서 고정하중($D.L$)과 활하중($L.L$)의 하중조합에 의한 계수하중(U)은 다음과 같이 계산된다.

$$U = 1.2\,D.L + 1.6\,L.L = 1.2 \times 6.1\ kN/m^2 + 1.6 \times 2.5\,kN/m^2 = 11.32\,kN/m^2$$

결국, 고정하중($D.L$)과 활하중($L.L$)의 하중조합에 의한 계수하중 $11.32\,kN/m^2$은 단위면적당 힘인 등분포하중으로, 슬래브에 작용하는 것으로 구조해석이 진행된다.

한편 [그림1.7.11]은 [그림1.7.9]의 지상3층 바닥 위에 작용하는 수직하중이 작은보(Beam)와 큰보(Girder)에 전달되는 하중영역설정의 예를 보여주고 있다.

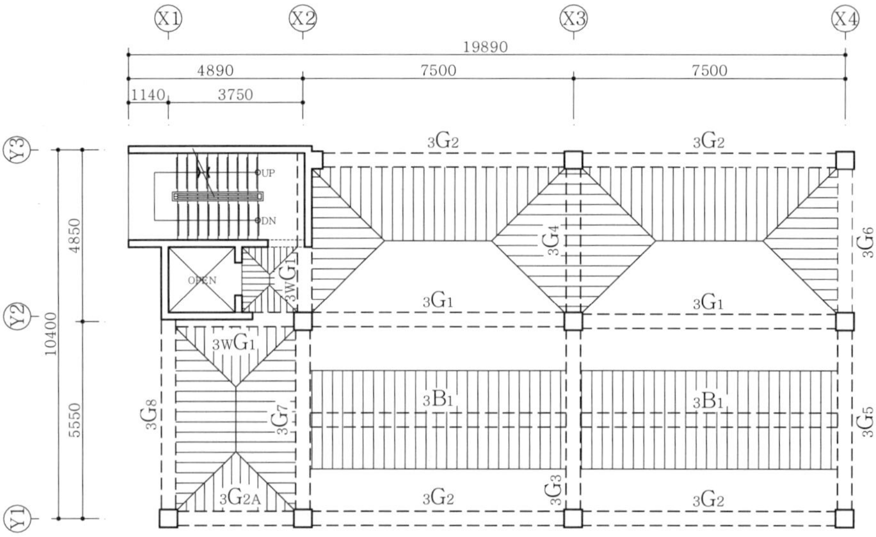

[그림1.7.11] 작은보와 큰보가 부담하는 슬래브의 하중영역

[그림1.7.9]에서 슬래브 ${}_3S_1$ 은 변장비 $\lambda\,(=L_y/L_x)$ 가 2를 초과하므로 1방향 슬래브이고, 슬래브 ${}_3S_2$, ${}_3S_3$, ${}_3S_4$ 는 변장비 $\lambda\,(=L_y/L_x)$ 가 2이하이므로 2방향 슬래브에 해당된다. 따라서 슬래브의 종류에 따라 수직하중이 작은보(Beam)와 큰보(Girder)에 전달되는 하중영역은 [그림1.7.11]과 같이 나타낼 수 있다.

먼저 수직하중에 대한 작은보 ${}_3B_1$ 이 부담하는 하중영역은 [그림1.7.11]과 같으므로, 작은보 ${}_3B_1$ 이 받는 계수하중은 다음과 같이 구할 수 있다.

$$\begin{aligned}\omega_u &= 11.32\,kN/m^2 \times (5.55\,m/2) + 1.2 \times 24\,kN/m^3 \times 0.4\,m \times (0.6\,m - 0.15\,m)\\ &= 36.597\,kN/m\end{aligned}$$

상기 식에서 작은보 ${}_3B_1$ 이 받는 계수하중 ω_u 는 슬래브에 작용하는 단위면적당 힘인 등분포의 계수하중 $11.32\,kN/m^2$ 에 작은보 ${}_3B_1$ 이 분담하는 폭 $5.55m/2$ 을 곱하고, 보의 자중(自重, Selfweight)을 더한 값으로 표시된다. 여기서 보의 자중은 고정하중($D.L$)에 해당함으로 고정하중에 대한 하중계수 1.2가 곱해진다.

따라서 [그림1.7.12]에서와 같이 작은보 ${}_3B_1$ 이 받는 수직방향의 계수하중 ω_u 는 $36.597\,kN/m$ 로, 이는 단위길이당 힘인 등분포하중으로 나타난다.

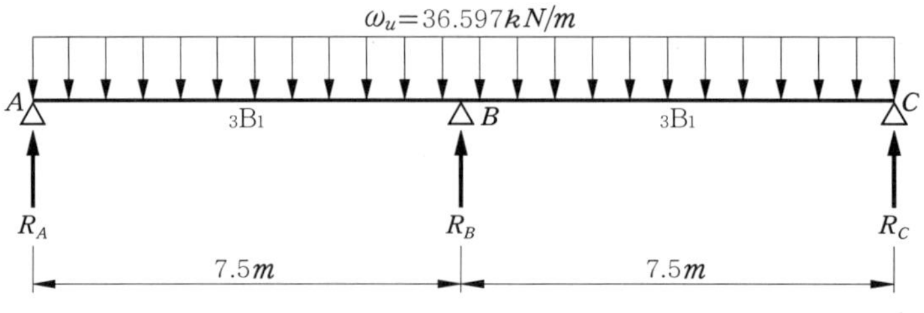

[그림1.7.12] 작은보 ${}_3B_1$ 이 받는 수직하중에 대한 계수하중

상기와 같은 방법으로, [그림1.7.11]에 나타난 큰보들이 받는 수직하중에 대한 계수하중을 좀 더 구해보도록 하자.

[그림1.7.11]에서 $Y1$ 열의 큰보 ${}_3G_{2A}$ 와 ${}_3G_2$ 가 받는 수직하중에 대한 계수하중은 [그림1.7.13]과 같이 나타낼 수 있다.

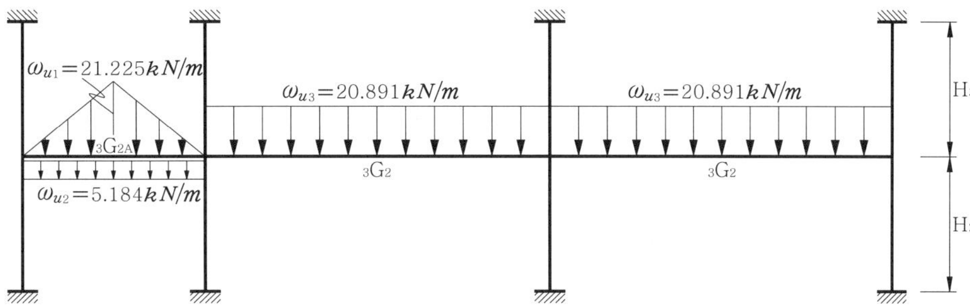

[그림1.7.13] $Y1$ 열의 큰보 ${}_3G_{2A}$ 와 ${}_3G_2$ 가 받는 수직하중에 대한 계수하중

[그림1.7.13]에서 큰보 ${}_3G_{2A}$ 가 슬래브 ${}_3S_3$ 을 통하여 받는 하중은 삼각형의 등변분포하중으로 보 중앙의 최대하중 ω_{u1} 은 다음이 구할 수 있다.

$$\omega_{u1} = 11.32\,kN/m^2 \times (3.75\,m\,/\,2) = 21.225\,kN/m$$

또한 큰보 ${}_3G_{2A}$ 에는 보의 자중에 해당하는 고정하중이 다음과 같은 등분포하중 ω_{u2} 로 작용한다.

$$\omega_{u2} = 1.2 \times 24\,kN/m^3 \times 0.4\,m \times (0.6\,m - 0.15\,m) = 5.184\,kN/m$$

한편 큰보 ${}_3G_2$ 가 슬래브 ${}_3S_1$ 을 통하여 받는 하중은 등분포하중이고 여기에 보의 자중에 해당하는 고정하중을 추가하면, 계수하중 ω_{u3} 은 다음과 같이 구할 수 있다.

$$\begin{aligned}\omega_{u3} &= 11.32\,kN/m^2 \times (5.55\,m\,/4) + 1.2 \times 24\,kN/m^3 \times 0.4\,m \times (0.6\,m - 0.15\,m) \\ &= 20.891\,kN/m\end{aligned}$$

한편 여기서는 제외되었지만 $Y1$ 열의 큰보 ${}_3G_{2A}$ 와 ${}_3G_2$ 는 외벽 및 외부마감재 등의 추가적인 하중을 받을 것이며, 필요하다면 이들 또한 하중으로 반영되어야 할 것이다.

다음으로, [그림1.7.11]에서 $Y3$ 열의 큰보 ${}_3G_2$ 가 받는 수직하중에 대한 계수하중은 [그림1.7.14]와 같이 나타낼 수 있다.

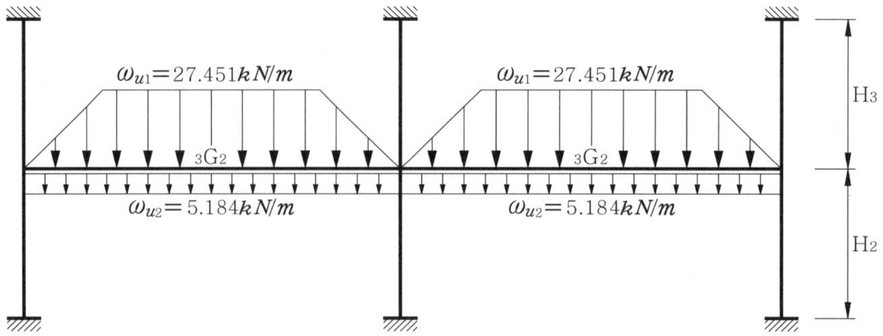

[그림1.7.14] $Y3$ 열의 큰보 ${}_3G_2$ 가 받는 수직하중에 대한 계수하중

[그림1.7.14]에서 큰보 ${}_3G_2$ 가 슬래브 ${}_3S_2$ 을 통하여 받는 하중은 사다리꼴의 등변분포하중으로 보 중앙부의 최대하중 ω_{u1} 은 다음과 같이 구할 수 있다.

$$\omega_{u1} = 11.32\,kN/m^2 \times (4.85\,m/2) = 27.451\,kN/m$$

또한 큰보 ${}_3G_2$ 에는 보의 자중에 해당하는 고정하중이 다음과 같은 등분포하중 ω_{u2} 로 작용한다.

$$\omega_{u2} = 1.2 \times 24\,kN/m^3 \times 0.4\,m \times (0.6\,m - 0.15\,m) = 5.184\,kN/m$$

물론 여기서도 $Y3$ 열의 큰보 ${}_3G_2$ 는 외벽 및 외부마감재 등의 추가적인 하중을 받을 것이며, 필요하다면 이들 또한 하중으로 반영되어야 할 것이다.

다음으로, [그림1.7.11]에서 $X3$ 열의 큰보 ${}_3G_3$ 과 ${}_3G_4$ 가 받는 수직하중에 대한 계수하중은 [그림1.7.15]와 같이 나타낼 수 있다.

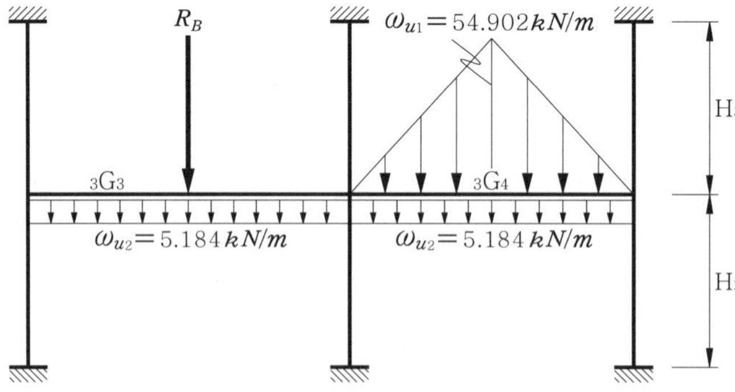

[그림1.7.15] $X3$ 열의 큰보 ${}_3G_3$ 와 ${}_3G_4$ 가 받는 수직하중에 대한 계수하중

[그림1.7.15]에서 큰보 ${}_3G_3$ 은 작은보 ${}_3B_1$ 의 지점으로, 슬래브 ${}_3S_1$ 을 거쳐 작은보 ${}_3B_1$ 에 전달되는 [그림1.7.12]의 반력 R_B 를 집중하중으로 받는다.

또한 큰보 ${}_3G_3$ 에는 보의 자중에 해당하는 고정하중이 다음과 같은 등분포하중

ω_{u2} 로 작용한다.

$$\omega_{u2} = 1.2 \times 24\,kN/m^3 \times 0.4\,m \times (0.6\,m - 0.15\,m) = 5.184\,kN/m$$

한편 [그림1.7.15]에서 큰보 $_3G_4$ 가 슬래브 $_3S_2$ 를 통하여 받는 하중은 2개의 삼각형의 등변분포하중으로 보 중앙의 최대하중 ω_{u1} 은 다음과 같이 구할 수 있다.

$$\omega_{u1} = 2 \times [11.32\,kN/m^2 \times (4.85\,m\,/\,2)\,] = 54.902\,kN/m$$

또한 큰보 $_3G_4$ 에는 보의 자중에 해당하는 고정하중이 다음과 같은 등분포하중 ω_{u2} 로 작용한다.

$$\omega_{u2} = 1.2 \times 24\,kN/m^3 \times 0.4\,m \times (0.6\,m - 0.15\,m) = 5.184\,kN/m$$

궁극적으로 철근콘크리트 라멘(Rahmen)에서 하중의 전달은 슬래브(Slab), 보(Beam & Girder), 기둥(Column), 기초(Footing)를 순차적으로 거쳐 가장 가까운 경로로 지반에 전달하게 된다. 즉 슬래브의 하중은 슬래브를 받치고 있는 작은보(Beam)나 큰보(Girder)에 전달되고, 작은보(Beam)의 하중은 이 작은보를 받치고 있는 큰보(Girder)에 전달된다. 그리고 큰보(Girder)의 하중은 이 큰보를 받치는 기둥(Column)에 전달되며, 상부기둥의 하중은 하부기둥으로 전달되고 이들은 기둥을 받치는 기초(Footing)를 통하여 지반에 전달된다.

◆ ◆ ◆ ◆ ◆ ◆

예제 1.7.1

다음 그림과 같은 옥상정원의 바닥하중(고정하중, 활하중)을 구하여라.
(단, 방수층은 $0.1\,kN/m^2$, 천장마감재는 $0.3\,kN/m^2$)

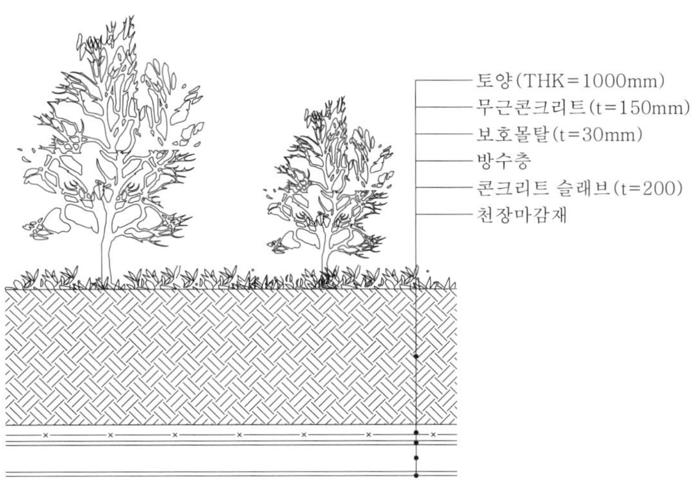

풀이

① [표1.7.1] 재료의 단위체적중량을 이용하여 옥상정원의 고정하중을 산정한다.

② 바닥의 용도가 옥상정원이므로 [표1.7.2] 기본등분포 활하중을 이용하여 기준에서 제시하는 최소한의 등분포 활하중 값을 확인 할 수 있다.

D.L.			
	토양(t=1000)	18.00	
	무근 Con'c (t=150)	3.45	
	보호몰탈 (t=30)	0.60	
	방수층	0.10	
	콘크리트 슬래브 (t=200)	4.80	
	천장마감재	0.30	
		27.25	kN/m^2
L.L.		5.00	kN/m^2

※ 참고로 『콘크리트 구조설계기준 2007』, 『건축구조기준 2009』, 『콘크리트 구조기준 2012』 에서는 이전의 기준과는 달리 기존의 토압하중 H를 수평방향 하중(H_h)과 연직방향 하중(H_v)으로 나누어 명확히 정의하면서 상기 토양하중은 연직방향 토압하중(H_v)으로 별도로 분류하였다. 이는 하중조합시 연직방향 흙의 무게 H_v의 하중계수는 흙의 두께가 두꺼운 경우에는 이전 기준과 비슷하게 고정하중 쪽으로 취급되도록 하고, 흙의 두께가 얇은 경우에는 하중의 불확실성이 증가함으로 하중계수가 큰 활하중 쪽으로 취급되도록 한 것이다.

그러나 최근 『건축구조기준 2016』 에서는 상기 토양하중을 다시 고정하중(D.L.)으로 볼 수 있도록 하였다.

◆ ◆ ◆ ◆ ◆ ◆

◈ 연 습 문 제 ◈

1.7.1 다음 구조물의 설계하중 중 중력하중으로 분류되지 않는 것은?
① 고정하중 ② 활하중 ③ 적설하중 ④ 지진하중

1.7.2 다음 중 일반적인 재료의 단위체적당 중량으로 맞지 않은 것은?
① 철 : $77\,kN/m^3$ ② 철근콘크리트 : $30\,kN/m^3$
③ 무근콘크리트 : $23\,kN/m^3$ ④ 모르타르 : $20\,kN/m^3$

1.7.3 다음 중 건축물의 용도별 작용하는 활하중(活荷重)이 가장 큰 곳은?
① 주거용 건축물의 거실 ② 일반 사무실
③ 교실 ④ 연회장, 무도장

1.7.4 다음 중 건축물의 용도별 작용하는 활하중(活荷重)이 가장 작은 곳은?
① 도서관 서고 ② 총중량 30kN 이하의 차량(옥내)
③ 총중량 30kN 이하의 차량(옥외) ④ 옥외 광장

1.7.5 다음 중 구조물에 작용하는 풍하중과 지진하중에 대한 설명 중 틀린 것은?
① 풍하중과 지진하중은 대표적인 수평하중이다.
② 풍하중은 일반적으로 고도가 높아질수록 강해진다.
③ 지진하중은 구조물의 질량과 지반의 가속도로 인하여 관성력이 생겨 발생하는 하중이다.
④ 중량이 무거운 구조물일수록 풍하중에 불리하고, 지진하중에 유리하다.

1.8 정정구조물의 반력산정

앞에서 설명한 바와 같이, **반력**(反力, Reaction Force, Reaction)이란 구조물에 작용하는 하중에 대응하여 구조물의 지점에 반작용으로 생기는 일종의 외력이다. 정정구조물은 힘의 3가지 평형조건식($\Sigma V=0$, $\Sigma H=0$, $\Sigma M=0$)만을 사용하여 지점의 반력을 구할 수 있는데, 여기서는 각종 정정구조물의 반력산정법을 알아보도록 한다.

정정구조물의 반력산정에 앞서 다음과 같은 가정이 전제조건으로 되어야 한다.

① 실제 구조물의 지점은 거동 및 종류가 복합적이고 다양하나, 반력산정시 지점은 이동단(移動端, Roller Support), 회전단(回轉端, Hinged Support), 고정단(固定端, Fixed Support)의 이상적인 3가지만으로 가정한다.

② 구조물이 외력을 받아 변형을 할 때, 그 변형은 극히 미소하여 하중 및 반력의 작용점은 변하지 않는다고 가정한다.

정정구조물의 일반적인 반력산정 순서는 다음과 같다.

① 각 지점에 따라 반력수와 작용방향을 생각한다.

② 각 지점에 일어나는 반력의 작용방향을 가정하고, 구하고자 하는 반력을 미지수로 정한다. (R_A, H_A, M_A 등)

③ 하중과 미지수인 반력을 포함하는 힘의 평형조건식($\Sigma V=0$, $\Sigma H=0$, $\Sigma M=0$)을 세운다.

④ 힘의 평형조건식들을 연립방정식 등을 통하여 풀어 반력을 구한다.

⑤ 앞의 ④에서 구한 반력의 부호가 양(+)이면 반력은 앞에서 가정한 방향과 같은 것이고, 음(−)이면 앞에서 가정한 방향과 반대방향이 되는 것이다.

반력산정에 있어서 부호규약은 우향(→)과 상향(↑)의 힘을 양(+)으로, 좌향(←)과 하향(↓)의 힘을 음(−)이라 하고, 시계방향(↻)의 모멘트를 양(+)으로, 반시계방향(↺)의 모멘트를 음(−)이라 한다.

[표1.8.1] 반력산정의 부호규약

힘 (kN)				모멘트 ($kN\cdot m$)	
→ 우향	← 좌향	↑ 상향	↓ 하향	↻ 시계방향	↺ 반시계방향
(+)	(−)	(+)	(−)	(+)	(−)

다음은 몇 가지 종류의 정정구조물을 예로 들어 반력의 계산방법을 알아보도록 한다.

1.8.1 단순보의 반력

가. 집중하중이 작용할 때

[그림1.8.1](a)와 같이 단순보에 집중하중 P_1, P_2가 작용할 때, 지점 A, B의 반력을 구하기 위해서 먼저 지점 A에 미지의 수직반력 R_A와 수평반력 H_A를, 지점 B에 미지의 수직반력 R_B를 그림(a)와 같은 작용방향으로 가정하고 힘의 평형조건식을 사용하면 다음과 같다.

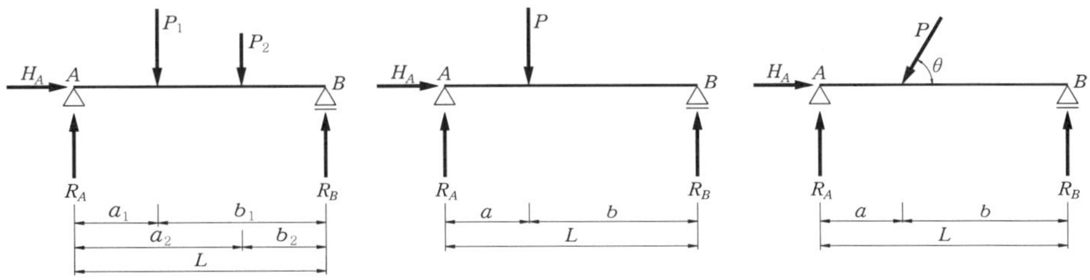

[그림1.8.1] 집중하중을 받는 단순보의 반력

$$\Sigma H = 0 \quad : \quad H_A = 0 \qquad \therefore\ H_A = 0 \tag{1.8.1.a}$$

$$\Sigma M_B = 0 \quad : \quad R_A L - P_1 b_1 - P_2 b_2 = 0 \qquad \therefore\ R_A = \frac{P_1 b_1 + P_2 b_2}{L}\ (\uparrow) \tag{1.8.1.b}$$

$$\Sigma M_A = 0 \quad : \quad -R_B L + P_1 a_1 + P_2 a_2 = 0 \qquad \therefore\ R_B = \frac{P_1 a_1 + P_2 a_2}{L}\ (\uparrow) \tag{1.8.1.c}$$

$$\Sigma V = 0 \quad : \quad R_A + R_B - P_1 - P_2 = 0 \tag{1.8.1.d}$$

또한, 위의 풀이에서 식(1.8.1.d)를 이용하여 수직반력 R_A와 R_B가 정답인지 검산할 수 있으며, 반력 R_A를 구한 후, 식(1.8.1.c)의 사용없이 바로 식(1.8.1.d)를 이용하여 R_B을 구할 수도 있다. 한편, 그림(a)와 같은 단순보에 집중하중 P_1, P_2, ······ , P_n이 작용한다면 지점 A, B의 수직반력 R_A와 R_B는 다음과 같이 구할 수 있다.

$$R_A = \frac{P_1 b_1 + P_2 b_2 + \cdots\cdots + P_n b_n}{L} = \frac{\text{지점}\,B\,\text{에 대한 집중하중의 모멘트 대수합}}{\text{지간}\,(span)}$$

$$R_B = \frac{P_1 a_1 + P_2 a_2 + \cdots\cdots + P_n a_n}{L} = \frac{\text{지점}\,A\,\text{에 대한 집중하중의 모멘트 대수합}}{\text{지간}\,(span)}$$

한편 그림(b)는 집중하중 P가 1개만 작용한 경우로, 수직반력 R_A와 R_B는 다음과 같다.

$$R_A = \frac{Pb}{L}\ (\uparrow)\ , \qquad R_B = \frac{Pa}{L}\ (\uparrow) \tag{1.8.1.e}$$

마지막인 그림(c)는 집중하중 P가 경사지게 작용한 경우로, 이때는 [그림 1.8.2]와 같이 하중 P를 수직과 수평분력으로 분해하여 구하면 되는데, 반력은 다음과 같이 된다.

$$R_A = \frac{Pb}{L}\sin\theta\ (\uparrow),\quad R_B = \frac{Pa}{L}\cos\theta\ (\uparrow),\quad H_A = P\cos\theta\ (\rightarrow) \qquad (1.8.1.f)$$

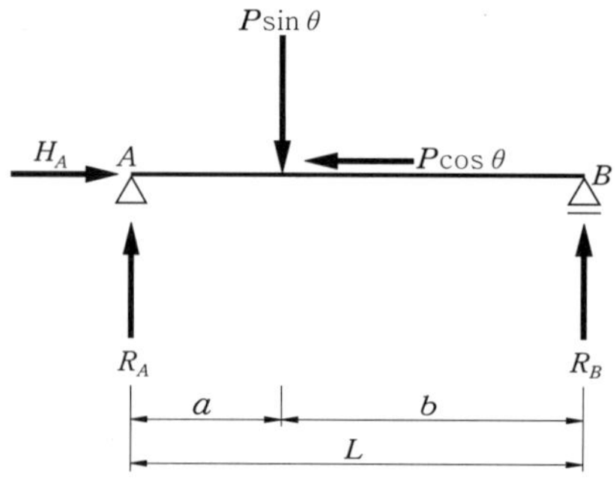

[그림1.8.2] 경사진 집중하중의 분해

◆ ◆ ◆ ◆ ◆ ◆

예제 1.8.1

다음 그림과 같은 단순보의 반력을 구하여라.

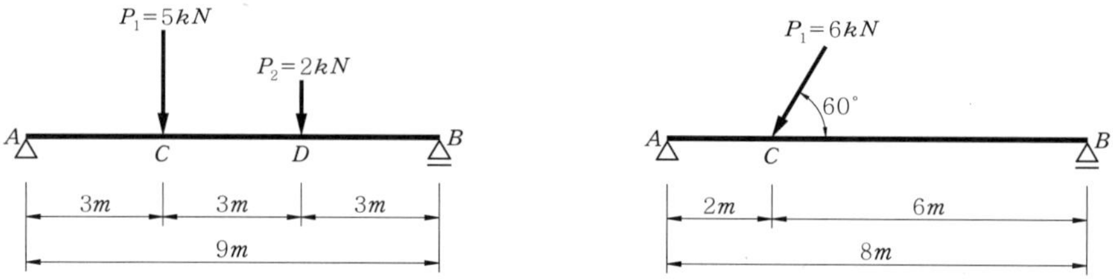

풀이

(1) 그림(a)

$\Sigma H = 0$ 에서 $H_A = 0$

수평방향의 힘은 H_A, 하나뿐이므로 $\Sigma H = 0$ 이 되기 위해서는 H_A가 '0' 이 되어야 한다.

반력 R_A, R_B를 상향(↑)으로 가정한다.

$\Sigma M_B = 0$ 에서 R_A를 구한다.

$\Sigma M_B = 0$: $R_A \times 9m - 5kN \times 6m - 2kN \times 3m = 0$

$9R_A - 30kN\cdot m - 6kN\cdot m = 0$ $\qquad \therefore\ R_A = 4kN\ (\uparrow)$

$\Sigma M_A = 0$ 에서 R_B를 구한다.

$\Sigma M_A = 0$: $5kN \times 3m + 2kN \times 6m - R_B \times 9m = 0$

$$15kN\cdot m + 12kN\cdot m - 9R_B = 0 \qquad \therefore\ R_B = 3kN\ (\uparrow)$$

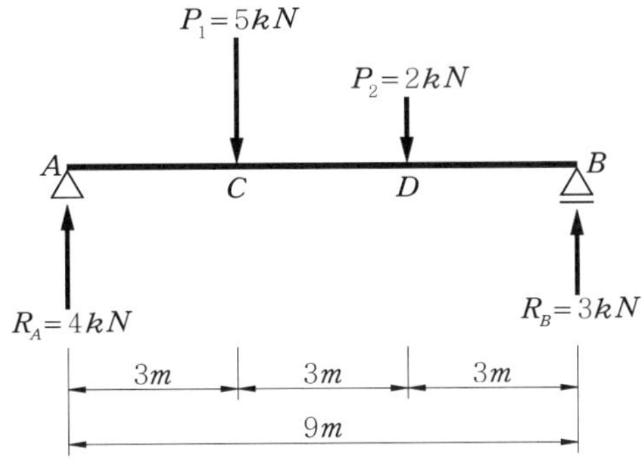

【검산】 $\Sigma V=0\ :\ R_A + R_B - P_1 - P_2 = 4kN + 3kN - 5kN - 2kN = 0$

(2) 그림(b)

하중 P의 수직분력은 $P\sin 60^\circ$, 수평분력은 $P\cos 60^\circ$ 이다.

$\Sigma H=0$ 에서 $H_A + P\cos 60^\circ = 0$

$$H_A - 6kN \times \frac{1}{2} = 0 \qquad \therefore\ H_A = 3kN\ (\rightarrow)$$

반력 R_A, R_B를 상향(↑)으로 가정한다.

$\Sigma M_B=0$ 에서 R_A를 구한다.

$\Sigma M_B = 0\ :\ R_A \times 8m - P\sin 60^\circ \times 6m = 0$

$$8R_A - 6kN \times \frac{\sqrt{3}}{2} \times 6m = 0 \qquad \therefore\ R_A = 2.25\sqrt{3}\,kN\ (\uparrow)$$

$\Sigma M_A=0$ 에서 R_B를 구한다.

$\Sigma M_A = 0\ :\ P\sin 60^\circ \times 2m - R_B \times 8m = 0$

$$6kN \times \frac{\sqrt{3}}{2} \times 2m - 8R_B = 0 \qquad \therefore\ R_B = 0.75\sqrt{3}\,kN\ (\uparrow)$$

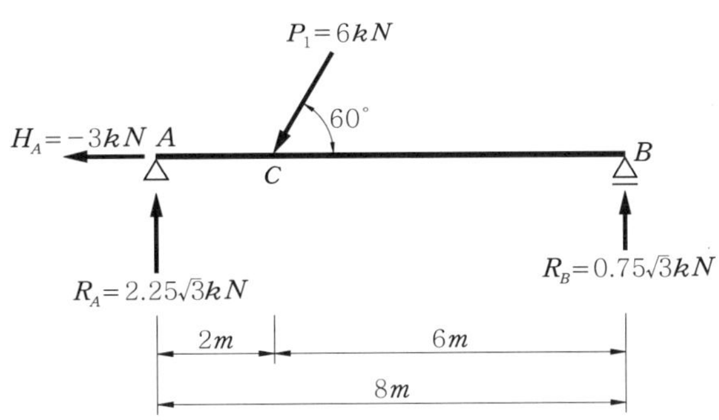

【검산】 $\Sigma V=0\ :\ R_A + R_B - P\sin 60^\circ = 2.25\sqrt{3}\,kN + 0.75\sqrt{3}\,kN - 3\sqrt{3}\,kN = 0$

◆ ◆ ◆ ◆ ◆ ◆

나. 등분포하중이 작용할 때

[그림1.8.3](a)과 같이 단순보에 등분포하중 ω가 작용하는 경우는 ω가 단위길

이당 힘이므로, 전체하중 W는 $W=\omega L$이 되고, 따라서 수직반력 R_A와 R_B는 전체하중 W의 1/2씩을 부담한다. 한편 그림(a)에서 반력을 구할 때는 그림(b)와 같이 전체하중이 등분포하중의 중앙에 있는 것으로 생각하여도 된다.

$$R_A = \frac{1}{2} \times W = \frac{\omega L}{2} \ (\uparrow) \quad , \quad R_B = \frac{1}{2} \times W = \frac{\omega L}{2} \ (\uparrow) \qquad (1.8.2)$$

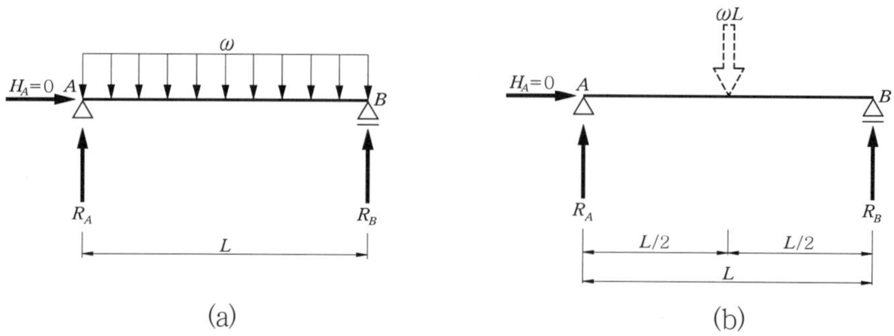

[그림1.8.3] 등분포하중을 받는 단순보의 반력

◆ ◆ ◆ ◆ ◆ ◆

예제 1.8.2

다음 그림과 같은 단순보의 반력을 구하여라.

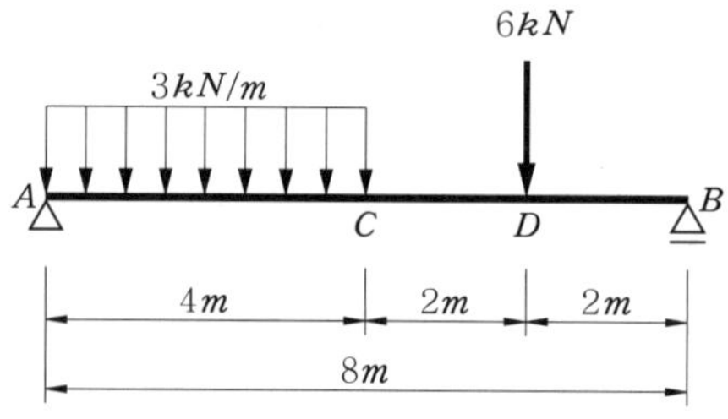

풀이

등분포하중 $3kN/m$ 는 전체하중 $W=\omega \cdot l = 3kN/m \times 4m = 12kN$이 등분포하중 $A \sim C$구간의 중앙에 작용하는 것으로 본다.

$\Sigma H=0$ 에서 $H_A=0$

반력 R_A, R_B를 상향(↑)으로 가정한다.

$\Sigma M_B=0$ 에서 R_A를 구한다.

$\Sigma M_B=0$: $R_A \times 8m - 12kN \times 6m - 6kN \times 2m = 0$

$8R_A - 72kN \cdot m - 12kN \cdot m = 0$ $\qquad \therefore R_A = 10.5kN\ (\uparrow)$

$\Sigma M_A=0$ 에서 R_B를 구한다.

$\Sigma M_A=0$: $12kN \times 2m + 6kN \times 6m - R_B \times 8m = 0$

$24kN \cdot m + 36kN \cdot m - 8R_B = 0$ $\qquad \therefore R_B = 7.5kN\ (\uparrow)$

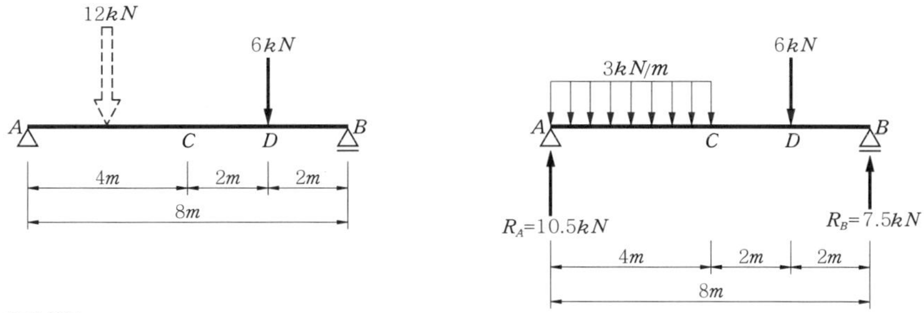

[검산] $\Sigma V=0$: $R_A+R_B-P_1-P_2=10.5kN+7.5kN-12kN-6kN=0$

◆ ◆ ◆ ◆ ◆ ◆

다. 등변분포하중이 작용할 때

[그림1.8.4](a)와 같이 단순보에 삼각형 형태의 등변분포하중이 작용할 때에는 전체하중 W가 $W=\omega L/2$의 삼각형의 면적에 해당하는 값이 되므로, 반력을 구할 때는 그림(b)와 같이 전체하중 W가 삼각형의 도심에 집중하중으로 작용한다고 생각하면 된다. 따라서 지점 A에는 전체하중 W의 1/3, 지점 B에는 전체하중 W의 2/3에 해당하는 수직반력이 작용한다.

$$R_A=\frac{1}{3}\times W=\frac{1}{3}\times\frac{\omega L}{2}=\frac{\omega L}{6}\quad(\uparrow)$$
$$R_B=\frac{2}{3}\times W=\frac{2}{3}\times\frac{\omega L}{2}=\frac{\omega L}{3}\quad(\uparrow) \tag{1.8.3}$$

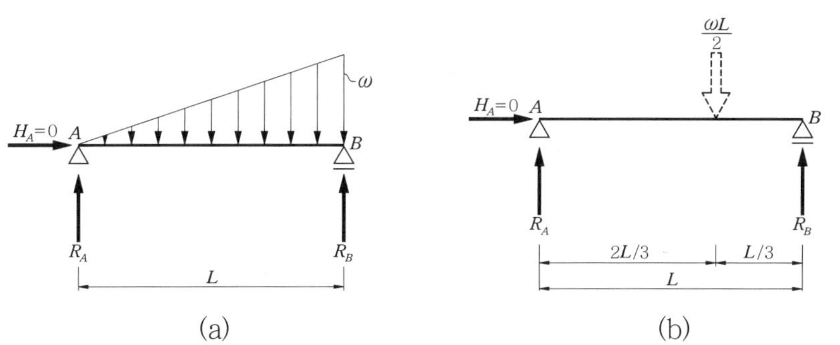

[그림1.8.4] 등변분포하중을 받는 단순보의 반력

◆ ◆ ◆ ◆ ◆ ◆

예제 1.8.3

다음 그림과 같은 단순보의 반력을 구하여라.

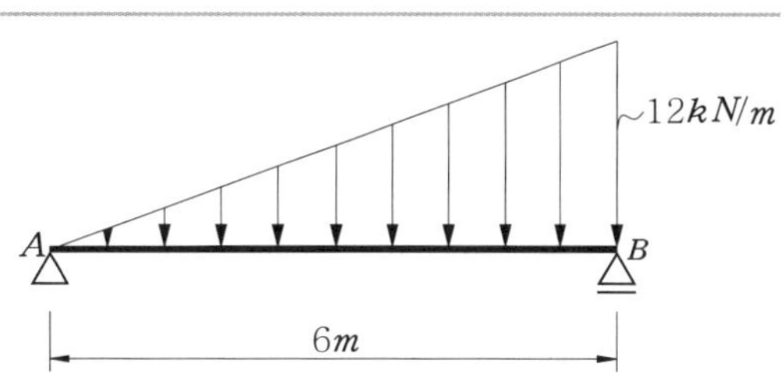

풀이

$\sum H=0 \ : \ H_A=0$

반력 R_A, R_B를 상향(↑)으로 가정한다.

$\sum M_B=0$ 에서 R_A를 구한다.

$$\sum M_B=0 \ : \ R_A\times 6m-2m\times\frac{12kN/m\times 6m}{2}=0$$

$$6R_A-72=0 \qquad\qquad \therefore\ R_A=12kN\,(\uparrow)$$

$\sum M_A=0$ 에서 R_B를 구한다.

$$\sum M_A=0 \ : \ 4m\times\frac{12kN/m\times 6m}{2}-R_B\times 6m=0$$

$$144-6R_B=0 \qquad\qquad \therefore\ R_B=24kN\,(\uparrow)$$

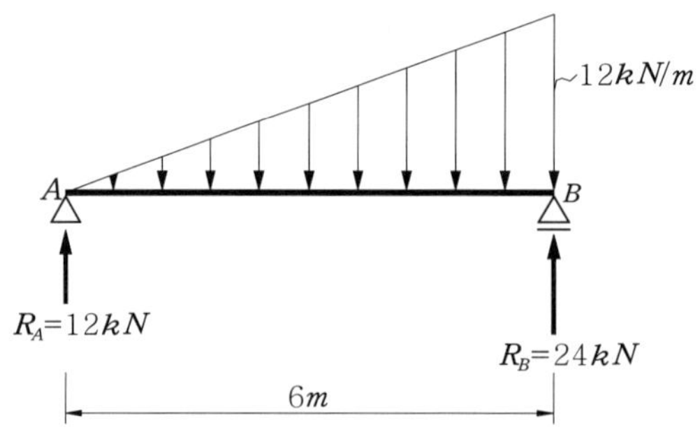

◆ ◆ ◆ ◆ ◆ ◆

라. 모멘트하중이 작용할 때

[그림1.8.5]와 같이 단순보에 모멘트하중이 작용할 때는 일반적인 반력산정 순서에 따라 계산하면 되지만, 단순보에 모멘트하중이 작용하는 경우 양 지점 반력은 크기는 같고 방향이 서로 반대인 점을 착안하여 다음과 같은 공식을 알아두면 반력계산 시간이 절약된다.

반력의 크기 : $\quad |R_A|=|R_B|=\dfrac{\text{모멘트하중의 대수합}}{\text{지간}(span)}$

반력의 방향 : 모멘트하중의 대수합이 양(+)이면,
R_A는 하향(↓), R_B는 상향(↑)
모멘트하중의 대수합이 음(–)이면,
R_A는 상향(↑), R_B는 하향(↓) (1.8.4)

상기 식(1.8.4)에서 지점의 수직반력 R_A와 R_B는 우력인데, 모멘트하중의 대수합이 양(+)이라는 것은 모멘트하중이 시계방향(↻)으로 회전하려는 것이고 따라서 이에 대응하는 지점반력인 우력이 반시계방향(↺)이어야 평형을 이룰 수 있으므로, R_A는 하향(↓), R_B는 상향(↑)이 되는 것이다. 여기서 지점반력 사이의 우력의 크기는 모멘트하중의 대수합과 같다.

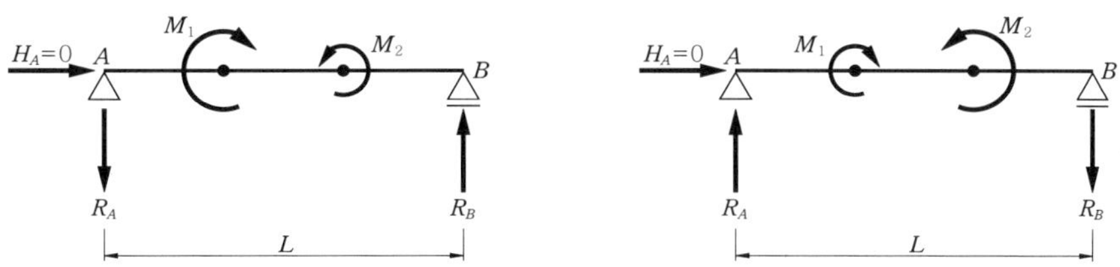

(a) $M_1 > M_2$ (b) $M_1 < M_2$

[그림1.8.5] 모멘트하중을 받는 단순보의 반력

◆ ◆ ◆ ◆ ◆ ◆

예제 1.8.4

다음 그림과 같은 단순보의 반력을 구하여라.

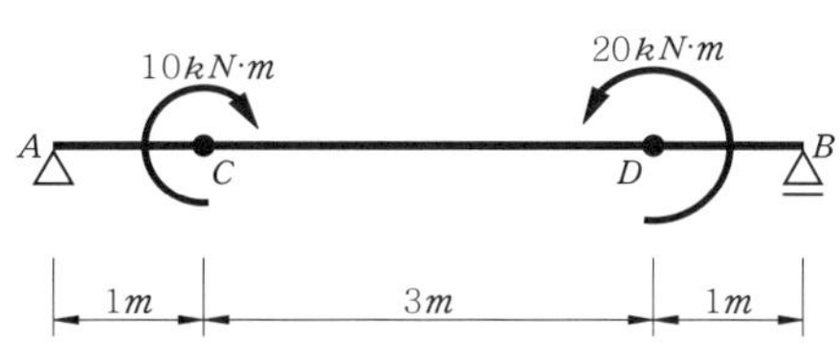

풀이

$\Sigma H=0$: $H_A = 0$

반력 R_A, R_B를 상향(↑)으로 가정한다.

$\Sigma M_B = 0$: $R_A \times 5m + 10kN\cdot m - 20kN\cdot m = 0$

$5R_A - 10kN\cdot m = 0$ $\therefore$ $R_A = 2kN$ (↑)

$\Sigma M_A = 0$: $10kN\cdot m - 20kN\cdot m - R_B \times 5m = 0$

$-10kN\cdot m - 5R_B = 0$ $\therefore$ $R_B = -2kN$ (↓) ⇐ 가정방향과 반대

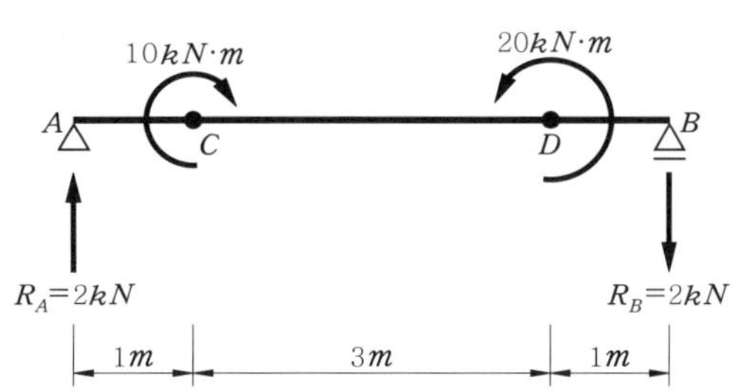

【검산】 $\Sigma V = 0 \ : \ R_A + R_B = 2kN - 2kN = 0$

◆ ◆ ◆ ◆ ◆ ◆

마. 간접하중이 작용할 때

구조물에 하중이 직접 작용하지 않고, 다른 부재를 경유해서 간접적으로 작용하는 하중을 **간접하중**(間接荷重, Indirect Load)이라고 한다. [그림1.8.6](a)과 같이 단순보에 간접하중이 작용할 때는 먼저 작은 단순보를 먼저 풀어 지점 C, D의 수직반력 R_C와 R_D를 구하고, 그림(b)와 같이 이 반력과 크기가 같고 방향이 반대인 하중 $P_C(=|R_C|)$와 $P_D(=|R_D|)$를 큰 보에 작용시켜 큰 보의 수직반력 R_A와 R_B를 구하면 된다.

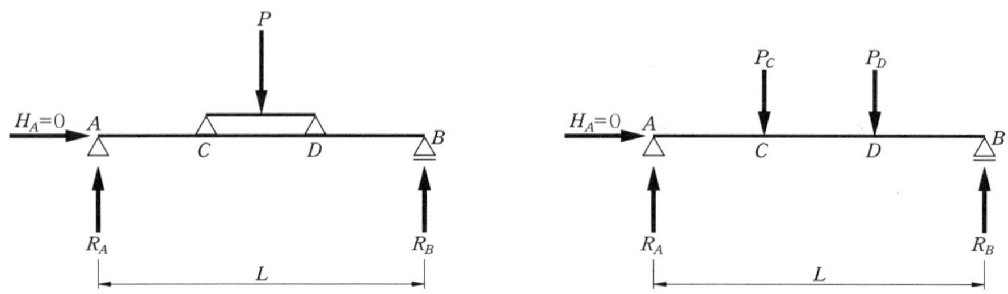

(a) (b)

[그림1.8.6] 간접하중을 받는 단순보의 반력

◆ ◆ ◆ ◆ ◆ ◆

예제 1.8.5

다음 그림과 같은 간접하중에 대한 반력을 구하여라.

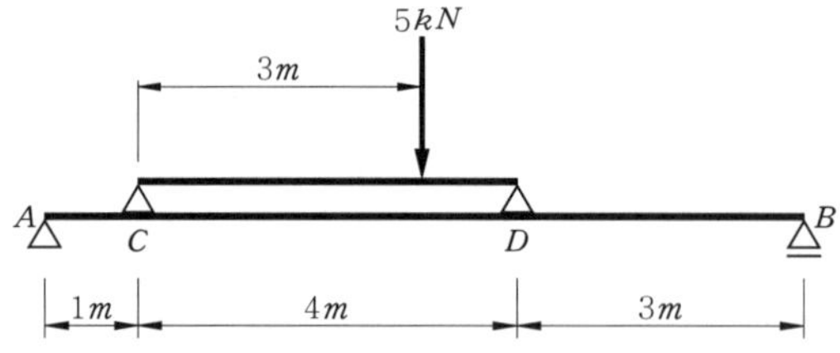

풀이

그림과 같이 보를 분해하여 보 CD의 반력 R_C와 R_D를 구하기 위해 방향을 상향(↑)으로 가정한다.

$\Sigma M_D = 0$: $R_C \times 4m - 5kN \times 1m = 0$

$4R_C - 5kN \cdot m = 0$

$\therefore\ R_C = 1.25kN\ (\uparrow)$

$\Sigma M_C = 0$: $5kN \times 3m - R_D \times 4m = 0$

$15kN \cdot m - 4R_D = 0$

$\therefore\ R_D = 3.75kN\ (\uparrow)$

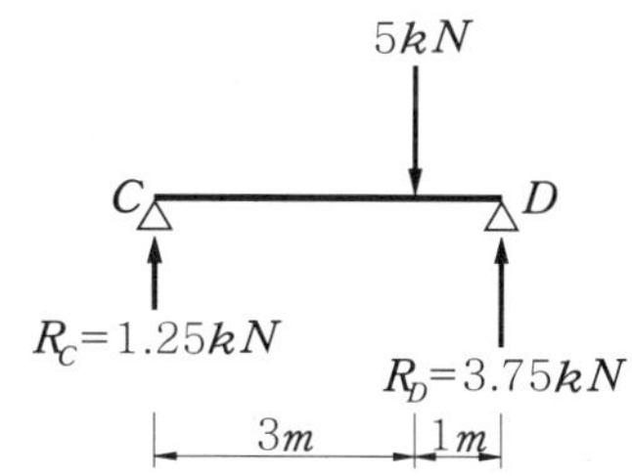

반력 R_C, R_D와 크기는 같고 방향이 반대인 하중 P_C, P_D를 그림과 같이 작용시켜 반력 R_A와 R_B를 구한다.

$\Sigma H = 0$: $H_A = 0$

$\Sigma M_B = 0$: $R_A \times 8m - 1.25kN \times 7m - 3.75kN \times 3m = 0$

$8R_A - 20kN \cdot m = 0$

$\therefore\ R_A = 2.5kN\ (\uparrow)$

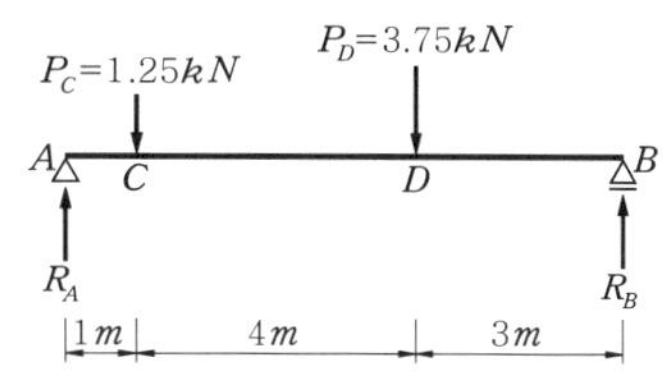

$\Sigma M_A = 0$: $1.25kN \times 1m + 3.75kN \times 5m - R_B \times 8m = 0$

$20kN \cdot m - 8R_B = 0$

$\therefore\ R_B = 2.5kN\ (\uparrow)$

【검산】 $\Sigma V = R_A + R_B - P_C - P_D$

$2.5kN + 2.5kN - 1.25kN - 3.75kN = 0$

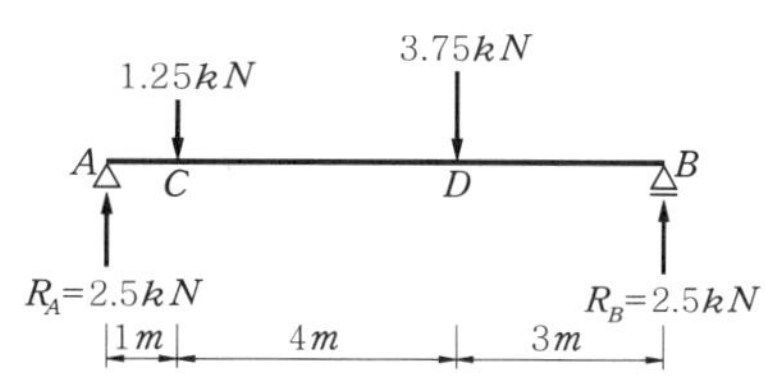

◆ ◆ ◆ ◆ ◆ ◆

1.8.2 중간에 힌지를 가진 정정구조물의 반력

겔버보와 3힌지 라멘 및 아치 등과 같이 구조물의 중간에 힌지(Hinge)가 있는 정정구조물의 반력산정은 중간 힌지(Hinge)가 해석상 해체가능하고, 힌지(Hinge)는 회전이 자유로우므로 이곳을 중심으로 한 모멘트의 대수합은 '0' 이라는 점을 착안하여 구하면 된다.

가. 겔버보의 반력

구조상 내민보와 단순보 또는 캔틸레버 보와 단순보가 조합된 겔버보(Gerber's Beam)는 정정 연속보로, 전체 구조물을 그대로 두고 반력을 구하는 법도 있지만 중간의 힌지(Hinge)를 해체하여 구하는 방법이 가장 유용하다.

[그림1.8.7](a)의 겔버보를 대상으로 반력을 구하는 방법을 살펴보도록 한다.

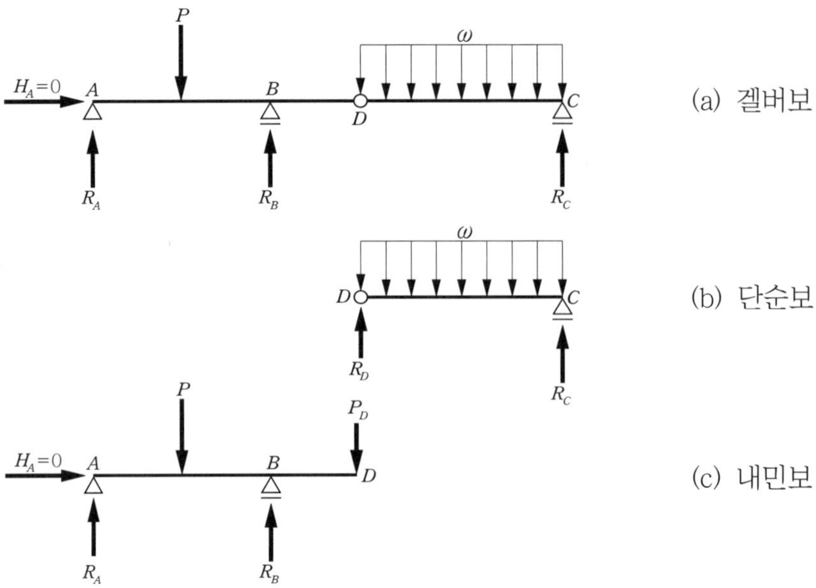

[그림1.8.7] 겔버보의 반력

[해법1] 중간의 힌지(Hinge)를 해체하여 구하는 방법

① [그림1.8.7](a)의 겔버보에서 중간의 힌지(Hinge)를 해체하여 그림(b)의 단순보와 그림(c)의 내민보로 분해한다.

② 먼저 그림(b)의 단순보를 힘의 평형조건식을 사용하여 수직반력 R_C와 R_D를 구한다.

③ 그림(c)의 내민보에서 힌지인 D점에 그림(b)의 단순보의 수직반력 R_D와 크기가 같고 방향이 반대인 하중 P_D를 작용시켜 힘의 평형조건식을 사용하여 반력 R_A와 R_B를 구한다.

④ 이때 반력 R_A, R_B, R_C가 겔버보의 반력이 된다.

[해법2] 전체 구조물 그대로 구하는 방법

① [그림1.8.7](a)에서 각 지점의 반력과 작용방향을 가정하고 반력을 미지수로 정한다.

② 그림(a)에서 중간의 힌지 D점을 중심으로, 반력이 1개인 쪽(부재 DC)에서 $\Sigma M_D = 0$ 의 식을 세워 반력 R_C를 구한다.

③ 하중과 반력을 포함하는 힘의 평형조건식($\Sigma V = 0$, $\Sigma H = 0$, $\Sigma M = 0$)을 세워 나머지 반력 R_A, R_B를 구한다.

참고로 [그림1.8.8]과 같은 겔버보는 중간의 힌지의 양측에 미지수인 반력이 2개이므로 [해법2]를 사용하면 해결이 불가능하여, [해법1]을 선택하여야만 한다. 따라서 [해법2]는 일부 겔버보의 해법에 적용이 불가능하지만, [해법1]은 모든 겔버보의 해법에 적용할 수 있으므로 더욱 유용하다.

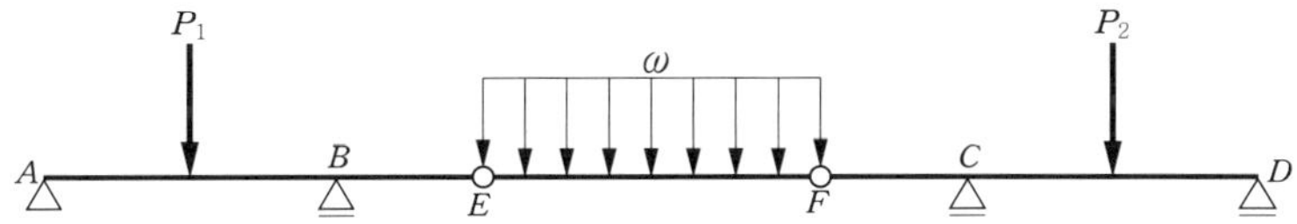

[그림1.8.8] 내부에 중간의 힌지 2개를 가진 겔버보

◆ ◆ ◆ ◆ ◆ ◆

예제 1.8.6

다음 그림과 같은 겔버보의 반력을 구하여라.

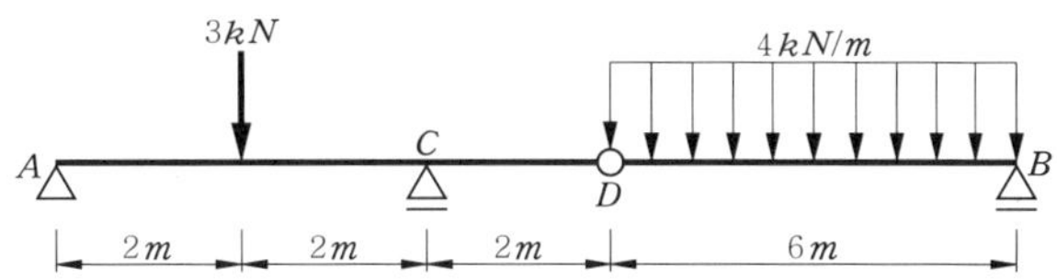

풀이

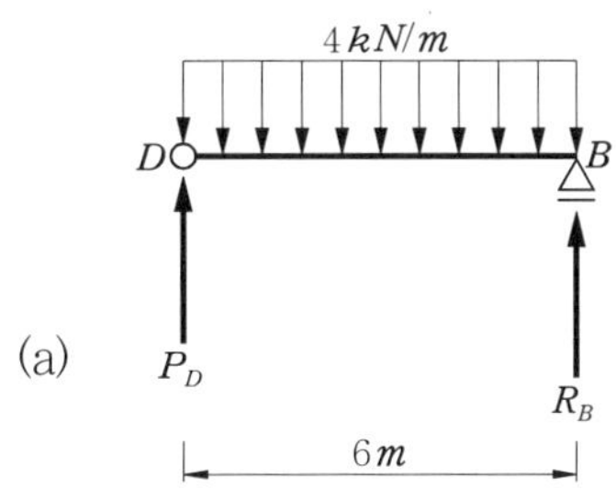

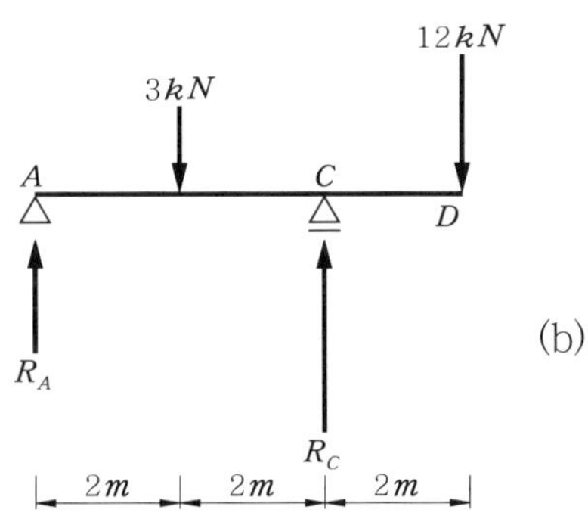

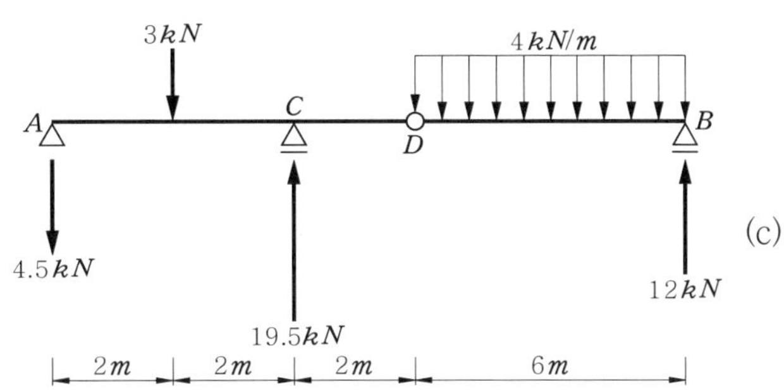

(a) 중간의 힌지(Hinge)를 기준으로 단순보와 내민보로 분해하여 평형조건식을 사용하여 반력을 구한다.

$$P_D = \frac{\omega L}{2} = \frac{4kN/m \times 6m}{2} = 12kN \ , \quad R_B = \frac{\omega L}{2} = \frac{4kN/m \times 6m}{2} = 12kN$$

(b) 내민보의 D점에 $P_D = 12kN$이 하향(↓)의 힘으로 작용하도록 하여 반력 R_A와 R_C를 구한다.

$\Sigma M_A = 0$: $3kN \times 2m - R_C \times 4m + 12kN \times 6m = 0$

$6kN \cdot m - 4R_C + 72kN \cdot m = 0 \qquad \therefore \ R_C = 19.5kN\ (\uparrow)$

$\Sigma V = 0$: $R_A - 3kN + R_C - P_D = 0, \qquad R_A - 3kN + 19.5kN - 12kN = 0$

$\therefore \ R_A = -4.5kN\ (\downarrow)$ ⇐ 가정방향과 반대

【검산】 다른 공식을 사용하여 지금까지 구한 값들이 맞는지 확인한다. 그림(b)의 내민보에서 $\Sigma M_D = 0$ 의 식을 세워 A점의 반력의 값이 맞는지 검토한다. 이때 R_A의 방향은 처음 가정방향과 같이 상향(↑)으로 한다.

$\Sigma M_D = 0$: $R_A \times 6m - 3kN \times 4m + R_C \times 2m = 0$

$6R_A - 12kN \cdot m + 39kN \cdot m = 0 \qquad \therefore \ R_A = -4.5kN\ (\downarrow)$

◆ ◆ ◆ ◆ ◆ ◆

나. 3힌지(Hinge) 라멘 및 아치의 반력

[그림1.8.9]와 같은 3힌지 라멘 및 아치는 2개의 지점이 모두 회전단이고 내부에 1개의 활절(Hinge)이 있는 정정구조물로, 3개의 힌지(Hinge)는 회전이 자유로우므로 이들을 중심으로 한 모멘트의 대수합은 '0' 이라는 점을 착안하면 힘의 평형조건식을 사용하여 반력을 구할 수 있다.

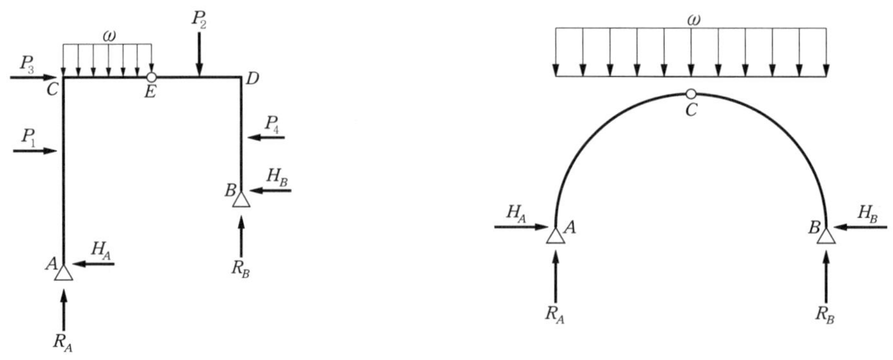

[그림1.8.9] 3힌지 라멘 및 아치의 반력

다음은 그림(a)의 3힌지 라멘을 대상으로 반력을 구하는 방법을 살펴보도록 한다.

① 그림(a)에서 각 지점의 반력과 작용방향을 가정하고 반력을 미지수로 정한다.

② 지점 B에 모멘트의 중심을 잡고, 전체구조물에 대하여 $\Sigma M_B = 0$ 의 식을 세워 이를 (1)식이라고 한다.

③ 중간 힌지인 점 E에 모멘트의 중심을 잡고, 좌측구조물(ACE)에 대하여 $\Sigma M_E = 0$ 의 식을 세워 이를 (2)식이라고 한다.

④ 앞의 (1)식과 (2)식을 이용하여 연립방정식을 풀어 A점의 반력 R_A와 H_A를 구한다.

⑤ 힘의 평형조건식($\Sigma V = 0$, $\Sigma H = 0$)을 사용하여 나머지 B점의 반력 R_B와 H_B를 구한다.

한편 상기 해법②에서 지점 A에 모멘트의 중심을 잡고, 전체구조물에 대하여 $\Sigma M_A = 0$ 의 식을 세워 이를 (1)식이라고 하고, ③에서 중간 힌지인 점 E에 모멘트의 중심을 잡고, 우측구조물(BDE)에 대하여 $\Sigma M_E = 0$ 의 식을 세워 이를 (2)식이라고 하여, (1)식과 (2)식에 대하여 연립방정식을 풀면 B점의 반력 R_B와 H_B를 먼저 구할 수 있다.

◆ ◆ ◆ ◆ ◆ ◆

예제 1.8.7

다음 그림과 같은 3힌지 라멘의 반력을 구하여라.

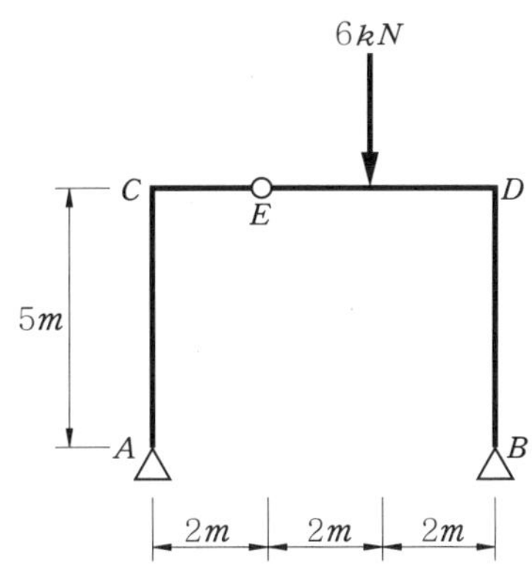

풀이

반력을 그림(a)와 같이 가정하여 반력을 구한다.

$\Sigma M_B = 0$: $R_A \times 6m - 6kN \times 2m = 0$, $\quad 6R_A - 12kN \cdot m = 0$

$\therefore\ R_A = 2kN\ (\uparrow)$

$\Sigma M_A = 0$: $6kN \times 4m - R_B \times 6m = 0$, $\quad 24kN \cdot m - 6R_B = 0$

$\therefore\ R_B = 4kN\ (\uparrow)$

【검산】 $\Sigma V = 0$: $R_A + R_B - 6kN = 2kN + 4kN - 6kN = 0$

중간의 힌지(Hinge) E의 좌측 구조물(ACE)에서

$\Sigma M_E = 0$: $R_A \times 2m - H_A \times 5m = 0$, $\quad 4kN \cdot m - 5H_A = 0$

$\therefore\ H_A = 0.8kN\ (\rightarrow)$

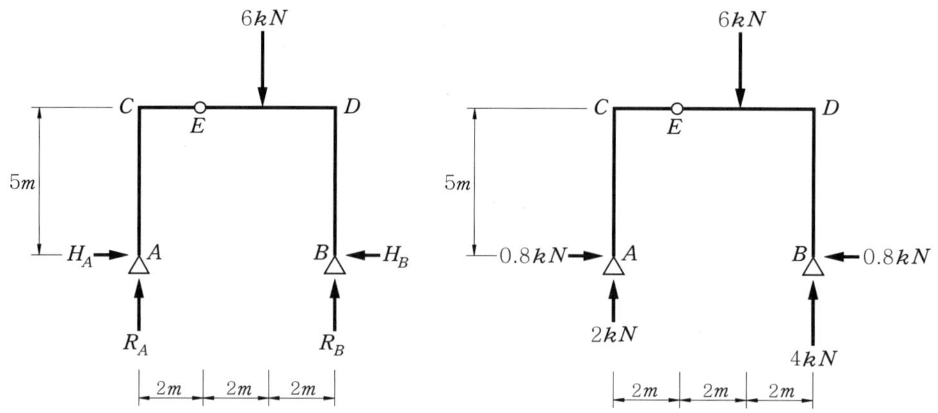

(a) (b)

평형조건식을 사용하여 H_B 값을 구하면,

$\Sigma H=0$: $H_A - H_B = 0$, $0.8 - H_B = 0$, $\therefore\ H_B = 0.8kN\ (\leftarrow)$

【검산】 중간의 힌지(Hinge) E의 우측 구조물(BDC)에서 H_B의 값이 맞는지 확인한다.

$\Sigma M_E = 0$: $-R_B \times 4m + 6kN \times 2m + H_B \times 5m = 0$

$-16\,kN\cdot m + 12\,kN\cdot m + 5H_B = 0$ $\therefore\ H_B = 0.8\,kN\ (\leftarrow)$

◆ ◆ ◆ ◆ ◆ ◆

◈ 연 습 문 제 ◈

1.8.1 다음 그림과 같은 단순보의 반력을 구하여라.

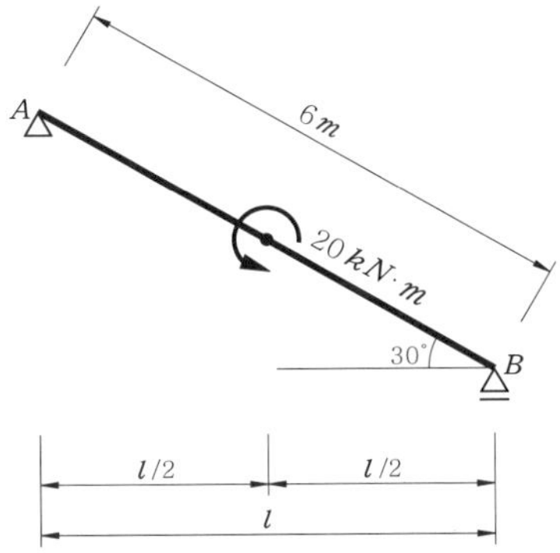

(a)

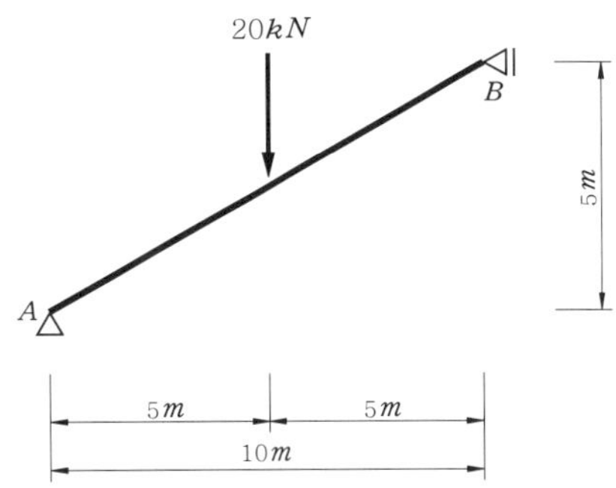

(b)

1.8.2 단순보에 그림과 같이 외력이 작용할 때 반력을 구하여라.

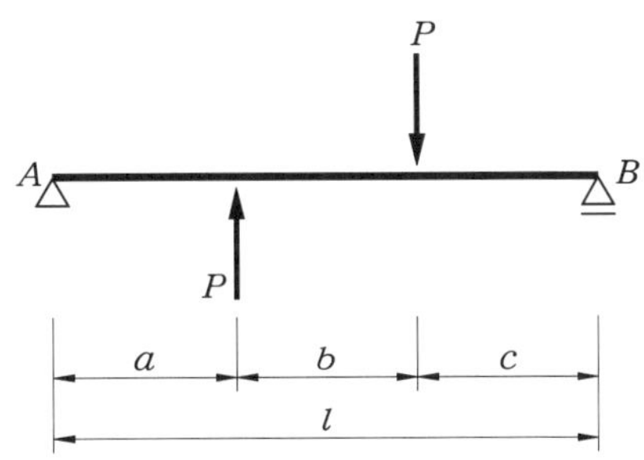

1.8.3 그림과 같이 아치에 외력이 작용한다면 반력을 구하여라.

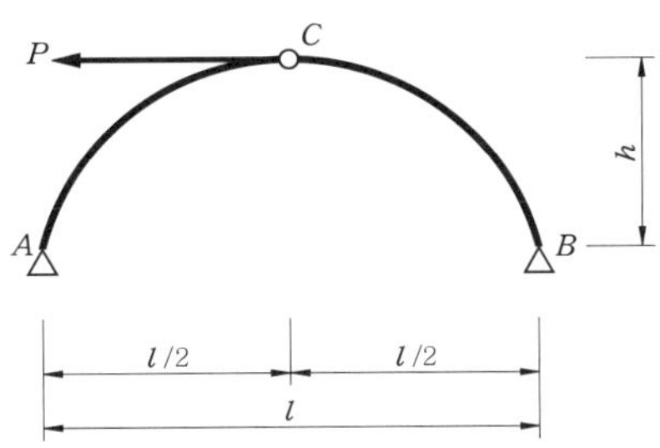

1.8.4 그림과 같은 단순보에 모멘트하중이 작용할 때 반력을 구하여라.

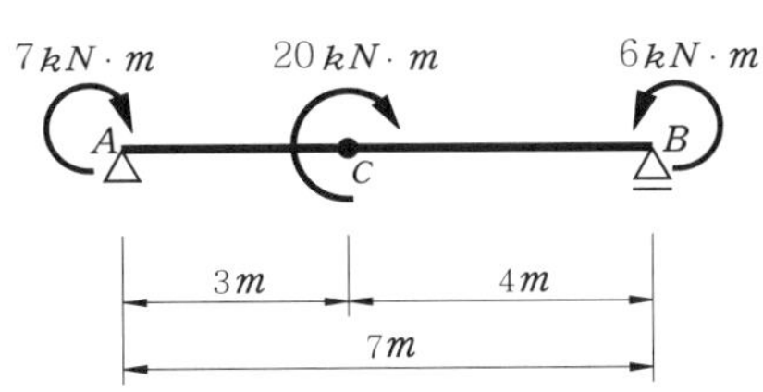

1.8.5 그림과 같은 단순보에 집중하중이 작용할 때 반력을 구하여라.

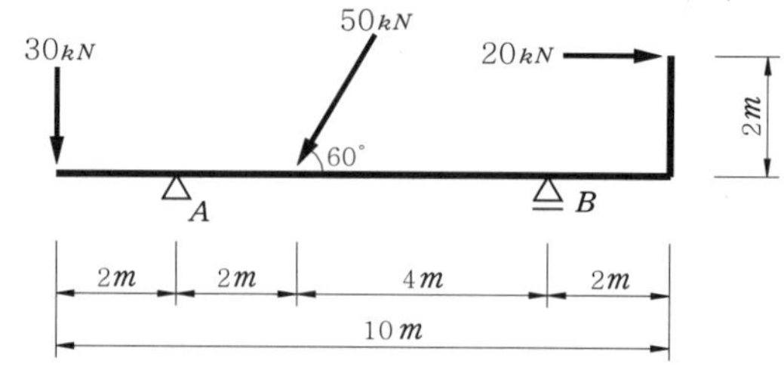

1.8.6 그림과 같은 라멘의 반력을 구하여라.

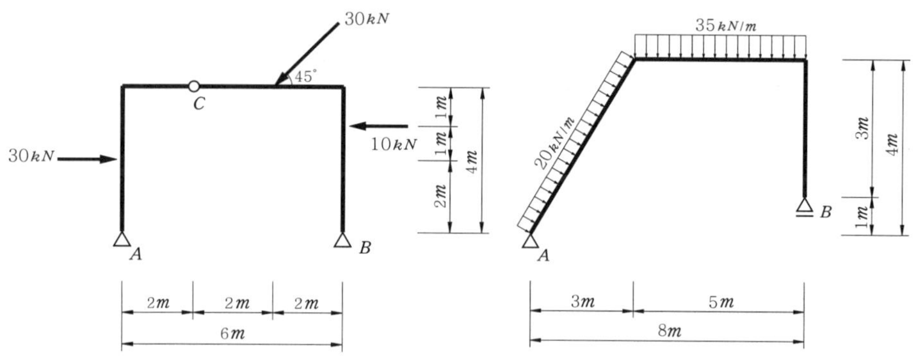

(a) (b)

1.8.7 다음 그림과 같은 라멘에서 B 점의 수직반력 R_B 는?

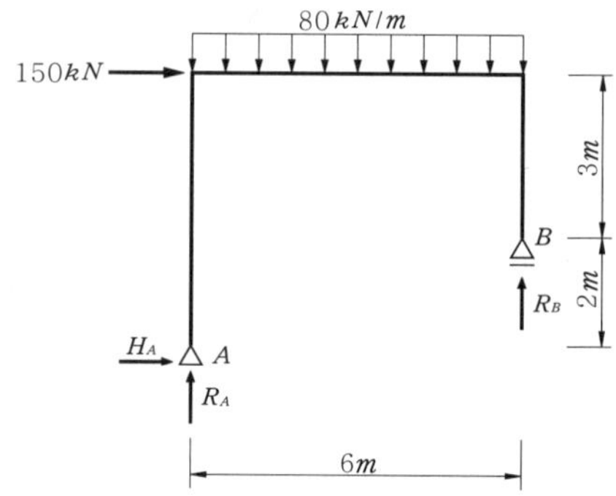

① $R_B = 355\,kN$ (↑)

② $R_B = 365\,kN$ (↑)

③ $R_B = 375\,kN$ (↑)

④ $R_B = 385\,kN$ (↑)

1.8.8 다음 그림과 같은 3힌지 라멘의 지점 A 의 수평반력 H_A 의 값은?

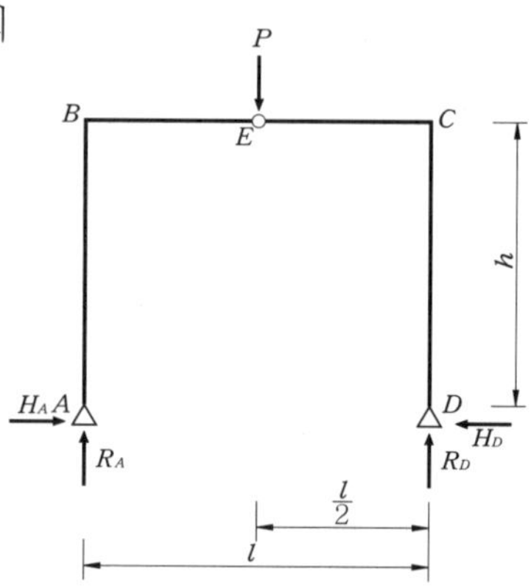

① $H_A = \dfrac{P}{2h}$ (→)

② $H_A = \dfrac{P}{4h}$ (→)

③ $H_A = \dfrac{Pl}{2h}$ (→)

④ $H_A = \dfrac{Pl}{4h}$ (→)

1.8.9 다음 그림과 같은 3힌지 라멘의 수평반력 H_A, H_D가 옳은 것은?

① $H_A = 10\,kN\,(\rightarrow)$, $H_D = 10\,kN\,(\leftarrow)$
② $H_A = 10\,kN\,(\leftarrow)$, $H_D = 10\,kN\,(\rightarrow)$
③ $H_A = 20\,kN\,(\rightarrow)$, $H_D = 20\,kN\,(\leftarrow)$
④ $H_A = 20\,kN\,(\leftarrow)$, $H_D = 20\,kN\,(\rightarrow)$

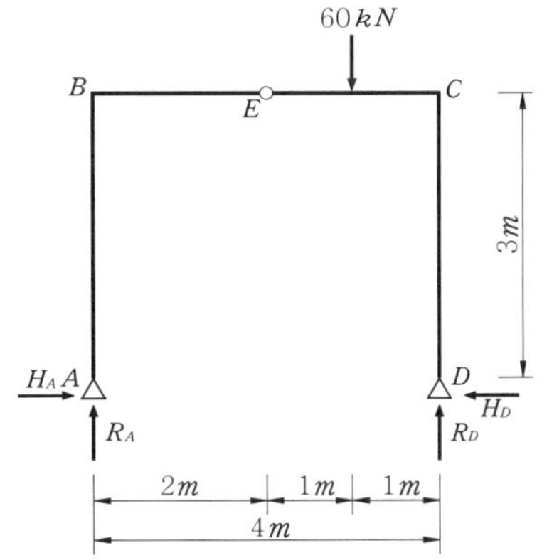

1.8.10 다음 그림과 같은 구조물에서 부재 BC에 일어나는 반력 R_C를 구한 값은?

① $R_C = 60\,kN\,(\nwarrow)$
② $R_C = 50\,kN\,(\nwarrow)$
③ $R_C = 40\,kN\,(\nwarrow)$
④ $R_C = 30\,kN\,(\nwarrow)$

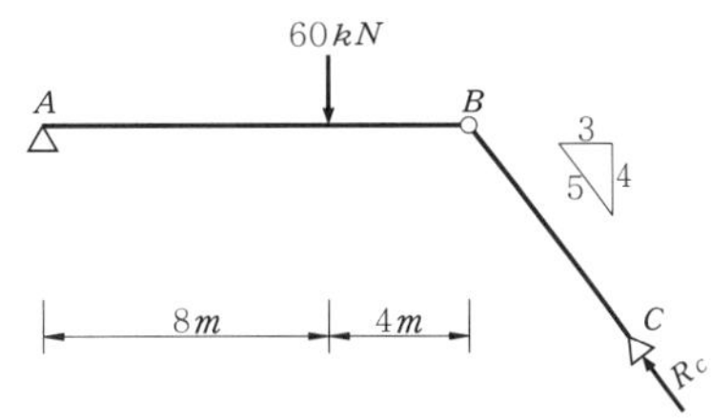

1.8.11 다음 그림과 같은 3힌지 아치에서 A점의 수평반력 H_A의 값은?

① $H_A = 20\,kN\,(\rightarrow)$
② $H_A = 40\,kN\,(\rightarrow)$
③ $H_A = 60\,kN\,(\rightarrow)$
④ $H_A = 80\,kN\,(\rightarrow)$

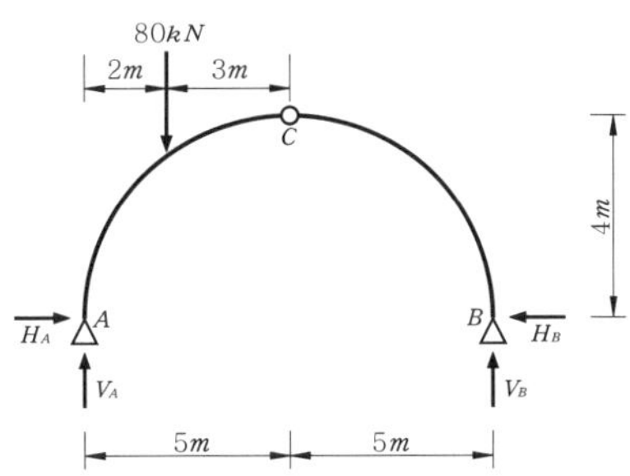

1.8.12 다음 그림과 같은 3힌지 아치에서 A점의 수평반력 H_A의 값은?

① $H_A = 20\,kN\,(\rightarrow)$
② $H_A = 40\,kN\,(\rightarrow)$
③ $H_A = 60\,kN\,(\rightarrow)$
④ $H_A = 80\,kN\,(\rightarrow)$

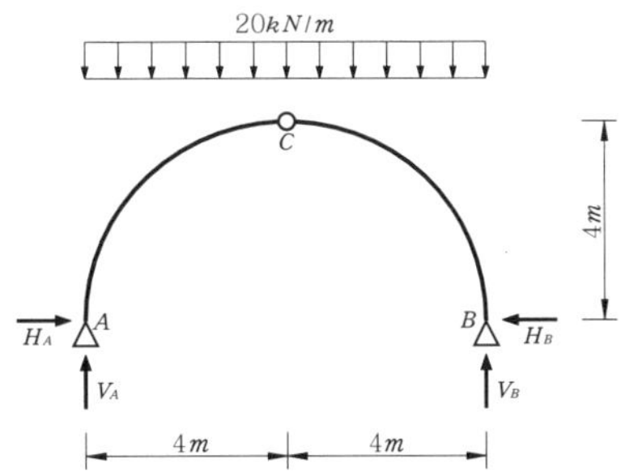

CHAPTER 2

제 2 장 부재의 단면성능

구조물의 구성요소인 보(Beam, Girder), 기둥(Column), 트러스(Truss), 아치(Arch) 등은 일반적으로 단면과 길이로 표현되는데, 이때 **단면**(斷面, Cross Section)은 부재의 길이방향의 축에 직각으로 절단된 면을 말한다. 부재의 단면은 직사각형, 삼각형, 원형 등의 기본도형에서부터 몇 개의 기본도형이 조합된 복합도형에 이르기까지 모양이 다양하다.

구조물에 외력이 작용하여 평형상태를 유지할 때, 구조물은 미소한 변형이 일어나며, 구조물을 구성하는 부재의 내부에는 응력이 발생한다. 이때 부재의 단면 형상 및 치수에 따라 변형과 내부 응력이 달라진다.

따라서 부재단면의 기하학적 성질, 즉 부재의 **단면성능**(斷面性能, Section Property)은 우리가 구조물을 안전하고 경제적으로 설계하는데 있어서 기초적이고 중요한 자료로 활용된다.

본 장에서는 각종 부재의 단면성능에 대하여 고찰해봄으로써 앞으로의 구조역학 학습의 기초를 다지고자 한다.

2.1 단면1차모멘트와 도심

2.1.1 단면1차모멘트

[그림2.1.1]에서 보는 바와 같이 전체면적이 A인 단면 내에 미소면적 dA가 있고, X축으로부터 미소면적 dA까지의 거리를 y, Y축으로부터 미소면적 dA까지의 거리를 x라 할 때, $y\,dA$를 단면 전체에 걸쳐 적분한 것을 **『X축에 대한 단면1차모멘트, S_x』**라 하고, $x\,dA$를 단면 전체에 걸쳐 적분한 것을 **『Y축에 대한 단면1차모멘트, S_y』**라고 한다. 따라서 단면1차모멘트는 아래의 식(2.1.1)과 같이 표시한다.

$$S_x = \int_A y\,dA \quad , \quad S_y = \int_A x\,dA \qquad (2.1.1)$$

단면1차모멘트는 **기하모멘트**(Geometrical Moment) 또는 **면적모멘트**(Statical

Moment of Area)라고도 부른다.

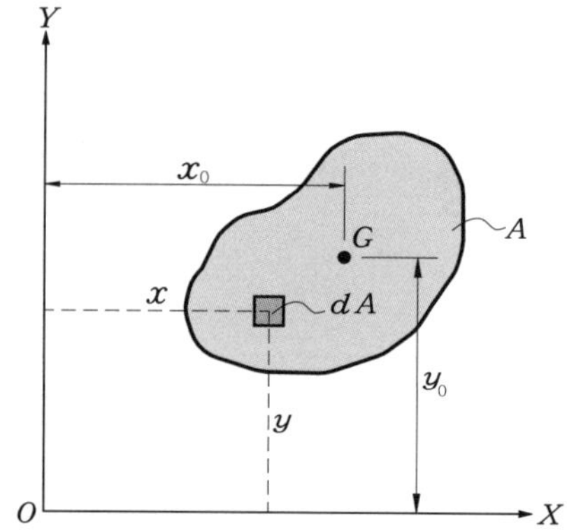

[그림2.1.1] 단면1차모멘트

식(2.1.1)과 같이 본 교재에서는 단면1차모멘트를 S로 표시하기로 한다. 단면1차모멘트의 단위는 면적에 길이를 곱한 것이므로 cm^3, m^3과 같이 길이단위의 3제곱으로 표현되는데, 이는 체적을 표시하는 것은 아니고 다만 면적에서 1차만 차수가 높다는 것을 뜻한다.

한편 식(2.1.1)에서 $\int_A dA$는 단면의 전체면적 A를 뜻하므로, 단면의 중심으로부터 X축까지의 거리를 y_o, 단면의 중심으로부터 Y축까지의 거리를 x_o라고 하면, 식(2.1.1)은 적분기호 없이 다음과 같이 표시할 수 있다.

$$S_x = A\,y_o \quad , \qquad S_y = A\,x_o \tag{2.1.2}$$

상기 식(2.1.2)에서 면적 A는 항상 양수이므로, 단면1차모멘트의 부호는 각 축에 대한 y_o, x_o의 위치에 따라 양(+) 또는 음(−)을 달리한다.

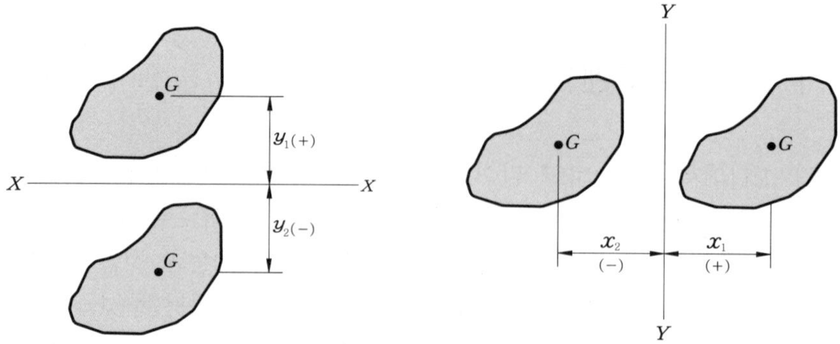

(a) (b)

[그림2.1.2] 단면1차모멘트의 부호

예를 들어 [그림2.1.2](a)와 같이 X축을 기준으로 단면의 중심까지의 거리 y_o가 상부에 있으면 X축에 대한 단면1차모멘트 S_x는 양(+)이고, y_o가 하부에 있으면 X축에 대한 단면1차모멘트 S_x는 음(−)이 된다. 마찬가지로 그림(b)와 같이 Y축을 기준으로 단면의 중심까지의 거리 x_o가 우측에 있으면 Y축에 대한 단면1차모멘트 S_y는 양(+)이고, x_o가 좌측에 있으면 Y축에 대한 단면1차모멘트 S_y는 음(−)이 된다.

단면1차모멘트는 『도형의 중심을 지나는 축에 대하여 단면1차모멘트는 '0' 이 된다.』는 점을 이용하여 도형의 중심, 즉 도심(圖心)의 위치를 산정할 때 사용되며, 보의 전단응력 계산 등에도 사용된다.

◆ ◆ ◆ ◆ ◆ ◆

예제 2.1.1

다음과 같이 그림(a), (b)단면의 X축에 대한 단면1차모멘트 S_x를 구하여라.

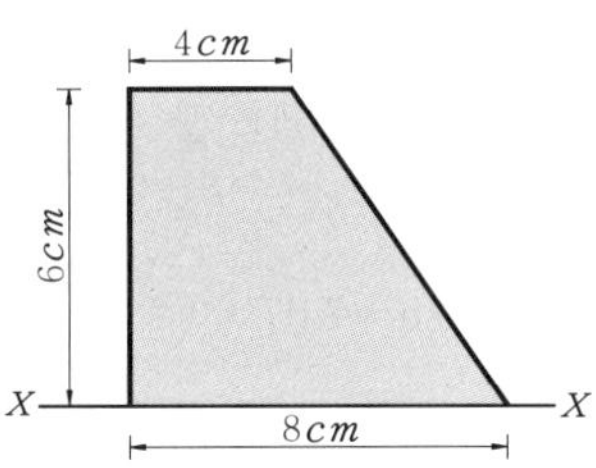

그림(a)

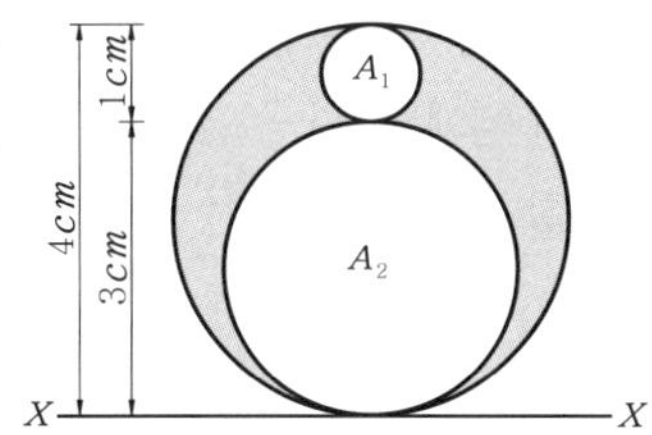

그림(b)

풀이

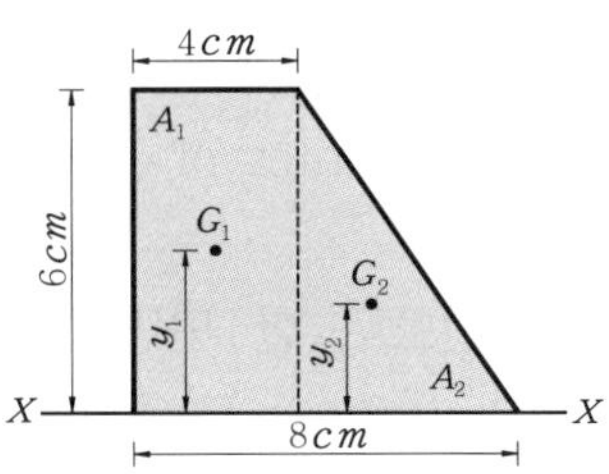

그림(c)

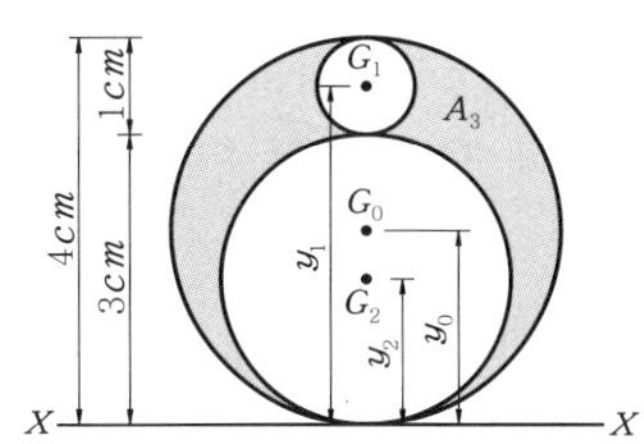

그림(d)

(1) 그림(a)

그림(c)와 같이 A_1, A_2로 나누어 생각하면,

① 단면 A_1의 면적 $= 4cm \times 6cm = 24cm^2$

단면 A_1의 도심과 X축과의 거리 $y_1 = \dfrac{6cm}{2} = 3cm$

② 단면 A_2 의 면적 $= (4cm \times 6cm) \times \frac{1}{2} = 12cm^2$

단면 A_2 의 도심과 X축과의 거리 $y_2 = \frac{6cm}{3} = 2cm$

③ X축에 대한 단면1차모멘트 S_x 는 A_1, A_2 각각의 X축에 대한 단면1차모멘트의 합으로 구할 수 있으므로,

$S_x = A_1 y_1 + A_2 y_2 = 24cm^2 \times 3cm + 12cm^2 \times 2cm = 96cm^3$

(2) 그림(b)

① 전체단면 A_0 의 면적 $= A_1 + A_2 + A_3 = \frac{\pi D^2}{4} = \frac{\pi \times (4cm)^2}{4} \fallingdotseq 12.57cm^2$

전체단면 A_0 의 도심에서 X축까지의 거리 $y_0 = 2cm$

② 단면 A_1 의 면적 $= \frac{\pi D^2}{4} = \frac{\pi \times (1cm)^2}{4} \fallingdotseq 0.79cm^2$

단면 A_1 의 도심에서 X축까지의 거리 $y_1 = 3.5cm$

③ 단면 A_2 의 면적 $= \frac{\pi D^2}{4} = \frac{\pi \times (3cm)^2}{4} \fallingdotseq 7.07cm^2$

단면 A_2 의 도심에서 X축까지의 거리 $y_2 = 1.5cm$

④ A_3 의 X축에 대한 단면1차모멘트 S_x 는 A_0 의 X축에 대한 단면1차모멘트에서 A_1, A_2 각각의 X축에 대한 단면1차모멘트를 뺀 값으로 구할 수 있으므로,

$S_x = A_0 y_0 - (A_1 y_1 + A_2 y_2) = 12.57 \times 2 - (0.79 \times 3.5 + 7.07 \times 1.5) \fallingdotseq 11.77cm^3$

◆ ◆ ◆ ◆ ◆ ◆

2.1.2 도심 (Center of Figure)

어느 도형의 한 점을 지나는 임의의 직교하는 두 축에 대한 단면1차모멘트가 '0'일 때, 이 직교 좌표축의 원점을 단면의 **도심**(圖心, Center of Figure, G)이라고 한다.

식(2.1.1)과 식(2.1.2)를 같다고 놓고, X축을 기준으로 한 단면의 도심까지의 거리 y_o와 Y축을 기준으로 한 단면의 도심까지의 거리 x_o로 정리하면 다음과 같이 도심을 구하는 일반식이 된다.

$$y_o = \frac{S_x}{A} = \frac{\int_A y\,dA}{A} \quad , \quad x_o = \frac{S_y}{A} = \frac{\int_A x\,dA}{A} \qquad (2.1.3)$$

한편 단면의 도심 $G(x_o, y_o)$를 지나는 축을 **도심축**(圖心軸, Centroidal Axis)이라고 한다.

가. 기본도형의 도심과 면적

기억해 두면 계산이 편리한 기본도형에 대한 도심(G)과 면적(A)을 정리해 보면 다음과 같다.

① 직사각형과 평행사변형

도심(G) : $y_1 = y_2 = \dfrac{h}{2}$ (대각선의 교점)

면적(A) : $b\,h$

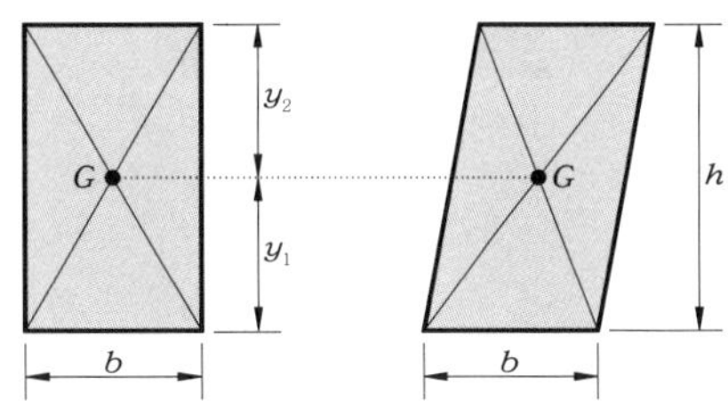

[그림2.1.3] 직사각형과 평행사변형의 도심과 면적

② 삼각형

도심(G) : $y_1 = \dfrac{h}{3}$, $y_2 = \dfrac{2h}{3}$ (임의의 두 중선의 교점)

면적(A) : $\dfrac{b\,h}{2}$

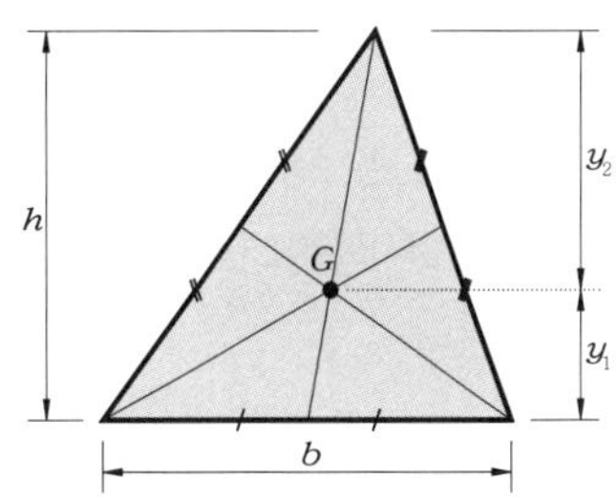

[그림2.1.4] 삼각형의 도심과 면적

③ 원 형

도심(G) : $y_1 = y_2 = r = \dfrac{d}{2}$ (원의 중심)

면적(A) : $\pi r^2 = \dfrac{\pi d^2}{4}$

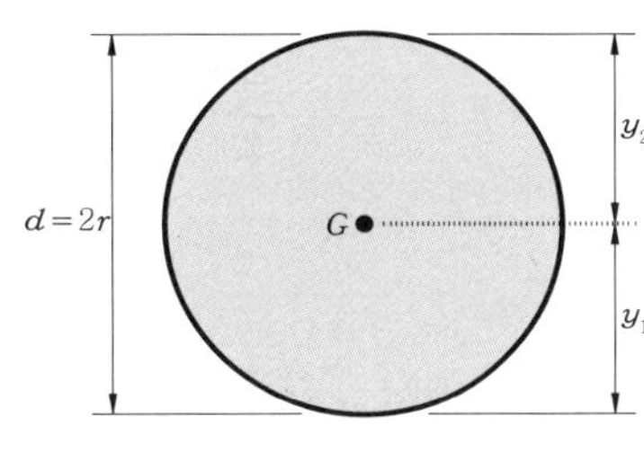

[그림2.1.5] 원형의 도심과 면적

④ 사다리꼴

도심(G) : $y_1 = \dfrac{h}{3} \cdot \dfrac{2a+b}{a+b}$, $y_2 = \dfrac{h}{3} \cdot \dfrac{a+2b}{a+b}$ 면적(A) : $\dfrac{a+b}{2} h$

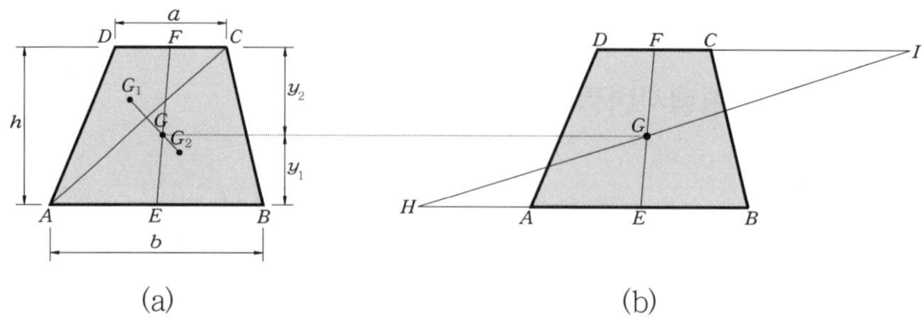

[그림2.1.6] 사다리꼴의 도심과 면적

사다리꼴의 도심을 구하는 도해법 중 2가지를 소개하면 다음과 같다.

먼저 [그림2.1.6](a)에서 사다리꼴의 평행한 두 변 $\overline{AB}$, $\overline{DC}$의 중점을 각각 E, F라 하고, 대각선 $\overline{AC}$로 사다리꼴을 2개의 삼각형으로 나눈 후 각각의 삼각형의 도심을 G_1, G_2라 할 때, 두 선분 $\overline{EF}$, $\overline{G_1G_2}$가 만나는 교점G가 사다리꼴의 도심이 된다.

또한 [그림2.1.6](b)에서 사다리꼴의 평행한 두 변 $\overline{AB}$, $\overline{DC}$의 중점을 각각 E, F라 하고, 평행한 두 변 $\overline{AB}$, $\overline{DC}$를 연장하여 $\overline{AH} = \overline{CD}$, $\overline{CI} = \overline{AB}$인 두 점 H, I를 정한다. 이때 두 선분 $\overline{EF}$, $\overline{HI}$ 가 만나는 교점G가 사다리꼴의 도심이 된다.

⑤ 활 꼴

도심(G) : $\dfrac{4r\sin^3\alpha}{3(2\alpha - \sin 2\alpha)} = \dfrac{b^3}{12A}$

면적(A) : $\dfrac{r^2}{2}(2\alpha - \sin 2\alpha)$

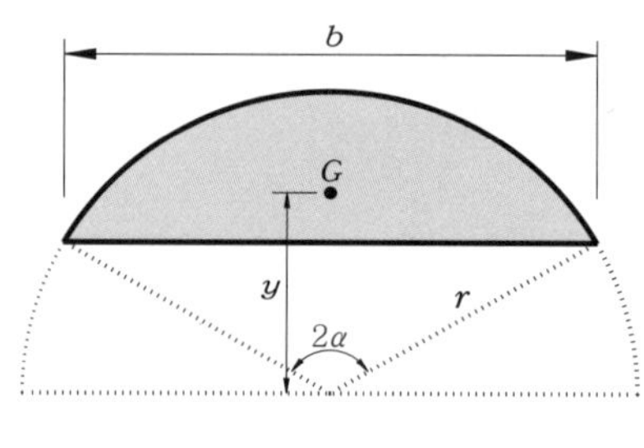

[그림2.1.7] 활꼴의 도심과 면적

[그림2.1.7]에서 r은 활꼴의 반지름을, 2α (rad)는 중심각을, b는 현의 길이를 나타낸다.

⑥ 함수형식의 도형

한편 [그림2.1.8]과 같이 함수형식의 기본도형의 도심과 면적을 정리해 보면 다음과 같은데, 함수형식에 따라 일정한 규칙이 있어 기억해 두면 계산에 편리할 것이다.

도 형	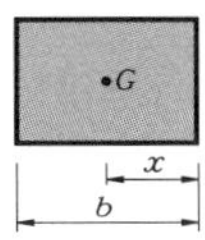	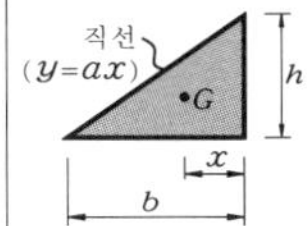	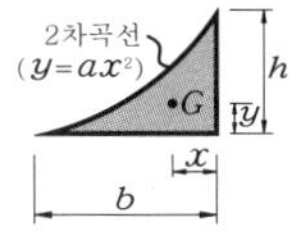	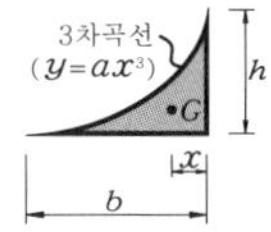	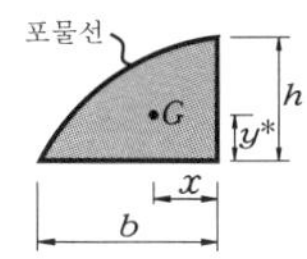
도심 G	$x=\frac{1}{2}b$	$x=\frac{1}{3}b$	$x=\frac{1}{4}b$	$x=\frac{1}{5}b$	$x=\frac{3}{8}b$
면적 A	$A=bh$	$A=\frac{1}{2}bh$	$A=\frac{1}{3}bh$	$A=\frac{1}{4}bh$	$A=\frac{2}{3}bh$

[그림2.1.8] 함수형식 도형의 도심과 면적

또한 참고로 [그림2.1.8]에서 2차곡선 $y=ax^2$ 을 포함한 도형의 도심거리 y 는 $y=\frac{3}{10}h$ 이고, 포물선을 포함한 도형의 도심거리 y^* 는 $y^*=\frac{2}{5}h$ 이다.

나. 복합도형의 도심

[그림2.1.9]와 같은 복합도형의 도심을 구하기 위해서는 몇 개의 기본도형으로 나누어 생각하면 된다.

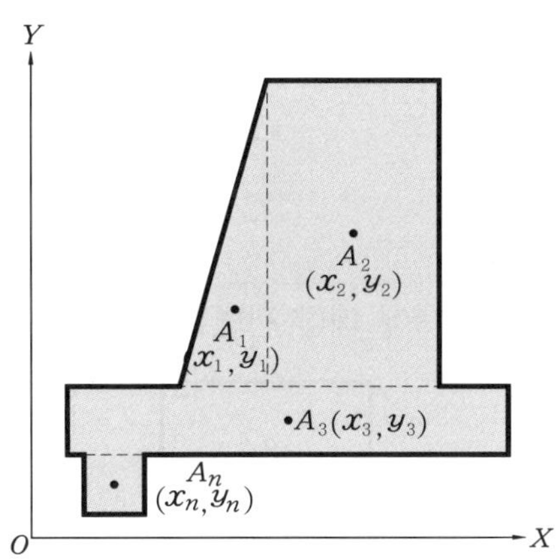

[그림2.1.9] 복합도형의 도심

복합도형의 도심의 위치는 임의의 축에 대한 나누어진 각 기본도형의 단면1차 모멘트의 합을 전체면적으로 나눈 값과 같다.

식(2.1.2)와 식(2.1.3)에서 분할된 각 도형의 면적을 A_1, A_2, ……, A_n, X축으로부터 각 도형의 도심까지의 거리를 y_1, y_2, ……, y_n 이라 하고, Y축으로부터 각 도형의 도심까지의 거리를 x_1, x_2, ……, x_n 이라 하면 다음과 같은 식으로 정리할 수 있다.

$$
\begin{aligned}
y_o &= \frac{S_x}{A} = \frac{\int_A y\,dA}{A} = \frac{A_1 y_1 + A_2 y_2 + \cdots\cdots + A_n y_n}{A_1 + A_2 + \cdots\cdots + A_n} \\
x_o &= \frac{S_y}{A} = \frac{\int_A x\,dA}{A} = \frac{A_1 x_1 + A_2 x_2 + \cdots\cdots + A_n x_n}{A_1 + A_2 + \cdots\cdots + A_n}
\end{aligned} \qquad (2.1.4)
$$

한편 [그림2.1.10]과 같이 X_1축에 상하 대칭인 단면적 A_1의 도형 상부에 단면적 A_2가 증가했을 때, 도심의 이동량 δ는 다음과 같이 구해진다.

$$
\delta = \frac{A_2\, y}{A_1 + A_2} \qquad (2.1.5)
$$

여기서, y는 단면 A_1의 도심축 X_1로부터 A_2의 도심까지의 거리를 뜻한다.

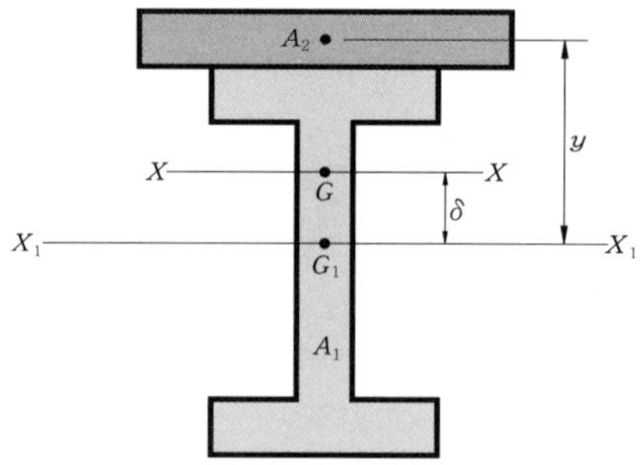

[그림2.1.10] 단면적 증가로 인한 도심의 이동

◆ ◆ ◆ ◆ ◆ ◆

예제 2.1.2

다음과 같은 직사각형의 X축에 대한 단면1차모멘트 S_x와 도심 y_0를 구하여라.

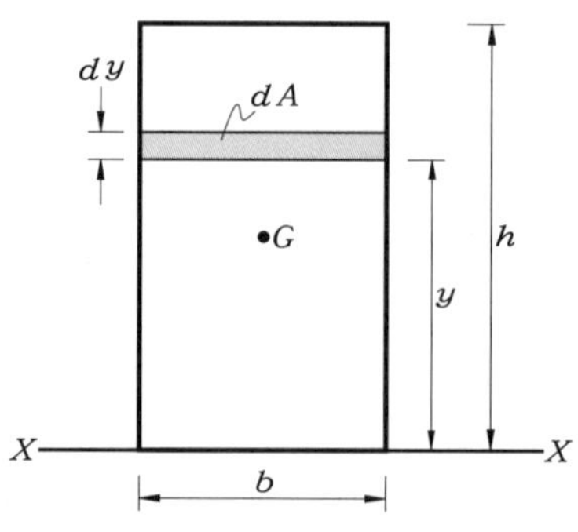

풀이

① 미소면적 $dA = b\,dy$

$$S_x = \int y\,dA = \int_0^h y\,b\,dy = b\int_0^h y\,dy = b\left[\frac{y^2}{2}\right]_0^h = b\left[\frac{h^2}{2}\right] = \frac{bh^2}{2}$$

② 면적 $A = bh$

도심 $y_0 = \dfrac{S_x}{A} = \dfrac{\frac{bh^2}{2}}{bh} = \dfrac{h}{2}$

예제 2.1.3

다음과 같은 삼각형의 X축에 대한 단면1차모멘트 S_x와 도심 y_0를 구하여라.

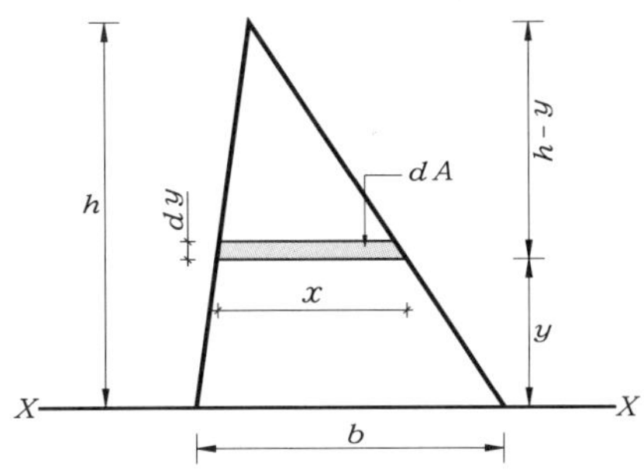

풀이

① 미소면적 $dA = x\,dy$

삼각형의 닮음비에서 $x : b = (h-y) : h$, $x = \dfrac{b}{h}(h-y)$

$\therefore\ dA = x\cdot dy = \dfrac{b}{h}(h-y)\cdot dy$

② $S_x = \displaystyle\int y\,dA = \int_0^h y\cdot \frac{b}{h}(h-y)\ dy = \frac{b}{h}\int_0^h (hy-y^2)\,dy$

$$= \frac{b}{h}\left[\frac{hy^2}{2} - \frac{y^3}{3}\right]_0^h = \frac{b}{h}\left[\frac{h^3}{2} - \frac{h^3}{3}\right] = \frac{bh^2}{6}$$

③ 면적 $A = \dfrac{bh}{2}$

도심 $y_0 = \dfrac{S_x}{A} = \dfrac{\frac{bh^2}{6}}{\frac{bh}{2}} = \dfrac{h}{3}$

예제 2.1.4

다음과 같이 반지름 R 인 반원의 X 축에 대한 단면1차모멘트 S_x 와 도심 y_0 를 구하여라.

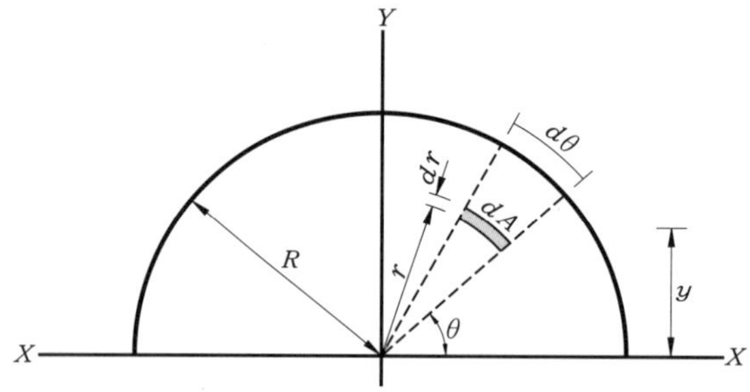

풀이

① 그림의 θ 를 라디안으로 생각하면, 미소면적 $dA = r \cdot d\theta \cdot dr$ 이며, 미소면적 dA 와 X 축과의 거리 $y = r\sin\theta$ 이다.

② $$S_x = \int y\, dA = \int r\sin\theta\, dA = \int_0^R \int_0^\pi r^2 \cdot \sin\theta\, d\theta\, dr$$

$$= \int_0^R \left[-r^2 \cos\theta\right]_0^\pi dr = \int_0^R 2r^2\, dr = \left[\frac{2r^3}{3}\right]_0^R = \frac{2R^3}{3}$$

③ 면적 $A = \dfrac{\pi R^2}{2}$

도심 $$y_0 = \frac{S_x}{A} = \frac{\dfrac{2R^3}{3}}{\dfrac{\pi R^2}{2}} = \frac{4R}{3\pi}$$

예제 2.1.5

다음과 같은 사다리꼴의 X 축에 대한 단면1차모멘트 S_x 와 도심 y_0 를 구하여라.

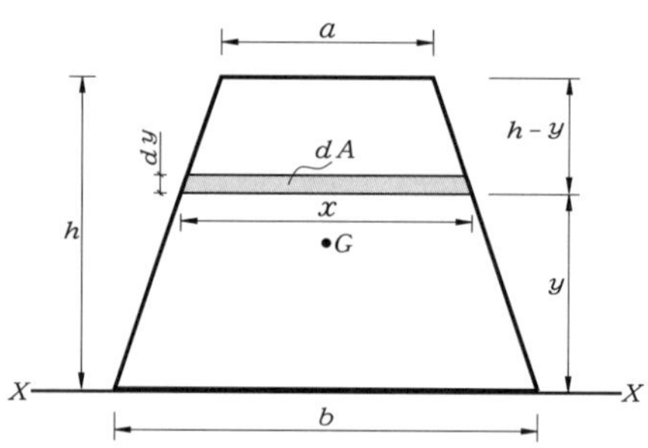

풀이

① 미소면적 $dA = x\,dy$ 이며, 위의 그림에서 $(b-a):(x-a) = h:(h-y)$ 이므로,

$x = \dfrac{1}{h}(bh - by + ay)$ 이다.

② $S_x = \int y\,dA = \int_0^h y\frac{1}{h}(bh - by + ay)dy = \frac{1}{h}\int_0^h (bhy - by^2 + ay^2)\,dy$

$$= \frac{1}{h}\left[\frac{bhy^2}{2} - \frac{by^3}{3} + \frac{ay^3}{3}\right]_0^h = \frac{1}{h}\left[\frac{bh^3}{2} - \frac{bh^3}{3} + \frac{ah^3}{3}\right] = \frac{2a+b}{6}\cdot h^2$$

③ 면적 $A = \frac{a+b}{2}\cdot h$

도심 $y_0 = \frac{S_x}{A} = \frac{\frac{2a+b}{6}\cdot h^2}{\frac{a+b}{2}\cdot h} = \frac{h}{3}\cdot\frac{2a+b}{a+b}$

예제 2.1.6

다음과 같은 활꼴의 X축에 대한 단면1차모멘트 S_x와 도심 y_0를 구하여라.

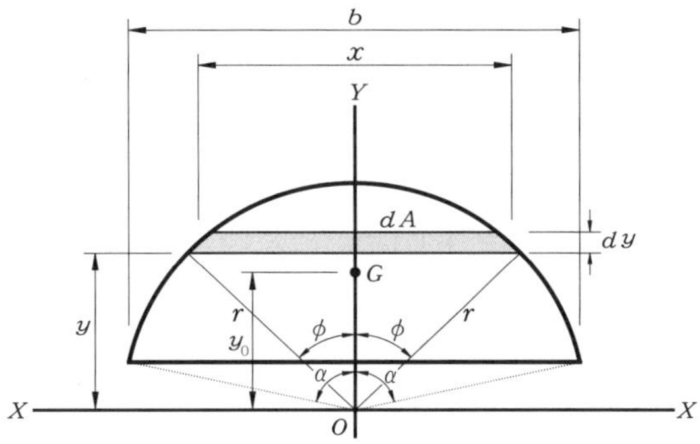

풀이

① $x = 2r\sin\phi$, $y = r\cos\phi$

$dy = -r\sin\phi\,d\phi$, 미소면적 $dA = x\,dy = -2r^2\sin^2\phi\,d\phi$

② $S_x = \int y\,dA = \int_0^\alpha r\cdot\cos\phi\cdot(-2r^2)\cdot\sin^2\phi\cdot d\phi = -2r^3\int_0^\alpha \sin^2\phi\cdot\cos\phi\cdot d\phi$

$$= -2r^3\int_0^\alpha \sin^2\phi\cdot d(\sin\phi) = -2r^3\left[\frac{\sin^3\phi}{3}\right]_0^\alpha = -2r^3\left(\frac{\sin^3\alpha}{3}\right) = \frac{2r^3}{3}\sin^3\alpha$$

음(−)의 부호는 적분구간의 설정에 따라 정해지므로 무시한다.

그런데 $r\sin\alpha = \frac{b}{2}$ 이므로, $r^3\sin^3\alpha = \left(\frac{b}{2}\right)^3$ 이다.

$$\therefore\ S_x = \frac{2r^3}{3}\sin^3\alpha = \frac{2}{3}\times\left(\frac{b}{2}\right)^3 = \frac{b^3}{12}$$

③ 면적 $A = \left(\pi r^2\times\frac{2\alpha}{2\pi}\right) - \left(2\times\frac{1}{2}\times r\sin\alpha\times r\cos\alpha\right) = \frac{r^2}{2}(2\alpha - \sin 2\alpha)$

도심 $y_0 = \frac{S_x}{A} = \frac{\frac{2r^3}{3}\cdot\sin^3\alpha}{\frac{r^2}{2}\cdot(2\alpha - \sin 2\alpha)} = \frac{4r\sin^3\alpha}{3(2\alpha - \sin 2\alpha)} = \frac{b^3}{12A}$

예제 2.1.7

다음과 같은 L 형 단면의 도심(G)의 좌표 (x_0, y_0)를 구하여라.

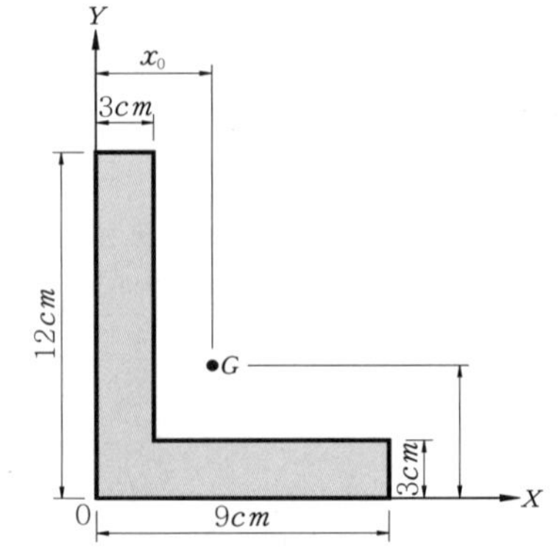

풀이

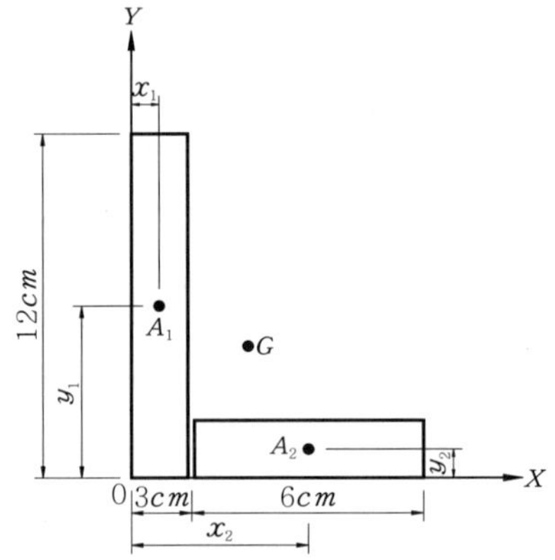

위의 그림과 같이 A_1 과 A_2 로 나누어 계산한다.

① 단면 $A_1 = 3cm \times 12cm = 36cm^2$

거리 $x_1 = \frac{3cm}{2} = 1.5cm$, $\qquad y_1 = \frac{12cm}{2} = 6cm$

② 단면 $A_2 = 6cm \times 3cm = 18cm^2$

거리 $x_2 = 3 + \frac{6cm}{2} = 6cm$, $\qquad y_2 = \frac{3cm}{2} = 1.5cm$

도심(G)

$$x_0 = \frac{A_1 x_1 + A_2 x_2}{A_1 + A_2} = \frac{36cm^2 \times 1.5cm + 18cm^2 \times 6cm}{36cm^2 + 18cm^2} = 3cm$$

$$y_0 = \frac{A_1 y_1 + A_2 y_2}{A_1 + A_2} = \frac{36cm^2 \times 6cm + 18cm^2 \times 1.5cm}{36cm^2 + 18cm^2} = 4.5cm$$

예제 2.1.8

그림(a)와 같은 직선식 $y=ax$, $x=b$로 이루어진 삼각형의 도심 x_0를 구하고, 그림(b)와 같은 2차곡선 $y=ax^2$, 직선 $x=b$로 이루어진 면적의 도심 x_0를 구하여라.

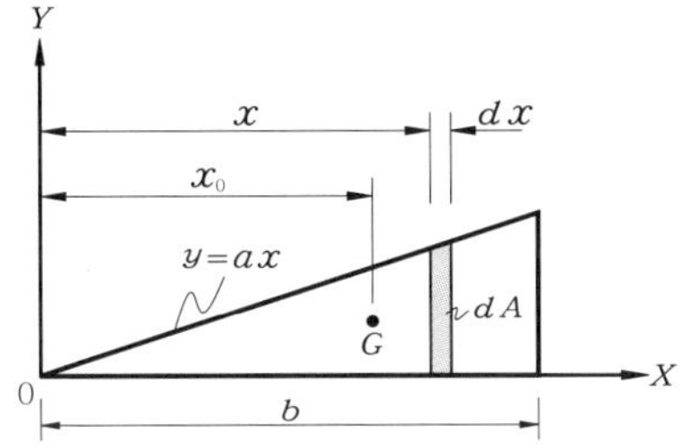

그림(a)

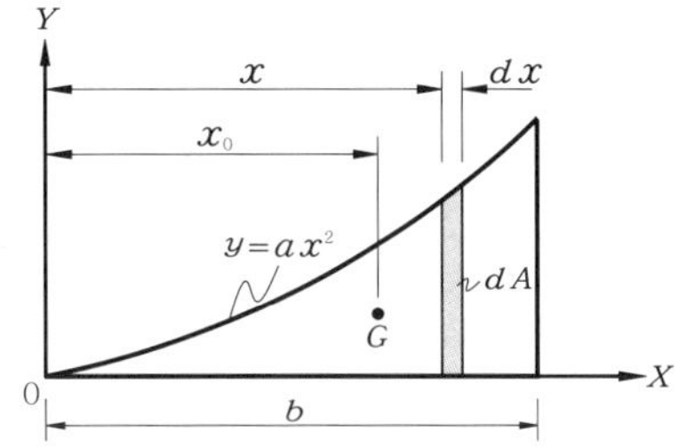

그림(b)

풀이

(1) 그림(a)에서 미소면적 $dA = ax \cdot dx$

$$S_y = \int x\,dA = \int_0^b ax^2 dx = a\int_0^b x^2 dx = a\left[\frac{x^3}{3}\right]_0^b = a\left[\frac{b^3}{3}\right] = \frac{ab^3}{3}$$

$$A = \int dA = \int_0^b ax dx = a\int_0^b x dx = a\left[\frac{x^2}{2}\right]_0^b = a\left[\frac{b^2}{2}\right] = \frac{ab^2}{2}$$

$$\therefore\quad x_0 = \frac{S_y}{A} = \frac{ab^3}{3} \times \frac{2}{ab^2} = \frac{2b}{3}$$

(2) 그림(b)에서 미소면적 $dA = ax^2 dx$

$$S_y = \int x\,dA = \int_0^b ax^3 dx = a\int_0^b x^3 dx = a\left[\frac{x^4}{4}\right]_0^b = a\left[\frac{b^4}{4}\right] = \frac{ab^4}{4}$$

$$A = \int dA = \int_0^b ax^2 dx = a\int_0^b x^2 dx = a\left[\frac{x^3}{3}\right]_0^b = a\left[\frac{b^3}{3}\right] = \frac{ab^3}{3}$$

$$\therefore\quad x_0 = \frac{S_y}{A} = \frac{ab^4}{4} \times \frac{3}{ab^3} = \frac{3b}{4}$$

예제 2.1.9

그림(a)와 같은 3차곡선 $y=ax^3$과 직선 $x=b$로 이루어진 면적의 도심 x_0를 구하고, 그림(b)와 같은 포물선 $y=f(x)$와 직선 $x=b$로 이루어진 면적의 도심 x_0를 구하여라.

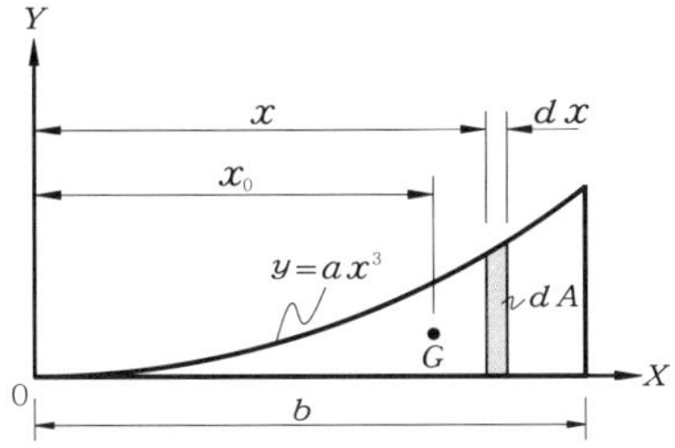

그림(a)

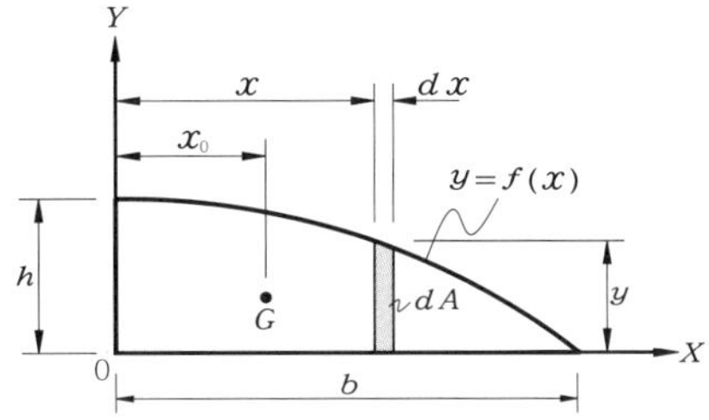

그림(b)

풀이

(1) 그림(a)에서 미소면적 $dA = ax^3 \cdot dx$

$$S_y = \int x\,dA = \int_0^b ax^4 dx = a\int_0^b x^4 dx = a\left[\frac{x^5}{5}\right]_0^b = a\left[\frac{b^5}{5}\right] = \frac{ab^5}{5}$$

$$A = \int dA = \int_0^b ax^3 dx = a\left[\frac{x^4}{4}\right]_0^b = a\left[\frac{b^4}{4}\right] = \frac{ab^4}{4}$$

$$\therefore\ x_0 = \frac{S_y}{A} = \frac{ab^5}{5} \times \frac{4}{ab^4} = \frac{4b}{5}$$

(2) 그림(b)에서 포물선식 $y = f(x) = h\left(1 - \frac{x^2}{b^2}\right)$ 이고,

미소면적 $dA = y\,dx = h\left(1 - \frac{x^2}{b^2}\right)dx$

$$S_y = \int x\,dA = \int_0^b xh\left(1 - \frac{x^2}{b^2}\right)dx = h\int_0^b\left(x - \frac{x^3}{b^2}\right)dx = h\left[\frac{x^2}{2} - \frac{x^4}{4b^2}\right]_0^b$$

$$= h\left[\frac{b^2}{2} - \frac{b^4}{4b^2}\right] = \frac{b^2h}{4}$$

$$A = \int dA = \int_0^b h\left(1 - \frac{x^2}{b^2}\right)dx = h\int_0^b\left(1 - \frac{x^2}{b^2}\right)dx = h\left[x - \frac{x^3}{3b^2}\right]_0^b$$

$$= h\left[b - \frac{b^3}{3b^2}\right] = \frac{2bh}{3}$$

$$\therefore\ x_0 = \frac{S_y}{A} = \frac{b^2h}{4} \times \frac{3}{2bh} = \frac{3b}{8}$$

예제 2.1.10

다음과 같은 그림의 단면의 밑변에 평행한 도심축의 위치를 구하여라.

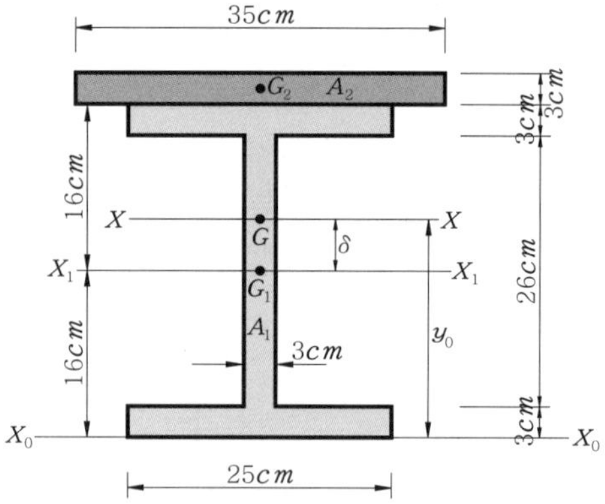

풀이

단면 A_1 은 축 X_1 에 대하여 상하 대칭이므로 도심은 X_1 선상에 있으며 단면 A_2 가 증가되어 이동된 도심의 이동거리 δ 를 구하면 도심의 위치를 구할 수

있다.

단면 $A_1 = 25cm \times 32cm - 2 \times 11cm \times 26cm = 228\,cm^2$

단면 $A_2 = 35cm \times 3cm = 105\,cm^2$

X_1 축에서 단면 A_2 의 도심까지의 거리 $y = 16cm + \frac{3cm}{2} = 17.5\,cm$

이동거리 $\delta = \frac{A_2 y}{A_1 + A_2} = \frac{105cm^2 \times 17.5cm}{228cm^2 + 105cm^2} = 5.52\,cm$

X_0 축에서 도심 G 까지의 거리 $y_0 = 16\,cm + 5.52\,cm = 21.52\,cm$

◆ ◆ ◆ ◆ ◆ ◆

◈ 연 습 문 제 ◈

2.1.1 다음과 같은 단면의 X축에 대한 단면1차모멘트 S_X를 구하여라.

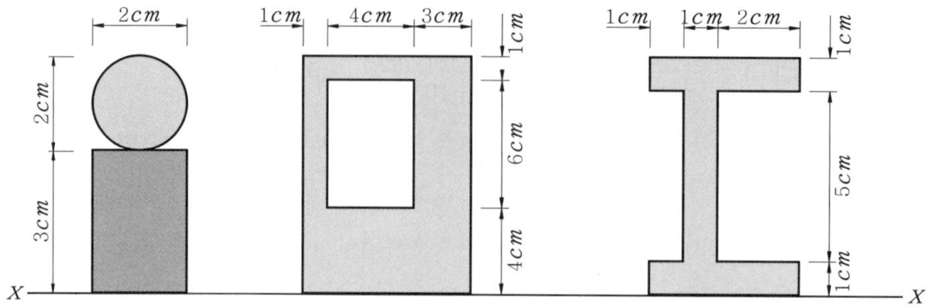

그림(a) 그림(b) 그림(c)

2.1.2 도형의 도심을 지나는 축에 대한 단면1차모멘트의 값은?

① '0'이다. ② '0'보다 크다.
③ '0'보다 작다. ④ '0'보다 클 때도 있고 작을 때도 있다.

2.1.3 두 변 $\overline{AB}$ 및 $\overline{CD}$가 평행인 사다리꼴 $ABCD$에서 도심의 위치를 바르게 설명한 것은 어느 것인가? (그림에서 $\overline{EF}$는 $\overline{AB}$와 $\overline{CD}$의 중점을 이은 중심선이고, G_1은 $\triangle ACD$의 도심, G_2은 $\triangle ABC$의 도심이다.)

① 선분 $\overline{G_1G_2}$와 중심선 $\overline{EF}$의 교점이 도심이다.
② 선분 $\overline{G_1G_2}$와 대각선 $\overline{AC}$의 교점이 도심이다.
③ 선분 $\overline{G_1G_2}$의 중점이 도심이다.
④ 중심선 $\overline{EF}$의 중점이 도심이다.

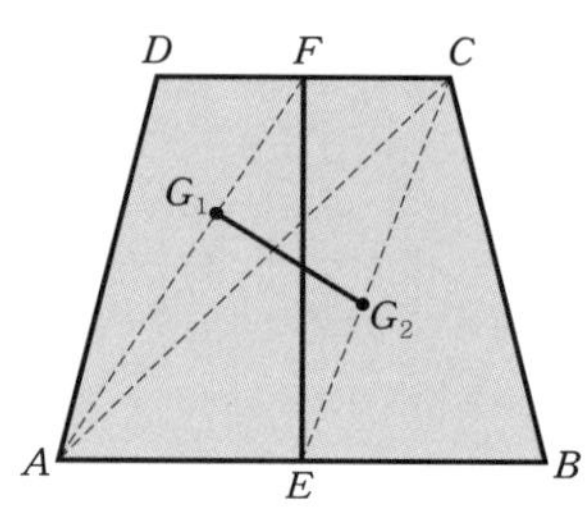

2.1.4 다음과 같은 단면의 도심을 구하여라.

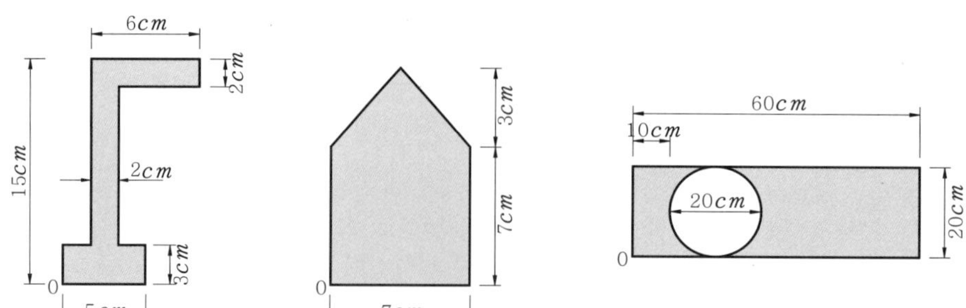

그림(a) 그림(b) 그림(c)

2.2 단면2차모멘트

2.2.1 단면2차모멘트의 정의

[그림2.2.1]에서 보는 바와 같이 전체면적 A인 단면 내에 미소면적 dA가 있고, X축으로부터 미소면적 dA까지의 거리를 y, Y축으로부터 미소면적 dA까지의 거리를 x라 할 때, y^2dA를 단면 전체에 걸쳐 적분한 것을 『X**축에 대한 단면2차모멘트,** I_x』라 하고, x^2dA를 단면 전체에 걸쳐 적분한 것을 『Y**축에 대한 단면2차모멘트,** I_y』라고 한다. 단면2차모멘트는 **관성모멘트**(Moment of Inertia)라고도 부르며, 다음과 같이 표시한다.

$$I_x = \int_A y^2\, dA \quad , \quad I_y = \int_A x^2\, dA \tag{2.2.1}$$

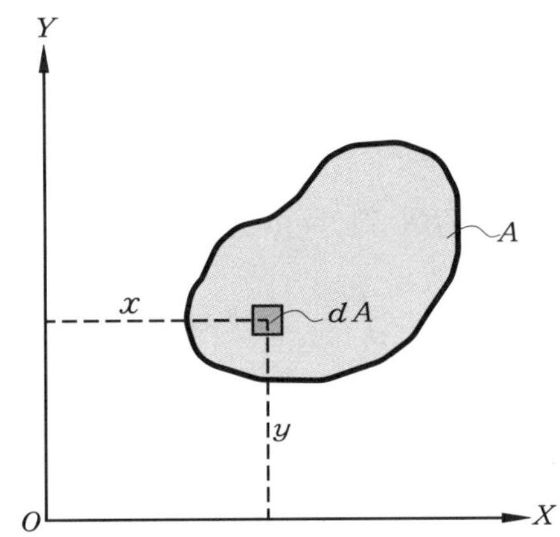

[그림2.2.1] 단면2차모멘트

식(2.2.1)과 같이 본 교재에서는 단면2차모멘트를 I로 표시하기로 한다. 단면2차모멘트의 단위는 면적에 길이의 제곱을 곱한 것이므로 cm^4, m^4과 같이 길이 단위의 4제곱으로 표현된다. 한편 단면2차모멘트의 부호는 양수인 면적에 거리의 제곱을 곱한 것이므로, 항상 양(+)이 된다

.

2.2.2 단면2차모멘트의 산정

단면2차모멘트를 구하는 과정을 살펴보기 위하여 [그림2.2.2]와 같이 폭 b, 높이 h의 직사각형을 예로 들어 본다.

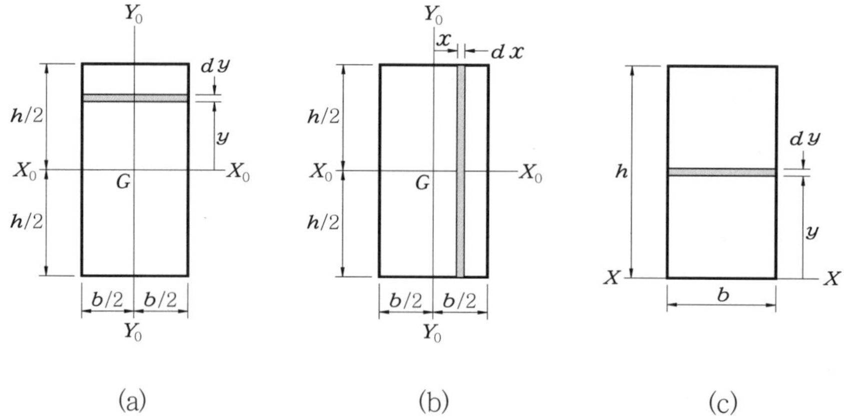

[그림2.2.2] 직사각형의 단면2차모멘트

먼저 [그림2.2.2]에서 X, Y축의 원점을 직사각형의 도심에 잡고, X_o축 및 Y_o축에 대한 단면2차모멘트를 구해보면 다음과 같다.

직사각형의 도심을 지나는 X_o축에 대한 단면2차모멘트를 구하기 위하여 [그림2.2.2](a)와 같이 폭 b, 높이 dy인 수평 띠를 미소면적 dA로 취하면, $dA = b \cdot dy$가 되며, 다음과 같이 계산된다.

$$I_{X_o} = \int_{-h/2}^{h/2} y^2 dA = \int_{-h/2}^{h/2} y^2 (b\,dy) = \frac{b\,h^3}{12} \tag{2.2.2}$$

또한 직사각형의 도심을 지나는 Y_o축에 대한 단면2차모멘트를 구하기 위하여 그림(b)와 같이 폭 h, 높이 dx인 수직 띠를 미소면적 dA로 취하면, $dA = h \cdot dx$가 되며, 다음과 같이 계산된다.

$$I_{Y_o} = \int_{-b/2}^{b/2} x^2 dA = \int_{-b/2}^{b/2} x^2 (h\,dx) = \frac{h\,b^3}{12} \tag{2.2.3}$$

한편, 축을 다른 곳으로 잡으면 단면2차모멘트의 값이 달라진다. 예를 들어 그림(c)와 같이 직사각형의 밑변을 지나는 X축에 대한 단면2차모멘트를 구해보면 다음과 같다.

$$I_X = \int_0^h y^2 dA = \int_0^h y^2 (b\,dy) = \frac{b\,h^3}{3} \tag{2.2.4}$$

식(2.2.4)는 식(2.2.2)와 같이 도심에 X축을 취한 것에 비하여 값이 커짐을 알 수 있는데, 일반적으로 기준 축을 도심으로부터 멀리 평행이동시키면 단면2차모멘트는 증가한다.

가. 기본도형의 단면2차모멘트

기억해 두면 계산이 편리한 기본도형에 대한 단면2차모멘트(I)를 정리해 보면 다음과 같다.

① 직사각형

도심축 (I_{X_0}) : $\dfrac{bh^3}{12}$

밑 변 (I_X) : $\dfrac{bh^3}{3}$

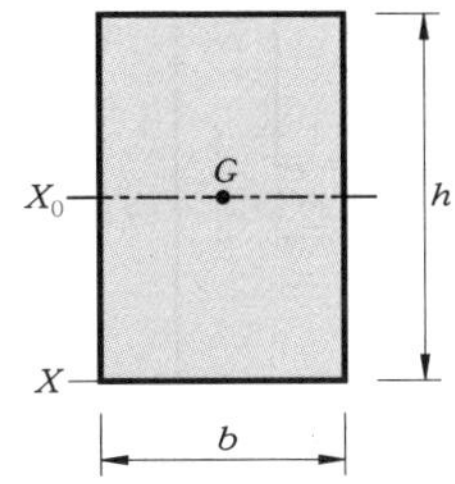

[그림2.2.3] 직사각형의 단면2차모멘트

② 삼각형

도심축 (I_{X_0}) : $\dfrac{bh^3}{36}$

밑 변 (I_X) : $\dfrac{bh^3}{12}$

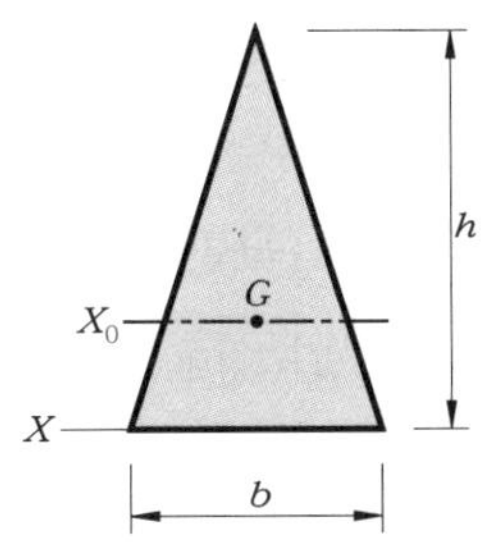

[그림2.2.4] 삼각형의 단면2차모멘트

③ 원 형

도심축 (I_{X_0}) : $\dfrac{\pi d^4}{64} = \dfrac{\pi r^4}{4}$

밑 변 (I_X) : $\dfrac{5\pi d^4}{64} = \dfrac{5\pi r^4}{4}$

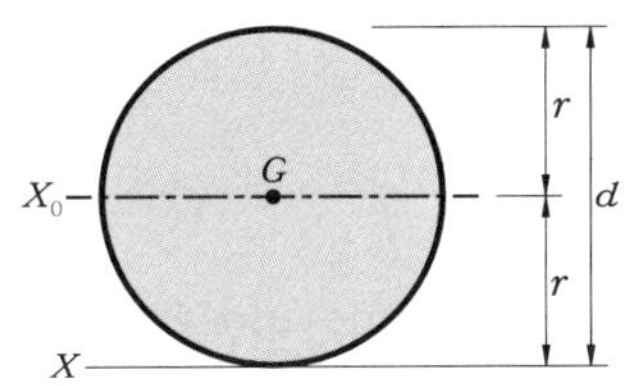

[그림2.2.5] 원형의 단면2차모멘트

④ 정방형

도심축 (I_{X_0}) : $\dfrac{a^4}{12}$

대각선축 (I_X) : $\dfrac{a^4}{12}$

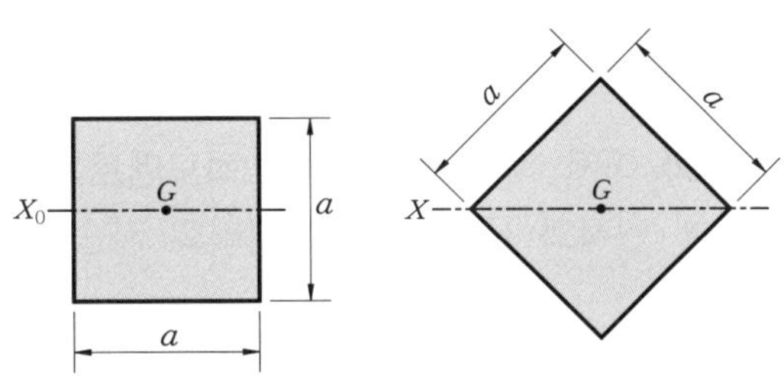

[그림2.2.6] 정방형의 단면2차모멘트

정삼각형, 정사각형 등 정다각형의 도심축에 대한 단면2차모멘트는 축의 회전에 관계없이 일정한 값을 가지고 있다.

나. 단면2차모멘트에 대한 평행축의 정리

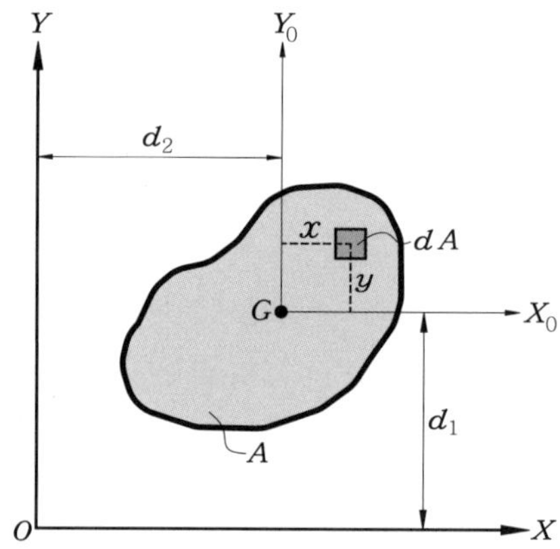

[그림2.2.7] 단면2차모멘트에 대한 평행축의 정리

[그림2.2.7]과 같이 전체면적 A인 임의 단면의 도심 G에 도심축 X_o, Y_o가 지나고, 도심축 X_o, Y_o와 각각 평행하며 d_1, d_2만큼 떨어져 있는 직교축 X, Y가 있을 때 X축에 관한 단면2차모멘트를 구해보면 다음과 같다.

$$I_X = \int (y + d_1)^2\, dA = \int y^2 dA + 2d_1 \int y\, dA + d_1^2 \int dA \qquad (2.2.5)$$

상기 식(2.2.5)의 우변 첫 번째 적분항은 도심축 X_o를 지나는 단면2차모멘트 I_{X_o}이며, 두 번째 적분항에서 $\int y\, dA$는 단면1차모멘트로 X_o축이 도심을 지나므로 '0' 이 되고, 세 번째 적분항에서 $\int dA = A$이므로 다음과 같이 정리할 수 있다.

$$I_X = I_{X_o} + A\, d_1^2 \qquad (2.2.6.a)$$

Y축에 관한 단면2차모멘트도 같은 방법으로 다음과 같이 구해진다.

$$I_Y = I_{Y_o} + A\, d_2^2 \qquad (2.2.6.b)$$

식(2.2.6)을 **『단면2차모멘트에 대한 평행축의 정리』**라고 하며, 다음과 같이 정의할 수 있다.

『 평면의 어떤 축에 대한 단면2차모멘트는 이에 평행한 도심축에 대한 단면2차모멘트에 면적과 두 축사이의 거리의 자승의 곱을 더한 값과 같다. 』

평행축의 정리에서 단면이 축으로부터 멀리 떨어질수록, 즉 d가 커질수록 단면2차모멘트가 급격히 커짐을 알 수 있으며, 도심축에 대한 단면2차모멘트가 가장 작다. 이 정리는 복합도형의 단면2차모멘트를 구하는데 매우 유용하다.

◆ ◆ ◆ ◆ ◆ ◆

예제 2.2.1

다음과 같은 단면의 X_o 축, X 축에 대한 단면2차모멘트 I_{X_o}, I_X 를 구하여라.

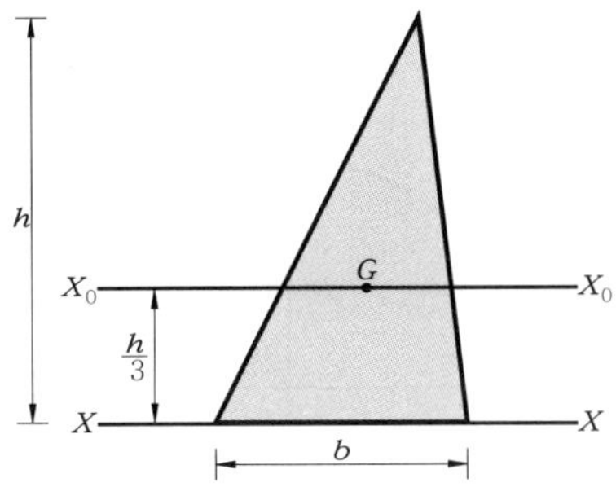

풀이

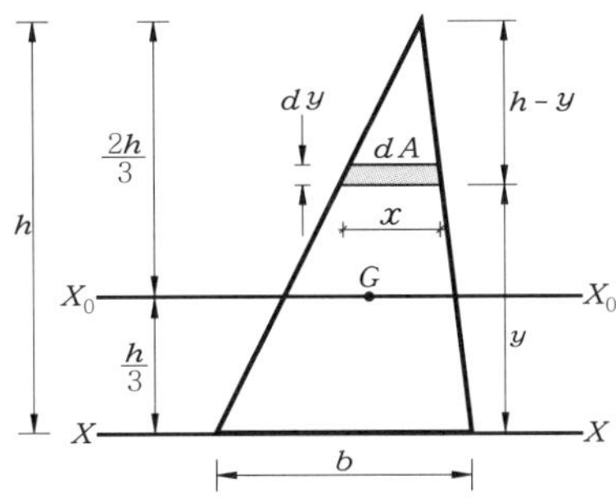

그림(a)

그림(a)에서 $b:h = x:(h-y)$ 이므로 $x = \frac{b}{h}(h-y)$

미소면적 $dA = x \cdot dy = \frac{b}{h}(h-y) \cdot dy$ 이다.

① X 축에 대한 단면2차모멘트

$$I_X = \int y^2\, dA = \int_0^h y^2 \frac{b}{h}(h-y)\, dy = \frac{b}{h}\int_0^h (hy^2 - y^3)\, dy = \frac{b}{h}\left[\frac{hy^3}{3} - \frac{y^4}{4}\right]_0^h$$

$$= \frac{b}{h}\left[\frac{h^4}{3} - \frac{h^4}{4}\right] = \frac{b}{h} \times \frac{h^4}{12} = \frac{bh^3}{12}$$

② X_o 축에 대한 단면2차모멘트를 평행축의 정리를 이용하여 구하면,

$$I_{X_o} = I_X - Ay^2 = \frac{bh^3}{12} - \frac{bh}{2} \times \left(\frac{h}{3}\right)^2 = \frac{bh^3}{12} - \frac{bh^3}{18} = \frac{bh^3}{36}$$

예제 2.2.2

다음과 같이 반지름 r 인 원의 도심을 지나는 X축에 대한 단면2차모멘트 I_X를 구하여라. (단, 도심에서 미소면적 dA 까지의 거리는 R 이며 dA 와 X축과의 거리는 y 이다.)

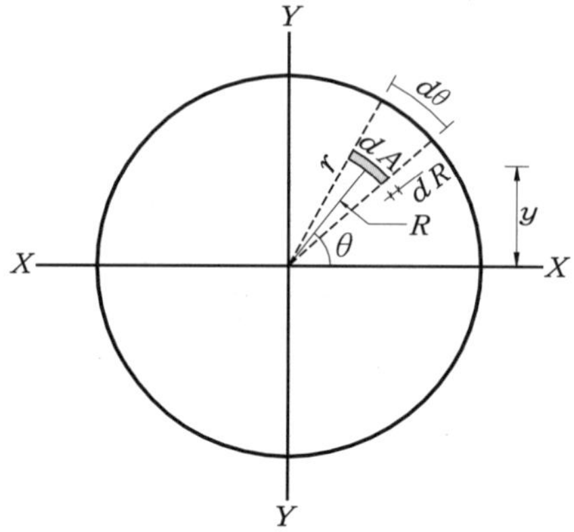

풀이

① 그림의 θ 를 라디안으로 생각하면, 미소면적 $dA = R \cdot d\theta \cdot dR$ 이며 미소면적 dA 와 X축과의 거리 $y = R \cdot \sin\theta$ 이다.

② $$I_X = \int y^2\, dA = \int_0^r \int_0^{2\pi} (R \cdot \sin\theta)^2 \cdot R \cdot d\theta \cdot dR = \int_0^r \int_0^{2\pi} R^3 \sin^2\theta \cdot d\theta \cdot dR$$

$$= \int_0^r R^3 \int_0^{2\pi} \left(\frac{1-\cos 2\theta}{2}\right) d\theta \cdot dR = \int_0^r R^3 \cdot \frac{1}{2} \int_0^{2\pi} (1-\cos 2\theta)\, d\theta \cdot dR$$

$$= \int_0^r R^3 \cdot \frac{1}{2} \left[\theta - \frac{\sin 2\theta}{2}\right]_0^{2\pi} dR$$

$$= \int_0^r R^3 \cdot \frac{1}{2} \left[\left(2\pi - \frac{\sin 2 \cdot 2\pi}{2}\right) - \left(0 - \frac{\sin 2 \cdot 0}{2}\right)\right] dR$$

$$= \int_0^r R^3 \cdot \frac{1}{2} \cdot 2\pi\, dR$$

$$= \pi \int_0^r R^3\, dR = \pi \left[\frac{R^4}{4}\right]_0^r = \pi\left(\frac{r^4}{4}\right) = \frac{\pi r^4}{4}$$

예제 2.2.3

다음과 같은 정방형 단면의 도심을 지나는 X축에 대한 단면2차모멘트 I_X를 구하여라.

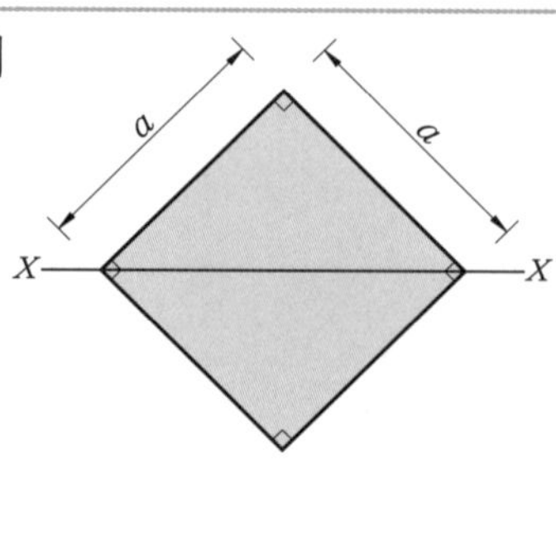

풀이

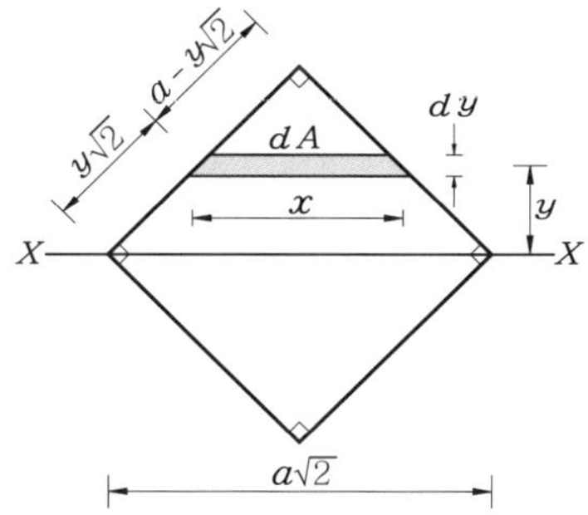

그림(a)

그림(a)에서 $a\sqrt{2} : a = x : (a-y\sqrt{2})$ 이므로 $x = a\sqrt{2}-2y$

미소면적 $dA = x \cdot dy = (a\sqrt{2}-2y)dy$ 이다.

X축에 대한 단면2차모멘트

$$I_X = \int y^2\, dA = 2\int_0^{\frac{a\sqrt{2}}{2}} y^2(a\sqrt{2}-2y)\, dy = 2\int_0^{\frac{a\sqrt{2}}{2}} (a\sqrt{2}\,y^2 - 2y^3)\, dy$$

$$= 2\left[\frac{a\sqrt{2}\,y^3}{3} - \frac{y^4}{2}\right]_0^{\frac{a\sqrt{2}}{2}} = 2\left[\frac{a\sqrt{2}\left(\frac{a\sqrt{2}}{2}\right)^3}{3} - \frac{\left(\frac{a\sqrt{2}}{2}\right)^4}{2}\right] = 2\left[\frac{a^4}{6} - \frac{a^4}{8}\right]$$

$$= 2\times\frac{a^4}{24} = \frac{a^4}{12}$$

◆ ◆ ◆ ◆ ◆ ◆

다. 복합도형의 단면2차모멘트

복합도형의 단면2차모멘트는 같은 축에 대한 각 부분의 단면2차모멘트의 합과 같다. [그림2.2.8](a)를 예로 들자면 도심을 지나는 X축은 대칭축이 되므로 X축에 대B한 단면2차모멘트는 다음과 같이 외부의 큰 사각형에서 내부의 작은 사각형을 뺀 값이 된다.

$$I_X = \frac{b\,h^3}{12} - \frac{b_1 h_1^3}{12} \qquad (2.2.7)$$

또한 [그림2.2.8](a)에 대한 식(2.2.7)은 그림(b)와 그림(c)에도 적용이 가능하다.

한편 [그림2.2.8]에서의 Y축에 대한 단면2차모멘트를 살펴보면, 그림(a)는 앞에서와 같은 방식으로 구할 수 있으나, 그림(b)와 그림(c)는 평행축의 정리를 사용하는 것이 보다 편리하다.

예를 들어 그림(c)의 단면에서 Y축에 대한 단면2차모멘트 I_Y를 구해보면, 먼저 면적을 3개의 사각형으로 나누고 이들의 도심을 각각 구한다. 그 후 Y축에

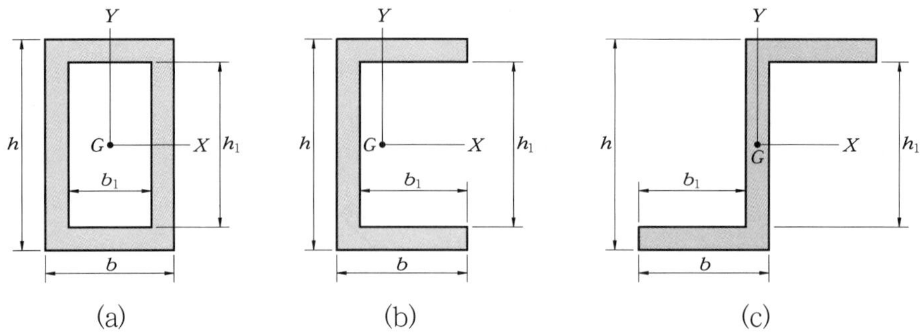

[그림2.2.8] 복합도형의 단면2차모멘트

평행하고 각각의 도심을 지나는 축에 관한 사각형들의 단면2차모멘트는 일반적인 식 $I = bh^3/12$ 으로 얻고, 각기 사각형들의 Y축에 대한 단면2차모멘트는 평행축의 정리로 구한다. 다음 이 단면2차모멘트들을 합치면 전면적의 단면2차모멘트 I_Y가 된다.

2.2.3 단면2차모멘트의 용도

단면2차모멘트는 단면의 구조적 성능을 나타내는 중요한 계수로서, 그 용도가 상당히 넓은데 앞으로 구조공학 과목을 학습하면서 쓰이게 될 용도를 몇 가지 살펴보면 다음과 같다

① 단면계수와 단면2차반경 산정
② 단면극2차모멘트 산정
③ 단면상승모멘트 산정
④ 주단면2차모멘트 및 주축 산정
⑤ 휨응력 및 전단응력 산정
⑥ 오일러의 좌굴하중 산정
⑦ 구조물의 처짐 및 처짐각 산정
⑧ 부정정구조물의 단면력 산정 등

◆ ◆ ◆ ◆ ◆ ◆

예제 2.2.4

다음과 같이 X축에 대하여 상하 대칭인 단면의 X축에 대한 단면2차모멘트 I_X를 구하여라.

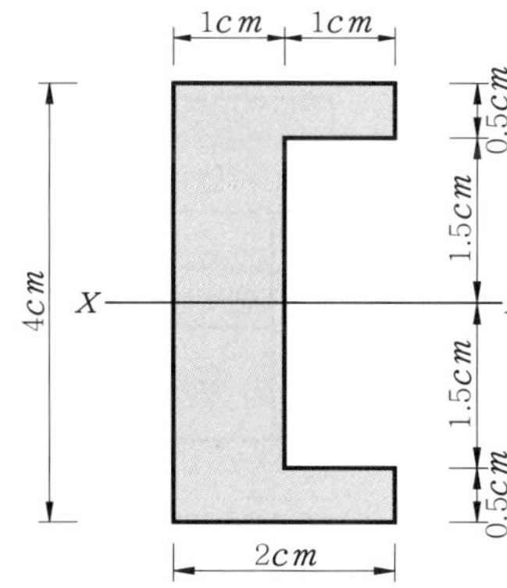

풀이

도심을 지나는 X축은 대칭축이 되므로 X축에 대한 단면2차모멘트는 외부의 큰 사각형에서 내부의 작은 사각형을 뺀 값이 된다.

$$\therefore \quad I_X = \frac{BH^3}{12} - \frac{bh^3}{12} = \frac{2\times 4^3}{12} - \frac{1\times 3^3}{12} = \frac{128}{12} - \frac{27}{12} \fallingdotseq 8.42\,cm^4$$

예제 2.2.5

다음과 같은 단면의 X축, Y축에 대한 단면2차모멘트 I_X, I_Y를 구하여라.

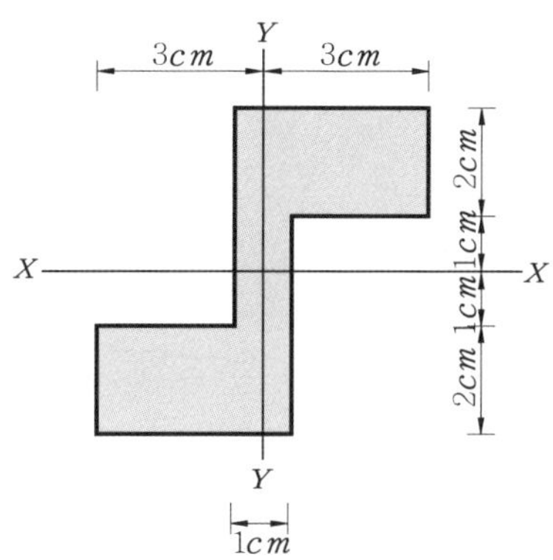

풀이

X, Y축에 대한 단면2차모멘트를 구하기 위해 그림(a)와 같이 단면 ①, ②, ③으로 나눈다.

(1) 그림(b)와 같이 단면③을 X축 평행 이동시키면 X축에 대하여 상하 대칭 단면이므로, 외부의 큰 사각형에서 내부의 작은 사각형을 빼는 방법을 이용하여 단면2차모멘트 I_X를 구할 수 있다.

$$I_X = \frac{BH^3}{12} - \frac{bh^3}{12} = \frac{3.5\times 6^3}{12} - \frac{2.5\times 2^3}{12} = \frac{756}{12} - \frac{20}{12} \fallingdotseq 61.33cm^4$$

(2) 그림(c)와 같이 단면③을 Y축 평행 이동시키면 직사각형의 도심축에 대한 식을 이용하여 단면2차모멘트 I_Y를 구할 수 있다.

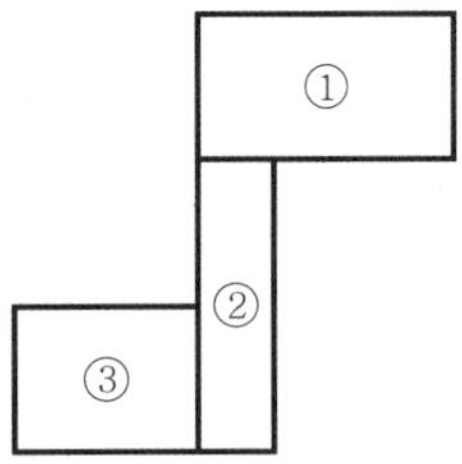

그림(a)

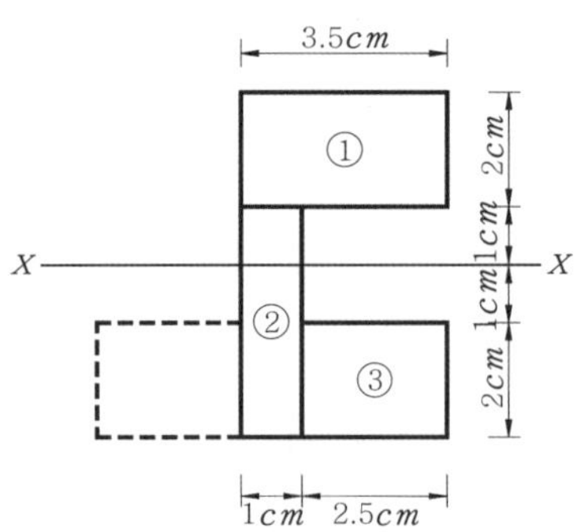

그림(b)

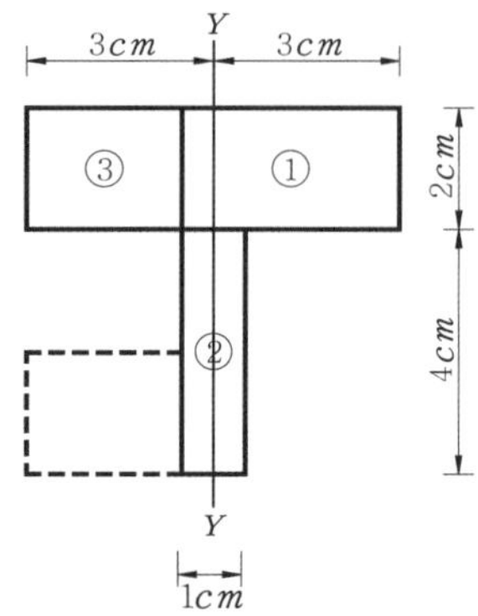

그림(c)

$$I_Y = \frac{2\times 6^3}{12} + \frac{4\times 1^3}{12} = \frac{432}{12} + \frac{4}{12} \fallingdotseq 36.33cm^4$$

예제 2.2.6

다음과 같이 단면적($A = 50\,cm^2$)이 모두 같은 단면이 있을 때, 각 단면의 도심을 지나는 X축, Y축에 대한 단면2차모멘트 I_X, I_Y를 구하여라.

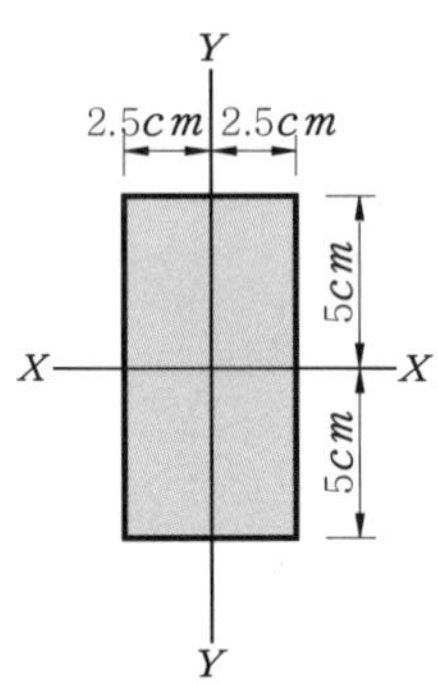

그림(a)

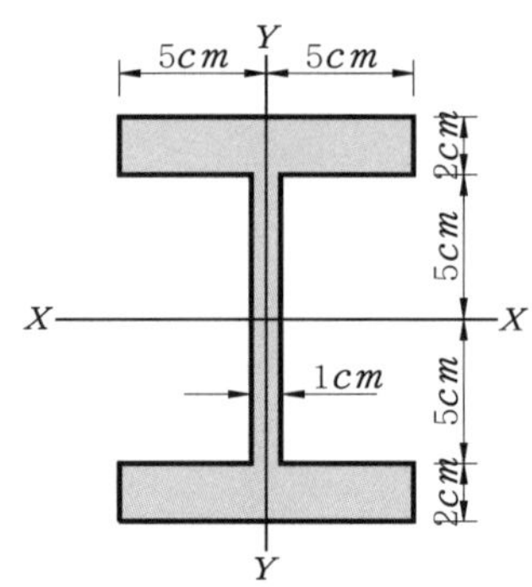

그림(b)

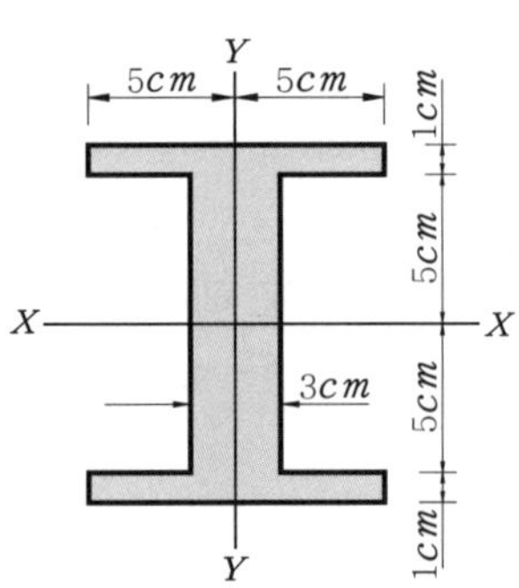

그림(c)

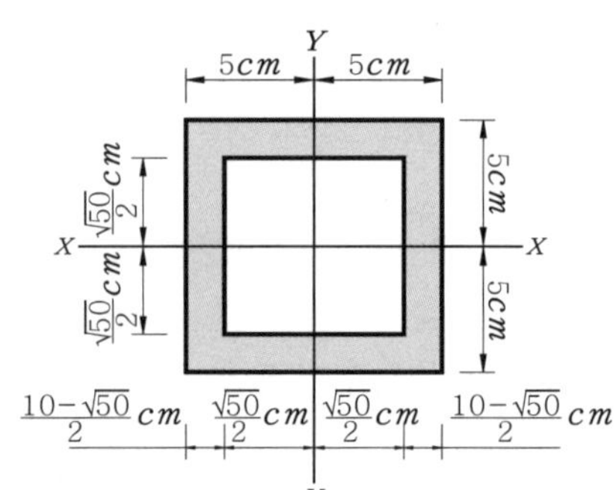

그림(d)

풀이

(1) 그림(a)

직사각형의 도심축에 대한 단면2차모멘트 식을 이용하면,

$$I_X = \frac{bh^3}{12} = \frac{5\times 10^3}{12} \fallingdotseq 416.67cm^4, \quad I_Y = \frac{hb^3}{12} = \frac{10\times 5^3}{12} \fallingdotseq 104.17cm^4$$

(2) 그림(b)

큰 사각형에서 작은 사각형을 빼는 방법을 이용하면,

$$I_X = \frac{BH^3}{12} - \frac{bh^3}{12} = \frac{10\times 14^3}{12} - \frac{9\times 10^3}{12} \fallingdotseq 1536.67cm^4$$

직사각형의 도심축에 대한 단면2차모멘트 식의 조합을 이용하면,

$$I_Y = 2\times\frac{2\times 10^3}{12} + \frac{10\times 1^3}{12} \fallingdotseq 334.17cm^4$$

(3) 그림(c)

평행축의 정리와 직사각형의 도심축에 대한 단면2차모멘트 식의 조합을 이용하면,

$$I_X = 2\times\left(\frac{10\times 1^3}{12} + 10\times 1\times 5.5^2\right) + \frac{3\times 10^3}{12} \fallingdotseq 856.67cm^4$$

직사각형의 도심축에 대한 단면2차모멘트 식의 조합을 이용하면,

$$I_Y = 2\times\frac{1\times 10^3}{12} + \frac{10\times 3^3}{12} \fallingdotseq 189.17cm^4$$

(4) 그림(d)

큰 사각형에서 작은 사각형을 빼는 방법을 이용하면,

$$I_X = I_Y = \frac{BH^3}{12} - \frac{bh^3}{12} = \frac{10\times 10^3}{12} - \frac{\sqrt{50}\times(\sqrt{50})^3}{12} = 625cm^4$$

위에서 구한 단면2차모멘트에 대한 비를 정리하면 다음의 표와 같다.

	그림(a)	그림(b)	그림(c)	그림(d)
I_X	$\frac{416.67}{416.67}=1$	$\frac{1536.67}{416.67}=3.69$	$\frac{856.67}{416.67}=2.01$	$\frac{625}{416.67}=1.45$
I_Y	$\frac{104.17}{104.17}=1$	$\frac{334.17}{104.17}=3.21$	$\frac{189.17}{104.17}=1.82$	$\frac{625}{104.17}=6$

위 표에서 보면 알 수 있듯이 그림(b)와 같은 I형 단면의 단면2차모멘트 I_X, I_Y가 각 축에 대하여 모두 크므로 저항성이 커 가장 효율적인 단면이다. 그림(d)의 정사각형 단면은 단면2차모멘트가 Y축에 대해서만 크므로 비효율적이다. 같은 크기의 단면이라도 형상에 따라 단면2차모멘트의 크기에는 차이가 있을 수 있다.

◆ ◆ ◆ ◆ ◆ ◆

◈ 연 습 문 제 ◈

2.2.1 다음 그림과 같이 단면적이 $100\,cm^2$인 임의의 도형의 도심을 지나는 축으로부터 거리가 $10\,cm$ 떨어진 x_1축에 관한 단면2차모멘트가 $13000\,cm^4$일 때 $20\,cm$ 떨어진 x_2축에 관한 단면2차모멘트는?

① $43000\,cm^4$

② $33000\,cm^4$

③ $23000\,cm^4$

④ $13000\,cm^4$

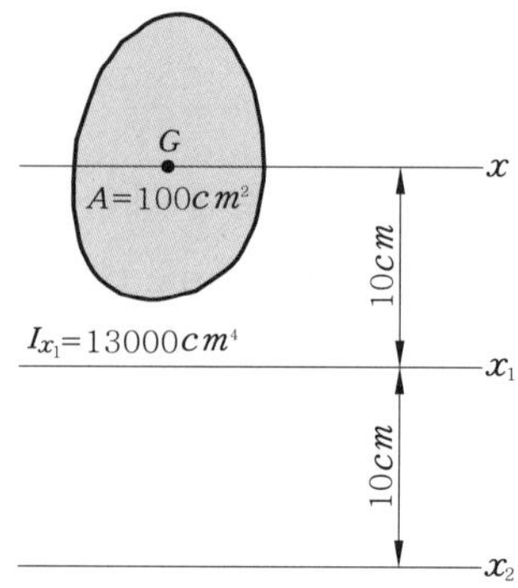

2.2.2 다음 그림과 같은 정사각형 단면의 대칭축 $x-y$에 대하여 $30°$ 기울어진 $X-Y$축에 대한 단면2차모멘트 I_X의 값은?

① $I_X = 416.7\,cm^4$

② $I_X = 721.7\,cm^4$

③ $I_X = 833.3\,cm^4$

④ $I_X = 1667.3\,cm^4$

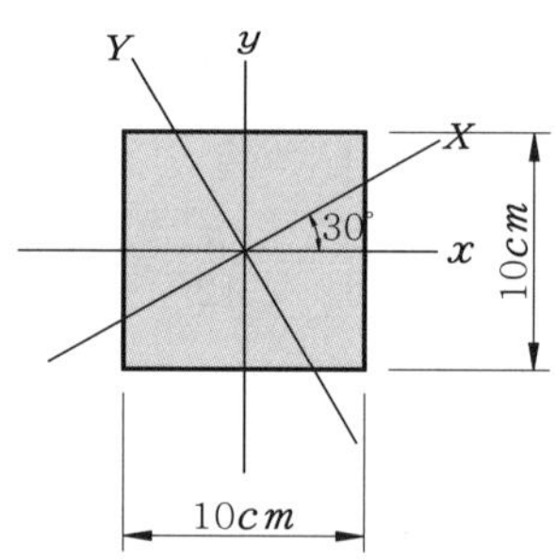

2.2.3 다음 그림과 같은 사다리꼴 단면에서 x축에 대한 단면2차모멘트 값은?

① $\dfrac{h^3}{12}(3b+a)$

② $\dfrac{h^3}{12}(b+2a)$

③ $\dfrac{h^3}{12}(b+3a)$

④ $\dfrac{h^3}{12}(2b+a)$

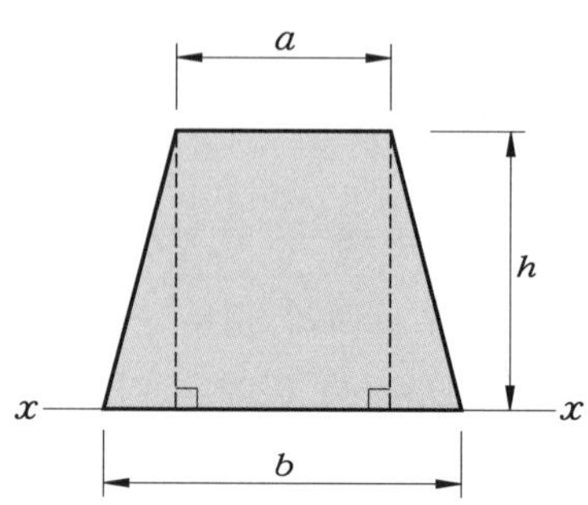

2.2.4 다음 그림과 같은 단면에서 x 축에 대한 단면2차모멘트 값은?

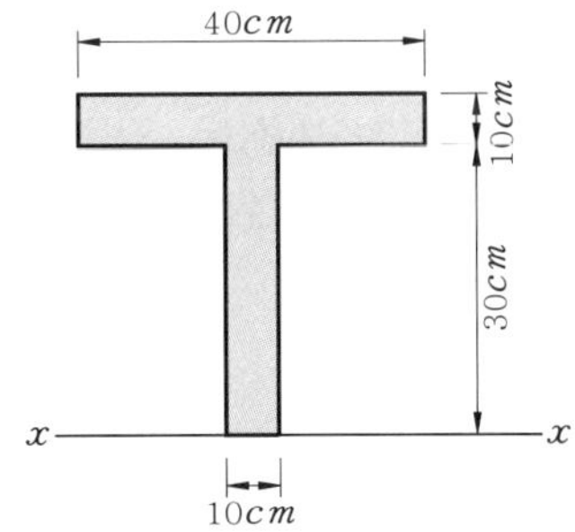

① $583333\,cm^4$

② $590000\,cm^4$

③ $683333\,cm^4$

④ $700000\,cm^4$

2.2.5 4분원의 도심을 지나는 X축에 대한 단면2차모멘트는?

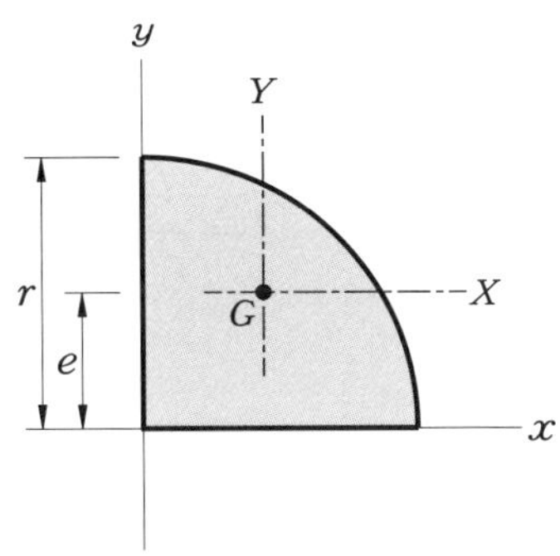

① $\dfrac{\pi r^4}{16} - \dfrac{2r^4}{9\pi}$

② $\dfrac{\pi r^4}{16} - \dfrac{3r^4}{9\pi}$

③ $\dfrac{\pi r^4}{16} - \dfrac{4r^4}{9\pi}$

④ $\dfrac{\pi r^4}{16} - \dfrac{5r^4}{9\pi}$

2.2.6 반지름 $2\,cm$ 인 반원의 도심에 대한 단면2차모멘트의 값은?

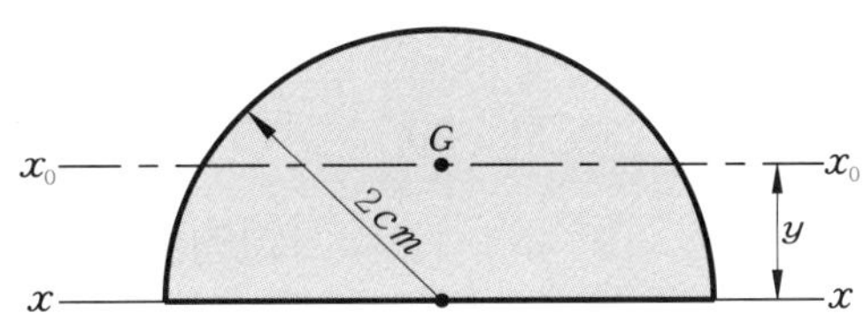

① $1.656\,cm^4$

② $1.756\,cm^4$

③ $1.777\,cm^4$

④ $1.812\,cm^4$

2.2.7 다음 그림에서 빗금친 부분의 x 축에 대한 단면2차모멘트는?

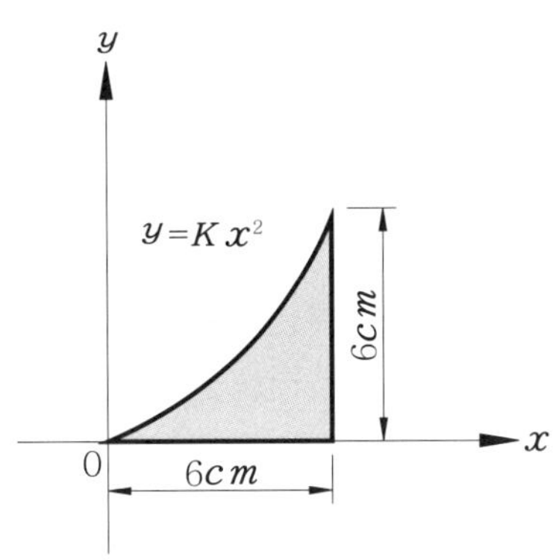

① $I_x = 62.5\,cm^4$

② $I_x = 61.7\,cm^4$

③ $I_x = 74.4\,cm^4$

④ $I_x = 83.2\,cm^4$

2.3 단면계수와 단면2차반경

단면계수와 단면2차반경은 단면2차모멘트를 근원으로 파생된 것으로, 단면의 임의 축에 대하여도 정의되지만, 보통 단면의 도심축에 대한 것을 말한다.

2.3.1 단면계수

단면의 도심축에 대한 단면2차모멘트를 그 도심축으로부터 가장 먼 연단거리로 나눈 값을 **단면계수**(Section Modulus)라고 한다.

[그림2.3.1]에서 단면의 도심축 X_o에 대한 단면2차모멘트를 I_{X_o}라 하고, X_o축으로부터 단면의 최상단까지의 거리를 y_1, X_o축으로부터 단면의 최하단까지의 거리를 y_2라고 할 때 단면계수 Z는 다음과 같다.

$$Z_1 = \frac{I_{X_o}}{y_1} \quad , \quad Z_2 = \frac{I_{X_o}}{y_2} \qquad (2.3.1)$$

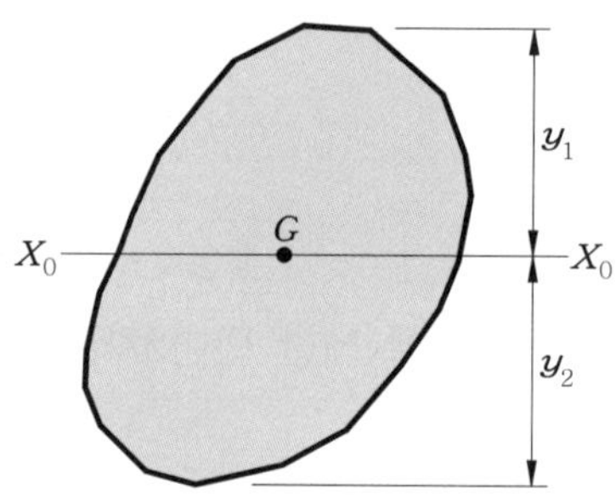

[그림2.3.1] 단면계수

상기 식(2.3.1)에서 Z_1은 단면의 상단에 대한 단면계수이고, Z_2는 단면의 하단에 대한 단면계수이다. 어떤 도심축에 대하여 비대칭인 단면은 그 축에 대하여 서로 다른 값의 2개의 단면계수가 존재하며, 대칭인 단면은 서로 같은 값의 2개의 단면계수가 존재하게 된다.

본 교재에서는 단면계수를 기호 Z로 표시하기로 한다.

단면계수의 단위는 cm^3, m^3과 같이 길이단위의 3제곱이며, 부호는 항상 양(+)이다.

단면계수는 보와 같이 휨모멘트를 받는 부재의 단면설계에 쓰이는 휨 저항계수로서, 일반적으로 단면계수가 클수록 부재의 휨에 대한 저항능력이 커진다.

기본도형인 직사각형, 삼각형, 원형에 대한 단면계수(Z)를 구해보면 다음과 같다.

① 직사각형

상 단 (Z_1) : $\dfrac{bh^3}{12} \div \dfrac{h}{2} = \dfrac{bh^2}{6}$

하 단 (Z_2) : $\dfrac{bh^3}{12} \div \dfrac{h}{2} = \dfrac{bh^2}{6}$

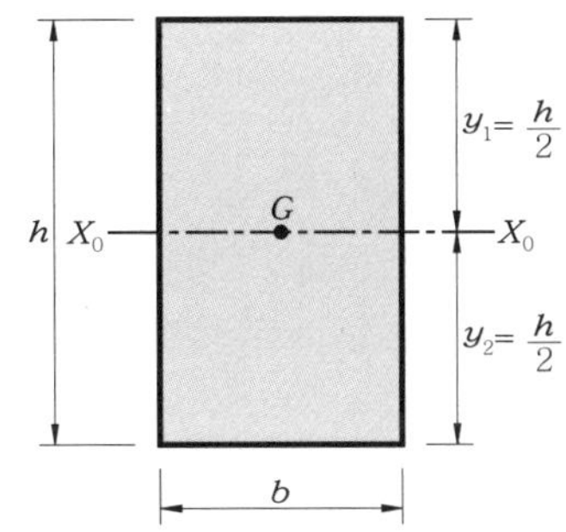

[그림2.3.2] 직사각형의 단면계수

② 삼각형

상 단 (Z_1) : $\dfrac{bh^3}{36} \div \dfrac{2h}{3} = \dfrac{bh^2}{24}$

하 단 (Z_2) : $\dfrac{bh^3}{36} \div \dfrac{h}{3} = \dfrac{bh^2}{12}$

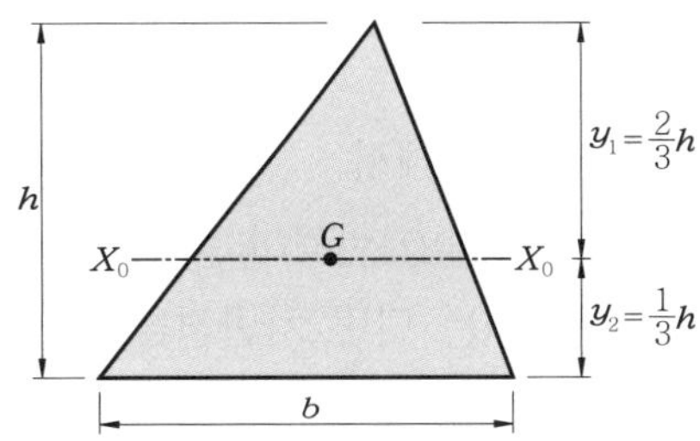

[그림2.3.3] 삼각형의 단면계수

③ 원 형

상 단 (Z_1) : $\dfrac{\pi d^4}{64} \div \dfrac{d}{2} = \dfrac{\pi d^3}{32}$

하 단 (Z_2) : $\dfrac{\pi d^4}{64} \div \dfrac{d}{2} = \dfrac{\pi d^3}{32}$

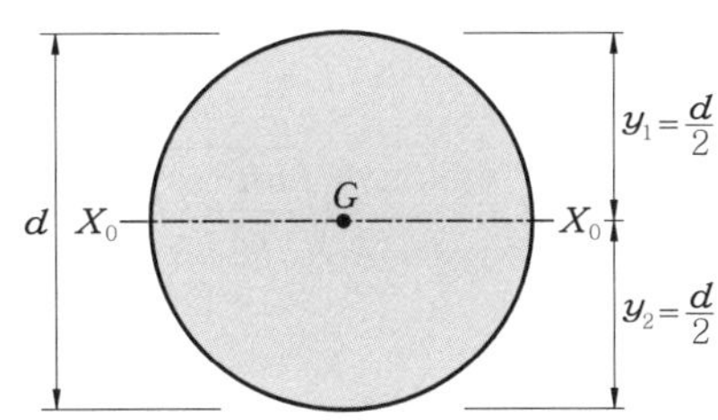

[그림2.3.4] 원형의 단면계수

2.3.2 단면2차반경

단면의 도심축에 대한 단면2차모멘트를 그 단면적으로 나눈 값의 제곱근을 **단면2차반경** 또는 **회전반경**(Radius of Gyration)이라고 한다.

[그림2.3.5]에서 단면의 도심축 X_o 에 대한 단면2차모멘트를 I_{X_o} 라 하고, 단면적을 A 라고 할 때 단면2차반경 r 은 다음과 같다.

$$r_{X_o} = \sqrt{\frac{I_{X_o}}{A}} \quad , \quad r_{Y_o} = \sqrt{\frac{I_{Y_o}}{A}} \tag{2.3.2}$$

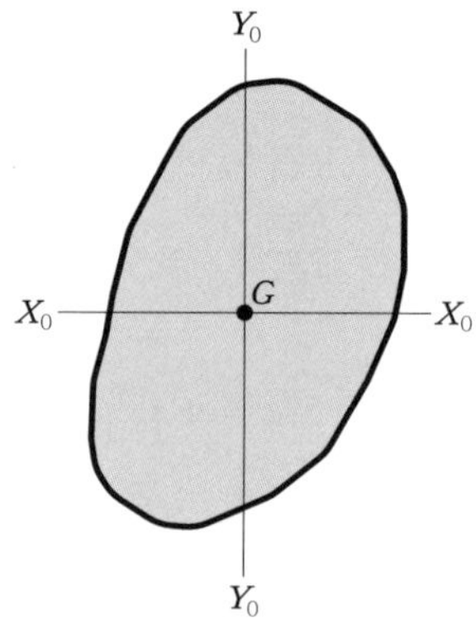

[그림2.3.5] 단면2차반경

상기 식(2.3.2)에서 r_{X_o} 는 도심축 X_o 에 대한 단면2차반경이고, r_{Y_o} 는 도심축 Y_o 에 대한 단면2차반경이다.

본 교재에서는 단면2차반경을 기호 r 로 표시하기로 한다.

단면2차반경의 단위는 cm , m 로 길이단위와 같으며, 부호는 항상 양(+)이다.

단면2차반경은 장주와 같은 압축재의 좌굴에 대한 저항계수로서, 일반적으로 단면2차반경이 클수록 좌굴에 대한 저항력이 커져, 부재의 단면효율이 커진다.

기본도형인 직사각형과 원형에 대한 단면2차반경(r)을 구해보면 다음과 같다.

① 직사각형

X_o축 (r_{X_o}) : $\sqrt{\frac{bh^3}{12} / bh} = \sqrt{\frac{h^2}{12}}$

Y_o축 (r_{Y_o}) : $\sqrt{\frac{hb^3}{12} / bh} = \sqrt{\frac{b^2}{12}}$

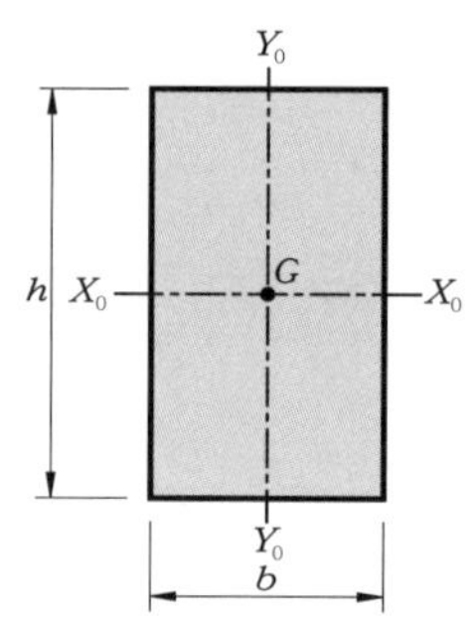

[그림2.3.6] 직사각형의 단면2차반경

② 원 형

도심축 (r) : $\sqrt{\dfrac{\pi d^4}{64} / \dfrac{\pi d^2}{4}} = \sqrt{\dfrac{d^2}{16}}$

$= \dfrac{d}{4}$

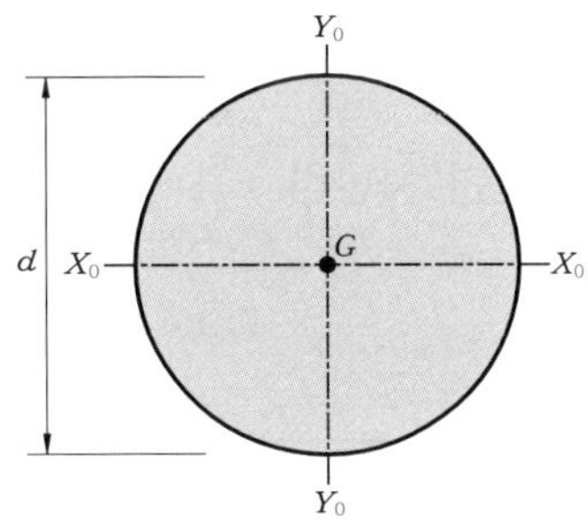

[그림2.3.7] 원형의 단면2차반경

◆ ◆ ◆ ◆ ◆ ◆

예제 2.3.1

다음과 같은 단면의 도심축 X_0 에 대한 단면계수 Z_1 , Z_2 와 단면2차반경 r_{Xo} 를 구하여라.

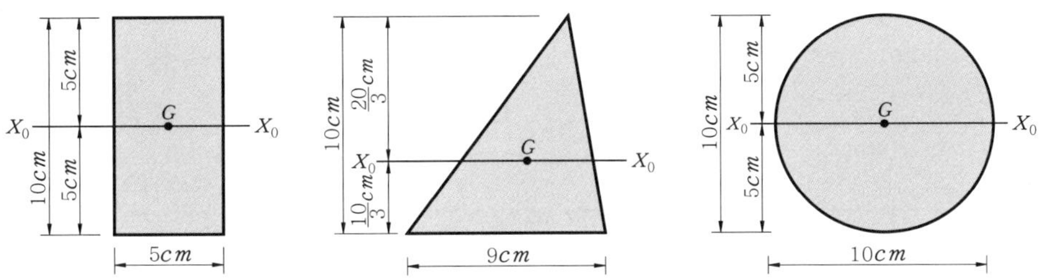

그림(a) 그림(b) 그림(c)

풀이

(1) 그림(a)

단면계수 $Z_1 = Z_2 = \dfrac{bh^3}{12} \div \dfrac{h}{2} = \dfrac{bh^2}{6} = \dfrac{5 \times 10^2}{6} ≒ 83.33cm^3$

단면2차반경 $r_{Xo} = \sqrt{\dfrac{I_{Xo}}{A}} = \sqrt{\dfrac{bh^3/12}{bh}} = \sqrt{\dfrac{h^2}{12}} = \sqrt{\dfrac{100}{12}} ≒ 2.89cm$

(2) 그림(b)

단면계수 Z_1(상단) $= \dfrac{bh^3}{36} \div \dfrac{2h}{3} = \dfrac{bh^2}{24} = \dfrac{9 \times 10^2}{24} = 37.5cm^3$

Z_2(하단) $= \dfrac{bh^3}{36} \div \dfrac{h}{3} = \dfrac{bh^2}{12} = \dfrac{9 \times 10^2}{12} = 75cm^3$

단면2차반경 $r_{Xo} = \sqrt{\dfrac{I_{Xo}}{A}} = \sqrt{\dfrac{bh^3/36}{bh/2}} = \sqrt{\dfrac{h^2}{18}} = \sqrt{\dfrac{100}{18}} ≒ 2.36cm$

(3) 그림(c)

단면계수 $Z_1 = Z_2 = \frac{\pi d^4}{64} \div \frac{d}{2} = \frac{\pi d^3}{32} = \frac{\pi \times 10^3}{32} \fallingdotseq 98.17 cm^3$

단면2차반경 $r_{X_o} = \sqrt{\frac{I_{X_o}}{A}} = \sqrt{\frac{\pi d^4/64}{\pi d^2/4}} = \sqrt{\frac{d^2}{16}} = \sqrt{\frac{100}{16}} = 2.5cm$

예제 2.3.2

다음과 같은 상, 하 대칭단면의 X_0 축에 대한 단면계수 Z_{X_o} 와 단면2차반경 r_{Xo} 를 구하여라.

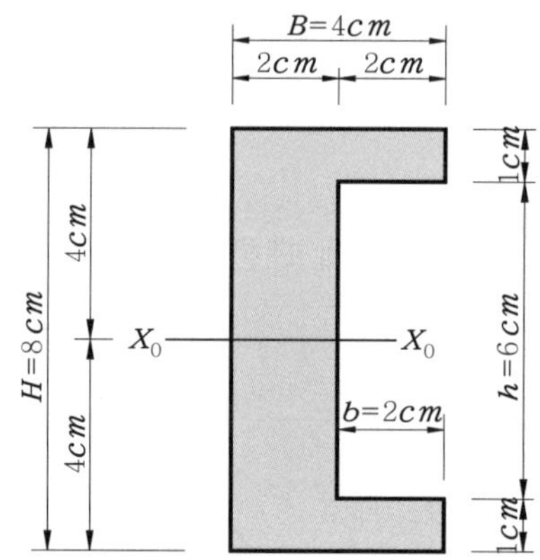

풀이

① X_o 축에 대한 단면2차모멘트 I_{X_o} 는 직사각형에 대한 단면2차모멘트를 이용하여 가상의 전체 직사각형 단면($B = 4cm$, $H = 8cm$)에서 안쪽의 직사각형 단면($b = 2cm$, $h = 6cm$)을 빼는 방법을 선택하면 된다.

$$I_{Xo} = \frac{BH^3}{12} - \frac{bh^3}{12} = \frac{4 \times 8^3}{12} - \frac{2 \times 6^3}{12} \fallingdotseq 134.67 cm^4$$

따라서 X_0 축에 대한 단면계수 Z_{X_o} 는 다음과 같다.

단면계수 $Z_{Xo} = \frac{I_{X_o}}{H/2} = \frac{134.67}{4} \fallingdotseq 33.67 cm^3$

주의】 도심축에 대한 직사각형의 단면계수는 $Z = \frac{bh^2}{6}$ 이므로, 이것을 본 예제에 잘못 적용하여 가상의 전체 직사각형 단면($B = 4cm$, $H = 8cm$)에서 안쪽의 직사각형 단면($b = 2cm$, $h = 6cm$)을 빼서 다음과 같이 계산하면

$Z = \frac{BH^2}{6} - \frac{bh^2}{6} = \frac{4 \times 8^2}{6} - \frac{2 \times 6^2}{6} \fallingdotseq 30.67 cm^3$ 이라는 값이 나오는데,

이는 앞에서 정답으로 구한 단면계수 $Z = 33.67 cm^3$ 과 차이가 나는 틀린 값임을 알 수 있다.

여기서 중공 직사각형 단면에 대한 단면계수의 식을 유도해 보자.

단면2차모멘트 $I_{X_o} = \dfrac{BH^3}{12} - \dfrac{bh^3}{12}$

X_o 축에서 상·하 연단까지의 거리는 $y = \dfrac{H}{2}$

그러므로 단면계수 Z는

$Z = \dfrac{I_{X_o}}{y} = \left(\dfrac{BH^3}{12} - \dfrac{bh^3}{12}\right) \times \dfrac{2}{H} = \dfrac{BH^2}{6} - \dfrac{bh^3}{6H}$ 가 됨을 알 수 있다.

따라서 상기 식에 의하여 본 예제의 단면계수 Z를 다시 계산해 보면,

$Z = \dfrac{BH^2}{6} - \dfrac{bh^3}{6H} = \dfrac{4\times 8^2}{6} - \dfrac{2\times 6^3}{6\times 8} = 33.67\,cm^3$ 로 앞선 정답과 일치한다.

② 단면2차반경 $r_{X_o} = \sqrt{\dfrac{I_{X_o}}{A}} = \sqrt{\dfrac{134.67}{32-12}} \fallingdotseq 2.59\,cm$

예제 2.3.3

다음과 같은 단면의 도심축 X_0, Y_0에 대한 단면계수 Z_1, Z_2와 단면2차반경 r_{Xo}, r_{Yo}를 구하여라.

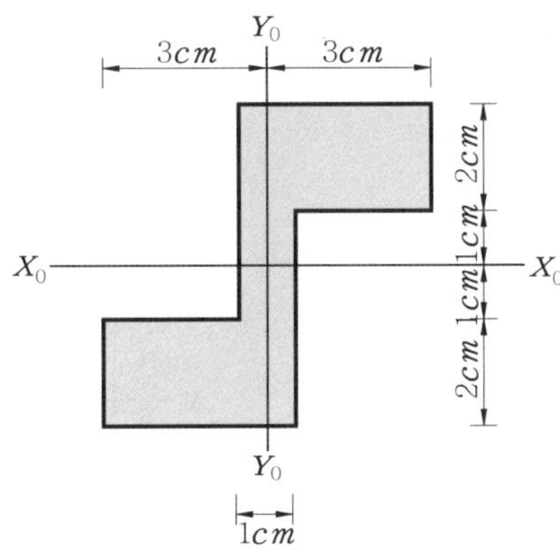

풀이

① 도심축 X_0에 대한 단면2차모멘트

$I_{X_o} = \dfrac{BH^3}{12} - \dfrac{bh^3}{12} = \dfrac{3.5\times 6^3}{12} - \dfrac{2.5\times 2^3}{12} = \dfrac{756}{12} - \dfrac{20}{12} \fallingdotseq 61.33m^4$

단면계수 $Z_1 = Z_2 = \dfrac{I_{X_0}}{h/2} \fallingdotseq 20.44cm^3$

단면2차반경 $r_{X_o} = \sqrt{\dfrac{I_{X_o}}{A}} = \sqrt{\dfrac{61.33}{6\times 1 + 2\times 2.5\times 2}} \fallingdotseq 1.96cm$

② 도심축 Y_o에 대한 단면2차모멘트

$I_{Y_o} = \dfrac{2\times 6^3}{12} + \dfrac{4\times 1^3}{12} = \dfrac{432}{12} + \dfrac{4}{12} \fallingdotseq 36.33m^4$

단면계수 $Z_1 = Z_2 = \dfrac{I_{Y_0}}{b/2} \fallingdotseq 12.11 cm^3$

단면2차반경 $r_{Y_o} = \sqrt{\dfrac{I_{Y_0}}{A}} = \sqrt{\dfrac{36.33}{6 \times 1 + 2 \times 2.5 \times 2}} \fallingdotseq 1.51 cm$

예제 2.3.4

다음과 같이 단면적($A = 50\,cm^2$)이 모두 같은 단면이 있을 때, 각 단면의 도심을 지나는 X_o축, Y_o축에 대한 단면계수 Z_{X_o}, Z_{Y_o}와 단면2차반경 r_{X_o}, r_{Y_o}를 구하여라.

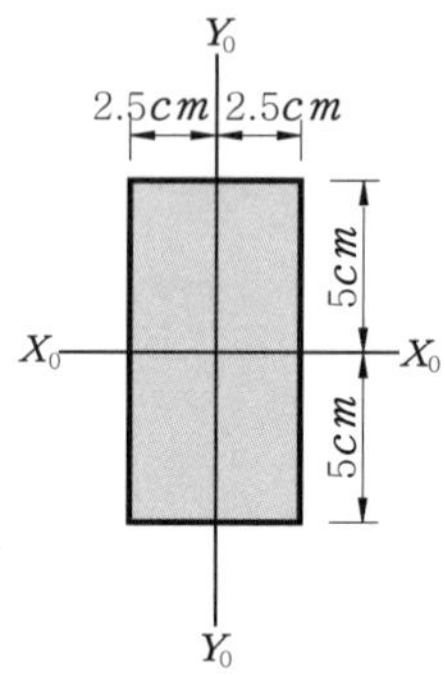

그림(a)

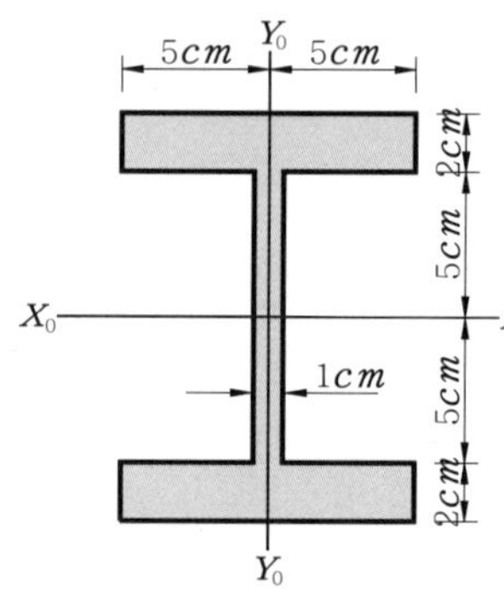

그림(b)

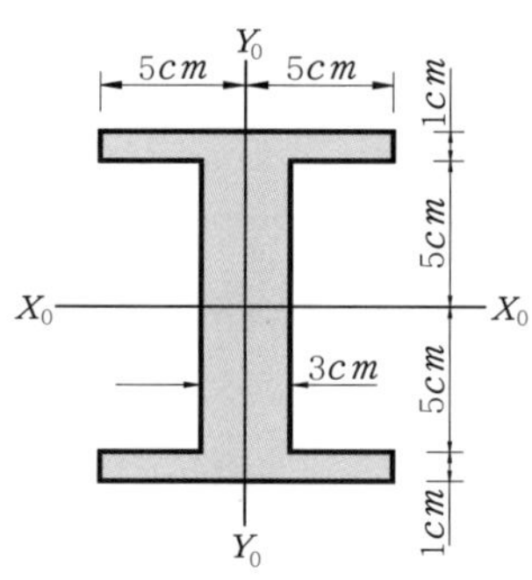

그림(c)

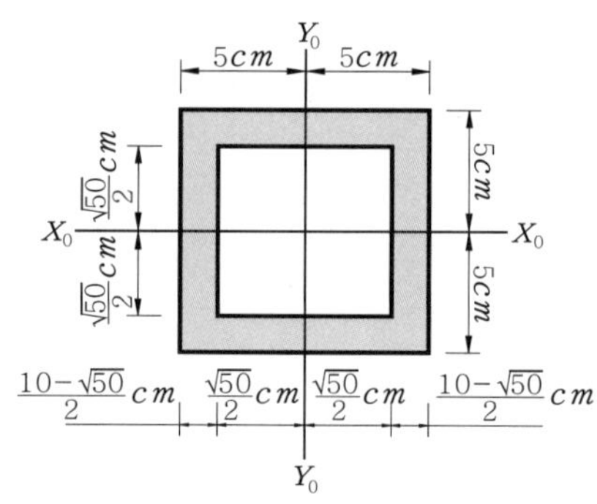

그림(d)

풀이

(1) 그림(a)

X_o축에 대한 단면2차모멘트 $I_{X_o} = \dfrac{5 \times 10^3}{12} \fallingdotseq 416.67\,cm^4$

① 단면계수 $Z_{X_o} = \dfrac{I_{X_0}}{h/2} = \dfrac{416.67}{5} \fallingdotseq 83.33\,cm^3$

② 단면2차반경 $r_{X_o} = \sqrt{\dfrac{I_{X_0}}{A}} = \sqrt{\dfrac{416.67}{50}} \fallingdotseq 2.89\,cm$

Y_o축에 대한 단면2차모멘트 $I_{Y_o} = \dfrac{10 \times 5^3}{12} \fallingdotseq 104.17\,cm^4$

③ 단면계수 $Z_{Y_o} = \dfrac{I_{Y_o}}{b/2} = \dfrac{104.17}{2.5} ≒ 41.67\,cm^3$

④ 단면2차반경 $r_{Y_o} = \sqrt{\dfrac{I_{Y_o}}{A}} = \sqrt{\dfrac{104.17}{50}} ≒ 1.44\,cm$

(2) 그림(b)

X_o 축에 대한 단면2차모멘트

$$I_{X_o} = \frac{BH^3}{12} - \frac{bh^3}{12} = \frac{10\times 14^3}{12} - \frac{9\times 10^3}{12} ≒ 1536.67cm^4$$

① 단면계수 $Z_{X_o} = \dfrac{I_{X_0}}{h/2} = \dfrac{1536.67}{7} ≒ 219.52\,cm^3$

② 단면2차반경 $r_{X_o} = \sqrt{\dfrac{I_{X_o}}{A}} = \sqrt{\dfrac{1536.67}{50}} ≒ 5.54\,cm$

Y_o 축에 대한 단면2차모멘트 $I_{Y_o} = 2\times\dfrac{2\times 10^3}{12} + \dfrac{10\times 1^3}{12} ≒ 334.17\,cm^4$

③ 단면계수 $Z_{Y_o} = \dfrac{I_{Y_o}}{b/2} ≒ \dfrac{334.17}{5} = 66.83\,cm^3$

④ 단면2차반경 $r_{Y_o} = \sqrt{\dfrac{I_{Y_o}}{A}} = \sqrt{\dfrac{334.17}{50}} ≒ 2.59\,cm$

(3) 그림(c)

X_o 축에 대한 단면2차모멘트

$$I_{X_o} = 2\times\left(\frac{10\times 1^3}{12} + 10\times 5.5^2\right) + \frac{3\times 10^3}{12} ≒ 856.67cm^4$$

① 단면계수 $Z_{X_o} = \dfrac{I_{X_o}}{h/2} ≒ \dfrac{856.67}{6} = 142.78\,cm^3$

② 단면2차반경 $r_{X_o} = \sqrt{\dfrac{I_{X_o}}{A}} = \sqrt{\dfrac{856.67}{50}} ≒ 4.14cm$

Y_o 축에 대한 단면2차모멘트 $I_{Y_o} = 2\times\dfrac{1\times 10^3}{12} + \dfrac{10\times 3^3}{12} ≒ 189.17\,cm^4$

③ 단면계수 $Z_{Y_o} = \dfrac{I_{Y_o}}{b/2} = \dfrac{189.17}{5} ≒ 37.83\,cm^3$

④ 단면2차반경 $r_{Y_o} = \sqrt{\dfrac{I_{Y_o}}{A}} = \sqrt{\dfrac{189.17}{50}} ≒ 1.95\,cm$

(4) 그림(d)

단면2차모멘트 $I_{X_o} = I_{Y_o} = \dfrac{BH^3}{12} - \dfrac{bh^3}{12} = \dfrac{10\times 10^3}{12} - \dfrac{\sqrt{50}\times(\sqrt{50})^3}{12} = 625\,cm^4$

① 단면계수 $Z_{X_o} = Z_{Y_o} = \dfrac{I_{X_o}}{h/2} = \dfrac{I_{Y_o}}{b/2} = \dfrac{625}{5} = 125\,cm^3$

② 단면2차반경 $r_{X_o} = r_{Y_o} = \sqrt{\dfrac{I_{X_o}}{A}} = \sqrt{\dfrac{I_{Y_o}}{A}} = \sqrt{\dfrac{625}{50}} ≒ 3.54cm$

예제 2.3.5

지름 d인 원형에서 절취할 수 있는 최대의 단면계수를 갖는 직사각형 단면을 구하고 이 단면의 폭(B) : 춤(H)의 비를 구하여라.

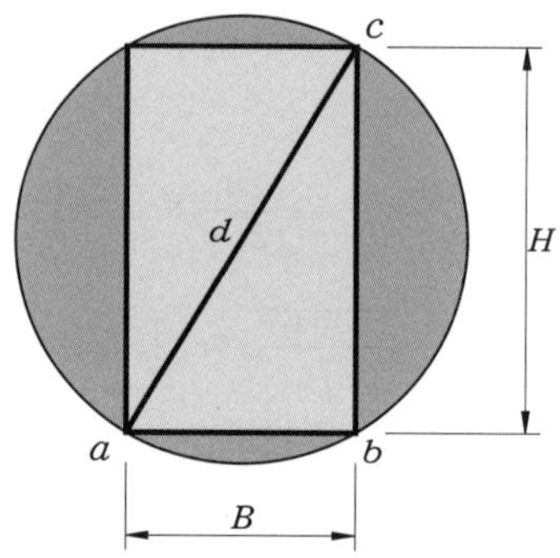

풀이

위의 그림에서 보면 직사각형 단면의 폭 B, 춤을 H라 하면 단면계수는

$Z=\dfrac{BH^2}{6}$ 이고,

삼각형 abc에서 $H^2=d^2-B^2$이므로 위의 식에 대입하면,

$$Z=\frac{BH^2}{6}=\frac{B(d^2-B^2)}{6}=\frac{1}{6}(Bd^2-B^3)$$ 이며

이때 단면계수 Z가 최대가 되는 조건은 $\dfrac{dZ}{dB}=0$ 이므로,

$$\frac{dZ}{dB}=\frac{1}{6}(d^2-3B^2)=0$$

$$B^2=\frac{d^2}{3} \qquad \therefore\ B=\frac{d}{\sqrt{3}}$$

$B^2=\dfrac{d^2}{3}$의 값을 $H^2=d^2-B^2$에 대입하면,

$$H^2=d^2-B^2=d^2-\frac{d^2}{3}=\frac{2d^2}{3}$$

$$\therefore\ H=\frac{\sqrt{2}\,d}{\sqrt{3}}$$

따라서 최대의 단면계수를 갖는 직사각형 단면의 폭(B) : 춤(H)의 비는

$$B:H=\frac{d}{\sqrt{3}}:\frac{\sqrt{2}\,d}{\sqrt{3}}$$

$$\therefore\ B:H=1:\sqrt{2}$$

◆ ◆ ◆ ◆ ◆ ◆

◈ 연 습 문 제 ◈

2.3.1 다음과 같은 그림의 강축에 대한 단면계수 Z_X와 단면2차반경 r_X를 구하여라.

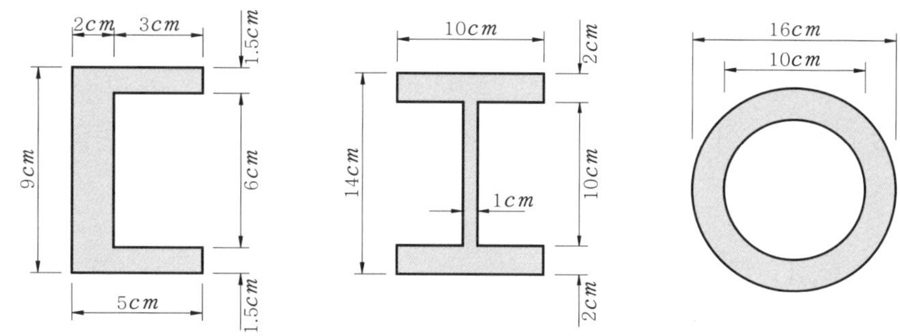

그림(a) 그림(b) 그림(c)

2.3.2 폭 $16cm$, 높이 $18cm$의 직사각형 단면과 같은 단면계수를 갖기 위해서는 높이를 $24cm$로 할 때 폭의 크기는?

① $7cm$ ② $9cm$

③ $12cm$ ④ $15cm$

2.3.3 다음 그림과 같은 3가지 단면에서 $X-X$축에 관한 단면계수의 비교가 맞는 것은?

① $(A)>(B)>(C)$

② $(A)=(C)>(B)$

③ $(B)>(A)>(C)$

④ $(A)=(B)>(C)$

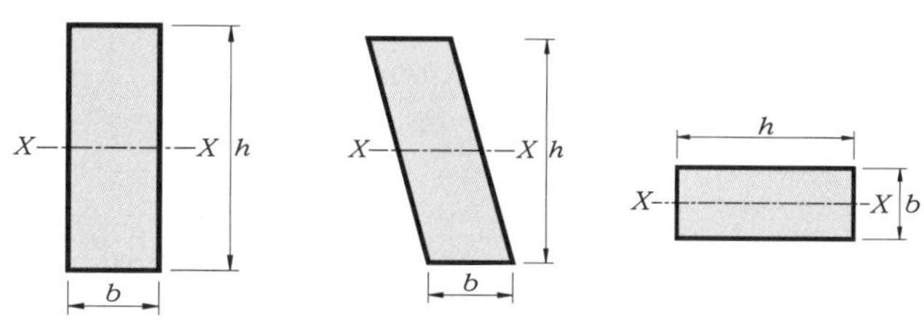

(A) (B) (C)

2.3.4 다음 그림(a), (b)에서 X축에 대한 단면2차모멘트와 단면계수에 관하여 옳은 것은?

① 단면2차모멘트와 단면계수가 서로 같다.

② 단면2차모멘트와 단면계수가 서로 다르다.

③ 단면2차모멘트는 같고, 단면계수는 (a)쪽이 크다.

④ 단면2차모멘트는 같고, 단면계수는 (b)쪽이 크다.

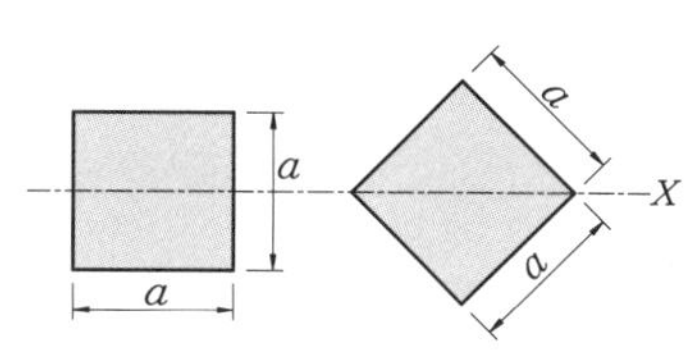

(a) (b)

2.3.5 지름이 d인 원목을 제재한다. 직사각형 보로 사용하려고 하는데 단면계수를 제일 크게 하려면 적당한 폭 b는?

① $b = \dfrac{\sqrt{3}}{2}d$　　② $b = \sqrt{\dfrac{3}{2}}\,d$

③ $b = \dfrac{3}{2}d$　　④ $b = \dfrac{1}{\sqrt{3}}d$

2.3.6 직경이 d인 원형단면에서 휨 강성이 가장 큰 직사각형 단면을 얻을 때 단면 계수는?

① $\dfrac{d^3}{9\sqrt{3}}$　　② $\dfrac{d^4}{9\sqrt{3}}$

③ $\dfrac{d^3}{5\sqrt{3}}$　　④ $\dfrac{d^4}{5\sqrt{3}}$

2.3.7 다음 그림과 같은 삼각형에서 최대의 단면계수를 갖는 직사각형을 도려낸다면 폭 x와 높이 y의 값은? (단, $h > b$이다.)

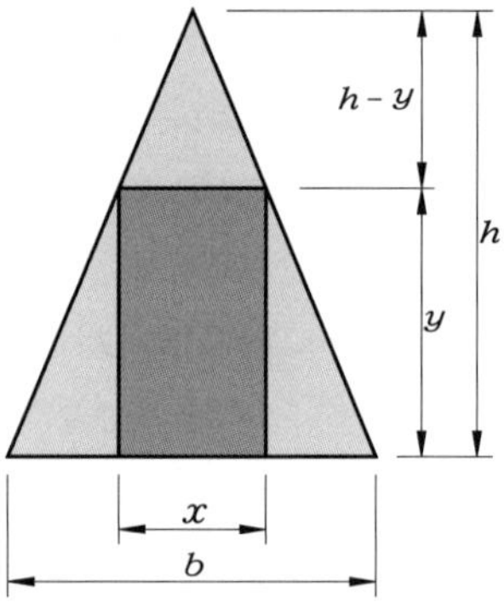

① $x = \dfrac{1}{3}b$, $y = \dfrac{2}{3}h$

② $x = \dfrac{2}{3}b$, $y = \dfrac{2}{3}h$

③ $x = \dfrac{1}{3}b$, $y = \dfrac{3}{4}h$

④ $x = \dfrac{2}{3}b$, $y = \dfrac{3}{4}h$

2.3.8 다음 그림과 같은 T형 단면의 $x-x$축에 대한 단면2차반경 r_x의 크기는?

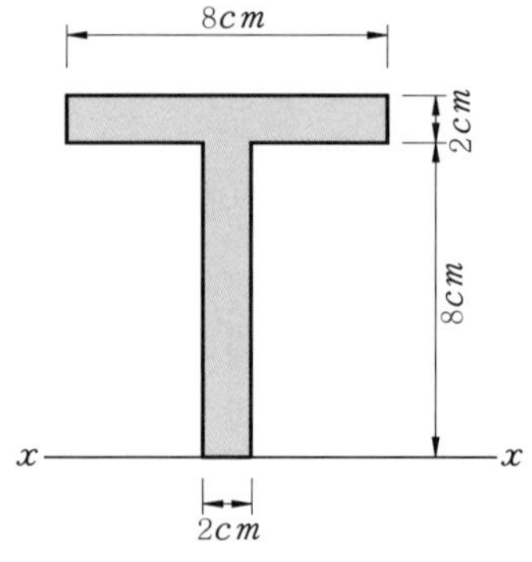

① 6.165 cm

② 7.165 cm

③ 8.165 cm

④ 9.165 cm

2.4 단면극2차모멘트

2.4.1 단면극2차모멘트의 정의

[그림2.4.1]에서 보는 바와 같이 전체면적 A인 단면 내에 미소면적 dA가 있고, X축으로부터 미소면적 dA까지의 거리를 y, Y축으로부터 미소면적 dA까지의 거리를 x, X축과 Y축의 원점으로부터 미소면적 dA까지의 거리를 ρ라 할 때, $\rho^2 dA$를 단면 전체에 걸쳐 적분한 것을 **『단면극2차모멘트』**라고 한다. 단면극2차모멘트는 **극관성모멘트**(Polar Moment of Inertia)라고도 부르며, 다음과 같이 표시한다.

$$I_P = \int_A \rho^2 \, dA \tag{2.4.1}$$

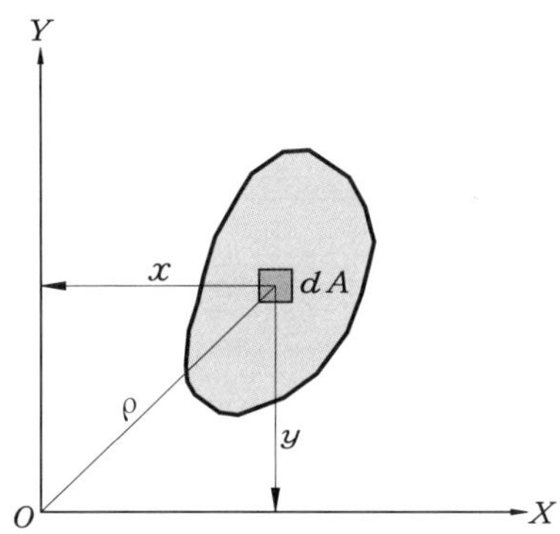

[그림2.4.1] 단면극2차모멘트

식(2.4.1)과 같이 본 교재에서는 단면극2차모멘트를 I_P로 표시하기로 한다.

단면극2차모멘트의 단위는 면적에 길이의 제곱을 곱한 것이므로 cm^4, m^4과 같이 길이단위의 4제곱으로 표현된다.

한편 단면극2차모멘트의 부호는 양수인 면적에 거리의 제곱을 곱한 것이므로, 항상 양(+)이 된다.

2.4.2 단면극2차모멘트의 성질

[그림2.4.1]에서 $\rho^2 = x^2 + y^2$이므로 식(2.4.1)은 다음과 같이 전개된다.

$$I_P = \int_A \rho^2 \, dA = \int_A (y^2 + x^2) \, dA = \int_A y^2 dA + \int_A x^2 dA \tag{2.4.2}$$

식(2.4.2)에서 $\int_A y^2 dA = I_X$이고, $\int_A x^2 dA = I_Y$이므로, 단면극2차모멘트는 단면2차모멘트와의 관계식이 다음과 같이 성립한다.

$$I_P = I_X + I_Y \tag{2.4.3}$$

한편 [그림2.4.2]와 같이 X, Y축을 θ만큼 회전시켰을 때의 축을 X', Y'라 하면, $\rho^2 = x'^2 + y'^2$이므로 식(2.4.1)은 다음과 같이 전개된다.

$$I_P = \int_A \rho^2\, dA = \int_A (y'^2 + x'^2)\, dA = \int_A y'^2 dA + \int_A x'^2 dA = I_X' + I_Y' \tag{2.4.4}$$

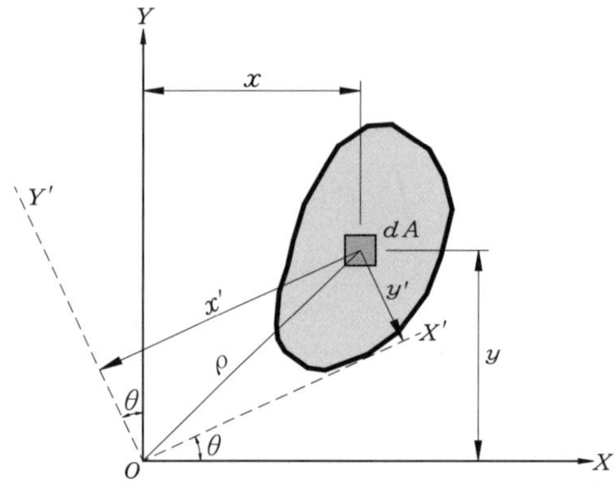

[그림2.4.2] 단면극2차모멘트의 좌표축의 회전

결국 식(2.4.3)과 식(2.4.4)에 의하여 단면극2차모멘트의 좌표축의 회전에 대한 다음과 같은 관계식이 성립한다.

$$I_P = I_X + I_Y = I_X' + I_Y' \tag{2.4.5}$$

상기 식(2.4.5)에서 단면극2차모멘트 I_P는 좌표축 회전에 관계없이 항상 일정한 값을 가짐을 알 수 있다.

단면극2차모멘트는 비틀림과 관련된 부재의 전단응력산정, 고력볼트 및 용접의 접합부 설계 등에 사용된다.

◆ ◆ ◆ ◆ ◆ ◆

예제 2.4.1

다음과 같이 반지름이 $4cm$ 인 원형단면의 도심에 대한 단면극2차모멘트 I_P를 구하여라.

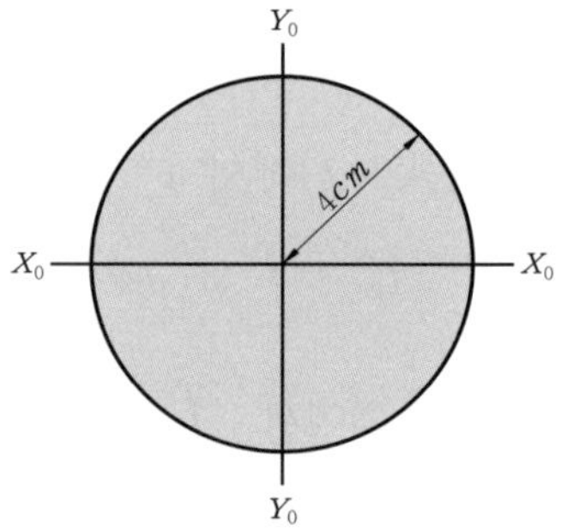

풀이

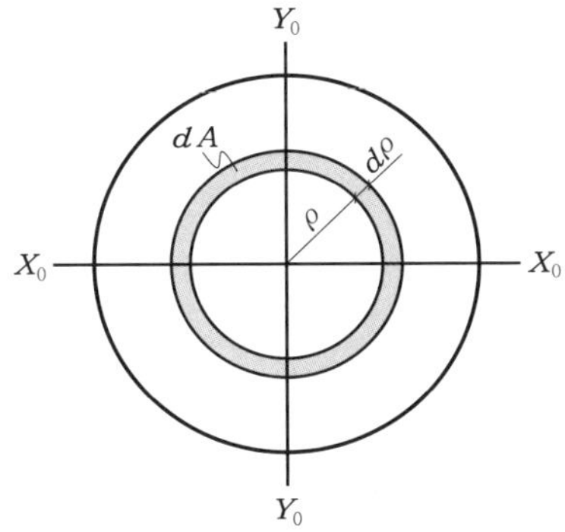

그림(a)

【해법1】

그림(a)에서 미소면적

$dA = \pi(\rho + d\rho)^2 - \pi\rho^2 = \pi\rho^2 + 2\pi\rho d\rho + \pi(d\rho)^2 - \pi\rho^2 = 2\pi\rho d\rho + \pi(d\rho)^2$ 이지만,

$\pi(d\rho)^2$ 는 무시할 수 있을 만큼 작은 값이므로 $dA = 2\pi\rho\, d\rho$

$$I_P = \int \rho^2\, dA = \int_0^4 \rho^2 \cdot 2\pi\rho\, d\rho = 2\pi \int_0^4 \rho^3 d\rho = 2\pi \left[\frac{\rho^4}{4}\right]_0^4 = 2\pi\left[\frac{4^4}{4}\right] = 128\pi$$

【해법2】

$$I_P = I_X + I_Y = \frac{\pi D^4}{64} + \frac{\pi D^4}{64} = \frac{\pi D^4}{32} = \frac{\pi \times 8^4}{32} = 128\pi$$

예제 2.4.2

다음과 같이 동일한 단면적을 갖는 두 단면의 도심에 대한 단면극2차모멘트 I_P를 구하여라.

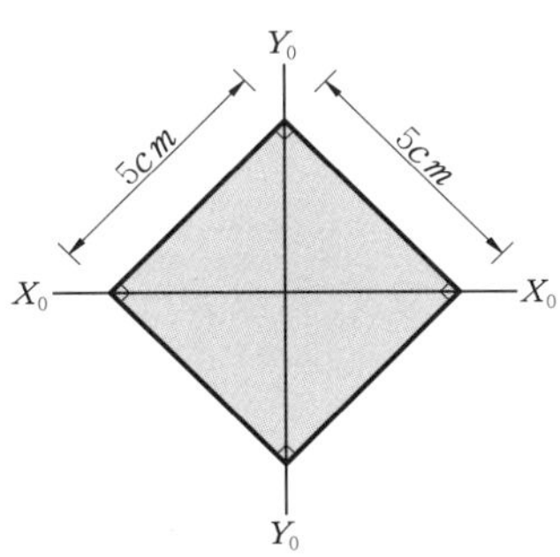

그림(a)

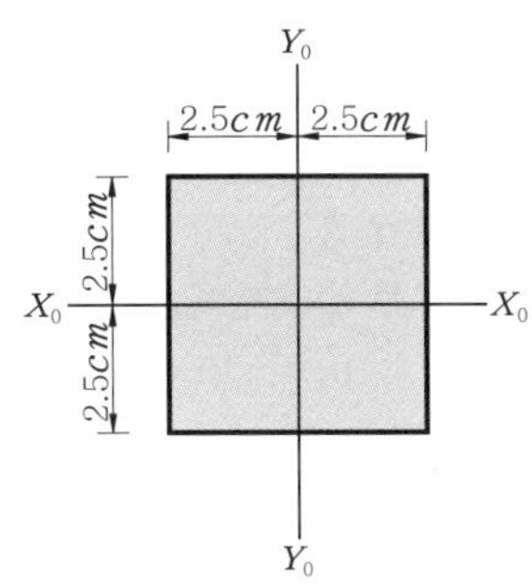

그림(b)

풀이

(1) 그림(a)

$$I_{X_o} = I_{Y_o} = \frac{a^4}{12} = \frac{5^4}{12} = 52.08\,cm^4$$

$$I_P = I_{X_o} + I_{Y_o} = 104.16\,cm^4$$

(2) 그림(b)

$$I_{X_o} = I_{Y_o} = \frac{a^4}{12} = \frac{5^4}{12} = 52.08\,cm^4$$

$$I_P = I_{X_o} + I_{Y_o} = 104.16\,cm^4$$

◆ ◆ ◆ ◆ ◆ ◆

◈ 연 습 문 제 ◈

2.4.1 다음과 같은 단면의 도심에 대한 단면극2차모멘트 I_P를 구하여라.

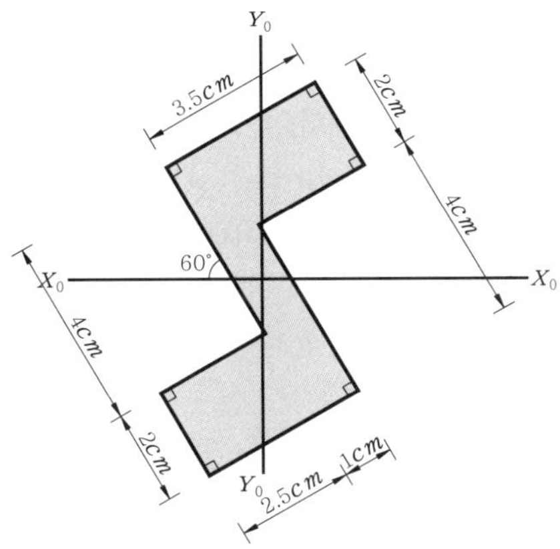

2.4.2 다음 그림과 같은 직사각형 단면의 A점에 대한 단면극2차모멘트는?

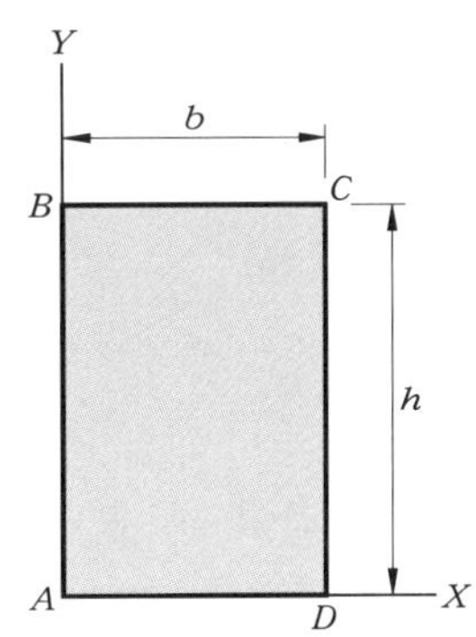

① $\frac{bh}{3}(b^2+h^2)$ ② $\frac{bh}{3}(b^3+h^3)$

③ $\frac{bh}{6}(b^2+h^2)$ ④ $\frac{bh}{6}(b^3+h^3)$

2.4.3 반지름이 r인 원형단면의 원주상 한 점에 대한 단면극2차모멘트는?

① $\frac{3\pi r^4}{2}$ ② $\frac{5\pi r^4}{2}$

③ $\frac{4\pi r^4}{3}$ ④ $\frac{5\pi r^4}{3}$

2.4.4 다음 그림과 같은 직사각형 단면에서 O점에 대한 단면극2차모멘트는?

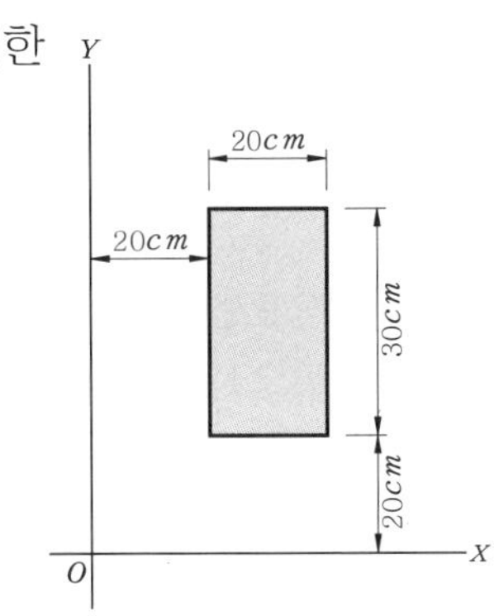

① $1240000\,cm^4$

② $1340000\,cm^4$

③ $1440000\,cm^4$

④ $1540000\,cm^4$

2.5 단면상승모멘트

2.5.1 단면상승모멘트의 정의

[그림2.5.1](a)에서 보는 바와 같이 전체면적 A인 단면 내에 미소면적 dA가 있고, X축으로부터 미소면적 dA까지의 거리를 y, Y축으로부터 미소면적 dA까지의 거리를 x라고 할 때, $x \cdot y \cdot dA$를 단면 전체에 걸쳐 적분한 것을 **단면상승모멘트**(Product of Inertia)라고 한다. 단면상승모멘트는 다음과 같이 표시한다.

$$I_{XY} = \int_A x\,y\;dA \tag{2.5.1}$$

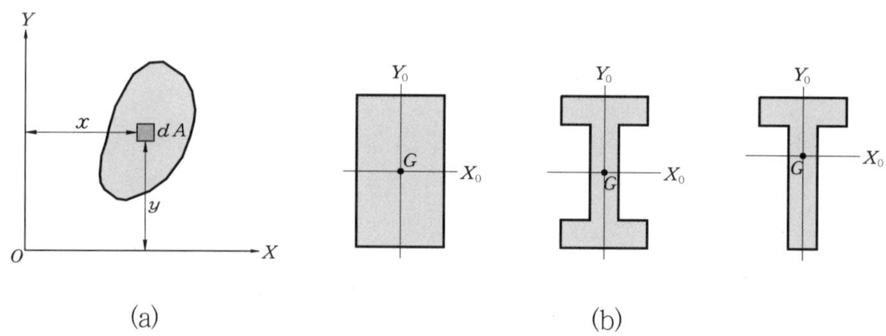

[그림2.5.1] 단면상승모멘트

식(2.5.1)과 같이 본 교재에서는 단면상승모멘트를 I_{XY}로 표시하기로 한다.

단면상승모멘트의 단위는 면적에 길이의 제곱을 곱한 것이므로 cm^4, m^4과 같이 길이단위의 4제곱으로 표현된다.

면적 A는 항상 양수이므로, 단면상승모멘트의 부호는 각 축에 대한 x, y의 위치에 따라 양(+) 또는 음(−)을 달리한다.

한편 식(2.5.1)에 의하여 [그림2.5.1](b)와 같이 단면이 대칭도형이고 도심을 지나는 X_0, Y_0축 어느 하나가 그 대칭축일 때, 단면상승모멘트 $I_{X_0Y_0}$는 '0'이 된다.

단면상승모멘트는 주축 및 주단면2차모멘트의 산정 등에 사용된다.

2.5.2 단면상승모멘트의 성질

단면상승모멘트도 단면2차모멘트와 같이 평행축의 정리가 적용되는데 이 식을 유도해보면 다음과 같다.

[그림2.5.2]와 같이 면적 A인 임의 단면의 도심 G에 도심축 X_o, Y_o가 지나고, 도심축 X_o, Y_o와 각각 평행하며 y, x만큼 떨어져있는 직교축 X, Y가 있

을 때 이 축에 관한 단면상승모멘트를 구해보면 다음과 같다.

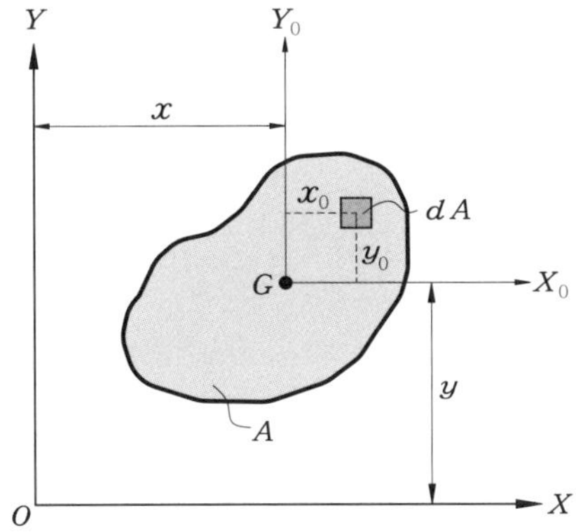

[그림2.5.2] 단면상승모멘트의 평형축의 정리

$$
\begin{aligned}
I_{XY} &= \int (y_o + y)(x_o + x)\, dA \\
&= \int y_o x_o dA + x \int y_o\, dA + y \int x_o dA + y\, x \int dA
\end{aligned}
\tag{2.5.2}
$$

상기 식(2.5.2)의 우변 첫째 적분항은 도심축을 지나는 단면상승모멘트 $I_{X_oY_o}$ 이며, 둘째와 셋째 적분항은 $\int y\, dA$ 와 $\int x\, dA$ 가 단면1차모멘트로 X_o, Y_o 축이 도심을 지나므로 '0'이 되고, 넷째 적분항은 $\int dA = A$ 이므로 다음과 같이 정리할 수 있다.

$$I_{XY} = I_{X_oY_o} + A\,x\,y \tag{2.5.3}$$

만약 단면이 대칭도형이면 상기 식(2.5.3)에서 $I_{X_oY_o} = 0$ 이므로, 단면상승모멘트는 다음과 같은 간단한 식으로 구할 수 있다.

$$I_{XY} = A\,x\,y \tag{2.5.4}$$

상기 식(2.5.4)에서 단면상승모멘트의 부호는 각 축에 대한 y, x 의 위치에 따라 양(+) 또는 음(−)을 달리한다. 즉 [그림2.5.3]에서와 같이 도심이 몇 상한에 있느냐에 따라 x, y 값은 다음과 같다.

도심 위치	x	y	xy
Ⅰ 상한	(+)	(+)	(+)
Ⅱ 상한	(−)	(+)	(−)
Ⅲ 상한	(−)	(−)	(+)
Ⅳ 상한	(+)	(−)	(−)

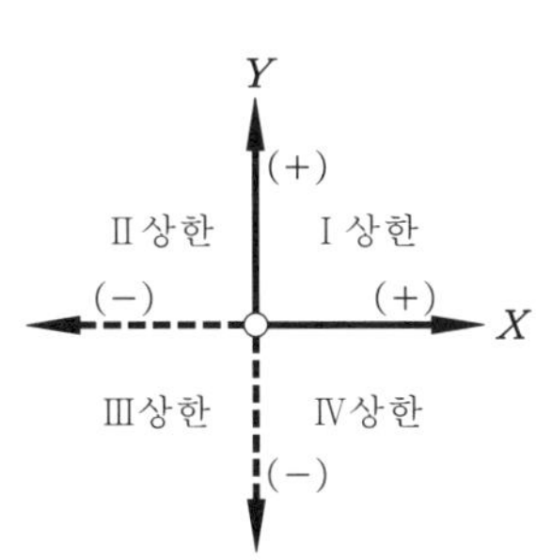

[그림2.5.3] 단면상승모멘트의 부호

◆ ◆ ◆ ◆ ◆ ◆

예제 2.5.1

다음과 같이 각각의 단면적이 $200\,cm^2$ 인 단면의 X, Y축에 대한 단면상승모멘트 I_{XY}를 구하여라.

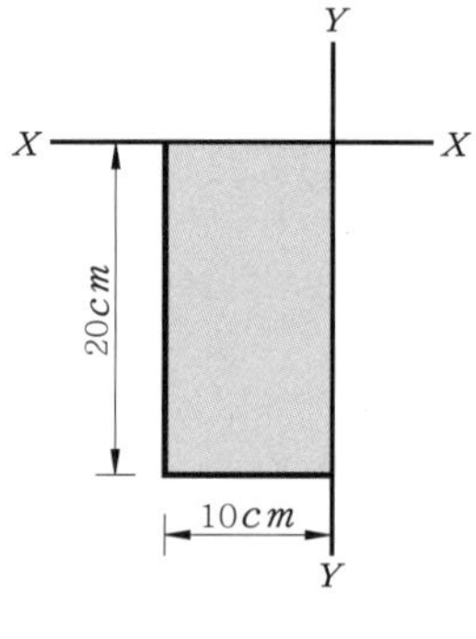

그림(a)

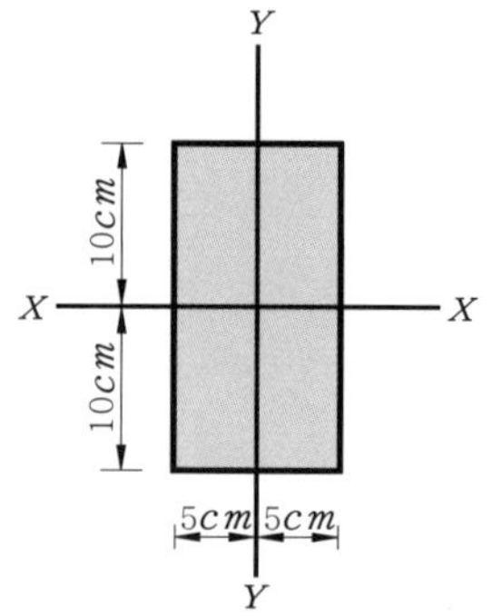

그림(b)

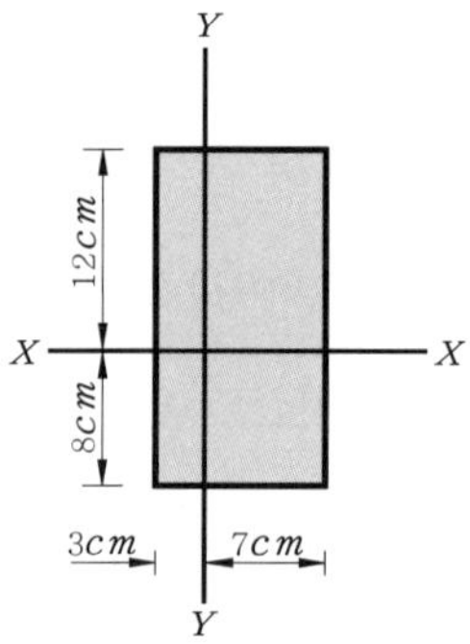

그림(c)

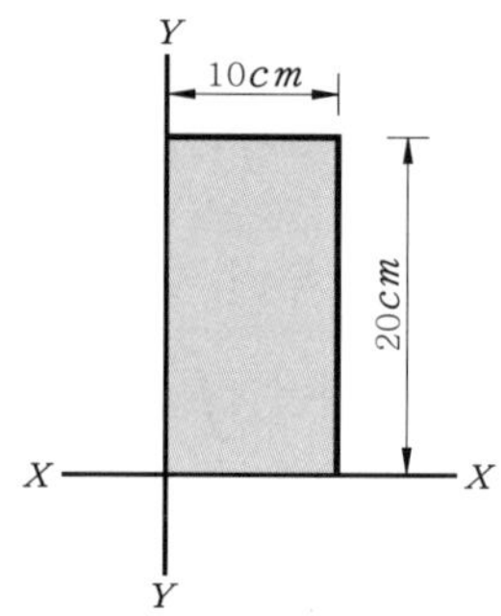

그림(d)

풀이

(1) 그림(a)

대칭단면이므로 $I_{XY} = A\,x\,y = 200 \times (-5) \times (-10) = 10000\,cm^4$

(2) 그림(b)

대칭단면이므로 $I_{XY} = A\,x\,y = 200 \times (0) \times (0) = 0$

(3) 그림(c)

대칭단면이므로 $I_{XY} = A\,x\,y = 200 \times (2) \times (2) = 800\,cm^4$

(4) 그림(d)

대칭단면이므로 $I_{XY} = A\,x\,y = 200 \times (5) \times (10) = 10000\,cm^4$

예제 2.5.2

다음과 같은 그림(a), (b)의 X, Y축에 대한 단면상승모멘트를 구하여라.

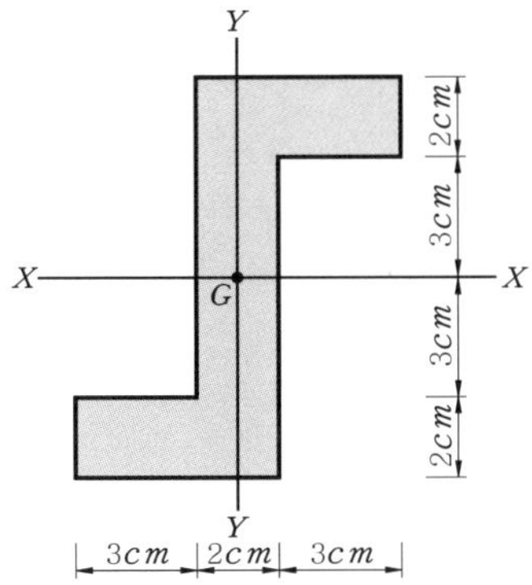

그림(a)

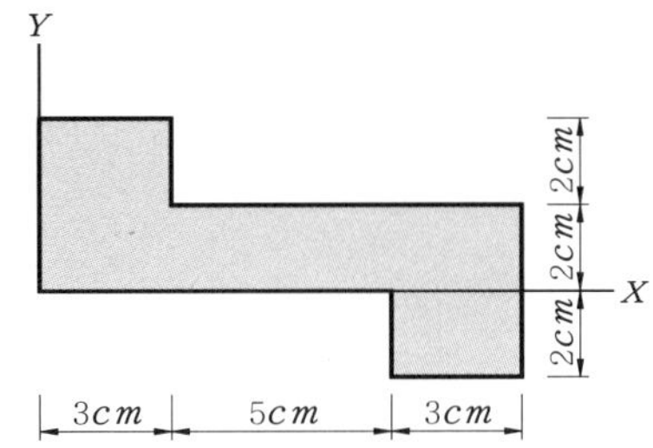

그림(b)

풀이

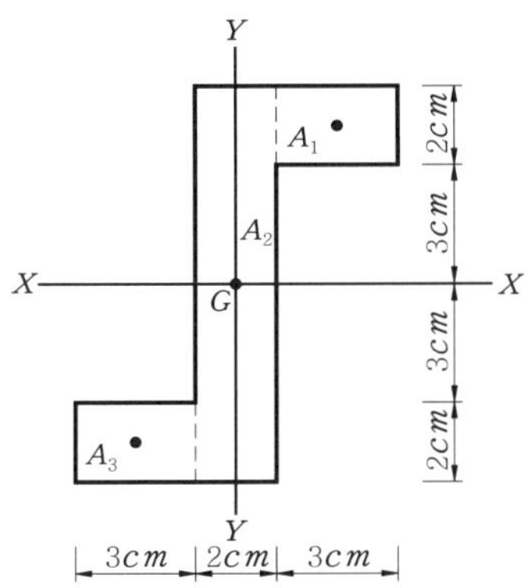

그림(a)

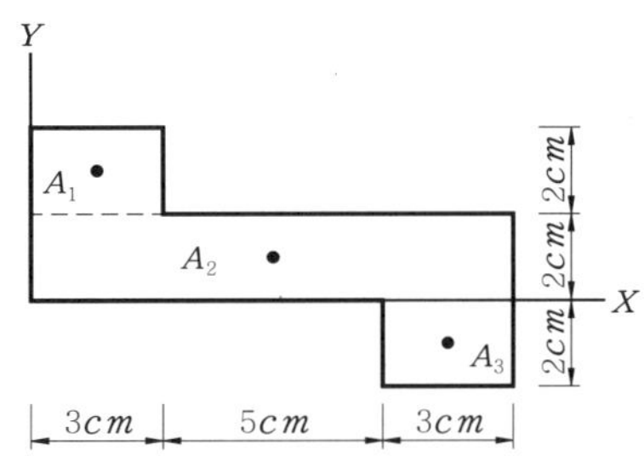

그림(b)

(1) 그림(a)

A_1, A_2, A_3 도형은 대칭도형이므로 식(2.5.4)를 적용하여 구한다.

$A_1 = 3cm \times 2cm = 6cm^2$, $\quad x_1 = 2.5cm$, $\quad y_1 = 4cm$

$A_2 = 2cm \times 10cm = 20cm^2$, $\quad x_2 = 0$, $\quad y_2 = 0$

$A_3 = 3cm \times 2cm = 6cm^2$, $\quad x_3 = -2.5cm$, $\quad y_3 = -4cm$

단면상승모멘트 $I_{XY} = A_1 x_1 y_1 + A_2 x_2 y_2 + A_3 x_3 y_3$

$= (6 \times 2.5 \times 4) + (20 \times 0 \times 0) + \{6 \times (-2.5) \times (-4)\}$

$= 60 + 0 + 60 = 120cm^4$

(2) 그림(b)

A_1, A_2, A_3 도형은 대칭도형이므로 식(2.5.4)를 적용하여 구한다.

$A_1 = 3cm \times 2cm = 6cm^2$, $\quad x_1 = 1.5cm$, $\quad y_1 = 3cm$

$A_2 = 11cm \times 2cm = 22cm^2,$ $x_2 = 5.5cm$, $y_2 = 1cm$

$A_3 = 3cm \times 2cm = 6cm^2,$ $x_3 = 9.5cm$, $y_3 = -2cm$

단면상승모멘트 $I_{XY} = A_1 x_1 y_1 + A_2 x_2 y_2 + A_3 x_3 y_3$

$$= (6 \times 1.5 \times 3) + (22 \times 5.5 \times 1) + \{6 \times 9.5 \times (-2)\}$$

$$= 27 + 121 - 114 = 34cm^4$$

◆ ◆ ◆ ◆ ◆ ◆

◈ 연 습 문 제 ◈

2.5.1 다음 그림과 같은 도형의 x, y축에 대한 단면상승모멘트 값은?

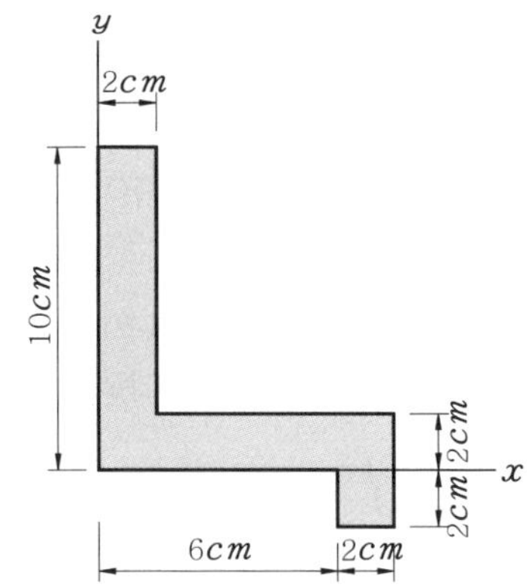

① $108 cm^4$
② $132 cm^4$
③ $162 cm^4$
④ $216 cm^4$

2.5.2 다음 그림에서 O는 도심이고 y는 대칭축일 때 다음 중 옳은 것은?

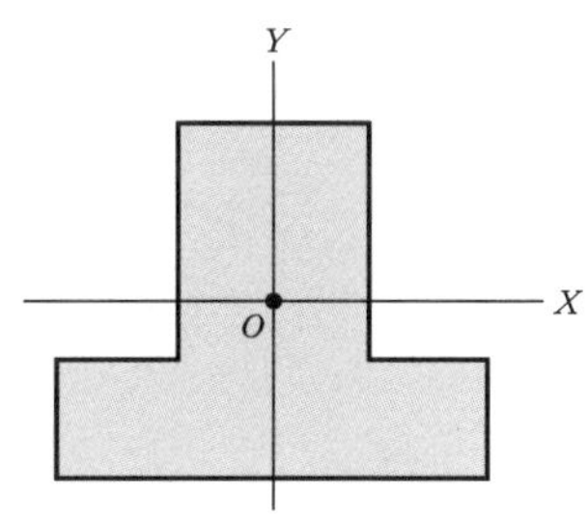

① 단면1차모멘트 S_y는 '0' 이 아니다.
② 단면2차모멘트 I_x는 '0' 이다.
③ 단면극2차모멘트 I_P는 '0' 이다.
④ 단면상승모멘트 I_{xy}는 '0' 이다.

2.5.3 다음 중 양(+)의 값뿐만 아니라 음(−)의 값도 가지는 것은?
① 단면2차모멘트 ② 단면계수
③ 단면2차반경 ④ 단면상승모멘트

2.5.4 다음 단면의 기하학적 성질에 대한 설명 중 옳지 않은 것은?
① 도심축에 대한 단면1차모멘트는 '0' 이다.
② 도심축에 대한 단면2차모멘트는 최소이다.
③ 도심축에 대한 정다각형의 단면2차모멘트는 축의 회전에 관계없이 일정한 값을 갖는다.
④ 단면극2차모멘트는 직교한 좌표축 회전에 관계없이 항상 일정한 값을 갖는다.
⑤ 도심축에 대한 단면상승모멘트는 '0'이다.

2.6 단면의 주축

2.6.1 축의 회전

평면상 어떤 단면의 기하학적 성질은 기준축의 위치에 따라 달라질 뿐만 아니라 원점에 관한 축의 회전에 따라서도 변한다.

[그림2.6.1]에서 X, Y축이 임의로 주어진 기준축이라 할 때, 전체면적 A인 단면 내에 미소면적 dA가 있고, X축으로부터 미소면적 dA까지의 거리를 y, Y축으로부터 미소면적 dA까지의 거리를 x라 하면, X, Y축에 관한 단면2차모멘트와 단면상승모멘트는 다음과 같다.

$$I_X = \int_A y^2\, dA \quad , \quad I_Y = \int_A x^2\, dA \quad , \quad I_{XY} = \int_A x\, y\, dA \qquad (2.6.1)$$

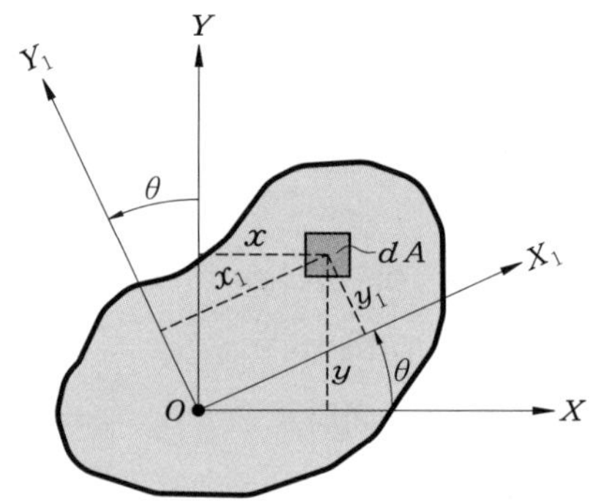

[그림2.6.1] 축의 회전

한편 [그림2.6.1]에서 X, Y축을 반시계방향으로 θ만큼 회전시킨 축을 X_1, Y_1축이라 할 때, X_1축으로부터 미소면적 dA까지의 거리를 y_1, Y_1축으로부터 미소면적 dA까지의 거리를 x_1이라 하고, 이들에 대한 단면2차모멘트를 I_{X_1}, I_{Y_1}, 단면상승모멘트를 $I_{X_1Y_1}$이라 하자. 이때 I_{X_1}, I_{Y_1}, $I_{X_1Y_1}$을 구하기 위해서는 미소면적 dA의 새로운 좌표 x_1, y_1이 필요하며, 이는 x, y 및 θ를 변수로 다음과 같이 표현할 수 있다.

$$x_1 = x\cos\theta + y\sin\theta \quad , \quad y_1 = y\cos\theta - x\sin\theta \qquad (2.6.2)$$

상기 식(2.6.2)를 이용하면 X_1축에 대한 단면2차모멘트 I_{X_1}은 다음과 같이 전개된다.

$$\begin{aligned} I_{X_1} &= \int y_1^2\, dA = \int (y\cos\theta - x\sin\theta)^2\, dA \\ &= \cos^2\theta \int y^2\, dA + \sin^2\theta \int x^2\, dA - 2\sin\theta\cos\theta \int x\, y\, dA \end{aligned} \qquad (2.6.3)$$

상기 식(2.6.3)은 식(2.6.1)을 사용하면 다음과 같이 표시할 수 있다.

$$I_{X_1} = I_X \cos^2\theta + I_Y \sin^2\theta - 2 I_{XY} \sin\theta \cos\theta \tag{2.6.4}$$

한편 삼각함수는 다음과 같은 관계식이 성립된다.

$$\cos^2\theta = \frac{1}{2}(1+\cos 2\theta), \quad \sin^2\theta = \frac{1}{2}(1-\cos 2\theta), \quad 2\sin\theta\cos\theta = \sin 2\theta \tag{2.6.5}$$

따라서 식(2.6.5)의 삼각함수 관계식을 식(2.6.4)에 대입하면 다음과 같이 된다.

$$I_{X_1} = \frac{I_X + I_Y}{2} + \frac{I_X - I_Y}{2}\cos 2\theta - I_{XY}\sin 2\theta \tag{2.6.6}$$

또한 식(2.6.2)를 이용하면 X_1, Y_1 축에 대한 단면상승모멘트 $I_{X_1Y_1}$ 은 다음과 같이 전개된다.

$$\begin{aligned} I_{X_1Y_1} &= \int x_1 y_1 \, dA = \int (x\cos\theta + y\sin\theta)(y\cos\theta - x\sin\theta)\, dA \\ &= (I_X - I_Y)\sin\theta\cos\theta + I_{XY}(\cos^2\theta - \sin^2\theta) \end{aligned} \tag{2.6.7}$$

상기 식(2.6.7) 또한 삼각함수의 관계를 적용하면 다음과 같이 된다.

$$I_{X_1Y_1} = \frac{I_X - I_Y}{2}\sin 2\theta + I_{XY}\cos 2\theta \tag{2.6.8}$$

결국 식(2.6.6)과 식(2.6.8)은 원래의 축에 대한 단면2차모멘트와 단면상승모멘트를 변수로, 회전한 축에 대한 단면2차모멘트 I_{X_1} 과 단면상승모멘트 $I_{X_1Y_1}$ 을 보여주고 있다. 이러한 식들을 **『단면2차모멘트와 단면상승모멘트의 변환식』**이라고 부른다.

한편 Y_1 축에 대한 단면2차모멘트 I_{Y_1} 도 앞에서와 유사한 방법으로 다음과 같이 구할 수 있다.

$$\begin{aligned} I_{Y_1} &= \int x_1^2 \, dA = \int (x\cos\theta + y\sin\theta)^2\, dA \\ &= I_X \sin^2\theta + I_Y \cos^2\theta + 2 I_{XY}\sin\theta\cos\theta \end{aligned} \tag{2.6.9}$$

상기 식(2.6.9)를 삼각함수의 관계식을 이용하여 치환하면 다음과 같다.

$$I_{Y_1} = \frac{I_X + I_Y}{2} - \frac{I_X - I_Y}{2}\cos 2\theta + I_{XY}\sin 2\theta \tag{2.6.10}$$

따라서 I_{X_1} 과 I_{Y_1} 을 합하면 다음과 같은 관계식을 얻을 수 있다.

$$I_{X_1} + I_{Y_1} = I_X + I_Y \tag{2.6.11}$$

상기 식(2.6.11)은 서로 직교하는 두 축에 대한 단면2차모멘트의 합은 원점을 중심으로 직교 좌표축이 회전하여도 항상 일정한 값을 유지한다는 사실을 입증하고 있다.

2.6.2 주단면2차모멘트와 주축

앞에서 단면2차모멘트와 단면상승모멘트의 축의 회전에 따른 변환식을 살펴보았는데, 이 식들은 회전각 θ가 변화함에 따라 그 값들이 어떻게 변하는지 보여준다.

한편 식(2.6.11)에 의하여 한 쌍의 직교축에 대한 단면2차모멘트의 합은 축의 회전에 관계없이 그 값이 항상 일정하다는 것도 알았다. 따라서 임의의 점을 원점으로 하는 직교좌표축 가운데 한 축에 대한 단면2차모멘트가 최대일 때, 다른 한 축에 대한 단면2차모멘트는 최소가 된다.

이때 X, Y축을 단면의 **주축**(主軸, Principal Axis)이라 하고, 주축에 대한 최대 또는 최소 단면2차모멘트를 **주단면2차모멘트**(Principal Moment of Inertia)라고 한다. 또한 단면의 도심을 좌표의 원점으로 할 때의 주축을 **도심주축**(圖心主軸, Centroidal Principal Axis)이라 한다.

[그림2.6.1]에서 단면2차모멘트 I_{X_1}의 최대 또는 최소값을 만드는 각도를 구하기 위해서는 식(2.6.6)의 우변을 회전각 θ에 관하여 미분하고 그 값을 '0'으로 놓으면 된다.

$$(I_X - I_Y)\sin 2\theta + 2I_{XY}\cos 2\theta = 0 \tag{2.6.12}$$

상기 식(2.6.12)를 회전각 θ에 대하여 정리하면 다음과 같다.

$$\tan 2\theta_P = -\frac{2I_{XY}}{I_X - I_Y} \tag{2.6.13}$$

여기서 θ_P는 주단면2차모멘트를 정의하는 회전각을 뜻한다. $2\theta_P$는 0°에서 360°의 범위에서 2개의 값을 얻을 수 있으며, 이들 값은 서로 180°의 각도차를 이룬다. 따라서 θ_P는 90°의 각도차를 가진 2개의 직교축을 지칭하게 되고, 이들 중 한 축에 대한 단면2차모멘트는 최대가 되고, 다른 한 축에 대한 단면2차모멘트는 최소가 된다.

회전각 θ의 변화에 따른 단면상승모멘트 $I_{X_1Y_1}$의 변화는 식(2.6.8)에 의하여 $\theta = 0^\circ$일 때 $I_{X_1Y_1} = I_{XY}$이고, $\theta = 90^\circ$일 때 $I_{X_1Y_1} = -I_{XY}$이다. 이는 90°를 회전하는 사이에 부호가 바뀌므로 어떤 위치에서는 단면상승모멘트가 '0'이 됨을 의미한다. 이 위치를 결정하기 위하여 식(2.6.8)을 '0'으로 놓으면 다음과 같이 된다.

$$(I_X - I_Y)\sin 2\theta + 2I_{XY}\cos 2\theta = 0 \tag{2.6.14}$$

이로써 상기 식(2.6.14)는 식(2.6.12)와 같으므로, 회전각 θ는 주축의 각도 θ_P로 정의된다. 따라서 주축에 대한 단면상승모멘트는 '0' 이 된다.

한편 앞 절에서 임의의 좌표축 중 어느 한 축이 대칭축이면 이들 축에 대한 단면상승모멘트가 '0' 임을 보여주었으므로, 이는 단면이 대칭축을 가지면 그 축과 이에 수직인 축이 한 쌍의 주축을 형성함을 의미한다.

주축의 특성을 정리해보면 다음과 같다.

① 주축은 단면2차모멘트가 최대 또는 최소가 되는 한 쌍의 직교축이다.
② 주축에 대한 단면상승모멘트는 '0' 이다.
③ 대칭축은 항상 주축이다.
④ 정다각형이나 원형단면은 대칭축이 여러 개 있으므로 주축도 여러 개다.

다음은 [그림2.6.1]에서 I_X, I_Y, I_{XY}를 알고 있을 때, 주단면2차모멘트의 값을 구하는 방법에 대하여 알아보도록 한다.

그 한 방법으로 식(2.6.13)으로부터 2개의 회전각 θ_P를 결정하고, I_{X_1}을 구하기 위하여 이를 식(2.6.6)에 대입하면 I_1과 I_2로 쓰이는 2개의 주단면2차모멘트를 구할 수 있다.

먼저 식(2.6.13)을 [그림2.6.2]로 나타내어 피타고라스 정리를 적용하면 다음과 같다.

$$\cos 2\theta_P = \frac{I_X - I_Y}{2R} \quad , \quad \sin 2\theta_P = \frac{-I_{XY}}{R} \tag{2.6.15}$$

여기서 R은 [그림2.6.2]에서 삼각형의 빗변으로 다음과 같다.

$$R = \sqrt{\left(\frac{I_X - I_Y}{2}\right)^2 + I_{XY}^2} \tag{2.6.16}$$

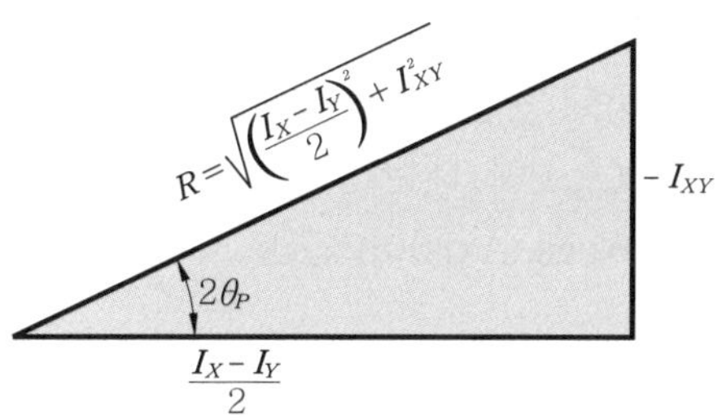

[그림2.6.2] 피타고라스 정리의 활용

R을 계산할 때는 항상 양(+)의 제곱근을 사용한다. 다음 $\cos 2\theta_P$와 $\sin 2\theta_P$를 식(2.6.6)에 대입하면, I_1로 표시되는 다음과 같은 큰 값의 주단면2차모멘트를 얻는다.

$$I_1 = \frac{I_X + I_Y}{2} + \sqrt{\left(\frac{I_X - I_Y}{2}\right)^2 + I_{XY}^2} \tag{2.6.17}$$

한편 I_2로 표시되는 작은 값의 주단면2차모멘트는 식(2.6.11)의 관계식에 의하여 다음과 같이 표현할 수 있다.

$$I_1 + I_2 = I_X + I_Y \tag{2.6.18}$$

따라서 I_2을 구하기 위해서는 식(2.6.17)의 I_1을 식(2.6.18)에 대입하면 된다.

$$I_2 = \frac{I_X + I_Y}{2} - \sqrt{\left(\frac{I_X - I_Y}{2}\right)^2 + I_{XY}^2} \tag{2.6.19}$$

결국 식(2.6.17)과 식(2.6.19)는 주단면2차모멘트에 대한 일반적인 공식이 되며, 만약 $I_X = I_Y$ 이라면 다음과 같이 간단히 표시된다.

$$I_1 = I_X + I_{XY} \quad , \quad I_2 = I_X - I_{XY} \tag{2.6.20}$$

주단면2차모멘트 I_1, I_2의 단위는 cm^4, m^4 등 길이의 4제곱이며, 부호는 항상 양(+)이다. 한편 주축은 단면상승모멘트 I_{XY}의 부호에 따라 다음 [표2.6.1]과 같이 판정된다.

[표2.6.1] 주축의 판정

단면상승모멘트 I_{XY}	I_1 ($I_{\max}$)	I_2 ($I_{\min}$)
$I_{XY} > 0$	I_{Y_1}	I_{X_1}
$I_{XY} < 0$	I_{X_1}	I_{Y_1}

주단면2차모멘트와 주축은 다음의 최소2차반경을 산정할 때 사용되며, 도심주축으로 단면의 강축과 약축의 구분 등에 사용된다.

한편 도심주축 중 I_1 ($I_{\max}$) 에 대한 축을 **강축**(强軸, Strong Axis), I_2 ($I_{\min}$) 에 대한 축을 **약축**(弱軸, Weak Axis)이라고도 부른다.

2.6.3 최소2차반경

단면의 도심을 지나는 임의 축에 대한 단면2차모멘트 중 그 값이 최소인 주단면2차모멘트 $I_{\min}$ 을 그 단면적으로 나눈 값의 제곱근을 **『최소2차반경』**이라고 한다.

단면의 도심을 지나는 최소단면2차모멘트를 $I_{\min}$, 단면적을 A 라고 할 때, 최소2차반경 $r_{\min}$ 은 다음과 같다.

$$r_{\min} = \sqrt{\frac{I_{\min}}{A}} \tag{2.6.21}$$

최소2차반경의 단위는 cm, m 로 길이단위와 같으며, 부호는 항상 양(+)이다.

최소2차반경은 기둥이나 트러스 등의 압축재의 좌굴에 대한 저항계수로 쓰인다. 좌굴길이가 모든 방향에 대하여 같다면 단면에서 최소2차반경이 산정되는 축이 좌굴에 대하여 가장 약한 축이 되므로, 압축재의 최소2차반경은 부재를 안전하게 설계하는데 중요한 단면성능이 된다.

압축재의 좌굴길이가 모든 방향에 대하여 같다면, 도심을 지나는 단면2차반경이 최소인 축, 즉 단면2차모멘트가 최소인 축에 대하여 압축재는 좌굴하게 되므로, 이 축을 부재의 **좌굴축**(挫屈軸, Buckling Axis) 또는 **약축**(弱軸, Weak Axis)이라고도 부른다.

[그림2.6.3]은 철골구조에서 다음과 같은 부재가 압축재로 사용되고 좌굴길이가 모든 방향에 대하여 같은 경우, 최소2차반경이 산정되는 좌굴축을 보여주고 있다.

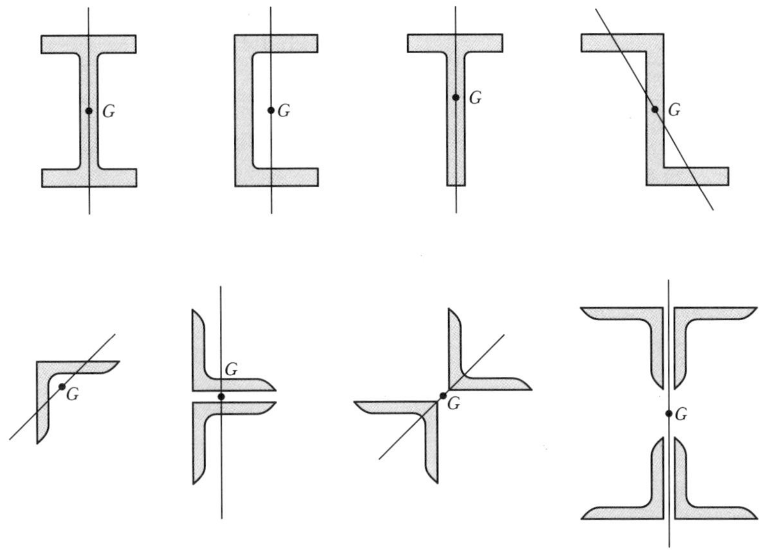

[그림2.6.3] 여러 가지 단면에서의 좌굴축

◆ ◆ ◆ ◆ ◆ ◆

예제 2.6.1

다음과 같은 단면의 도심을 원점으로 하는 주축의 경사각 θ_P와 주단면2차모멘트 I_1, I_2와 최소2차반경 $r_{\min}$을 구하여라.

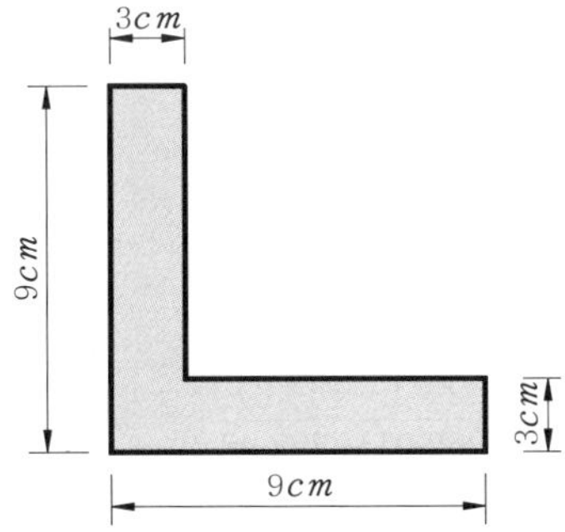

풀이

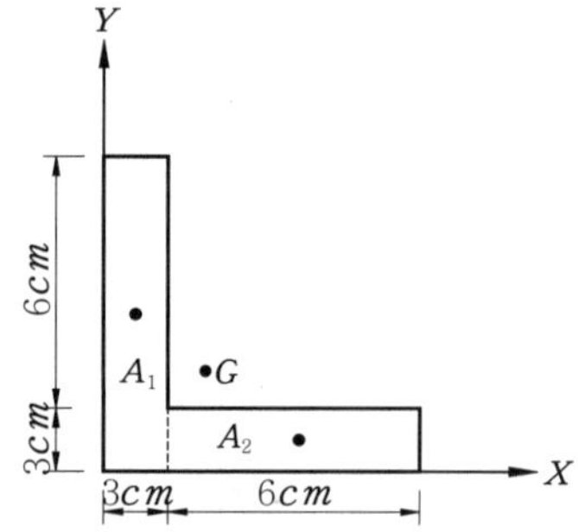

그림(a)

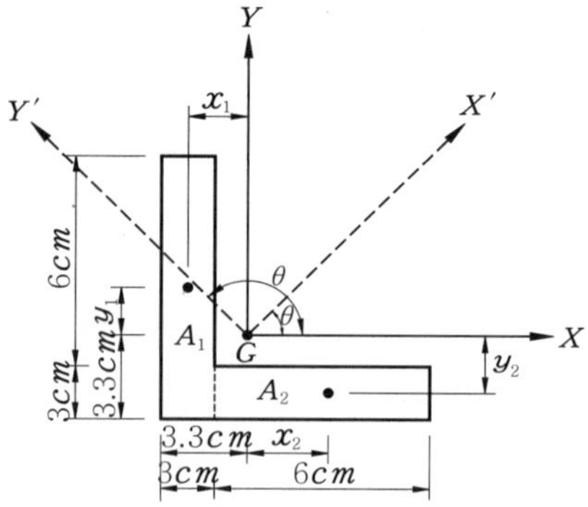

그림(b)

① 그림(a)와 같이 2부분으로 나누어 도심의 위치를 구하면,

$A_1 = 3cm \times 9cm = 27cm^2 \qquad x_1 = 1.5cm, \qquad y_1 = 4.5cm$

$A_2 = 6cm \times 3cm = 18cm^2 \qquad x_2 = 6cm, \qquad y_2 = 1.5cm$

Y축에서 도심까지의 거리 $x_0 = \dfrac{S_y}{A} = \dfrac{27 \times 1.5 + 18 \times 6}{27 + 18} = 3.3cm$

X축에서 도심까지의 거리 $y_0 = \dfrac{S_x}{A} = \dfrac{27 \times 4.5 + 18 \times 1.5}{27 + 18} = 3.3cm$

② 그림(b)에서 단면2차모멘트를 구하면,

$x_1 = -(3.3cm - 1.5cm) = -1.8cm, \qquad y_1 = 4.5cm - 3.3cm = 1.2cm$

$x_2 = 6cm - 3.3cm = 2.7cm, \qquad y_2 = -(3.3cm - 1.5cm) = -1.8cm$

$$I_X = I_Y = \left(\frac{3 \times 9^3}{12} + 3 \times 9 \times 1.2^2\right) + \left\{\frac{6 \times 3^3}{12} + 6 \times 3 \times (1.8)^2\right\} = 292.95cm^4$$

③ 단면상승모멘트를 구하면,

$$I_{XY} = A_1 x_1 y_1 + A_2 x_2 y_2 = \{27 \times (-1.8) \times 1.2\} + \{18 \times 2.7 \times (-1.8)\}$$
$$= (-58.32) + (-87.48) = -145.8cm^4$$

④ $I_X = I_Y$ 이므로 주단면2차모멘트는,

$I_1 = I_X + I_{XY} = 292.95 + 145.8 = 438.75cm^4$

$I_2 = I_X - I_{XY} = 292.95 - 145.8 = 147.15cm^4$

⑤ 주축의 경사각 θ_P

$$\tan 2\theta_P = -\frac{2I_{XY}}{I_X - I_Y} = -\frac{2 \times (-145.8)}{292.95 - 292.95} = \infty$$

$2\theta_P = 90°, 270° \qquad \therefore \ \theta_P = 45°, \ 135°$

⑥ 최소2차반경

$$r_{\min} = \sqrt{\frac{I_2}{A}} = \sqrt{\frac{147.15}{27 + 18}} \fallingdotseq 1.81\,cm$$

예제 2.6.2

다음과 같은 단면의 도심을 원점으로 하는 주축의 경사각 θ_P와 주단면2차모멘트 I_1, I_2와 최소2차반경 $r_{\min}$을 구하여라.

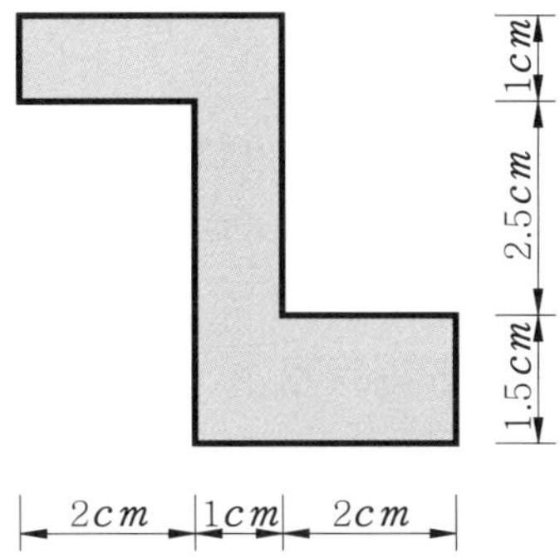

풀이

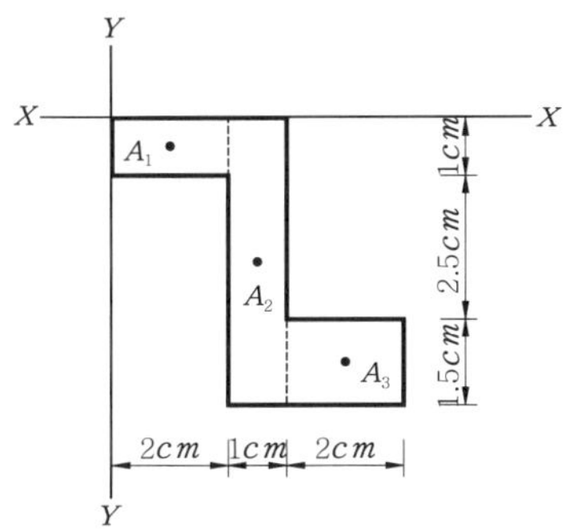

그림(a)

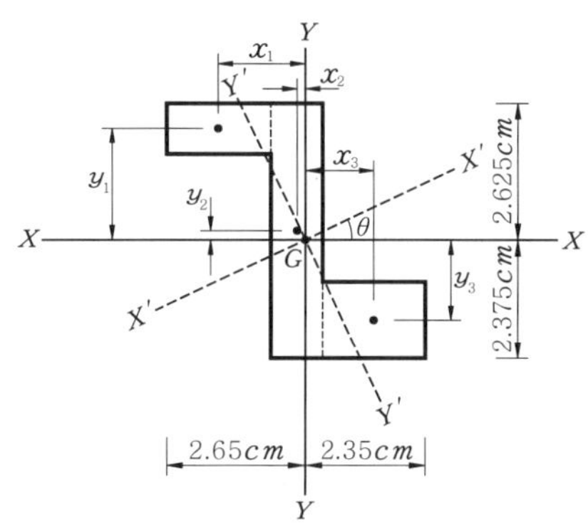

그림(b)

① 그림(a)와 같이 3부분으로 나누어 도심의 위치를 구하면,

$A_1 = 2cm \times 1cm = 2cm^2$, $x_1 = 1cm$, $y_1 = -0.5cm$

$A_2 = 1cm \times 5cm = 5cm^2$, $x_2 = 2.5cm$, $y_2 = -2.5cm$

$A_3 = 2cm \times 1.5cm = 3cm^2$, $x_3 = 4cm$, $y_3 = -4.25cm$

Y축에서 도심까지의 거리 $x_0 = \dfrac{S_y}{A} = \dfrac{2\times1+5\times2.5+3\times4}{2+5+3} = 2.65cm$

X축에서 도심까지의 거리 $y_0 = \dfrac{S_x}{A} = \dfrac{2\times(-0.5)+5\times(-2.5)+3\times(-4.25)}{2+5+3}$

$= -2.625cm$

② 그림(b)에서 단면2차모멘트를 구하면,

$x_1 = -(2.65cm - 1cm) = -1.65cm$, $y_1 = 2.625cm - 0.5cm = 2.125cm$

$x_2 = -(2.65cm - 2.5cm) = -0.15cm$, $y_2 = 2.625cm - 2.5cm = 0.125cm$

$x_3 = 2.35cm - 1cm = 1.35cm$, $y_3 = -(2.375cm - 0.75cm) = -1.625cm$

$$I_X=\left(\frac{2\times1^3}{12}+2\times2.125^2\right)+\left(\frac{1\times5^3}{12}+5\times0.125^2\right)+\left(\frac{2\times1.5^3}{12}+3\times1.625^2\right)\fallingdotseq 28.18cm^4$$

$$I_Y=\left(\frac{1\times2^3}{12}+2\times1.65^2\right)+\left(\frac{5\times1^3}{12}+5\times0.15^2\right)+\left(\frac{1.5\times2^3}{12}+3\times1.35^2\right)\fallingdotseq 13.11cm^4$$

③ 단면상승모멘트를 구하면,

$$I_{XY}=A_1x_1y_1+A_2x_2y_2+A_3x_3y_3$$

$$=\{2\times(-1.65)\times2.125\}+\{5\times(-0.15)\times0.125\}+\{3\times1.35\times(-1.625)\}$$

$$=(-7.0125)+(-0.09375)+(-6.58125)\fallingdotseq -13.69cm^4$$

④ $I_X\neq I_Y$ 이므로 주단면2차모멘트는,

$$I_1=\frac{I_X+I_Y}{2}+\sqrt{\left(\frac{I_X-I_Y}{2}\right)^2+I_{XY}^2}=\frac{28.18+13.11}{2}+\sqrt{\left(\frac{28.18-13.11}{2}\right)^2+(-13.69)^2}$$

$$=36.272cm^4$$

$$I_2=\frac{I_X+I_Y}{2}-\sqrt{\left(\frac{I_X-I_Y}{2}\right)^2+I_{XY}^2}=\frac{28.18+13.11}{2}-\sqrt{\left(\frac{28.18-13.11}{2}\right)^2+(-13.69)^2}$$

$$=5.018cm^4$$

⑤ 주축의 경사각 θ_P

$$\tan2\theta_P=-\frac{2I_{XY}}{I_X-I_Y}=-\frac{2\times(-13.69)}{28.18-13.11}\fallingdotseq 1.82$$

$$2\theta_P\fallingdotseq 61.21^\circ \qquad \therefore\ \theta_P\fallingdotseq 30.61^\circ$$

⑥ 최소2차반경

$$r_{\min}=\sqrt{\frac{I_2}{A}}=\sqrt{\frac{5.018}{2+5+3}}\fallingdotseq 0.71cm$$

◆ ◆ ◆ ◆ ◆ ◆

◈ 연 습 문 제 ◈

2.6.1 다음과 같은 단면의 도심을 원점으로 하는 주축의 경사각 θ_P와 주단면2차모멘트 I_1, I_2와 최소2차반경 $r_{\min}$을 구하여라.

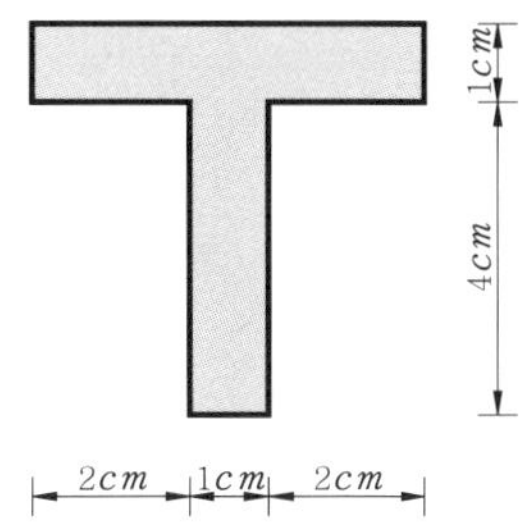

2.6.2 다음과 같은 단면의 도심을 원점으로 하는 주축의 경사각 θ_P와 주단면2차모멘트 I_1, I_2와 최소2차반경 $r_{\min}$을 구하여라.

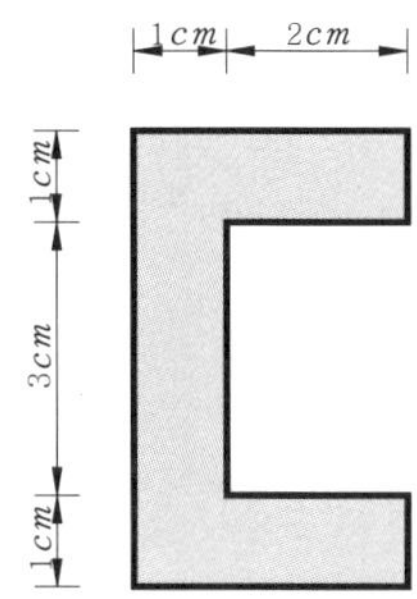

2.6.3 다음은 단면의 주축에 관한 설명이다. 옳지 않은 것은?

① 단면의 주축은 단면의 도심을 지난다.
② 단면의 주축은 직교한다.
③ 대칭축은 주축이다. 따라서 모든 주축은 역시 대칭축이다.
④ 단면의 주축에 관한 단면2차모멘트는 최대 또는 최소이다.
⑤ 단면의 주축에 관한 단면상승모멘트는 '0' 이다.

2.6.4 다음 일반도형의 성질에 대한 설명 중 잘못된 것은?

① 도심을 지나는 축에 대한 단면1차모멘트는 '0' 이다.
② 도심을 지나는 단면2차모멘트가 최대, 최소가 되는 축은 직교한다.
③ 도심을 지나고 직교하는 두 축에 대한 단면상승모멘트는 '0' 이다.
④ 도심을 지나고 직교하는 두 축에 대한 단면2차모멘트의 합은 일정하다.
⑤ 단면의 주축의 교점은 단면의 도심과 일치한다.

2.6.5 다음 그림 중 단면의 주축으로 잘못 표기된 것은?

①

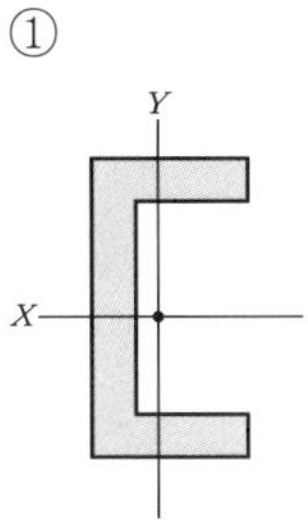

②

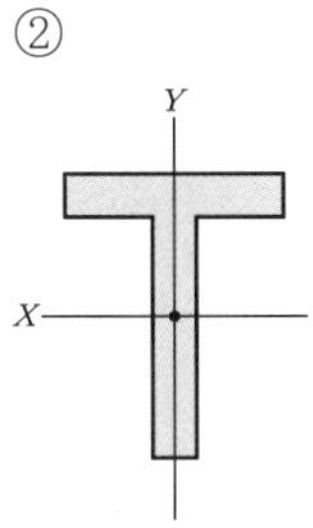

③

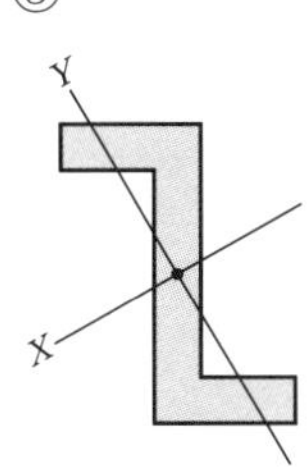

④

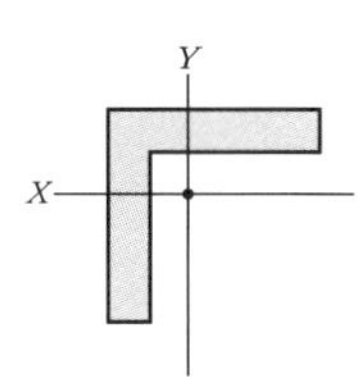

CHAPTER 3

제 3 장 재료의 역학적 성질

구조물에 외부로부터 작용하는 힘을 **외력**(外力, External Force)이라고 하며, 외력은 일반적으로 하중(荷重, Load)과 반력(反力, Reaction)을 총칭한다. 한편 구조물을 구성하고 있는 요소를 **부재**(部材, Member)라고 하며, 구조물은 하나의 부재 또는 여러 개의 부재들의 결합으로 구성되어 있다.

구조물에 가해지는 외력은 부재길이방향의 인장 또는 압축의 **축방향력**(軸方向力, Axial Force)과 부재길이의 직각방향인 **전단력**(剪斷力, Shearing Force)의 형태로 부재의 단면에 전달된다. 이때 구조물이 외력에 대하여 평형상태를 이루면 미소한 변형과 함께 구조물 내부에는 외력에 저항하는 힘이 발생하는데, 이를 **내력**(內力, Internal Force) 또는 **응력**(應力, Stress)이라고 한다. 내력은 항상 외력과 크기가 같고 방향이 반대이며, 외력의 발생과 동시에 생기고 외력의 소멸과 동시에 없어진다. 또한 내력은 외력의 증가에 따라 증가하지만, 어떤 재료든 역학적 고유의 한계가 있어서 이 한계에 도달하면 구조물은 외력에 저항하지 못하고 파괴된다.

구조물의 재료는 입자의 배열에 따라 **등방체**(等方體, Isotropic Body)와 **이방체**(異方體, Anisotropic Body)로 나눌 수 있다. 등방체는 원자, 분자의 배열이 어느 방향이든 같은 것으로 모든 방향에 따른 재료의 역학적 성질이 거의 같다. 이에 반해 이방체는 원자, 분자의 배열이 방향에 따라 달라 방향에 따른 재료의 역학적 성질이 다르다. 또한 재료 내부의 작은 부분의 성질이 재료 전체의 성질과 같다고 볼 수 있게, 재료가 전체적으로 균질한 성분을 가진 것을 **등질체**(等質體, Homogeneous Body)라고 한다. 구조용 재료로 많이 사용되는 강재는 등방·등질체이며, 콘크리트는 조직의 구조가 복잡하지만 실용상 등방·등질로 가정된다. 이에 대하여 목재는 섬유방향에 따라 역학적 성질이 다르므로 이방성을 고려하여야 한다.

본 장에서는 등방·등질인 각종 구조용 재료의 응력과 변형률 및 이들의 관계로부터 알 수 있는 재료의 역학적 성질 그리고 인장, 압축, 전단에 대한 기본적인 사항들을 살펴보도록 한다.

3.1 응력과 변형률의 종류

응력(應力, Stress)에는 **수직응력**(垂直應力, Normal Stress)과 **전단응력**(剪斷應力, Shear Stress) 2가지가 있다. 이들 응력은 외력의 직접 또는 간접적 작용에 의하여 발생하며, 때로는 부재에 단독으로 또는 함께 복합적으로 작용하게 된다.

이 절에서는 먼저 각 응력과 이에 따른 변형률에 대한 기본적인 사항을 알아보도록 한다.

3.1.1 수직응력과 수직변형률

가. 수직응력 (Normal Stress)

구조물을 구성하는 각 부재의 단면의 도심을 지나는 축을 **부재의 축**(部材軸, Axis of Member)이라고 하는데, 이 부재의 축은 직선이거나 곡선일 수 있으며, 부재의 축에 따라 단면이 일정할 수도 일정하지 않을 수도 있다. 전체길이에 걸쳐 부재의 축에 따라 단면이 일정하고 곧은 구조용 부재를 **균일단면부재**(均一斷面部材, Prismatic Member)라고 한다.

[그림3.1.1](a)와 같이 양단에서 축방향력 P가 작용하는 길이 L, 단면적 A를 가진 균일단면부재를 생각해 보자.

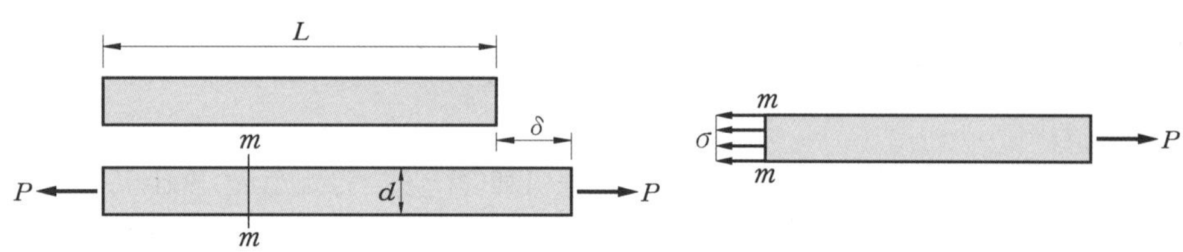

(a) (b)

[그림3.1.1] 축방향력을 받는 균일단면부재

[그림3.1.1](a)에서 축방향력은 부재의 균일한 신장(伸張)을 일으키는데, 이때 부재는 **인장**(引張, Tension)을 받는다고 말한다. 축방향력에 의해 부재에 생기는 내력을 고찰하기 위하여 그림(a)와 같이 부재를 단면 $m-m$으로 절단하여 오른쪽 부분을 보면 그림(b)와 같이 표시할 수 있다. 이처럼 구조물에 외력이 작용할 때 구조물의 평형상태를 알아보기 위해서 구조물 전체나 한 부분 또는 한 부재를 접촉하고 있는 물체로부터 분리하여 그 물체에 작용하는 외력만을 표시하여 생각하면 편리하다. 그림(b)와 같은 이러한 것을 **자유물체도**(自由物體圖, Free Body Diagram)라고 한다. 그림(b)에서 인장력 P가 부재의 오른쪽 단부에 작용하고, 왼쪽 단부에는 제거된 부분이 남아있는 부분에 대해 미치는 작용력을 나타

내고 있다. 그림(b)에서 왼쪽 단부의 작용력은 등분포하중과 같이 단면에 균일하고 연속적으로 분포하게 된다. 이 힘의 세기, 즉 단위면적당 힘을 **응력**(應力, Stress)이라고 하며, 기호는 σ로 표기한다. 응력이 단면에 균일하게 분포된다고 가정하면, 그 합력은 단면적 A와 응력 σ를 곱한 것과 같다는 것을 알 수 있다. 그림(b)가 평형상태를 유지할 때 이 합력은 인장력 P와 크기가 같고 방향은 반대이어야 한다는 사실도 알 수 있다. 따라서 임의의 단면을 갖는 균일단면부재가 축방향력을 받을 때 응력을 구하는 공식은 다음과 같이 나타낼 수 있다.

$$\sigma = \frac{P}{A} \tag{3.1.1}$$

[그림3.1.1]과 같이 축방향력 P에 의해 부재가 늘어나게 되는 경우의 응력을 **인장응력**(引張應力, Tensile Stress)이라고 한다. 한편 [그림3.1.1]의 축방향력 P의 방향이 반대로 작용하여 부재가 줄어드는 경우의 응력을 **압축응력**(壓縮應力, Compressive Stress)이라고 한다. 이와 같이 응력이 단면에 수직으로 작용하는 경우를 **수직응력**(垂直應力, Normal Stress)이라 부르며, 수직응력은 인장 또는 압축응력으로 나타난다.

본 교재에서 수직응력에 대한 부호는 인장응력을 양(+)으로, 압축응력을 음(−)으로 규정하기로 한다.

수직응력의 단위는 단위면적당 힘으로, N/m^2, kN/m^2, N/mm^2, kgf/m^2, tf/m^2, Pa, kPa, MPa, psi, psf 등으로 나타낼 수 있다.

SI단위계에서는 응력의 단위를 N/m^2, N/mm^2, Pa(파스칼), MPa 등으로 표시하는데, $1\,Pa = 1\,N/m^2$이고, $1\,MPa = 1\,N/mm^2$이다. Pa(파스칼)단위로 응력을 표시할 때는 큰 승수를 사용해야 하므로, k(킬로, 10^3), M(메가, 10^6), G(기가, 10^9) 등의 접두사를 이용하여 표기하기도 한다. 예를 들어 일반구조용 강재 SS275는 설계기준 항복강도가 $275\,MPa$ 즉 $275 \times 10^6\,Pa$인데, 이 값은 다른 단위인 $275 \times 10^3\,kPa$, $275 \times 10^{-3}\,GPa$ 등으로 나타낼 수 있다.

한편 식(3.1.1)은 부재의 단면에 응력이 균일하게 분포되어 있는 경우에만 성립되며, 이런 조건을 만족하기 위해서는 축방향력 P가 항상 단면의 도심(圖心)을 지나야 한다. 본 교재에서는 특별한 경우를 제외하고는 모든 축방향력이 단면의 도심에 작용하는 것으로 가정한다.

또한 [그림3.1.1](b)에서 균일응력의 조건은 양단에 가까운 부분을 제외한 부재의 전체구간에 대하여 성립된다. 부재의 양단에서의 응력분포는 축방향력이 실제로 어떻게 작용하느냐에 따라 결정된다. 축방향력이 부재의 끝에서 균일하게 작용한다면 부재 양단에 가까운 부분도 균일응력상태를 보이겠지만, 보통 축방향력은 작은 면적 위에 집중되므로 작용력 부근의 단면에서는 높은 국부응력이 작용하면서 응력분포도 불균일하게 된다. 그러나 작용력 부근에서 점점 멀어질수록 응력분포는 [그림3.1.1](b)와 같은 균일분포상태를 가지게 된다. 일반적으로 [그림3.1.1](a)에서 부재의 폭을 d라고 할 때, 양단에서 최소한 거리 d만큼 떨어진 부재의 임의 점에서 식(3.1.1)이 정확하게 사용될 수 있다고 가정하는 것이 안전하다. 응력이 균일하지 않은 경우에도 식(3.1.1)은 **평균수직응력**(平均垂直應力, Average Normal Stress)을 나타낸다.

◆ ◆ ◆ ◆ ◆ ◆

예제 3.1.1

지름이 $30\,cm$ 인 원형단면을 가진 부재에 축방향력 $P=500\,N$ 이 단면의 도심에 작용하여 그 길이가 줄어들었다면, 원형단면에 작용하는 응력의 종류는 무엇이며, 크기는 얼마인가?

풀이

(1) 축방향력에 의해 부재가 줄어들었으므로, 작용하는 응력은 수직응력(垂直應力, Normal Stress)인 압축응력(壓縮應力, Compressive Stress)이다.

(2) 원형단면의 단면적은 $A=\frac{\pi D^2}{4}=\frac{\pi\cdot 0.3^2}{4}=0.0707\,m^2$ 이므로,

$$\therefore\ \sigma=\frac{P}{A}=\frac{500N}{0.0707m^2}=7072.14\,N/m^2=7072.14\,Pa$$

예제 3.1.2

다음과 같이 서로 다른 원형단면을 가진 부재 AC가 축방향력 $P=150\,kN$을 받을 때, 각 부재 AB, BC의 수직응력 σ_{AB}, σ_{BC}를 구하여라. (여기서 단면의 직경은 AB가 $30\,mm$, BC는 $20\,mm$이다.)

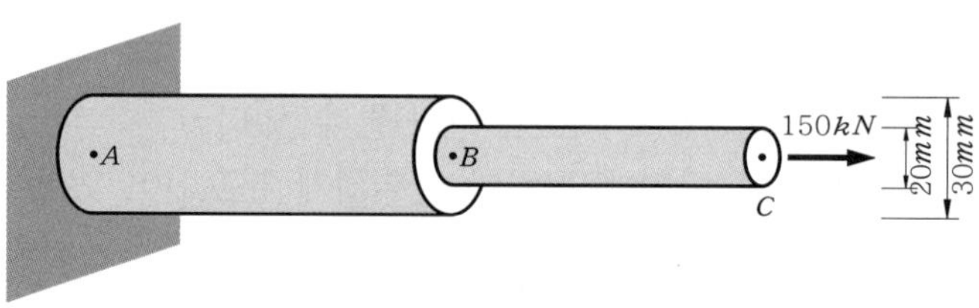

풀이

① $\sigma_{AB}=\frac{P}{A_{AB}}=\frac{150000\,N}{\frac{\pi\times 30^2}{4}mm^2}=212.21\,N/mm^2=212.21\,MPa$

② $\sigma_{BC}=\frac{P}{A_{BC}}=\frac{150000\,N}{\frac{\pi\times 20^2}{4}mm^2}=477.46\,N/mm^2=477.46\,MPa$

◆ ◆ ◆ ◆ ◆ ◆

나. 수직변형률 (Normal Strain)

축방향력이 작용하는 부재의 길이는 인장을 받을 때는 늘어날 것이며, 압축을 받을 때는 줄어들 것이다. 부재길이의 전체신장량을 기호 δ로 표기하기로 하고 [그림3.1.1](a)에 나타내었다. [그림3.1.1](a)에서 전체신장량 δ는 전체부재길이 L에 대한 것으로, 부재길이의 $1/2$만 생각한다면 전체신장량의 $1/2$인 $\delta/2$가 되며, 부재의 단위길이에 대한 신장량은 δ/L가 된다. 이처럼 부재의 단위길이당 신장량을 **변형률**(變形率, Strain) 또는 **변형도**(變形度)라고 하는데, 기호 ϵ으로 표기하기로 한다. 따라서 변형률은 다음과 같은 식으로 나타낼 수 있다.

$$\epsilon = \frac{\delta}{L} \tag{3.1.2}$$

부재가 인장을 받아 길이방향으로 늘어나는 변형률을 **인장변형률**(引張變形率, Tensile Strain)이라 하고, 부재가 압축을 받아 길이방향으로 줄어드는 변형률을 **압축변형률**(壓縮變形率, Compressive Strain)이라고 한다. 이들 변형률은 수직응력과 관계되기 때문에 **수직변형률**(垂直變形率, Normal Strain)이라 하며, 부재길이방향의 변형에 관계되기 때문에 **세로변형률**(Longitudinal Strain)이라 부르기도 한다.

변형률은 길이의 비(比)이므로 무차원량으로 어떤 단위를 사용하여도 숫자만으로 나타나는 것이 일반적이다.

본 교재에서 변형률의 부호는 인장을 양(+)으로, 압축을 음(−)으로 표시하기로 한다.

한편 앞의 고찰을 통해 볼 때 수직응력과 변형률의 정의는 정역학적, 기하학적인 면에 기초를 둔 것이다. 따라서 식(3.1.1)과 식(3.1.2)는 어떤 외력이나 어떤 재료이던지 상관없이 적용할 수 있다. 다만 다음과 같은 전제조건들이 만족하여야 한다.

① 부재의 변형(變形)이 균일(均一)하게 일어나야 한다.
② 부재가 균일단면(均一斷面, Prismatic Member)을 가져야 한다.
③ 축방향력이 단면의 도심(圖心)을 통하여 작용하여야 한다.
④ 재료가 등질체(等質體, Homogeneous Body)이어야 한다.

◆ ◆ ◆ ◆ ◆ ◆

예제 3.1.3

길이가 $3m$인 $25mm \times 55mm$ 크기의 직사각형 단면 부재가 축인장력 $150kN$을 받는다. 이때 부재의 신장량이 $2mm$로 측정되었다. 이 부재의 인장응력과 변형률을 구하여라.

풀이

(1) 인장응력 $\sigma = \dfrac{P}{A} = \dfrac{150000N}{25mm \times 55mm} = 109.09\,N/mm^2 = 109.09\,MPa$

(2) 인장변형률 $\epsilon = \dfrac{\delta}{L} = \dfrac{2mm}{3000mm} = 6.67 \times 10^{-4}$

◆ ◆ ◆ ◆ ◆ ◆

3.1.2 전단응력과 전단변형률

가. 전단응력 (Shear Stress)

[그림3.1.2]에서 부재가 가위로 잘리는 것과 같이, 부재 안의 어떤 극히 근접해 있는 2개의 단면을 따라 크기가 같고 방향이 서로 반대인 2개의 힘 V가 작용할 때, 이 부재는 **전단**(剪斷, Shear)을 받는다고 말하며, 이와 같은 힘을 **전단력**(剪斷力, Shearing Force)이라고 한다.

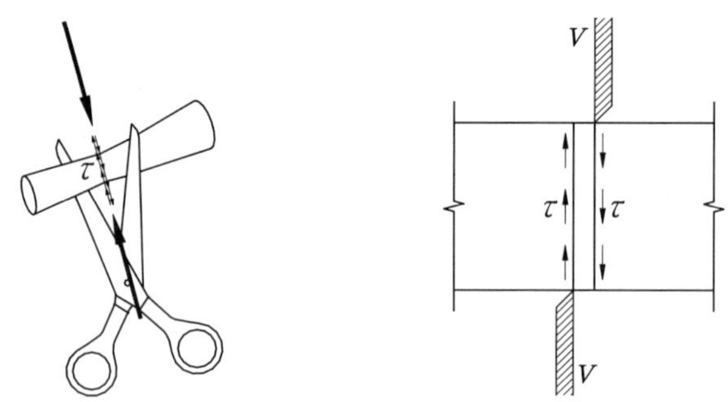

(a) (b)

[그림3.1.2] 전단력을 받는 부재

한편 전단력이 작용하는 단면에는 전단력에 저항하여 단면에 수평으로 작용하는 응력이 생기는데, 이를 **전단응력**(剪斷應力, Shear Stress)이라고 한다. 기호는 τ로 표기한다.

한편 [그림3.1.2]와 같이 부재를 절단시키려고 직접 작용하는 힘에 의하여 발생하는 전단응력을 **직접전단응력**(直接剪斷應力, Direct Shear Stress)이라고 한다. 앞으로 배우겠지만 일반적으로 전단응력은 부재가 축방향력, 휨, 비틀림 등을 받을 때 간접적으로 부재 내부에 발생하는 경우가 많다.

사실 전단응력의 분포는 단면의 형상에 따라 매우 복잡한 양상을 나타내지만, 실용적인 계산을 위하여 전단응력이 단면에 균일하게 분포한다고 가정하면 단위면적에 일어나는 **평균전단응력**(平均剪斷應力, Average Shear Stress)은 간단히 구할 수 있다. [그림3.1.2]에서 전체 전단력을 V라 하고, 부재의 단면적을 A라

할 때, 평균전단응력 τ_{aver} 는 다음과 같이 나타낼 수 있다.

$$\tau_{aver} = \frac{V}{A} \tag{3.1.3}$$

상기 식(3.1.3)에서 전단응력은 수직응력과 마찬가지로 단위면적당 힘으로, 단위는 N/m^2, Pa(파스칼), N/mm^2, kgf/m^2, tf/m^2, psi, psf 등으로 표시할 수 있다.

일반적으로 외력에 의하여 부재 내부의 미소 직육면체 요소에 전단응력이 생길 때, 요소의 어느 한 방향으로 전단응력이 작용하면 반드시 이와 직교하게 크기가 같고 방향이 반대인 전단응력이 작용한다. 이를 알아보기 위하여 [그림 3.1.3](a)와 같이 각 변의 길이가 Δx, Δy, Δz 가 되는 직육면체 모양의 미소요소를 생각해 보자.

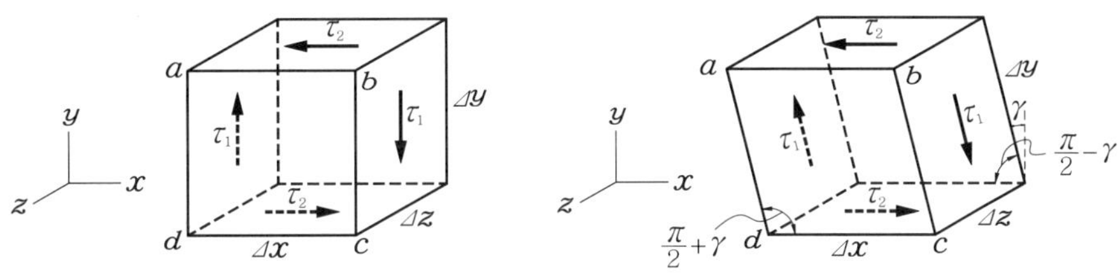

(a) (b)

[그림3.1.3] 전단응력을 받는 미소 직육면체 요소

그림(a)에서 직육면체 요소의 앞면과 뒷면에는 어떠한 응력도 생기지 않는다고 가정한다. 이때 오른쪽 면에 균일한 전단응력 τ_1 이 하향(↓)으로 발생하면, 이와 평형을 유지하기 위하여 크기가 같고 방향이 반대인 전단응력 τ_1 이 왼쪽 면에 상향(↑)으로 작용한다. 이 두 힘은 [그림3.1.3]에서와 같이 시계방향(↻)으로 회전하고, 크기가 $\tau_1 \Delta x \Delta y \Delta z$ 인 우력이 된다. 이 요소가 평형을 이루기 위해서는 이 우력모멘트가 요소의 윗면과 아랫면에 작용하는 전단응력으로 인한 크기가 같고 방향이 반대인 모멘트와 균형을 이루어야 한다. 이에 윗면과 아랫면에 작용하는 전단응력을 τ_2 라 할 때, 수평전단력은 $\tau_2 \Delta x \Delta z$ 이고 크기가 $\tau_2 \Delta x \Delta y \Delta z$ 인 반시계방향(↺)의 우력을 일으킨다.

결국 모멘트의 평형조건으로부터 $\tau_1 \Delta x \Delta y \Delta z$ 와 $\tau_2 \Delta x \Delta y \Delta z$ 가 같음을 알 수 있으며, 다음과 같이 된다.

$$\tau_1 = \tau_2 \tag{3.1.4}$$

이와 같이 부재 내부의 한 요소에 작용하는 전단응력은 항상 크기가 같고, 방향이 반대인 짝으로 발생하며, 전단응력은 서로 직교하는 평면 위에 같은 크기로 존재한다는 것을 알 수 있다. 즉 평형상태에 있는 탄성체 내의 어느 한 점에 어떤 방향으로 전단응력이 일어날 때는 이와 직교하는 방향으로도 전단응력이 일어나며, 이들 2종류의 전단응력의 크기는 서로 같다.

한편 [그림3.1.3](a)와 같이 요소가 전단응력만을 받고 있을 때를 **순수전단**(純粹剪斷, Pure Shear)상태에 있다고 한다. 일반적으로 실용적인 설계를 위하여 앞의 전단응력에 대한 결론은 수직응력이 요소의 각 면에 작용하는 경우에도 똑같이 적용된다.

나. 전단변형률 (Shear Strain)

부재 요소에 작용하는 전단응력은 [그림3.1.3](b)와 같이 전단변형률(剪斷變形率, Shear Strain)을 생기게 한다. 전단변형률을 생각할 때는 먼저 전단응력에 의하여 x, y, z 방향으로 요소의 각 면의 길이는 변하지 않는다는 사실에 유념해야 한다. 즉 전단응력은 [그림3.1.3](b)와 같이 요소의 모양을 최초의 직육면체에서 찌그러진 직육면체로 각도를 변형시킬 뿐이다. [그림3.1.3](b)에서 보면, a점과 c점에서의 변 사이의 각도가 변형 전에는 $\pi/2$이나, 이 각도는 변형 후에 작은 각 γ 만큼 작아져 $(\pi/2)-\gamma$ 가 된다. 또한 동시에 b점과 d점에서 변 사이의 각도는 변형 후에 $(\pi/2)+\gamma$ 로 커진다.

이때 각 γ 를 **전단변형률**(剪斷變形率, Shear Strain)이라고 한다. 전단변형률은 요소의 모양 변화를 나타내는 각도로, 단위는 라디안(Radian)이다.

한편 [그림3.1.3](b)에서 아랫면을 고정한 상태로, 앞면 a, b, c, d의 변형 전과 변형 후를 평면상으로 표시하면 [그림3.1.4]와 같다.

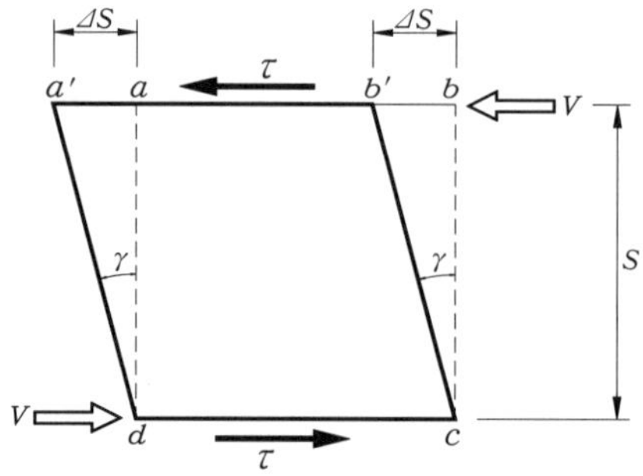

[그림3.1.4] 전단응력을 받는 미소 평면요소

[그림3.1.4]에서 보는 바와 같이 평면요소의 변형 전과 변형 후에 대하여 a점 및 b점의 이동거리를 ΔS라 하고, 변형 전 선분 ad 및 선분 bc의 길이를 S라 하면, 전단변형률 γ 는 미소변화이므로 $\tan\gamma=\gamma$ 로 볼 수 있어 다음과 같이 나타낼 수 있다.

$$\gamma = \frac{\Delta S}{S} \qquad (3.1.5)$$

◆ ◆ ◆ ◆ ◆ ◆

예제 3.1.4

$200mm \times 400mm$ 의 크기에 두께가 $2.5mm$ 인 직사각형 강판을 장변방향으로 절단하는데 $P = 350kN$ 의 힘이 필요하다면, 강판의 평균전단응력은 얼마인가?

풀이

절단면의 단면적은 $A = 400mm \times 2.5mm = 1000mm^2$ 이므로,

$$\therefore \ \tau_{aver} = \frac{V}{A} = \frac{350000N}{1000mm^2} = 350N/mm^2 = 350MPa$$

예제 3.1.5

지름이 $30mm$ 인 강봉을 이용하여 두께가 $2.5mm$ 인 강판을 뚫으려고 한다. 이때 필요한 힘은 $P = 60kN$ 이다. 강판의 평균전단응력과 강봉의 평균압축응력을 구하여라.

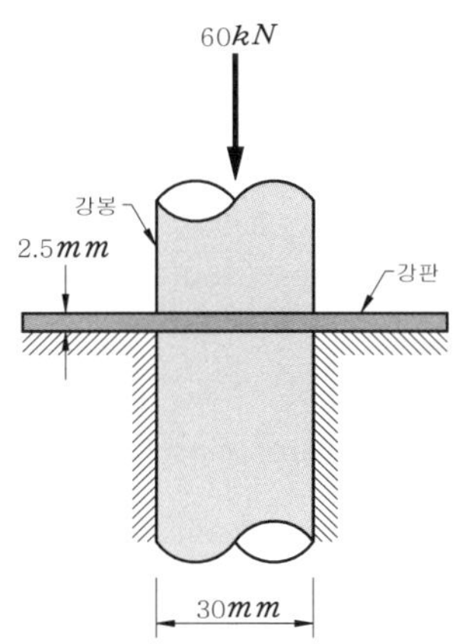

풀이

(1) 강판의 평균전단응력 τ_{aver} 는 힘 P 를 강판이 강봉에 의해 전단되는 면적으로 나누어 구하는데, 전단되는 면적은 구멍의 원둘레에 강판의 두께를 곱하여 구할 수 있으므로, $A_s = (\pi \times 30mm) \times 2.5mm = 235.62mm^2$ 이다.

$$\therefore \ \tau_{aver} = \frac{P}{A_s} = \frac{60000N}{235.62mm^2} = 254.65N/mm^2 = 254.65MPa$$

(2) 강봉의 평균압축응력 σ_{aver} 는 힘 P 를 강봉의 단면적 A_c 로 나누어 구한다.

$$\therefore \ \sigma_{aver} = \frac{P}{A_c} = \frac{60000N}{(\pi \times 30^2)/4 \ mm^2} = 84.88N/mm^2 = 84.88MPa$$

예제 3.1.6

다음의 그림과 같이 철판 3개가 직경 $d = 20\,mm$ 인 리벳 2개로 접합되어 있다. 리벳의 파괴전단응력을 $\tau_{max} = 120\,MPa$ 로 가정할 때, 리벳을 전단에 의해 파괴시키기 위한 하중 P 를 구하여라.

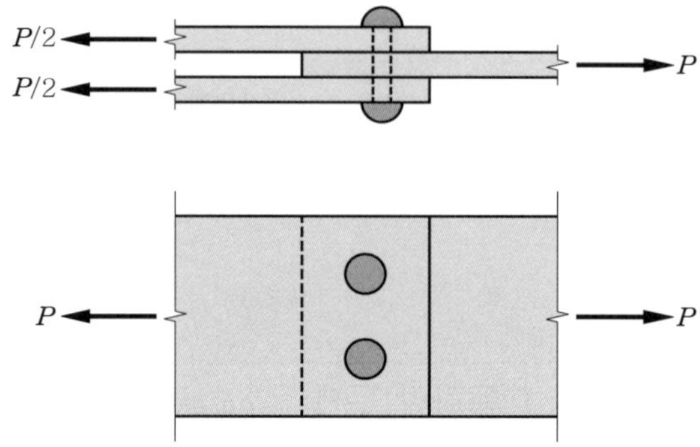

풀이

리벳 1개의 단면적은 $A_1 = \pi d^2/4 = \pi \times 20^2 / 4 = 314.16\,mm^2$ 이다. 가해진 하중 P 는 리벳에 전단력으로 작용하고, 리벳이 전단으로 파괴되는 위치는 중간에 위치한 철판과 상, 하부 철판의 접촉면이므로, 2개의 리벳이 하중에 저항하는 식은 다음과 같이 성립한다.

$$\tau_{max} = \frac{P/2}{2A_1} = \frac{P}{4A_1}$$

$$\therefore \ P = \tau_{max} \cdot 4A_1 = 120\,N/mm^2 \times 4 \times 314.16\,mm^2 = 150796.8\,N$$

◆ ◆ ◆ ◆ ◆ ◆

◈ 연 습 문 제 ◈

3.1.1 다음의 그림과 같이 속이 빈 기둥의 외곽 단면 크기는 $50cm \times 50cm$이고, 두께가 $20mm$이다. 각 점에서 $P_1 = 500kN$, $P_2 = 1000kN$, $P_3 = 1500kN$이 작용할 때, 각 구간별 압축응력을 구하여라.

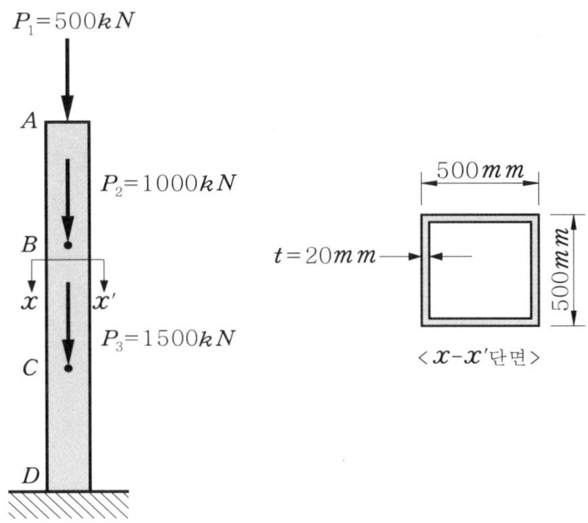

3.1.2 강체(剛體)인 수평봉 ACD가 다음과 같이 하중을 받고 있다. 수직부재 BC의 단면적이 $20cm^2$이고 수직응력이 $\sigma_{BC} = 150N/mm^2$일 때, 하중 P를 구하여라.

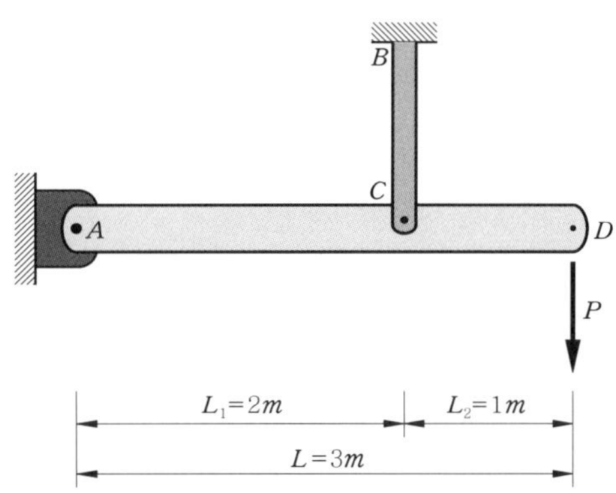

3.1.3 다음의 그림과 같은 콘크리트 받침대가 압축하중을 받고 있을 때 균일수직응력이 발생하기 위해 집중하중이 작용해야 하는 좌표 (x_0, y_0)를 구하여라. 또한 하중 $P = 15kN$이 작용했을 때 압축응력 σ_c를 구하여라.

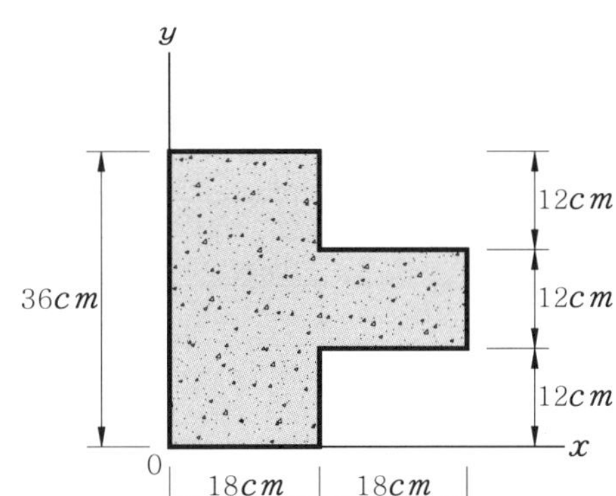

3.1.4 다음 그림과 같이 길이가 $L = 100\,mm$인 부재가 인장을 받고 있을 때, 이 부재에 부착된 스트레인게이지(Strain Gage)에 의해 변형률이 $\epsilon = 5 \times 10^{-3}$로 측정되었다. 이 부재의 전체신장량 δ는 얼마인지 구하여라.

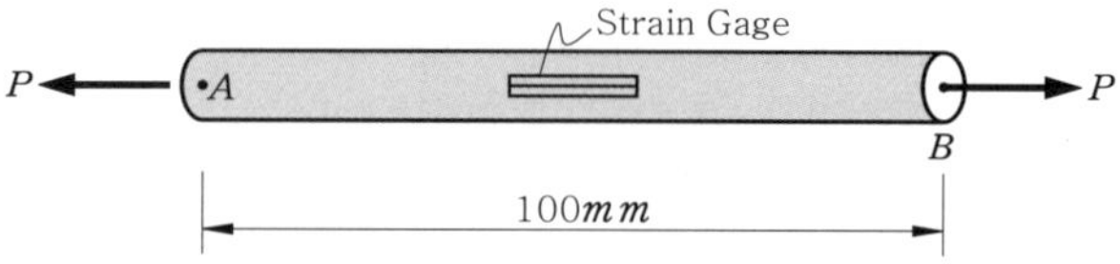

3.1.5 다음의 그림과 같이 스트럿(Strut)과 케이블(Cable)로 조합된 구조물 ABC가 하중 $P = 30\,kN$을 받고 있다. 케이블(Cable)의 단면적은 $100\,mm^2$이고 스트럿(Strut)의 단면적은 $220\,mm^2$이다. 이때 각 부재의 수직응력 σ_{AB}와 σ_{BC}를 구하여라. 그리고 케이블(Cable)이 $2.1\,mm$ 늘어났을 때의 변형률과 스트럿(Strut)이 $1.3\,mm$ 줄었을 때의 변형률을 각각 구하여라.

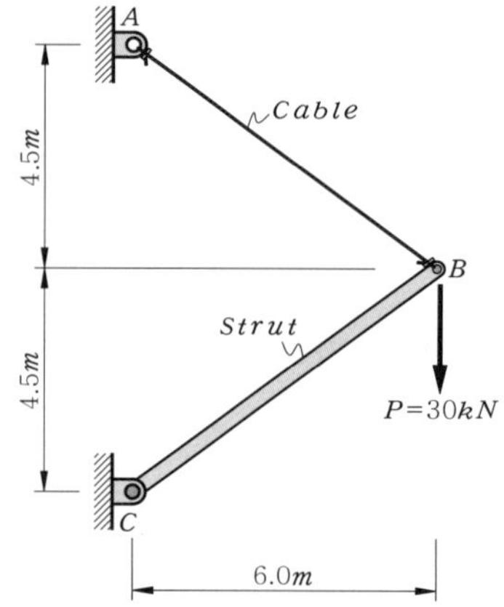

3.1.6 다음의 그림과 같이 $6\,cm \times 3\,cm$의 단면을 가진 나무토막 3개가 접촉면에 골고루 접착제로 붙어 있고 하중 $20kN$을 받을 때, 접착제로 붙어 있는 면에서의 평균전단응력 τ_{aver}를 구하여라.

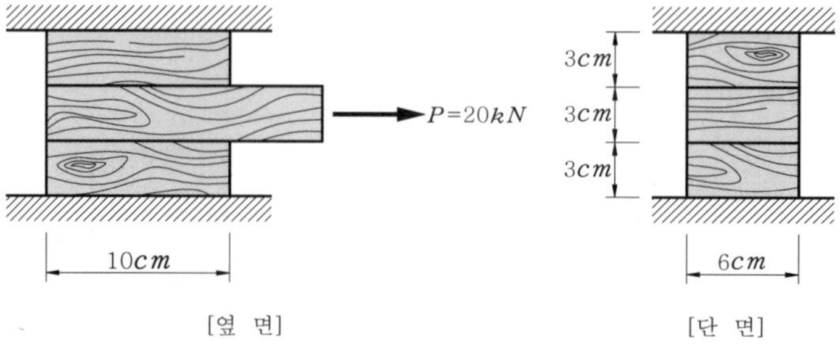

3.1.7 다음의 그림과 같이 서로 맞물린 두 부재의 파괴할 평균전단응력이 $92MPa$ 이라 하면, 전단에 의해 파괴가 생길 때의 하중 P를 구하여라.

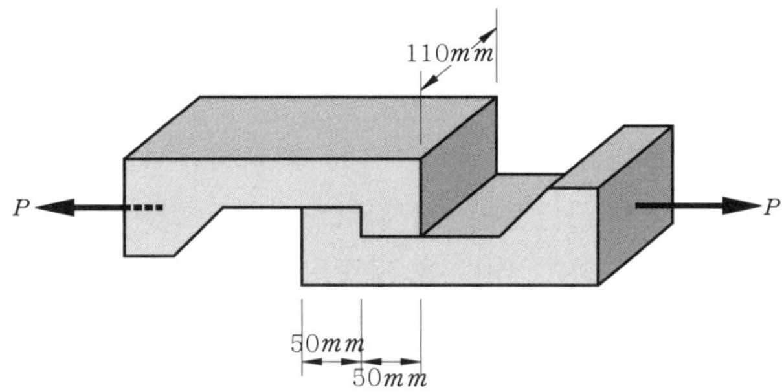

3.1.8 다음의 그림과 같이 강봉이 콘크리트 속에 $L=100mm$ 묻혀 있을 때, 강봉과 콘크리트 사이의 결합력에 대한 실험을 하였다. 직경 $d=20mm$인 강봉의 끝에 인장하중 $P=100kN$을 가하였을 때, 강봉과 콘크리트 사이에 생기는 평균 전단응력 τ_{aver}를 구하여라.

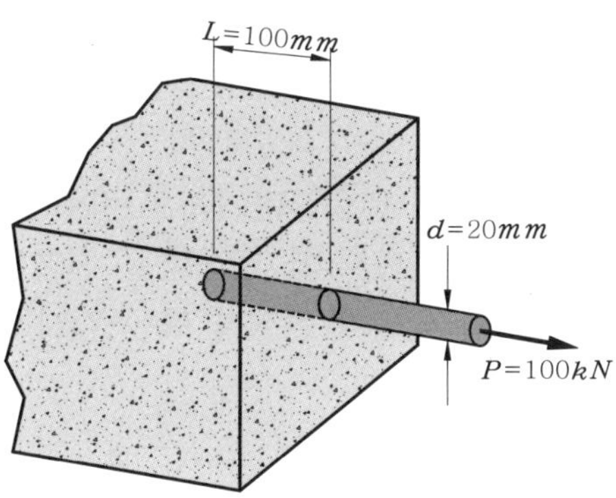

3.2 응력과 변형률의 관계

3.2.1 인장시험

구조용으로 사용되는 재료의 역학 및 기계적 성질은 재료의 **시편**(試片, Specimen)을 가지고 실험함으로써 결정된다. 이 실험은 인장과 압축의 정하중 및 동하중을 포함한 여러 가지 형태의 하중을 시편에 작용시키는데, 이들 하중에 따른 재료의 구조적 거동을 측정할 수 있는 시험기를 갖춘 재료 실험실에서 이루어진다. 시험결과를 쉽게 비교하기 위해 시편의 치수 및 시험방법 등은 각 국가별, 지역별 또는 국제적으로 표준화되어 있다.

한국공업규격(韓國工業規格, KS, Korean Industrial Standards)에는 시편의 모양·치수, 시험기, 시험방법, 시험결과의 표시법 등이 규정되어 있다. 미국의 경우, **미국재료표준시험협회**(ASTM, American Society for Testing Materials)는 재료와 시험에 대한 시방서와 표준에 관한 간행물을 발간하는 국립기술협회이며, 이 밖에도 **미국표준협회**(ASA, American Standard Association), **국립기술표준원**(NIST, National Institute of Standards and Technology)이 있다.

여기서는 가장 기본적이고 중요한 재료시험인 **인장시험**(引張試驗, Tensile Test)에 대하여 살펴보도록 한다.

인장시험은 [그림3.2.1]과 같이 원형단면 봉 또는 평판 형태의 시편의 양끝을 시험기에 고정하고, 시편 축의 양단부에 인장력을 천천히 증가시키면서 재료의 응력과 변형에 대한 여러 가지 역학적 성질을 측정·검사하는 시험이다.

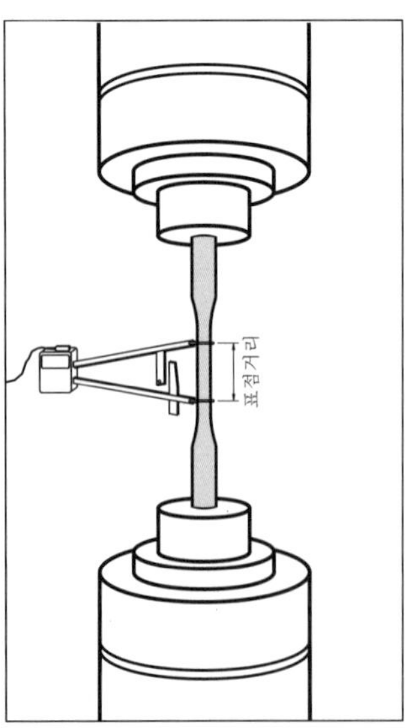

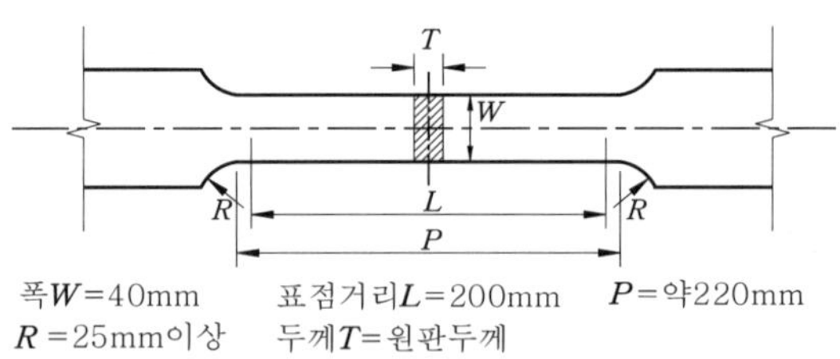

1A호 인장시편 (KS)

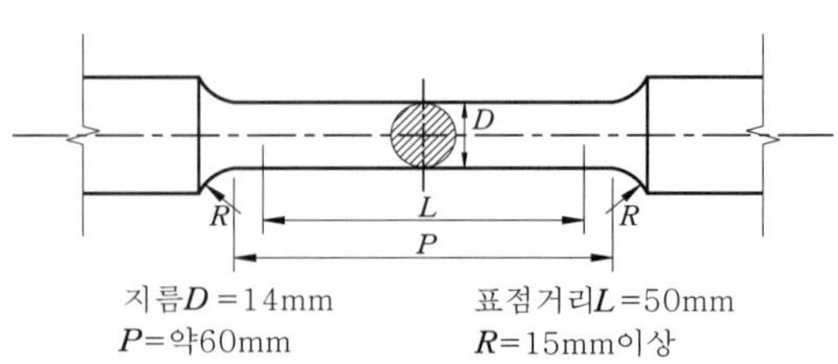

4호 인장시편 (KS)

[그림3.2.1] 인장시험 및 인장시편의 형상

건축구조용 강재의 인장시험에 사용되는 인장시편의 형상은 KS B 0802 금속재료 인장시험방법에서 1*A* 호 또는 4 호 시험편을 이용하도록 규정하고 있으나 시험목적에 따라 별도의 인장시편을 사용할 수 있다. 1*A* 호 및 4 호 시험편의 형상은 [그림3.2.1]와 같다.

한편 미국재료표준시험협회(ASTM)의 표준인장시편은 원형단면 봉으로 직경이 0.505 인치(in)이고, **표점**(標點, Gage Mark) 사이의 거리(Gage Length)는 2 인치(in)이다. 여기서 표점은 시편에 부착된 신장측정기의 팔(Arm)이 부착되는 점이다.

[그림3.2.1]과 같은 인장시험기는 인장력 P을 점점 증가시키면서 시편이 늘어나는 신장량 δ를 자동적으로 읽어서 측정·기록한다. **표점거리**(標點距離, Gage Length)사이의 늘어난 길이 δ는 인장력에 따라 동시에 측정되는데, 보통 [그림3.2.1]에서 보이는 기계적 게이지를 사용하지만, 전기저항식인 스트레인게이지(Strain Gage)를 사용하기도 한다. 정적시험(Static Test)에서는 작용력이 천천히 가해지지만, 동적시험(Dynamic Test)에서는 작용력이 빠르게 가해지거나 때로는 주기적으로 가해짐으로 속도가 재료의 역학적 성질에 미치는 영향이 크므로 그 속도를 반드시 측정하여야 한다.

3.2.2 인장시험에 대한 응력-변형률선도

시험결과 나타나는 인장력 P와 신장량 δ 사이의 관계식은 시험에 사용되는 시편의 크기에 따라 좌우되므로, 어떤 크기의 부재에도 적용될 수 있는 응력 σ와 변형률 ϵ의 관계식으로 변환할 필요가 있다.

응력 σ는 인장력 P를 단면적 A로 나눈 값으로, 이때 단면적 A로 시편의 최초단면적을 사용하여 계산한 응력을 **공칭응력**(公稱應力, Nominal Stress), **재래응력**(在來應力) 또는 **공학응력**(工學應力)이라고 한다. 한편 단면적 A로 시편의 최초단면적보다 줄어드는 실제단면적을 사용하여 계산한 응력을 **진응력**(眞應力, True Stress)이라고 한다.

변형률 ϵ은 표점사이의 신장량 δ를 표점거리(Gage Length) L로 나눈 값으로, 이때도 표점거리 L로 최초의 표점거리를 사용하여 계산한 변형률을 **공칭변형률**(公稱變形率, Nominal Strain)이라 하고, 실제 늘어나는 표점거리를 사용하여 계산한 변형률을 **진변형률**(眞變形率, True Strain) 또는 **고유변형률**(固有變形率, Natural Strain)이라고 한다.

구조공학에서는 주로 공칭응력과 공칭변형률을 사용한다. 이는 이들의 사용이 계산에 용이할 뿐만 아니라 재료의 역학적 성질을 파악하고 설계에 필요한 정보를 얻는데 있어서 큰 문제가 없기 때문이다.

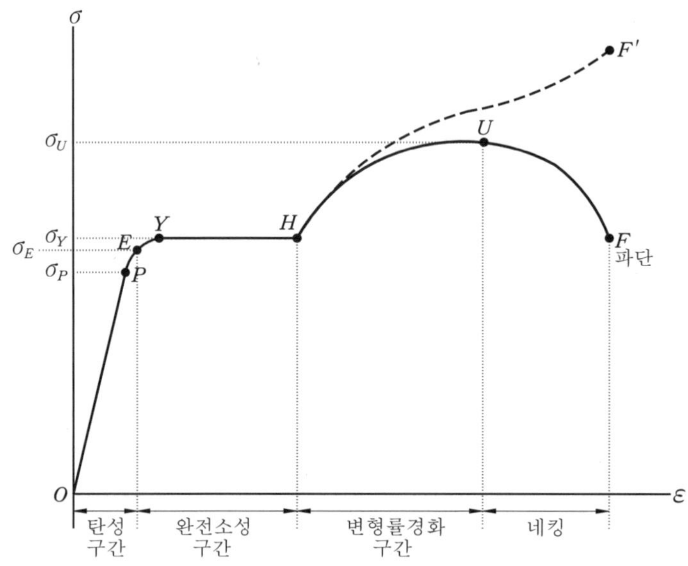

[그림3.2.2] 연강의 응력-변형률선도

한편 인장시험을 통하여 얻은 응력 σ를 세로축으로, 변형률 ϵ을 가로축으로 놓고 응력과 변형률의 관계식을 그래프로 그리면, [그림3.2.2]와 같은 **응력-변형률선도**(應力-變形率線圖, Stress-Strain Diagram)를 그릴 수 있다. 응력-변형률선도는 재료의 역학 및 물리적 특성을 나타내어, 부재의 구조적 거동에 관한 중요한 정보를 제공해 준다.

다음은 연강 또는 저탄소강으로 알려진 구조용 강재를 예로 들어 응력-변형률선도를 고찰해 보기로 한다. [그림3.2.2]는 축척 및 비례에 맞게 그려지지는 않았지만, 인장을 받는 전형적인 연강(軟鋼, Mild Steel)의 응력-변형률선도를 보여주고 있다.

[그림3.2.2]에서 $O-P$구간은 응력 σ가 증가함에 따라 변형률 ϵ이 선형·비례적으로 증가하는데, P점을 지나면 응력과 변형률의 선형관계가 더 이상 지속되지 않는다. 따라서 P점에 해당하는 응력 σ_P를 **비례한도**(比例限度, Proportional Limit)라고 한다. 한편 $O-E$구간은 하중을 제거하면 변형이 완전히 원래의 모양으로 되돌아가는 부분으로, E점에 해당하는 응력 σ_E를 **탄성한도**(彈性限度, Elastic Limit)라고 한다. P점과 E점을 지나면서 하중이 증가하면 응력에 비하여 변형률이 이전에 비해 훨씬 커져, 응력-변형률곡선은 경사가 점차 작아지다가 결국 수평이 되는 Y점에 도달하게 된다. 이 Y점으로부터 H점에 도달할 때까지는 응력의 증가없이 상당한 신장이 일어나는데, 이 구간에서 일어나는 변형률은 강재의 종류에 따라 비례한도까지의 변형률의 $10 \sim 15$배에 달한다. 이러한 현상을 재료의 **항복**(降伏, Yielding)이라 하며, Y점에 해당하는 응력 σ_Y를 **항복응력**(降伏應力, Yield Stress)이라고 한다.

그리고 $Y-H$구간을 **완전소성**(完全塑性, Perfect Plasticity)상태가 되었다고 하며, **소성흐름**(Plastic Flow)구간이라고도 한다. 완전소성구간이 끝나는 H점 이후 재료는 다시 변형률의 증가와 함께 응력이 증가하는 현상이 일어나는데, 이 현상을 **변형률경화**(變形率硬化, Strain Hardening)라 한다. 이후 응력과 변형률곡선은 점차 상승하다가 최대응력인 U점에 도달하게 된다. 이때 응력이 최대인 U점의 응력 σ_U를 **극한응력**(極限應力, Ultimate Stress)이라고 한다. 재료의 항복응력과 극한응력은 각각 **항복강도**(降伏强度, Yield Strength), **극한강도**(極限强度, Ultimate Strength)라고도 부르며, 구조설계시 중요한 자료로 활용된다. 이후 응력-변형률곡선이 U점을 지나면 하중이 감소하는데도 시편이 계속 늘어나면서 단면이 서서히 작아지다가 결국 F점에서 **파단**(破斷, Fracture)이 일어난다. 한편 시편은 인장력을 받아 길이방향으로 늘어나는 동안 가로방향 수축으로 인하여 단면적은 점점 작아지는데, H점까지는 단면적의 감소량이 비교적 적어 응력계산에 별로 영향을 주지 않으나, H점 이후로는 단면적의 감소량이 커서 응력-변형률선도의 모양에 영향을 미친다. 따라서 응력을 구할 때 최초단면적보다 줄어드는 실제단면적을 사용하여 계산하는 진응력(True Stress)을 사용할 경우 응력-변형률곡선은 $H-F'$의 형태를 보이며 파단된다.

또한 극한응력 부근에서는 시편의 단면적의 감소가 [그림3.2.3]과 같이 눈에 보일 정도로 현저하게 나타나는데, 이러한 현상을 시편의 **네킹**(Necking)이라고 한다.

[그림3.2.3] 인장시편의 네킹현상

연강의 응력-변형률선도가 [그림3.2.2]와 같이 나타나는 이유를 개념적으로 좀 더 자세히 설명하자면 다음과 같다.

강재는 원자 또는 원자단이 규칙적·주기적으로 배열되어 있는 결정구조로, 철(Fe)과 탄소(C)를 주성분으로 하고, 규소(Si), 망간(Mn) 등 소량의 원소들을 함유하고 있다. 이때 아주 강한 기본입자인 원자들은 서로 강하게 끌어당기면서 결합된 어떤 일정한 배열의 공간구조를 이루고 있다. 이들 원자간의 결합력은 매우 강하여 만약 결정구조가 완전한 배열을 통한 무결점의 공간구조를 가졌다면, 이들의 결합을 인위적인 힘으로 파괴하기란 매우 어려울 것이고 파괴하더라도 매우 큰 힘이 필요할 것이다. 그러나 실제 강재는 [그림3.2.4]와 같이 원자간 배열 및 구성에서 선형적 결함이 존재하며, 이로써 비교적 작은 힘에도 항복을 하며 소성변형이 생기는 것이다.

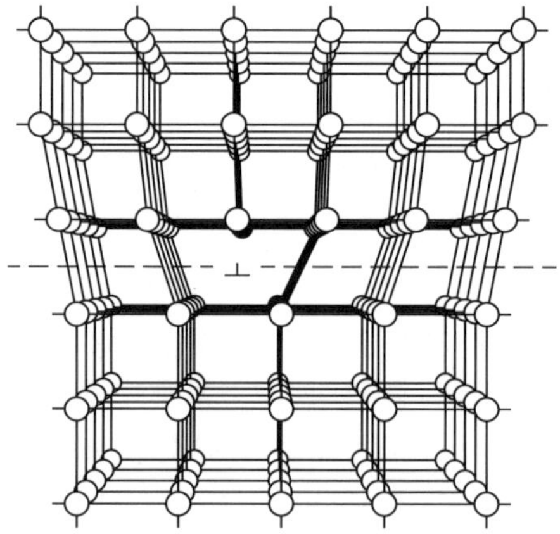

[그림3.2.4] 강재의 선형적 결점

강재는 일반적으로 [그림3.2.4]와 같이 격자형의 입방체로 구성되어있는데 원자간의 결합을 스프링(Spring)에 비유한다면, 힘 F가 증가함에 따라 스프링상수(Spring Constant) k에 반비례하여 변형 $x\,(= F\,/\,k\,)$가 일어난다. 이때 스프링은 복원력이 있는 탄성재료이기 때문에 힘을 제거하면 변형이 원래상태로 돌아간다. 참고로 [그림3.2.2]의 응력-변형률선도에서 E점에 해당하는 응력 σ_E가 탄성한도(Elastic Limit)이다. 이처럼 시편을 인장하면 초기 탄성한도이내까지는 원자간의 강한 결합력으로 인하여 하중에 견디면서 원자간에 연결되어있는 스프링이 조금씩 선형적으로 늘어난다고 생각하면 된다. 그러다가 하중이 항복응력에 도달하면 [그림3.2.4]와 같은 강재의 선형적 결합부위에서 [그림3.2.5]와 같은 원자간의 연쇄적인 미끄럼(Sliding)현상이 발생한다.

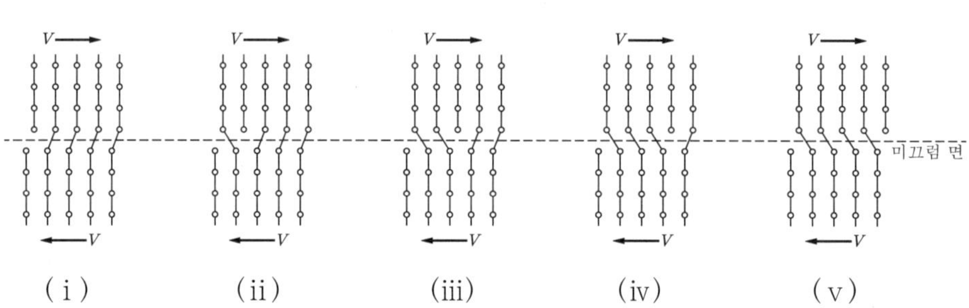

[그림3.2.5] 원자간의 연쇄적인 미끄럼현상

[그림3.2.5]의 (i)에서 (v)까지의 원자간의 순차적인 미끄럼현상은 원자간의 결합을 자르려는 힘, 즉 어떤 단면에 평행한 방향으로 작용하는 전단응력(Shear Stress)에 의하여 발생한다. 참고로 뒤에서 배우겠지만, 축방향력을 받는 부재의 최대전단응력의 크기는 최대수직응력의 1/2 이고, 그 방향은 부재축의 45° 방향이다. 예를 들어 [그림3.2.6]과 같이 연마된 표면을 가진 평강(Flat Bar)형태의 연강(Mild Steel)을 인장시험하면 항복응력에 도달할 때 편평한 면에서 축의 약 45° 각도로 줄무늬가 발생하는데, 이 경사진 줄무늬를 **슬립밴드**(Slip Bands)라고 한다.

이러한 현상은 축방향력을 받는 부재가 전단응력이 최대인 평면을 따라 전단파괴되는 것을 보여준다. 결국 [그림3.2.2]의 응력-변형률선도에서 Y점으로부터의 재료의 항복(Yielding)은 원자들이 전단응력이 최대인 평면을 따라 미끄럼현상이 일어나는 것이고, [그림3.2.5]는 원자들의 연쇄적인 미끄럼현상이며, [그림3.2.2]의 응력-변형률선도에서 $Y-H$구간과 같은 완전소성구간이 나타나는 것이다.

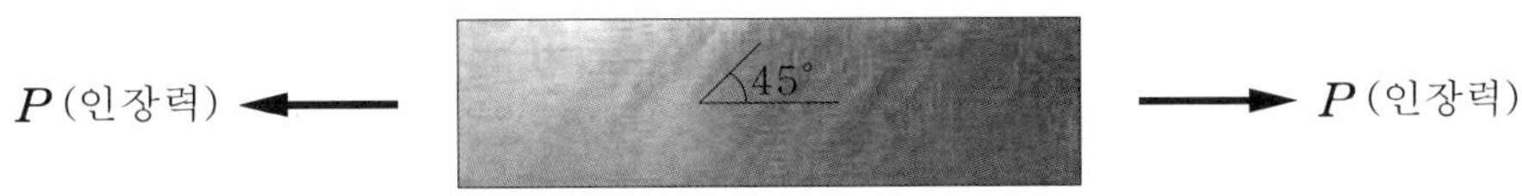

[그림3.2.6] 평강에서의 슬립밴드(Slip Bands)

[그림3.2.5]에서 원자들의 연쇄적인 미끄럼이 완료되면 그림(v)와 같이 재료는 새로운 결정구조로 재배열이 된다. 이후 다시 하중을 증가시키면 재료는 원자 및 결정구조의 변화를 일으키며, 더 이상의 변형에 대하여 재료의 저항력을 증가시키면서 변형률경화(Strain Hardening)를 시작한다. 변형률경화구간을 거치면서 시편의 단면수축은 계속되고, 원래 재료는 가지고 있던 인성(靭性, Ductility)을 서서히 잃어 가면서 경직되어가게 된다. 그러다가 시편은 극한응력을 지나면서 큰 단면수축률을 보이고 파괴에 이르게 된다. 이것이 바로 네킹(Necking)현상이다. 여기서 유념해야 할 점은, 시편이 파단하는 원인은 재료의 강도가 약해져서가 아니라 재료의 큰 변형과 가로수축에 의한 시편의 단면적 감소로 인한 기하학적 원인 때문인 것이다. 즉 진응력(True Stress)을 사용한 응력-변형률곡선 $H-F'$에서 볼 수 있듯이, 실제 강재의 응력은 시편이 파단하는 순간까지 계속 상승하는데, 시편이 파단되는 것은 세로변형과 반비례적으로 동반되는 가로수축, 즉 네킹현상으로 인하여 단면적의 감소가 계속 이루어지다가 단지 기하학적으로 소멸되는 것이다.

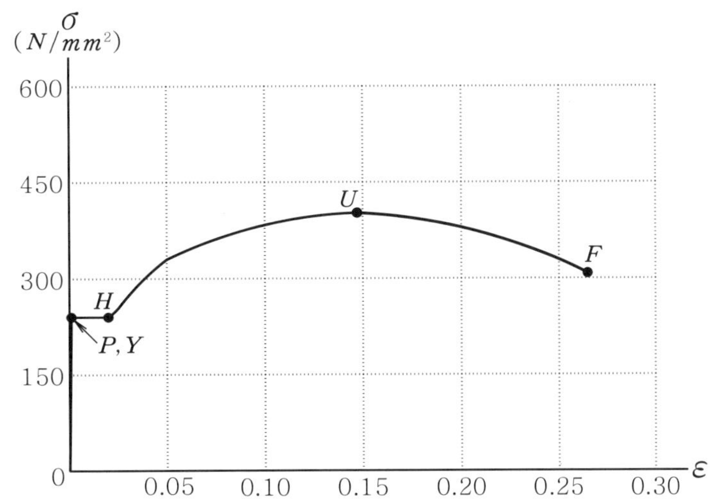

[그림3.2.7] 비례에 맞게 그려진 연강의 응력-변형률선도

[그림3.2.2]는 연강(Mild Steel)에 대한 응력-변형률선도의 일반적인 특성을 나타내고 있지만, 비례에 맞게 그려지지 않아 실제와는 다르다. [그림3.2.7]은 올바른 비례로 그려 본 연강의 응력-변형률선도이다.

[그림3.2.7]에서 $Y-H$ 구간의 변형률은 $O-P$ 구간의 변형률의 약 $10 \sim 15$ 배에 달하고, $H-F$ 구간의 변형률은 $Y-H$ 구간의 변형률의 약 10 배 이상이나 큼을 알 수 있다. 또한 $O-P$ 구간의 변형률은 $P-F$ 구간의 변형률에 비하여 매우 작기 때문에, 그 기울기는 눈으로 식별할 수 없을 정도로 거의 수직선에 가깝게 나타난다.

연강과 같이 파단이 일어나기까지 큰 변형률을 나타내는 것을 **연성**(延性, Ductility)이 크다고 말하고, 이러한 재료를 **연성재료**(延性材料, Ductile Material)라고 부른다. 연성재료로는 일반구조용 강재(SS275, SS315 등), 용접구조용 강재(SM275, SM355 등), 철근(SD300, SD400 등), 알루미늄, 구리 및 각종 합금 등이 이에 속한다. 구조용 강재는 약 0.2 % 의 탄소(C)를 함유한 합금이며, 저탄소강에 해당된다. 일반적으로 탄소의 함유량이 많을수록 강재는 연성이 약해지고, 높은 항복응력과 극한응력을 가진다. 이 밖에도 강재의 역학 및 물리적 성질은 열처리, 다른 합금의 존재여부, 압연과 같은 제작과정 등의 영향을 받는다.

여러 가지 구조용 강재의 인장시험에서 보면, 응력-변형률선도의 종류는 크게 **명확한 항복형태**(Sharp Yielding Type)와 **점진적 항복형태**(Gradual Yielding Type)로 나눌 수 있다. 명확한 항복형태는 앞에서 살펴본 연강과 같은 열간압연 강재, 변형률시효(Strain Aging)에 영향을 받은 냉간성형강재 등의 인장시험에서 나타나는데, [그림3.2.2]의 완전소성구간과 같은 뚜렷한 항복영역을 가진다. 이에 대조적으로 점진적 항복형태는 대부분의 냉간성형강재, 열처리를 한 고강도강재, 알루미늄 합금 등의 인장시험에서 나타나는데, [그림3.2.8]과 같이 응력-변형률선도에서 명확한 항복점을 가지지 못하고, 선형구간에서 비선형구간으로 곡선이 점진적으로 변한다.

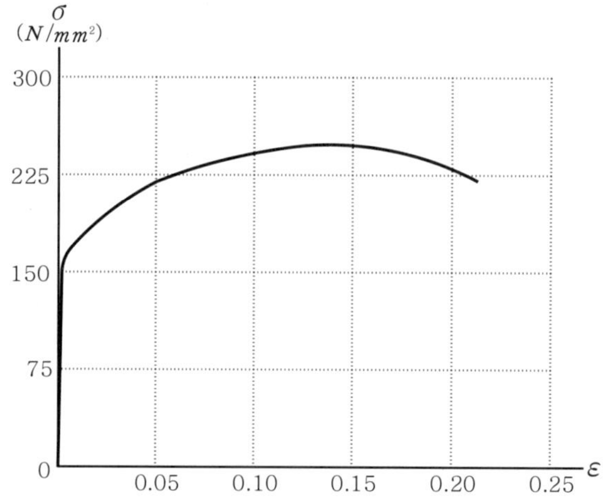

[그림3.2.8] 점진적 항복형태

[그림3.2.8]과 같이 점진적 항복형태의 응력-변형률선도를 가진 재료의 항복응력은 보통 2가지 방법으로 구할 수 있다.

먼저 **오프셋 방법**(Offset Method)에 의하여 항복점을 구할 수 있는데, [그림3.2.9](a)와 같이 변형률 0.002 (0.2%)에 해당하는 점에서 응력-변형률선도의 최초 선형부분과 평행한 직선을 그려, 이 직선이 응력-변형률곡선과 만나는 점의 응력을 항복응력으로 정의하는 것이다. 이 방법을 **0.2% 오프셋 방법**(0.2% Offset Method)이라고 한다. 한편 이 항복응력은 임의의 방법으로 구했기 때문에 재료의 고유한 성질은 아니므로, **오프셋 항복응력**(Offset Yielding Stress)이라고 부른다.

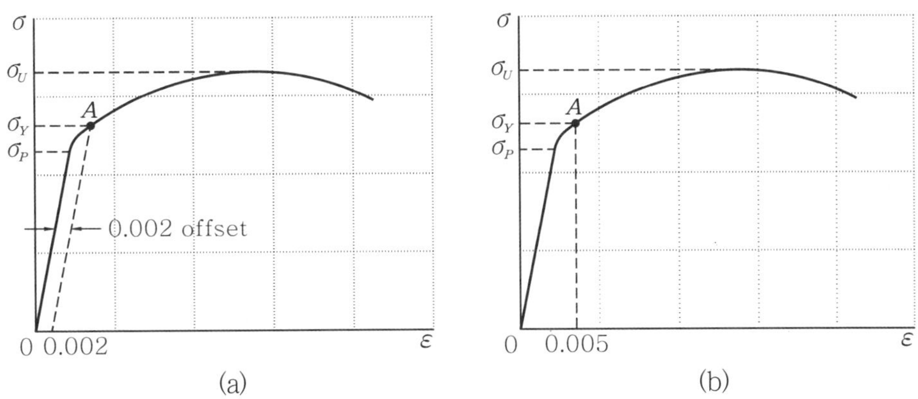

[그림3.2.9] 점진적 항복형태의 응력-변형률선도에서의 항복응력

두 번째는 [그림3.2.9](b)와 같이 **변형률 0.005 (0.5%)에 해당하는 응력을 항복응력으로 정의하는 방법**(0.5% Strain-Under-Load Method)이다.

한편 응력-변형률선도에서 나타나는 극한응력(σ_U)에 대한 항복응력(σ_Y)의 비(比)를 **항복비**(降伏比, σ_Y / σ_U)라고 한다.

재료의 항복비는 재료가 항복에서 파단에 이르기까지의 연성능력을 평가하는 지표로, 종래의 강재에서는 항복비가 약 $0.55 \sim 0.95$의 범위에 분포하고 있으며 인장강도가 높을수록 항복비가 커지는 경향을 나타낸다. 설계기준 인장강도가 $410\,MPa$인 강재($SS275$, $SM275$ 등)의 항복비는 $0.6 \sim 0.7$ 정도이고, 인장강도 $800\,MPa$ 정도인 고장력강의 항복비는 0.9 정도로 커진다. 최근에 개발되는 강재는 연성 및 내진성능을 확보하기 위하여 저항복비를 목표로 제조되고 있으며 인장강도가 높아져도 항복비는 $0.80 \sim 0.85$를 상한값으로 관리하고 있다.

또한 인장을 받는 재료의 연성(Ductility)은 신장량과 파단면의 단면감소에 따라 평가되기도 한다. 먼저 **신장백분율**(伸張百分率, Percent Elongation)은 다음과 같이 정의된다.

$$\text{신장백분율} = \frac{L_f - L_o}{L_o} \times 100 \ (\%) \tag{3.2.1}$$

여기서 L_o는 최초의 게이지길이(Gage Length)이며, L_f는 파단시 표점간의 길이이다.

신장량은 시편의 전 길이에 걸쳐 균일하지 않고 네킹부분에서 집중되므로 신장백분율은 게이지길이에 의해 좌우된다. 게이지길이가 2인치(in)인 경우에는 구성요소의 성분에 따라 구조용 강재는 대략 25~30%의 신장률을 가진다.

한편 **단면감소백분율**(斷面減少百分率, Percent Reduction in Area)은 네킹의 양을 측정하는데 다음과 같이 정의된다.

$$\text{단면감소백분율} = \frac{A_o - A_f}{A_o} \times 100 \ (\%) \qquad (3.2.2)$$

여기서 A_o는 시편의 최초단면적이며, A_f는 파단시 줄어든 최종단면적을 나타낸다. 참고로 연강의 단면감소백분율은 약 50% 이다.

한편 재료가 파단이 일어나기까지 작은 변형률을 나타내는 것을 **취성**(脆性, Brittleness)이 크다고 말하고, 이러한 재료를 **취성재료**(脆性材料, Brittle Material)라고 부른다. 취성재료로는 주철, 콘크리트, 돌, 유리 등이 이에 속한다. 이러한 재료들은 비례한도가 지나서 조금 더 늘어나면 바로 파단된다. 예를 들어 고탄소강은 취성적으로 거동하는데 매우 높은 항복응력을 가지나 파단은 아주 작은 변형률에서 일어난다.

◆ ◆ ◆ ◆ ◆ ◆

예제 3.2.1

다음은 2가지 재료 A, B를 ASTM 표준인장시편을 가지고 인장시험한 결과이다. 각 시편의 신장백분율과 단면감소백분율을 구하고, 어느 것이 더 큰 연성재료인지 구분하여라. (ASTM 표준인장시편 : 직경 $0.505\,in$, 표점길이 $2.0\,in$)

구 분	파단시 표점길이 (in)	파단면의 직경 (in)
A	2.15	0.496
B	2.74	0.212

풀이

(1) 각 재료의 신장백분율

A의 신장백분율 $= \dfrac{L_f - L_o}{L_o} \times 100 = \dfrac{2.15 - 2.0}{2.0} \times 100 = 7.5\%$

B의 신장백분율 $= \dfrac{L_f - L_o}{L_o} \times 100 = \dfrac{2.74 - 2.0}{2.0} \times 100 = 37\%$

(2) 각 재료의 단면감소백분율

A의 단면감소백분율

$$= \frac{A_o - A_f}{A_o} \times 100 = \frac{(\pi \times 0.505^2/4) - (\pi \times 0.496^2/4)}{(\pi \times 0.505^2/4)} \times 100 = 3.5\%$$

B의 단면감소백분율

$$= \frac{A_o - A_f}{A_o} \times 100 = \frac{(\pi \times 0.505^2/4) - (\pi \times 0.212^2/4)}{(\pi \times 0.505^2/4)} \times 100 = 82.4\%$$

∴ 재료 B가 재료 A보다 파단시까지 더 큰 변형을 나타내므로
재료 B가 재료 A보다 더 큰 연성재료이다.

◆ ◆ ◆ ◆ ◆ ◆

3.2.3 탄성과 소성

구조물이 하중을 받으면 변형을 하지만, 변형의 원인인 하중을 제거하면 변형은 일부 또는 전부 없어진다. 이와 같이 하중이 제거될 때 원래의 모양으로 돌아가는 재료의 성질을 **탄성**(彈性, Elasticity)이라 하고, 하중을 제거하여도 원래의 모양으로 돌아가지 않은 채 변형된 상태로 남아있는 재료의 성질을 **소성**(塑性, Plasticity)이라고 한다. 일반적으로 물체는 탄성과 소성의 성질을 모두 가지고 있는데, 편의상 탄성이 지배적인 물체를 **탄성체**(彈性體, Elastic Body), 소성이 지배적인 물체를 **소성체**(塑性體, Plastic Body)라고 한다.

여기서는 [그림3.2.10]과 같은 인장시험에서의 응력-변형률곡선을 통하여 탄성 및 소성에 대한 재료의 거동을 살펴보도록 한다.

앞에서 배운 바와 같이, [그림3.2.10]의 E점에 해당하는 응력을 **탄성한도**(彈性限度, Elastic Limit)라고 가정할 때, 그림(a)와 같이 탄성한도이내의 응력인 A점까지 하중을 가한 후, 하중을 제거하면 재료의 선도는 똑같은 곡선을 따라 O점으로 복귀한다. 이때 재료가 탄성이기 위해서는 응력-변형률선도에서의 O점에서 E점까지가 반드시 선형일 필요가 없다는 점에 유의하여야 한다.

한편 그림(b)와 같이 하중을 탄성한도인 E점을 지난 B점까지 가한 후, 하중을 제거하면 재료의 선도는 선분 BC를 따라 최종 C점에 도달한다. 이때 하중

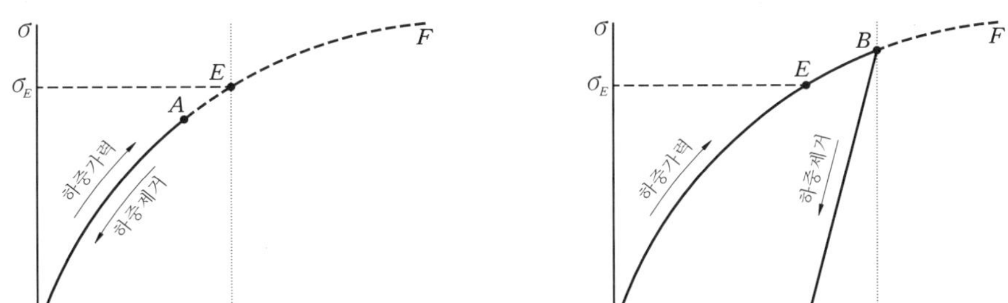

(a) 탄성거동 (b) 부분탄성거동

[그림3.2.10] 탄성거동과 부분탄성거동

제거선인 선분 BC는 보통 최초 응력-변형률곡선의 기울기에 평행함으로, 이 경우는 O점에서의 곡선의 접선과 평행하다.

또한 C점의 도달상태를 보면 하중은 완전히 제거되었지만, 변형은 완전히 복귀되지 못하고 일부가 남았다. 즉 변형률 CD는 탄성적으로 회복되었으나, 변형

률 OC는 **영구변형률**(永久變形率, Permanent Strain) 또는 **잔류변형률**(殘留變形率, Residual Strain)로 남게 된다. 이에 대응하는 시편의 잔류신장을 **영구 셋**(Permanent Set)이라고 한다.

결국 그림(b)는 하중이 제거되는 동안에 시편이 부분적으로 최초의 모양으로 돌아오는데, 이때 이 재료는 **부분탄성**(部分彈性, Partial Elasticity)을 가졌다고 말한다. 이처럼 그림(b)와 같이 재료가 탄성한도를 지나면 비탄성적 변형인 소성이 일어나는데, 이는 소성영역에서 하중을 받을 때는 재료의 내부구조가 변하여 그 성질이 바뀌기 때문이다.

한편 [그림3.2.10](b)에 이어서 [그림3.2.11]과 같이, C점에서 다시 하중을 가하면 재료의 선도는 선분 CB를 따라 다시 상승하여, B점에 도달하게 되고, 이후 F점을 통과하여 항복 및 극한응력을 거친 후 결국 파괴에 이르게 된다.

그리고 다시 하중을 가할 때는 C점에서 B점으로 직선으로 거동하게 되어 초기에 하중을 가할 때에 비하여 더 높은 비례한도와 항복응력 및 극한응력을 가지게 된다. 따라서 하중의 제거와 하중의 가력(加力)을 반복함으로써 재료를 계속 잡아 늘이면, 강도는 높일 수 있으나 B점 이후 F점을 거쳐 파괴에 이르기까지의 연성이 감소됨으로 주의하여야 한다.

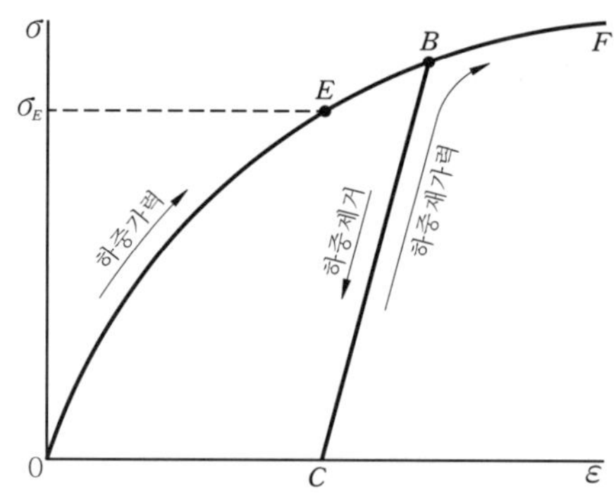

[그림3.2.11] 부분탄성상태에서의 하중의 재가력(再加力)

3.2.4 선형탄성과 후크의 법칙

대부분의 강재는 응력-변형률선도에서 초기에는 응력 σ가 증가함에 따라 변형률 ϵ이 선형·비례적으로 증가하는 [그림3.2.2]의 $O-P$구간과 같은 선형영역을 가진다. 앞에서 배운 바와 같이 이 선형영역의 한계를 비례한도(Proportional Limit)라 하는데, 탄성한도(Elastic Limit)는 이 비례한도보다 크거나 거의 같다. 연강의 경우 항복응력이 비례한도와 거의 비슷하므로, 실제로는 항복응력과 탄성한도와 비례한도가 모두 같다고 본다. 재료가 탄성적으로 거동하면서 응력과 변형률의 관계가 선형적일 때, 이를 **선형탄성**(線形彈性, Linear Elasticity)이라고 한다. 많은 구조물은 항복이나 소성흐름으로부터의 영구변형을 피하기 위하여 외력으로부터의 부재 내부의 응력이 이 선형탄성영역 안에 들어오도록 부재의 크기 및 형태를 결정하는 방법으로 구조설계를 진행한다. 따라서 선형탄성영역에서의 재료의 역학적 거동은 공학에서 매우 중요하게 다루어진다.

인장 및 압축의 축방향력을 받는 부재에 대한 응력과 변형률 사이의 선형적인 관계는 다음과 같은 식으로 표시할 수 있다.

$$\sigma = E\,\epsilon \tag{3.2.3}$$

상기 식(3.2.3)은 영국의 과학자인 Robert Hooke(1635~1703)의 이름을 따라 **후크의 법칙**(Hooke's Law)이라고 한다. 식(3.2.3)에서 E를 **탄성계수**(彈性係數, Modulus of Elasticity)라고 하는데, 이는 선형탄성영역에서 응력-변형률선도의 기울기에 해당된다. 탄성계수는 재료에 따라 다른 고유의 성질로, 변형률이 무차원량이므로 탄성계수의 단위는 응력의 단위와 같다. SI단위에서는 N/m^2 또는 Pa (파스칼)이 된다.

실례로 구조물에 사용되는 일반구조용 강재의 탄성계수는 $E = 2.1 \times 10^5\,MPa$, 철근은 $E = 2.0 \times 10^5\,MPa$, 알루미늄은 $E = 7.3 \times 10^4\,MPa$ 정도이다. 또한 콘크리트는 강도 및 배합에 따라 $E = 1.4 \times 10^4 \sim 4.5 \times 10^4\,MPa$, 목재는 $E = 7.0 \times 10^3 \sim 10.0 \times 10^3\,MPa$ 정도이다.

탄성계수는 영국의 과학자인 Thomas Young(1773~1829)의 이름을 따라 **Young계수**(Young's Modulus)라고도 부른다. 일반적으로 재료의 압축시 탄성계수의 값은 인장시의 값과 같다.

◆ ◆ ◆ ◆ ◆ ◆

예제 3.2.2

직경 $10mm$, 게이지 길이 $50mm$인 어떤 재료의 시편을 가지고 인장시험을 실시한 결과, 하중 $P = 18.85kN$를 가하면 표점간의 길이가 $0.057mm$만큼 늘어나는 것을 확인하였다. 이 재료의 탄성계수를 구하여라.

풀이

$\sigma = E \cdot \epsilon$ 이므로 $E = \dfrac{\sigma}{\epsilon}$ 이 된다.

여기서, $\sigma = \dfrac{P}{A} = \dfrac{18850}{\pi \times 10^2/4} = 240\,MPa$

$$\epsilon = \frac{L_f - L_0}{L_0} = \frac{50.057 - 50}{50} = 0.00114$$

$$\therefore\ E = \frac{\sigma}{\epsilon} = \frac{240}{0.00114} = 210526\,MPa \approx 2.1 \times 10^5\,MPa$$

◆ ◆ ◆ ◆ ◆ ◆

한편 전단을 받는 재료의 역학적 성질은 직접전단시험이나 비틀림시험으로부터 구할 수 있다. 비틀림시험은 속이 빈 원형강관을 비틀어서 순수전단상태에 이르게 하는데, 이로부터 **전단응력-변형률선도**($\tau-\gamma$ 선도, Stress-Strain Diagram in Shear)를 그릴 수 있다. 같은 재료의 경우, 일반적으로 $\tau-\gamma$ 선도는 $\sigma-\epsilon$ 선도의 모양과 비슷한데, 이를 이용하여 비례한도, 항복응력, 극한응력과 같은 전단성질을 구할 수 있다. 이 전단성질은 보통 인장시험에서의 성질에 1/2 정도가 된다. 예를 들어 전단시험에서의 항복응력은 인장시험의 0.5 ~ 0.6 배에 불과하다. 전단응력-변형률선도는 인장시험에서와 같이 선형탄성영역을 가지는데, 이를 식으로 나타내면 다음과 같다.

$$\tau = G\gamma \tag{3.2.4}$$

상기 식(3.2.4)에서 G를 **전단탄성계수**(剪斷彈性係數, Shear Modulus of Elasticity)라고 하는데, 이는 선형탄성영역에서 전단응력-변형률선도의 기울기에 해당된다. 전단탄성계수는 재료에 따라 다른 고유의 성질로, 변형률이 무차원량이므로 전단탄성계수의 단위는 응력의 단위와 같다. SI단위에서는 N/m^2 또는 Pa (파스칼)이 된다. 실례로 일반구조용 강재의 전단탄성계수는 $G = 8.1\times 10^4 MPa$ 정도로, 이는 인장탄성계수 E의 $1/3 \sim 1/2$ 정도이다. 그리고 인장탄성계수 E와 전단탄성계수 G 사이에는 다음과 같은 관계가 성립된다.

$$G = \frac{E}{2(1+\nu)} \tag{3.2.5}$$

여기서 ν는 **프아송비**(Poisson's Ratio)를 뜻한다.

다음은 프아송비(Poisson's Ratio)에 대하여 알아보도록 한다.

[그림3.2.12]와 같이 인장을 받는 부재는 축방향의 신장과 함께 작용하중 방향에 대하여 수직으로 **가로수축**(Lateral Contraction)을 한다.

재료가 등방·등질체이면 **가로변형률**(Lateral Strain)은 선형탄성영역에서 수직변형률(Normal Strain)에 비례한다. 여기서 수직변형률을 ϵ, 가로변형률을 ϵ' 라 할 때, 수직변형률에 대한 가로변형률의 비(比)를 **프아송비**(Poisson's Radio)라 하며, ν (nu)로 표기한다.

$$\nu = -\frac{\text{가로변형률}}{\text{수직변형률}} = -\frac{\epsilon'}{\epsilon} \tag{3.2.6}$$

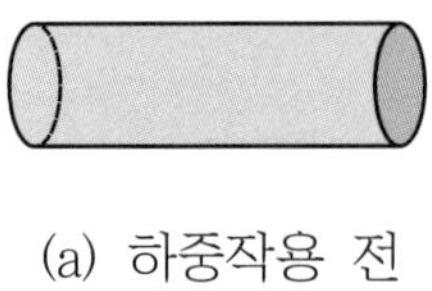

(a) 하중작용 전

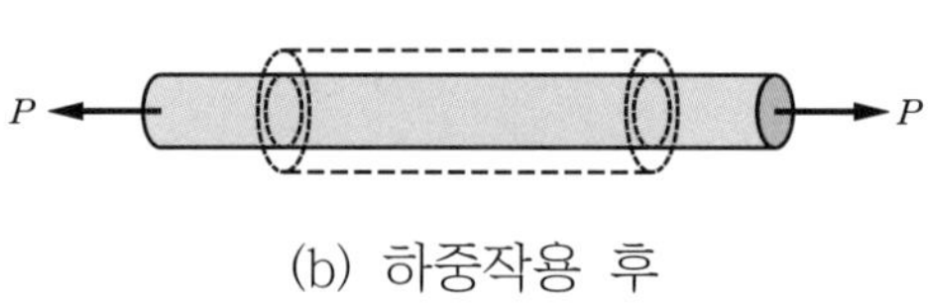

(b) 하중작용 후

[그림3.2.12] 인장을 받는 부재의 가로수축

가로변형률과 수직변형률은 서로 반대 변형과 함께 반대 부호를 가지므로, 이 사실을 보정하기 위하여 식(3.2.6)에 음(−)의 부호가 삽입된다. 따라서 프아송비는 항상 양(+)의 값을 갖는다.

프아송비는 프랑스의 수학자인 S.D. Poisson(1781~1840)의 이름을 따라 지은 것이다. 예를 들어 코르크는 극히 작은 값의 프아송비를 가져 실제로는 '0' 으로 취급하고, 구조용 강재는 $1/3$, 콘크리트는 $1/6$ 정도이다. 프아송비의 이론적 상한값은 $1/2$ 이고, 고무의 경우가 이 상한값에 거의 접근한다.

인장탄성계수, 전단탄성계수와 마찬가지로 프아송비는 재료에 따라 다른 고유의 성질로, 대부분 인장에서나 압축에서나 똑같다고 취급한다.

한편 프아송비의 역수를 **프아송수**(Poisson's Number, $m = 1/\nu$)라 부르기도 하는데, 구조용 강재의 프아송수는 3 , 콘크리트는 6 이 이에 해당한다.

인장을 받는 부재의 가로수축이나 압축을 받는 부재의 가로팽창은 대응되는 응력이 없는 변형률의 예인데, 축하중을 받는 부재의 경우 가로방향에는 수직응력이 없으나 프아송효과 때문에 변형률은 존재하게 된다. 이와 같은 다른 예로는 온도변화에 의하여 생기는 열변형률이 있다.

◆ ◆ ◆ ◆ ◆ ◆

예제 3.2.3

길이 $L = 300mm$, 폭 $B = 40mm$ 인 철판의 길이방향 양 끝단에 균일한 인장응력을 가한 결과, 길이가 $10mm$ 늘어나고, 폭이 $0.5mm$ 감소하였다. 이 부재의 프와송비(Poisson's Radio)는 얼마인가?

풀이

가로변형률 $\epsilon' = \dfrac{39.5 - 40}{40} = -0.0125$

세로변형률 $\epsilon = \dfrac{310 - 300}{300} = 0.0333$

$$\therefore \ \nu = -\frac{\epsilon'}{\epsilon} = -\frac{-0.0125}{0.0333} = 0.375$$

◆ ◆ ◆ ◆ ◆ ◆

3.2.5 압축시험

재료의 **압축시험**(壓縮試驗, Compressive Test)은 보통 원주형이나 정육면체 모양의 시편을 사용한다. 미국재료표준시험협회(ASTM)의 강재시편의 경우, 원주형은 지름이 1 인치(in), 높이가 1 ~ 12 인치(in)이고, 정육면체는 한 변의 길이가 2 인치(in)이다. 시험기에 작용하는 압축력과 동시에 시편의 압축변형을 측정하는데, 시편 양단부의 영향을 제거하기 위하여 줄어드는 변형은 전체시편의 길이보다 작은 게이지길이(Gage Length)에 대하여 측정된다.

일반적으로 강재가 인장시험에 의하여 강도를 측정하는데 비해, 콘크리트는 주로 압축시험을 통하여 재료의 강도를 측정한다. 콘크리트강도란 굳지 않은 콘크리트를 $KS\ F$ 2401 에 따라 채취하여 $KS\ F$ 2403 에 의하여 공시체를 제조하고 양생하되, 28 일 동안 21 ~ 25 ℃로 습윤양생하며, $KS\ F$ 2405 에 따라 매초 0.15 ~ 0.35 MPa 의 재하속도로 시험한 재령 28 일 압축강도를 말한다. 우리나라를 비롯하여 미국, 일본에서는 지름 150mm , 높이 300mm 의 원주형 공시체를 표준공시체로 사용하고 있으며, 영국은 한 변이 150mm 인 입방체 공시체를, 독일은 한 변이 200mm 인 입방체 공시체를 사용하고 있다.

3.2.6 압축시험에 대한 응력-변형률선도

압축에 대한 응력-변형률선도는 인장에 대한 것과는 또 다른 형태를 보인다.

연강, 구리, 알루미늄 등과 같은 연성재료는 인장의 경우와 거의 비슷한 비례한도를 가지며, 압축응력-변형률선도의 초기 영역은 인장의 경우와 비슷하나 항복이 일어나면서부터 그 거동이 다르게 나타난다. 인장시험에서는 시편이 늘어나 가로수축으로 인한 네킹(Necking)이 발생하면서 파괴되지만, 압축시험에서는 [그림3.2.13]과 같이 시편의 양쪽이 부풀어 오르면서 납작하게 된다.

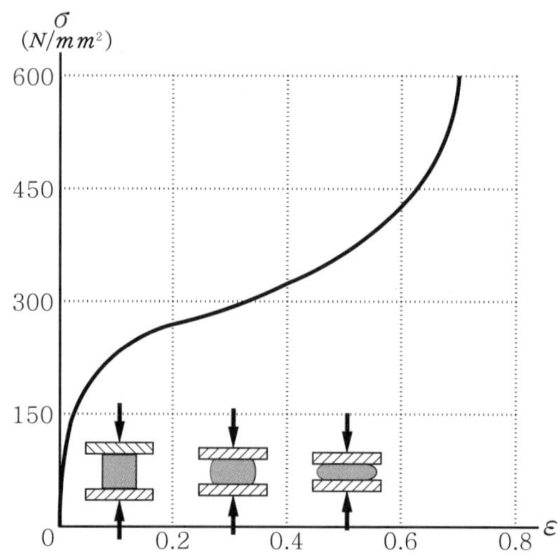

[그림3.2.13] 구리의 압축응력-변형률선도

따라서 하중이 증가함에 따라 시편은 더욱 납작해지면서 저항력이 커져 [그림3.2.13]에서 보는 바와 같이 응력-변형률곡선이 상승하게 된다. [그림3.2.13]은 구리의 압축응력-변형률선도이다.

주철과 같은 취성재료의 압축응력-변형률선도는 초기에는 선형영역을 가지다가 그 이후에는 응력에 비하여 큰 변형률로 줄어든다. [그림3.2.14]는 주철의 인장과 압축에 대한 응력-변형률선도를 비교한 것인데, 취성재료는 인장에서 보다 압축에서 훨씬 더 큰 항복응력을 가지며, 압축시 최대응력에서 파괴된다는 것을 알 수 있다.

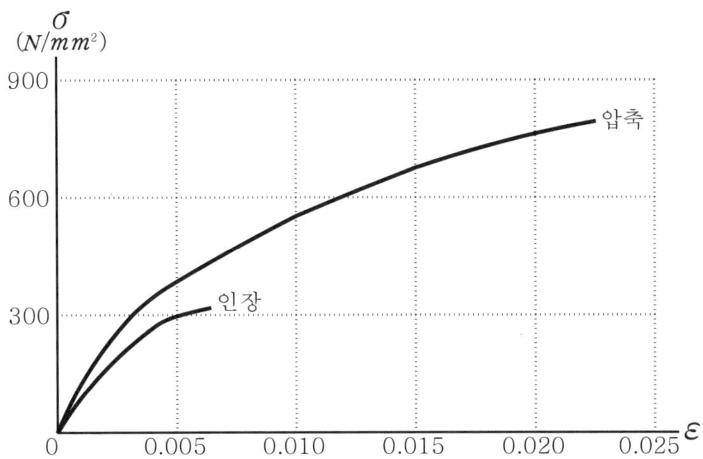

[그림3.2.14] 주철의 인장과 압축에 대한 응력-변형률선도

콘크리트의 압축강도 f_{ck} 는 압축응력-변형률선도에서 가장 큰 응력상태를 나타내는 최고점을 말하는데, [그림3.2.15]는 여러 가지 압축강도를 가진 콘크리트의 전형적인 압축응력-변형률선도를 보여주고 있다.

[그림3.2.15]에서 나타난 바와 같이 1축 압축력을 받는 콘크리트는 응력이 최대압축강도의 $30 \sim 40\%$ 까지는 탄성거동을 하나, 그 이상의 응력상태에서는 미세한 균열의 발생과 함께 비선형거동을 하고, 응력이 최대압축강도의 $80 \sim 90\%$ 가

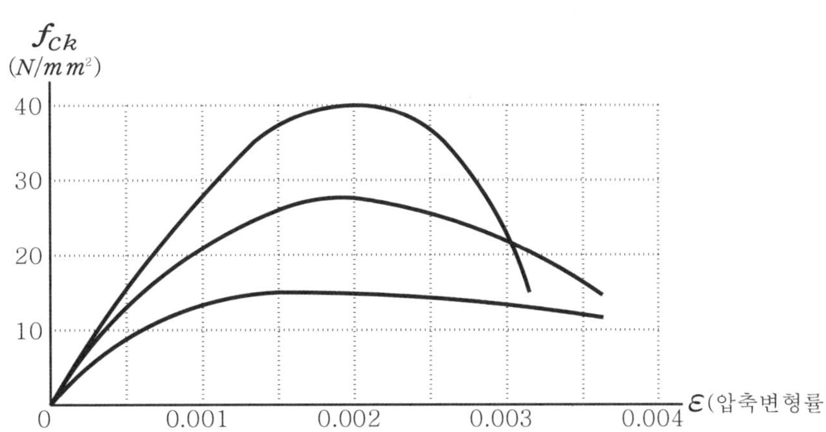

[그림3.2.15] 콘크리트의 압축응력-변형률선도

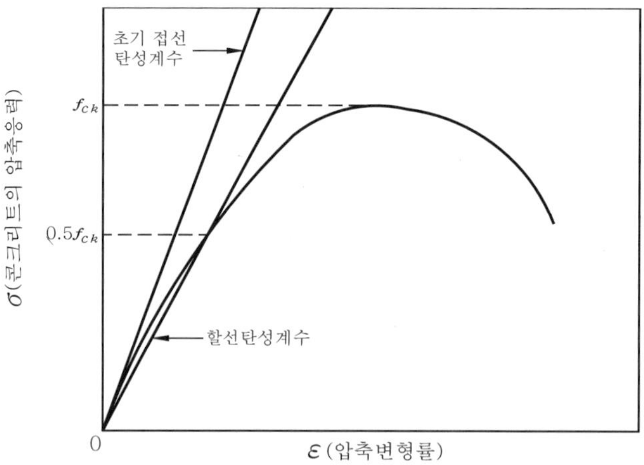

[그림3.2.16] 콘크리트의 탄성계수

되면 균열이 서로 연결되면서 공시체는 파괴되기 시작한다. 이때 콘크리트의 변형률은 0.002~0.0025 의 범위에 있다. 이후에는 변형률은 증가하나 응력은 떨어지는 **변형률연화**(變形率軟化, Strain Softening) 현상이 생기는데, 콘크리트구조설계기준에서는 극한변형률을 0.003 으로 하고 있다.

[그림3.2.16]은 콘크리트의 압축응력-변형률선도에서의 탄성계수(彈性係數, Modulus of Elasticity)를 보여주고 있다. 이 선도에서 초기 선형상태의 기울기를 **초기접선탄성계수**(Initial Tangent Modulus)라 하고, 원점 O에서 임의의 응력상태를 잇는 직선의 기울기를 **할선탄성계수**(Secant Modulus)라고 한다. 이때 $0.5f_{ck}$ 또는 $0.25f_{ck}$에 대한 할선탄성계수를 콘크리트의 탄성계수 E_c로 한다.

3.2.7 시간 경과에 의한 재료의 성질

앞에서 서술한 응력-변형률선도는 단지 시편 및 공시체에 정하중을 가한 인장 및 압축시험에서 얻은 것으로, 시간의 경과에 따른 효과에 대해서는 설명되지 않았다. 여기서는 시간의 경과에 따른 재료의 역학적 성질에 대하여 살펴보도록 한다.

가. 크리프 (Creep)

어떤 재료에 일정한 하중이 계속 작용할 때, 하중이 증가하지 않아도 변형이 시간이 경과됨에 따라 증가하는 현상을 **크리프**(Creep)라고 한다.

콘크리트의 크리프는 경화된 콘크리트에 일정한 크기의 지속적인 하중이 오랜 시간동안 작용할 때 생기는 시간종속적인 장기변형현상을 의미한다. [그림3.2.17]에서 보는 바와 같이 초기시간 t_1에서 콘크리트 구조체에 하중이 작용하면 순간탄성변형률 ϵ_i가 발생하며, 이후 시간이 경과함에 따라 하중의 증가가 없이도 크리프변형률 ϵ_c가 추가적으로 일어난다.

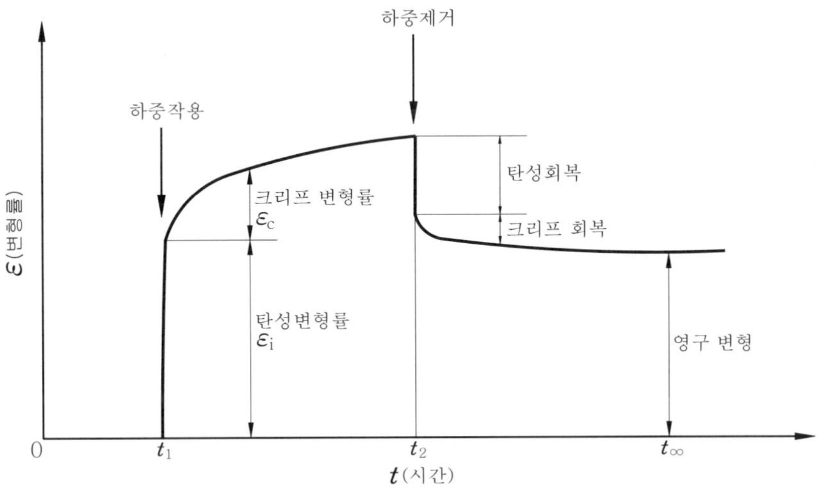

[그림3.2.17] 콘크리트의 크리프

크리프는 콘크리트가 압축을 받으면 압축응력을 전달하는 겔입자 사이의 흡착수층이 얇게 되려는 경향 때문에 생기는데, 초기에는 흡착수층 두께의 변화가 빨리 생겨 크리프 속도가 빠르나, 시간이 경과할수록 속도는 늦어진다. 또한 새로운 위치에서 콘크리트의 수화에 의한 겔입자의 결합이 형성되어 [그림3.2.17]에서와 같이 하중을 제거할 때에는 부분적으로 복원되기는 하지만 변형된 위치에서 겔입자의 결합에 의한 부분은 잔류변형상태로 변형이 복원되지 않는 채로 남게 된다. 일반적으로 콘크리트의 크리프는 ① 콘크리트 강도가 높을수록 작아지며, ② 재령이 높을수록 작아지고, ③ 골재가 많을수록 작아지며, ④ 온도가 높을수록 커지고, ⑤ 상대습도가 높을수록 작아진다. 그밖에도 작용응력, 혼화제, 시멘트의 종류, 부재의 크기 등이 콘크리트의 크리프에 영향을 미치는 요인들로 작용한다.

한편 응력의 증가없이 오랜 시간에 걸쳐 추가로 변형이 일어나는 크리프(Creep)는 강재에서도 발생한다. 예를 들어 [그림3.2.18](a)와 같이 천장에 철사로 추를 매다는 경우, 인장을 받는 철사는 그림(b)와 같이 최초시간 t_o에 하중을 받을 때는 초기변형량 δ_o 만큼 늘어나며, 이 상태에서 하중의 변화가 없이 오랫동안 시간을 경과시키면 철사는 크리프에 의해 점점 더 늘어나게 된다.

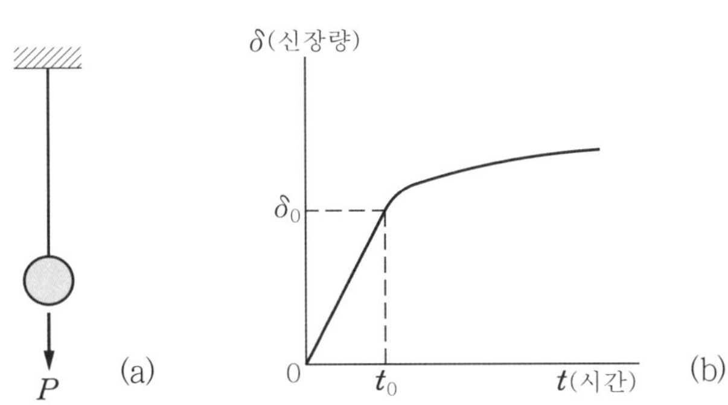

[그림3.2.18] 강재의 크리프

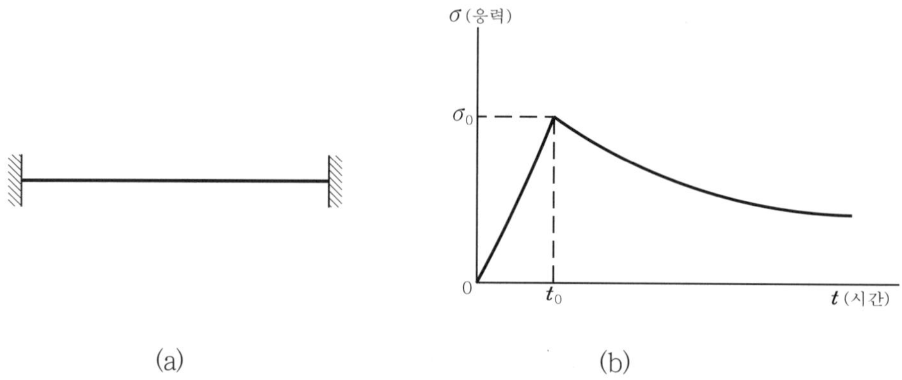

[그림3.2.19] 재료의 이완(弛緩)

또 다른 크리프의 예로 [그림3.2.19]와 같이 움직이지 않는 두 지점사이의 Pre-Tension에 의해 초기시간 t_o에서 인장응력 σ_o를 갖는 철사를 생각해 본다. 여기서 철사에 하중의 증가 없이 오랫동안 시간을 경과시키면, 철사의 양 지점이 움직이지 않더라도 철사의 응력은 점점 없어져 일정한 값에 이르게 된다. 이렇게 일정한 하중상태에서 시간의 경과에 따라 응력이 작아지는 현상을 재료의 **이완**(弛緩, Relaxation)이라고 한다.

강재를 비롯한 많은 재료에서 이러한 크리프가 발생하는데, 상온에서는 이 변화가 너무 작기 때문에 관심을 두지 않아도 되는 경우가 많다. 그러나 엔진, 노(爐) 및 오랜 시간동안 높은 온도에서 작동하는 기계 등과 같이 고온에 노출되는 강재의 크리프는 반드시 설계시 고려되어야 한다.

실제 콘크리트 및 강재를 이용한 구조물에서 크리프의 영향을 고려한 보정의 실례로는 고층건물에서의 기둥축소현상(Column Shortening Effect)에 대한 보정과 장기처짐이 우려되는 보나 슬래브의 치올림(Camber) 등이 이에 해당된다.

나. 변형률시효 (Strain Aging)

[그림3.2.20]은 비례가 맞지는 않지만, 연강의 인장시험에서 나타나는 응력-변형률선도로, 곡선A는 앞에서 살펴보았던 명확한 항복형태(Sharp Yielding Type)의 전형적인 모습이다.

한편 곡선B는 변형률 경화영역에서 하중을 제하(除荷, Unloading)시킨 것이며, 이때 하중을 즉시 다시 가하면(Reloading) 곡선C를 따라 응력과 변형률은 변화한다.

한편 곡선D는 곡선B를 통하여 하중이 제거된 상태에서 소성변형을 한 시편을 1주 또는 10일 정도 시간을 경과시킨 후 다시 하중을 가한 것으로, 곡선A에 비하여 항복응력과 극한응력은 높아지고, 연성은 저하되는 특징을 보인다. 이와 같은 현상을 **변형률시효**(變形率 時效, Strain Aging)라고 한다.

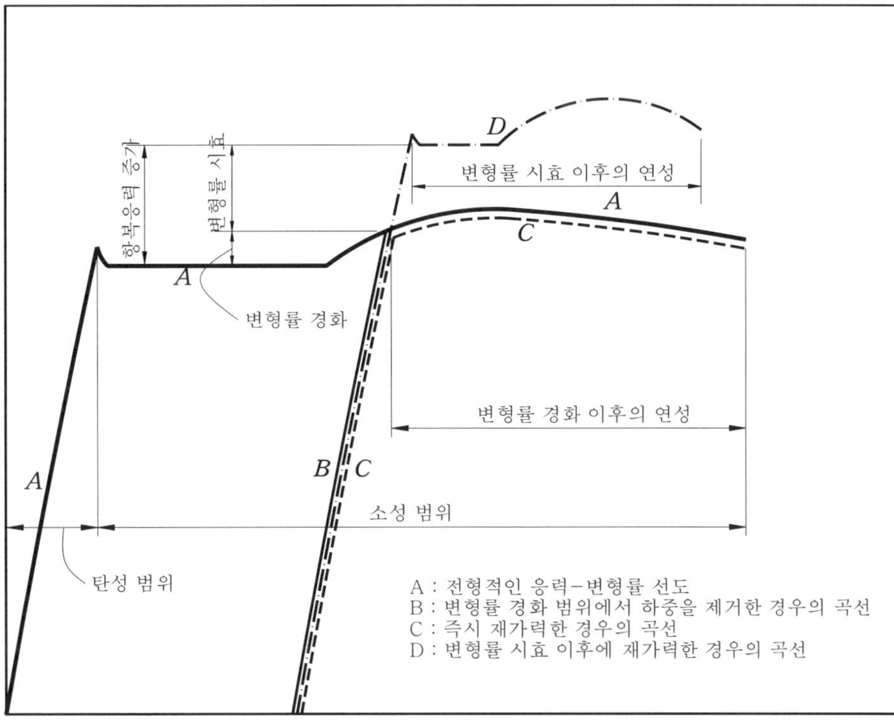

[그림3.2.20] 강재의 변형률시효

3.2.8 잔류응력에 의한 재료의 성질

소성변형으로 인하여 부재에는 **잔류응력**(殘留應力, Residual Stress)이 생기는데, 잔류응력은 외력이 작용하기 전에 이미 단면의 내부에 존재하고 있다. 예를 들어 열간압연강재의 경우, 제조과정에서 부재가 균일하지 않게 냉각됨으로써 잔류응력이 발생한다.

[그림3.2.21]에서 보는 바와 같이 H형강 플랜지(Flange)는 단부가 중앙부에 비하여 단위체적당 표면적이 크므로 제작시 냉각과정에서 단부가 중앙부에 비하여 냉각속도가 빠르다. 따라서 플랜지의 단부가 중앙부에 비하여 먼저 냉각되어 수축이 이루어지고 중앙부는 단부에 비하여 천천히 냉각·수축되면서 굳어진다. 따라서 수축변형이 먼저 발생되는 플랜지의 단부에는 압축응력이, 나중에 발생하는 중앙부에는 인장응력이 발생하면서 평형상태를 이루게 된다. 한편 H형강 웨브(Web)의 경우, 중앙부의 단위체적당 표면적이 웨브(Web)와 플랜지(Flange)의 접합부인 단부보다 크므로 중앙부가 단부보다 먼저 냉각·수축하게 된다. 따라서 웨브(Web)의 중앙부는 압축응력이, 단부에는 인장응력이 잔류응력으로 남게 된다. 잔류응력에 대한 연구결과에 의하면, H형강의 플랜지 단부에서 최대압축잔류응력의 평균치는 [그림3.2.21]에서 보는 바와 같이 대략 항복응력 σ_y의 0.3배에 달한다.

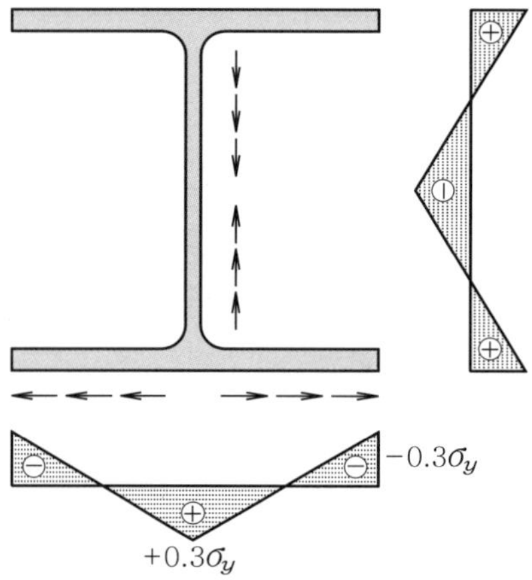

[그림3.2.21] H형강의 잔류응력

또 다른 예로, 상온에서 얇은 판을 로울러, 절단기, 압연기 등의 기기를 이용하여 성형가공하는 냉간성형강재는 [그림3.2.22]의 실험결과와 같이 성형작업에 따른 변형률경화의 영향을 많이 받는 모서리 부분이 변형률경화의 영향을 덜 받는 편평한 부분보다 항복응력과 극한응력이 높게 나타난다. 이는 냉간성형강재가 성형과정에서 접히면서 인장력으로 인한 소성변형이 일어난 모서리 부분에 잔류응력이 많이 존재함을 나타낸다.

이처럼 구조용 부재는 제작 및 성형과정 등에서 냉각속도 차이나 소성변형에 의한 잔류응력 때문에 부분적으로 내부에 프리스트레스(Prestress)를 가지고 있다. 어떤 경우에는 부재의 구조적 성능을 향상시키기 위하여 강제적으로 부재에 프리스트레스를 가하기도 한다.

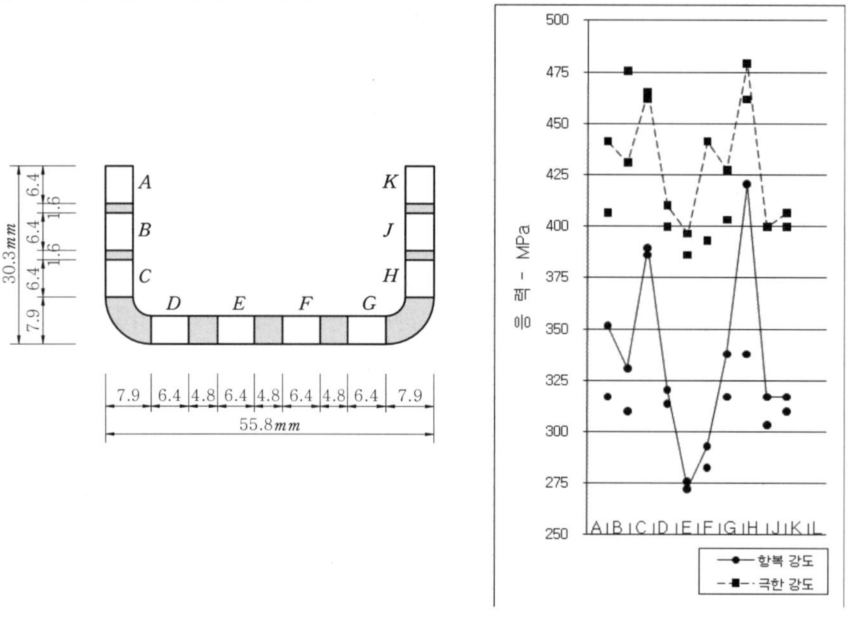

[그림3.2.22] 냉간성형강재의 잔류응력

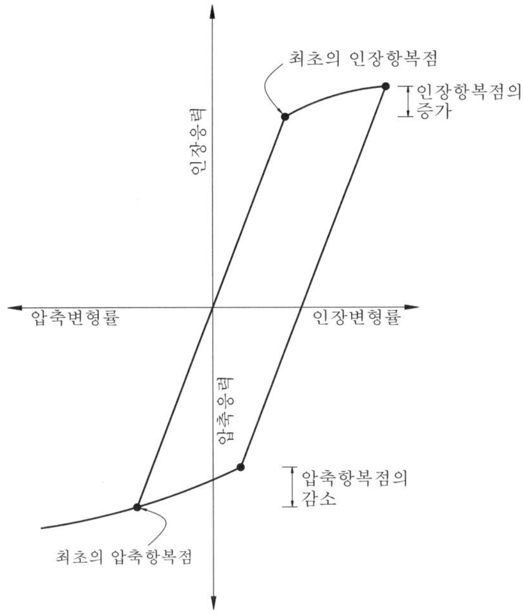

[그림3.2.23] 강재의 바우싱거효과(Bauschinger Effect)

다음은 또 다른 제작과정에서 생긴 잔류응력에 의한 재료의 역학적 성질에 대하여 살펴보도록 한다.

[그림3.2.20]에서 곡선B는 변형률경화영역에서 하중을 제하(除荷, Unloading) 시킨 것으로, [그림3.2.23]과 같이 인장력의 제하(除荷)에 이어 반대방향으로 압축력을 작용시키면 비례한도가 현저하게 저하되면서 압축시의 항복응력이 인장시의 항복응력에 비하여 낮아지는 것을 볼 수 있다. 이러한 현상을 **바우싱거효과**(Bauschinger Effect)라고 한다.

한편 냉간성형과정에서 로울러 등을 통하여 길이방향으로 펼쳐진 판재는 어느 정도의 잔류응력이 존재하는 상태가 된다. 이때 로울러 진행방향인 길이방향의 잔류변형이 그와 직각인 횡방향의 잔류변형보다 상대적으로 크게 나타난다. 따라서 로울러진행방향으로는 인장소성변형이, 로울러진행과 직각인 횡방향으로는 가로수축으로 인하여 압축소성변형이 미소하게 생긴다.

[그림3.2.24](a)는 로울러진행방향인 판재의 길이방향으로 시편을 채취하여 인장시험과 압축시험을 실시한 결과이다. 그림(a)에서 시편의 압축응력이 인장응력보다 작은 **바우싱거효과**(Bauschinger Effect)가 나타나고 있다. 이는 길이방향의 시편이 성형과정에서 로울러에 의하여 늘어나 인장응력형태의 잔류응력을 가지고 있기 때문이다.

한편 [그림3.2.24](b)는 로울러진행의 직각방향인 판재의 횡방향으로 시편을 채취하여 인장시험과 압축시험을 실시한 결과이다. 그림(b)에서는 시편의 압축응력이 인장응력보다 크게 나타나고 있다. 이러한 현상을 **역바우싱거효과**(Inverse Bauschinger Effect)라고 한다. 이는 횡방향의 시편이 성형과정에서 로울러에 의한 판재의 가로수축으로 인하여 압축응력형태의 잔류응력을 가지고 있기 때문이다.

여기서 강재는 잔류변형이 일어난 방향으로 힘을 가했을 때가 그 반대방향으로 힘을 가했을 때보다 더 큰 힘에 견딜 수 있음을 알 수 있다.

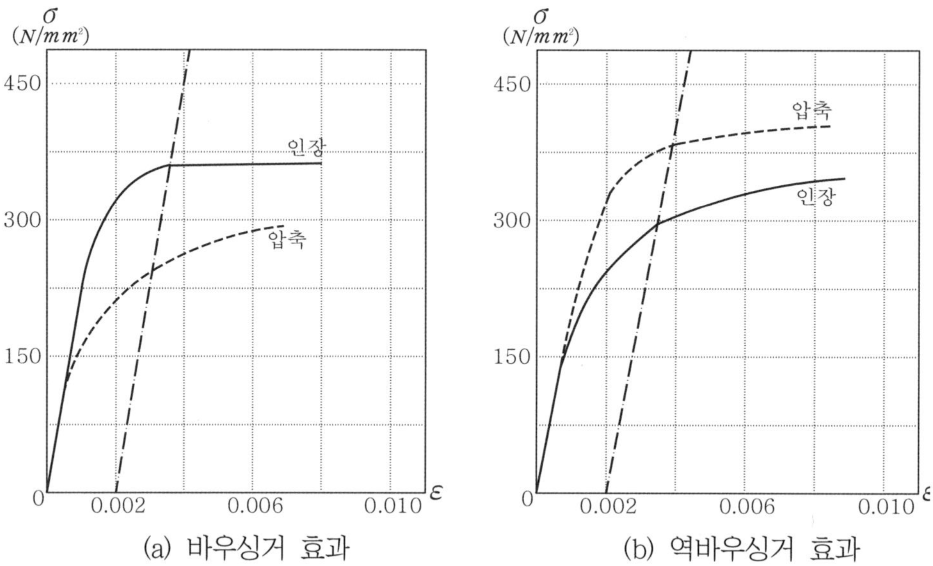

[그림3.2.24] 강재의 바우싱거효과와 역바우싱거효과

◈ 연 습 문 제 ◈

3.2.1 다음의 그림과 같이 지름이 $2.5mm$ 인 강철봉에서 변형률 $\epsilon = 0.0013$ 을 얻을 수 있는 하중 P를 구하여라. (탄성계수 $5 \times 10^5 N/mm^2$)

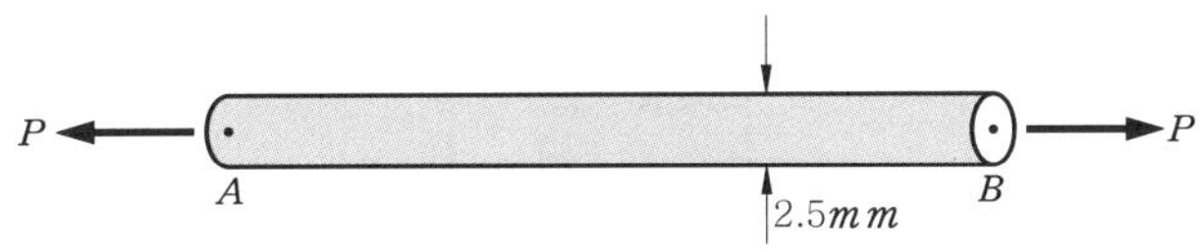

3.2.2 다음의 그림과 같이 지름이 $16cm$ 이고, 길이가 $45cm$ 인 원형부재에 하중 $P = 250kN$ 이 작용한 결과, 폭이 $0.02cm$ 만큼 늘어나고, 길이가 $0.18cm$ 만큼 감소하였다. 이 부재의 탄성계수와 프와송비를 구하여라.

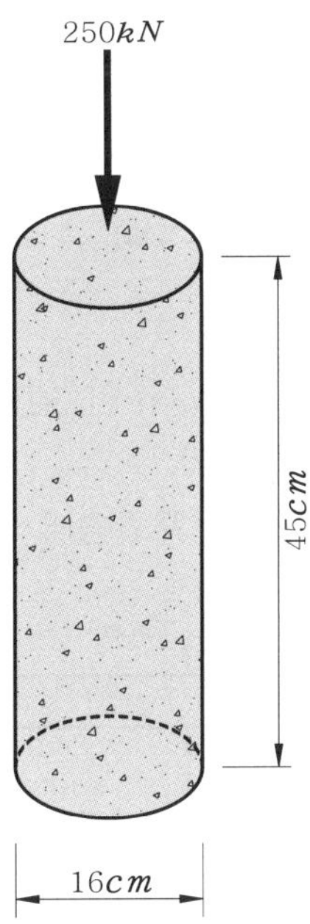

3.2.3 길이가 $3.3m$ 인 $150mm \times 150mm$ 크기의 정사각형 단면 부재에 $120kN$ 의 하중이 작용할 때, 이 부재의 신장량과 단면의 변화량, 체적의 변화량을 구하여라. (여기서, 탄성계수 $E = 100\,GPa$, 프와송비 $\nu = 0.2$)

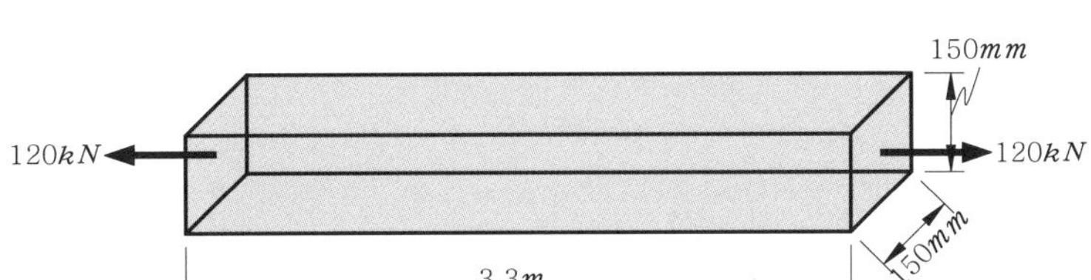

3.2.4 다음의 그림과 같이 길이 $L=2.5m$, 외경 $d_1=110mm$, 내경 $d_2=90mm$ 인 원형강관에 압축하중 $P=430kN$ 이 작용하고 있다. 이때의 강관의 줄어든 길이 δ , 외경과 내경의 증가량 Δd , 강관두께의 증가량 Δt 를 구하여라. (여기서, 탄성계수 $E=5.2\times10^4 N/mm^2$, 프와송비 $\nu=0.4$)

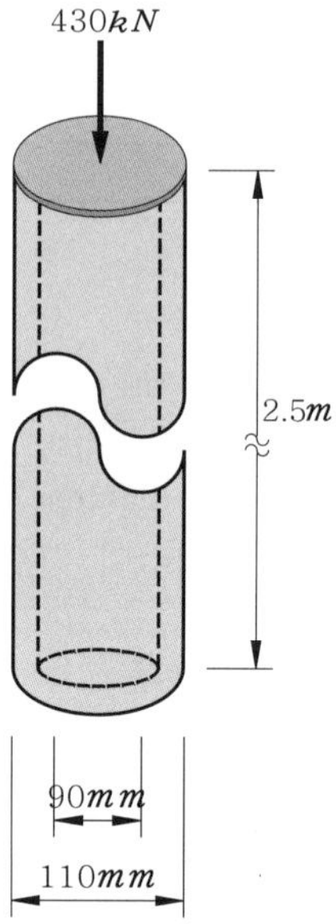

3.2.5 다음의 그림과 같이 외경이 $75mm$ 인 원형부재에서 외경이 $0.0086mm$ 늘어났을 때의 하중 P 를 구하여라.
(여기서, 탄성계수 $E=130\,GPa$, 프와송비 $\nu=0.4$)

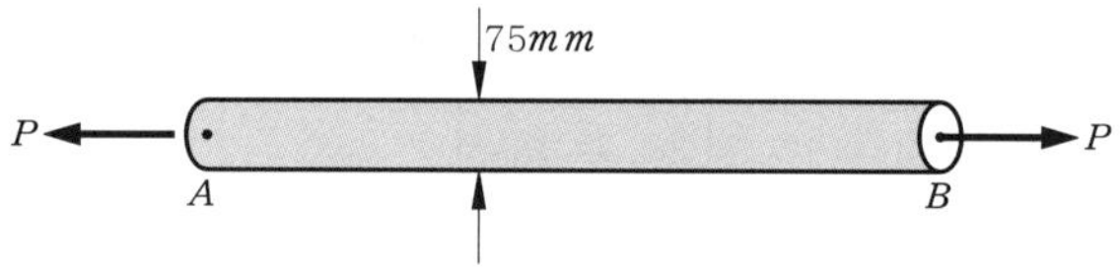

3.3 축하중 부재

직선의 길이방향의 축을 가진 부재가 인장 또는 압축의 축방향력만을 받을 때, 이 부재를 **축하중 부재**(軸荷重部材, Axially Loaded Member)라고 한다.

이 절에서는 축하중 부재의 역학적 거동에 대하여 살펴보고자 한다.

3.3.1 축하중 부재의 변형

[그림3.3.1]과 같이 단면적이 A 이고 길이가 L 인 균일단면부재(Prismatic Member)에서 양단의 단면의 도심(圖心)에 인장력 P 가 작용하면, 부재의 끝에서 멀리 떨어진 단면에는 균일응력(Uniform Stress)이 발생할 것이다.

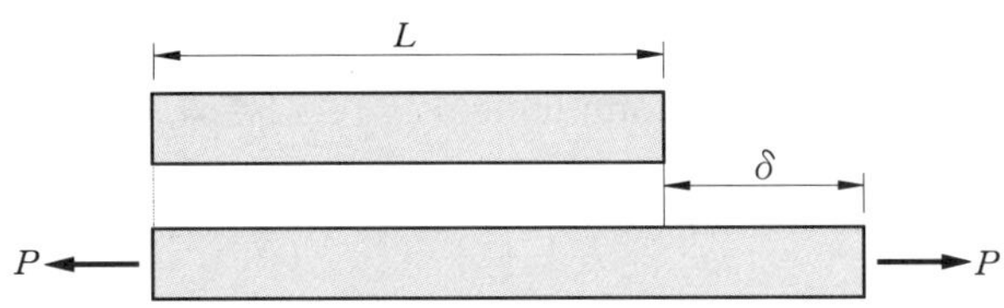

[그림3.3.1] 인장력을 받는 축하중 부재

이때 균일응력은 식(3.1.1)에 의하여 $\sigma = P/A$ 이 된다. 또한 만약 재료가 등질체이고 인장력 P 에 의한 전체신장량(Total Elongation)을 δ 라 할 때, 수직변형률(Normal Strain)은 식(3.1.2)에 의하여 $\epsilon = \delta / L$ 이 된다.

또 재료가 선형탄성(Linear Elasticity)적이면 식(3.2.3)의 후크의 법칙(Hooke's law)이 성립되어 $\sigma = E\,\epsilon$ 이 된다. 결국 식 $\sigma = P/A$, $\epsilon = \delta / L$, $\sigma = E\epsilon$ 을 조합하면, 부재의 전체신장량(Elongation) δ 는 다음과 같은 식으로 구할 수 있다.

$$\delta = \frac{PL}{EA} \tag{3.3.1}$$

상기 식(3.3.1)에서 선형탄성체로 만들어진 균일단면부재의 전체신장량 δ 는 하중 P 와 길이 L 에 정비례하고, 탄성계수 E 와 단면적 A 에 반비례한다는 것을 알 수 있다. 여기서 탄성계수 E 와 단면적 A 의 곱인 EA 를 재료의 **축강도**(軸剛度, Axial Rigidity)라고 한다. 물론 식(3.3.1)은 압축력을 받는 부재에 대해서도 적용가능하며, 이 경우 부재는 수축변형을 나타낼 것이다. 본 교재에서 변형에 대한 부호규약은 신장량을 양(+), 수축량을 음(−)으로 표시하기로 한다.

[그림3.3.1] 및 식(3.3.1)은 [그림3.3.2]와 같은 스프링(Spring)의 거동과 유사한데, 축하중 P 의 작용하에서 원래길이 L 인 스프링이 δ 만큼 변형되어 전체길이 $L+\delta$ 가 된 것이다. 여기서 스프링상수(Spring Constant)를 k 라 할 때, k 는 단위길이만큼 변형시키는데 필요한 힘으로, $k = P/\delta$ 로 정의된다. 한편 스프링상

수의 역수, 즉 단위하중에 대한 변형량을 스프링의 **컴플라이언스**(Compliance)라고 하고, 기호 f로 표시하기도 한다.

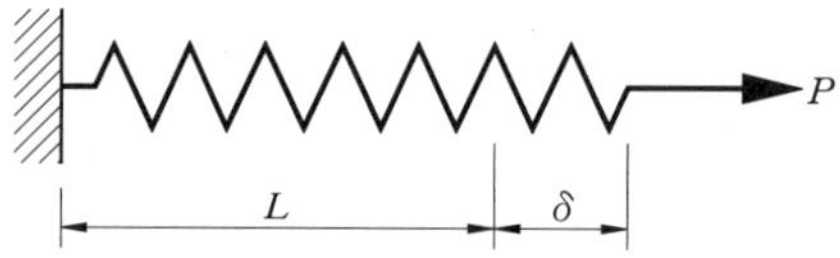

[그림3.3.2] 인장력을 받는 스프링

식(3.3.1)에서 스프링상수 k는 다음과 같이 나타낼 수 있다.

$$k = \frac{EA}{L} \qquad (3.3.2)$$

상기 식(3.3.2)에서 k는 단위변형을 일으키는데 필요한 힘으로 정의되는데, 구조물에서는 스프링상수 대신에 **축강성도**(軸剛性度, Axial Stiffness)라는 용어를 사용한다.

한편 스프링의 컴플라이언스(Compliance) f는 다음과 같이 나타낼 수 있다.

$$f = \frac{L}{EA} \qquad (3.3.3)$$

상기 식(3.3.3)에서 f는 단위하중으로 인한 변형으로 정의되는데, 구조물에서는 스프링의 컴플라이언스 대신에 강성도의 역수인 **축유연도**(軸柔軟度, Axial Flexibility)라는 용어를 사용한다.

축강성도와 축유연도는 구조물 해석시 중요한 역할을 담당하는데, 부재길이 L이 증가할수록 강성도는 작아지고, 유연도는 커진다.

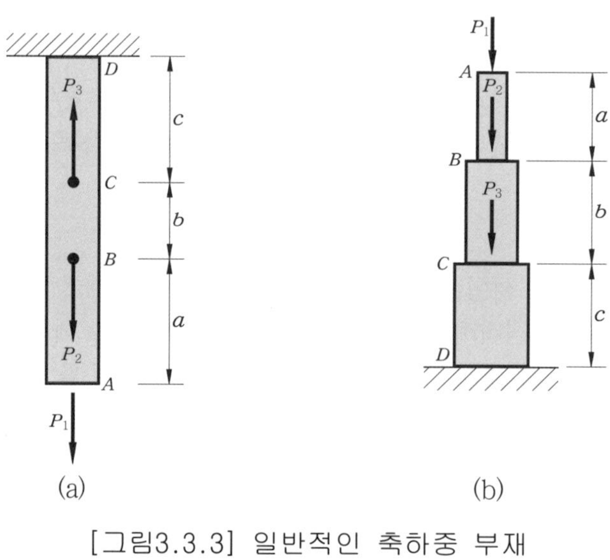

[그림3.3.3] 일반적인 축하중 부재

앞에서 설명한 바와 같이 양단에만 하중이 작용하는 균일단면부재의 길이변화는 식(3.3.1)을 사용하여 쉽게 구할 수 있다. 그런데 좀 더 일반적인 경우, 예를 들어 [그림3.3.3](a)와 같이 균일단면부재가 중간에서 축하중을 받는 경우나 그림 (b)와 같이 단면적, 탄성계수, 길이, 축하중이 구간별로 서로 다른 몇 개의 균일 단면부분들로 이루어져 있을 때는 다음과 같은 식을 통하여 부재의 전체신장량 δ를 구할 수 있다.

$$\delta = \sum_{i=1}^{n} \frac{P_i L_i}{E_i A_i} \tag{3.3.4}$$

상기 식(3.3.4)에서 아래첨자 i는 부재의 각 부분을 나타내는 지수이고, n은 부분의 총수이다.

◆ ◆ ◆ ◆ ◆ ◆

예제 3.3.1

다음과 같이 인장력을 받는 부재가 있을 때,

(1) 부재의 단면이 지름 $10mm$ 인 원형이고 $P=1500kN$, 초기 길이 $L=1m$ 일 때, 하중이 작용한 후 부재의 최종길이 L' 은 얼마인가?
(단, $E=7.0\times10^4\,MPa$)

(2) 부재의 단면이 정사각형이고 $P=500kN$, $L=6m$, 최대허용신장량이 $5mm$ 일 때, 요구되는 한 변의 최소길이는 얼마인가?
(단, $E=2.1\times10^5\,MPa$)

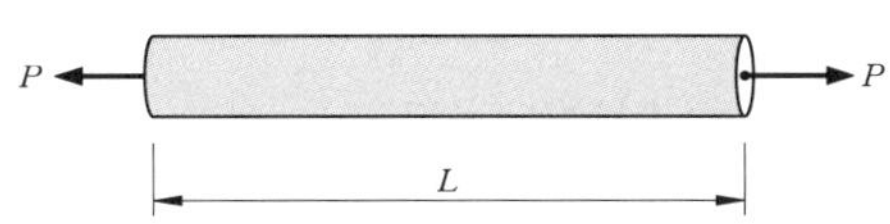

풀이

(1) 부재의 최종길이 L'는 초기길이 L에 신장량 δ를 더한 값이므로

$$L' = L + \delta$$

$$\delta = \frac{PL}{EA} = \frac{1500\times10^3\times1000}{7\times10^4\times(\pi\times10^2/4)} = 272.84\,mm$$

$$\therefore\ L' = 1000mm + 272.84mm = 1272.84\,mm = 1.273\,m$$

(2) 정사각형 단면이므로 한 변을 x로 놓으면,

$$\delta = \frac{PL}{EA} = \frac{PL}{Ex^2} = \frac{500\times10^3\times6000}{2.1\times10^5\times x^2} \le 5mm$$

$$\therefore\ x = \sqrt{\frac{500\times10^3\times6000}{5\times2.1\times10^5}} = 53.45\,mm$$

예제 3.3.2

균일단면 봉재 $ABCD$가 그림에 보이는 바와 같이 하중 P_1, P_2 및 P_3를 받고 있다. 봉재의 탄성계수 $E=200\,GPa$인 강재로 만들어져 있으며, 횡단면적은 $A=225mm^2$이다. 하중 P_1, P_2 및 P_3로 인한 봉재 하단의 처짐 δ를 구하고, 늘어날 것인지 줄어들 것인지를 판정하여라.

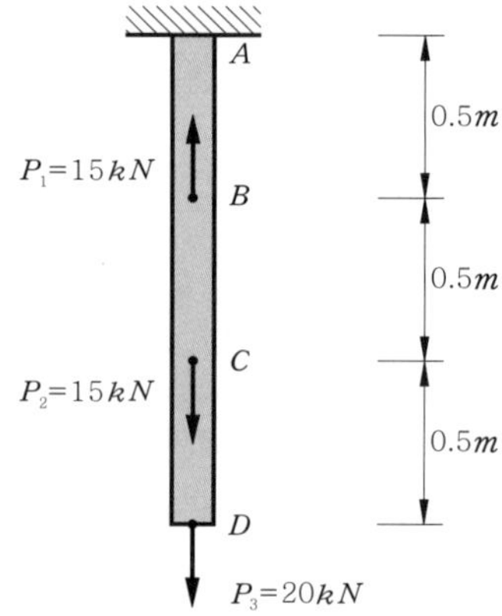

풀이

부재 전체의 변형량은 각 부분(AB, BC, CD)의 축력을 구한 후, 각 부분별 변형량을 구하고 이들을 더함으로써 얻을 수 있으므로,

$$\delta=\delta_{AB}+\delta_{BC}+\delta_{CD}$$

각 부분에 작용하는 축력은 다음과 같다.

$$P_{AB}=P_1+P_2+P_3=-15+15+20=20\,kN$$

$$P_{BC}=P_2+P_3=15+20=35kN$$

$$P_{CD}=P_3=20=20kN$$

이를 통해 각 부분의 변형량을 구하면,

$$\delta_{AB}=\frac{P_{AB}\times L_{AB}}{E\times A}=\frac{20\times10^3\times500}{200\times10^3\times225}=0.222mm$$

$$\delta_{BC}=\frac{P_{BC}\times L_{BC}}{E\times A}=\frac{35\times10^3\times500}{200\times10^3\times225}=0.389mm$$

$$\delta_{CD}=\frac{P_{CD}\times L_{CD}}{E\times A}=\frac{20\times10^3\times500}{200\times10^3\times225}=0.222mm$$

따라서, 전체변형량을 계산하고 늘어날 것인지 줄어들 것인지를 판정하면,

$\therefore\ \delta=\delta_{AB}+\delta_{BC}+\delta_{CD}=0.222+0.389+0.222=0.833mm$ (늘어남)

◆ ◆ ◆ ◆ ◆ ◆

한편 축하중이나 단면적이 부재의 축에 따라 연속적으로 변화하는 경우에는 부재의 미소요소를 생각하여 이 요소의 신장량을 나타내는 식을 구한 후, 부재의

전체길이에 대하여 적분하면 전체신장량을 구할 수 있다. 예를 들어 [그림3.3.4]와 같은 변단면(變斷面, Tapered Section)부재가 연직으로 매달려 있을 때, 자중(自重, Selfweight)으로 인하여 연속적으로 분포하는 축하중을 받는 경우를 생각해 보자.

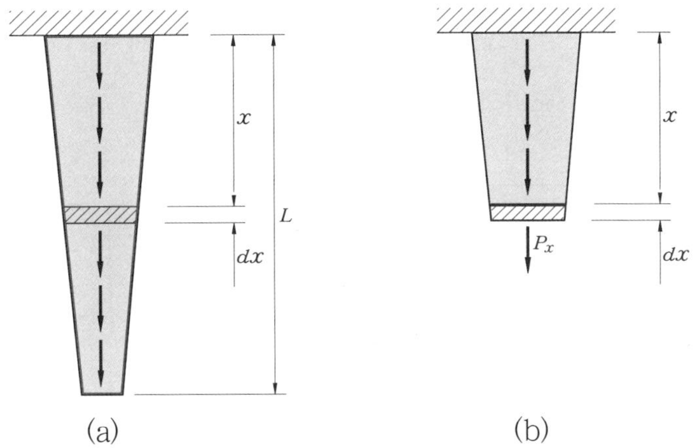

[그림3.3.4] 매달린 변단면(Tapered Section) 부재

[그림3.3.4](a)에서 상단으로부터 거리 x의 위치에 있는 미소길이 dx인 요소를 잘라낸다고 가정할 때, 그림(b)와 같이 절단면에 작용하는 축방향력 P_x와 요소의 단면적 A_x를 x의 함수로 표시해야 한다. 그러면 미소요소의 신장량 $d\delta$는 다음과 같은 식으로 나타낼 수 있다.

$$d\delta = \frac{P_x dx}{E A_x} \tag{3.3.5}$$

따라서 부재의 전체신장량 δ는 다음과 같이 구할 수 있다.

$$\delta = \int_0^L d\delta = \int_0^L \frac{P_x dx}{E A_x} \tag{3.3.6}$$

◆ ◆ ◆ ◆ ◆ ◆

예제 3.3.3

다음과 같은 원형단면을 가진 변단면(Tapered Section) 부재의 신장량 δ를 구하여라. (단, $E = 5.0 \times 10^4 MPa$, $d_1 = 25mm$, $d_2 = 50mm$)

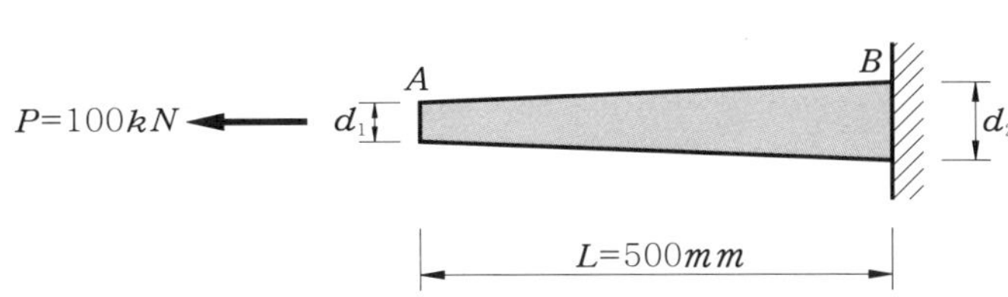

풀이

AB 부재는 단면적이 부재의 축을 따라 변화하므로 임의 단면에서의 신장량 $d\delta$를 적분하여 전체신장량 δ를 구한다.

여기서, AB 부재는 전 길이에 걸쳐 일정한 축력 $P = 100\,kN$을 받고,

$d\delta = \dfrac{P_x dx}{EA_x}$ 이므로 임의 단면에서의 단면적 A_x 의 관계식을 먼저 구한다.

① 임의 단면에서의 단면적 A_x

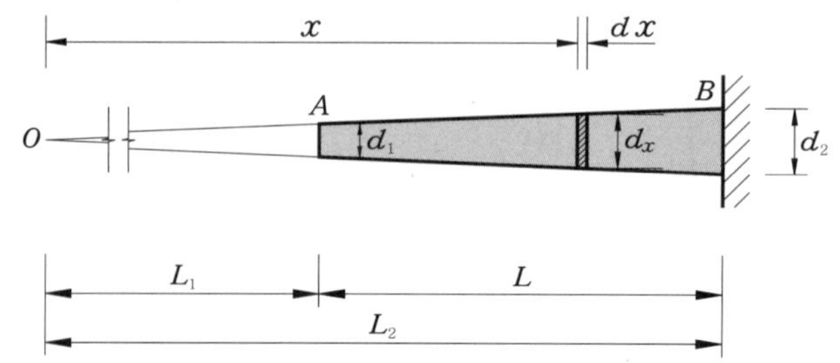

그림(a)

단면적 A_x 를 구하기 위해 그림(a)와 같이 AB 부재의 측면을 연장하여 O점에서 만나도록 하고, 이 점을 원점으로 각각의 거리를 L_1, L_2, x 로 잡으면,

$\dfrac{L_1}{L_2} = \dfrac{d_1}{d_2}$, $\dfrac{x}{L_1} = \dfrac{d_x}{d_1}$ 가 되므로, $d_x = \dfrac{d_1 x}{L_1}$ 가 된다.

원형단면이므로 단면적 A_x 는

$A_x = \dfrac{\pi d_x^2}{4}$ 이나, $d_x = \dfrac{d_1 x}{L_1}$ 이므로, $A_x = \dfrac{\pi d_1^2 x^2}{4 L_1^2}$

② 신장량 δ를 구하는 일반식의 유도

$$\delta = \int \frac{P_x}{EA_x} dx = \int_{L_1}^{L_2} \frac{4PL_1^2}{\pi E d_1^2 x^2} dx = \frac{4PL_1^2}{\pi E d_1^2} \int_{L_1}^{L_2} \frac{1}{x^2} dx = \frac{4PL_1^2}{\pi E d_1^2} \left[-\frac{1}{x} \right]_{L_1}^{L_2}$$

$$= \frac{4PL_1^2}{\pi E d_1^2} \left(-\frac{1}{L_2} + \frac{1}{L_1} \right)$$

여기서, $\dfrac{1}{L_1} - \dfrac{1}{L_2} = \dfrac{L_2 - L_1}{L_1 L_2} = \dfrac{L}{L_1 L_2}$ 이고, $L_2 = \dfrac{L_1 d_2}{d_1}$ 이므로

$$\delta = \frac{4PL}{\pi E d_1 d_2}$$

③ 각각의 수치를 일반식에 대입하여 δ를 구하면,

$$\delta = \frac{4PL}{\pi E d_1 d_2} = \frac{4 \times 100 \times 10^3 \times 500}{\pi \times 5 \times 10^4 \times 25 \times 50} = 1.02\,mm$$

◆ ◆ ◆ ◆ ◆ ◆

3.3.2 축하중을 받는 합성부재

탄성계수가 다른 2개 이상의 재료로 이루어진 부재가 외력에 대하여 단일부재와 같이 거동할 때, 이 부재를 **합성부재**(合成部材, Composite Member)라고 한다. 합성부재가 단일부재와 같이 거동을 하기 위해서는 이들 재료간의 부착력이 확보되어야 하고, 이를 통하여 두 재료의 변형률이 서로 같아야 한다. 철근콘크리트 부재는 인장력이 약한 콘크리트를 인장재인 철근으로 보강한 대표적인 합성부재의 예이다.

[그림3.3.5]와 같이 탄성계수와 단면적이 서로 다른 2개의 재료로 이루어진 합성부재가 축방향력 P를 받을 때를 생각해 보자.

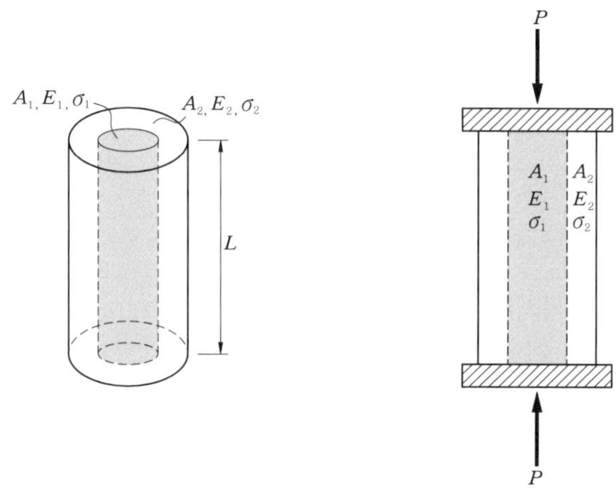

[그림3.3.5] 압축력을 받는 합성부재

[그림3.3.5]에서 안쪽 원기둥의 탄성계수를 E_1, 단면적을 A_1라 하고, 바깥쪽 중공튜브의 탄성계수를 E_2, 단면적을 A_2라고 할 때, 축방향력 P에 대하여 합성부재가 변형률 ϵ만큼 변형하는 경우에 대하여 각 재료의 응력 σ_1과 σ_2를 구해보면 다음과 같다.

$$\sigma_1 = \epsilon \cdot E_1 \quad , \quad \sigma_2 = \epsilon \cdot E_2 \tag{3.3.7}$$

한편 안쪽 원기둥이 부담하는 힘을 P_1, 바깥쪽 중공튜브가 부담하는 힘을 P_2라고 하면, P_1과 P_2는 다음과 같이 나타낼 수 있다.

$$\begin{aligned} P_1 &= \sigma_1 A_1 = \epsilon E_1 A_1 \\ P_2 &= \sigma_2 A_2 = \epsilon E_2 A_2 \end{aligned} \tag{3.3.8}$$

여기서 $P = P_1 + P_2$이므로, 변형률 ϵ는 다음과 같이 구할 수 있다.

$$\begin{gathered} P = P_1 + P_2 = \epsilon E_1 A_1 + \epsilon E_2 A_2 = \epsilon (E_1 A_1 + E_2 A_2) \\ \therefore \ \epsilon = \frac{P}{E_1 A_1 + E_2 A_2} \end{gathered} \tag{3.3.9}$$

따라서 각 재료의 응력 σ_1 과 σ_2 는 다음과 같다.

$$\begin{aligned}\sigma_1 &= \frac{P}{E_1A_1 + E_2A_2}E_1 \\ \sigma_2 &= \frac{P}{E_1A_1 + E_2A_2}E_2\end{aligned} \tag{3.3.10}$$

상기 식(3.3.10)으로부터 합성부재의 각 재료에 발생하는 응력은 각 재료의 탄성계수에 비례함을 알 수 있다.

한편 상기 식(3.3.10)으로부터 다음 식이 구해진다.

$$\begin{aligned}\frac{\sigma_1}{E_1} &= \frac{\sigma_2}{E_2} \\ \frac{\sigma_1}{\sigma_2} &= \frac{E_1}{E_2} = n\end{aligned} \tag{3.3.11}$$

여기서 n 을 **탄성계수비**(彈性係數比, Ratio of Modulus of Elasticity)라고 한다.

◆ ◆ ◆ ◆ ◆ ◆

예제 3.3.4

$20\,mm$ 두께의 금속케이싱(바깥 치수는 $500\,mm \times 500\,mm$ 이고, 안쪽 치수는 $300\,mm \times 300\,mm$ 임.)의 내부가 콘크리트로 채워진 정사각형 단면의 기둥이 있다. 이 케이싱은 탄성계수가 $E_1 = 84\,GPa$ 이고 콘크리트 코어는 탄성계수가 $E_2 = 14\,GPa$ 이다. 금속과 콘크리트의 설계응력이 각각 $42\,MPa$ 과 $5.6\,MPa$ 일 때, 기둥의 최대설계하중 P 를 구하여라. (여기서, 금속과 콘크리트 내의 수직응력은 균일하게 분포한다고 가정한다.)

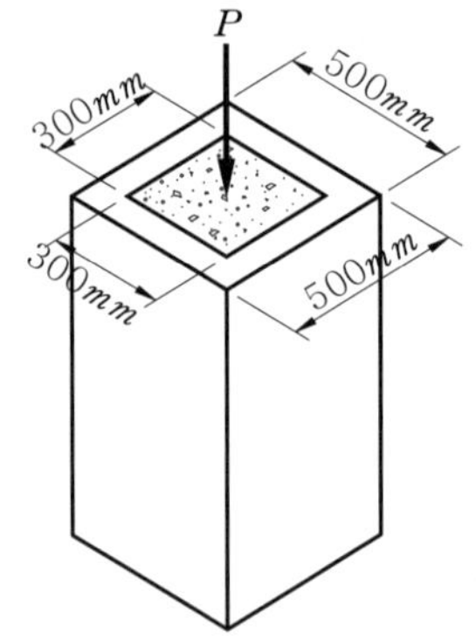

풀이

① 설계하중 P 는 금속케이싱이 받는 하중과 콘크리트가 받는 하중의 합과 같으므로 아래와 같은 식으로 정리하면,

$P = P_1 + P_2$ ....(1)

② 두 재료의 처짐 값이 같으므로,

$$\delta_1 = \frac{P_1 L}{E_1 A_1} = \frac{P_2 L}{E_2 A_2} = \delta_2 \quad \cdots\cdots (2)$$

③ 식(2)를 P_1과 P_2에 대하여 식을 정리한다.

$$P_1 = \frac{E_1 A_1}{E_2 A_2} \times P_2 = \frac{84GPa \times 0.16m^2}{14GPa \times 0.09m^2} \times P_2 = 10.67 P_2 \quad \cdots\cdots (3)$$

$$P_2 = \frac{E_2 A_2}{E_1 A_1} \times P_1 = \frac{14GPa \times 0.09m^2}{84GPa \times 0.16m^2} \times P_1 = 0.09 P_1 \quad \cdots\cdots (4)$$

④ 식(3)과 식(4)를 식(1)에 대입한다.

$$P = 10.67P_2 + P_2 = 11.67P_2 \quad \cdots\cdots (5)$$

$$P = P_1 + 0.09P_1 = 1.09P_1 \quad \cdots\cdots (6)$$

⑤ $P = \sigma \times A$ 식을 이용하여 최대설계하중을 구한다.

$$P = 11.67 \times A_2 \times \sigma_2 = 5881.7kN \quad \cdots\cdots (7)$$

$$P = 1.09 \times A_1 \times \sigma_1 = 7324.8kN \quad \cdots\cdots (8)$$

⑥ 풀이⑤에서 구해진 두 P값 중 작은 값이 최대설계하중이 된다.

$\therefore \ P = 5881.7kN$

◆ ◆ ◆ ◆ ◆ ◆

3.3.3 축하중 부재의 경사 단면상의 응력

앞에서 논의하였던 축하중 부재의 응력은 [그림3.3.6]에서 보는 바와 같이 부재축에 수직인 횡단면 $m-m$에 작용하는 수직응력(Normal Stress)이었다.

이제는 [그림3.3.6]과 같이 축하중 부재의 횡단면 $m-m$과 임의의 경사각 θ를 이루는 경사 단면 $n-n$에서 일어나는 수직응력 σ_θ와 전단응력 τ_θ에 대하여 알아보도록 한다.

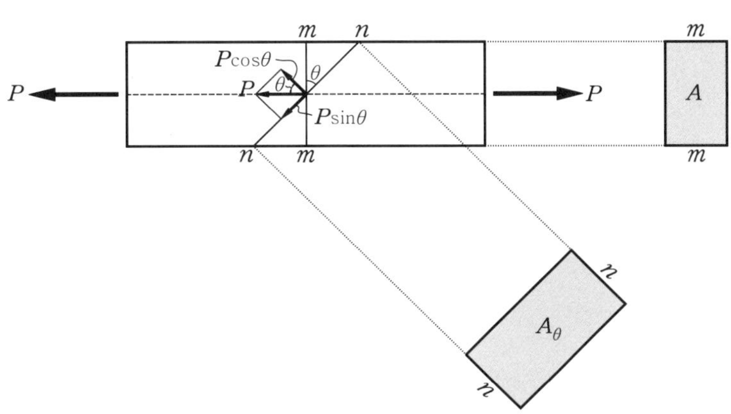

[그림3.3.6] 축하중 부재의 경사단면에서의 응력

[그림3.3.6]에서 횡단면 $m-m$ 의 단면적을 A, 수직응력을 σ, 전단응력을 τ 라고 할 때, 경사각 θ 를 이루는 경사단면 $n-n$ 에서의 단면적 A_θ 는 $A_\theta = A/\cos\theta$ 이므로 응력 σ_θ 와 τ_θ 는 각각 다음과 같은 식으로 표시된다.

$$\sigma_\theta = \frac{P\cos\theta}{A_\theta} = \frac{P}{A}\cos^2\theta = \sigma\cos^2\theta \tag{3.3.12}$$

$$\tau_\theta = \frac{P\sin\theta}{A_\theta} = \frac{P}{A}\sin\theta\cos\theta = \frac{\sigma}{2}\sin 2\theta \tag{3.3.13}$$

상기 식(3.3.12)와 식(3.3.13)에서 경사각 θ 를 가로축으로, 수직응력 σ 를 세로축으로 하여, 경사각 θ 의 변화에 따른 경사 단면의 수직응력 σ_θ 와 전단응력 τ_θ 를 그래프로 나타내면 [그림3.3.7]과 같다.

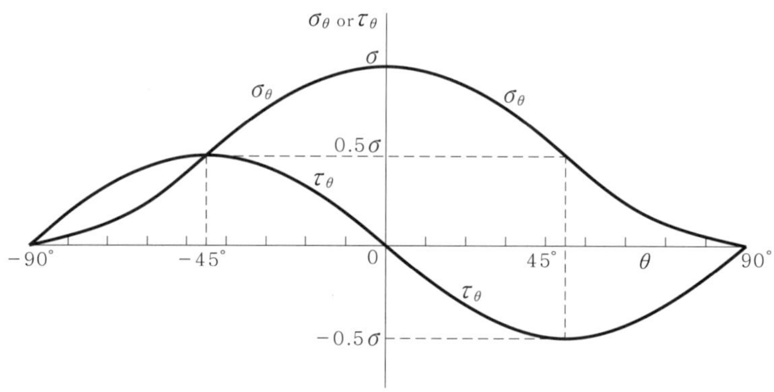

[그림3.3.7] 경사단면의 수직응력 σ_θ 와 전단응력 τ_θ

[그림3.3.7]에서 최대수직응력 $\sigma_{\max}$ 는 경사각이 $\theta=0°$ 일 때 σ 임을 알 수 있다. 즉,

$$\sigma_{\max} = \sigma \quad (\theta=0° \text{ 일 때}) \tag{3.3.14}$$

또한 $\theta = \pm 45°$ 에서는 수직응력이 최대치의 $1/2$ 즉, $\sigma/2$ 이다.

한편 [그림3.3.7]에서 최대전단응력 $\tau_{\max}$ 는 경사각이 $\theta = \pm 45°$ 일 때 $\sigma/2$ 임을 알 수 있다.

$$\tau_{\max} = \frac{\sigma}{2} \quad (\theta = \pm 45° \text{ 일 때}) \tag{3.3.15}$$

따라서 인장력을 받는 부재에서 부재축과 $45°$ 를 이루도록 절단된 단면 위의 미소요소에 대한 응력상태를 정리하면 [그림3.3.8]과 같이 나타낼 수 있다.

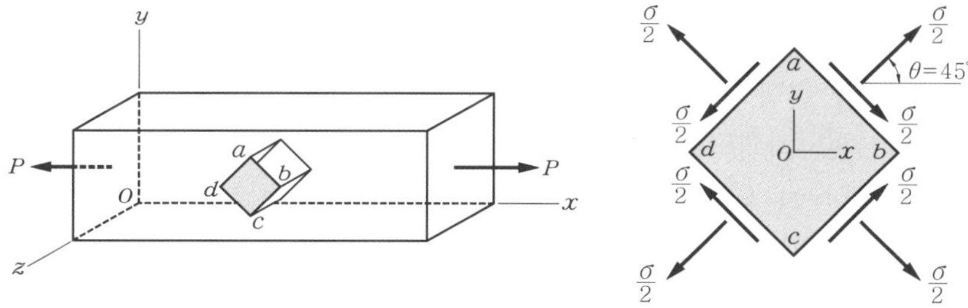

(a) (b)

[그림3.3.8] 인장력을 받는 부재에서 45° 경사단면의 응력상태

[그림3.3.8]과 같은 특별한 경우에 수직응력이 4면에서 모두 $\sigma/2$로 같고, 전단응력은 최대치 $\sigma/2$가 되는 것에 주목해야 한다. 만약 부재가 인장력 대신에 압축력을 받는다면 수직응력 σ는 음(−)의 값을 갖게 되고, 요소에 작용하는 응력들은 인장을 받을 때와는 반대방향을 취할 것이다.

축하중 부재에서 비록 최대전단응력이 최대수직응력의 1/2 값에 불과하나, 재료가 인장 보다 전단에 훨씬 약한 경우에는 전단응력이 재료의 파괴를 지배할 수도 있다.

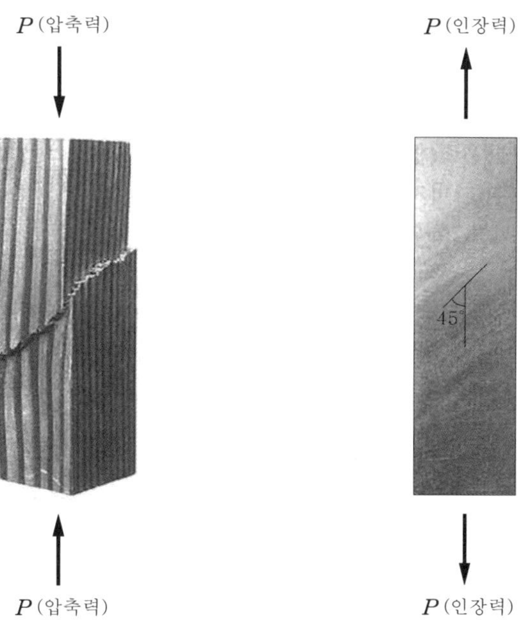

(a) (b)

[그림3.3.9] 축하중 부재의 전단파괴

[그림3.3.9](a)는 압축을 받는 목재블럭의 45° 단면에 따른 파단을 보여주고 있는데, 이러한 현상을 **전단파괴**(剪斷破壞, Shear Failure)라고 한다.

한편 [그림3.3.9](b)는 앞에서 이미 살펴보았듯이 연마된 표면을 가진 평강

(Flat Bar)형태의 연강(Mild Steel)을 인장시험하면 항복응력에 도달할 때 편평한 면에서 축의 약 45° 각도로 줄무늬가 발생하는데, 이 경사진 줄무늬를 **슬립밴드**(Slip Bands)라 한다. 이러한 현상은 축방향력을 받는 부재가 전단응력이 최대인 평면을 따라 전단파괴되고 있는 것을 보여준다. 이 슬립밴드(Slip Bands)는 처음 1842년 G. Piobert 와 1860년 W. Lüder's에 의하여 관찰되어서 오늘날 이것을 **Lüder's bands** 또는 **Piobert's bands**라고도 부른다.

◆ ◆ ◆ ◆ ◆ ◆

예제 3.3.5

다음과 같은 원형단면을 가진 봉재(단, $E = 2.7\times10^4\ MPa$)가 있을 때,

(1) 봉재의 변형량 δ를 구하여라. (봉재의 자중 무시)

(2) $\theta = 30°$ 로 절단된 평면 위에 작용하는 응력들을 구하여라.

(3) 이 봉재에 작용하는 최대전단응력은 얼마인가?

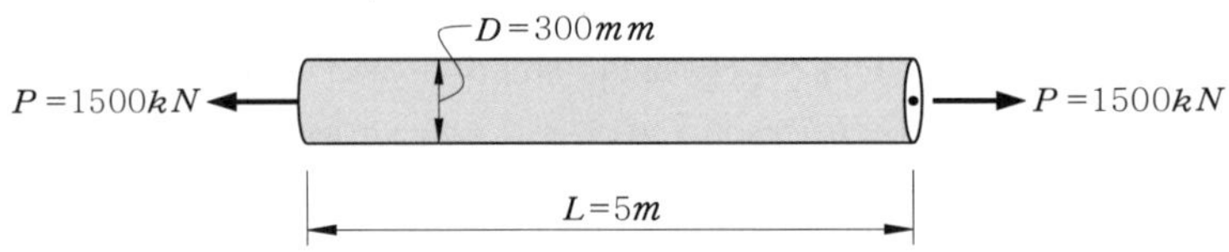

풀이

(1) 봉재의 변형량 δ

$$\therefore\ \delta = \frac{PL}{EA} = \frac{1500\times10^3\times5000}{2.7\times10^4\times(\pi\times300^2/4)} = 3.93\ mm$$

(2) $\theta = 30°$ 로 절단된 평면 위에 작용하는 응력들 $(\sigma_{30°}\ ,\ \tau_{30°})$

$$\sigma_{0°} = \frac{P}{A} = -\frac{1500\times10^3}{(\pi\times300^2/4)} = -21.22\,MPa$$

$$\therefore\ \sigma_{30°} = \sigma\times\cos^2\theta = -21.22\times\cos^2 30° = -15.92MPa$$

$$\therefore\ \tau_{30°} = \frac{\sigma}{2}\times\sin 2\theta = \frac{21.22}{2}\times\sin(2\times30°) = 9.19\,MPa$$

(3) 최대전단응력 $(\tau_{\max})$

$$\therefore\ \tau_{\max} = \tau_{45°} = \frac{\sigma}{2} = \frac{21.22}{2} = 10.61\,MPa$$

◆ ◆ ◆ ◆ ◆ ◆

3.3.4 축방향력에 의한 변형에너지

선형탄성체인 균일단면부재에 인장 또는 압축의 축방향력이 작용하면 부재는 신장 또는 수축의 변형과 함께 **일**(Work)을 하게 된다. 이때 일은 **변형에너지**(Strain Energy)로 바뀌어 부재내부에 저장되는데, 이후 하중을 제거하면 부재는

원래의 길이로 되돌아가면서 부재내부에 저장되었던 변형에너지는 일의 형태로 전환된다. 선형탄성체인 부재는 마치 탄성스프링과 같이, 하중을 가하거나 제거할 때 변형에너지를 저장 또는 방출한다.

그러나 균일단면부재가 축방향력에 의하여 탄성한도를 넘으면 일의 일부는 부재내부에서 소성변형을 일으키는 에너지로 바뀌는데, 이후 하중을 제거하면 소성변형을 일으킨 에너지는 손실되어 다시 일로 전환하지 못함으로써 부재는 원래의 길이로 완전히 되돌아오지 못하고 일부가 잔류변형상태로 남는다.

변형에너지(Strain Energy)의 개념은 구조역학 및 응용역학 분야에서 상당히 중요한 것으로, 앞으로 좀 더 상세히 배우겠지만 여기서는 기본적인 개념을 설명하기 위한 수단으로 [그림3.3.10]과 같이 인장력 P을 받는 길이 L의 균일단면부재를 생각해 본다.

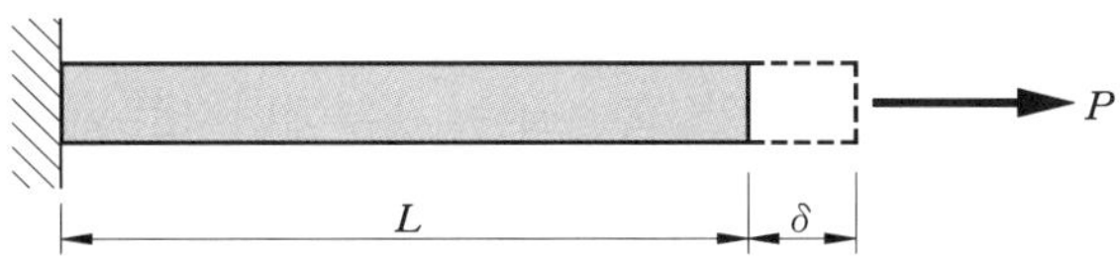

[그림3.3.10] 인장력을 받는 균일단면부재

이때 하중은 천천히 가해져서 '0'으로부터 최종값 P까지 점차 증가해 간다고 가정한다. 이러한 하중은 운동으로 인한 동적효과나 관성효과가 없기 때문에 **정하중**(靜荷重, Static Load)이라고 부른다. 부재는 하중이 증가함에 따라 점점 늘어나다가 하중이 최종값 P에 도달할 때 신장량 δ에 이르고, 그 이후에는 하중이 일정한 값을 유지한다. 하중이 가해지는 동안 하중은 거리 δ만큼 이동하게 되며, 이때 하중이 한 일(Work)량을 계산하기 위해서는 [그림3.3.11]과 같은 **하중-변위선도**(Load-Deflection Diagram)를 사용한다. 물론 이 선도의 모양은 실제 해석을 하는 재료에 따라 다르다.

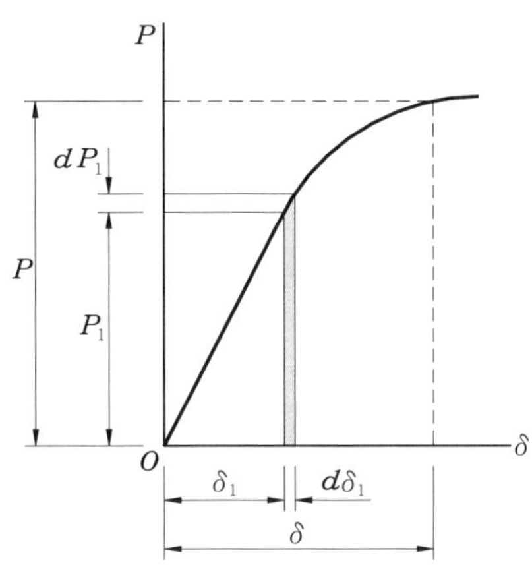

[그림3.3.11] 축하중 부재의 하중-변위선도 (Load-Deflection Diagram)

[그림3.3.11]에서 세로축은 하중을, 가로축은 변위를 나타낸다. '0'으로부터 최종값 P 사이의 어떤 하중값 P_1에 대응하는 신장량을 δ_1이라 할 때, 하중이 dP_1만큼 증가할 때 신장량은 $d\delta_1$만큼 증가하게 되는데, 이 신장량이 증가되는 동안에 하중 P_1에 의하여 이루어진 일량은 $P_1 \cdot d\delta_1$이며, 이는 [그림3.3.11]의 빗금으로 표시된 미소면적에 해당된다. 따라서 하중 P_1이 '0'으로부터 최종값 P까지 변화하고 동시에 δ_1이 '0'으로부터 최종 변위값 δ까지 변화하는 동안 하중에 의하여 이루어진 총 일량 W는 이 미소면적을 적분한 값이 된다. 즉,

$$W = \int_0^{\delta} P_1 \, d\delta_1 \tag{3.3.16}$$

결국, 하중에 의하여 이루어진 일량은 하중-변위선도 아래의 면적과 같다.

상기와 같이 하중의 작용으로 인하여 부재에는 변형률(Strain)이 생기며, 이 변형률의 효과는 부재 자체의 에너지를 증가시키게 된다. 따라서 변형에너지(Strain Energy)는 하중이 작용하는 동안 흡수되는 내부에너지로 정의할 수 있다. 열에 의한 효과를 무시하면 이 변형에너지 U는 하중에 의해 이루어진 일량과 같으므로, 다음과 같이 표시된다.

$$U = W = \int_0^{\delta} P_1 \, d\delta_1 \tag{3.3.17}$$

때로는 총 일량 W를 **외부 일**(External Work)이라 하고, 이와 구별하기 위하여 변형에너지 U를 **내부 일**(Internal Work)이라 부르기도 한다. 일과 에너지의 단위는 SI단위계에서 joule(J)로 나타내는데, $1J = 1\,N \cdot m$이다.

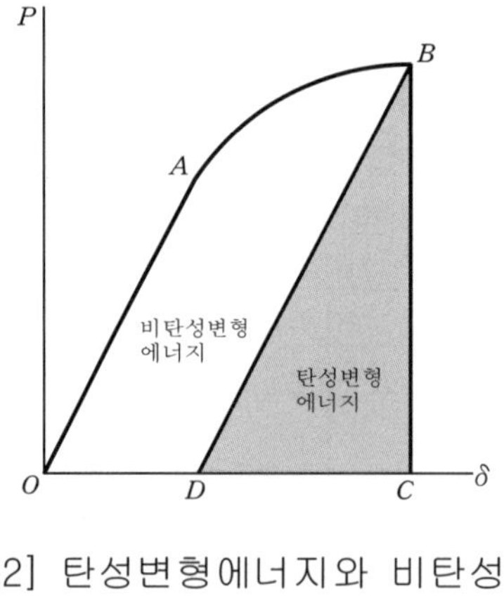

[그림3.3.12] 탄성변형에너지와 비탄성변형에너지

한편 [그림3.3.12]의 하중-변위선도(Load-Deflection Diagram)는 하중 P가 점점 증가하여 탄성한도(Elastic Limit)인 A점을 지나 B점에 이른 경우로, 하중을 가하는 동안 이루어진 총 일량은 곡선 아래의 면적, 즉 면적 $OABCDO$이다. 이후 B점에서 하중을 제거하였을 때는 하중-변위선도는 선분 BD를 따르게 되어 영구변형 OD를 남기게 된다. 이때 하중을 제거하는 동안 회복되는 변형에너지는 삼각형 BCD의 면적에 해당하는데, 이를 **탄성변형에너지**(Elastic Strain

Energy)라고 한다. 그리고 면적 $OABDO$는 하중을 제거하는 동안 다시 일로 전환되지 못하고 영구변형과정에서 손실되는 에너지를 표시하며, 이 에너지를 **비탄성변형에너지**(Inelastic Strain Energy)라고 한다.

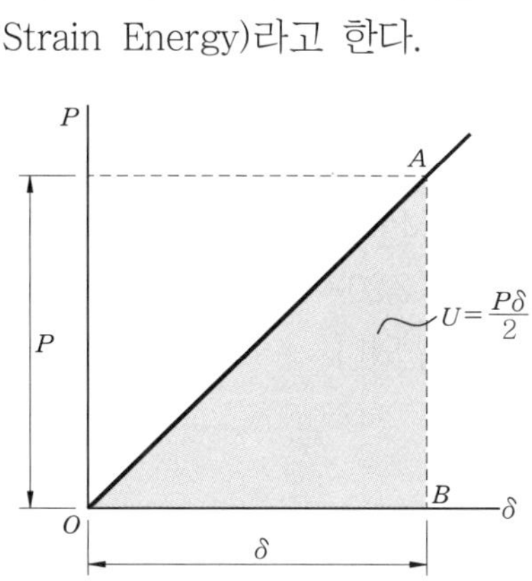

[그림3.3.13] 선형탄성구간에서의 변형에너지

이번에는 [그림3.3.13]의 하중-변위선도와 같이 하중 P가 탄성비례한도 보다 작은 A점에 도달하였을 때 변위 δ가 발생한 경우를 생각해 보자.

이런 경우 A점에서 하중을 제거하였을 때 하중-변위선도는 어떤 영구변형도 없이 선분 AO를 따라 원점 O로 완벽히 복귀한다. 이때 선형탄성체인 부재는 마치 탄성스프링과 같이, 하중을 가하거나 제거할 때 변형에너지를 완전히 저장 또는 방출한다. 만약 재료가 선형탄성적이고 후크의 법칙(Hooke's law)이 성립된다면 부재 내에 저장되는 변형에너지 U는, 하중 P에 의하여 이루어진 전체 일량 W와 같으므로, 다음과 같이 나타낼 수 있다.

$$U = W = \frac{P\delta}{2} \tag{3.3.18}$$

상기 식(3.3.18)은 [그림3.3.13]의 삼각형 OAB의 면적에 해당한다.

한편 앞에서 균일단면의 축하중 부재에 대한 변형이 $\delta = PL/EA$라는 것을 배웠으므로, 식(3.3.18)의 변형에너지 U는 다음과 같은 식들로 표현될 수 있다.

$$U = \frac{P^2 L}{2EA} \quad , \qquad U = \frac{EA\delta^2}{2L} \tag{3.3.19}$$

상기 식(3.3.19)에서 첫 번째 식은 하중 P를 미지수로 한 변형에너지 산정식이며, 두 번째 식은 변위 δ를 미지수로 한 식이다.

한편 부재내부의 단위체적당 변형에너지를 **변형에너지밀도**(Strain Energy Density)라고 하여 사용하기도 하는데, 기호는 u로 표기한다. 재료가 선형탄성의 경우 변형에너지밀도 u는 전체변형에너지 U를 부재의 체적 AL로 나눔으로써 구할 수 있는데, 식(3.3.19)를 AL로 나누어 정리하면 다음과 같다.

$$u = \frac{\sigma^2}{2E} \quad , \qquad u = \frac{E\epsilon^2}{2} \tag{3.3.20}$$

여기서 $\sigma = P/A$와 $\epsilon = \delta/L$는 각각 수직응력과 수직변형률을 나타낸다.

변형에너지밀도 u는 기하학적으로 원점으로부터 세로축을 수직응력 σ, 가로축을 수직변형률 ϵ으로 하는 응력-변형률선도에서 아래의 면적과 같다. 변형에너지밀도 u의 단위는 SI단위계에서 J/m^3으로, 이들 단위는 응력의 단위와 같기 때문에 파스칼(Pa, Pascal)을 사용할 수도 있다.

한편 부재가 비례한도(Proportional Limit)에 해당하는 응력을 받을 때의 변형에너지밀도를 **레질리언스계수**(Modulus of Resilience)라 하며, 기호 u_r로 표기한다. 레질리언스계수 u_r은 식(3.3.20)에서 수직응력 σ 대신에 비례한도응력 σ_{pl}을 대입하여 다음과 같이 구할 수 있다.

$$u_r = \frac{\sigma_{pl}^2}{2E} \tag{3.3.21}$$

상기 식(3.3.21)의 레질리언스계수는 기하학적으로 응력-변형률선도에서 비례한도까지의 아래의 면적에 해당한다. 결국 **레질리언스**(Resilience)란 부재가 탄성범위내에서 에너지를 흡수할 수 있는 능력을 나타낸다.

한편 **근성**(筋性, Toughness)이란 부재가 파단되기 전까지의 에너지를 흡수할 수 있는 능력을 나타낸다. 그리고 **근성계수**(筋性係數, Modulus of Toughness) u_t는 부재가 파단점까지의 응력을 받을 때의 변형에너지밀도로, 응력-변형률선도 아래의 전체면적과 같다.

위의 변형에너지와 변형에너지밀도는 인장 뿐만 아니라 압축인 경우에도 적용되며, 축하중 부재의 일량은 그 힘이 인장력이거나 압축력이거나 상관없이 항상 양(+)이므로, 변형에너지의 부호도 항상 양(+)이다. 이는 식(3.3.19), (3.3.20), (3.3.21)에서 미지수가 모두 자승으로 표시되어있는 것을 보아도 알 수 있다.

◆ ◆ ◆ ◆ ◆ ◆

예제 3.3.6

다음과 같이 4개층을 지지하는 정사각형 기둥이 있다. 각 층의 하중이 그림과 같을 때, 기둥에 저장되는 변형에너지를 계산하여라. (단, $E = 2.7 \times 10^4 MPa$)

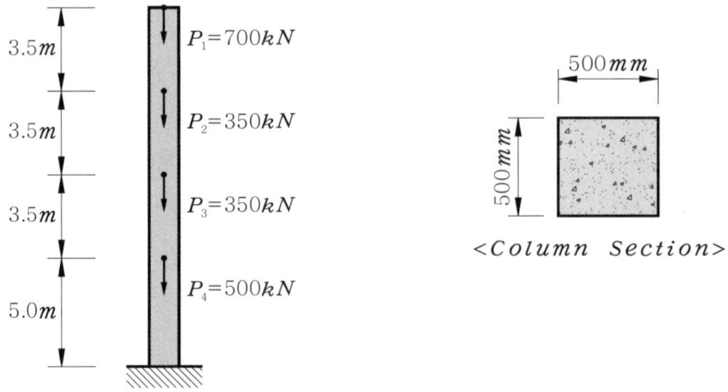

풀이

변형에너지는 각 기둥에 저장되는 변형에너지의 합이므로,

$$U = U_1 + U_2 + U_3 + U_4$$

여기서,

$$U_1 = \frac{P_1^2 L}{2EA} = \frac{(700\times 10^3)^2 \times 3500}{2\times 2.7\times 10^4 \times 500^2} = 127037\, N\cdot mm$$

$$U_2 = \frac{(P_1+P_2)^2 L}{2EA} = \frac{(700\times 10^3 + 350\times 10^3)^2 \times 3500}{2\times 2.7\times 10^4 \times 500^2} = 285833\, N\cdot mm$$

$$U_3 = \frac{(P_1+P_2+P_3)^2 L}{2EA} = \frac{(700\times 10^3 + 2\times 350\times 10^3)^2 \times 3500}{2\times 2.7\times 10^4 \times 500^2} = 508148\, N\cdot mm$$

$$U_4 = \frac{(P_1+P_2+P_3+P_4)^2 L}{2EA} = \frac{(700\times 10^3 + 2\times 350\times 10^3 + 500\times 10^3)^2 \times 5000}{2\times 2.7\times 10^4 \times 500^2}$$

$$= 1337037\, N\cdot mm$$

$$\therefore\ U = 127037 + 285833 + 508148 + 1337037 = 2258055 N\cdot mm = 2258 N\cdot m = 2258 J$$

◆ ◆ ◆ ◆ ◆ ◆

◈ 연 습 문 제 ◈

3.3.1 지름 $20mm$ 인 원형단면을 가진 봉재에 다음과 같은 하중이 작용할 때, 봉재의 하향 처짐 δ를 구하고, 늘어날 것인지 줄어들 것인지를 판정하여라. (단, $E=2.0\times10^5 MPa$)

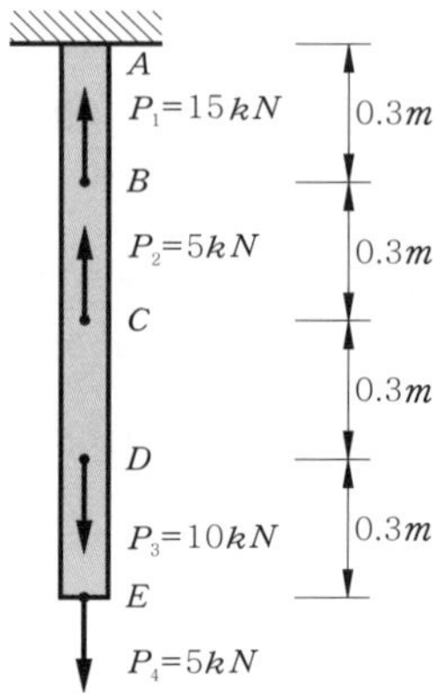

3.3.2 다음 그림과 같이 어떤 2층 건물이 1층에 AB, 2층에 BC인 기둥을 갖는다. 이 기둥은 그림에서 보이는 바와 같이 지붕에 의한 하중 $P_1=180kips$와 2층에 의한 하중 $P_2=270kips$를 받는다. 위쪽과 아래쪽 기둥의 단면적은 각각 $5.8in^2$와 $18.6in^2$이며, 각 기둥의 길이는 $AB=12ft$, $BC=10ft$이다. 기둥의 탄성계수 $E=30\times10^6psi$라고 가정하여 하중작용으로 인한 각 기둥의 수축량을 구하여라.

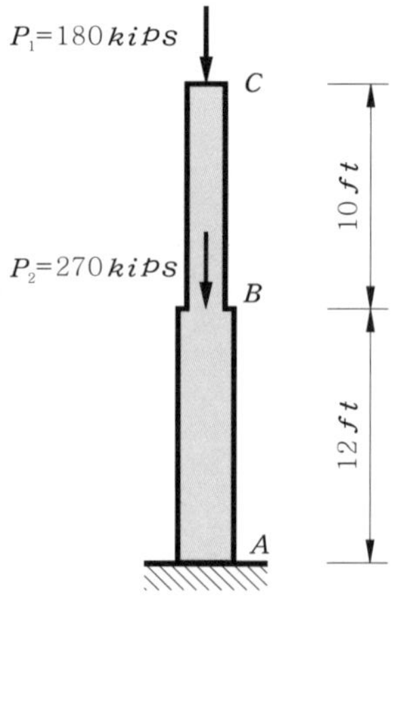

3.3.3 길이가 $16m$인 부재의 한쪽 절반의 지름은 $d_1 = 0.75m$이고, 다른 쪽 절반은 $d_2 = 0.5m$이며 부재의 탄성계수는 $E = 30\times10^6 GPa$라고 가정한다.

(a) 인장하중 $P = 5000kN$를 받을 때 부재의 신장량을 구하여라.

(b) 이 부재와 같은 체적을 갖는, 길이가 $16m$이고 지름 d가 일정한 부재를 만들었다고 가정 할 때, 같은 하중 P에 의한 신장량을 구하여라.

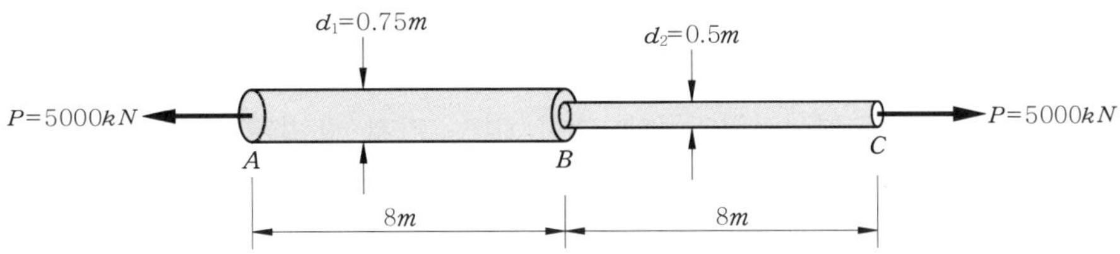

3.3.4 $P = 1500kN$의 인장력을 받는 봉재 ABC는 두 가지 재료로 되어 있다. 전체 길이가 $12m$이고, 지름이 $d_S = 0.6m$, $d_A = 0.4m$이며 각 재료의 탄성계수는 $E_S = 30\times10^6 GPa$, $E_A = 10\times10^6 GPa$이다.

(a) 두 부분이 같은 신장률을 갖기 위한 길이 L_S과 L_A를 구하여라.

(b) 부재의 총 신장량을 구하여라.

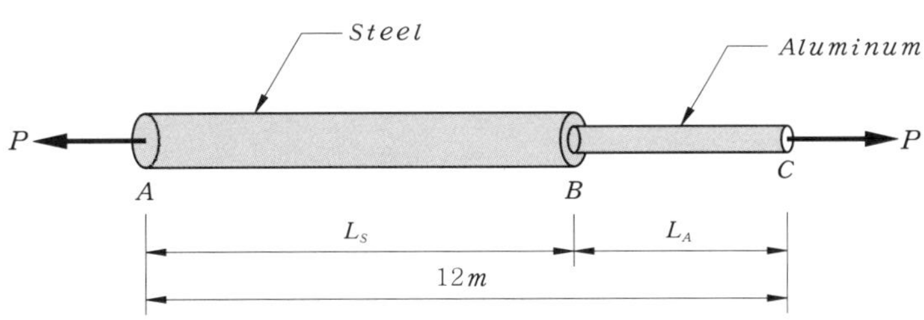

3.3.5 인장하중 $P = 700kN$을 받는 AB가 두 개의 강재 기둥에 의하여 핀으로 지지되어 있다. 동봉은 길이가 $10m$, 횡단면적 $8500m^2$, 탄성계수가 $E_C = 115GPa$이며, 각 강재 기둥은 길이가 $1.5m$, 횡단면적 $7200m^2$, 탄성계수가 $E_C = 200GPa$이다. 점A의 처짐 δ를 구하여라.

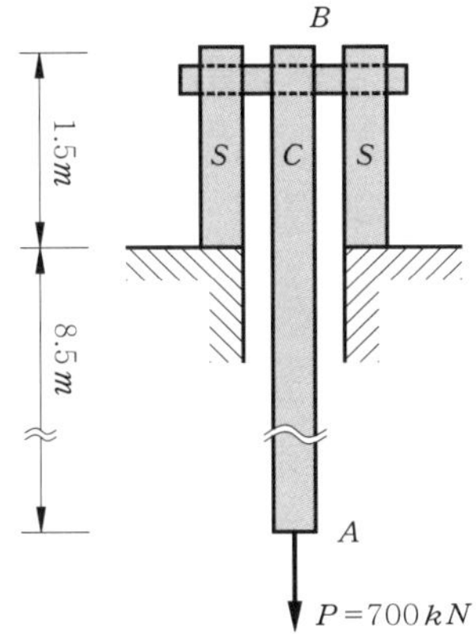

3.4 축하중을 받는 부정정구조물*

안정(安定, Stable)한 구조물 가운데, 힘의 평형조건식만으로 지점반력 및 부재의 단면력을 구할 수 있는 구조물을 정정(靜定, Statically Determinate)이라고 하고, 정정구조물보다 과잉구속되어 힘의 평형조건식뿐만 아니라 변형조건식이 있어야 지점반력 및 부재의 단면력을 구할 수 있는 구조물을 부정정(不靜定, Statically Indeterminate)이라고 한다.

앞으로 11장에서 부정정구조물에 대한 여러 가지 해법은 자세히 다루겠지만, 여기서는 먼저 축하중만을 받는 간단한 부정정구조물의 해법으로, 유연도법과 강성도법에 대하여 알아보도록 한다.

3.4.1 유연도법 (Flexibility Method)

유연도법(柔軟度法, Flexibility Method)을 설명하기 위하여, [그림3.4.1](a)와 같이 양단 A, B가 고정단인 균일단면부재 AB가 C점에서 축하중 P를 받을 때, 양단에 작용하는 반력 R_A, R_B를 구해보자.

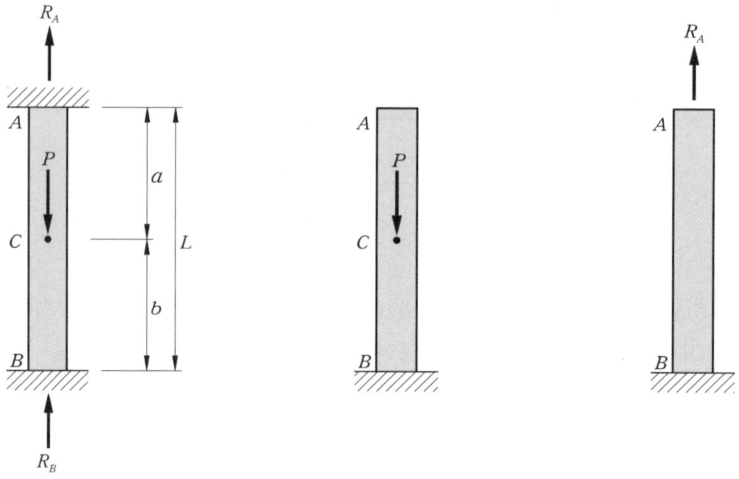

[그림3.4.1] 부정정구조물의 유연도법에 의한 해석

먼저 [그림3.4.1](a)에서는 다음과 같은 정역학적 평형조건식 1개가 성립된다.

$$R_A + R_B - P = 0 \tag{3.4.1}$$

상기 식(3.4.1)에서 미지수가 R_A, R_B 2개로, 상기 식 1개만으로는 해결할 수가 없으므로, 변형의 적합조건을 통하여 또 다른 제2의 방정식을 얻어야 한다. 이 경우 유연도법에서는 미지수인 반력 중 1개를 **정역학적 과잉량**(靜力學的 過剩量, Statical Redundant)으로 정하는데, 여기서는 반력 R_A를 **과잉반력**(過剩反力,

Redundant Reaction)으로 정하도록 한다. 다음으로 과잉반력인 R_A를 구조물에서 분리시켜 A점의 지점을 없앰으로써 정정구조물을 만들면, 그림(a)는 그림(b)와 그림(c)로 분리된다. 이때 과잉량을 제외시킨 후 남은 구조물을 **기본구조물**(基本構造物, Primary Structure) 또는 **이완구조물**(弛緩構造物, Released Structure)이라고 부른다. 이제 그림(b)의 기본구조물에서 축하중 P에 의한 A점의 변위 δ_P를 구해보면 다음과 같다.

$$\delta_P = \frac{Pb}{EA}\ (\downarrow) \tag{3.4.2}$$

한편 그림(c)에서 과잉반력 R_A에 의한 A점의 변위 δ_R을 구해보면 다음과 같다.

$$\delta_R = \frac{R_A L}{EA}\ (\uparrow) \tag{3.4.3}$$

또한 그림(b)와 그림(c)에서 축하중 P와 과잉반력 R_A가 동시에 작용할 때의 최종 A점의 변위 δ는 다음과 같다.

$$\delta = \delta_P - \delta_R \tag{3.4.4}$$

그런데 실제로 A점의 변위 δ는 '0' 이므로, 식(3.4.4)는 다음과 같이 된다.

$$\delta_R = \delta_P \tag{3.4.5}$$

식(3.4.2)와 식(3.4.3)을 식(3.4.5)에 대입하면 다음과 같다.

$$\frac{R_A L}{EA} = \frac{Pb}{EA} \tag{3.4.6}$$

따라서 식(3.4.6)에 의하여 과잉반력 R_A는 다음과 같이 구해진다.

$$R_A = \frac{Pb}{L} \tag{3.4.7}$$

마지막으로 식(3.4.7)을 식(3.4.1)에 대입하면 나머지 반력 R_B를 구하면 다음과 같다.

$$R_B = P - R_A = \frac{Pa}{L} \tag{3.4.8}$$

위에서 식(3.4.5)는 **변위의 적합조건**(Compatibility of Displacement)으로 인한 **적합방정식**(適合方程式, Compatibility Equation)으로, 이 방정식은 원래 구조물에서 변위에 대한 조건을 표현한 것이다. 이 해법은 적합방정식 속에 유연도가 나타나기 때문에 **유연도법**(柔軟度法, Flexibility Method)이라고 부른다. 상기의 경우에서는 식(3.4.6)에서 미지수인 과잉반력 R_A의 계수로, 유연도(Flexibility, f) L/EA가 포함되어 있다. 유연도법은 힘이 미지수이기 때문에 다른 명칭으로 **하중법**(荷重法, Force Method)이라고도 한다. 이 방법은 서로 다른 힘에 의하여 발생하는 변형들을 합해 줄 필요가 있기 때문에 재료가 선형탄성적 거동을 할 때만 적용할 수 있다.

◆ ◆ ◆ ◆ ◆ ◆

예제 3.4.1

크기가 다른 원형단면의 부재가 그림과 같이 연결되어 하중 $P=100kN$이 작용할 때, 각 부분의 수직응력 σ를 구하여라.

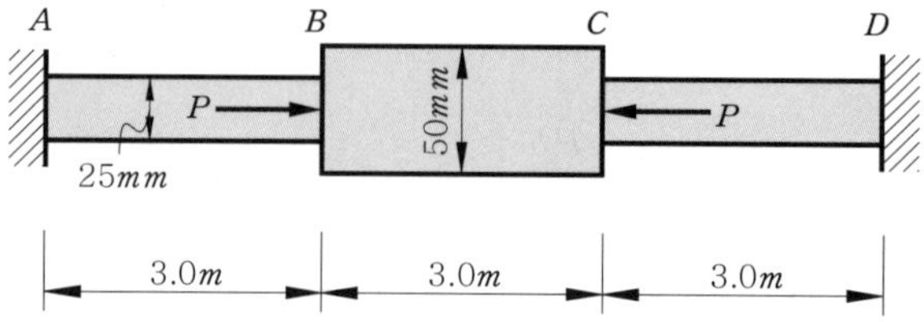

풀이

좌우대칭 부재이므로, 하중 P로 인한 각 부재의 반력은 그림(a)와 같다.

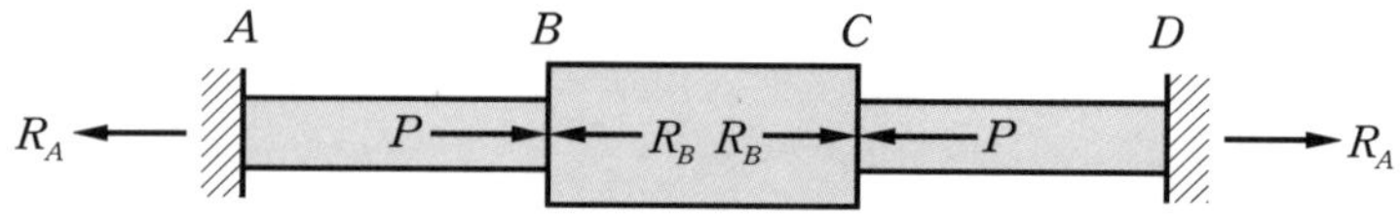

(a)

여기서, $R_A + R_B = P = 100kN$

R_A와 R_B를 구하기 위해, R_A와 R_B로 인한 각 부재의 변형계산식을 구하면,

$$\delta_{AB} = \delta_{CD} = \frac{PL}{EA} = \frac{R_A \times 3000}{E \times (\pi \times 25^2/4)} \quad , \quad \delta_{BC} = \frac{PL}{EA} = -\frac{R_B \times 3000}{E \times (\pi \times 50^2/4)}$$

그런데 부재의 전체변형량은 양단이 고정단이므로 '0' 이다.

$$\delta_{AB} + \delta_{CD} + \delta_{BC} = 0$$

$$\frac{2 \times R_A \times 3000}{E \times (\pi \times 25^2/4)} - \frac{R_B \times 3000}{E \times (\pi \times 50^2/4)} = 0 \quad \Rightarrow \quad \frac{2 \times R_A \times 3000}{E \times (\pi \times 25^2/4)} = \frac{R_B \times 3000}{E \times (\pi \times 50^2/4)}$$

$$\therefore \ R_A = 0.125 R_B$$

$R_A + R_B = P = 100kN$ 이므로, $0.125R_B + R_B = P = 100kN$

$$\therefore \ R_B = 88.89kN, \quad R_A = 11.11kN$$

부재 각 부분의 수직응력 $\sigma = \dfrac{P}{A}$ 를 구하면,

$$\therefore \ \sigma_{AB} = \sigma_{CD} = \frac{R_A}{(\pi \times 25^2/4)} = \frac{11110}{(\pi \times 25^2/4)} = 22.63\,MPa \ \text{(인장응력)}$$

$$\therefore \ \sigma_{BC} = \frac{R_B}{(\pi \times 50^2/4)} = \frac{88890}{(\pi \times 50^2/4)} = 45.27\,MPa \ \text{(압축응력)}$$

◆ ◆ ◆ ◆ ◆ ◆

3.4.2 강성도법 (Stiffness Method)

앞에서 설명한 하중을 미지수로 취하는 유연도법과는 달리, **강성도법**(剛性度法, Stiffness Method)은 변위를 미지수로 취급한다. 따라서 강성도법은 **변위법**(變位法, Displacement Method)이라고도 부른다.

강성도법을 설명하기 위하여 [그림3.4.2](a)와 같이 양단 A, B가 고정단인 균일단면부재 AB가 C점에서 축하중 P를 받을 때, 양단에 작용하는 반력 R_A, R_B를 구해보자.

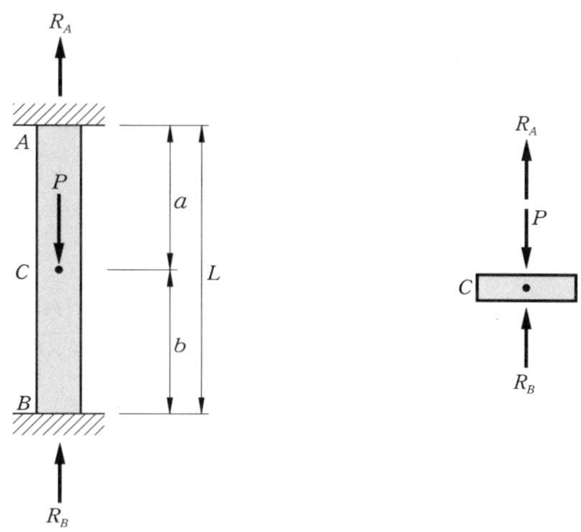

(a) (b)

[그림3.4.2] 부정정구조물의 강성도법에 의한 해석

강성도법에서는 먼저 적당한 변위를 미지수로 정해야 하는데, 적당한 변위란 구조물 각 부분의 축방향력들이 이 변위의 항으로 표현될 수 있는 것을 말한다. 이 경우에는 C점의 연직변위 δ_C를 미지수로 정한다. 이때 δ_C가 하향인 것을 양(+)으로 가정하면 C점을 경계로 부재의 윗부분은 인장을 받고, 아랫부분은 압축을 받는다. 부재의 윗부분과 아랫부분의 반력 R_A와 R_B는 미지수 δ_C를 써서 표시하면 다음과 같다.

$$R_A = \frac{EA}{a}\delta_C \quad , \quad R_B = \frac{EA}{b}\delta_C \tag{3.4.9}$$

다음으로 [그림3.4.2](b)와 같이 C점을 자유물체도로 분리시킨다. 여기에는 아랫방향으로 작용하는 하중 P, 윗부분의 인장을 유발하는 반력 R_A 그리고 아랫부분의 압축을 일으키는 반력 R_B가 표시된다. 그림(b)로부터 평형조건식을 세우면 다음과 같다.

$$R_A + R_B - P = 0 \tag{3.4.10}$$

이때 식(3.4.9)를 식(3.4.10)에 대입하면 다음과 같다.

$$\frac{EA}{a}\delta_C + \frac{EA}{b}\delta_C - P = 0 \tag{3.4.11}$$

한편 $a+b=L$ 이므로, 상기 식(3.4.11)에서 δ_C 를 다음과 같이 구할 수 있다.

$$\delta_C = \frac{Pab}{EAL} \tag{3.4.12}$$

결국 상기 식(3.4.12)를 식(3.4.9)에 대입하면, 반력 R_A 와 R_B 를 다음과 같이 구할 수 있다.

$$R_A = \frac{Pb}{L} \quad , \quad R_B = \frac{Pa}{L} \tag{3.4.13}$$

강성도법(剛性度法, Stiffness Method)은 방정식 속에 강성도가 나타난다.

상기의 경우에서는 식(3.4.11)에서 미지수인 과잉반력 δ_C 의 계수로, 강성도(Stiffness, k)가 포함되어있다. 강성도법도 유연도법과 마찬가지로 재료가 선형 탄성적인 거동을 할 때 적용할 수 있으며, 두 해법은 같은 결과를 보이고 있음을 알 수 있다.

강성도법과 유연도법은 간단한 문제의 경우 계산시간이 거의 같으나, 복잡한 문제의 경우 어느 한 해법이 다른 해법에 비하여 계산시간이 훨씬 줄어들 수 있다.

◆ ◆ ◆ ◆ ◆ ◆

예제 3.4.2

다음 그림과 같이 같은 길이, 같은 단면적 및 같은 탄성계수를 갖는 5개의 부재로 구성된 대칭 트러스가 절점 F 에 작용하는 연직력 P 를 받는다. 절점 F 의 처짐 δ_F 와 부재들의 축력을 구하여라.

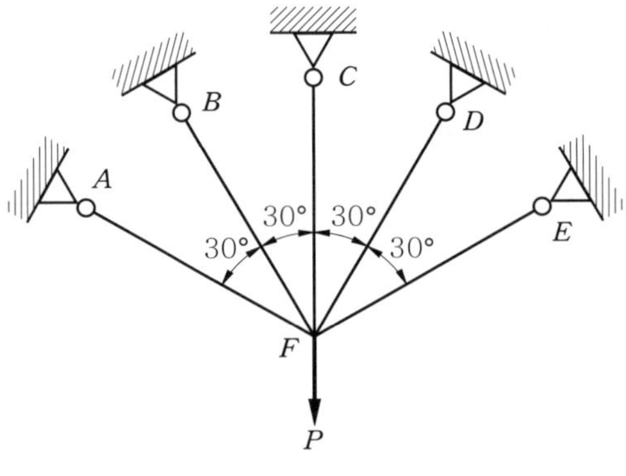

풀이

① 하중 P 로 인한 부재의 반력은 그림(a)와 같다.

여기서, 다음과 같은 평형조건식이 성립된다.

$R_A(=R_E)\cos 60^\circ + R_B(=R_D)\cos 30^\circ + R_C + R_D\cos 30^\circ + R_E\cos 60^\circ$

$= R_C + 2R_D\cos 30^\circ + 2R_E\cos 60^\circ = P$ ....(1)

② 반력 R_C , R_D , R_E 를 미지수 δ_F 를 써서 표시하면,

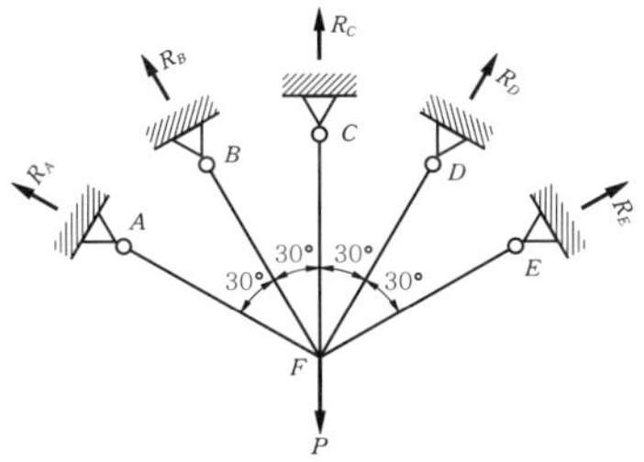

그림(a)

$$R_C = \frac{EA}{L}\delta_F \quad \cdots\cdots (2)$$

$$R_D = \frac{EA}{L}\cos 30^\circ \delta_F \quad \cdots\cdots (3)$$

$$R_E = \frac{EA}{L}\cos 60^\circ \delta_F \quad \cdots\cdots (4)$$

③ 식(2), (3), (4)를 평형조건식(1)에 대입한다.

$$\frac{EA}{L}\delta_F + \frac{2EA\delta_F\cos^2 30^\circ}{L} + \frac{2EA\delta_F\cos^2 60^\circ}{L} = P \quad \cdots\cdots (5)$$

$$\therefore \quad \delta_F = \frac{PL}{3EA}$$

④ 식(6)을 이용하여 반력 R_C, R_D , R_E 를 구한다.

$$R_C = \frac{EA}{L}\delta_F = \frac{1}{3}P$$

$$R_D = R_B = \frac{EA}{L}\cos 30^\circ \delta_F = \frac{\sqrt{3}}{6}P$$

$$R_E = R_A = \frac{EA}{L}\cos 60^\circ \delta_F = \frac{1}{6}P$$

⑤ 반력 R_C, R_D , R_E 을 이용하여 부재의 축력을 구하면,

$\therefore \quad N_{CF} = \frac{1}{3}P$ (인장력), $\quad N_{DF} = N_{BF} = \frac{\sqrt{3}}{6}P$ (인장력),

$N_{EF} = N_{AF} = \frac{1}{6}P$ (인장력)

예제 3.4.3

다음과 같은 각형 콘크리트 충전강관(CFT, Concrete Filled in Tube)기둥이 있다. 이 기둥은 내부의 콘크리트와 이를 둘러싼 각형강관으로 이루어지며, 각각의 탄성계수가 $E_S = 2.0 \times 10^5\,MPa$, $E_C = 2.6 \times 10^4\,MPa$, 허용응력은 각각 $\sigma_S = 145\,MPa$, $\sigma_C = 9\,MPa$ 이다. 이 기둥의 최대허용하중 P 를 구하여라. (단, 강재와 콘크리트 내의 응력은 균일하게 분포한다고 가정한다.)

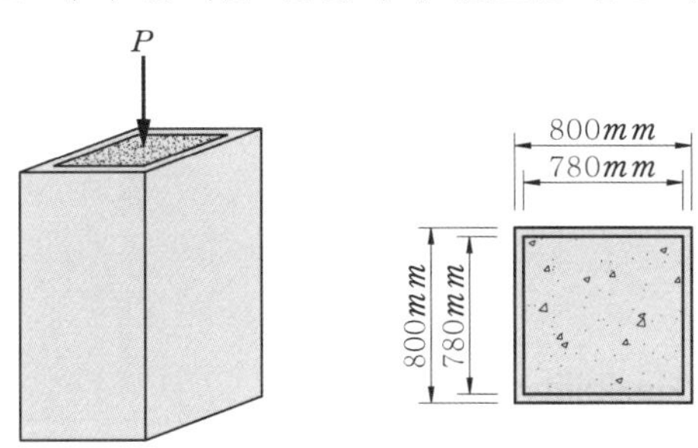

풀이

콘크리트와 강재의 단면적을 구하면 다음과 같다.

$A_C = 780 \times 780 = 608400 mm^2$, $A_S = 800 \times 800 - A_C = 31600 mm^2$

하중 P로 인한 강재와 콘크리트의 변형량 δ_S, δ_C는 동일하다.

$$\delta_S = \delta_C \quad \Rightarrow \quad \frac{P_S L}{E_S A_S} = \frac{P_C L}{E_C A_C} \text{ 이므로}$$

$$\therefore \quad P_S = \frac{P_C E_S A_S}{E_C A_C} \; , \qquad P_C = \frac{P_S E_C A_C}{E_S A_S}$$

그런데 $P = P_S + P_C$ 이므로 다음과 같이 정리될 수 있다.

$$P = P_S + \frac{P_S E_C A_C}{E_S A_S} = \frac{P_S(E_S A_S + E_C A_C)}{E_S A_S} = \frac{\sigma_S(E_S A_S + E_C A_C)}{E_S} \quad \text{..........(1)}$$

$$P = P_C + \frac{P_C E_S A_S}{E_C A_C} = \frac{P_C(E_C A_C + E_S A_S)}{E_C A_C} = \frac{\sigma_C(E_C A_C + E_S A_S)}{E_C} \quad \text{..........(2)}$$

강재가 허용응력에 도달할 때 기둥이 받을 수 있는 최대하중은 (1)식으로부터

$$P = \frac{145 \times (2 \times 10^5 \times 31600 + 2.6 \times 10^4 \times 608400)}{2 \times 10^5} \times 10^{-3} = 16050 kN$$

콘크리트가 허용응력에 도달할 때 기둥이 받을 수 있는 최대하중은 (2)식으로부터

$$P = \frac{9 \times (2.6 \times 10^4 \times 608400 + 2 \times 10^5 \times 31600)}{2.6 \times 10^4} \times 10^{-3} = 7663 kN$$

기둥의 최대허용하중 P는 강재와 콘크리트가 받을 수 있는 최대하중 중 작은 값이므로,

$$\therefore \quad P = 7663 kN$$

예제 3.4.4

같은 단면적과 탄성계수를 갖는 3개의 부재로 구성된 트러스가 연직력 P를 받는다. 절점 D의 처짐 δ와 부재들의 축력을 구하여라.

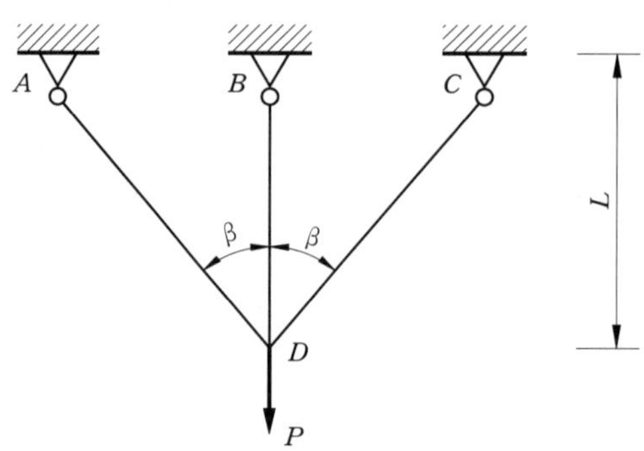

풀이-1 유연도법 (Flexibility Method)

① 하중 P로 인한 부재의 반력은 그림(a)와 같다. 미지수인 반력 중 하나인

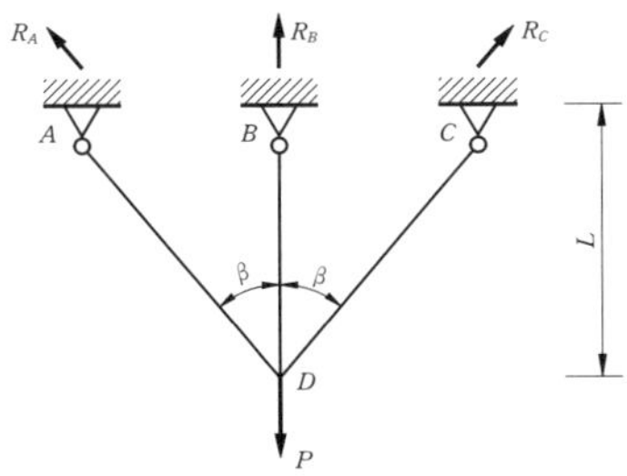

그림(a)

R_B를 과잉반력으로 정하고, 그림(b)와 그림(c)와 같이 힘을 분리한다.

$$R_A = R_C = \frac{P}{2\cos\beta} \quad \cdots\cdots(1)$$

$$\delta = \frac{R_A}{EA} \times \frac{L}{\cos\beta} = \frac{P}{2\cos^2\beta} \times \frac{L}{EA} \quad \cdots\cdots(2)$$

$$\delta_{D(A)} = \frac{\delta}{\cos\beta} = \frac{PL}{2EA\cos^3\beta}(\downarrow)$$

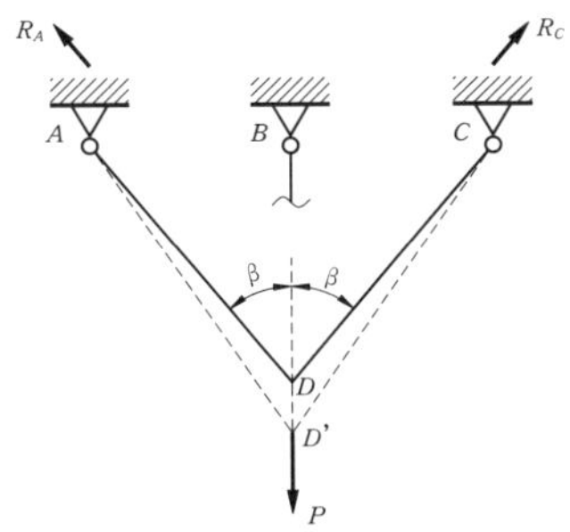

그림(b)

② 그림(c)에서 과잉반력 R_B로 인해 ①과 같은 풀이과정을 통해서 $\delta_{D(B)}$을 구한다.

$$\delta = \frac{R_A}{EA} \times \frac{L}{\cos\beta} = \frac{P}{2\cos^2\beta} \times \frac{L}{EA} \quad \cdots\cdots(3)$$

$$\delta_{D(A)} = \frac{\delta}{\cos\beta} = \frac{R_B L}{2EA\cos^3\beta}(\uparrow)$$

③ 접합 조건식에 의해 D점의 최종 처짐량은 부재 BD가 늘어난 량과 같다.

$$\delta_{D(A)} - \delta_{D(B)} = \frac{PL}{EA}$$

$$\frac{PL}{2EA\cos^3\beta} - \frac{R_B L}{2EA\cos^3\beta} = \frac{R_B L}{EA}$$

$$\therefore R_B = \frac{P}{(2\cos^3\beta + 1)}$$

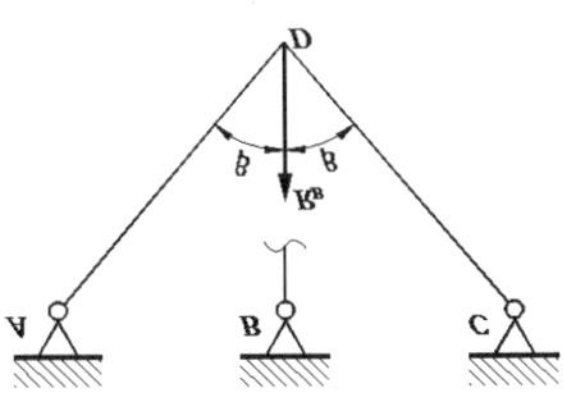

그림(c)

④ 평형조건식에 의해

$$2Ra \times \cos\beta + R_B = P \quad \cdots\cdots(4)$$

$$2Ra\cos\beta + \frac{P}{2\cos^3\beta + 1} = P$$

$$Ra = R_C = \frac{P\cos^2\beta}{2\cos^3\beta + 1} \quad \cdots\cdots(5)$$

⑤ D점에서의 처짐 δ_D를 구한다.

$$\therefore \ \delta_D = \frac{R_B L}{EA} = \frac{P}{2\cos^3\beta + 1} \times \frac{L}{EA} = \frac{PL}{(2\cos^3\beta + 1)EA}(\downarrow)$$

⑥ 반력 R_A와 R_B를 이용하여 부재의 축력을 구하면,

$$\therefore \ N_{AD} = N_{CD} = \frac{P\cos^2\beta}{2\cos^3\beta + 1}(\text{인장력}), \quad N_{BD} = \frac{P}{2\cos^3\beta + 1}(\text{인장력})$$

풀이-2 강성도법 (Stiffness Method)

① 변위 δ_D를 미지량으로 정한다.

② 반력을 변위의 항으로 표시한다.

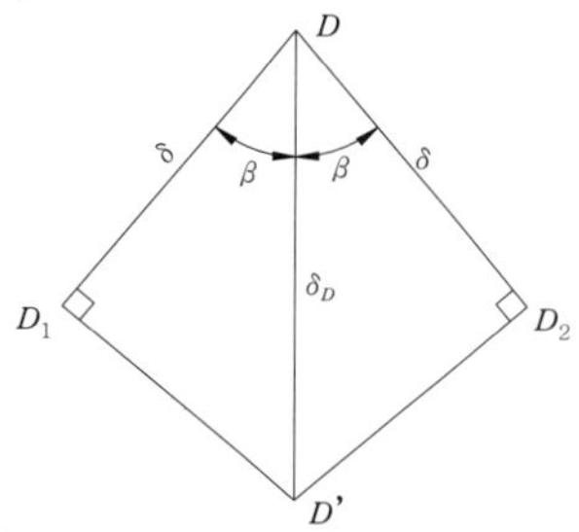

그림(d)

$$\delta = \delta_D \cos\beta \quad \cdots\cdots (1)$$

$$\delta = \frac{R_A L}{EA} \times \frac{1}{\cos\beta} \quad \cdots\cdots (2)$$

$$R_A = R_C \quad \cdots\cdots (3)$$

$$\delta_D = \frac{R_B L}{EA} \quad \cdots\cdots (4)$$

상기 식들을 정리하여 반력 R_A와 R_B에 대해 정리한다.

$$R_A = \frac{EA}{L} \times \delta_D \times \cos^2\beta \quad \cdots\cdots (5)$$

$$R_B = \frac{EA}{L} \times \delta_D \quad \cdots\cdots (6)$$

③ 평형조건식을 이용하여 변위 δ_D를 구한다.

$$2R_A \cos\beta + R_B = P$$

$$2 \times \frac{EA}{L} \times \delta_D \times \cos^3\beta + \frac{EA}{L} \times \delta_D = P$$

$$\delta_D \times \frac{EA}{L} \times (2\cos^3\beta + 1) = P$$

$$\therefore \ \delta_D = \frac{PL}{EA(2\cos^3\beta + 1)} (\downarrow) \quad \cdots\cdots (7)$$

④ 식(6)에서 구한 변위값을 이용해 식(5)와 식(6)에 대입하여 반력을 구한다.

$$R_A = R_C = \frac{EA}{L} \times \delta_D \times \cos^2\beta = \frac{EA}{L} \times \frac{PL}{EA(2\cos^3\beta+1)} \times \cos^2\beta = \frac{P\cos^2\beta}{2\cos^3\beta+1}$$

$$R_B = \frac{EA}{L} \times \delta_D = \frac{EA}{L} \times \frac{PL}{EA(2\cos^3\beta+1)} = \frac{P}{2\cos^3\beta+1}$$

⑤ 반력 R_A와 R_B를 이용하여 부재의 축력을 구하면,

$$\therefore \ N_{AD} = N_{CD} = \frac{P\cos^2\beta}{2\cos^3\beta+1} (\text{인장력}) \ , \quad N_{BD} = \frac{P}{2\cos^3\beta+1} (\text{인장력})$$

◆ ◆ ◆ ◆ ◆ ◆

◈ 연 습 문 제 ◈

3.4.1 무게가 W인 블록 AB가 3개의 등간격으로 매어진 연직 줄들에 매달려 있는데, 이 중 1개는 강선이고, 2개는 알루미늄선이다. 이 줄들은 블록의 중심에 작용하는 하중 P를 지지하며, 강선의 지름은 $1.5cm$이고, 알루미늄선의 지름은 $1.0cm$이다. 또한 강선의 설계응력은 $200MPa$, 알루미늄선의 설계응력은 $120MPa$일 때, 지지할 수 있는 최대하중 P의 크기는 얼마인가? (여기서, $W=5kN$, $E_S=3.0\times10^5 MPa$, $E_A=2.0\times10^5 MPa$라고 가정한다.)

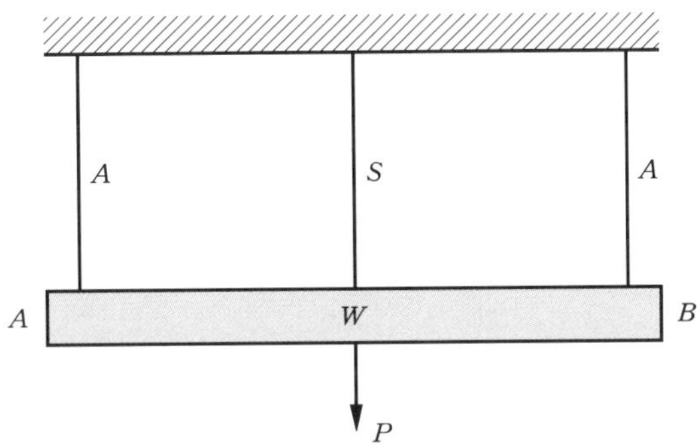

3.4.2 그림에 보이는 장치에서 각 연직 봉들은 강재로 만들어져 있으며 단면적은 $1000mm^2$이다. 무게가 $400kN$인 부재가 연직 봉들에 의해 매달려 있다. B점에서 부재의 인장응력을 구하여라. (여기서, $L_1=1.2m$, $L_2=1.8m$ 임.)

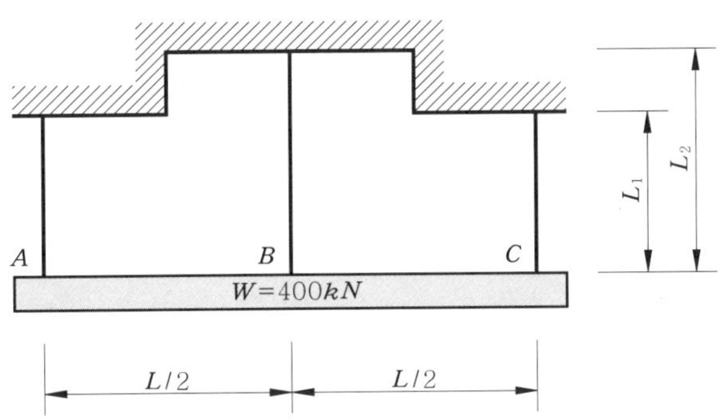

3.4.3 같은 강성도 EA를 갖는 3개의 부재 A, B, C가 수평한 보를 지지한다. 부재 B와 C의 길이는 h이고, 부재 A의 길이는 $2h$이다. 하중 P가 보의 중앙에 작용했을 때, 이 보가 수평을 유지하기 위한 부재 A와 B 사이의 거리 x를 구하여라.

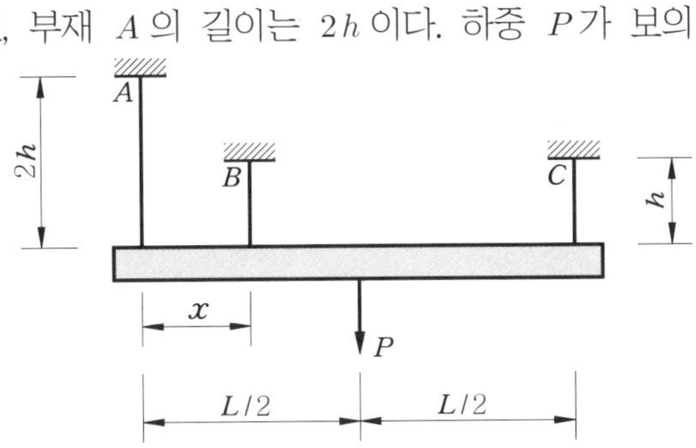

3.4.4 다음 그림에서 BD 부재는 강성봉재이고, AC 및 AD 부재는 강선(Wire)으로 되어 있다. D 점에서 하중 $P = 15kN$ 이 작용할 때, AC 및 AD 부재에 작용하는 인장력 T_C 와 T_D 를 구하여라.

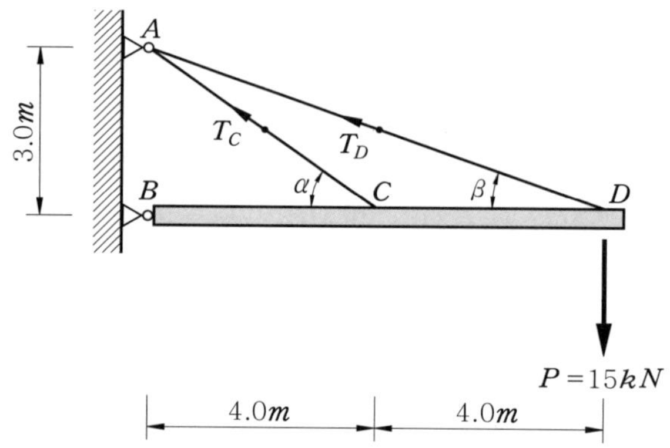

3.5 온도변화 및 기변형률의 영향*

3.5.1 온도변화의 영향

등방·등질인 구조체는 온도가 변하면 모든 방향으로 그 치수는 변한다. [그림 3.5.1]은 등방·등질인 육면체가 균일하게 가열되었을 때 모든 방향으로 자유롭게 팽창하는 모습을 보여주고 있는데, 모서리 A 점을 기준점으로 하면 이 육면체는 점선으로 표시한 모양이 될 것이다.

[그림3.5.1] 균일한 온도상승으로 인한 육면체의 부피 팽창

[그림3.5.1]과 같이 재료가 균일한 온도변화로 인하여 일어나는 변형률을 **균일 열변형률**(均一熱變形率, Uniform Thermal Strain)이라 하는데, 기호 ϵ_t 로 표시하면 다음과 같이 나타낼 수 있다.

$$\epsilon_t = \alpha \ \Delta T \tag{3.5.1}$$

여기서 α 는 **열팽창계수**(熱膨脹係數, Coefficient of Thermal Expansion)이고, ΔT 는 온도증가량을 나타낸다. 열팽창계수 α 는 재료의 고유값으로, 단위는 온도변화의 역수이다. 즉 열팽창계수 α 의 단위는 $1/℃$, $1/℉$, $1/K$ 로 표시된다. 따라서 열변형률 ϵ_t 는 무차원량으로, 기호는 팽창에서는 양(+), 수축에서는 음(−)으로 나타난다. 참고로 콘크리트의 열팽창계수는 1.0×10^{-5}~$1.3\times10^{-5}\,(1/℃)$ 정도이며, 구조용 강재의 열팽창계수는 약 $1.2\times10^{-5}\,(1/℃)$ 로 콘크리트와 거의 같다.

한편 [그림3.5.1]의 육면체는 원래 치수에 열변형률을 곱하여 한쪽방향의 치수 변화를 구할 수 있다. 예를 들어 치수 중의 하나를 L 이라 하면 이 치수는 온도변화로 인하여 다음과 같은 길이만큼 변화할 수 있다.

$$\delta_t = \epsilon_t L = \alpha \ \Delta T \ L \tag{3.5.2}$$

여기서 δ_t 는 재료의 온도증가량 ΔT 에 인한 팽창량을 뜻한다.

[그림3.5.2]와 같이 좌측이 고정단, 우측이 자유단의 길이 L 인 균일단면부재가 균일한 온도변화로 인하여 팽창할 때, 부재 길이방향의 팽창량 δ_t 는 식(3.5.2)로 구할 수 있다.

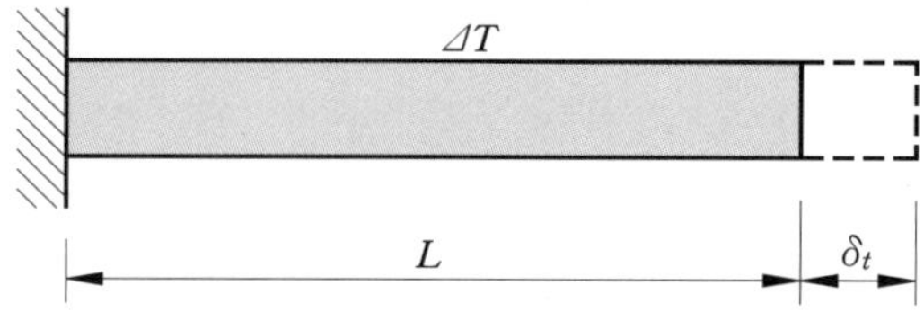

[그림3.5.2] 균일한 온도상승으로 인한 균일단면부재의 길이 증가

일반적으로 균일한 온도변화에 의한 구조물의 길이변화는 부재들이 자유롭게 팽창 또는 수축할 수 있는 경우, 즉 구조물이 정정(靜定, Statically Determinate)인 경우에는 식(3.5.2)를 통하여 계산할 수 있으며, 이때 부재내에는 응력이 발생하지 않는다. 반면에 구조물이 부정정(不靜定, Statically Indeterminate)일 때에는 온도변화가 있으면 일반적으로 부재내에는 **열응력**(熱應力, Thermal Stress)이라 부르는 응력이 발생한다. 한편 구조물이 불균일하게 온도변화를 일으키면 구조물이 정정이건 부정정이건 상관없이 모든 구조물에는 응력이 발생할 수 있다.

다음은 [그림3.5.3](a)와 같은 정정트러스를 통하여 균일한 온도변화의 영향을 살펴보도록 한다. 그림(a)의 등방·등질이고 대칭인 트러스 ABC가 균일한 온도 증가량 ΔT를 받을 때 C점에서의 온도변화로 인한 수직변위량 δ_C를 구해보자.

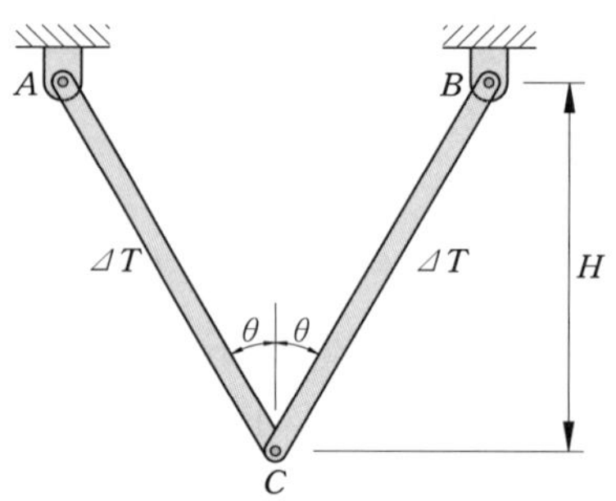

(a)

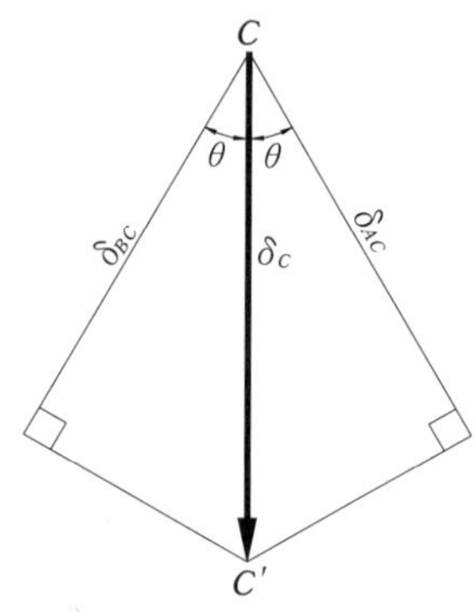

(b)

[그림3.5.3] 균일한 온도상승을 받는 정정트러스

이 경우 트러스는 정정이므로 부재들은 자유롭게 길이방향으로 늘어나는데, 이때 부재들의 신장량은 식(3.5.2)을 통하여 다음과 같이 구할 수 있다.

$$\delta_{AC} = \delta_{BC} = \frac{\alpha \Delta T H}{\cos\theta} \tag{3.5.3}$$

여기서 부재의 길이는 $H/\cos\theta$이며, C점의 최종 변위선도를 그려보면 [그림3.5.3](b)와 같다. 따라서 C점에서의 온도변화로 인한 수직변위량 δ_C는 다음과 같다.

$$\delta_C = \frac{\delta_{AC}}{\cos\theta} = \frac{\alpha\,\Delta T\,H}{\cos^2\theta}\ (\downarrow) \tag{3.5.4}$$

결국 [그림3.5.3]의 정정트러스는 균일한 온도변화로 인하여 비록 변위는 일어나지만, 두 부재에는 응력이 발생하지 않으며 지점에는 반력이 생기지 않는다.

이번에는 [그림3.5.4](a)와 같은 양단이 고정단인 길이 L의 부재, 즉 부정정구조물이 균일한 온도변화 ΔT로 인하여 팽창할 때를 살펴보도록 하자.

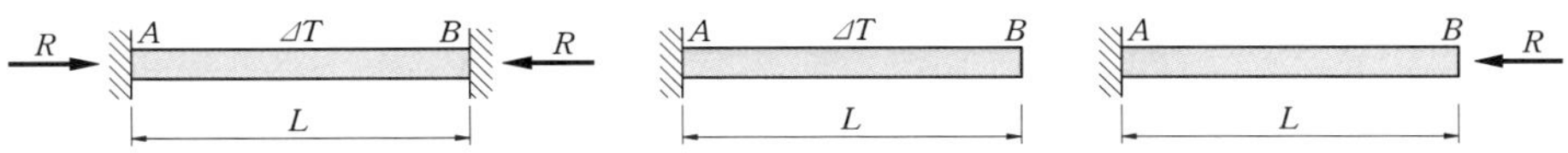

(a) (b) (c)

[그림3.5.4] 균일한 온도상승을 받는 부정정구조물

[그림3.5.4](a)와 같은 부정정구조물은 온도변화로 인한 부재 길이의 자유로운 팽창이나 수축이 구속되어 있다. 만약 온도를 균일하게 ΔT만큼 상승시키면, 반력 R로 인하여 부재 AB내에는 압축응력이 발생할 것이다. 유연도법을 사용하면, 지점 B의 반력 R을 과잉반력으로 취급하여 그림(a)를 기본구조물인 그림(b)와 그림(c)로 분리할 수 있다. 이때 그림(b)에서는 기본구조물이 ΔT로 인하여 B점에서 신장 δ_T를 일으키고, 그 신장량은 $\delta_T = \alpha\,\Delta T\,L$이 된다. 한편 그림(c)에서는 기본구조물이 압축력 R을 받아 B점에서 수축 δ_R을 일으키는데, 그 수축량은 $\delta_R = RL\,/\,EA$이다. 그런데 실제 B점에서의 변위는 '0' 이므로, 다음과 같은 적합방정식을 얻을 수 있다.

$$\delta_T - \delta_R = \alpha\,\Delta T\,L - \frac{RL}{EA} = 0 \tag{3.5.5}$$

상기 식(3.5.5)로부터 반력 R은 다음과 같이 구할 수 있다.

$$R = EA\,\alpha\,\Delta T \tag{3.5.6}$$

상기 식(3.5.6)에서 반력 R은 부재의 길이에 의존하지 않음을 주목하여야 한다. 마지막으로 부재의 압축응력을 구해보면 다음과 같다.

$$\sigma = \frac{R}{A} = E\alpha\,\Delta T \tag{3.5.7}$$

상기 식(3.5.7)에서는 수직응력 σ가 단면적과 상관이 없음에 주목하여야 한다.

[그림3.5.4](a)와 같은 부정정구조물은 하중이 작용하지 않고, 온도변화가 있을 때 어떻게 응력이 발생하는지를 보여주고 있다. 또한 모든 단면에서의 길이방향 변위가 '0' 이므로, 이 부재에는 축방향 변형률이 '0' 으로, 변형률이 발생하지 않으면서 응력이 발생하는 특별한 경우를 보여주고 있다.

◆ ◆ ◆ ◆ ◆ ◆

예제 3.5.1

다음과 같이 18℃에서 길이 $100m$ 인 동관과 이보다 $5mm$ 더 긴 강관이 있다. 이 두 부재의 온도변화에 의한 길이 차이가 $10mm$ 가 되는 온도는 몇 ℃인가? (동관과 강관의 선팽창계수는 각각 $\alpha_C = 1.7 \times 10^{-5}/℃$, $\alpha_S = 1.1 \times 10^{-5}/℃$ 이다.)

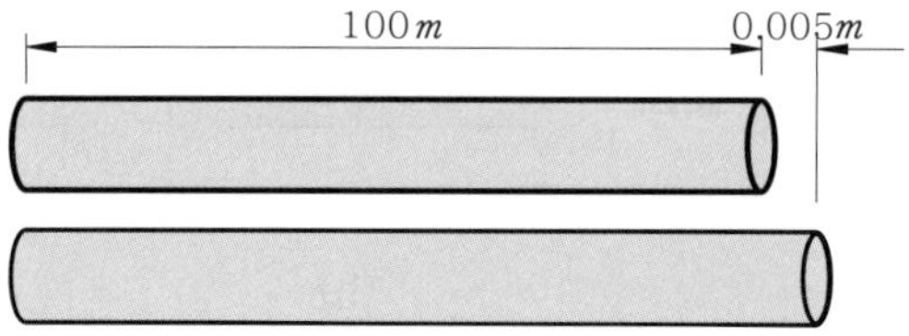

풀이

동관의 길이를 L_C, 강관의 길이를 L_S라 하고, 온도변화에 의해 늘어난 길이를 각각 δ_C, δ_S라고 하면,

$\delta_C = \alpha_C \cdot \Delta T \cdot L_C$, $\delta_S = \alpha_S \cdot \Delta T \cdot L_S$가 된다.

이때, 온도변화에 의한 두 부재의 길이 차이는 기준 온도인 $T_0 = 18℃$ 보다 온도가 상승 또는 하락하는 두 경우가 있으므로 이를 고려하여 계산한다.

(1) 온도가 상승한 경우

두 부재의 길이 차이 δ 는 원래 부재의 길이 차이 $5mm$ 를 고려하여 계산한다.

또한, 동관의 선팽창계수가 강관의 선팽창계수보다 크므로 동관의 길이 변화량이 더 크다.

$\delta = \delta_C - (\delta_S + 0.005)$

$\delta = 10mm$ 이므로 $\delta_C - \delta_S = 0.015$

$\alpha_C \cdot \Delta T \cdot L_C - \alpha_S \cdot \Delta T \cdot L_S = 0.015$

$\Delta T \cdot (\alpha_C L_C - \alpha_S L_S) = 0.015$

$$\Delta T = \frac{0.015}{(\alpha_C L_C - \alpha_S L_S)} = \frac{0.015}{(1.7 \times 10^{-5} \times 100 - 1.1 \times 10^{-5} \times 100.005)} = 25℃$$

$\therefore\ T = T_0 + \Delta T = 18℃ + 25℃ = 43℃$

(2) 온도가 하락한 경우

$\delta = (\delta_C + 0.005) - \delta_S$

$\delta = 10mm$ 이므로 $\delta_C - \delta_S = 0.005$

$\alpha_C \cdot \Delta T \cdot L_C - \alpha_S \cdot \Delta T \cdot L_S = 0.005$

$\Delta T \cdot (\alpha_C L_C - \alpha_S L_S) = 0.005$

$$\Delta T = \frac{0.005}{(\alpha_C L_C - \alpha_S L_S)} = \frac{0.005}{(1.7 \times 10^{-5} \times 100 - 1.1 \times 10^{-5} \times 100.005)} = 8.3℃$$

$\therefore\ T = T_0 - \Delta T = 18℃ - 8.3℃ = 9.7℃$

따라서 이 두 부재는 기준온도 $T_0 = 18℃$ 에서 온도가 상승하여 $43℃$ 가 되거나 온도가 하락하여 $9.7℃$ 가 될 때, $10mm$ 의 길이 차이를 가진다.

예제 3.5.2

다음과 같이 동관(C) 내부에 강봉(S)이 들어있는 조립부재가 있다. 이 부재의 양단에 하중 $P = 10kN$ 이 작용하면서 동시에 온도변화가 있다고 가정할 때, 모든 하중을 동관이 부담하게 되는 온도변화 ΔT 는 얼마인가?

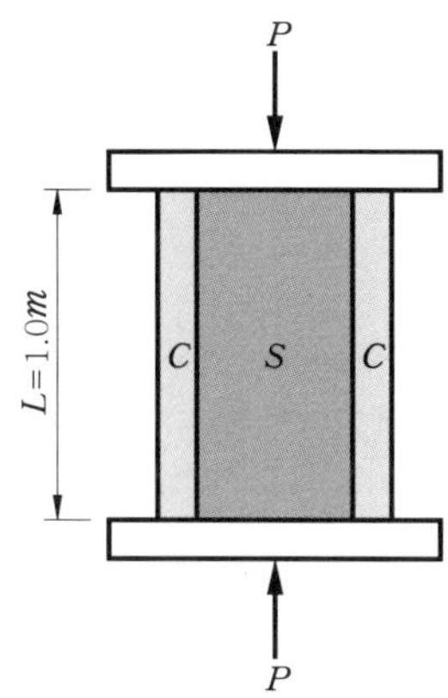

각 부재의 재료적 성질

탄성계수	강봉	$E_S = 2.0 \times 10^5 MPa$
	동관	$E_C = 1.2 \times 10^5 MPa$
단면적	강봉	$A_S = 2400mm^2$
	동관	$A_C = 1400mm^2$
선팽창계수	강봉	$\alpha_S = 1.1 \times 10^{-5}/℃$
	동관	$\alpha_C = 1.7 \times 10^{-5}/℃$

풀이

강봉에 비해 동관의 선팽창계수가 크므로 모든 하중을 동관이 부담하기 위해서는 온도가 상승하여야 한다. 또한, 하중 P를 동관이 부담하려면 이때 동관의 변위 δ_P(수축이므로 절대값)가 ΔT로 인한 두 부재 간 길이의 차이보다 작거나 같아야 한다. 따라서,

$$\delta_C - \delta_S \geq |\delta_P| = \frac{|P| \cdot L}{E_C \cdot A_C} \quad \cdots\cdots ①$$

온도변화 ΔT에 의한 각 부재의 변형량은 다음과 같다.

$$\delta_C = \alpha_C \cdot \Delta T \cdot L, \quad \delta_S = \alpha_S \cdot \Delta T \cdot L$$

식①에 대입하여 풀면,

$$\alpha_C \cdot \Delta T \cdot L - \alpha_S \cdot \Delta T \cdot L \geq \frac{|P| \cdot L}{E_C \cdot A_C}$$

$$\Delta T \left(\alpha_C \cdot L - \alpha_S \cdot L\right) \geq \frac{|P| \cdot L}{E_C \cdot A_C}$$

$$\Delta T \geq \frac{|P|}{E_C \cdot A_C \times (\alpha_C - \alpha_S)}$$

$$\therefore\ \Delta T \geq \frac{|-10 \times 1000|}{1.2 \times 10^5 \times 1400 \times \left(1.7 \times 10^{-5} - 1.1 \times 10^{-5}\right)} = 9.92℃$$

따라서 $9.92℃$ 이상 온도가 증가하면 동관이 모든 하중을 부담하게 된다.

예제 3.5.3

다음의 그림과 같이 길이가 $2.8m$인 강재를 콘크리트 바닥과의 간격이 $2mm$가 되도록 하였다. 온도가 60℃ 상승했을 때 강재의 응력 σ를 구하여라.

$(\alpha = 15 \times 10^{-6}/℃,\ E = 5.5 \times 10^{5} MPa)$

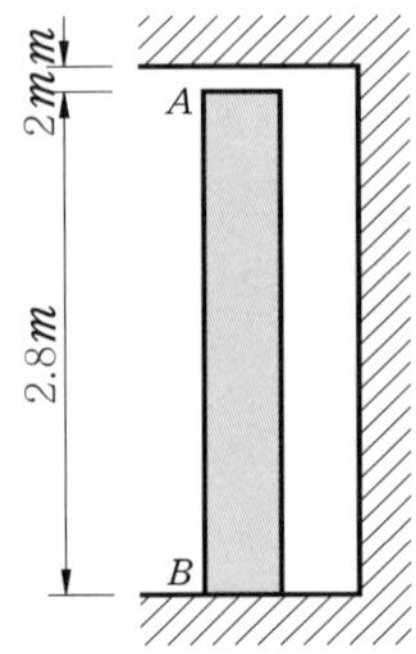

풀이

$$\delta_t = \alpha \cdot \Delta T \cdot L = 15 \times 10^{-6} \times 60 \times 2.8 = 0.00252m$$

$$\delta = \delta_t - d = 2.52 - 2 = 0.52mm$$

$$\sigma = E \times \frac{\delta}{L + d} = 5.5 \times 10^{5} \times \frac{0.52}{2800 + 2} = 102.1MPa$$

$$\therefore \ \sigma = 102.1MPa$$

◆ ◆ ◆ ◆ ◆ ◆

3.5.2 기변형률의 영향

구조물의 어떤 부재가 제작과정에서 착오로 인하여 원래 설계된 길이와는 다른 길이로 제작되었다면, 부재의 길이변화로 인하여 발생하는 영향은 길이변화를 일으킨 원인은 다르지만 온도변화의 영향과 유사하다. 즉 일반적으로 제작시 부재의 길이변화를 충분히 흡수할 수 있는 정정구조물은 비록 구조물의 원래 형상이 달라질 수는 있으나, 부재내부에서 응력 및 변형률은 발생하지는 않는다.

반면에 부정정구조물은 부재의 길이변화에 대한 조정이 자유롭지 못할 뿐만 아니라 부재내부에 변형률과 함께 응력이 발생할 수 있다. 이러한 변형률은 하중이 작용하기 전인 구조물의 제작과정에서 발생한 것이므로 이것을 **기변형률**(旣變形率, Prestrain)이라고 한다. 그리고 이 변형률은 구조물에 **기응력**(旣應力, Prestress)을 일으킨다. 어떤 구조물에는 하중을 받을 때 좀 더 양호한 응력상태가 되도록 일부러 사전에 응력을 부과하여 구조적 성능을 향상시키기도 하는데, 대표적인 것이 프리스트레스트 콘크리트(Prestressed Concrete)이다.

한편 기변형률상태에 있는 부정정구조물의 해법은 온도변화를 받을 때와 같은 방법으로 이루어진다.

◆ ◆ ◆ ◆ ◆ ◆

예제 3.5.4

다음은 프리스트레스트 콘크리트(Prestressed Concrete) 보를 제작하는 방법 중 하나를 도식화한 것이다. 그 순서는,

(a) 유압 잭(Jack)을 이용하여 고강도 강선(Wire)에 인장력 P를 작용하여 인장시킨다.

(b) 강선 주위에 콘크리트를 부어 양생한 후 잭(Jack)을 풀어 인장력 P를 제거한다.

(c) 강선은 인장상태이고, 콘크리트는 압축상태인 프리스트레스트 보가 된다.

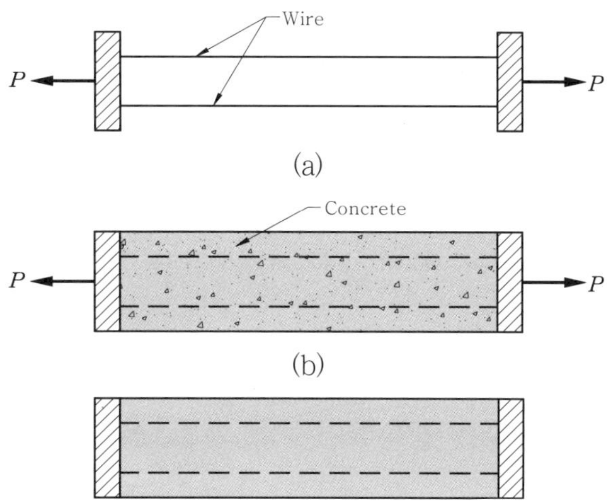

이때 인장력 P가 강선에 초기응력 $\sigma_0 = 650\,MPa$ 을 발생시킨다고 가정하면, 강선과 콘크리트 이 두 재료의 최종응력 σ_S와 σ_C는 얼마인지를 구하여라. (단, 강선과 콘크리트의 탄성계수비는 9 : 1 이고, 단면적비는 1 : 35 이다.)

풀이

강선과 콘크리트의 최종응력을 구하기 위해, 강선의 기변형률 및 하중 P 제거 후의 각 재료의 변형량을 먼저 구한다. 이때 강선과 콘크리트의 최종 변형량은 동일하고, 강선에 작용하는 인장력(P_S)과 콘크리트에 작용하는 압축력 (P_C)은 동일하므로 다음과 같이 정리할 수 있다.

· $E_S = 9E_C$, $A_S = \frac{1}{35}A_C$, $P_S = P_C$

· 하중 P에 의한 강선의 신장량 : $\delta_0 = \frac{PL}{E_S A_S} = \frac{\sigma_0 L}{E_S}$

· 하중 P 제거 후 강선의 신장 회복량 : $\delta_S = \delta_0 - \frac{P_S L}{E_S A_S} = \frac{\sigma_0 L}{E_S} - \frac{P_S L}{E_S A_S}$

· 하중 P 제거 후 콘크리트의 수축량 : $\delta_C = \frac{P_C L}{E_C A_C}$

· $\delta_S = \delta_C \quad \Rightarrow \quad \dfrac{\sigma_0 L}{E_S} - \dfrac{P_S L}{E_S A_S} = \dfrac{P_C L}{E_C A_C}$ ………………………………………… ①

(1) 식①을 주어진 조건에 따라 강선에 대해 정리하면,

$$\frac{\sigma_0 L}{E_S} = \frac{P_C L}{E_C A_C} + \frac{P_S L}{E_S A_S} = \frac{P_S L}{(1/9)E_S \cdot 35 A_S} + \frac{P_S L}{E_S A_S} = \frac{44 P_S L}{35 E_S A_S} = \frac{44 \sigma_S L}{35 E_S}$$

$$\therefore \ \sigma_S = \frac{35}{44}\sigma_0$$

(2) 마찬가지로 콘크리트에 대해 정리하면,

$$\frac{\sigma_0 L}{E_S} = \frac{P_C L}{E_C A_C} + \frac{P_S L}{E_S A_S}$$

$$\frac{\sigma_0 L}{9 E_C} = \frac{P_C L}{E_C A_C} + \frac{P_C L}{9 E_C \cdot (1/35) A_C} = \frac{44 P_C L}{9 E_C A_C} = \frac{44 \sigma_C L}{9 E_C}$$

$$\therefore \ \sigma_C = \frac{1}{44}\sigma_0$$

또는 $P_S = P_C$ 이고 $A_C = 35 A_S$ 이므로 콘크리트의 응력을 구하면,

$$\sigma_C = \frac{P_C}{A_C} = \frac{P_S}{35 A_S} = \frac{1}{35}\sigma_S = \frac{1}{35} \cdot \frac{35}{44}\sigma_0 = \frac{1}{44}\sigma_0$$

$$\therefore \ \sigma_C = \frac{1}{44}\sigma_0$$

따라서 초기응력 $\sigma_0 = 650\,MPa$ 이므로

$\therefore \ \sigma_S = 517 MPa$ (인장응력), $\qquad \sigma_C = 14.8 MPa$ (압축응력)

◆ ◆ ◆ ◆ ◆ ◆

◈ 연 습 문 제 ◈

3.5.1 다음 그림과 같이 서로 다른 두 부재, 동봉과 강봉 사이의 간격이 $\delta = 36mm$ 가 되도록 조립하였다. (1) 이때 두 부재가 서로 맞닿게 되는 온도상승값 ΔT를 구하고, (2) $\Delta T = 130℃$ 일 때 강봉의 응력 σ_S를 구하여라. (여기서, $A_C = 1.8m^2$, $A_S = 2.1m^2$, $\alpha_C = 10 \times 10^{-5}℃$, $\alpha_S = 14 \times 10^{-5}℃$, $E_C = 12 \times 10^5 Pa$, $E_S = 8.5 \times 10^5 Pa$)

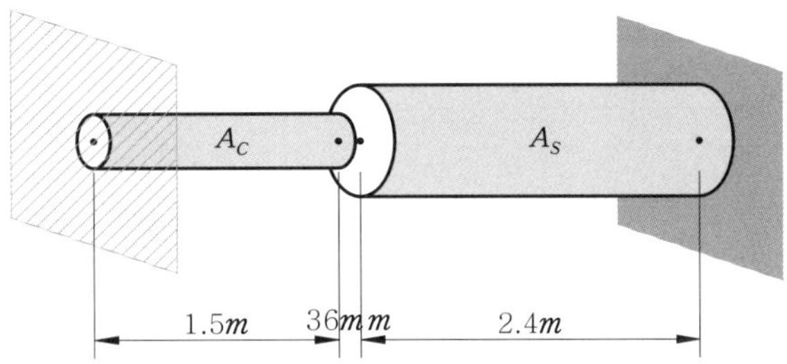

3.5.2 다음과 같이 봉재로 이루어진 대칭트러스에서 AD, CD부재는 $\Delta T_1 = 30℃$ 의 온도상승을, BD부재는 $\Delta T_2 = 90℃$ 의 온도상승을 일으켰을 때, AD와 CD부재의 축력 P_1과 BD부재의 축력 P_2를 구하여라. (단, 모든 부재의 $E = 2.0 \times 10^5 MPa$, $A = 500mm^2$, $\alpha = 1.1 \times 10^{-5}/℃$ 이다.)

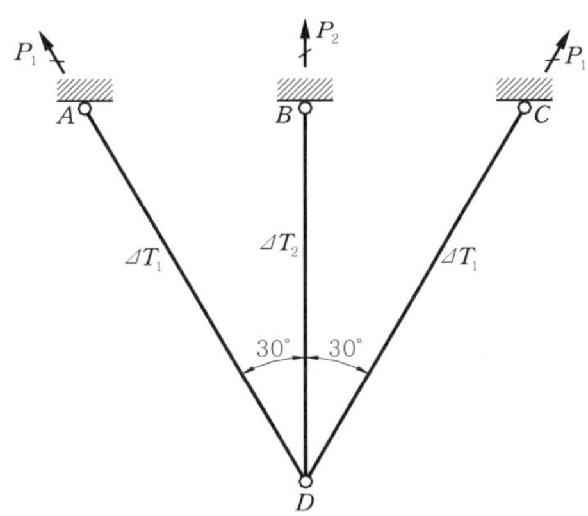

3.5.3 다음의 그림과 같이 지름이 $12mm$ 인 강봉이 콘크리트 벽 사이에 지지되어 있다. 지름이 $15mm$ 인 볼트 내의 전단응력이 $85MPa$ 이 될 때의 ΔT를 구하여라. ($\alpha = 10 \times 10^{-6}/℃$, $E = 5.2 \times 10^5 MPa$)

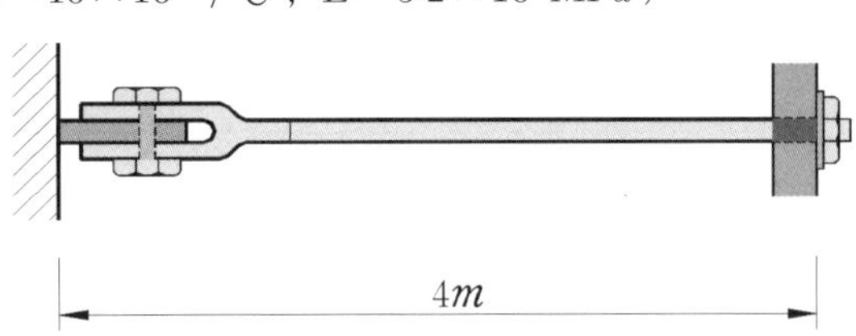

3.5.4 다음의 그림과 같이 강철판이 구리판 사이에 접합되어 있는 부재가 ΔT만큼 가열되었을 때 강철판과 구리판에 발생하는 응력 σ_S , σ_C를 구하여라. (각각의 선팽창계수는 σ_S, σ_C이고 $\sigma_C > \sigma_S$, 각각의 탄성계수는 E_C, E_S)

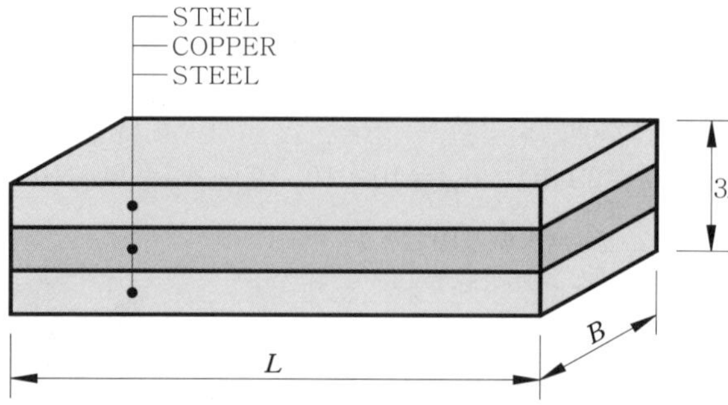

3.5.5 다음 그림과 같이 Steel판이 400×400인 정사각형 기둥에 의해 지지되고 있다. 하중 P가 작용하기 전에 내측의 기둥은 외측의 기둥보다 $s = 1.6mm$ 만큼 짧다. 콘크리트의 탄성하중 $E = 20 \times 10^5 MPa$, 응력 $\sigma = 500\,MPa$일 때 최대 허용하중 P를 구하여라.

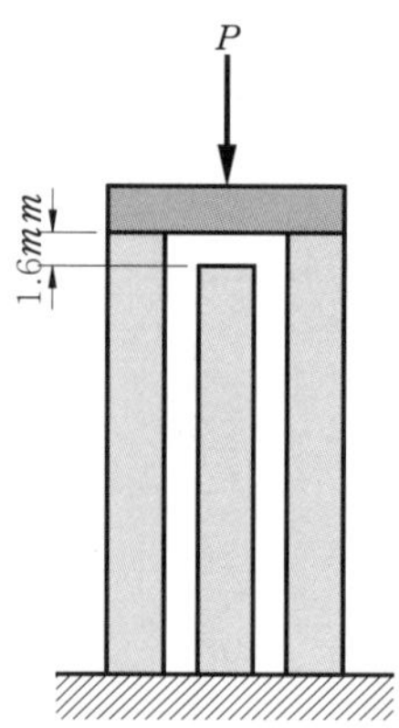

3.5.6 다음과 같이 양단이 강성부재와 연결된 봉재가 있다. 이 봉재의 상하에 턴버클을 가진 2개의 케이블을 강성부재에 고정하고 턴버클을 회전하였을 때, 봉재에 균일 압축응력 σ_0를 발생시키기 위한 각 턴버클의 회전수 n에 관한 식을 구하여라. (단, 봉재의 탄성계수 및 단면적은 E_B, A_B이고 케이블은 E_C, A_C이다. 또한 턴버클의 나사피치는 p로 이중작용을 하여 1회전 시 케이블이 $2p$만큼 짧아진다.)

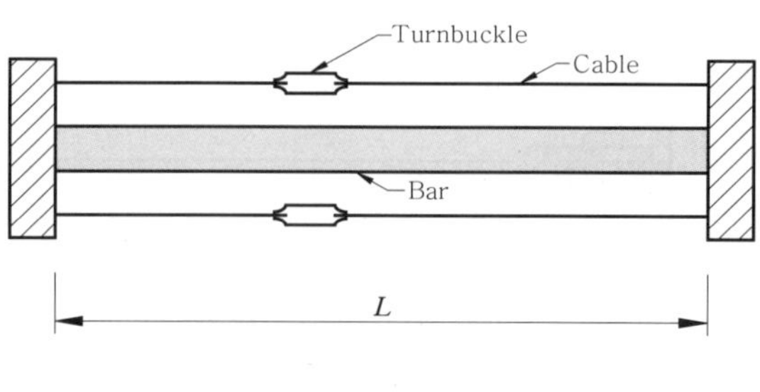

3.6 안전계수와 구조설계

3.6.1 안전계수

구조물이 그 기능을 다하기 위해서는 각종 하중에 대하여 저항할 수 있는 충분한 내력을 확보하여야 한다. 따라서 구조설계시 구조물에 작용하는 여러 형태의 **하중효과**(荷重效果, Load Effect)보다 구조물의 **저항한계상태**(抵抗限界狀態, Resistance Limit State)를 크게 한다.

저항한계상태는 크게 2가지, 즉 강도한계상태(Strength Limit State)와 사용한계상태(Serviceability Limit State)로 나눌 수 있다.

구조물이 파괴되지 않으려면, 구조물의 실제로 지지할 수 있는 하중에 대한 저항능력이 구조물의 존치기간 중 작용할 수 있는 하중효과보다 더 커야 한다. 이때 파괴에 대한 구조물의 저항능력을 **강도**(强度, Strength)라고 한다. **강도한계상태**(强度限界狀態, Strength Limit State)의 설정은 구조물이 예상 수명기간 내에 발생 가능한 최대하중에 대하여 파괴되지 않도록 구조적 안전성을 확보하는 것이다. 최대하중으로 인하여 구조물에 요구되는 강도에 대한 구조물의 실제 강도의 비(比)를 **안전계수**(安全係數, Factor of Safety) 또는 **안전율**(安全率)이라고 한다. 여기서 안전계수를 n이라 하면 다음과 같이 표현할 수 있다.

$$\text{안전계수}(n) = \frac{\text{구조물의 실제 강도}}{\text{구조물에 요구되는 강도}} \geq 1 \qquad (3.6.1)$$

상기 식(3.6.1)에서 안전계수는 파괴를 방지하기 위하여 항상 1 이상이어야 한다.

한편 구조물은 실제 강도가 요구되는 강도보다 커서 파괴에 이르지는 않더라도 변형, 균열, 진동 등이 어느 한계치를 넘어서 구조물이 더 이상 기능을 수행하지 못하는 경우도 있다. 이런 경우에 대처하여 구조설계시 구조물의 사용성을 향상시키기 위해 설정하는 것이 **사용한계상태**(使用限界狀態, Serviceability Limit State)이다. 전체 또는 부분적인 파괴를 기준으로 삼는 강도한계상태와는 달리, 구조기능의 저하로 사용상 부적합 상태가 되는 사용한계상태는 일반적으로 하중계수(Load Factor)를 사용하지 않는 **사용하중**(使用荷重, Service Load)을 사용하며, 안전계수도 강도한계상태와 다르다.

안전계수는 우발적 과하중의 확률, 하중의 형태(정하중, 동하중, 반복하중), 하중값의 정확성, 피로파괴의 가능성, 재료의 종류와 품질, 재료 강도의 신뢰도, 부식이나 환경의 영향, 응력의 종류, 설계계산의 정확도, 해석방법의 정확성, 시공의 수준, 파괴의 형태, 파괴의 결과, 구조물의 중요성 등을 고려하여 결정하여야 한다. 안전계수가 너무 작으면 구조물의 파괴확률이 높아져 구조적 안전성이 낮아지는 것이고, 반대로 안전계수가 너무 높으면 구조재료가 낭비되어 경제성이 떨어지게 된다. 따라서 안전계수를 결정할 때에는 공학적이고 합리적인 판단이 요구된다.

3.6.2 구조설계법

안전계수를 결정하는 방법은 구조설계기준(構造設計基準)이나 시방서(示方書)에 따라 다양하나, 여기서는 몇 가지 기본적인 개념을 살펴보도록 한다.

구조물이 하중을 받을 때 각 부재들이 파괴되거나 과다한 변형 등을 일으키지 않고 구조물로서의 모든 기능을 다하기 위해서는 외력으로 인하여 부재내부에 발생하는 응력이 어느 한도를 초과하지 않도록 제어할 필요가 있다. 이 한도의 응력을 **허용응력**(許容應力, Allowable Stress) 또는 **사용응력**(使用應力, Working Stress)이라고 한다. 허용응력을 정하려면 먼저 사용하는 재료의 설계기준강도를 정해야 한다. 하중을 받아 변형된 구조물은 하중제거시 잔류변형이 일어나지 않고 변형이 원래 상태로 완전히 복원 가능하도록 재료의 응력이 선형탄성구간에 있게 하는 것이 중요하다. 따라서 구조설계기준에 따라 항복응력을 설계기준강도로 정하기도 하는데, 이때 허용응력은 다음과 같이 나타낼 수 있다.

$$\sigma_{allow.} = \frac{\sigma_y}{n} \tag{3.6.2}$$

여기서, $\sigma_{allow.}$은 허용응력을, σ_y는 항복응력을, n은 안전계수를 나타낸다.

강구조설계기준 중 **허용응력설계법**(許容應力設計法, Allowable Stress Design Method)이 이 경우에 해당되는데, 실제로 강재는 응력이 항복응력 아래에 있을 때는 다른 구조용 재료에 비하여 훨씬 탄성거동에 가까우므로 강재에 있어 탄성해석은 신뢰성이 높은 구조해석방법이다. 이 설계법에서 허용응력은 설계하중에 의한 존재응력(σ, τ)의 허용한계로서, 허용인장응력, 허용전단응력, 허용압축응력, 허용휨응력 등이 있다.

한편 설계기준강도로 항복응력 대신에 극한응력을 사용하기도 하는데, 이때 허용응력은 다음과 같이 나타낼 수 있다.

$$\sigma_{allow.} = \frac{\sigma_u}{n} \tag{3.6.3}$$

여기서, $\sigma_{allow.}$은 허용응력을, σ_u는 극한응력을, n은 안전계수를 나타낸다.

콘크리트구조설계기준 중 **허용응력설계법**(許容應力設計法, Working Stress Design Method)이 이 경우에 해당되는데, 설계기준강도로 콘크리트의 최대압축강도 f_{ck}를 사용한다. 이는 콘크리트는 강재와 달리 변형이 작아도 파괴되기 때문이다. 콘크리트의 허용응력에는 허용압축응력, 허용휨압축응력, 허용전단응력, 허용부착응력 등이 있다.

한편 또 다른 방법으로 응력보다는 하중에 안전계수를 적용하는 방법이 있다.

구조물의 경우 파괴를 일으키는 하중을 **극한하중**(極限荷重, Ultimate Load)이라 하고, 실제구조물이 지지해야 하는 하중을 **사용하중**(使用荷重, Working Load, Service Load)이라고 한다. 안전계수는 사용하중에 대한 극한하중의 비로 정의되며 다음과 같이 나타낼 수 있다.

$$n = \frac{P_u}{P_s} \qquad (3.6.4)$$

여기서 n은 안전계수를, P_u는 극한하중을, P_s는 사용하중을 나타낸다.

현행 강구조설계기준에는 **한계상태설계법**(限界狀態設計法, Limit State Design Method), 콘크리트구조설계기준에서는 **강도설계법**(强度設計法, Strength Design Method) 또는 **극한강도설계법**(極限强度設計法, Ultimate Strength Design Method)이 이에 해당된다.

구조설계시 사용하중은 주로 어느 수치로 주어지므로 사용하중에 안전계수를 곱하여 극한하중을 구하는 것이 일반적인데, 하중조합시 사용하중을 극한하중상태로 만들기 위해서 하중의 종류별로 곱해지는 안전계수를 **하중계수**(荷重係數, Load Factor)라고 한다.

$$\text{극한하중} = \text{하중계수} \times \text{사용하중} \qquad (3.6.5)$$

예를 들어 『콘크리트 구조기준 2012』에서의 강도설계법과 『건축구조기준 2016』의 한계상태설계법에 의하면 고정하중($D.L$)과 활하중($L.L$)의 하중조합에 의한 계수하중(U)은 $U = 1.2\,D.L + 1.6\,L.L$이다. 여기서 1.2와 1.6은 각각 고정하중($D.L$)과 활하중($L.L$)의 하중계수를 나타낸다.

3.6.3 구조설계기준

설계기준 및 시방서(Code)는 설계나 시공의 중요한 기본사항 및 세부사항을 다룬 기술적 규정(Technical Specifications)이거나 표준(Standards)으로, 국가나 공신력 있는 각종 학회 등이 관리주체가 되어 그 분야의 전문가가 하나의 위원회를 구성하여 제정한 것이다. 이것은 잘못된 설계나 시공으로 인하여 사람들이 인적, 물적 등의 피해를 보는 일이 없도록 규정에 맞게 설계와 시공이 되도록 하는데 그 목적이 있다.

그 중에서 구조용 기준 및 시방서(Structural Code)는 구조공학자나 기술자들에 의하여 특정한 재료의 사용에 대하여 기준을 제시하거나 또는 특정한 구조물의 설계에 대하여 언급하고, 설계하중, 설계방법, 허용응력, 재료의 성질 및 강도, 건설형태 등을 다루고 있다.

먼저 우리나라 콘크리트구조설계기준의 역사를 살펴보면 다음과 같다.

우리나라는 1972년 건설부의 후원으로 대한건축학회에서 허용응력설계법에 의한 『철근콘크리트 구조계산규준안』이 작성되고, 1973년 『철근콘크리트 구조계산규준 1973』으로 제정되었다. 그러나 1988년 극한강도설계법에 의한 『철근콘크리트 구조계산규준 1988』이 제정되고, 1994년에 『극한강도설계법 1994』에 의한 구조계산규준이 수정 및 보완되면서, 이때부터 강도설계법이 철근콘크리트 구조설계의 주종을 이루게 되었다. 이때까지 우리나라의 콘크리트구조설계기준은 건축과 토목분야에서 각각 발행하여 사용하였다. 그 후 1999년 대한건축학회, 토목학회 그리고 한국콘크리트학회의 공동협력 하에 ACI 318을 기준으로 하여, 통합된 『콘크리트 구조설계기준 1999』이 발표되었다. 이후 1차 수정·보완된 『콘크리트 구조설계기준 2003』이 2003년에 4월에 발표되었고, 이후 2차 수정·보완되어 『콘크리트 구조설계기준 2007』이 2007년 10월에 발표되었으며, 이후 3차 수정·보완된 『콘크리트 구조기준 2012』가 2012년 10월에 발표되었다.

다음으로 우리나라 강구조 설계기준의 역사를 살펴보면 다음과 같다.

우리나라의 강구조 활용의 기준이 되는 설계기준은 1973년 허용응력설계법인 『강구조계산규준 1973』으로 처음 제정되었고, 그 후 1983년 1차 개정이 이루어져 『강구조계산규준 1983』으로 약 20년간 사용되었으며, 2003년 12월에 미국철강협회 허용응력설계규준(AISC-ASD89)을 근간으로 새로운 『허용응력설계법에 의한 강구조설계기준 2003』으로 개정작업이 완료되어 발간되었다.

한편 우리나라의 『강구조 한계상태설계기준 1998』은 1986년 9월에 미국의 AISC에서 제정한 LRFD(Load Resistance and Factor Design) 1st Edition을 기본으로 하고, 1993년 12월에 수정하여 발간된 2nd Edition의 일부분을 반영하여, 1998년 10월에 작성된 것으로, 2002년 4월에는 예제집이 발간되었다.

그 후 우리나라에서는 건설교통부에서 건축물의 구조규칙 및 기준의 통합 일환으로, 신규 제정한 『건축구조설계기준 2005』가 2005년 4월에 발표되었고, 1차 수정·보완되어 『건축구조설계기준 2006』이 2006년 4월에 발표되었으며, 이후 2차 수정·보완되어 『건축구조기준 2009』가 2009년 12월에 발표되었고, 3차 수정·보완된 『건축구조기준 2016』이 2016년 5월에 발표되었다.

그 후 건설기준 코드체계의 전환으로 KDS(Korean Design Standard) 통합 정비가 이루어져 『KDS 설계기준 2016』이 2016년 6월에 발표되었고, 이후 1차 개정이 이루어져 『KDS 설계기준 2019』가 2019년 3월에 발표되었으며, 『KDS 설계기준 2022』가 2022년 10월에 개정 고시되어 사용되고 있다.

2023년 3월을 기준으로 토목구조물, 건축물 및 공작물 등의 구조설계에 적용할 수 있는 구조설계기준(KDS)은 다음과 같다.

- KDS 14 20 00 콘크리트구조 설계기준 (콘크리트구조설계, 강도설계법)
- KDS 14 30 10 강구조 부재 설계기준 (강구조설계, 허용응력설계법)
- KDS 14 31 10 강구조 부재 설계기준 (강구조설계, 하중저항계수설계법)
- KDS 41 17 00 건축물 내진 설계기준 (건축 구조기준)
- KDS 41 20 00 건축물 콘크리트구조 설계기준 (건축 구조기준)
- KDS 41 30 00 건축물 강구조 설계기준 (건축 구조기준)

이들 구조설계기준은 설계개념에 따라 차이가 있을 뿐, 구조설계의 목적인 외력에 대한 구조체의 안전성을 확보하여 사용자의 안전을 보장하고, 건물의 사용성에 지장이 없도록 과도한 변형과 흔들림 등을 방지하는 취지에는 변함이 없다. 이러한 건물의 구조적 안전성과 사용성을 만족시키면서, 시공성과 경제성이 뛰어난 아름다운 구조체가 이루어지도록 하는 것이 성공적인 구조설계라고 할 수 있다.

◈ 연 습 문 제 ◈

3.6.1 구조물의 안전계수(安全係數, Factor of Safety)에 관한 설명으로 가장 관계가 없는 것은?

① 안전계수는 최대하중으로 인하여 구조물에 요구되는 강도에 대한 구조물의 실제 강도의 비(比)로 항상 1보다 커야 한다.
② 극한하중은 사용하중에 하중계수를 곱한 값이다.
③ 안전계수는 사용하중에 대한 극한하중의 비로 정의할 수 있다.
④ 사용한계상태에 대한 검토는 일반적으로 극한하중을 사용한다.

3.6.2 안전율(安全率)을 생각해야 할 이유로서 적합하지 않은 것은 어느 것인가?

① 반복하중 또는 예기하지 못한 큰 하중이 작용할 때가 있다.
② 실제 응력과 계산 응력과는 차이가 있다.
③ 심리적인 불안감을 해소하기 위한 것이다.
④ 재료에는 계산하기 어려운 결함 또는 오랜 세월에 걸쳐 풍화부식이 일어나고, 재료의 신뢰도가 문제가 된다.

3.6.3 허용응력(許容應力, Allowable Stress)에 관한 설명으로 가장 관계가 없는 것은?

① 재료의 항복강도 또는 극한강도를 안전율로 나누어 구한다.
② 심리적으로 불안할 때는 안전율을 크게 하므로 허용응력은 작아진다.
③ 허용응력 내에서 응력은 변형률에 비례한다.
④ 안전율은 항상 1보다 크다.

3.6.4 지름 $10mm$ 의 환강에 최대 $800kgf$ 의 하중을 매달았을 때 그 안전율은? (단, 강의 극한강도는 $3000kgf/cm^2$ 이다.)

① 1.855 ② 2.512 ③ 2.945 ④ 3.073

CHAPTER 4

제 4 장 정정보의 단면력

하중과 반력으로 총칭되는 외력을 받아 평형상태에 있는 구조물은 내부에 응력과 변형률이 발생한다. 이때 외력에 대하여 부재의 임의 단면에 생기는 저항력을 내력 또는 응력이라 하는데, 이들 응력은 부재의 단면에 일어나므로 **단면력**(斷面力, Section Force)이라고도 한다. 이미 앞에서 배웠던 축하중 부재에 발생하는 축방향력(인장 또는 압축)과 전단력이 단면력에 해당한다. 한편 축방향력과 전단력에서 알 수 있듯이 단면력은 단면상에 분포하는 응력들의 합력이므로 **합응력**(合應力, Stress Resultant)이라고도 하고, 내부의 응력과 구별하여 **외응력**(外應力, External Stress)이라 부르기도 한다.

단면력의 종류로는 앞에서 배웠던 축방향력과 전단력 이외에 휨모멘트가 있는데, 이 장에서는 각종 외력을 받는 정정보를 대상으로 단면력의 정의, 서로간의 관계, 해법 등을 살펴보고자 한다.

보(Beam)는 적절한 지점에 의하여 가로방향으로 지지된 부재로, 부재축에 직각방향의 하중을 받아 휘어지며 주로 작용하는 외력에 의한 휨에 저항한다. 보와 같이 주로 휨에 저항하는 부재를 **휨재**(Flexural Member)라고 하는데, 일반적으로 부재축이 직선인 직선보(Straight Beam)를 말한다. 특히 정정보는 정역학적 힘의 평형조건식만을 이용하여 외력에 대한 임의 점의 각종 단면력을 쉽게 구할 수 있다.

4.1 단면력의 종류

단면력(斷面力, Section Force)의 종류에는 전단력(Shearing Force), 휨모멘트(Bending Moment), 축방향력(Axial Force)이 있는데, 여기에서는 이들 단면력의 정의와 부호 규약을 살펴보도록 한다.

예를 들어 [그림4.1.1](a)와 같이 경간(Span) L의 중앙부에 집중하중 P가 부재축에 θ로 경사지게 작용하는 단순보 AB의 경우을 생각해 보자.

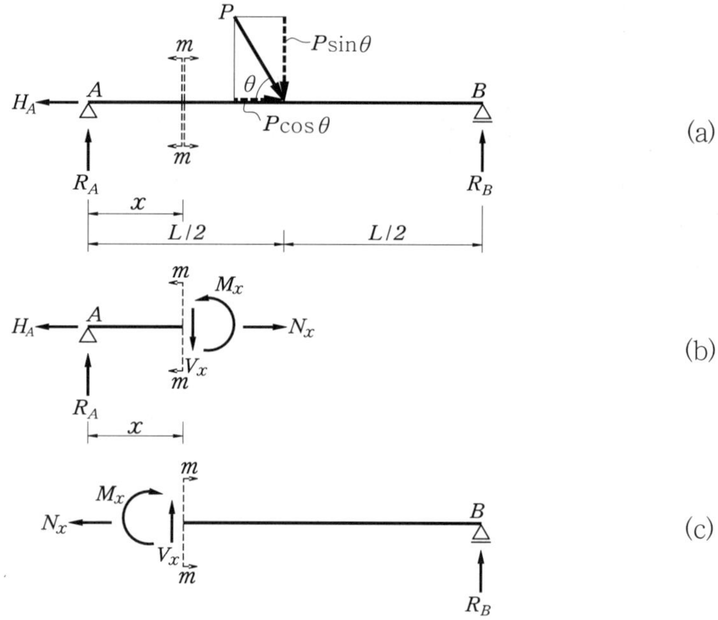

[그림4.1.1] 경사진 집중하중을 받는 단순보

먼저 경사방향의 집중하중 P를 부재축에 수직 및 수평방향으로 분해하여, 단순보의 지점 A, B의 반력 R_A, H_A 및 R_B를 구해보면 다음과 같다.

$$R_A = P\sin\theta\,/\,2\ (\uparrow)\ ,\qquad H_A = P\cos\theta\ (\leftarrow)\ ,$$
$$R_B = P\sin\theta\,/\,2\ (\uparrow) \tag{4.1.1}$$

이때 하중 P와 반력 R_A, H_A, R_B는 외력으로써 단순보 AB에 단면력을 작용시킨다.

이 보에서 지점 A로부터 거리 x만큼 떨어진 위치의 단면 $m-m$을 절단하고, 그 왼쪽 부분의 자유물체도(Free Body Diagram)를 그려보면 그림(b)와 같다. 그림(b)의 자유물체는 반력 R_A, H_A와 절단면 $m-m$상에 작용하는 응력들에 의하여 평형이 되어야 한다. 이 응력들은 보의 절단면 $m-m$상의 오른쪽 부분이 왼쪽 부분에 대하여 작용하는 것을 나타내는 것이다. 물론 현 상태로는 이 응력 분포상태를 알 수는 없으나, 현재 우리가 알 수 있는 것은 이 응력들의 합력이 그림(b)의 자유물체와 평형을 이루고 있어야 한다는 것이다. 이 응력의 합력을 단면에 평행하게 작용하는 전단력 V와 휨모멘트 M 및 축방향력 N으로 표시하면 편리하다. 여기서 전단력과 휨모멘트는 보의 평면 내에 작용하는데, 내부에 작용하는 휨 우력의 모멘트를 **휨모멘트**(Bending Moment)라 한다. 결국 정역학적 평형조건식을 이용하면 그림(b)에서 보는 바와 같이 자유물체도의 절단면 $m-m$상에는 합응력이라고도 부르는 단면력인 전단력 V_x와 휨모멘트 M_x 및 축방향력 N_x이 다음과 같이 나타난다.

$$V_x = R_A = \frac{P\sin\theta}{2} \ , \ M_x = R_A\, x = \frac{P\sin\theta}{2}\, x \ ,$$
$$N_x = H_A = P\cos\theta \qquad (4.1.2)$$

이와 같이 정정보에서의 합응력인 단면력은 자유물체도와 평형조건식을 사용하면 쉽게 계산할 수 있다. 축방향력으로 인한 단면 내부의 응력분포상태에 대해서는 이미 3장에서 학습하였으며, 다음 5장에서는 전단력 V와 휨모멘트 M으로 인한 보의 단면 내부의 응력분포상태를 자세히 배울 것이다.

한편 전단력과 휨모멘트 및 축방향력의 부호규약은 [그림4.1.1](b)에서 보이는 바와 같이 작용하는 경우를 양(+)이라고 가정하는데, 보의 오른쪽 부분을 생각할 때는 그림(c)와 같이 합응력의 방향이 반대가 된다.

단면력의 부호규약은 [그림4.1.2]와 같이 정리할 수 있다.

[그림4.1.2]는 미소거리가 떨어진 두 단면 사이를 절단해 낸 보의 요소에 작용하는 전단력 V, 휨모멘트 M, 축방향력 N을 나타내며, 양(+) 또는 음(−)의 단면력을 받는 요소의 변형상태를 보여주고 있다. 그림(a)에서 전단력의 부호는 절단되려는 단면의 좌측에 상향의 힘이 작용하고, 우측에 하향의 힘이 작용하는 것을 양(+)이라 하고, 이와 반대 방향인 힘을 음(−)이라 약속한다. 이때 전단력은 부재 단면의 양측에서 우력으로 맞서게 되는데 그 우력으로 인한 우력모멘트의 회전방향이 시계방향(↑↓)이면 양(+)이고, 반시계방향(↓↑)이면 음(−)이라고 생각하면 편리하다. 그림(b)에서 휨모멘트의 부호는 보의 아랫부분이 인장되고 윗부분이 압축되는 것이 양(+)이고, 보의 아랫부분이 압축되고 윗부분이 인장되는 것이 음(−)임을 알 수 있다. 한편 앞에서 배웠듯이 축방향력의 부호는 인장력을 양(+)으로, 압축력을 음(−)으로 규정한다.

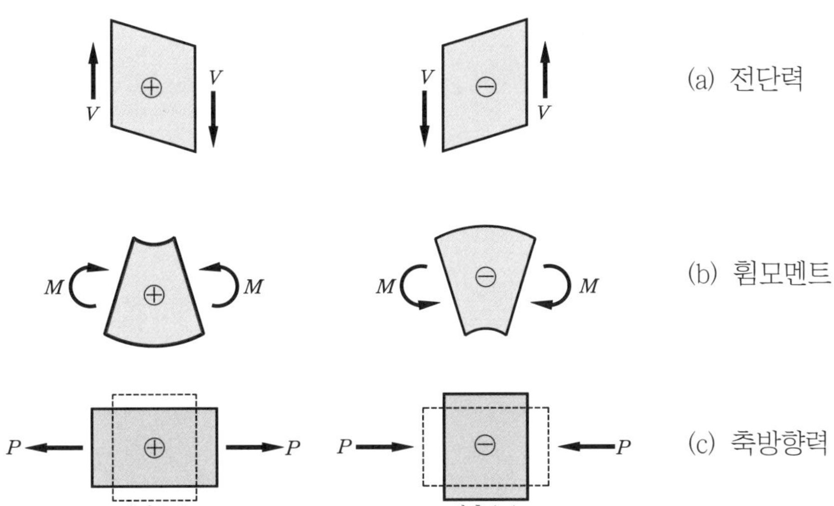

[그림4.1.2] 단면력의 부호규약

전단력, 휨모멘트, 축방향력의 정의를 정리해 보면 다음과 같다.

① **전단력**(Shearing Force)은 부재가 가위로 잘리는 경우와 같이 부재를 전단(剪斷, Shear)하려는 힘으로, 한 단면의 양 측면에서 부재축에 수직방향으로 작용하는 크기가 같고 방향이 서로 반대인 한 쌍의 힘을 말한다.

② **휨모멘트**(Bending Moment)는 부재를 휘게 하려는 힘으로, 한 단면의 양 측면에 작용하는 크기가 같고 방향이 서로 반대인 한 쌍의 모멘트를 말한다.

③ **축방향력**(Axial Force)은 부재를 축방향으로 인장 또는 압축시키려는 힘으로, 한 단면의 양 측면에서 부재의 축방향으로 작용하는 크기가 같고 방향이 서로 반대인 한 쌍의 힘을 말한다.

4.2 단면력 산정법

하중을 받아 평형상태를 유지하는 정정보의 임의의 단면에 대한 단면력(斷面力, Section Force), 즉 전단력(Shearing Force), 휨모멘트(Bending Moment) 및 축방향력(Axial Force)을 구해보고, 이들에 대한 단면력도(斷面力圖, Section Force Diagram)를 작도하는 방법에 대하여 알아보도록 한다.

단면력도(斷面力圖, Section Force Diagram)는 단면력의 크기를 선분의 길이로 하여 부재축의 전체구간에 대하여 연속적으로 도시한 것으로, 단면력을 시각적으로 편리하게 직감케 하는 그림인데, 전단력도(Shearing Force Diagram), 휨모멘트도(Bending Moment Diagram), 축방향력도(Axial Force Diagram)가 있다.

4.2.1 전단력 산정

전단력(剪斷力, Shearing Force)은 부재가 가위로 잘리는 경우와 같이 부재를 전단(剪斷, Shear)하려는 힘으로, 한 단면의 양 측면에서 부재축에 수직방향으로 작용하는 크기가 같고 방향이 서로 반대인 한 쌍의 힘을 말한다.

보의 임의의 단면에 작용하는 전단력은 그 단면의 왼쪽 또는 오른쪽에 작용하는 모든 외력(하중과 반력) 중 부재축에 수직방향으로 작용하는 힘의 대수합과 같다. 즉 부재의 어떤 단면에 대하여 왼쪽에 걸리는 부재축에 수직인 힘의 대수합과 오른쪽에 걸리는 부재축에 수직인 힘의 대수합은 같고 그 방향은 서로 반대이다. 따라서 어느 쪽이든 전단력을 계산하기 쉬운 쪽에 작용하는 모든 외력(하중과 반력)을 부재축과 수직인 방향으로 분해한 분력의 대수합으로 크기를 구하고, 부호는 다음과 같이 정하여 계산한다.

[표4.2.1] 전단력 산정시 부호

전단력 부호	단면의 왼쪽에서 구할 때	단면의 오른쪽에서 구할 때
양(+)	상향(↑)의 외력이 작용	하향(↓)의 외력이 작용
음(−)	하향(↓)의 외력이 작용	상향(↑)의 외력이 작용

[표4.2.1]에서 전단력 산정시 부호는 보의 임의 단면의 왼쪽에서 구할 때는 외력에 대하여 직각좌표축의 부호와 같이 상향의 힘을 양(+), 하향의 힘을 음(−)으로 하고, 오른쪽에서 구할 때는 이와 부호가 반대임을 나타내고 있다. 한편 이는 [그림4.1.2](a)에서의 전단력의 부호규약과도 일치한다. 앞서 설명했듯이 양(+)의 전단력은 시계방향(↻), 음(−)의 전단력은 반시계방향(↺)의 우력을 이룬다고 볼 수 있으므로 전단력 계산시 보의 임의 단면의 왼쪽 또는 오른쪽 어느

쪽에 작용하는 외력을 사용하는가에 관계없이 시계방향의 모멘트를 일으키는 전단력은 양(+), 반시계방향의 모멘트를 일으키는 전단력은 음(−)으로 생각하여 계산하면 편리할 수도 있다.

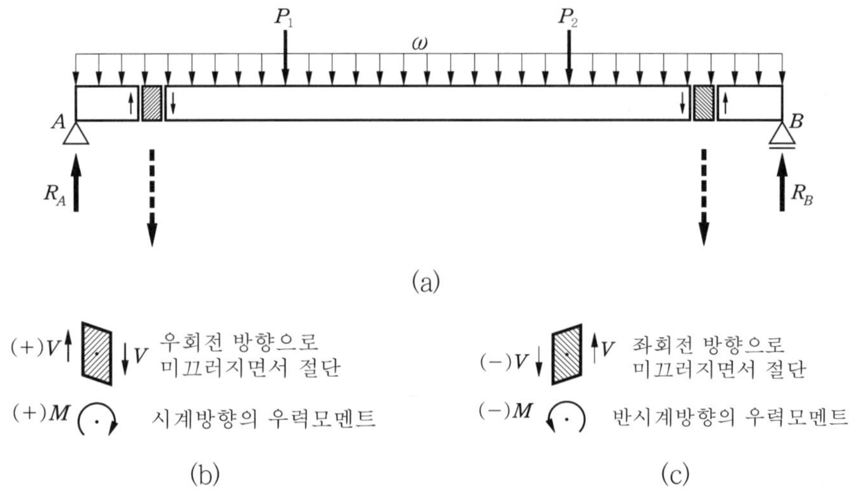

[그림4.2.1] 전단력의 부호규약

[그림4.2.1](a)에서 볼 수 있듯이 단순보가 외력을 받을 때, 그림(b)와 같이 지점 A에 가까이 있는 보의 작은 조각이 시계방향으로 미끄러지며 절단되려는 것을 양(+)으로 하고, 그림(c)와 같이 지점 B에 가까이 있는 보의 작은 조각이 반시계방향으로 미끄러지며 절단되려는 것을 음(−)으로 생각하면 된다.

전단력도(S.F.D : Shearing Force Diagram, V도)의 작도법은 사실 교재에 따라 표시방법이 다르지만, 본 교재에서는 [그림4.2.2]와 같이 부재축을 기준선으로 상부에 양(+)의 전단력도를, 하부에 음(−)의 전단력도를 그리기로 약속한다

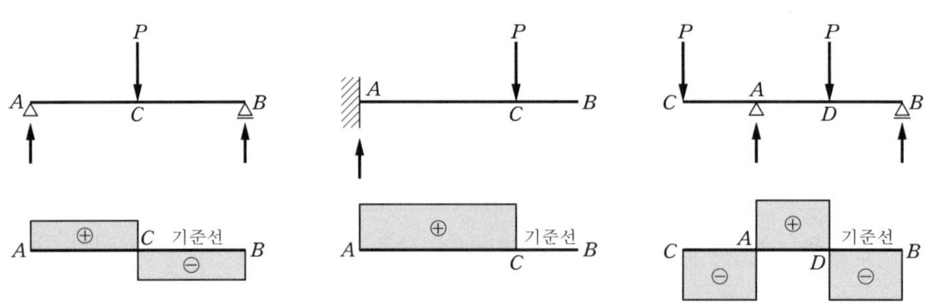

[그림4.2.2] 전단력도(S.F.D)의 작도법

다음은 [그림4.2.3]과 같은 하중상태의 단순보에서 반력 R_A, R_B가 구해졌을 때 각 구간의 전단력을 구하고, 전단력도를 그려보도록 한다.

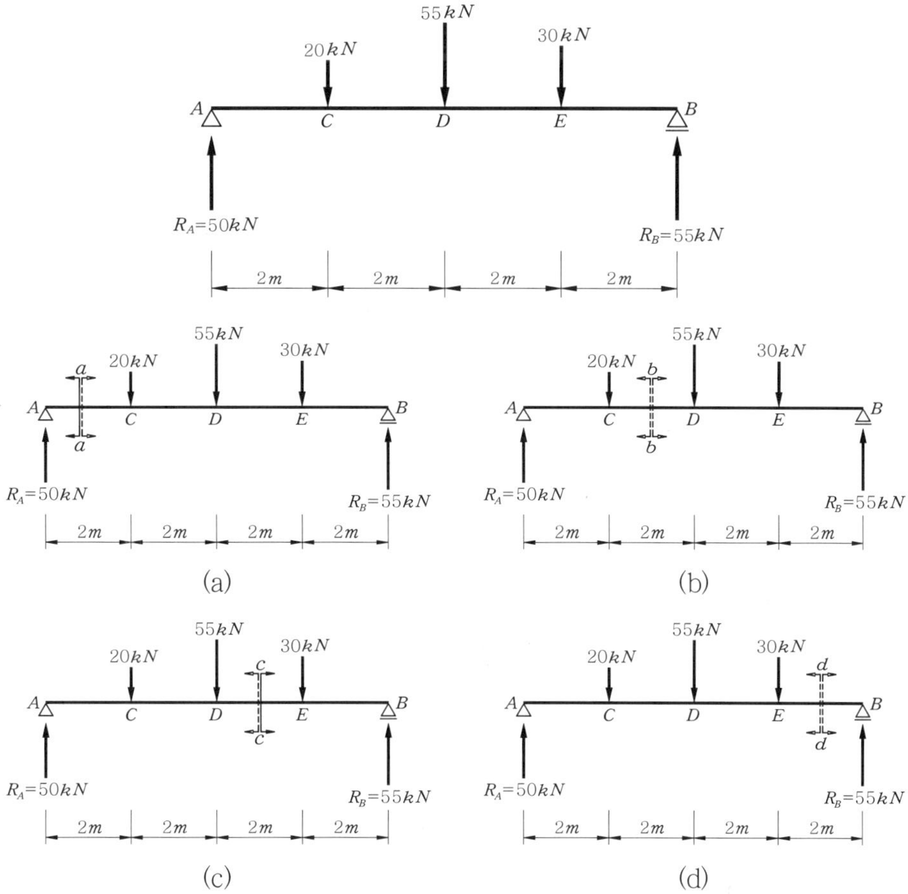

[그림4.2.3] 집중하중을 받는 단순보의 전단력

[그림4.2.3](a)에서 단순보 $A \sim C$ 구간의 전단력을 구하려면, 단면 $a-a$를 기준으로 왼쪽 또는 오른쪽에 작용하는 모든 외력(하중과 반력) 중 부재축에 수직 방향으로 작용하는 힘의 대수합을 구하면 된다. 단면 $a-a$를 기준으로 왼쪽에서 구할 때의 $A \sim C$ 구간의 전단력 V_{A-C}는 다음과 같다.

$$V_{A-C} = +50kN = 50\,kN \qquad (4.2.1.a)$$

한편 단면 $a-a$를 기준으로 오른쪽에서 구할 때의 $A \sim C$ 구간의 전단력 V_{A-C}는 다음과 같다.

$$V_{A-C} = -[-20kN - 55kN - 30kN + 55kN] = 50\,kN \qquad (4.2.1.b)$$

식(4.2.1.b)의 두 번째 항에서 대괄호 앞의 음(−)의 부호는 오른쪽에서 구했기 때문에 부호를 수정하기 위함이다. 여기서 식(4.2.1.a)와 식(4.2.1.b)는 값이 일치함을 알 수 있다.

[그림4.2.3](b)에서 단순보 $C \sim D$ 구간의 전단력을 구하려면, 단면 $b-b$ 를 기준으로 왼쪽 또는 오른쪽에 작용하는 모든 외력(하중과 반력) 중 부재축에 수직방향으로 작용하는 힘의 대수합을 구하면 된다. 단면 $b-b$ 를 기준으로 왼쪽에서 구할 때의 $C \sim D$ 구간의 전단력 V_{C-D} 는 다음과 같다.

$$V_{C-D} = +50\,kN - 20\,kN = 30\,kN \qquad (4.2.2.a)$$

한편 단면 $b-b$ 를 기준으로 오른쪽에서 구할 때의 $C \sim D$ 구간의 전단력 V_{C-D} 는 다음과 같다.

$$V_{C-D} = -[-55kN - 30kN + 55kN] = 30\,kN \qquad (4.2.2.b)$$

식(4.2.2.b)의 두 번째 항에서 대괄호 앞의 음(−)의 부호는 오른쪽에서 구했기 때문에 부호를 수정하기 위함이다. 여기서 식(4.2.2.a)와 식(4.2.2.b)의 값이 일치함을 알 수 있다.

[그림4.2.3](c)에서 단순보 $D \sim E$ 구간의 전단력을 구하려면, 단면 $c-c$ 를 기준으로 왼쪽 또는 오른쪽에 작용하는 모든 외력(하중과 반력) 중 부재축에 수직방향으로 작용하는 힘의 대수합을 구하면 된다. 단면 $c-c$ 를 기준으로 왼쪽에서 구할 때의 $D \sim E$ 구간의 전단력 V_{D-E} 는 다음과 같다.

$$V_{D-E} = +50\,kN - 20\,kN - 55\,kN = -25\,kN \qquad (4.2.3.a)$$

한편 단면 $c-c$ 를 기준으로 오른쪽에서 구할 때의 $D \sim E$ 구간의 전단력 V_{D-E} 는 다음과 같다.

$$V_{D-E} = -[-30kN + 55kN] = -25\,kN \qquad (4.2.3.b)$$

식(4.2.3.b)의 두 번째 항에서 대괄호 앞의 음(−)의 부호는 오른쪽에서 구했기 때문에 부호를 수정하기 위함이다. 여기서 식(4.2.3.a)와 식(4.2.3.b)의 값이 일치함을 알 수 있다.

[그림4.2.3](d)에서 단순보 $E \sim B$ 구간의 전단력을 구하려면, 단면 $d-d$ 를 기준으로 왼쪽 또는 오른쪽에 작용하는 모든 외력(하중과 반력) 중 부재축에 수직방향으로 작용하는 힘의 대수합을 구하면 된다. 단면 $d-d$ 를 기준으로 왼쪽에서 구할 때의 $E \sim B$ 구간의 전단력 V_{E-B} 는 다음과 같다.

$$V_{E-B} = +50\,kN - 20\,kN - 55\,kN - 30\,kN = -55\,kN \qquad (4.2.4.a)$$

한편 단면 $d-d$ 를 기준으로 오른쪽에서 구할 때의 $E \sim B$ 구간의 전단력 V_{E-B} 는 다음과 같다.

$$V_{E-B} = -[+55kN] = -55\,kN \qquad (4.2.4.b)$$

식(4.2.4.b)의 두 번째 항에서 대괄호 앞의 음(-)의 부호는 오른쪽에서 구했기 때문에 부호를 수정하기 위함이다. 여기서 식(4.2.4.a)와 식(4.2.4.b)의 값이 일치함을 알 수 있다.

이상의 풀이결과로서 어떤 단면의 전단력은 그 단면의 왼쪽에서 구하든 오른쪽에서 구하든 그 크기와 부호가 같음을 알 수 있다. 따라서 전단력의 계산은 외력(하중과 반력)이 작은 쪽을 선택하는 것이 계산시간을 단축시킬 수 있으며, 단면의 왼쪽을 선택할 때에는 힘의 부호가 직교좌표축의 부호와 일치함으로 혼돈의 우려가 적으나 오른쪽을 선택할 때에는 힘의 부호수정에 주의해야 한다.

식(4.2.1)에서 식(4.2.4)까지의 결과로부터 [그림4.2.3]에 대한 전단력도(S.F.D, V도)를 그려보면 다음 [그림4.2.4]와 같다.

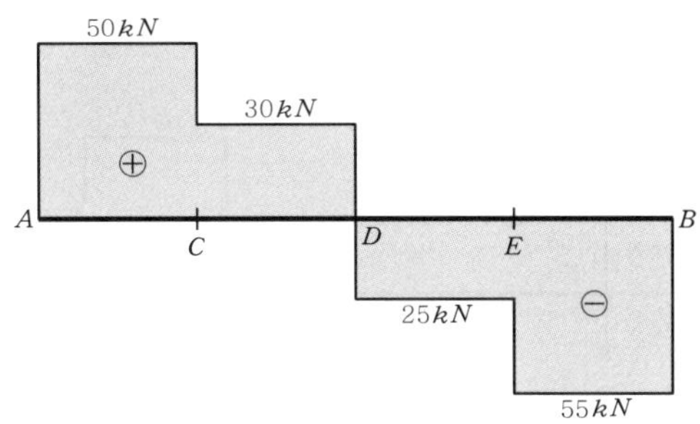

[그림4.2.4] 집중하중을 받는 단순보의 전단력도(S.F.D)

한편 전단력도(S.F.D, V도)는 도해법을 통하여 구할 수 있는데, [그림4.2.5]와 같은 순서에 따라 전단력도를 직접 그릴 수 있다. 이를 설명하자면 다음과 같다.

① 기선 AB를 잡고 A점에서 반력 $R_A = 50kN$만큼의 비례에 맞게 수직선을 올린다.

② $A \sim C$구간 사이에는 수직방향의 외력이 없으므로 $50kN$에 해당하는 수평선을 C점까지 연장한다.

③ C점에서 하중 $20kN$이 아래로 작용함으로 $20kN$만큼의 비례에 맞게 수직선을 내린다. 이때 전단력의 크기는 $50kN - 20kN = 30kN$에 달한다.

④ $C \sim D$구간 사이에는 수직방향의 외력이 없으므로 $30kN$에 해당하는 수평선을 D점까지 연장한다.

⑤ D점에서 하중 $55kN$이 아래로 작용함으로 $55kN$만큼의 비례에 맞게 수직선을 내린다. 이때 전단력의 크기는 $30kN - 55kN = -25kN$에 달한다.

⑥ $D \sim E$구간 사이에는 수직방향의 외력이 없으므로 $-25kN$에 해당하는 수평선을 E점까지 연장한다.

⑦ E점에서 하중 $30kN$이 아래로 작용함으로 $30kN$만큼의 비례에 맞게 수직선을 내린다. 이때 전단력의 크기는 $-25kN - 30kN = -55kN$에 달한다.

⑧ $E \sim B$구간 사이에는 수직방향의 외력이 없으므로 $-55kN$에 해당하는 수평선을 B점까지 연장한다.

⑨ B점에서 반력 $R_B = 55kN$이 위로 작용함으로 $55kN$만큼의 비례에 맞게

수직선을 올리면 수직선은 기선 AB선상에 달한다.

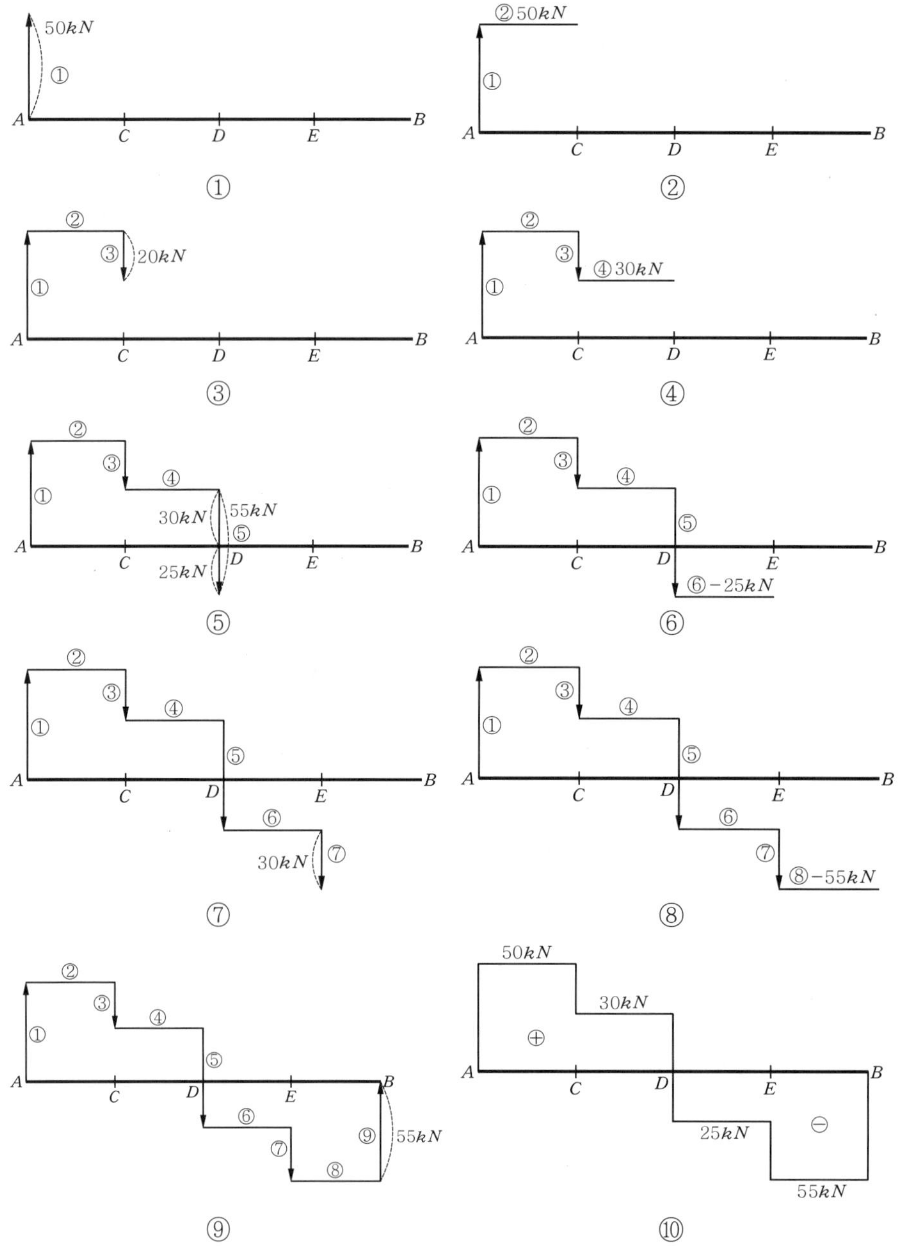

[그림4.2.5] 집중하중을 받는 단순보의 전단력도 작도법

4.2.2 휨모멘트 산정

휨모멘트(Bending Moment)는 부재를 휘게 하려는 힘으로, 한 단면의 양 측면에 작용하는 크기가 같고 방향이 서로 반대인 한 쌍의 모멘트를 말한다.

보의 임의의 단면에 작용하는 휨모멘트는 그 단면의 왼쪽 또는 오른쪽에 작용하는 모든 외력(하중과 반력)의 그 단면에 대한 힘의 모멘트의 대수합과 같다. 즉 부재의 어떤 단면에 대하여 왼쪽에 걸리는 힘의 모멘트의 대수합과 오른쪽에 걸리는 힘의 모멘트의 대수합은 같고 그 방향은 서로 반대이다. 따라서 어느 쪽이든 휨모멘트를 계산하기 쉬운 쪽에 작용하는 모든 외력(하중과 반력)의 그 단면에 대한 힘의 모멘트의 대수합으로 크기를 구하고, 부호는 다음과 같이 정하여 계산한다.

[표4.2.2] 휨모멘트 산정시 부호

휨모멘트 부호	단면의 왼쪽에서 구할 때	단면의 오른쪽에서 구할 때
양(+)	시계방향(↻)의 모멘트가 작용	반시계방향(↺)의 모멘트가 작용
음(−)	반시계방향(↺)의 모멘트가 작용	시계방향(↻)의 모멘트가 작용

[표4.2.2]에서 휨모멘트 산정시 부호는 보의 임의 단면의 왼쪽에서 구할 때는 외력에 대하여 시계방향(↻)의 힘의 모멘트가 작용하면 양(+), 반시계방향(↺)의 힘의 모멘트가 작용하면 음(−)임을 나타내고 있다. 그러나 단면의 오른쪽에서 휨모멘트를 구할 때에는 왼쪽에서 구할 때의 부호가 역전됨을 알 수 있다. 한편 이는 [그림4.1.2](b)에서의 휨모멘트의 부호규약과도 일치한다.

휨모멘트도(B.M.D : Bending Moment Diagram, M도)의 작도법은 사실 교재에 따라 표시방법이 다르지만, 본 교재에서는 [그림4.2.6]과 같이 부재축을 기준선으로 하부에는 양(+)의 휨모멘트도를, 상부에는 음(−)의 휨모멘트도를 그리기로 약속한다. 이것은 부재의 인장측에 휨모멘트도를 그리는 것으로, 휨재인 철근콘크리트 보나 슬래브의 경우 휨모멘트도가 그려지는 인장측에 주 인장철근이 배근된다. 참고로 철근콘크리트 보나 슬래브의 단면의 크기 및 인장철근량은 휨모멘트의 크기에 비례하여 커진다. 따라서 이들 부재가 전 길이에 걸쳐 같은 단면을 가진 경우에는 휨모멘트도에서 알 수 있듯이 부재의 임의 단면에 나타나는

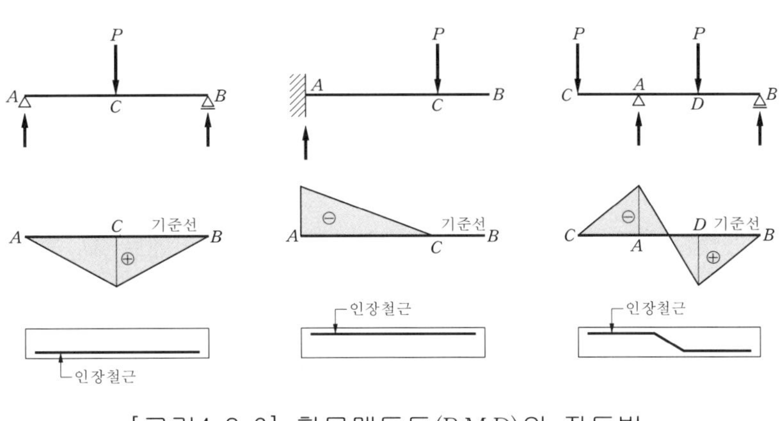

[그림4.2.6] 휨모멘트도(B.M.D)의 작도법

휨모멘트의 크기에 따라 내력상 배근되어야 할 인장철근량의 대소(大小)가 결정된다.

다음은 앞에서 예로 들었던, [그림4.2.7]과 같은 하중상태의 단순보에서 반력 R_A, R_B가 구해졌을 때 각 구간의 휨모멘트를 구하고, 휨모멘트도를 그려보도록 한다.

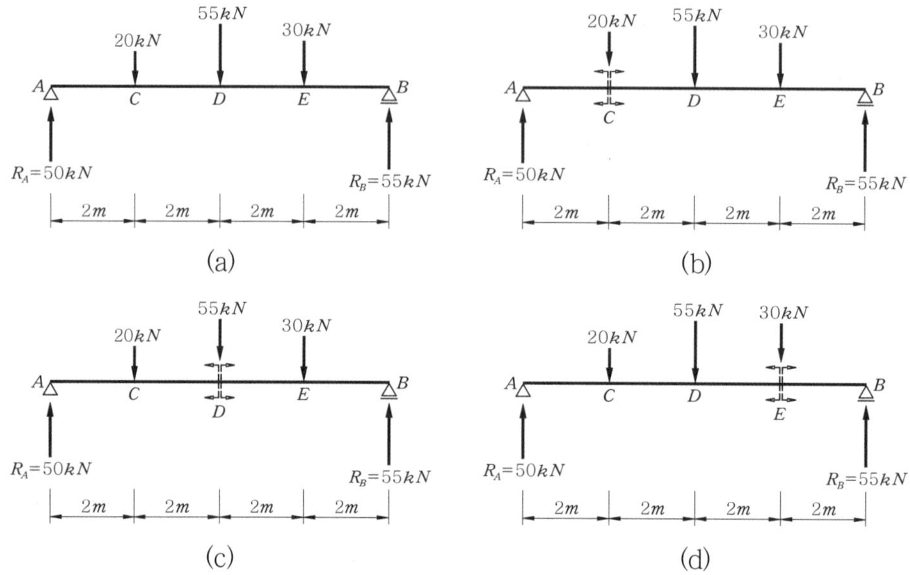

[그림4.2.7] 집중하중을 받는 단순보

[그림4.2.7](a)에서 먼저 단순보의 지점인 A점의 회전단과 B점의 이동단은 회전이 자유로운 지점이기 때문에 부재를 굽혀 휘려고 하는 휨모멘트는 작용하지 않는다.

$$M_A = 0 \quad , \qquad M_B = 0 \tag{4.2.5}$$

C점에서의 휨모멘트를 구하려면, [그림4.2.7](b)에서 보는 바와 같이 단면 C를 기준으로 왼쪽 또는 오른쪽에 작용하는 모든 외력(하중과 반력)의 이 단면에 대한 힘의 모멘트의 대수합을 구하면 된다. 단면 C를 기준으로 왼쪽에서 구할 때의 휨모멘트 M_C는 다음과 같다.

$$M_C = +50\,kN \times 2m = 100\,kN \cdot m \tag{4.2.6.a}$$

한편 단면 C를 기준으로 오른쪽에서 구할 때의 휨모멘트 M_C는 다음과 같다.

$$\begin{aligned} M_C &= -[+55\,kN \times 2m + 30\,kN \times 4m - 55\,kN \times 6m] \\ &= 100\,kN \cdot m \end{aligned} \tag{4.2.6.b}$$

식(4.2.6.b)의 두 번째 항에서 대괄호 앞의 음(−)의 부호는 오른쪽에서 구했기 때문에 부호를 수정하기 위함이다. 여기서 식(4.2.6.a)와 식(4.2.6.b)는 값이 일치함을 알 수 있다.

D점에서의 휨모멘트를 구하려면, [그림4.2.7](c)에서 보는 바와 같이 단면 D를 기준으로 왼쪽 또는 오른쪽에 작용하는 모든 외력(하중과 반력)의 이 단면에 대한 힘의 모멘트의 대수합을 구하면 된다. 단면 D를 기준으로 왼쪽에서 구할 때의 휨모멘트 M_D는 다음과 같다.

$$M_D = +50kN \times 4m - 20kN \times 2m = 160\,kN \cdot m \quad (4.2.7.a)$$

한편 단면 D를 기준으로 오른쪽에서 구할 때의 휨모멘트 M_D는 다음과 같다.

$$M_D = -[+30kN \times 2m - 55kN \times 4m] = 160\,kN \cdot m \quad (4.2.7.b)$$

식(4.2.7.b)의 두 번째 항에서 대괄호 앞의 음(–)의 부호는 오른쪽에서 구했기 때문에 부호를 수정하기 위함이다. 여기서 식(4.2.7.a)와 식(4.2.7.b)의 값이 일치함을 알 수 있다.

E점에서의 휨모멘트를 구하려면, [그림4.2.7](d)에서 보는 바와 같이 단면 E를 기준으로 왼쪽 또는 오른쪽에 작용하는 모든 외력(하중과 반력)의 이 단면에 대한 힘의 모멘트의 대수합을 구하면 된다. 단면 E를 기준으로 왼쪽에서 구할 때의 휨모멘트 M_E는 다음과 같다.

$$M_E = +50kN \times 6m - 20kN \times 4m - 55kN \times 2m = 110\,kN \cdot m \quad (4.2.8.a)$$

한편 단면 E를 기준으로 오른쪽에서 구할 때의 휨모멘트 M_E는 다음과 같다.

$$M_E = -[-55kN \times 2m] = 110\,kN \cdot m \quad (4.2.8.b)$$

식(4.2.8.b)의 두 번째 항에서 대괄호 앞의 음(–)의 부호는 오른쪽에서 구했기 때문에 부호를 수정하기 위함이다. 여기서 식(4.2.8.a)와 식(4.2.8.b)의 값이 일치함을 알 수 있다.

이상의 풀이결과로서 어떤 단면의 휨모멘트는 그 단면의 왼쪽에서 구하든 오른쪽에서 구하든 그 크기와 부호가 같음을 알 수 있다. 따라서 휨모멘트의 계산은 외력(하중과 반력)이 작은 쪽을 선택하는 것이 계산시간을 단축시킬 수 있으며, 단면의 왼쪽을 선택할 때에는 힘의 부호가 모멘트의 부호와 일치함으로 혼돈의 우려가 적으나 오른쪽을 선택할 때에는 모멘트의 부호수정에 주의해야 한다.

한편 [그림4.2.7]을 대상으로 여기에서는 집중하중이 작용하는 C점, D점, E점의 휨모멘트만을 산정해 보았으나, 보의 임의 단면 어느 곳의 휨모멘트도 같은 방식으로 구할 수 있다. 이렇게 구한 휨모멘트들을 이용하여 [그림4.2.7]에 대한 휨모멘트도(B.M.D, M도)를 그려보면 다음 [그림4.2.8]과 같다.

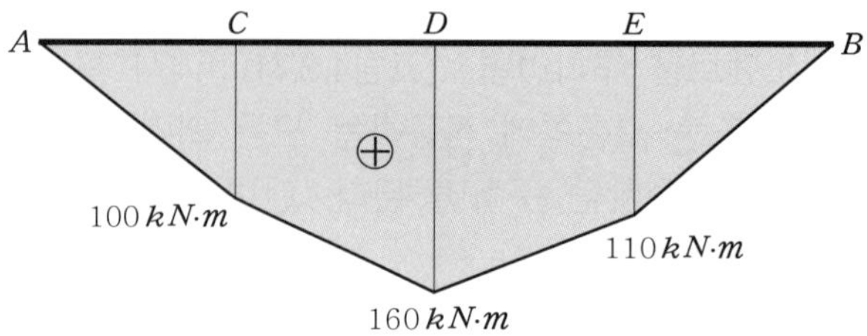

[그림4.2.8] 집중하중을 받는 단순보의 휨모멘트도(B.M.D)

[그림4.2.7]과 같이 집중하중이 작용할 때의 휨모멘트도는 [그림4.2.8]에서 보는 바와 같이 하중과 하중사이에서 직선변화하고, 하중의 작용점에서는 굴절됨을 알 수 있다.

4.2.3 축방향력 산정

축방향력(Axial Force)은 부재를 축방향으로 인장 또는 압축시키려는 힘으로, 한 단면의 양 측면에서 부재의 축방향으로 작용하는 크기가 같고 방향이 서로 반대인 한 쌍의 힘을 말한다.

부재의 임의의 단면에 작용하는 축방향력은 그 단면의 어느 한쪽에 작용하는 모든 외력(하중과 반력) 중 부재축에 수평방향으로 작용하는 힘의 대수합과 같다. 즉 부재의 어떤 단면에 대하여 한쪽에 걸리는 부재축에 수평인 힘의 대수합과 다른 한쪽에 걸리는 부재축에 수평인 힘의 대수합은 같고 그 방향은 서로 반대이다. 따라서 어느 쪽이든 축방향력을 계산하기 쉬운 쪽에 작용하는 모든 외력(하중과 반력)을 부재축과 수평인 방향으로 분해한 분력의 대수합으로 크기를 구하고, 부호는 다음과 같이 정하여 계산한다.

[표4.2.3] 축방향력 산정시 부호

축방향력 부호	단면의 한쪽 또는 다른 한쪽에 상관없이
양(+)	부재가 인장력을 받을 때
음(−)	부재가 압축력을 받을 때

[표4.2.3]에서 축방향력 산정시 부호는 부재의 임의 단면의 한쪽 또는 다른 한쪽에 관계없이, 그 단면에 대하여 부재가 인장력을 받으면 양(+), 압축력을 받으면 음(−)으로 하기로 한다.

축방향력도(A.F.D : Axial Force Diagram, N도)의 작도법은 사실 교재에 따

라 표시방법이 다르지만, 본 교재에서는 [그림4.2.9]와 같이 부재축을 기준선으로 하부에는 양(+)의 축방향력도를, 상부에는 음(−)의 축방향력도를 그리기로 약속한다.

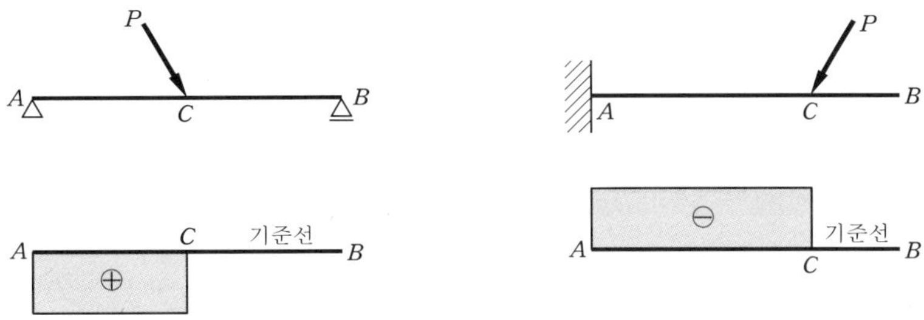

[그림4.2.9] 축방향력도(A.F.D)의 작도법

◆ ◆ ◆ ◆ ◆ ◆

예제 4.2.1

다음 그림과 같은 단순보의 전단력도(S.F.D), 휨모멘트도(B.M.D), 축방향력도(A.F.D)를 구하시오.

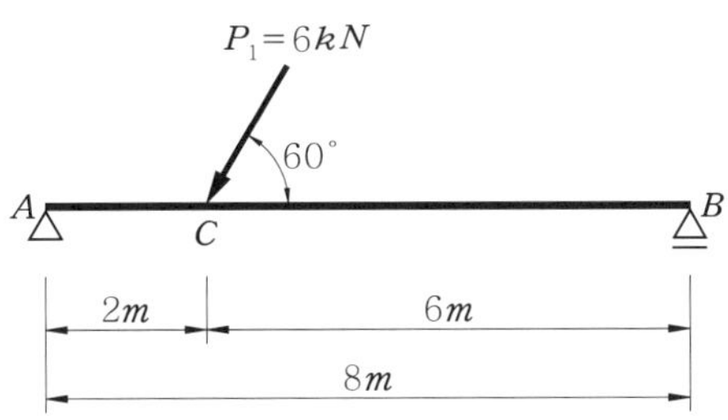

풀이

(1) 반력 (예제 1.8.1(b) 참조)

$H_A = 3kN\,(\rightarrow)$, $R_A = 2.25\sqrt{3}\,kN\,(\uparrow)$, $R_B = 0.75\sqrt{3}\,kN\,(\uparrow)$

(2) 단면력도

㉠ $A \sim C$ 구간

지점 A 로부터 임의의 거리 x 만큼 떨어진 단면의 좌측으로부터 각 단면력을 구한다.

- 전 단 력 : $V_x = 2.25\sqrt{3}\,kN$
- 휨모멘트 : $M_x = 2.25\sqrt{3}\,x\ kN\cdot m$, $M_C = 2.25\sqrt{3} \times 2 = 4.5\sqrt{3}\ kN\cdot m$
- 축방향력 : $N_x = -6\cdot\cos 60^\circ = -3kN$ (압축)

㉡ $C \sim B$ 구간

지점 A 로부터 임의의 거리 x 만큼 떨어진 단면의 좌측으로부터 각 단면력을 구한다.

- 전 단 력 : $V_x = 2.25\sqrt{3} - 6\cdot\sin 60^\circ = -0.75\sqrt{3}\,kN$
- 휨모멘트 : $M_x = 2.25\sqrt{3}\,x - 6\cdot\sin 60^\circ \times (x-2)$

  $= -0.75\sqrt{3}\,x + 6\sqrt{3}\,kN\cdot m$
- 축방향력 : $N_x = 0$

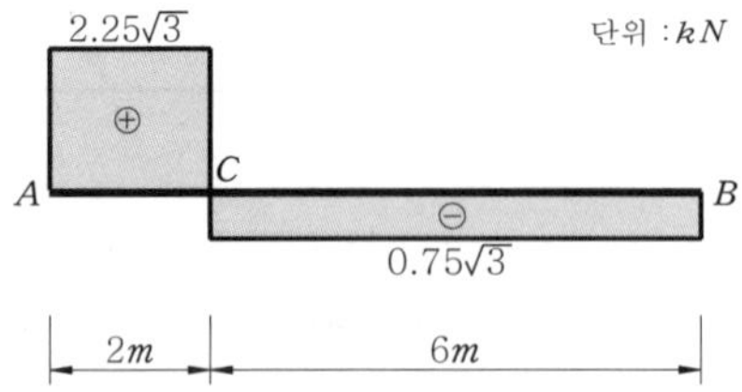

그림(a) 전단력도(S.F.D)

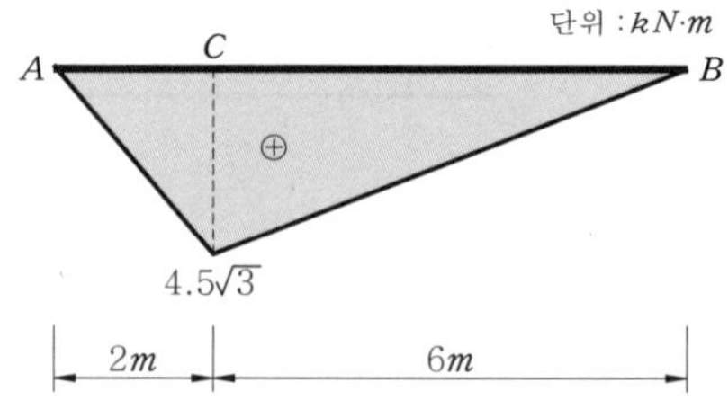

그림(b) 휨모멘트도(B.M.D)

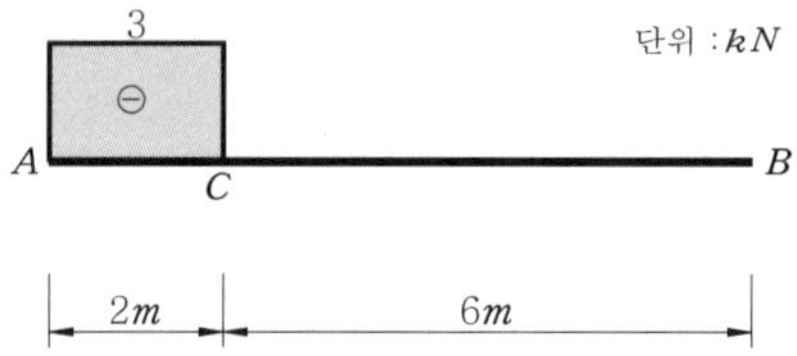

그림(c) 축방향력도(A.F.D)

예제 4.2.2

다음 그림과 같은 단순보의 전단력도(S.F.D), 휨모멘트도(B.M.D)를 구하시오.

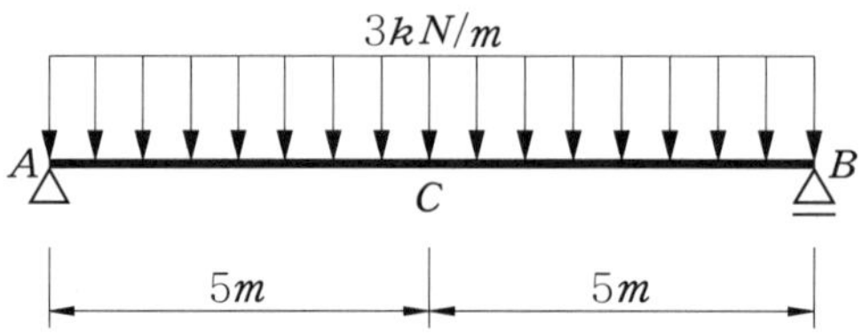

풀이

(1) 반력

좌우대칭 단순보이므로 반력은 $R_A = R_B = (3\times 10)\times\frac{1}{2} = 15\,kN(\uparrow)$

(2) 단면력도

㉠ $A \sim C$ 구간

지점 A로부터 임의의 거리 x만큼 떨어진 단면의 좌측으로부터 각 단면력을 구한다.

$$V_x = 15 - 3x\,kN,\quad M_x = 15x - 3x\times\frac{x}{2}\,kN\cdot m,\quad M_C = \frac{3\times 10^2}{8} = 37.5\,kN\cdot m$$

㉡ $B \sim C$ 구간

지점 B로부터 임의의 거리 x만큼 떨어진 단면의 우측으로부터 각 단면력을 구한다.

$$V_x = -15 + 3x\ kN, \qquad M_x = 15x - 3x \times \frac{x}{2}\ kN\cdot m$$

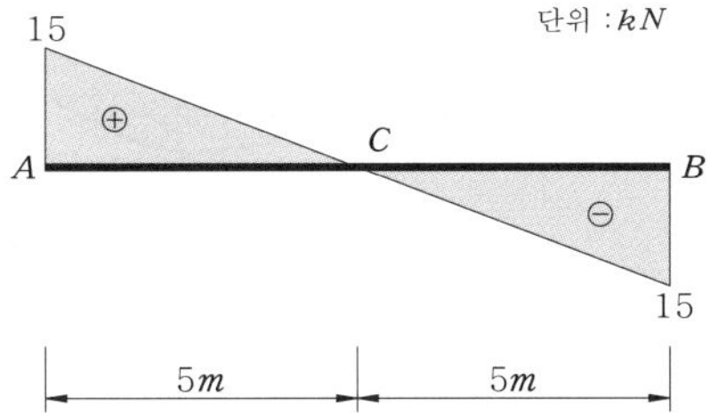

그림(a) 전단력도(S.F.D)

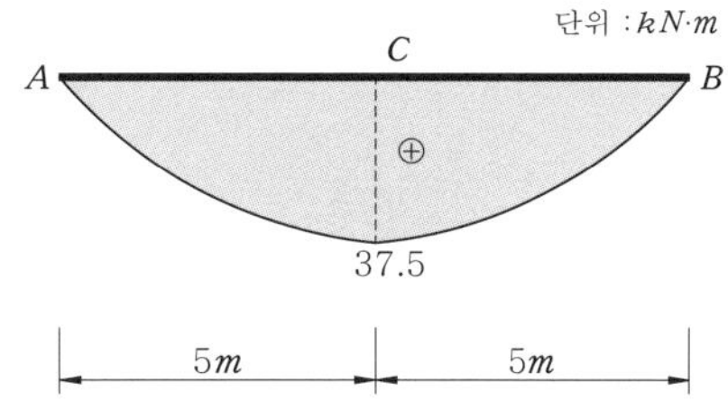

그림(b) 휨모멘트도(B.M.D)

※ 길이 L 인 단순보의 전 구간에 등분포하중 ω 가 작용할 때 최대휨모멘트는 보의 중앙에서 $\frac{\omega L^2}{8}$ 값을 갖는 것을 알 수 있다.

예제 4.2.3

다음 그림과 같은 단순보의 전단력도(S.F.D), 휨모멘트도(B.M.D)를 구하시오.

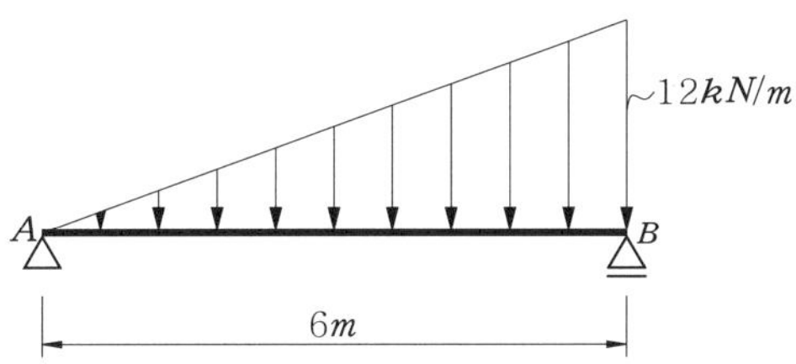

풀이

(1) 반력 (예제 1.8.3 참조)

$R_A = 12kN\,(\uparrow)$, $R_B = 24kN\,(\uparrow)$

(2) 단면력도

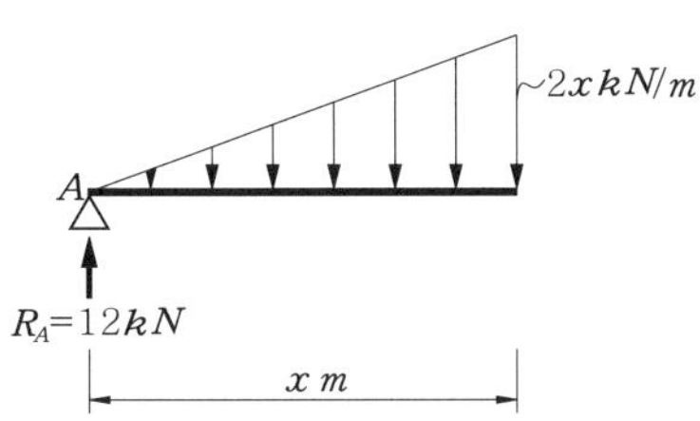

그림(a)

그림(a)와 같이 지점 A 로부터 임의의 거리 x 만큼 떨어진 단면의 좌측으로부터 각 단면력을 구한다.

$$V_x = 12 - \left(x \times 2x \times \frac{1}{2}\right) = -x^2 + 12$$

$$M_x = 12x - \left(x \times 2x \times \frac{1}{2}\right) \times \frac{x}{3} = -\frac{x^3}{3} + 12x$$

휨모멘트가 최대인 위치는 전단력이 '0' 인 위치이므로

지점 A 로부터 임의의 거리를 x 라고 할 때

$V_x = 0 \;:\; -x^2 + 12 = 0, \quad x = 2\sqrt{3}\ m$

지점 A 로부터 우측으로 $x = 2\sqrt{3}\ m$ 인 위치에서

최대휨모멘트 $M_{\max} = 16\sqrt{3}\ kN\cdot m$

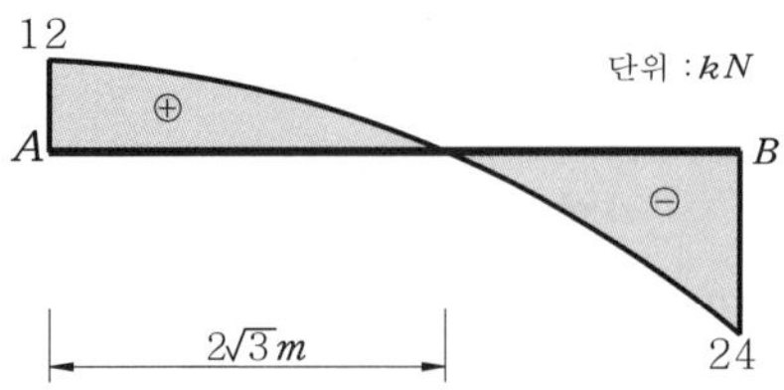

그림(a) 전단력도(S.F.D)

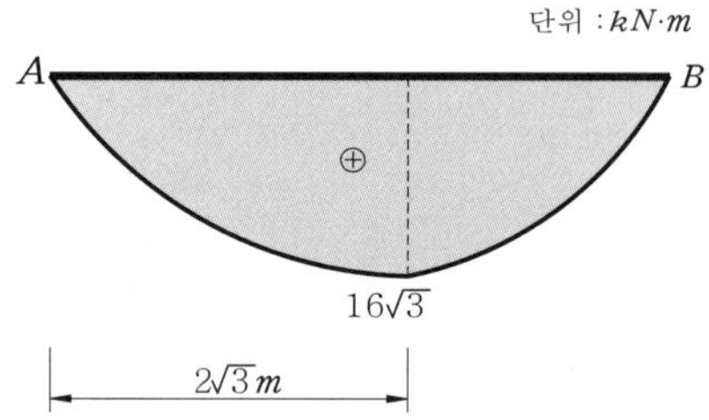

그림(b) 휨모멘트도(B.M.D)

예제 4.2.4

다음 그림과 같은 단순보의 전단력도(S.F.D), 휨모멘트도(B.M.D)를 구하시오.

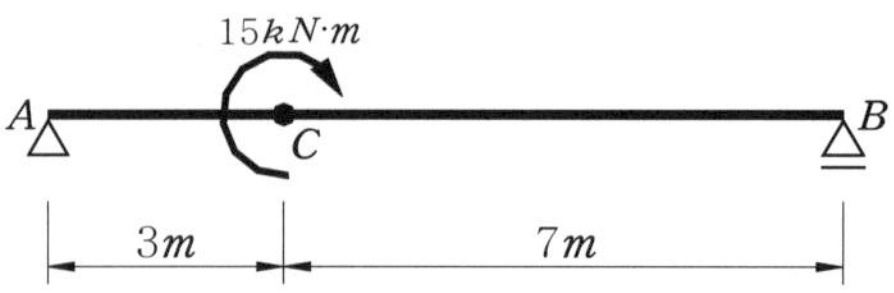

풀이

(1) 반력

그림(a)와 같이 반력의 방향을 가정하여 평형방정식을 세워 반력을 구한다.

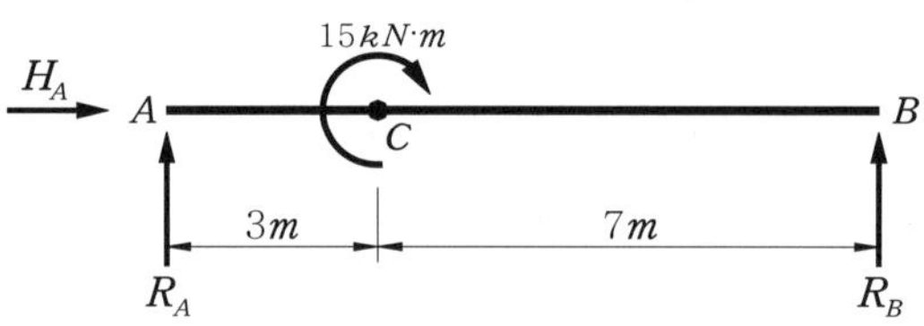

그림(a)

$\Sigma H = 0$: $H_A = 0$

$\Sigma M_A = 0$: $15 - R_B \times 10m = 0$ $\quad\therefore\ R_B = 1.5kN\ (\uparrow)$

$\Sigma V = 0$: $R_A + 1.5 = 0$ $\quad\therefore\ R_A = -1.5kN\ (\downarrow)$

(2) 단면력도

㉠ $A \sim C$ 구간

지점 A로부터 임의의 거리 x만큼 떨어진 단면의 좌측으로부터 각 단면력을 구한다.

$V_x = -1.5kN$, $\quad M_x = -1.5x$, $\quad M_C = -1.5 \times 3 = -4.5kN \cdot m$

㉡ $B \sim C$ 구간

지점 B로부터 임의의 거리 x만큼 떨어진 단면의 우측으로부터 각 단면력을 구한다.

$V_x = -1.5kN$, $\quad M_x = 1.5x$, $\quad M_C = 1.5 \times 7 = 10.5kN \cdot m$

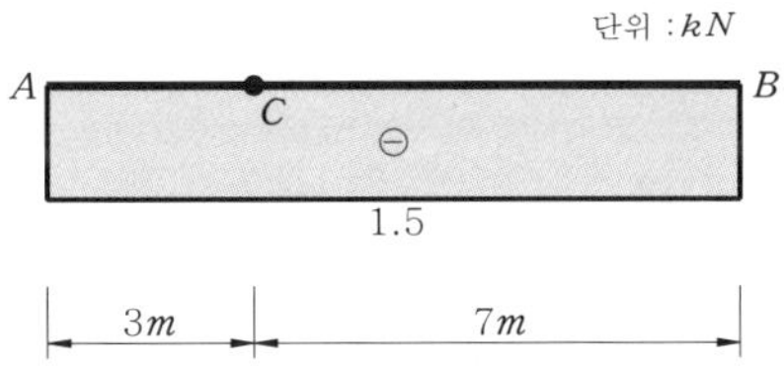

그림(a) 전단력도(S.F.D)

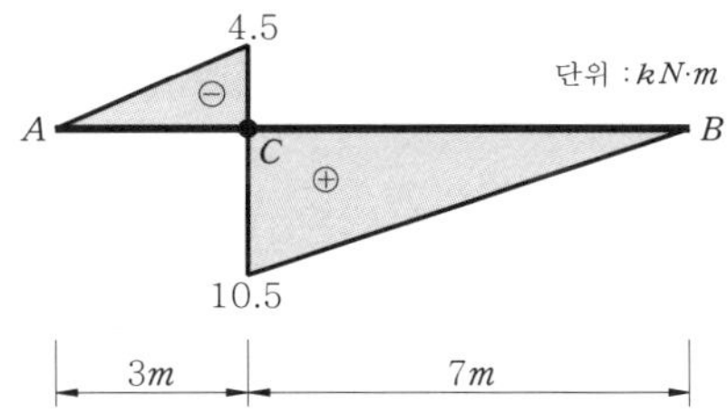

그림(b) 휨모멘트도(B.M.D)

예제 4.2.5

다음과 같은 단순보의 C점과 D점에서의 전단력과 휨모멘트를 계산하시오.

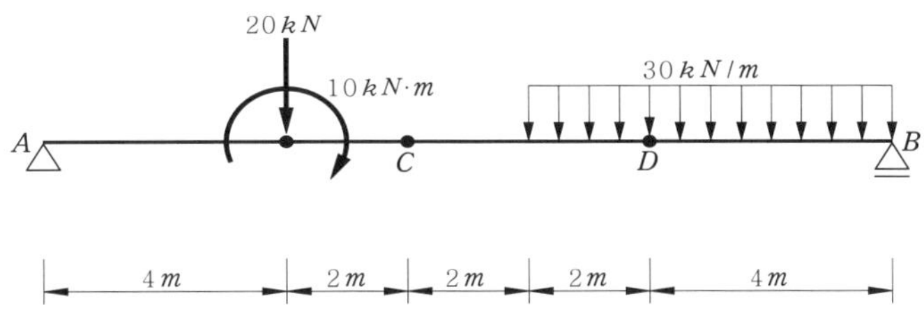

풀이

(1) 반력

그림(a)와 같이 반력의 방향을 가정하고, 등분포하중의 합력이 등분포하중의 중심에 집중하중으로 작용하는 것으로 가정하여 평형방정식을 세워 반력을 구한다.

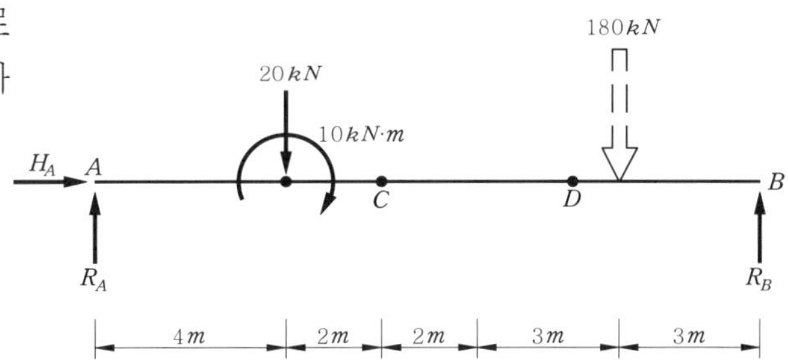

그림(a)

$$\Sigma H = 0 \quad : \quad H_A = 0$$

$$\Sigma M_A = 0 \quad : \quad \Sigma M_A = 10 + (20 \times 4) + (30 \times 6 \times 11) - 14R_B = 0$$

$$\therefore \ R_B = 147.86kN(\uparrow)$$

$$\Sigma V = 0 \quad : \quad R_A + R_B - 20 - (30 \times 6) = 0\ , \quad R_A + R_B = 200$$

$$\therefore \ R_A = 52.14kN(\uparrow)$$

(2) 단면력

$$V_C = 52.14 - 20 = 32.14kN$$

$$V_D = 52.14 - 20 - (30 \times 2) = -27.86kN$$

$$M_C = (52.14 \times 6) + 10 - (20 \times 2) = 282.84kN \cdot m$$

$$M_D = (147.86 \times 4) - (30 \times 4 \times 2) = 351.44kN \cdot m$$

◈ 연 습 문 제 ◈

4.2.1 다음 그림과 같은 단순보의 단면력도를 구하시오.

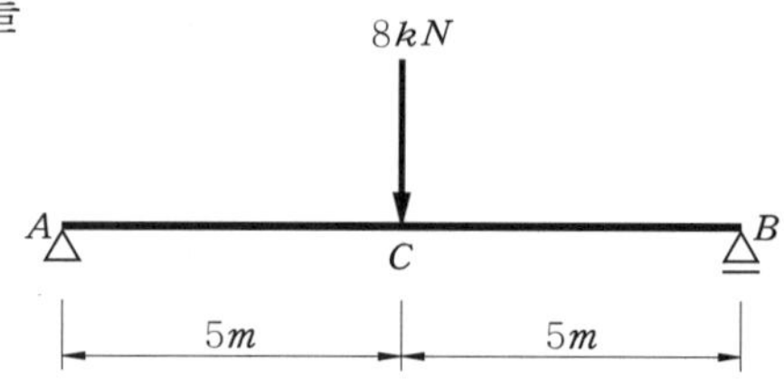

4.2.2 다음 그림과 같은 캔틸레버 보의 단면력도를 그리시오.

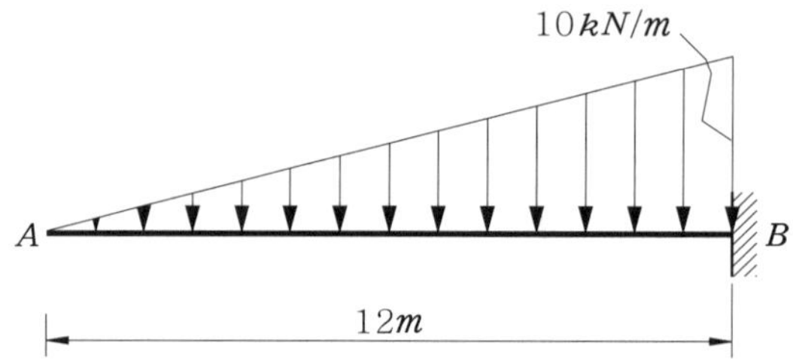

4.2.3 C점의 전단력과 휨모멘트를 계산하시오.

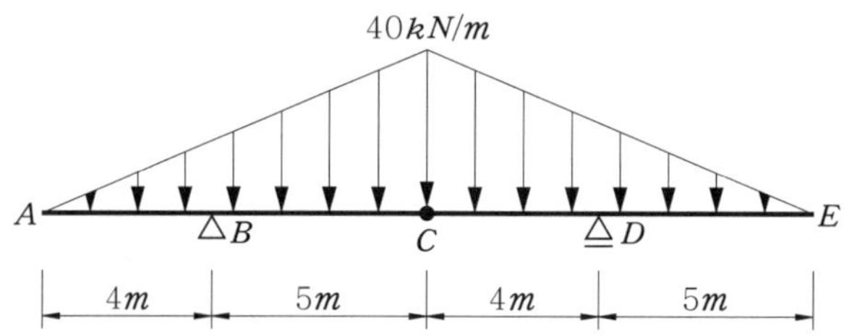

4.2.4 C점의 전단력과 휨모멘트를 계산하시오.

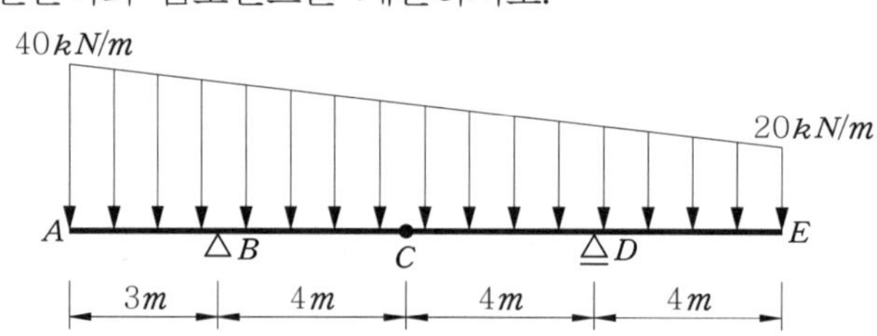

4.2.5 $2m < x < 6m$ 인 구간의 전단력과 휨모멘트를 x 의 함수로 나타내시오.

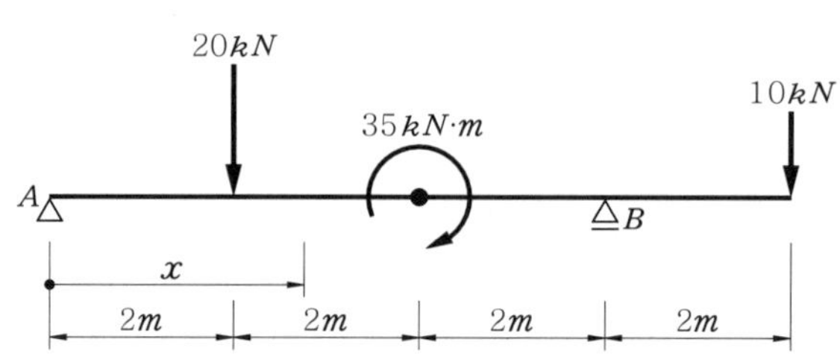

4.3 하중, 전단력 및 휨모멘트 사이의 관계

[그림4.3.1]은 집중하중, 등분포하중, 등변분포하중, 모멘트하중을 받고 있는 단순보의 전단력도(S.F.D, V도)와 휨모멘트도(B.M.D, M도)를 보여주고 있다.

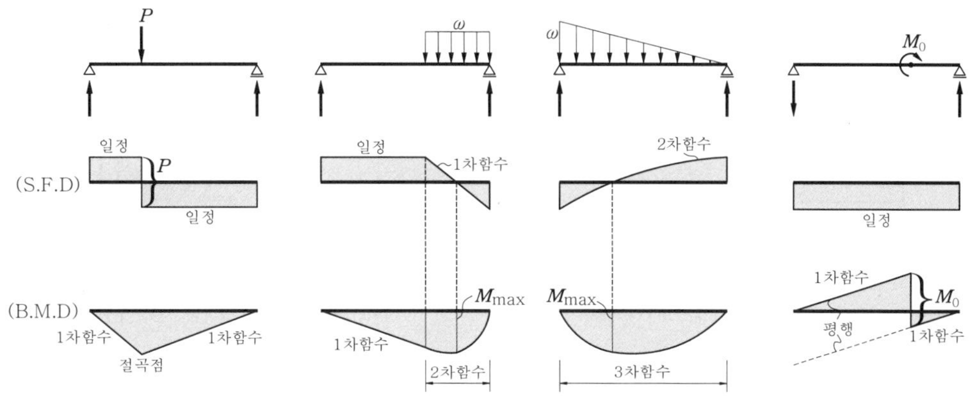

[그림4.3.1] 각종 하중상태의 전단력도와 휨모멘트도

[그림4.3.1]의 결과에서도 알 수 있듯이 하중상태, 전단력도(S.F.D), 휨모멘트도(B.M.D) 사이에는 [표4.3.1]과 같은 관계가 성립된다.

[표4.3.1] 하중, 전단력도, 휨모멘트도 사이의 관계

하중상태	전단력도 (S.F.D, V도)	휨모멘트도 (B.M.D, M도)
① 하중이 작용하지 않는 구간	재축에 평행한 일정한 값	1차함수(경사진 직선)
② 등분포하중이 작용하는 구간	1차함수(경사진 직선)	2차함수(곡선)
③ 등변분포하중이 작용하는 구간	2차함수(곡선)	3차함수(곡선)
④ 집중하중이 작용하는 점	작용하중만큼 급변	좌우로 꺾임
⑤ 모멘트하중이 작용하는 점	불변	모멘트하중만큼 급변

이들의 결과물로 유추하건데 어떤 임의의 보가 재축에 대하여 수직인 임의의 하중을 받을 때 보에 작용하는 하중(W)과 전단력(V) 및 휨모멘트(M) 사이에는 중요한 관계가 성립되어 있다.

이들의 관계를 이해할 경우, 어떤 임의의 보 단면에서의 전단력과 휨모멘트를 구하거나 특히 전단력도(S.F.D)와 휨모멘트도(B.M.D)를 그리는데 유용할 것이다.

여기서는 하중(W)과 전단력(V) 및 휨모멘트(M) 사이의 관계들을 자세히 고찰해 보기로 한다.

4.3.1 연속으로 분포하는 하중(ω)이 작용하는 경우

먼저 [그림4.3.2](a)의 등분포하중을 받는 단순보에서 왼쪽 지점에서 거리 x 만큼 떨어진 단면 $a-a$ 와 거기에서 극히 미소한 거리 dx 만큼 떨어진 단면 $b-b$ 의 2개의 단면을 떼어낸 그림(b)와 같은 보의 요소를 생각해 보자.

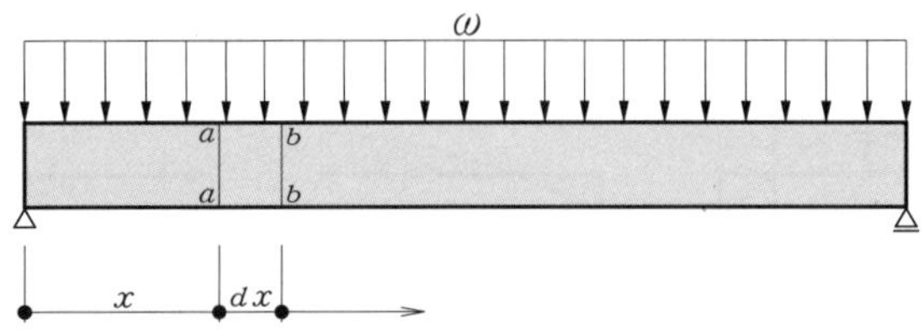

(a) 단순보의 하중도

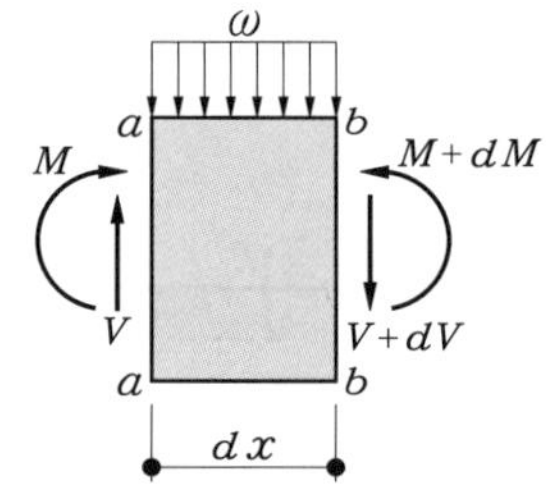

(b) 등분포하중상태인 보의 요소

[그림4.3.2] 등분포하중이 작용하는 단순보

이 요소의 왼쪽 $a-a$ 단면에는 양(+)의 방향으로 작용하는 전단력 V와 휨모멘트 M이 작용하고 있다.

한편 요소 오른쪽 $b-b$ 단면의 전단력과 휨모멘트는 $V+dV$와 $M+dM$으로 표시할 수 있다. 왜냐하면 전단력 V와 휨모멘트 M은 보의 부재축에 따라 측정되는 거리 x 의 함수이며, 거리가 조금이라도 변하여 있으므로 왼쪽 $a-a$ 단면과는 약간 다른 값이 될 것이다. 여기서 전단력 V와 휨모멘트 M의 증가량을 각각 dV와 dM으로 표시하였다.

그림(b)에서 수직방향의 힘의 평형조건식을 적용해 보면 다음과 같다.

$$\Sigma V=0 \quad : \quad V-\omega \cdot dx-(V+dV)=0$$
$$\therefore \quad \frac{dV}{dx}=-\omega \tag{4.3.1}$$

식(4.3.1)에 의하면 전단력 V가 x 에 따라 변화할 때 x 에 대한 변화비율이 $-\omega$ 와 같은 것으로, 이는 x 에 대한 전단력 V의 기울기가 $-\omega$ 임을 의미한다.

특수한 경우로 보 위에 하중이 작용하지 않을 경우($\omega=0$)에는 전단력은 상수이므로, 전단력도(S.F.D)는 부재축에 평행한 일정한 값을 갖게 된다.

한편 식(4.3.1)의 양변에 dx 를 곱하고, 보의 부재축상의 두 단면 A 와 B 사이에서 적분하면 그 결과는 다음과 같다.

$$\int_A^B dV=-\int_A^B \omega\, dx \tag{4.3.1.a}$$

상기 식(4.3.1.a)의 좌변은 단면 A 와 B 사이에서의 전단력의 차, $|V_A-V_B|$ 와 같으며, 식(4.3.1.a)의 우변은 단면 A 와 B 사이의 분포하중의 합력을 나타낸

다. 따라서 식(4.3.1.a)는 개념적으로 다음과 같이 나타낼 수 있다.

$$|V_A - V_B| = -[\text{단면 } A\text{와 } B \text{ 사이의 분포하중의 합력}] \qquad (4.3.1.b)$$

예외조항으로, 식(4.3.1)은 하중이 작용하지 않거나 연속적으로 분포하는 하중(ω)을 받는 보의 요소에 대하여 유도된 식이기 때문에, 집중하중이 작용하는 점에서는 식(4.3.1)을 사용할 수 없다. 같은 이치로 단면 A와 B 사이의 보 위에 집중하중 P가 작용할 때에도 식(4.3.1.a) 및 식(4.3.1.b)를 사용할 수 없다. 왜냐하면 집중하중 P에 대해서는 하중의 세기 ` ω가 정의되지 못하고, 하중의 세기선도의 면적도 양(+) 또는 음(−)의 값을 가질 수 있기 때문이다.

다시 [그림4.3.2](b)로 돌아가서 요소 오른쪽 $b-b$ 단면 위의 어느 한 점에 대한 모멘트 평형조건식을 적용해 보면 다음과 같다. 여기서 $(dx)^2$ 항은 극히 미소하므로 무시할 수 있다.

$$\sum M_{b-b} = 0 \quad : \quad M + V \cdot dx - \omega dx \cdot \left(\frac{dx}{2}\right) - (M + dM) = 0$$
$$\therefore \quad \frac{dM}{dx} = V \qquad (4.3.2)$$

상기 식(4.3.2)에 의하면, 휨모멘트 M이 보의 재축방향 x에 따라 변화할 때 x에 대한 변화비율은 전단력 V와 같다는 것을 의미한다.

특수한 경우로서 전단력이 '0' ($V=0$)이면 휨모멘트는 상수이다. 이는 휨모멘트도(B.M.D)상의 접선의 기울기가 '0', 즉 재축에 평행하다는 것을 뜻하며, 이때 휨모멘트는 최대 또는 최소값을 나타낸다.

참고로 집중하중(P)이 작용하는 경우에서는 전단력의 부호가 바뀌는 단면에서 휨모멘트가 최대 또는 최소값을 나타낸다.

예외조항으로, 식(4.3.2)는 집중하중이 작용하는 점에서는 전단력의 갑작스런 변화(불연속)가 일어나므로 정의되지 않는다.

한편, 식(4.3.2)의 양변에 dx를 곱하고, 보 재축상의 두 단면 A와 B 사이에서 적분하면 그 결과는 다음과 같다.

$$\int_A^B dM = \int_A^B V dx \qquad (4.3.2.a)$$

식(4.3.2.a)의 좌변은 단면 A와 B 사이에서의 휨모멘트의 차, $|M_A - M_B|$ 와 같으며, 식(4.3.2.a)의 우변은 전단력도(S.F.D)에서 단면 A와 B 사이의 이 곡선 아래의 면적을 나타낸다.

$$|M_A - M_B| = [\text{단면 } A\text{와 } B \text{ 사이의 전단력도의 면적}] \qquad (4.3.2.b)$$

식(4.3.2.a) 및 식(4.3.2.b)는 단면 A와 B 사이의 보 위에 집중하중(P)이 작용할 경우에도 사용할 수 있다.

반면에 단면 A와 B 사이에 모멘트하중이 작용할 때에는 사용할 수 없다. 이는 모멘트하중은 휨모멘트도(B.M.D)에 갑작스런 변화를 일으키며, 식(4.3.2.a)의 좌변이 이러한 불연속점을 지나서 적분할 수가 없기 때문이다.

4.3.2 집중하중(P)이 작용하는 경우

이번에는 보의 요소 위에 집중하중 P가 작용하는 경우를 생각해 보자.

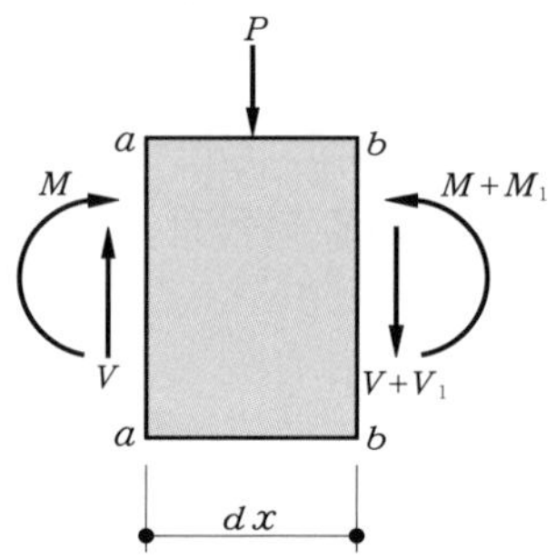

[그림4.3.3] 집중하중상태인 보의 요소

앞에서 설명한 바와 마찬가지로, [그림4.3.3]과 같이 요소의 왼쪽 $a-a$ 단면에는 양(+)의 방향으로 작용하는 전단력 V와 휨모멘트 M이 작용하고 있으며, 요소 오른쪽 $b-b$ 단면의 전단력과 휨모멘트는 각각 $V+V_1$과 $M+M_1$으로 표시하였다. 여기서는 전단력 V와 휨모멘트 M의 증가량을 각각 V_1과 M_1로 표시하였다.

[그림4.3.3]에서 수직방향의 힘의 평형조건식을 적용해 보면 다음과 같다.

$$\Sigma V = 0 \quad : \quad V - P - (V + V_1) = 0$$
$$\therefore \quad V_1 = -P \qquad (4.3.3)$$

식(4.3.3)에 의하면, 집중하중(P)이 작용하는 점에서는 전단력(V)의 갑작스런 변화가 일어나는데, 왼쪽에서 오른쪽으로 진행할 때 아래쪽으로 작용하는 하중(P)의 크기만큼 전단력(V)이 감소됨을 알 수 있다.

한편 [그림4.3.3]에서 요소 오른쪽 $b-b$ 단면 위의 어느 한 점에 대한 모멘트 평형조건식을 적용해 보면 다음과 같다.

$$\Sigma M_{b-b} = 0 \quad : \quad M + V \cdot dx - P \cdot (\frac{dx}{2}) - (M + M_1) = 0$$
$$\therefore \quad M_1 = V \cdot dx - P \cdot (\frac{dx}{2}) \qquad (4.3.4)$$

식(4.3.4)에서 요소의 길이 dx가 극히 미소하므로, 휨모멘트의 증가량 M_1도 극히 작은 값이다. 따라서 집중하중(P)의 작용점을 지나갈 때 휨모멘트는 변화하지 않는다고 말할 수 있다. 그러나 집중하중의 작용점에서 휨모멘트의 변화비율 dM/dx는 갑작스런 변화를 보이게 된다. 이는 요소 왼쪽 $a-a$ 단면에서는 휨모멘트의 변화비율이 $dM/dx = V$인데, 요소 오른쪽 $b-b$ 단면에서의 휨모멘트의 변화비율은 $dM/dx = V+V_1$이므로, 집중하중(P)의 작용점에서 변화비율 dM/dx는 집중하중(P)과 같은 크기만큼 갑자기 감소한다고 볼 수 있다.

4.3.3 모멘트하중(M_0)이 작용하는 경우

마지막으로 보의 요소 위에 모멘트하중 M_0가 작용하는 경우를 생각해 보자.

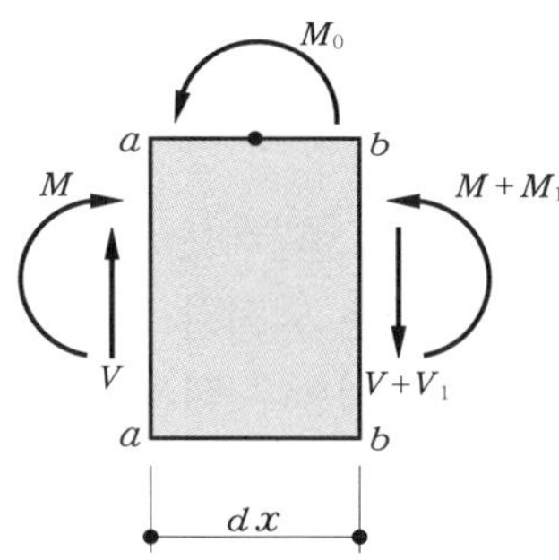

[그림4.3.4] 모멘트하중 상태인 보의 요소

앞에서 설명한 바와 마찬가지로, [그림4.3.4]에서 보는 바와 같이 반시계방향의 모멘트하중 M_0로 인하여 요소의 왼쪽과 오른쪽 단면에 그림에서와 같은 단면력들이 작용한다고 가정한다.

[그림4.3.4]에서 수직방향의 힘의 평형조건식을 적용해 보면 다음과 같다.

$$\begin{aligned} \Sigma V = 0 \quad &: \quad V - (V + V_1) = 0 \\ &\therefore \quad V_1 = 0 \end{aligned} \tag{4.3.5}$$

식(4.3.5)에 의하면 모멘트하중의 작용점에서는 전단력이 변화하지 않음을 알 수 있다.

한편 [그림4.3.4]에서 요소 오른쪽 $b-b$ 단면 위의 어느 한 점에 대한 모멘트 평형조건식을 적용하고, dx는 미소한 값이므로 미분을 포함한 항을 제거하면 다음과 같다.

$$\begin{aligned} \Sigma M_{b-b} = 0 \quad &: \quad M + V \cdot dx - M_0 - (M + M_1) = 0 \\ &\therefore \quad M_1 = -M_0 \end{aligned} \tag{4.3.6}$$

식(4.3.6)은 모멘트하중이 작용하는 점의 왼쪽에서 오른쪽으로 진행할 때, 반시계방향의 모멘트하중 M_0의 작용으로 인하여 모멘트하중이 작용하는 점의 휨모멘트가 갑자기 감소한다는 것을 보여주고 있다.

4.3.4 하중, 전단력 및 휨모멘트의 상관관계 정리

앞에서 어떤 임의의 보에 작용하는 여러 가지 하중상태(ω, P, M_0)에 대한 하중(W), 전단력(V) 및 휨모멘트(M)의 상관관계를 알아보았다.

물론 예외조항들은 존재하지만, 이들의 일반적인 상관관계를 종합, 정리해 보기로 한다. [그림4.3.1]을 참조하여 정리와 비교하면서 개념을 이해하기 바란다.

보에서의 하중(W), 전단력(V) 및 휨모멘트(M)는 다음과 같은 일반적인 관계를 가지고 있다.

$$\frac{dV}{dx} = -W \quad \Leftrightarrow \quad V = -\int W dx\,, \quad \text{여기서} \;\; W = \omega$$
$$\frac{dM}{dx} = V \quad \Leftrightarrow \quad M = \int V dx \qquad (4.3.7)$$

① 전단력의 미분계수(dV/dx)는 전단력도(S.F.D)의 기울기로서, 하중이 작용하지 않은 구간에서의 전단력은 일정한 값이고, 등분포하중이 작용하는 구간에서의 전단력도(S.F.D)는 1차함수(직선)이며, 등변분포하중이 작용하는 구간에서의 전단력도(S.F.D)는 2차함수(곡선)이다.

② 연속적으로 분포하는 하중(ω)이 작용할 때, 서로 떨어진 두 단면 사이의 전단력 차이는 두 단면 사이에 작용하는 하중의 합력과 같다.

③ 휨모멘트의 미분계수(dM/dx)는 휨모멘트도(B.M.D)의 기울기로서, 전단력도(S.F.D)가 일정한 구간에서는 휨모멘트도(B.M.D)가 1차함수(직선)이고, 전단력도(S.F.D)가 1차함수(직선)이면 휨모멘트도(B.M.D)는 2차함수(곡선)이며, 전단력도(S.F.D)가 2차함수이면 휨모멘트도(B.M.D)는 3차함수(곡선)이다.

④ 전단력이 '0' ($V = dM/dx = 0$)이거나 전단력 부호가 바뀌는 점에서 휨모멘트는 최대 또는 최소값을 나타낸다.

⑤ 연속적으로 분포하는 하중(ω) 및 집중하중(P)이 작용할 때, 서로 떨어진 두 단면 사이의 휨모멘트 차이는 두 단면 사이의 전단력도(S.F.D) 아래의 면적과 같다.

⑥ 집중하중(P)이 작용하는 점에서의 전단력은 작용하는 집중하중(P)만큼 급변하고, 휨모멘트도(B.M.D)는 꺾이게 된다.

⑦ 모멘트하중(M_0)이 작용하는 점에서의 전단력은 불변이고, 휨모멘트는 모멘트하중(M_0)만큼 급변한다.

◈ 연 습 문 제 ◈

4.3.1 하중(ω), 전단력(V), 휨모멘트(M)의 관계가 옳은 것은?

① $M = \int \omega\, dx = -\iint V\, dx\, dx$　　② $V = \int \omega\, dx = -\iint M\, dx\, dx$

③ $\omega = \int M dx = -\iint V\, dx\, dx$　　④ $M = \int V dx = -\iint \omega\, dx\, dx$

4.3.2 전단력도와 휨모멘트도의 특성에 관한 사항 중 옳지 않은 것은?

① 단순보의 양지점의 전단력은 지점상에 집중하중이 없는 한 반력과 같다.
② 등분포하중을 받는 보 구간의 휨모멘트는 2차 포물선형을 이룬다.
③ 모멘트하중을 받는 보의 휨모멘트도는 그 점에서 불연속성의 선으로 표시된다.
④ 겔버보에 대한 전단력은 그 힌지 결합점에서 '0' 이 된다.
⑤ 전단력이 '0' 이 되는 단면에서는 최대휨모멘트가 생긴다.

4.3.3 단순보의 휨모멘트도 작도에 관한 다음 기술에서 틀린 것은?

① 등분포하중이 작용하는 구간의 휨모멘트선은 포물선이 된다.
② 등변분포하중이 작용하는 구간의 휨모멘트선은 3차곡선이 된다.
③ 단순보에서는 어떤 하중이 작용해도 지점에서 휨모멘트는 '0' 이 된다.
④ 아무 하중도 작용하지 않는 구간의 휨모멘트선은 경사직선 또는 수평직선이 된다.

4.3.4 보에서 휨모멘트를 1차 미분하면 전단력이 되고, 다시 전단력을 미분하면 음(−)의 부호를 붙인 하중이 되는데, 이때의 하중은 다음 중 어느 것인가?

① 집중하중　　② 등분포하중
③ 등변분포하중　　④ 모든 하중

4.3.5 다음 그림에서 표시한 것은 단순보에 대한 전단력도이다. 이 보의 C점에 발생하는 휨모멘트는?

① $10\,kN \cdot m$
② $28\,kN \cdot m$
③ $38\,kN \cdot m$
④ $42\,kN \cdot m$

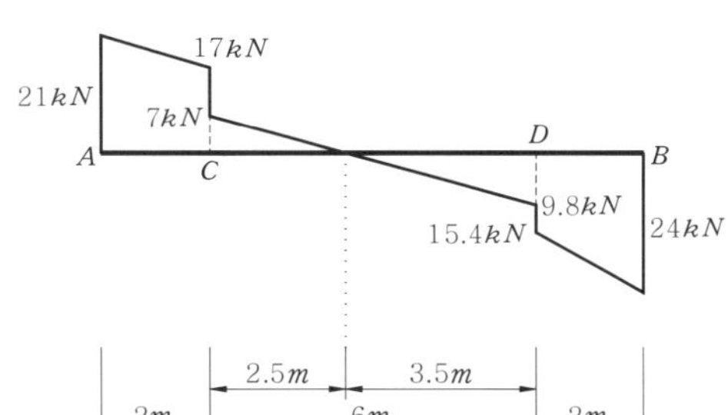

4.3.6 다음은 단순보의 전단력도(S.F.D)이다. 다음 설명 중 틀린 것은? (단, 지점에는 하중이 작용하지 않는다.)

① 집중하중은 b, c 점에 작용한다.
② bc 구간에는 하중이 작용하지 않는다.
③ 등분포하중은 ab, cd 구간에 작용한다.
④ 최대휨모멘트는 b 점에서 발생한다.

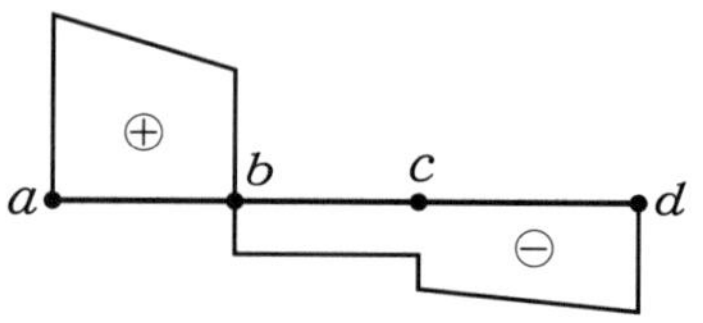

4.4 단순보의 단면력

단순보(Simple Beam)는 한쪽 끝의 지점이 회전단으로, 다른 한쪽 끝의 지점이 이동단으로 지지된 보(Beam)를 말한다.

단순보의 단면력을 산정하기 위해서는 먼저 힘의 평형조건식을 사용하여 지점의 반력을 구해야 하며, 이후 구해진 반력과 하중을 이용하여 각종 단면력을 앞에서 배운대로 구하면 된다. 이때 앞에서 배웠던 하중, 전단력 및 휨모멘트 사이의 관계를 생각하면 각종 단면력 및 단면력도를 구하는데 유용할 것이다.

한편 [그림4.4.1]에서 보는 바와 같이 각종 하중을 받는 단순보의 단면력을 구해 보면 다음과 같은 특징이 나타난다.

① 양 지점의 전단력의 크기는 그 지점반력의 크기와 같다.
[그림4.4.1]에서 왼쪽의 지점 A의 전단력은 $V_A = R_A$이고, 오른쪽의 지점 B의 전단력은 $V_B = -R_B$이다.

② 전단력의 크기는 항상 양 지점 중 한 곳에서 최대값을 나타낸다.

③ 지점에 모멘트 하중이 작용하는 경우를 제외하고, 지점에서의 휨모멘트는 '0' 이다.

④ 최대휨모멘트는 전단력이 '0' 이거나, 전단력의 부호가 바뀌는 곳에서 나타난다.

⑤ 모멘트하중이 작용하는 경우를 제외하고, 전단력선도에서 양(+)의 전단력의 면적과 음(−)의 전단력의 면적은 서로 같다.

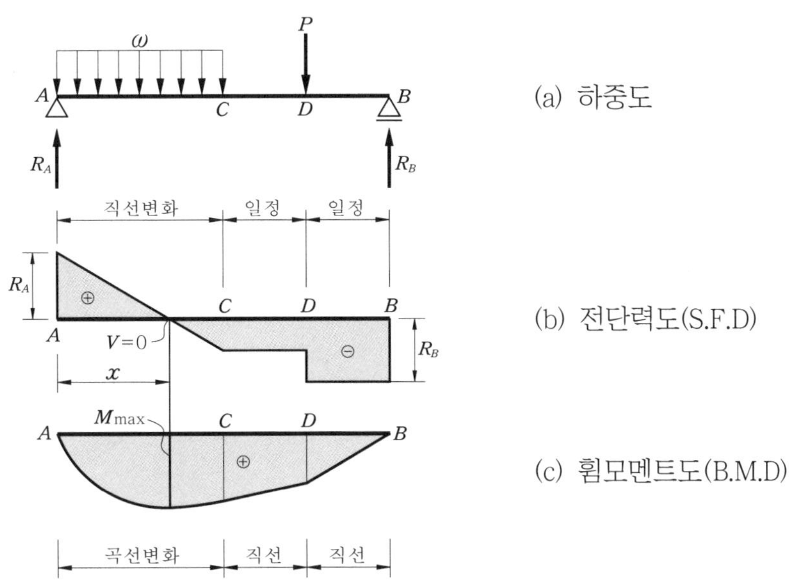

[그림4.4.1] 단순보의 단면력

단순보에서 몇 가지 기본적인 하중이 작용할 때의 단면력을 살펴보면 다음과 같다.

[표4.4.1] 보의 임의점에 집중하중이 작용할 때

반 력	전 단 력	휨 모 멘 트
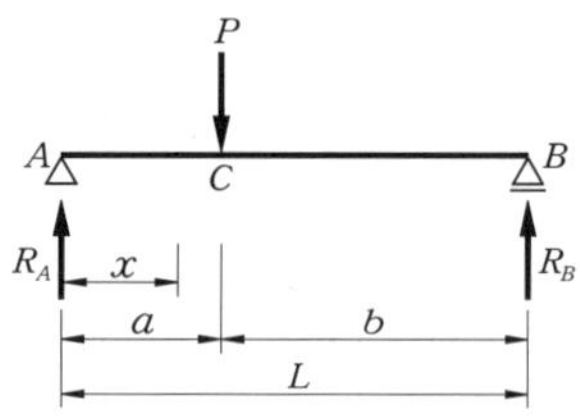 	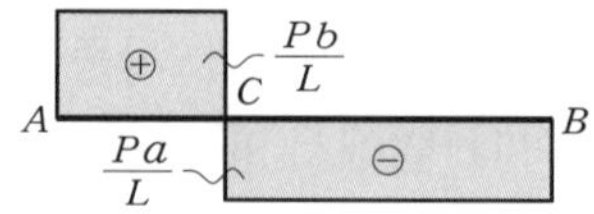 	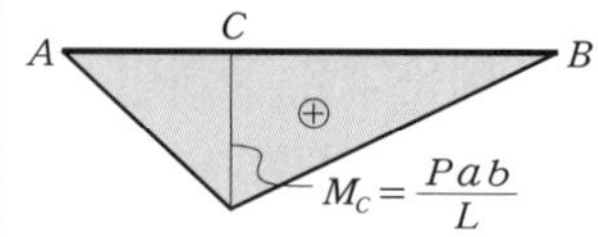
$R_A=\frac{Pb}{L}(\uparrow)$ $R_B=\frac{Pa}{L}(\uparrow)$	$A\sim C$ 구간: $V_x=\frac{Pb}{L}$ $C\sim B$ 구간: $V_x=-\frac{Pa}{L}$	$A\sim C$ 구간: $M_x=\frac{Pb}{L}x$ $C\sim B$ 구간: $M_x=\frac{Pb}{L}x-P(x-a)$ $M_{\max}=M_C=\frac{Pab}{L}$

[표4.4.2] 보의 중앙에 집중하중이 작용할 때

반 력	전 단 력	휨 모 멘 트
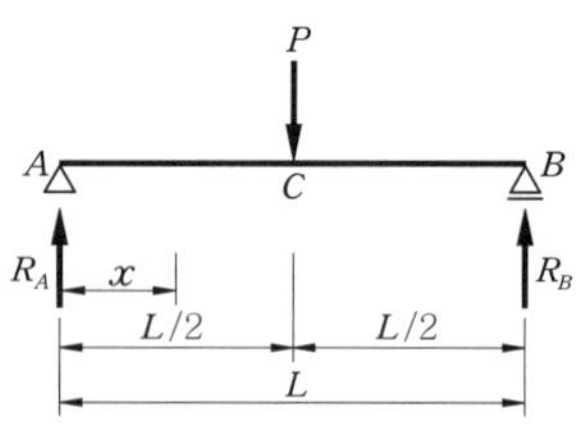 	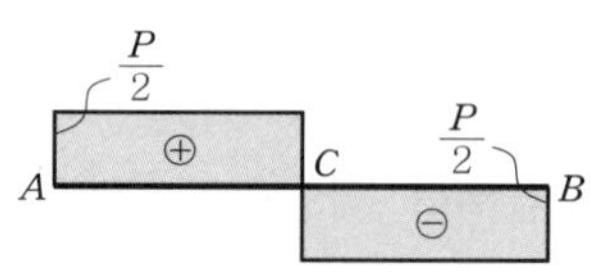 	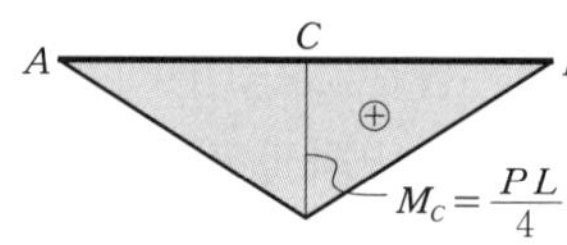
$R_A=\frac{P}{2}(\uparrow)$ $R_B=\frac{P}{2}(\uparrow)$	$A\sim C$ 구간: $V_x=\frac{P}{2}$ $C\sim B$ 구간: $V_x=-\frac{P}{2}$	$A\sim C$ 구간: $M_x=\frac{P}{2}x$ $C\sim B$ 구간: $M_x=\frac{P}{2}x-P(x-\frac{L}{2})$ $M_{\max}=M_C=\frac{PL}{4}$

[표4.4.3] 보의 전 구간에 등분포하중이 작용할 때

반 력	전 단 력	휨 모 멘 트
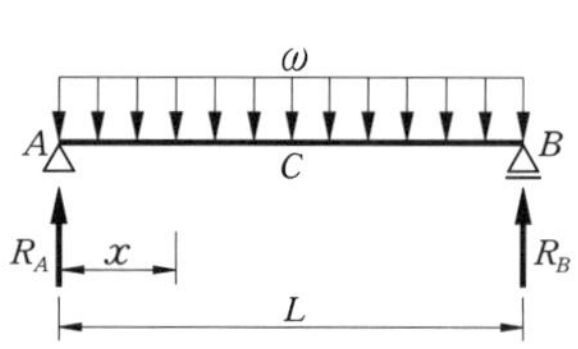 	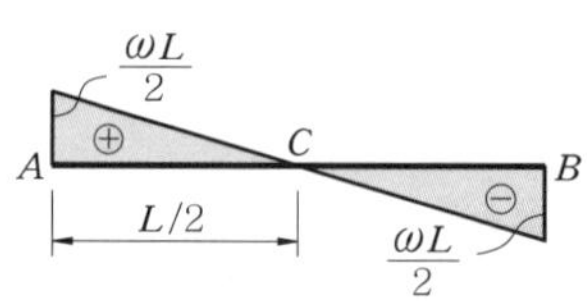 	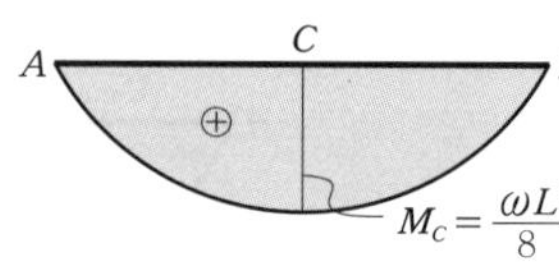
$R_A=\frac{\omega L}{2}(\uparrow)$ $R_B=\frac{\omega L}{2}(\uparrow)$	$V_x=\frac{\omega L}{2}-\omega x$	$M_x=\frac{\omega L}{2}x-\frac{\omega}{2}x^2$ $M_{\max}=M_C=\frac{\omega L^2}{8}$

[표4.4.4] 등변분포하중이 작용할 때

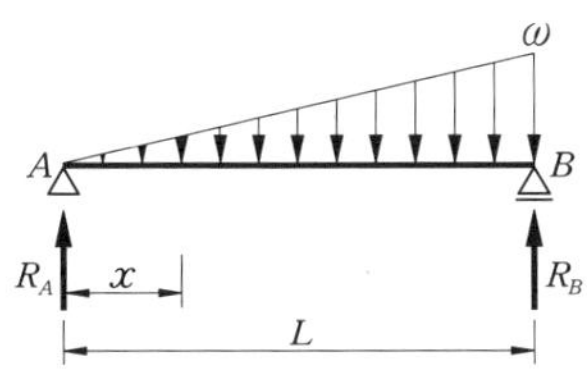

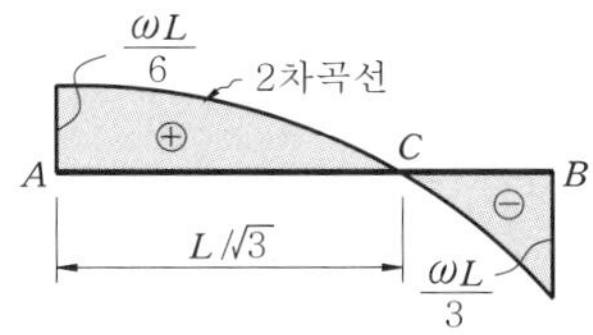

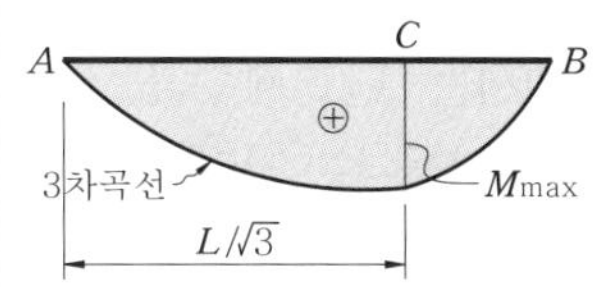

반 력	전 단 력	휨 모 멘 트
$R_A = \frac{\omega L}{6}(\uparrow)$ $R_B = \frac{\omega L}{3}(\uparrow)$	$V_x = \frac{\omega L}{6} - \frac{\omega x^2}{2L}$ $V_x = 0$ 인 점은 $x = \frac{L}{\sqrt{3}} \fallingdotseq 0.577L$	$M_x = \frac{\omega L}{6}x - \frac{\omega}{6L}x^3$ $M_{max} = \frac{\omega L^2}{9\sqrt{3}} \fallingdotseq 0.064\omega L^2$

[표4.4.5] 삼각분포하중이 작용할 때

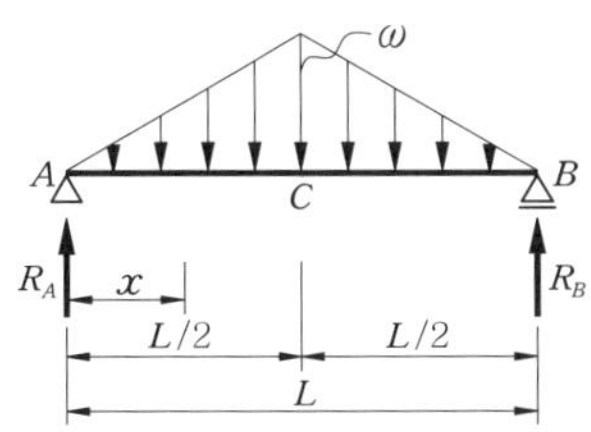

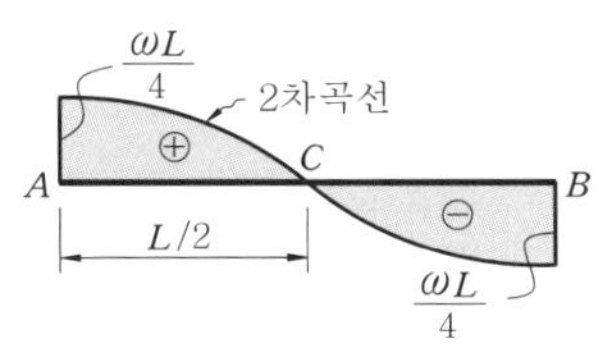

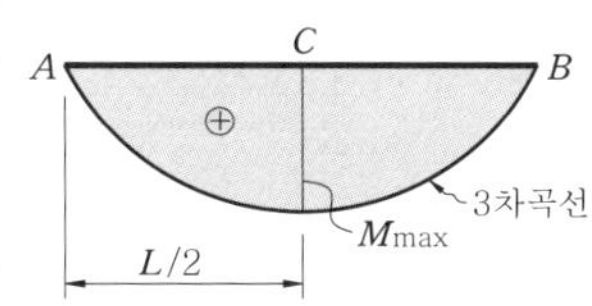

반 력	전 단 력	휨 모 멘 트
$R_A = \frac{\omega L}{4}(\uparrow)$ $R_B = \frac{\omega L}{4}(\uparrow)$	$V_x = \frac{\omega L}{4} - \frac{\omega x^2}{L}$ $V_x = 0$ 인 점은 $x = \frac{L}{2}$	$M_x = \frac{\omega L}{4}x - \frac{\omega}{3L}x^3$ $M_{max} = M_C = \frac{\omega L^2}{12}$

[표4.4.6] 보의 중간에 휨모멘트 하중이 작용할 때

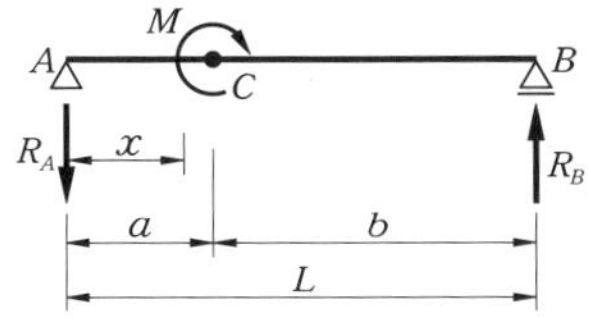

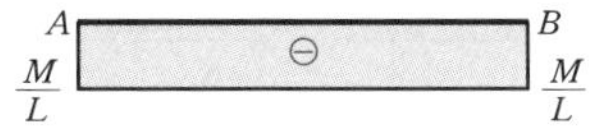

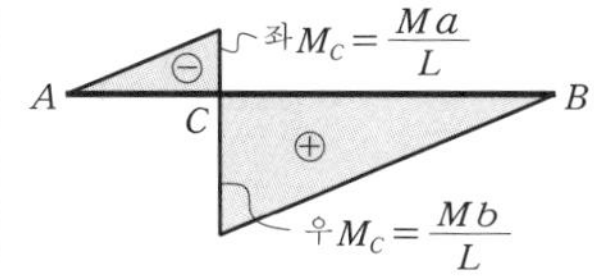

반 력	전 단 력	휨 모 멘 트
$R_A = \frac{M}{L}(\downarrow)$ $R_B = \frac{M}{L}(\uparrow)$	$V_x = -\frac{M}{L}$(일정한 값)	$A \sim C$ 구간: $M_x = -\frac{M}{L}x$ $C \sim B$ 구간: $M_x = -\frac{M}{L}x + M$

철골보의 경우, 외력에 의하여 부재의 각 단면에 발생하는 휨모멘트의 크기가 클수록 부재의 단면계수(Z)가 커져야 한다. 그리고 [표4.4.1]~[표4.4.6]에서 볼 수 있듯이 일반적으로 단순보는 중앙부에서 휨모멘트가 크게 발생한다. 따라서 단순보 형태의 철골보를 H형강으로 구성할 경우, [그림4.4.2]와 같이 휨모멘트의 크기가 큰 중앙부에서는 보의 단면계수를 크게 하고 휨모멘트의 크기가 작은 단부에서는 단면계수를 작게 조정하면, 철골재료를 경제적으로 사용하는 효율적인 보로 만들 수 있다.

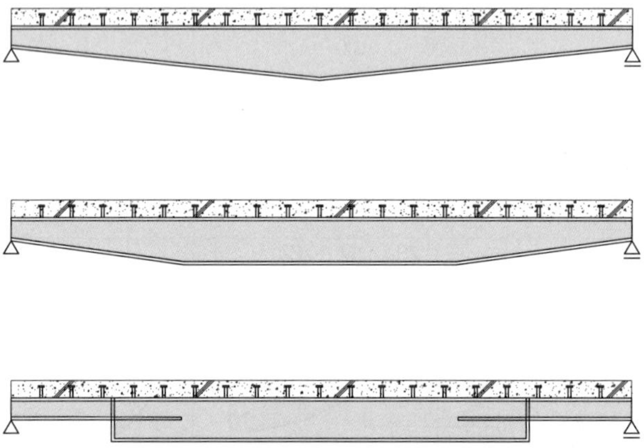

[그림4.4.2] 단순보 형태의 효율적인 철골보

또한 단순보 형태의 철근콘크리트 보의 경우는 [그림4.4.2]의 철골보와 마찬가지로 위치별로 단면의 크기를 조정할 수도 있지만, [그림4.4.3]과 같이 보의 단면을 일정하게 유지하면서 휨모멘트의 크기에 따라 철근량을 단부보다 중앙부에 많이 배근하는 식으로 인장철근량을 조정할 수도 있다. [그림4.4.3]에서 주인장철근은 하부근이다.

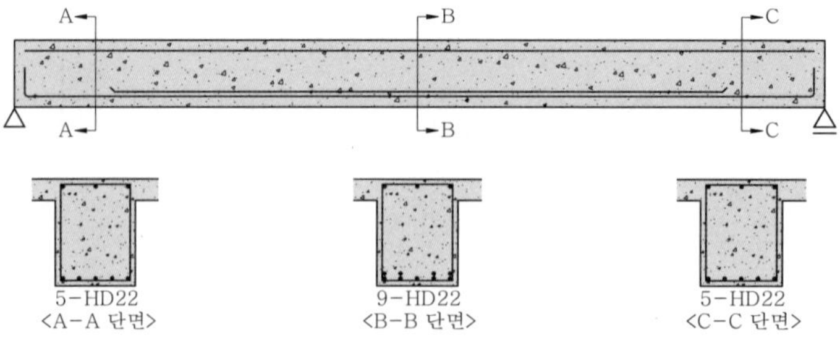

[그림4.4.3] 단순보 형태의 효율적인 철근콘크리트 보

한편 철골보의 경우, 외력에 의하여 부재의 각 단면에 발생하는 전단력의 크기가 클수록 부재 웨브(Web)의 단면적(A_w)이 커져야 한다. 또한 철근콘크리트 보의 경우는 전단력이 클수록 전단보강근인 스터럽(Stirrup)의 철근량이 많아야 한

다. 예를 들어 [그림4.4.4]는 등분포하중을 받는 단순보 형태의 철근콘크리트 보로, 전단보강근인 스터럽(Stirrup)의 배치를 보여주고 있다. [그림4.4.4]에서 상대적으로 전단력이 크게 발생한 보 단부의 스터럽(Stirrup) 간격이 전단력이 작은 중앙부 보다 좁게 배치된 것을 알 수 있다.

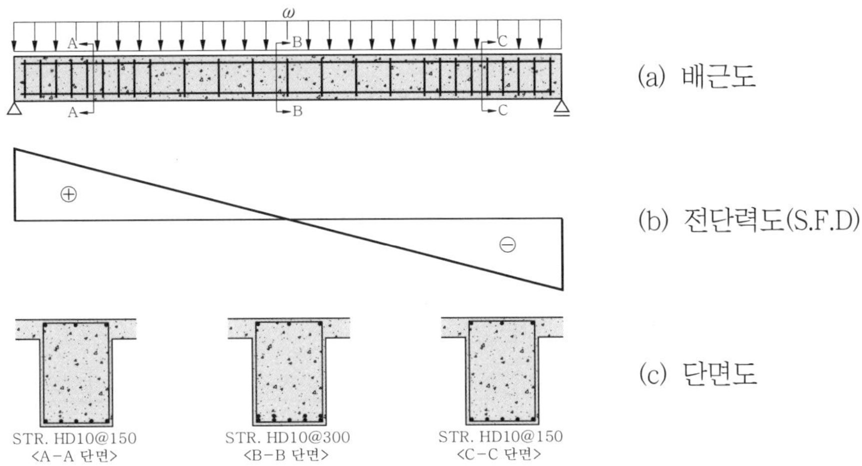

[그림4.4.4] 등분포하중을 받는 단순보인 철근콘크리트 보의 전단보강근

◆ ◆ ◆ ◆ ◆ ◆

예제 4.4.1

다음 그림과 같은 단순보의 단면력도를 구하시오.

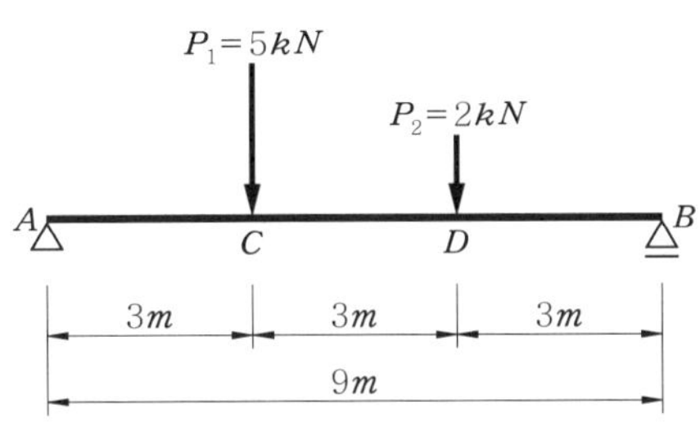

풀이

(1) 반력 (예제 1.8.1(a) 참조)

$R_A = 4kN\,(\uparrow)$, $R_B = 3kN\,(\uparrow)$

(2) 단면력도

㉠ $A \sim C$ 구간

지점 A로부터 임의의 거리 x만큼 떨어진 단면의 좌측으로부터 각 단면력을 구한다.

$V_x = 4$, $M_x = 4x$

㉡ C~D 구간

지점 A로부터 임의의 거리 x만큼 떨어진 단면의 좌측으로부터 각 단면력을 구한다.

$V_x = 4-5 = -1$, $M_x = 4x-5(x-3) = -x+15$

㉢ D~B 구간

지점 B로부터 임의의 거리 x만큼 떨어진 단면의 우측으로부터 각 단면력을 구한다.

$V_x = -(3) = -3$, $M_x = -(-3x) = 3x$

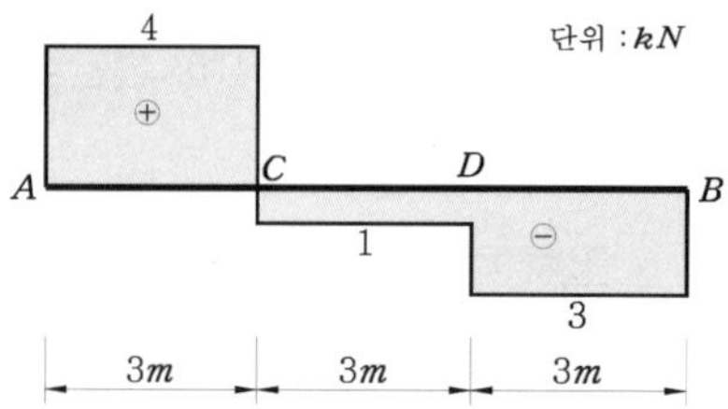

그림(a) 전단력도(S.F.D)

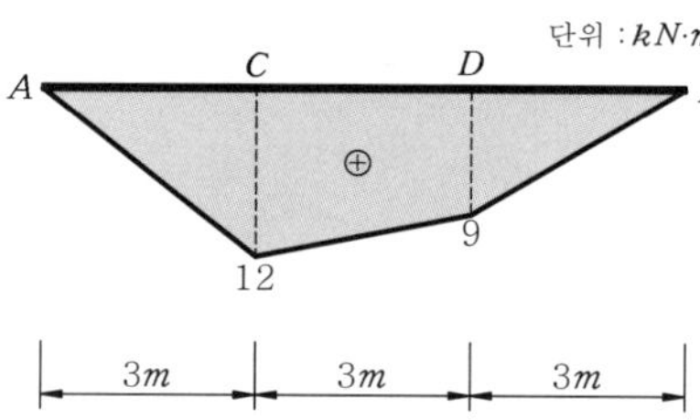

그림(b) 휨모멘트도(B.M.D)

예제 4.4.2

다음 그림과 같은 단순보의 단면력도를 구하시오.

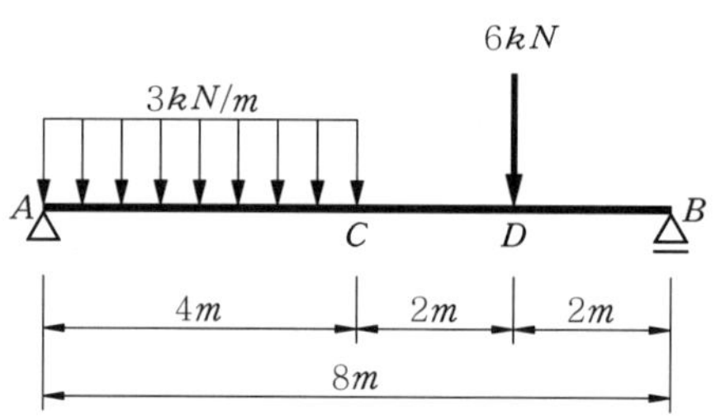

풀이

(1) 반력 (예제 1.8.2 참조)

$R_A = 10.5kN(\uparrow)$, $R_B = 7.5kN(\uparrow)$

(2) 단면력도

㉠ A~C 구간

지점 A로부터 임의의 거리 x만큼 떨어진 단면의 좌측으로부터 각 단면력을 구한다.

$V_x = 10.5-3x$, $M_x = 10.5x - 3x \times \frac{x}{2} = -1.5x^2 + 10.5x$

㉡ C~D 구간

지점 A로부터 임의의 거리 x만큼 떨어진 단면의 좌측으로부터 각 단면력을 구한다.

$V_x = 10.5-(3\times 4) = -1.5$, $M_x = 10.5x - 12(x-2) = -1.5x+24$

㉢ $D \sim B$ 구간

지점 B 로부터 임의의 거리 x 만큼 떨어진 단면의 우측으로부터 각 단면력을 구한다.

$V_x = -(7.5) = -7.5\,, \qquad M_x = -(-7.5x) = 7.5x$

㉣ $A \sim C$ 구간에서 휨모멘트가 최대인 위치는 전단력이 '0' 인 위치이므로 지점 A 로부터 임의의 거리를 x 라고 할 때

$V_x = 0 \;:\; 10.5 - 3x = 0\,,\; x = 3.5m$

지점 A 로부터 우측으로 $x = 3.5m$ 인 위치에서

최대휨모멘트 $M_{\max} = 18.375\,kN \cdot m$

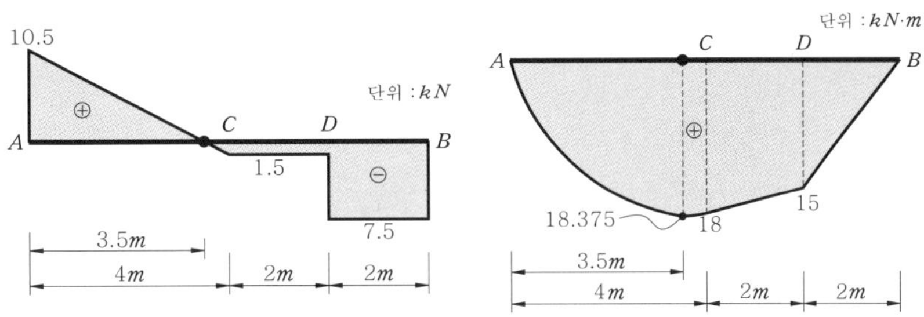

그림(a) 전단력도(S.F.D) 그림(b) 휨모멘트도(B.M.D)

예제 4.4.3

다음 그림과 같은 단순보의 단면력도를 구하시오.

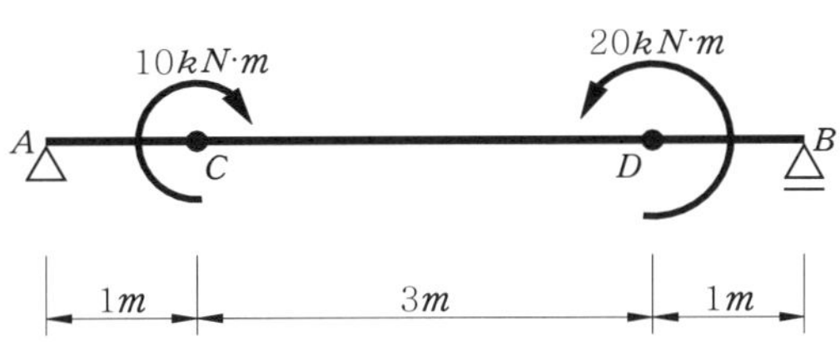

풀이

(1) 반력 (예제 1.8.4 참조)

$R_A = 2kN\,(\uparrow)\,,\;\; R_B = 2kN\,(\downarrow)$

(2) 단면력도

㉠ $A \sim C$ 구간

지점 A 로부터 임의의 거리 x 만큼 떨어진 단면의 좌측으로부터 각 단면력을 구한다.

$V_x = 2\,, \qquad M_x = 2x$

㉡ $C \sim D$ 구간

지점 A 로부터 임의의 거리 x 만큼 떨어진 단면의 좌측으로부터 각 단면력을 구한다.

$V_x = 2\,, \qquad M_x = 2x + 10$

㉢ $D \sim B$ 구간

지점 B 로부터 임의의 거리 x 만큼 떨어진 단면의 우측으로부터 각 단면력을 구한다.

$V_x = -(-2) = 2$, $M_x = -(2x) = -2x$

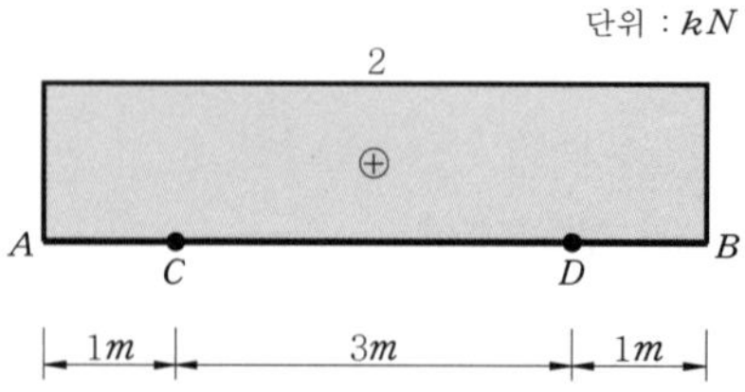

그림(a) 전단력도(S.F.D)

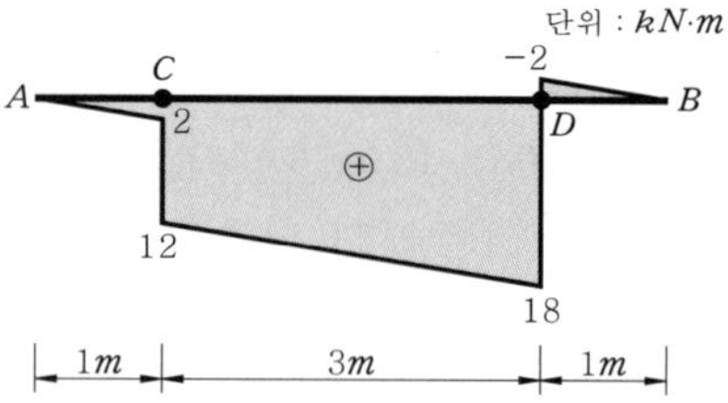

그림(b) 휨모멘트도(B.M.D)

◆ ◆ ◆ ◆ ◆ ◆

◈ 연 습 문 제 ◈

4.4.1 다음과 같은 단순보의 단면력도를 그리시오.

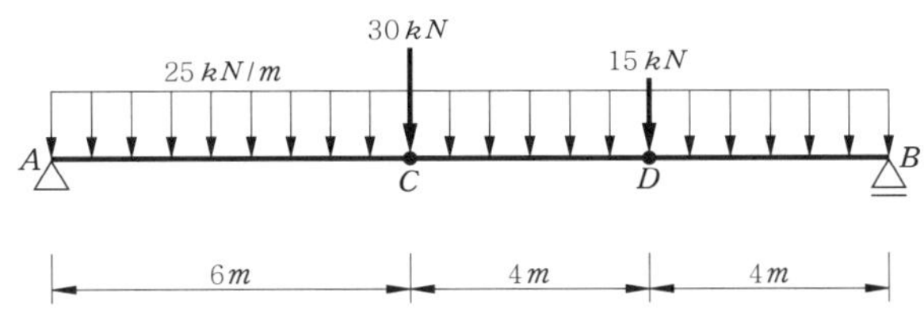

4.4.2 다음과 같은 단순보의 단면력도를 그리시오.

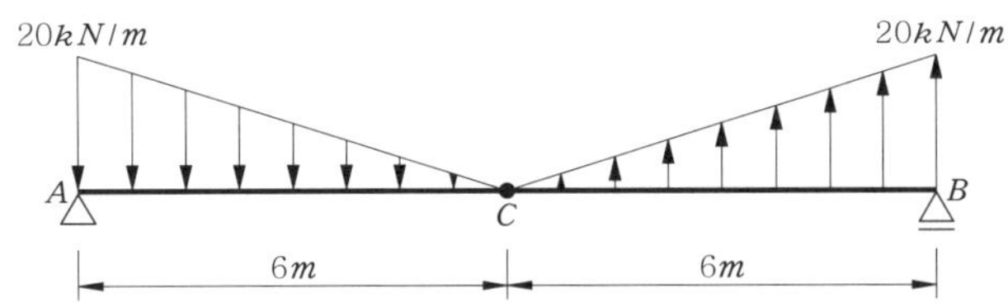

4.4.3 다음과 같은 단순보의 단면력도를 그리시오.

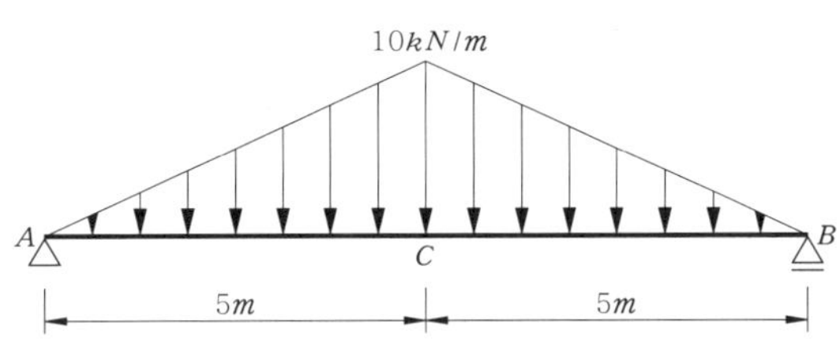

4.4.4 다음과 같은 단순보의 단면력도를 그리시오.

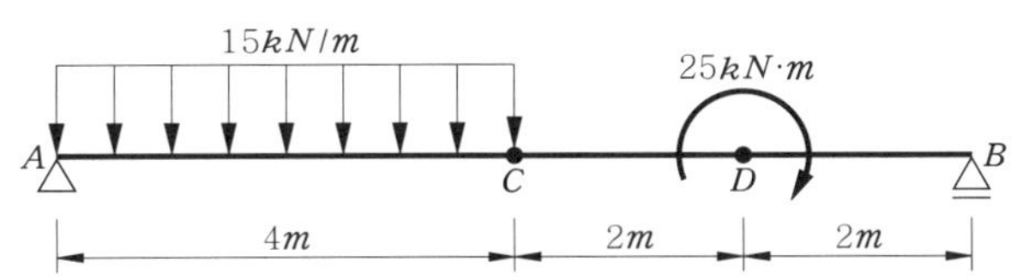

4.5 캔틸레버 보의 단면력

캔틸레버 보(Cantilever Beam & Girder)는 한쪽 끝의 지점이 고정단이고 다른 한쪽 끝이 자유인 돌출보를 말한다. 일명 외팔보라고도 한다.

캔틸레버 보는 단순보와 달리 모멘트 반력이 생긴다. 이는 지점이 고정지점이므로 휨을 구속(억제)하기 때문이다. 단면력 산정시 자유단에서 계산을 시작하면 지점의 반력을 구하지 않아도 각종 단면력을 구할 수 있다.

또한 앞에서 배웠던 하중, 전단력 및 휨모멘트 사이의 관계를 생각하면 단면력 및 단면력도를 구하는데 유용할 것이다. 예로 자유단에서 임의 단면까지의 전단력도의 면적은 그 단면의 휨모멘트의 크기와 같다.

[그림4.5.1]에서 보는 바와 같이 각종 하중을 받는 캔틸레버 보의 단면력을 구해 보면 다음과 같은 특징이 나타난다.

① 하중이 연직방향으로 작용할 경우, 전단력의 크기는 고정단에서 최대이다.

② 같은 하중에 의한 전단력의 부호는 고정단의 위치에 따라 바뀐다.
즉 하향 하중일 때 고정단이 우측이면 음(−), 좌측이면 양(+) 이다.

③ 하중이 연직 하향으로만 작용할 경우, 휨모멘트는 고정단에서 최대이고 그 부호는 항상 음(−) 의 값을 갖는다.

④ 모멘트하중만이 작용하는 경우, 보의 전 구간의 전단력은 ‘0’ 이다.

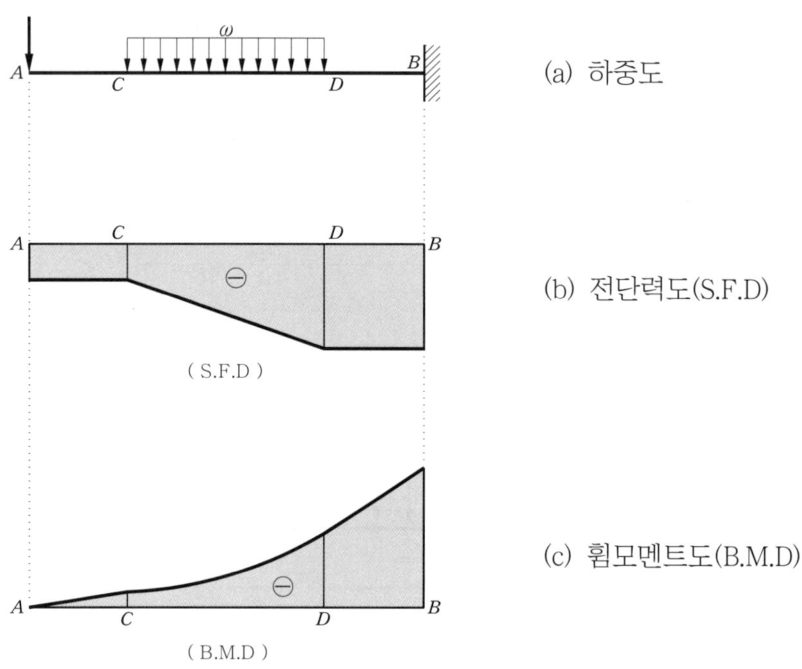

[그림4.5.1] 캔틸레버 보의 단면력

캔틸레버 보에서 몇 가지 기본적인 하중이 작용할 때의 단면력을 살펴보면 다음과 같다.

[표4.5.1] 보의 축에 집중하중이 작용할 때

반 력	전 단 력	휨 모 멘 트
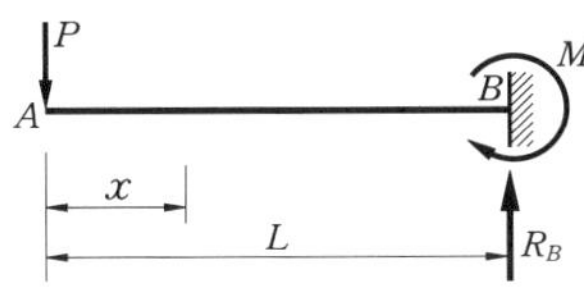	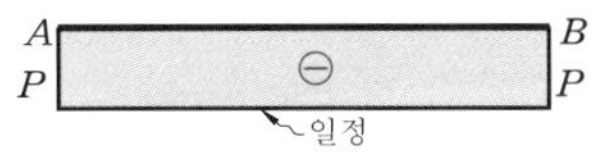	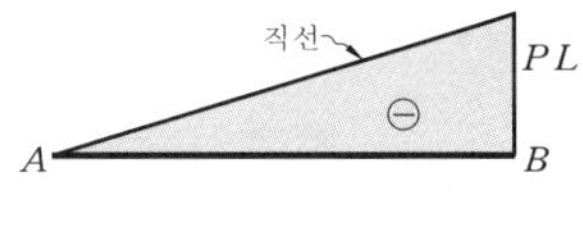
$R_B = P$ $M_B = PL$	$V_x = -P$	$M_x = -Px$ $M_{max} = M_B = -PL$

[표4.5.2] 보의 전 구간에 등분포하중이 작용할 때

반 력	전 단 력	휨 모 멘 트
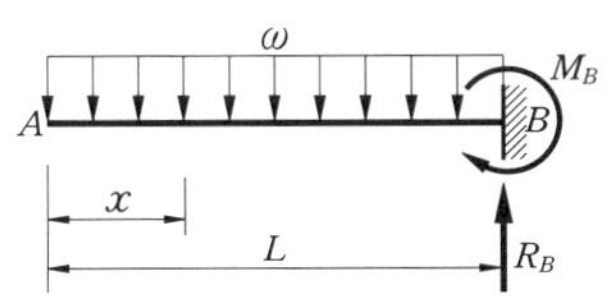	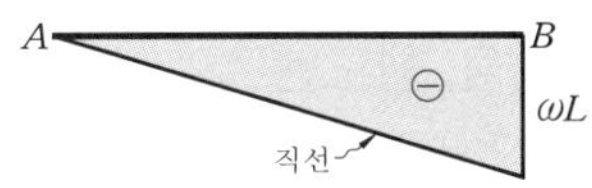	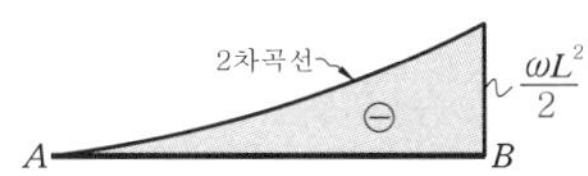
$R_B = \omega L$ $M_B = \frac{\omega L^2}{2}$	$V_x = -\omega x$ $V_B = -\omega L$	$M_x = -\frac{\omega x^2}{2}$ $M_{max} = M_B = -\frac{\omega L^2}{2}$

[표4.5.3] 등변분포하중이 작용할 때

반 력	전 단 력	휨 모 멘 트
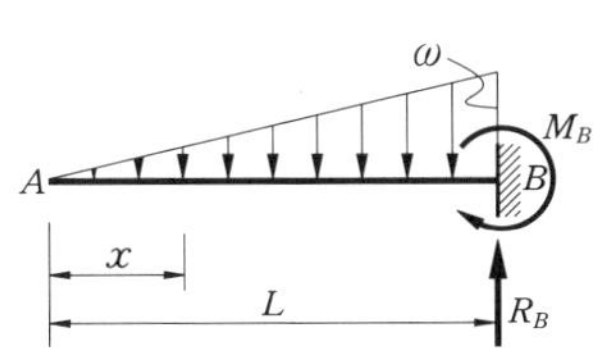	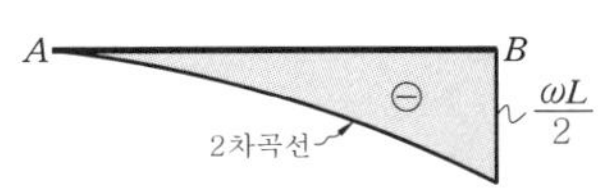	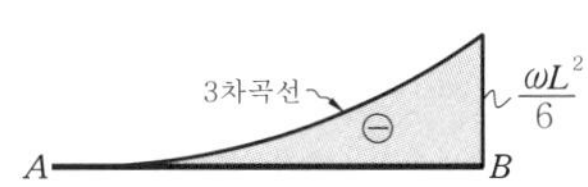
$R_B = \frac{\omega L}{2}$ $M_B = \frac{\omega L^2}{6}$	$V_x = -\frac{\omega x^2}{2L}$ $V_B = -\frac{\omega L}{2}$	$M_x = -\frac{\omega x^3}{6L}$ $M_{max} = M_B = -\frac{\omega L^2}{6}$

[표4.5.1]~[표4.5.3]에서 볼 수 있듯이 일반적으로 캔틸레버 보는 고정단에서 휨모멘트가 가장 크게 발생한다. 따라서 캔틸레버 보 형태의 철골보를 H형강으로 구성할 경우, [그림4.5.2]와 같이 휨모멘트의 크기가 큰 고정단쪽에서는 보의 단면계수를 크게 하고 휨모멘트의 크기가 작은 자유단쪽에서는 단면계수를 작게 조정하면, 철골재료를 경제적으로 사용하는 효율적인 보로 만들 수 있다.

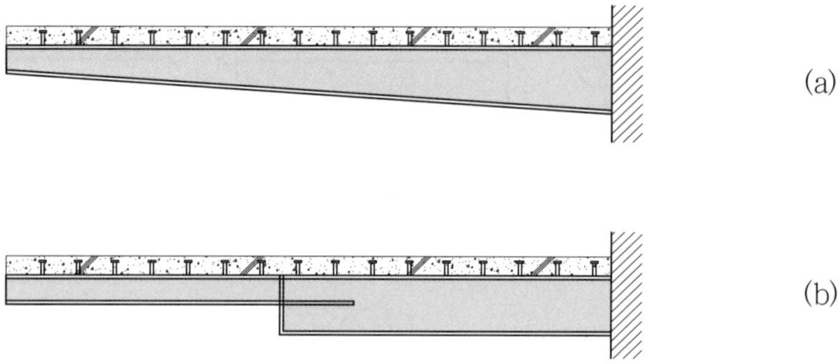

[그림4.5.2] 캔틸레버 형태의 효율적인 철골보

또한 캔틸레버 형태의 철근콘크리트 보의 경우는 [그림4.5.2]의 철골보와 마찬가지로 위치별로 단면의 크기를 조정할 수도 있고, [그림4.5.3]과 같이 보의 단면을 일정하게 유지하면서 철근량을 휨모멘트의 크기에 따라 자유단쪽보다 고정단쪽에 많이 배근하는 식으로 인장철근량을 조정할 수도 있다. 여기서 캔틸레버 보의 주인장철근은 상부근이다.

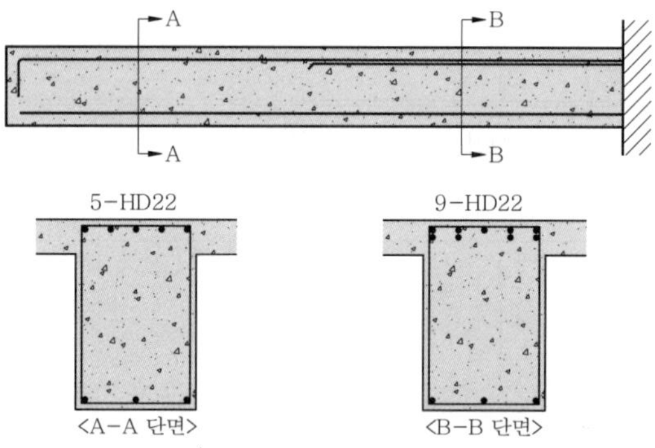

[그림4.5.3] 캔틸레버 형태의 효율적인 철근콘크리트 보

[그림4.5.4]는 등분포하중을 받는 캔틸레버 형태의 철근콘크리트 보로, 전단보강근인 스터럽(Stirrup)의 배치를 보여주고 있다. [그림4.5.4]에서 상대적으로 전단력이 크게 발생한 고정단쪽의 보의 스터럽(Stirrup) 간격이 전단력이 비교적 작은 자유단쪽 보다 좁게 배치된 것을 알 수 있다.

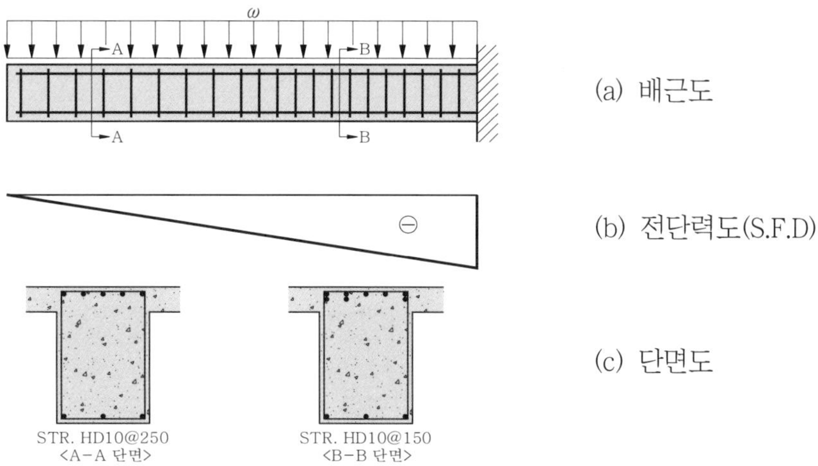

[그림4.5.4] 등분포하중을 받는 캔틸레버인 철근콘크리트 보의 전단보강근

◆ ◆ ◆ ◆ ◆ ◆

예제 4.5.1

다음 그림과 같은 캔틸레버 보의 단면력도를 그리시오.

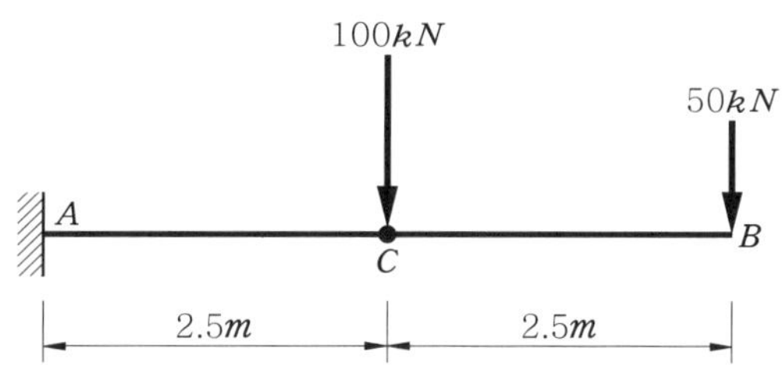

풀이

(1) 반력

그림(a)와 같이 반력의 방향을 가정하여 평형방정식을 세워 반력을 구한다.

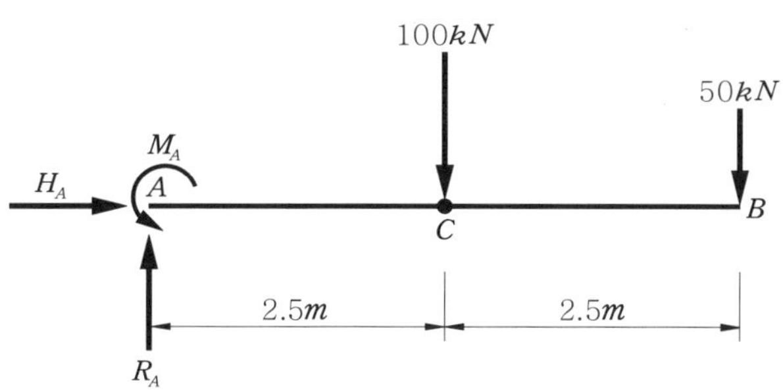

그림(a)

$\sum H=0$: $H_A=0$

$\sum M_A=0$: $\sum M_A=-M_A+100\times 2.5+50\times 5=0$ $\quad\therefore M_A=500\,kN\cdot m$ (↺)

$\sum V=0$: $R_A-100-50=0$ $\quad\therefore R_A=150kN$ (↑)

(2) 단면력도

㉠ $A\sim C$ 구간

지점 B로부터 임의의 거리 x만큼 떨어진 단면의 우측으로부터 각 단면력을 구한다.

$V_x=50+100$

$M_x=-50x-100(x-2.5)=-150x+250$

㉡ $C\sim B$ 구간

지점 B로부터 임의의 거리 x만큼 떨어진 단면의 우측으로부터 각 단면력을 구한다.

$V_x=\ 50$

$M_x=\ -50x$

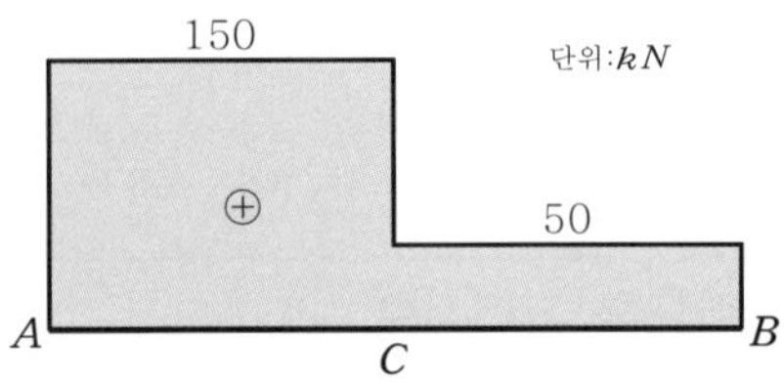

(b) 전단력도(S.F.D)

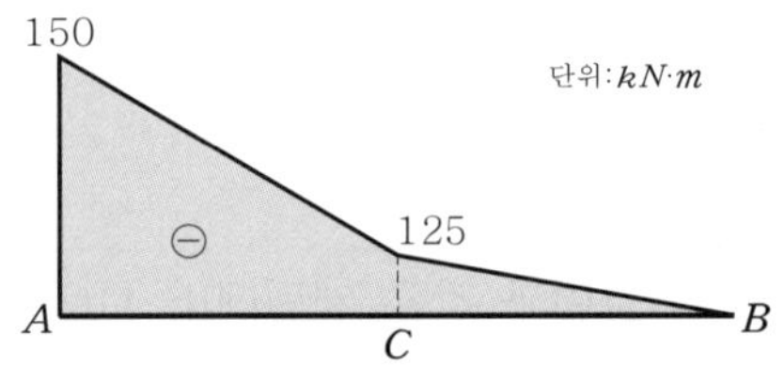

(c) 휨모멘트도(B.M.D)

예제 4.5.2

다음 그림과 같은 캔틸레버 보의 단면력도를 그리시오.

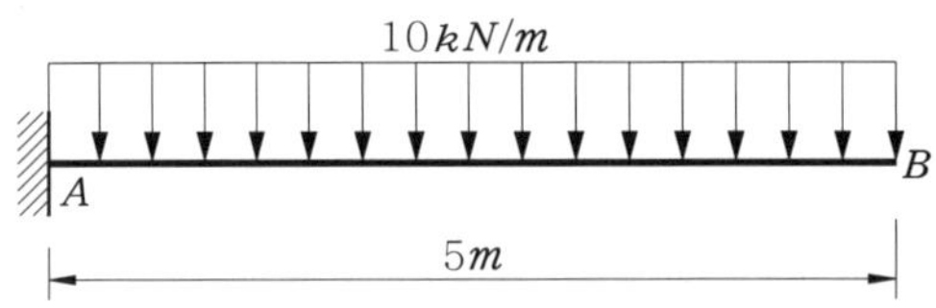

풀이

(1) 반력

그림(a)와 같이 등분포하중의 합력을 도심에 작용시키고, 반력의 방향을 가정하여 평형방정식을 세워 반력을 구한다.

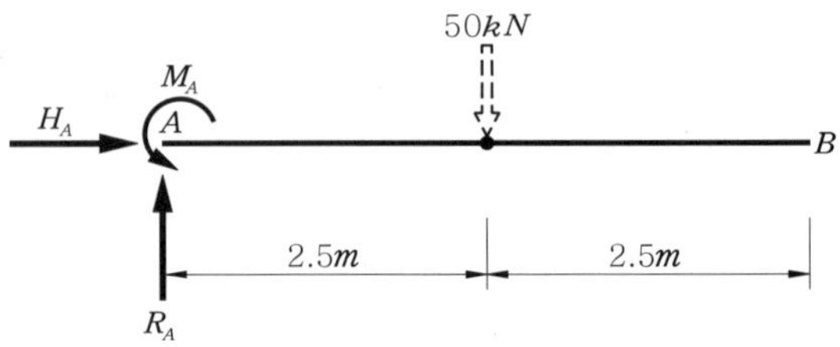

그림(a)

$\sum H = 0$: $H_A = 0$

$\sum M_A = 0$: $\sum M_A = -M_A + 50 \times 2.5 = 0$ $\therefore M_A = 125\, kN \cdot m$ (↺)

$\sum V = 0$: $R_A - 50 = 0$ $\therefore R_A = 50\, kN$ (↑)

(2) 단면력도

지점 B 로부터 임의의 거리 x 만큼 떨어진 단면의 우측으로부터 각 단면력을 구한다.

$$V_x = 10\,x$$

$$M_x = -10x \times \frac{x}{2} = -5x^2$$

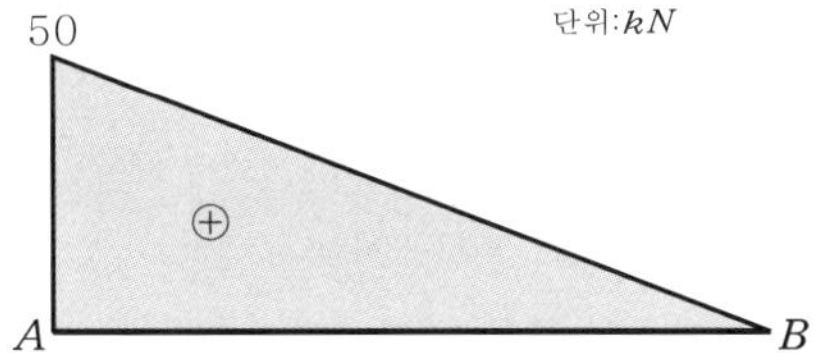

그림(b) 전단력도(S.F.D)

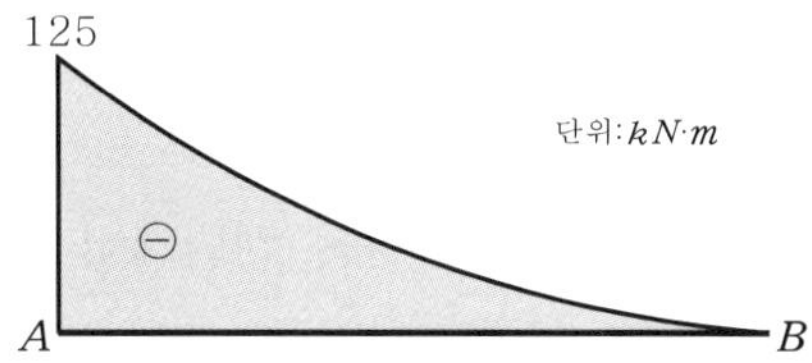

그림(c) 휨모멘트도(B.M.D)

◆ ◆ ◆ ◆ ◆ ◆

◈ 연 습 문 제 ◈

4.5.1 다음 그림과 같은 캔틸레버 보의 단면력도를 그리시오.

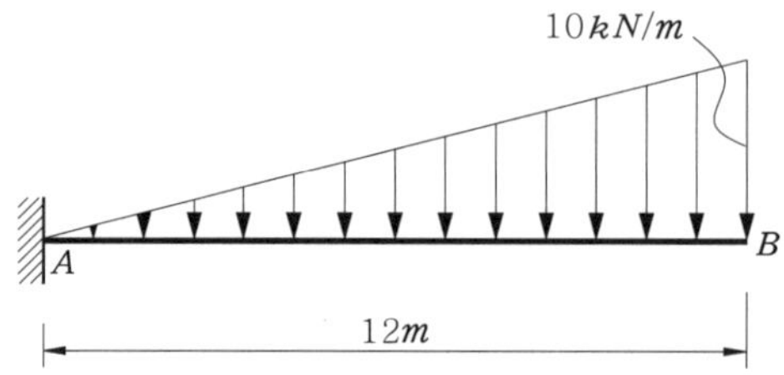

4.5.2 다음 그림과 같은 캔틸레버 보의 단면력도를 그리시오.

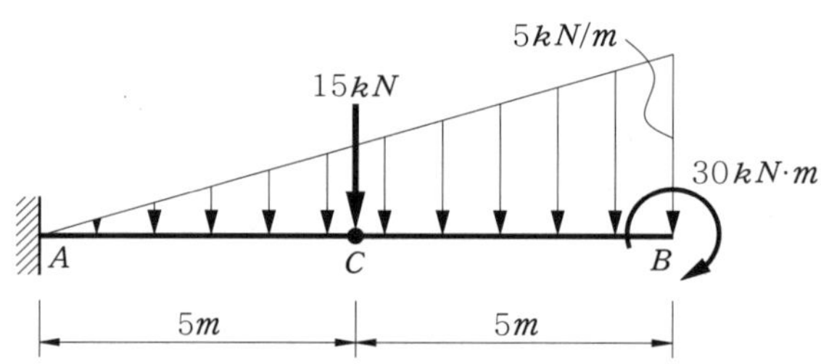

4.5.3 다음 그림과 같은 캔틸레버 보의 단면력도를 그리시오.

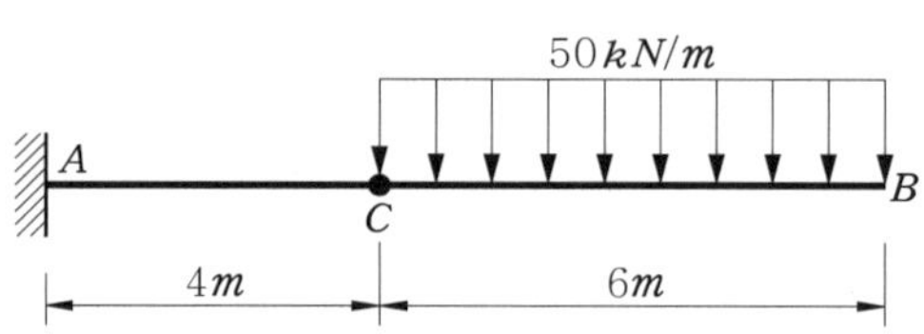

4.5.4 다음 그림과 같은 캔틸레버 보의 단면력도를 그리시오.

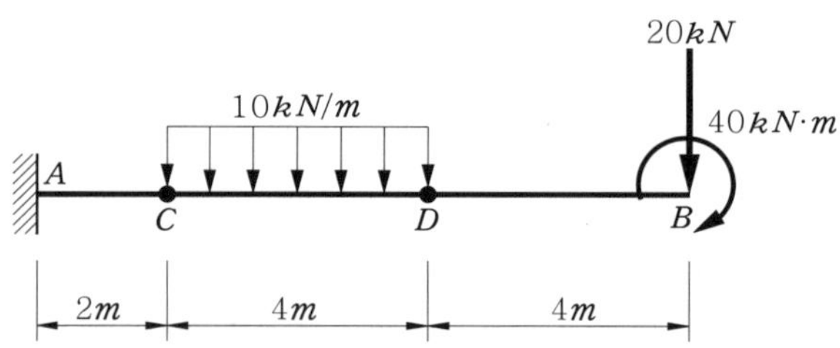

4.6 내민보의 단면력

내민보(Overhanging Beam)는 단순보의 한쪽 또는 양쪽 지점을 넘어 밖으로 내밀어 자유단을 가진 보를 말한다.

내민보의 단면력을 산정하기 위해서는 먼저 힘의 평형조건식을 사용하여 지점의 반력을 구해야 하며, 이후 구해진 반력과 하중을 이용하여 각종 단면력을 앞에서 배운대로 구하면 된다. 이때 앞에서 배웠던 하중, 전단력 및 휨모멘트 사이의 관계를 생각하면 단면력 및 단면력도를 구하는데 편리할 것이다.

한편 [그림4.6.1]에서 보는 바와 같은 각종 하중을 받는 내민보의 단면력을 구해 보면 다음과 같은 특징이 나타난다.

① 내민 부분의 단면력 계산은 캔틸레버 보의 경우와 같다.

② 두 지점 사이에만 하중이 작용하는 경우에는 단순보와 같이 생각하면 되는데, 내민 부분에는 단면력이 생기지 않는다.

③ 전단력의 부호가 바뀌는 점이 1개 이상 있으며, 이들 점에서 각기 양(+) 또는 음(–)의 최대휨모멘트가 나타난다.

④ 내민 부분에 연직 하향의 하중이 작용할 경우, 내민 부분의 휨모멘트는 음(–)의 값을 가지는데 이는 지점 사이 중앙부의 양(+)의 휨모멘트의 값을 감소시켜 보 전체의 부재 단면을 작게 할 수 있는 이점이 있다.

⑤ 내민 부분의 한쪽에 작용한 하중은 반대쪽 지점에 음(–)의 반력을 유발시킨다.

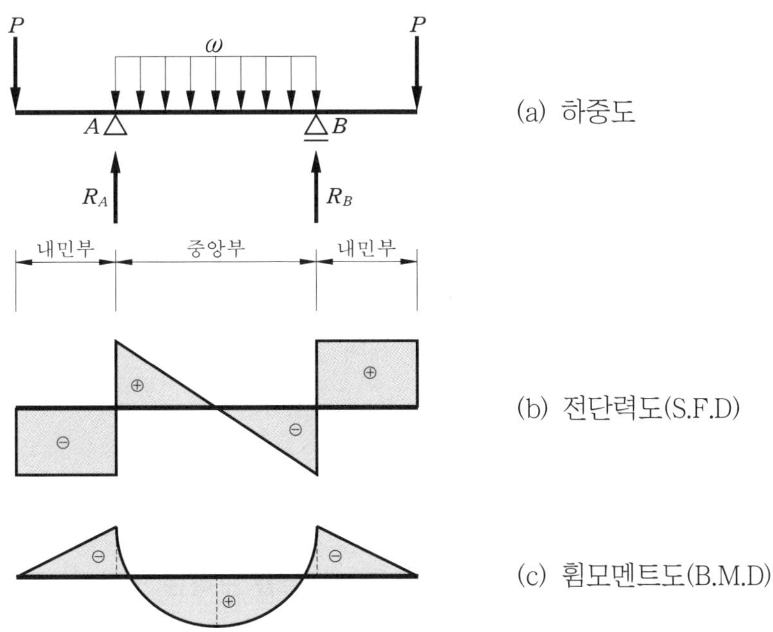

[그림4.6.1] 내민보의 단면력

◆ ◆ ◆ ◆ ◆ ◆

예제 4.6.1

다음 그림과 같은 등분포하중을 받는 내민보의 양 지점과 중앙점에서의 최대 휨모멘트의 절대값을 같게 하는 L_1의 길이는?

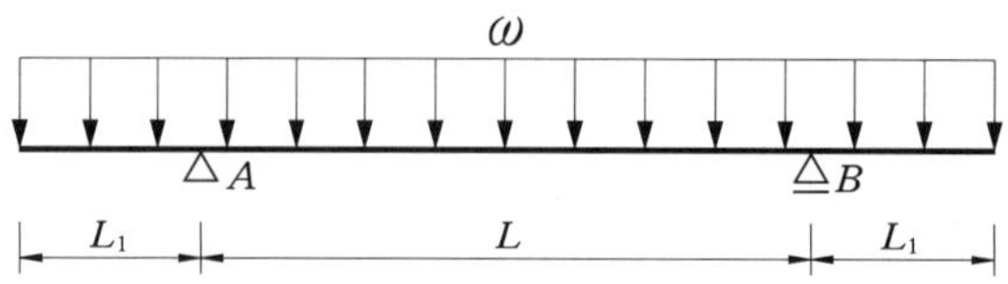

풀이-1 반력과 하중을 이용하여 휨모멘트를 구하는 방법

(1) 반력

좌우대칭 내민보이므로 수직반력은 $R_A = R_B = \dfrac{\omega(L+2L_1)}{2}$ (↑)

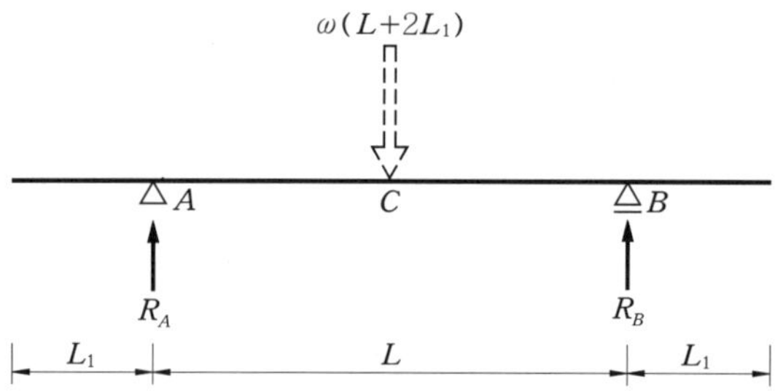

그림(a)

(2) 휨모멘트

㉠ 양 지점

$$M_A = M_B = -\omega L_1 \times \frac{L_1}{2} = -\frac{\omega L_1^2}{2}$$

㉡ 중앙점

$$M_C = -\omega\left(L_1 + \frac{L}{2}\right)\cdot\left(L_1 + \frac{L}{2}\right)\cdot\frac{1}{2} + \frac{\omega(L+2L_1)}{2}\cdot\frac{L}{2} = \frac{\omega L^2}{8} - \frac{\omega L_1^2}{2}$$

$|M_A = M_B| = |M_C|$ 의 방정식을 세워 L_1 을 구한다.

$$\frac{\omega L_1^2}{2} = \frac{\omega L^2}{8} - \frac{\omega L_1^2}{2}$$

$$\therefore\ L_1 = 0.35L$$

풀이-2 단면력의 성질을 이용하여 휨모멘트를 구하는 방법

이 보의 휨모멘트도는 그림과 같으므로, 단면력의 성질을 이용하여 L_1 의 길이를 다음과 같이 계산할 수도 있다.

$$M_A = M_B = \frac{\omega L_1^2}{2}$$

$$M_{중앙} = M_O - \frac{|M_A + M_B|}{2}$$

$$M_{중앙} = \frac{\omega L^2}{8} - \frac{\omega L_1^2}{2}$$

$$M_A = M_B = M_{중앙}$$

$$\frac{\omega L_1^2}{2} = \frac{\omega L^2}{8} - \frac{\omega L_1^2}{2}$$

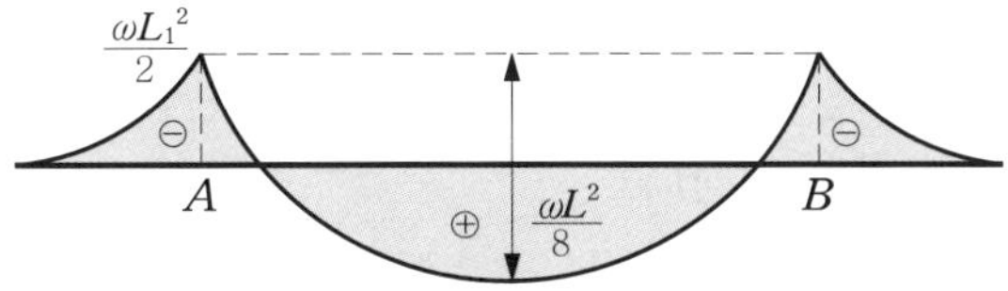

그림(a)

$\therefore\ L_1 = 0.35L$

※ M_O는 양단이 단순보일 때의 중간하중으로 인한 중앙부의 휨모멘트로, 여기서는 등분포하중 ω가 작용하므로 $M_O = \omega L^2 / 8$이다. 여기서 중앙부의 휨모멘트 $M_{중앙}$의 크기는 M_O를 기준으로 양단의 휨모멘트 M_A와 M_B의 평균값을 뺀 값임을 알 수 있다.

예제 4.6.2

다음과 같은 내민보의 단면력도를 그리시오.

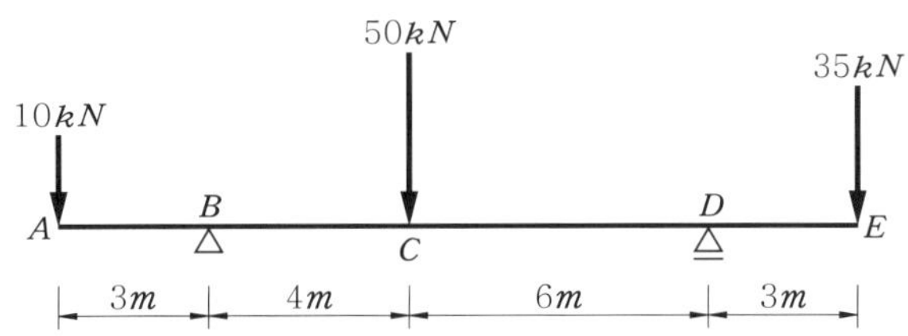

풀이

(1) 반력

그림(a)와 같이 반력의 방향을 가정하여 평형방정식을 세워 반력을 구한다.

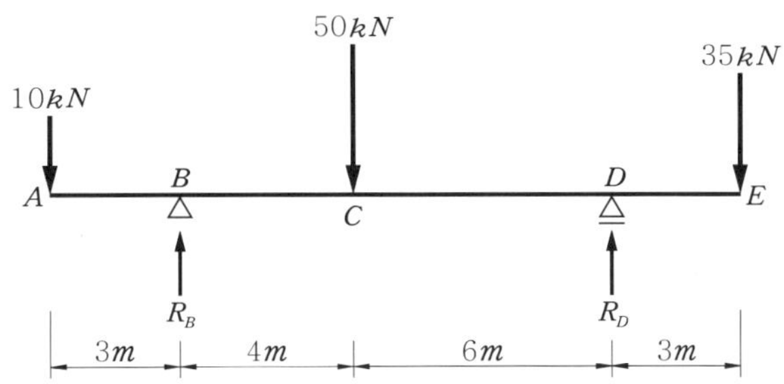

그림(a)

$$\Sigma M_B = 0\ :\ \Sigma M_B = -(10 \times 3) + (50 \times 4) - 10R_D + (35 \times 13) = 0$$

$$\therefore\ R_D = 62.5kN\ (\uparrow)$$

$\Sigma V=0 \quad : \; -10+R_B-50+R_D-35=0 \qquad \therefore \; R_B=32.5\,kN\,(\uparrow)$

(2) 단면력도

㉠ $A \sim B$ 구간

지점 A로부터 임의의 거리 x만큼 떨어진 단면의 좌측에서부터 각 단면력을 구한다.

$V_x=-10\,,\quad M_x=-10x$

㉡ $B \sim C$ 구간

지점 A로부터 임의의 거리 x만큼 떨어진 단면의 좌측에서부터 각 단면력을 구한다.

$V_x=-10+32.5=22.5$

$M_x=-10x+32.5(x-3)=22.5x-97.5$

㉢ $C \sim D$ 구간

지점 A로부터 임의의 거리 x만큼 떨어진 단면의 좌측에서부터 각 단면력을 구한다.

$V_x=-10+32.5-50=-27.5$

$M_x=-10x+32.5(x-3)-50(x-7)=-27.5x+252.5$

㉣ $E \sim D$ 구간

지점 E로부터 임의의 거리 x만큼 떨어진 단면의 우측에서부터 각 단면력을 구한다.

$V_x=35\,,\qquad M_x=-35x$

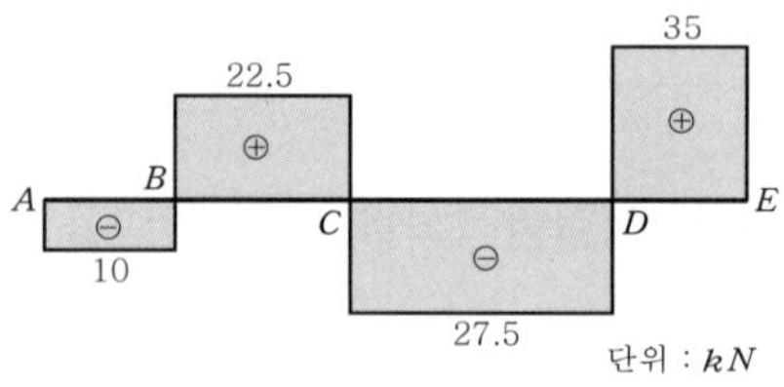

그림(b) 전단력도(S.F.D)

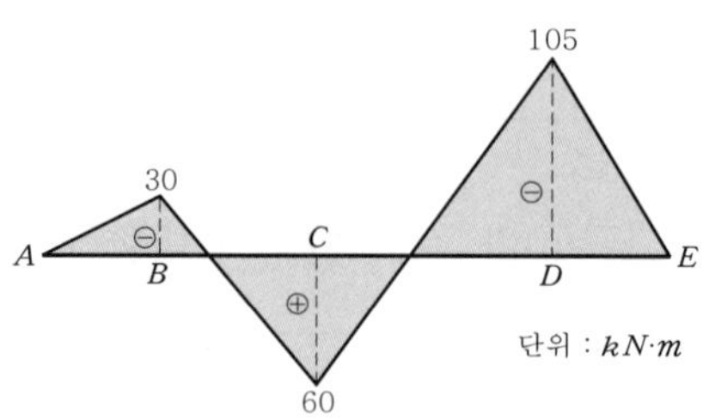

그림(c) 휨모멘트도(B.M.D)

예제 4.6.3

다음과 같은 내민보의 단면력도를 그리시오.

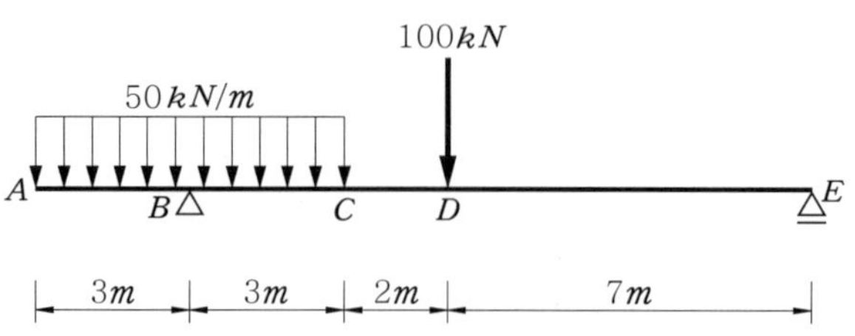

풀이

(1) 반력

그림(a)와 같이 등분포하중의 합력을 도심에 작용시키고, 반력의 방향을 가정하여 평형방정식을 세워 반력을 구한다.

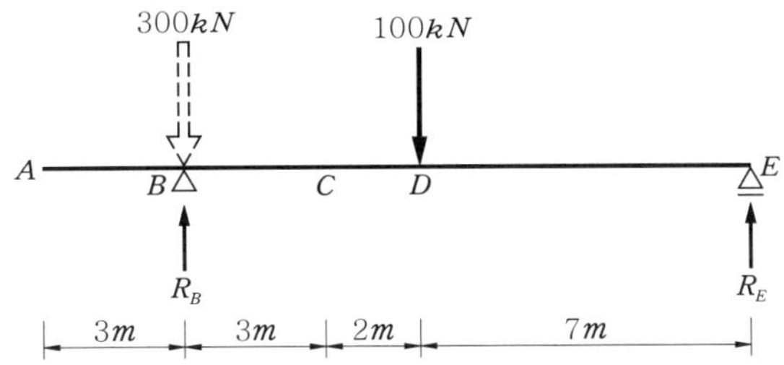

그림(a)

$\Sigma M_B = 0$: $(100 \times 5) - 12R_E = 0$ $\qquad \therefore \ R_E = 41.67kN\,(\uparrow)$

$\Sigma V = 0$: $-300 + R_B - 100 + R_E = 0$ $\qquad \therefore \ R_B = 358.33\,kN\,(\uparrow)$

(2) 단면력도

㉠ $A \sim B$ 구간

지점 A 로부터 임의의 거리 x 만큼 떨어진 단면의 좌측에서부터 각 단면력을 구한다.

$$V_x = -50x\,, \qquad M_x = -50x \cdot \frac{x}{2} = -25x^2$$

㉡ $B \sim C$ 구간

지점 A 로부터 임의의 거리 x 만큼 떨어진 단면의 좌측에서부터 각 단면력을 구한다.

$$V_x = -50x + 358.33$$

$$M_x = -50x \cdot \frac{x}{2} + 358.33(x-3) = -25x^2 + 358.33x - 1074.99$$

㉢ $C \sim D$ 구간

지점 A 로부터 임의의 거리 x 만큼 떨어진 단면의 좌측에서부터 각 단면력을 구한다.

$$V_x = -300 + 358.33 = 58.33$$

$$M_x = (358.33 - 300) \times (x-3) = 58.33x - 174.99$$

㉣ $E \sim D$ 구간

지점 E 로부터 임의의 거리 x 만큼 떨어진 단면의 우측에서부터 각 단면력을 구한다.

$$V_x = -41.67\,, \qquad M_x = 41.67x$$

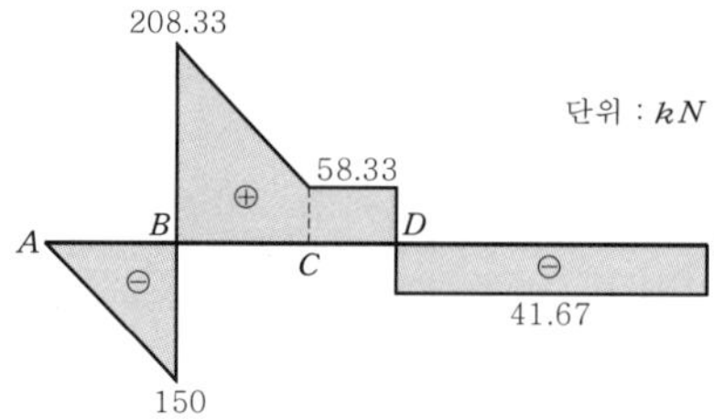

그림(b) 전단력도(S.F.D)

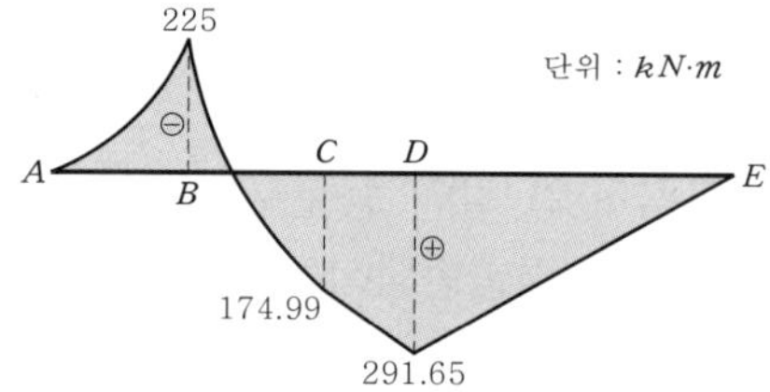

그림(c) 휨모멘트도(B.M.D)

예제 4.6.4

다음과 같은 내민보의 단면력도를 그리시오.

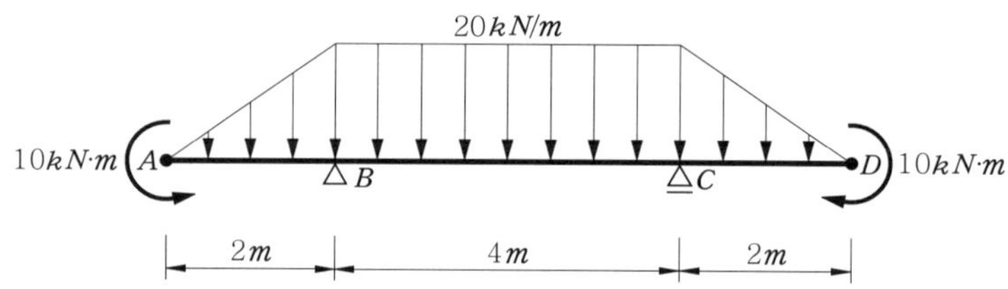

풀이

(1) 반력

좌우대칭이므로 반력은 $R_B = R_C = \dfrac{(20\times 2)+(20\times 4)}{2} = 60\,kN(\uparrow)$

(2) 단면력도

㉠ $A\sim B$ 구간

그림(a)와 같이 지점 A로부터 임의의 거리 x만큼 떨어진 단면의 좌측으로부터 각 단면력을 구한다.

$$V_x = -10x\cdot x\cdot\frac{1}{2} = -5x^2$$

$$M_x = -10-10x\cdot x\cdot\frac{1}{2}\cdot\frac{x}{3} = -\frac{5}{3}x^3-10$$

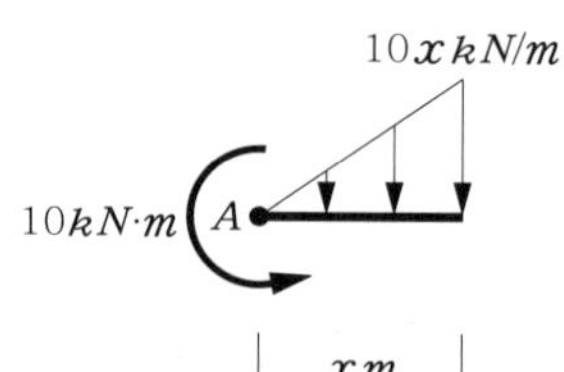

그림(a)

㉡ $B\sim C$ 구간

그림(b)와 같이 지점 A로부터 임의의 거리 x만큼 떨어진 단면의 좌측으로부터 각 단면력을 구한다.

$$V_x = -(20 \times 2 \times \frac{1}{2}) + 60 - 20(x-2)$$

$$= -20x + 80$$

$$M_x = -10 - 20(x - \frac{4}{3}) + 60(x-2)$$

$$-20 \cdot \frac{(x-2)^2}{2}$$

$$= -10x^2 + 80x - 143.33$$

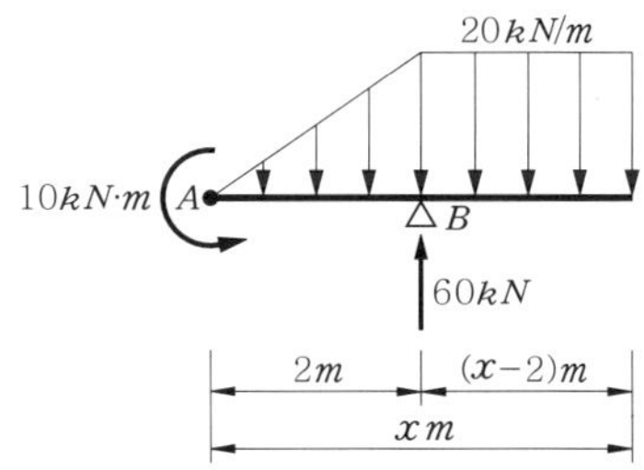

그림(b)

㉢ $C \sim D$ 구간

그림(c)와 같이 지점 D로부터 임의의 거리 x만큼 떨어진 단면의 우측으로부터 각 단면력을 구한다

$$V_x = 10x \cdot x \cdot \frac{1}{2} = 5x^2$$

$$M_x = -10 - 10x \cdot x \cdot \frac{1}{2} \cdot \frac{x}{3} = -\frac{5}{3}x^3 - 10$$

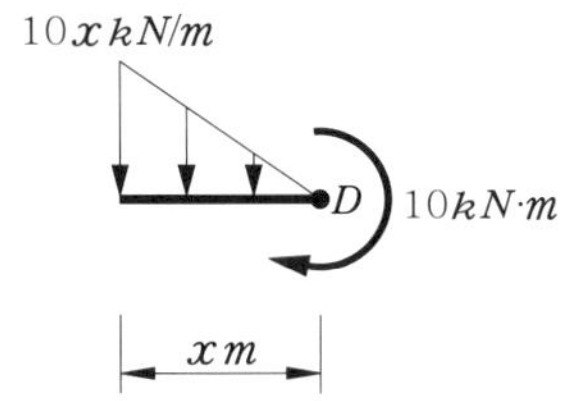

그림(c)

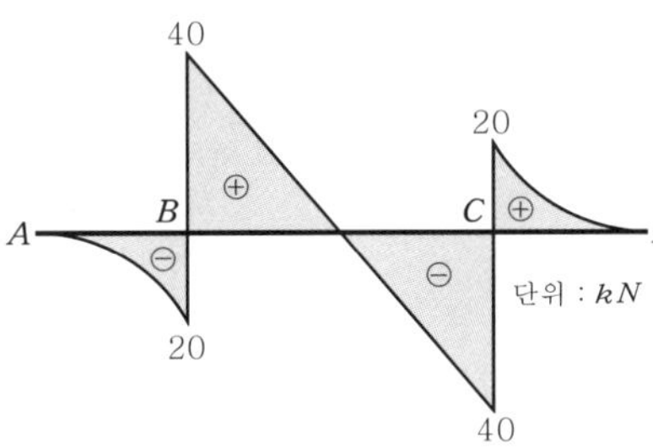

그림(d) 전단력도(S.F.D)

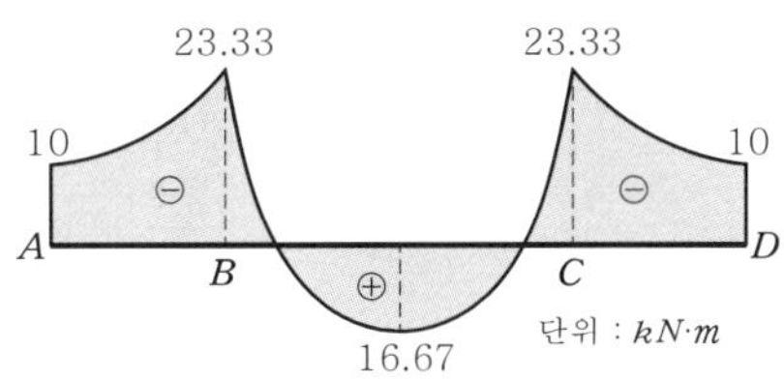

그림(e) 휨모멘트도(B.M.D)

예제 4.6.5

다음과 같은 내민보의 단면력도를 그리시오.

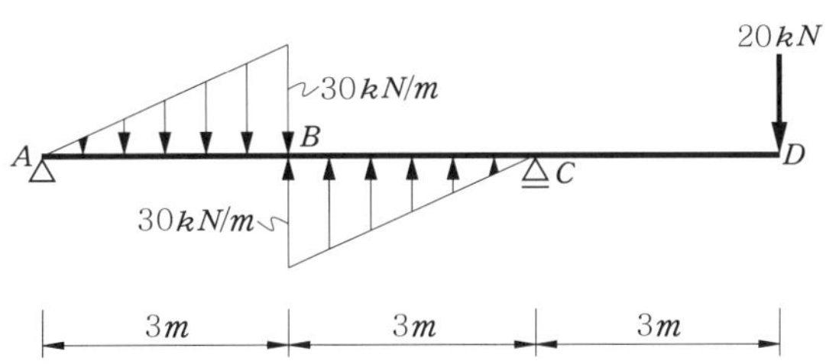

풀이

(1) 반력

그림(a)와 같이 등변분포하중의 합력을 도심에 작용시키고, 반력의 방향을 가정하여 평형방정식을 세워 반력을 구한다.

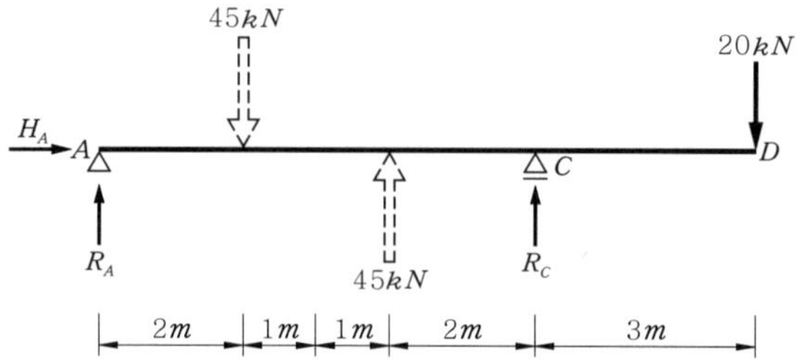

그림(a)

$\Sigma H=0$: $H_A=0$

$\Sigma M_A=0$: $\Sigma M_A=(45\times 2)-(45\times 4)-6R_C+(20\times 9)=0$

$\therefore\ R_C=15\,kN\,(\uparrow)$

$\Sigma V=0$: $R_A-45+45+R_C-20=0$ $\quad\therefore\ R_A=5\,kN\,(\uparrow)$

(2) 단면력도

㉠ $A\sim B$ 구간

그림 (b)와 같이 지점 A로부터 임의의 거리 x 만큼 떨어진 단면의 좌측에서부터 각 단면력을 구한다.

$$V_x = 5-10x\cdot x\cdot\frac{1}{2} = -5x^2+5$$

$$M_x = 5x-10x\cdot x\cdot\frac{1}{2}\cdot\frac{x}{3} = -\frac{5}{3}x^3+5x$$

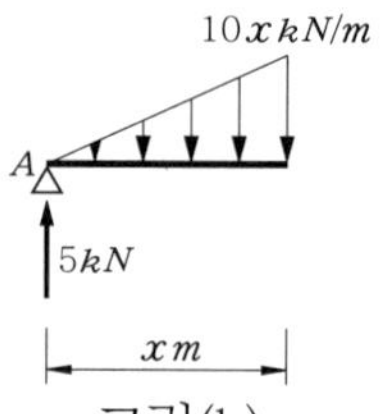

그림(b)

㉡ $B\sim C$ 구간

그림 (c)와 같이 D로부터 임의의 거리 x만큼 떨어진 단면의 우측으로부터 각 단면력을 구한다.

$$V_x = 20-15-\frac{10(x-3)^2}{2} = -5x^2+30x-40$$

$$M_x = -20x+15(x-3)+\frac{10(x-3)^2}{2}\cdot\frac{x-3}{3}$$

$$= \frac{5}{3}x^3-15x^2+40x-90$$

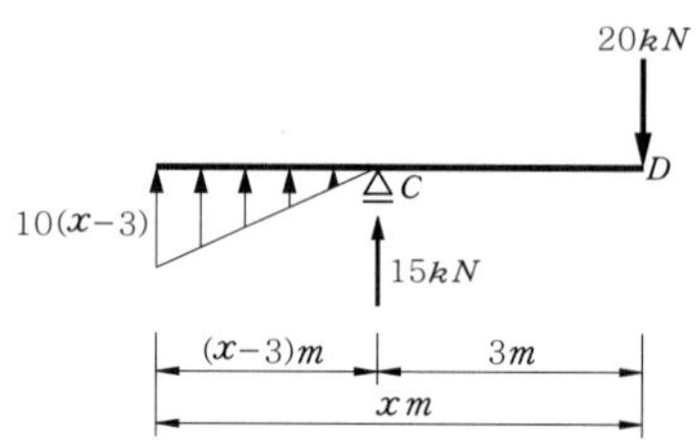

그림(c)

㉢ $C\sim D$ 구간

그림(d)와 같이 D로부터 임의의 거리 x만큼 떨어진 단면의 우측에서부터 각 단면력을 구한다.

$$V_x = 20$$

$$M_x = -20x$$

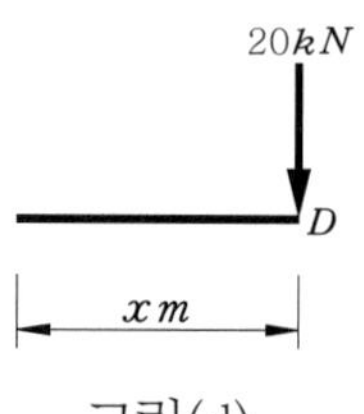

그림(d)

㉣ $A \sim B$ 구간에서 휨모멘트가 최대인 위치는 전단력이 '0' 인 위치이므로

$V_x = 0$: $-5x^2 + 5 = 0$,

$x = 1m$ 인 위치에서 최대휨모멘트 $M_{max} = 3.33 kN \cdot m$

㉤ $B \sim C$ 구간에서 휨모멘트가 최대인 위치는 전단력이 '0' 인 위치이므로

$V_x = 0$: $-5x^2 + 30x - 40 = 0$,

$x = 4m$인 위치에서 최대휨모멘트 $M_{max} = -63.33 kN \cdot m$

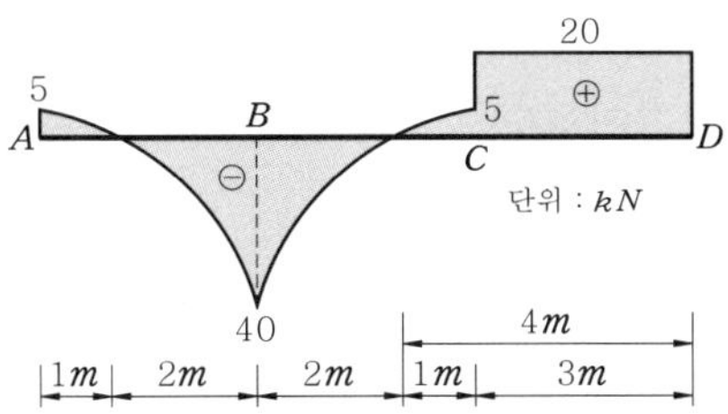

그림(e) 전단력도(S.F.D)

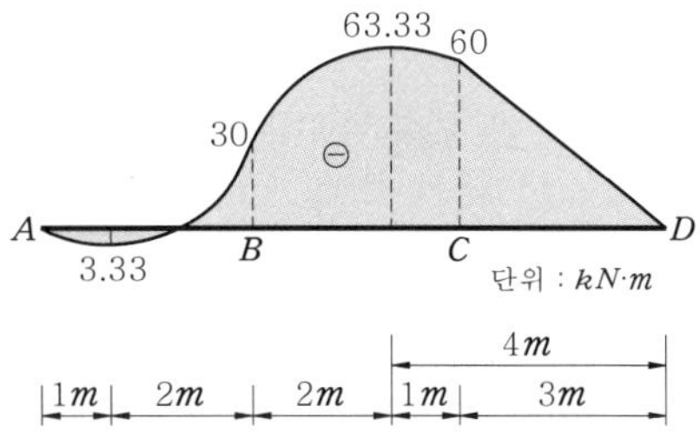

그림(f) 휨모멘트도(B.M.D)

◆ ◆ ◆ ◆ ◆ ◆

◈ 연 습 문 제 ◈

4.6.1 C점과 D점의 전단력과 휨모멘트를 계산하시오.

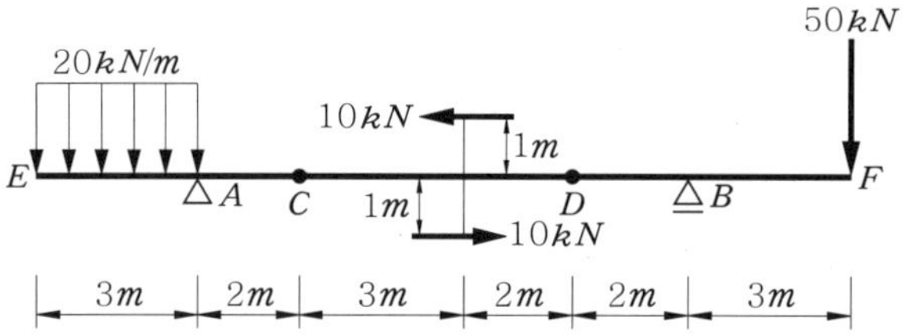

4.6.2 다음과 같은 내민보의 단면력도를 그리시오.

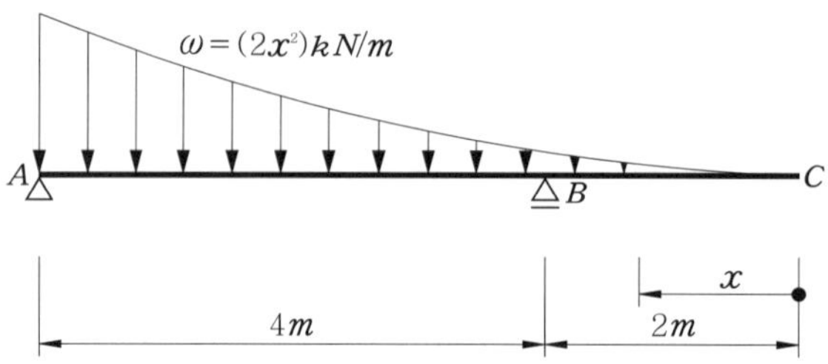

4.6.3 다음과 같은 내민보의 단면력도를 그리시오.

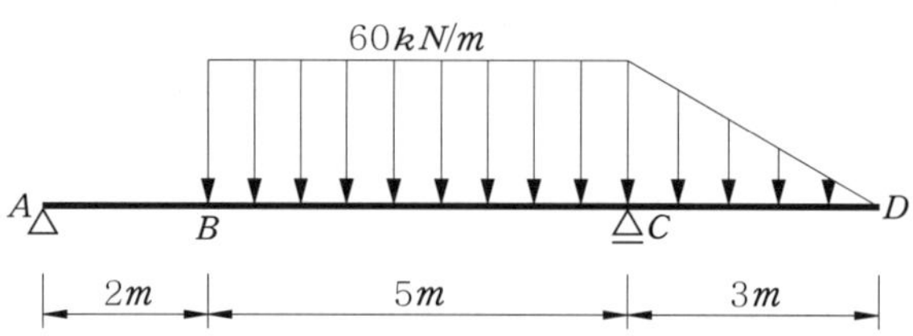

4.6.4 다음과 같은 내민보의 단면력도를 그리시오.

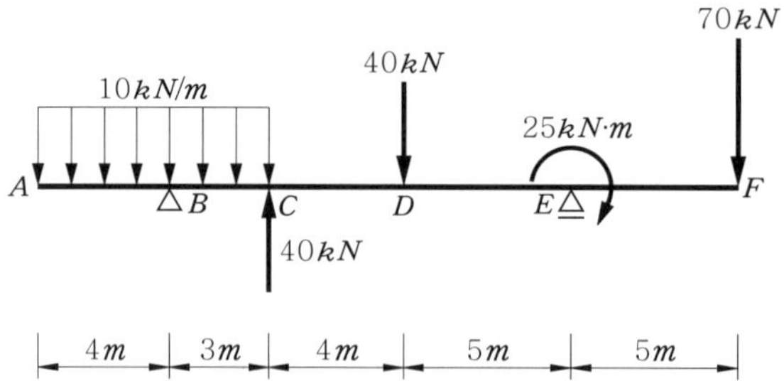

4.6.5 다음과 같은 내민보의 단면력도를 그리시오.

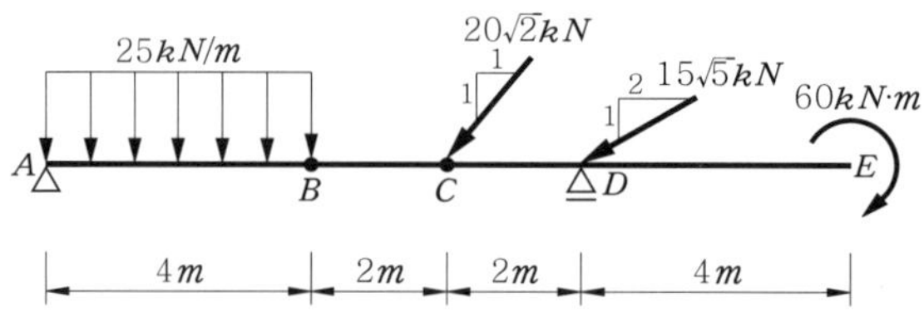

4.7 겔버보의 단면력

연속된 부재로 3개 이상의 지점으로 지지된 보를 연속보라고 한다. 보통 연속보는 1개의 지점은 회전단, 다른 지점은 모두 이동단으로 되어 있다. 이 경우 N개의 지점으로 지지된 연속보는 지점의 반력수가 $2+(N-1)=N+1$로, 부정정차수가 $(N-2)$차인 부정정구조물이다. 따라서 힘의 평형조건식 3개 외에 다른 조건식 $(N-2)$개가 필요하다.

그런데 [그림4.7.1]과 같이 N개의 지점을 가진 연속보에 부정정차수와 같은 수인 $(N-2)$개의 힌지(Hinge, 활절)를 적당한 위치에 설치하면 힌지(Hinge)는 회전이 자유로워 휨모멘트가 일어나지 않으므로 힌지(Hinge)를 모멘트의 중심으로 하여 그 힌지(Hinge)의 왼쪽 또는 오른쪽의 어느 한쪽에 대하여 $\Sigma M=0$이라는 조건식이 성립한다.

따라서 전체 연속보는 3개의 힘의 평형조건식 외에 $(N-2)$개의 $\Sigma M=0$의 조건식이 성립되어 힘의 평형조건식만으로 해석할 수 있는 정정구조물이 된다.

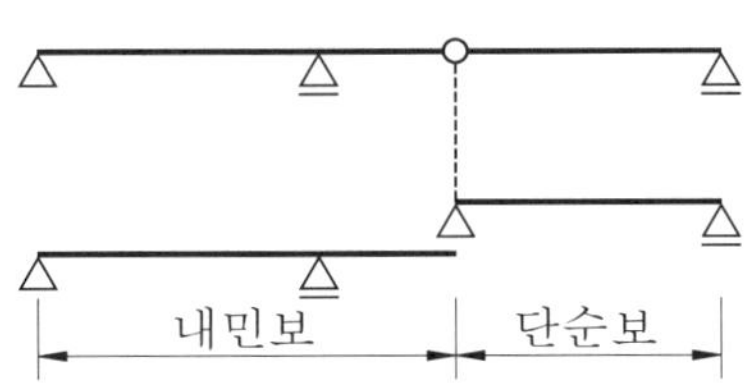

(a)

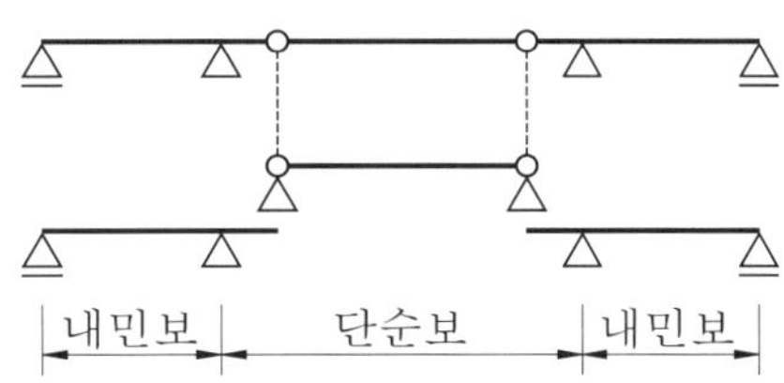

(b)

[그림4.7.1] 겔버보의 구성

이와 같이 N개의 지점을 가진 부정정 연속보에 $(N-2)$개의 힌지(Hinge)를 넣어 정정보를 만들어 힘의 평형조건식 3개만으로 단면력을 산정할 수 있도록 한 보를 **겔버보**(Gerber's Beam)라고 한다. 이는 제안자인 독일인 겔버(Gerber)의 이름을 딴 것이다.

겔버보는 일반적으로 구조상 내민보와 단순보 또는 캔틸레버 보와 단순보가 조합된 보로, [그림4.7.2]에서 보는 바와 같이 내민보 또는 캔틸레버 보와 단순보가 교대로 배치되어야 한다.

[그림4.7.2]는 각종 겔버보를 단순보와 내민보 또는 캔틸레버 보로 분해한 것을 보여주고 있다. 이 그림에서 알 수 있듯이 겔버보의 구조상 단순보 부분에 작용하는 하중은 힌지(Hinge)를 통하여 내민보 부분에 전달되어 내민보 부분의 단면력에 영향을 미치지만, 내민보 부분에 작용하는 하중은 단순보의 단면력에 아무런 영향을 주지 않는다. 따라서 겔버보는 [그림4.7.3]에서와 같이 먼저 단순보를 계산하고, 내민보의 끝에 단순보의 반력과 크기가 같고 방향이 서로 반대인

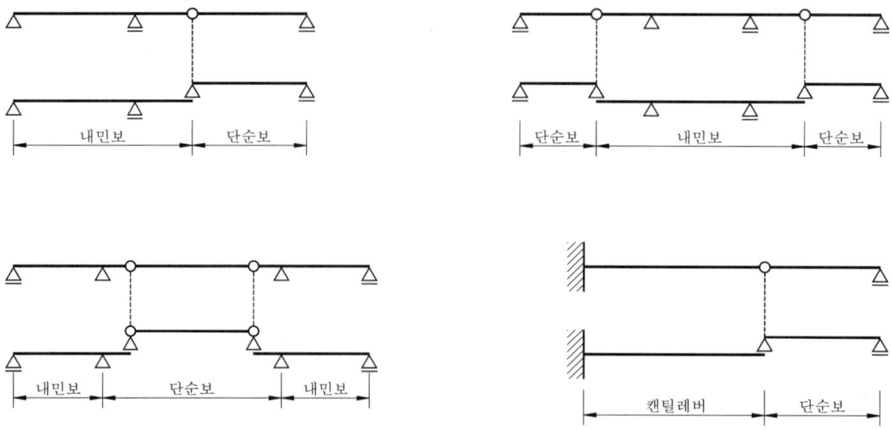

[그림4.7.2] 겔버보의 분해

하중이 작용하는 것으로 생각하여 내민보 부분을 계산하면 된다.

겔버보의 단면력 산정도 먼저 지점의 반력을 구하고, 이후 구해진 반력과 하중을 이용하여 각종 단면력을 앞에서 배운대로 구하면 된다. 이때 앞에서 배웠던 하중, 전단력 및 휨모멘트 사이의 관계를 생각하면 단면력 및 단면력도를 구하는 데 편리할 것이다.

한편 각종 하중을 받는 겔버보의 단면력을 구하다 보면 다음과 같은 특징이 나타난다.

① 힌지(Hinge, 활절)에서의 휨모멘트는 '0' 이므로, 구조계획상 휨모멘트가 '0' 이 되기를 원하는 곳을 조정할 수 있다.

② 전단력의 부호가 바뀌는 점이 1개 이상 있으며, 이들 점에서 각기 양(+) 또는 음(−)의 최대휨모멘트가 나타난다.

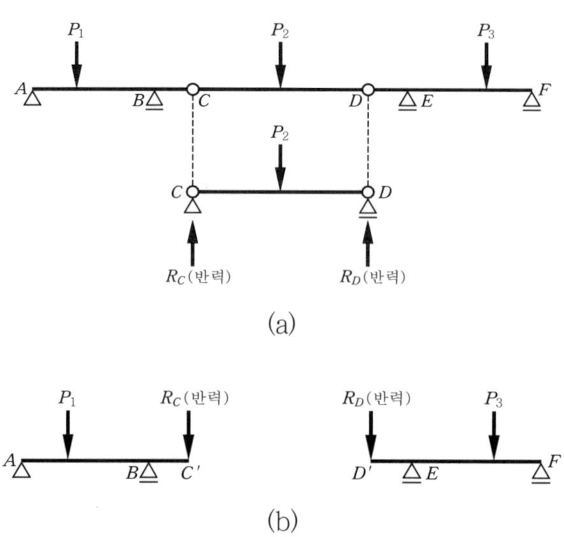

[그림4.7.3] 겔버보의 해석

③ 양(+) 또는 음(−)의 최대휨모멘트의 절대값이 가능한 같게 계획하면 같은 경간의 단순보에 비하여 단면을 현저하게 감소시킬 수 있으므로 경제적으로 유리하다.

④ 구조상 단순보에 실린 하중은 내민보 부분의 지점반력이나 단면력에 영향을 주지만, 내민보에 실린 하중은 단순보에 아무런 영향을 주지 않는다.

⑤ 지점침하로 인한 영향이 적으므로 연약지반에 건설되는 교량에 유리하지만 힌지 부분에서 공사비가 추가된다.

⑥ 온도변화에 의한 악영향이 적은 장점이 있다.

[그림4.7.4]는 겔버보로, 지반(지점)의 부동침하가 일어날 경우를 가상하여 구조물의 거동을 개념적으로 나타낸 것이다. 그림(a)는 지점의 침하가 전혀 없는 상태로 겔버보는 수평을 유지하고 있다. 그림(b)는 지점 A가 원래의 위치에서 A'로 침하하는 경우로, 이때 중간 힌지인 D점이 회전에 자유로우므로 구조물은 파괴되지 않으며 다만 D점이 D'로 상승하여 구조물에 변형이 발생할 뿐이다. 그림(c)는 지점 B가 원래의 위치에서 B'로 침하하는 경우로, 이때 중간힌지인 D점이 회전에 자유로우므로 구조물은 파괴되지 않으며 다만 D점이 D'로 아래로 처져 구조물에 변형이 발생할 뿐이다. 그림(b)와 그림(c)는 물론 구조물에 변형을 가져와 지나가는 차량이 오르막과 내리막을 달려야 하겠지만 구조물은 지반침하의 위험에 있어서 파괴되지 않으므로 인명 및 물적 안전성이 확보된다고 말할 수 있다. 따라서 겔버보의 가장 큰 장점은 지점침하로 인한 영향이 적으므로 연약지반에 건설되는 교량 등의 구조물에 적합하다는 것이다.

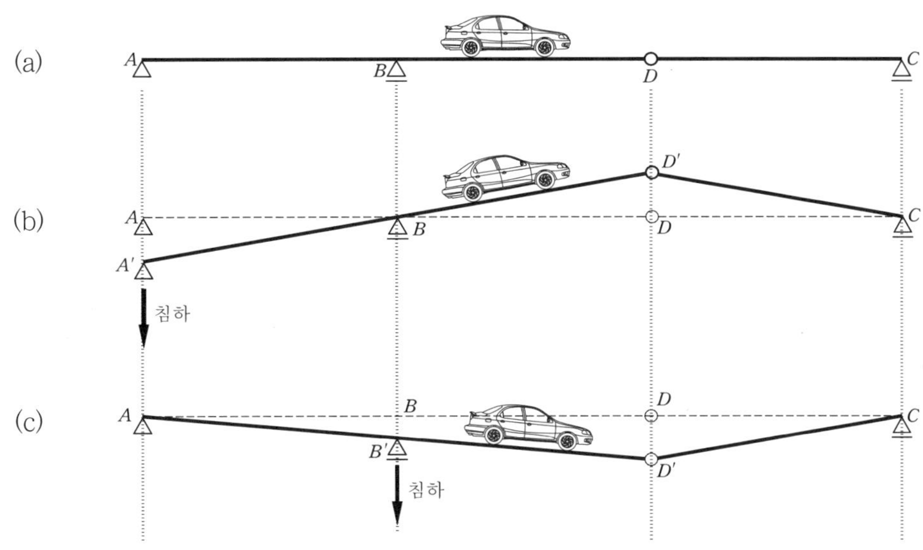

[그림4.7.4] 부동침하 발생시 겔버보의 거동

◆ ◆ ◆ ◆ ◆ ◆

예제 4.7.1

다음과 같은 겔버보의 단면력도를 그리시오.

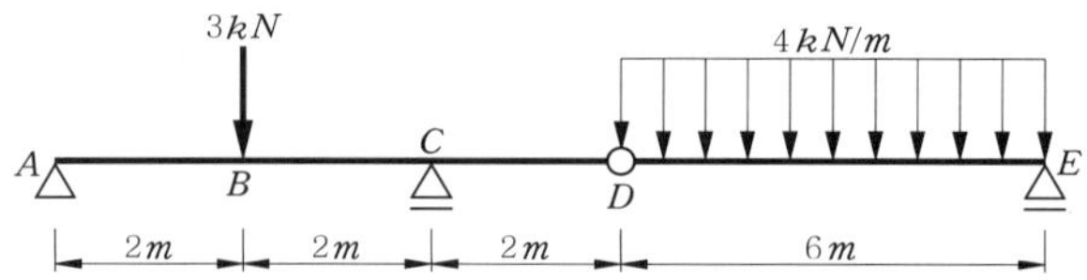

풀이

(1) 반력 (예제 1.8.6 참조)

$R_A = -4.5kN(\downarrow)$, $R_C = 19.5kN(\uparrow)$, $R_E = 12kN(\uparrow)$

(2) 단면력도

단면력은 단순보와 캔틸레버 보로 나누어 구하고 이것을 연속시킨다.

㉠ $A \sim B$ 구간

A 로부터 임의의 거리 x 만큼 떨어진 단면의 좌측에서부터 각 단면력을 구한다.

$V_x = -4.5$, $M_x = -4.5x$

㉡ $B \sim C$ 구간

A 로부터 임의의 거리 x 만큼 떨어진 단면의 좌측에서부터 각 단면력을 구한다.

$V_x = -4.5 - 3 = -7.5$, $M_x = -4.5x - 3(x-2) = -7.5x + 6$

㉢ $C \sim D$ 구간

A 로부터 임의의 거리 x 만큼 떨어진 단면의 좌측에서부터 각 단면력을 구한다.

$V_x = -4.5 - 3 + 19.5 = 12$, $M_x = -7.5x + 6 + 19.5(x-4) = 12x - 72$

㉣ $D \sim E$ 구간

D 로부터 임의의 거리 x 만큼 떨어진 단면의 좌측에서부터 각 단면력을 구한다.

$$V_x = -4x + 12 , \quad M_x = -4x \cdot \frac{x}{2} + 12x = -2x^2 + 12x$$

㉣ $D \sim E$ 구간에서 휨모멘트가 최대인 위치는 전단력이 '0' 인 위치이므로 지점 E 로부터의 거리를 x 라 할 때

$V_x = 0$: $-4x + 12 = 0$, $x = 3m$

따라서 지점 E 로부터 좌측으로 $x = 3m$ 인 위치에서

양(+)의 최대휨모멘트 $M_{\max} = 18kN \cdot m$

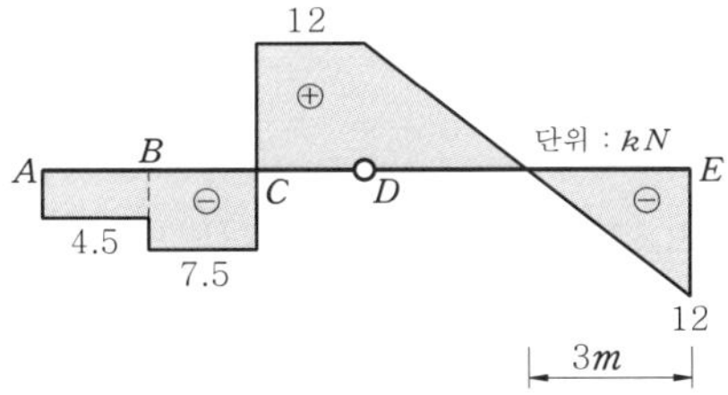

그림(b) 전단력도(S.F.D)

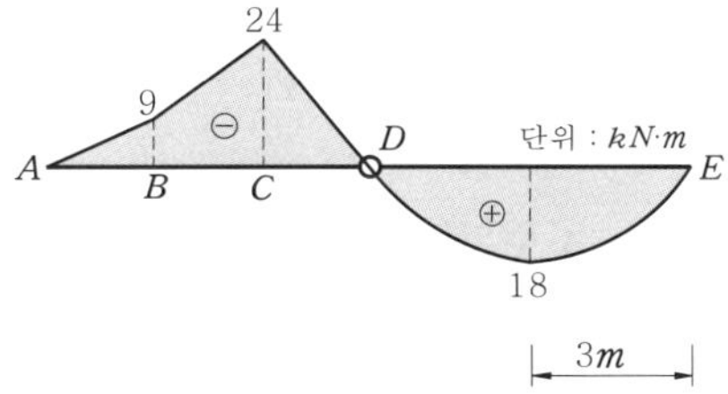

그림(c) 휨모멘트도(B.M.D)

예제 4.7.2

다음과 같은 겔버보의 단면력도를 그리시오.

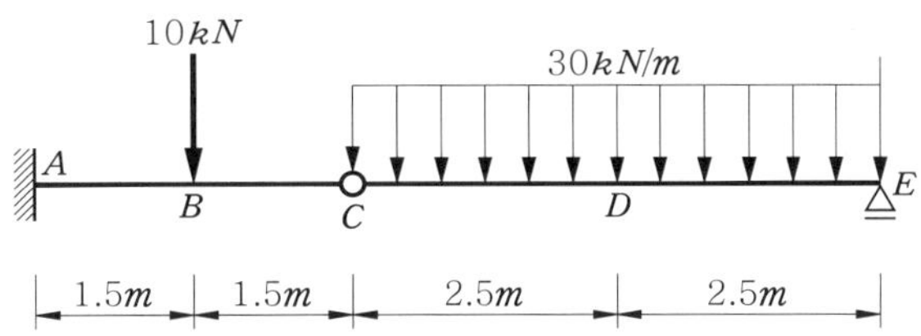

풀이

(1) 반력

그림(a)와 같이 단순보와 캔틸레버 보로 분해한 후 먼저 단순보의 반력을 구한 뒤 캔틸레버 보의 끝 힌지에 단순보에서 구한 반력 P_C를 반대로 작용시켜 캔틸레버 보의 반력을 구한다.

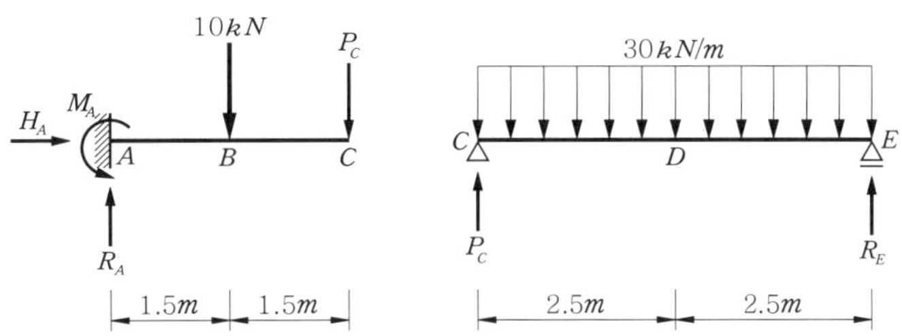

그림(a)

㉠ 단순보의 반력을 구하면

$$P_C = R_E = 30 \times 5 \times \frac{1}{2} = 75\,kN\,(\uparrow)$$

㉡ P_C를 캔틸레버 보의 힌지 C에 하향의 하중으로 생각하고 캔틸레버 보의 반력을 구하면

$\Sigma H = 0$: $H_A = 0$

$\Sigma M_A = 0$: $\Sigma M_A = -M_A + (10 \times 1.5) + (75 \times 3) = 0$

$\therefore\ M_A = 240\,kN \cdot m\,(\curvearrowleft)$

$\Sigma V = 0$: $R_A - 10 - 75 = 0$ $\quad \therefore\ R_A = 85kN\,(\uparrow)$

(2) 단면력도

단면력은 단순보와 캔틸레버 보로 나누어 구하고 이것을 연속시킨다.

㉠ $A \sim B$ 구간

A 로부터 임의의 거리 x 만큼 떨어진 단면의 좌측에서부터 각 단면력을 구한다.

$V_x = 85$, $M_x = 85x - 240$

㉡ $B \sim C$ 구간

A 로부터 임의의 거리 x 만큼 떨어진 단면의 좌측에서부터 각 단면력을 구한다.

$V_x = 85 - 10 = 75$, $M_x = 85x - 240 - 10(x - 1.5) = 75x - 225$

㉢ $C \sim E$ 구간

C 로부터 임의의 거리 x 만큼 떨어진 단면의 좌측에서부터 각 단면력을 구한다.

$V_x = -30x + 75$, $M_x = -30x \cdot \dfrac{x}{2} + 75x = -15x^2 + 75x$

㉣ $C \sim E$ 구간에서 휨모멘트가 최대인 위치는 전단력이 '0' 인 위치이므로 지점 E 로부터의 거리를 x 라 할 때

$V_x = 0$: $-30x + 75 = 0$, $x = 2.5m$

따라서 지점 E 로부터 좌측으로 $x = 2.5m$ 인 위치에서

양(+)의 최대휨모멘트 $M_{\max} = 93.75 kN \cdot m$

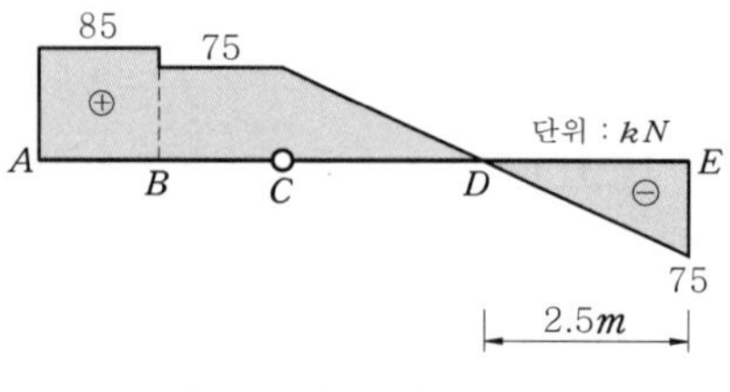

그림(b) 전단력도(S.F.D)

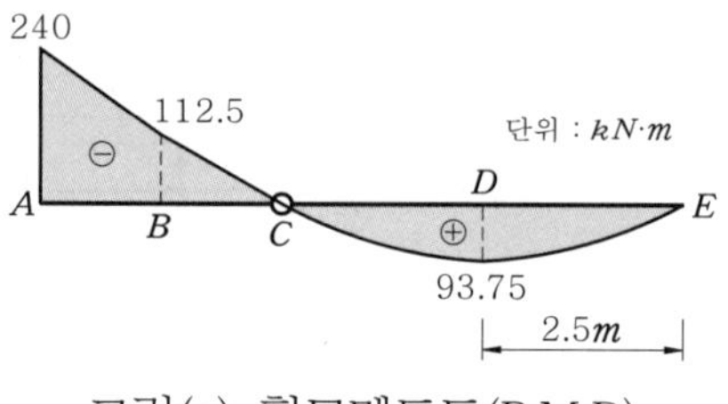

그림(c) 휨모멘트도(B.M.D)

예제 4.7.3

다음과 같은 겔버보의 단면력도를 그리시오.

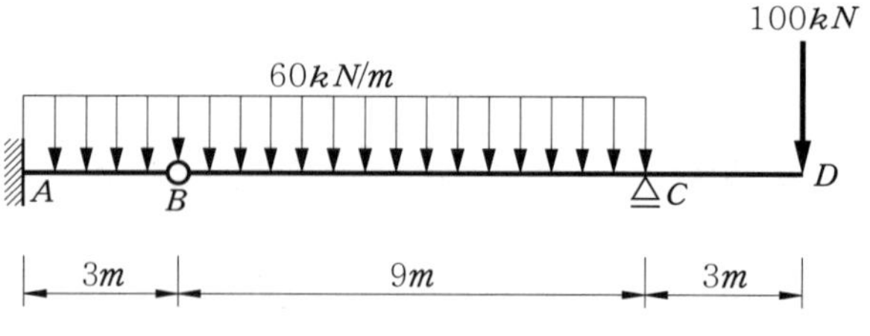

풀이

(1) 반력

그림(a)와 같이 캔틸레버 보와 내민보로 분해한 후 먼저 내민보의 반력을 구한 뒤 캔틸레버 보의 끝 힌지에 내민보에서 구한 반력 P_B를 반대로 작용시켜 캔틸레버 보의 반력을 구한다.

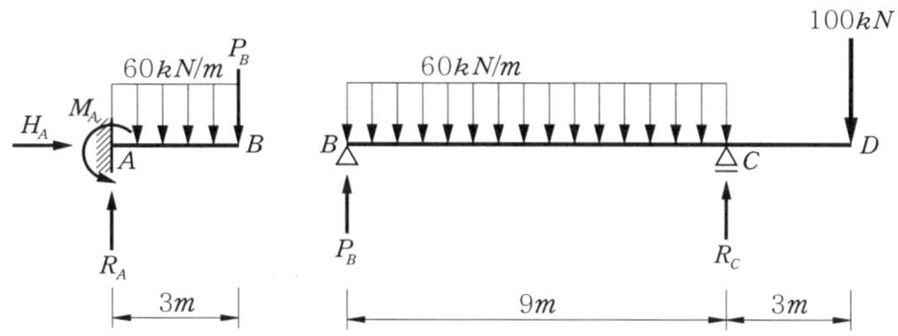

그림(a)

㉠ 내민보의 반력을 구하면

$\Sigma M_B = 0$: $\Sigma M_B = 60 \times 9 \times 4.5 - 9R_C + 100 \times 12 = 0$

$\therefore\ R_C = 403.33kN\ (\uparrow)$

$\Sigma V = 0$: $P_B + R_C - (60 \times 9) - 100 = 0$ $\quad \therefore\ P_B = 236.67kN\ (\uparrow)$

㉡ P_B를 캔틸레버 보의 힌지 B에 하향의 하중으로 생각하고 캔틸레버 보의 반력을 구하면

$\Sigma H = 0$: $H_A = 0$

$\Sigma M_A = 0$: $\Sigma M_A = -M_A + (60 \times 3 \times 1.5) + (236.67 \times 3) = 0$

$\therefore\ M_A = 980.01\,kN\cdot m\ (\circlearrowleft)$

$\Sigma V = 0$: $R_A - (60 \times 3) - 236.67 = 0$ $\quad \therefore\ R_A = 416.67\,kN\ (\uparrow)$

(2) 단면력도

단면력은 캔틸레버 보와 내민보로 나누어 구하고 이것을 연속시킨다.

㉠ $A \sim B$ 구간

A로부터 임의의 거리 x만큼 떨어진 단면의 좌측에서부터 각 단면력을 구한다.

$$V_x = 416.67 - 60x$$

$$M_x = 416.67x - 980.01 - 60x \cdot \frac{x}{2} = -30x^2 + 416.67x - 980.01$$

㉡ $B \sim C$ 구간

B로부터 임의의 거리 x만큼 떨어진 단면의 좌측에서부터 각 단면력을 구한다.

$$V_x = 236.67 - 60x$$

$$M_x = 236.67x - 60x \cdot \frac{x}{2} = -30x^2 + 236.67x$$

㉢ $C \sim D$ 구간

D 로부터 임의의 거리 x 만큼 떨어진 단면의 우측에서부터 각 단면력을 구한다.

$V_x = 100$,　　　　$M_x = -100x$

㉣ $B \sim C$ 구간에서 휨모멘트가 최대인 위치는 전단력이 '0' 인 위치이므로 힌지인 B 점으로부터 우측으로의 거리를 x 라 할 때

$V_x = 0$: $236.67 - 60x = 0$,　　$x = 3.94\,m$

따라서 힌지인 B 점으로부터 우측으로 $x = 3.94\,m$ 인 위치에서의 양(+)의 최대휨모멘트 $M_{\max} = 466.77\,kN \cdot m$

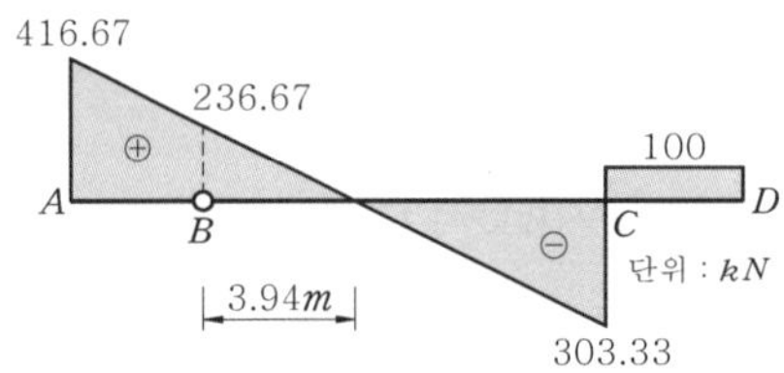

그림(b) 전단력도(S.F.D)

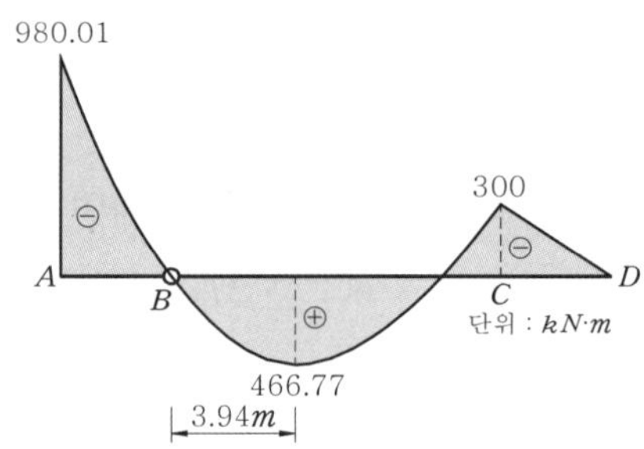

그림(c) 휨모멘트도(B.M.D)

◆ ◆ ◆ ◆ ◆ ◆

◈ 연 습 문 제 ◈

4.7.1 다음과 같은 겔버보의 단면력도를 그리시오.

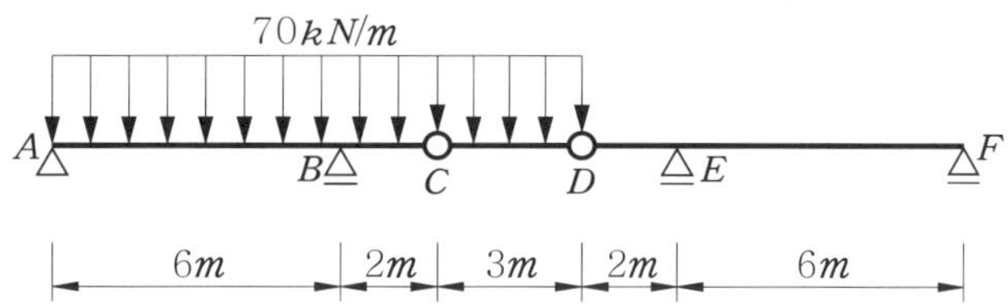

4.7.2 다음과 같은 겔버보의 단면력도를 그리시오.

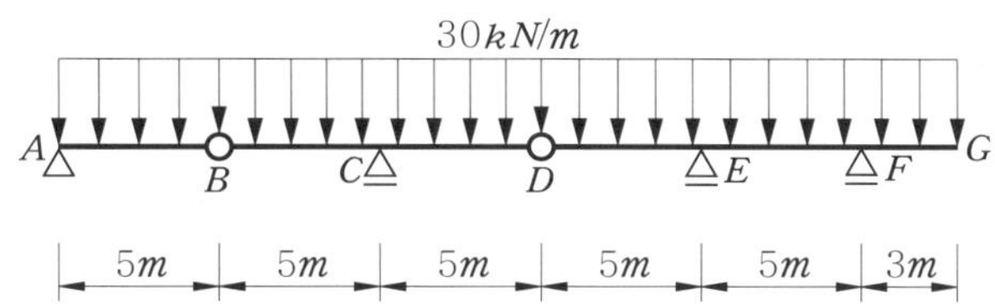

4.7.3 다음과 같은 겔버보의 단면력도를 그리시오.

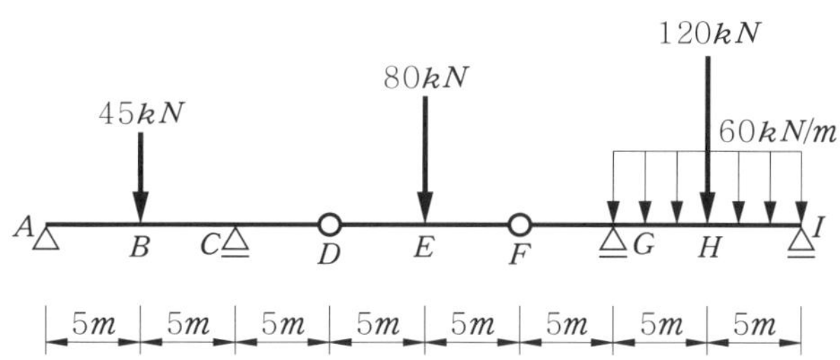

4.7.4 다음과 같은 겔버보의 단면력도를 그리시오.

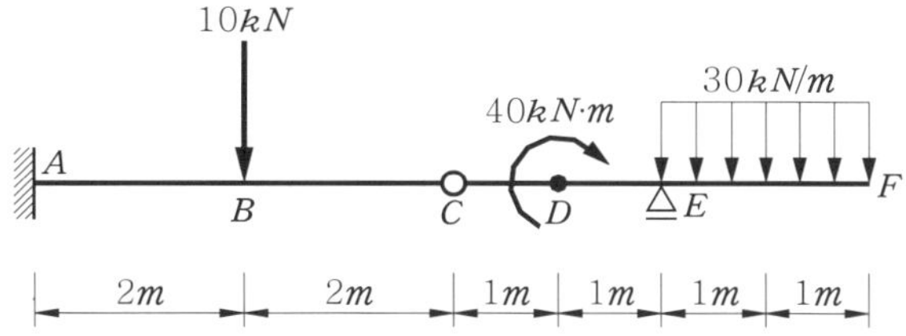

4.8 정정보의 영향선*

앞에서는 각종 정하중을 받는 정정보의 단면력을 살펴보았으나, 교량, 크레인 보 등의 구조물은 자동차, 열차, 크레인 차륜 등의 **이동하중**(移動荷重, Moving Load)을 받기도 하기 때문에 이들 이동하중에 대한 부재의 단면력을 산정해야 할 때도 있다.

이동하중을 받는 보는 하중의 작용위치에 따라 각 지점의 반력과 더불어 임의 단면의 단면력이 변한다. 이와 같이 이동하중의 작용위치에 따라 변화하는 반력 및 임의 단면의 전단력, 휨모멘트의 값을 구하기 위해서는 영향선을 이용하면 편리하다.

구조물의 **영향선**(影響線, Influence Line)이란 단위집중하중($P=1$)을 보 위로 이동시킬 때 그 작용위치의 변화에 따라 어느 한 지점의 반력이나 임의 단면의 전단력과 휨모멘트가 어떻게 변화하는지 나타내는 선도(線圖)를 말한다.

보의 영향선 작도는 [그림4.8.1]과 같이 먼저 보의 축에 평행한 기준선을 그리고, 보 위를 이동하는 단위집중하중($P=1$)에 대하여 지점반력이나 임의 단면에 작용하는 전단력, 휨모멘트의 크기를 기준선의 수직한 방향의 길이로 나타낸다.

본 교재에서는 보의 영향선 작도에 있어서 기준선 아래를 양(+), 기준선 위를 음(−)으로 나타내기로 한다. 일반적인 영향선의 형상은 곡선이지만 정정보의 영향선은 직선이다.

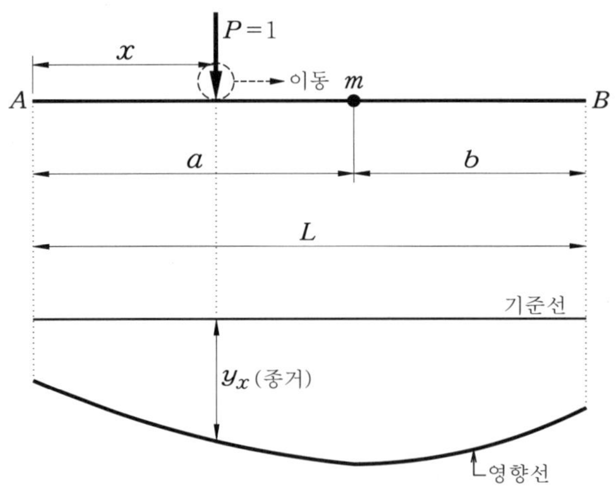

[그림4.8.1] 보의 영향선

영향선은 이동하중을 받는 구조물의 설계시 지점반력이나 최대단면력을 나타내는 이동하중의 위치를 결정하는데 주로 쓰이는데, 이로부터 결정된 하중의 위치에 대하여 구조물의 반력 및 단면력을 구하게 된다.

4.8.1 영향선을 이용한 단면력 산정

다음은 일반적인 영향선을 이용한 단면력의 산정방법에 대해 살펴보도록 한다.

[그림4.8.1]에서 임의 단면 m에 대한 단면력의 영향선으로, 기준선에서의 영향선까지의 수직거리 y_x를 영향선의 **종거**(縱距, Influence Ordinate)라 부른다. 결국 종거 y_x는 임의 점 x에 단위집중하중 $P=1$이 작용할 때의 단면 m에서의 단면력의 크기이다. 여기서 만약 임의 점 x에 작용하는 하중이 P이면, 단면 m에서의 단면력의 크기는 $P \cdot y_x$ 이다.

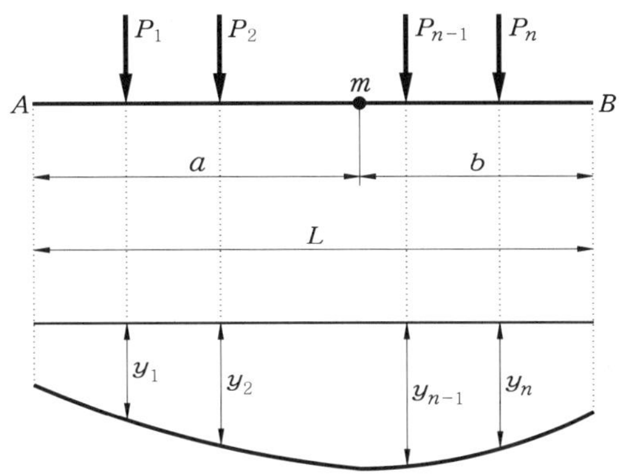

[그림4.8.2] 다수의 집중하중에 의한 영향선

이번에는 [그림4.8.2]에서와 같이 보에 n개의 집중하중 P_1, P_2, ······ , P_n이 작용할 때, 각 하중에 대응하는 종거를 y_1, y_2, ······ , y_n이라 하면, 단면 m에서의 단면력의 크기 Y는 다음과 같이 나타낼 수 있다.

$$Y = P_1 y_1 + P_2 y_2 + \cdots\cdots + P_n y_n = \sum P_x y_x \tag{4.8.1}$$

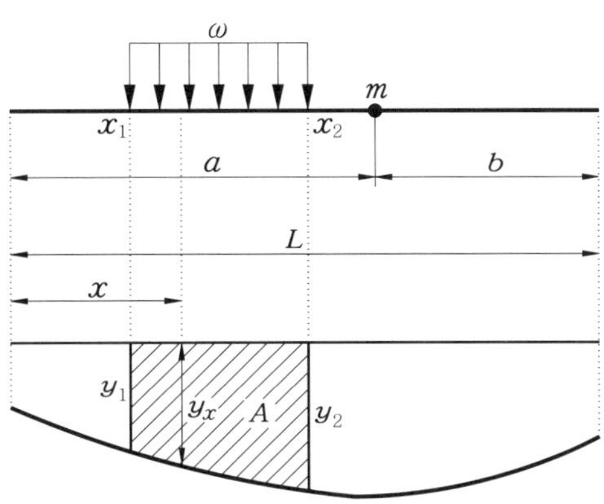

[그림4.8.3] 영향면적

한편 [그림4.8.3]과 같이 등분포하중 ω가 $x_1 \sim x_2$ 사이에 작용하는 경우의 임의 단면 m 에서의 단면력의 크기 Y는 다음과 같이 나타낼 수 있다.

$$Y = \int_{x_1}^{x_2} y_x\, \omega\, dx = \omega \int_{x_1}^{x_2} y_x\, dx = \omega A \tag{4.8.2}$$

여기서 A는 기준선과 영향선 및 x_1과 x_2를 지나는 종거 y_1, y_2를 둘러싼 면적으로, 이를 **영향면적**(影響面積, Influence Area)이라고 한다.

또한 [그림4.8.3]에서 만약 임의의 분포하중이 작용할 경우, 임의 점의 하중강도가 ω_x이고 종거가 y_x라면 다음과 같은 식으로 단면력을 구할 수 있다.

$$Y = \int_{x_1}^{x_2} y_x\, \omega_x\, dx \tag{4.8.3}$$

4.8.2 단순보의 영향선

본 교재에서는 단순보를 대상으로, 반력, 전단력 및 휨모멘트의 영향선 작도방법과 이들 영향선을 이용한 반력 및 단면력 계산방법에 대하여 알아보도록 한다.

가. 반력의 영향선

[그림4.8.4](a)와 같이 경간 L의 단순보 AB에 이동하중인 단위집중하중 $P=1$이 지점 A로부터 거리 x의 거리에 작용할 때 지점 A의 반력 R_A는 다음과 같다.

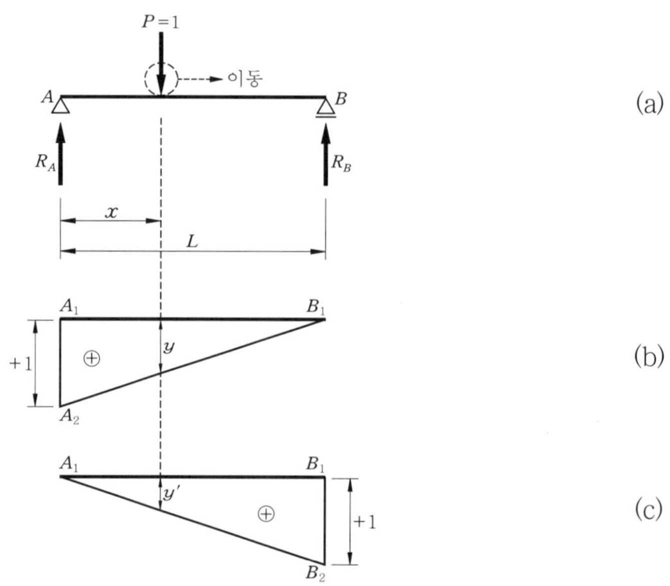

[그림4.8.4] 반력의 영향선

$$R_A = \frac{L-x}{L} \tag{4.8.4}$$

상기 식(4.8.4)에서 x가 '0'으로부터 L까지 변화할 때 반력 R_A의 변화를 나타낸 선도가 R_A의 영향선이다.

즉 이 식에서 $x=0$ 이면 $R_A=1$ 이고, $x=L$ 이면 $R_A=0$ 이 되며, R_A의 영향선은 x의 1차함수로 이를 작도하면 [그림4.8.4](b)와 같이 표현된다.

그림(b)에서 볼 수 있듯이 R_A의 영향선은 보 AB에 평행한 기준선 A_1B_1의 A_1 점에서 $+1$ 을 기준선의 아래에 수직으로 세우고, B_1 점과 직선으로 연결하면 되는데, 이때 삼각형 $A_1A_2B_1$ 이 R_A의 영향선이다.

또한 [그림4.8.4](a)에서 지점 B의 반력 R_B는 다음과 같다.

$$R_B = \frac{x}{L} \tag{4.8.5}$$

상기 식(4.8.5)에서 x가 '0'으로부터 L까지 변화할 때 반력 R_B의 변화를 나타낸 선도가 R_B의 영향선이다.

즉 이 식에서 $x=0$ 이면 $R_B=0$ 이고, $x=L$ 이면 $R_B=1$ 이 되며, R_B의 영향선은 x의 1차함수로 이를 작도하면 [그림4.8.4](c)와 같이 표현된다.

그림(c)에서 볼 수 있듯이 R_B의 영향선은 보 AB에 평행한 기준선 A_1B_1의 B_1 점에서 $+1$ 을 기준선의 아래에 수직으로 세우고, A_1 점과 직선으로 연결하면 되는데, 이때 삼각형 $B_1B_2A_1$ 이 R_B의 영향선이다.

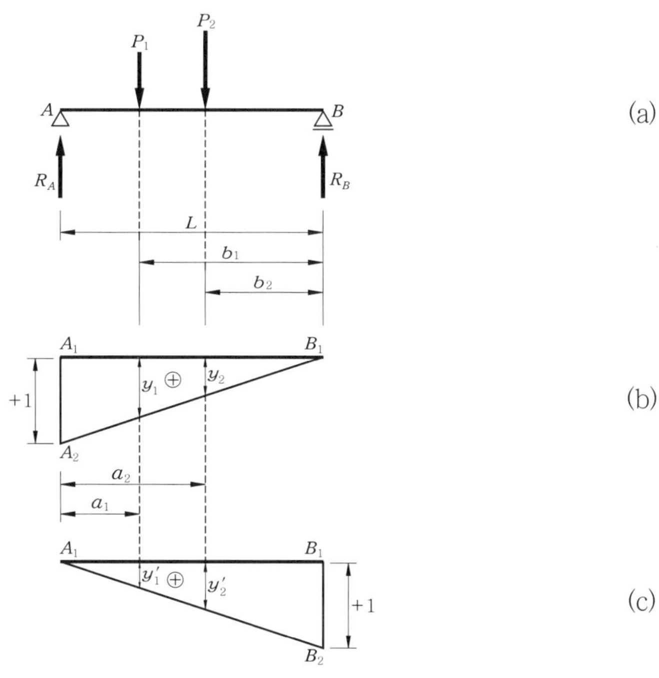

[그림4.8.5] 집중하중을 받는 단순보의 영향선에 의한 반력산정

[그림4.8.5](a)는 단순보에 집중하중이 작용하는 경우로, 그림(b)와 그림(c)에서 볼 수 있듯이 P_1, P_2아래의 종거 y_1, y_2의 값을 구하고, P_1, P_2에 각각 종거 y_1, y_2의 값을 곱하여 더하면 반력 R_A와 R_B를 다음과 같이 구할 수 있다.

$$\begin{aligned} R_A &= P_1 y_1 + P_2 y_2 \\ R_B &= P_1 y_1' + P_2 y_2' \end{aligned} \tag{4.8.6}$$

상기 식(4.8.6)에서 종거는 삼각형의 닮은꼴의 원리에 의하여 구할 수 있는데, 그 값은 $y_1 = b_1/L$, $y_2 = b_2/L$, $y_1' = a_1/L$, $y_2' = a_2/L$ 이다.

[그림4.8.6](a)는 단순보에 등분포하중이 작용하는 경우로, 그림(b)와 그림(c)에서 볼 수 있듯이 등분포하중 ω가 작용하는 구간 a 아래의 영향면적을 구하고, 등분포하중 ω에 영향면적 A 또는 A'를 곱하면 반력 R_A와 R_B를 다음과 같이 구할 수 있다.

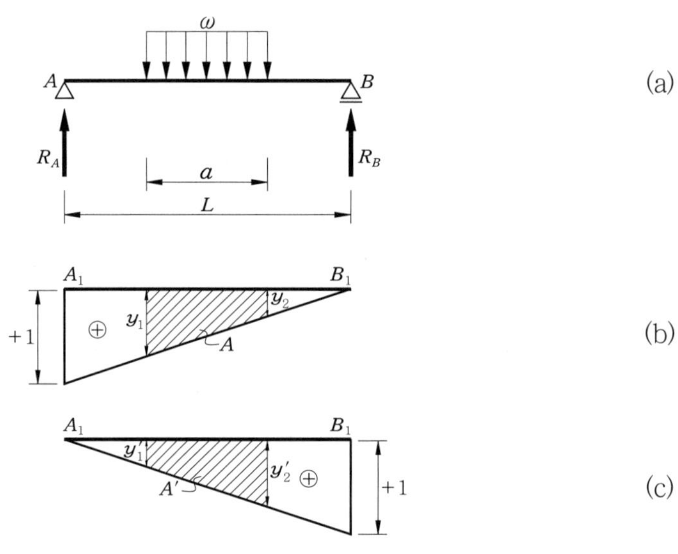

[그림4.8.6] 등분포하중을 받는 단순보의 영향선에 의한 반력산정

$$\begin{aligned} R_A &= \omega A \\ R_B &= \omega A' \end{aligned} \tag{4.8.7}$$

상기 식(4.8.7)에서 영향면적은 사다리꼴의 면적으로,
$A = (y_1 + y_2)a/2$, $A' = (y_1' + y_2')a/2$ 이다.

◆ ◆ ◆ ◆ ◆ ◆

예제 4.8.1

다음과 같은 단순보의 반력 R_A, R_B를 영향선에서 구하시오.

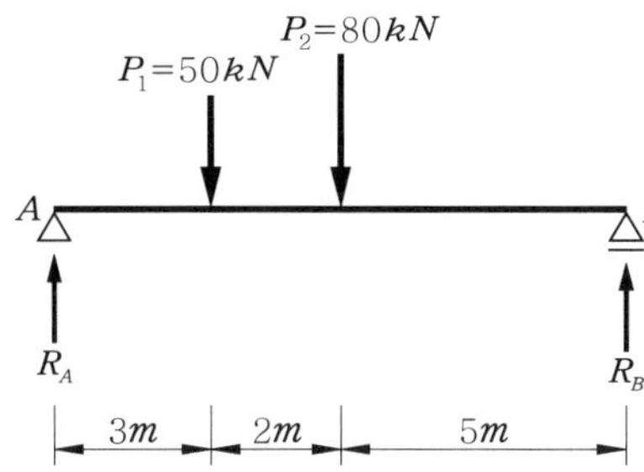

풀이

그림(a)와 같이 R_A, R_B의 아래에 +1만큼 수직으로 세워 R_A, R_B의 영향선을 그리고, 삼각형의 닮음비를 이용하여 y_1, y_2, y_1', y_2'를 구한다.

$$y_1 = \frac{b_1}{L} = \frac{7}{10} = 0.7$$

$$y_2 = \frac{b_2}{L} = \frac{5}{10} = 0.5$$

$$y_1' = \frac{a_1}{L} = \frac{3}{10} = 0.3$$

$$y_2' = \frac{a_2}{L} = \frac{5}{10} = 0.5$$

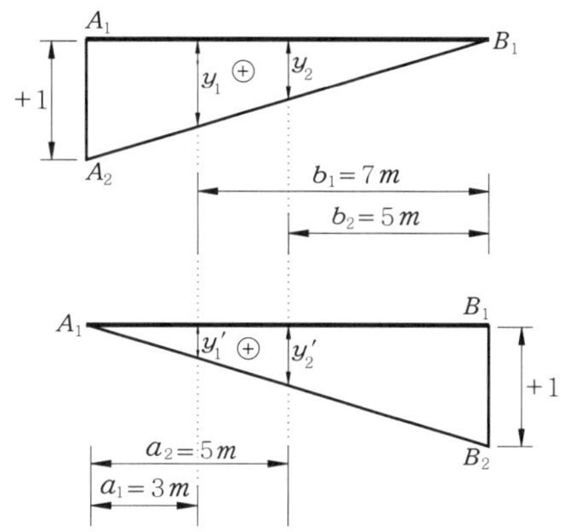

그림(a)

따라서 반력 R_A, R_B는 다음과 같이 구할 수 있다.

$$R_A = P_1 y_1 + P_2 y_2 = (50 \times 0.7) + (80 \times 0.5) = 75kN$$

$$R_B = P_1 y_1' + P_2 y_2' = (50 \times 0.3) + (80 \times 0.5) = 55kN$$

예제 4.8.2

다음과 같은 단순보의 반력 R_A, R_B를 영향선에서 구하시오.

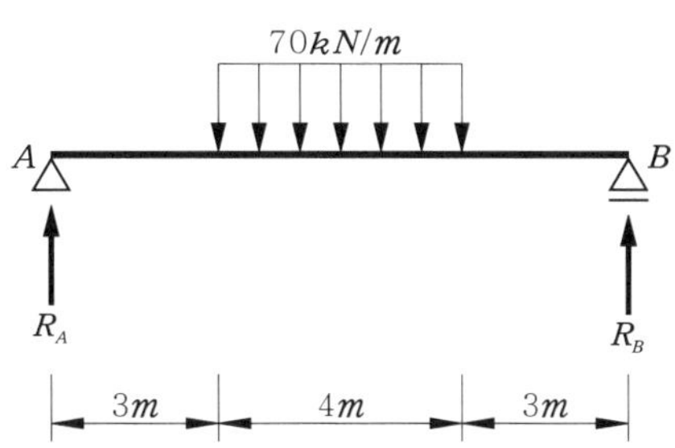

풀이

그림(a)와 같이 R_A, R_B의 아래에 +1만큼 수직으로 세워 R_A, R_B의 영향선을 그리고, 삼각형의 닮음비를 이용하여 y_1, y_2, y_1', y_2'를 구한다.

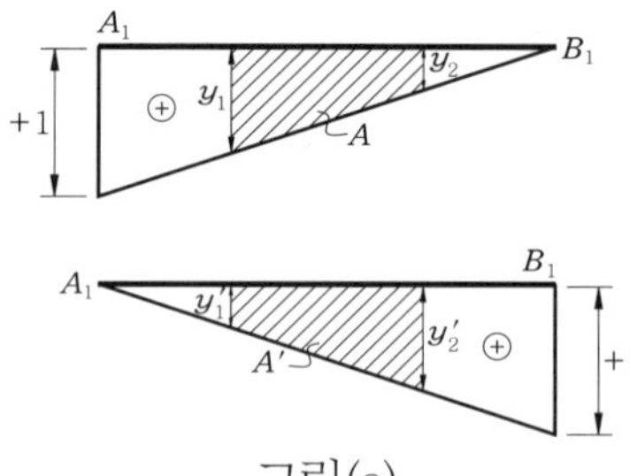

그림(a)

$$y_1 = \frac{7}{10} = 0.7 \qquad y_2 = \frac{3}{10} = 0.3$$

$$y_1' = \frac{3}{10} = 0.3 \qquad y_2' = \frac{7}{10} = 0.7$$

따라서 반력 R_A, R_B는 다음과 같이 구할 수 있다.

$$R_A = wA = 70 \times \frac{(0.3+0.7)}{2} \times 4 = 140kN,$$

$$R_B = wA = 70 \times \frac{(0.3+0.7)}{2} \times 4 = 140kN$$

◆ ◆ ◆ ◆ ◆ ◆

나. 전단력의 영향선

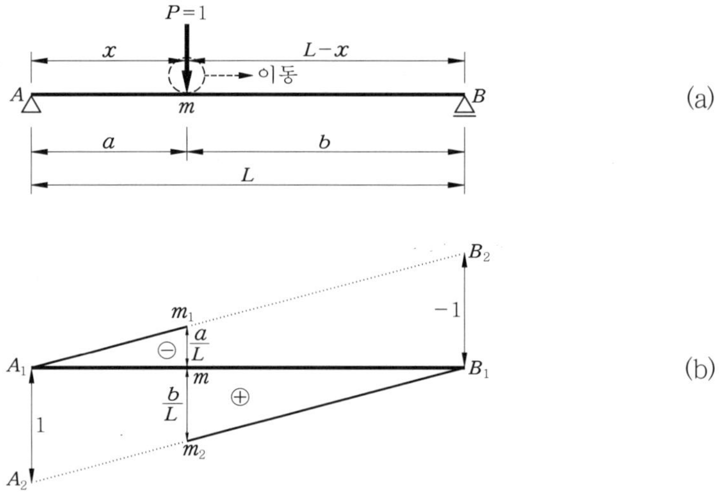

[그림4.8.7] 전단력의 영향선

[그림4.8.7](a)와 같이 경간 L의 단순보 AB에 이동하중인 단위집중하중 $P=1$이 지점 A로부터 거리 x의 거리에 작용할 때, 임의 단면 m의 전단력 V_m을 구해보면 다음과 같다.

① 단위집중하중 $P=1$이 $A \sim m$ 사이에 있을 경우

$$V_m = -R_B = -\frac{x}{L} \quad (0 \le x \le a) \tag{4.8.8}$$

상기 식(4.8.8)에서 $x=0$ 이면 $V_m=0$ 이고, $x=a$ 이면 $V_m=-a/L$ 이 되므로, 전단력의 영향선은 [그림4.8.7](b)의 $\overline{A_1 m_1}$ 이 되고, 이것은 결국 $-R_B$ 의 영향선과 같다.

② 단위집중하중 $P=1$ 이 $m \sim B$ 사이에 있을 경우

$$V_m = R_A = \frac{L-x}{L} \quad (a \le x \le L) \tag{4.8.9}$$

상기 식(4.8.9)에서 $x=a$ 이면 $V_m=(L-a)/L = b/L$ 이고, $x=L$ 이면 $V_m=0$ 이 되므로, 전단력의 영향선은 [그림4.8.7](b)의 $\overline{m_2 B_1}$ 이 되고, 이것은 결국 R_A 의 영향선과 같다.

따라서 전단력의 영향선은 반력 R_A와 R_B의 영향선을 이용하여 그릴 수 있다. 즉 [그림4.8.7](b)에서 볼 수 있듯이 보 AB에 평행한 기준선 A_1B_1의 A_1점에서 $+1$을 기준선의 아래에 수직으로 세우고 이것을 B_1점과 직선으로 연결하고, 다시 B_1점에서 -1을 기준선의 위에 수직으로 세우고 이것을 A_1점과 직선으로 연결한 후, 전단력을 구하려고 하는 m점에서 수직으로 절단하면 2개의 삼각형 A_1m_1m과 $m\,m_2B_1$이 m점의 전단력의 영향선이 된다. 여기서 단순보의 전단력의 영향선은 불연속임을 알 수 있다.

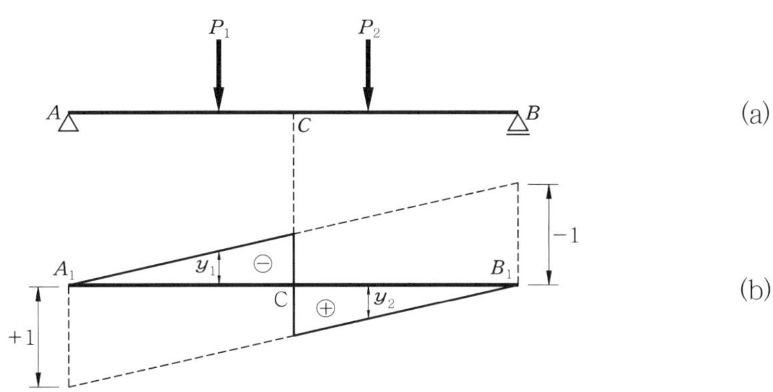

[그림4.8.8] 집중하중을 받는 단순보의 영향선에 의한 전단력 산정

[그림4.8.8](a)는 단순보에 집중하중이 작용하는 경우로, C점의 전단력 V_C를 구하기 위해서는 그림(b)에서 볼 수 있듯이 V_C의 영향선에서 P_1, P_2에 해당하는 종거 y_1, y_2의 값을 구하고, P_1, P_2에 각각 종거 y_1, y_2의 값을 곱하여 더하면 전단력 V_C를 다음과 같이 구할 수 있다.

$$V_C = P_1 y_1 + P_2 y_2 \tag{4.8.10}$$

상기 식(4.8.10)에서 종거 y_1, y_2의 값은 삼각형의 닮은꼴의 원리에 의하여 구할 수 있다.

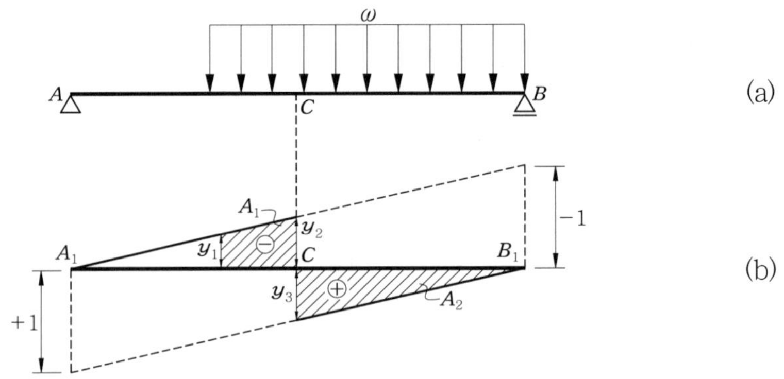

[그림4.8.9] 등분포하중을 받는 단순보의 영향선에 의한 전단력 산정

[그림4.8.9](a)는 단순보에 등분포하중이 작용하는 경우로, C점의 전단력 V_C를 구하기 위해서는 그림(b)에서 볼 수 있듯이 V_C의 영향선에서 등분포하중 ω가 작용하는 구간 아래의 영향면적 A_1, A_2를 구하고, 등분포하중 ω에 영향면적 A_1과 A_2를 각각 곱하여 더하면 전단력 V_C를 다음과 같이 구할 수 있다.

$$V_C = \omega A_1 + \omega A_2 \tag{4.8.11}$$

한편 전단력의 영향선을 이용하여 어떤 임의 단면의 전단력을 구할 때, 기준선의 위쪽에 있는 종거 및 영향면적은 부호가 음(−)이고, 기준선의 아래쪽에 있는 종거 및 영향면적은 부호가 양(+)임에 주의하여야 한다.

◆ ◆ ◆ ◆ ◆ ◆

예제 4.8.3

다음과 같은 단순보에서 C점에서의 전단력을 영향선에서 구하시오.

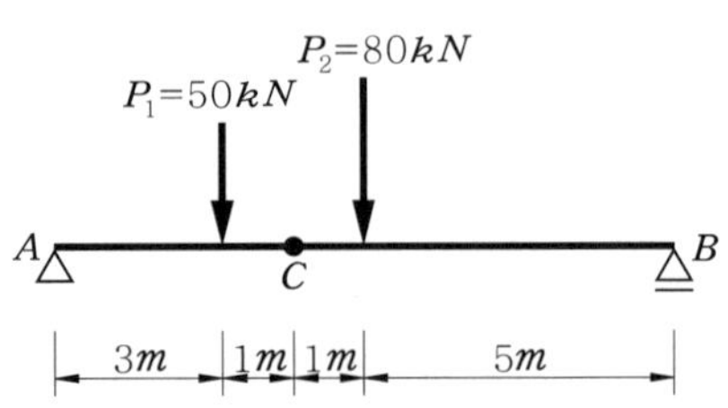

풀이

그림(a)와 같이 전단력의 영향선을 그리고, 삼각형의 닮음비를 이용하여 y_1, y_2 를 구한다.

$$y_1 = \frac{-3}{10} = -0.3$$

$$y_2 = \frac{5}{10} = 0.5$$

따라서 C 점에서의 전단력 V_C 는 다음과 같이 구할 수 있다.

$$V_C = P_1 y_1 + P_2 y_2 = (50 \times (-0.3)) + (80 \times 0.5)$$
$$= 25\,kN$$

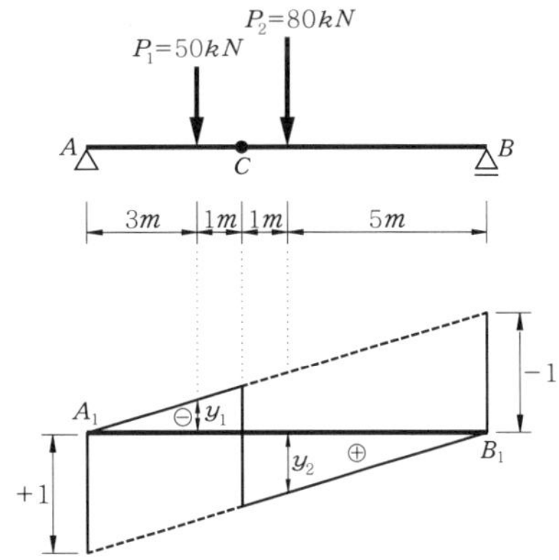

그림(a)

예제 4.8.4

다음과 같은 단순보에서 C 점에서의 전단력을 영향선에서 구하시오.

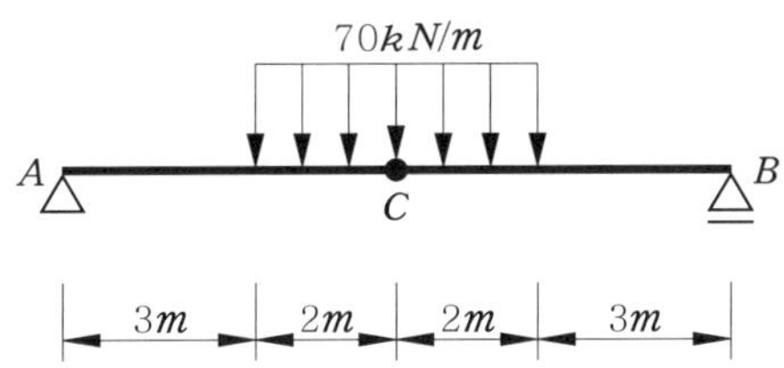

풀이

그림(a)와 같이 전단력의 영향선을 그리고, 삼각형의 닮음비를 이용하여 y_1, y_2, y_3, y_4 를 구한다.

$$y_1 = \frac{-3}{10} = -0.3 \qquad y_2 = \frac{-5}{10} = -0.5$$

$$y_3 = \frac{5}{10} = 0.5 \qquad y_4 = \frac{3}{10} = 0.3$$

영향면적 A_1, A_2 를 구하면

$$A_1 = \frac{(y_1 + y_2)}{2} \times 2 = \frac{-0.3 - 0.5}{2} \times 2 = -0.8$$

$$A_2 = \frac{(y_3 + y_4)}{2} \times 2 = \frac{0.5 + 0.3}{2} \times 2 = 0.8$$

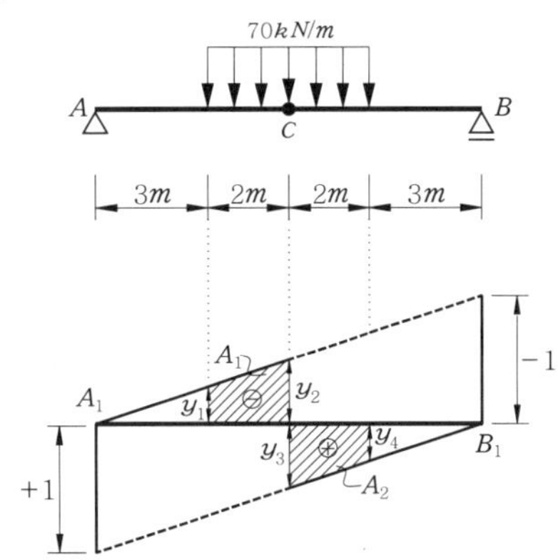

그림(a)

따라서 C 점에서의 전단력 V_C 는 다음과 같이 구할 수 있다.

$$V_C = wA_1 + wA_2 = 70 \times (-0.8) + 70 \times 0.8 = 0$$

다. 휨모멘트의 영향선

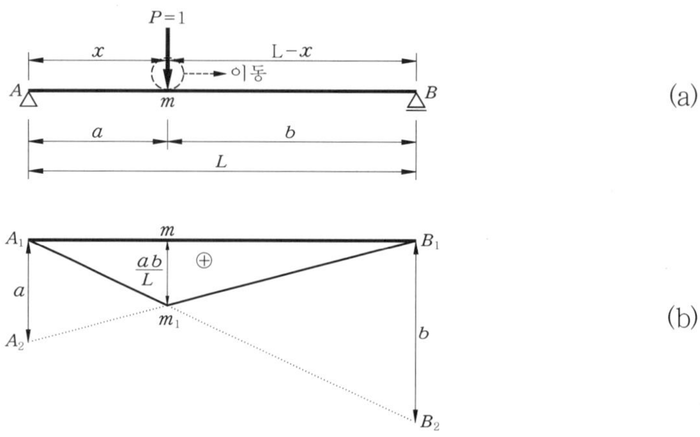

[그림4.8.10] 휨모멘트의 영향선

[그림4.8.10](a)와 같이 경간 L의 단순보 AB에 이동하중인 단위집중하중 $P=1$이 지점 A로부터 거리 x의 거리에 작용할 때, 임의 단면 m의 휨모멘트 M_m을 구해보면 다음과 같다.

① 단위집중하중 $P=1$이 $A \sim m$ 사이에 있을 경우

$$M_m = R_B\, b = \frac{b}{L}x \quad (0 \leq x \leq a) \tag{4.8.12}$$

상기 식(4.8.12)에서 $x=0$ 이면 $M_m=0$ 이고, $x=a$ 이면 $M_m = a\,b/L$ 이 되므로, 휨모멘트의 영향선은 [그림4.8.10](b)의 $\overline{A_1 m_1}$이 되고, 이것은 결국 R_B의 영향선의 b배와 같다.

② 단위집중하중 $P=1$이 $m \sim B$ 사이에 있을 경우

$$M_m = R_A\, a = \frac{a(L-x)}{L} \quad (a \leq x \leq L) \tag{4.8.13}$$

상기 식(4.8.13)에서 $x=a$ 이면 $M_m = a(L-a)/L = ab/L$ 이고, $x=L$ 이면 $M_m=0$ 이 되므로, 휨모멘트의 영향선은 [그림4.8.10](b)의 $\overline{m_2 B_1}$이 되고, 이것은 결국 R_A의 영향선의 a배와 같다.

따라서 임의 단면 m에서의 휨모멘트의 영향선은 반력 R_A와 R_B의 영향선을 각각 a배, b배 한 것을 이용하여 그릴 수 있다.

즉 [그림4.8.10](b)에서 볼 수 있듯이, 보 AB에 평행한 기준선 A_1B_1의 A_1점

에서 a를 기준선의 아래에 수직으로 세우고 이것을 B_1점과 직선으로 연결하고, 다시 B_1점에서 b을 기준선의 아래에 수직으로 세우고 이것을 A_1점과 직선으로 연결한 후, 휨모멘트를 구하려고 하는 m점에서 내린 수선과 만나는 점을 m_1이라 하면 삼각형 $A_1m_1B_1$이 m점의 휨모멘트의 영향선이 된다.

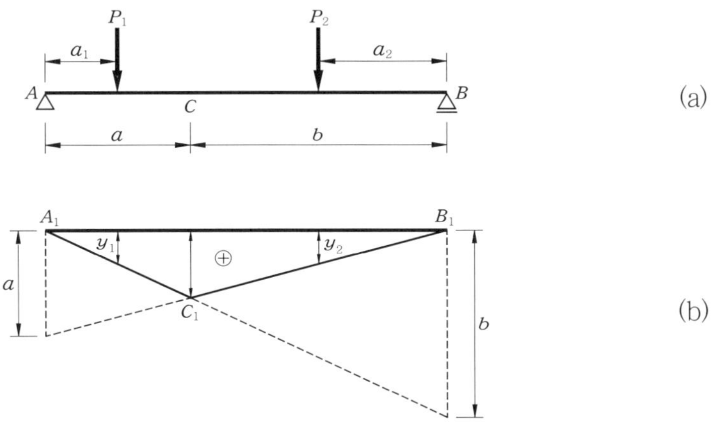

[그림4.8.11] 집중하중을 받는 단순보의 영향선에 의한 휨모멘트 산정

[그림4.8.11](a)는 단순보에 집중하중이 작용하는 경우로, C점의 휨모멘트 M_C를 구하기 위해서는 그림(b)에서 볼 수 있듯이 M_C의 영향선에서 P_1, P_2에 해당하는 종거 y_1, y_2의 값을 구하고, P_1, P_2에 각각 종거 y_1, y_2의 값을 곱하여 더하면 휨모멘트 M_C를 다음과 같이 구할 수 있다.

$$M_C = P_1 y_1 + P_2 y_2 \tag{4.8.14}$$

상기 식(4.8.14)에서 종거 y_1, y_2의 값은 삼각형의 닮은꼴의 원리에 의하여 구할 수 있다.

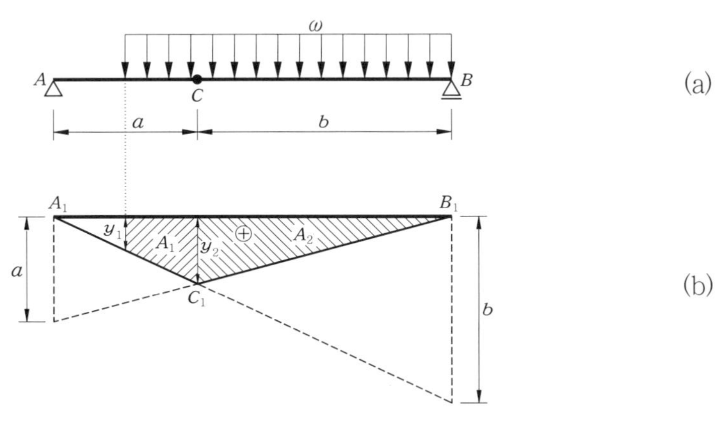

[그림4.8.12] 등분포하중을 받는 단순보의 영향선에 의한 휨모멘트 산정

[그림4.8.12](a)는 단순보에 등분포하중이 작용하는 경우로, C점의 휨모멘트 M_C를 구하기 위해서는 그림(b)에서 볼 수 있듯이 M_C의 영향선에서 등분포하중 ω가 작용하는 구간 아래의 영향면적 A_1, A_2를 구하고, 등분포하중 ω에 영향면적 A_1과 A_2를 각각 곱하여 더하면 휨모멘트 M_C를 다음과 같이 구할 수 있다.

$$M_C = \omega A_1 + \omega A_2 \tag{4.8.15}$$

◆ ◆ ◆ ◆ ◆ ◆

예제 4.8.5

다음과 같은 단순보에서 C점에서의 휨모멘트를 영향선에서 구하시오.

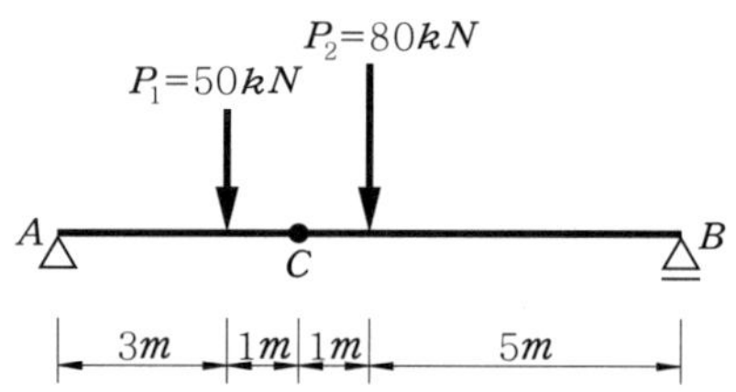

풀이

그림(a)와 같이 휨모멘트의 영향선을 그리고, 삼각형의 닮음비를 이용하여 y_1, y_2를 구한다.

$$y_1 = \frac{3\times 6}{10} = 1.8$$

$$y_2 = \frac{5\times 4}{10} = 2$$

따라서 C점에서의 휨모멘트 M_C는 다음과 같이 구할 수 있다.

$$M_C = P_1 y_1 + P_2 y_2 = (50\times 1.8) + (80\times 2)$$
$$= 250\,kN\cdot m$$

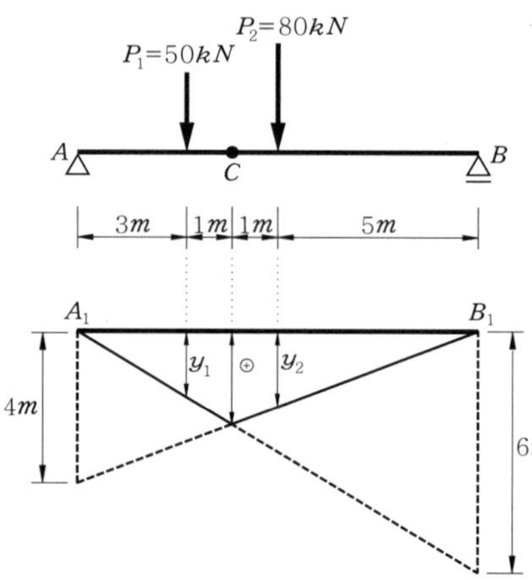

그림(a)

예제 4.8.6

다음과 같은 단순보에서 C 점에서의 휨모멘트를 영향선에서 구하시오.

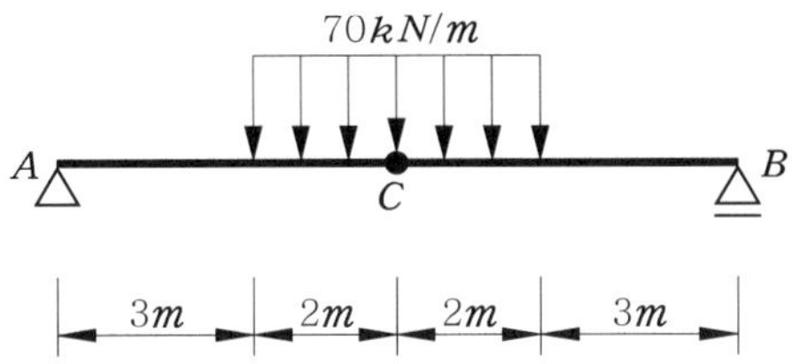

풀이

그림(a)와 같이 휨모멘트의 영향선을 그리고, 삼각형의 닮음비를 이용하여 y_1, y_2, y_3 를 구한다.

$$y_1 = \frac{3\times 5}{10} = 1.5$$

$$y_2 = \frac{5\times 5}{10} = 2.5$$

$$y_3 = \frac{3\times 5}{10} = 1.5$$

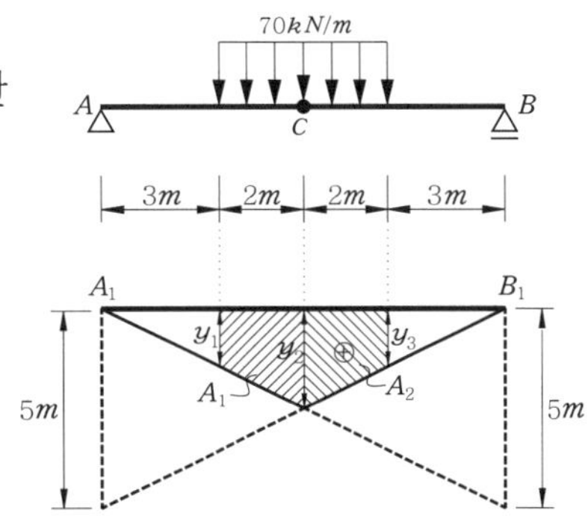

그림 (a)

영향면적 A_1, A_2 를 구하면,

$$A_1 = \frac{(y_1 + y_2)}{2}\times 2 = \frac{1.5+2.5}{2}\times 2 = 4 \qquad A_2 = \frac{(y_2 + y_3)}{2}\times 2 = \frac{1.5+2.5}{2}\times 2 = 4$$

따라서 C 점에서의 휨모멘트 M_C 는 다음과 같이 구할 수 있다

$$M_C = wA_1 + wA_2 = (70\times 4) + (70\times 4) = 560\,kN\cdot m$$

예제 4.8.7

다음과 같은 단순보의 반력, C 점에서의 전단력과 휨모멘트를 영향선에서 구하시오.

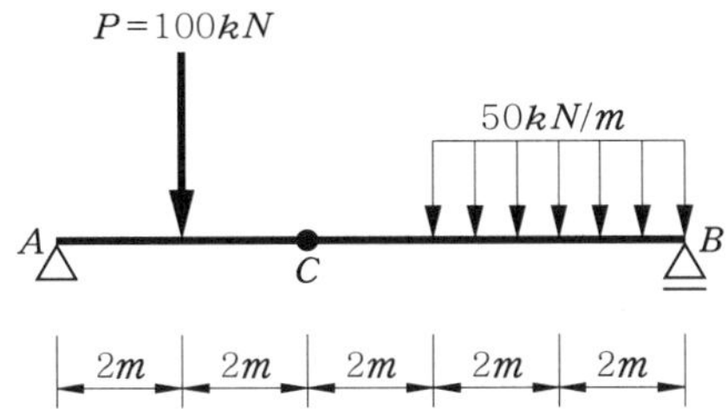

풀이

(1) 반력

그림(a),(b)와 같이 R_A, R_B의 영향선을 그리고, 삼각형의 닮음비를 이용하여 y_1, y_2, y_3, y_4, A_1, A_2를 구한다.

$y_1 = 0.8$, $y_2 = 0.4$, $y_3 = 0.2$, $y_4 = 0.6$

$A_1 = 0.4 \times 4 \times 0.5 = 0.8$

$A_2 = (0.6 + 1) \times 0.5 \times 4 = 3.2$

따라서 반력 R_A, R_B는 다음과 같이 구할 수 있다.

$R_A = P \times y_1 + w \times A_1 = 120kN(\uparrow)$

$R_B = P \times y_3 + w \times A_2 = 180kN(\uparrow)$

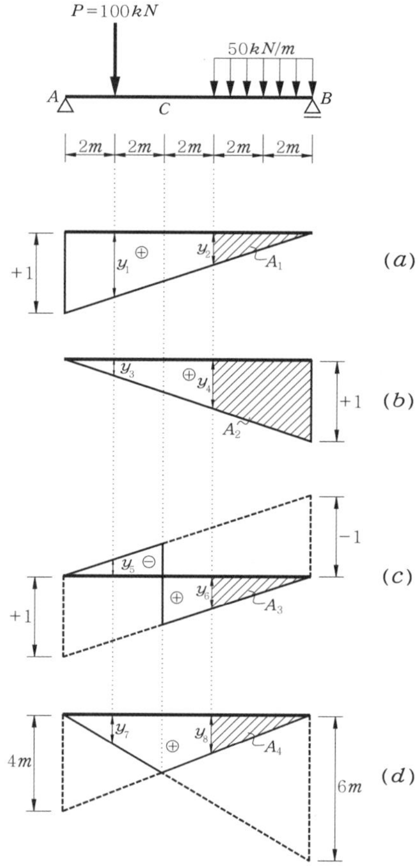

(2) C점에서의 전단력

그림(c)와 같이 C점에서의 전단력의 영향선을 그리고, 삼각형의 닮음비를 이용하여 y_5, y_6, A_3를 구한다.

$y_5 = -0.2$, $y_6 = 0.4$

$A_3 = 0.4 \times 4 \times 0.5 = 0.8$

따라서 C점에서의 전단력 V_C는 다음과 같이 구할 수 있다.

$V_C = P \times y_5 + w \times A_3 = 20kN$

(3) C점에서의 휨모멘트

그림(d)와 같이 C점에서의 휨모멘트의 영향선을 그리고, 삼각형의 닮음비를 이용하여 y_7, y_8, A_4를 구한다.

$y_7 = 1.2$, $y_8 = 1.6$, $A_4 = 1.6 \times 4 \times 0.5 = 3.2$

따라서 C점에서의 휨모멘트 M_C는 다음과 같이 구할 수 있다.

$M_C = P \times y_7 + w \times A_4 = 280\,kN \cdot m$

$\therefore\ R_A = 120kN(\uparrow)$, $R_B = 180kN(\uparrow)$, $V_C = 20kN$, $M_C = 280\,kN \cdot m$

◆ ◆ ◆ ◆ ◆ ◆

◈ 연 습 문 제 ◈

4.8.1 다음과 같은 단순보에 등분포하중 ω가 작용하고 있다. 등분포하중 ω는 길이 $2L$ 만큼의 구간에 작용하고 이 하중이 이동하고 있다면, 이 단순보에 발생하는 최대반력은 얼마인가?

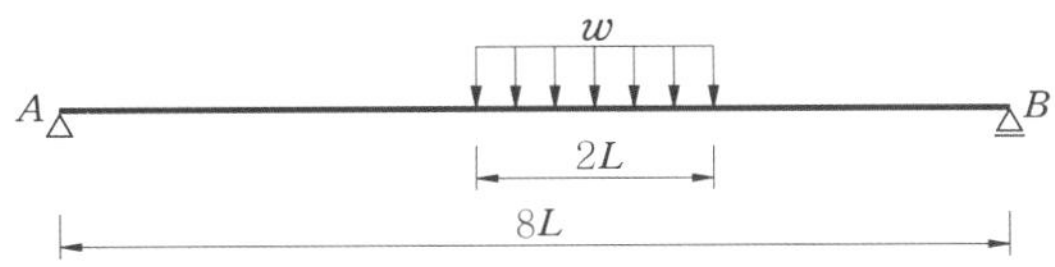

① $0.875\,\omega \cdot L$　　② $1.25\,\omega \cdot L$

③ $1.75\omega \cdot L$　　④ $2.0\,\omega \cdot L$

4.8.2 다음과 같은 단순보가 있을 때, C점에서의 휨모멘트의 영향선의 최대종거를 바르게 적은 것을 골라라.

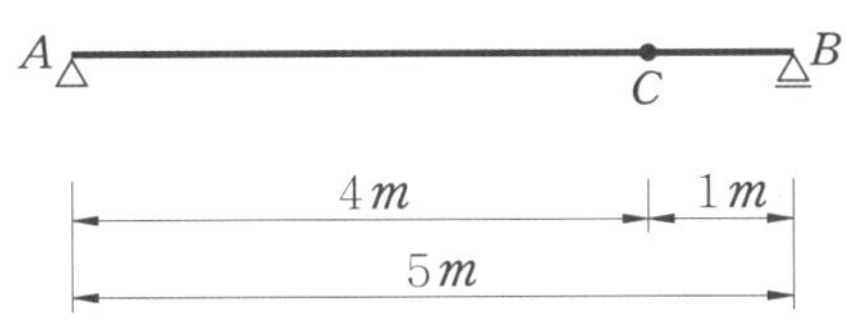

① 0.2　　② 0.8

③ 1.25　　④ 0.25

4.8.3 다음과 같은 길이가 $L=10m$인 단순보 위를 하중 $P=100kN$이 통과하고 있다. 이 단순보에 생기는 최대전단력 V와 최대휨모멘트 M을 바르게 표기한 것을 골라라.

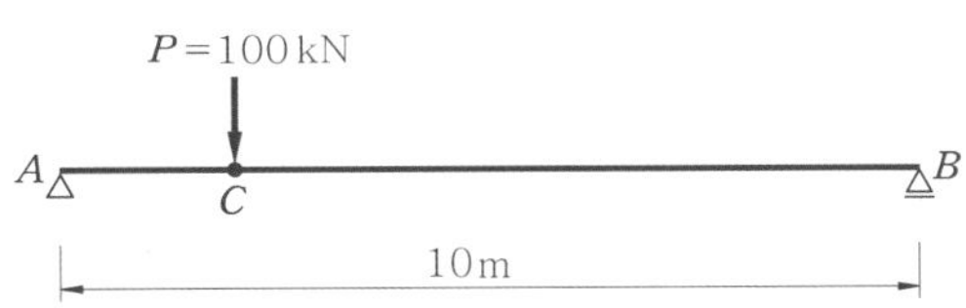

① $V=100kN,\ M=250kN\cdot m$　　② $V=50kN,\ M=500kN\cdot m$

③ $V=100kN,\ M=500kN\cdot m$　　④ $V=50kN,\ M=250kN\cdot m$

4.8.4 다음과 같이 캔틸레버 보 위에서 2개의 하중이 일정한 간격으로 이동하고 있다. 이 캔틸레버 보의 최대반력 R_A를 골라라.

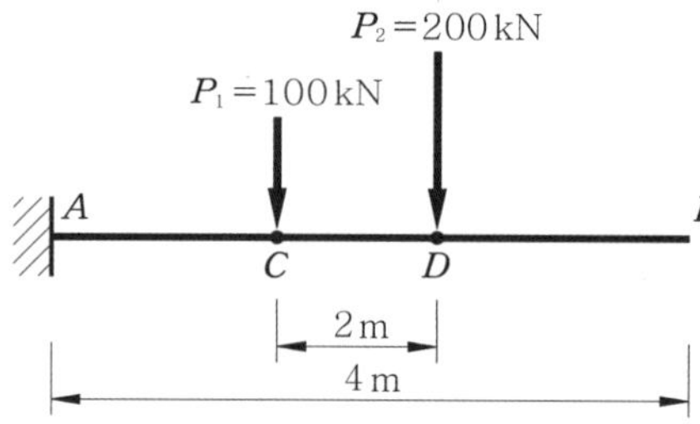

① $R_A = 100kN$　　② $R_A = 150kN$

③ $R_A = 200kN$　　④ $R_A = 300kN$

4.8.5 다음과 같은 내민보 위에 하중 $P = 150\,kN$이 작용하고 있다. 이때 다음 조건들을 만족하는 값을 바르게 적은 것을 골라라.

(1) 하중이 내민보의 A점에서부터 D점까지 이동할 때, C점의 최대반력 R_C

(2) 하중이 B점에 작용할 때의 전단력의 영향선에서 D점의 종거

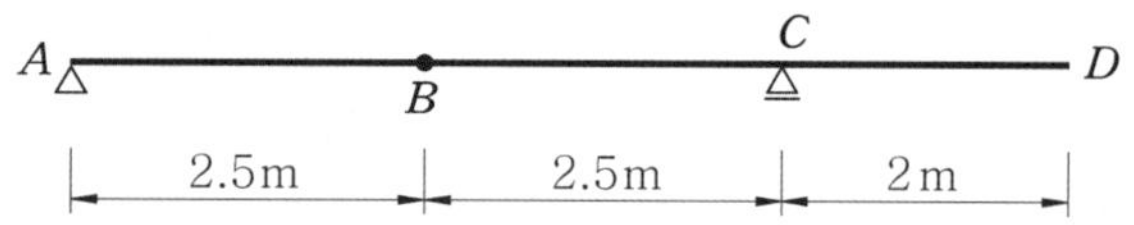

① $R_C = 150kN,\ y_D = -0.5m$　　② $R_C = 210kN,\ y_D = -0.4m$

③ $R_C = 300kN,\ y_D = -0.4m$　　④ $R_C = 60kN,\ y_D = -0.5m$

4.9 정정보의 최대단면력*

앞에서 살펴보았듯이 정정보에 단일 집중하중이나 등분포하중이 이동하는 경우에는 임의 단면에 최대단면력을 일으키는 하중의 작용 위치를 영향선을 통하여 쉽게 알 수 있다. 그러나 자동차, 열차, 크레인 차륜 등의 이동하중이 작용하는 경우에는 영향선에 의하여 바로 알 수 없으며, 최대단면력이 발생하는 조건을 만족시키는 하중을 배치하여야 한다.

4.9.1 보의 최대반력

이동하중이 작용하는 보의 어떤 한 지점에 일어날 수 있는 가장 큰 반력을 그 지점의 **최대반력**(最大反力, Maximum Reaction)이라고 한다. 이동하중이 단순보를 지나갈 때에는 각 하중이 지점 위에 올 때마다 그 지점의 반력이 그 하중에 대하여 최대가 되므로, 이들의 경우에 대하여 지점의 반력을 모두 구하고 그 중에서 가장 큰 것이 최대반력이 된다.

예를 들어 단순보에 등분포하중(ω)이 이동하중으로 작용할 때는 [그림4.9.1](a)와 같이 등분포하중의 한 끝이 지점에 올 때가 그 지점의 반력이 최대가 된다. 그림(a)에서는 지점 A의 반력 R_A가 최대가 된다. 이는 그림(a)의 반력 R_A의 영향선을 통해서도 쉽게 알 수 있다.

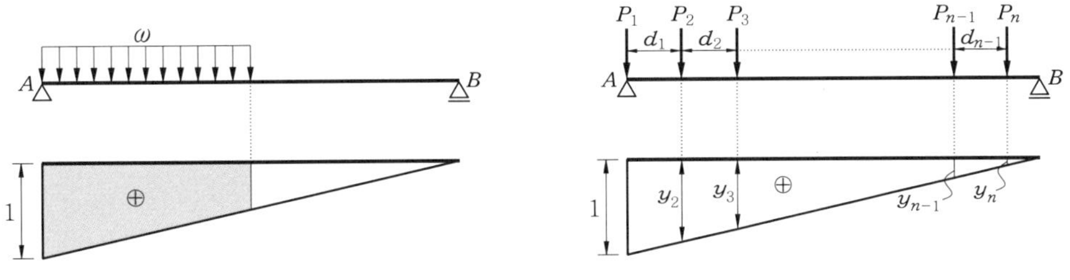

(a) (b)

[그림4.9.1] 단순보의 최대반력

한편 [그림4.9.1](b)와 같이 단순보에 다수의 집중하중이 이동하중으로 작용할 때의 지점 A의 반력 R_A는 각각의 하중이 지점 A에 올 때마다 극대값이 되므로, 이들 가운데 가장 큰 값이 최대반력이다.

4.9.2 보의 최대전단력

가. 임의 단면의 최대전단력

이동하중이 작용하는 보의 어떤 임의 단면에 일어날 수 있는 가장 큰 전단력을 그 단면의 **최대전단력**(最大剪斷力, Maximum Shearing Force)이라고 한다. 단순보에서는 임의 단면 C점의 전단력의 영향선에 의하면 하중이 다음과 같은 위치에 작용할 때 단면 C점에서는 최대전단력이 발생한다.

① [그림4.9.2](a)와 같이 단순보에 등분포하중(ω)이 이동하중으로 오른쪽에서 왼쪽으로 작용하는 경우, 등분포하중의 맨 앞이 C점에 도달할 때 양(+)의 최대전단력이 발생하고 등분포하중의 맨 뒤가 C점에 도달할 때 음(–)의 최대전단력이 발생한다.

② [그림4.9.2](b)와 같이 단순보에 단일 집중하중(P)이 이동하중으로 작용하는 경우, 하중 P가 C점의 오른쪽에 극히 접근할 때 양(+)의 최대전단력이 발생하고 하중 P가 C점의 왼쪽에 극히 접근할 때 음(–)의 최대전단력이 발생한다.

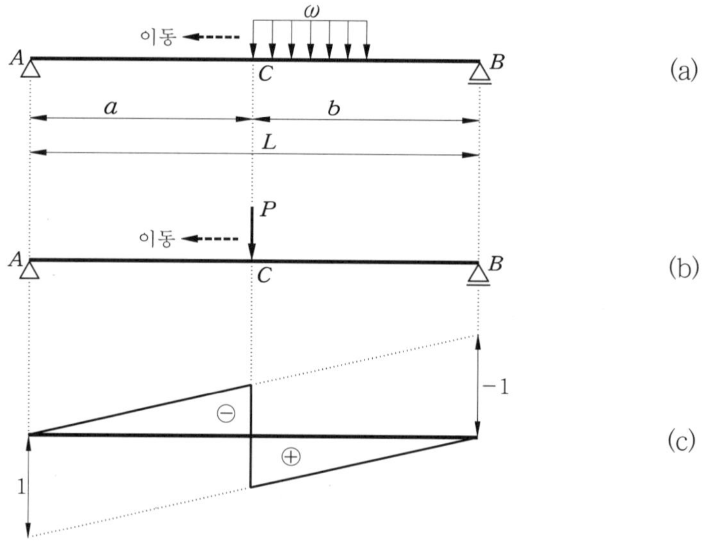

[그림4.9.2] 이동하중을 받는 단순보에서 임의 단면의 최대전단력

③ [그림4.9.3]과 같이 단순보에 다수의 집중하중이 이동하중으로 오른쪽에서 왼쪽으로 작용하는 경우, 임의 단면 C점의 양(+)의 전단력은 하중 하나하나가 C점의 오른쪽에 극히 접근할 때마다 극대값이 되므로 이들 가운데 가장 큰 값이 단면 C의 양(+)의 최대전단력이다.
또한 음(–)의 최대전단력은 다수의 집중하중을 이동하중으로 왼쪽에서 오른쪽으로 작용시키면서 같은 방법으로 구하면 된다.

한편 보를 설계할 때는 전단력의 부호에 관계없이 절대값이 큰 것을 사용하므로, $a<b$ 이면 양(+)의 최대전단력이, $a>b$ 이면 음(−)의 최대전단력이 단면 C의 최대전단력이 된다.

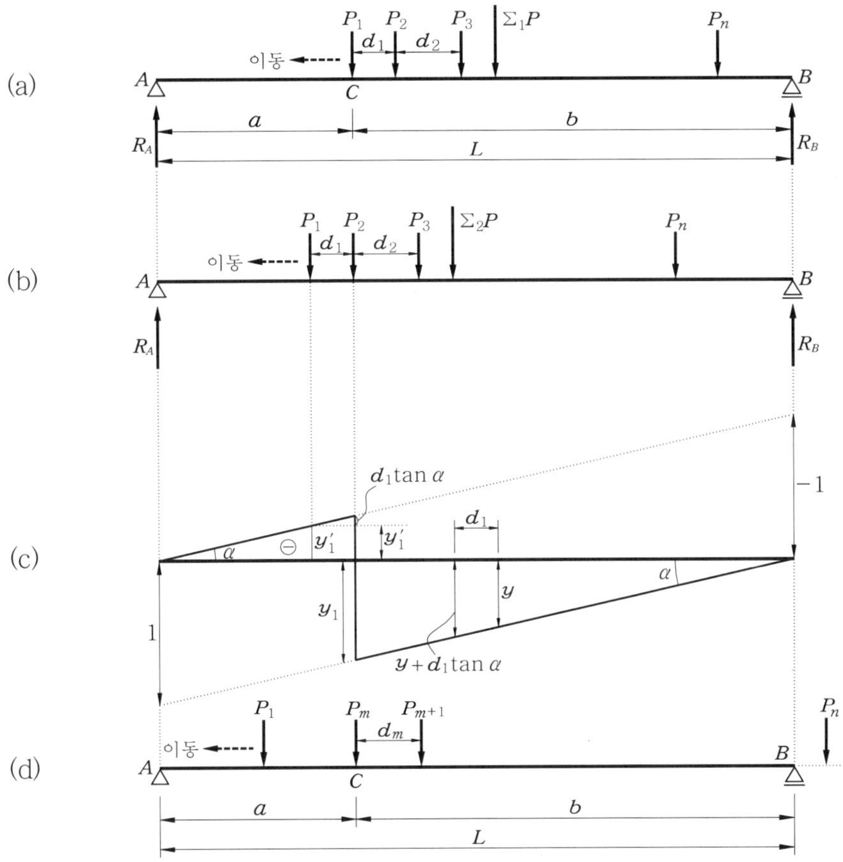

[그림4.9.3] 단순보에서 다수의 집중하중이 이동할 때

다음은 단순보에 다수의 집중하중이 이동할 때 임의 단면 C에 최대전단력을 일으키는 하중의 배치를 결정하는 조건식에 대하여 살펴보도록 한다.

[그림4.9.3]에서 단면 C에 집중하중 P_1, P_2, ……, P_n이 각각 올 때 보에 실리는 하중의 합력을 각각 $\Sigma_1 P$, $\Sigma_2 P$, …… , $\Sigma_n P$라 하고, 하중 P_1과 P_2, P_2와 P_3, …… , P_{n-1}과 P_n 사이의 거리를 각각 d_1, d_2, …… , d_{n-1}이라 하자.

[그림4.9.3]에서 다수의 집중하중이 오른쪽에서 왼쪽으로 이동한다고 할 때 그림(a)는 하중 P_1이 단면 C의 바로 오른쪽에 접근한 경우이고, 그림(b)는 하중 P_2가 단면 C의 바로 오른쪽에 접근한 경우이다.

여기서 그림(a)와 그림(b)의 경우에 대한 단면 C의 전단력을 각각 $V_{C(a)}$와 $V_{C(b)}$라 하고, 이들의 값을 그림(c)의 영향선을 통하여 각각 구하여 서로 비교하여 보자.

그림(a)의 경우, 하중 P_1, P_2, …… , P_n의 작용점에서의 영향선의 종거(縱距)

를 각각 y_1, y_2, ⋯⋯ , y_n이라 하면 단면 C의 전단력 $V_{C(a)}$를 다음과 같이 구할 수 있다.

$$V_{C(a)} = P_1 y_1 + P_2 y_2 + \cdots\cdots + P_n y_n \tag{4.9.1}$$

그림(b)의 경우, 하중 P_1, P_2, ⋯⋯ , P_n의 작용점에서의 영향선의 종거(縱距)를 각각 y_1', y_2', ⋯⋯ , y_n' 이라 하면, 그림(c)에서 $y_1' = y_1 + d_1 \tan\alpha - 1$ 이고, y_2', y_3', ⋯⋯ , y_n'는 각각 y_2, y_3, ⋯⋯ , y_n에 $d_1 \tan\alpha$를 더한 값과 같으므로, 단면 C의 전단력 $V_{C(b)}$를 다음과 같이 구할 수 있다.

$$\begin{aligned} V_{C(b)} &= P_1 y_1' + P_2 y_2' + \cdots + P_n y_n' \\ &= P_1 (y_1 + d_1 \tan\alpha - 1) + P_2 (y_2 + d_1 \tan\alpha) + \cdots + P_n (y_n + d_1 \tan\alpha) \end{aligned} \tag{4.9.2}$$

다음, $V_{C(a)}$와 $V_{C(b)}$를 비교하기 위해 $V_{C(a)}$로부터 $V_{C(b)}$를 빼면 다음과 같다.

$$\begin{aligned} V_{C(a)} - V_{C(b)} &= P_1 - (P_1 + P_2 + \cdots\cdots + P_n) d_1 \tan\alpha \\ &= P_1 - d_1 \tan\alpha \, \Sigma_1 P = P_1 - \frac{d_1}{L} \Sigma_1 P \end{aligned} \tag{4.9.3}$$

따라서 상기 식(4.9.3)으로부터 다음과 같은 관계식이 성립된다.

$$\begin{aligned} & P_1 > \frac{d_1}{L} \Sigma_1 P \text{ 이면, } V_{C(a)} > V_{C(b)} \qquad \text{(a)} \\ & P_1 < \frac{d_1}{L} \Sigma_1 P \text{ 이면, } V_{C(a)} < V_{C(b)} \qquad \text{(b)} \end{aligned} \tag{4.9.4}$$

상기 식(4.9.4)에서 그림(a)와 같이 하중 P_1이 단면 C의 바로 오른쪽에 접근한 경우, 단면 C의 전단력이 최대가 되려면 식(4.9.4)(a)를 만족해야 한다.

만약 $P_1 < \frac{d_1}{L} \Sigma_1 P$ 이고, $P_2 > \frac{d_2}{L} \Sigma_2 P$ 이면, 그림(b)와 같이 하중 P_2가 단면 C의 바로 오른쪽에 접근한 경우에서 단면 C의 전단력이 최대가 된다.

결국 일반적인 경우로 그림(d)와 같이 하중 P_m이 단면 C에 올 때 실리는 하중의 합력을 $\Sigma_m P$, 하중 P_m과 P_{m+1} 사이의 거리를 d_m이라 할 때, 하중 P_m이 단면 C의 바로 오른쪽에 올 때 단면 C의 전단력이 최대가 되기 위한 조건식은 다음을 만족하여야 한다.

$$P_m > \frac{d_m}{L} \Sigma_m P \tag{4.9.5}$$

상기 식(4.9.5)의 적용에 있어서 주의할 것은 다수의 집중하중이 이동할 때 앞에 있는 하중은 보 밖으로 빠져나가고 뒤에 있는 하중은 보 안으로 들어오게 되므로 반드시 이를 확인하고 계산하여야 한다.

또한 이동하중을 이루는 하중 하나하나가 단면 C에 올 때 식(4.9.5)를 만족하는 경우가 여러 번 있을 수 있으므로, 그때마다 전단력을 계산하여야 하며 이들 값 중에 가장 큰 것이 단면 C에서의 최대전단력이다.

한편 단면 C의 음(−)의 최대전단력을 구하기 위해서는 하중을 왼쪽에서 오른쪽으로 이동시키면서 마찬가지로 하중 하나하나가 단면 C에 올 때마다 식(4.9.5)를 적용시키면 된다.

나. 절대최대전단력

이동하중이 보에 작용하는 경우에 그 보에 생길 수 있는 전단력 중에서 가장 큰 전단력을 **절대최대전단력**(絶對最大剪斷力, Absolute Maximum Shearing Force)이라고 한다. 단순보에서는 지점에 무한히 가까운 단면에서 생기고 그 값은 최대반력과 같다. 따라서 단순보의 절대최대전단력 즉 최대반력은 임의 단면 C가 양쪽 지점의 위치에 일치하는 것으로 생각하여 식(4.9.5)를 적용하여 구할 수 있다.

◆ ◆ ◆ ◆ ◆ ◆

예제 4.9.1

다음과 같은 이동하중이 작용하는 단순보의 단면 C의 최대전단력과 보의 절대최대전단력을 구하시오.

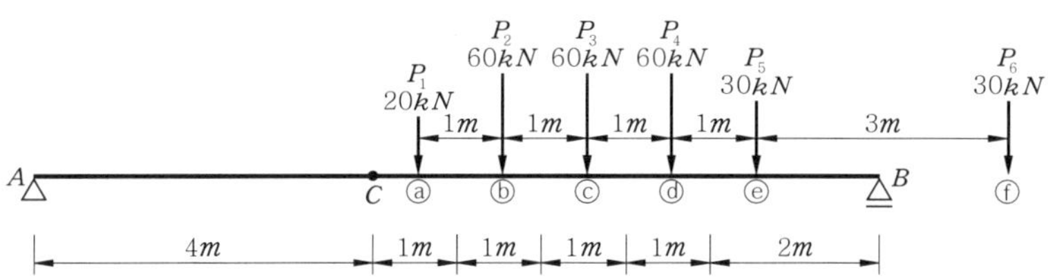

풀이

(1) 단면 C의 최대전단력

구하고자 하는 단면력의 위치 C가 보 중앙보다 좌측에 위치하므로 양(+)의 전단력이 최대전단력이 된다.

또한 하중 ⓐ가 하중 ⓑ에 비하여 작고, 하중 ⓑ, ⓒ, ⓓ의 크기가 같으므로, 하중 ⓐ, ⓑ가 단면 C에 오는 경우 최대전단력이 발생할 것으로 예상된다.

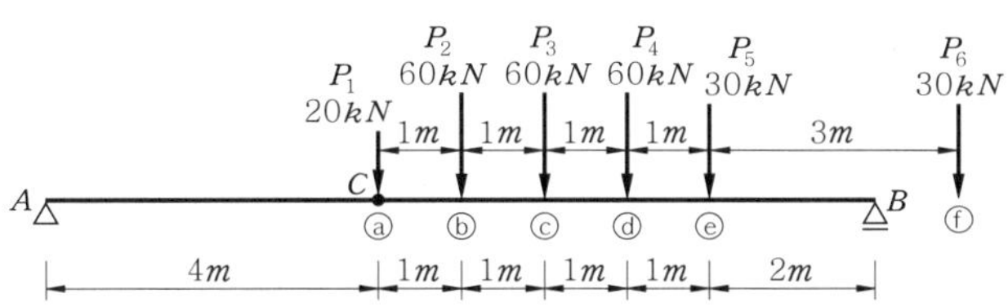

그림(a)

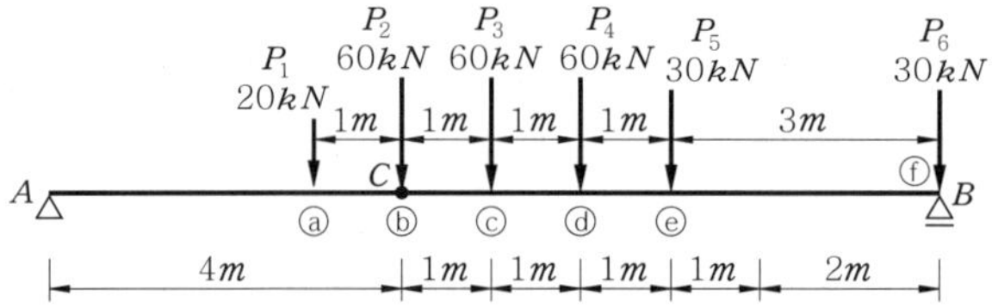

그림(b)

그림(a)와 같이 하중 ⓐ가 단면 C에 올 때,

$$P_m = 20 < \frac{d_m}{L}\Sigma_m P = 23 \qquad \therefore\ N.G$$

그림(b)와 같이 하중 ⓑ가 단면 C에 올 때,

$$P_m = 60 > \frac{d_m}{L}\Sigma_m P = 23 \qquad \therefore\ O.K$$

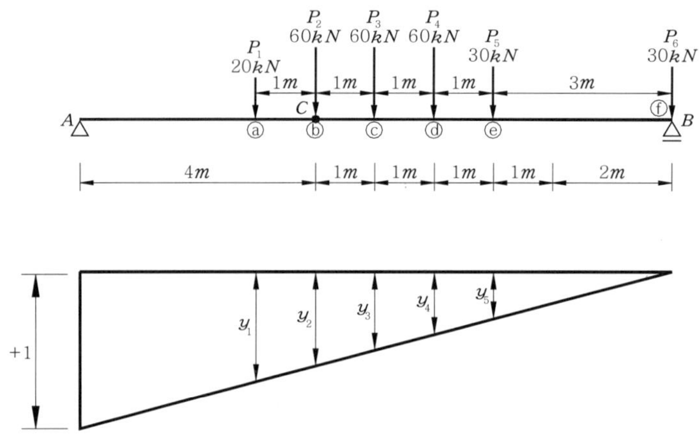

그림(c)

그림(c)와 같이 반력 R_A의 영향선을 이용하여 반력을 구한다.

$$R_A = 20\times0.7+60\times0.6+60\times0.5+60\times0.4+30\times0.3 = 113\,kN(\uparrow)$$

따라서 단면 C의 최대전단력 $V_{C\max.}$를 구하면

$$\therefore\ V_{C\max.} = R_A - 20 = 90\,kN$$

(2) 보의 절대최대전단력

지점 A에 하중 ⓐ, ⓑ가 올 때 보의 절대최대전단력이 발생할 것으로 예상된다.

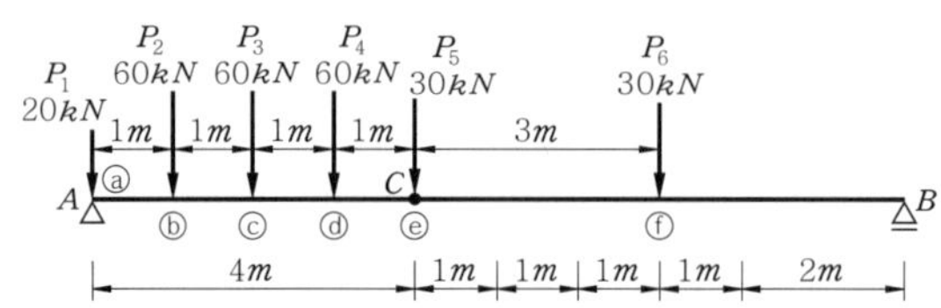

그림(d)

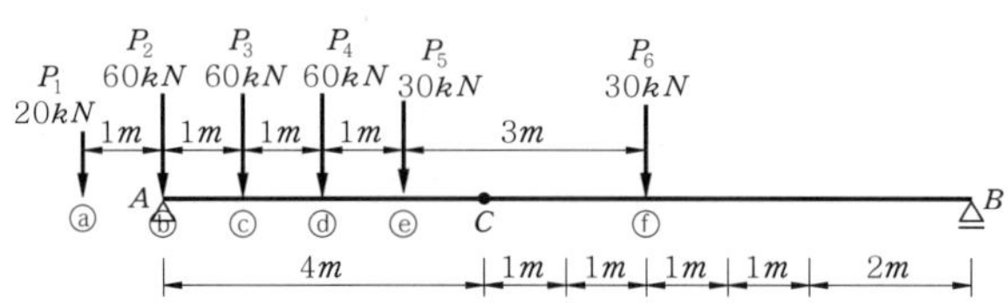

그림(e)

그림(d)와 같이 하중 ⓐ가 지점 A에 올 때,

$$P_m = 20 < \frac{d_m}{L}\Sigma_m P = 28 \qquad \therefore\ N.G$$

그림(e)와 같이 하중 ⓑ가 지점 A에 올 때,

$$P_m = 60 > \frac{d_m}{L}\Sigma_m P = 26 \qquad \therefore\ O.K$$

따라서 절대최대전단력 $V_{abs\,\max.}$를 구하면

$$\therefore\ V_{abs\,\max.} = R_A = \frac{1}{10}(60\times10+60\times9+60\times8+30\times7+30\times4) = 195kN$$

◆ ◆ ◆ ◆ ◆ ◆

4.9.3 보의 최대휨모멘트

가. 임의 단면의 최대휨모멘트

이동하중이 작용하는 보의 어떤 임의 단면에 일어날 수 있는 가장 큰 휨모멘트를 그 단면의 **최대휨모멘트**(Maximum Bending Moment)라고 한다.

단순보에서는 임의 단면 C점의 휨모멘트의 영향선에 의하면 하중이 다음과 같은 위치에 작용할 때 단면 C점에서는 최대휨모멘트가 발생한다.

① [그림4.9.4]와 같이 단순보에 단일 집중하중 P가 이동하는 경우, 집중하중 P가 C점에 올 때 단면 C점의 휨모멘트가 최대로 된다.

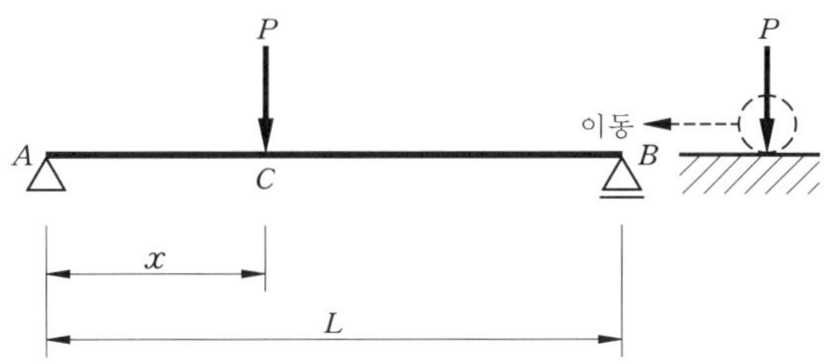

[그림4.9.4] 단순보에 1개의 집중하중이 이동할 때

② [그림4.9.5]와 같이 단순보에 2개의 집중하중 P_1과 P_2가 이동하는 경우, 집중하중 P_1, P_2 중 어느 하나가 C점에 올 때 단면 C점의 휨모멘트가 최대로 된다.

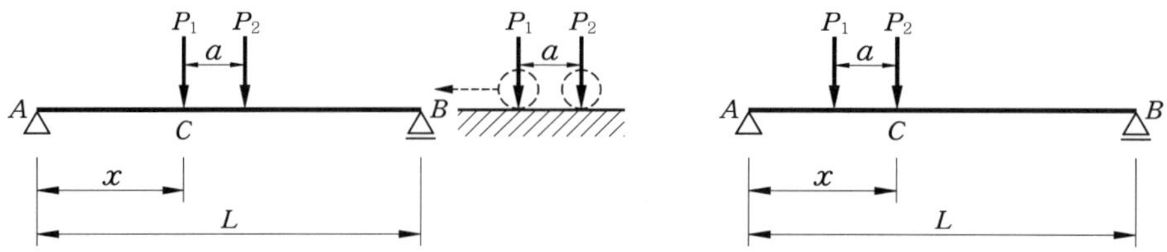

(a) P_1 이 C 점에 올 때　　　　(b) P_2 가 C 점에 올 때

[그림4.9.5] 단순보에 2개의 집중하중이 이동할 때

③ [그림4.9.6]과 같이 단순보에 다수의 집중하중 P_1, P_2, …… ,P_{m-1}, P_m, …… , P_{n-1}, P_n 이 이동하고 또 하중 P_m 이 단면 C 점에 올 때, 다음과 같은 조건식이 성립하면 단면 C 점의 휨모멘트가 최대로 된다.

$$\sum_{1}^{m-1} P < \frac{x}{L} \sum_{1}^{n} P < \sum_{1}^{m} P \tag{4.9.6}$$

상기 식(4.9.6)을 만족하는 하중의 위치는 여러 이동하중에 대하여 2개 이상이 되는 경우도 있는데, 이런 경우에는 각 하중 위치에 대하여 각각 휨모멘트를 계산하여 그 중 가장 큰 것을 단면 C 점의 최대휨모멘트로 채택하면 된다.

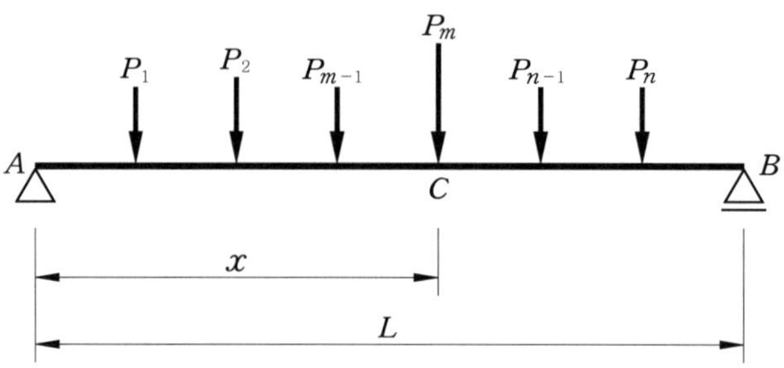

[그림4.9.6] 단순보에 다수의 집중하중이 이동할 때

④ [그림4.9.7]과 같이 단순보에 등분포하중 ω 의 작용구간이 a 인 부분 등분포하중이 이동하는 경우, 다음과 같은 조건식이 성립하면 단면 C 점의 휨모멘트가 최대로 된다.

$$\begin{aligned} \frac{\omega Z}{x} &= \frac{\omega a}{L} \\ Z &= \frac{a x}{L} \end{aligned} \tag{4.9.7}$$

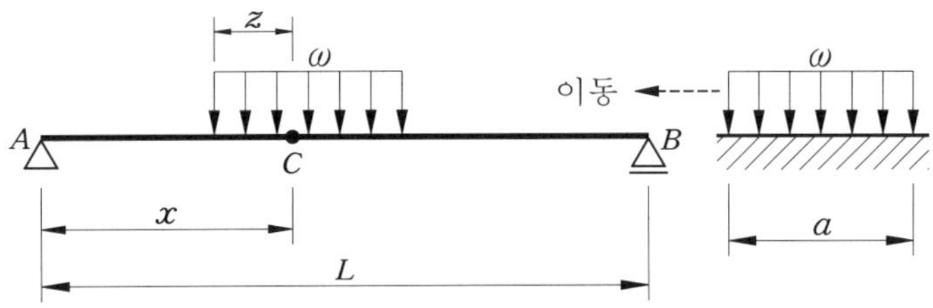

[그림4.9.7] 단순보에 부분 등분포하중이 이동할 때

다음은 단순보에 다수의 집중하중 P_1, P_2, …… ,P_{m-1}, P_m, …… , P_{n-1}, P_n 이 이동할 때 임의 단면 C점에 최대휨모멘트가 일어나기 위한 하중의 작용위치를 결정하는 조건식(4.9.6)을 유도해 보기로 한다.

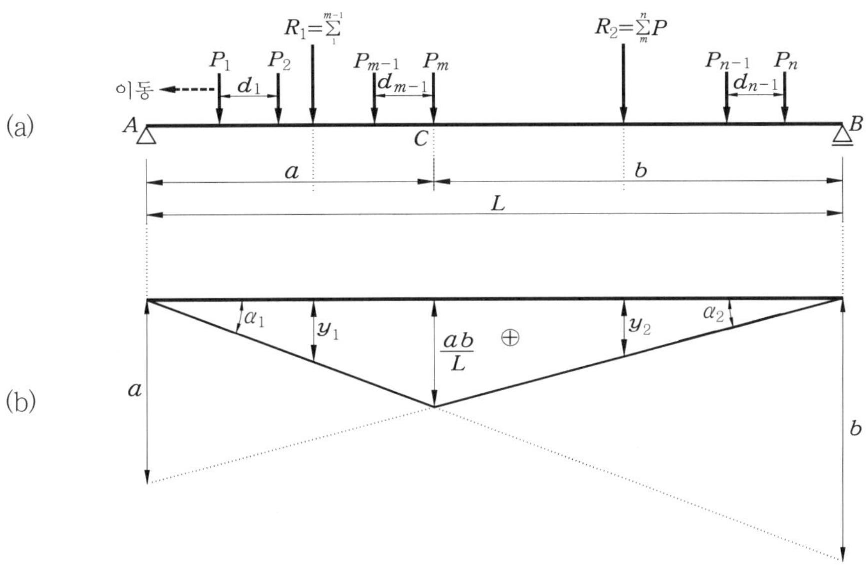

[그림4.9.8] 다수의 집중하중이 이동하는 단순보에서 임의 단면의 휨모멘트 영향선

[그림4.9.8](a)에서 단순보에 작용하는 n개의 이동하중 가운데 구간 $A \sim C$ 사이에 작용하는 하중의 합력을 R_1, 구간 $B \sim C$ 사이에 작용하는 하중의 합력을 R_2라 하고, 그림(b)의 단면 C점의 휨모멘트 영향선에서 R_1, R_2의 작용점에 대응하는 종거(縱距)를 각각 y_1, y_2라 하자.

그림(a)에서 단면 C점의 최대휨모멘트는 P_{m-1} 또는 P_m이 단면 C점에 올 때 일어날 것이다. 여기서 P_m이 단면 C점에 올 때 최대휨모멘트가 발생한다고 가정하면 다음과 같은 식이 성립된다.

$$M_c = R_1 y_1 + R_2 y_2 \tag{4.9.8}$$

한편 하중이 dx 만큼 왼쪽으로 이동하였을 때 단면 C 점의 휨모멘트가 dM_c 만큼 증가하였다고 하면 다음과 같은 식이 성립된다.

$$M_c + dM_c = R_1(\,y_1 - dx\,\tan\alpha_1\,) + R_2(\,y_2 + dx\,\tan\alpha_2\,) \tag{4.9.9}$$

식(4.9.8)과 식(4.9.9)으로부터 dM_c 를 구하면 다음과 같다.

$$dM_c = dx\,(-R_1\,\tan\alpha_1 + R_2\,\tan\alpha_2\,) \tag{4.9.10}$$

한편 그림(b)에서 $\tan\alpha_1 = b\,/\,L$, $\tan\alpha_2 = a\,/\,L$ 이므로 식(4.9.10)은 다음과 같다.

$$dM_c = dx\,(-R_1\,\frac{b}{L} + R_2\,\frac{a}{L}\,) \tag{4.9.11}$$

상기 식(4.9.11)은 다음과 같이 변형시킬 수 있다.

$$\frac{dM_c}{dx} = \frac{a\,b}{L}\,(\,\frac{R_2}{b} - \frac{R_1}{a}\,) \tag{4.9.12}$$

여기서 $dM_c\,/\,dx$ 는 단면 C 점에서의 휨모멘트 변화율이므로, 단면 C 점의 휨모멘트가 최대가 되려면 $dM_c\,/\,dx = 0$ 이 되어야 한다. 따라서 다음과 같은 식이 성립된다.

$$\frac{R_2}{b} - \frac{R_1}{a} = 0 \tag{4.9.13}$$

결국 상기 식(4.9.13)은 단면 C 점의 최대휨모멘트를 구하기 위한 조건식이 된다.

여기서 만약 단면 C 점에 있는 하중 P_m 을 포함한 모든 하중이 dx 만큼 왼쪽으로 이동한다면, 하중 P_m 이 R_1 에 포함됨으로, 식(4.9.13)의 좌변은 양(+)에서 음(−)으로 변하며 그 사이에서 '0' 을 통과하는 것이 필요하다. 이를 위해서는 a, b 는 상수이므로, R_1 이 증가하거나 R_2 가 감소해야 한다. 다시 정리하면 M_c 가 최대가 되려면, 하중 P_m 이 C 점에 작용하고, P_m 을 R_1 에 포함시키면 식(4.9.13)의 좌변이 음(−), P_m 을 dx 만큼 오른쪽으로 이동하여 R_2 에 포함시키면 식(4.9.13)의 좌변이 양(+)이 되어야 한다.

또한 식(4.9.13)에 $b = L - a$ 를 대입하면 다음과 같다.

$$\frac{R_2}{L-a} - \frac{R_1}{a} = 0 \tag{4.9.14}$$

상기 식(4.9.14)에서 $R_1\,L = a(R_1 + R_2) = a\,R$ 이므로 다음과 같은 식으로 변형된다.

$$\frac{R_1}{a} = \frac{R}{L} \tag{4.9.15}$$

여기서, 하중 P_m 을 R_1 에 포함시키면,

$$R_1 = P_1 + P_2 + \cdots\cdots + P_m = \sum_1^m P$$

하중 P_m을 R_2에 포함시키면,

$$R_1 = P_1 + P_2 + \cdots\cdots + P_{m-1} = \sum_1^{m-1} P \text{ 이고,}$$

$$R = P_1 + P_2 + \cdots\cdots + P_n = \sum_1^n P \text{ 이므로,}$$

식(4.9.15)에 의하여 임의 하중 P_m이 단면 C점에 올 때, 단면 C의 휨모멘트가 최대가 되려면 다음과 같이 되어야 한다.

$$\frac{\sum_1^m P}{a} > \frac{\sum_1^n P}{L}, \qquad \frac{\sum_1^{m-1} P}{a} < \frac{\sum_1^n P}{L} \tag{4.9.16}$$

한편 상기 식(4.9.16)은 다음과 같은 조건식으로 정리될 수 있다.

$$\frac{\sum_1^{m-1} P}{a} < \frac{\sum_1^n P}{L} < \frac{\sum_1^m P}{a} \tag{4.9.17}$$

결국 식(4.9.17)은 a 대신에 x를 대입하면 식(4.9.6)과 일치함을 알 수 있다.

나. 절대최대휨모멘트

이동하중이 보에 작용하는 경우에 그 보에 생길 수 있는 휨모멘트 중에서 가장 큰 휨모멘트를 **절대최대휨모멘트**(Absolute Maximum Bending Moment)라고 한다.

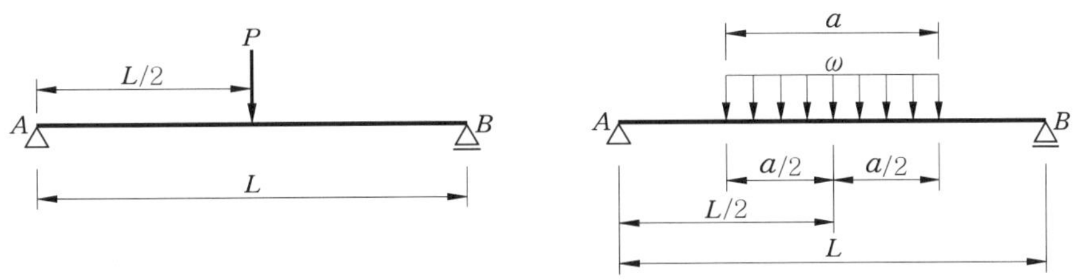

(a) (b)

[그림4.9.9] 단순보에 1개의 집중하중 및 부분 등분포하중이 이동할 때의 절대최대휨모멘트

단순보에서는 하중이 다음과 같은 위치에 작용할 때 절대최대휨모멘트가 발생한다.

① [그림4.9.9](a)와 같이 단순보에 단일 집중하중 P가 이동하는 경우, 집중하중 P가 보의 중앙에 올 때 중앙에서 절대최대휨모멘트가 발생한다.

② [그림4.9.9](b)와 같이 단순보에 등분포하중 ω의 작용구간이 a인 부분 등분포하중이 이동하는 경우, 하중이 보의 중앙에 대하여 대칭의 위치에 올 때 중앙에서 절대최대휨모멘트가 발생한다.

③ 단순보에 다수의 집중하중이 이동하는 경우, 이 보에 절대최대휨모멘트가 생기는 하중의 위치는 대부분 [그림4.9.10](a)의 경우이나 드물게는 그림(b)와 같은 경우에서도 생길 수 있다.

[그림4.9.10](a)의 경우는 다수의 집중하중이 단순보를 이동할 때, 보에 실리는 전체하중의 합력 R의 작용점과 그와 가장 가까운 하중 P_r과의 사이(e)가 보의 중앙에 의하여 2등분되는 경우로 하중 P_r 바로 밑 C점에서 절대최대휨모멘트가 발생한다.

[그림4.9.10](b)의 경우는 보에 실리는 전체하중의 합력 R과 그와 가장 가까운 하중 P_r이 아주 작을 때로, 합력 R과 약간 먼 위치에 있더라도 부근의 큰 하중 P_{r+1}과의 사이(e)가 보의 중앙에 의하여 2등분되는 경우로 하중 P_{r+1} 바로 밑 D점에서 절대최대휨모멘트가 발생한다.

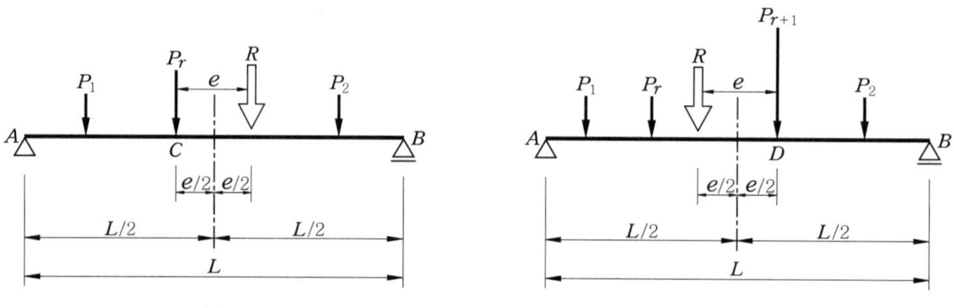

(a) (b)

[그림4.9.10] 단순보에 다수의 집중하중이 이동할 때의 절대최대휨모멘트

다음은 단순보에 다수의 집중하중이 이동할 때 절대최대휨모멘트가 일어나기 위한 하중의 작용위치인 [그림4.9.10](a)을 확인해 보기로 한다.

[그림4.9.11]과 같이 다수의 집중하중 P_1, P_2, …… , P_m, …… , P_{n-1}, P_n이 이동할 때 임의의 한 단면에 최대휨모멘트가 일어나기 위해서는 어느 한 하중이 그 단면에 작용해야 하므로, 절대최대휨모멘트도 어느 한 하중의 작용점에서 일어난다. [그림4.9.11]에서 임의 하중 P_m의 작용점에서 절대최대휨모멘트가 발생한다고 가정하고 이때 성립해야 하는 조건식을 구해 보도록 한다.

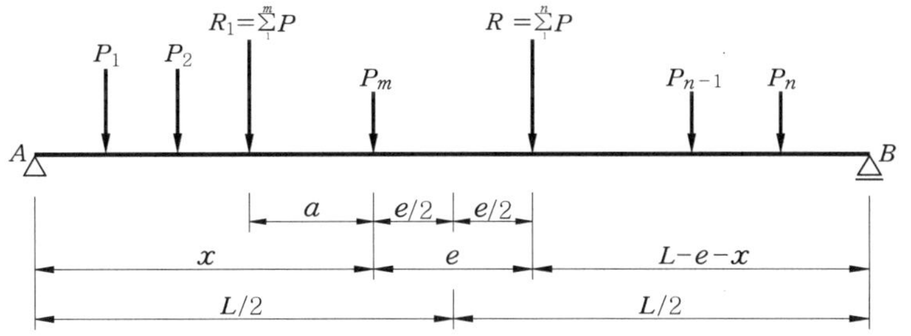

[그림4.9.11] 단순보에 다수의 집중하중이 이동할 때의
절대최대휨모멘트가 일어나기 위한 하중의 작용위치

하중 P_m 의 작용점과 보에 실린 하중의 합력 $R_1 = \sum_1^m P$ 와의 거리를 e 라 하고, 하중 P_m 의 작용점과 P_m 의 왼쪽에 실린 모든 하중의 합력 $R_1 = \sum_1^m P$ 와의 거리를 a 라 하면, 하중 P_m 의 작용점에서의 휨모멘트 M_x 는 다음과 같다.

$$M_x = \frac{R}{L}(L-e-x)\,x - R_1 a \tag{4.9.18}$$

최대휨모멘트가 발생하기 위한 조건식을 구하기 위해서는 상기 식(4.9.18)의 M_x 를 x 에 관하여 미분한 식을 '0' 으로 놓아서 x 의 값을 구하면 된다. 결국 지점 A 에서 하중 P_m 의 작용점까지의 거리 x 는 다음과 같이 구해진다.

$$\begin{aligned} \frac{dM_x}{dx} &= \frac{R}{L}(L-e-2x) = 0 \\ \therefore \quad x &= \frac{L-e}{2} \end{aligned} \tag{4.9.19}$$

결국 식(4.9.19)는 [그림4.9.10](a)와 일치함을 확인할 수 있으며, 또한 여기서 거리 x 는 절대최대휨모멘트가 발생하는 위치임을 알 수 있다.

◆ ◆ ◆ ◆ ◆ ◆

예제 4.9.2

다음과 같은 단순보에 1개의 집중하중과 계속되는 등분포하중이 이동하중으로 작용할 때, 단면 C 의 최대휨모멘트와 보의 절대최대휨모멘트를 구하여라.

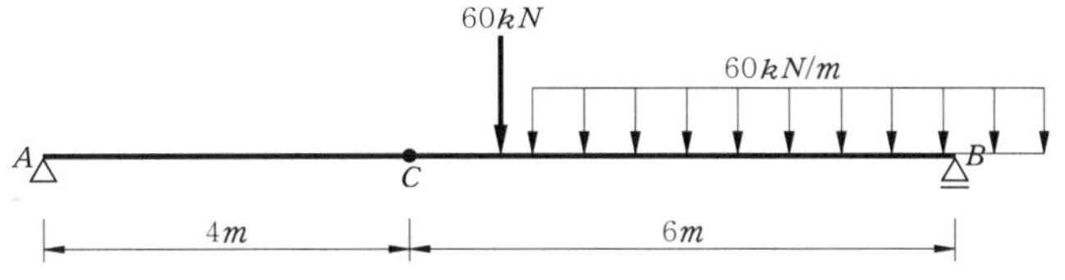

풀이

(1) 단면 C의 최대휨모멘트

그림(a)와 같이 등분포하중이 전체 경간에 작용하고 집중하중이 단면 C에 작용할 때 단면 C의 최대휨모멘트가 발생하게 된다.

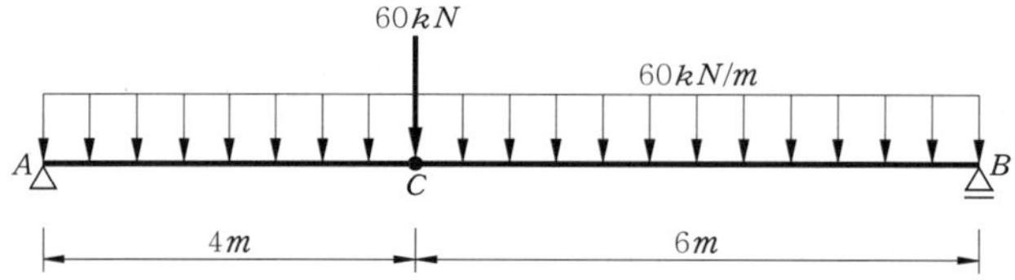

그림(a)

힘의 평형방정식을 이용하여 반력을 구하면

$\Sigma M_A = 60 \times 4 + 60 \times 10 \times 5 - 10R_B = 0 \qquad \therefore\ R_B = 324\,kN(\uparrow)$

$\Sigma V = R_A + 324 - 60 - 60 \times 10 = 0 \qquad \therefore\ R_A = 336\,kN(\uparrow)$

단면 C의 최대휨모멘트 $M_{C\max.}$는

$M_{C\max.} = 336 \times 4 - 60 \times 4 \times 2 = 864\,kN \cdot m$

(2) 보의 절대최대휨모멘트

그림(b)와 같이 등분포하중이 전체 경간에 작용하고, 집중하중이 보의 중심에 작용할 때 절대최대휨모멘트가 발생한다.

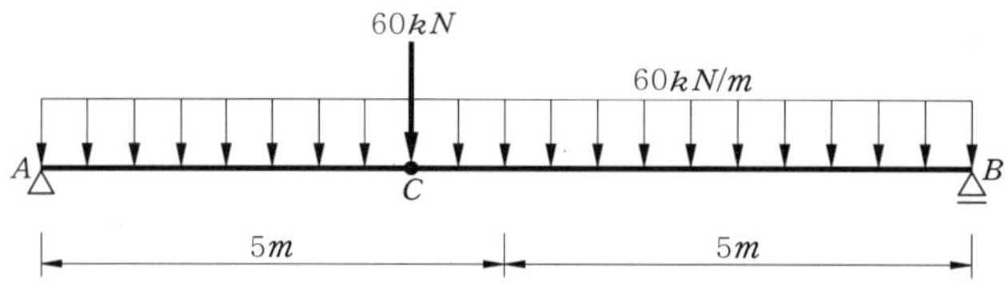

그림(b)

힘의 평형방정식을 이용하여 반력을 구하면

$$R_A = R_B = \frac{1}{2}(60 + 60 \times 10) = 330\,kN(\uparrow)$$

보의 절대최대휨모멘트 $M_{abs\max.}$는

$M_{abs\max.} = 330 \times 5 - 60 \times 5 \times 2.5 = 900\,kN \cdot m$

예제 4.9.3

그림과 같은 집중하중 $5kN$, 등분포하중 $2kN/m$의 이동하중이 스팬 $12m$의 단순보를 지날 때 절대최대휨모멘트의 위치와 그 값을 구하시오.

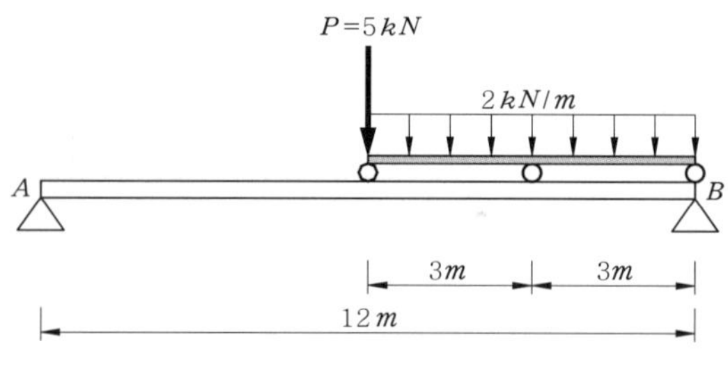

풀이

$2kN/m$ 의 등분포하중은 3개의 지점에 집중하중으로 전달되므로 그림(a)와 같이 집중하중을 받는 단순보로 나타낼 수 있다.

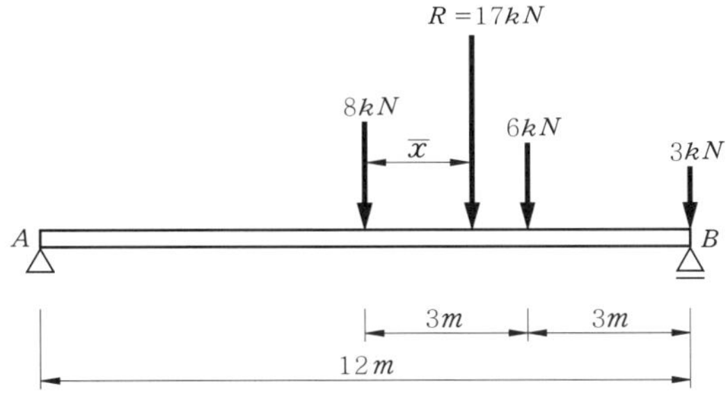

그림(a)

가장 왼쪽에 있는 하중 $8kN$으로부터 합력 R까지의 거리 $\bar{x}$를 구하면,

$$\bar{x} = \frac{\Sigma M_8}{R} = \frac{8(0)+6(3)+3(6)}{8+6+3} = 2.12m$$

따라서 그림(b)와 같이 합력과 가장 가까운 곳에 위치한 하중 $6kN$과 합력 R 사이의 거리의 중점에 해당하는 곳이 보의 중점에 위치했을 때 하중 $6kN$이 작용하는 점인 A로부터 $6.44m$ 떨어진 점에서 절대최대휨모멘트가 발생한다.

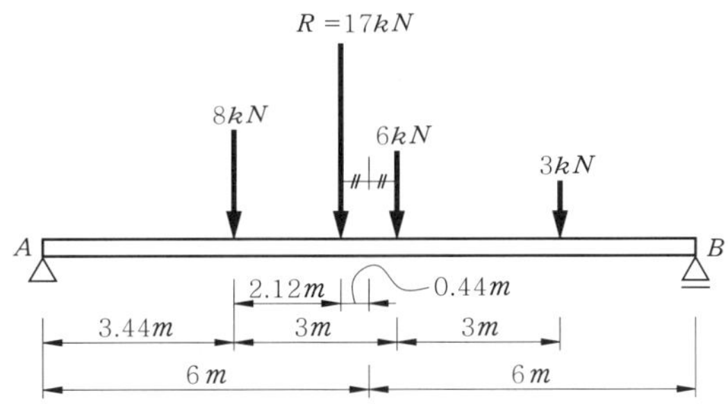

그림(b)

반력 R_A를 구하면,

$\Sigma M_B = 0$: $\Sigma M_B = -17 \times 6.44 + 12R_A = 0 \quad \therefore R_A = 9.12kN$

절대최대휨모멘트 $M_{6.44m}$를 구하면,

$M_{6.44m} = 9.12 \times 6.44 - 8 \times 3 = 34.73kN \cdot m$

◆ ◆ ◆ ◆ ◆ ◆

◈ 연 습 문 제 ◈

4.9.1 다음 그림과 같은 이동하중이 작용할 때, 절대최대전단력을 바르게 구한 것은?

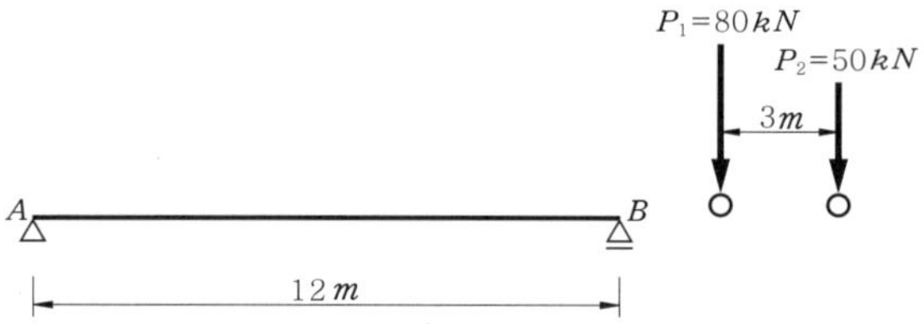

① $V_{\max} = 92.5kN$　　② $V_{\max} = 117.5kN$

③ $V_{\max} = 125.5kN$　　④ $V_{\max} = 130kN$

4.9.2 다음 그림과 같이 단순보에 이동하중이 작용할 때, 절대최대휨모멘트의 발생 위치를 지점 A로부터 떨어진 거리로 바르게 표시하고 절대최대휨모멘트 값을 바르게 구한 것은?

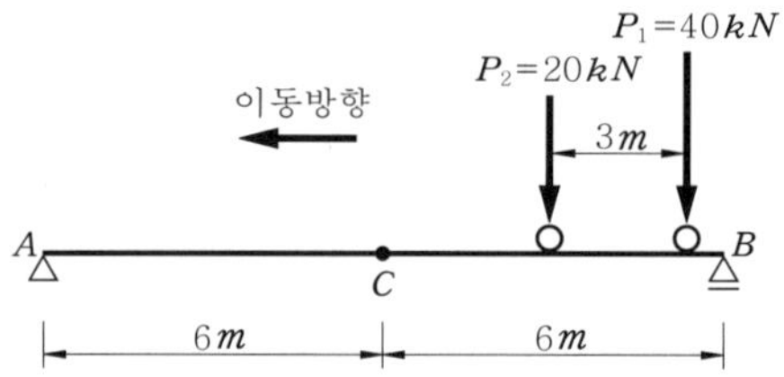

① $x = 6.5m$, $M_{\max} = 151.25kN \cdot m$　　② $x = 5.5m$, $M_{\max} = 151.25kN \cdot m$

③ $x = 6.5m$, $M_{\max} = 91.25kN \cdot m$　　④ $x = 5.5m$, $M_{\max} = 91.25kN \cdot m$

4.9.3 다음 그림과 같이 단순보에 이동하중이 작용할 때, 절대최대휨모멘트 값을 바르게 구한 것은?

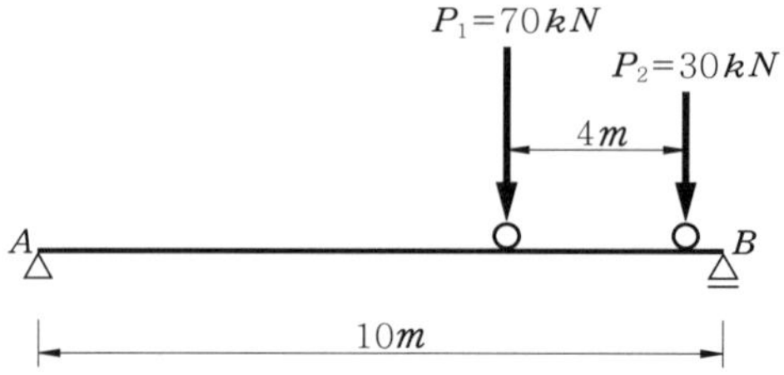

① $M_{\max} = 132kN \cdot m$　　② $M_{\max} = 193.6kN \cdot m$

③ $M_{\max} = 246.4kN \cdot m$　　④ $M_{\max} = 313.6kN \cdot m$

4.9.4 다음 그림과 같이 단순보에 이동하중이 작용할 때, C점에서의 최대휨모멘트의 크기 및 이 단순보의 절대최대휨모멘트 값을 바르게 구한 것은?

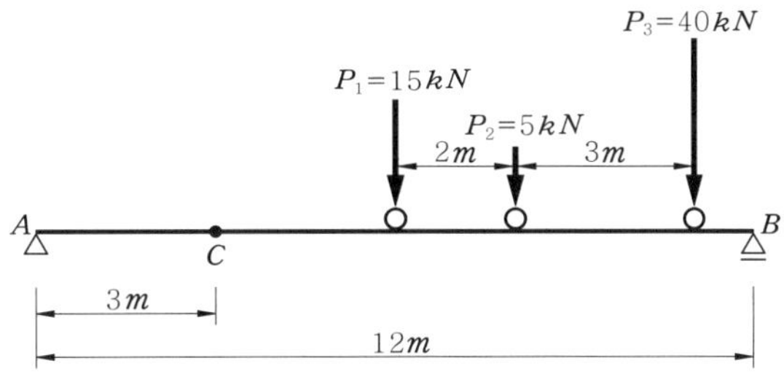

① $M_C = 105kN\cdot m$
$M_{\max} = 152.81\,kN\cdot m$

② $M_C = 82.5kN\cdot m$
$M_{\max} = 152.81\,kN\cdot m$

③ $M_C = 82.5kN\cdot m$
$M_{\max} = 137.81\,kN\cdot m$

④ $M_C = 105kN\cdot m$
$M_{\max} = 137.81\,kN\cdot m$

4.9.5 다음 그림(a)와 같은 단순보에 그림(b)와 같은 하중이 통과할 때, 이 보에 절대최대휨모멘트를 일어나게 하는 하중 P_2의 위치를 B점으로부터 거리로 바르게 표시한 것은?

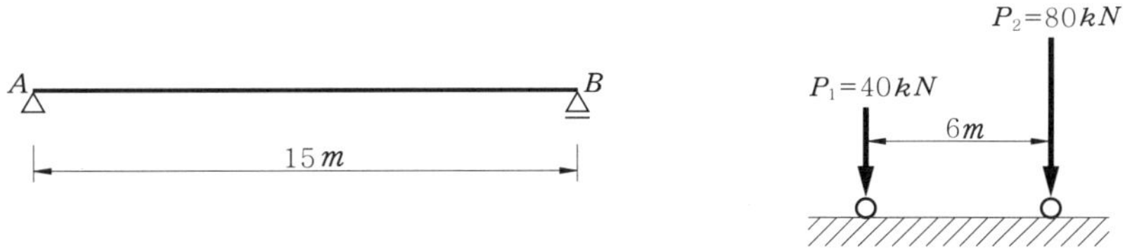

그림(a) 그림(b)

① $x = 6m$ ② $x = 6.5m$ ③ $x = 7.5m$ ④ $x = 8.5m$

CHAPTER 5

제 5 장 보의 응력

앞의 제4장에서 살펴보았듯이 외력을 받아 평형상태에 있는 보의 단면에는 휨모멘트, 전단력, 축방향력 등과 같은 여러 가지 **단면력**(斷面力, Section Force)이 발생한다. 이들 단면력은 단면상에 분포하는 응력들의 합력이므로, **합응력**(合應力, Stress Resultant)이라고도 부른다.

이 장에서는 보의 단면에 작용하는 여러 가지 단면력에 의하여 발생하는 응력(Stress)과 변형률(Strain)에 대하여 자세히 알아보고, 부재축이 직선인 직선보(Straight Beam)를 대상으로 보의 해석 및 설계에 있어서 기본적이고 중요한 주제들을 살펴보기로 한다.

5.1 보의 휨응력

5.1.1 보의 휨변형

보가 하중을 받으면 초기 직선의 길이방향 축을 가진 보는 곡선의 형태로 변형된다. 예를 들어 [그림5.1.1]과 같은 캔틸레버 보 AB가 자유단 B점에서 집중하중 P를 받는 경우를 생각해 보자.

[그림5.1.1](a)에서 하중이 작용하기 전에는 부재축이 직선을 유지하던 보 AB가 하중이 작용한 후에는 그림(b)와 같이 휘어진다. 이때 보의 변형된 곡선을 **처짐곡선**(Deflection Curve)이라고 한다.

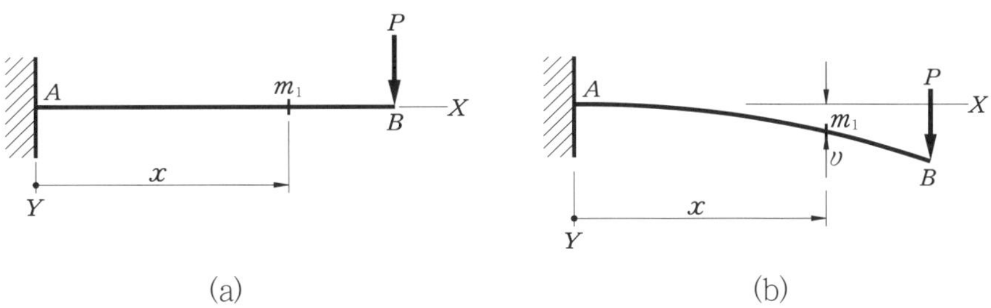

[그림5.1.1] 캔틸레버 보의 휨변형

보의 처짐곡선에 대한 성질을 살펴보기 위하여 우선 [그림5.1.1]과 같이 고정단인 A 점을 원점으로 보의 길이방향 축을 따라 오른쪽으로 양(+)의 X축을, 아래쪽으로 양(+)의 Y축을 잡는다. [그림5.1.1]에서 Z축은 보이지는 않지만, 원점을 기준으로 지면 안쪽으로 양(+)의 Z축을 설정한다. 이 절에서 생각하는 보들은 XY평면에 대하여 대칭인 것으로 간주한다. 즉, Y축이 보 단면의 대칭축이 된다. 또한 모든 하중은 XY평면 안에서만 작용하는 것으로 가정한다. 결국 보의 휨에 의한 처짐은 XY평면에서만 발생한다고 생각하는데, 이때 XY평면을 **휨평면**(Plane of Bending)이라고 부른다. 이처럼 그림(b)에서 보는 바와 같이 보의 처짐곡선 AB는 휨평면 안에 있는 평면곡선이다. 또한 그림(b)에서 원점으로부터 x 만큼 떨어진 임의의 점m_1 에서의 보의 처짐 v는 X축으로부터 처짐곡선까지의 Y방향 변위이다. 우리가 선택한 축은 아랫방향의 처짐이 양(+)이고, 윗방향의 처짐이 음(−)이다.

한편 보의 휨을 생각할 때, 순수 휨(Pure Bending)과 비균일 휨(Nonuniform Bending)을 구분할 필요가 있다.

순수 휨(Pure Bending)은 크기가 일정한 휨모멘트 상태에서 보가 휨을 일으키는 것을 말하는데, 이는 전단력이 작용하지 않음을 의미한다.

비균일 휨(Nonuniform Bending)은 전단력이 휨모멘트와 함께 존재하는 경우로, 이는 보의 부재축에 따라 휨모멘트가 변화함을 의미한다.

이것은 전단력과 휨모멘트의 관계식($V=dM/dx$)을 통해서 쉽게 알 수 있다.

[그림5.1.2]는 보에 순수 휨이 작용하는 경우에 대한 예를 보여주고 있다.

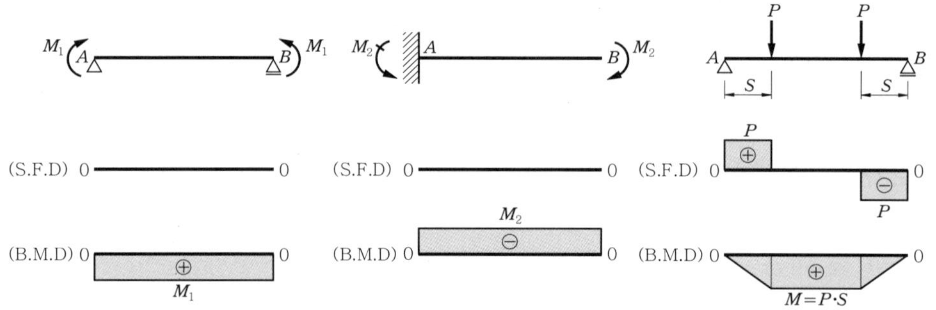

[그림5.1.2] 순수 휨이 작용하는 보

[그림5.1.2](a)와 (b)는 지점 및 자유단에 모멘트하중 및 모멘트반력이 작용한 경우로, 보 AB는 전체구간에서 휨모멘트의 크기가 일정하고 전단력은 작용하지 않는 순수 휨 상태이다. 그림(c)는 단순보에 같은 크기의 대칭인 2개의 집중하중이 작용하는 경우로, 2개의 집중하중 사이가 휨모멘트는 일정하고 전단력은 작용하지 않는 순수 휨 구간에 해당된다.

한편 그림(c)에서 **전단경간**(剪斷徑間, Shear Span)이라고 부르는 양 단부의 지점과 집중하중 사이의 구간 S는 휨모멘트가 변화하고 전단력이 존재하는 비균일 휨이 발생하는 구간이다.

5.1.2 보의 수직변형률

보가 하중을 받아 휠 때, [그림5.1.1]에서 보았듯이 보의 길이방향 축은 곡선의 형태로 변형된다. 이때 보의 변형률과 응력은 처짐곡선의 형태와 밀접한 관계를 가지고 있다. [그림5.1.1]의 경우를 좀 더 자세히 살펴보면 [그림5.1.3]과 같이 나타낼 수 있다. [그림5.1.3]에서 Y축으로부터 거리 x만큼 떨어져 있는 처짐곡선상의 임의의 점m_1과 처짐곡선상의 m_1에서 미소길이 ds만큼 떨어진 점m_2를 생각해 보자.

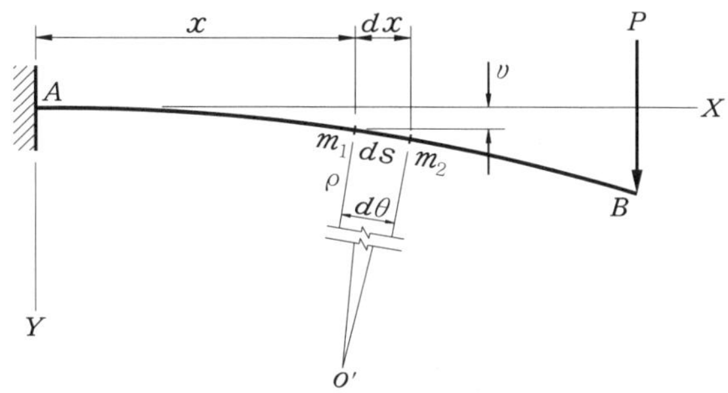

[그림5.1.3] 캔틸레버 보의 처짐곡선

[그림5.1.3]에서 처짐곡선상의 점m_1과 m_2에서의 접선에 수직인 선을 그리면 두 수직선이 만나는 점이 생기는데, 이때 교차점 O'을 **곡률중심**(曲率中心, Center of Curvature)이라고 한다.

또한 곡률중심 O'으로부터 그 곡선까지의 거리를 **곡률반경**(曲率半徑, Radius of Curvature)이라 하고, ρ(rho)로 표시한다. 이때 **곡률**(曲率, Curvature)을 κ(kappa)로 표시하면, 곡률 κ는 곡률반경의 역수, 즉 $1/\rho$을 뜻한다.

한편 [그림5.1.3]에서 $\rho\,d\theta = ds$이고, 미소길이 ds 사이의 각도 $d\theta$가 매우 작으므로 $ds \approx dx$라고 놓을 수 있다. 따라서 곡률 κ는 다음과 같이 표시된다.

$$\kappa = \frac{1}{\rho} = \frac{d\theta}{ds} = \frac{d\theta}{dx} \tag{5.1.1}$$

여기서 곡률 κ는 보의 부재축에 따라 측정되는 거리 x의 함수이다.

나중에 이해하겠지만, 순수 휨 상태에서의 보의 곡률은 일정하고, 비균일 휨 상태에서의 보의 곡률은 x에 따라 변화한다.

곡률의 부호규약은 좌표축방향과 관계되는데, [그림5.1.4]와 같은 좌표축에서는 보의 처짐곡선이 위쪽으로 볼록하면 곡률은 양(+) 이고, 아래쪽으로 볼록하면 음(−) 이다.

식(5.1.1)에서도 알 수 있듯이 양(+) 의 곡률은 양(+) 의 $d\theta/dx$ 값과 일치하게 된다.

[그림5.1.4] 곡률(Curvature)의 부호규약

보 내부의 변형률을 구하기 위해서는 보의 곡률과 변형의 관계를 살펴보아야 한다. 이를 위하여 [그림5.1.5]와 같이 한 쌍의 모멘트하중 M_0을 받아 순수 휨이 작용하는 보의 ab구간을 예로 들어 본다.

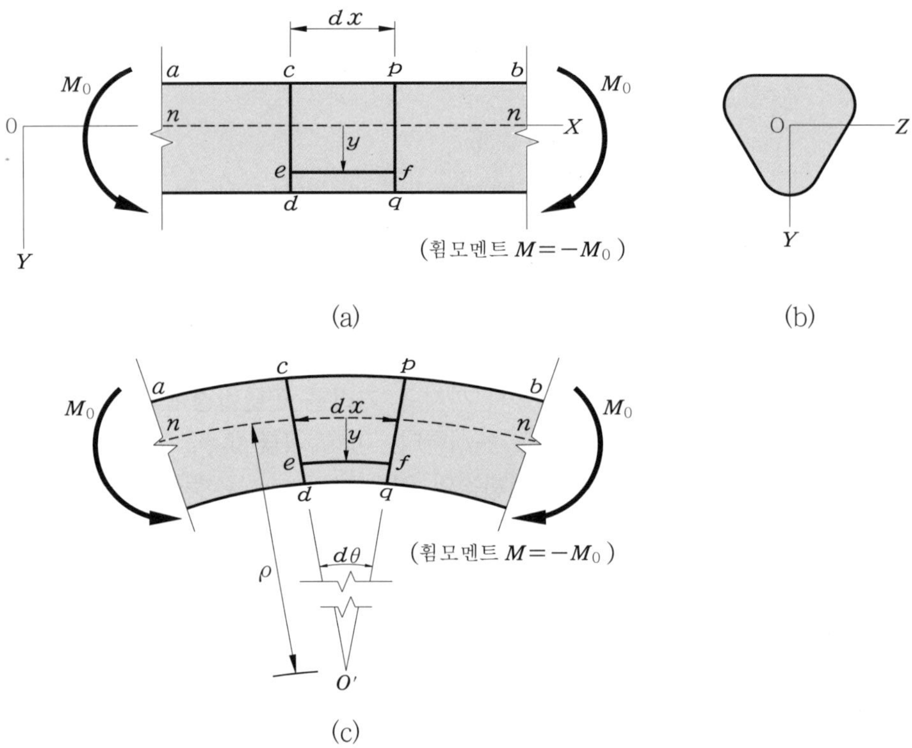

[그림5.1.5] 한 쌍의 모멘트하중 M_0를 받아 순수 휨 상태인 보

[그림5.1.5]에서 한 쌍의 모멘트하중 M_0로 인하여 보의 ab구간은 휨모멘트가 $-M_0$이고, 곡률은 양(+)의 값을 나타낸다. 여기서 보는 그림(a)에서와 같이 부재축인 X축이 직선이고, 그림(b)와 같이 단면은 Y축에 대칭인 것으로 가정한다. 그림(c)와 같이 모멘트하중 M_0의 작용으로 인하여 보는 휨평면인 XY평면에서 변형되고, 보의 부재축인 nn는 원형곡선으로 휘어진다. 여기서 cd과 pq와 같은 단면은 변형 전이나 변형 후나 평면상태를 유지하고, 부재축 nn와 직각을 유지한다. 이와 같이 『순수 휨을 받는 보의 단면은 평면상태를 유지한다.』 라는

사실은 정확히 변형률을 측정하는 실험 또는 대칭원리를 이용한 이론을 통하여 모두 증명된 것이다. 그림(a)에서 보와 하중의 대칭성은 $cdqp$ 와 같은 보의 모든 요소가 변형된다는 것을 전제로 하는데, 이는 그림(c)와 같이 처짐곡선이 원호이고 단면이 휨을 받는 동안 평면을 유지할 때만 가능하다. 이런 결과들은 어떠한 재료이던지, 즉 탄성 또는 비탄성이거나 선형 또는 비선형이거나 상관없이 모든 재료의 보에 대해서도 유효하다. 물론 그림(b)와 같이 단면성능이 Y축에 대칭이어야 한다.

[그림5.1.5](c)와 같은 휨변형에서 단면 cd과 pq는 XY평면에 직각인 축에 대하여 각각 회전한다. 이때 보의 볼록한 면의 길이방향 선 cp는 늘어나고, 반대편 오목한 면의 길이방향 선 dq는 줄어든다. 그래서 보의 윗부분은 길이방향으로 인장을 받으며, 아랫부분은 압축을 받게 된다. 보의 윗면과 아랫면 사이의 어느 위치는 길이방향의 변형이 생기지 않는 면이 존재하는데, 이 면을 보의 **중립면**(中立面, Neutral Surface)이라고 한다. 그림(a)와 그림(c)에서의 점선 nn은 이 중립면을 나타낸다. 또한 중립면과 어떤 단면과의 교차되는 선을 단면의 **중립축**(中立軸, Neutral Axis)이라 하는데, 그림(b)에서의 Z축이 이에 해당된다. 등방·등질체인 강재로 구성되고 Y축에 대칭인 단면을 가진 보의 중립축은 재료가 탄성범위내에 있을때 도심축과 일치한다.

[그림5.1.5](c)에서 변형된 보의 단면 cd과 pq를 연장하면 한 점 O'에서 만나게 되는데, 이때 교차점 O'가 곡률중심이다. 이들 단면 사이의 각도를 $d\theta$로 표시하고, 곡률중심 O'로부터 중립면까지의 거리를 곡률반경 ρ로 표시한다. 그림(a)에서 두 단면 cd과 pq사이의 최초거리인 dx는 그림(c)의 중립면에서는 변하지 않으므로 $\rho \cdot d\theta = dx$ 이다. 그러나 중립면을 제외한 다른 위치에서는 두 단면 사이의 거리가 늘어나거나 짧아짐으로, 보의 길이방향으로 단면의 수직변형률 ϵ_x가 생기게 된다.

이 수직변형률 ϵ_x를 계산하기 위하여 그림(a)에서 단면 cd과 pq사이의 보 안에 위치한 중립면으로부터 y만큼 떨어진 거리의 선분 ef를 생각해 본다.

그림(c)에서 변형 후의 ef의 전체길이를 L_1이라 할 때, L_1은 다음과 같이 구할 수 있다.

$$L_1 = (\rho - y)\, d\theta = dx - \frac{y}{\rho} dx \tag{5.1.2}$$

여기서 선분 ef의 원래 길이는 dx이므로, 변형된 길이는 $L_1 - dx$ 또는 $-y \cdot dx / \rho$ 이다.

따라서 수직변형률 ϵ_x는 변형된 길이를 원래길이 dx로 나눈 것이므로 다음과 같다.

$$\epsilon_x = -\frac{y}{\rho} = -\kappa y \tag{5.1.3}$$

여기서 κ는 곡률이다. 상기 식(5.1.3)은 보의 길이방향의 수직변형률 ϵ_x는 곡률 κ에 비례하고, 중립면으로부터 거리 y에 선형적으로 변하는 것을 보여주고 있다.

[그림5.1.5]와 같은 경우, ef가 중립면 아래에 있어서 거리 y는 양(+) 이 되고 곡률 κ가 양(+) 이므로, 수직변형률 ϵ_x는 음(−) 이 되어 줄어든다.

한편 [그림5.1.5]에서 만약 ef가 중립면 위에 있다면 거리 y는 음(−) 이 되고 곡률 κ가 양(+) 이므로, 수직변형률 ϵ_x는 양(+) 이 되어 늘어난다.

식(5.1.3)에서의 수직변형률 ϵ_x에 대한 부호규약은 제3장에서 설명한 수직변형률의 부호규약과 같다.

식(5.1.3)은 재료의 성질과는 무관한 오로지 변형된 보의 기하학적 성질에서 유도된 것이다. 그래서 이 식은 재료의 응력-변형률선도의 모양과는 상관없이 어느 재료나 유효하게 적용된다.

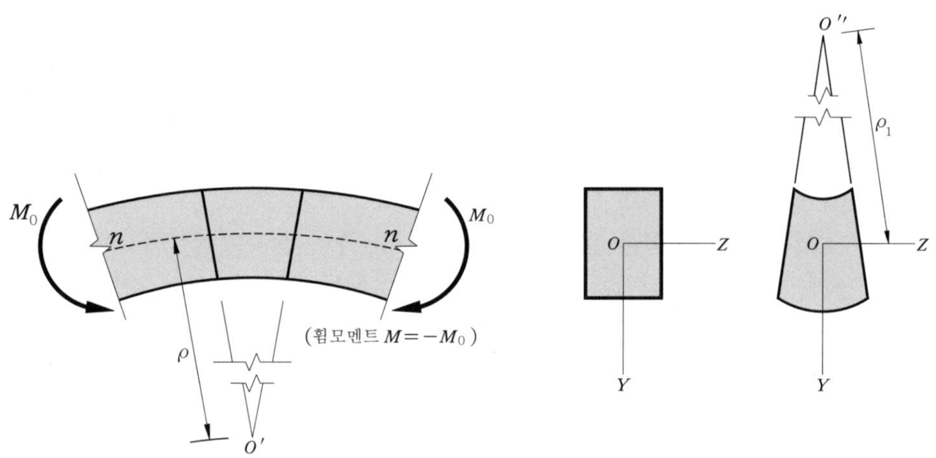

[그림5.1.6] 순수 휨을 받는 보의 횡변형

식(5.1.3)에 의해 주어진 축변형률 ϵ_x는 프아송비 효과에 의하여 **가로변형률**(Lateral Strain) ϵ_z를 동반하게 된다. [그림5.1.6](a)에서 중립면 nn위의 양(+)의 축변형률 ϵ_x는 음(−) 의 가로변형률 ϵ_z를 동반하고, 중립면 nn 아래의 음(−) 의 축변형률 ϵ_x는 양(+) 의 가로변형률 ϵ_z를 동반한다.

따라서 가로변형률 ϵ_z는 다음과 같은 식으로 나타낼 수 있다.

$$\epsilon_z = -\nu\, \epsilon_x = \nu\, \kappa\, y \tag{5.1.4}$$

여기서, ν (nu)는 프아송비(Poisson's ratio)를 뜻한다.

이들 변형률의 결과로 인하여 단면의 형태가 변하게 된다. 예를 들어 단면이 [그림5.1.6](b)와 같은 직사각형인 경우를 생각해 본다.

축변형률 ϵ_x 및 가로변형률 ϵ_z는 단면의 폭을 Z축 아래에서는 증가시키고, Z축 위에서는 감소시킨다. 단면 폭의 이러한 변화는 식(5.1.4)에 의하여 y에 정비례하기 때문에 직사각형 단면의 양 측면은 그림(c)와 같이 서로 기울어진다.

또한 처음에 Z축에 평행한 직사각형 단면의 상, 하부 면은 단면의 양 측면과 직각을 유지하기 위하여 약간 휘어진다. 그림(c)에서 변형된 단면의 곡률중심 O'' 은 보의 위에 있으며, 축변형률 ϵ_x가 가로변형률 ϵ_z보다 크므로, 이에 대응하는 횡방향곡률반경 ρ_1은 축방향곡률반경 ρ보다 크다. 이것은 식(5.1.4)를 통하여 알 수 있으며, 다음과 같은 식을 얻을 수 있다.

$$\rho_1 = \frac{\rho}{\nu} \quad , \quad \kappa_1 = \nu\,\kappa \tag{5.1.5}$$

상기 식(5.1.5)에서 $\kappa_1 = 1 / \rho_1$은 횡방향곡률이다.

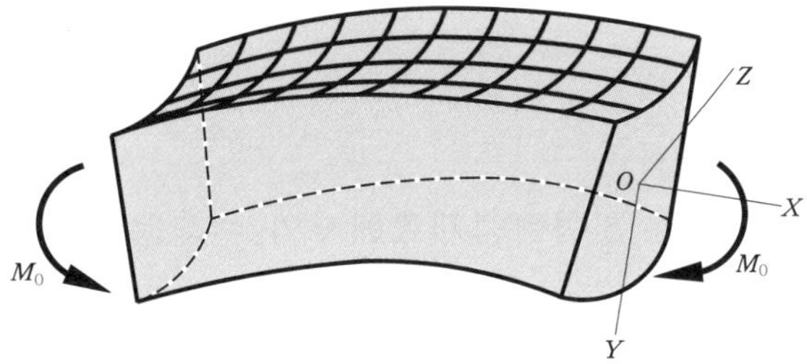

[그림5.1.7] 순수 휨을 받는 직사각형 보의 변형

[그림5.1.7]은 모멘트하중 M_0로 인하여 순수 휨을 받는 직사각형 보의 변형된 형상을 과장해서 표현한 것이다. [그림5.1.7]에서 XY평면에서 축방향곡률은 양(+) 인데 반하여 YZ평면에 있는 횡방향곡률은 음(−) 이다. 그 결과로 보의 상부면은 말안장과 같은 형태를 가진다.

참고로 말안장과 같이 한 표면이 2개의 수직한 평면 내에서 부호가 서로 반대인 곡률을 가질 때, 이를 **반쇄설성 곡률**(Anticlastic Curvature)을 가진다고 한다. 이에 반하여 한 표면이 돔(Dome)과 같은 반구형 천장의 형태를 가져 곡률이 서로 같은 부호이면, 이 곡률은 **등쇄설성 곡률**(Synclastic Curvature)을 가진다고 한다.

5.1.3 보의 수직응력

보의 단면에 수직으로 작용하는 응력 σ_x는 수직변형률 ϵ_x로부터 얻을 수 있다. 보의 길이방향 요소들은 오직 인장 또는 압축을 받으므로, 재료의 응력-변형률선도는 수직응력 σ_x와 수직변형률 ϵ_x 사이의 관계를 제공한다.

만약 재료가 응력-변형률선도에서 선형탄성(Linear Elasticity)이라면, 후크의 법칙(Hooke's Law)이 적용되고, 식(5.1.3)으로부터 다음과 같이 나타낼 수 있다.

$$\sigma_x = E\,\epsilon_x = -E\,\kappa\,y \tag{5.1.6}$$

그래서 단면에 작용하는 수직응력들은 중립면으로부터 거리 y에 따라 직선적으로 변한다. [그림5.1.8](a)는 응력분포상태를 보여주고 있는데, 모멘트하중 M_o

가 그림과 같이 작용할 때 중립면 아래에는 음(−) 의 응력인 압축응력이, 중립면 위에는 양(+) 의 응력인 인장응력이 작용한다.

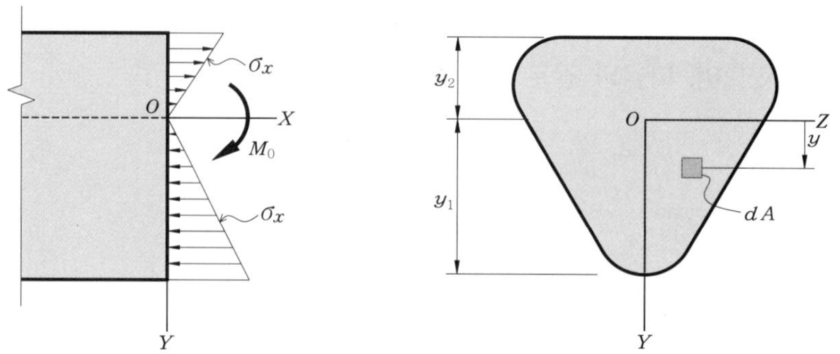

(a) (b)

[그림5.1.8] 선형탄성재료에서의 수직응력의 분포

이젠 단면 위에 작용하는 수직응력들의 합력을 생각해 보자.

일반적으로 이런 합력은 X축방향으로의 수평력과 Z축에 대하여 작용하는 모멘트로 구성된다. 그러나 [그림5.1.8](a)에서는 축방향력이 존재하지 않고 오직 모멘트하중 M_o만이 작용하므로, 다음과 같은 2개의 정역학적인 평형조건식을 얻게 된다.

첫째는 X축방향으로 작용하는 모든 힘의 대수합은 '0' 인 것이고,

둘째는 모든 힘의 모멘트의 대수합은 M_o와 같다는 것이다.

이러한 결과들을 평가하기 위하여 [그림5.1.8](b)에서와 같이 중립축(Z축)으로부터 거리 y만큼 떨어진 미소면적 dA를 생각해 본다.

이 요소에 작용하는 힘은 단면에 수직인 방향으로 $\sigma_x \cdot dA$인 크기를 가진다. 이때 첫 번째 정역학적 평형조건식을 적용하면, 단면에 어떠한 수직방향의 힘도 작용하지 않으므로, 단면의 전체면적에 대하여 $\sigma_x \cdot dA$를 적분하면 '0' 이 된다.

따라서 다음과 같은 식으로 나타낼 수 있다.

$$\int_A \sigma_x \, dA = -\int_A E\kappa y \, dA = 0 \tag{5.1.7}$$

상기 식(5.1.7)에서 순수 휨 상태의 곡률 κ와 탄성계수 E는 상수이므로, 다음과 같이 나타낼 수 있다.

$$\int_A y \, dA = 0 \tag{5.1.8}$$

상기 식(5.1.8)은 Z축에 대한 단면1차모멘트가 '0' 라는 것으로, 이는 Z축이 단면의 도심을 통과하여야 한다는 것을 의미한다. 또한 Z축이 중립축이기 때문에 『보가 순수 휨 상태이고 재료가 후크의 법칙(Hooke's Law)을 따르면, 중립축은 단면의 도심을 통과하게 된다.』 는 것을 알 수 있다. 이러한 성질은 임의 보

의 단면에서 중립축의 위치를 구할 때 사용된다. 물론 이러한 성질은 앞에서 설명했듯이 Y축이 대칭인 단면으로 제한된다. 결론적으로 Y축 또한 단면의 도심을 통과함으로, 좌표축의 원점 O는 단면의 도심을 지난다. 더구나 Y축에 대한 단면의 대칭은 Y축이 주축이라는 것을 의미하며, 이에 Y축에 직각인 Z축 역시 주축이다. 그러므로 재료가 선형탄성이고 순수 휨을 받을 때, Y축과 Z축은 도심주축이 된다.

다음은 [그림5.1.8]에서 두 번째 정역학적 평형조건식인 『모든 힘의 모멘트의 대수합은 M_o와 같다.』를 적용하여 본다. 미소면적 dA에 작용하는 힘, $\sigma_x \cdot dA$는 응력 σ_x가 양(+)이면 X축의 양(+)의 방향으로, 응력 σ_x가 음(−)이면 X축의 음(−)의 방향으로 작용한다. 모멘트하중 M_o에 의하여 미소면적 dA에 작용하는 Z축에 대한 모멘트 dM_o의 값은 다음과 같다.

$$dM_o = -\,\sigma_x\, y\, dA \tag{5.1.9}$$

상기 식(5.1.9)을 전체면적에 대하여 적분한 값은 모멘트하중 M_o와 같으므로 다음과 같이 된다.

$$M_o = -\int_A \sigma_x\, y\, dA \tag{5.1.10}$$

휨모멘트 M이 $-M_o$와 같다는 것에 주의하고, 식(5.1.6)으로부터 σ_x를 대입하면, 다음과 같은 휨모멘트 M에 대한 식으로 표현된다.

$$M = \int_A \sigma_x\, y\, dA = -\,\kappa\, E \int_A y^2\, dA \tag{5.1.11}$$

여기서 $\int_A y^2\, dA$는 중립축인 Z축에 대한 단면2차모멘트 I_z이므로, 식(5.1.11)은 다음과 같은 간단한 형태로 나타낼 수 있다.

$$M = -\,\kappa\, E\, I \tag{5.1.12}$$

상기 식(5.1.12)에서 곡률 κ는 곡률반경 ρ의 역수, 즉 $\kappa = 1/\rho$이므로 다음과 같이 나타낼 수 있다.

$$\kappa = \frac{1}{\rho} = -\,\frac{M}{E\,I} \tag{5.1.13}$$

이 식에서 곡률 κ는 휨모멘트 M에 비례하고, 휨강도(Flexural Rigidity) EI에 반비례함을 알 수 있다.

휨모멘트-곡률 관계식인 식(5.1.13)의 음(−)의 부호는 휨모멘트에 적용되어진 부호규약의 결과이다.

[그림5.1.9]는 다음과 같은 좌표축에 대한 휨모멘트와 곡률과의 부호규약을 정리한 것이다.

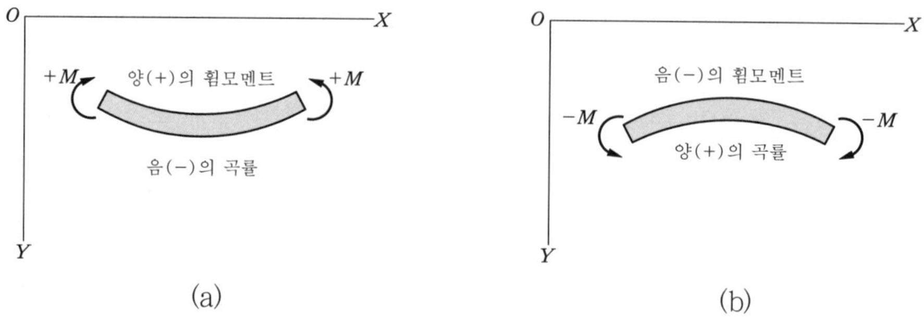

[그림5.1.9] 휨모멘트와 곡률과의 부호규약

보에서의 수직응력 σ_x 는 휨모멘트-곡률 관계식인 식(5.1.13)을 식(5.1.6)에 대입함으로 다음과 같이 구할 수 있다.

$$\sigma_x = \frac{M}{I} y \tag{5.1.14}$$

상기 식[5.1.14]에서 수직응력은 휨모멘트에 비례하고, 단면2차모멘트에 반비례함을 알 수 있다. 또한 수직응력은 중립축으로부터 거리 y 에 선형적으로 변함을 알 수 있다. 만약 보에 양(+) 의 휨모멘트가 작용하면, 수직응력은 거리 y 가 양(+) 인 단면에서 양(+) 의 응력인 인장응력이 발생한다. 만약 보에 음(–) 의 휨모멘트가 작용하면, 수직응력은 거리 y 가 양(+) 인 단면에서 음(–) 의 응력인 압축응력이 발생한다. 이러한 관계는 [그림5.1.10]이 보여주고 있다.

수직응력에 대한 식(5.1.14)를 보통 **휨공식**(Flexure Formula)이라고 부르고, 이 공식으로부터 계산된 응력을 **휨응력**(Bending Stress)이라고 부른다.

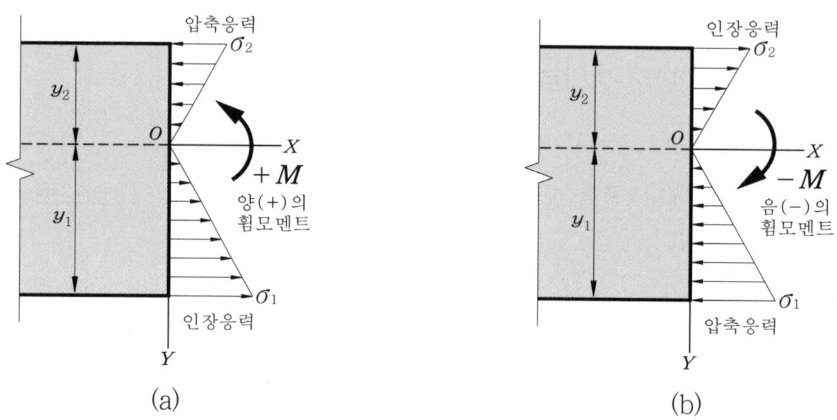

[그림5.1.10] 휨모멘트와 수직응력과의 부호 관계

보의 최대인장응력과 최대압축응력은 중립축으로부터 가장 멀리 떨어진 위치에서 발생한다. [그림5.1.8](b)와 [그림5.1.10]에서 중립축으로부터 거리 y 의 양(+) 과 음(–) 의 방향으로 가장 먼 위치의 거리를 각각 y_1 과 y_2 로 표시하면, 식(5.1.14)로부터 수직응력을 다음과 같이 구할 수 있다.

$$\sigma_1 = \frac{M}{I} y_1 = \frac{M}{Z_1} \quad , \quad \sigma_2 = -\frac{M}{I} y_2 = -\frac{M}{Z_2} \tag{5.1.15}$$

여기서 Z_1 과 Z_2 는 단면계수(Section Modulus)로, $Z_1 = I / y_1$, $Z_2 = I / y_2$ 를 나타낸다.

만약 단면이 Z 축에 대하여 대칭이라면, $y_1 = y_2 = y^*$ 이므로, 최대인장응력과 최대압축응력은 같은 값을 갖게 된다.

$$\sigma_1 = -\sigma_2 = \frac{M}{I} y^* = \frac{M}{Z} \tag{5.1.16}$$

여기서 $Z = I / y^*$ 이다.

참고로 폭 b, 높이 h 인 직사각형 단면의 단면계수는 $Z = b h^2 / 6$ 이며, 지름이 d 인 원형단면의 단면계수는 $Z = \pi d^3 / 32$ 이다.

이제까지 앞에서의 보의 수직응력에 대한 고찰은 순수 휨에 대한 것으로, 이것은 단면에 전단력이 작용하지 않는 경우를 의미한다.

비균일 휨의 경우에는 전단력의 존재가 단면의 뒤틀림(Warping) 또는 면외변형(Out-of-Distortion)을 일으켜, 휨변형 전의 평면상태를 유지하고 있던 단면이 휨변형 후에는 더 이상 평면상태를 유지하지 못한다.

전단에 의한 뒤틀림(Warping)은 보의 거동을 매우 복잡하게 하지만, 더욱 정밀한 해석에서 알 수 있듯이 휨공식으로부터 계산된 수직응력 σ_x는 전단력 및 그와 관련된 왜곡으로부터 심각하게 변하지는 않는다.

따라서 비록 비균일 휨이 일어나는 보라 하더라도 수직응력의 계산에 있어서 순수 휨의 이론을 타당하게 적용할 수 있다.

그러나 휨공식은 보 형상이 불규칙하거나 하중의 불연속성에 의하여 응력분포가 혼잡한 곳에서는 정확한 결과를 줄 수 없다. 이러한 경우 단면 내에는 국부응력 또는 응력집중을 유발하는데, 이들 응력은 휨공식으로부터 얻은 응력보다 더 큰 값을 나타낸다.

◆ ◆ ◆ ◆ ◆ ◆

예제 5.1.1

다음과 같이 $360\,kN \cdot m$ 의 휨모멘트가 작용하는 단면의 중립축과 중립축으로부터 떨어진 A, B, C, D, E, F 위치의 휨응력을 구하시오.

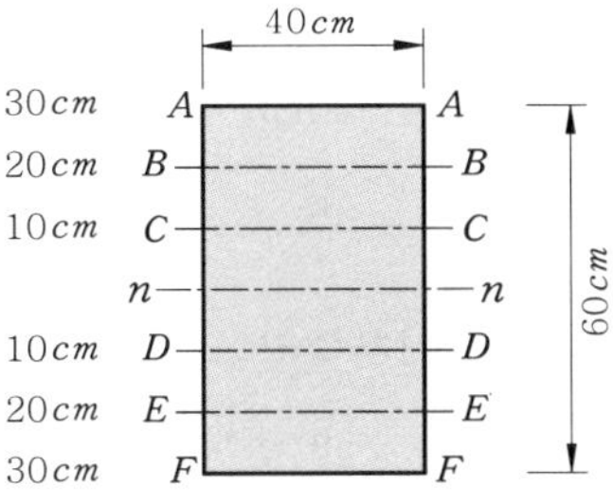

풀이

$$M = 360\,kN\cdot m = 36{,}000{,}000\,N\cdot cm$$

$$I = \frac{bh^3}{12} = \frac{40\times 60^3}{12} = 720{,}000\,cm^4$$

$$Z = \frac{bh^2}{6} = \frac{40\times 60^2}{6} = 24{,}000\,cm^3$$

(1) 중립축에 대한 휨응력 σ_n은 $y=0$ 이므로

$$\sigma_n = \frac{M}{I}y = \frac{36{,}000{,}000}{720{,}000}\times 0 = 0$$

(2) 중립축으로부터 상향으로 $30\,cm$ 떨어진 위치인 A점에서의 휨응력 σ_A는 $y=-30\,cm$ 이므로

$$\sigma_A = \frac{M}{I}y = \frac{36{,}000{,}000}{720{,}000}\times -30 = -1{,}500\,N/cm^2 = -15\,N/mm^2$$

한편, 휨응력 σ_A는 상부 연단에 위치하므로 다음과 같이 구할 수 있다.

$$\sigma_A = -\frac{M}{Z} = -\frac{36{,}000{,}000}{24{,}000} = -1{,}500\,N/cm^2 = -15\,N/mm^2$$

(3) 중립축으로부터 상향으로 $20\,cm$ 떨어진 위치인 B점에서의 휨응력 σ_B는 $y=-20\,cm$ 이므로

$$\sigma_B = \frac{M}{I}y = \frac{36{,}000{,}000}{720{,}000}\times -20 = -1{,}000\,N/cm^2 = -10\,N/mm^2$$

(4) 중립축으로부터 상향으로 $10\,cm$ 떨어진 위치인 C점에서의 휨응력 σ_C는 $y=-10\,cm$ 이므로

$$\sigma_C = \frac{M}{I}y = \frac{36{,}000{,}000}{720{,}000}\times -10 = -500\,N/cm^2 = -5\,N/mm^2$$

(5) 중립축으로부터 하향으로 $10\,cm$ 떨어진 위치인 D점에서의 휨응력 σ_D는 $y=+10\,cm$ 이므로

$$\sigma_D = \frac{M}{I}y = \frac{36{,}000{,}000}{720{,}000}\times 10 = 500\,N/cm^2 = 5\,N/mm^2$$

(6) 중립축으로부터 하향으로 $20\,cm$ 떨어진 위치인 E점에서의 휨응력 σ_E는 $y=+20\,cm$ 이므로

$$\sigma_E = \frac{M}{I}y = \frac{36{,}000{,}000}{720{,}000}\times 20 = 1{,}000\,N/cm^2 = 10\,N/mm^2$$

(7) 중립축으로부터 하향으로 $30\,cm$ 떨어진 위치인 F점에서의 휨응력 σ_F는 $y=+30\,cm$ 이므로

$$\sigma_F = \frac{M}{I}y = \frac{36{,}000{,}000}{720{,}000}\times 30 = 1{,}500\,N/cm^2 = 15\,N/mm^2$$

한편, 휨응력 σ_F는 하부 연단에 위치하므로 다음과 같이 구할 수 있다.

$$\sigma_F = +\frac{M}{Z} = \frac{36,000,000}{24,000} = 1,500\,N/cm^2 = 15\,N/mm^2$$

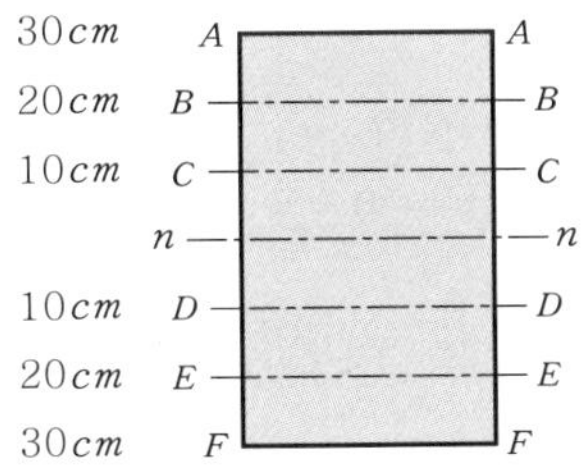

그림(a) 단면

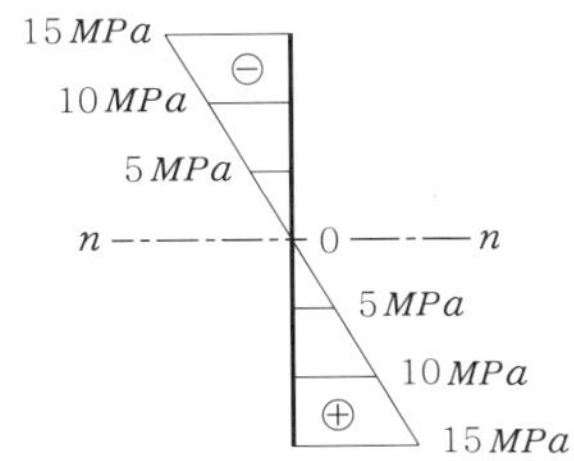

그림(b) 휨응력도

예제 5.1.2

다음과 같이 직사각형 단면의 내민보에 $50kN/m$ 의 등분포하중이 작용하고 있다. 단면이 균일재질이고 크기가 그림(a)와 같을 때, 점 A, B, C, D, E, F, G에서의 연단응력을 구하시오.

또한 이 내민보에서 최대 연단응력이 발생하는 점H가 A점으로부터 얼마의 거리에 위치하는지 표기하고 그 크기를 구하시오.

(단, 등분포하중에 의한 순수 휨만 고려한다.)

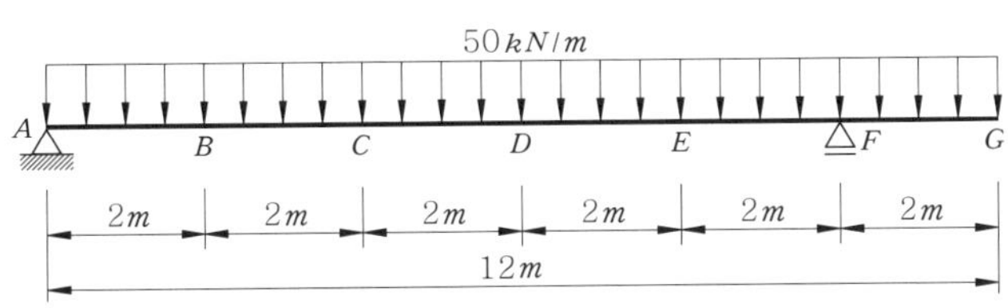

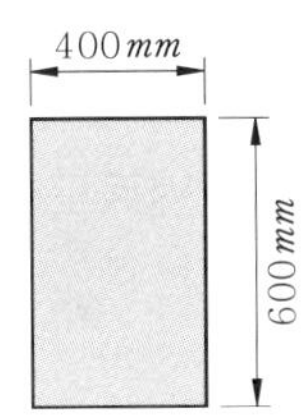

그림(a)

풀이

(1) 각 점에서의 연단응력

㉠ 직사각형 단면의 단면계수

$$Z = \frac{bh^2}{6} = \frac{400\times 600^2}{6} = 24,000,000\,mm^3$$

㉡ 지점반력

$$\Sigma M_A = 0 \ : \ \left(50\times 12\times \frac{12}{2}\right) - 10\,R_F = 0 \qquad \therefore\ R_F = 360\,kN\,(\uparrow)$$

$$\Sigma V = 0 \ : \ R_A + R_F - (50\times 12) = 0 \qquad \therefore\ R_A = 240\,kN\,(\uparrow)$$

㉢ 점 A, B, C, D, E, F, G 에서의 휨모멘트

$$M_A = 0$$

$$M_B = (240\times 2) - (50\times 2\times 1) = 380\,kN\cdot m$$

$$M_C = (240 \times 4) - (50 \times 4 \times 2) = 560\,kN \cdot m$$
$$M_D = (240 \times 6) - (50 \times 6 \times 3) = 540\,kN \cdot m$$
$$M_E = (240 \times 8) - (50 \times 8 \times 4) = 320\,kN \cdot m$$
$$M_F = (240 \times 10) - (50 \times 10 \times 5) = -100\,kN \cdot m$$
$$M_G = (240 \times 12) - (50 \times 12 \times 6) + (360 \times 2) = 0$$

㉣ 점 A, B, C, D, E, F, G 에서의 연단응력을 구하면, $\sigma = \pm \dfrac{M}{Z}$ 에서

$$\sigma_A = \pm \frac{0}{24{,}000{,}000} = 0$$
$$\sigma_B = \pm \frac{380{,}000{,}000}{24{,}000{,}000} = \pm 15.83\,N/mm^2$$
$$\sigma_C = \pm \frac{560{,}000{,}000}{24{,}000{,}000} = \pm 23.33\,N/mm^2$$
$$\sigma_D = \pm \frac{540{,}000{,}000}{24{,}000{,}000} = \pm 22.5\,N/mm^2$$
$$\sigma_E = \pm \frac{320{,}000{,}000}{24{,}000{,}000} = \pm 13.33\,N/mm^2$$
$$\sigma_F = \pm \frac{-100{,}000{,}000}{24{,}000{,}000} = \pm 4.17\,N/mm^2$$
$$\sigma_G = \pm \frac{0}{24{,}000{,}000} = 0$$

(2) 휨모멘트도 및 휨응력도

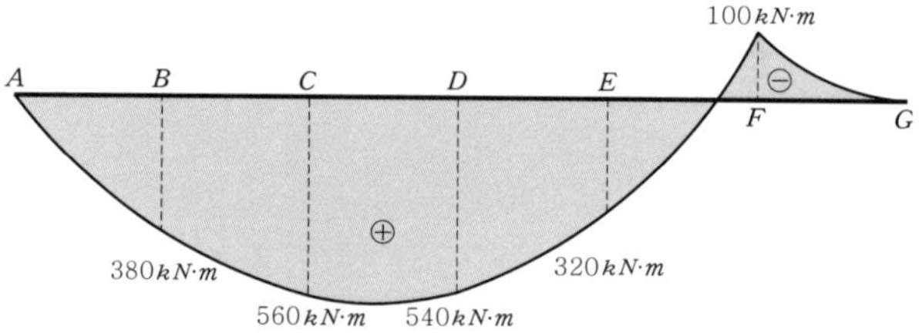

그림(b) 휨모멘트도

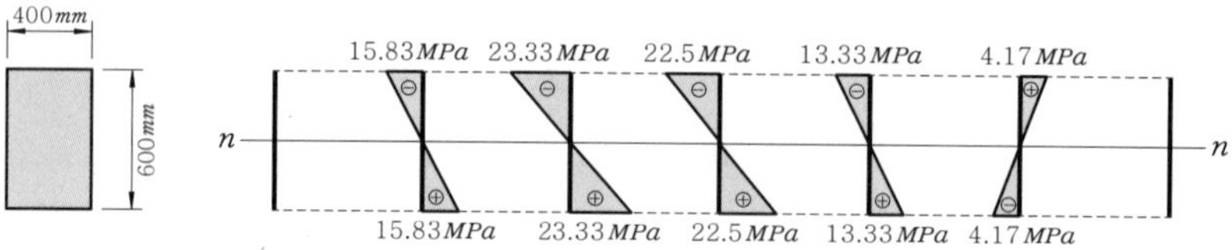

그림(c) 휨응력도

(3) 최대휨응력이 발생하는 위치 및 크기

$\sigma = \dfrac{M}{Z}$ 이므로 최대응력 $\sigma_{\max}$ 는 최대휨모멘트 $M_{\max}$ 가 발생하는 단면의 연단에서 구할 수 있다. 또한 최대휨모멘트는 전단력 $V=0$ 인 점에서 발생하므로 이를 구하면,

㉠ A 점으로부터 전단력 $V=0$ 인 점까지의 거리 x

$$V_x = 240 - 50x = 0 \qquad \therefore\; x = 4.8\,m$$

㉡ 최대휨모멘트 및 최대휨응력

$$M_{\max} = (240 \times 4.8) - \left(50 \times 4.8 \times \frac{4.8}{2}\right) = 576 kN \cdot m$$

$$\sigma_{\max} = \pm \frac{M_{\max}}{Z} = \pm \frac{576,000,000}{24,000,000} = \pm 24\, N/mm^2$$

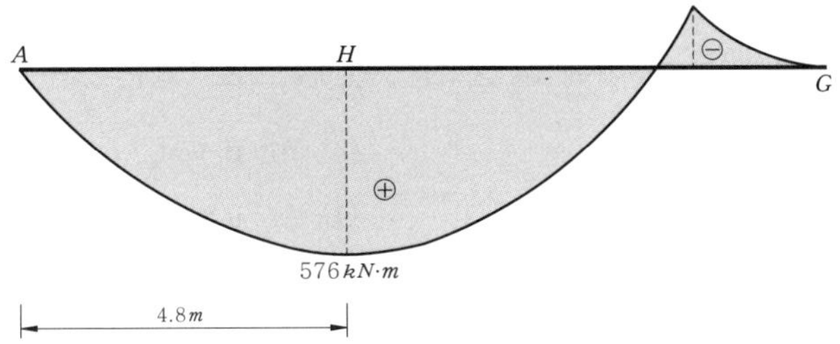

그림(d) 휨모멘트

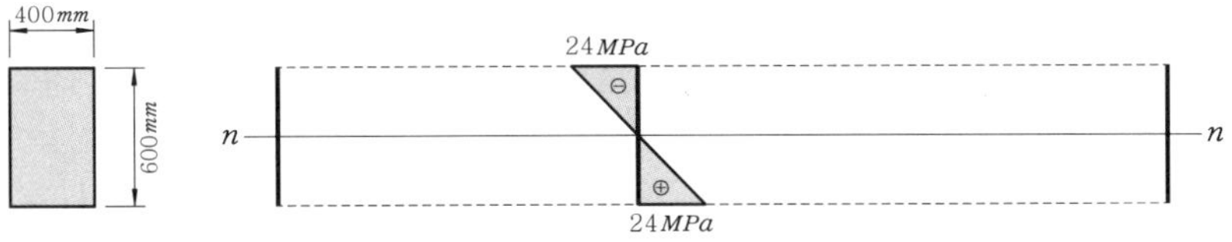

그림(e) 휨응력

◆ ◆ ◆ ◆ ◆ ◆

◈ 연 습 문 제 ◈

5.1.1. 직선보가 휨모멘트의 작용을 받고 휘었을 때 어느 한 점에서의 곡률반경 ρ는 그 점에서의 휨모멘트 M에 관계한다. 이 직선보 단면의 단면2차모멘트를 I, 중립축으로부터 y의 거리에 있는 점의 휨응력을 σ_y, 탄성계수를 E라 할 때 이들 사이에 성립되는 관계식으로 틀린 것은?

① $M \cdot \rho = E \cdot I$　　② $M \cdot y = \sigma_y \cdot I$

③ $E \cdot y = \sigma_y \cdot \rho$　　④ $M \cdot y = E \cdot I$

5.1.2 다음과 같이 내민보의 양단부에 $12tf$의 집중하중이 작용하고 있을 때, CD 구간의 곡률반경을 구하시오. (단, 이 보의 휨강도 $E \cdot I = 3800 tf \cdot m^2$ 이다.)

① $1055.6m$
② $1110.4m$
③ $1201.7m$
④ $1375.6m$

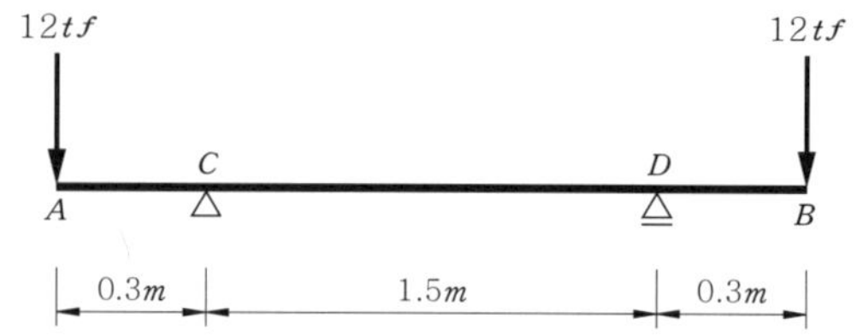

5.1.3 다음 그림과 같은 직사각형 단면보가 최대휨모멘트 $-90kN \cdot m$을 받고 있을 때 상단에서 $5cm$ 떨어진 $A-A$ 위치의 휨응력을 구하시오.

① $10N/mm^2$ (인장응력)
② $10N/mm^2$ (압축응력)
③ $20N/mm^2$ (인장응력)
④ $20N/mm^2$ (압축응력)

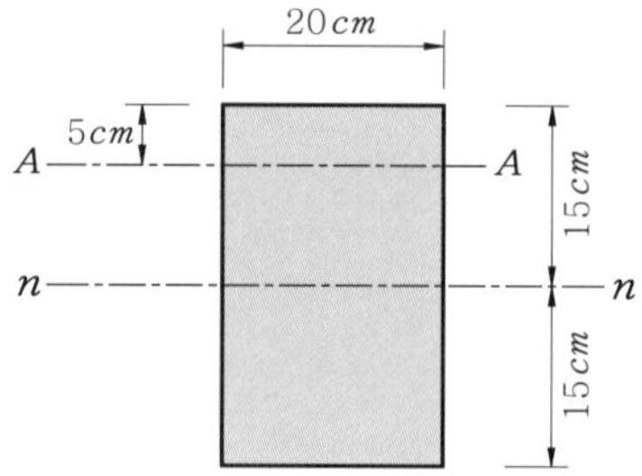

5.1.4 다음과 같이 직사각형 단면의 단순보에 $6tf/m$의 등분포하중이 작용하고 있다. 단면이 균일재질이고 크기가 그림(a)와 같을 때, C 단면에서 중립축으로부터 $5cm$ 떨어진 P점에서의 휨응력을 구하시오. (단, 자중은 무시한다.)

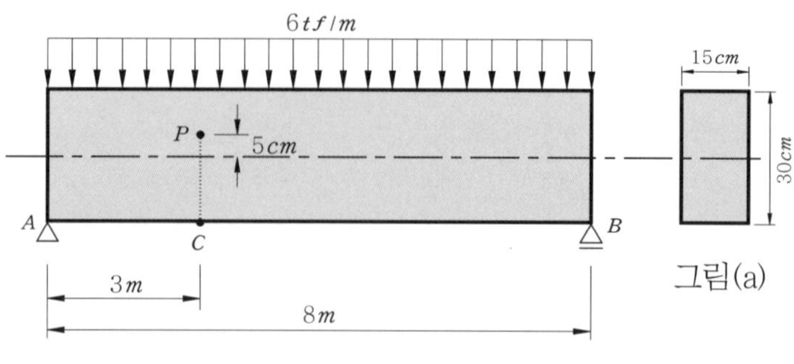

그림(a)

① $666.7\,kgf/cm^2$ (인장응력)　② $666.7\,kgf/cm^2$ (압축응력)
③ $766.4\,kgf/cm^2$ (인장응력)　④ $766.4\,kgf/cm^2$ (압축응력)

5.1.5 다음과 같이 직사각형 단면의 단순보에 $10\,kN/m$의 등분포하중이 작용하고 있다. 단면이 균일재질이고 크기가 그림(a)와 같을 때, C점에서의 최대인장응력을 구하시오.

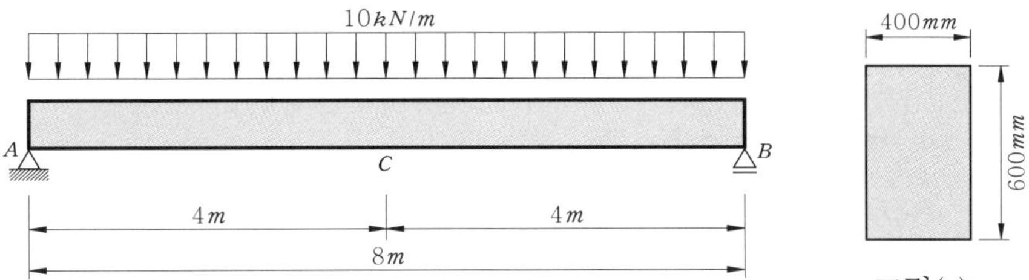

그림(a)

① $1.11\,MPa$　② $2.22\,MPa$　③ $3.33\,MPa$　④ $4.44\,MPa$

5.1.6 다음과 같이 직경 $200\,mm$의 원형단면을 가진 캔틸레버 보의 자유단에 $50\,kN\cdot m$의 모멘트하중이 작용하고 있다. 단면이 균일재질이고 크기가 그림(a)와 같을 때, 이 보의 최대휨응력 $\sigma_{\max}$를 구하시오.

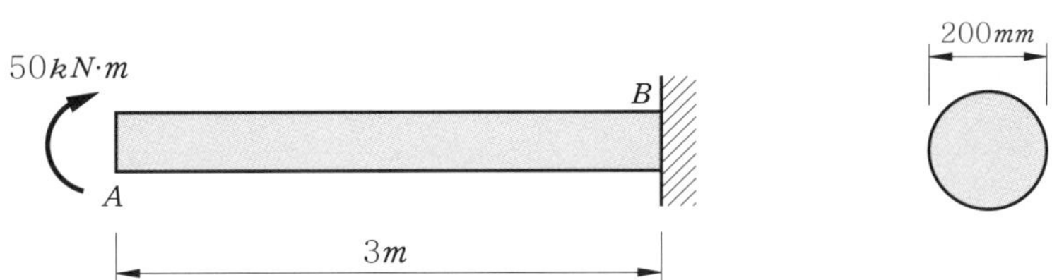

그림(a)

① $\pm 31.89\,MPa$　② $\pm 46.11\,MPa$　③ $\pm 53.45\,MPa$　④ $\pm 63.66\,MPa$

5.1.7 다음 그림과 같은 직사각형 단순보에서 최대휨응력 $\sigma_{\max}$의 값을 구하시오. (단, 자중은 무시한다.)

① $\dfrac{3\omega l^2}{8bh^2}$

② $\dfrac{6\omega l^2}{16bh^2}$

③ $\dfrac{9\omega l^2}{32bh^2}$

④ $\dfrac{27\omega l^2}{64bh^2}$

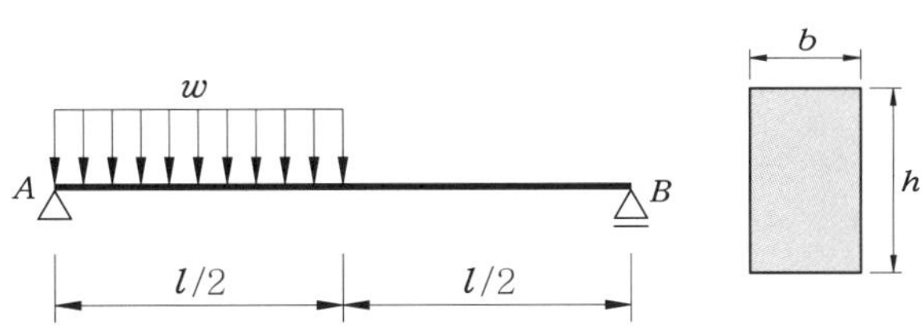

5.1.8 다음과 같이 도르레에 강선이 감겨있다. 도르레와 강선의 재질이 동일하고, 지름이 각각 $500mm$, $6mm$일 때, 강선의 최대인장응력 $\sigma_{\max}$와 강선에서의 최대휨모멘트 $M_{\max}$를 구하시오. (단, $E=2.1\times10^5 MPa$)

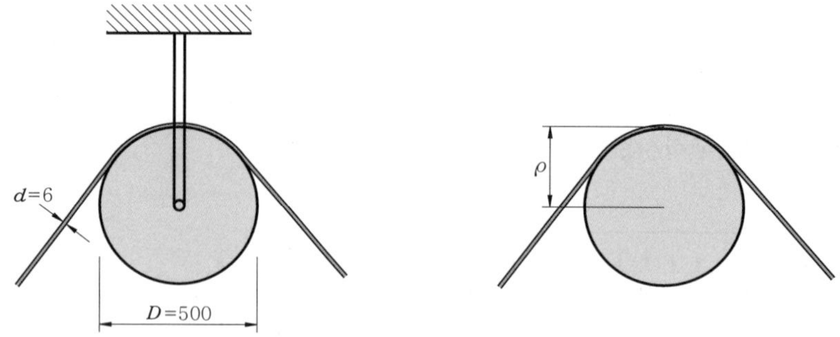

5.2 보의 전단응력

일반적으로 보가 하중을 받으면 단면에는 휨모멘트 M과 전단력 V가 작용한다. 휨모멘트와 관련된 수직응력 σ_x는 이미 5.1절에서 배웠듯이 휨공식으로부터 계산할 수 있다. 이 절에서는 전단력 V와 관련된 전단응력 τ의 분포에 대하여 고찰해 보기로 한다.

5.2.1 직사각형 단면 보의 전단응력

우선 간단한 형태인 [그림5.2.1](a)와 같은 폭 b, 높이 h인 직사각형 단면을 가진 보에서의 전단응력을 생각해 보자.

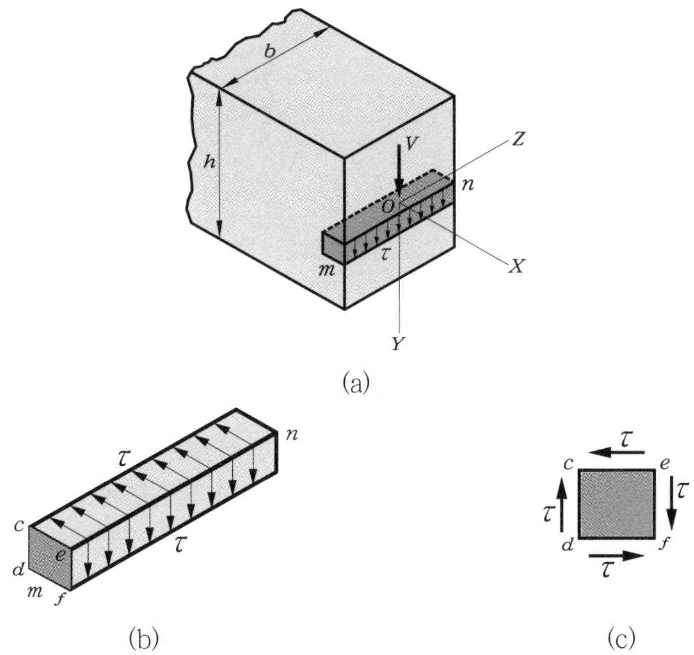

[그림5.2.1] 직사각형 단면을 가진 보의 전단응력

[그림5.2.1](a)와 같은 단면에서 전단응력 τ는 전단력 V에 평행하게, 즉 단면에 평행하게 작용한다고 가정할 수 있다. 또한 전단응력의 분포는 보의 폭에 따라 균일하다고 가정할 수 있다. 이런 두 가정으로 단면에 작용하는 전단응력의 분포를 완전하게 결정할 수 있다.

[그림5.2.1](a)에서의 요소 mn과 같이 중립면에 평행한 두 평면사이 그리고 두 인접한 단면사이의 보의 작은 요소를 그림(b)와 같이 절취하여 떼어내 본다. 앞의 가정한 바에 의하여 연직방향의 전단응력 τ는 이 요소의 수직면 위에 균일하게 분포된다. 또한 제3장 3.1.2절에서 배웠고 그림(b)와 (c)에서도 볼 수 있듯이, 요소의 어느 한 면에 작용하는 전단응력은 그 면의 직각 면에 크기가 같은

전단응력을 동반한다. 그러므로 수직면 위에 작용하는 연직방향의 전단응력 뿐만 아니라 보의 수평층 사이에도 수평방향의 전단응력이 작용하게 된다. 보의 어떤 점에서든 이들 공액전단응력(Complementary Shear Stress)은 크기가 같다. 이처럼 수평과 연직방향의 전단응력이 같다는 사실은 보의 최상부면과 최하부면에서의 전단응력에 대한 흥미로운 결론을 얻을 수 있다. [그림5.2.1]에서 만약 요소 mn이 보의 최상부 또는 최하부에 있다면, 보의 외곽면 위에는 응력이 없으므로, 그 수평방향의 전단응력은 '0' 이 되어야 한다. 그러므로 연직방향의 전단응력도 보의 최상부 또는 최하부에서 '0' 이 되어야 한다.

보에서 수평방향의 전단응력이 존재한다는 사실은 간단한 실험을 통하여 확인할 수 있다. [그림5.2.2](a)와 같이 높이가 h인 같은 직사각형 단면을 가진 2개의 부재를 가져다가 단순지지 위에 겹쳐 올려놓고 하중을 가해 보자.

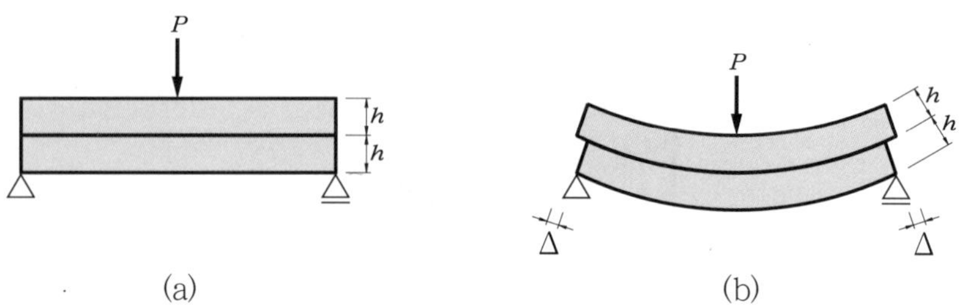

[그림5.2.2] 2개의 분리된 보에서의 휨

만약 두 부재사이에 마찰이 없다면, 두 부재의 휨은 각각 독립적으로 일어날 것이다. 각각의 부재는 중립축을 기준으로 위에는 압축이, 아래에는 인장이 작용할 것이며, 그림(b)와 같이 Δ만큼 수평으로 미끄러짐이 발생할 것이다. 즉 윗부재의 하부 면은 아랫 부재의 상부 면에 대하여 미끄러질 것이다. 만약 두 부재 대신 높이가 $2h$인 단일부재의 경우라면 전단응력이 중립면을 따라 존재해야 하며, 그 전단응력의 크기는 그림(b)에서 보여진 수평방향의 미끄럼을 방지할 만큼은 되어야 한다. 수평방향의 미끄럼을 방지하는 전단응력이 존재하기 때문에 높이가 $2h$인 단일보는 높이가 각각 h인 2개의 분리된 보 보다 더욱 강한 것이다.

임의 위치의 전단응력을 계산하기 위하여 [그림5.2.3](a)와 같이 미소거리 dx만큼 떨어진 두 인접한 단면 cd과 c_1d_1사이의 보로부터 절취된 요소 $p\,p_1\,d_1\,d$의 평형을 생각해 보자.

이 요소의 하부 면은 보의 하부 면으로, 여기에는 응력이 작용하지 않는다. 이 요소의 상부 면은 중립면과 평행하며, 중립면으로부터 임의 거리 y_1만큼 떨어져 있다. 이 요소의 상부 면은 보에서 같은 높이에 존재하는 수평방향의 전단응력 τ의 작용을 받게 된다. 이 요소의 양 측면은 휨모멘트의 작용으로 인하여 휨응력 σ_x의 작용을 받게 된다. 이 밖에도 양 측면을 따라 연직방향으로 전단응력이 있으나, 이들 응력은 요소의 X축방향으로의 평형조건식에 포함되지 않으므로, 그림(a)에는 표시하지 않았다.

만약 보에 순수 휨이 작용하는 경우처럼 단면 cd과 c_1d_1에서의 휨모멘트가 같다면, 요소의 측면 pd과 p_1d_1에 작용하는 수직응력 σ_x는 역시 같을 것이다. 이러한 조건에서 요소는 오직 수직응력의 작용상태에서 평형을 유지할 것이다. 그래서 요소의 상부 면에 있는 전단응력 τ는 '0' 이 될 것이다. 이 결론으로 『보가 순수 휨 상태에 있다면 전단력 V가 존재하지 않는다.』는 사실이 입증된다.

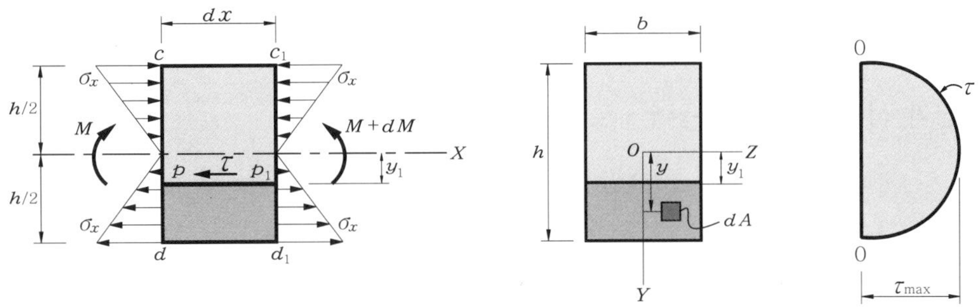

(a) (b) (c)

[그림5.2.3] 직사각형 단면에서의 전단응력

비균일 휨과 같이 보에서 휨모멘트가 변하는 일반적인 경우를 생각해 보자.

[그림5.2.3](a)와 같이 단면 cd과 c_1d_1에 작용하는 휨모멘트를 각각 M과 $M+dM$으로 표시한다. 그림(b)와 같이 중립축(Z축)으로부터 거리 y만큼 떨어진 미소면적 dA를 생각해 보자. 이 미소요소에 직각방향으로 작용하는 힘은 $\sigma_x\,dA$이며, 여기서 σ_x는 수직응력으로 식(5.1.14)의 휨공식으로부터 구할 수 있다. 만약 이 미소요소가 요소의 왼쪽 측면인 pd에 위치한다면 단면에 대한 직각방향의 힘은 다음과 같다.

$$\sigma_x\,dA = \frac{My}{I}dA \tag{5.2.1}$$

이 요소에 작용하는 힘을 요소 $p\,p_1d_1d$의 왼쪽 측면인 pd면의 전체면적에 대하여 적분하면 이 면에 작용하는 수평력 F_1를 다음과 같이 구할 수 있다.

$$F_1 = \int \frac{My}{I}dA \tag{5.2.2}$$

여기서 적분구간은 그림(b)에서 $y = y_1$로부터 $y = h/2$까지의 음영된 면적에 대한 것이다.

같은 방법으로 요소 $p\,p_1d_1d$의 오른쪽 측면인 p_1d_1면에 작용하는 전체 수평력 F_2를 구해보면 다음과 같다.

$$F_2 = \int \frac{(M+dM)\,y}{I}dA \tag{5.2.3}$$

마지막으로 요소 $p\,p_1d_1d$의 상부 면인 $p\,p_1$면에 작용하는 전체 수평력 F_3을 구해보면 다음과 같다.

$$F_3 = \tau\ b\ dx \tag{5.2.4}$$

여기서 $b\,dx$는 요소 상부 면의 면적에 해당한다.

식(5.2.2), 식(5.2.3) 및 식(5.2.4)에서 구한 이들 수평력 F_1, F_2, F_3는 X축에 대하여 정역학적 평형조건식을 만족해야 함으로 다음과 같다.

$$\begin{aligned} F_3 &= F_2 - F_1 \\ \tau\ b\ dx &= \int \frac{(M+dM)\,y}{I}\,dA - \int \frac{My}{I}\,dA \end{aligned} \tag{5.2.5}$$

상기 식(5.2.5)를 전단응력 τ로 정리하면 다음과 같다.

$$\tau = \frac{dM}{dx}\left(\frac{1}{Ib}\right)\int y\,dA \tag{5.2.6}$$

상기 식(5.2.6)에서 $V = dM/dx$ 이므로, 다음과 같은 전단응력 τ에 대한 공식을 얻을 수 있다.

$$\tau = \frac{V}{I\,b}\int y\,dA \tag{5.2.7}$$

상기 식(5.2.7)에서 적분은 [그림5.2.3](b)에서 $y = y_1$로부터 $y = h/2$까지의 음영된 면적의 중립축(Z축)에 대한 단면1차모멘트이다. 다른 말로 적분은 전단응력 τ가 작용하는 위치 y_1 아래의 면적에 대한 중립축(Z축)에서의 단면1차모멘트이다. 만약 y_1이 중립축 위에서 측정된다면, 적분은 전단응력 τ가 작용하는 위치 y_1 위의 면적에 대한 중립축(Z축)에서의 단면1차모멘트이다. 적분값인 단면1차모멘트를 S로 표시하면 식(5.2.7)은 다음과 같이 나타낼 수 있다.

$$\tau = \frac{VS}{I\,b} \tag{5.2.8}$$

상기 식(5.2.8)을 **전단공식**(剪斷公式, Shear Formula)이라 하고, 이 식은 단면의 임의 점에서의 전단응력 τ를 구할 때 사용된다.

식(5.2.8)에서 전단응력 τ가 어떻게 변하는지를 알기 위해서는, 주어진 직사각형 단면에서 전단력 V, 단면2차모멘트 I 그리고 단면 폭 b가 일정함으로, 단면1차모멘트 S가 어떻게 변하는지를 조사해야 한다.

[그림5.2.3](b)에서 음영된 면적에 대한 단면1차모멘트 S는 그 면적에 중립축(Z축)으로부터 그 면적의 도심까지의 거리를 곱함으로써 구할 수 있다.

$$S = b\left(\frac{h}{2} - y_1\right)\left(y_1 + \frac{h/2 - y_1}{2}\right) = \frac{b}{2}\left(\frac{h^2}{4} - y_1^2\right) \tag{5.2.9}$$

상기 식(5.2.9)을 전단공식(5.2.8)에 대입하면 다음과 같다.

$$\tau = \frac{V}{2I}\left(\frac{h^2}{4} - y_1^2\right) \tag{5.2.10}$$

상기 식(5.2.10)은 직사각형 단면을 가진 보에서 전단응력이 중립축으로부터 거리 y_1에 따라 포물선 형태로 변한다는 것을 보여주고 있다. 따라서 보의 높이에 따라 전단응력 τ를 그려보면 [그림5.2.3](c)와 같다. 그림(c)에서 전단응력 τ는 $y_1 = \pm h/2$에서 '0'이다. 한편 전단응력 τ는 $y_1 = 0$인 중립축에서 최대값을 갖는데, 그 값은 다음과 같다.

$$\tau_{\max} = \frac{Vh^2}{8I} = \frac{3}{2}\frac{V}{A} \tag{5.2.11}$$

여기서 $A = bh$는 단면적이고, 최대전단응력 $\tau_{\max}$는 평균전단응력($\tau_{aver} = V/A$)보다 50% 더 큼을 알 수 있다.

전단응력에 대한 앞의 식(5.2.8)과 식(5.2.11)은 단면 위에 작용하는 연직방향 전단응력과 보의 수평층 사이에 작용하는 수평방향 전단응력 둘 중 어느 것을 계산하는데도 사용할 수 있다.

전단응력에 대한 앞의 공식들은 전단력 V와 전단응력 τ에 대하여 어떤 특별한 부호규약 없이 유도되었다. 전단력은 전단응력의 합력임으로, 전단응력은 전단력과 방향이 같다. 대부분의 목적을 위하여 전단응력의 크기는 전단력공식을 통하여 절대값으로 구하고, 전단응력의 방향은 [그림5.2.1]처럼 시각적으로 검토하여 구한다.

직사각형 단면을 가진 보에서 전단응력 공식들은 정상적인 비례를 가진 보에 대해서만 유효하고, 이들의 유도하는 과정에서 휨공식을 사용하였으므로 휨공식과 같은 제약조건을 받는다. 따라서 전단응력공식들은 보가 작은 처짐을 갖고 선형탄성적인 재료일 때만 유효하다. 한편 이들 공식은 보 폭 b가 높이 h에 비하여 훨씬 작을 때는 정확한 값을 가지지만, 보 폭 b가 높이 h에 상대적으로 커지면 정확도가 점점 떨어진다.

5.2.2 전단변형률의 효과

앞에서 살펴보았듯이 전단응력 τ가 보의 상부로부터 하부까지 포물선 형태로 변하기 때문에, 전단변형률 $\gamma\,(= \tau/G)$은 같은 형태로 변한다. 이러한 결과로써 원래 평면을 유지하였던 보의 단면은 뒤틀린다. 이러한 뒤틀림현상은 [그림5.2.4]의 cd과 pq와 같은 수직선을 그린 보를 휘어보면 입증할 수 있다.

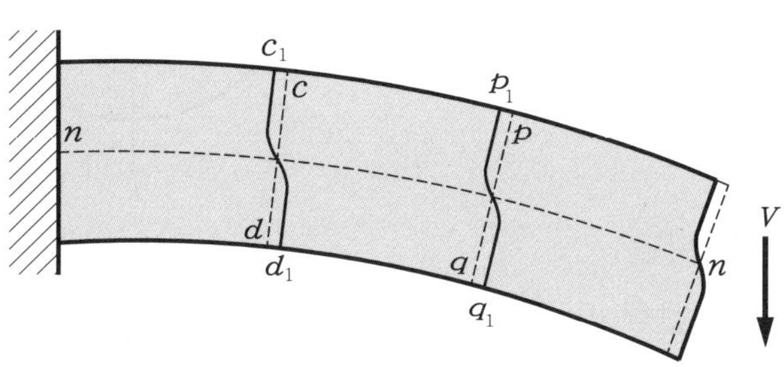

[그림5.2.4] 전단에 의한 보 단면의 변형

[그림5.2.4]에서 중립면에서 최대전단변형률이 일어나므로, cd과 pq와 같은 수직선은 직선을 유지하지 못하고 c_1d_1과 p_1q_1과 같은 곡선이 될 것이다. 구체적으로 살펴보면 점 c_1, p_1, d_1, q_1에서 전단변형률은 '0' 이고, 곡선 c_1d_1과 p_1q_1은 변형된 부재의 상부 및 하부 면에 직각을 유지한다. 한편 중립면 $n-n$에서는 곡선 c_1d_1과 p_1q_1의 접선, 수직선 cd과 pq사이의 각도가 최대이며, 이 전단변형률의 값은 $\gamma = \tau_{\max}/G$ 이다. [그림5.2.4]에서 보를 따라 전단력 V가 일정하다면 모든 단면의 뒤틀림이 같을 것이다. 즉 $c_1c = p_1p$, $dd_1 = qq_1$이다. 그러므로 휨모멘트로 인한 길이방향 요소들의 인장 또는 압축은 전단변형률에 의하여 영향을 받지 않는다. 그리고 수직응력 σ의 분포는 순수 휨에서와 같게 된다.

이에 대한 좀 더 상세한 참고문헌을 살펴보면, 비록 보에 균일한 분포하중이 작용하여 부재축에 따라 전단력이 연속적으로 변할지라도 전단변형률로 인한 단면의 뒤틀림은 실질적으로 길이방향 변형률에 영향을 주지 않는다. 집중하중에 대해서는 하중 근처의 응력분포가 더욱 복잡하고 응력집중이 존재하지만, 이러한 불규칙성은 매우 국부적이고 보의 전체 응력분포에는 큰 영향을 주지 않는다.

이런 이유들로 비균일 휨의 경우에도 순수 휨에서 유도된 휨공식(5.1.14)를 사용하여도 된다.

5.2.3 원형단면 보의 전단응력

보가 [그림5.2.5](a)와 같은 원형단면을 가질 때는 더 이상 모든 전단응력이 Y축에 평행하게 작용한다고 가정할 수 없다. 예를 들어 그림(a)에서 원형단면의 경계에 있는 점c을 생각해 보면, 이 점에서의 전단응력 τ는 경계의 접선방향으로 작용해야 한다. 이에 보의 외단 면에는 응력이 존재하지 않는다는 사실로 인하여, 전단응력 τ는 단면의 중심인 반지름방향으로 구성성분이 없다. 이는 수직인 평면 위에 작용하는 전단응력은 크기가 같아야 하기 때문이다.

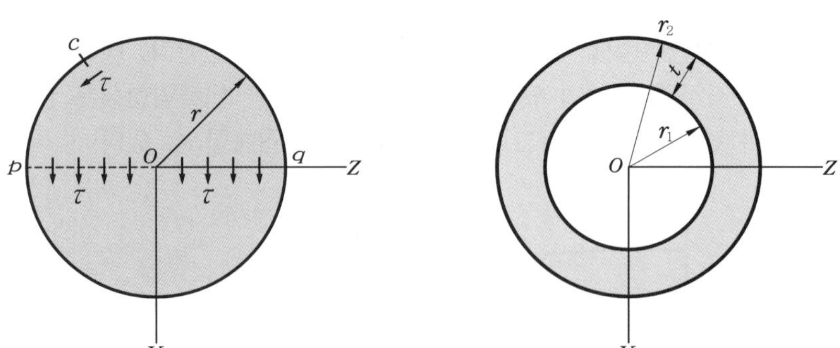

(a) 원형 단면　　(b) 중공의 원형 단면

[그림5.2.5] 원형 및 중공의 원형단면을 가진 보의 전단응력

그림(a)에서 최대전단응력은 중립축인 Z축에서 일어나는데, 이들 전단응력은

Y축에 평행하게 작용한다. 이들 전단응력은 보 폭 pq를 가로질러 일정한 값을 가진다고 가정할 수 있는데, 이와 같은 가정은 앞에서 전단공식인 $\tau = VS/Ib$를 유도할 때 사용한 가정과 같다. 따라서 중립축에서의 전단응력을 계산하기 위해서는 전단공식을 사용하면 된다. 반지름 r을 가진 원형단면에서 전단공식에 필요한 단면성능들은 다음과 같이 계산된다.

$$I = \frac{\pi r^4}{4} \quad , \quad b = 2r \quad , \quad S = \frac{\pi r^2}{2}\left(\frac{4r}{3\pi}\right) = \frac{2r^3}{3} \qquad (5.2.12)$$

식(5.2.12)을 전단공식인 식(5.2.8)에 대입하면, 원형단면의 중립축에서의 최대전단응력 $\tau_{\max}$을 다음과 같이 구할 수 있다.

$$\tau_{\max} = \frac{VS}{Ib} = \frac{4V}{3\pi r^2} = \frac{4}{3}\frac{V}{A} \qquad (5.2.13)$$

여기서 $A = \pi r^2$은 원형단면의 단면적이다. 한편 이 식에서 최대전단응력 $\tau_{\max}$는 평균전단응력($\tau_{aver} = V/A$) 보다 4/3배 더 큼을 알 수 있다.

참고로 비록 원형단면 보에 대한 앞의 이론은 근사해를 통한 것이지만, 이것은 정밀한 탄성이론에 비하여 오직 몇 퍼센트(%)의 오차 밖에는 차이가 없다.

만약 보가 [그림5.2.5](b)와 같은 중공의 원형단면을 가진다면, 중립축을 따라 존재하는 전단응력은 Y축에 평행하고 균일하게 분포하는 것으로 가정하는데, 이것은 상당히 정확도가 높으므로 전단공식인 식(5.2.8)로부터 최대전단응력을 구할 수 있다. 여기에 필요한 단면성능은 다음과 같이 구할 수 있다.

$$I = \frac{\pi}{4}\left(r_2^4 - r_1^4\right) \quad , \quad b = 2(r_2 - r_1) \quad , \quad S = \frac{2}{3}\left(r_2^3 - r_1^3\right) \qquad (5.2.14)$$

식(5.2.14)를 전단공식인 식(5.2.8)에 대입하면, 중공 원형단면의 중립축에서의 최대전단응력 $\tau_{\max}$을 다음과 같이 구할 수 있다.

$$\tau_{\max} = \frac{VS}{Ib} = \frac{4}{3}\frac{V}{A}\frac{r_2^2 + r_2 r_1 + r_1^2}{r_2^2 + r_1^2} \qquad (5.2.15)$$

여기서 $A = \pi\left(r_2^2 - r_1^2\right)$는 중공 원형단면의 단면적이다.

만약 식(5.2.15)에서 $r_1 = 0$이면, 이 식은 원형단면에 대한 식(5.2.13)이 된다.

5.2.4 H형 단면 보의 전단응력

[그림5.2.6]과 같이 H형단면의 보가 전단력 V를 받을 때, 전단응력은 단면 전체에 일어난다. 단면이 H형태이므로, 이들 응력분포는 직사각형 단면에 비하여 훨씬 더 복잡하다. 예를 들어 보의 플랜지(Flange)에도 전단응력이 단면에 수평방향과 수직방향으로 작용하지만, 대부분의 수직전단력 V는 웨브(Web)에서의 전단응력에 의하여 부담되며, 이들 전단응력은 직사각형 단면에서와 같은 방법으로 계산할 수 있다.

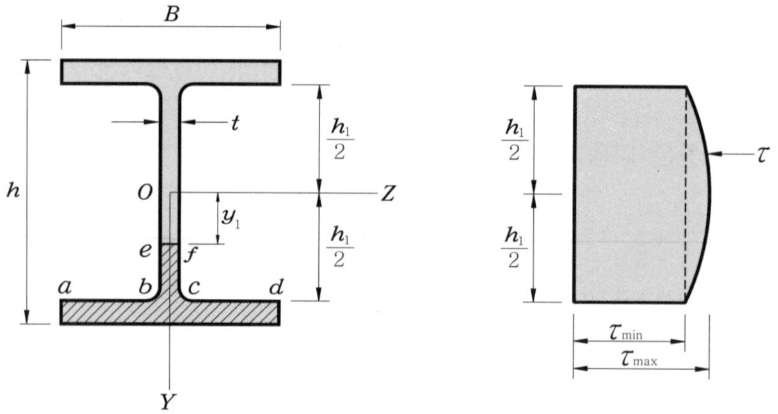

(a)　　　　　　　　　　(b)

[그림5.2.6] H형 단면 보의 전단응력

[그림5.2.6](a)에서 보의 웨브에 있는 ef 위치에 대한 전단응력을 생각해 보자. 여기서 직사각형 단면의 경우와 같은 가정이 성립되는데, 즉 전단응력은 Y축에 평행하고 웨브의 두께 t를 가로질러 균일하게 분포하는 것으로 가정한다. 그러면 앞 절에서와 같은 유도방식이 유효하게 함으로, 전단공식인 $\tau = VS/Ib$를 적용할 수 있다. 그러나 여기서는 b 대신에 웨브 두께 t가 사용되고, 단면1차모멘트 S를 계산하기 위한 면적은 그림(a)의 빗금 친 부분으로 ef와 단면 하단 사이의 면적이다. 플랜지와 웨브의 연결부에서의 작은 필렛(Fillet)을 무시하면, 이 면적은 2개의 직사각형으로 구성되어 있다. 첫 번째 직사각형은 플랜지 자체로, 플랜지의 면적 A_f는 다음과 같다.

$$A_f = B\left(\frac{h}{2} - \frac{h_1}{2}\right) \tag{5.2.16}$$

두 번째 직사각형은 ef와 플랜지 사이의 웨브부분으로, 직사각형 $efcb$에 해당하며, 그 면적 A_w는 다음과 같다.

$$A_w = t\left(\frac{h_1}{2} - y_1\right) \tag{5.2.17}$$

이들 면적의 중립축(Z축)에 대한 단면1차모멘트 S는 이들 면적에 Z축으로부터 이들 면적의 도심까지의 거리를 곱함으로써 다음과 같이 구할 수 있다.

$$S = B\left(\frac{h}{2} - \frac{h_1}{2}\right)\left(\frac{h_1}{2} + \frac{h/2 - h_1/2}{2}\right) + t\left(\frac{h_1}{2} - y_1\right)\left(y_1 + \frac{h_1/2 - y_1}{2}\right) \tag{5.2.18}$$

상기 식(5.2.18)을 풀어 단순화시키면 다음과 같다.

$$S = \frac{B}{8}\left(h^2 - h_1^2\right) + \frac{t}{8}\left(h_1^2 - 4y_1^2\right) \tag{5.2.19}$$

그러므로 보 웨브의 전단응력 τ는 다음과 같이 구해진다.

$$\tau = \frac{VS}{It} = \frac{V}{8It}\left[B(h^2 - h_1^2) + t(h_1^2 - 4y_1^2) \right] \tag{5.2.20}$$

상기 식(5.2.20)에서 τ 는 y_1 의 2차식이므로, 전단응력 τ 는 웨브의 높이에 따라 포물선 형태로 변화한다는 것을 알 수 있으며, 이를 그래프로 나타내면 [그림5.2.6](b)와 같다. 식(5.2.20)의 단면2차모멘트 I 를 구해보면 다음과 같다.

$$I = \frac{Bh^3}{12} - \frac{(B-t)h_1^3}{12} = \frac{Bh^3 - Bh_1^3 + th_1^3}{12} \tag{5.2.21}$$

상기 식(5.2.21)을 식(5.2.20)에 대입하면, 보 웨브의 전단응력 τ 는 다음과 같이 표현될 수 있다.

$$\tau = \frac{3V(Bh^2 - Bh_1^2 + th_1^2 - 4ty_1^2)}{2t(Bh^3 - Bh_1^3 + th_1^3)} \tag{5.2.22}$$

식(5.2.20)과 식(5.2.22)에서 중립축에서의 최대전단응력 $\tau_{\max}$ 은 $y_1 = 0$ 을 대입하면 구할 수 있고, 플랜지와의 연결부에서 일어나는 웨브의 최소전단응력 $\tau_{\min}$ 은 $y_1 = \pm h_1/2$ 을 대입하면 구할 수 있다.

$$\begin{aligned} \tau_{\max} &= \frac{V}{8It}(Bh^2 - Bh_1^2 + th_1^2) = \frac{3V(Bh^2 - Bh_1^2 + th_1^2)}{2t(Bh^3 - Bh_1^3 + th_1^3)} \\ \tau_{\min} &= \frac{VB}{8It}(h^2 - h_1^2) = \frac{3VB(h^2 - h_1^2)}{2t(Bh^3 - Bh_1^3 + th_1^3)} \end{aligned} \tag{5.2.23}$$

보의 치수에 따라 다르지만, 일반적으로 H형 단면 보의 최대전단응력 $\tau_{\max}$ 는 웨브의 최소전단응력 $\tau_{\min}$ 보다 10% ~ 60% 더 크다.

웨브에 의하여 분담되는 전단력은 [그림5.2.6](b)에 나타난 전단응력선도의 면적에 웨브의 폭을 곱하면 구할 수 있다. 그림(b)에서 전단응력선도의 면적은 2 부분으로 나눌 수 있는데, 하나는 직사각형 면적인 $h_1\tau_{\min}$ 이고 다른 하나는 다음과 같은 포물선의 부분면적인 $2h_1(\tau_{\max} - \tau_{\min})/3$ 이다. 따라서 웨브가 부담하는 전단력 V_{web} 는 다음과 같이 구할 수 있다.

$$\begin{aligned} V_{web} &= h_1\tau_{\min}t + \frac{2}{3}h_1(\tau_{\max} - \tau_{\min})t \\ &= \frac{th_1}{3}(2\tau_{\max} + \tau_{\min}) \end{aligned} \tag{5.2.24}$$

전형적인 비례를 가진 H형 단면 보에서, 웨브의 전단응력은 전체 전단력의 90% ~ 98% 를 부담한다. 물론 플랜지의 전단응력이 나머지를 부담한다.

실제 설계에서는 전체 전단력을 웨브의 면적으로 나눔으로써 최대전단응력의 근사값을 계산하는 것이 보통이다. 이 응력은 웨브에서의 평균전단응력으로, 다음과 같이 나타낼 수 있다.

$$\tau_{aver} = \frac{V}{th_1} \tag{5.2.25}$$

전형적인 H형 단면 보에서, 평균전단응력은 실제 최대전단응력의 $\pm 10\%$ 내외이다.

이 절에서 설명한 기본이론은 웨브의 전단응력계산을 위하여 사용할 때에는 매우 정확한 값을 제시한다. 그러나 플랜지의 전단응력분포를 고려할 때에는 플랜지의 폭 B를 가로지르는 전단응력이 일정하다는 가정은 적용될 수 없다. 예를 들어 [그림5.2.6](a)에서 $y_1 = h_1/2$인 위치에 대한 자유면 ab와 cd 위의 전단응력은 '0'이 되어야 한다. 반면에 연결부 bc 위의 전단응력은 $\tau_{\min}$이다. 이러한 관찰은 웨브와 플랜지의 연결부에서 전단응력의 분포가 더욱 복잡한 법칙을 따르므로, 기초적인 이론에 의해서는 분석이 불가능함을 말해주고 있다. 만약 플랜지와 웨브의 연결부인 내부 모서리가 직각이라면, 연결부에서의 전단응력은 매우 큰 값을 나타낼 것이다. 따라서 그림(a)에서와 같은 연결부의 필렛(Fillet)은 전단응력을 감소시키기 위하여 사용된다. 웨브와 플랜지의 연결부 부근의 전단응력분포의 국부적인 성질 때문에, 플랜지의 수직전단응력에 대해서는 전단공식이 정확한 값을 제공해 주지 못한다. 그러나 플랜지의 수평전단응력에 대해서는 전단공식이 좋은 결과를 제공하여 준다.

5.2.5 조립보에서의 전단흐름

2개 또는 그 이상의 재료의 부분을 접합하여 하나의 부재로 만든 보를 **조립보**(Built-Up Beam)라고 한다.

일반적으로 구조용으로 사용되는 공장제작 단일 보의 형태와 크기는 경제성, 시장의 수요, 제조시설의 한계 등으로 인하여 일정한 규격 이하로 제한되어 대량 생산되는 것이 보통이다. 그런데 가혹 대량 생산되는 부재 보다 더 큰 단면성능을 가진 부재가 특별히 필요할 경우, 이들 조립보는 다양한 형태 및 요구되는 크기로 제작되어진다. [그림5.2.7]은 조립보의 전형적인 단면 몇 가지를 보여주고 있다.

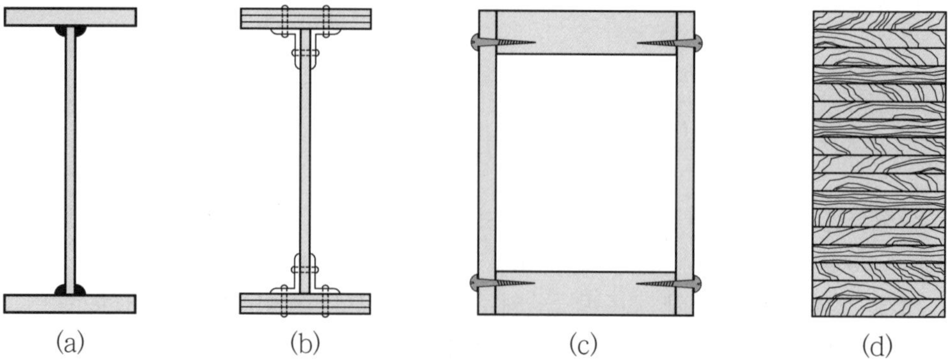

(a) (b) (c) (d)

[그림5.2.7] 조립보

조립보는 보가 단일부재와 같이 거동할 수 있도록 각 부분들이 서로 적절히 접합되었다는 가정 하에 설계된다. 따라서 조립보에서 못(Nail), 볼트(Bolt), 용접(Weld), 아교(Glue) 등과 같은 접합요소들은 매우 중요한데, 이들 접합요소에 의해 부담되는 하중이 바로 보의 각 부분들 사이로 전달되는 수평전단력이다.

2부분 사이에 작용하는 수평전단력에 대한 공식은 앞에서 전단공식을 유도하는 과정에서 사용하였던 [그림5.2.3]을 통하여 얻을 수 있다. 그 유도과정에서는 요소 pp_1n_1n의 상부면에 작용하는 전단응력 τ는 보의 폭 b를 가로질러 균일하게 분포하는 것으로 가정하였으나, 좀 더 일반적인 경우에는 이 가정이 유효하지 않을 수도 있다. 그러므로 전단응력을 계산하는 대신에, 요소 pp_1n_1n의 상부면에 작용하는 전체 수평력 F_3을 계산할 수 있다.

전체 수평력 F_3는 $F_3 = f\,dx$로 표현할 수 있는데, 여기서 f는 보의 부재축을 따라 작용하는 단위길이당 전단력으로, **전단흐름**(Shear Flow)이라고 한다.

참고로 보의 폭 b를 따라 전단응력 τ가 균일한 분포인 직사각형 단면의 보에서는 $f = \tau b$ 이다.

전단흐름 f를 고찰하기 위해서는 전단공식을 유도하는 과정처럼 진행하면 된다. 식(5.2.5)에서 시작하면 다음과 같다.

$$F_3 = f\,dx = F_2 - F_1 \tag{5.2.26}$$

상기 식(5.2.26)에서 F_2와 F_1을 대입하여, f에 대하여 풀면 다음과 같다.

$$f = \frac{dM}{dx}\left(\frac{1}{I}\right)\int y\,dA \tag{5.2.27}$$

상기 식(5.2.27)에서 dM/dx를 전단력 V로, 적분을 단면1차모멘트 S로 대치하면, 다음과 같다.

$$f = \frac{VS}{I} \tag{5.2.28}$$

상기 식(5.2.28)로부터 [그림5.2.3]에서 보이는 음영된 요소 pp_1n_1n의 상부면에 작용하는 전단흐름 f를 구할 수 있다.

한편 식(5.2.28)의 유도과정에서 단면의 폭을 가로지르는 전단응력의 분포에 대해서는 어떠한 가정도 하지 않았다. 물론 전단응력의 분포가 균일하다면, 이때의 전단응력 τ는 $\tau = f/b$이며, 식(5.2.28)은 전단공식인 식(5.2.8)과 같은 것이다.

식(5.2.28)과 같은 전단흐름 f에 대한 공식은 직사각형 단면 보에만 국한되는 것은 아니고, Y축에 대하여 대칭인 단면이라면 어떤 보에 대해서도 유용한다. 실제로 [그림5.2.3]에서 음영된 요소 pp_1n_1n의 면 p_1n_1은 여러 가지 형태를 갖고 있다. 이러한 경우 전단흐름 f는 단면의 선을 따라 작용하는 단위길이당 힘으로, 이 선은 [그림5.2.3]에서 음영부분과 나머지 부분을 분할하고 있다. 이 점을 명확히 하기 위하여 [그림5.2.8]에 나타낸 단면을 통하여 생각해 보자.

[그림5.2.8](a)는 평판보(Steel Plate Girder)로, 강판을 잘라 용접으로 접합하여 조립한 것이다. 이 경우 용접은 플랜지와 웨브사이의 수평전단력을 전달하는데, 이 힘이 접촉면 aa를 따라 작용하는 전단흐름이다. 이 전단흐름 f는 전단흐름

공식 $f = VS/I$을 통하여 구할 수 있는데, 이때 S는 그림(a)에서 접촉면 aa 위에 있는 음영된 면적의 중립축(Z축)에 대한 단면1차모멘트이다. 이런 방법으로 계산한 전단흐름 f를 가지고, 이후에 단위길이당 힘 f에 저항하는 적절한 용접치수를 결정할 수 있다.

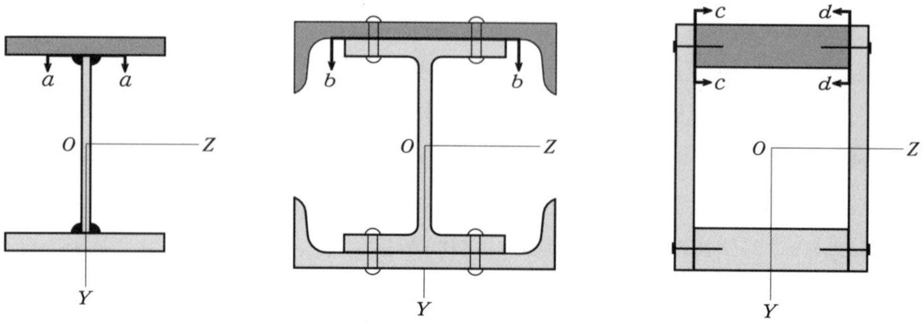

(a) (b) (c)

[그림5.2.8] 전단흐름 f를 계산할 때 사용되는 면적들

[그림5.2.8](b)는 H형강의 상·하부 플랜지에 ㄷ형강을 리벳으로 체결하여 만든 조립보이다. 이 경우 H형강과 ㄷ형강 사이에 작용하는 수평전단력은 리벳에 의하여 전달된다. 이 힘은 그림(b)에서 접촉면 bb 위에 있는 음영된 ㄷ형강 면적의 중립축(Z축)에 대한 단면1차모멘트를 사용한 전단흐름공식을 통하여 계산된다. 이때 전단흐름 f는 접촉면 bb를 따라 작용하는 단위길이당 길이방향의 힘이므로, 리벳은 이 힘에 저항하기 위하여 적절한 크기와 간격을 유지해야 한다.

[그림5.2.8](c)는 목재로 구성한 상자형 보(Box Beam)로, 상·하부 플랜지를 구성하는 두꺼운 판재 2개에 다소 얇은 판재 2개를 웨브로 하여 서로 못으로 연결하여 조립한 것이다. 이 경우 전단흐름 f는 접촉면 cc와 dd 두 면을 따르는 단위길이당 힘이고, 단면1차모멘트 S는 그림(c)의 음영부분 면적의 중립축(Z축)에 대한 것이다. 여기서 전단흐름 f는 보의 양 측면에 박혀있는 못의 합성작용에 의하여 저항된다.

◆ ◆ ◆ ◆ ◆ ◆

예제 5.2.1

다음과 같은 직사각형 단면의 단순보 중앙에 $24kN$의 집중하중이 작용하고 있다. 단면의 크기가 그림(a)와 같고 중립축이 단면의 중심에 위치할 때, 이 보의 최대전단응력 $\tau_{\max}$를 구하시오.

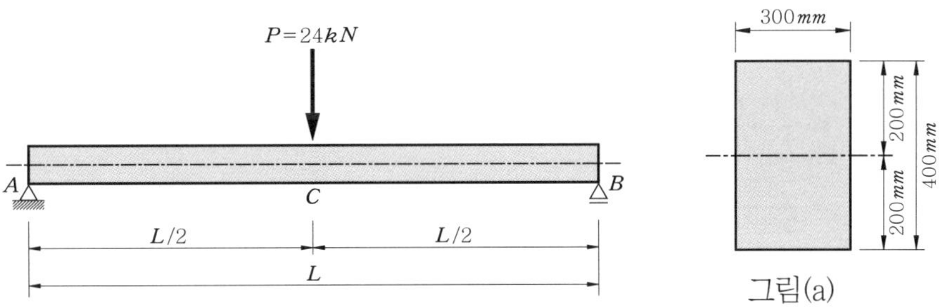

그림(a)

풀이

(1) 집중하중 P에 의해 보에 작용하는 전단력

$$\Sigma M_B = (R_A \times L) - \left(24 \times \frac{L}{2}\right) = 0$$

$$\therefore\ V = R_A = R_B = 12\,kN$$

(2) 보의 최대전단응력 $\tau_{\max}$

$$\tau_{\max} = \frac{3V}{2A} = \frac{3 \times 12{,}000}{2 \times 300 \times 400} = 0.15\,N/mm^2 = 0.15\,MPa$$

예제 5.2.2

다음과 같이 직사각형 단면의 내민보에 $50\,kN/m$의 등분포하중이 작용하고 있다. 단면이 균일재질이고 크기가 그림(a)와 같을 때, 점 A, B, C, D, E, F, G에서의 최대전단응력을 구하시오.

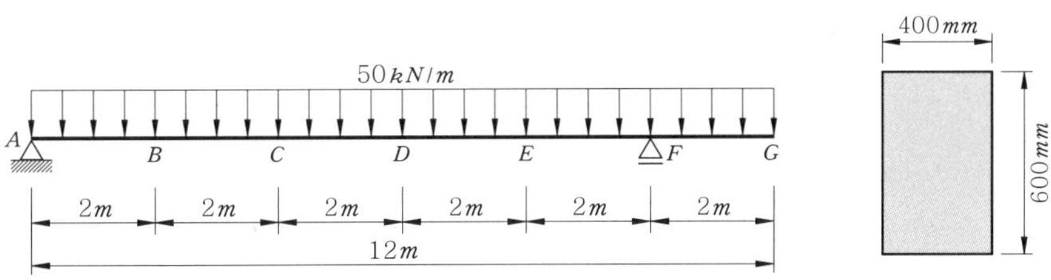

그림(a)

풀이

(1) 지점반력

$$\Sigma M_A = 0\ :\ \left(50 \times 12 \times \frac{12}{2}\right) - 10\,R_F = 0 \qquad \therefore\ R_F = 360\,kN\,(\uparrow)$$

$$\Sigma V = 0\ :\ R_A + R_F - (50 \times 12) = 0 \qquad \therefore\ R_A = 240\,kN\,(\uparrow)$$

(2) 점 A, B, C, D, E, F, G에서의 전단력

$$V_A = 240\,kN \qquad V_B = 240 - (50 \times 2) = 140\,kN$$

$$V_C = 240 - (50 \times 4) = 40\,kN \qquad V_D = 240 - (50 \times 6) = -60\,kN$$

$$V_E = 240 - (50 \times 8) = -160\,kN \qquad V_F = 240 - (50 \times 10) = -260\,kN$$

$$V_G = 240 - (50 \times 12) + (360) = 0$$

(3) 각 점의 최대전단응력을 구하면 $\tau_{\max}=\dfrac{3V}{2A}$ 에서

$$\tau_{A_{\max}}=\frac{3\times 240{,}000}{2\times 400\times 600}=1.5\,N/mm^2 \qquad \tau_{B_{\max}}=\frac{3\times 140{,}000}{2\times 400\times 600}=0.875\,N/mm^2$$

$$\tau_{C_{\max}}=\frac{3\times 40{,}000}{2\times 400\times 600}=0.25\,N/mm^2 \qquad \tau_{D_{\max}}=\frac{3\times -60{,}000}{2\times 400\times 600}=-0.375\,N/mm^2$$

$$\tau_{E_{\max}}=\frac{3\times -160{,}000}{2\times 400\times 600}=-1\,N/mm^2 \qquad \tau_{F_{\max}}=\frac{3\times -260{,}000}{2\times 400\times 600}=-1.625\,N/mm^2$$

$$\tau_{G_{\max}}=\frac{3\times 0}{2\times 400\times 600}=0$$

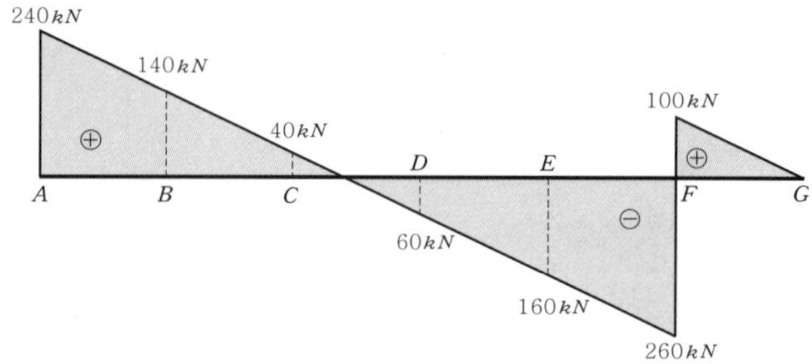

그림(b)
전단력도

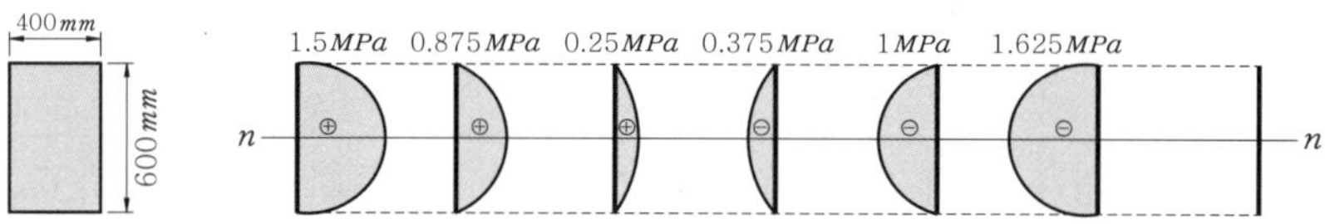

그림(c)
전단응력도

예제 5.2.3

다음과 같이 원형 파이프로 이루어진 캔틸레버 보에 $1kN/m$ 의 등분포하중이 작용하고 있다. 원형 파이프의 크기가 그림(a)와 같을 때, A 점에서의 최대전단응력을 구하시오.

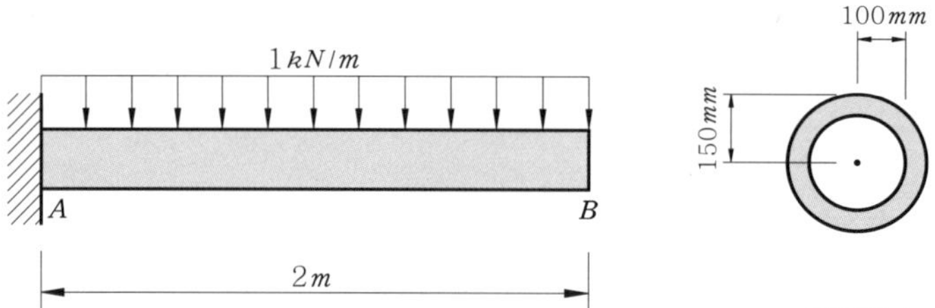

그림(a)

풀이

(1) 등분포하중에 의해 A 점에서 발생하는 전단력

$$\Sigma V=0 \quad : \; R_A-(1\times 2)=0 \qquad \therefore\; R_A=2kN\,(\uparrow) \qquad \therefore\; V_A=2kN$$

(2) 보의 단면2차모멘트 I

$$I=\frac{\pi}{4}\left(r_2^4-r_1^4\right)=\frac{\pi}{4}\left(150^4-100^4\right)=319{,}068{,}004\,mm^4$$

(3) 중립축 위치에서의 파이프 단면 폭 b

$$b = 2\left(r_2 - r_1\right) = 2\times(150-100) = 100\,mm$$

(4) 보의 단면1차모멘트 S

$$S = \frac{2}{3}\left(r_2^3 - r_1^3\right) = \frac{2}{3}\times\left(150^3 - 100^3\right) = 1{,}583{,}333\,mm^3$$

(5) 보의 최대전단응력 $\tau_{\max}$

$$\tau_{\max} = \frac{V\cdot S}{I\cdot b} = \frac{2{,}000\times 1{,}583{,}333}{319{,}068{,}004\times 100} = 0.099\,N/mm^2 = 0.099\,MPa$$

예제 5.2.4

다음과 같은 단면을 가진 T-형강이 전단력 $V=20\,kN$을 받고 있다. 이 단면 웨브에서의 최대전단응력을 구하시오.

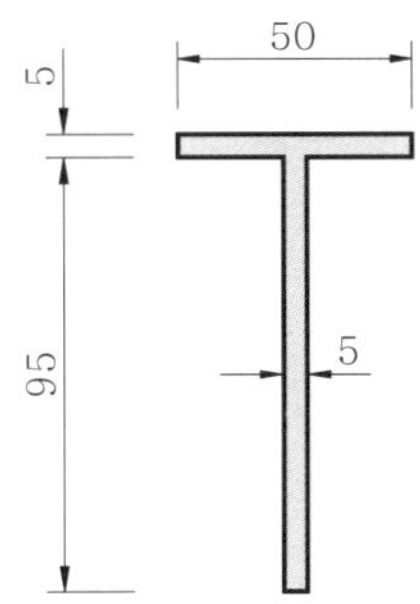

풀이

(1) 단면의 상단에서 Y방향으로의 도심축까지 거리 y_0를 구하면,

$$y_0 = \frac{(50\times5\times2.5)+(95\times5\times(95/2+5))}{(50\times5)+(95\times5)} = 35.26\,mm$$

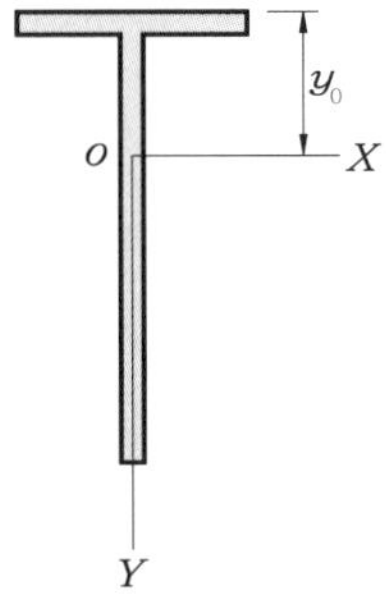

그림(a)

(2) T-형강의 단면2차모멘트 I

단면을 두 부분으로 나누어 각각의 단면2차모멘트를 구한 후 『단면2차모멘트에 대한 평행축의 정리』를 이용하여 단면2차모멘트 I를 구한다.

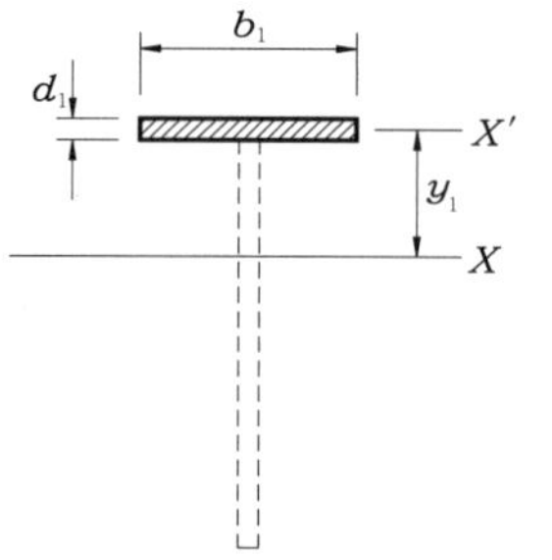

그림(b)

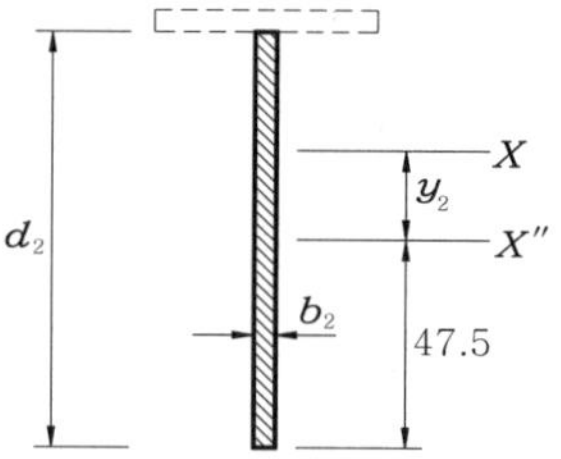

그림(c)

$$
\begin{aligned}
I &= \left[\left(\frac{b_1 \times d_1^3}{12}\right) + \{(b_1 \times d_1) \times (y_1)^2\}\right] + \left[\left(\frac{b_2 \times d_2^3}{12}\right) + \{(b_2 \times d_2) \times (y_2)^2\}\right] \\
&= \left[\left(\frac{50 \times 5^3}{12}\right) + \{(50 \times 5) \times (35.26 - 2.5)^2\}\right] + \left[\left(\frac{5 \times 95^3}{12}\right) + \{(5 \times 95) \times (17.24)^2\}\right] \\
&= 767{,}243.18\, mm^4
\end{aligned}
$$

(3) 중립축에 대한 단면1차모멘트 S

최대전단응력은 중립축에서 발생하므로,

$$S = (100 - 35.26) \times 5 \times \left(\frac{100 - 35.26}{2}\right) = 10{,}478.62\, mm^3$$

(4) 최대전단응력 $\tau_{\max}$

$$\tau_{\max} = \frac{V \cdot S}{I \cdot t} = \frac{20000 \times 10{,}478.62}{767{,}243.18 \times 5} = 54.63\, N/mm^2 = 54.63\, MPa$$

예제 5.2.5

아래는 H-형강 보의 상부플랜지를 동일재질의 플레이트($200mm \times 16mm$) 로 보강한 단면이다. 플레이트가 $100\, kN$의 허용전단력을 갖는 리벳 2개로 고정되어 있고, 이 보에 전단력 $V = 500\, kN$이 작용할 경우, 리벳의 최대허용간격 $s_{\max}$를 구하시오.

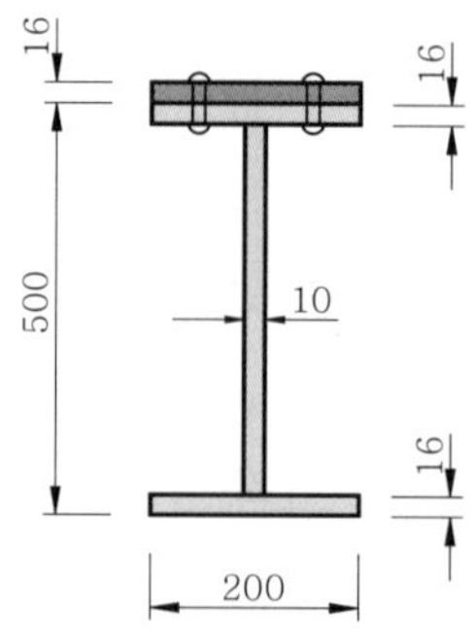

풀이

(1) 단면의 하단에서 Y방향으로의 도심축까지 거리 y_0를 구하면

$$y_0 = \frac{(200\times16\times508)+(200\times16\times492)+(468\times10\times250)+(200\times16\times8)}{(200\times16\times3)+(468\times10)}$$

$$= 307.815\,mm$$

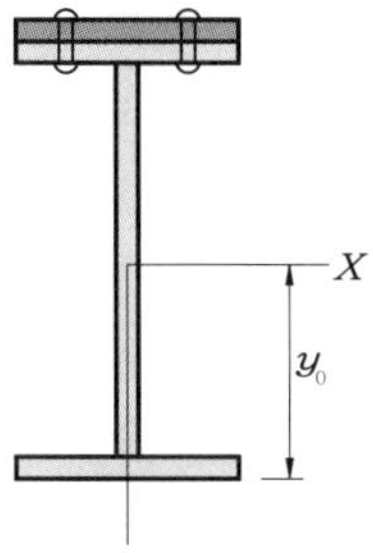

그림(a)

(2) 전체 단면의 단면2차모멘트 I

$$I = \left[\left(\frac{b_1\times d_1^3}{12}\right)+\{(b_1\times d_1)\times(y_1)^2\}\right]+\left[\left(\frac{b_2\times d_2^3}{12}\right)+\{(b_2\times d_2)\times(y_2)^2\}\right]$$
$$+\left[\left(\frac{b_3\times d_3^3}{12}\right)+\{(b_3\times d_3)\times(y_3)^2\}\right]+\left[\left(\frac{b_4\times d_4^3}{12}\right)+\{(b_4\times d_4)\times(y_4)^2\}\right]$$
$$=\left[\left(\frac{200\times16^3}{12}\right)+\{(200\times16)\times(200.185)^2\}\right]$$
$$+\left[\left(\frac{200\times16^3}{12}\right)+\{(200\times16)\times(184.185)^2\}\right]$$
$$+\left[\left(\frac{10\times468^3}{12}\right)+\{(10\times468)\times(57.815)^2\}\right]$$
$$+\left[\left(\frac{200\times16^3}{12}\right)+\{(200\times16)\times(299.815)^2\}\right]$$
$$= 625{,}706{,}392\,mm^4$$

(3) 플레이트와 보 플랜지 사이에 전달되는 수평전단력을 구하기 위해 플레이트의 중립축에 대한 단면1차모멘트 S를 구하면,

$$S = 200\times16\times(500+16-8-307.815) = 640{,}592\,mm^3$$

(4) 전단흐름 f

$$f = \frac{V\cdot S}{I} = \frac{500{,}000\times640{,}592}{625{,}706{,}392} = 511.9\,N/mm$$

(5) 리벳의 최대허용간격 $s_{\max}$

2개의 리벳이 배치되므로 단위길이 당 리벳의 내력은 $2F/s$ 가 된다.

$$s_{\max} = \frac{2F}{f} = \frac{2\times100{,}000}{511.9} = 390.7\,mm$$

$\therefore$ 리벳의 최대허용간격 $s_{\max}$는 $390.7\,mm$ 이다.

◆ ◆ ◆ ◆ ◆ ◆

◈ 연 습 문 제 ◈

5.2.1 다음과 같이 목재 상자형 보가 플랜지 역할을 하는 $50mm \times 200mm$의 단면을 갖는 2개의 판자와 두께가 $20mm$인 2개의 합판 웨브로 조립되었다. 합판은 개당 $1000N$의 허용전단력을 갖는 목재 나사로 플랜지에 조여졌으며, 보의 전체 높이는 $300mm$이다. 단면에 전단력 $V=15kN$이 작용할 경우, 나사의 최대허용간격 $s_{\max}$를 구하시오.

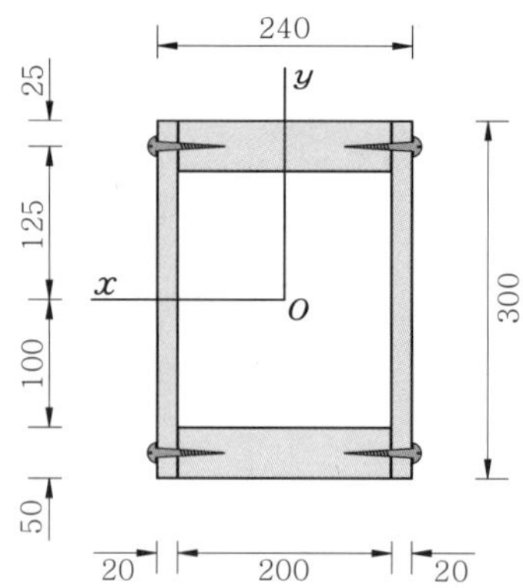

5.2.2 다음과 같이 중앙에 집중하중 $20kN$이 작용하는 $4m$ 길이의 단순보를 그림(a)와 같이 개당 $1.5kN$의 허용전단력을 갖는 나무못을 사용하여 목재 조립보로 설계하려 한다. 나무못의 최대허용간격 $s_{\max}$를 구하고, 다음 사항에 대하여 검토하시오.

① 전단응력 (목재의 허용전단응력 $F_v = 1N/mm^2$)

② 휨응력 (목재의 허용휨응력 $F_b = 18N/mm^2$)

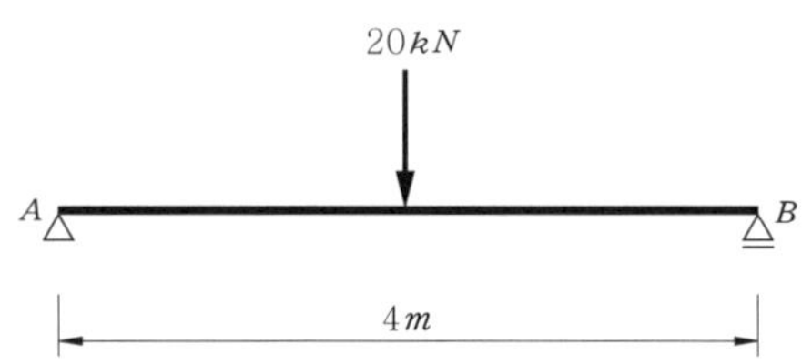

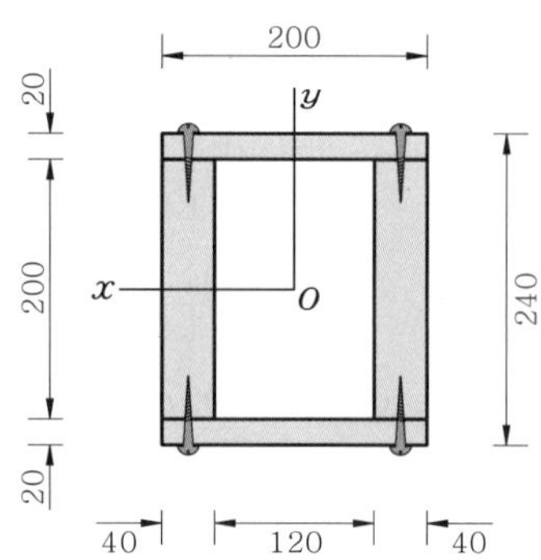

그림(a)

5.2.3 다음과 같이 4개의 목판재가 개당 $1.6kN$의 허용전단력을 갖는 못으로 연결되어 조립보를 구성하고 있다. 단면에 전단력 $V=4kN$이 작용할 경우, ① $A-A$ 부분의 못의 최대허용간격 $s_{A\max}$, ② $B-B$ 부분의 못의 최대허용간격 $s_{B\max}$, ③ 각각의 목판재가 단일 부재로 되어 있다고 가정하는 경우 $A-A$ 부분과 $B-B$ 부분에 작용하는 전단응력을 구하시오.

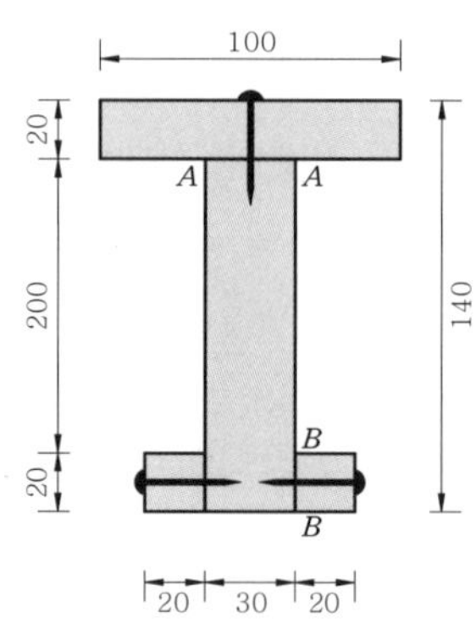

5.2.4 다음과 같이 중앙부에 $90\,kN$의 집중하중이 작용하고 있는 단순보를 직사각형 단면($h=2b$)의 소나무로 설계하시오. (여기서 허용휨응력 $F_b=8\,MPa$, 허용전단응력 $F_v=0.7\,MPa$, 탄성계수 $E=9\times10^3 MPa$, 허용처짐한도는 $L/300$, 단순보의 최대처짐은 보 중앙부에서 $PL^3/48\,EI$이다.)

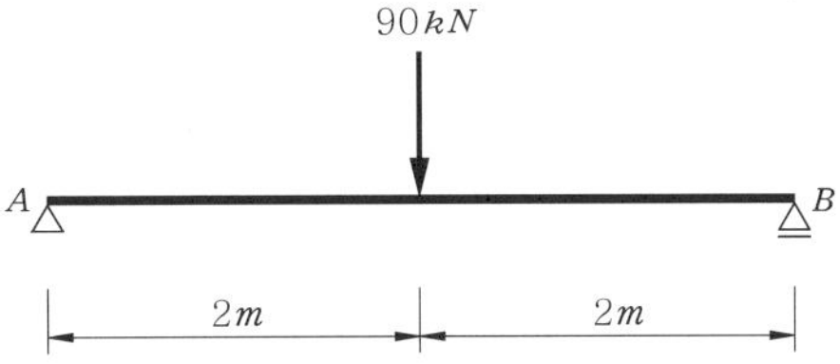

5.2.5 다음과 같이 $20\,kN/m$의 등분포하중이 작용하고 있는 캔틸레버보를 직사각형 단면($h=2b$)의 소나무로 설계하시오. (여기서 허용휨응력 $F_b=8\,MPa$, 허용전단응력 $F_v=0.7\,MPa$, 탄성계수 $E=9\times10^3 MPa$, 허용처짐한도는 $L/300$, 등분포하중을 받는 캔틸레버보의 최대처짐은 자유단에서 $wL^4/8\,EI$이다.)

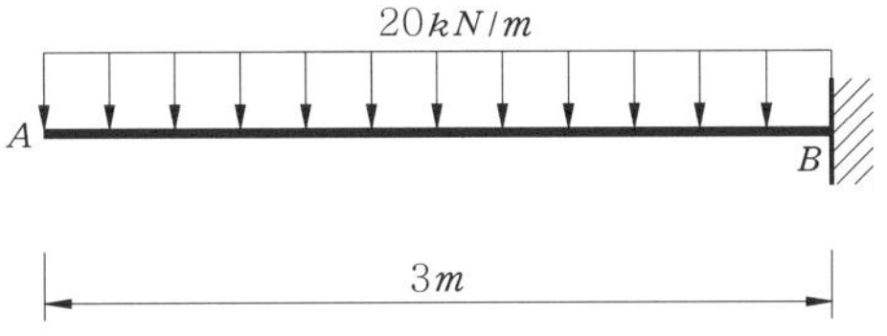

5.2.6 다음과 같이 $3\,kN/m$의 등분포하중이 작용하고 있는 캔틸레버보를 직사각형 단면($h=2b$)의 소나무로 설계하시오. (여기서 허용휨응력 $F_b=8\,MPa$, 허용전단응력 $F_v=0.7\,MPa$, 탄성계수 $E=9\times10^3 MPa$, 허용처짐한도는 $L/300$, 등분포하중을 받는 단순보의 최대처짐은 보 중앙부에서 $5\,wL^4/384\,EI$이다.)

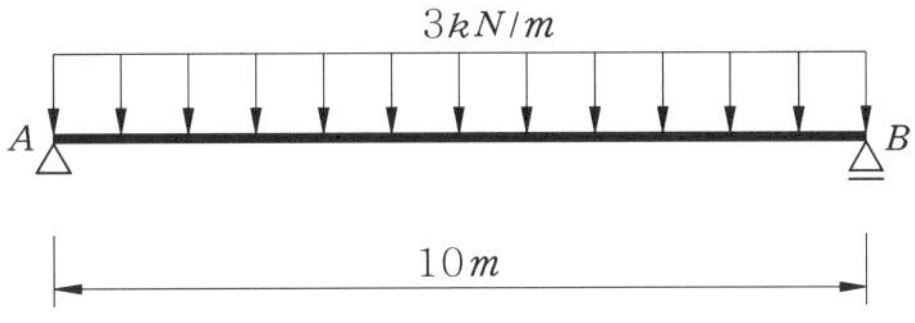

5.3 비균일단면을 가진 보*

이제까지 고찰한 보 이론은 오직 균일단면부재(Prismatic Member), 즉 전체길이에 걸쳐 단면이 일정하고 곧은 직선의 부재에 대해서만 적용된다. 이와 같은 보들에 대하여 이미 휨공식($\sigma = My/I$)과 전단공식($\tau = VS/Ib,\ f = VS/I$)을 유도하였다.

그러나 실질적으로 보는 전체길이를 따라 단면의 치수가 변하는 **비균일단면부재**(非均一斷面部材, Nonprismatic Member)가 존재한다. 균일단면의 보처럼 비균일단면을 가진 보의 응력해석은 수직응력과 전단응력에 대한 계산이 요구된다.

만약 단면의 치수가 보의 한쪽 끝에서 다른 끝까지 점차적으로 변한다면 수직응력은 휨공식을 통하여 계산할 수 있으나, 전단응력은 좀 더 복잡한 이론을 통한 계산이 요구된다.

5.3.1 비균일단면을 가진 보의 수직응력

만약 단면의 치수가 보의 한쪽 끝에서 다른 끝까지 점차적으로 변한다면, 보의 수직응력 σ는 휨공식 $\sigma = My/I$를 통하여 좋은 정밀도를 가진 값을 얻을 수 있다.

예를 들어 [그림5.3.1]과 같은 원형의 변단면부재(變斷面部材)인 캔틸레버 보를 생각해 보자.

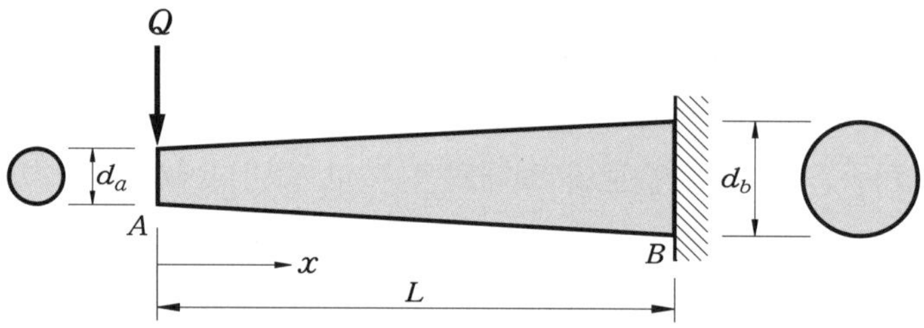

[그림5.3.1] 원형의 변단면 캔틸레버 보

만약 보의 상부표면과 수평면 사이의 각도가 20° 보다 작다면, 즉 보의 상부표면과 하부표면 사이의 각도가 40° 보다 작다면, 휨공식($\sigma = My/I$)을 통하여 계산한 수직응력의 값은 정밀값에 비하여 오차가 10% 미만이다. 물론 이 각도가 점점 작아지면 그 오차도 점점 줄어든다.

균일단면을 가진 보의 경우, 최대수직응력은 항상 최대휨모멘트가 작용하는 곳에서 나타난다. 이는 휨공식($\sigma = My/I$)에서도 볼 수 있듯이 수직응력은 부재축에 대하여 휨모멘트(M)에 비례하여 변하기 때문이다.

그러나 비균일단면을 가진 보의 경우에는 이것이 더 이상 적용되지 않는다. 이는 비균일단면을 가진 보에서는 수직응력이 부재축을 따라 휨모멘트(M)에 비례할 뿐만 아니라 단면2차모멘트(I)에 반비례하면서 변하기 때문이다.

[그림5.3.1]과 같은 원형의 변단면부재인 캔틸레버 보에서, 이 보의 해석을 편리하게 하기 위해 고정단 B의 원형단면직경(d_b)을 자유단 A의 원형단면직경(d_a)의 2배로 한다. 즉 [그림5.3.1]에서 $d_b = 2d_a$ 이다.

그러면 자유단 A로부터 x만큼 떨어져 있는 원형단면의 직경 d_x는 다음과 같이 나타낼 수 있다.

$$d_x = d_a + (d_b - d_a)\frac{x}{L} = d_a\left(1 + \frac{x}{L}\right) \tag{5.3.1}$$

따라서 원형단면의 직경 d_x에서의 단면계수는 다음과 같다.

$$Z = \frac{\pi d_x^3}{32} = \frac{\pi d_a^3}{32}\left(1 + \frac{x}{L}\right)^3 \tag{5.3.2}$$

만약 보의 길이 L이 직경 d_x보다 훨씬 크다면, 하중 Q로 인하여 임의 단면에 발생하는 최대수직응력 σ_x는 휨공식을 통하여 좋은 정밀도를 가지고 구할 수 있다.

$$\sigma_x = \frac{M}{Z} = \frac{Qx}{Z} = \frac{32\,Qx}{\pi d_a^3 (1 + x/L)^3} \tag{5.3.3}$$

상기 식(5.3.3)에서 미분 $d\sigma_x / x$를 구하여 이것을 '0'으로 놓으면, σ_x가 최대가 되는 x을 구할 수 있다.

결국 $d\sigma_x / x = 0$ 에서 $x = L/2$이며, 이것을 식(5.3.3)에 대입하면 캔틸레버 보 전체에서의 최대수직응력 $\sigma_{\max}$를 구할 수 있다.

$$\sigma_{\max} = \sigma_{(x = L/2)} = \frac{128\,QL}{27\pi d_a^3} = 4.741\frac{QL}{\pi d_a^3} \tag{5.3.4}$$

한편 최대휨모멘트가 작용하는 고정단 B에서의 최대수직응력 σ_B는 다음과 같다.

$$\sigma_B = \sigma_{(x = L)} = \frac{4\,QL}{\pi d_a^3} \tag{5.3.5}$$

결국 이 캔틸레버 보의 경우, 최대수직응력 $\sigma_{\max}$는 $x = L/2$에서 일어나고 이 값은 최대휨모멘트가 작용하는 고정단 B에서의 최대수직응력 σ_B보다 약 18.5% 크다.

만일 보의 변단면(變斷面)의 각도가 줄어들면, 최대수직응력 $\sigma_{\max}$가 일어나는 단면은 중앙($x = L/2$)에서 고정단 B를 향하여 움직일 것이다.

보의 변단면의 각도가 매우 작을 경우의 최대수직응력 $\sigma_{\max}$는 균일단면을 가진 캔틸레버 보처럼 고정단 B에서 일어난다.

5.3.2 비균일단면을 가진 보의 전단응력

비균일단면을 가진 보의 전단응력의 분포는 균일단면을 가진 보와는 큰 차이를 가지고 있다. 따라서 전단공식($\tau = VS/Ib$, $f = VS/I$)을 사용하는 대신에, 보의 단면변화의 효과를 포함한 새로운 관계식을 유도하여야 한다.

이를 위하여 [그림5.3.2]와 같이 비균일단면을 가진 보로부터 절취된 미소길이 Δx의 요소를 생각해 보자.

[그림5.3.2]에서 요소의 왼쪽 면 $c_1 d_1$에는 휨모멘트 M_1이, 요소의 오른쪽 면 $c_2 d_2$에는 휨모멘트 M_2가 작용한다. 왼쪽 면 $c_1 d_1$과 오른쪽 면 $c_2 d_2$의 높이를 각각 h_1, h_2라 하고, 중립면 nn으로부터 전단응력 τ가 작용하는 선 $p_1 p_2$까지의 거리를 y_1라 표시한다. 이 그림은 [그림5.2.3](a)와 비교된다.

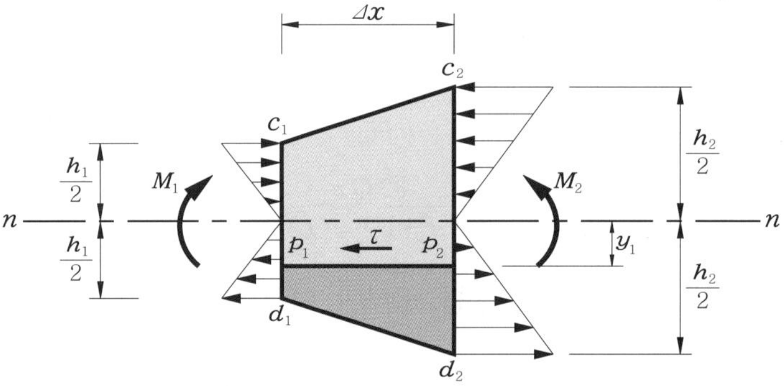

[그림5.3.2] 비균일단면을 가진 보에서의 미소요소

[그림5.3.2]에서 음영된 요소 $p_1 p_2 d_2 d_1$의 상부 면 $p_1 p_2$를 따라 작용하는 전단흐름 f는 이 요소에 대한 정역학적 평형조건식을 통하여 구할 수 있다.

이 요소의 왼쪽 면과 오른쪽 면에 작용하는 수직휨응력으로 인한 힘들은 각각 $M_1 S_1 / I_1$, $M_2 S_2 / I_2$이다(5.2.1절의 F_1과 F_2에 대한 식(5.2.2), (5.2.3) 참조).

이들 표현에서 I_1과 I_2는 두 단면 $c_1 d_1$, $c_2 d_2$에 대한 각각의 단면2차모멘트이고, S_1과 S_2는 각각 왼쪽 요소면 $p_1 d_1$과 오른쪽 요소면 $p_2 d_2$의 면적에 대한 중립축에서의 단면1차모멘트를 나타낸다. 음영된 요소 $p_1 p_2 d_2 d_1$의 상부 면 $p_1 p_2$ 위의 합력은 $f\Delta x$이므로 정역학적 평형조건식은 다음과 같다.

$$f\Delta x = \frac{M_2 S_2}{I_2} - \frac{M_1 S_1}{I_1} \qquad (5.3.6)$$

상기 식(5.3.6)에서 만약 전단응력 τ가 보의 폭을 가로질러 균일하다면, 보의 폭이 b일 때 $f = \tau b$이다.

어떤 특정한 보에 대하여 식(5.3.6)은 M, S, I, Δx를 수치적인 값으로 대입시킴으로써 단면사이의 평균전단흐름을 구하는데 사용될 수 있다. 이 계산절차는 다음과 같다.

① 전단흐름 f 를 계산하려는 보의 단면을 결정한다. 그리고 미소길이 Δx 만큼 떨어진 인접한 단면을 취한다. 예를 들어 $\Delta x = L/100$.
② 이들 단면에서의 휨모멘트 M_1 과 M_2 를 구한다.
③ 이들 단면에서 전단흐름 f 를 구하고자 하는 단면의 외측 단면적의 중립축에 대한 단면1차모멘트 S_1 과 S_2 를 각각 구한다.
④ 이들 단면에서 전체 단면적에 관하여 중립축에 대한 단면2차모멘트 I_1 과 I_2 를 각각 구한다.
⑤ 미소길이 Δx , 휨모멘트 M_1 과 M_2, 단면1차모멘트 S_1과 S_2, 단면2차모멘트 I_1 과 I_2 를 식(5.3.6)에 대입하여 전단흐름 f 를 구한다.

이론적으로 미소길이 Δx 가 작을수록 결과값은 점점 정확해진다. 그러나 미소길이 Δx 가 너무 작으면 식(5.3.6)에서 두 항의 차이가 작아져 거의 같아지기 때문에 수치적으로는 정확도가 떨어질 것이다.

식(5.3.6)은 광범위하게 사용될 수 있는 매우 일반적인 식으로, 정확한 공식들을 이용할 수 없을 때 변화하는 단면을 가진 보에 대하여 전단흐름을 구하고자 하는 경우 등 많은 실제적인 상황에서 매우 유용하다.

다음은 일정한 폭 b 와 변화하는 높이 h 를 가진 직사각형 단면을 가진 보에 대하여 식(5.3.6)을, 미소길이 Δx 를 '0'으로 접근시킴으로써, 좀 더 정확한 식으로 변환시켜본다. 여기서 전단응력 τ 는 보의 폭 b 를 가로질러 균일하게 분포한다고 타당하게 가정할 수 있으므로 $f = \tau b$ 이다.

전단응력에 대한 원하는 공식을 유도하기 위하여 미소길이 Δx 만큼 떨어진 단면1과 단면2에서의 단면1차모멘트 S 와 단면2차모멘트 I 를 구하기 시작한다.

$$S_1 = \frac{b}{2}\left(\frac{h_1^2}{4} - y_1^2\right) \qquad S_2 = \frac{b}{2}\left(\frac{h_2^2}{4} - y_1^2\right) \qquad \text{(5.3.7)}$$
$$I_1 = \frac{b h_1^3}{12} \qquad I_2 = \frac{b h_2^3}{12}$$

단면 1로부터 단면 2까지의 높이의 변화량을 Δh 라고 할 때 $h_2 = h_1 + \Delta h$ 이므로 식(5.3.7)은 다음과 같이 된다.

$$S_2 = S_1 + \frac{b\, h_1 \Delta h}{4} \qquad I_2 = I_1 + \frac{b\, h_1^2 \Delta h}{4} \qquad \text{(5.3.8)}$$

상기 식(5.3.8)을 유도하는 과정에서 Δh 의 제곱과 삼승을 포함한 항들은 남아있는 항들에 비하여 매우 작은 값이므로 무시하였다.

또한 $M_2 = M_1 + \Delta M$ 로 놓고, S_2 , I_2 , M_2 를 식(5.3.6)에 대입하면 다음과 같다.

$$\tau\, b\, \Delta x = \frac{(M_1 + \Delta M)\left(S_1 + \dfrac{b h_1 \Delta h}{4}\right)}{I_1 + \dfrac{b\, h_1^2 \Delta h}{4}} - \frac{M_1 S_1}{I_1} \qquad \text{(5.3.9)}$$

상기 식(5.3.9)를 단순화시키기 위해서 모든 항에 두 번째 항의 분모를 곱하고 괄호를 전개하는데, 이때 Δ가 2개 포함된 항은 매우 작은 값이므로 무시하면 다음과 같다.

$$\tau b I_1 \Delta x = \frac{M_1 b h_1}{4}\Delta h + S_1 \Delta M - \frac{M_1 S_1}{4 I_1} b h_1^2 \Delta h \qquad (5.3.10)$$

상기 식(5.3.10)을 Δx로 나눌 수 있는데, 그러면 Δx가 점점 작아지는 극한에서는 $\Delta h / \Delta x$는 dh/dx가 되고, $\Delta M / \Delta x$는 dM/dx가 되어 전단력 V가 된다. 이들 변화로 인하여 식(5.3.10)은 다음과 같이 된다.

$$\tau b I_1 = \frac{M_1 b h_1}{4}\frac{dh}{dx} + S_1 V - \frac{M_1 S_1 b h_1^2}{4 I_1}\frac{dh}{dx} \qquad (5.3.11)$$

마지막 단계로 식(5.3.11)에서 모든 항을 $b I_1$으로 나누고 더 이상 필요하지 않은 아래첨자를 제거하면, 결국 직사각형의 비균일단면을 가진 보의 전단응력 τ를 다음과 같이 구할 수 있다.

$$\tau = \frac{VS}{Ib} + \frac{Mh}{4I}\left(1 - \frac{Sh}{I}\right)\frac{dh}{dx} \qquad (5.3.12)$$

상기 식(5.3.12)는 일정한 폭 b와 변화하는 높이 h를 가진 직사각형 단면을 가진 보에 대하여 유효하다. 이 식에서 어떤 단면에서든 전단응력 τ는 전단력 V 뿐만 아니라 휨모멘트 M과 x에 대한 h의 변화률에 관계된다는 것을 알 수 있다. 더 정확한 이론들에 의하면, 변단면의 각도가 작은 경우 식(5.3.12)는 매우 정확한 값을 준다.

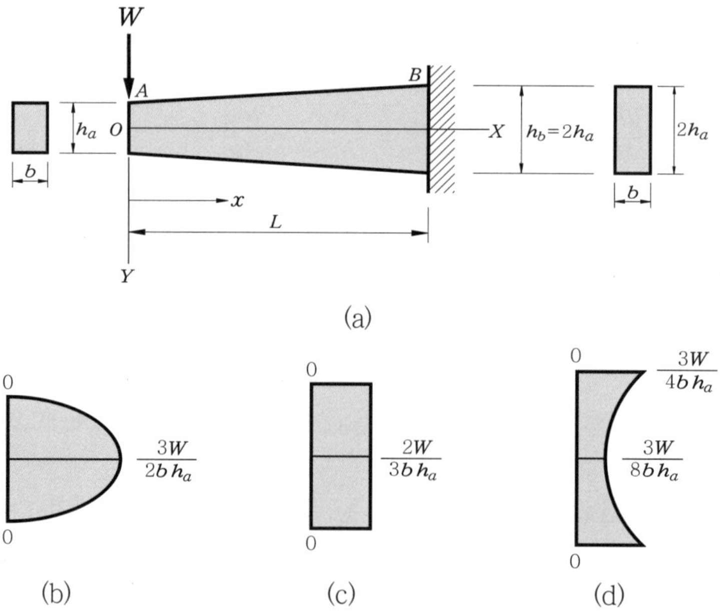

[그림5.3.3] 직사각형 형태의 비균일단면을 가진 캔틸레버 보의 전단응력

특수한 경우로 [그림5.3.3]과 같은 직사각형의 비균일단면을 가진 캔틸레버 보에서 전단응력의 분포를 살펴보기로 하자.

[그림5.3.3]에서 보는 양단에서 높이 h_a와 $h_b = 2h_a$인 변단면을 가지므로, dh/dx는 일정하며 다음과 같다.

$$\frac{dh}{dx} = \frac{h_b - h_a}{L} = \frac{h_a}{L} \tag{5.3.13}$$

왼쪽의 자유단 A에서는 휨모멘트가 '0' 이므로, 식(5.3.12)는 균일단면을 가진 보와 같이 포물선형태의 전단응력분포를 나타낸다. 이 분포는 [그림5.3.3](b)에 표시되어 있다. 그림(b)에서 최대전단응력은 중립축에서 일어나며 그 값은 $3W/2bh_a$이다.

보의 중앙, 즉 $x = L/2$에서는 다음과 같은 값들을 얻을 수 있다.

$$V = W\ , \quad S = \frac{b}{2}\left(\frac{h^2}{4} - y_1^2\right)\ , \quad M = \frac{WL}{2}\ , \quad I = \frac{bh^3}{12} \tag{5.3.14}$$

상기 식(5.3.14)의 값들을 식(5.3.12)에 대입하면, $x = L/2$에서의 전단응력을 다음과 같이 구할 수 있다.

$$\tau = \frac{2W}{3bh_a} \tag{5.3.15}$$

상기 식(5.3.15)의 전단응력은 [그림5.3.3](c)에 표시되어 있다. 이 특수한 경우에 있어서 전단응력이 보의 높이에 따라 균일한 분포를 한다는 흥미로운 결과를 얻을 수 있다. 왼쪽의 자유단 A와 보의 중앙($x = L/2$) 사이에서의 전단응력분포는 [그림5.3.3](b)에 표시된 포물선의 형태로부터 [그림5.3.3](c)에 표시된 균일한 분포로 서서히 변화한다.

보의 오른쪽 고정단 $B\,(x = L)$에서는 다음과 같은 값들을 얻을 수 있다.

$$V = W\ , \quad h = 2h_a\ , \quad S = \frac{b}{2}\left(\frac{h^2}{4} - y_1^2\right)\ , \quad M = WL\ , \quad I = \frac{bh^3}{12} \tag{5.3.16}$$

상기 식(5.3.16)의 값들을 식(5.3.12)에 대입하면, $x = L$에서의 전단응력을 다음과 같이 구할 수 있다.

$$\tau = \frac{3W}{8bh_a}\left(1 + \frac{y_1^2}{h_a^2}\right) \tag{5.3.17}$$

상기 식(5.3.17)의 전단응력은 [그림5.3.3](d)에 표시되어 있다. 이 단면의 최대전단응력은 보의 상·하 양면에서 일어나며, 그 값은 $3W/4bh_a$이다.

한편 중립축에서는 이 최대전단응력의 $1/2$에 해당하는 최소전단응력 $3W/8bh_a$이 나타난다.

5.3.3 완전응력보

재료의 양을 최소화시키기 위해서 모든 단면에서의 응력이 최대허용응력에 달하도록 단면의 치수를 변화시킨 보를 **완전응력보**(Fully Stressed Beam)라고 한다. 물론 이러한 보를 만든다는 것은 보의 제작과정에서 오는 문제, 설계시 가정된 하중과 실제 하중과의 차이 등으로 인하여 이상적인 조건에 도달하기는 어렵다.

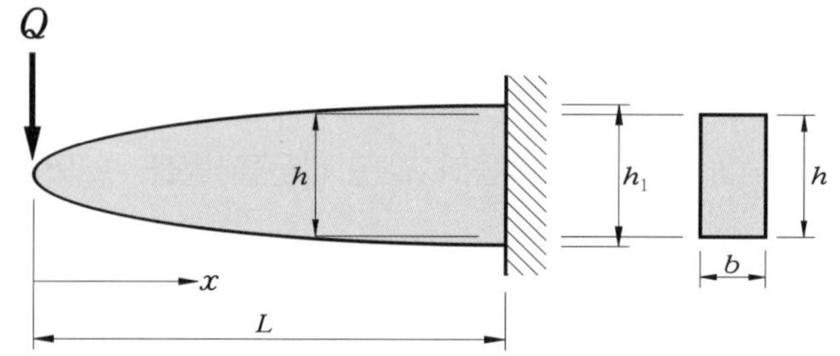

[그림5.3.4] 완전응력보

한 예로 [그림5.3.4]는 자유단에 집중하중 Q를 받는 캔틸레버 형태의 완전응력보를 보여주고 있다.

[그림5.3.4]에서 보의 단면은 폭 b가 일정하고, 높이 h가 길이에 따라 변하는 직사각형이다. 이 보는 하중 Q로 인하여 발생하는 최대허용응력 σ_{allow}을 전체길이에 걸쳐 일정하게 유지하기 위하여 높이 h가 길이에 따라 변하도록 계획된 것이다. 그래서 모든 단면에서는 다음과 같은 식이 성립된다.

$$\sigma_{allow} = \frac{M}{Z} = \frac{6M}{bh^2} = \frac{6Qx}{bh^2} \tag{5.3.18}$$

그러므로 고정단에서의 보의 높이 h_1은 다음과 같이 구할 수 있다.

$$h_1 = \sqrt{\frac{6QL}{b\,\sigma_{allow}}} \tag{5.3.19}$$

그리고 임의 단면에서의 보의 높이 h는 다음과 같이 구할 수 있다.

$$h = \sqrt{\frac{6Qx}{b\,\sigma_{allow}}} = h_1\sqrt{\frac{x}{L}} \tag{5.3.20}$$

상기 식(5.3.20)은 보의 높이 h가 x에 따라 포물선 형태로 변한다는 것을 나타내고 있으며, 그 모양은 [그림5.3.4]와 같다. 여기서는 오직 휨으로 인한 수직응력만을 고려했기 때문에, 하중 P가 작용하는 점에서는 단면적이 '0'으로 계산된다.

물론 하중 Q가 작용하는 점에서도 실질적으로 전단응력이 존재함으로, 이 점에서의 보의 단면적은 전단력에 저항하기 위하여 설계되어야 한다.

◆ ◆ ◆ ◆ ◆ ◆

예제 5.3.1

다음과 같이 직사각형 형태의 변단면 캔틸레버 보의 자유단에 $50kN$의 집중하중이 작용하고 있을 때, 이 보의 최대휨응력 $\sigma_{\max}$를 구하시오.

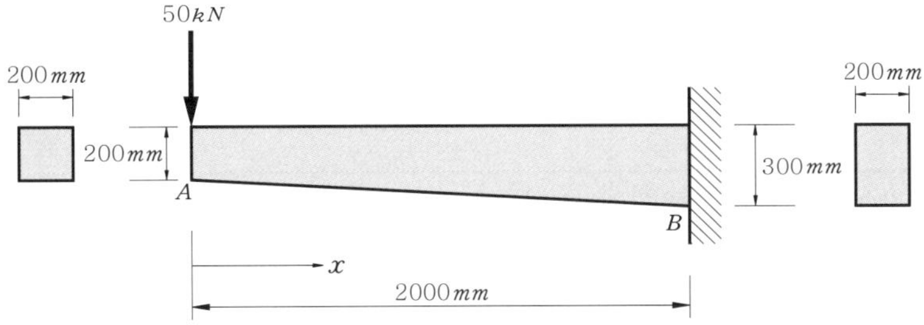

풀이

(1) 임의 위치 x에서 단면에 작용하는 휨모멘트 M_x

$$M_x = 50x$$

(2) 임의 위치 x에서의 단면2차모멘트 I_x

㉠ 임의 위치 x에서의 단면의 높이 H_x

$$H_x = 200 + \frac{(300-200)}{2000}x = 200 + \frac{1}{10}x$$

㉡ 단면2차모멘트 I_x

$$I_x = \frac{BH_x^3}{12} = \frac{50}{3} \times \left(200 + \frac{1}{10}x\right)^3$$

(3) 임의 위치 x에서의 단면의 휨응력 σ_x

㉠ 중립축으로부터 연단까지의 거리 y_x

$$y_x = \frac{H_x}{2} = \frac{1}{2}\left(200 + \frac{1}{10}x\right)$$

㉡ 임의 위치 x에서의 단면의 휨응력 σ_x

$$\sigma_x = \frac{M_x}{I_x}y_x = \frac{3x}{2\left(200 + \frac{1}{10}x\right)^2}$$

(4) 최대휨응력 $\sigma_{\max}$

㉠ 최대휨응력이 발생하는 위치 x

$$\frac{d\sigma_x}{dx} = \left(\frac{3x}{2\left(200+\frac{1}{10}x\right)^2}\right)' = \frac{3\left(200+\frac{1}{10}x\right)^2 - 2 \times \frac{1}{10}\left(200+\frac{1}{10}x\right) \times 3x}{2\left(200+\frac{1}{10}x\right)^4} = 0$$

$$3\left(200 - \frac{1}{10}x\right) = 0$$

$\therefore\ x = 2000\,mm$

㉡ 최대휨응력 $\sigma_{\max}$

$$\sigma_{\max} = \sigma_{(x=2000)} = \frac{3\times 2000}{2\left(200+\dfrac{2000}{10}\right)^2} = 0.01875\,kN/mm^2 = 18.75\,N/mm^2$$

예제 5.3.2

다음과 같이 직사각형 형태의 변단면 단순보에 등변분포하중이 작용하고 있을 때, 이 보의 최대휨응력 $\sigma_{\max}$와 최대휨모멘트가 발생하는 위치에서의 단면의 휨응력 $\sigma_{M_{\max}}$를 구하시오.

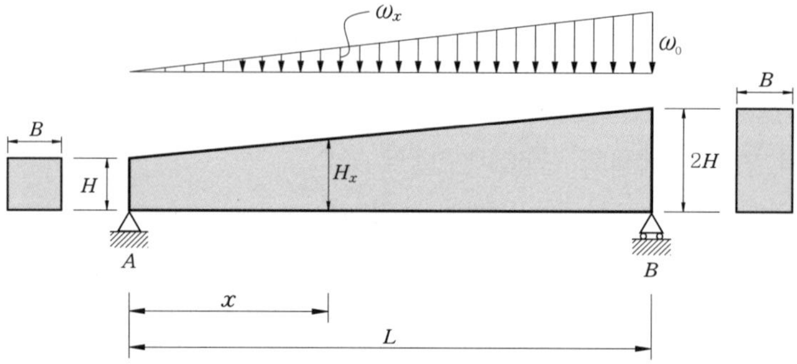

풀이

(1) 지점반력

$$\Sigma M_B = 0\ :\ (R_A \times L) - \left(\frac{\omega_0 L}{2}\times\frac{L}{3}\right) = 0 \qquad \therefore\ R_A = \frac{\omega_0 L}{6}\ (\uparrow)$$

$$\Sigma V = 0\ :\ R_A + R_B - \left(\frac{\omega_0 L}{2}\right) = 0 \qquad \therefore\ R_B = \frac{\omega_0 L}{3}\ (\uparrow)$$

(2) 임의 위치 x에서 단면에 작용하는 휨모멘트 M_x

㉠ 임의 위치 x에서 작용하는 외력 ω_x

$$\omega_x = 0 + \frac{(\omega_0 - 0)}{L}x = \frac{\omega_0 x}{L}$$

㉡ 휨모멘트 M_x

$$M_x = (R_A \times x) - \left(\frac{\omega_x \times x}{2}\times\frac{x}{3}\right) = \frac{\omega_0 L x}{6} - \frac{\omega_0 x^3}{6L}$$

(3) 임의 위치 x에서의 단면2차모멘트 I_x

㉠ 임의 위치 x에서의 단면의 높이 H_x

$$H_x = H + \frac{(2H-H)}{L}x = \left(1+\frac{x}{L}\right)H$$

㉡ 단면2차모멘트 I_x

$$I_x = \frac{BH_x^3}{12} = \frac{BH^3}{12}\left(1+\frac{x}{L}\right)^3$$

(4) 임의 위치 x 에서의 단면의 휨응력 σ_x

㉠ 중립축으로부터 연단까지의 거리 y_x

$$y_x = \frac{H_x}{2} = \frac{H}{2}\left(1+\frac{x}{L}\right)$$

㉡ 임의 위치 x 에서의 단면의 휨응력 σ_x

$$\sigma_x = \frac{M_x}{I_x}y_x = \frac{\omega_0 L^2 x - \omega_0 x^3}{LBH^2\left(1+\frac{x}{L}\right)^2}$$

(5) 최대휨응력 $\sigma_{\max}$

㉠ 최대휨응력이 발생하는 위치 x

$$\frac{d\sigma_x}{dx} = \left(\frac{\omega_0 L^2 x - \omega_0 x^3}{LBH^2\left(1+\frac{x}{L}\right)^2}\right)'$$

$$= \frac{\left(\omega_0 L^2 - 3\omega_0 x^2\right)\times\left(1+\frac{x}{L}\right)^2 - \left(\omega_0 L^2 x - \omega_0 x^3\right)\times\frac{2}{L}\left(1+\frac{x}{L}\right)}{LBH^2\left(1+\frac{x}{L}\right)^4} = 0$$

$$\therefore\ x = \left(\sqrt{2}-1\right)L = 0.41L$$

㉡ 최대휨응력 $\sigma_{\max}$

$$\sigma_{\max} = \sigma_{(x=0.41L)} = \frac{0.41\,\omega_0 L^3 - 0.41^3\omega_0 L^3}{LBH^2(1+0.41)^2} = 0.17\frac{\omega_0 L^2}{BH^2}$$

(6) 최대휨모멘트가 발생하는 위치에서의 단면의 휨응력 $\sigma_{M_{\max}}$

㉠ 최대휨모멘트가 발생하는 위치 x

$$\frac{dM_x}{dx} = \left(\frac{\omega_0 Lx}{6} - \frac{\omega_0 x^3}{6L}\right)' = \frac{\omega_0 L}{6} - \frac{\omega_0 x^2}{2L} = 0$$

$$\therefore\ x = \frac{\sqrt{3}}{3}L = 0.58L$$

㉡ 최대휨모멘트가 발생하는 위치에서의 단면의 휨응력 $\sigma_{M_{\max}}$

$$\sigma_{M_{\max}} = \sigma_{(x=0.58L)} = \frac{0.58\,\omega_0 L^3 - 0.58^3\omega_0 L^3}{LBH^2(1+0.58)^2} = 0.15\frac{\omega_0 L^2}{BH^2}$$

(7) 최대휨응력 $\sigma_{\max}$ 와 $\sigma_{M_{\max}}$ 의 비교

$$\frac{\sigma_{\max}}{\sigma_{M_{\max}}} = \frac{0.17}{0.15} = 1.11$$

∴ 최대휨응력 $\sigma_{\max}$ 가 최대휨모멘트가 발생하는 위치에서의 단면의 휨응력 $\sigma_{M_{\max}}$ 보다 11%만큼 더 크다.

예제 5.3.3

다음과 같이 직사각형 형태의 변단면 캔틸레버 보에 등분포하중이 작용하고 있을 때, 최대휨응력이 발생하기 위한 높이 H_x를 H_B에 대한 식으로 나타내시오.

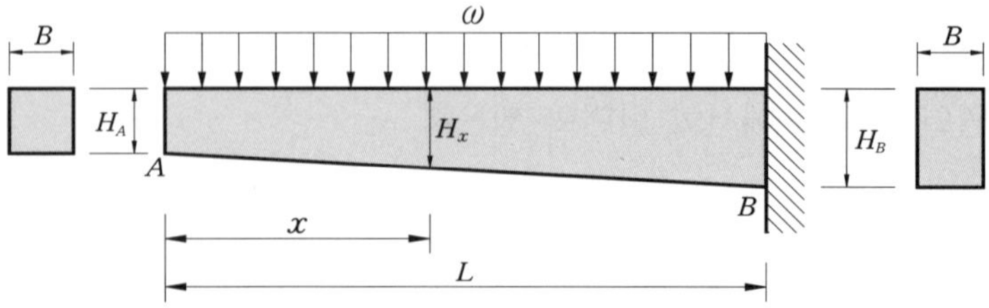

풀이

(1) 임의 위치 x에서의 단면의 허용휨응력 σ_{allow}

㉠ 임의 위치 x에서 단면에 작용하는 휨모멘트 M_x

$$M_x = \omega x \times \frac{x}{2} = \frac{\omega x^2}{2}$$

㉡ 임의 위치 x에서의 단면계수 Z_x

$$Z_x = \frac{BH_x^2}{6}$$

㉢ 임의 위치 x에서의 단면의 허용휨응력 σ_{allow}

$$\sigma_{allow} = \frac{M_x}{Z_x} = \frac{3\omega x^2}{BH_x^2}$$

(2) 최대휨응력이 발생하기 위한 높이 H_x

고정단인 B점에서 $x = L$, $H_x = H_B$이므로

$$\sigma_{allow} = \frac{3\omega L^2}{BH_B^2} \qquad \therefore\ H_B^2 = \frac{3\omega L^2}{B\sigma_{allow}}$$

위 식을 연립하여 풀면,

$$\frac{H_x^2}{H_B^2} = \frac{x^2}{L^2} \qquad \therefore\ H_x = \frac{H_B}{L}x$$

◆ ◆ ◆ ◆ ◆ ◆

◈ 연 습 문 제 ◈

5.3.1 다음과 같이 두께가 일정한 강관 형태의 변단면 캔틸레버 보의 자유단에 $2.4kN$의 집중하중이 작용하고 있을 때, 이 보의 최대휨응력 $\sigma_{\max}$와 B점에서의 휨응력 σ_B를 구하시오. 단, 강관의 두께는 충분히 얇은 것으로 가정하고 다음과 같은 식에 의해 단면성능을 산정하시오.

$$I = \frac{\pi d^3 t}{8},\ Z = \frac{\pi d^2 t}{4}$$

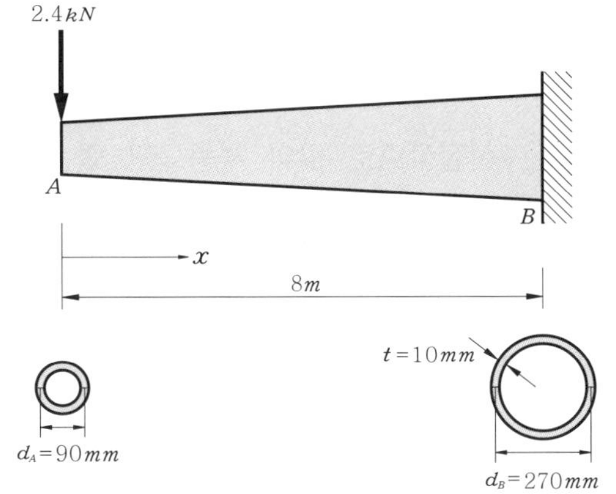

5.3.2 다음과 같이 정사각형 형태의 변단면 캔틸레버 보의 자유단에 집중하중 P가 작용하고 있을 때, 이 보의 최대휨응력 $\sigma_{\max}$와 최대휨모멘트가 발생하는 위치에서의 단면의 휨응력 $\sigma_{M_{\max}}$를 구하시오.

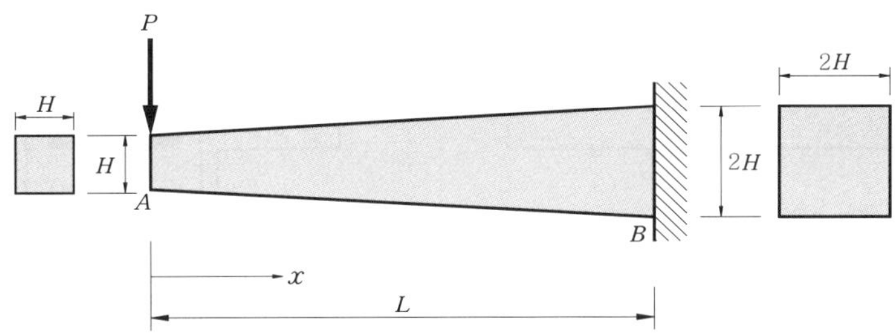

5.3.3 다음과 같이 직사각형 형태의 변단면 단순보에 집중하중 P가 작용하고 있다. 집중하중 P가 보의 지간을 따라 어느 곳에서도 작용할 수 있을 때, 보의 무게를 최소로 하기 위한 높이 H_x를 H_1에 대한 식으로 나타내시오.

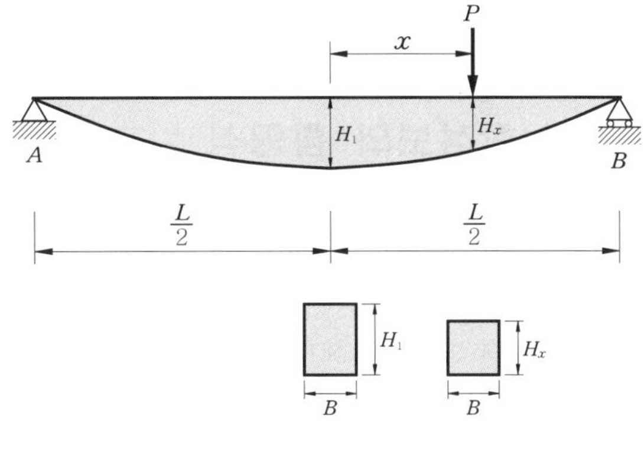

5.4 합성보*

합성보(Composite Beam)란 서로 다른 이질재료가 하나로 결합하여 단일부재처럼 거동함으로써 외력에 대하여 효율적으로 저항하는 보를 말한다.

합성보의 구조적 성능을 향상시키는 방법으로는 각기 다른 재료들의 장점을 최대한 활용하여 적절한 위치별로 부재를 조합함으로써 최적의 기하학적 형태의 단일 복합구조부재를 만드는 것이다. 철근콘크리트 보(Reinforced Concrete Beam)는 콘크리트와 철근이 결합된 것으로, 넓은 의미에서는 합성보라 할 수 있다.

[그림5.4.1]은 실질적으로 많이 사용되고 있는 합성보의 예로, 그림(a)는 강판으로 보강된 철근콘크리트 보, 그림(b)는 탄소섬유시트로 보강된 철근콘크리트 보, 그림(c)는 콘크리트 슬래브와 H형강을 전단연결재(Shear Connector)로 결합한 노출형 합성보, 그림(d)는 철근콘크리트 보 속에 H형강을 넣은 매립형 합성보를 보여주고 있다.

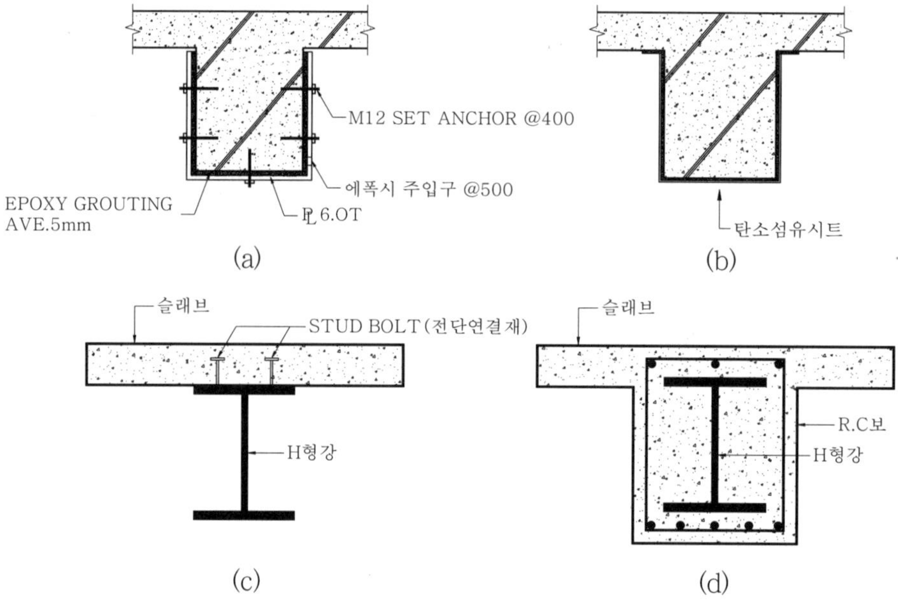

[그림5.4.1] 합성보

5.4.1 합성보의 휨공식

합성보는 5.1절에서 살펴보았던 보통 보에서의 휨이론을 똑같이 적용하여 해석할 수 있다. 왜냐하면 어떤 재료인지에 관계없이 『순수 휨 상태에서 변형 전 단면의 평면은 변형 후에도 평면상태를 유지한다.』는 가정이 유효하기 때문이다([그림5.1.5]참조). 이 가정으로부터 식(5.1.3) $\epsilon_x = -y\,/\,\rho = -\kappa\, y$ 에서와 같이 보의 길이방향의 수직변형률 ϵ_x 는 보의 중립면으로부터 거리 y 에 따라 선형적으로 변하는 것을 알 수 있다.

[그림5.4.2](a)와 같이 2가지의 재료[1]과 재료[2]로 구성된 단면을 가진 합성보를 예로 들어 보자.

이 합성보는 휨에 대하여 그림(b)와 같은 변형률 분포를 보일 것이다. 여기서 재료[1]과 재료[2]는 각각 탄성계수가 E_1, E_2 로, 서로 다른 재료로 인하여 중립축의 위치가 단면의 도심과 일치하지 않는다.

단면에 작용하는 수직응력 σ_x 는 재료에 대한 응력-변형률 관계식을 사용함으로써 수직변형률 ϵ_x 로부터 구할 수 있다. 여기서 재료가 선형탄성적 거동을 한다고 가정하면, 1축응력에 대하여 후크의 법칙(Hooke's Law)이 적용가능하다. 이때 각 재료의 수직응력은 각각의 수직변형률에 각각의 탄성계수를 곱함으로써 구할 수 있다. [그림5.4.2](a)에서 만약 $E_2 > E_1$ 이라면, 그림(c)와 같은 응력분포를 보일 것이다. 중립축으로부터의 거리 y 에서의 수직응력 σ_x 는 다음과 같은 식으로 나타낼 수 있다(식(5.1.6)과 비교).

$$\sigma_{x_1} = -E_1 \kappa y \qquad \sigma_{x_2} = -E_2 \kappa y \tag{5.4.1}$$

여기서 σ_{x_1} 과 σ_{x_2} 는 각각 재료[1]과 재료[2]의 수직응력을 나타낸다.

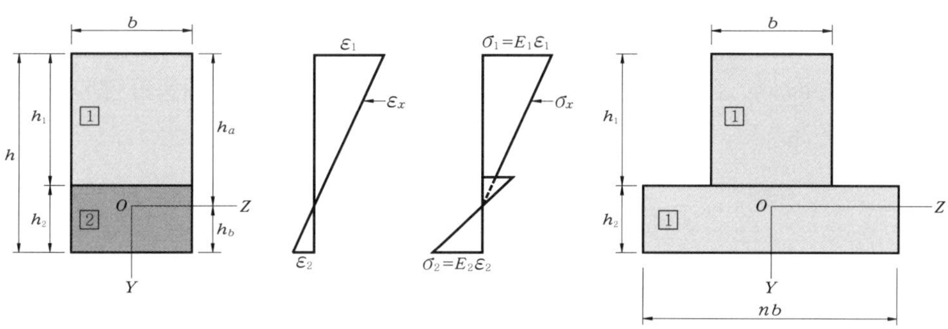

(a) (b) (c) (d)

[그림5.4.2] 2가지 재료로 구성된 합성보

중립축의 위치는 『단면에 작용하는 축방향력의 합력은 '0' 이다.』 라는 조건을 통하여 구할 수 있다.

$$\int_1 \sigma_{x_1}\, dA + \int_2 \sigma_{x_2}\, dA = 0 \tag{5.4.2}$$

상기 식(5.4.2)에서 첫 번째 적분식은 재료[1]의 단면적에 대하여 계산 것이고, 두 번째 적분식은 재료[2]의 단면적에 대한 것이다. 이 식의 σ_{x_1} 과 σ_{x_2} 에 대하여 식(5.4.1)을 대입하면 다음과 같이 된다.

$$E_1 \int_1 y\, dA + E_2 \int_2 y\, dA = 0 \tag{5.4.3}$$

상기 식(5.4.3)은 식(5.1.8)의 일반식으로, 2가지 재료로 구성된 보의 중립축을 구하는데 이용될 수 있다. 만약 3가지 이상의 재료로 구성된 보의 중립축을 구하려면, 식(5.4.3)에서 추가되어야 할 항들이 더 필요할 것이다. 식(5.4.3)에서 적분은 중립축에 대한 각 재료의 단면1차모멘트를 나타낸다.

보에서 휨모멘트 M과 수직응력 사이의 관계식은 5.1절에서 휨공식을 얻을 때 사용하였던 똑같은 절차(식(5.1.12)~식(5.1.14))를 통하여 구할 수 있다. 이 유도과정은 다음과 같다.

$$\begin{aligned} M &= \int \sigma_x \, y \, dA = \int_1 \sigma_{x_1} y \, dA + \int_2 \sigma_{x_2} y \, dA \\ &= -\kappa E_1 \int_1 y^2 \, dA - \kappa E_2 \int_2 y^2 \, dA \\ &= -\kappa \left(E_1 I_1 + E_2 I_2 \right) \end{aligned} \tag{5.4.4}$$

상기 식(5.4.4)에서 I_1과 I_2는 각각 재료①과 재료②의 단면적의 중립축에 대한 단면2차모멘트를 말하며 다음과 같이 나타낼 수 있다.

$$\begin{aligned} I_1 &= \frac{bh_1^3}{12} + bh_1 \left(h_a - \frac{h_1}{2} \right)^2 \\ I_2 &= \frac{bh_2^3}{12} + bh_2 \left(h_b - \frac{h_2}{2} \right)^2 \end{aligned} \tag{5.4.5}$$

재료①과 재료②를 합한 전체 단면적의 중립축에 대한 단면2차모멘트를 I라 하면, $I = I_1 + I_2$로 표기할 수 있고, 식(5.4.4)는 곡률에 대하여 다음과 같이 나타낼 수 있다.

$$\kappa = \frac{1}{\rho} = -\frac{M}{E_1 I_1 + E_2 I_2} \tag{5.4.6}$$

상기 식(5.4.6)에서 마지막 항의 분모는 **합성보의 휨강도**(Flexural Rigidity for the Composite Beam)로 간주할 수 있다.

보의 수직응력은 식(5.4.6)의 곡률을 식(5.4.1)에 대입함으로써, σ_{x_1}과 σ_{x_2}에 대한 표현으로 다음과 같이 나타낼 수 있다.

$$\sigma_{x_1} = \frac{M y E_1}{E_1 I_1 + E_2 I_2} \qquad \sigma_{x_2} = \frac{M y E_2}{E_1 I_1 + E_2 I_2} \tag{5.4.7}$$

상기 식(5.4.7)을 **합성보의 휨공식**(Flexure Formulas for a Composite Beam)이라고 하는데, 이 식들은 재료①과 재료②에서의 수직응력값을 나타낸다. 만약 $E_1 = E_2 = E$라면, 두 식은 1가지 재료로 된 보에서의 휨공식이 된다.

또한 3가지 이상의 재료로 구성된 합성보의 응력해석도 위와 같은 방법으로 구할 수 있다. 예를 들어 3가지 재료로 구성된 합성보의 각 재료별 수직응력은 다음과 같다.

$$\sigma_{x_1} = \frac{M\,y\,E_1}{E_1 I_1 + E_2 I_2 + E_3 I_3}$$
$$\sigma_{x_2} = \frac{M\,y\,E_2}{E_1 I_1 + E_2 I_2 + E_3 I_3} \tag{5.4.8}$$
$$\sigma_{x_3} = \frac{M\,y\,E_3}{E_1 I_1 + E_2 I_2 + E_3 I_3}$$

5.4.2 환산단면법

앞에서 살펴본 합성보의 해석방법과는 다른 방법으로 환산단면법이 있다. **환산단면법**(換算斷面法, Transformed Section Method)은 2가지 이상의 재료로 이루어진 단면을 이와 동등한 단일재료의 단면으로 환산하여 응력을 해석하는 방법으로, 이 방법을 사용하면 합성보를 해석하는데 편리하다.

환산단면(Transformed Section)이 원래의 단면과 동등하려면 원래의 보와 같은 중립축의 위치와 같은 모멘트저항능력을 가져야 한다. 환산단면법을 고찰하기 위하여 식(5.4.3)을 다음과 같은 식으로 변형시켜볼 수 있다.

$$\int_1 y\,dA + \int_2 y\,n\,dA = 0 \tag{5.4.9}$$

식(5.4.9)에서 n 은 **탄성계수비**(彈性係數比, Ratio of Modulus of Elasticity)로, 여기서 $n = E_2/E_1$ 이다. 이 식으로부터 각 면적요소에 대한 거리 y가 변하지 않는 경우 재료②에서의 각 면적요소 dA에 탄성계수비 n을 곱하면 환산단면에서의 중립축의 위치는 원래단면과 같은 위치에 있을 것이다. 그러므로 [그림 5.4.2](a)의 경우 환산단면은 그림(d)와 같이 나타내어진다. 그림(d)에서 환산단면은 2부분으로 구성되어있는데, 재료①은 면의 치수가 변하지 않았으며 재료②에 해당되었던 부분은 원래 보폭 b에 탄성계수비 n을 곱하여 가로방향으로 넓어진 면적으로 변환되었다.

즉 그림(d)의 환산단면은 재료①의 단일재료로 이루어진 새로운 단면이다. 여기서는 $n > 1$라고 가정되었지만 이러한 가정이 반드시 필요한 것은 아니다. 결국 그림(a)와 그림(d)는 같은 중립축의 위치를 가지므로 그림(d)의 환산단면을 가진 단일 재료에 대하여 중립축의 위치를 구하면 된다.

한편 환산단면의 휨모멘트 저항능력은 원래단면에 대한 것과 같다. 따라서 오직 단일재료로 이루어진 환산단면을 가진 보의 수직응력은 식(5.1.6)에 의하여 주어진다는 점을 주목해야 한다.

$$\sigma_x = -E_1 \kappa\, y \tag{5.4.10}$$

그러므로 [그림5.4.2](d)에서 휨모멘트 M은 다음과 같이 구할 수 있다.

$$M = \int \sigma_x \, y dA = \int_1 \sigma_x \, y \, dA + \int_2 \sigma_x \, y \, dA$$
$$= -\kappa E_1 \int_1 y^2 \, dA - \kappa E_1 \int_2 y^2 \, dA \quad (5.4.11)$$
$$= -\kappa \left(E_1 I_1 + E_1 n I_2 \right) = -\kappa \left(E_1 I_1 + E_2 I_2 \right)$$

이것은 식(5.4.4)와 같은 결과로 원래 보와 환산된 보 사이에서 휨모멘트는 변하지 않는다는 것을 증명해 주고 있다.

환산된 보의 수직응력은 단일재료로 구성된 보의 휨공식에 의하여 구할 수 있으므로 재료①에 대하여 환산된 보의 수직응력은 다음과 같이 나타낼 수 있다.

$$\sigma_{x_1} = \frac{M}{I_t} y \quad (5.4.12)$$

상기 식(5.4.12)에서 I_t는 환산단면의 중립축에 대한 단면2차모멘트로, 다음과 같이 나타낼 수 있다.

$$I_t = I_1 + n \, I_2 = I_1 + \frac{E_2}{E_1} I_2 \quad (5.4.13)$$

상기 식(5.4.13)을 식(5.4.12)에 대입하면 환산된 보의 수직응력은 다음과 같이 나타낼 수 있다.

$$\sigma_{x_1} = \frac{M y E_1}{E_1 I_1 + E_2 I_2} \quad (5.4.14)$$

상기 식(5.4.14)은 식(5.4.7)의 재료①에 대한 수직응력과 같음을 알 수 있다. 이러한 결과는 원래 보를 재료①로 환산시켰기 때문이다. 그러나 원래 보에서 재료②의 수직응력은 변환된 보에서의 대응되는 부분의 응력과 같지 않다. 그 대신에 식(5.4.7)에 나타난 원래 보의 재료②의 수직응력(σ_{x_2})을 얻기 위해서는 식(5.4.14)의 변형된 보의 수직응력(σ_{x_1})에 탄성계수비 n을 곱해야 한다.

한편 원래의 보를 재료②로 완전히 구성된 보로 변환하는 것도 가능하다. 이런 경우 원래 보의 재료②의 수직응력은 변환된 보에서의 대응되는 부분의 응력과 같다. 그러나 원래 보에서 재료①의 수직응력은 변환된 보에서의 대응되는 부분의 응력과 같지 않으므로, 원래 보의 재료①의 수직응력을 얻기 위해서는 변형된 보의 수직응력에 탄성계수비 n을 곱해야 한다. 단 여기서 $n = E_1/E_2$이라는 점에 주의하여야 한다.

이와 같은 환산단면법은 3가지 이상의 재료로 구성된 합성보의 경우에도 확장하여 적용할 수 있다. 또한 보를 어떤 임의의 탄성계수 E값을 갖는 재료로 환산할 수도 있는데, 이런 경우 보의 모든 부분은 가상의 재료로 환산되어야 한다. 물론 임의로 선택하는 탄성계수는 원래의 재료들 중 하나로 환산하는 것이 보통 더 간단하다.

◆ ◆ ◆ ◆ ◆ ◆

예제 5.4.1

다음과 같이 2종류의 서로 다른 재료①, 재료②가 결합되어 이루어진 합성보의 단면이 있다. 이 보가 양의 휨모멘트 $M=500\,kN\cdot m$를 받고 있을 때, 이 2가지 재료의 최대휨응력 및 최소휨응력을 각각 구하시오. (단, 재료①의 탄성계수 $E_1=2\times10^4\,MPa$이고, 재료②의 탄성계수 $E_2=2\times10^5\,MPa$이다.)

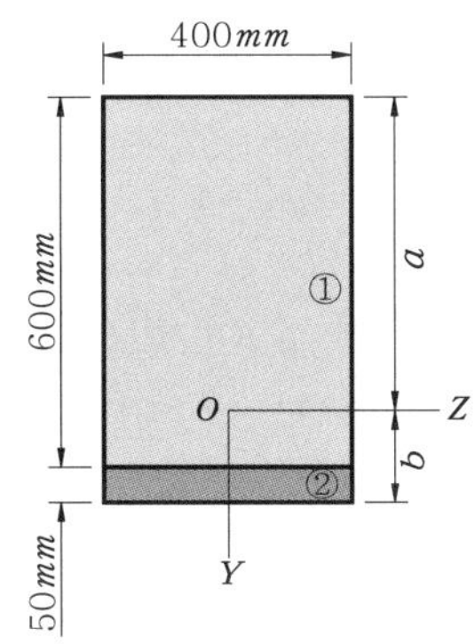

풀이

(1) 합성단면의 중립축 위치

중립축이 재료①의 내부에 위치한다고 가정한 후, 중립축으로부터 보의 상단 및 하단까지의 거리를 각각 a와 b로 놓는다.

$E_1\int_1 ydA+E_2\int_2 ydA=0$을 통해 중립축 위치를 계산한다.

$$\int_1 ydA=\left\{400\times a\times\left(-\frac{a}{2}\right)\right\}+\left\{400\times(600-a)\times\left(\frac{600-a}{2}\right)\right\}$$

$$=-2.4\times10^5a+7.2\times10^7$$

$$\int_2 ydA=400\times50\times(b-25)=400\times50\times(625-a)$$

$$=-2.0\times10^4a+1.25\times10^7$$

$$E_1\int_1 ydA+E_2\int_2 ydA$$

$$=\{2\times10^4\times(-2.4\times10^5a+7.2\times10^7)\}+\{2\times10^5\times(-2.0\times10^4a+1.25\times10^7)\}$$

$$=-88a+39400=0$$

$$\therefore\ a=447.73\,mm,\ b=650-a=202.27\,mm$$

(2) 중립축에 대한 각 재료 단면의 단면2차모멘트 I_1, I_2

㉠ 재료①의 단면2차모멘트 I_1

$$I_1=\left(\frac{400\times600^3}{12}\right)+\left\{(400\times600)\times\left(447.73-\frac{600}{2}\right)^2\right\}=1.24\times10^{10}mm^4$$

㉡ 재료②의 단면2차모멘트 I_2

$$I_2 = \left(\frac{400\times 50^3}{12}\right) + \left\{(400\times 50)\times\left(202.27 - \frac{50}{2}\right)^2\right\} = 6.33\times 10^8 mm^4$$

(3) 각 재료의 최대휨응력 및 최소휨응력

합성보의 휨공식 $\sigma_{x1} = \frac{MyE_1}{E_1I_1 + E_2I_2}$, $\sigma_{x2} = \frac{MyE_2}{E_1I_1 + E_2I_2}$ 를 통해 계산할 수 있다.

㉠ 재료①의 최대휨응력

최대휨응력은 최대인장응력 σ_{t1}이 발생하는 위치에서 계산되어지며, 발생위치는 재료①의 최하단부로 두 재료의 연결부이다. ($y = b - 50$인 지점)

$\therefore\ \sigma_{t1} = 4.06\,MPa$

㉡ 재료①의 최소휨응력

최소휨응력은 최대압축응력 σ_{c1}이 발생하는 위치에서 계산되어지며, 발생위치는 재료①의 최상단부로 보 단면의 최상단이다. ($y = a$인 지점)

$\therefore\ \sigma_{c1} = -11.93\,MPa$

㉢ 재료②의 최대휨응력

최대휨응력은 최대인장응력 σ_{t2}가 발생하는 위치에서 계산되어지며, 발생위치는 재료②의 최하단부로 보 단면의 최하단이다. ($y = b$인 지점)

$\therefore\ \sigma_{t2} = 53.9\,MPa$

㉣ 재료②의 최소휨응력

재료②는 중립축 하부에 위치하므로 압축응력이 발생하지 않는다. 따라서 최소휨응력은 최소인장응력 σ_{t2}'이 발생하는 위치에서 계산되어지며, 발생위치는 재료②의 최상단부로 두 재료의 연결부이다. ($y = b - 50$인 지점)

$\therefore\ \sigma_{t2}' = 40.57\,MPa$

◆ ◆ ◆ ◆ ◆ ◆

예제 5.4.2

다음과 같이 $4m$ 길이의 단순보에 $1\,kN/m$의 등분포하중이 작용하고 있다. 이 보가 목재와 강판으로 이루어진 합성보이고 단면이 그림(a)와 같을 때, 목재와 강판 각각의 최대휨응력을 환산단면법을 이용하여 구하시오. (단, 목재의 탄성계수 $E_w = 1.2\times 10^4\,MPa$이고, 강판의 탄성계수 $E_s = 2.1\times 10^5\,MPa$이다.)

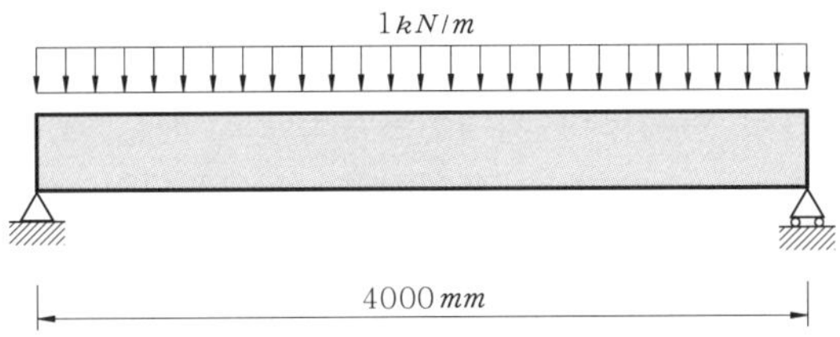

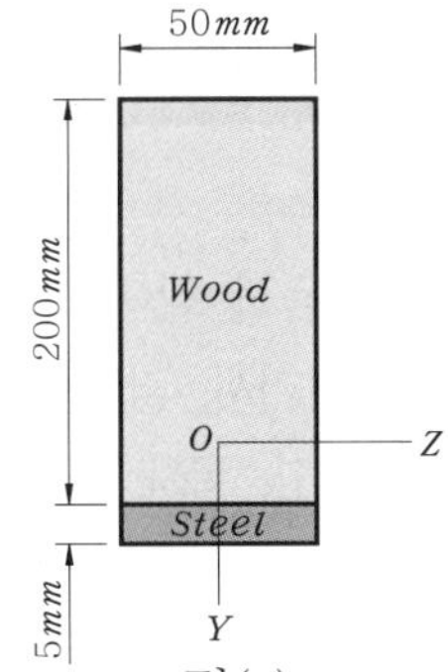

그림(a)

풀이

(1) 환산단면의 중립축 위치

㉠ 강판과 목재의 탄성계수비 n

$$n = \frac{E_s}{E_w} = \frac{2.1 \times 10^5}{1.2 \times 10^4} = 17.5$$

㉡ 환산단면의 중립축 위치

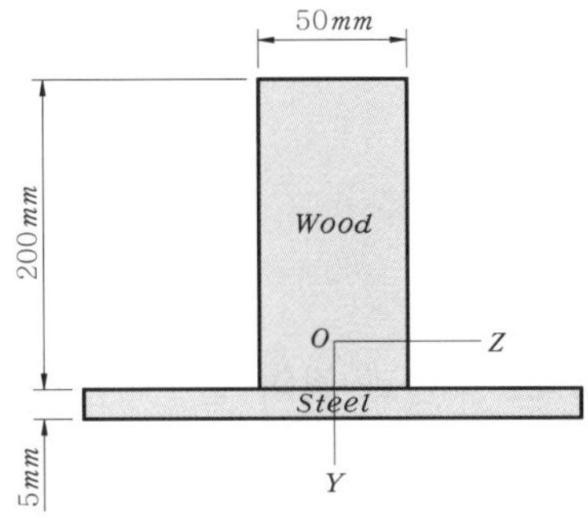

$$y = \frac{(50 \times 200 \times 105) + (50 \times 17.5 \times 5 \times 2.5)}{(50 \times 200) + (50 \times 17.5 \times 5)}$$

$$= 73.8\,mm$$

(2) 환산단면의 단면2차모멘트 I_t

$$I_t = \left(\frac{50 \times 200^3}{12}\right) + \{50 \times 200 \times (131.2 - 100)^2\}$$

$$+ \left(\frac{50 \times 17.5 \times 5^3}{12}\right) + \{50 \times 17.5 \times 5 \times (73.8 - 2.5)^2\}$$

$$= 4.31 \times 10^7 mm^4 + 2.23 \times 10^7 mm^4 = 6.53 \times 10^7 mm^4$$

(3) 목재와 강판의 최대휨응력 σ_w , σ_s

㉠ 최대휨모멘트 $M_{\max}$

$$M_{\max} = \frac{\omega L^2}{8} = \frac{1 \times 4^2}{8} = 2\,kN \cdot m$$

㉡ 목재와 강판의 최대휨응력 σ_w , σ_s

$$\sigma_w = \frac{M_{\max}}{I_t} y = \frac{2 \times 10^6}{6.53 \times 10^7} \times 131.2 = 4.02\,N/mm^2 = 4.02\,MPa$$

$$\sigma_s = n \times \frac{M_{\max}}{I_t} y = 17.5 \times \frac{2 \times 10^6}{6.53 \times 10^7} \times 131.2 = 70.3\,N/mm^2 = 70.3\,MPa$$

◆ ◆ ◆ ◆ ◆ ◆

◈ 연 습 문 제 ◈

5.4.1 다음과 같이 강판으로 보강된 목재보의 최대허용휨모멘트 $M_{\max}$를 구하시오. (여기서, 강판의 허용휨응력 $\sigma_s = 38\,MPa$이고, 목재의 허용휨응력 $\sigma_w = 8\,MPa$이고, 목재에 대한 강판의 탄성계수비 $n = 6$이다.)

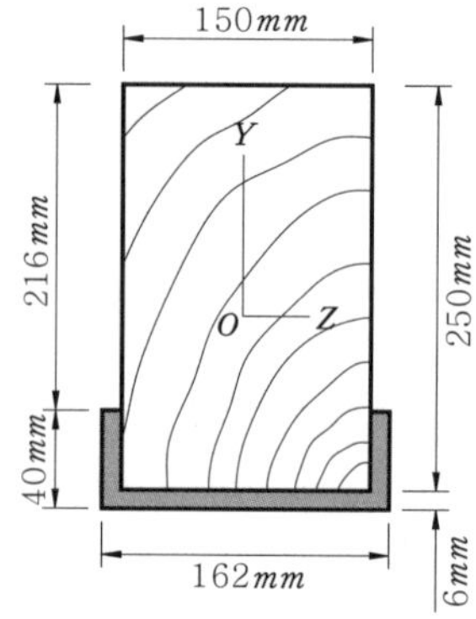

5.4.2 다음과 같이 알루미늄과 구리로 이루어진 합성보가 있을 때, 이 보에 대한 각 재료의 단면계수 값을 구하고 최대휨응력이 발생하는 재료를 구하시오. (단, 알루미늄의 탄성계수 $E_a = 7.0 \times 10^4 MPa$이고, 구리의 탄성계수 $E_b = 1.05 \times 10^5 MPa$이다.)

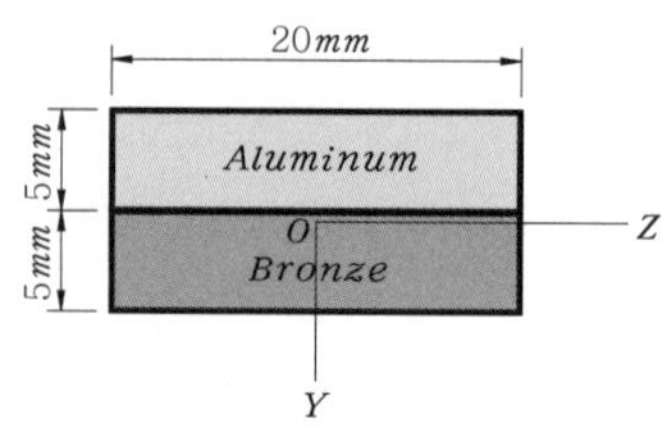

5.4.3 다음과 같이 철근콘크리트 보가 상단으로부터 $550mm$ 떨어진 위치에서 직경 $22mm$의 철근 5개로 보강되어 있다. 콘크리트의 허용압축응력 $\sigma_c = 20\,MPa$이고, 철근의 허용인장응력 $\sigma_s = 340\,MPa$일 때, 이 보의 최대허용휨모멘트 $M_{\max}$를 구하시오. (여기서, 콘크리트의 탄성계수 $E_c = 2.5 \times 10^4 MPa$이고, 철근의 탄성계수 $E_s = 2.0 \times 10^5 MPa$이다. 또한 콘크리트는 압축력만을 받고, 인장력에 저항하지 못하는 것으로 가정한다.)

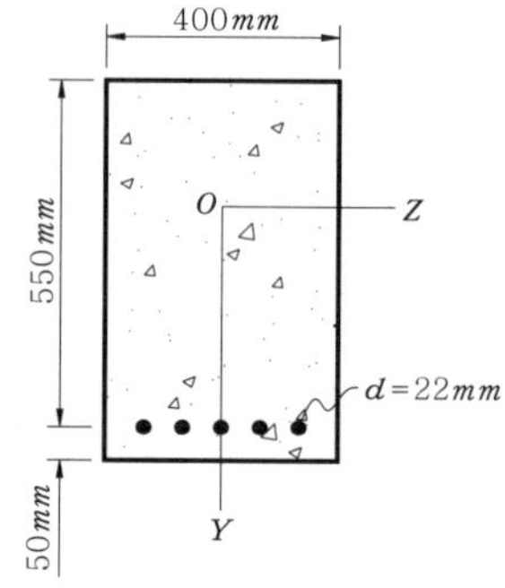

5.5 조합응력을 받는 보*

보는 보통 부재축에 직각방향의 힘을 받아 주로 휨에 의하여 하중을 지탱하는 구조부재로, 이때 보의 단면에는 중립축에 대하여 1방향의 휨모멘트가 작용하며 이에 대한 휨응력이 발생한다는 것을 앞에서 배웠다.

그러나 보는 경사하중, 조합하중 및 특수하중 등으로 인하여 경우에 따라서 2방향의 휨모멘트를 받기도 하고, 휨모멘트와 함께 축방향력을 동시에 받기도 한다. 이와 같은 응력을 **조합응력**(組合應力, Combined Stress) 또는 **합성응력**(合成應力, Composite Stress)이라고 한다.

이 절에서는 이들 조합응력에 대하여 살펴보기로 한다.

5.5.1 2방향 휨모멘트를 받는 보

보는 1방향의 휨모멘트만을 받는 것은 아니며 경우에 따라서 단면에 서로 수직한 2방향의 휨모멘트를 받는 경우가 있다.

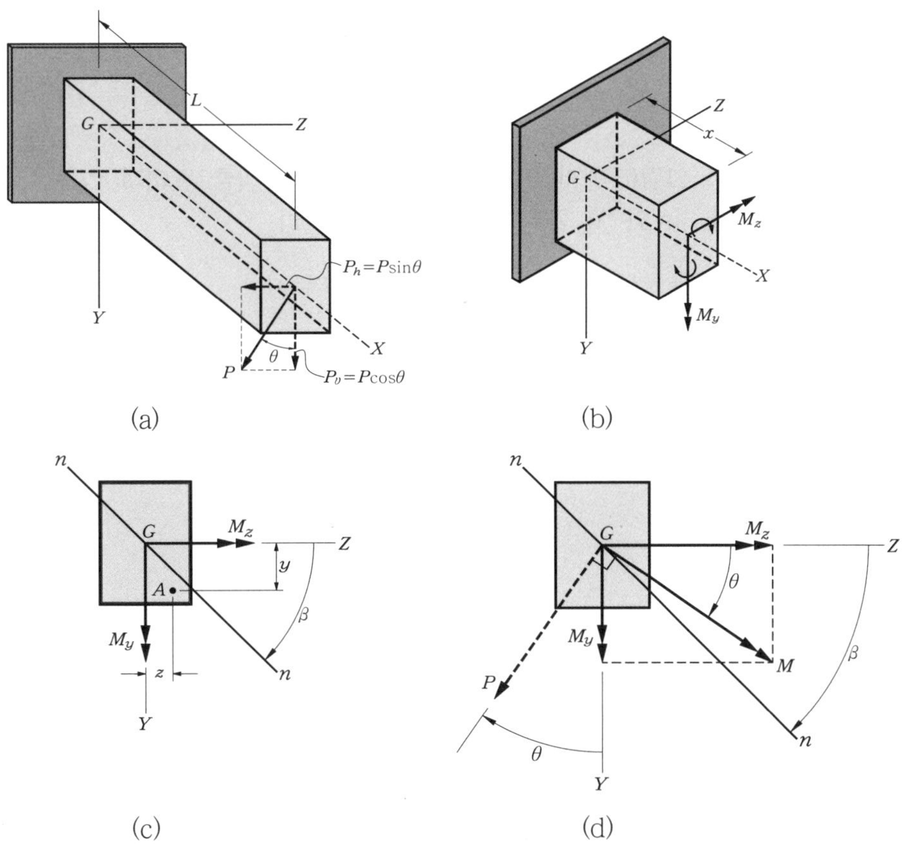

[그림5.5.1] 경사하중을 받는 캔틸레버 보

한 실례로 [그림5.5.1]은 단면의 주축이 XY 평면과 XZ 평면에 대칭인 캔틸레버 보가 자유단에서 경사하중 P를 받아 2방향의 휨모멘트가 작용하는 경우이다. [그림5.5.1]에서 경사하중 P는 비틀림이 일어나지 않도록 단면의 도심을 지나도록 작용하고 있다. 이와 같은 경우 먼저 경사하중을 각각의 대칭평면에 작용하는 2개의 분력으로 분해한다. 그런 다음 분리한 각 분력에 대하여 각각의 휨공식을 적용하여 휨응력을 구한다. 그리고 마지막으로 최종 휨응력은 분력으로부터 구해진 각각의 응력을 중첩하여 구하면 된다.

[그림5.5.1](a)에서 각 θ만큼 경사진 하중 P는 2개의 분력인 수직분력 P_v와 수평분력 P_h로 분해할 수 있다. 여기서 $P_v = P\cos\theta$ (↓), $P_h = P\sin\theta$ (←)이다. 이들 분력 P_v과 P_h로 인하여 보는 단면의 주축인 Z축(강축)과 Y축(약축)에 대하여 각기 작용하는 휨모멘트 M_z와 M_y를 받게 된다. 해석을 손쉽게 하기 위하여 이들 휨모멘트의 부호규약을 다음과 같이 정리하도록 한다.

[그림5.5.1](b)와 같이 휨모멘트 M_z와 M_y를 이중머리화살표를 사용하여 벡터로 표시한다. 이때 이들 벡터가 각각 Z축과 Y축의 양(+)의 방향을 가리키면 휨모멘트는 양(+)이며, 벡터의 오른손 법칙에 의해서 회전방향이 결정된다.

따라서 [그림5.5.1]의 경우에는 양(+)의 휨모멘트 M_z에 의하여 상부 면이 인장, 하부 면이 압축을 나타내며, 양(+)의 휨모멘트 M_y에 의하여 왼쪽 면이 압축, 오른쪽 면이 인장을 나타낸다. 또한 그림(b)에서 휨모멘트는 보의 양(+)의 X면 부분, 즉 X축의 양(+)의 방향에 수직인 면에 작용하고 있음을 유의하여야 한다.

[그림5.5.1](b)와 그림(c)에서 보의 고정단으로부터 x만큼 떨어져 있는 단면에 작용하는 휨모멘트 M_z와 M_y를 구해보면 다음과 같다.

$$M_z = (P\cos\theta)(L-x) \quad , \quad M_y = (P\sin\theta)(L-x) \qquad (5.5.1)$$

여기서 L은 보의 길이를 말한다.

한편 휨모멘트 M_z와 M_y가 보의 대칭평면 안에서 작용하기 때문에, 이들 휨응력은 휨공식으로부터 구할 수 있다. 예를 들어 [그림5.5.1](c)와 같이 양(+)의 y와 z좌표를 갖는 단면의 임의 점A의 수직응력을 구해보면 다음과 같다.

$$\sigma_x = \frac{M_y}{I_y}z - \frac{M_z}{I_z}y \qquad (5.5.2)$$

상기 식(5.5.2)에서 I_y와 I_z는 각각 Y축과 Z축에 대한 단면2차모멘트를 나타낸다. 식(5.5.2)를 사용하여 휨모멘트와 좌표에 적절한 대수값을 대입하면, 임의 단면 내 임의 점에서의 수직응력을 구할 수 있다.

다음은 [그림5.5.1]과 같이 보가 경사하중에 의하여 휨을 받을 때 단면의 중립축을 구해 보도록 한다. 중립축에서의 응력은 '0' 이므로, 식(5.5.2)를 '0' 으로 놓으면 다음과 같다.

$$\frac{M_y}{I_y} z - \frac{M_z}{I_z} y = 0 \tag{5.5.3}$$

이 식에서 중립축 $n-n$은 도심 G를 지나는 직선임을 알 수 있으며, 중립축과 Z축이 이루는 각 β는 다음과 같이 구해진다.

$$\tan\beta = \frac{y}{z} = \frac{M_y I_z}{M_z I_y} \tag{5.5.4}$$

상기 식(5.5.4)에서 휨모멘트의 크기와 방향에 따라 각 β는 $-90°$에서 $+90°$까지 변할 수 있다. 단면에서의 최대수직응력은 중립축으로부터 가장 멀리 위치하는 점에서 일어난다.

[그림5.5.1]의 캔틸레버 보에서 휨모멘트가 식(5.5.1)에 의하여 주어진다면, 이들 모멘트의 비는 다음과 같다.

$$\frac{M_y}{M_z} = \tan\theta \tag{5.5.5}$$

상기 식(5.5.5)는 [그림5.5.1](d)와 같이 모멘트벡터의 합 M이 Z축과 각 θ를 이루는 것에 있음을 보여주고 있다. 한편 모멘트벡터의 합 M은 그림(d)에 점선으로 표시된 경사하중 P와 직각이다.

한편 식(5.5.5)를 식(5.5.4)에 대입하면 중립축의 위치를 나타내는 각 β에 대한 다음 식으로 나타낼 수 있다.

$$\tan\beta = \frac{M_y I_z}{M_z I_y} = \frac{I_z}{I_y}\tan\theta \tag{5.5.6}$$

상기 식(5.5.6)으로부터 각 β가 일반적으로 각 θ와 같지 않음을 알 수 있다. 이는 일반적으로 중립축은 하중이 작용하는 면과 직각이 아님을 의미한다.

그러나 다음의 3가지 특별한 예외조항이 존재한다.

① 하중이 XY평면에 있으면($\theta = 0°$ 또는 $\theta = 180°$), Z축($\beta = 0°$)이 중립축이다.

② 하중이 XZ평면에 있으면($\theta = \pm 90°$), Y축($\beta = \pm 90°$)이 중립축이다.

③ 정사각형이나 원형 단면과 같이 Z축에 대한 단면2차모멘트 I_z와 Y축에 대한 단면2차모멘트 I_y가 같다면($I_z = I_y$), 도심을 지나는 모든 축은 주축이며 모두 같은 단면2차모멘트를 갖는다. 하중이 작용하는 면이 어떻든 간에 중립축은 언제나 이 면에 직각이다.

◆ ◆ ◆ ◆ ◆ ◆

예제 5.5.1

1.5m 길이의 단순보의 단면에 다음과 같이 하중이 작용하고 있을 때, 중립축의 위치와 최대휨응력 $\sigma_{\max}$를 구하시오.

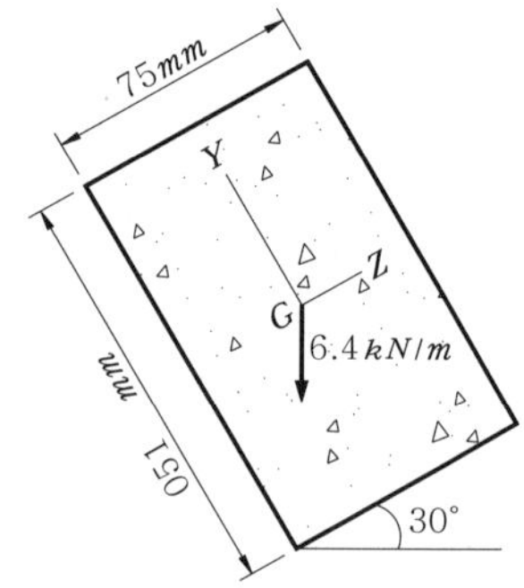

풀이

(1) 최대휨모멘트 $M_{y\max}$, $M_{z\max}$

$$M_{y\max} = \frac{\omega_z L^2}{8} = \frac{6.4\sin 30^\circ \times 1.5^2}{8} = 0.9\,kN\cdot m$$

$$M_{z\max} = \frac{\omega_y L^2}{8} = \frac{6.4\cos 30^\circ \times 1.5^2}{8} = 1.56\,kN\cdot m$$

(2) 단면2차모멘트 I_y, I_z

$$I_y = \frac{150 \times 75^3}{12} = 0.53 \times 10^7 mm^4$$

$$I_z = \frac{75 \times 150^3}{12} = 2.11 \times 10^7 mm^4$$

(3) 중립축 위치

$$\tan\beta = \frac{I_z}{I_y}\tan\theta = \frac{2.11\times 10^7}{0.53 \times 10^7}\tan\theta = 4\tan 30^\circ = 2.31$$

$$\therefore\ \beta = 66.6^\circ$$

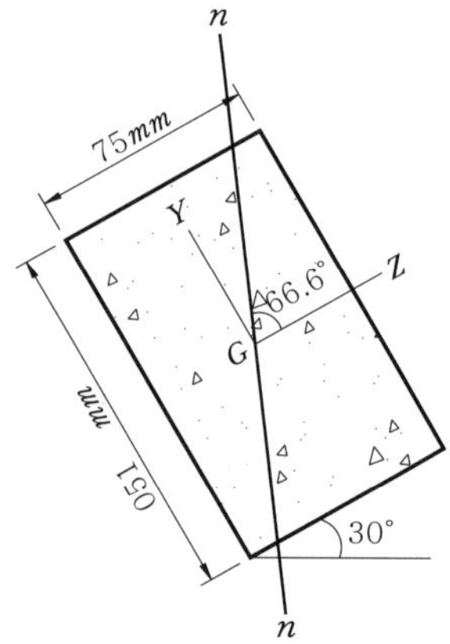

(4) 최대휨응력 $\sigma_{\max}$

$$\sigma_{\max} = \frac{M_{y\max}}{I_y} z - \frac{M_{z\max}}{I_z} y$$

$$= \left(\frac{0.9 \times 10^6}{0.53 \times 10^7} \times \frac{75}{2}\right) - \left\{\frac{1.56 \times 10^6}{2.11 \times 10^7} \times \left(-\frac{150}{2}\right)\right\}$$

$$= 11.9\,N/mm^2$$

예제 5.5.2

다음과 같이 $4m$ 길이의 캔틸레버 보의 자유단에 $50kN$의 집중하중이 작용하고 있고 단면이 그림(a)와 같을 때, 고정단의 각 모서리인 점 A, B, C, D에서의 조합응력을 구하시오.

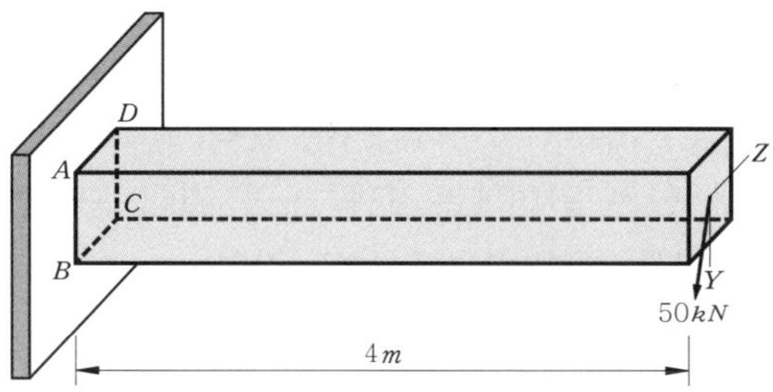

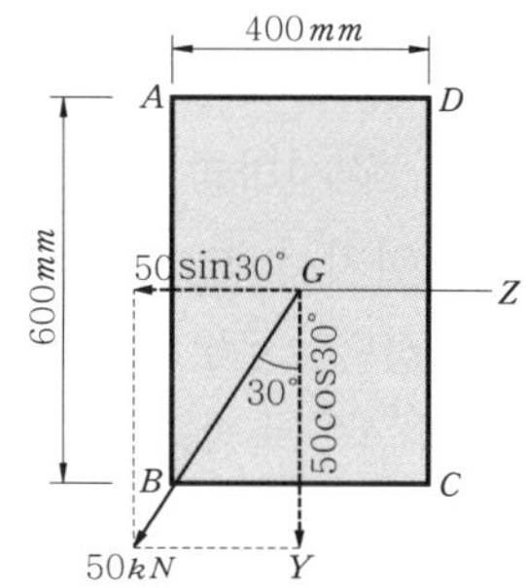

그림(a)

풀이

(1) 자유단에서의 휨모멘트 M_y, M_z

$$M_y = P_h L = 50\sin 30° \times 4 = 100\,kN\cdot m$$

$$M_z = P_v L = 50\cos 30° \times 4 = 173.21\,kN\cdot m$$

(2) 단면2차모멘트 I_y, I_z

$$I_y = \frac{600\times 400^3}{12} = 3.2\times 10^9 mm^4$$

$$I_z = \frac{400\times 600^3}{12} = 7.2\times 10^9 mm^4$$

(3) 점 A, B, C, D에서의 조합응력

$\sigma_x = \dfrac{M_y}{I_y} z - \dfrac{M_z}{I_z} y$ 이므로

$$\sigma_A = \left\{\frac{100\times 10^6}{3.2\times 10^9}\times(-200)\right\} - \left\{\frac{173.21\times 10^6}{7.2\times 10^9}\times(-300)\right\} = 0.97\,N/mm^2$$

$$\sigma_B = \left\{\frac{100\times 10^6}{3.2\times 10^9}\times(-200)\right\} - \left(\frac{173.21\times 10^6}{7.2\times 10^9}\times 300\right) = -13.47\,N/mm^2$$

$$\sigma_C = \left(\frac{100\times 10^6}{3.2\times 10^9}\times 200\right) - \left(\frac{173.21\times 10^6}{7.2\times 10^9}\times 300\right) = -0.97\,N/mm^2$$

$$\sigma_D = \left(\frac{100\times 10^6}{3.2\times 10^9}\times 200\right) - \left\{\frac{173.21\times 10^6}{7.2\times 10^9}\times(-300)\right\} = 13.47\,N/mm^2$$

◆ ◆ ◆ ◆ ◆ ◆

5.5.2 휨모멘트와 축방향력을 동시에 받는 보

이번에는 휨모멘트와 함께 축방향력을 동시에 받는 보의 조합응력에 대하여 살펴보도록 한다. 한 실례로 [그림5.5.2](a)와 같이 캔틸레버 보에서 자유단의 임의 단면의 도심에 경사하중 P가 부재축인 X축과 θ의 각도를 유지하면서 하향으로 작용할 때를 생각해 보자.

먼저 경사하중 P는 그림(a)와 같이 수직분력 P_v와 수평분력 P_h로 분해할 수 있다. 여기서 $P_v = P\sin\theta\,(\downarrow)$, $P_h = P\cos\theta\,(\rightarrow)$이다. 이들 분력 P_v과 P_h로 인하여 고정단으로부터 x만큼 떨어져 있는 단면에는 그림(b)와 같이 휨모멘트 M, 전단력 V, 축방향력 N이 생기며, 이들 단면력은 다음과 같다.

$$
\begin{aligned}
M &= -P_v(L-x) = -P\sin\theta\,(L-x) \\
V &= P_v = P\sin\theta \\
N &= P_h = P\cos\theta
\end{aligned}
\qquad (5.5.7)
$$

이들 단면력과 관련하여 임의 단면에서의 어느 점의 응력은 적절한 식들 ($\sigma = My/I$, $\tau = VS/Ib$, $\sigma = N/A$)을 이용하여 구할 수 있다.

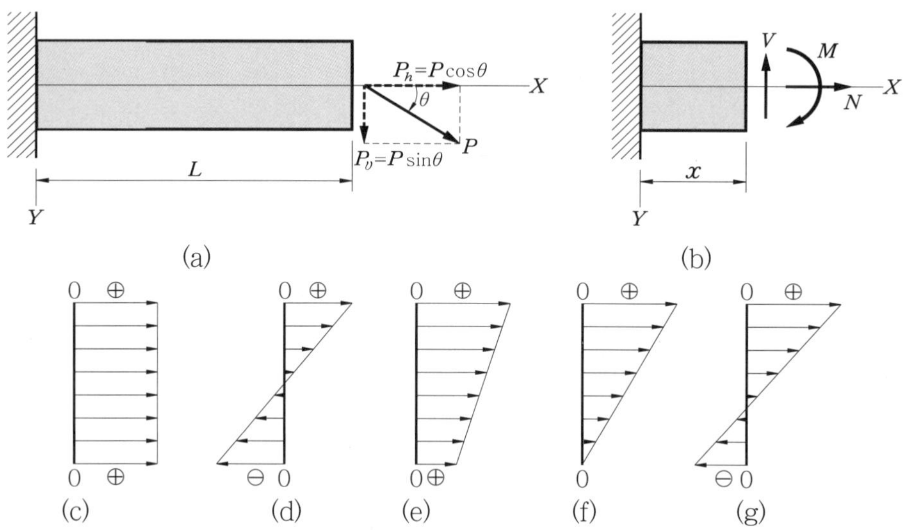

[그림5.5.2] 휨모멘트와 축방향력을 동시에 받는 보

이들 응력 중 축방향력 N과 휨모멘트 M은 둘 다 단면의 수직방향으로 작용하는 수직응력으로서 응력의 조합이 필요한데, 각 단면력마다 각각 계산을 수행한 후에 조합하면 된다.

먼저 축방향력 N으로 인한 수직응력분포를 구해보면, $\sigma = N/A$으로 [그림5.5.2]의 경우에는 인장응력으로 양(+)의 균일한 응력상태로 그림(c)와 같이 표현된다. 다음으로 휨모멘트 M으로 인한 수직응력분포를 구해보면, $\sigma = My/I$로 [그림5.5.2]의 경우에는 음(−)의 휨모멘트이므로 중립축을 기준으로 상부에는 양(+)의 인장응력이, 하부에는 음(−)의 압축응력이 발생하며 그 크기는 중립축으로부터 연단으로 멀어질수록 선형적으로 증가하는 응력상태를 나타내는데, 이는 그림(d)와 같이 표현된다. 마지막으로 축방향력 N과 휨모멘트 M으로 인하여 각각 발생한 수직응력을 조합하면 다음과 같은 식을 얻을 수 있다.

$$\sigma = \frac{N}{A} + \frac{M}{I}y \tag{5.5.8}$$

상기 식(5.5.8)에 의한 조합응력분포는 그림(c)와 그림(d)를 중첩한 것으로, 결국 식에 있는 각 항의 상대적인 대수값에 달려있다. 그 분포는 그림(e)처럼 전체 단면이 인장상태인 사다리꼴 형태일 수도 있고, 그림(f)처럼 전체 단면이 인장상태인 삼각형 형태일 수도 있으며, 그림(g)처럼 단면이 부분적으로 인장이거나 압축일 수도 있다. 여기서 휨과 축하중이 동시에 작용하는 경우, 중립축(단면에서 수직응력이 '0' 인 선)은 단면의 도심을 통과하지 않음을 알 수 있다. 즉 그림 (e), (f), (g)에 표시된 바와 같이 중립축은 단면 외부, 단면 연단 및 단면 내의 어느 부분에 위치할 수도 있다.

물론 [그림5.5.2]의 경우와는 다르게 축방향력이 압축력이라든지, 휨모멘트의 부호규약이 바뀌는 경우에는 수직응력분포가 이에 따라 변할 것이다. 따라서 휨모멘트 M과 함께 축방향력 N을 동시에 받는 보의 조합된 수직응력에 대한 일반적인 식은 다음과 같이 나타낼 수 있다.

$$\sigma = \pm \frac{N}{A} \pm \frac{M}{I}y \tag{5.5.9}$$

그리고 휨모멘트 M과 함께 축방향력 N을 동시에 받는 보에서 임의 단면의 연단에서 발생하는 최대 및 최소의 수직응력은 다음과 같이 나타낼 수 있다.

$$\sigma = \pm \frac{N}{A} \pm \frac{M}{Z} \tag{5.5.10}$$

여기서 Z는 단면계수로, 단면의 도심에 대한 단면2차모멘트 I를 단면의 도심에서 최상단까지의 거리 또는 최하단까지의 거리로 나눈 값이다.

◆ ◆ ◆ ◆ ◆ ◆

예제 5.5.3

다음과 같이 $8m$ 길이의 단순보에 $20kN/m$의 등분포하중과 $150kN$의 축방향 인장력이 작용하고 있고 단면이 그림(a)와 같을 때, 이 보에 발생하는 최대수직응력 σ_{max} 및 최소수직응력 σ_{min}을 구하시오.

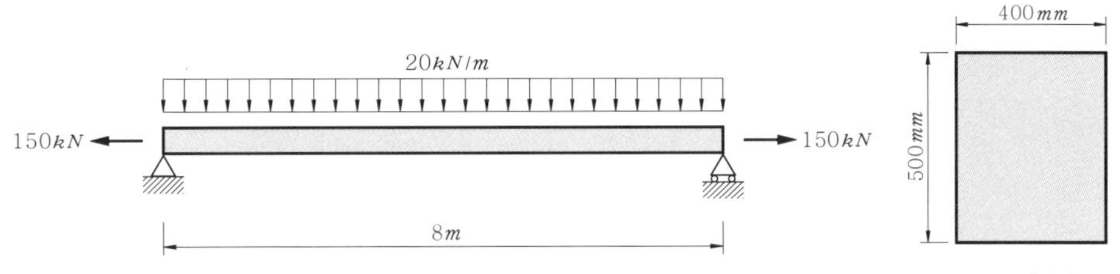

그림(a)

풀이

(1) 축방향력에 의한 수직응력

$$\sigma_{t1} = \frac{N}{A} = \frac{150 \times 10^3}{400 \times 500} = 0.75\,N/mm^2$$

(2) 휨모멘트에 의한 수직응력

㉠ 단면계수 Z

$$Z = \frac{400 \times 500^2}{6} = 1.67 \times 10^7 mm^3$$

㉡ 최대휨모멘트 $M_{\max}$

$$M_{\max} = \frac{\omega L^2}{8} = \frac{20 \times 8^2}{8} = 160\,kN \cdot m$$

㉢ 휨모멘트에 의한 수직응력

양(+)의 휨모멘트이므로 중립축을 기준으로 상부에는 음(−)의 압축응력이, 하부에는 양(+)의 인장응력이 발생하며, 단면의 도심은 중앙에 위치하므로, 최대인장응력 σ_{t2} 및 최대압축응력 σ_c 는 크기는 동일하나 부호만 반대가 된다.

$$\sigma_{t2} = \frac{M_{\max}}{Z} = \frac{160 \times 10^6}{1.67 \times 10^7} = 9.6\,N/mm^2$$

$$\sigma_c = -\frac{M_{\max}}{Z} = -\frac{160 \times 10^6}{1.67 \times 10^7} = -9.6\,N/mm^2$$

(3) 최대수직응력 $\sigma_{\max}$ 및 최소수직응력 $\sigma_{\min}$

축방향력에 의한 수직응력 σ_{t1}은 양(+)의 균일한 응력상태이므로 최대수직응력 $\sigma_{\max}$는 최대휨모멘트 $M_{\max}$에 의한 최대인장응력 σ_{t2}와 조합될 때 발생하게 된다. 반면에 최소수직응력 $\sigma_{\min}$은 축방향력에 의한 수직응력 σ_{t1}이 최대휨모멘트 $M_{\max}$에 의한 최대압축응력 σ_c와 조합될 때 발생된다.

$$\sigma_{\max} = +\frac{N}{A} + \frac{M_{\max}}{Z} = 0.75 + 9.6 = 10.35\,N/mm^2$$

$$\sigma_{\max} = +\frac{N}{A} - \frac{M_{\max}}{Z} = 0.75 - 9.6 = -8.85\,N/mm^2$$

◆ ◆ ◆ ◆ ◆ ◆

◈ 연 습 문 제 ◈

5.5.1 $1.8m$ 길이의 캔틸레버 보의 자유단 단면에 다음과 같이 하중이 작용하고 있을 때, 중립축의 위치와 최대휨응력 $\sigma_{\max}$ 를 구하시오.

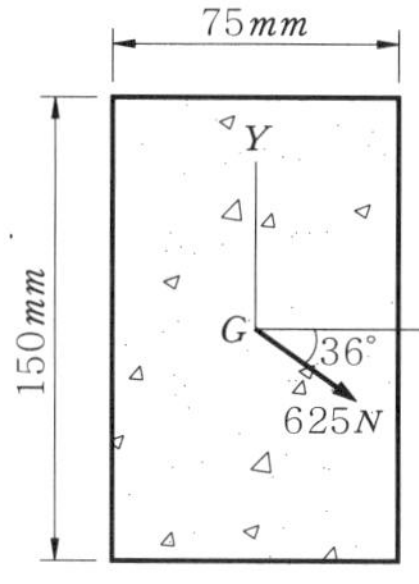

5.5.2 다음과 같이 $2m$ 길이의 캔틸레버 보의 자유단에 $50kN$의 집중하중이 작용하고 있고 단면이 그림(a)와 같을 때, 고정단과 고정단으로부터 $0.5m$ 떨어진 C 단면에서의 최대인장응력 및 최대압축응력을 구하시오.

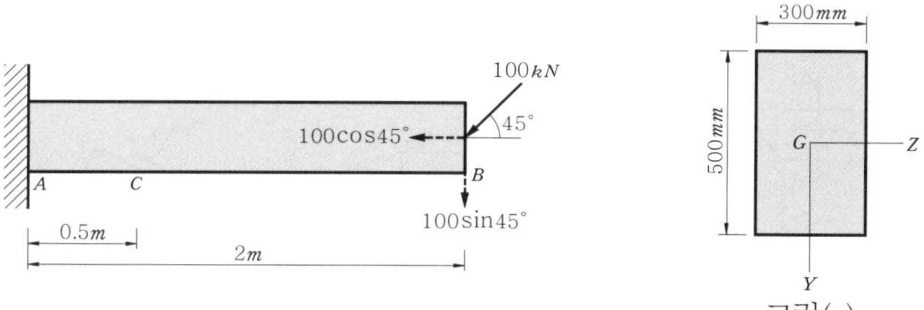

그림(a)

5.5.3 $3m$ 길이의 단순보에 다음과 같이 하중이 작용하고 있고 단면이 그림(a)와 같을 때, 이 보에서의 최대인장응력 $\sigma_{t\max}$ 와 최대압축응력 $\sigma_{c\max}$ 를 구하시오.

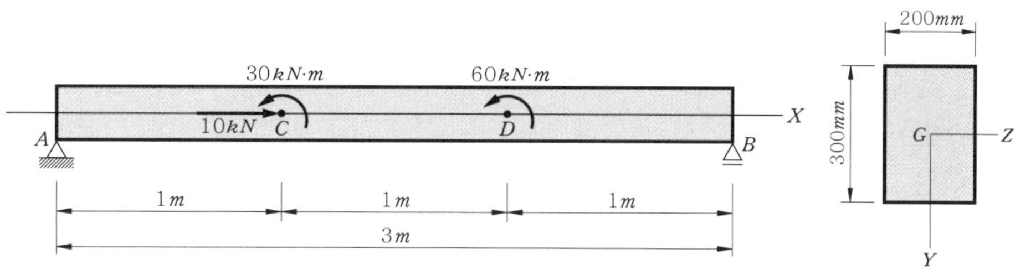

그림(a)

5.6 평면응력 및 보의 주응력*

이제까지 논의하였던 보의 휨응력과 전단응력은 부재축에 수직인 횡단면에 대한 것이었다. 그렇지만 보의 경사단면에도 수직응력과 전단응력이 존재하며, 이들 응력이 횡단면에 작용하는 응력보다 크게 작용할 수 있는 것도 사실이다.

따라서 이 절에서는 보의 경사면에 작용하는 수직응력과 전단응력을 구하는 방법에 대하여 논의하기로 한다.

5.6.1 평면응력 (Plane Stress)

[그림5.6.1](a)와 같은 각 변이 X, Y, Z축에 평행한 직육면체의 미소요소를 생각해 보자.

그림(a)에서 각 요소의 면은 그들의 법선방향에 의하여 표시하기로 하는데, 요소의 오른쪽 면은 양(+)의 x면이 되고, 왼쪽 면은 음(−)의 x면이 된다. 같은 방식으로 그림(a)에서 상부 면은 양(+)의 y면, 하부 면은 음(−)의 y면이 되고, 앞면은 양(+)의 z면, 뒷면은 음(−)의 z면이 된다.

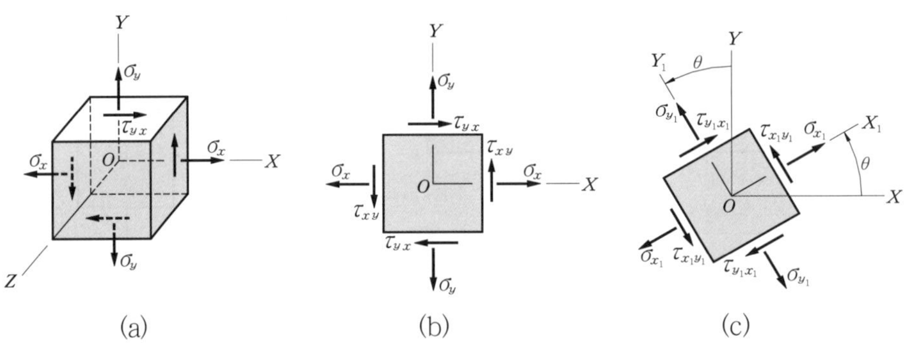

[그림5.6.1] 평면응력상태의 미소요소

그림(a)에서는 x, y면만이 응력을 받고 있으며, 모든 응력은 X와 Y축에 평행하게 작용한다. 이와 같은 응력을 **평면응력**(平面應力, Plane Stress)이라고 하는데, 앞에서 배운 축하중을 받는 부재나 보에서 발생하는 응력들은 모두 평면응력의 예들이다. 그림(a)에서 응력에 대한 부호는 다음과 같은 의미를 갖는다. 수직응력은 그 응력이 작용하는 면에 해당하는 첨자를 가진다. 즉 σ_x는 x면에 작용하는 수직응력을, σ_y는 y면에 작용하는 수직응력을 뜻한다. 물론 같은 크기의 수직응력이 반대편 면에 작용하며 양(+)의 응력은 인장을 나타낸다. 전단응력은 2개의 첨자를 사용하는데, 첫 번째 첨자는 작용하는 면을 표시하고 두 번째 첨자는 그 면에서의 작용방향을 나타낸다. 그러므로 τ_{xy}는 x면 위에서 Y축방향으로 작용하는 전단응력을, τ_{yx}는 y면 위에서 X축방향으로 작용하는 전단응력을 나타낸다. 전단응력의 부호는 요소의 양(+)의 평면에서 양(+)의 좌표축방향으로 작용하는 것과 음(−)의 평면에서 음(−)의 좌표축방향으로 작용하는 것을 양(+)이라 규정하기로 한다. 한편 요소의 양(+)의 평면에서 음(−)의 좌표축방향으로 작용하는 전단응력과 음(−)의 평면에서 양(+)의 좌표축방향으로 작용하는 것을 음(−)이라 한다. 따라서 그림(a)에서 τ_{xy} 와 τ_{yx} 는 양(+)의 부호를 갖는다. 이와 같은 전단응력의 부호규약은 요소의 정적평형과 일치하는데, 요소의 반대 면에서의 전단응력은 크기가 같고 방향이 반대임을 알 수 있다. 한편 직교평면상의 전단응력은 크기가 같고, 각 면의 작용선을 따라 두 응력이 한 점을 향해 만나거나 떨어지는 방향을 가짐을 알 수 있다. 따라서 다음과 같은 식이 성립된다.

$$\tau_{xy} = \tau_{yx} \tag{5.6.1}$$

평면응력상태의 요소를 편리하게 나타내기 위하여 그림(b)와 같이 2차원적으로 간단히 그릴 수 있다. 하지만 그림(b)의 요소는 평면에 수직으로 일정한 두께를 가진 물체임을 명심해야 한다.

다음은 **경사단면**(傾斜斷面, Inclined Section)에 작용하는 수직응력과 전단응력에 대하여 고찰해 보도록 한다. 여기서 수직응력 σ_x, σ_y, τ_{xy}는 보의 휨공식 및 전단공식 등을 통하여 알고 있다고 가정한다. [그림5.6.1](c)는 그림(b)의 요소를 Z축을 중심으로 반시계방향으로 θ만큼 회전시킨 경사진 요소로, 그림(b)의 X-Y좌표축은 θ만큼 회전되어 그림(c)에서는 새로운 X_1-Y_1의 좌표축을 갖는다. 그림(c)와 같이 회전한 요소에 작용하는 수직응력과 전단응력은 앞에서 정한 부호규약에 따라 σ_{x1}, σ_{y1}, τ_{x1y1}, τ_{y1x1}이라고 표시한다. 또한 식(5.6.1)과 같은 전단응력에 대한 원리에 따라 그림(c)에서는 다음과 같은 식이 성립된다.

$$\tau_{x1y1} = \tau_{y1x1} \tag{5.6.2}$$

여기서 임의의 한 면에서 작용하는 전단응력을 알면 다른 모든 면에 작용하는 전단응력을 알 수 있다.

그림(c)의 회전된 x_1y_1 요소에 작용하는 응력은 정적평형방정식을 이용하여 xy요소에 작용하는 응력의 항으로 표시할 수 있다. 그러기 위해서 [그림5.6.2](a)와 같이 경사면이 회전요소의 x_1면이 되고, 나머지 두 면이 X축과 Y축에 평행한 쐐기모양 요소를 생각해 보자.

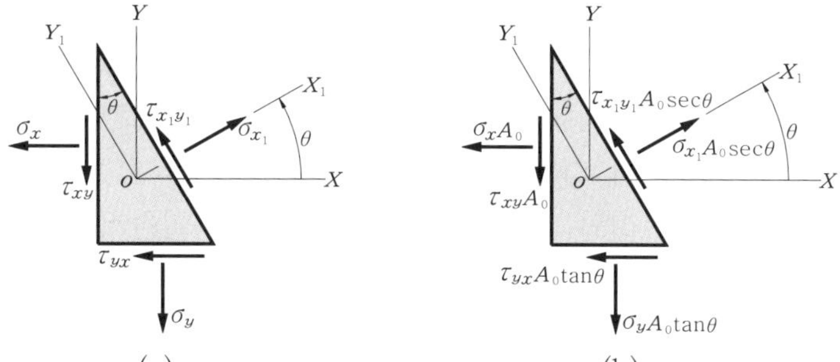

[그림5.6.2] 평면응력상태의 쐐기모양 요소

[그림5.6.2]에서 음(−)의 x 면인 왼쪽 면의 면적을 A_o 라 하면, 그림에서 밑면의 면적은 $A_o \tan\theta$, 빗면의 면적은 $A_o \sec\theta$ 가 된다. 따라서 각 면에 작용하는 수직력과 전단력은 그림(b)에 나타낸 것과 같은 크기와 방향을 갖는다. 이때 왼쪽 면과 밑면에 작용하는 4개의 힘을 X_1 과 Y_1 축방향의 힘으로 분해한다. 그리고 그들 각 방향에 대해서 힘을 합하면 2개의 평형방정식을 얻을 수 있다. 먼저 X_1 축 방향에 대한 힘을 합하여 구한 평형방정식은 다음과 같다.

$$\begin{aligned} \Sigma X_1 = 0 \ : \ & \sigma_{x1} A_o \sec\theta - \sigma_x A_o \cos\theta - \tau_{xy} A_o \sin\theta \\ & - \sigma_y A_o \tan\theta \sin\theta - \tau_{yx} A_o \tan\theta \cos\theta = 0 \end{aligned} \tag{5.6.3}$$

또한 Y_1 축 방향에 대한 힘을 합하여 구한 평형방정식은 다음과 같다.

$$\begin{aligned} \Sigma Y_1 = 0 \ : \ & \tau_{x1y1} A_o \sec\theta + \sigma_x A_o \sin\theta - \tau_{xy} A_o \cos\theta \\ & - \sigma_y A_o \tan\theta \cos\theta + \tau_{yx} A_o \tan\theta \sin\theta = 0 \end{aligned} \tag{5.6.4}$$

결국 식(5.6.3)과 식(5.6.4)에서 $\tau_{xy} = \tau_{yx}$ 를 이용하여 정리하면, 경사단면의 수직응력 σ_{x1} 과 전단응력 τ_{x1y1} 을 다음과 같이 구할 수 있다.

$$\begin{aligned} \sigma_{x1} &= \sigma_x \cos^2\theta + \sigma_y \sin^2\theta + 2\tau_{xy} \sin\theta\cos\theta \\ \tau_{x1y1} &= -(\sigma_x - \sigma_y)\sin\theta\cos\theta + \tau_{xy}(\cos^2\theta - \sin^2\theta) \end{aligned} \tag{5.6.5}$$

상기 식(5.6.5)는 회전각 θ 와, x 와 y 평면에 작용하는 응력 σ_x, σ_y, τ_{xy} 의 항으로 경사단면의 수직응력 σ_{x1} 과 전단응력 τ_{x1y1} 을 나타낸 것이다.

한편 식(5.6.5)는 다음과 같은 삼각함수공식을 이용하면 좀 더 실용적인 형태로 표시할 수 있다.

$$\cos^2\theta = \frac{1+\cos 2\theta}{2}\ , \ \sin^2\theta = \frac{1-\cos 2\theta}{2}, \quad \sin\theta\cos\theta = \frac{\sin 2\theta}{2} \tag{5.6.6}$$

따라서 식(5.6.5)는 다음과 같이 된다.

$$\begin{aligned} \sigma_{x1} &= \frac{\sigma_x + \sigma_y}{2} + \frac{\sigma_x - \sigma_y}{2}\cos 2\theta + \tau_{xy}\sin 2\theta \\ \tau_{x1y1} &= -\frac{\sigma_x - \sigma_y}{2}\sin 2\theta + \tau_{xy}\cos 2\theta \end{aligned} \tag{5.6.7}$$

상기 식(5.6.7)과 같은 σ_{x1} 과 τ_{x1y1} 에 대한 방정식은 하나의 좌표축에서 다른 좌표축으로 응력성분을 변환한 것이다. 따라서 이러한 방정식을 **평면응력의 변환공식**(Transformation Equations for Plane Stress)이라고 한다.

한편 요소가 한 방향에서 다른 방향으로 회전되었을 때 요소의 면에 따라 작용하는 응력은 다르나 고려되는 한 점에서의 응력은 동일한 응력상태를 나타낸다는 점에 주목해야 한다. 이러한 상태는 힘벡터(Force Vector)를 성분별로 나타내는 것과 유사하다. 힘은 좌표축이 새로운 방향으로 회전되었을 때 다른 성분으로 나타내지만, 힘 자체는 변하지 않는다.

한편 수직응력에 대한 중요한 고찰은 평면응력의 변환공식으로부터 발견할 수 있다. [그림5.6.1](c)에서 회전요소의 y_1 면에 작용하는 수직응력 σ_{y1} 은 식(5.6.7)의 첫 번째 식에 θ 대신에 $\theta+90^\circ$ 를 대입시킴으로써 다음과 같이 구할 수 있다.

$$\sigma_{y1} = \frac{\sigma_x + \sigma_y}{2} - \frac{\sigma_x - \sigma_y}{2}\cos 2\theta - \tau_{xy}\sin 2\theta \qquad (5.6.8)$$

식(5.6.7)의 σ_{x1} 과 식(5.6.8)의 σ_{y1} 을 합하면 다음과 같은 관계식이 성립된다.

$$\sigma_{x1} + \sigma_{y1} = \sigma_x + \sigma_y \qquad (5.6.9)$$

상기 식(5.6.9)는 평면응력을 받는 요소의 직교 평면에 존재하는 수직응력의 합은 회전각 θ 에 관계없이 항상 일정한 값을 갖는다는 것을 보여주고 있다.

◆ ◆ ◆ ◆ ◆ ◆

예제 5.6.1

어떤 요소가 평면응력상태에 있고, 그림과 같은 크기와 방향의 응력을 가진다. 이 요소가 시계방향으로 30° 회전할 경우, 회전한 평면의 응력을 구하시오.

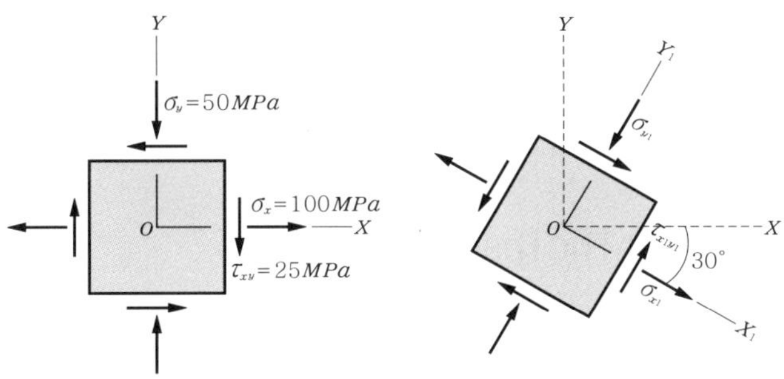

풀이

(1) 요소에 작용하는 응력

$$\sigma_x = 100\,MPa\,,\quad \sigma_y = -50\,MPa\,,\quad \tau_{xy} = -25\,MPa$$

(2) 시계방향으로 30° 회전한 요소에 작용하는 응력

요소가 시계방향으로 30° 회전할 경우, 회전된 요소의 X_1 축은 기존 요소의 X 축으로부터 시계방향으로 30° 회전한 위치에 놓인다.

이를 평면응력의 변환공식에 적용하여 회전요소의 응력을 구할 수 있다.

㉠ 수직응력 σ_{x1}

$$\begin{aligned}\sigma_{x1} &= \frac{\sigma_x + \sigma_y}{2} + \frac{\sigma_x - \sigma_y}{2}\cos 2\theta + \tau_{xy}\sin 2\theta \\ &= \frac{100-50}{2} + \frac{100+50}{2}\cos(-60^\circ) - 25\sin(-60^\circ) \\ &= 84.15\,MPa\end{aligned}$$

㉡ 수직응력 σ_{y1}

$$\sigma_{y1} = \frac{\sigma_x + \sigma_y}{2} - \frac{\sigma_x - \sigma_y}{2}\cos 2\theta - \tau_{xy}\sin 2\theta$$

$$= \frac{100-50}{2} - \frac{100+50}{2}\cos(-60°) + 25\sin(-60°)$$

$$= -34.15\,MPa$$

㉢ 전단응력 τ_{x1y1}

$$\tau_{x1y1} = -\frac{\sigma_x - \sigma_y}{2}\sin 2\theta + \tau_{xy}\cos 2\theta$$

$$= -\frac{100+50}{2}\sin(-60°) - 25\cos(-60°)$$

$$= 52.45\,MPa$$

(3) 기존요소와 회전요소의 수직응력의 합 비교

$$\sigma_x + \sigma_y = 100 - 50 = 50\,MPa$$

$$\sigma_{x1} + \sigma_{y1} = 84.15 - 34.15 = 50\,MPa$$

$$\therefore\ \sigma_x + \sigma_y = \sigma_{x1} + \sigma_{y1} = 50\,MPa$$

◆ ◆ ◆ ◆ ◆ ◆

5.6.2 주응력 (Principal Stress)

식(5.6.7)의 평면응력에 대한 변환공식에서 알 수 있듯이 경사단면에 작용하는 수직응력 σ_{x1}은 회전각 θ에 따라 연속적으로 변화한다. 이때 최대의 양(+)과 음(−)의 수직응력을 **주응력**(主應力, Principal Stress)이라고 한다. 또한 주응력의 작용방향의 축을 **주응력축**(主應力軸, Principal Axis of Stress), 주응력이 작용하는 면을 **주응력면**(主應力面, Principal Plane of Stress)이라고 한다. 주응력면에는 전단응력이 작용하지 않는다.

주응력을 결정하기 위해서는 식(5.6.7)의 σ_{x1}을 이용하면 된다. σ_{x1}을 회전각 θ에 대하여 미분하여 그것을 '0' 으로 놓으면, σ_{x1}이 최대 또는 최소인 회전각 θ의 값에 대한 방정식을 다음과 같이 얻을 수 있다.

$$\frac{d\sigma_{x1}}{d\theta} = -(\sigma_x - \sigma_y)\sin 2\theta + 2\tau_{xy}\cos 2\theta = 0 \qquad (5.6.10)$$

상기 식(5.6.10)으로부터 다음과 같은 식을 얻을 수 있다.

$$\tan 2\theta_p = \frac{2\tau_{xy}}{\sigma_x - \sigma_y} \qquad (5.6.11)$$

여기서 θ_p는 주응력면의 회전각을 말한다.

식(5.6.11)로부터 0°에서 360°의 범위 내에서 2개의 각 $2\theta_p$가 구해지는데, 이들 두 값은 180°의 차이가 난다. 그러므로 각 θ_p는 90° 차이가 나는 2개의 값을 가지며, 하나는 0°와 90°, 다른 하나는 90°와 180° 사이에 존재한다. 이들 두 값 중 하나는 최대주응력이 되고 다른 하나는 최소주응력이 된다. 2개의 각 θ_p가 90° 차이가 나므로, 주응력은 서로 직교하는 평면상에서 발생한다는 사실을 알 수 있다.

주응력의 값은 2개의 각 θ_p를 식(5.6.7)에 대입하여 σ_{x1}에 대하여 풀면 쉽게 구할 수 있다. 그러면 2개의 주응력 중에 어느 것이 2개의 주응력면의 회전각 θ_p 중 어느 것과 관계하는지를 알 수 있다.

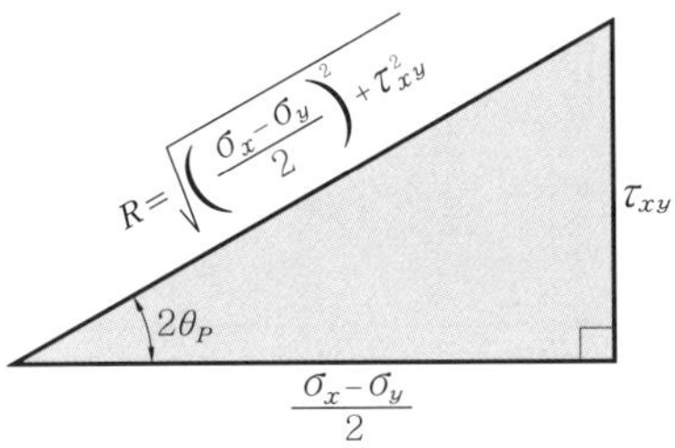

[그림5.6.3] 주응력면의 회전각

한편 주응력에 대한 일반적인 공식을 구할 수도 있다. 이를 위해서 식(5.6.11)과 [그림5.6.3]을 비교해 보면 다음과 같은 관계식을 얻을 수 있다.

$$\cos 2\theta_p = \frac{\sigma_x - \sigma_y}{2R} \quad , \quad \sin 2\theta_p = \frac{\tau_{xy}}{R} \tag{5.6.12}$$

$$\text{여기서,} \quad R = \sqrt{\left(\frac{\sigma_x - \sigma_y}{2}\right)^2 + \tau_{xy}^2}$$

상기 식(5.6.12)에서 R을 계산할 때는 항상 양(+)의 제곱근을 선택한다. 따라서 $\cos 2\theta_p$, $\sin 2\theta_p$에 대한 식을 식(5.6.7)에 대입하여 σ_{x1}에 대하여 풀고, 2개의 주응력 중에서 대수적으로 큰 값을 구하여 σ_1이라고 표시하면 다음과 같다.

$$\sigma_1 = \frac{\sigma_x + \sigma_y}{2} + \sqrt{\left(\frac{\sigma_x - \sigma_y}{2}\right)^2 + \tau_{xy}^2} \tag{5.6.13}$$

또한 주응력의 작은 값을 σ_2라고 표시하면, 식(5.6.9)와 같은 원리에 의하여 다음 식이 성립된다.

$$\sigma_1 + \sigma_2 = \sigma_x + \sigma_y \tag{5.6.14}$$

여기서 σ_1과 σ_2는 서로 직교하는 평면상에 존재한다. 식(5.6.14)에서 σ_1에 대한 식을 식(5.6.13)에 대입하여 σ_2에 대하여 풀면 다음과 같다.

$$\sigma_2 = \frac{\sigma_x + \sigma_y}{2} - \sqrt{\left(\frac{\sigma_x - \sigma_y}{2}\right)^2 + \tau_{xy}^2} \tag{5.6.15}$$

상기 식(5.6.15)는 식(5.6.13)과 비교할 때, 근호 앞의 부호가 음(−)이라는 점이 다르다. 따라서 식(5.6.13)과 식(5.6.15)를 조합하여 하나의 식으로 표시하면 다음과 같다.

$$\sigma_{1,2} = \frac{\sigma_x + \sigma_y}{2} \pm \sqrt{\left(\frac{\sigma_x - \sigma_y}{2}\right)^2 + \tau_{xy}^2} \tag{5.6.16}$$

상기 식(5.6.16)에서 근호 앞의 양(+)의 부호는 큰 주응력 σ_1 을 나타내고, 근호 앞의 음(−)의 부호는 작은 주응력 σ_2 를 나타낸다.

한편 주응력면에 관한 중요한 특성은 전단응력 τ_{x1y1} 에 대한 식(5.6.7)을 통하여 알 수 있는데, 이 전단응력을 '0' 으로 놓고 각 2θ 에 대하여 풀면 식(5.6.11)을 얻을 수 있다. 그러므로 전단응력은 주응력면에서 '0' 이 된다는 것을 알 수 있다.

◆ ◆ ◆ ◆ ◆ ◆

예제 5.6.2

어떤 요소가 평면응력상태에 있고, 그림과 같은 크기와 방향의 응력을 가질 때, 주응력 $\sigma_{1,2}$ 및 주응력면의 회전각 θ_p 를 구하시오.

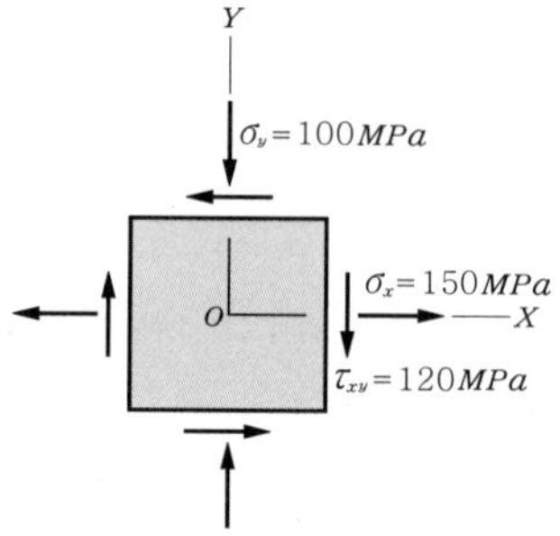

풀이

(1) 요소에 작용하는 응력

$$\sigma_x = 150\,MPa\,, \quad \sigma_y = -100\,MPa\,, \quad \tau_{xy} = -120\,MPa$$

(2) 주응력 $\sigma_{1,2}$

$$\sigma_{1,2} = \frac{\sigma_x + \sigma_y}{2} \pm \sqrt{\left(\frac{\sigma_x - \sigma_y}{2}\right)^2 + \tau_{xy}^2}$$

$$= \frac{150 - 100}{2} \pm \sqrt{\left(\frac{150 + 100}{2}\right)^2 + (-120)^2} = 25 \pm 173.28\,MPa$$

$$\therefore\ \sigma_1 = 198.28\,MPa\,, \quad \sigma_2 = -148.28\,MPa$$

(3) 주응력면의 회전각 θ_p

$$\tan 2\theta_p = \frac{2\tau_{xy}}{\sigma_x - \sigma_y} = \frac{2 \times (-120)}{150 + 100} = -0.96$$

$2\theta_p = 136.2^\circ$ 또는 $2\theta_p = 316.2^\circ$

$\therefore\ \theta_p = 68.1^\circ$ 또는 $\theta_p = 158.1^\circ$

◆ ◆ ◆ ◆ ◆ ◆

5.6.3 주전단응력 (Principal Shear Stress)

주응력과 마찬가지로, 식(5.6.7)의 평면응력에 대한 변환공식에서 알 수 있듯이 경사단면에 작용하는 전단응력 τ_{x1y1} 은 회전각 θ 에 따라 연속적으로 변화한다. 이때 최대 또는 최소의 전단응력을 **주전단응력**(主剪斷應力, Principal Shear Stress)이라고 한다. 또한 주전단응력이 작용하는 면을 **주전단응력면**(主剪斷應力面, Principal Plane of Shear Stress)이라고 한다. 주응력면에는 전단응력이 작용하지 않지만, 주전단응력면에 작용하는 수직응력은 '0' 이 아닌 것이 일반적이다.

주전단응력을 결정하기 위해서는 식(5.6.7)의 τ_{x1y1} 을 이용하면 된다. τ_{x1y1} 을 회전각 θ 에 대하여 미분하여 그것을 '0' 으로 놓으면, τ_{x1y1} 이 최대 또는 최소인 회전각 θ 의 값에 대한 방정식을 다음과 같이 얻을 수 있다.

$$\frac{d\tau_{x1y1}}{d\theta} = -(\sigma_x - \sigma_y)\cos 2\theta - 2\tau_{xy}\sin 2\theta = 0 \tag{5.6.17}$$

상기 식(5.6.17)로부터 다음과 같은 식을 얻을 수 있다.

$$\tan 2\theta_s = -\frac{\sigma_x - \sigma_y}{2\tau_{xy}} \tag{5.6.18}$$

여기서 θ_s 는 주전단응력면의 회전각을 말한다.

식(5.6.18)로부터 0°에서 360°의 범위 내에서 2개의 각 $2\theta_s$ 가 구해지는데, 이들 두 값은 180°의 차이가 난다. 그러므로 각 θ_p 는 90° 차이가 나는 2개의 값을 가지며, 하나는 0°와 90°, 다른 하나는 90°와 180° 사이에 존재한다. 이들 두 값 중 하나는 최대주전단응력이 되고 다른 하나는 최소주전단응력이 된다. 2개의 각 θ_p 가 90° 차이가 나므로, 주전단응력은 서로 직교하는 평면상에서 발생한다는 사실을 알 수 있다. 또한 서로 직교하는 평면상에서의 전단응력은 그 절대치가 서로 같으므로 최대주전단응력과 최소주전단응력은 단지 부호만 다르다.

한편 식(5.6.18)과 식(5.6.11)을 비교해 보면, 다음과 같은 관계식이 성립된다.

$$\tan 2\theta_s = -\frac{1}{\tan 2\theta_p} = -\cot 2\theta_p \tag{5.6.19}$$

삼각함수로부터 $\tan(\alpha \pm 90^\circ) = -\cot\alpha$ 이므로, 식(5.6.9)는 다음과 같이 나타낼 수 있다.

$$2\theta_s = 2\theta_p \pm 90^\circ \quad 또는 \quad \theta_s = \theta_p \pm 45^\circ \tag{5.6.20}$$

상기 식(5.6.20)으로부터 주전단응력면은 주응력면에서 45°의 위치에 있음을 알 수 있다.

대수적으로 큰 최대주전단응력 $\tau_{\max}$ 의 평면은 θ_{s1} 에 의해서 정의되는데, 이를 위해서 식(5.6.18)과 [그림5.6.4]를 비교해 보면 다음과 같은 관계식을 얻을 수 있다.

$$\cos 2\theta_{s1} = \frac{\tau_{xy}}{R} \quad , \quad \sin 2\theta_{s1} = -\frac{\sigma_x - \sigma_y}{2R}$$

$$\text{여기서,} \quad R = \sqrt{\left(\frac{\sigma_x - \sigma_y}{2}\right)^2 + \tau_{xy}^2} \tag{5.6.21}$$

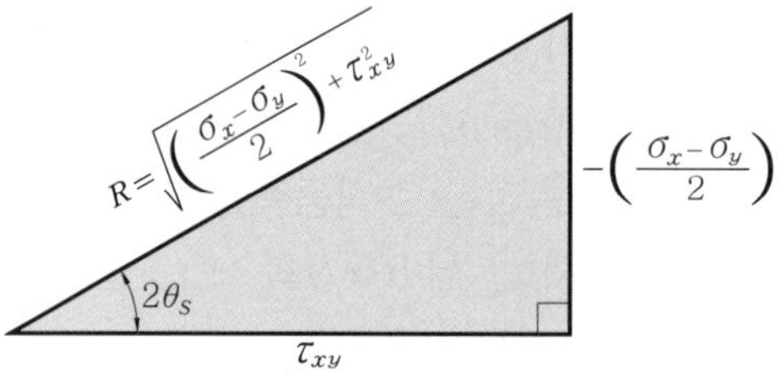

[그림5.6.4] 주전단응력면의 회전각

또한 상기 식(5.6.21)에서의 각 θ_{s1} 은 식(5.6.12)의 각 θ_{p1} 과 비교해 볼 때 다음과 같은 관계가 있다.

$$\theta_{s1} = \theta_{p1} - 45^\circ \tag{5.6.22}$$

따라서 $\cos 2\theta_{s1}$, $\sin 2\theta_{s1}$ 에 대한 식을 식(5.6.7)에 대입하여 τ_{x1y1} 에 대하여 풀면, 최대주전단응력 $\tau_{\max}$ 을 다음과 같이 구할 수 있다.

$$\tau_{\max} = \sqrt{\left(\frac{\sigma_x - \sigma_y}{2}\right)^2 + \tau_{xy}^2} \tag{5.6.23}$$

대수적으로 작은 최소주전단응력 $\tau_{\min}$ 은 상기 식(5.6.23)과 같은 크기를 가지나 부호가 서로 반대이다.

한편 최대주전단응력 $\tau_{\max}$ 에 대한 실용적인 식은 식(5.6.16)에서 주어진 주응력 σ_1 과 σ_2 로부터 구할 수도 있다. σ_1 의 식에서 σ_2 의 식을 빼고 식(5.6.23)과 비교하면 다음과 같이 됨을 알 수 있다.

$$\tau_{\max} = \frac{\sigma_1 - \sigma_2}{2} \tag{5.6.24}$$

상기 식(5.6.24)에서 최대주전단응력은 주응력의 차의 1/2과 같음을 알 수 있다.

최대주전단응력면에는 수직응력이 작용하는데, 이 수직응력은 식(5.6.21)에서 각 θ_{s1} 의 식을 식(5.6.7)에 대입하여 σ_{x1} 에 대하여 풀면 다음과 같이 된다.

$$\sigma_{x1} = \sigma_{aver} = \frac{\sigma_x + \sigma_y}{2} \tag{5.6.25}$$

상기 식(5.6.25)에서 최대주전단응력면에 작용하는 수직응력 σ_{x1} 은 x 면과 y 면에 작용하는 수직응력의 평균치(σ_{aver})임을 알 수 있다. 이 응력은 최대주전단응력면과 최소주전단응력면에 똑같이 작용한다.

◆ ◆ ◆ ◆ ◆ ◆

예제 5.6.3

어떤 요소가 평면응력상태에 있고, 그림과 같은 크기와 방향의 응력을 가질 때, 주응력 $\sigma_{1,2}$ 및 최대주전단응력 $\tau_{\max}$ 을 구하고, 각각의 상태에서의 요소를 도시하시오.

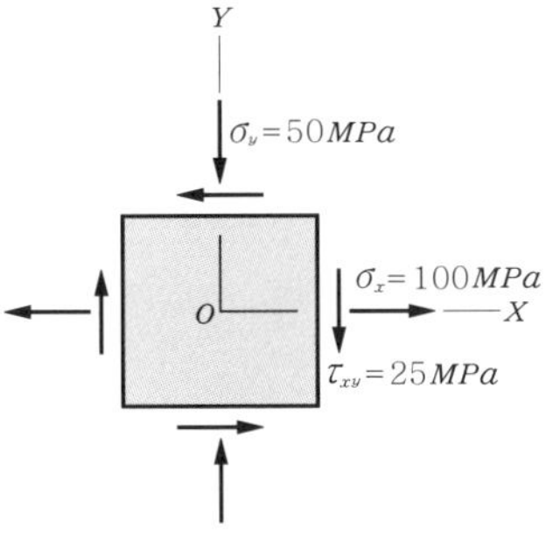

풀이

(1) 요소에 작용하는 응력

$$\sigma_x = 100\,MPa\,,\quad \sigma_y = -50\,MPa\,,\quad \tau_{xy} = -25\,MPa$$

(2) 주응력면의 회전각 θ_p

$$\tan 2\theta_p = \frac{2\tau_{xy}}{\sigma_x - \sigma_y} = \frac{2\times(-25)}{100+50} = -0.33$$

$2\theta_p = 161.6^\circ$ 또는 $2\theta_p = 341.6^\circ$

$\therefore\ \theta_p = 80.8^\circ$ 또는 $\theta_p = 170.8^\circ$

(2) 주응력 $\sigma_{1,2}$

$$\sigma_{1,2} = \frac{\sigma_x+\sigma_y}{2} + \frac{\sigma_x-\sigma_y}{2}\cos 2\theta_p + \tau_{xy}\sin 2\theta_p$$

㉠ $\theta_p = 80.8^\circ$ 일 때의 주응력

$$\begin{aligned}\sigma_{1,2} &= \frac{\sigma_x+\sigma_y}{2} + \frac{\sigma_x-\sigma_y}{2}\cos 2\theta_p + \tau_{xy}\sin 2\theta_p \\ &= \frac{100-50}{2} + \frac{100+50}{2}\cos 161.6^\circ - 25\sin 161.6^\circ \\ &= -54.06\,MPa\end{aligned}$$

㉡ $\theta_p = 170.8^\circ$ 일 때의 주응력

$$\begin{aligned}\sigma_{1,2} &= \frac{\sigma_x+\sigma_y}{2} + \frac{\sigma_x-\sigma_y}{2}\cos 2\theta_p + \tau_{xy}\sin 2\theta_p \\ &= \frac{100-50}{2} + \frac{100+50}{2}\cos 341.6^\circ - 25\sin 341.6^\circ \\ &= 104.06\,MPa\end{aligned}$$

$\therefore\ \sigma_1 = 104.06\,MPa\ (\theta_p = 170.8^\circ),\quad \sigma_2 = -54.06\,MPa\ (\theta_p = 80.8^\circ)$

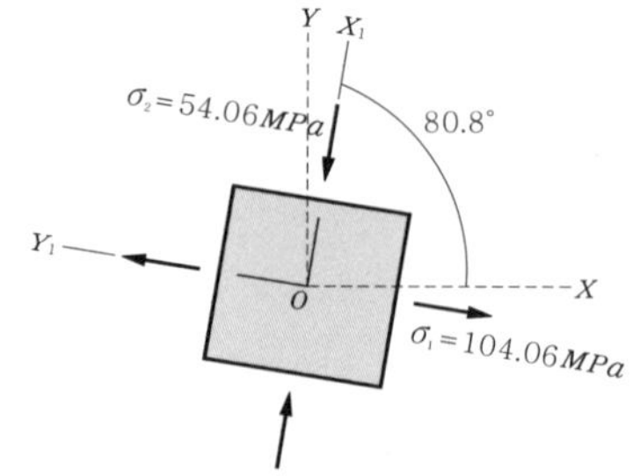

그림(a) 주응력 상태로 회전한 요소

(3) 최대주전단응력 $\tau_{\max}$

㉠ 최대주전단응력 $\tau_{\max}$

$$\tau_{\max} = \sqrt{\left(\frac{\sigma_x - \sigma_y}{2}\right)^2 + \tau_{xy}^2} = \sqrt{\left(\frac{100+50}{2}\right)^2 + (-25)^2} = 79.06\,MPa$$

㉡ 최대주전단응력면의 회전각 θ_s

최대주전단응력면은 최대주응력면에서 시계방향으로 45° 회전한 위치에서 발생한다.

$$\theta_s = \theta_p - 45^\circ = 170.8^\circ - 45^\circ = 125.8^\circ$$

(4) 최대주전단응력면에 작용하는 주응력

$$\sigma_{aver} = \frac{\sigma_x + \sigma_y}{2} = \frac{100-50}{2} = 25\,MPa$$

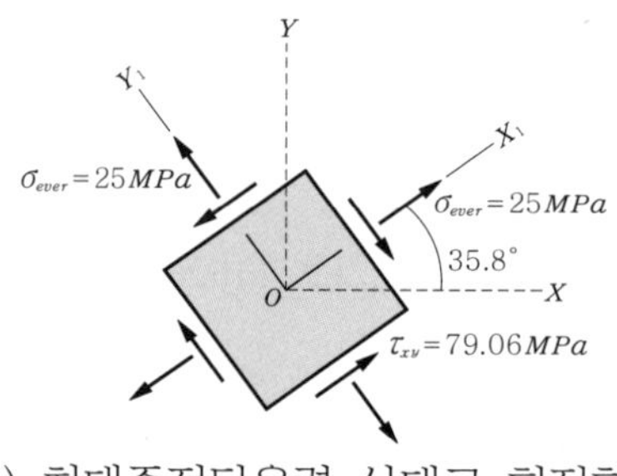

그림(b) 최대주전단응력 상태로 회전한 요소

◆ ◆ ◆ ◆ ◆ ◆

5.6.4 모어의 원 (Mohr's Circle)

1882년 독일의 Otto Mohr에 의하여 처음 제시된 **모어의 원**(Mohr's Circle)은 응력을 받는 물체의 한 점에서 경사진 단면에 작용하는 수직응력과 전단응력 사이의 관계를 도형인 원(Circle)의 형태로 나타낸 것이다. 모어의 원은 식(5.6.7)의 평면응력의 변환공식을 통하여 그릴 수 있는 시각적으로 유용한 도해법이다. 모아의 원을 그리기 위하여 식(5.6.7)을 정리하면 다음과 같다.

$$\sigma_{x1} - \frac{\sigma_x + \sigma_y}{2} = \frac{\sigma_x - \sigma_y}{2}\cos 2\theta + \tau_{xy}\sin 2\theta$$
$$\tau_{x1y1} = -\frac{\sigma_x - \sigma_y}{2}\sin 2\theta + \tau_{xy}\cos 2\theta \qquad (5.6.26)$$

상기 식(5.6.26)은 각 2θ를 변수로 하는 방정식인데, 각 식의 양변을 제곱하고 더하여 변수 2θ를 소거하면 다음과 같은 식이 된다.

$$\left(\sigma_{x1} - \frac{\sigma_x + \sigma_y}{2}\right)^2 + \tau_{x1y1}^2 = \left(\frac{\sigma_x - \sigma_y}{2}\right)^2 + \tau_{xy}^2 \qquad (5.6.27)$$

상기 식(5.6.27)은 앞 절에서 사용하였던 기호를 사용하면, 다음과 같이 간단한 형태로 나타낼 수 있다.

$$(\sigma_{x1} - \sigma_{aver})^2 + \tau_{x1y1}^2 = R^2 \qquad (5.6.28)$$

여기서 $\sigma_{aver} = \dfrac{\sigma_x + \sigma_y}{2}$, $R = \sqrt{\left(\dfrac{\sigma_x - \sigma_y}{2}\right)^2 + \tau_{xy}^2}$ 이다.

결국 상기 식(5.6.28)은 가로 좌표축 σ_{x1}, 세로 좌표축 τ_{x1y1}을 갖는 원(Circle)의 방정식이다. 즉 원은 반지름이 R이고, 원 중심의 좌표는 $(\sigma_{aver}, 0)$이 된다.

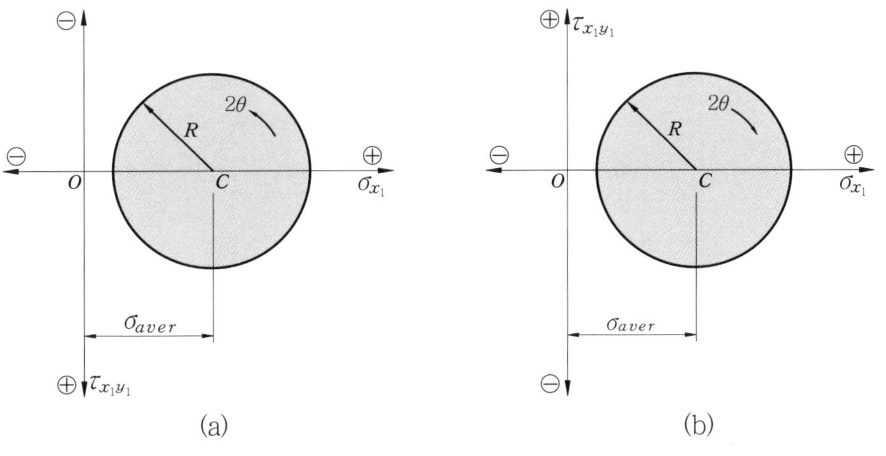

[그림5.6.5] 모어의 원(Mohr's Circle)의 2가지 형태

모아의 원을 그리는 방법은 부호에 따라 2가지 형태로 나눌 수 있다. 첫 번째 형태는 [그림5.6.5](a)와 같이 세로 좌표축인 τ_{x1y1}이 아래 방향일 때를 양(+), 각 2θ가 반시계방향일 때를 양(+)이라 보고 작도하는 것이다.

이에 비하여 두 번째 형태는 그림(b)와 같이 세로 좌표축인 τ_{x1y1}이 위 방향일 때를 양(+), 각 2θ가 시계방향일 때를 양(+)이라 보고 작도한다.

2가지 형태 모두 가로 좌표축인 σ_{x1}은 오른쪽 방향이 양(+)이다.

2가지 형태 중 어느 것을 사용하느냐는 개인적 취향의 문제이지만, 본 교재에서는 첫 번째 형태인 그림(a)을 적용하기로 한다. 이는 [그림5.6.1](c)에서 보는 바와 같이 그 동안 본 교재에서는 응력요소에 대한 각 θ가 반시계방향일 때를 양(+)이라고 정했기 때문에 이에 대한 혼란을 피하기 위해서이다.

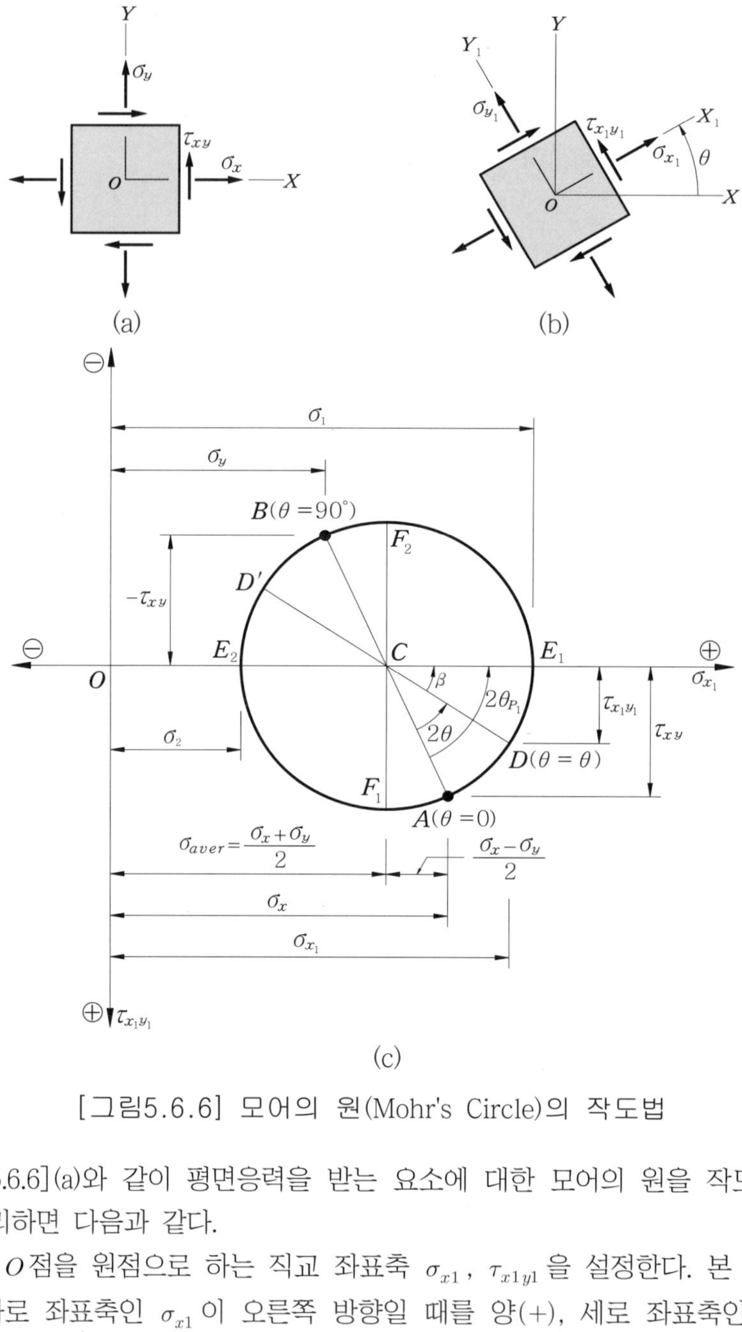

[그림5.6.6] 모어의 원(Mohr's Circle)의 작도법

[그림5.6.6](a)와 같이 평면응력을 받는 요소에 대한 모어의 원을 작도하는 방법을 정리하면 다음과 같다.

① 임의 O점을 원점으로 하는 직교 좌표축 σ_{x1}, τ_{x1y1}을 설정한다. 본 교재에서는 가로 좌표축인 σ_{x1}이 오른쪽 방향일 때를 양(+), 세로 좌표축인 τ_{x1y1}이 아래 방향일 때를 양(+)이라 정한다. ([그림5.6.6](c) 참조)

② 좌표 $\sigma_{x1} = \sigma_{aver}$, $\tau_{x1y1} = 0$에 원의 중심인 점C를 정한다. 여기서 σ_{aver}는 평균수직응력으로, 식(5.6.25)와 같이 $\sigma_{aver} = (\sigma_x + \sigma_y)/2$이다. ([그림5.6.6](c) 참조)

③ 요소의 x 면상에서의 응력상태($\theta = 0$)를 나타내는 원 위의 점A를 정한다. 이 점의 좌표는 $\sigma_{x1} = \sigma_x$, $\tau_{x1y1} = \tau_{xy}$이다. ([그림5.6.6](c) 참조)

④ 요소의 y 면상에서의 응력상태($\theta=90^\circ$)를 나타내는 원 위의 점B를 정한다. 이 점의 좌표는 $\sigma_{x1}=\sigma_y$, $\tau_{x1y1}=-\tau_{xy}$ 인데, 왜냐하면 요소가 $\theta=90^\circ$ 만큼 반시계방향으로 회전했을 때 수직응력 σ_{x1} 은 σ_y 가 되고, 전단응력 τ_{x1y1} 은 τ_{xy} 의 음(−)이 되기 때문이다. 이때 점A와 점B를 잇는 선분AB는 점C를 통과하게 되므로 서로가 90°인 평면 위의 응력을 나타내는 점A와 점B는 직경의 양 끝이 된다. 즉 두 점은 원 위에서 서로 180° 떨어져 있다. ([그림5.6.6](c) 참조)

⑤ 점C가 중심이고, 점A와 점B를 잇는 선분 AB를 지름으로 하는 원을 그린다. 이때 반지름 R은 선분 CA가 되므로, 이 길이를 구해본다.
[그림5.6.6](c)에서 보는 바와 같이 점C와 점A의 가로좌표는 각각 $(\sigma_x+\sigma_y)/2$, σ_x 이므로, 이들 가로 좌표의 차이가 $(\sigma_x-\sigma_y)/2$ 가 된다. 또한 점A의 세로좌표는 τ_{xy} 이다. 따라서 선분 CA는 한 변의 길이가 $(\sigma_x-\sigma_y)/2$ 이고, 이와 직교하는 다른 변의 길이가 τ_{xy} 인 직각삼각형의 빗변의 길이에 해당된다. 이들 두 변의 제곱의 합에 제곱근을 취하면 반지름 R을 구할 수 있다. 여기서 R 값은 식(5.6.12) 및 (5.6.21)과 같다. ([그림5.6.6](c) 참조)

이제는 [그림5.6.6](b)와 같이 X축으로부터 반시계방향으로 각 θ만큼 회전한 요소의 경사면에 작용하는 응력을 구해 보자.

그림(c)의 모어의 원 위에서 점A는 $\theta=0$에 대한 점이기 때문에 반지름 CA로부터 반시계방향으로 각 2θ를 취한다. 각 2θ는 원 위에서 점D를 정하는데, 이 점은 응력요소의 x_1 면에 작용하는 응력을 나타내며 그 좌표는 (σ_{x1}, τ_{x1y1})이 된다. 점D의 좌표가 식(5.6.7)의 평면응력의 변환공식으로부터 구해지는 것을 증명하기 위하여 반지름 CD와 σ_{x1}축 사이의 각도를 β라고 한다. 그러면 그림(c)에서 기하학적 관계로 인하여 다음과 같은 관계식이 성립된다.

$$\sigma_{x1}=\frac{\sigma_x+\sigma_y}{2}+R\cos\beta \quad , \qquad \tau_{x1y1}=R\sin\beta$$
$$\cos(2\theta+\beta)=\frac{\sigma_x-\sigma_y}{R} \quad , \qquad \sin(2\theta+\beta)=\frac{\tau_{xy}}{R} \tag{5.6.29}$$

상기 식(5.6.29)에서 cosine 식과 sine 식을 전개하면 다음과 같다.

$$\cos 2\theta\cos\beta-\sin 2\theta\sin\beta=\frac{\sigma_x-\sigma_y}{2R}$$
$$\sin 2\theta\cos\beta+\cos 2\theta\sin\beta=\frac{\tau_{xy}}{R} \tag{5.6.30}$$

상기 식(5.6.30)에서 첫 번째 식에 $\cos 2\theta$, 두 번째 식에 $\sin 2\theta$를 곱하여 두 식을 더하면 다음과 같다.

$$\cos\beta=\frac{1}{R}\left(\frac{\sigma_x-\sigma_y}{2}\cos 2\theta+\tau_{xy}\sin 2\theta\right) \tag{5.6.31}$$

또한 식(5.6.30)에서 첫 번째 식에 $\sin 2\theta$, 두 번째 식에 $\cos 2\theta$를 곱하여 두 식을 서로 빼면 다음과 같다.

$$\sin\beta = \frac{1}{R}\left(-\frac{\sigma_x - \sigma_y}{2}\sin 2\theta + \tau_{xy}\cos 2\theta\right) \tag{5.6.32}$$

식(5.6.31)의 $\cos\beta$와 식(5.6.32)의 $\sin\beta$를 식(5.6.30)에 대입하면 식(5.6.7)의 평면응력의 변환공식을 얻게 된다. 따라서 각 2θ에 의하여 정해진 모어의 원 위의 점D는 각 θ에 의해서 정의되는 응력요소의 x_1면에서의 응력상태를 나타낸다는 것을 알 수 있다.

[그림5.6.6](c)에서 점D의 지름상의 반대편에 있는 점D'는 점D에 대한 각 2θ보다 180°가 크다. 그러므로 점D'는 점D에 나타내어지는 면으로부터 90° 떨어진 응력요소의 면의 응력을 나타낸다. 따라서 점D'는 y_1면상의 응력을 나타낸다.

[그림5.6.6](b)에서 응력요소를 반시계방향으로 각 θ만큼 회전시키면, x_1면에 대응하는 모어의 원 위의 점은 반시계방향으로 각 2θ만큼 회전한다. 같은 방법으로 요소를 시계방향으로 각 θ만큼 회전시키면, 모아의 원 위의 점은 시계방향으로 각 2θ만큼 회전한다. 모어의 원 위에서 점E_1에서 수직응력은 대수적으로 최대값을 가지고, 전단응력은 '0' 이 된다. 따라서 점E_1은 주응력면이 된다. 원의 기하학적 관계로부터 최대주응력은 다음과 같다.

$$\sigma_1 = \overline{OC} + \overline{CE_1} = \frac{\sigma_x + \sigma_y}{2} + R \tag{5.6.33}$$

상기 식(5.6.33)에 R에 대한 식(5.6.12) 및 (5.6.21)을 대입하면 식(5.6.16)과 일치하게 됨을 알 수 있다. 같은 방법으로 σ_2에 대한 식을 증명할 수도 있다.

X축과 최대주응력에 대한 평면 사이의 각 θ_{p1}은 모어의 원 위에서 반지름 CA와 CE_1 사이의 각 $2\theta_{p1}$의 1/2 이다. 각 $2\theta_{p1}$의 cosine과 sine은 원의 기하학적 관계로부터 다음과 같이 구할 수 있다.

$$\cos 2\theta_{p1} = \frac{\sigma_x - \sigma_y}{2R}, \qquad \sin 2\theta_{p1} = \frac{\tau_{xy}}{R} \tag{5.6.34}$$

상기 식(5.6.34)는 식(5.6.12)와 일치함을 알 수 있다. 또 다른 최소주응력면의 각 $2\theta_{p2}$는 $2\theta_{p1}$보다 180° 크므로, $\theta_{p2} = \theta_{p1} + 90°$가 된다.

한편 모어의 원에서 최대 및 최소주전단응력면을 나타내는 점F_1과 F_2는 E_1과 E_2로부터 90° 떨어진 곳에 위치한다. 그러므로 5.6.3절에서 배웠듯이 주전단응력면은 주응력면에서 45°의 위치에 있다. 그리고 모어의 원에서 최대주전단응력은 수치적으로 원의 반경 R과 같다. 또한 모어의 원에서 최대주전단응력면에 작용하는 수직응력은 평균수직응력인 점C의 가로좌표와 같음을 알 수 있다.

앞에서는 모어의 원으로부터 주응력과 주전단응력을 구하였으나, 이 밖에도 모어의 원을 이용하여 경사단면에 작용하는 응력을 구할 수 있다. [그림5.6.6]에서는 σ_x와 σ_y가 모두 양(+)인 경우에 대한 것이지만, 이들의 부호가 다르더라도 똑같은 과정을 거치면 되며, $\theta=0$인 점을 나타내는 점 A는 σ_x, σ_y, τ_{xy}의 값에 따라 원둘레의 어느 곳에나 위치할 수 있다. 그러나 각 2θ는 점 A의 위치에 관계없이 항상 반지름 CA로부터 반시계방향으로 측정해 나가야 한다.

한편 모어의 원을 거꾸로 이용할 수도 있다. 즉 회전각 θ와 회전한 요소에 작용하는 응력 σ_{x1}, σ_{y1}, τ_{x1y1}을 알고 있다면, 모어의 원을 그려 $\theta=0$에 대한 응력 σ_x, σ_y, τ_{xy}를 구할 수 있다. 알고 있는 응력들로부터 점 D와 D'를 결정하고, 선분 DD'를 직경으로 하는 원을 그린다. 다음 반지름 CD로부터 반시계방향이 아닌 시계방향으로 각 2θ만큼 회전하여 요소의 x면에 대응하는 점 A를 구한다. 그 다음에 점 A로부터 지름의 반대편 점 B를 구한다. 마지막으로 $\theta=0$인 요소의 모든 면에 작용하는 응력을 구하기 위하여 점 A와 B의 좌표를 사용한다.

모어의 원은 축척을 이용하여 작도하고 그것을 이용하여 임의 경사단면의 응력을 구할 수도 있으나, 삼각함수와 원의 기하학적 성질을 이용하여 수치적으로 구하는 것이 좋다.

◆ ◆ ◆ ◆ ◆ ◆

예제 5.6.4

어떤 요소가 평면응력상태에 있고, 그림과 같은 크기와 방향의 응력을 가질 때, 모어의 원을 이용하여 ① 주응력 $\sigma_{1,2}$, ② 최대주전단응력 $\tau_{\max}$, ③ 시계방향으로 30° 회전된 요소에 작용하는 응력을 구하시오.

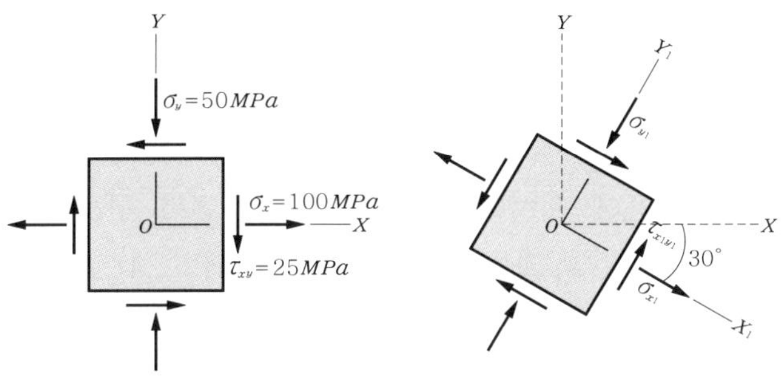

풀이

(1) 모어의 원 작도

풀이의 첫단계는 σ_{x1}은 오른쪽을 양(+)으로, τ_{x1y1}은 아래를 양(+)으로 취하는 모어의 원에 대한 축을 구성하는 것이다. 그리고 원의 중심 C는 σ_{x1}이 평균수직응력 σ_{aver}과 같은 점에서의 σ_{x1}축 위에 위치한다.

$$\sigma_{aver}=\frac{\sigma_x+\sigma_y}{2}=\frac{100-50}{2}=25\,MPa$$

이 요소의 x면($\theta=0$) 위의 응력을 표시하는 점 A는 다음과 같은 좌표를 갖는다.

$\sigma_{x1} = \sigma_x = 100\,MPa\,, \qquad \tau_{x1y1} = \tau_{xy} = -25\,MPa$

마찬가지로 y 면($\theta = 90^\circ$) 위의 응력을 표시하는 점 B 의 좌표는 다음과 같다.

$\sigma_{x1} = \sigma_y = -50\,MPa\,, \qquad \tau_{x1y1} = -\tau_{xy} = 25\,MPa$

이제 점 C 를 중심으로 하여 점 A 와 B 를 지나는 원이 그려지며 다음 식으로부터 원의 반지름을 구한다.

$$R = \sqrt{\left(\frac{\sigma_x - \sigma_y}{2}\right)^2 + \tau_{xy}^2} = \sqrt{\left(\frac{100+50}{2}\right)^2 + (-25)^2} = 79.06\,MPa$$

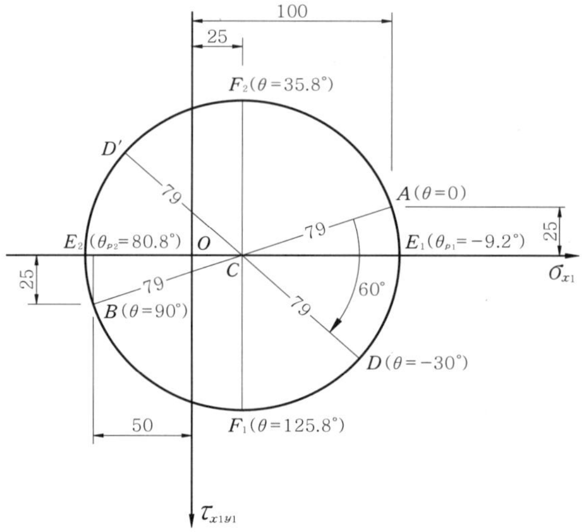

그림(a) 모어의 원 작도

(2) 시계방향으로 30° 회전한 요소에 작용하는 응력

시계방향으로 30° 회전한 요소에 작용하는 응력은 점 A 로부터 $2\theta = -60^\circ$ 되는 점 D 의 좌표에 의하여 주어진다. 이 좌표를 구하기 위하여 선 $\overline{CD}$ 와 σ_{x1} 축 사이의 $\angle DCE_1$ 과 선 $\overline{CA}$ 와 σ_{x1} 사이의 $\angle ACE_1$ 을 알아야 한다. 이 각들은 원의 기하학적 관계로부터 다음과 같이 구해진다.

$$\tan(\angle ACE_1) = \frac{25}{75} = 0.33 \qquad \therefore\ \angle ACE_1 = 18.4^\circ$$

$$\angle DCE_1 = 60^\circ - \angle ACE_1 \qquad \therefore\ \angle DCE_1 = 41.6^\circ$$

이 각들을 앎으로써 그림으로부터 직접 점 D 의 좌표를 구할 수 있다.

$\sigma_{x1} = 25 + 79.06\cos 41.6^\circ = 84.15\,MPa$

$\tau_{x1y1} = 79.06\sin 41.6^\circ = 52.45\,MPa$

유사한 방법으로 D' 에 의하여 나타내어지는 응력을 구할 수 있다. 이 점 D' 은 $\theta = 60^\circ$ ($2\theta = 120^\circ$)만큼 회전된 평면에 대응되는 점이다.

$\sigma_{x1} = 25 - 79.06\cos 41.6^\circ = -34.15\,MPa$

$\tau_{x1y1} = -79.06\sin 41.6^\circ = -52.45\,MPa$

(3) 주응력 $\sigma_{1,2}$

주응력 $\sigma_{1,2}$ 은 모어의 원 위의 점 E_1 과 E_2 에 의하여 나타내어진다.

$$\sigma_1 = 25 + 79.06 = 104.06\,MPa$$

$$\sigma_2 = 25 - 79.06 = -54.06\,MPa$$

점 A 로부터 점 E_1 까지의 $2\theta_{p1}$ 은 모어의 원 상의 $\angle ACE_1$ 이다.

$$\angle ACE_1 = 2\theta_{p1} = -18.4^\circ \qquad \therefore\ \theta_{p1} = -9.2^\circ$$

$$\theta_{p2} = \theta_{p1} + 90^\circ = 80.8^\circ \qquad \therefore\ \theta_{p2} = 80.8^\circ$$

(4) 최대주전단응력 $\tau_{\max}$

최대주전단응력 $\tau_{\max}$ 은 모어의 원에서 점 F_1 과 F_2 로 표시된다.

$$\tau_{\max} = 79.06\,MPa$$

$$\angle ACF_1 = 2\theta_{s1} = 251.6^\circ \qquad \therefore\ \theta_{s1} = 125.8^\circ$$

$$\angle ACF_2 = 2\theta_{s2} = 71.6^\circ \qquad \therefore\ \theta_{s2} = 35.8^\circ$$

◆ ◆ ◆ ◆ ◆ ◆

5.6.5 보의 주응력

앞에서 배웠듯이 보의 임의 점에 작용하는 수직응력은 휨공식 $\sigma = My/I$ 를 통하여 구할 수 있고, 전단응력은 전단공식 $\tau = VS/Ib$ 를 통하여 구할 수 있다.

휨공식은 순수 휨상태에서 유도된 것으로, 수직응력은 보의 단면의 중립축에서 '0' 이고, 중립축에서 가장 멀리 떨어진 위치인 단면의 최상단 및 최하단에서 최대가 된다.

한편 전단공식은 보통 보의 단면의 중립축에서 최대가 되고, 중립축에서 가장 멀리 떨어진 위치인 단면의 최상단 및 최하단에서 '0' 이 된다.

그런데 대부분의 경우 이들 휨공식($\sigma = My/I$)과 전단공식($\tau = VS/Ib$)은 보의 설계에 필요한 응력을 산정하기 위한 실용적인 식들이다.

그러나 실제로 보는 임의 점에서 휨응력과 전단응력이 동시에 발생하는 경우가 대부분이며, 어떤 비균일 휨의 경우에는 전단력의 존재가 단면의 뒤틀림(Warping) 또는 면외변형(Out-of-Distortion)을 일으킬 수도 있다. 이와 같은 경우에는 보의 주응력 및 주전단응력에 대한 좀 더 상세한 검토가 필요하게 된다.

보의 경우, 일반적으로 부재축에 수직한 방향의 수직응력 σ_y 는 존재하지 않으므로, 주응력 방향은 식(5.6.11)로부터 다음과 같다.

$$\tan 2\theta_p = \frac{2\tau_{xy}}{\sigma_x} \tag{5.6.35}$$

그리고 주응력의 크기는 식(5.6.16)으로부터 다음과 같다.

$$\sigma_{1,2} = \frac{\sigma_x}{2} \pm \sqrt{\left(\frac{\sigma_x}{2}\right)^2 + \tau_{xy}^2} \qquad (5.6.36)$$

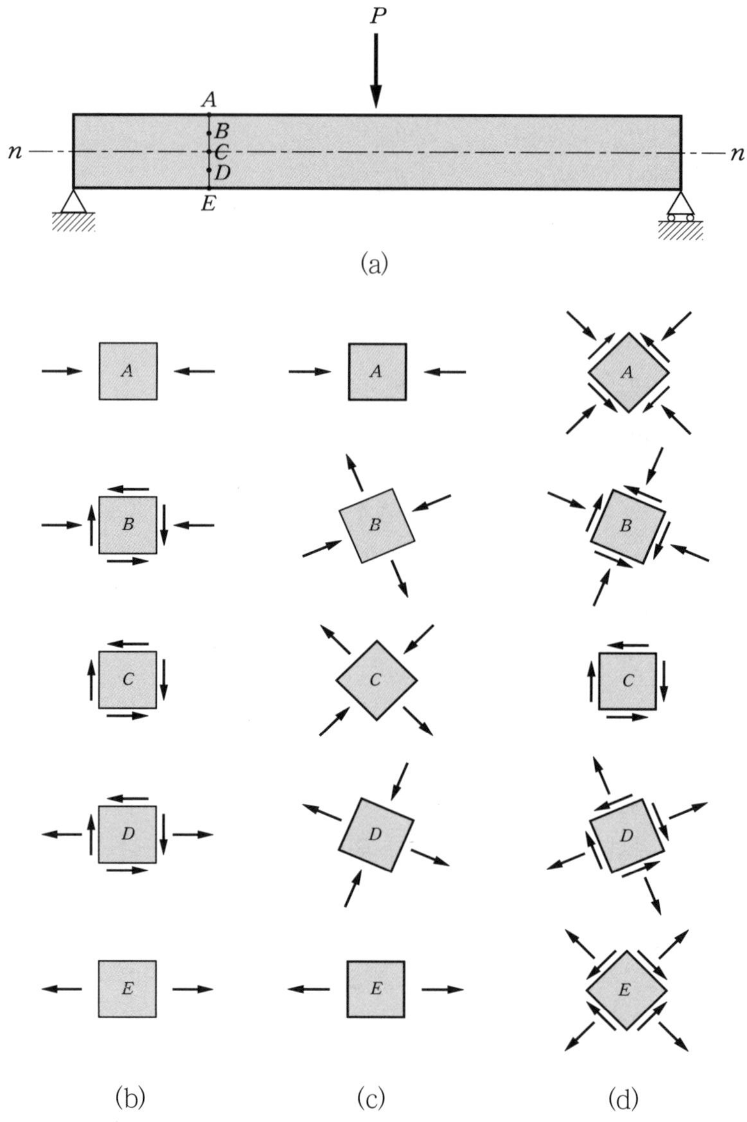

[그림5.6.7] 직사각형 단면 보에서의 응력

보의 주응력이 어떻게 변화하는지 고찰하기 위해서 [그림5.6.7]과 같은 직사각형 단면의 보의 응력을 살펴보도록 한다.

[그림5.6.7](a)에서 점 A, B, C, D, E의 표시된 5개의 점에 해당하는 응력상태를 알아본다. 점 A와 E는 보의 윗면과 아랫면에 위치하고, 점C는 보의 중립축에 위치한다. 또한 점B는 점 A와 C의 중간에, 점D는 점 C와 E의 중간에 위치한다. 이들 각 점에서의 수직면과 수평면에 작용하는 수직응력과 전단응력을 나타낸 것이 그림(b)이다. 그림(b)에서 보의 응력상태를 살펴보면, 보의 윗면인

점A와 아랫면인 점E는 1축응력이고, 중립축 위치인 점C는 순수전단이다. 나머지 점 B와 D는 수직응력과 전단응력이 함께 작용한다. 한편 그림(b)의 요소에 대한 주응력은 식(5.6.35)와 식(5.6.36)을 통하거나 모어의 원을 이용하여 구할 수 있다. 그림(c)는 각 요소별 주응력의 방향을, 그림(d)는 각 요소별 주전단응력을 보여주고 있다. 그림(c)에서 주응력이 어떻게 변화하는지를 살펴보면, 점A에서 수평이던 압축응력은 아래 요소로 내려옴에 따라 점점 세워지는데, 점C에서는 중립축에 45° 경사지게 작용한다. 이러한 응력의 크기는 보의 윗면인 점A와 아랫면인 점E 사이에서 연속적으로 변한다. 이 응력들 중 대수적으로 최대압축응력은 보통 점A에서 발생하지만, 춤이 큰 보와 같은 경우에는 B와 같은 점에서도 일어날 수 있음에 유의하여야 한다. 또한 그림(c)에서 점A에서 점E로 이동함에 따라 변화하는 인장주응력도 유사한 거동을 하고 있음을 알 수 있다. 이와 같이 보의 휨응력과 전단응력에 의한 주응력을 조사하여 그 방향을 선으로 연결한 것을 **주응력선**(主應力線, Principal Stress Line) 또는 **주응력궤적**(主應力軌跡, Principal Stress Trajectories)이라고 한다. [그림5.6.8]은 등분포하중을 받는 직사각형 단면을 가진 단순보의 주응력선을 보여주고 있다. 그림에서 실선은 인장주응력을, 점선은 압축주응력을 나타낸다. 그림에서 인장주응력선과 압축주응력선은 어느 점에서나 90°로 교차하고 있으며, 중립축에서는 두 주응력선이 중립축과 45°를 유지하고 있음을 알 수 있다. 또한 전단응력이 '0' 인 보의 상부 면과 하부 면에서 주응력선은 수평 또는 수직이 된다.

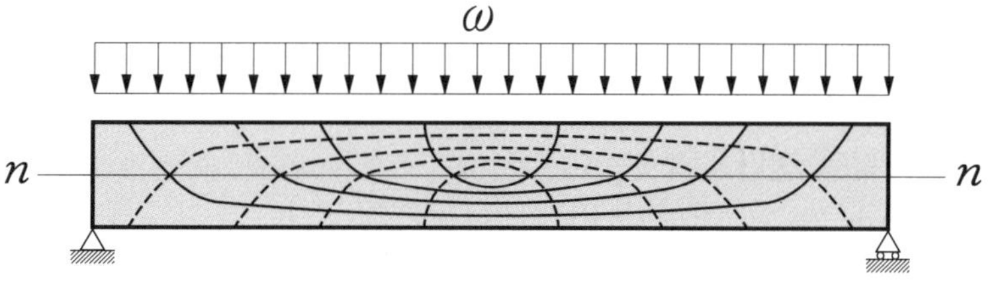

[그림5.6.8] 등분포하중을 받는 단순보의 주응력선

보의 주응력선을 보면, 과응력으로 인한 철근콘크리트 보의 휨압축파괴나 균열 등을 예측할 수 있다. [그림5.6.8]이 철근콘크리트 보인 경우, 균열은 인장응력의 수직방향으로 생기므로, 보 중앙에는 균열이 부재축방향에 수직하게 하단에 생기며, 단부에서는 45° 방향으로 보 중앙에 생긴다.

일반적으로 보의 주응력 및 주전단응력에 대한 검토가 필요한 경우는 다음과 같다.

① 경간이 짧은 보에서 휨모멘트가 작고 전단력이 큰 경우
② 캔틸레버 보와 같이 한 곳에서 휨모멘트와 전단력의 최대값이 동시에 생기는 경우
③ H형강이나 I형강 보에서 플랜지(Flange)와 웨브(Web)의 경계면에서의 주응력이 단면 최연단에 발생하는 응력보다 클 경우
④ 필렛(Fillet)이나 구멍 가까이에 높은 응력이 발생하는 경우

◆ ◆ ◆ ◆ ◆ ◆

예제 5.6.5

다음과 같이 캔틸레버 보의 자유단에 $100kN$의 집중하중이 작용하고 있고 단면이 그림(a)와 같을 때, 자유단으로부터 $200mm$ 떨어진 위치의 A점에서의 주응력 $\sigma_{1,2}$ 및 최대주전단응력 τ_{max}을 구하시오.

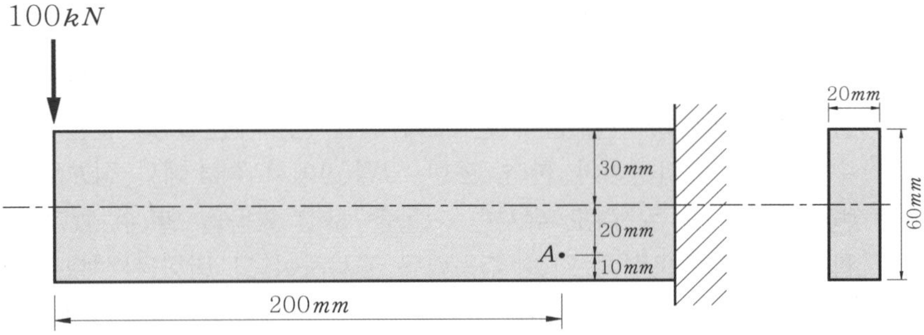

그림(a)

풀이

(1) A점에서의 수직응력 σ_A 및 전단응력 τ_A

㉠ A점에서의 수직응력 σ_A

$$I = \frac{bh^3}{12} = \frac{20\times 60^3}{12} = 3.6\times 10^5 mm^4$$

$$M_A = -PL = -100\times 10^3 \times 200 = -2\times 10^7 N\cdot mm$$

$$\sigma_A = \frac{M_A}{I}y = \frac{-2\times 10^7}{3.6\times 10^5}\times 20 = -1111.11 MPa$$

㉡ A점에서의 전단응력 τ_A

$$S = \int_A y\,dA = b\int_y y\,dy = \frac{b}{2}\left[y^2\right]_{y_1}^{h/2} = \frac{20}{2}\left(\frac{60^2}{4}-20^2\right) = 5\times 10^3 mm^3$$

$$V_A = -P = -100\times 10^3 = -10^5 N\cdot mm$$

$$\tau_A = \frac{V_A S}{Ib} = \frac{-10^5\times 5\times 10^3}{3.6\times 10^5\times 20} = -69.44 MPa$$

(2) A점에서의 주응력 $\sigma_{1,2}$ 및 최대주전단응력 τ_{max}

$$\sigma_{1,2} = \frac{\sigma_A}{2} \pm \sqrt{\left(\frac{\sigma_A}{2}\right)^2 + \tau_A^2} = \frac{-1111.11}{2} \pm \sqrt{\left(\frac{-1111.11}{2}\right)^2 + (-69.44)^2}$$

$$\therefore\ \sigma_1 = 4.32 MPa,\quad \sigma_2 = -1115.43 MPa$$

$$\tau_{max} = \frac{\sigma_1 - \sigma_2}{2} = \frac{4.32 + 1115.43}{2} = 559.88 MPa$$

◆ ◆ ◆ ◆ ◆ ◆

◈ 연 습 문 제 ◈

5.6.1 어떤 요소가 평면응력상태에 있고, 그림과 같은 크기와 방향의 응력을 가질 때, 모어의 원을 이용하여 최대주전단응력 $\tau_{\max}$ 와 반시계방향으로 30° 회전된 요소에 작용하는 응력을 구하시오.

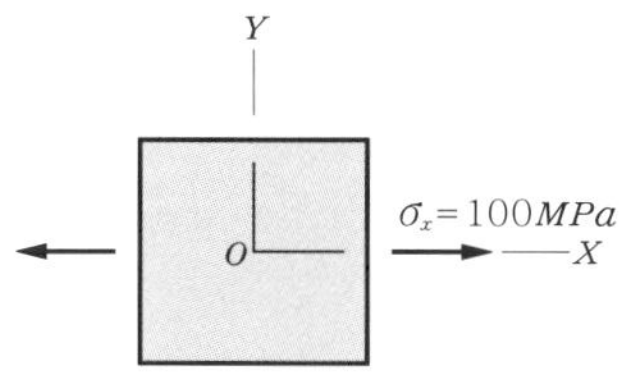

5.6.2 어떤 요소가 평면응력상태에 있고, 그림과 같은 크기와 방향의 응력을 가질 때, 모어의 원을 이용하여 주응력 $\sigma_{1,2}$ 와 반시계방향으로 30° 회전된 요소에 작용하는 응력을 구하시오.

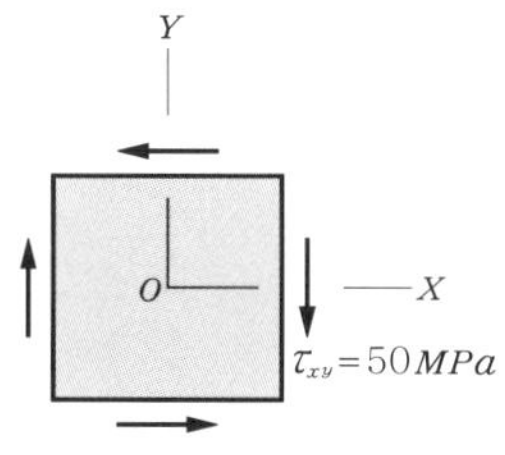

5.6.3 어떤 요소가 평면응력상태에 있고, 그림과 같은 크기와 방향의 응력을 가질 때, 모어의 원을 이용하여 최대주전단응력 $\tau_{\max}$ 와 반시계방향으로 30° 회전된 요소에 작용하는 응력을 구하시오.

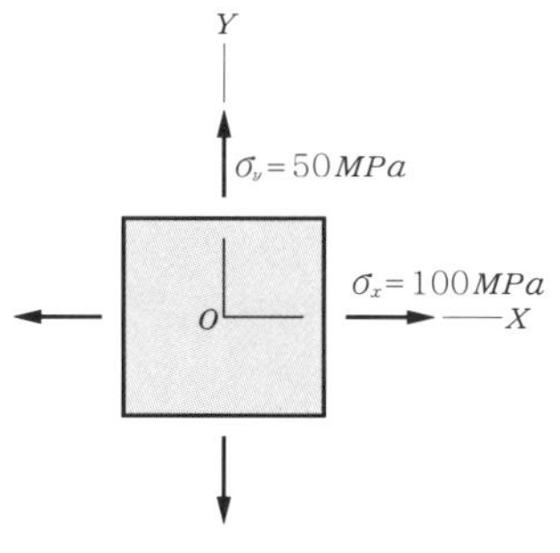

CHAPTER 6

제 6 장 기 둥

6.1 개 요

기둥(Column)은 지붕, 바닥, 보 등의 상부하중을 지탱하는 수직부재로, 주로 축방향의 압축력을 받는 직선부재를 말한다. 기둥은 부재축에 일치하는 압축력만을 받아 부재의 단면에 균일한 압축응력만이 작용하는 **중심 축하중**(Concentric Axial Load)을 받는 기둥과 압축력이 부재축에 일치하지 않고 편심으로 작용하거나, 라멘의 기둥이나 축방향 압축력과 동시에 가로방향의 하중을 받는 기둥과 같이 축방향 압축력과 함께 부재에 휨모멘트가 작용하는 **편심 축하중**(Eccentric Axial Load)을 받는 기둥으로 분류할 수 있다.

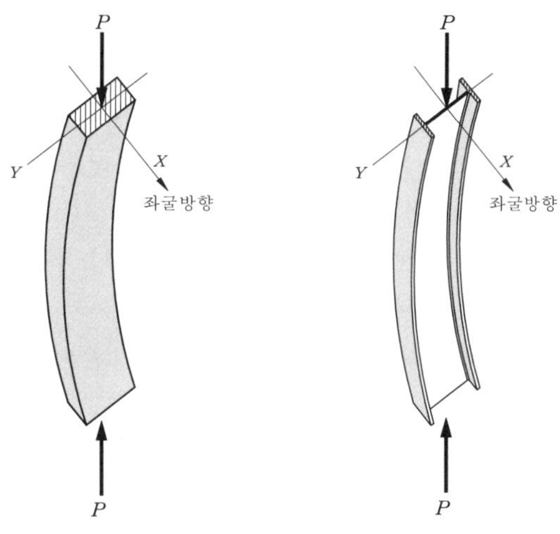

[그림6.1.1] 기둥의 좌굴

또한 기둥은 단주, 중주, 장주 3가지로 나누기도 하는데, 단주는 비교적 단면이 굵고 길이가 짧은 기둥을, 장주는 단면이 비교적 작고 길이가 긴 기둥을 말하며, 중주는 단주와 장주의 중간에 해당하는 기둥을 말한다.

기둥은 중심 축하중이 점점 증가함에 따라 길이의 압축변형과 함께 단면에 생기는 압축응력도 증가한다. 이때 기둥에 생기는 압축응력이 어떤 한계값(항복응력, 극한응력 등)을 넘어서 비로소 압축파괴가 일어나는 기둥을 **단주**(短柱, Short Column)라고 한다.

이에 대하여 **장주**(長柱, Long Column)는 중심 축하중에 따른 압축응력이 단주의 한계값(항복응력, 극한응력 등)에 비하여 낮은 응력상태임에도 불구하고 그 기둥 고유의 임계값에 도달하면 [그림6.1.1]에서 보는 바와 같이 기둥이 갑자기 부재축에 직각방향으로 변위가 생겨 휘어지면서 파괴된다. 이러한 현상을 **좌굴**(挫屈, Buckling)이라고 한다. 이때 좌굴방향은 모든 방향으로 기둥의 유효길이가 같다면 [그림6.1.1]에서와 같이 단면2차모멘트가 최소인 축의 직각방향이다.

여기서 기둥의 좌굴을 일으키는 임계의 하중을 **좌굴하중**(挫屈荷重, Buckling Load) 또는 **임계하중**(臨界荷重, Critical Load)이라고 한다.

또한 좌굴에 의해서 파괴되는 장주는 좌굴시 그 응력이 비례한도 σ_p보다 작으므로 **탄성좌굴**(彈性荷重, Elastic Buckling)이라고도 한다.

수학자인 오일러(Leonhard Euler, 1707~1783)는 1744년에 탄성이론을 근거로 하여 중심 축하중을 받는 장주의 좌굴하중 공식을 유도하였는데, 이를 **오일러의 공식**(Euler's Formula)이라고 한다.

압축부재의 좌굴현상은 여러 가지 원인으로 일어나는데, 실질적으로 부재의 재질은 완전히 균질하지 않다는 것과 실제 부재축과 압축력의 작용선이 완전히 일치하지 않는다는 것도 이들 원인에 포함된다.

현실적으로 대부분의 기둥은 단주와 장주 사이의 범위인 **중주**(中柱, Medium Column)에 속하게 되는데, 중주의 좌굴은 비례한도 σ_p보다 큰 응력에서 파괴되므로 **비탄성좌굴**(非彈性荷重, Inelastic Buckling)이라고 한다. 중주에 속하는 비탄성좌굴이론은 오일러의 공식을 적용할 수 없으므로 실용상 실험결과에 근거로 한 여러 가지 실험공식이 여러 학자들에 의하여 제안되어 사용되고 있다.

실제 여러 구조설계기준에서는 단주와 중주를 하나로 묶어 최대응력을 표현할 수 있는 실험공식으로 나타내어 사용하는 경우가 대부분이다.

허용응력설계법에서는 이들 최대응력을 설계기준에서 규정하는 안전율로 나누어 기둥의 허용압축응력으로 사용한다.

학자에 따라 기둥의 분류를 단주와 장주 2가지로 나누어, 중주는 단주의 범주에 속하게 하기도 하므로 이에 유의하여야 한다.

기둥이 굵다, 가늘다 하는 단주와 장주 또는 중주의 구분은 부재의 길이와 단면형상에 관계되는 것으로, 이들을 객관적으로 구분하기 위하여 사용하는 것이 **세장비**(細長比, Slenderness Ratio)이다. 세장비 λ는 다음과 같이 정의한다.

$$\lambda = \frac{l}{r} \tag{6.1.1}$$

여기서 l은 부재의 유효길이를, r은 단면2차반경을 나타낸다.

식(6.1.1)에서 세장비 λ는 부재의 길이에 비례하고 단면2차반경에 반비례함을 알 수 있는데, 단주와 장주는 세장비의 값에 따라 구별되며, 그 값은 부재의 재료에 따라 다르다. 단면2차반경 r은 주축에 따른 단면의 방향에 따라 각기 다른 값을 가질 수 있는데, 모든 방향에서 기둥의 유효길이 l이 같은 경우 단면의 최소단면2차반경 $r_{\min}$을 사용하여 $l/r_{\min}$을 세장비 λ라고 한다.

◆ ◆ ◆ ◆ ◆ ◆ ◆

예제 6.1.1

단면이 $b \times h = 20\,cm \times 30\,cm$ 이고, 유효길이가 $5.5\,m$ 인 기둥의 세장비 λ를 구하시오.

풀이

기둥의 세장비 $\lambda = l/r_{\min}$ 에서 l은 기둥의 유효길이, $r_{\min}$은 단면의 최소2차반경이다.

최소2차반경 $r_{\min} = \sqrt{\dfrac{I_{\min}}{A}}$ 에서

$I_{\min} = I_y = \dfrac{hb^3}{12} = \dfrac{30 \times 20^3}{12} = 20000\,cm^4$, $A = 20 \times 30 = 600\,cm^2$ 이므로

$$r_{\min} = \sqrt{\frac{I_{\min}}{A}} = \sqrt{\frac{20000}{600}} = 5.77\,cm$$

$$\therefore\ \lambda = \frac{l}{r_{\min}} = \frac{550}{5.77} = 95.26$$

예제 6.1.2

다음 그림과 같이 유효길이 $l_{kx} = 6\,m$, $l_{ky} = 3\,m$ 인 H형강 기둥의 세장비 λ를 구하시오. (여기서 H형강의 단면적은 $A = 32.68\,cm^2$, x 축의 단면2차모멘트는 $I_x = 3540\,cm^4$, y 축의 단면2차모멘트는 $I_y = 255\,cm^4$ 이다.)

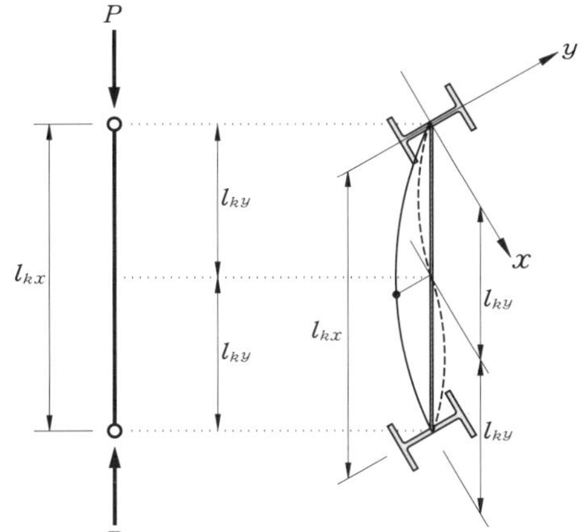

풀이

기둥의 세장비 $\lambda = \frac{l}{r}$ 에서

x축의 세장비 $\lambda_x = \frac{l_{kx}}{r_x}$ 이고, y 축의 세장비 $\lambda_y = \frac{l_{ky}}{r_y}$ 이다.

한편 x , y 축에 대한 단면2차반경 r_x , r_y 는 각각 다음과 같다.

$r_x = \sqrt{\frac{I_x}{A}} = \sqrt{\frac{3540}{32.68}} = 10.41\,cm$, $r_y = \sqrt{\frac{I_y}{A}} = \sqrt{\frac{255}{32.68}} = 2.79\,cm$ 이므로

x축의 세장비 $\lambda_x = \frac{l_{kx}}{r_x} = \frac{600}{10.41} = 57.65$

y축의 세장비 $\lambda_y = \frac{l_{ky}}{r_y} = \frac{300}{2.79} = 107.4$

$\therefore\ \lambda_x < \lambda_y$ 이므로 H형강 기둥의 세장비 $\lambda = \lambda_y = 107.4$ 이다.

※ 본 예제의 기둥이 좌굴한다면 좌굴방향은 세장비가 큰 『y축에 대하여』, 다른 말로 『y축의 직각방향』, 『x축방향』이다.

◆ ◆ ◆ ◆ ◆ ◆

◈ 연 습 문 제 ◈

6.1.1 모든 방향의 유효길이가 같을 때, 장주의 좌굴방향을 구하시오.

① 최대 주축과 같은 방향　　② 최소 주축과 같은 방향
③ 최대 주축과 직각방향　　④ 최소 주축의 $45°$ 방향

6.1.2 지름 d인 원형 기둥의 유효길이가 $10d$일 때, 이 기둥의 세장비를 구하시오.

① 20　② 30　③ 40　④ 50

6.1.3 다음과 같이 가운데가 비어 있는 직사각형 기둥의 유효길이가 $10m$일 때, 이 기둥의 세장비를 구하시오.

① 150.8
② 172.5
③ 190.3
④ 217.4

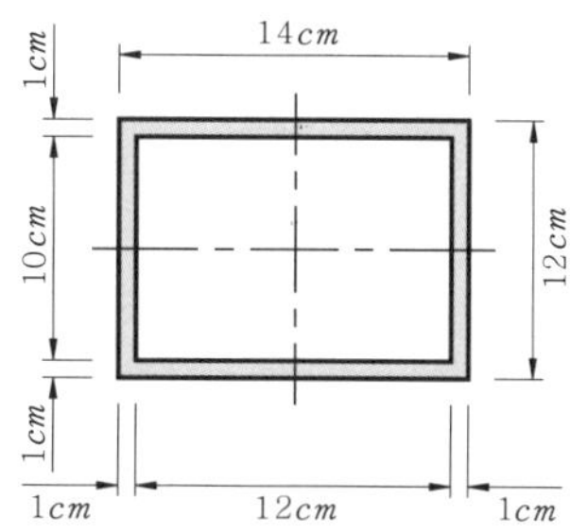

6.1.4 다음 그림과 같은 원통형 기둥의 유효길이가 $20m$일 때, 이 기둥의 세장비를 구하시오.

① 120.5
② 148.7
③ 158.6
④ 170.2

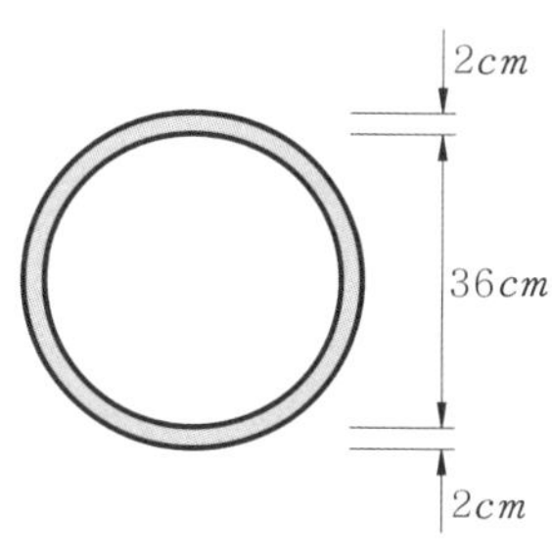

6.2 축하중 및 휨모멘트를 받는 단주

앞에서 설명한 바와 같이 단주(短柱, Short Column)는 비교적 단면이 굵고 길이가 짧은 기둥으로, 중심 축하중에 대하여 단면 내에 일어나는 평균수직응력이 재료의 어떤 한계값(탄성한계, 항복응력, 극한응력 등)을 넘음으로써 압축파괴 또는 좌굴이 일어나는 기둥을 지칭한다.

실질적으로 기둥은 오직 압축력만 받는 경우는 드물며, 대부분 압축력과 더불어 휨모멘트와 전단력이 작용하고, 때로는 인장력과 비틀림이 작용하기도 한다. 여기서는 축하중 및 휨모멘트를 받는 단주에 대하여 살펴보도록 한다.

6.2.1 중심 축하중을 받는 단주

3.3절의 축하중 부재에서 이미 배웠듯이, 중심 축하중만을 받는 단주의 압축응력 σ_c는 단면에 균일하게 분포한다고 가정됨으로 다음과 같은 식으로 나타낼 수 있다.

$$\sigma_c = -\frac{P}{A} \tag{6.2.1}$$

여기서 P는 축방향 압축력을, A는 기둥의 단면적을 나타낸다. 식(6.2.1)에서 음(−)의 부호는 압축력에 대한 압축응력임을 나타내고 있으며, 이는 앞 절에서의 부호규약과 동일하다.

중심 축하중을 받는 단주는 3.3절의 축하중 부재에서 자세히 다루었으므로 여기서는 더 이상 설명하지 않는다.

6.2.2 휨모멘트가 작용하는 단주

단주는 축하중과 더불어 편심하중이나 기둥에서 전달되는 휨모멘트로 인하여 부재 내에 휨모멘트를 받게 된다. 따라서 여기서는 축하중과 함께 휨모멘트를 받는 단주의 수직응력에 대한 조합응력에 대하여 살펴보도록 한다.

가. 1축 휨모멘트가 작용하는 단주

[그림6.2.1](a)는 직사각형의 단면을 가진 단주에 편심하중 P가 X축 위에 도심(G)로부터 오른쪽으로 편심거리 e 만큼 떨어진 곳에 작용하는 경우이다.

[그림6.2.1](a)와 같이 편심하중 P가 작용하는 경우는 그림(b)와 같이 나타낼 수 있는데, 그림(b)에서 이 편심하중 P와 크기가 같고 방향이 서로 반대인 한 쌍의 P를 도심에 작용시켜도 그 작용효과는 그림(a)와 같게 된다.

한편 그림(b)는 다시 그림(c)와 그림(d)로 분해하여 그림(c)와 그림(d)의 합계로 생각할 수 있는데, 이 또한 그림(a)와 같은 작용효과를 나타낸다.

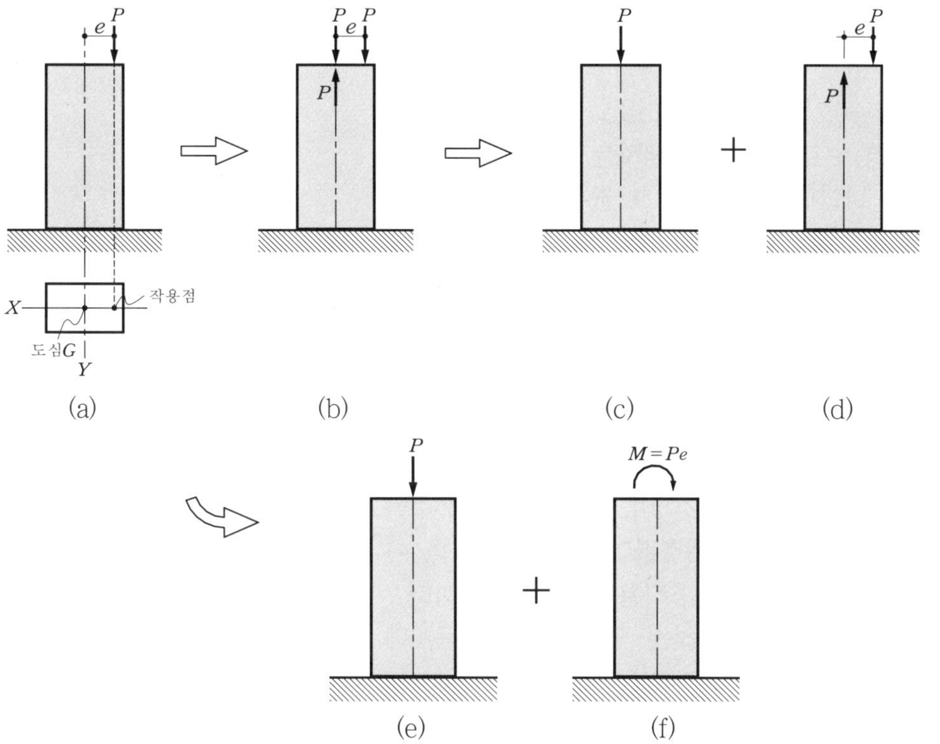

[그림6.2.1] 축하중과 함께 1축 휨모멘트가 작용하는 단주

그리고 그림(d)는 그림(f)와 같이 우력모멘트 $M=Pe$로 생각할 있으므로, 결국 그림(a)는 그림(e)와 그림(f)의 합계로 생각할 수가 있다.

따라서 그림(a)는 압축력 P가 도심에 작용하고 또한 도심에 Y축에 대한 모멘트 M이 동시에 시계방향(↷)으로 작용하는 [그림6.2.2](a)의 경우와 같다.

이때 도심에 작용하는 압축력 P와 동시에 작용하는 모멘트 M으로 인하여 조합되는 수직응력은 다음과 같이 정리할 수 있다.

① 최대압축응력(최대수직응력)

$$\sigma_{\max} = -\frac{P}{A} - \frac{M}{Z} \tag{6.2.2}$$

② 최소압축응력 또는 최대인장응력

$$\sigma_{\min} = -\frac{P}{A} + \frac{M}{Z} \tag{6.2.3}$$

③ 도심으로부터 x만큼 떨어진 위치의 수직응력

$$\sigma = -\frac{P}{A} \pm \frac{M}{I}x \tag{6.2.4}$$

여기서, I : 모멘트 M으로 인하여 인장과 압축을 가름하는 축에 대한 단면 2차모멘트

x : 도심을 지나는 Y축으로부터 수직응력을 구하고자 하는 위치까지의 수직거리

[그림6.2.2]에서 그림(b)는 도심에 작용하는 압축력 P로 인하여 발생하는 균일한 압축응력 σ_c를 나타내고 있는데, 그 값은 식(6.2.1)과 같이 $-P/A$이다.

한편 그림(c)는 도심을 지나는 Y축에 대하여 작용하는 모멘트 M으로 인한 휨응력 σ_b를 나타내고 있는데, 단면의 Y축을 기준으로 x만큼 떨어져 있는 임의 점에 일어나는 휨응력의 크기는 Mx/I이고, 연단에서 발생하는 최대휨응력의 크기는 M/Z이며, 그 부호는 Y축을 기준으로 오른쪽은 압축력이 작용하므로 음(−)이고, 왼쪽은 인장력이 작용하므로 양(+)이다.

결국 도심에 작용하는 압축력 P와 동시에 작용하는 모멘트 M으로 인한 조합응력은 그림(b)와 그림(c)를 합하면 된다. 그림(d)는 이들을 합친 조합응력의 한 가지 형태를 보여주고 있다. 이 경우 오른쪽 연단에서는 압축력 P로 인한 압축응력과 모멘트 M으로 인한 압축응력이 더해짐으로 최대수직응력인 최대압축응력이 발생하는데 이는 식(6.2.2)과 같이 나타낼 수 있다.

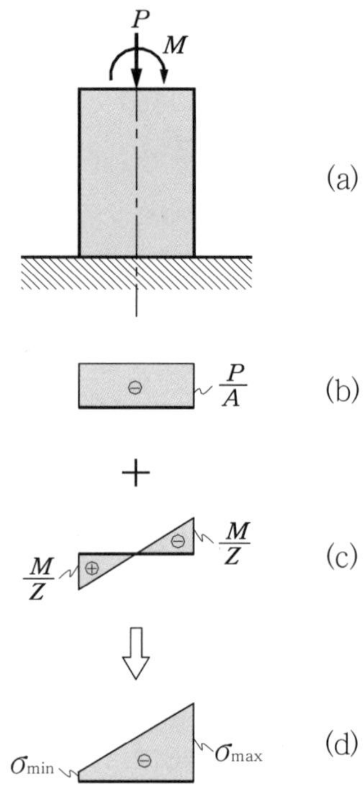

[그림6.2.2] 축하중과 모멘트하중이 동시에 작용하는 단주

또한 왼쪽 연단에서는 압축력 P로 인한 압축응력과 모멘트 M으로 인한 인장응력이 서로 감쇄됨으로 최소압축응력 또는 최대인장응력이 발생하는데 이는 식(6.2.3)와 같이 나타낼 수 있다.

한편 도심을 지나는 Y축으로부터 x만큼 떨어진 위치의 수직응력은 식(6.2.4)와 같이 나타낼 수 있다.

그림(d)는 앞에서 설명했듯이 조합응력의 1가지 형태로, 실제로 이와 같은 조합응력은 압축력 P에 의한 압축응력 σ_c와 모멘트 M에 의한 휨응력 σ_b의 크기에 따라 [그림6.2.3]와 같은 3가지 형태로 나타난다.

[그림6.2.3](a)와 그림(b)는 전체단면에 대하여 압축응력만이 작용하는 경우이다.

그림(a)는 압축응력이 사다리꼴 형태로, 왼쪽 연단에서 최소압축응력 σ_1, 오른쪽 연단에서 최대압축응력 σ_2가 발생한다.

그림(b)는 압축응력이 삼각형 형태로, 왼쪽 연단에서 수직응력이 $\sigma_1 = 0$, 오른

쪽 연단에서 최대압축응력으로 σ_2가 일어난다.

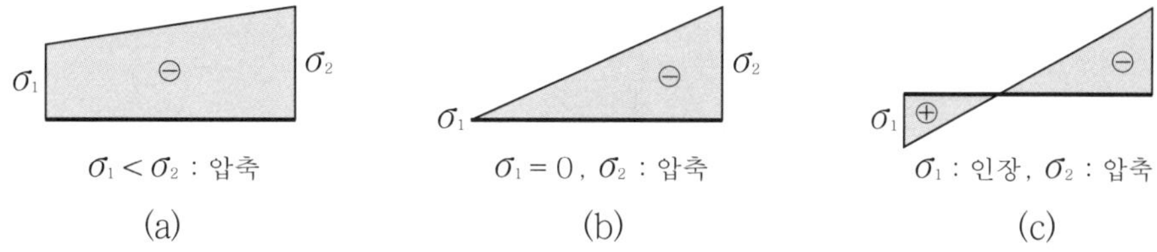

[그림6.2.3] 압축응력과 휨응력으로 인한 조합응력의 3가지 형태

한편 그림(c)는 단면의 일부에서 인장응력이 나타나는 경우로, 왼쪽 연단에서 최대인장응력 σ_1, 오른쪽 연단에서 최대압축응력으로 σ_2가 발생한다. 그림(c)와 같은 응력상태는 기둥에 작용하는 압축력에 비하여 휨모멘트가 상대적으로 클 때 나타난다.

이상은 단주에 압축력과 함께 Y축에 대하여 1축 휨모멘트가 작용하는 경우에 대하여 간단한 예를 통하여 기둥 단면에 발생하는 조합응력에 대하여 살펴보았다. 이와 같은 해법은 단주에 어떠한 축방향력(인장력 또는 압축력)과 함께 어떤 1축(X축 또는 Y축)에 대한 휨모멘트가 동시에 작용하는 경우에도 같은 방식으로 적용이 가능하다.

나. 2축 휨모멘트가 작용하는 단주

[그림6.2.4]는 직사각형 단면을 가진 단주에 편심하중 P가 단면의 주축인 X, Y축 어느 위에도 있지 않고 작용하여 기둥에 압축력과 동시에 2축 휨모멘트를 발생시키는 경우이다. 즉 그림에서 단면의 도심을 지나는 주축 X, Y방향으로의 편심거리가 각각 e_x, e_y인 점E에 압축력 P가 작용할 때, 임의 점과 네 모퉁이에서 일어나는 조합응력을 구해보도록 한다.

[그림6.2.1]의 경우와 마찬가지로, 점E에 편심하중 P가 작용하는 것은 도심 G에 작용하는 중심 축하중 P와 도심에 작용하는 Y축과 X축에 대한 우력모멘트 $M_y = Pe_x$, $M_x = Pe_y$로 분해할 수 있다. 이때 도심 G에 작용하는 중심 축하중 P로 인한 압축응력 σ_c는 $-P/A$로 전체단면에 대하여 균일하게 분포한다. 그리고 Y축으로부터의 거리가 x인 선상에는 휨모멘트 M_y에 의한 휨응력 $\sigma_x = -M_y x/I_y$가 일어나고, 또 X축으로부터의 거리가 y인 선상에는 휨모멘트 M_x에 의한 휨응력 $\sigma_y = -M_x y/I_x$가 일어난다. 따라서 직사각형 단면의 임의 점에 일어나는 조합된 수직응력은 다음과 같다.

$$\sigma_{(x,y)} = \sigma_c + \sigma_x + \sigma_y = -\frac{P}{A} - \frac{M_y}{I_y}x - \frac{M_x}{I_x}y \qquad (6.2.5)$$

또한 [그림6.2.4]에서 연단 AB, CD에는 휨모멘트 M_y에 의한 연응력 σ_{AB}, σ_{CD}가 일어나고, 연단 AD, BC에는 휨모멘트 M_x에 의한 연응력 σ_{AD}, σ_{BC}

가 일어난다. 따라서 직사각형 단면의 네 모퉁이 A, B, C, D점에서 일어나는 수직응력은 다음과 같다.

$$\begin{aligned}
\sigma_A &= \sigma_c + \sigma_{AB} + \sigma_{AD} = -\frac{P}{A} - \frac{M_y}{Z_y} - \frac{M_x}{Z_x} \\
\sigma_B &= \sigma_c + \sigma_{AB} + \sigma_{BC} = -\frac{P}{A} - \frac{M_y}{Z_y} + \frac{M_x}{Z_x} \\
\sigma_C &= \sigma_c + \sigma_{CD} + \sigma_{BC} = -\frac{P}{A} + \frac{M_y}{Z_y} + \frac{M_x}{Z_x} \\
\sigma_D &= \sigma_c + \sigma_{CD} + \sigma_{AD} = -\frac{P}{A} + \frac{M_y}{Z_y} - \frac{M_x}{Z_x}
\end{aligned} \tag{6.2.6}$$

여기서 $M_y = Pe_x$, $M_x = Pe_y$, $Z_y = bh^2/6$, $Z_x = hb^2/6$ 이다.

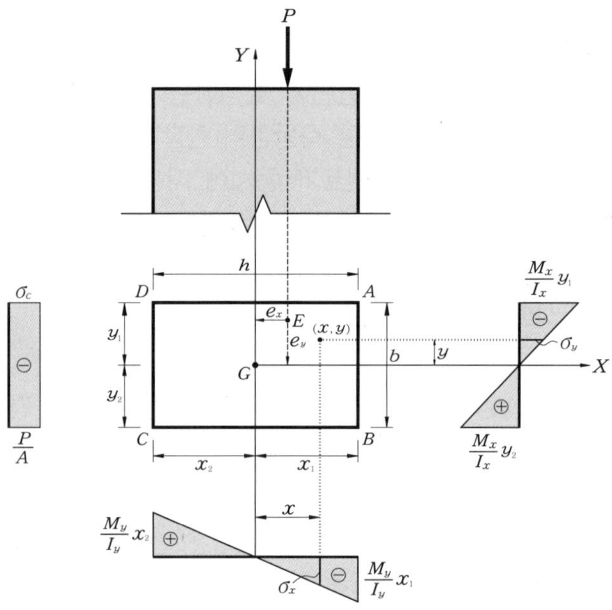

[그림6.2.4] 축하중과 함께 2축 휨모멘트가 작용하는 단주

식(6.2.6)에서 압축응력은 편심하중 P의 작용점으로부터 가장 가까운 모서리 A점에서 최대가 됨을 알 수 있다.

한편 편심하중 P의 작용점으로부터 가장 먼 모서리 C점에서는 압축응력이 최소가 되거나 가장 큰 인장응력이 발생할 수 있다.

◆ ◆ ◆ ◆ ◆ ◆

예제 6.2.1

다음과 같이 A점에 편심 축하중 $1500\,kN$을 받는 단주의 최대압축응력 $\sigma_{c\max}$ 및 최대인장응력 $\sigma_{t\max}$와 중립축의 위치를 구하시오.

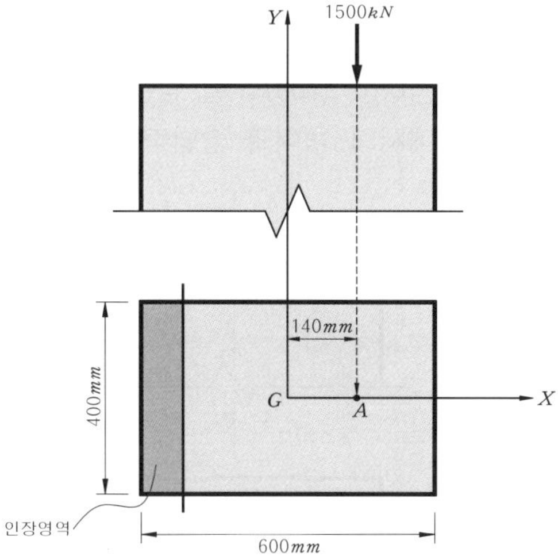

풀이

(1) 최대압축응력 $\sigma_{c\max}$ 및 최대인장응력 $\sigma_{t\max}$

$$M_y = P e_x = 1500 \times 10^3 \times 140 = 2.1 \times 10^8\, N \cdot mm$$

$$A = 400 \times 600 = 2.4 \times 10^5\, mm^2 \qquad Z_y = \frac{400 \times 600^2}{6} = 2.4 \times 10^7\, mm^3$$

$$\sigma_{c\max} = -\frac{P}{A} - \frac{M_y}{Z_y} = -\frac{1500 \times 10^3}{2.4 \times 10^5} - \frac{2.1 \times 10^8}{2.4 \times 10^7} = -15\, MPa$$

$$\sigma_{t\max} = -\frac{P}{A} + \frac{M_y}{Z_y} = -\frac{1500 \times 10^3}{2.4 \times 10^5} + \frac{2.1 \times 10^8}{2.4 \times 10^7} = 2.5\, MPa$$

(2) 중립축의 위치

Y 축으로부터 거리 x 에 위치한 임의의 점에서의 압축응력은

$\sigma = -\dfrac{P}{A} - \dfrac{M_y}{I_y} x$ 이며, $\sigma = 0$ 이 되는 x 가 중립축의 위치이다.

$$I_y = \frac{400 \times 600^3}{12} = 7.2 \times 10^9\, mm^4$$

$$\sigma = -\frac{P}{A} - \frac{M_y}{I_y} x = -\frac{1500 \times 10^3}{2.4 \times 10^5} - \frac{2.1 \times 10^8}{7.2 \times 10^9} x = 0$$

$$\therefore\ x = -214.29\, mm$$

예제 6.2.2

다음과 같이 E점에 편심 축하중 $1500 kN$을 받는 단주가 있을 때, 단면의 네 모퉁이인 점 A, B, C, D에서의 응력과 중립축의 위치를 구하시오.

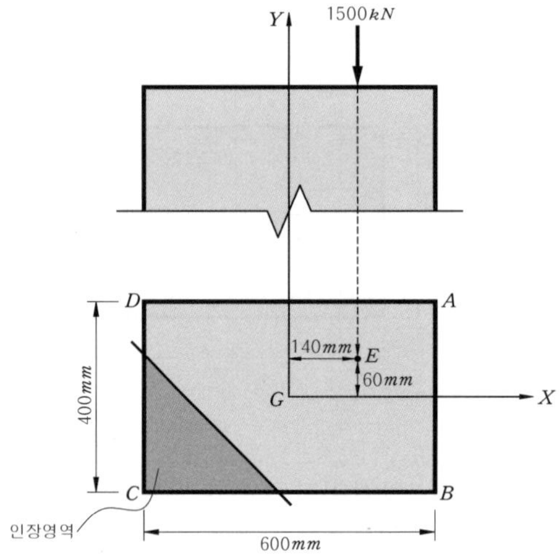

풀이

(1) 점 A, B, C, D에서의 응력

$$M_y = Pe_x = 1500 \times 10^3 \times 140 = 2.1 \times 10^8 N \cdot mm$$

$$M_x = Pe_y = 1500 \times 10^3 \times 60 = 9 \times 10^7 N \cdot mm$$

$$A = 400 \times 600 = 2.4 \times 10^5 mm^2$$

$$Z_y = \frac{400 \times 600^2}{6} = 2.4 \times 10^7 mm^3 \qquad Z_x = \frac{600 \times 400^2}{6} = 1.6 \times 10^7 mm^3$$

$$\sigma_A = -\frac{P}{A} - \frac{M_y}{Z_y} - \frac{M_x}{Z_x} = -\frac{1500 \times 10^3}{2.4 \times 10^5} - \frac{2.1 \times 10^8}{2.4 \times 10^7} - \frac{9 \times 10^7}{1.6 \times 10^7} = -20.625\, MPa$$

$$\sigma_B = -\frac{P}{A} - \frac{M_y}{Z_y} + \frac{M_x}{Z_x} = -\frac{1500 \times 10^3}{2.4 \times 10^5} - \frac{2.1 \times 10^8}{2.4 \times 10^7} + \frac{9 \times 10^7}{1.6 \times 10^7} = -9.375\, MPa$$

$$\sigma_C = -\frac{P}{A} + \frac{M_y}{Z_y} + \frac{M_x}{Z_x} = -\frac{1500 \times 10^3}{2.4 \times 10^5} + \frac{2.1 \times 10^8}{2.4 \times 10^7} + \frac{9 \times 10^7}{1.6 \times 10^7} = 8.125\, MPa$$

$$\sigma_D = -\frac{P}{A} + \frac{M_y}{Z_y} - \frac{M_x}{Z_x} = -\frac{1500 \times 10^3}{2.4 \times 10^5} + \frac{2.1 \times 10^8}{2.4 \times 10^7} - \frac{9 \times 10^7}{1.6 \times 10^7} = -3.125\, MPa$$

(2) 중립축의 위치

$\sigma_{(x,y)} = -\frac{P}{A} - \frac{M_y}{I_y}x - \frac{M_x}{I_x}y$이며, $\sigma = 0$ 이 되는 (x, y) 방정식이 중립축의 위치이다.

$$I_y = \frac{400 \times 600^3}{12} = 7.2 \times 10^9 mm^4 \qquad I_x = \frac{600 \times 400^3}{12} = 3.2 \times 10^9 mm^4$$

$$\sigma_{(x,y)} = -\frac{P}{A} - \frac{M_y}{I_y}x - \frac{M_x}{I_x}y = -\frac{1500\times10^3}{2.4\times10^5} - \frac{2.1\times10^8}{7.2\times10^9}x - \frac{9\times10^7}{3.2\times10^9}y = 0$$

$$\therefore\ 28x + 27y + 6000 = 0$$

◆ ◆ ◆ ◆ ◆ ◆

6.2.3 단면의 핵

앞에서 설명했듯이 [그림6.2.1]과 [그림6.2.4]와 같이 단면 내에 편심 축하중이 작용하면 휨모멘트로 인하여 단면 내에 인장응력이 발생할 수 있다. 그러나 인장력에 약한 콘크리트 기둥과 기초지반 등에는 인장응력이 발생하는 것이 바람직하지 못하다. 따라서 이들 단면의 어느 부분에도 인장응력이 일어나지 않도록 설계하는 것이 필요하다.

단면의 어느 부분에 인장응력이 일어나지 않으려면 편심거리 e가 어느 한도 이내에 있어야 한다. 이와 같이 단면 내에 압축응력만이 일어나는 하중의 편심거리의 한계점을 **핵점**(核點, Core Point)이라 하고, 핵점에 의하여 둘러싸인 부분을 **핵**(核, Core)이라 한다.

앞에 배웠듯이 단면 내에 편심 축하중이 작용하면 단면에서 최대수직응력을 나타내는 $\sigma_{\max}$는 항상 압축응력이 되지만, 최소수직응력은 편심거리 e의 크기에 따라 압축 또는 인장응력이 된다. 따라서 핵점을 구하기 위해서는 단주의 단면에서 좌우연단에 각각 수직응력이 '0'이 되게 하는 편심하중 P의 위치를 찾으면 된다. 결국 [그림6.2.3](b)와 같은 응력분포상태가 되는 편심거리 e를 구하면 된다.

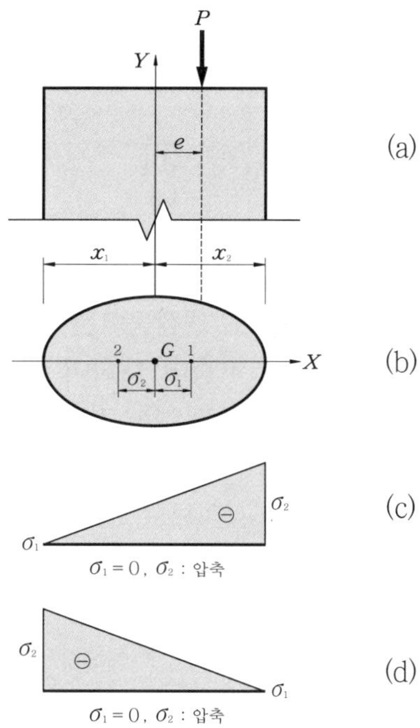

[그림6.2.5] 핵거리

[그림6.2.5]과 같이 단면의 주축 X에 대하여 대칭인 단면에서 X축 선상에 도심 G로부터 오른쪽으로 편심거리 e에 편심 축하중 P가 작용하는 단주의 연응력은 다음과 같다.

$$\sigma_1 = -\frac{P}{A} + \frac{M_y}{I_y}x_1 \qquad (6.2.7)$$

$$\sigma_2 = -\frac{P}{A} - \frac{M_y}{I_y}x_2 \qquad (6.2.8)$$

여기서 σ_2는 항상 압축응력이지만, σ_1은 편심거리 e에 따라 인장응력이 될 수도 있다. 식(6.2.7)에서 $\sigma_1 = 0$ 으로 놓으면 인장응력이 일어나지 않는 한계점인 편심거리 e_1 을 다음과 같이 구할 수 있다.

$$\sigma_1 = -\frac{P}{A} + \frac{P\,e_1}{I_y}x_1 = 0$$
$$\therefore\ e_1 = \frac{I_y}{A\,x_1} = \frac{r_y^2}{x_1} = \frac{Z_{y1}}{A} \qquad (6.2.9)$$

여기서 r_y 는 Y축에 대한 단면2차반경으로 $r_y = \sqrt{I_y / A}$ 이며, Z_{y1} 는 X축 위에 작용하는 편심하중의 작용점 반대측의 Y축에 대한 단면계수로 $Z_{y1} = I_y / x_1$ 이다.

따라서 e_1 의 값을 나타낸 [그림6.2.5](b)의 점1에 하중 P가 작용하면 $\sigma_1 = 0$, $\sigma_2 = -\frac{P}{A} - \frac{P\,e_1}{I_y}x_2$ 가 되어 그림(c)와 같은 응력분포상태가 된다.

특히 단면이 Y축에 대하여 대칭이면 $x_1 = x_2$ 이므로 다음과 같은 관계가 성립된다.

$$e_1 = e_2 = \frac{I_y}{Ax_1} = \frac{I_y}{Ax_2} = \frac{Z_{y1}}{A} = \frac{Z_{y2}}{A} = \frac{Z_y}{A}$$
$$\sigma_1 = 0 \qquad (6.2.10)$$
$$\sigma_2 = \frac{2P}{A}$$

[그림6.2.3]의 응력분포에서 그림(a)는 $e < e_1$, 그림(b)는 $e = e_1$, 그림(c)는 $e > e_1$ 인 경우이다.

마찬가지로 편심하중 P가 도심 G의 왼쪽에 작용하는 경우, 인장응력이 일어나지 않는 한계점인 편심거리 e_2 는 다음과 같다.

$$e_2 = \frac{I_y}{A\,x_2} = \frac{r_y^2}{x_2} = \frac{Z_{y2}}{A} \qquad (6.2.11)$$

e_2 의 값을 나타내는 점2에 하중이 작용하면 응력분포는 [그림6.2.5](d)와 같다.

따라서 [그림6.2.5](b)에서 X축 선상의 점1과 2사이에 하중이 작용하면 단면의 어느 부분에도 인장응력은 일어나지 않는다.

특히 단면이 Y축에 대하여 대칭이면, 식(6.2.9)과 식(6.2.11)에서 Y축으로부터 단면 좌우의 연단까지의 거리가 같으므로, $x_1 = x_2 = x_0$, $Z_{y1} = Z_{y2} = Z_y$ 로 놓을 수 있다.

따라서 $e_1 = e_2$ 이므로, X축 선상에 하중이 작용할 때의 인장응력이 일어나지 않는 한계점의 편심거리 e_x 는 다음과 같다.

$$e_x = e_1 = e_2 = \frac{I_y}{A\,x_0} = \frac{r_y^2}{x_0} = \frac{Z_y}{A} \qquad (6.2.12)$$

여기서 인장응력이 일어나지 않는 한계점의 편심거리 e_x , e_1 , e_2 를 **핵거리**(核距離, Core Distance) 또는 **핵반경**(核半徑, Core Radius)이라고 한다.

이상은 주축에 대하여 대칭인 단면의 주축 위에 편심하중이 작용하는 경우에 대한 것을 살펴본 것으로, 대칭축이 아닌 축 위에 편심하중이 작용하는 경우에 대한 것은 생략하기로 한다.

다음은 두 주축에 대하여 대칭인 직사각형과 원형단면의 핵과 삼각형 단면의 핵을 살펴보도록 한다.

가. 직사각형 단면의 핵

[그림6.2.6]과 같은 직사각형 단면에서 편심 축하중 P가 X축 선상에 작용할 때, 핵거리 e_x는 식(6.2.12)에 의하여 다음과 같이 구한다.

$$Z_y = \frac{hb^2}{6}, \quad A = bh$$

$$\therefore\ e_x = \frac{Z_y}{A} = \frac{hb^2}{6} \times \frac{1}{bh} = \frac{b}{6} \quad (6.2.13)$$

또한 [그림6.2.6]에서 편심 축하중 P가 Y축 선상에 작용할 때, 핵거리 e_y는 다음과 같이 구한다.

$$Z_x = \frac{bh^2}{6}, \quad A = bh$$

$$\therefore\ e_y = \frac{Z_x}{A} = \frac{bh^2}{6} \times \frac{1}{bh} = \frac{h}{6} \quad (6.2.14)$$

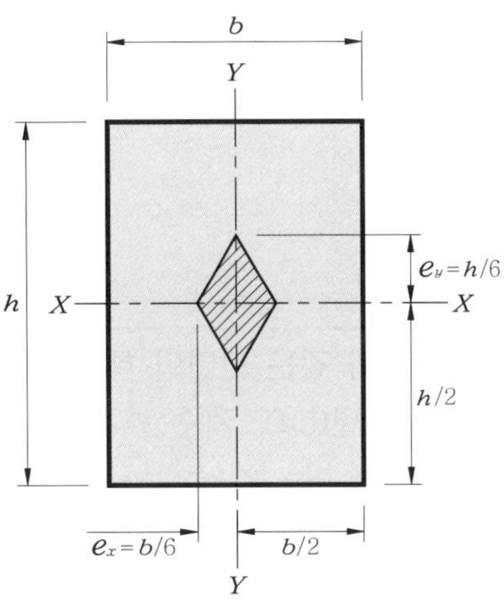

[그림6.2.6] 직사각형 단면의 핵

[그림6.2.6]에서 직사각형 단면의 핵은 위에서 구한 핵점 1, 3, 2, 4를 이은 핵선으로 이루어진 빗금 친 마름모꼴의 도형이다. 이 핵 안에 압축력이 작용하면 단면의 어느 부분에서도 인장응력이 발생하지 않는다.

나. 원형 단면의 핵

[그림6.2.7]과 같은 원형 단면에서 편심 축하중 P가 도심을 지나는 주축 선상에 작용할 때, 핵거리 e는 식(6.2.12)에 의하여 다음과 같이 구한다.

$$Z = \frac{\pi D^3}{32}, \quad A = \frac{\pi D^2}{4}$$

$$\therefore\ e = \frac{Z}{A} = \frac{\pi D^3}{32} \times \frac{4}{\pi D^2} = \frac{D}{8} \quad (6.2.15)$$

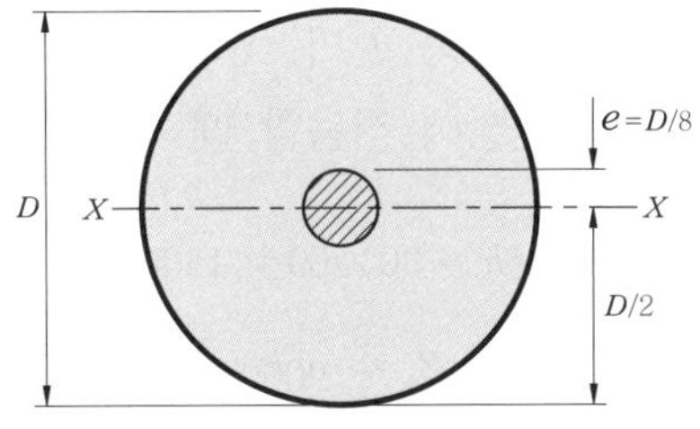

[그림6.2.7] 원형 단면의 핵

[그림6.2.7]에서 원형 단면의 핵은 핵거리 $e = D/8$를 반경으로 하는 빗금 친

동심원이며, 이 핵 안에 압축력이 작용하면 단면의 어느 부분에서도 인장응력이 발생하지 않는다.

다. 삼각형 단면의 핵

참고로 두 주축에 대하여 대칭인 도형은 아니지만, 기본도형인 삼각형 단면의 핵을 살펴보면 [그림6.2.8]과 같다.

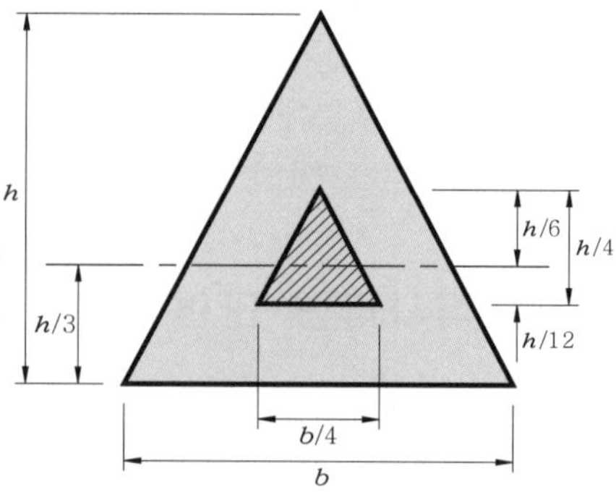

[그림6.2.8] 삼각형 단면의 핵

◆ ◆ ◆ ◆ ◆ ◆ ◆

예제 6.2.3

다음 그림과 같은 단면의 핵을 구하시오.
(여기서 단면(b)의 치수는 $H-300\times300\times10\times15$, 단면적은 $A=119.8\,cm^2$, x 축의 단면계수는 $Z_x=1360\,cm^3$, y 축의 단면계수는 $Z_y=450\,cm^3$ 이다.)

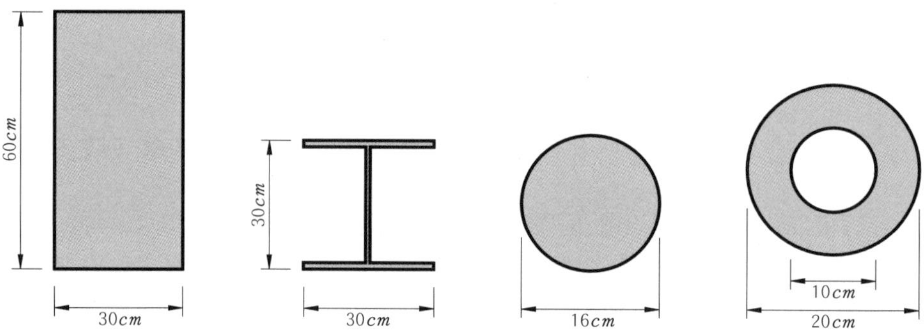

풀이

(1) 단면(a)의 핵

편심 축하중 P가 X축 선상에 작용할 때 핵거리 e_x와 편심 축하중 P가 Y축 선상에 작용할 때 핵거리 e_y는 다음과 같다.

$$A=bh=30\times60=1800\,cm^2,\ Z_y=\frac{hb^2}{6}=\frac{60\times30^2}{6}=9000\,cm^3$$

$$\therefore\ e_x=\frac{Z_y}{A}=\frac{9000}{1800}=5\,cm$$

$$Z_x=\frac{bh^2}{6}=\frac{30\times60^2}{6}=18000\,cm^3$$

$$\therefore\ e_y = \frac{Z_x}{A} = \frac{18000}{1800} = 10\,cm$$

(2) 단면(b)의 핵

편심 축하중 P가 X축 선상에 작용할 때 핵거리 e_x와 편심 축하중 P가 Y축 선상에 작용할 때 핵거리 e_y는 다음과 같다.

$$e_x = \frac{Z_y}{A} = \frac{450}{119.8} = 3.76\,cm\ ,\ \ e_y = \frac{Z_x}{A} = \frac{1360}{119.8} = 11.35\,cm$$

(3) 단면(c)의 핵

$$A = \frac{\pi\left(D^2 - d^2\right)}{4} = \frac{\pi\left(20^2 - 10^2\right)}{4} = 75\,\pi\,cm^2$$

$$I = \frac{\pi\left(D^4 - d^4\right)}{64} = \frac{\pi\left(20^4 - 10^4\right)}{64} = 2343.75\,\pi\,cm^4$$

$$Z = \frac{I}{(D-d)} = \frac{2343.75\,\pi}{(20-10)} = 234.375\,\pi\,cm^3$$

$$\therefore\ e = \frac{Z}{A} = \frac{234.375\,\pi}{75\,\pi} = 3.125\,cm$$

(4) 단면(d)의 핵

$$A = \frac{\pi D^2}{4} = 64\,\pi\,cm^2\ ,\ \ Z = \frac{\pi D^3}{32} = 128\,\pi\,cm^3$$

$$\therefore\ e = \frac{Z}{A} = \frac{128\,\pi}{64\,\pi} = 2\,cm$$

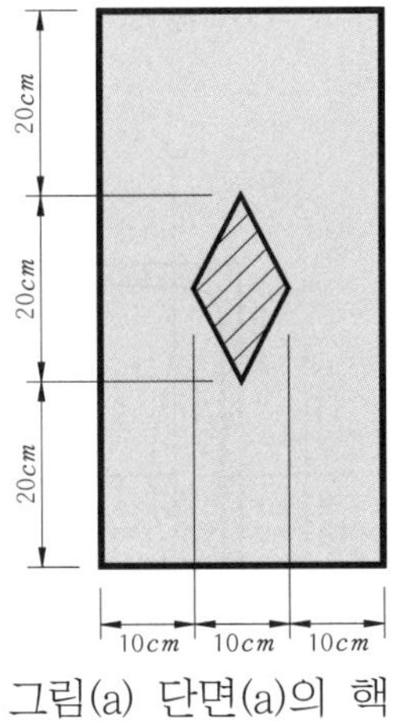

그림(a) 단면(a)의 핵

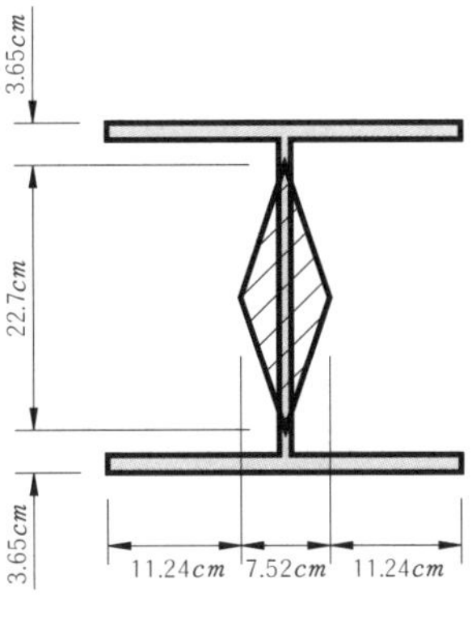

그림(b) 단면(b)의 핵

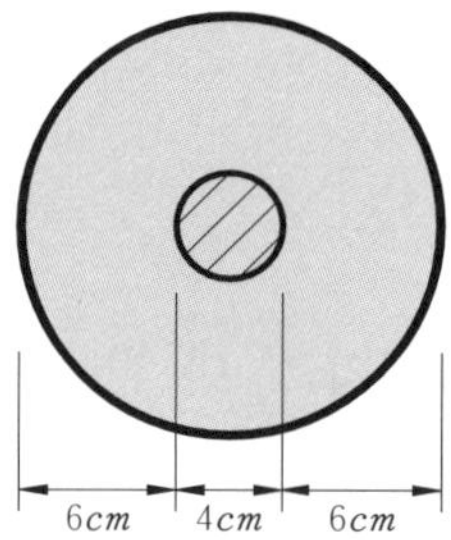

그림(c) 단면(c)의 핵

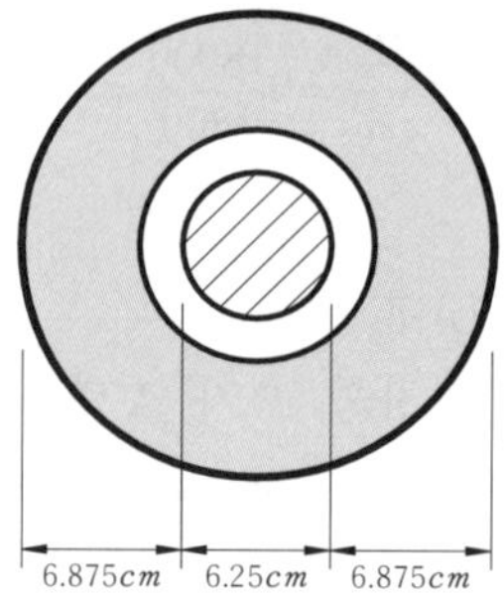

그림(d) 단면(d)의 핵

예제 6.2.4

다음 그림과 같은 ㄷ-형강(ㄷ-150×75×6.5×10)이 있을 때, 이 단면의 핵을 구하시오.

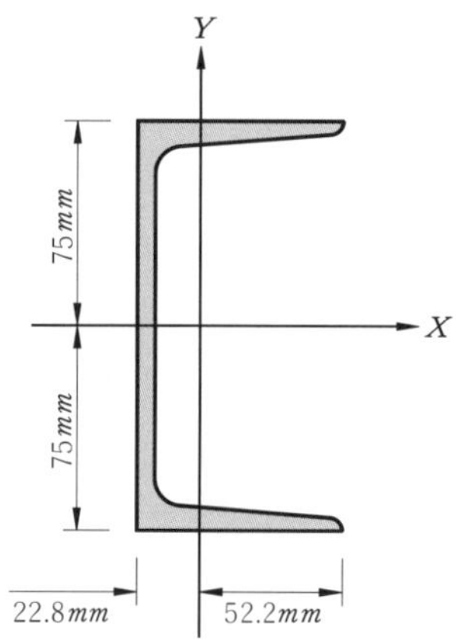

- $A = 2.371 \times 10^3 mm^2$
- $I_x = 8.61 \times 10^6 mm^4$
- $I_y = 1.17 \times 10^6 mm^4$
- $Z_x = 1.15 \times 10^5 mm^3$
- $Z_y = 2.24 \times 10^4 mm^3$

풀이

편심 축하중 P가 축 X선상에 작용할 때 핵거리 e_{x1}, e_{x2}와 편심 축하중 P가 Y축 선상에 작용할 때 핵거리 e_y는 다음과 같다.

$$e_{x1} = \frac{I_y}{A\,x_1} = \frac{1.17 \times 10^6}{2.371 \times 10^3 \times 22.8} = 21.64mm$$

$$e_{x2} = \frac{I_y}{A\,x_2} = \frac{1.17 \times 10^6}{2.371 \times 10^3 \times 52.2} = 9.45mm$$

$$e_y = \frac{Z_x}{A} = \frac{1.15 \times 10^5}{2.371 \times 10^3} = 48.5cm$$

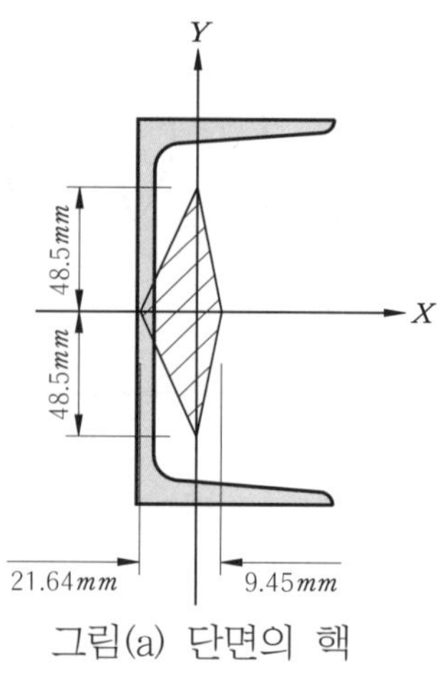

그림(a) 단면의 핵

◆ ◆ ◆ ◆ ◆ ◆

◈ 연 습 문 제 ◈

6.2.1 다음과 같이 A 점에 편심 축하중 $100kN$을 받는 단주의 최대압축응력 σ_{cmax} 를 구하시오.

① $4.35\,N/mm^2$
② $5.67\,N/mm^2$
③ $6.72\,N/mm^2$
④ $7.74\,N/mm^2$

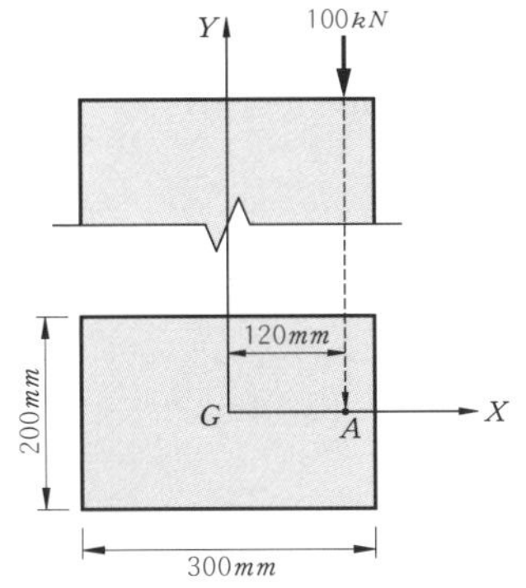

6.2.2 일반적으로 기둥에 편심하중이 작용한다면 어느 상태가 되는지 구하시오.

① 압축력 및 인장력이 작용하며 휨모멘트는 작용하지 않는다.
② 압축력과 휨모멘트가 작용하며 인장력이 작용할 때도 있다.
③ 휨모멘트만 작용하고, 압축력은 작용하지 않는다.
④ 압축력만 작용하고, 휨모멘트는 없다.

6.2.3 다음과 같이 E 점에 편심 축하중 $600kN$을 받는 단주가 있을 때, CD 부분의 연응력을 구하시오.

① $60\,N/mm^2$ (인장)
② $60\,N/mm^2$ (압축)
③ $70\,N/mm^2$ (인장)
④ $70\,N/mm^2$ (압축)

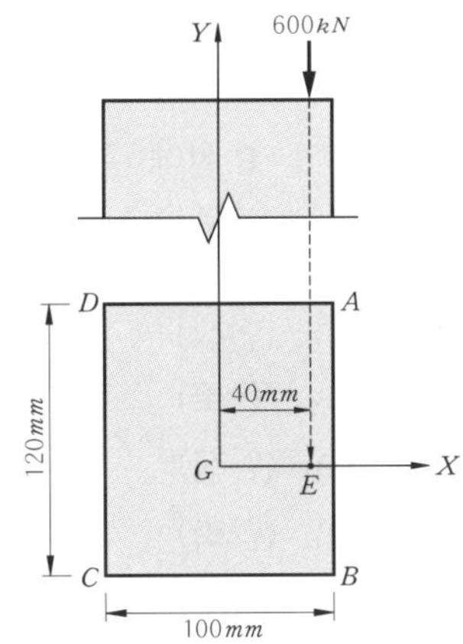

6.2.4 다음과 같이 E점에 편심 축하중 $400kN$을 받는 단주가 있을 때, A점의 응력을 구하시오.

① $9.55\,N/mm^2$ (인장)
② $9.55\,N/mm^2$ (압축)
③ $10.55\,N/mm^2$ (인장)
④ $10.55\,N/mm^2$ (압축)

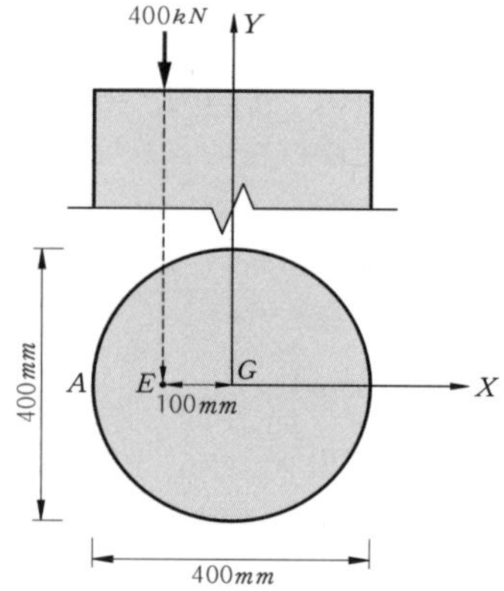

6.2.5 다음과 같은 캔틸레버형 라멘의 기둥 AB를 단주라 가정하고 단면이 그림 (a)와 같을 때, 기둥 AB의 최대압축응력 $\sigma_{c\max}$ 및 최대인장응력 $\sigma_{t\max}$을 구하시오. (단, 골조의 자중은 무시한다.)

	최대압축응력	최대인장응력
①	$20\,MPa$	$18.4\,MPa$
②	$18.4\,MPa$	$20\,MPa$
③	$30\,MPa$	$8.4\,MPa$
④	$8.4\,MPa$	$30\,MPa$

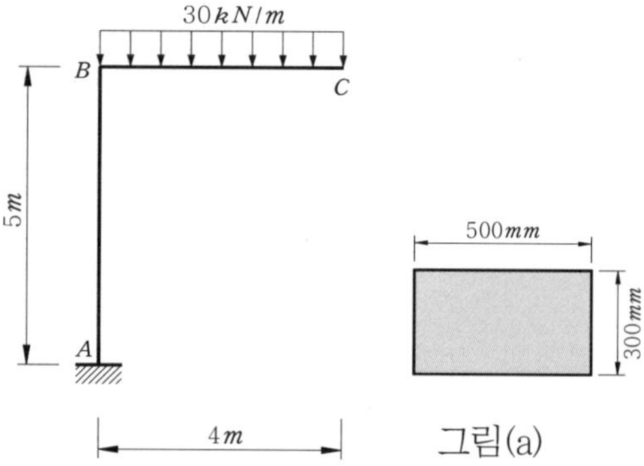

그림(a)

6.2.6 다음과 같이 B점에 편심 축하중 $500kN$을 받는 단주가 있을 때, D점에서의 응력을 구하시오.

① $25.24\,MPa$ (인장)
② $25.24\,MPa$ (압축)
③ $31.25\,MPa$ (인장)
④ $31.25\,MPa$ (압축)

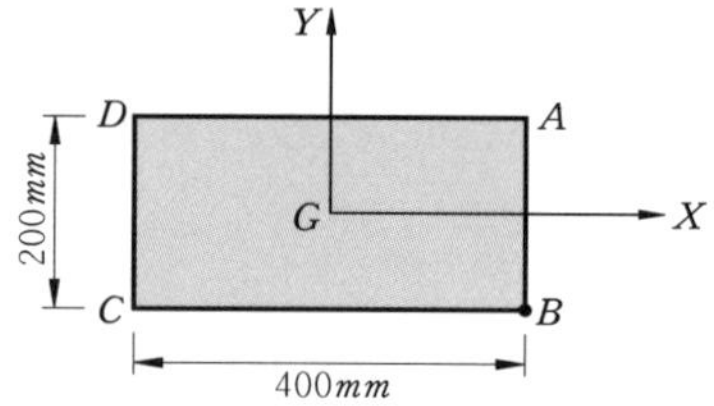

6.2.7 다음과 같이 E점에 편심 축하중 $10kN$을 받는 단주의 최대압축응력 σ_{cmax}를 구하시오.

① $1\,MPa$
② $2\,MPa$
③ $3\,MPa$
④ $4\,MPa$

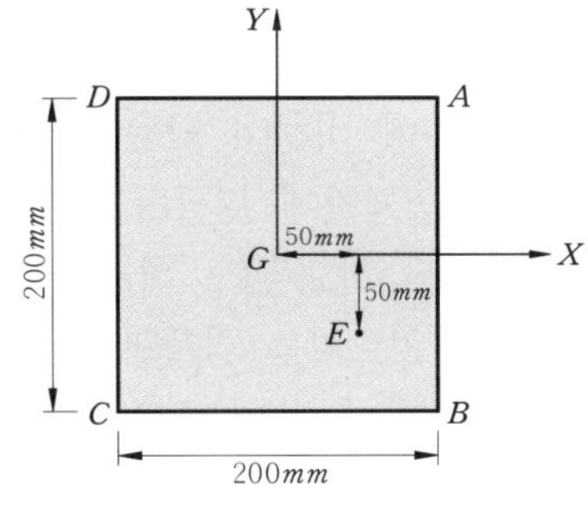

6.2.8 다음 그림과 같은 단면의 핵거리 k를 구하시오.

① $\dfrac{I_y}{A \cdot x_1}$ ② $\dfrac{I_x}{A \cdot x_1}$

③ $\dfrac{I_x}{A \cdot x_2}$ ④ $\dfrac{I_y}{A \cdot x_2}$

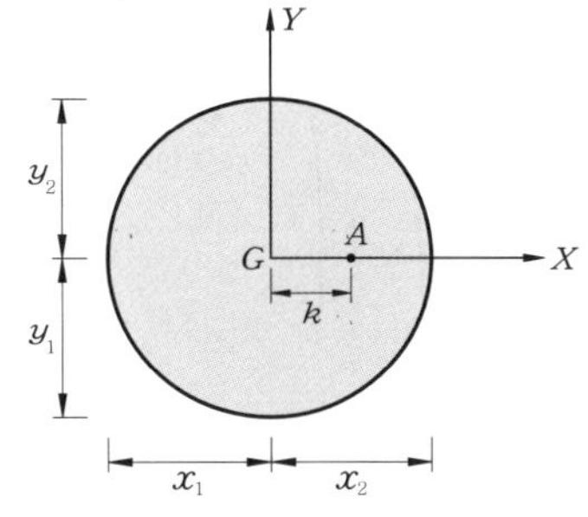

6.2.9 삼각형 단면의 핵을 표시한 다음 그림에서 K_1 및 K_2의 값을 구하시오.

① $K_1 = \dfrac{h}{3}$, $K_2 = \dfrac{2h}{3}$

② $K_1 = \dfrac{h}{4}$, $K_2 = \dfrac{h}{3}$

③ $K_1 = \dfrac{h}{6}$, $K_2 = \dfrac{h}{12}$

④ $K_1 = \dfrac{h}{12}$, $K_2 = \dfrac{h}{6}$

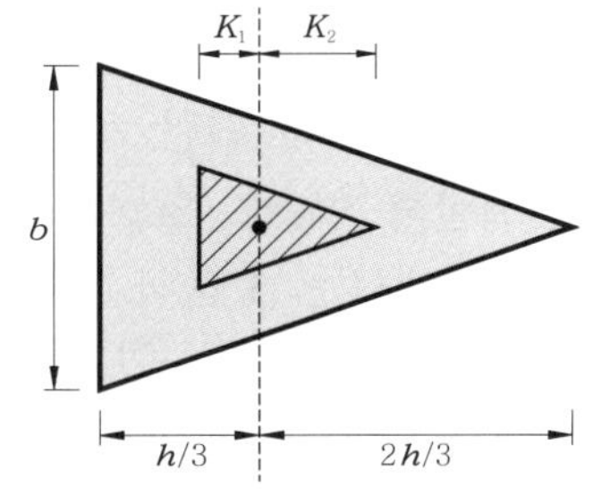

6.3 중심 축하중을 받는 장주

장주(長柱, Long Column)는 중심 축하중에 따른 압축응력이 단주의 한계값(항복응력, 극한응력 등)에 비하여 낮은 비례한도 σ_p 이하의 응력상태임에도 불구하고 그 기둥 고유의 임계값에 도달하면 기둥이 갑자기 부재축에 직각방향으로 변위가 생겨 휘어지면서 파괴된다. 이러한 현상을 **좌굴**(挫屈, Buckling)이라 하며, 이때 기둥의 좌굴을 일으키는 임계의 하중을 **좌굴하중**(挫屈荷重, Buckling Load) 또는 **임계하중**(臨界荷重, Critical Load)이라고 한다.

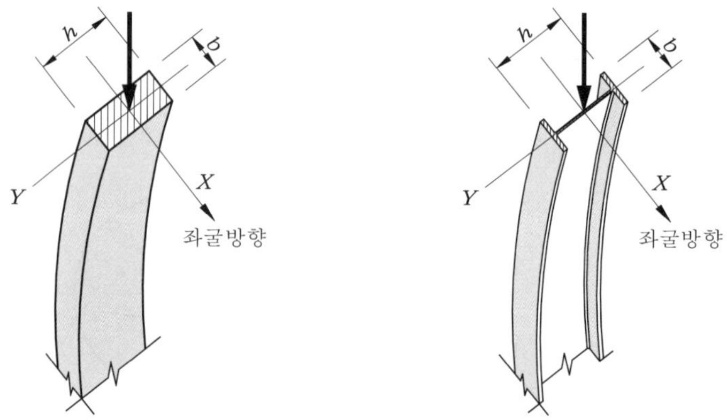

[그림6.3.1] 기둥의 좌굴 및 좌굴방향

[그림6.3.1]과 같이 도심에서의 직교좌표축 $X-Y$에 대하여 2축대칭인 기둥 단면에서 최소 변을 b, 최대 변을 h라 할 때 장주가 어느 방향으로도 좌굴길이가 같다면, 좌굴방향은 단면2차반경이 최소인 축 또는 단면2차모멘트가 최소인 축의 직각방향이다. 이때 단면2차반경(r)이 최소인 축 또는 단면2차모멘트(I)가 최소인 축을 **좌굴축**(挫屈軸, Buckling Axis) 또는 **약축**(弱軸, Weak Axis)이라 하는데, [그림6.3.1]에서는 Y축이 이에 해당한다. 앞서 설명한 [그림2.6.3]은 철골구조에서 압축재로 사용될 수 있는 부재들의 좌굴축을 보여주고 있다.

압축부재의 좌굴현상은 여러 가지 원인으로 일어나는데, 실질적으로 부재의 재질은 완전히 균질하지 않다는 것과 실제 부재축과 압축력의 작용선이 완전히 일치하지 않는다는 것도 이들 원인에 포함된다.

여기서는 중심 축하중을 받는 장주에 대한 각종 이론 및 실험공식에 대하여 살펴보도록 한다.

6.3.1 오일러의 좌굴하중

수학자인 오일러(Leonhard Euler, 1707~1783)는 1744년에 탄성이론을 근거로 하여 기둥의 수학적인 이론을 정립하였는데, 이때 중심 축하중을 받는 장주의 좌굴하중 공식을 계산하였다. 이 공식을 **오일러의 공식**(Euler's Formula)이라고 하는데, 다음과 같이 나타낼 수 있다.

$$P_{cr} = \frac{\pi^2 EI}{l^2} = \frac{\pi^2 EA}{\lambda^2} \qquad (6.3.1)$$

상기 식(6.3.1)에서 P_{cr}은 좌굴하중 또는 임계하중, l은 기둥의 유효길이, π는 원주율, E는 탄성계수, I는 단면2차모멘트($I = A \cdot r^2$), A는 단면적, λ는 세장비($\lambda = l/r$)를 말한다.

만약 장주가 어느 방향으로나 좌굴길이가 같다면 장주는 단면2차반경(r)이 최소인 축의 직각방향으로 좌굴되므로, 식(6.3.1)의 좌굴하중의 계산에서 I는 최소주축에 대한 최소단면2차모멘트($I_{\min}$)가 되고, 기둥의 길이(l)와 최소주축에 대한 최소단면2차반경($r_{\min}$)과의 비인 최대세장비($\lambda = l/r_{\min}$)를 사용하여야 한다.

여기서 탄성이론을 근거로 하여 식(6.3.1)의 오일러의 공식을 유도해 보도록 하자.

식(6.3.1)의 오일러의 공식은 세장비가 매우 큰 장주에 대한 것으로, 부재축이 완전한 직선이고 재질이 완전히 균일하며, 후크의 법칙(Hooke's Law)을 만족하는 선형탄성재료로 만들어져 있으며, 중심 축하중이 정확히 부재축에 따라 작용하는 것으로 가정된다.

오일러의 공식은 [그림6.3.2](a)와 같이 양단이 핀(Pin)으로 연결된 길이 l인 기둥에 중심 축하중 P가 작용할 때에 대하여 이론이 성립된다. 그림(a)에서 XY평면을 대칭평면이라 하고, 기둥의 어떠한 휨도 그림(b)와 같이 XY평면 내에서 이루어진다고 가정한다.

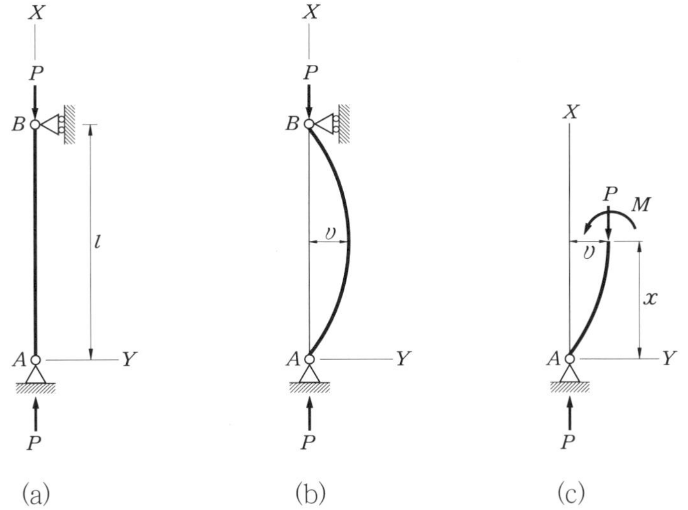

[그림6.3.2] 축하중을 받는 양단이 핀(Pin)인 기둥

좌굴하중과 좌굴된 기둥의 변형상태를 결정하기 위하여 보의 처짐곡선에 대한 미분방정식을 이용한다. 즉 제5장에서 배운 식(5.1.13) 및 앞으로 제10장에서 배울 식(10.1.12)을 이용하는데, 좌굴이 일어날 때 보에서와 같이 기둥에도 휨이 발생하여 휨모멘트가 생기기 때문에 이 식은 기둥에도 적용할 수 있다. 여기서는

일반해가 가장 간단한 다음 식을 사용한다.

$$EI v'' = -M \tag{6.3.2}$$

여기서 v는 [그림6.3.2]에서와 같이 Y방향의 횡방향 처짐을 나타낸다.

[그림6.3.2]에서 기둥에 대한 X, Y축을 그림과 같이 놓은 이유는 그것을 시계방향으로 90°회전시키면 보 AB와 같이 되기 때문이다.

[그림6.3.2](c)에서 좌굴된 기둥의 하단 A로부터 x만큼 떨어진 거리에서의 휨모멘트는 자유물체도를 통해서 구할 수 있다. 지점 A에서 x만큼 떨어진 거리의 기둥을 잘라 생각해 보면 정역학적 평형상태로부터 수직력 P와 휨모멘트 M $(=Pv)$이 작용한다는 것을 알 수 있다. 따라서 그림(c)에서 다음과 같은 평형조건식을 구할 수 있다.

$$-M + Pv = 0 \tag{6.3.3}$$

식(6.3.2)를 식(6.3.3)에 대입하면 다음과 같은 미분방정식이 된다.

$$\begin{aligned} EI v'' + Pv &= 0 \\ v'' + \frac{P}{EI} v &= 0 \end{aligned} \tag{6.3.4}$$

여기서 $k^2 = P/EI$ 라 놓으면 식(6.3.4)는 다음과 같은 2차선형 미분방정식이 된다.

$$v'' + k^2 v = 0 \tag{6.3.5}$$

이 방정식의 일반해는 다음과 같다.

$$v = C_1 \sin kx + C_2 \cos kx \tag{6.3.6}$$

여기서 C_1, C_2는 기둥 양단의 경계조건으로부터 계산되는 상수이다.

양단이 핀(Pin)인 기둥의 첫 번째 경계조건으로는 $x=0$에서 $v=0$이고, 두 번째 경계조건으로는 $x=l$에서 $v=0$이다. 이들 경계조건은 다음과 같이 표현할 수 있다.

$$v(0) = 0\,, \qquad v(l) = 0 \tag{6.3.7}$$

상기 식(6.3.7)을 식(6.3.6)에 적용하면, 첫 번째 경계조건으로 $C_2 = 0$이고, 두 번째 경계조건으로 다음과 같은 식이 구해진다.

$$C_1 \sin kl = 0 \tag{6.3.8}$$

상기 식(6.3.8)을 만족하기 위해서는 $C_1 = 0$이거나 $\sin kl = 0$이어야 한다. 만약

$C_1 = 0$ 이면, 횡방향 처짐 v 도 역시 '0'이 되는데 이는 압축력이 증가하여도 기둥이 좌굴하지 않는 것을 의미하므로 식(6.3.8)에 대한 해는 $\sin kl = 0$ 이 된다. 따라서 kl 은 다음과 같이 된다.

$$kl = n\pi \qquad (n = 1, 2, 3, \cdots\cdots) \tag{6.3.9}$$

따라서 식(6.3.9)와 $k^2 = P/EI$ 로부터 다음과 같은 식이 성립된다.

$$P_n = \frac{n^2\pi^2 EI}{l^2} \qquad (n = 1, 2, 3, \cdots\cdots) \tag{6.3.10}$$

상기 식(6.3.10)은 식(6.3.8)을 만족하는 P_n 의 값을 결정하며 미분방정식에 대한 풀이가 된다. 그러므로 기둥의 횡방향 처짐곡선의 방정식은 다음과 같이 표시된다.

$$v = C_1 \sin kx = C_1 \sin\frac{n\pi x}{l} \qquad (n = 1, 2, 3, \cdots\cdots) \tag{6.3.11}$$

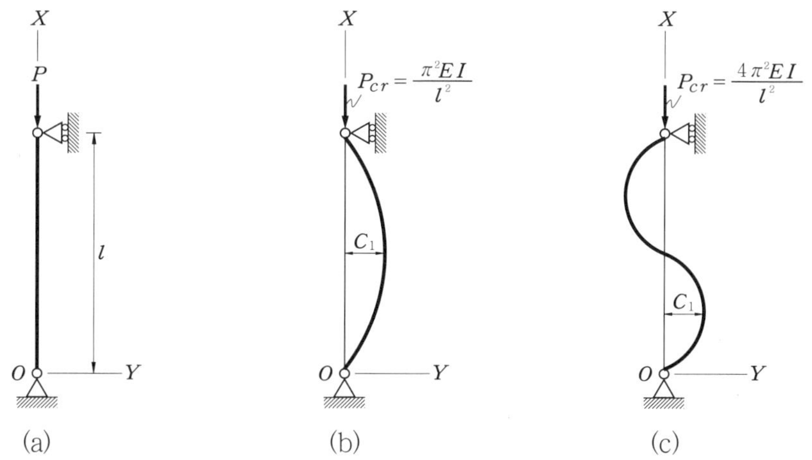

[그림6.3.3] 양단이 핀(Pin)인 기둥의 좌굴형태

[그림6.3.3]은 양단 핀(Pin)인 기둥의 좌굴형태를 보여주고 있는데, 그림(a)는 초기 곧은 형태를, 그림(b)는 $n=1$ 일때의 좌굴형태를, 그림(c)는 $n=2$ 일때의 좌굴형태를 나타내고 있다.

그러나 실제 양단 핀(Pin)으로 연결된 기둥의 좌굴형태는 단곡률의 사인곡선(Sine Curve)이 되고, 식(6.3.10)에서 하중 P_n 은 $n=1$ 일 때 가장 작은 값을 나타내므로, 좌굴하중 P_{cr} 은 다음과 같다.

$$P_{cr} = \frac{\pi^2 EI}{l^2} \tag{6.3.12}$$

그리고 이에 대응하는 좌굴형태는 [그림6.3.3](b)와 같고 다음과 같은 식으로 표시된다.

$$v = C_1 \sin \frac{\pi x}{l} \tag{6.3.13}$$

식(6.3.12)의 좌굴하중 P_{cr}은 1744년 스위스의 수학자 오일러(Leonhard Euler)에 의하여 유도된 것으로 그의 이름을 따서 **오일러 하중**(Euler Load)이라고도 부른다.

오일러 하중은 매우 세장한 장주의 안정평형상태가 끝나는 최소하중으로, 압축력 P가 오일러 하중 P_{cr}에 이르기까지 장주는 좌굴이 생기지 않은 직선형태로 압축변형을 하지만, 오일러 하중에 도달하면 안정평형상태와 불안정평형상태의 갈림길에 서게 되어 좌굴을 일으키게 된다. 이러한 상태를 역학적으로 평형상태의 **분기점**(分岐點, Bifurcation Point)이라고 한다.

[그림6.3.4]는 오일러 하중이 장주를 안정평형상태에서 불안정평형상태로 바꾸는 최초의 하중을 의미함을 보여주고 있다.

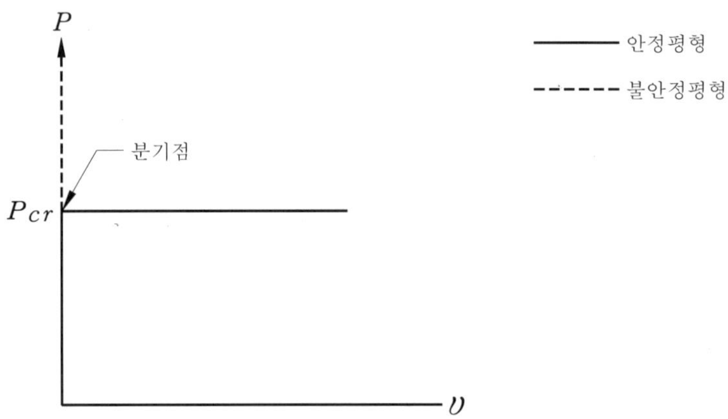

[그림6.3.4] 오일러 기둥의 거동

6.3.2 유효좌굴길이

앞에서 살펴보았듯이 오일러 하중은 양단이 핀(Pin)인 장주에 대해 유도된 것으로, 이런 형태의 좌굴을 좌굴의 기본형이라 한다.

한편 이와 다른 단부의 조건을 갖는 장주, 즉 1단 고정 타단 핀(Pin)의 장주, 양단 고정의 장주, 1단 고정 타단 자유의 장주의 좌굴하중 P_{cr}을, 양단 핀(Pin)인 장주와 같은 방식으로, 구해보면 식(6.3.14), 식(6.3.15), 식(6.3.16)과 같은 결과가 나타난다. 물론 이때도 기둥의 길이는 l이고, 양단 핀(Pin)인 장주의 오일러 하중을 구할 때와 동일한 조건의 가정이 성립되어야 한다.

① 1단 고정, 타단 핀(Pin)의 장주의 좌굴하중 P_{cr}

$$P_{cr} = \frac{\pi^2 EI}{(0.7l)^2} \tag{6.3.14}$$

② 양단 고정의 장주의 좌굴하중 P_{cr}

$$P_{cr} = \frac{\pi^2 EI}{(0.5l)^2} \tag{6.3.15}$$

③ 1단 고정, 타단 자유의 장주의 좌굴하중 P_{cr}

$$P_{cr} = \frac{\pi^2 EI}{(2l)^2} \tag{6.3.16}$$

앞의 내용을 정리하여 양단의 지지조건이 서로 다른 장주가 좌굴할 때의 탄성곡선의 형상을 그려보면 [그림6.3.5]와 같다.

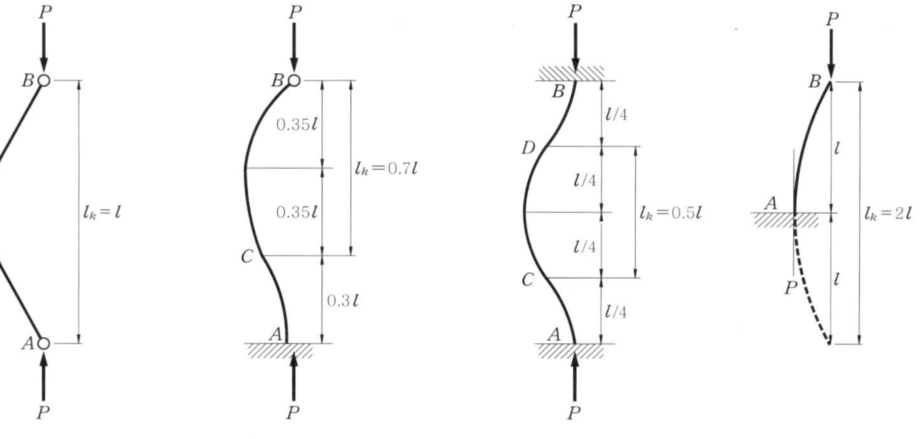

(a) $l_k = l$ (b) $l_k = 0.7\,l$ (c) $l_k = 0.5\,l$ (d) $l_k = 2\,l$

[그림6.3.5] 장주의 유효좌굴길이

[그림6.3.5](b)와 그림(c)에서 점 C와 D는 반곡점을 나타낸다.

한편 [그림6.3.5]에서 l_k는 각종 지지조건의 장주의 길이를 양단 핀(Pin)인 장주의 길이를 기준으로 환산한 것으로, 이때 l_k를 장주의 **유효좌굴길이**(Effective Buckling Length) 또는 **환산좌굴길이**(Reduced Buckling Length)라고 한다.

한편 각종 지지조건에서의 장주의 좌굴하중은 유효좌굴길이 l_k를 사용하여 좌굴하중의 일반식으로 표시할 수 있는데, 식(6.3.12), 식(6.3.14), 식(6.3.15) 및 식(6.3.16)을 종합하여 일반식으로 표시하면 다음과 같다.

$$P_{cr} = \frac{\pi^2 EI}{l_k^2} \tag{6.3.17}$$

상기 식(6.3.17)에 의하면 모두 같은 조건이고 지지조건만 다른 장주의 경우, [그림6.3.5]에서 좌굴하중의 비는 (a) : (b) : (c) : (d) = 1 : 2.04 : 4 : 0.25 이다. 여기서 1단 고정, 타단 자유인 기둥에 비하여 양단 고정의 기둥은 16배의 하중을 더 지지할 수 있음을 알 수 있다.

또한 기둥의 단면적을 A, 단면최소2차반경을 r 이라 하면, 단면2차모멘트는 $I = A \cdot r^2$ 이므로 식(6.3.17)은 다음과 같이 된다.

$$P_{cr} = \frac{\pi^2 EA}{(l_k/r)^2} = \frac{\pi^2 EA}{\lambda^2} \qquad (6.3.18)$$

여기서 P_{cr} 은 좌굴하중, l_k 은 기둥의 유효좌굴길이, π 는 원주율, E 는 탄성계수, λ 는 세장비로 $\lambda = l_k / r$ 이다.

◆ ◆ ◆ ◆ ◆ ◆

예제 6.3.1

다음과 같이 동일한 재료와 단면을 가진 장주가 있을 때, 각 기둥의 유효좌굴길이 l_k와 좌굴하중 P_{cr} 을 구하시오.

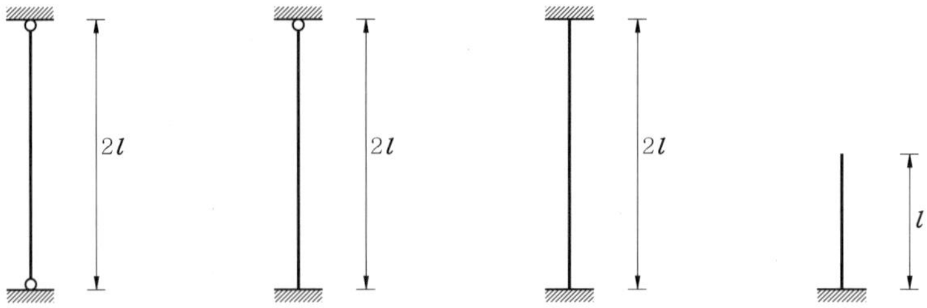

(a) (b) (c) (d)

풀이

(1) 기둥(a)의 유효좌굴길이 l_k와 좌굴하중 P_{cr}

$$l_k = 2l \,,\; P_{cr} = \frac{\pi^2 EI}{l_k^2} = \frac{\pi^2 EI}{(2l)^2} = \frac{\pi^2 EI}{4l^2}$$

(2) 기둥(b)의 유효좌굴길이 l_k와 좌굴하중 P_{cr}

$$l_k = 0.7 \times 2l = 1.4l \,,\; P_{cr} = \frac{\pi^2 EI}{l_k^2} = \frac{\pi^2 EI}{(1.4l)^2} = \frac{\pi^2 EI}{1.96l^2}$$

(3) 기둥(c)의 유효좌굴길이 l_k와 좌굴하중 P_{cr}

$$l_k = 0.5 \times 2l = l,\; P_{cr} = \frac{\pi^2 EI}{l_k^2} = \frac{\pi^2 EI}{(l)^2} = \frac{\pi^2 EI}{l^2}$$

(4) 기둥(d)의 유효좌굴길이 l_k와 좌굴하중 P_{cr}

$$l_k = 2 \times l = 2l,\; P_{cr} = \frac{\pi^2 EI}{l_k^2} = \frac{\pi^2 EI}{(2l)^2} = \frac{\pi^2 EI}{4l^2}$$

예제 6.3.2

다음 그림(a)와 같이 일단 고정, 일단 핀(Pin)인 길이 l 인 기둥에 중심 축하중 P가 작용할 때 좌굴하중 P_{cr}을 구하시오.

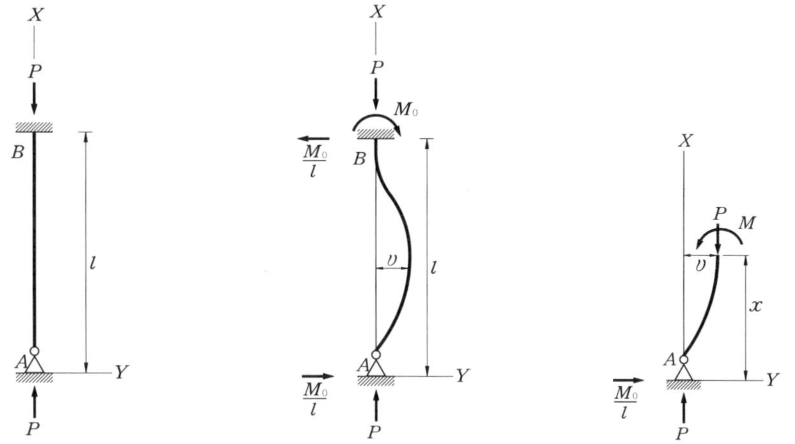

그림(a) 그림(b) 그림(c)

풀이

축하중 P가 작용할 때 변위형상은 그림(b)와 같고, 이때 Y방향으로 수평변위 v 에 대한 일반해는 다음 식(1)과 같다.

$$EIv'' = -M \quad \cdots\cdots\cdots\cdots (1)$$

좌굴된 기둥의 하단 A로부터 x만큼 떨어진 거리에서의 휨모멘트는 그림(c)의 자유물체도를 통하여 식(2)와 같이 구할수 있다.

$$-\frac{M_0}{l}x + Pv - M = 0 \quad \cdots\cdots\cdots\cdots (2)$$

식(1)에 식(2)를 대입하면 다음과 같은 미분방정식이 된다.

$$EIv'' + Pv = \frac{M_0 x}{l}, \quad v'' + \frac{P}{EI}v = \frac{M_0 x}{EIl} \quad \cdots\cdots\cdots\cdots (3)$$

여기서 $k^2 = \dfrac{P}{EI}$라 놓으면 식(3)은 다음과 같은 2차선형 미분방정식이 된다.

$$v'' + k^2 v = \frac{M_0 x}{EIl} \quad \cdots\cdots\cdots\cdots (4)$$

이 방정식의 일반해는 다음과 같다.

$$v = v_c + v_p, \quad v_c = C_1 \sin kx + C_2 \cos kx$$

$v_p = A$ 라 하면 $v_p{}' = 0$, $v_p{}'' = 0$ 이므로 이를 식(3)에 대입하면

$\dfrac{P}{EI}A = \dfrac{M_0 x}{EIl}$, $A = v_p = \dfrac{M_0 x}{Pl}$ 이므로

$$v = v_c + v_p = C_1 \sin kx + C_2 \cos kx + \frac{M_0 x}{Pl} \quad \cdots\cdots\cdots\cdots\cdots\cdots \ (5)$$

여기서 C_1, C_2는 기둥 양단의 경계조건으로부터 계산되는 상수이다.
첫 번째 경계조건 $v(0)=0$ 을 식(5)에 대입하면 $\therefore \ C_2 = 0$
구해진 C_2값을 식(5)에 대입하여 미분하면

$$v' = C_1 k \cos kx + \frac{M_0}{Pl} \quad \cdots\cdots\cdots\cdots\cdots\cdots \ (6)$$

두 번째 경계조건 $v'(l)=0$ 을 식(6)에 대입하면 $\therefore \ C_1 = -\frac{M_0}{Plk\cos kl}$

따라서

$$v = -\frac{M_0}{Plk\cos kl}\sin kx + \frac{M_0 x}{Pl} = \frac{M_0}{P}\left(\frac{x}{l} - \frac{\sin kx}{lk\cos kl}\right) \quad \cdots\cdots\cdots\cdots\cdots\cdots \ (7)$$

세 번째 경계조건 $v(l)=0$ 을 식(7)에 대입하면
$\tan kl = kl$ 이고, 이 식을 만족하는 kl의 최소의 근은 $kl = 4.49$
따라서 $k^2 = \frac{P}{EI}$ 로부터

$$P_{cr} = k^2 EI = \frac{20.2\,EI}{l^2} = \frac{\pi^2 EI}{(0.7l)^2}$$

예제 6.3.3

다음 그림(a)와 같이 양단이 고정단인 길이 l 인 기둥에 중심 축하중 P가 작용할 때 좌굴하중 P_{cr} 을 구하시오.

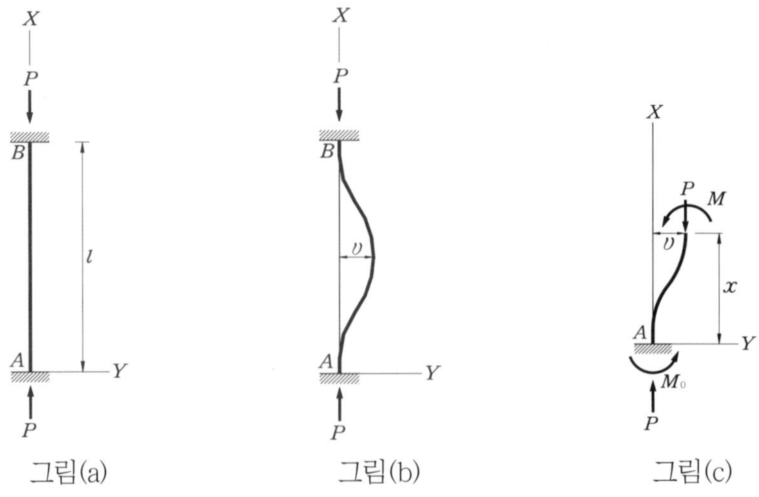

그림(a) 그림(b) 그림(c)

풀이

축하중 P가 작용할 때 변위형상은 그림(b)와 같고, 이때 Y방향으로 수평변위

v에 대한 일반해는 다음 식(1)과 같다.

$$EIv'' = -M \qquad \cdots\cdots\cdots\cdots (1)$$

좌굴된 기둥의 하단 A로부터 x만큼 떨어진 거리에서의 휨모멘트는 그림(c)의 자유물체도를 통하여 식(2)와 같이 구할 수 있다.

$$-M + Pv - M_0 = 0 \qquad \cdots\cdots\cdots\cdots (2)$$

식(1)에 식(2)를 대입하면 다음과 같은 미분방정식이 된다.

$$EIv'' + Pv = M_0, \quad v'' + \frac{P}{EI}v = \frac{M_0}{EI} \qquad \cdots\cdots\cdots\cdots (3)$$

여기서 $k^2 = \dfrac{P}{EI}$라 놓으면 식(3)은 다음과 같은 2차선형 미분방정식이 된다.

$$v'' + k^2 v = \frac{M_0}{EI} \qquad \cdots\cdots\cdots\cdots (4)$$

이 방정식의 일반해는 다음과 같다.

$$v = v_c + v_p, \quad v_c = C_1 \sin kx + C_2 \cos kx$$

$v_p = A$ 라 하면 $v_p{}' = 0$, $v_p{}'' = 0$ 이므로 이를 식(3)에 대입하면

$\dfrac{P}{EI}A = \dfrac{M_0}{EI}$, $A = v_p = \dfrac{M_0}{P}$ 이므로

$$v = v_c + v_p = C_1 \sin kx + C_2 \cos kx + \frac{M_0}{P} \qquad \cdots\cdots\cdots\cdots (5)$$

여기서 C_1, C_2는 기둥 양단의 경계조건으로부터 계산되는 상수이다.

첫 번째 경계조건 $v(0) = 0$ 을 식(5)에 대입하면 $\therefore\ C_2 = -\dfrac{M_0}{P}$

구해진 C_2값을 식(5)에 대입하여 미분하면

$$v' = C_1 k \cos kx + \frac{M_0}{P} k \sin kx \qquad \cdots\cdots\cdots\cdots (6)$$

두 번째 경계조건 $v'(0) = 0$ 을 식(6)에 대입하면 $C_1 k = 0$ 이므로 $\therefore\ C_1 = 0$

따라서,

$$v = -\frac{M_0}{P}\cos kx + \frac{M_0}{P} = \frac{M_0}{P}(1 - \cos kx) \qquad \cdots\cdots\cdots\cdots (7)$$

세 번째 경계조건 $v(l) = 0$ 을 식(7)에 대입하면

$\dfrac{M_0}{P}(1 - \cos kl) = 0$ 이고, 이 식을 항상 만족하기 위해서는

$$1 - \cos kl = 0 \ , \ \cos kl = 1$$

$$kl = 2n\pi\,(n = 1, 2, 3, \cdots\cdots), \ k = \frac{2\pi n}{l}$$

따라서

$$k^2 = \frac{P}{EI} \text{ 로부터 } P_n = k^2 EI = \frac{4n^2\pi^2 EI}{l^2} \quad \cdots\cdots\cdots\cdots\cdots\cdots \quad (8)$$

$n=1$일 때 P_n이 가장 작은 값을 나타내므로

$$\therefore \; P_{cr} = \frac{4\pi^2 EI}{l^2} = \frac{\pi^2 EI}{(0.5l)^2}$$

예제 6.3.4

다음 그림(a)와 같이 일단 고정, 일단 자유인 길이 l 인 기둥에 중심 축하중 P가 작용할 때 좌굴하중 P_{cr} 을 구하시오.

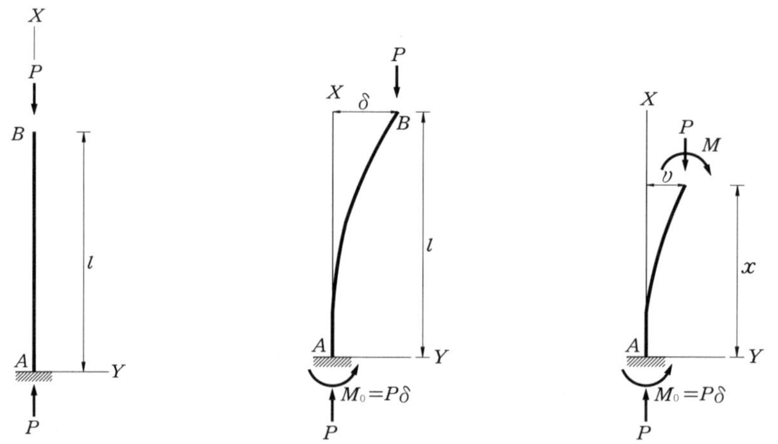

그림(a) 그림(b) 그림(c)

풀이

축하중 P가 작용할 때 변위형상은 그림(b)와 같고, 이때 Y방향으로 수평변위 v에 대한 일반해는 다음 식(1)과 같다.

$$EIv'' = M \quad \cdots\cdots\cdots\cdots\cdots\cdots \quad (1)$$

좌굴된 기둥의 하단 A로부터 x만큼 떨어진 거리에서의 휨모멘트는 그림(c)의 자유물체도를 통하여 식(2)와 같이 구할 수 있다.

$$-P\delta + Pv + M = 0 \quad \cdots\cdots\cdots\cdots\cdots\cdots \quad (2)$$

식(1)에 식(2)를 대입하면 다음과 같은 미분방정식이 된다.

$$EIv'' + Pv = P\delta, \quad v'' + \frac{P}{EI}v = \frac{P\delta}{EI} \quad \cdots\cdots\cdots\cdots\cdots\cdots \quad (3)$$

여기서 $k^2 = \frac{P}{EI}$라 놓으면 식(3)은 다음과 같은 2차선형 미분방정식이 된다.

$$v'' + k^2 v = \frac{P\delta}{EI} \qquad \cdots\cdots\cdots\cdots\cdots\cdots \ (4)$$

이 방정식의 일반해는 다음과 같다.

$$v = v_c + v_p, \ \ v_c = C_1 \sin kx + C_2 \cos kx$$

$v_p = A$ 라 하면 $v_p' = 0$, $v_p'' = 0$ 이므로 이를 식(3)에 대입하면

$\frac{P}{EI}A = \frac{P\delta}{EI}$, $A = v_p = \delta$ 이므로

$$v = v_c + v_p = C_1 \sin kx + C_2 \cos kx + \delta \qquad \cdots\cdots\cdots\cdots\cdots\cdots \ (5)$$

여기서 C_1, C_2는 기둥 양단의 경계조건으로부터 계산되는 상수이다.
첫 번째 경계조건 $v(0) = 0$ 을 식(5)에 대입하면 $\therefore \ C_2 = -\delta$
구해진 C_2값을 식(5)에 대입하여 미분하면

$$v' = C_1 k \cos kx + \delta k \sin kx \qquad \cdots\cdots\cdots\cdots\cdots\cdots \ (6)$$

두 번째 경계조건 $v'(0) = 0$ 을 식(6)에 대입하면 $\therefore \ C_1 = 0$

따라서, $v = -\delta \cos kx + \delta = \delta(1 - \cos kx)$ $\qquad \cdots\cdots\cdots\cdots\cdots\cdots$ (7)

세 번째 경계조건 $v(l) = \delta$ 을 식(7)에 대입하면

$\cos kl = 0$ 이고, $kl = \frac{n\pi}{2}$, $k = \frac{n\pi}{2l}\,(n = 1, 2, 3, \cdots\cdots)$

따라서 $k^2 = \frac{P}{EI}$ 로부터 $P_n = k^2 EI = \frac{n^2\pi^2 EI}{4l^2}$

$n = 1$ 일 때 P_n이 가장 작은 값을 나타내므로

$$\therefore \ P_{cr} = \frac{\pi^2 EI}{4l^2} = \frac{\pi^2 EI}{(2l)^2}$$

예제 6.3.5

다음과 같은 3힌지 라멘에서 기둥 DC를 장주라 가정하고 단면이 그림(a)와 같을 때, 기둥 DC의 좌굴하중 P_{cr} 및 좌굴방향을 구하시오. (여기서 약축에 대한 좌굴유효길이는 $5m$ 이며,
단면(b)의 치수는 $H-150 \times 150 \times 7 \times 10$,
탄성계수는 $E = 2.1 \times 10^5 MPa$,
x축의 단면2차모멘트는
$I_x = 1.64 \times 10^7 mm^4$,
y축의단 면2차모멘트는
$I_y = 5.64 \times 10^6 mm^4$이다.)

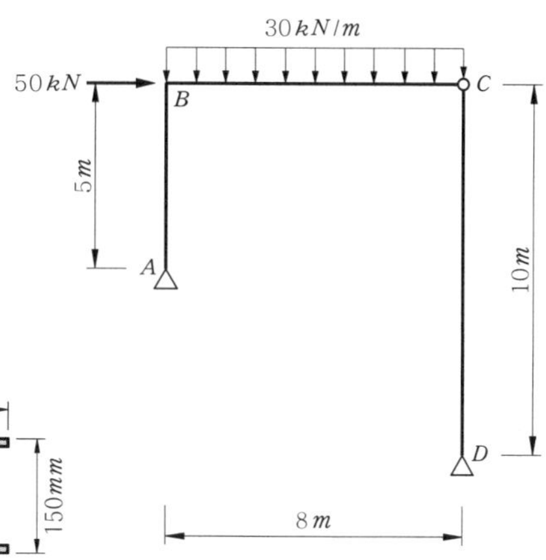

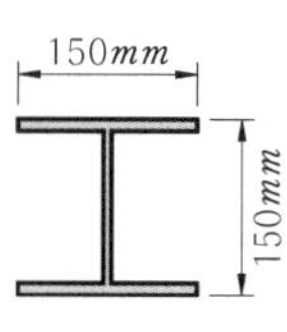

그림(a)

풀이

(1) 반력

반력의 방향을 그림(b)와 같이 가정하고 평형방정식을 세워 반력을 구한다.

$\Sigma H=0 \quad : \ 50-H_A=0$

$\therefore \ H_A=50kN\,(\leftarrow)$

$\Sigma M_C=0 \ : \ (R_A\times 8)+(H_A\times 5) -(30\times 8\times 4)=0$

$\therefore \ R_A=88.75kN\,(\uparrow)$

$\Sigma V=0 \quad : \ R_A+R_D-240=0$

$\therefore \ R_D=151.25kN\,(\uparrow)$

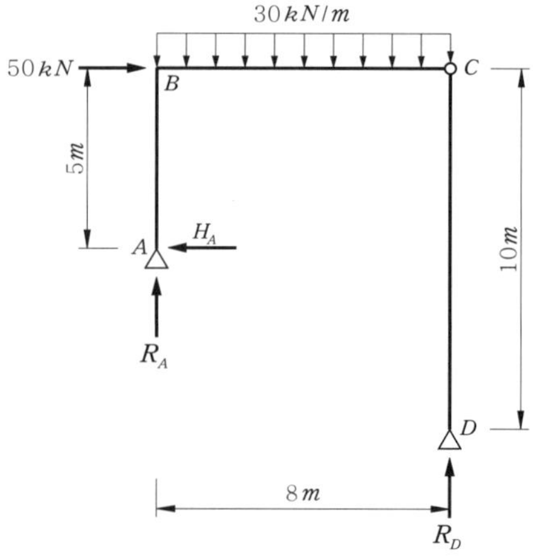

그림(b)

(2) 구간별 단면력

㉠ $A\sim B$ 구간 (지점 A로부터 임의의 거리 x만큼 떨어진 지점의 단면력)

$V_x=50 \qquad M_x=50x \qquad N_x=-88.75$

㉡ $B\sim C$ 구간 (B점으로부터 임의의 거리 x만큼 떨어진 지점의 단면력)

$V_x=88.75-30x$

$M_x=88.75x-\left(30x\times\dfrac{x}{2}\right)+(50\times 5)=88.75x-15x^2+250$

$N_x=0$

㉢ $C\sim D$ 구간 (지점 D로부터 임의의 거리 x만큼 떨어진 지점의 단면력)

$V_x=0 \qquad M_x=0 \qquad N_x=-151.25$

(3) 단면력도

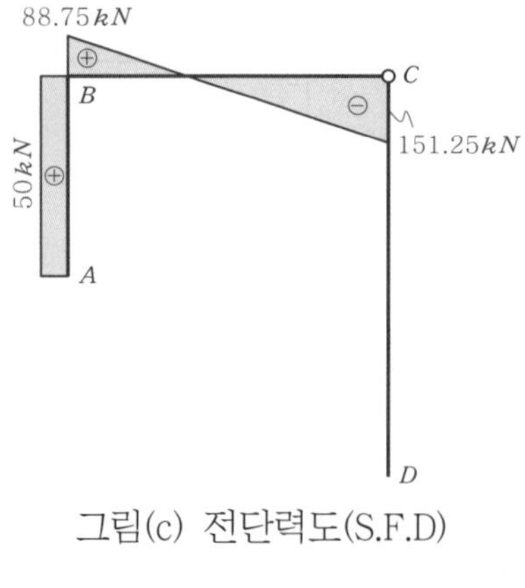

그림(c) 전단력도(S.F.D)

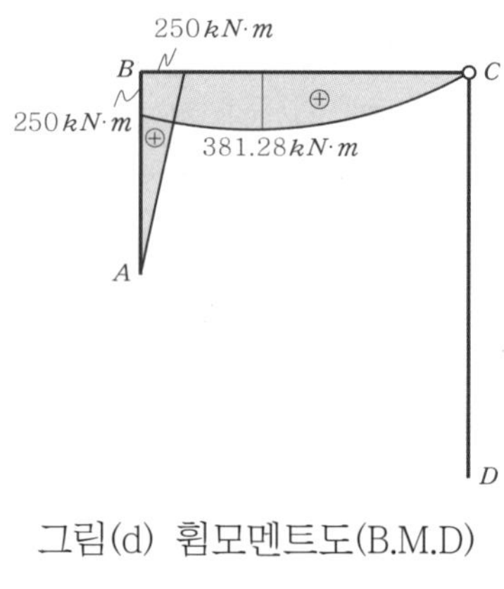

그림(d) 휨모멘트도(B.M.D)

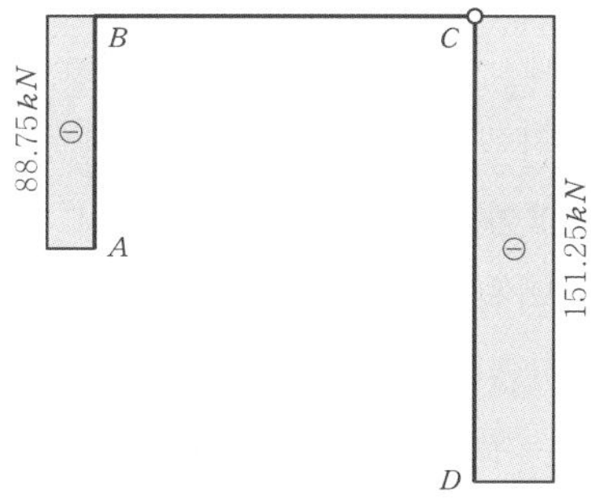

그림(e) 축방향력도(A.F.D)

(4) 기둥 DC의 좌굴하중 P_{cr} 및 좌굴방향

㉠ 기둥 DC의 x축에 대한 좌굴하중 P_{crx}

$$P_{crx} = \frac{\pi^2 EI_x}{(Kl_x)^2} = \frac{\pi^2 \times 2.1 \times 10^5 \times 1.64 \times 10^7}{10000^2} = 339.91kN$$

㉡ 기둥 DC의 y축에 대한 좌굴하중 P_{cry}

$$P_{cry} = \frac{\pi^2 EI_y}{(Kl_y)^2} = \frac{\pi^2 \times 2.1 \times 10^5 \times 5.63 \times 10^6}{5000^2} = 466.75kN$$

㉢ 기둥 DC의 좌굴하중 P_{cr} 및 좌굴방향

$P_{crx} < P_{cry}$이므로 기둥 DC의 좌굴하중 $P_{cr} = P_{crx} = 339.91kN$이며, 좌굴방향은 x축이다.

◆ ◆ ◆ ◆ ◆ ◆

6.3.3 오일러의 좌굴응력과 한계세장비

오일러의 좌굴하중을 기둥의 단면적 A로 나누면 장주가 좌굴할 때의 평균 압축응력을 구할 수 있는데, 이를 **좌굴응력**(挫屈應力, Buckling Stress) 또는 **임계응력**(臨界應力, Critical Stress)이라고 한다. 따라서 좌굴응력 σ_{cr}은 식(6.3.18)을 단면적 A로 나누어 다음과 같이 구할 수 있다.

$$\sigma_{cr} = \frac{P_{cr}}{A} = \frac{\pi^2 E}{\lambda^2} \tag{6.3.19}$$

상기 식(6.3.19)에 의하면 오일러의 좌굴응력은 세장비의 제곱에 반비례함을 알 수 있으며, 세장비는 축방향 압축력을 받는 부재의 좌굴에 큰 영향을 주고 있다는 것을 보여주고 있다. 세장비가 클수록 좌굴응력이 작아져 장주가 좌굴하기 쉽다. 식(6.3.19)에서 만약 장주가 어느 방향으로도 좌굴길이가 같다면 장주의 좌굴방향은 단면2차반경(r)이 최소인 축에 직각방향으로 좌굴되므로, 좌굴하중 및 응력의 계산에는 기둥의 유효좌굴길이(l_k)와 주축에 대한 최소단면2차반경($r_{\min}$)과의 비인 최대세장비($\lambda = l_k / r_{\min}$)를 사용하여야 한다.

한편 오일러의 공식은 탄성이론을 근거로 유도된 공식이므로 후크의 법칙(Hooke's Law)이 성립되는 한도, 즉 좌굴응력 σ_{cr}이 재료의 비례한도 σ_p이하이어야 성립되며, 이는 실험결과와도 잘 맞는다. 그러나 좌굴응력 σ_{cr}이 재료의 비례한도 σ_p 이상이면 후크의 법칙(Hooke's Law)이 성립되지 않아 오일러의 공식을 적용할 수 없으며, 이는 실험결과에서도 증명해 주고 있다.

따라서 기둥을 세장비에 따라 장주와 단주(중주 포함) 2가지로 나눈다면 앞에서 설명한 바와 같이 장주에서는 오일러의 공식 적용이 가능하나 단주에서는 부재의 불완전성과 잔류응력의 영향 등을 고려한 실험공식 및 설계식을 적용하여야 한다.

실제 설계에서는 장주와 단주(중주 포함)의 분기점을 이루는 세장비를 정하기도 하는데, 이를 **한계세장비**(限界細長比, Limit Slenderness Ratio)라고 한다. 즉 한계세장비는 장주가 되기 위한 세장비의 하한값으로, 한계세장비 이상의 세장비를 가진 기둥은 장주로 간주한다는 뜻이다. 한계세장비는 구조설계법에 따라 어떤 임의의 허용응력 및 항복응력을 기준으로 정하고 있다.

우리나라 1983년 강구조설계규준(1983)에서는 최대잔류응력의 크기가 $0.3F_y$에 이르고 있는 것과 그 외의 불완전성을 고려하여 압축재의 한계세장비 λ_p를 오일러의 좌굴응력에서 $0.6F_y$에 대응하는 세장비로 정하고 있다. 여기서 F_y는 재료의 항복응력 또는 항복강도를 말한다. 따라서 식(6.3.19)를 $0.6F_y$와 같다고 놓으면, 다음과 같이 한계세장비 λ_p를 구할 수 있다.

$$\sigma_{cr} = \frac{\pi^2 E}{\lambda_p^2} = 0.6F_y$$

$$\therefore \quad \lambda_p = \sqrt{\frac{\pi^2 E}{0.6F_y}} \tag{6.3.20}$$

최근 건축구조기준(KDS 2022)인 강구조의 한계상태설계법에서는 압축재의 임계세장비 λ_{cr}을 오일러의 좌굴응력 σ_{cr}이 항복강도 F_y값이 될 때의 세장비라고 정하고 있다. 따라서 식(6.3.19)를 항복강도 F_y와 같다고 놓으면, 다음과 같이 임계세장비 λ_{cr}을 구할 수 있다.

$$\sigma_{cr} = \frac{\pi^2 E}{\lambda_{cr}^2} = F_y$$

$$\therefore \quad \lambda_{cr} = \pi\sqrt{\frac{E}{F_y}} \tag{6.3.21}$$

그리고 건축구조기준(KDS 2022)에서는 임계세장비 λ_{cr}의 1.5배에 해당하는 세장비를 한계세장비 KL/r로 정하고, 이 한계세장비 KL/r을 다음과 같이 나타내고 있다.

$$\frac{KL}{r} = 1.5\,\lambda_{cr} = 1.5\,\pi\sqrt{\frac{E}{F_y}} = 4.71\sqrt{\frac{E}{F_y}} \qquad (6.3.22)$$

◆ ◆ ◆ ◆ ◆ ◆

예제 6.3.6

다음과 같이 $6m$ 길이의 기둥의 단면이 그림(a)와 같을 때, 이 기둥이 장주가 되기 위한 최대 D값을 구하시오. (여기서 탄성계수는 $E=2.1\times10^5 MPa$, 항복강도는 $F_y = 240\,MPa$ 이고, 강구조의 한계상태설계법을 적용한다.)

그림(a)

풀이

(1) 기둥의 유효좌굴길이 l_k

$$l_k = 0.5\times6000 = 3000\,mm$$

(2) 기둥의 좌굴응력 σ_{cr}

$$\sigma_{cr} = \frac{\pi^2E}{\lambda^2} = \frac{\pi^2\times2.1\times10^5}{(3000\times4/D)^2} = 0.014\,D^2$$

(3) 장주가 되기 위한 최대 D값

$$\sigma_{cr} \le F_y\,,\qquad 0.014\,D^2 \le 240 \qquad \therefore\ D \le 129.13\,mm$$

따라서 장주가 되기 위한 최대 D값은 $129.13\,mm$ 이다.

◆ ◆ ◆ ◆ ◆ ◆

◈ 연 습 문 제 ◈

6.3.1 다음 중 장주를 가장 잘 나타낸 것은?
① 중심축 하중에 의한 직응력에 의해서 파괴되는 기둥
② 편심 축하중에 의한 직응력 및 휨응력에 의해서 파괴되는 기둥
③ 주로 탄성좌굴에 의해서 파괴되는 기둥
④ 주로 휨응력에 의해서 파괴되는 기둥

6.3.2 다음 중 장주의 임계하중에 대한 설명 중 옳지 않은 것은?
① 기둥의 탄성계수에 정비례한다.
② 기둥의 휨강도에 반비례한다.
③ 기둥 단면의 단면2차모멘트에 정비례한다.
④ 기둥의 길이의 제곱에 반비례한다.

6.3.3. 다음 그림과 같이 단면이 똑같은 장주가 있다. A주는 일단 고정, 일단 자유, B주는 양단 힌지, C주는 양단 고정이다. 세 기둥의 좌굴하중을 비교할 때 옳은 것은?

① $P_{crA} > P_{crB} > P_{crC}$
② $P_{crA} < P_{crB} < P_{crC}$
③ $P_{crA} > P_{crB} = P_{crC}$
④ $P_{crA} < P_{crB} = P_{crC}$

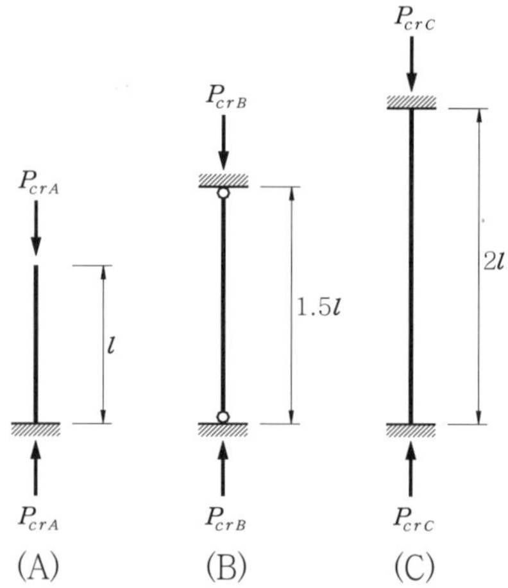

6.3.4 다음 그림(a)의 장주가 $4tf$에 견딜 수 있다면 그림(b)의 장주가 견딜 수 있는 하중은? (단 재질과 단면은 같다.)

① $16tf$
② $24tf$
③ $32tf$
④ $64tf$

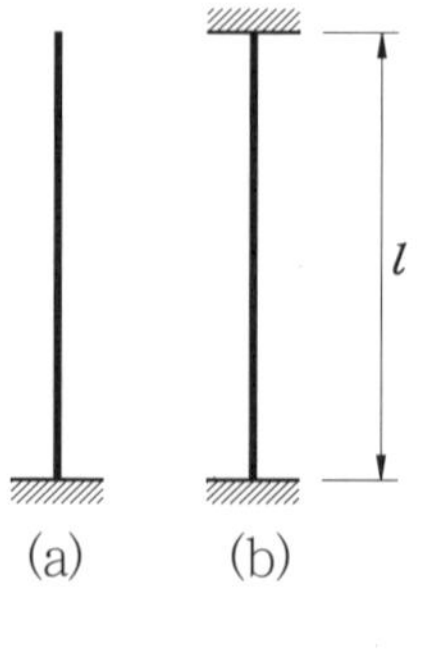

6.3.5 다음 중 양단이 고정인 장주의 좌굴응력을 구하는 식은? (단, 기둥의 길이를 l, 탄성계수를 E, 양단 핀일 때의 세장비를 λ라 한다.)

① $\dfrac{4\pi^2 E}{\lambda^2}$ ② $\dfrac{2\pi^2 E}{\lambda^2}$ ③ $\dfrac{\pi^2 E}{4\lambda^2}$ ④ $\dfrac{\pi^2 E}{2\lambda^2}$

6.3.6 다음 그림(a)와 같이 길이 $L=5m$이고, 양단 핀(Pin)인 기둥에 중심 축하중 $P=3000kN$이 작용하고 있다. 이 기둥이 어떤 방향으로도 좌굴하지 않도록 하기에 적합한 단면을 다음 5개의 단면들 중 모두 선택하라.
(단, $E=2.6\times10^4 MPa$이다.)

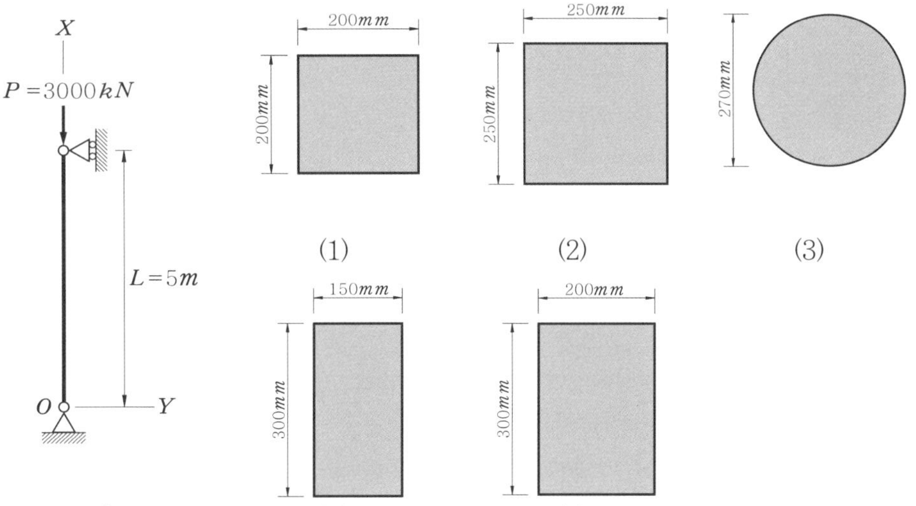

그림(a) (1) (2) (3) (4) (5)

6.3.7 다음 그림(a)와 같은 중공원형단면을 가진 길이 $L=3m$의 기둥이 있다. 이 기둥의 재질이 알루미늄($E=7.0\times10^4 MPa$)이고 단면의 외경과 내경이 각각 $200mm$, $180mm$일 때, 다음 조건에서의 좌굴하중 P_{cr}을 구하라.

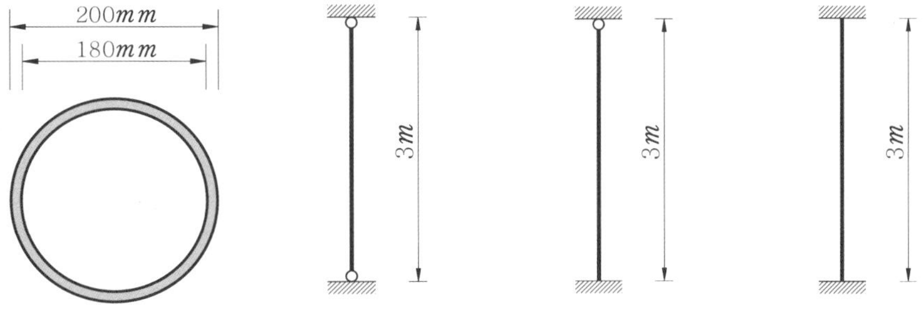

그림(a) ① 양단 핀 ② 핀+고정 ③ 양단고정

6.3.8 다음 그림(a)와 같이 양단이 핀(Pin)으로 지지된 H형강 단면을 가진 기둥이 있다. 이 기둥이 장주가 되기 위한 최소한의 길이를 강구조의 한계상태설계법(KDS 2022)에 따라 구하라. (여기서 $E = 2.0 \times 10^5 MPa$, $F_y = 275 MPa$)

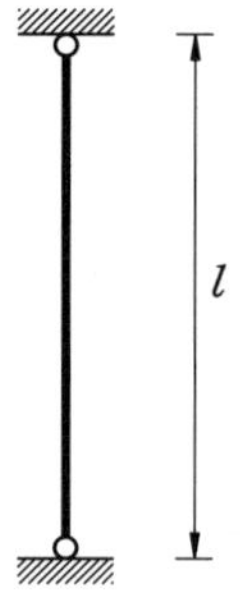

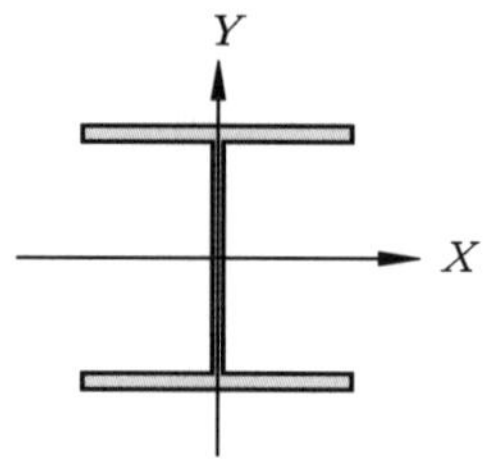

〈 H-200×200×8×12 〉

〈 H-형강의 단면성능 〉

- $r_x = 86.2mm$
- $r_y = 50.2mm$
- $A = 6353mm^2$
- $I_x = 4.72 \times 10^7 mm^4$
- $I_y = 1.6 \times 10^7 mm^4$
- $Z_x = 4.72 \times 10^5 mm^3$
- $Z_y = 1.6 \times 10^5 mm^3$

그림(a)

6.4 비탄성좌굴 (Inelastic Buckling)

기둥의 좌굴응력이 재료의 비례한도 이상이면 후크의 법칙(Hooke's Law)이 성립되지 않아 탄성이론을 근거로 한 오일러의 공식(Euler's Formula)을 적용할 수 없다. 이러한 한계세장비 이하의 기둥이 단주 또는 중주에 해당한다.

단주 및 중주의 좌굴은 비례한도 보다 큰 응력에서 파괴되므로 **비탄성좌굴**(非彈性挫屈, Inelastic Buckling)이라고 한다.

비탄성좌굴의 해석에 관한 이론에는 접선계수이론, 감소계수이론, 샨리(Shanly) 이론이 있다.

6.4.1 접선계수이론 (Tangent Modulus Theory)

[그림6.4.1](a)와 같은 강재의 응력-변형률선도에서 응력이 비례한도 σ_p를 넘어서면 응력-변형률곡선상의 기울기인 접선계수 E_t는 $d\sigma/d\epsilon$가 되고, 이 값은 비례한도 이하에서의 탄성계수 E의 값보다 적어져 그림(b)와 같이 나타난다.

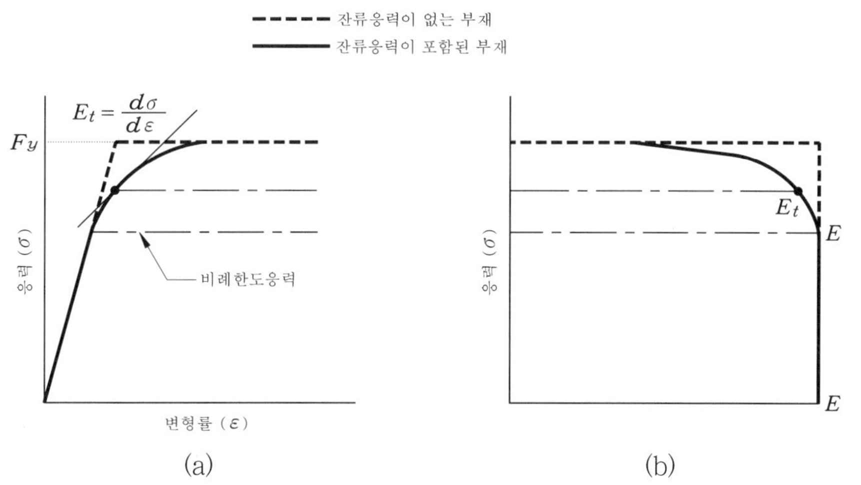

[그림6.4.1] 강재의 접선계수

접선계수이론(接線係數理論, Tangent Modulus Theory)은 1889년 엔겟서(F. Engesser)에 의하여 제안된 것으로, 식(6.3.17)의 오일러의 좌굴하중에서 탄성계수 E 대신에 접선계수 E_t로 대체하여 비탄성영역에서의 좌굴하중 P_t을 다음과 같이 나타내었다.

$$P_t = \frac{\pi^2 E_t I}{l_k^2} \tag{6.4.1}$$

여기서 P_t을 **접선계수하중**(接線係數荷重, Tangent Modulus Load)이라고 한다.

이에 대응하는 좌굴응력 σ_t는 식(6.3.19)의 오일러의 좌굴응력에서 탄성계수 E 대신에 접선계수 E_t로 대체하면 다음과 같다.

$$\sigma_t = \frac{\pi^2 E_t}{\lambda^2} \tag{6.4.2}$$

접선계수이론은 기둥 단면의 압축응력이 비례한도 σ_p를 넘을 때 접선계수 E_t가 $E_t = d\sigma/d\epsilon$의 관계에 있다는 것을 근거로 한 것이다. 그러나 여기서는 좌굴 시 휨으로 인한 기둥의 인장영역에서 축하중으로 인한 압축응력의 감소가 일어나지 않는다는 가정이 따른다. 접선계수이론은 단순성과 사용의 간편성이 가장 큰 장점으로 나타난다.

접선계수 E_t가 [그림6.4.1]과 같이 압축응력 P/A에 따라 변하는 만큼, 접선계수하중 P_t는 보통 반복과정(Iterative Procedure)을 통하여 구한다. P_t를 구하는데 있어서 시행값 P_1(Trial Value)은 응력이 비례한도 σ_p에 도달할 때까지의 하중 $\sigma_p A$보다 조금 큰 값이어야 한다. P_1을 알면 이에 대응하는 축방향응력 $\sigma_1 = P_1/A$을 계산할 수 있고, 또 응력-변형률곡선에서 접선계수 E_t를 결정할 수 있다. 그 다음 식(6.4.1)을 사용하여 두 번째 추정값 P_t를 구하고, 이 값을 P_2라 한다. P_2가 P_1에 아주 가까운 값이면 하중 P_2를 접선계수하중 P_t로서 취할 수 있다. 그러나 시행하중과 매우 일치하는 하중을 계산할 때까지 반복과정을 계산하여야 한다. 이러한 방법으로 접선계수하중값에 도달한다.

접선계수하중 P_t으로부터 계산된 좌굴응력 σ_t가 어떻게 세장비에 따라 변화하는지를 전형적인 철골기둥에 대하여 살펴보면 [그림6.4.2]와 같다.

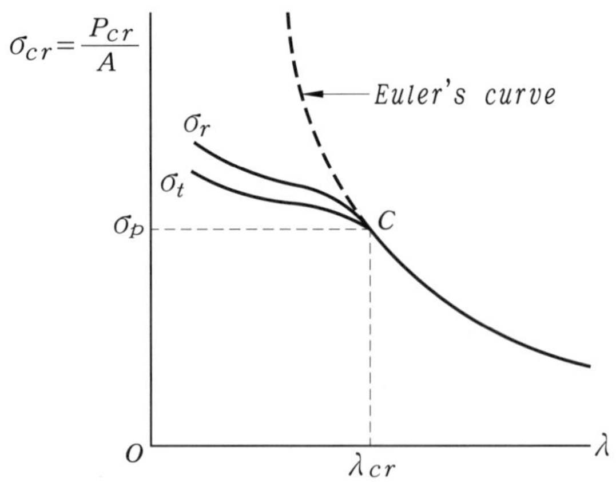

[그림6.4.2] 철골기둥의 세장비에 대한 좌굴응력

6.4.2 감소계수이론 (Reduced Modulus Theory)

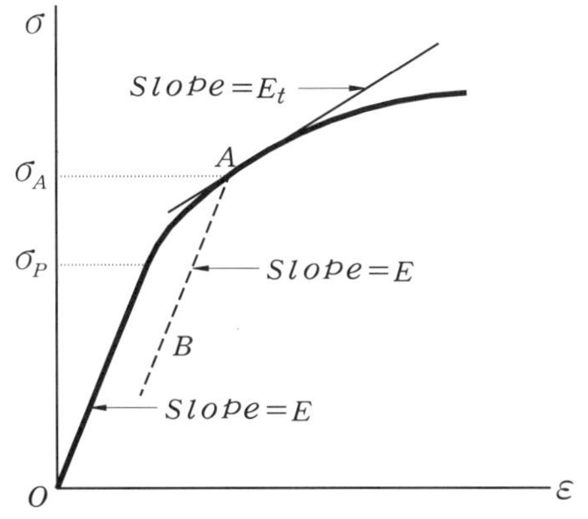

[그림6.4.3] 기둥의 응력-변형률선도

접선계수이론은 그 사용의 장점에도 불구하고 다음과 같이 기둥의 완전한 거동을 설명해 주지는 못하는 이론적 결함을 가지고 있다.

기둥이 초기 곧은 직선형태에서 좌굴이 되면 휨으로 인하여 오목한 면의 요소는 압축응력을 받고 볼록한 면의 요소는 인장응력을 받는다. [그림6.4.3]에서 만약 기둥의 응력이 비례한도 σ_p를 지나 비탄성구간인 A점에 도달하여 비탄성좌굴이 일어났다고 가정하면, 휨으로 인한 이들 응력은 A점에서 이미 존재하는 큰 압축응력 $\sigma_A = P/A$에 중첩된다. 그러므로 좌굴시 오목한 면의 요소에서는 이미 존재하였던 압축응력 σ_A가 좌굴로 인한 압축응력과 중첩되어 압축응력이 증가하고, 볼록한 면의 요소에서는 압축응력 σ_A가 좌굴로 인한 인장응력과 상쇄되어 압축응력이 감소한다. A점에서 압축응력이 증가할 때는 [그림6.4.3]에 나타난 바와 같이 응력-변형률 관계는 접선계수 E_t로 표시된다. 반면에 압축응력이 감소할 때는 [그림6.4.3]에 나타난 바와 같이 재료는 응력-변형률 곡선상의 제하선(Unloading Line) AB를 따라 변화한다. 선 AB는 곡선의 초기선형부분과 평행하며 그 기울기는 탄성계수 E와 동일하다.

따라서 초기 휨이 작용하는 동안 기둥의 오목한 면은 접선계수 E_t, 볼록한 면은 탄성계수 E인 2개의 서로 다른 재료로 만들어진 기둥처럼 거동한다. 이러한 기둥의 휨 해석은 두 재료로 만들어진 보의 이론을 이용하는데, 이 해석결과는 기둥이 E와 E_t값 사이의 어느 중간정도의 탄성계수를 갖는 재료처럼 거동함을 보여준다.

이 유효계수(Effective Modulus)를 **감소계수**(減少係數, Reduced Modulus) E_r이라고 하는데, 이 값은 $E_t < E_r < E$의 범위 내에 있으며 응력의 크기 뿐만 아니라 기둥단면의 형태에 따라서도 변한다.

만약 기둥이 직사각형 단면을 가진다면 감소계수 E_r은 다음과 같다.

$$E_r = \frac{4EE_t}{(\sqrt{E} + \sqrt{E_t})^2} \tag{6.4.3}$$

여기서 감소계수 E_r은 **2중계수**(Double Modulus) 또는 **등가계수**(Equivalent Modulus)라고도 부른다.

식(6.3.17)의 오일러의 좌굴하중에서 탄성계수 E 대신에 감소계수 E_r로 대체하여 비탄성영역에서의 좌굴하중 P_r을 다음과 같이 나타낸다.

$$P_r = \frac{\pi^2 E_r I}{l_k^2} \tag{6.4.4}$$

여기서 P_r을 **감소계수하중**(減少係數荷重, Reduced Modulus Load)이라고 한다.

이에 대응하는 좌굴응력 σ_r은 식(6.3.19)의 오일러의 좌굴응력에서 탄성계수 E 대신에 감소계수 E_r로 대체하면 다음과 같다.

$$\sigma_r = \frac{\pi^2 E_r}{\lambda^2} \tag{6.4.5}$$

이 **감소계수이론**(減少係數理論, Reduced Modulus Theory)은 콘시데레(A. Considere)가 제안하고, 카아만(T. von Karman)이 발전시킨 이론이다.

감소계수이론은 E_r이 응력-변형률곡선 뿐만 아니라 기둥단면의 형태에 따라서도 변하므로, 식(6.4.3)의 직사각형 단면을 제외하고는 각 기둥에 대하여 그 값을 구해야함으로 실용적으로 사용하기에는 어려움이 있다. 더욱이 이 이론도 이론적인 결함을 가지고 있다. 감소계수 E_r을 적용하기 위해서는 좌굴시 기둥의 볼록한 면의 요소에서의 응력이 감소해야 한다. 그러나 이런 응력감소는 휨이 발생할 때까지는 일어날 수 없다. 그러므로 초기 곧은 직선형태의 기둥에 작용하는 하중 P는 감소계수하중 P_r까지 도달할 수 없다. 이러한 하중에 도달하기 위해서는 휨이 미리 존재해야 하는데 이것은 모순이다.

6.4.3 샨리이론 (Shanley Theory)

접선계수이론이나 감소계수이론은 앞에서 설명하였듯이 비탄성거동을 완전하게 설명하기에는 불충분한 점들이 있다.

그래서 이를 극복하기 위하여 샨리(F.R. Shanley)에 의하여 개발된 것이 **비탄성좌굴의 샨리이론**(Shanley Theory of Inelastic Buckling)이다.

이 이론은 기둥이 비탄성적일 때는 오일러의 좌굴이 일어날 가능성이 없다는 것을 인식하고 접선계수이론과 감소계수이론의 단점을 극복해 나간 것이다.

샨리이론에서는 항상 증가하는 축하중을 받는 기둥을 고려하였다. 하중이 접선계수하중 P_t에 도달할 때 하중이 계속 증가한다면 휨이 시작될 수 있다. 이런 상태에서는 하중의 증가와 함께 기둥에 휨이 일어나고, 그 결과 기둥의 볼록한 면에 변형률이 감소한다. 따라서 단면을 통해 재료의 유효계수가 접선계수 E_t보다 커지게 되어 하중이 증가할 수 있다. 그러나 유효계수가 감소계수 E_r만큼 커지지는 않는다. 이러한 거동은 [그림6.4.4]의 샨리이론에 의한 곡선에 잘 나타나 있다.

[그림6.4.4]는 기둥의 탄성과 비탄성좌굴에 대한 하중 P과 횡변위 v에 대한 선도를 보여주고 있다. 샨리이론에 의하면 비탄성좌굴은 접선계수하중 P_t에서 시작되고, 하중은 증가하지만 횡변위 v가 무한대로 증가할 때까지 감소계수하중 P_r에 도달하지 못한다. 그러나 샨리이론에 의한 실제 곡선은 다른 영향들이 처짐이 커질수록 중요한 요소가 되므로 [그림6.4.4]의 점선과 같이 아래로 처진다.

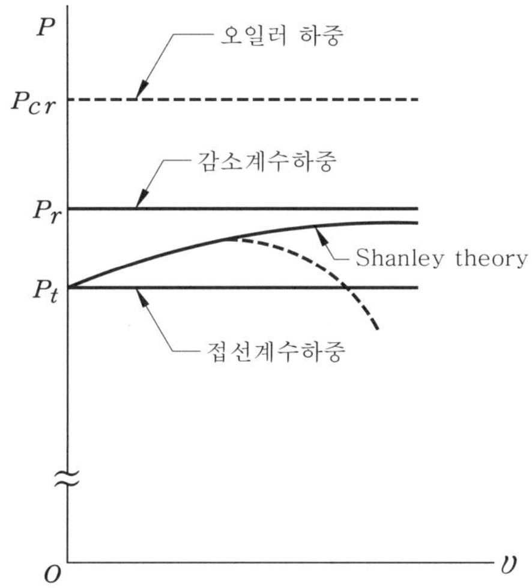

[그림6.4.4] 기둥의 탄성과 비탄성좌굴에 대한 하중-횡변위선도

비탄성좌굴의 샨리이론은 여러 이론과 많은 실험적인 방법을 통하여 입증되었다. 그러나 실제 기둥에서 얻어진 최대하중은 접선계수하중 P_t보다 조금 높을 뿐이다.

결국 샨리이론에 의하면 접선계수에 의한 해석은 비탄성영역에서 좌굴하중의 계산에 하한선을 이루고 있으므로, 실제 기둥의 비탄성 좌굴하중을 구하기 위해서는 식(6.4.1)의 접선계수하중 P_t을, 실제 기둥의 비탄성 좌굴응력을 구하기 위해서는 식(6.4.2)의 좌굴응력 σ_t를 적용하는 것이 합당하다.

◈ 연 습 문 제 ◈

6.4.1 다음 중 비탄성좌굴에 해당하지 않은 것은?

① 접선계수이론(接線係數理論, Tangent Modulus Theory)

② 오일러 하중(Euler Load)

③ 감소계수하중(減少係數荷重, Reduced Modulus Load)

④ 샤리이론(Shanley Theory of Inelastic Buckling)

6.4.2 다음 비탄성좌굴의 해석에 관한 이론 중 성격이 다른 것은?

① 감소계수이론(Reduced Modulus Theory)

② 2중계수이론(Double Modulus Theory)

③ 등가계수이론(Equivalent Modulus Theory)

④ 샤리이론(Shanley Theory)

6.4.3 다음 중 오일러의 탄성계수를 E, 접선계수를 E_t, 감소계수를 E_r라고 할 때, 이들 크기를 맞게 표시한 것은?

① $E_r < E_t < E$　　② $E < E_t < E_r$

③ $E_t < E_r < E$　　④ $E < E_r < E_t$

6.4.4 다음 중 기둥의 비탄성 좌굴이론에 대한 설명 중 옳지 않은 것은?

① 접선계수이론은 기둥좌굴시 휨으로 인한 기둥의 인장영역에서 축하중으로 인한 압축응력의 감소가 일어난다는 점이 고려되었다.

② 접선계수이론은 기둥 단면의 압축응력이 비례한도를 넘을 때 접선계수 E_t가 $E_t = d\sigma/d\epsilon$의 관계에 있다는 것을 근거로 한 것이다.

③ 감소계수이론에 의하면 기둥이 탄성계수와 접선계수의 값 사이의 어느 중간정도의 탄성계수를 갖는 재료처럼 거동함을 보여준다.

④ 샤리이론에 의하면 비탄성좌굴은 접선계수하중에서 시작되고, 하중은 증가하지만 횡변위가 무한대로 증가할 때까지 감소계수하중에 도달하지 못한다.

6.5 불완전한 기둥의 좌굴*

앞에서 이제까지 기둥의 좌굴은 직선형태의 곧은 기둥에 중심 축하중이 작용하는 이상적인 상태의 가정에서 다루어졌다. 그러나 실제 기둥은 조금이나마 휘어져 있거나 축하중이 편심으로 작용하는 경우가 대부분이다. 이와 같은 불완전한 기둥에서는 초기 휨과 편심 축하중에 의하여 좌굴하기 이전에 단부 모멘트 이외의 부가모멘트가 추가되는데, 이 절에서는 불완전한 기둥의 좌굴에 대하여 살펴보기로 한다.

6.5.1 초기 휨을 가진 기둥의 좌굴

원래 휘어져 있는 기둥의 좌굴에 대한 거동을 살펴보기 위해서 [그림6.5.1]과 같이 양단이 핀(Pin)이고, 길이가 l, 그리고 초기 휨으로 초기 휘어진 모양이 사인곡선(Sine Curve)의 형태를 띠고 중앙부의 최대 횡처짐 A_o를 가진 기둥의 경우를 생각해 보자.

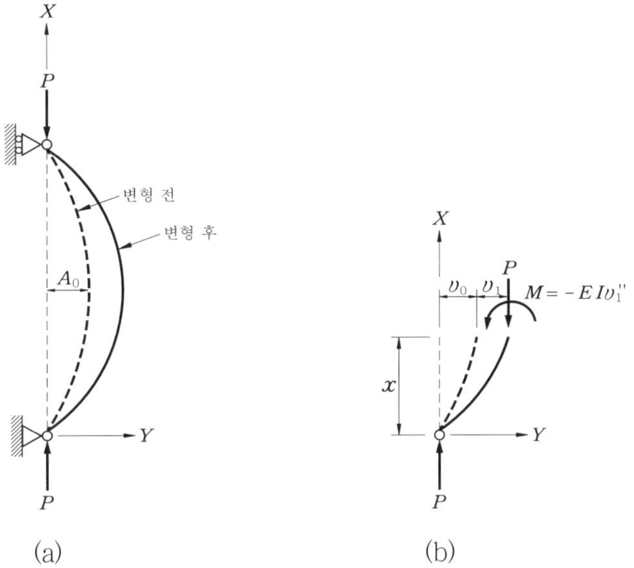

[그림6.5.1] 초기 휨을 가진 기둥의 좌굴

이 기둥의 초기 휨에 의한 Y방향의 횡방향 처짐 v_o는 Sine함수에 의하여 다음과 같이 나타낼 수 있다.

$$v_o = A_o \sin\frac{\pi x}{l} \tag{6.5.1}$$

축하중에 의하여 추가적으로 발생하는 추가 처짐을 v_1이라 하면, 전체 횡방향 처짐 v는 $v = v_o + v_1$이 된다. 따라서 축하중 P와 처짐 v에 의한 휨모멘트는 $P(v_o + v_1)$이 된다. 여기서도 6.3절의 오일러 공식을 유도하였을 때와 마찬가지로 탄성이론과 보의 처짐곡선에 대한 미분방정식 $EI v_1'' = -M$을 이용하기로 한다.

[그림6.5.1](b)에서 좌굴된 기둥의 하단으로부터 x만큼 떨어진 거리에서의 휨모멘트는 자유물체도를 통해서 구할 수 있다. 하단에서 x만큼 떨어진 거리의 기둥을 잘라 생각해 보면 정역학적 평형상태로부터 수직력 P와 휨모멘트 M $(= Pv)$이 작용한다는 것을 알 수 있다. 그러므로 평형조건식에 의하여 다음과 같이 된다.

$$-M + P(v_o + v_1) = 0 \tag{6.5.2}$$

$EI v_1'' = -M$을 식(6.5.2)에 대입하면 다음과 같은 미분방정식이 된다.

$$\begin{aligned} EI v_1'' + P(v_o + v_1) &= 0 \\ v_1'' + \frac{P}{EI}(v_o + v_1) &= 0 \end{aligned} \tag{6.5.3}$$

여기서 $k^2 = P/EI$ 라 놓으면 식(6.5.3)은 다음과 같은 2차선형 미분방정식이 된다.

$$v_1'' + k^2 v_o + k^2 v_1 = 0 \tag{6.5.4}$$

식(6.5.1)을 식(6.5.4)에 대입하면 다음과 같은 초기 휨을 가진 기둥의 횡방향 처짐에 대한 미분방정식으로 정리된다.

$$v_1'' + k^2 v_1 = -k^2 A_o \sin\frac{\pi x}{l} \tag{6.5.5}$$

이 방정식의 일반해는 다음과 같다.

$$v_1 = C_1 \sin kx + C_2 \cos kx + \frac{A_o}{\pi^2/k^2 l^2 - 1}\sin\frac{\pi x}{l} \tag{6.5.6}$$

여기서 C_1, C_2는 기둥 양단의 경계조건으로부터 계산되는 상수이다.

양단이 핀인 기둥의 첫 번째 경계조건으로는 $x = 0$ 에서 $v_1 = 0$ 이고, 두 번째 경계조건으로는 $x = l$ 에서 $v_1 = 0$ 이다. 이들 경계조건은 다음과 같이 표현할 수 있다.

$$v_1(0) = 0, \qquad v_1(l) = 0 \tag{6.5.7}$$

상기 식(6.5.7)을 식(6.5.6)에 적용하면 첫 번째 경계조건으로 $C_2 = 0$ 이고, 두 번째 경계조건으로 다음과 같은 식이 구해진다.

$$C_1 \sin kl = 0 \tag{6.5.8}$$

상기 식(6.5.8)에서 $\sin kl = 0$ 의 경우를 생각하면, 이 식은 양단 핀(Pin)으로 연결된 곧은 기둥의 좌굴에 관련된 식이므로 초기 휨을 가진 기둥의 경우를 나타내는 것이 아니다. 따라서 $C_1 = 0$ 로 하면, 초기 휨을 가진 기둥의 추가 휨변형을 나타내는 식은 식(6.5.6)에서 다음과 같이 된다.

$$v_1 = \left(\frac{P/P_{cr}}{1 - P/P_{cr}} \right) A_o \sin \frac{\pi x}{l} \tag{6.5.9}$$

여기서 P_{cr}은 오일러의 좌굴하중으로 $P_{cr} = \pi^2 EI/l^2$ 이다.

한편 초기 휨을 포함한 전체 횡방향 처짐 v는 $v = v_o + v_1$ 이므로, 식(6.5.1) 및 식(6.5.9)로부터 다음과 같이 나타낼 수 있다.

$$v = \left(\frac{A_o}{1 - P/P_{cr}} \right) \sin \frac{\pi x}{l} \tag{6.5.10}$$

또한 최대 횡방향 처짐 $v_{\max}$은 기둥 중간인 $x = l/2$ 에서 생기므로, 이를 식(6.5.10)에 대입하면 다음과 같이 나타난다.

$$v_{\max} = \frac{A_o}{1 - P/P_{cr}} \tag{6.5.11}$$

[그림6.5.2]는 축하중 P에 대한 최대 횡방향 처짐 $v_{\max}$를 초기 처짐 A_o에 대하여 개략적으로 나타낸 것이다.

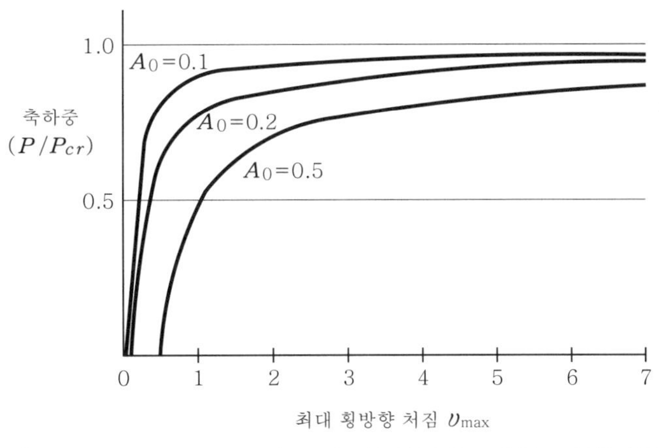

[그림6.5.2] 초기 휨을 가진 기둥의 축하중에 대한 최대 횡방향 처짐

[그림6.5.2]에서 초기 휨을 가진 기둥은 축하중이 작용하기 시작하면서 횡방향 처짐을 보이며, 초기 휨이 큰 기둥일수록 축하중에 대하여 횡방향 처짐이 크고, 횡방향 처짐은 오일러의 좌굴하중 P_{cr}에 근접하면서 무한히 증가함을 알 수 있다. 그리고 초기 휨을 가진 기둥이 지지할 수 있는 축하중은 오일러의 좌굴하중보다 작다.

6.5.2 편심 축하중을 받는 기둥의 좌굴

기둥에 작용하는 축하중은 부재의 형태, 결함, 휨모멘트 등에 의하여 기둥 단면의 도심에 대하여 편심으로 작용하는 경우가 많다. 편심 축하중을 받는 기둥의 좌굴에 대한 거동을 살펴보기 위해서 [그림6.5.3]과 같이 양단이 핀(Pin)이고, 길이가 l, 그리고 작은 편심거리 e 만큼 떨어진 곳에 축하중 P가 작용하는 기둥의 경우를 생각해 보자.

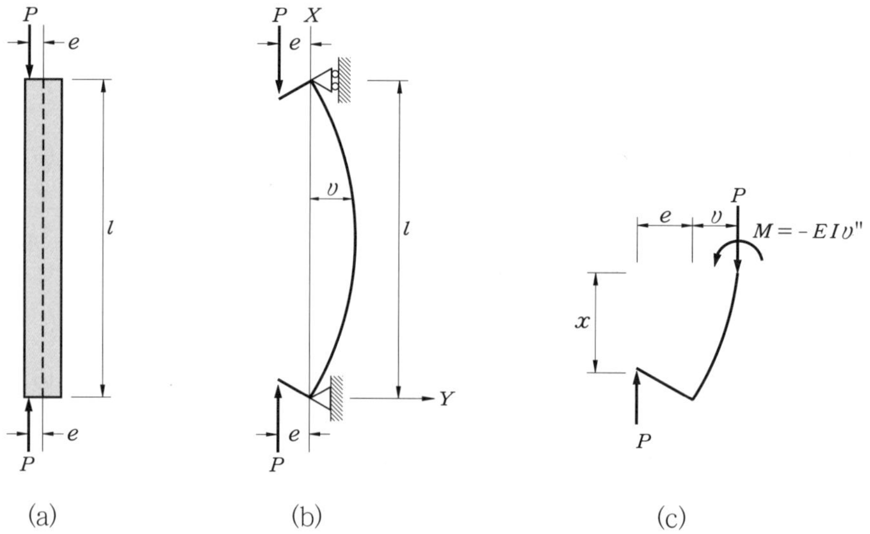

[그림6.5.3] 편심 축하중을 받는 기둥

여기서도 6.3절의 오일러 공식을 유도하였을 때와 마찬가지로 탄성이론과 보의 처짐곡선에 대한 미분방정식 $EIv'' = -M$을 이용하기로 한다.

[그림6.5.3](c)에서 좌굴된 기둥의 하단으로부터 x만큼 떨어진 거리에서의 휨모멘트는 자유물체도를 통해서 구할 수 있다. 하단에서 x만큼 떨어진 거리의 기둥을 잘라 생각해 보면 정역학적 평형상태로부터 수직력 P와 휨모멘트 $M = P(e+v)$ 이 작용한다는 것을 알 수 있다. 여기서 v는 기둥의 부재축으로부터 측정된 횡방향 처짐을 말한다. 그러므로 평형조건식에 의하여 다음과 같이 된다.

$$-M + P(e+v) = 0 \tag{6.5.12}$$

$EIv'' = -M$을 식(6.5.12)에 대입하면 다음과 같은 미분방정식이 된다.

$$\begin{aligned} EIv'' + P(e+v) &= 0 \\ v'' + \frac{P}{EI}(e+v) &= 0 \end{aligned} \tag{6.5.13}$$

여기서 $k^2 = P/EI$ 라 놓으면 식(6.5.13)은 다음과 같은 2차선형 미분방정식이 된다.

$$v'' + k^2 v = -k^2 e \tag{6.5.14}$$

이 방정식의 일반해는 다음과 같다.

$$v = C_1 \sin kx + C_2 \cos kx - e \tag{6.5.15}$$

여기서 C_1, C_2는 기둥 양단의 경계조건으로부터 계산되는 상수이다.

양단이 핀인 기둥의 첫 번째 경계조건으로는 $x=0$ 에서 $v=0$ 이고, 두 번째 경계조건으로는 $x=l$ 에서 $v=0$ 이다. 이들 경계조건은 다음과 같이 표현할 수 있다.

$$v(0) = 0\,, \qquad v(l) = 0 \tag{6.5.16}$$

상기 식(6.5.16)의 조건으로부터 C_1과 C_2는 다음과 같이 구해진다.

$$C_1 = \frac{e(1-\cos kl)}{\sin kl} = e\tan\frac{kl}{2} \quad , \quad C_2 = e \tag{6.5.17}$$

그러므로 횡방향 처짐곡선의 방정식은 다음과 같이 표시된다.

$$v = e\left(\tan\frac{kl}{2}\sin kx + \cos kx - 1\right) \tag{6.5.18}$$

또한 최대 횡방향 처짐 $v_{\max}$은 기둥 중간인 $x=l/2$ 에서 생기므로, 이를 식(6.5.18)에 대입하면 다음과 같이 나타난다.

$$v_{\max} = e\left(\sec\frac{kl}{2} - 1\right) = e\left[\sec\left(\frac{\pi}{2}\sqrt{\frac{P}{P_{cr}}}\right) - 1\right] \tag{6.5.19}$$

여기서 P_{cr}은 오일러의 좌굴하중으로 $P_{cr} = \pi^2 EI/l^2$ 이다.

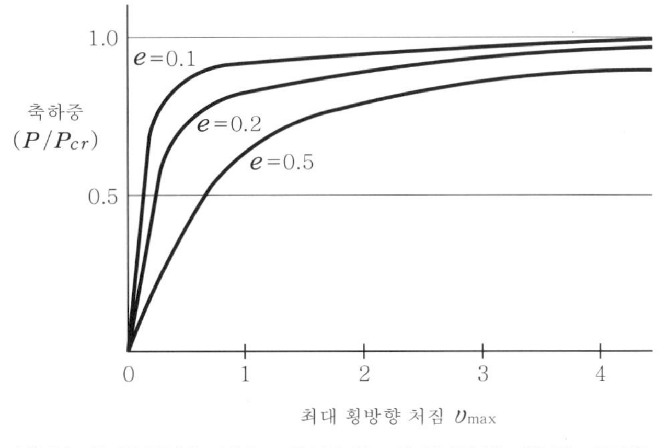

[그림6.5.4] 편심 축하중을 받는 기둥의 축하중에 대한 최대 횡방향 처짐

[그림6.5.4]는 축하중 P에 대한 최대 횡방향 처짐 $v_{\max}$를 편심 e에 대하여 개략적으로 나타낸 것이다.

이 그림에서 편심하중을 받는 기둥은 축하중의 크기가 작은 경우일지라도 편심에 의하여 횡방향 처짐을 보이며, 편심이 큰 기둥일수록 축하중에 대하여 횡방향 처짐이 크고, 횡방향 처짐은 오일러의 좌굴하중 P_{cr}에 근접하면서 무한히 증가함을 알 수 있다. 그리고 초기 편심을 가진 기둥이 지지할 수 있는 축하중은 오일러의 좌굴하중보다 작다.

◆ ◆ ◆ ◆ ◆ ◆

예제 6.5.1

다음과 같이 A, B 양단이 핀이고, 단면 사이즈 $200mm \times 200mm$ 콘크리트 기둥이 $100kN$의 편심하중을 받고 있다. 이때 기둥의 최대 횡방향 변위 $v_{\max}$를 구하시오. (콘크리트 기둥의 탄성계수 $E = 30{,}000MPa$이다.)

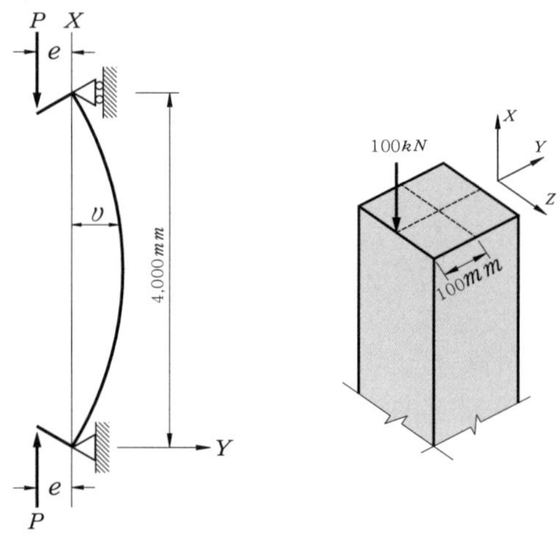

풀이

(1) 단면2차모멘트 I

$$I = \frac{bh^3}{12} = \frac{200^4}{12} = 1.33 \times 10^8 mm^4$$

(2) 오일러의 좌굴하중 P_{cr}

$$P_{cr} = \frac{\pi^2 EI}{L^2} = \frac{\pi^2 \times 30{,}000 \times 1.33 \times 10^8}{4{,}000^2} = 2{,}461{,}232.6N$$

(3) 최대 횡방향 변위 $v_{\max}$

$$v_{\max} = e\left(\sec\frac{kl}{2} - 1\right) = e\left[\sec\left(\frac{\pi}{2}\sqrt{\frac{P}{P_{cr}}}\right) - 1\right]$$

$$\therefore \quad v_{\max} = 100\left(\sec\left(\frac{\pi}{2}\sqrt{\frac{100{,}000}{2{,}461{,}232.6}}\right) - 1\right) = 5.23mm$$

◆ ◆ ◆ ◆ ◆ ◆

◈ 연 습 문 제 ◈

6.5.1 다음과 같이 단면의 크기가 $300mm \times 300mm$인 기둥이 편심하중 $P=200kN$을 받고 있다. 이 기둥의 길이 $L=3m$일 때, 양단 경계조건과 최대수평변위 $v_{\max}$의 크기를 바르게 짝지은 것을 고르라. (콘크리트의 탄성계수 $E=30,000MPa$이다.)

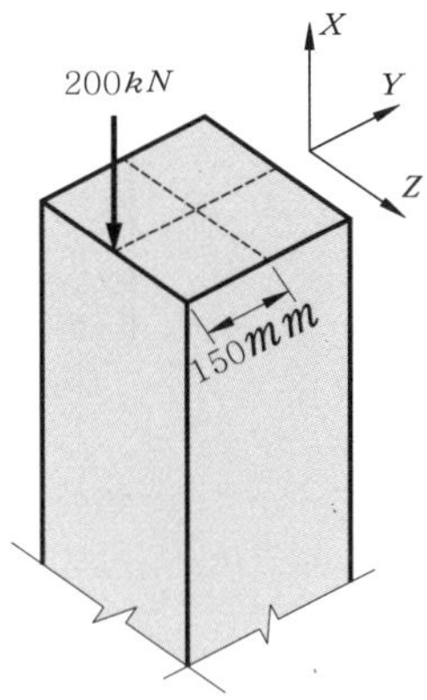

〈 기둥 단면〉

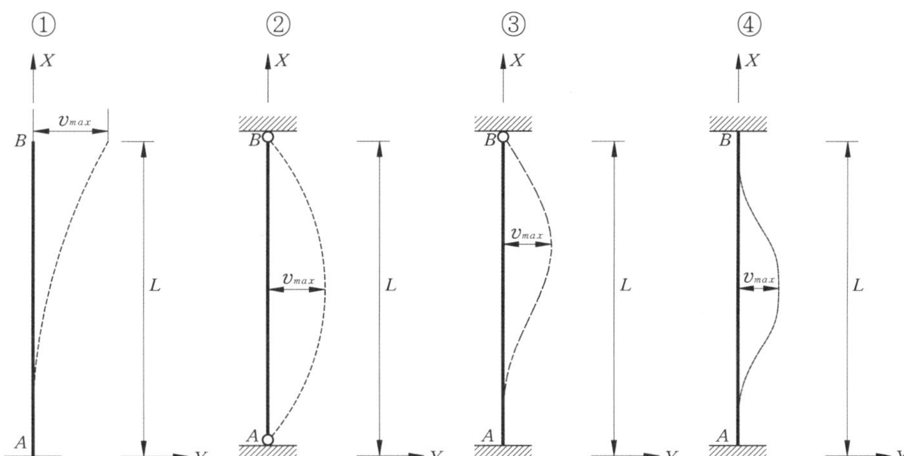

① $v_{\max}=0.82mm$ ② $v_{\max}=6.92mm$ ③ $v_{\max}=1.68mm$ ④ $v_{\max}=0.42mm$

6.5.2 다음 그림과 같이 A점은 고정단, B점은 자유단인 콘크리트 기둥이 있다. 이 기둥의 단면 사이즈는 $600mm \times 600mm$이고 $100kN$의 편심하중을 받고 있을 때, 자유단 B점에서의 수평변위 v를 $5mm$ 이내로 제한하기 위한 기둥의 최대길이 $L_{\max}$를 구하시오. (콘크리트 기둥의 탄성계수 $E=30{,}000MPa$이다.)

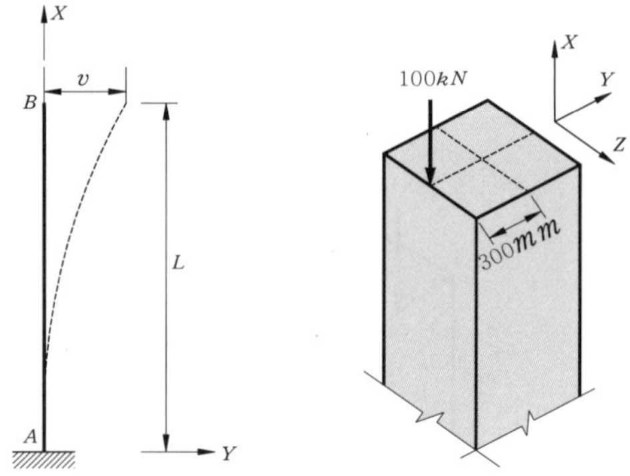

6.5.3 다음과 같이 A점은 고정단, B점은 자유단인 길이가 $10m$이고, 단면 사이즈는$400mm \times 400mm$인 콘크리트 기둥이 P의 편심하중을 받고 있다. 이때 자유단 B점에서의 수평변위 v를 $10mm$ 이내로 제한하기 위한 최대허용축하중 P_{allow}를 구하시오. (콘크리트 기둥의 탄성계수 $E=30{,}000MPa$이다.)

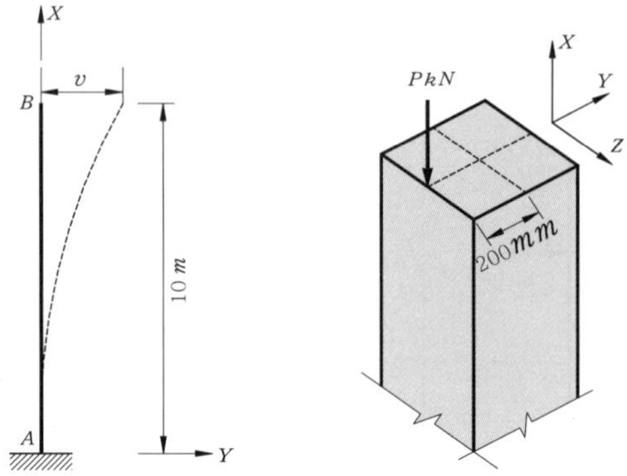

6.6 편심 축하중을 받는 기둥의 최대응력*

단면의 중심축에 대해 편심 e 이고 양단이 핀(Pin)인 [그림6.5.3]과 같은 기둥이 압축력 P를 받아 좌굴할 때, 휨모멘트는 $M=P(e+v)$ 이다. 그리고 기둥 중앙부에서 최대처짐 v_{max} 가 발생함으로, 최대 휨모멘트 M_{max} 는 다음과 같다.

$$M_{max} = P\,(\,e + v_{max}\,) \tag{6.6.1}$$

이 식에 식(6.5.19)의 v_{max} 를 대입하면 최대 휨모멘트 M_{max} 는 다음과 같다.

$$M_{max} = P\,e\sec\left(\frac{\pi}{2}\sqrt{\frac{P}{P_{cr}}}\right) \tag{6.6.2}$$

상기 식(6.6.2)에 의하면 압축력 P가 오일러 하중 P_{cr} 에 접근함에 따라 최대 휨모멘트는 무한대로 커진다.

한편 편심 축하중을 받는 기둥의 최대응력의 크기는, 좌굴에 의한 휨의 중립축으로부터 압축연단까지의 거리를 c 라고 할 때, 다음과 같은 식으로 계산된다.

$$\sigma_{max} = \frac{P}{A} + \frac{M_{max}\,c}{I} \tag{6.6.3}$$

여기서는 압축응력을 양(+)의 부호로 표시하기로 한다.

한편 식(6.6.3)에 식(6.6.2)의 최대휨모멘트 M_{max} 를 대입하고, 단면2차반경 $r=\sqrt{I/A}$ 와 오일러의 좌굴하중 $P_{cr}=\pi^2 EI/l^2$ 을 적용하면, 식(6.6.3)은 다음과 같이 된다.

$$\sigma_{max} = \frac{P}{A}\left[1 + \frac{e\,c}{r^2}\sec\left(\frac{l}{2r}\sqrt{\frac{P}{EA}}\right)\right] \tag{6.6.4}$$

상기 식(6.6.4)는 양단 핀(Pin)인 경우에만 적용할 수 있으나, 그 밖의 경계조건을 가진 기둥에 대해서는 6.3.2절에서 논의한 유효좌굴길이 개념을 적용하여 식(6.6.4)의 l 대신에 l_k로 바꾸면 된다. 이와 같이 일반화하였을 때 편심하중을 받는 기둥의 압축응력을 계산하는 공식은 식(6.6.4)로부터 다음과 같이 정리할 수 있다.

$$\frac{P}{A} = \frac{\sigma_{max}}{1 + \dfrac{e\,c}{r^2}\sec\left(\dfrac{l_k}{2r}\sqrt{\dfrac{P}{EA}}\right)} \tag{6.6.5}$$

이 초월함수로 표시된 식(6.6.5)를 **시컨트공식**(Secant Formula)이라고 하는데, 편심비 ec/r^2와 세장비 l_k/r가 주어진 상태에서 기둥의 최대 압축응력 σ_{max} 에 이르게 하는 단위면적당의 압축력 P/A의 값을 구하는데 사용된다.

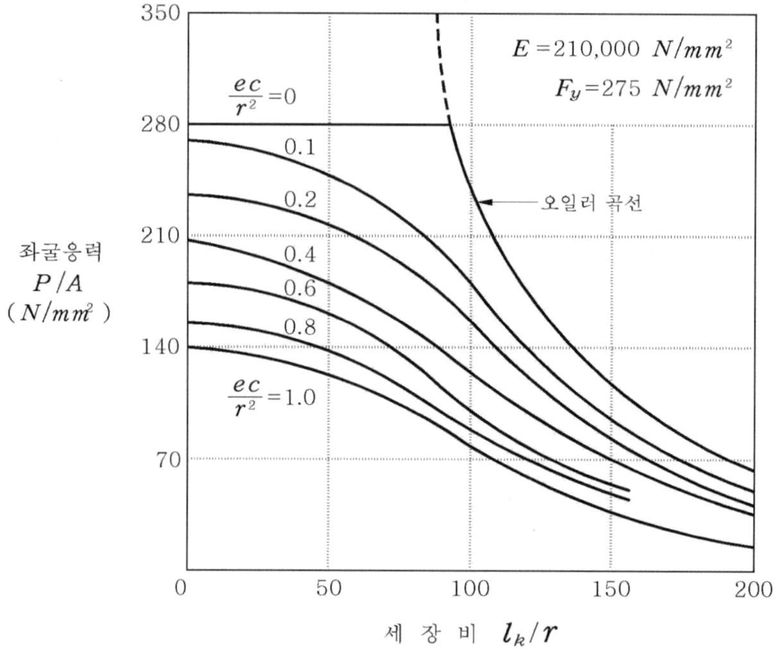

[그림6.6.1] 편심비와 세장비에 대한 좌굴응력

예를 들어 일반구조용 강재($SS275$)의 탄성계수 E와 항복강도 $F_y(=\sigma_{\max})$를 각각 $E=210{,}000\,N/mm^2$, $F_y=275\,N/mm^2$이라고 할 때, 여러 가지 편심비와 세장비에 대하여 $SS275$ 강재 기둥의 압축부분을 항복강도에 이르게 하는 P/A의 값을 [그림6.6.1]와 같이 얻을 수 있다.

[그림6.6.1]에서 P는 기둥에서 가장 큰 압축응력을 받는 곳에 항복응력을 주는 하중이며, 좌굴하중의 참값보다는 낮은 값이지만 좌굴하중으로 간주해도 무방한 극한하중이다.

한편 그림에서 세장비 l_k/r가 커지면 편심비 ec/r^2의 값에 관계없이 오일러 곡선에 아주 비슷하게 근접하여 편심의 영향이 줄어듦을 볼 수 있다.

엄격히 말해서 대부분의 경우 중심 축하중을 받는 기둥은 실제로 존재하지 않는다고 해도 과언이 아니다. 이는 기둥이 지닌 결함, 즉 초기부터 있는 기둥의 굴곡, 양단지지조건에서 이론상의 가정과 실제의 차이, 부재의 형태 및 휨모멘트로 인한 피치못할 편심 등으로 인한 것이라 할 수 있다. 따라서 중심축 하중을 받는 결함있는 기둥은 편심 축하중을 받는 기둥과 같이 거동한다고 볼 수 있다. 이때 편심 e의 값을 정확히 알 수 있는 경우가 매우 드물다. 따라서 식(6.6.5)에서 편심비 ec/r^2를 적절히 선택한다면 중심 축하중을 받는 기둥의 설계에서 이 식을 그대로 쓸 수도 있다. 양단이 핀(Pin)인 강재기둥이 중심 축하중을 받은 경우에 식(6.6.5)에서 $ec/r^2=0.25$로 하여 설계한다면 기둥 자체의 결함을 보상받을 수 있는 셈이 될 것이다. 이 시컨트 공식(Secant formula)은 단주, 중주, 장주의 구분 없이 모두 사용할 수 있다.

◆ ◆ ◆ ◆ ◆ ◆

예제 6.6.1

다음과 같이 A, B 양단에서 핀(Pin)이고, 단면 사이즈가 $200mm \times 200mm$인 콘크리트 기둥이 $100kN$의 편심하중을 받고 있다. 이때 기둥의 최대 압축응력을 구하시오. (여기서, 콘크리트 기둥의 탄성계수 $E = 30{,}000\,MPa$이다.)

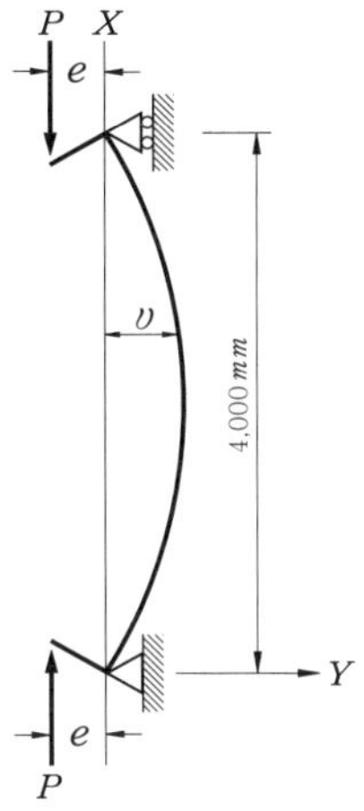

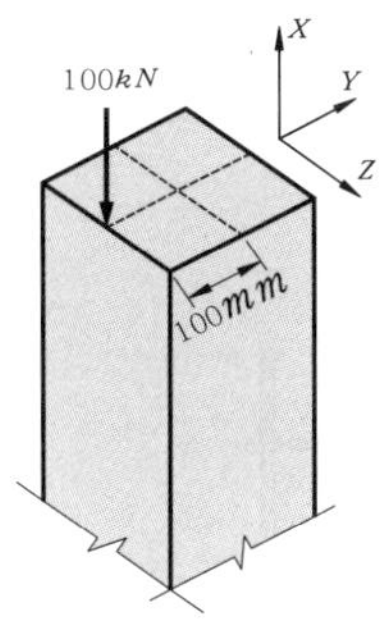

풀이

부재의 단면성능을 구하면 다음과 같다.

① 단면적 : $A = 200 \times 200 = 40{,}000mm^2$

② 단면2차반경 : $r = \sqrt{\dfrac{I}{A}} = \sqrt{\dfrac{200^4}{12 \times 40{,}000}} = 57.735mm$

시컨트 공식에 필요한 사항들은 다음과 같이 계산된다.

$$\frac{P}{A} = \frac{100{,}000}{40{,}000} = 2.5MPa \qquad \frac{ec}{r^2} = \frac{100 \times 100}{57.735^2} = 3 \qquad \frac{L}{r} = \frac{4{,}000}{57.735} = 69.282$$

$$\frac{P}{EA} = \frac{100{,}000}{30{,}000 \times 40{,}000} = 0.0000833$$

이 값들을 시컨트 공식에 대입하면 다음값을 얻는다.

$$\sigma_{\max} = \frac{P}{A}\left[1 + \frac{ec}{r^2} sec\left(\frac{L}{2r}\sqrt{\frac{P}{EA}}\right)\right] = 10MPa$$

◆ ◆ ◆ ◆ ◆ ◆

◈ 연 습 문 제 ◈

6.6.1 길이 $6m$인 H형강 기둥이 양단 핀으로 지지되고 있다. 그림(b)와 같이 기둥의 중심에 축하중 $P_1 = 1{,}400kN$과 기둥의 중심으로부터 $400mm$ 떨어진 곳에 편심축하중 $P_1 = 200kN$이 작용하고 있다. 휨은 단면의 Y축에 대해 일어날 때 기둥의 최대 압축응력을 구하시오. (단면 : $H-400\times200\times9\times14$, 탄성계수 $E=210GPa$, 단면적 $A=9616mm^2$, Y축에 대한 단면2차반경 $r_y=169mm$)

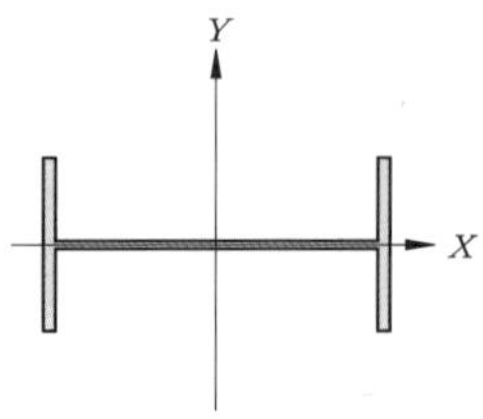

그림(a)

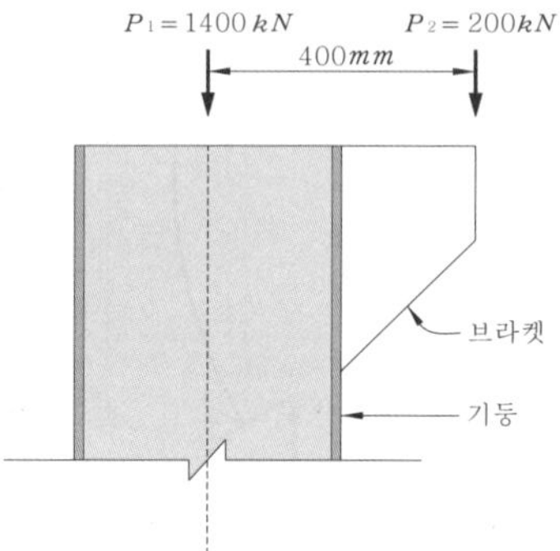

그림(b)

6.6.2 다음 그림의 캔틸레버형 원형강관 기둥은 $P=800kN$의 축력이 작용하고 편심비는 1.0 이다. 원형강관의 재질은 일반구조용 강관($STK275$, $F_y=275MPa$)이고 이 기둥의 단면으로 $\phi400\times5t$이 적합한지 검토하라. (단, 강재의 탄성계수 $E=2.05\times10^5MPa$이다.)

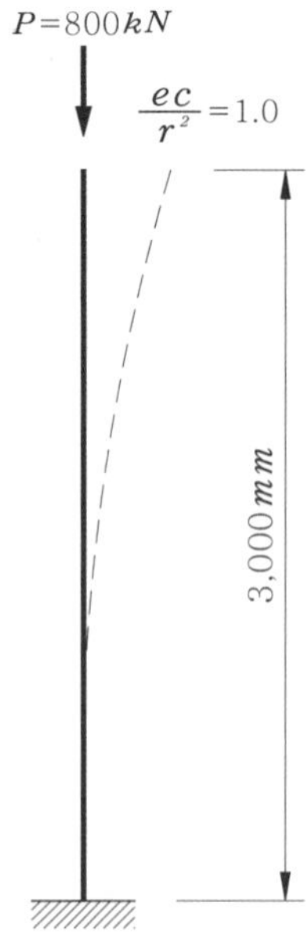

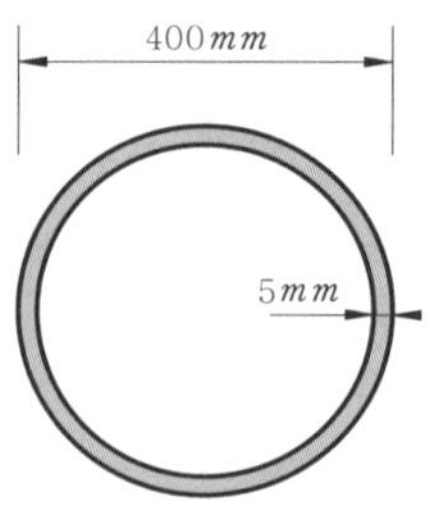

〈 적용 단면 〉

6.6.3 연습문제 6.6.2의 기둥을 $P=800kN$의 축력에 대해 좌굴하지 않도록 편심비를 조정한다면, 얼마 이하로 조정하여야 하는지 구하여라.

6.7 기둥의 실험공식과 설계공식*

중심 축하중을 받는 장주는 오일러의 좌굴하중에 의하여 탄성좌굴한다. 그러나 현실적으로 존재하는 기둥의 결함 때문에 엄밀하게 중심 축하중을 받는 기둥은 존재하기 어렵고, 실제로 사용되는 기둥은 세장비가 오일러의 공식을 적용할 수 있는 한계세장비 보다 큰 장주가 되는 경우가 적다. 따라서 실질적으로 장주에 적용되는 오일러의 공식의 실용적인 가치는 많지 않다.

한편 편심 축하중을 받는 기둥의 좌굴응력은 시컨트공식(Secant Formula)을 통하여 합리적으로 구할 수 있다. 그러나 시컨트공식은 단주, 중주, 장주의 모든 영역을 표현할 수 있는 공식이긴 하나, 초월함수로 되어 있어서 풀기가 곤란하여 실용적이지 못하다.

실제로 대부분의 기둥은 중주의 범주에 속하고, 중주의 좌굴은 비례한도 σ_p 보다 큰 응력에서 파괴되는 비탄성좌굴을 한다. 중주에 속하는 비탄성좌굴 이론은 오일러의 공식을 적용할 수 없으므로 실용상 실험결과를 근거로 한 여러 가지 실험공식이 여러 학자들에 의하여 제안되어 사용되어지고 있다. 이들 실험공식은 기둥의 좌굴응력 σ_{cr}을 나타낸 것으로, 대표적인 실험공식으로는 테트마이어(Tetmajer)의 직선공식, 랭킨(Rankine)의 공식, 존슨(Johnson)의 포물선식 등이 있다. 이들 공식 중 어느 것이 잘 들어맞는지는 기둥의 재료에 따라 달라진다.

한편 단주의 파괴는 본질적으로 항복 때문에 일어나므로, 좌굴응력 σ_{cr}이 항복응력 σ_y와 대체로 같아질 때 파괴된다.

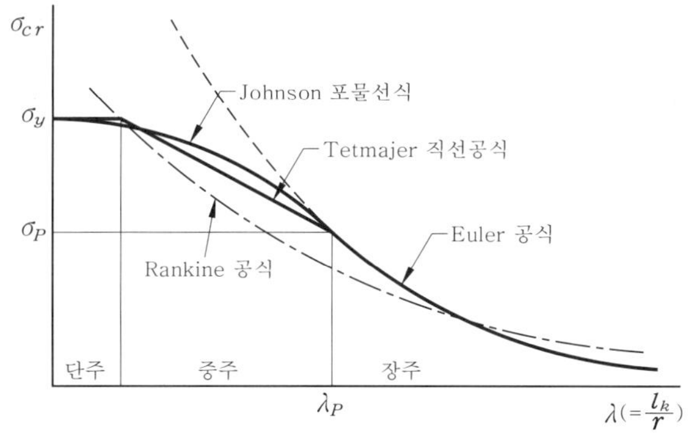

[그림6.7.1] 각종 기둥의 실험공식

[그림6.7.1]은 실험결과를 근사적으로 나타낸 각종 경험식들을 보여주고 있다. 이들 중 어느 공식도 세장비의 모든 값에 대하여 적용될 수 없기 때문에 각기 제한된 적용범위를 가진 여러 가지 공식이 재료에 맞게 적절히 사용되어야 한다. [그림6.7.1]에서 대체로 장주에는 오일러의 공식이나 랭킨(Rankine)의 공식이 적절하고, 중주 및 단주는 존슨(Johnson)의 포물선식이 알맞으며, 테트마이어(Tetmajer)의 직선공식은 단주와 중주를 구분하여 적절하게 표시할 수 있음을 알 수 있다.

실제 여러 기둥설계공식에서는 단주와 중주를 하나로 묶어 좌굴응력 σ_{cr}을 표현할 수 있는 이들 실험공식 중 하나를 선택하고 이에 적절한 안전율을 적용하여 사용하고 있다.

6.7.1 중심축하중을 받는 기둥의 실험공식

가. 테트마이어의 직선식

테트마이어(Tetmajer)는 중주에 대하여 다음과 같은 직선식으로 나타낸 실험식을 제안하였는데, 이를 **테트마이어의 직선식**(Tetmajer's Straight Line Formula)이라고 한다.

$$\sigma_{cr} = \sigma_c \left(1 - a\frac{l_k}{r}\right) \tag{6.7.1}$$

여기서 σ_c는 기둥의 압축파괴강도로서, 기둥이 강재라면 항복강도 F_y와 같으며, 기둥이 콘크리트 등과 같은 취성재료라면 압축강도를 의미한다. 계수 a는 각 재료의 기계적 성질(탄성계수, 항복강도 등)에 따라 결정되는 실험상수이다.

나. 랭킨의 공식

랭킨(Rankine)은 세장비에 관계없이 적용할 수 있는 장주의 공식을 이론 및 실험식으로 유도하여 다음과 같은 분수식으로 나타낸 실험식을 제안하였는데, 이를 **랭킨의 공식**(Rankine's Formula)이라고 한다.

$$\sigma_{cr} = \frac{\sigma_c}{1 + b\,(l_k/r)^2} \tag{6.7.2}$$

이 식을 **랭킨-고든의 공식**(Rankine-Gordon's Formula)이라고도 한다.

이 식에서 세장비 l_k/r가 무한대(∞)일 때 좌굴응력 σ_{cr}은 오일러의 좌굴압축응력 $\sigma_{cr} = \pi^2 E\,/\,(l_k/r)^2$과 같으므로, 계수 b는 $\sigma_c\,/\,\pi^2 E$라고 할 수 있다. 따라서 식(6.7.2)는 다음과 같이 된다.

$$\sigma_{cr} = \frac{\sigma_c}{1 + \sigma_c \dfrac{(l_k/r)^2}{\pi^2 E}} = \frac{\sigma_c}{1 + \sigma_c/\sigma_{cr}} \tag{6.7.3}$$

여기서 σ_c는 기둥의 압축파괴강도로서, 기둥이 강재라면 항복강도 F_y와 같으며, 기둥이 콘크리트 등과 같은 취성재료라면 압축강도를 의미한다.

시컨트공식(Secant Formula)인 식(6.6.5)는 식(6.7.2)와 동일한 유형이다.

다. 존슨의 포물선식

존슨(Johnson)은 단주와 중주의 영역을 하나로 묶어 다음과 같은 포물선 식으로 나타낸 실험식을 제안하였는데, 이를 **존슨의 포물선식**(Johnson' Parabolic Formula)이라고 한다.

$$\sigma_{cr} = \sigma_c \left[1 - c \left(\frac{l_k}{r} \right)^2 \right] \tag{6.7.4}$$

여기서 c는 각 재료의 기계적 성질을 나타내는 실험상수이다.

6.7.2 중심축하중을 받는 기둥의 설계공식

일반적으로 기둥의 설계공식은 장주에 대한 오일러의 공식과 각종 실험공식 등을 참조로 하여 만든다. 여기서는 그 동안 사용되었던 허용응력설계법 중에서 강재의 허용압축응력을 규정한 몇 가지 실례를 살펴보도록 한다.

가. 강구조설계규준(1983)

허용응력설계법인 강구조설계규준(1983)에 의하면, 식(6.3.20)의 한계세장비 λ_{cr}을 λ_p라 할 때, 한계세장비 λ_p보다 큰 장주는 오일러의 공식을 사용하고, 한계세장비 λ_p이내의 경우는 존슨(Johnson)의 포물선식과 같은 형태를 취하고 있다.

$$\begin{aligned} \lambda \le \lambda_p \quad &: \quad \sigma_{cr} = \left\{ 1 - 0.4 \left(\frac{\lambda}{\lambda_p} \right)^2 \right\} F_y \quad kgf/cm^2 \\ \lambda > \lambda_p \quad &: \quad \sigma_{cr} = \frac{\pi^2 E}{\lambda^2} = \frac{0.6\, F_y}{(\lambda/\lambda_p)^2} \quad kgf/cm^2 \end{aligned} \tag{6.7.5}$$

상기 식(6.7.5)에서 λ는 세장비로 $\lambda = l_k/r$이며, σ_{cr}은 좌굴응력, F_y는 강재의 항복강도를 말한다.

한편 이 설계규준에서는 좌굴안전율 n을 실험결과와 통계적인 분석을 통하여 좌굴이 일어나지 않는 경우의 값 1.5를 기준으로 한계세장비 λ_p이내의 범위에서는 세장비에 따라 증가하나 한계세장비 λ_p를 넘어서는 일정한 값을 가지도록 다음과 같이 정하고 있다.

$$\begin{aligned} \lambda \le \lambda_p \quad &: \quad n = \frac{3}{2} + \frac{2}{3} \left(\frac{\lambda}{\lambda_p} \right)^2 \\ \lambda > \lambda_p \quad &: \quad n = \frac{3}{2} + \frac{2}{3} = \frac{13}{6} \end{aligned} \tag{6.7.6}$$

결국 허용압축응력은 부재의 최대강도를 안전율로 나눈 값이므로, 허용압축응력 f_c는 다음과 같이 규정하고 있다.

$$\lambda \leq \lambda_p \quad : \quad f_c = \frac{\left\{1 - 0.4\left(\frac{\lambda}{\lambda_p}\right)^2\right\}F_y}{\frac{3}{2} + \frac{2}{3}\left(\frac{\lambda}{\lambda_p}\right)^2} \tag{6.7.7}$$

$$\lambda > \lambda_p \quad : \quad f_c = \frac{0.6\,F_y}{(\lambda/\lambda_p)^2} \Big/ \frac{13}{6} = \frac{0.277\,F_y}{(\lambda/\lambda_p)^2}$$

나. 도로교 설계기준(2000)

도로교 설계기준(2000)에 의하면 일반구조용 강재 SS400($\sigma_y = 2400\ kgf/cm^2$)에 대하여 허용압축응력 σ_{ca}는 다음과 같이 규정된다.

$$l_k/r \leq 20 \quad : \quad \sigma_{ca} = 1400\ \ kgf/cm^2$$

$$20 < l_k/r \leq 93 \quad : \quad \sigma_{ca} = 1400 - 8.4\left(\frac{l_k}{r} - 20\right)\ kgf/cm^2 \tag{6.7.8}$$

$$l_k/r > 93 \quad : \quad \sigma_{ca} = \frac{12000000}{6700 + (l_k/r)^2}\ \ kgf/cm^2$$

상기 식(6.7.8)는 $20 < l_k/r \leq 93$ 인 중주에 대해서는 테트마이어(Tetmajer)의 직선식을, $l_k/r > 93$ 인 장주에 대해서는 랭킨(Rankine)의 공식의 형태를 택하고 있다.

◆ ◆ ◆ ◆ ◆ ◆

예제 6.7.1

$H-300\times300\times10\times15$ 단면을 가지는 양단 핀지지인 철골기둥이 있다. 철골기둥의 길이가 $4m$ 일 때 강구조설계기준(1983)에 의한 허용축하중은 얼마인가? ($A=11{,}980mm^2$, $r_x=131mm$, $r_y=75.1mm$, $E=200GPa$, $F_y=275MPa$)

풀이

철골기둥의 허용축하중 P_{allow}

① 한계세장비 : $\lambda_p = \sqrt{\dfrac{\pi^2 E}{0.6F_y}} = \sqrt{\dfrac{\pi^2\times200{,}000}{0.6\times275}} = 109.38$

② 철골기둥의 세장비 : $\lambda = \dfrac{KL}{r_y} = \dfrac{4{,}000}{75.1} = 53.26$

$\lambda < \lambda_p$ 이므로

허용압축응력 : $f_c = \dfrac{\left\{1 - 0.4\left(\dfrac{\lambda}{\lambda_p}\right)^2\right\}F_y}{\dfrac{3}{2} + \dfrac{2}{3}\left(\dfrac{\lambda}{\lambda_p}\right)^2} = 150.13MPa$

따라서 허용축하중 $P_{allow} = A \cdot f_c = 11{,}980 \times 150.13 \times 10^{-3} = 1798.56kN$

예제 6.7.2

다음과 같이 A점은 고정단이고 B점은 핀접합된 길이 $6m$인 원형강관 기둥이 있다. 기둥의 단면은 $\phi 165.2 \times 5t$이고 강관은 $STK275$일 때, 강구조설계기준(1983)에 따른 허용축하중은 얼마인가? 또한 기둥의 길이를 $10m$로 늘렸을 때의 최대허용압축력은 얼마인가? ($A = 2{,}516mm^2$, $r = 56.7mm$, $E = 2.05 \times 10^5 MPa$, $F_y = 275MPa$)

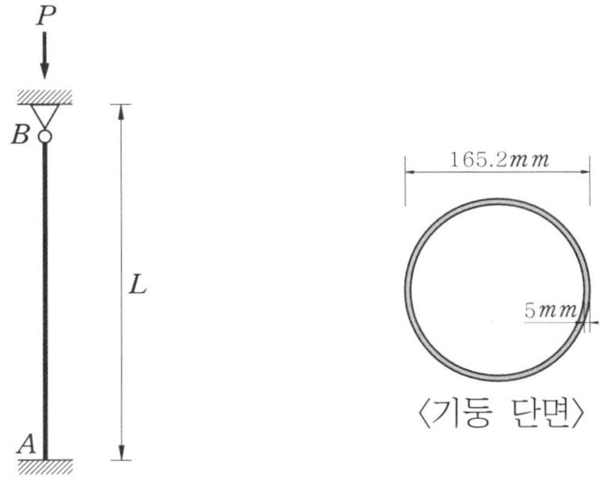

〈기둥 단면〉

풀이

(1) 기둥의 길이가 $6m$일 경우

① 한계세장비 λ_p

$$\lambda_p = \sqrt{\frac{\pi^2 E}{0.6F_y}} = \sqrt{\frac{\pi^2 \times 205{,}000}{0.6 \times 275}} = 110.7$$

② 유효좌굴길이 KL

$$KL = 0.7 \times 6m = 4.2m$$

③ 원형강관기둥의 세장비 λ

$$\lambda = \frac{KL}{r} = \frac{4{,}200}{56.7} = 74.07 \quad < \quad \lambda_p = 119.8$$

④ 원형강관기둥의 허용압축응력 f_c

$$f_c = \frac{\{1 - 0.4(\lambda/\lambda_p)^2\}F_y}{3/2 + 2(\lambda/\lambda_p)^2/3} = 125.53MPa$$

⑤ 원형강관기둥의 허용 축하중 P_{allow}

$\therefore\ P_{allow} = A \cdot f_c = 2{,}516 \times 125.53 \times 10^{-3} = 315.8kN$

(2) 기둥의 길이가 $10m$ 일 경우

① 유효좌굴길이 KL

$KL = 0.7 \times 10m = 7.0m$

② 원형강관기둥의 세장비 λ

$$\lambda = \frac{KL}{r} = \frac{7{,}000}{56.7} = 123.46 \quad > \quad \lambda_p = 110.7$$

③ 원형강관기둥의 허용압축응력 f_c

$$f_c = \frac{0.277\,F_y}{(\lambda/\lambda_p)^2} = 61.24MPa$$

④ 원형강관기둥의 허용축하중 P_{allow}

$\therefore\ P_{allow} = A \cdot f_c = 2{,}516 \times 61.24 \times 10^{-3} = 154.1kN$

예제 6.7.3

$H-300 \times 300 \times 10 \times 15(SS400)$ 단면을 가지는 양단 핀지지인 철골기둥이 있다. 철골기둥의 길이가 $4m$일 때 도로교 설계기준(2000)에 의한 허용 축하중은 얼마인가? ($A = 11{,}980mm^2$, $r_x = 131mm$, $r_y = 75.1mm$, $E = 200GPa$, $F_y = 235MPa$)

풀이

철골기둥의 허용 축하중 P_{allow}

$$\frac{L_k}{r} = \frac{4{,}000}{75.1} = 53.26$$

$20 < \dfrac{L_k}{r} < 93$ 이므로

허용압축응력 : $\sigma_{ca} = 1400 - 8.4\left(\dfrac{l_k}{r} - 20\right) = 1{,}120.62kg/cm^2 = 112.06MPa$

따라서 허용 축하중 $P_{allow} = A \cdot f_c = 11{,}980 \times 112.06 \times 10^{-3} = 1342.48kN$

◆ ◆ ◆ ◆ ◆ ◆

◈ 연 습 문 제 ◈

6.7.1 $H-200\times200\times8\times12$ 단면을 가지는 양단 핀지지인 철골기둥이 있다. 다음 중 철골기둥의 길이와 강구조설계기준(1983)에 따른 해당 길이에서의 허용 축하중이 바르게 짝지어진 것을 고르시오. ($A=6{,}353mm^2$, $r_x=86.2mm$, $r_y=50.2mm$, $E=2.05\times10^5MPa$, $F_y=315MPa$)

① $L=1.5m$ $P_{allow}=1006.82kN$
② $L=3.0m$ $P_{allow}=1243.54kN$
③ $L=5.0m$ $P_{allow}=594.70kN$
④ $L=6.0m$ $P_{allow}=233.66kN$
⑤ $L=8.0m$ $P_{allow}=186.71kN$
⑥ $L=9.0m$ $P_{allow}=415.42kN$

6.7.2 다음 그림과 같이 중심 축하중을 받는 기둥을 강구조설계기준(1983)으로 검토하시오. ($E=2.0\times10^5MPa$, $F_y=275MPa$, $A=11980mm^2$, $r_x=131mm$, $r_y=75.1mm$)

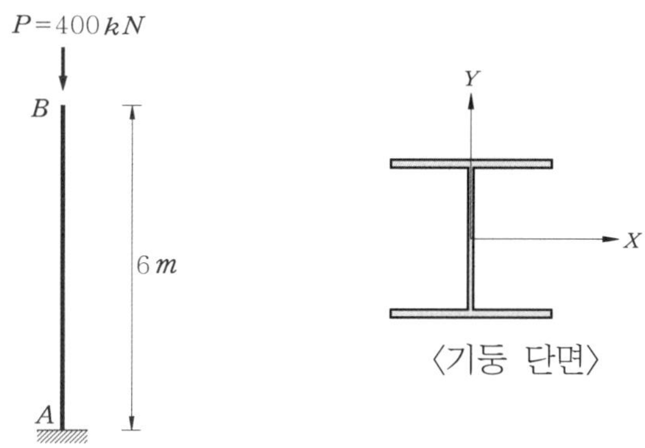

〈기둥 단면〉

6.7.3 다음과 같이 양단이 고정된 길이 $8m$인 원형강관기둥이 있다. 기둥의 단면은 $\phi165.2\times5t$이고 강재는 $STK275$일 때, 강구조설계기준(1983)에 따른 허용 축하중은 얼마인가? 또한 이 기둥이 한계세장비일 때의 허용 축하중 및 길이는 얼마인가?
($A=2{,}516mm^2$, $r=56.7mm$, $E=2.05\times10^5MPa$, $F_y=275MPa$)

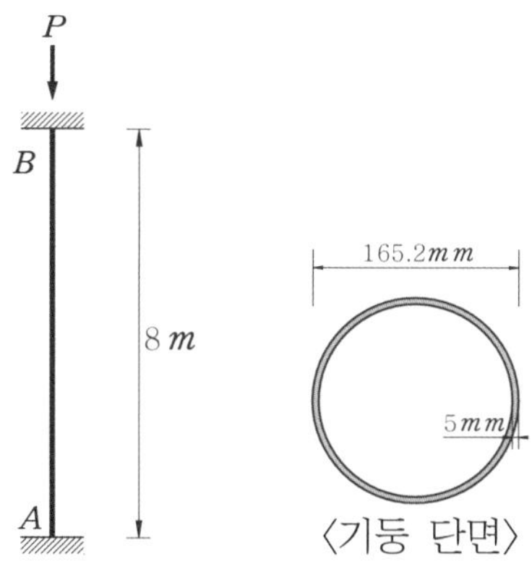

〈기둥 단면〉

CHAPTER 7

제 7 장 정정라멘, 정정아치 및 케이블

앞 장에서 선재인 보와 기둥에 대한 각각의 구조역학적 거동을 살펴보았다.
본 장에서는 선재(線材)인 기둥과 보가 강절(剛節, Rigid Joint)로 연결되어 구성된 정정라멘(Statically Determinate Rahmen), 부재축이 원호, 포물선, 현수선 등의 곡선재로 구성된 정정아치(Statically Determinate Arch), 오직 인장력만을 저항할 수 있는 유연한 부재인 케이블(Cable)의 해법에 대하여 살펴보도록 한다.

7.1 정정라멘

독일어인 라멘(Rahmen)은 선재인 기둥(Column)과 보(Girder)가 강절로 연결되어 구성된 골조(Frame)로, 기둥과 보 사이의 부재각이 하중을 받아도 변하지 않는다는 가정 하에 기둥과 보 부재의 휨강성으로 외력에 저항하는 구조를 말한다.
일반구조물에서 라멘은 대부분 부정정라멘이지만, 본 단원에서는 힘의 평형조건식만으로 해석할 수 있는 **정정라멘**(Statically Determinate Rahmen)을 다루도록 한다. 정정라멘의 해법은 나중에 배울 부정정라멘의 기초가 될 것이다.

7.1.1 정정라멘의 종류

라멘은 모든 부재축이 동일평면 내에 있는 **평면라멘**(Plane Rahmen)과 공간에 있는 **입체라멘**(Space Rahmen)으로 구분할 수 있는데, 실제 건물의 골조는 입체라멘이지만 해석의 편의를 위하여 직각방향의 두 평면라멘으로 분해하여 해석하기도 한다.
[그림7.1.1]은 모두 정정라멘으로, 반력의 수가 3개이거나 또는 그 이상이 되는 경우 활절이 있어 힘의 평형조건식만을 적용하여 반력과 단면력을 구할 수 있다.
[그림7.1.1]에서 그림(a)는 단순보와 같이 지점의 일단이 회전단이고 타단이 이동단인 단순보형 라멘이고, 그림(b)는 캔틸레버 보와 같이 일단이 고정단이고 타단이 자유단인 캔틸레버형 라멘이다. 또 그림(c)는 2개의 지점이 모두 회전단이고

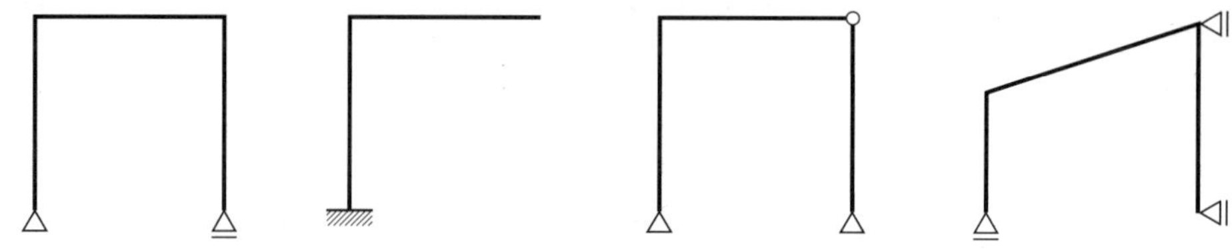

[그림7.1.1] 정정라멘

라멘의 내부에 1개의 활절(Hinge)이 존재하는 3힌지 라멘(Three Hinged Rahmen)이고, 그림(d)는 3개의 지점이 모두 이동단인 3이동단 라멘이다.

7.1.2 정정라멘의 단면력 산정

제4장 정정보의 단면력에서와 마찬가지로, 정정라멘도 하중에 대하여 평형상태를 유지할 때 임의의 단면에 대한 전단력(Shearing Force), 휨모멘트(Bending Moment) 및 축방향력(Axial Force)을 구할 수 있다. 또한 단면력의 크기를 선분의 길이로 하여 부재축의 전체구간에 대하여 연속적으로 도시하는 단면력도를 작도할 수 있다.

가. 전단력 산정

정정보에서와 마찬가지로, 정정라멘의 임의의 단면에 작용하는 전단력은 그 단면의 왼쪽 또는 오른쪽에 작용하는 모든 외력(하중과 반력) 중 부재축에 수직방향으로 작용하는 힘의 대수합과 같다.

즉 부재의 어떤 단면에 대하여 왼쪽에 걸리는 부재축에 수직인 힘의 대수합과 오른쪽에 걸리는 부재축에 수직인 힘의 대수합은 같고 그 방향은 서로 반대이다.

따라서 어느 쪽이든 전단력을 계산하기 쉬운 쪽에 작용하는 모든 외력(하중과 반력)을 부재축과 수직인 방향으로 분해한 분력의 대수합으로 크기를 구한다.

라멘의 전단력 계산에서 힘의 부호는 문형(⊓)라멘의 경우, 라멘의 안쪽에 들어가서 바깥쪽을 보았을 때, 다음 [표7.1.1]과 같이 산정한다.

한편, 문형(⊓)이 아니라 안쪽과 바깥쪽의 구분이 어려운 복잡한 라멘은 부재의 단면을 ↑↓ 또는 ⇄ 와 같이 시계방향(↻)으로 회전하면서 절단하려는 것을 양

[표7.1.1] 전단력 산정시 부호

전단력 부호	단면의 왼쪽에서 구할 때	단면의 오른쪽에서 구할 때
양(+)	바깥쪽으로 외력이 작용	안쪽으로 외력이 작용
음(−)	안쪽으로 외력이 작용	바깥쪽으로 외력이 작용

(+)으로 하고, 이와 반대로 단면을 ↓↑ 또는 ⇆ 와 같이 반시계방향(↺)으로 회전하면서 절단하려는 것을 음(−)으로 한다.

전단력도(S.F.D : Shearing Force Diagram, V도)의 작도방법으로는 부재의 어느 쪽에 표시해도 되지만, 본 교재에서는 문형(⊓)라멘의 경우 바깥쪽에 양(+), 안쪽에 음(−)을 표시하기로 한다.

나. 휨모멘트 산정

정정보에서와 마찬가지로, 정정라멘의 임의의 단면에 작용하는 휨모멘트는 그 단면의 왼쪽 또는 오른쪽에 작용하는 모든 외력(하중과 반력)의 그 단면에 대한 힘의 모멘트의 대수합과 같다.

즉 부재의 어떤 단면에 대하여 왼쪽에 걸리는 힘의 모멘트의 대수합과 오른쪽에 걸리는 힘의 모멘트의 대수합은 같고 그 방향은 서로 반대이다.

따라서 어느 쪽이든 휨모멘트를 계산하기 쉬운 쪽에 작용하는 모든 외력(하중과 반력)의 그 단면에 대한 힘의 모멘트의 대수합으로 크기를 구한다.

라멘의 휨모멘트 계산에서 힘의 부호는 문형(⊓)라멘의 경우, 라멘의 안쪽에 들어가서 바깥쪽을 보았을 때, 다음 [표7.1.2]와 같이 산정한다.

[표7.1.2] 휨모멘트 산정시 부호

휨모멘트 부호	단면의 왼쪽에서 구할 때	단면의 오른쪽에서 구할 때
양(+)	시계방향(↻)의 모멘트가 작용	반시계방향(↺)의 모멘트가 작용
음(−)	반시계방향(↺)의 모멘트가 작용	시계방향(↻)의 모멘트가 작용

한편, 문형(⊓)이 아니라 안쪽과 바깥쪽의 구분이 어려운 복잡한 라멘은 부호를 생략하여도 좋다.

휨모멘트도(B.M.D : Bending Moment Diagram, M도)의 작도방법으로는 부재의 어느 쪽에 표시해도 되지만, 본 교재에서는 문형(⊓)라멘의 경우 바깥쪽에 음(−), 안쪽에 양(+)을 표시하기로 한다. 또한 아직까지 본 교재에서는 휨모멘트도를 부재의 인장측에 그려왔으므로, 라멘의 경우도 부재의 인장측에 작도하기로 한다.

다. 축방향력 산정

정정보에서와 마찬가지로, 정정라멘의 임의의 단면에 작용하는 축방향력은 그 단면의 어느 한쪽에 작용하는 모든 외력(하중과 반력) 중 부재축에 수평방향으로

[표7.1.3] 축방향력 산정시 부호

축방향력 부호	단면의 한쪽 또는 다른 한쪽에 상관없이
양(+)	부재가 인장력을 받을 때
음(−)	부재가 압축력을 받을 때

작용하는 힘의 대수합과 같다.

즉 부재의 어떤 단면에 대하여 한쪽에 걸리는 부재축에 수평인 힘의 대수합과 다른 한쪽에 걸리는 부재축에 수평인 힘의 대수합은 같고 그 방향은 서로 반대이다.

따라서 어느 쪽이든 축방향력을 계산하기 쉬운 쪽에 작용하는 모든 외력(하중과 반력)을 부재축과 수평인 방향으로 분해한 분력의 대수합으로 크기를 구한다.

라멘의 축방향력 계산에서 힘의 부호는 표[7.1.3]과 같이 정하여 계산한다.

[표7.1.3]에서 축방향력 산정시 부호는 부재의 임의 단면의 한쪽 또는 다른 한쪽에 관계없이, 그 단면에 대하여 부재가 인장력을 받으면 양(+), 압축력을 받으면 음(−)으로 하기로 한다.

축방향력도(A.F.D : Axial Force Diagram, N도)의 작도방법으로는 부재의 어느 쪽에 표시해도 되지만, 본 교재에서는 문형(冂) 라멘의 경우 휨모멘트도와 마찬가지로 바깥쪽에 음(−), 안쪽에 양(+)을 표시하기로 한다.

[그림7.1.2]는 본 교재에서 라멘의 단면력도의 부호규약을 정리한 것이다.

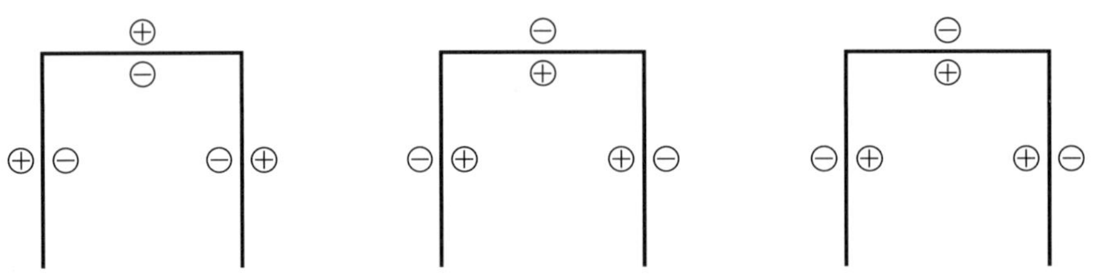

(a) 전단력도의 부호 (b) 휨모멘트도의 부호 (c) 축방향력도의 부호

[그림7.1.2] 라멘의 단면력도의 부호규약

◆ ◆ ◆ ◆ ◆ ◆

예제 7.1.1

다음과 같은 3힌지 라멘의 전단력도(S.F.D), 휨모멘트도(B.M.D), 축방향력도(A.F.D)를 구하시오.

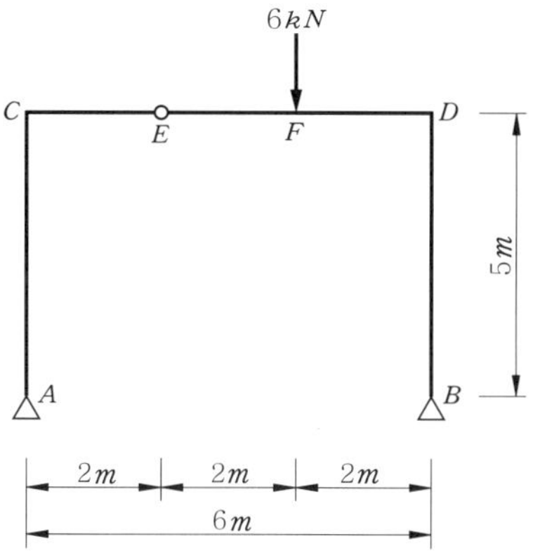

풀이

(1) 반력 (예제1.8.7 참조)

$R_A = 2\,kN$ (↑)

$R_B = 4\,kN$ (↑)

$H_A = 0.8\,kN$ (→)

$H_B = 0.8\,kN$ (←)

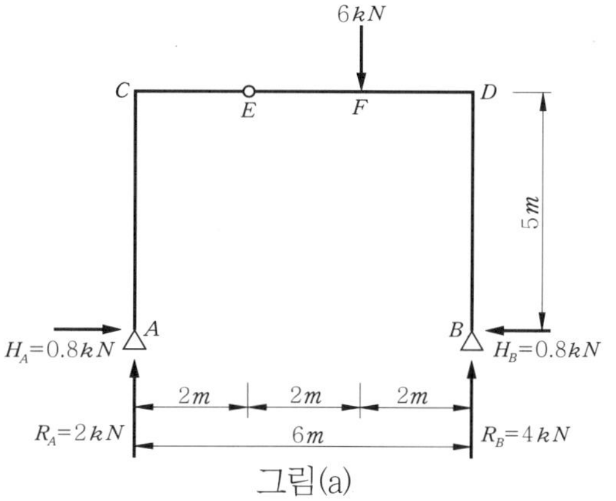

그림(a)

(2) 구간별 단면력

㉠ $A \sim C$ 구간 (지점 A로부터 임의의 거리 x만큼 떨어진 지점의 단면력)

$V_x = -0.8$ $M_x = -0.8x$ $N_x = -2$

㉡ $C \sim F$ 구간 (C점으로부터 임의의 거리 x만큼 떨어진 지점의 단면력)

$V_x = 2$ $M_x = -(0.8 \times 5) + 2x = -4 + 2x$ $N_x = -0.8$

㉢ $F \sim D$ 구간 (D점으로부터 임의의 거리 x만큼 떨어진 지점의 단면력)

$V_x = -4$ $M_x = -(0.8 \times 5) + 4x = -4 + 4x$ $N_x = -0.8$

㉣ $D \sim B$ 구간 (지점 E로부터 임의의 거리 x만큼 떨어진 지점의 단면력)

$V_x = 0.8$ $M_x = -0.8x$ $N_x = -4$

(3) 단면력도

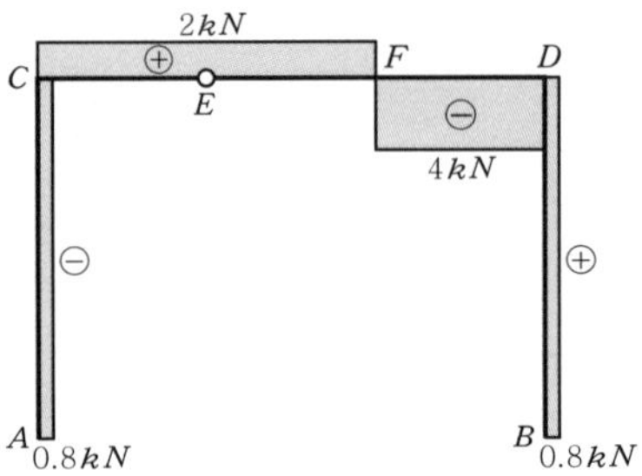

그림(b) 전단력도(S.F.D)

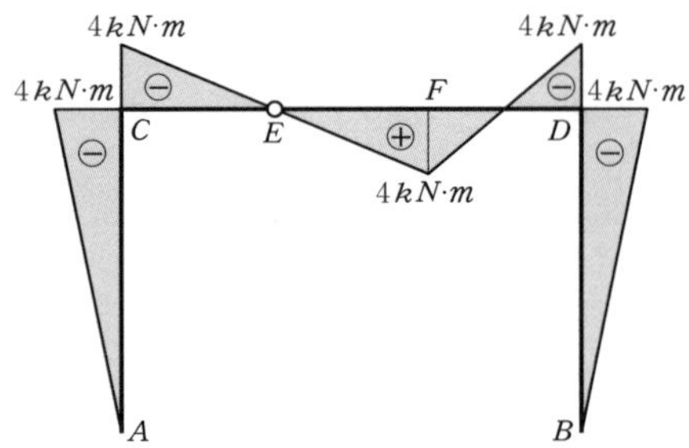

그림(c) 휨모멘트도(B.M.D)

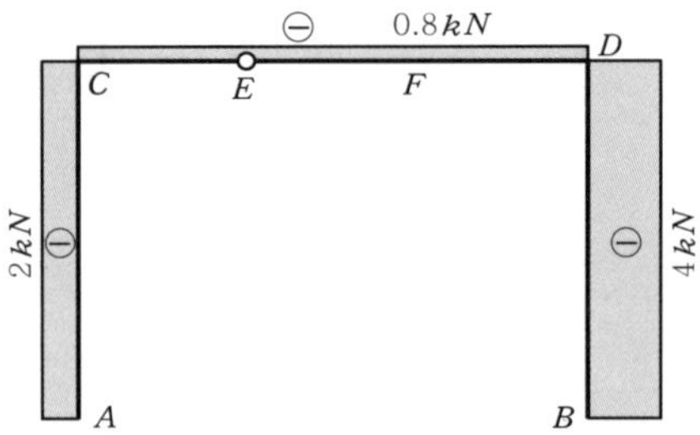

그림(d) 축방향력도(A.F.D)

예제 7.1.2

다음과 같은 단순보형 라멘의 전단력도(S.F.D), 휨모멘트도(B.M.D), 축방향력도(A.F.D)를 구하시오.

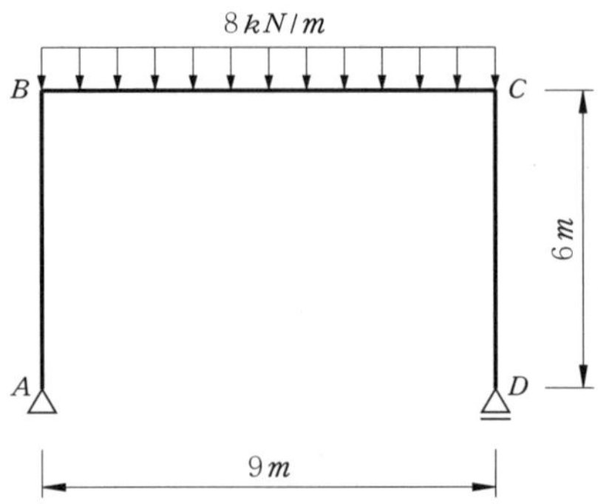

풀이

(1) 반력

반력의 방향을 그림(a)와 같이 가정하고 평형방정식을 세워 반력을 구한다.

$$R_A = R_D = \frac{wl}{2} = \frac{8 \times 9}{2} = 36\,kN\ (\uparrow)$$

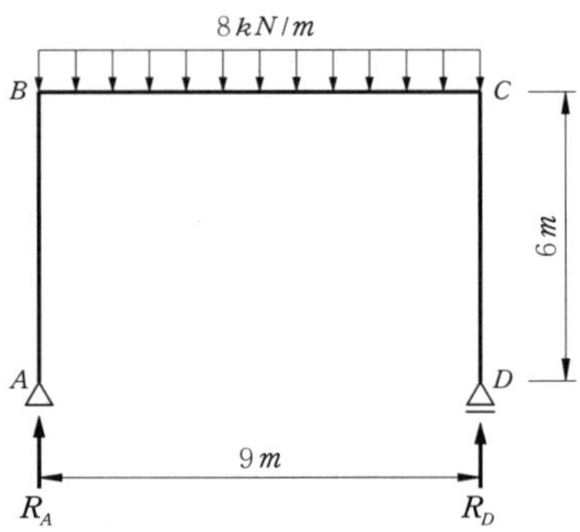

그림(a)

(2) 구간별 단면력

㉠ $A \sim B$ 구간

$V_x = 0$ $\quad M_x = 0$ $\quad N_x = -36$

㉡ $B \sim C$ 구간 (B 점으로부터 임의의 거리 x 만큼 떨어진 지점의 단면력)

$V_x = 36 - 8x$ $\quad M_x = 36x - \left(8x \times \frac{x}{2}\right) = 36x - 4x^2$ $\quad N_x = 0$

㉢ $C \sim D$ 구간

$V_x = 0$ $\quad M_x = 0$ $\quad N_x = -36$

(3) 단면력도

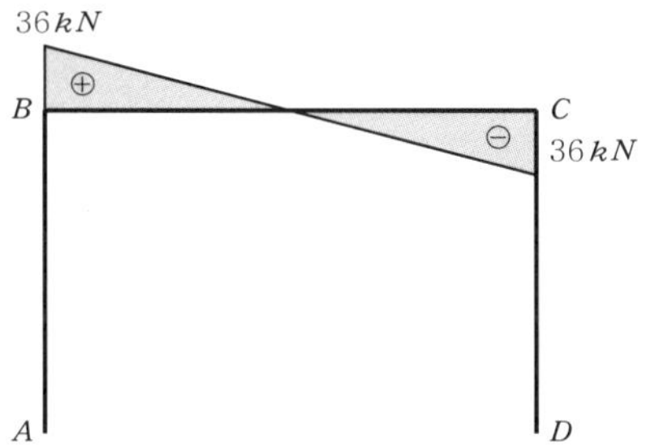

그림(b) 전단력도(S.F.D)

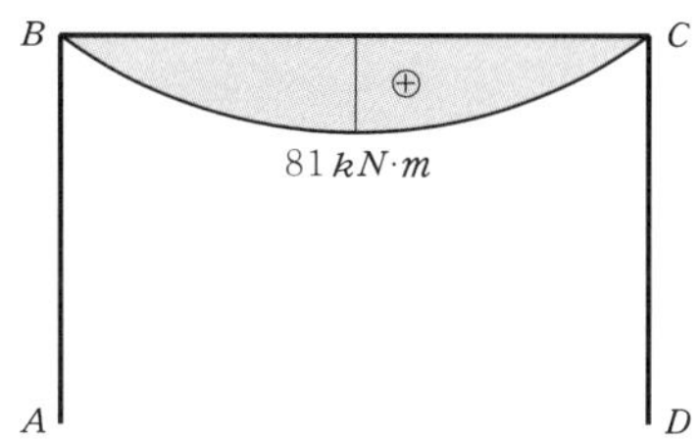

그림(c) 휨모멘트도(B.M.D)

그림(d) 축방향력도(A.F.D)

예제 7.1.3

다음과 같은 단순보형 라멘의 전단력도(S.F.D), 휨모멘트도(B.M.D), 축방향력도(A.F.D)를 구하시오.

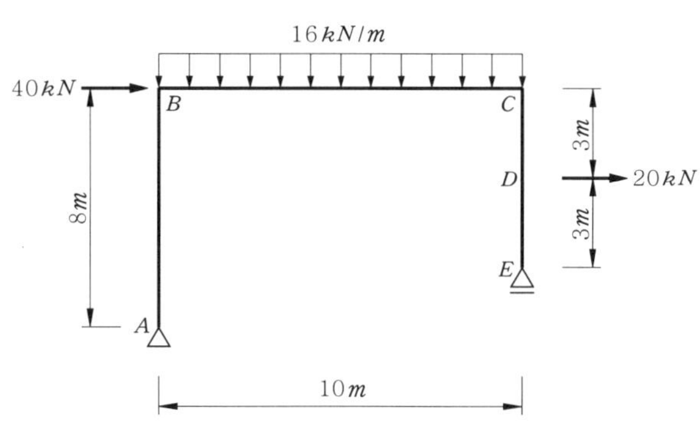

풀이

(1) 반력

반력의 방향을 그림(a)와 같이 가정하고 평형방정식을 세워 반력을 구한다.

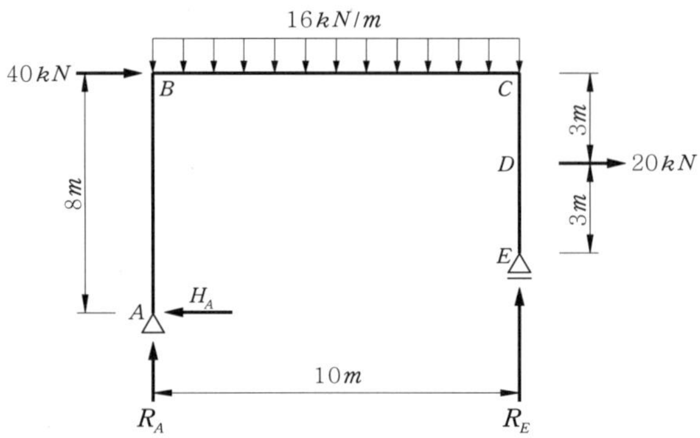

그림(a)

$\sum H = 0$: $40 + 60 - H_A = 0$

$\therefore H_A = 60\,kN\,(\leftarrow)$

$\sum M_A = 0$: $(40 \times 8) + (16 \times 10 \times 5) + (20 \times 5) - (R_E \times 10) = 0$

$\therefore R_E = 122\,kN\,(\uparrow)$

$\sum V = 0$: $R_A + R_E - 160 = 0$

$\therefore R_A = 38\,kN\,(\uparrow)$

(2) 구간별 단면력

㉠ $A \sim B$ 구간 (지점 A로부터 임의의 거리 x만큼 떨어진 지점의 단면력)

$V_x = 60$ $M_x = 60x$ $N_x = -38$

㉡ $B \sim C$ 구간 (B점으로부터 임의의 거리 x만큼 떨어진 지점의 단면력)

$V_x = 38 - 16x$

$M_x = 38x - \left(16x \times \dfrac{x}{2}\right) + (60 \times 8) = 38x - 8x^2 + 480$

$N_x = 60 - 40 = 20$

㉢ $C \sim D$ 구간 (D점으로부터 임의의 거리 x만큼 떨어진 지점의 단면력)

$V_x = -20$ $M_x = 20x$ $N_x = -122$

㉣ $D \sim E$ 구간

$V_x = 0$ $M_x = 0$ $N_x = -122$

(3) 단면력도

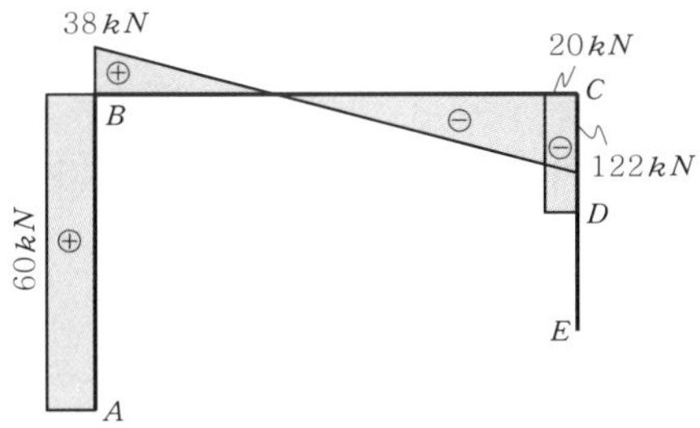

그림(b) 전단력도(S.F.D)

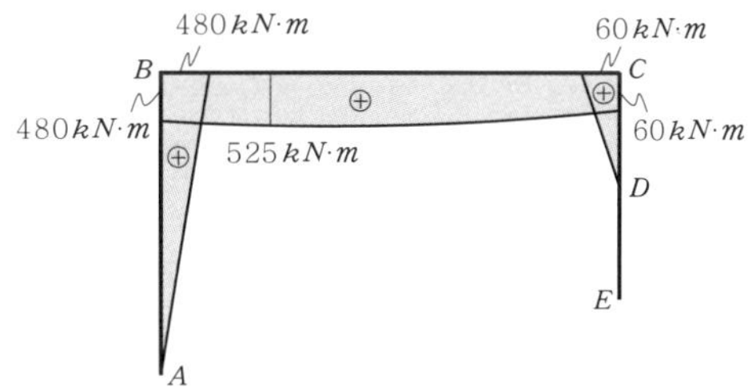

그림(c) 휨모멘트도(B.M.D)

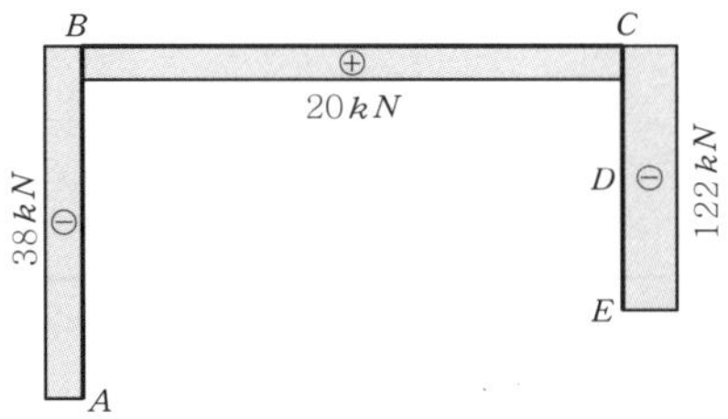

그림(d) 축방향력도(A.F.D)

예제 7.1.4

다음과 같은 3힌지 라멘의 전단력도(S.F.D), 휨모멘트도(B.M.D), 축방향력도(A.F.D)를 구하시오.

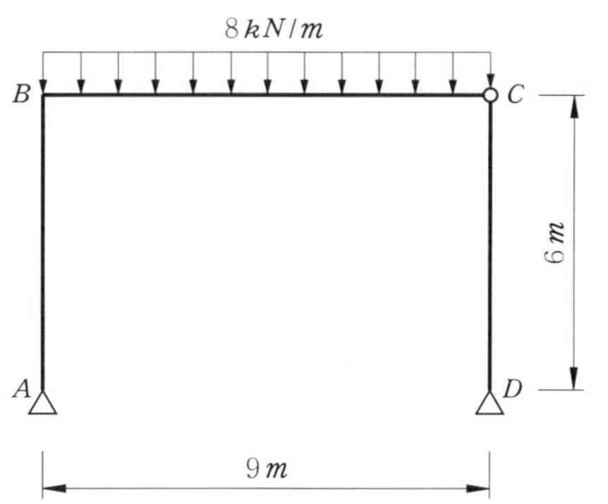

풀이

(1) 반력

반력의 방향을 그림(a)와 같이 가정하고 평형방정식을 세워 반력을 구한다.

$$R_A = R_D = \frac{wl}{2} = \frac{8 \times 9}{2} = 36\,kN\ (\uparrow)$$

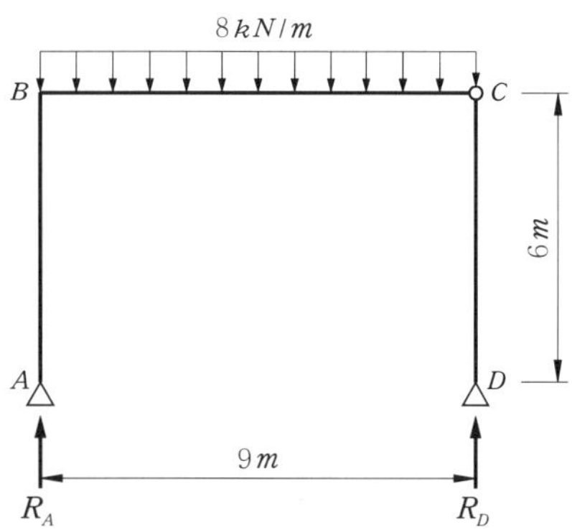

그림(a)

(2) 구간별 단면력

㉠ $A \sim B$ 구간

$V_x = 0$ $\qquad M_x = 0$ $\qquad N_x = -36$

㉡ $B \sim C$ 구간 (B 점으로부터 임의의 거리 x 만큼 떨어진 지점의 단면력)

$V_x = 36 - 8x$ $\qquad M_x = 36x - \left(8x \times \dfrac{x}{2}\right) = 36x - 4x^2$ $\qquad N_x = 0$

㉢ $C \sim D$ 구간

$V_x = 0$ $\qquad M_x = 0$ $\qquad N_x = -36$

(3) 단면력도

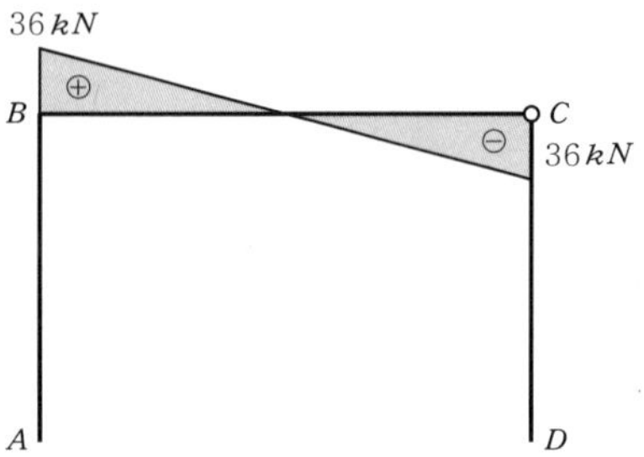

그림(b) 전단력도(S.F.D)

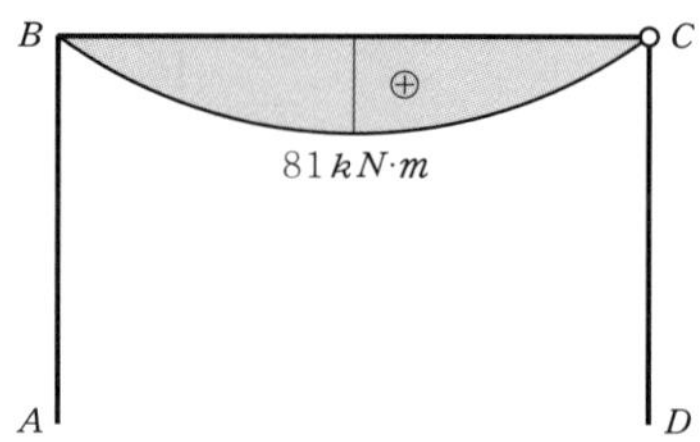

그림(c) 휨모멘트도(B.M.D)

그림(d) 축방향력도(A.F.D)

예제 7.1.5

다음과 같은 3이동단 라멘의 전단력도(S.F.D), 휨모멘트도(B.M.D), 축방향력도(A.F.D)를 구하시오.

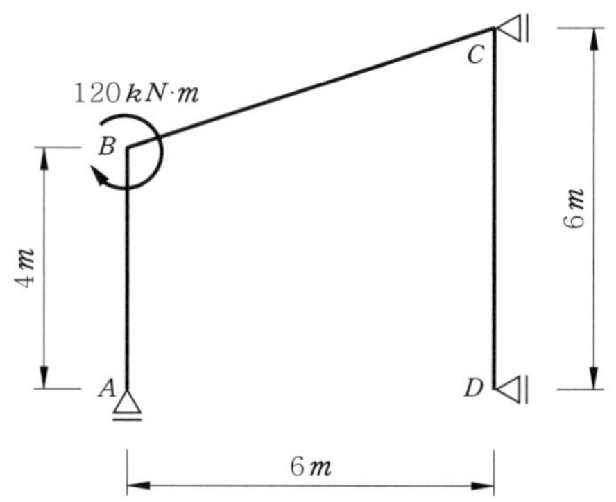

풀이

(1) 반력

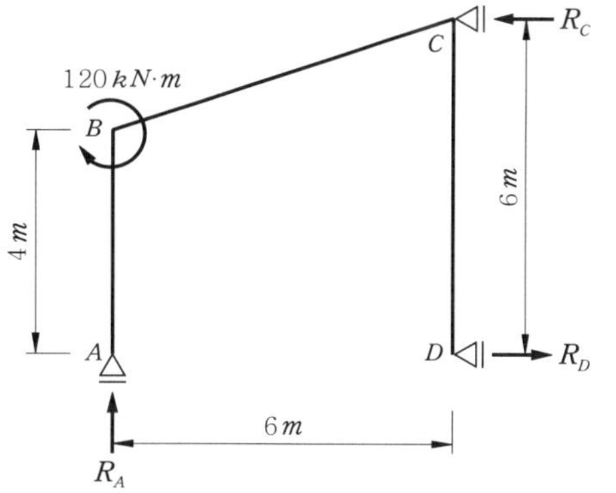

그림(a)

반력의 방향을 그림(a)와 같이 가정하고 평형방정식을 세워 반력을 구한다.

$\sum V = 0 \quad : \; R_A = 0$

$\therefore \; R_A = 0$

$\sum M_A = 0 \; : \; 120 - (R_C \times 6) = 0$

$\therefore \; R_C = 20 kN \, (\leftarrow)$

$\sum H = 0 \quad : \; -R_C + R_D = 0$

$\therefore \; R_D = 20 kN \, (\rightarrow)$

(2) 구간별 단면력

㉠ $A \sim B$ 구간

$V_x = 0 \qquad M_x = 0 \qquad N_x = 0$

㉡ $B \sim C$ 구간

$V_x = 8 \qquad M_x = 120 \qquad N_x = -60$

㉢ $C \sim D$ 구간 (지점 D로부터 임의의 거리 x만큼 떨어진 지점의 단면력)

$V_x = -20 \qquad M_x = 20x \qquad N_x = 0$

(3) 단면력도

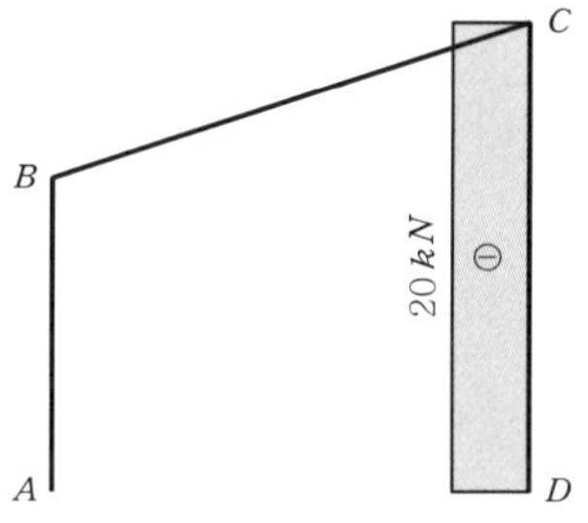

그림(b)
전단력도(S.F.D)

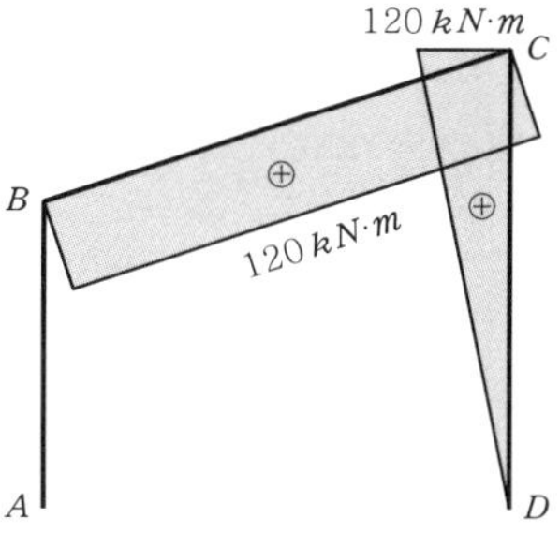

그림(c)
휨모멘트도(B.M.D)

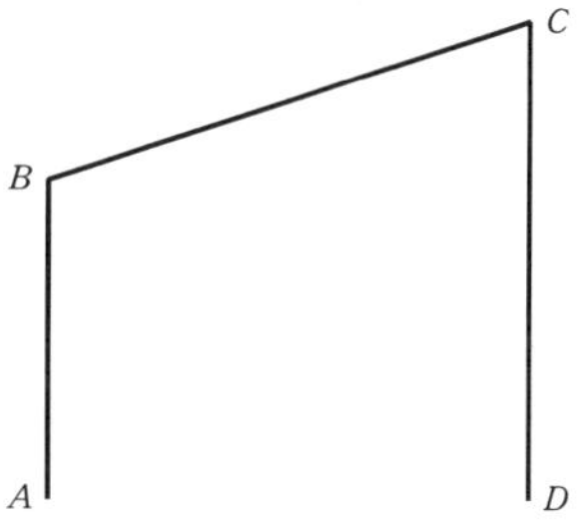

그림(d)
축방향력도(A.F.D)

예제 7.1.6

다음과 같은 단순보형 라멘의 전단력도(S.F.D), 휨모멘트도(B.M.D), 축방향력도(A.F.D)를 구하시오.

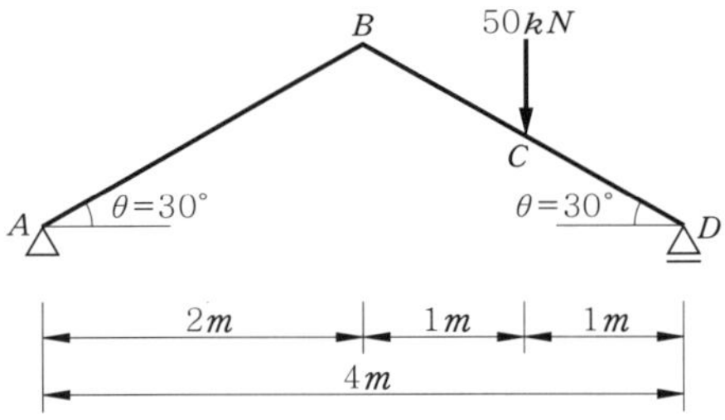

풀이

(1) 반력

반력의 방향을 그림(a)와 같이 가정하고 평형방정식을 세워 반력을 구한다.

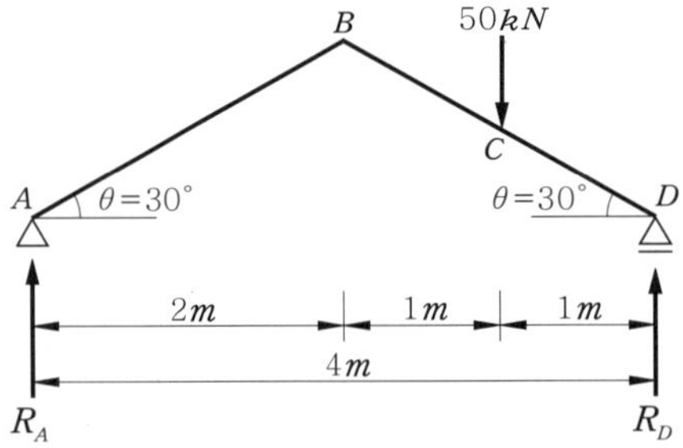

그림(a)

$\sum M_D = 0$: $(R_A \times 4) - (50 \times 1) = 0$ $\quad \therefore R_A = 12.5\,kN\,(\uparrow)$

$\sum V = 0$: $R_A + R_D - 50 = 0$ $\quad \therefore R_D = 37.5\,kN\,(\uparrow)$

(2) 구간별 단면력

그림(b)와 같이 반력과 하중을 수직, 수평분력으로 나눈 후 부재의 단면력을 구한다.

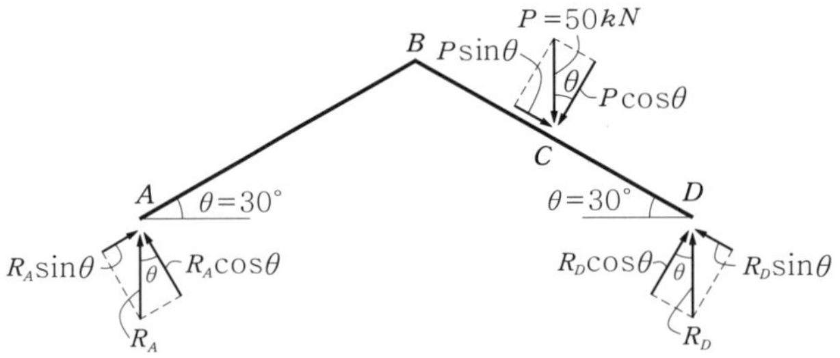

그림(b)

㉠ $A \sim B$ 구간 (지점 A로부터 임의의 거리 x만큼 떨어진 지점의 단면력)

$$V_x = R_A \cos 30^\circ = 10.83$$

$$M_x = R_A \cos 30^\circ \, x = 10.83\,x$$

$$N_x = -R_A \sin 30^\circ = -6.25$$

㉡ $B \sim C$ 구간 (C점으로부터 임의의 거리 x만큼 떨어진 지점의 단면력)

$$V_x = -R_D \cos 30° + P\cos 30° = -32.47 + 43.3 = 10.83$$

$$M_x = (R_D \times 1) + R_D \cos 30° x - P\cos 30° x$$

$$= (37.5 \times 1) + 32.47x - 43.3x = 37.5 - 10.83x$$

$$N_x = -R_D \sin 30° + P \sin 30° = -18.75 + 25 = 6.25$$

㉢ $C \sim D$ 구간 (지점 D로부터 임의의 거리 x만큼 떨어진 지점의 단면력)

$$V_x = -R_D \cos 30° = -32.47$$

$$M_x = R_D \cos 30° x = 32.47x$$

$$N_x = -R_D \sin 30° = -18.75$$

(3) 단면력도

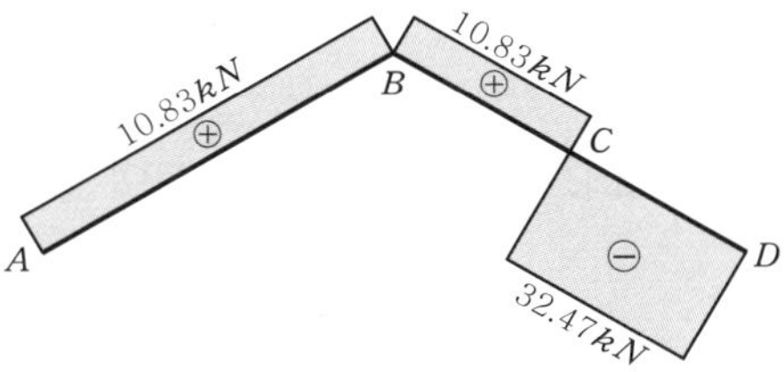

그림(c) 전단력도(S.F.D)

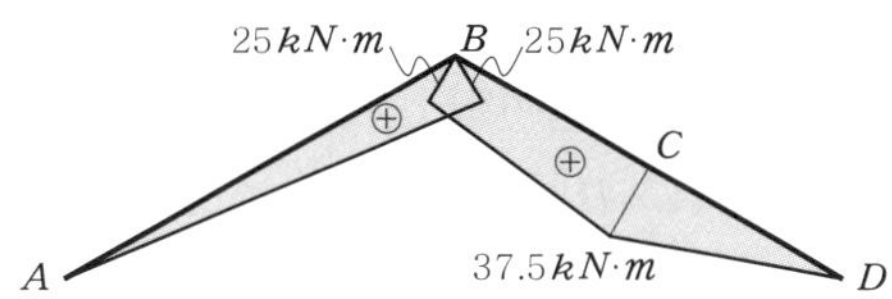

그림(d) 휨모멘트도(B.M.D)

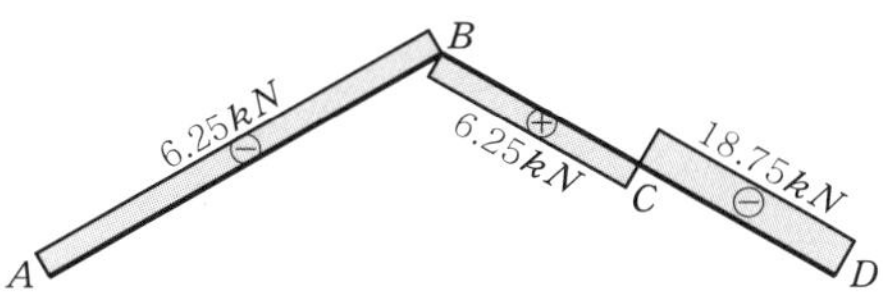

그림(e) 축방향력도(A.F.D)

예제 7.1.7

다음과 같은 캔틸레버형 라멘의 전단력도(S.F.D), 휨모멘트도(B.M.D), 축방향력도(A.F.D)를 구하시오.

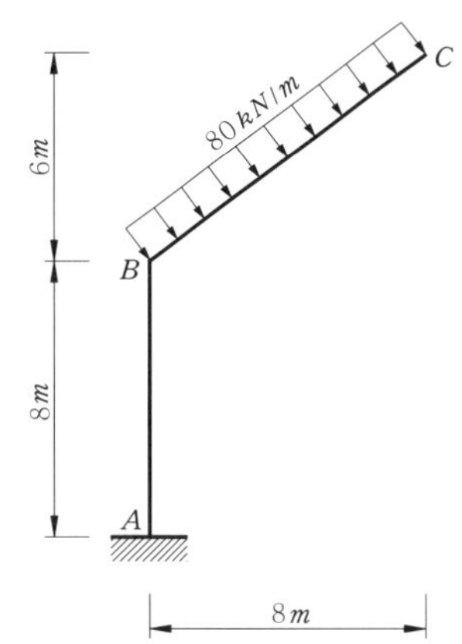

풀이

(1) 반력

그림(a)와 같이 등분포하중의 합력을 도심에 작용시키고 수직, 수평분력으로 나눈 후 반력의 방향을 가정하여 평형방정식을 세워 반력을 구한다.

$\Sigma H = 0 \quad : \ 480 - H_A = 0$

$\therefore \ H_A = 480\,kN\,(\leftarrow)$

$\Sigma M_A = 0 \ : \ -M_A + (480 \times 11) + (640 \times 4) = 0$

$\therefore \ M_A = 7840\,kN \cdot m\,(\curvearrowleft)$

$\Sigma V = 0 \quad : \ -640 + R_A = 0$

$\therefore \ R_A = 640\,kN\,(\uparrow)$

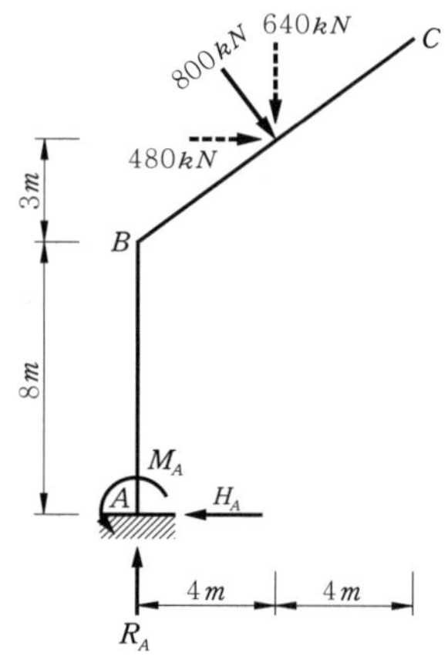

그림(a)

(2) 구간별 단면력

㉠ $A \sim B$ 구간 (지점 A로부터 임의의 거리 x만큼 떨어진 지점의 단면력)

$V_x = 480 \qquad M_x = -7840 + 480x \qquad N_x = -640$

㉡ $B \sim C$ 구간 (C점으로부터 임의의 거리 x만큼 떨어진 지점의 단면력)

$V_x = 80x \qquad M_x = -80x \times \dfrac{x}{2} = -40x^2 \qquad N_x = 0$

(3) 단면력도

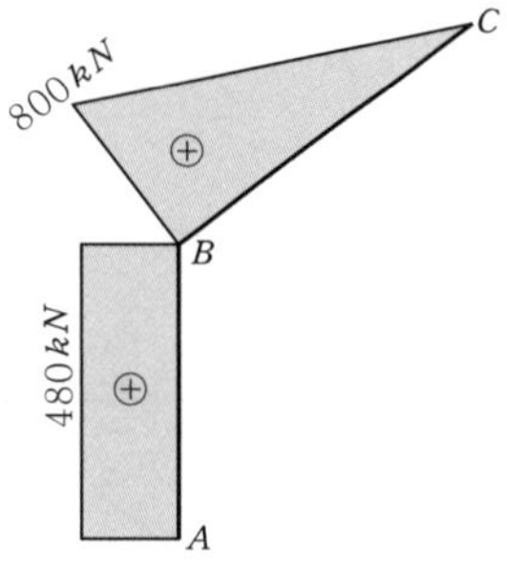

그림(b)
전단력도(S.F.D)

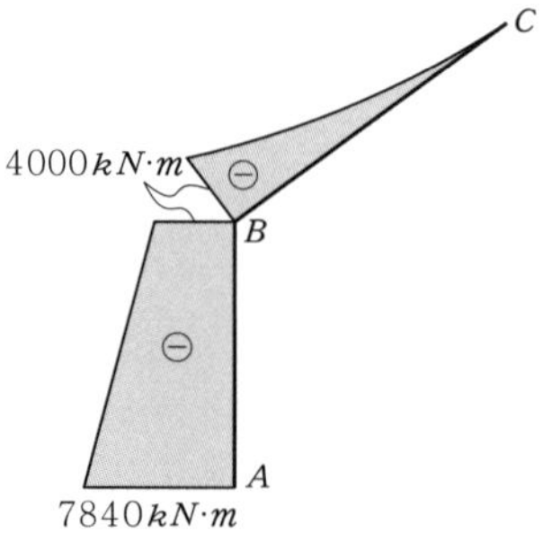

그림(c)
휨모멘트도(B.M.D)

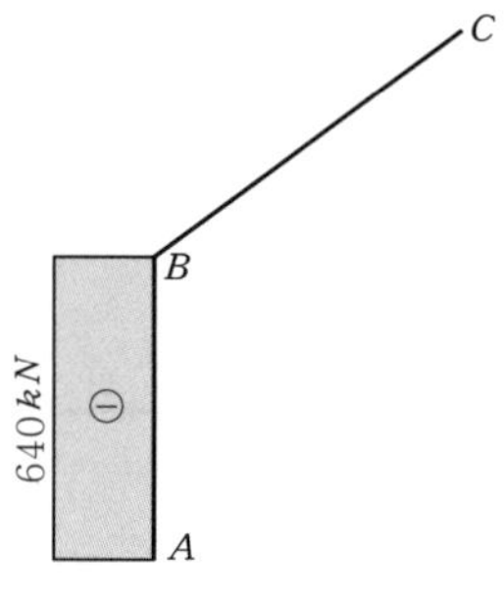

그림(d)
축방향력도(A.F.D)

예제 7.1.8

다음과 같은 3힌지 라멘의 전단력도(S.F.D), 휨모멘트도(B.M.D), 축방향력도(A.F.D)를 구하시오.

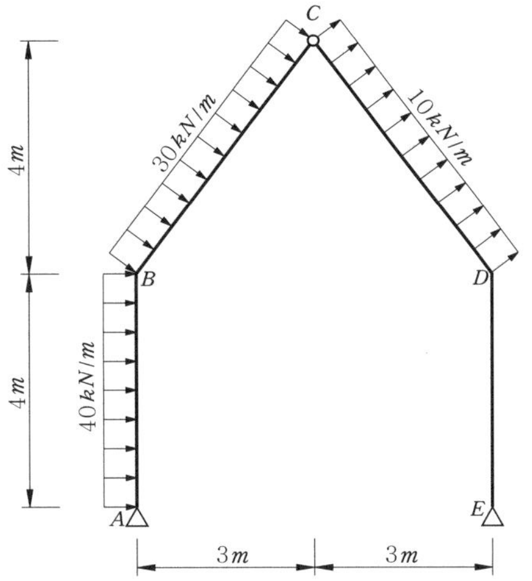

풀이

(1) 반력

그림(a)와 같이 등분포하중의 합력을 도심에 작용시키고 수직, 수평 분력으로 나눈 후 반력의 방향을 가정하여 평형방정식을 세워 반력을 구한다.

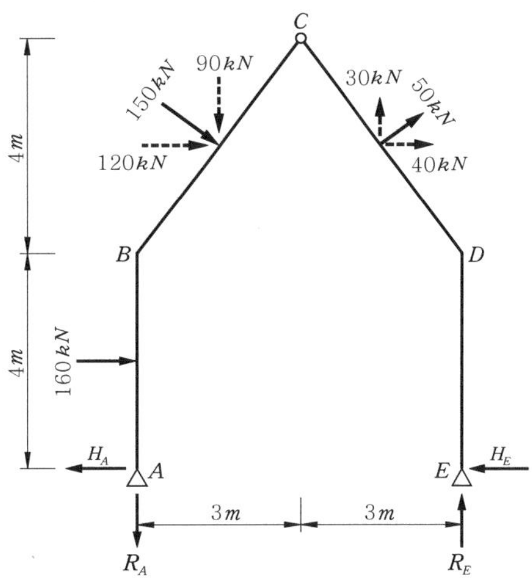

그림(a)

$$\sum M_E = 0 : -6R_A + (160 \times 2) + (120 \times 6) - (90 \times 4.5) + (30 \times 1.5) + (40 \times 6) = 0$$

$$\therefore\ R_A = 153.33\,kN\ (\downarrow)$$

$$\sum M_A = 0 : -6R_E + (160 \times 2) + (120 \times 6) + (90 \times 1.5) - (30 \times 4.5) + (40 \times 6) = 0$$

$$\therefore\ R_E = 213.33\,kN\ (\uparrow)$$

$$\sum M_C = 0 : 8H_A - 3R_A - (160 \times 6) - (120 \times 2) - (90 \times 1.5) = 0$$

$$\therefore\ H_A = 224.38\,kN\ (\leftarrow)$$

$$\sum M_C = 0 : 8H_E - 3R_E - (30 \times 1.5) - (40 \times 2) = 0$$

$$\therefore\ H_E = 95.62\,kN\ (\leftarrow)$$

(2) 구간별 단면력

㉠ $A\sim B$ 구간 (지점 A로부터 임의의 거리 x만큼 떨어진 지점의 단면력)

$$V_x = 224.38 - 40x$$

$$M_x = 224.38x - 40x \times \frac{x}{2} = 224.38x - 20x^2$$

$$N_x = 155.33$$

㉡ $B\sim C$ 구간 (B점으로부터 임의의 거리 x만큼 떨어진 지점의 단면력)
그림(b)와 같이 반력 H_A, R_A 그리고 등분포하중의 합력을 BC부재의 수직, 수평분력으로 나눈 후 부재의 단면력을 구한다.

$$V_x = 179.5 - 92 - 128 - 30x$$
$$= -30x - 40.5$$

$$M_x = 179.5(3.2+x) + (134.63 \times 2.4) - 92(3.2+x) + (122.66 \times 2.4) - 128(1.6+x) - (96 \times 1.2) - \left(30x \times \frac{x}{2}\right)$$
$$= -15x^2 - 40.5x + 577.5$$

$$N_x = 134.63 + 122.66 - 96 = 161.29$$

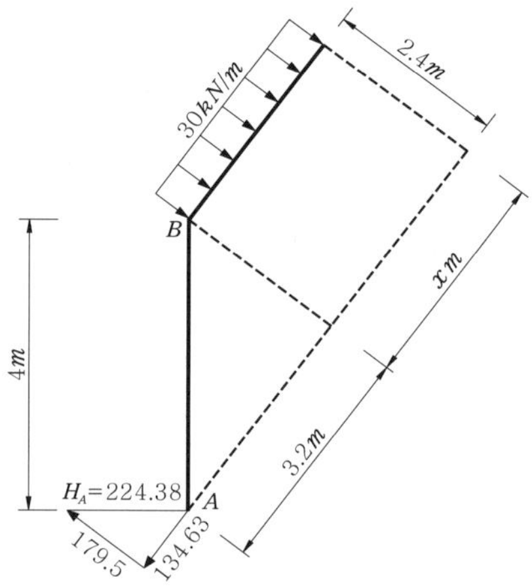

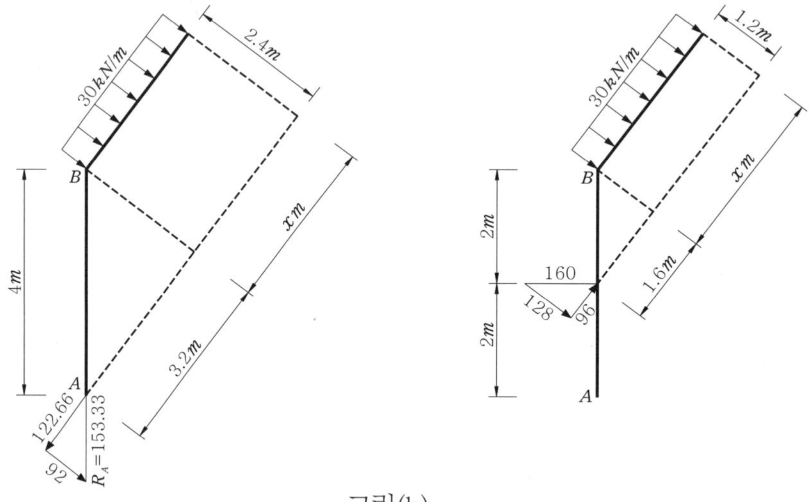

그림(b)

㉢ $C\sim D$ 구간 (D점으로부터 임의의 거리 x만큼 떨어진 지점의 단면력)
그림(c)와 같이 반력 H_E, R_E를 CD부재의 수직, 수평분력으로 나눈 후 부재의 단면력을 구한다.

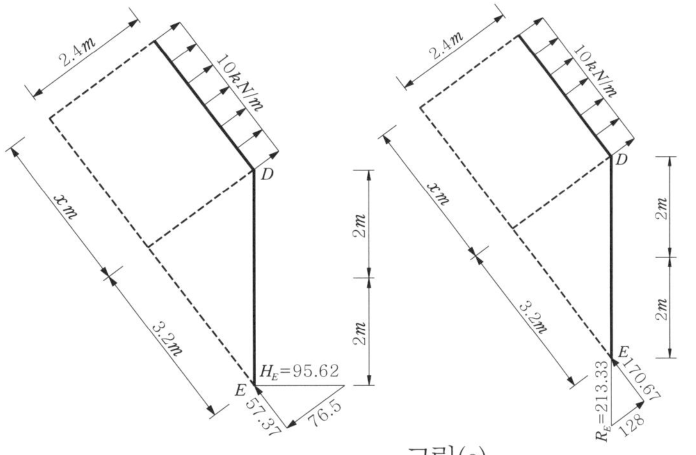

그림(c)

$$V_x = 76.5 - 128 - 10x = -10x - 51.5$$

$$M_x = -76.5(x+3.2) - (57.37 \times 2.4) + 128(x+3.2) - (170.67 \times 2.4) + \left(10x \times \frac{x}{2}\right)$$

$$= 5x^2 + 51.5x - 382.5$$

$$N_x = -57.37 - 170.67 = -228.04$$

㉣ $D \sim E$ 구간 (지점 E로부터 임의의 거리 x만큼 떨어진 지점의 단면력)

$V_x = 95.62$　　$M_x = -95.62x$　　$N_x = -213.33$

(3) 단면력도

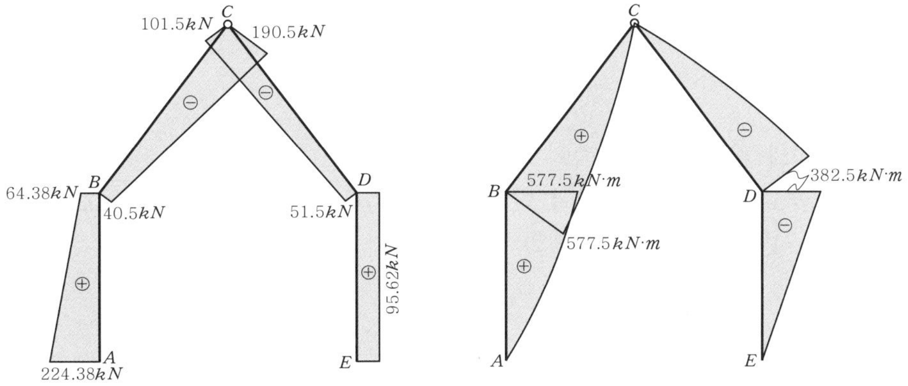

그림(d) 전단력도(S.F.D)　　그림(e) 휨모멘트도(B.M.D)

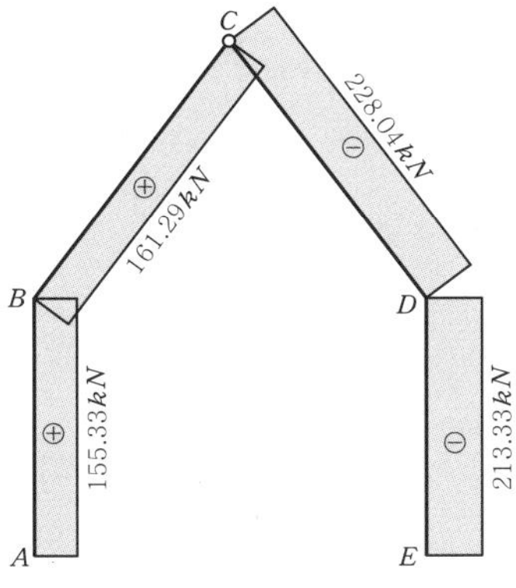

그림(f) 축방향력도(A.F.D)

예제 7.1.9

다음과 같은 캔틸레버형 라멘의 전단력도(S.F.D), 휨모멘트도(B.M.D), 축방향력도(A.F.D)를 구하시오.

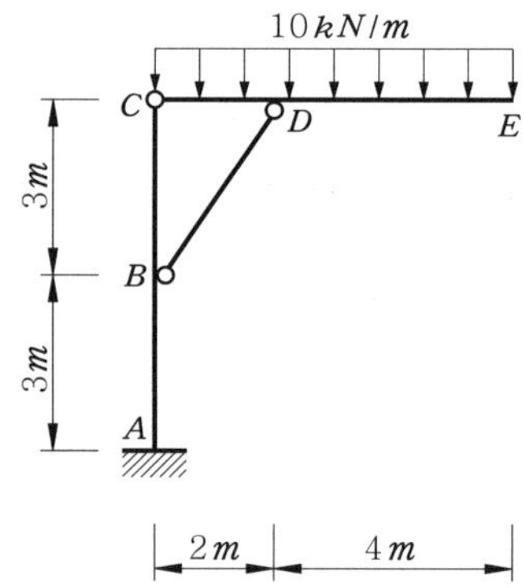

풀이

(1) 반력

반력의 방향을 그림(a)와 같이 가정하고 평형방정식을 세워 반력을 구한다.

$\sum M_A = 0$: $(10 \times 6 \times 3) - M_A = 0$

$\therefore\ M_A = 180\,kN \cdot m\,(\curvearrowleft)$

$\sum V = 0$: $R_A - 60 = 0$

$\therefore\ R_A = 60\,kN\,(\uparrow)$

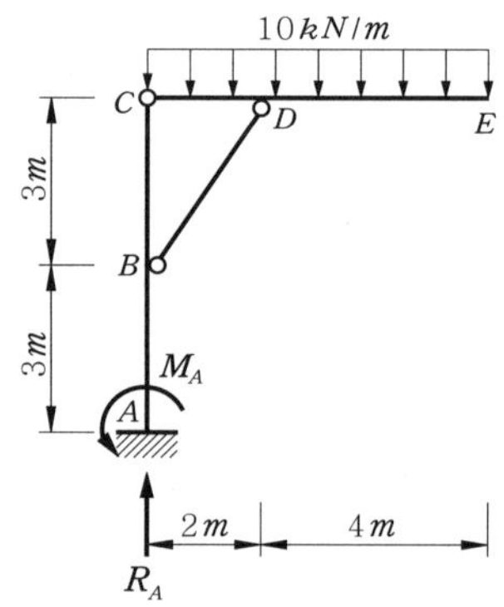

그림(a)

그림(b)와 같이 C점 우측의 자유물체도를 고려하여 BD부재의 반력을 구하고, 반력 P_D를 힌지 B와 D에 작용하는 하중으로 계산한다.

$\sum M_C = 0$

: $(10 \times 6 \times 3) - (P_D \sin\theta \times 2)$

$= 180 - 2P_D \sin\theta = 0$

$\therefore\ P_D = \dfrac{\sqrt{13} \times 180}{6} = 30\sqrt{13}\ kN$

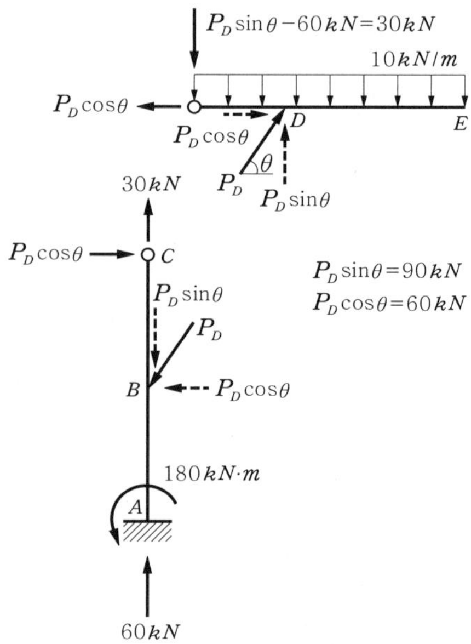

그림(b)

(2) 구간별 단면력

㉠ $A \sim B$ 구간

$V_x = 0$　　$M_x = -180$　　$N_x = -60$

㉡ $B \sim C$ 구간 (C점으로부터 임의의 거리 x만큼 떨어진 지점의 단면력)

$V_x = 60$　　$M_x = -60x$　　$N_x = 30$

㉢ $C \sim D$ 구간 (C점으로부터 임의의 거리 x만큼 떨어진 지점의 단면력)

$$V_x = -30 - 10x$$

$$M_x = -30x - \left(10x \times \frac{x}{2}\right) = -30x - 5x^2$$

$$N_x = 60$$

㉣ $D \sim E$ 구간 (E점으로부터 임의의 거리 x만큼 떨어진 지점의 단면력)

$V_x = 10x$　　$M_x = -10x \times \dfrac{x}{2} = -5x^2$　　$N_x = 0$

㉤ $B \sim D$ 구간

$V_x = 0$　　$M_x = 0$　　$N_x = -30\sqrt{13}$

(3) 단면력도

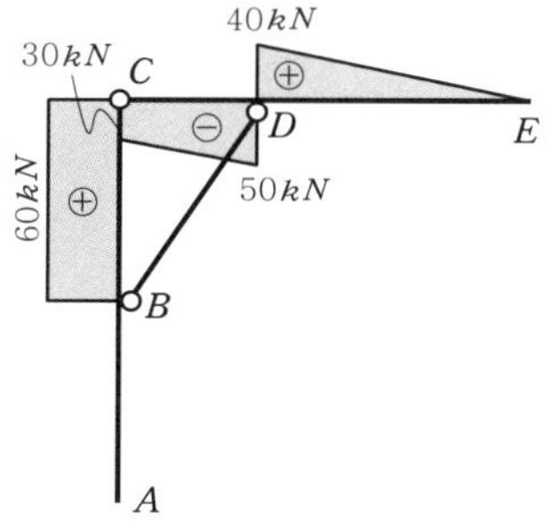

그림(c) 전단력도(S.F.D)

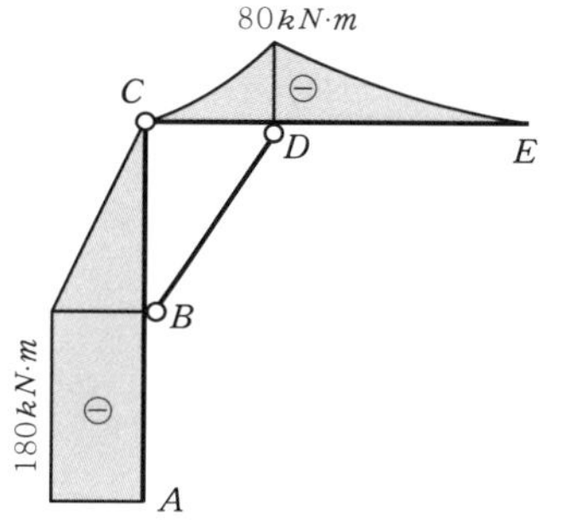

그림(d) 휨모멘트도(B.M.D)

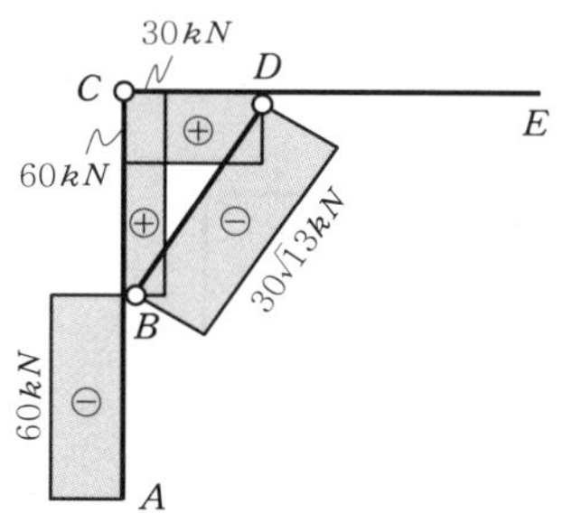

그림(e) 축방향력도(A.F.D)

◆ ◆ ◆ ◆ ◆ ◆

◈ 연 습 문 제 ◈

7.1.1. 다음 그림과 같은 구조물의 D점에 $50kN$의 상향 반력이 생길 때 B점에 작용하는 모멘트 M의 값은?

① $M=120kN\cdot m$

② $M=150kN\cdot m$

③ $M=200kN\cdot m$

④ $M=250kN\cdot m$

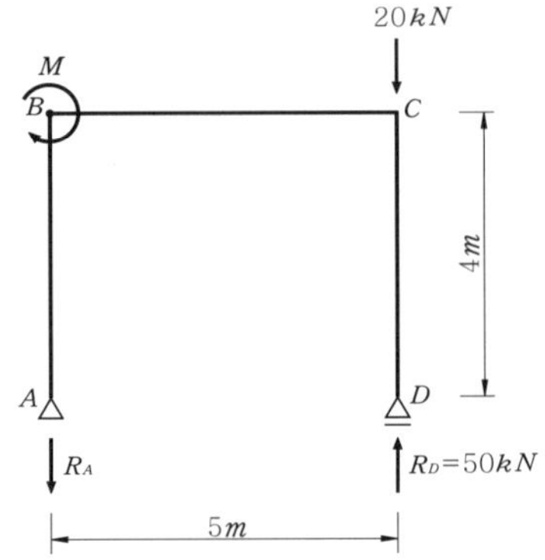

7.1.2 다음 그림과 같은 라멘에서 C점의 휨모멘트는?

① $\dfrac{\omega l}{8}(h_1+h_2)$

② $\dfrac{\omega l^2}{8}+\dfrac{\omega l}{2}h_1$

③ $\dfrac{\omega l^2}{4}+\dfrac{\omega l}{2}h_1$

④ $\dfrac{\omega l^2}{8}$

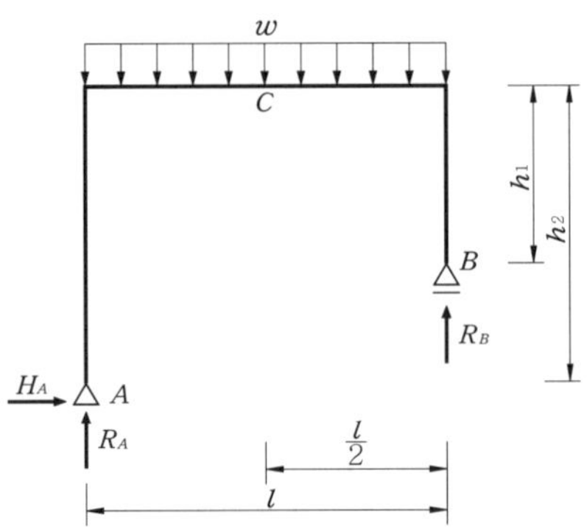

7.1.3 다음 그림과 같은 구조물에 우력이 작용할 때 휨모멘트도 중 옳은 것은?

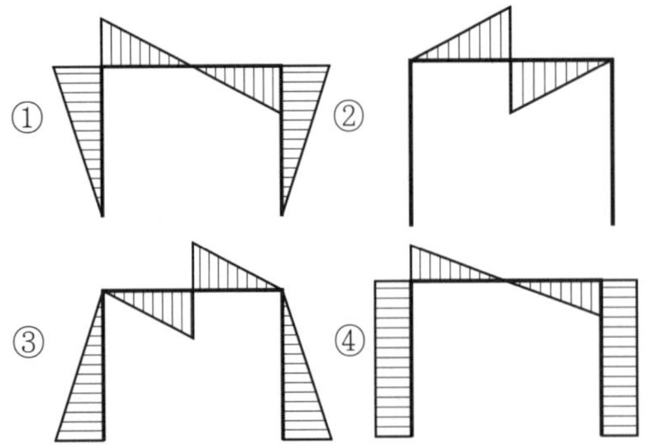

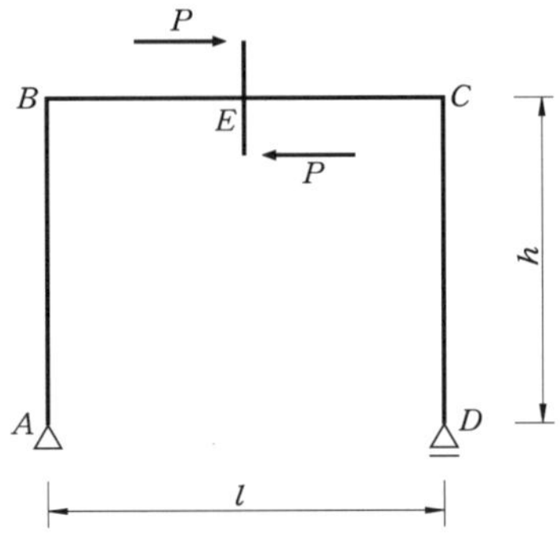

7.1.4 다음 그림과 같은 하중을 받는 구조물의 휨모멘트도로 옳은 것은?

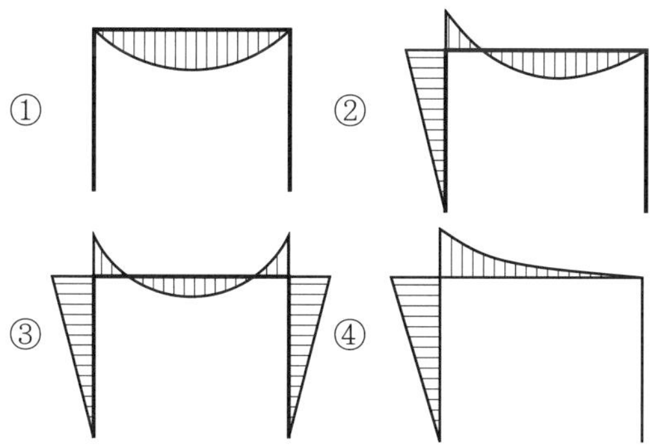

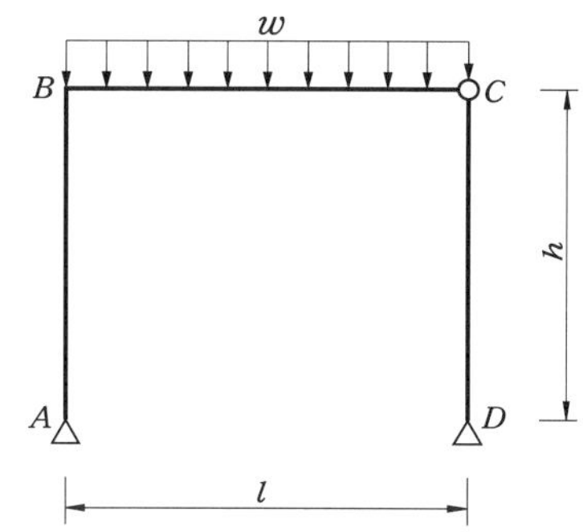

7.1.5 다음과 같은 단순보형 라멘의 전단력도(S.F.D), 휨모멘트도(B.M.D), 축방향력도(A.F.D)를 구하시오.

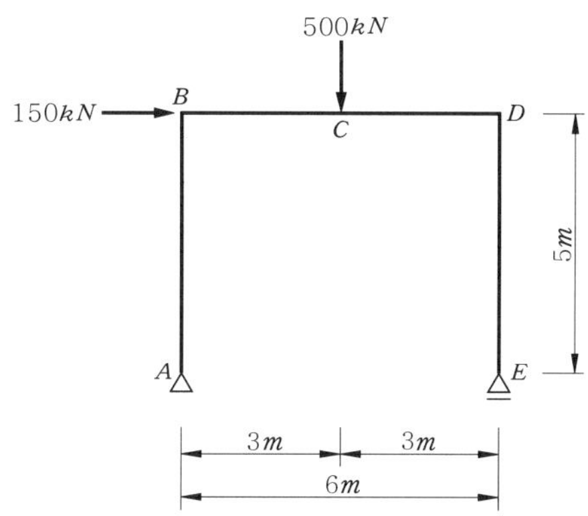

7.1.6 다음과 같은 단순보형 라멘의 전단력도(S.F.D), 휨모멘트도(B.M.D), 축방향력도(A.F.D)를 구하시오.

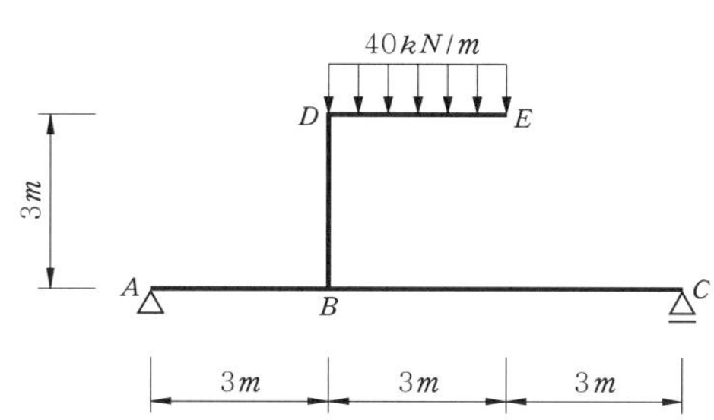

7.1.7 다음과 같은 단순보형 라멘의 전단력도(S.F.D), 휨모멘트도(B.M.D), 축방향력도(A.F.D)를 구하시오.

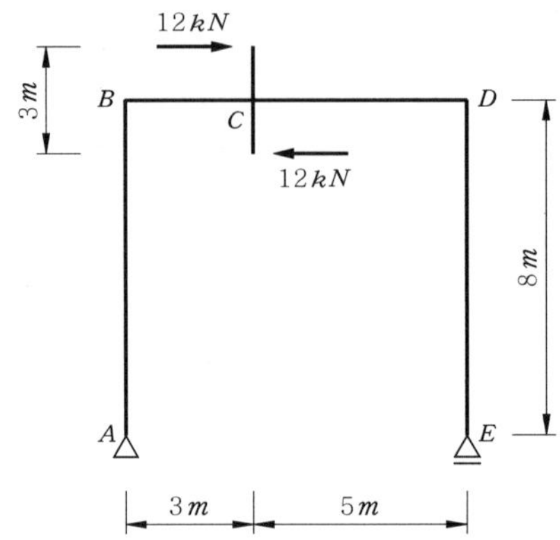

7.1.8 다음과 같은 단순보형 라멘의 전단력도(S.F.D), 휨모멘트도(B.M.D), 축방향력도(A.F.D)를 구하시오.

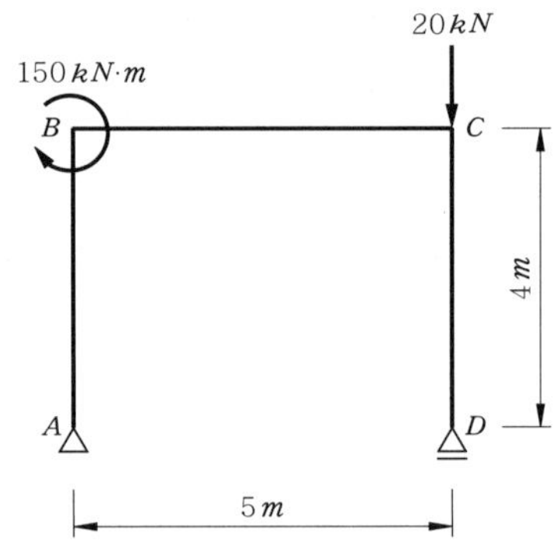

7.1.9 그림과 같이 풍압력 $20kPa$을 받고 있는 플레이트(Plate)가 양단부의 캔틸레버형 라멘에 지지되고 있다. 이 때 캔틸레버형 라멘의 전단력도(S.F.D), 휨모멘트도(B.M.D), 축방향력도(A.F.D)를 구하시오. (단, C_1, C_2는 풍력계수이다.)

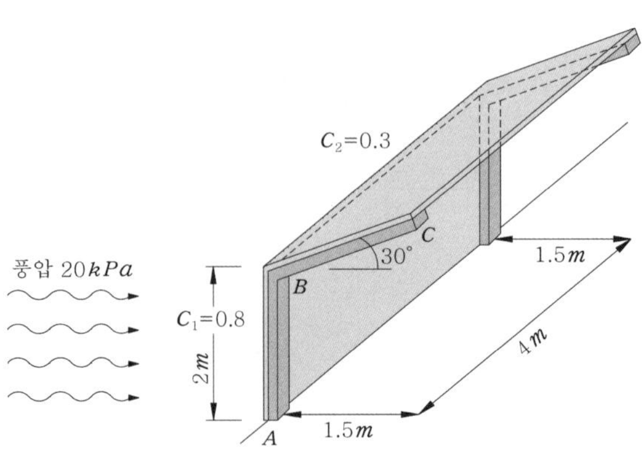

7.1.10 다음과 같은 3힌지 라멘의 전단력도(S.F.D), 휨모멘트도(B.M.D), 축방향력도(A.F.D)를 구하시오.

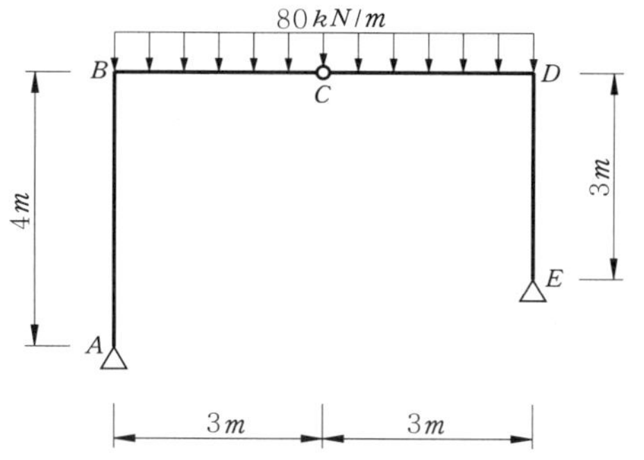

7.1.11 다음과 같은 3힌지 라멘의 전단력도(S.F.D), 휨모멘트도(B.M.D), 축방향력도(A.F.D)를 구하시오.

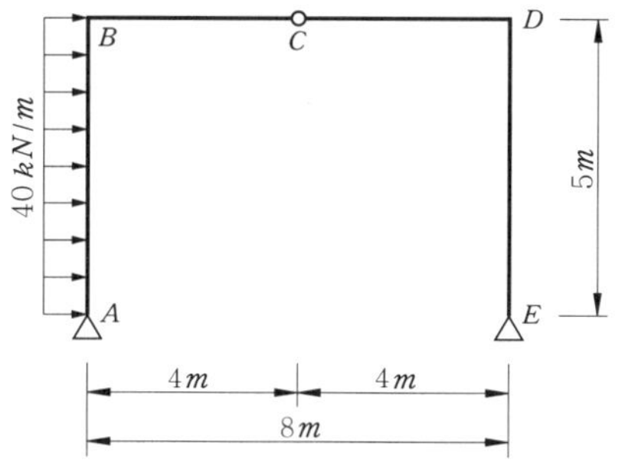

7.1.12 다음과 같은 3힌지 라멘의 전단력도(S.F.D), 휨모멘트도(B.M.D), 축방향력도(A.F.D)를 구하시오.

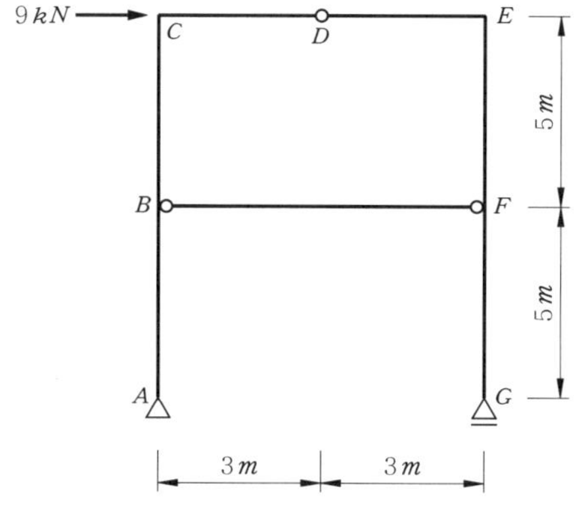

7.1.13 다음과 같은 3이동단 라멘의 전단력도(S.F.D), 휨모멘트도(B.M.D), 축방향 력도(A.F.D)를 구하시오.

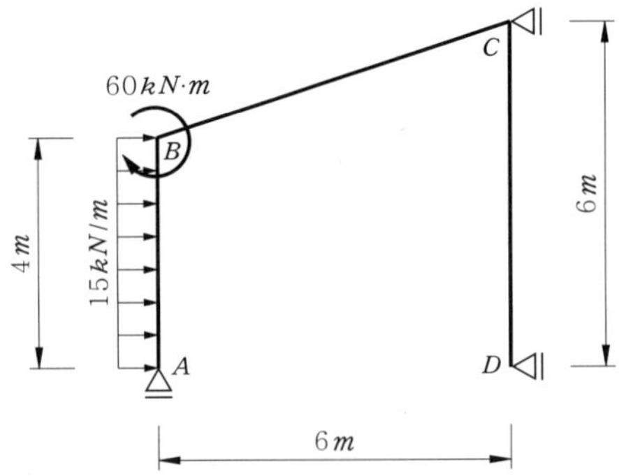

7.1.14 다음과 같은 3이동단 라멘의 전단력도(S.F.D), 휨모멘트도(B.M.D), 축방향 력도(A.F.D)를 구하시오.

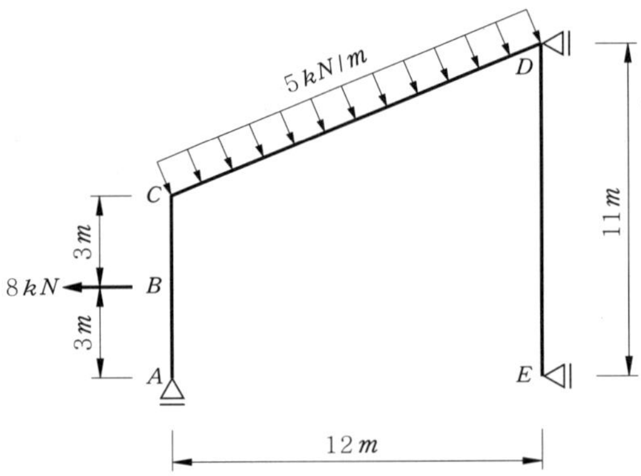

7.2 정정아치

아치(Arch)는 부재축이 원호, 포물선, 현수선 등의 곡선재로 구성된 구조물이다. 구조역학적으로 진정한 의미의 아치(Arch)는 연직하중이 양 지점에서 내부로 향하는 수평반력을 발생시키고, 이들 수평반력으로 인한 휨모멘트가 연직하중으로 인한 휨모멘트를 감소시킴으로써 구조물의 최대휨모멘트를 감소시키는 역할을 한다.

이에 대하여 부재축이 원호, 포물선, 현수선 등의 곡선재이지만 연직하중에 대하여 수평반력이 없는 것을 **곡선보**(Curved Beam)라고도 부르기도 한다.

일반적으로 아치는 보, 라멘 등과 마찬가지로 단면에 전단력, 휨모멘트 및 축방향력이 일어나지만, 수평반력에 의하여 연직하중으로 인한 휨모멘트를 현저히 감소시키고 주로 축방향력에 저항하는 구조물이다. 따라서 아치는 작용하는 하중에 따라 축선(Arch Axis)의 형상을 적절히 선택하면 부재가 효율적이고 경제적으로 설계됨으로, 큰 경간의 지붕이나 교량 등의 구조물에 많이 쓰인다.

7.2.1 아치의 종류와 특성

매우 오래전부터 이용되었던 석재 및 벽돌로 쌓아올리는 아치는 축방향력인 압축력만을 저항할 수 있고, 휨모멘트나 전단력에는 저항할 수 없어 **강성아치**(Hardness Arch)라고 한다.

이에 비하여 근래에 지어지는 철근콘크리트나 강재로 만든 아치는 축방향력뿐만 아니라 휨모멘트와 전단력에 대해서도 저항할 수 있어 **탄성아치**(Elasticity Arch)라고 한다. [그림7.2.1]은 여러 가지 아치를 보여주고 있다.

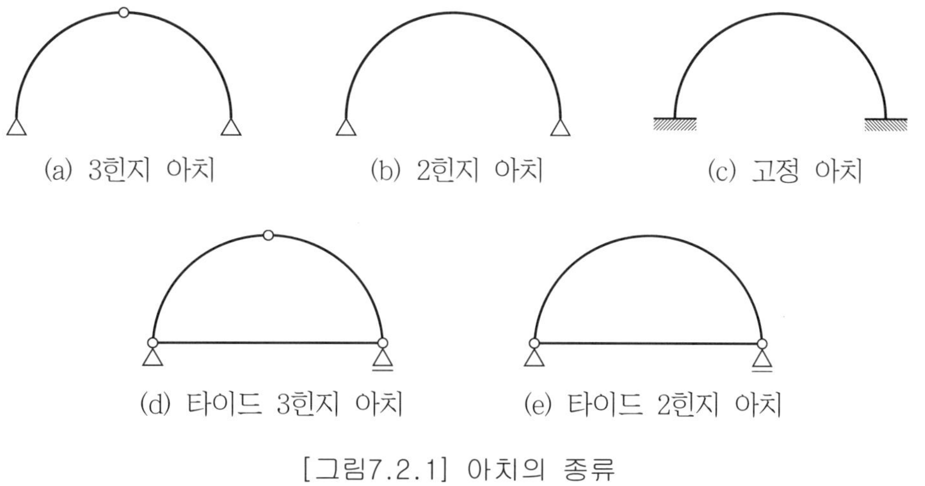

[그림7.2.1] 아치의 종류

[그림7.2.1]에서 그림(a)는 2개의 지점이 모두 회전단이고 아치의 내부에 1개의 활절(Hinge)이 존재하는 **3힌지 아치**(Three Hinged Arch), 그림(b)는 2개의

지점이 모두 회전단인 **2힌지 아치**(Two Hinged Arch), 그림(c)는 2개의 지점이 모두 고정단인 **고정 아치**(Fixed Arch)라고 한다. 또 그림(d)와 그림(e)는 지점의 일단이 회전단이고 타단이 이동단으로, 아치의 양단이 벌어지는 것을 막고자 인장재인 타이(Tie)로 양단을 붙들어 매었다. 이와 같이 타이(Tie)를 가진 아치를 **타이드 아치**(Tied Arch)라 하는데, 이때 타이(Tie)는 수평반력과 똑같은 역할을 하여 아치에 일어나는 휨모멘트를 현저히 감소시킨다. 한편 그림(a)와 그림(d)는 정정아치, 그림(b)와 그림(e)는 1차부정정아치, 그림(c)는 3차부정정아치이다.

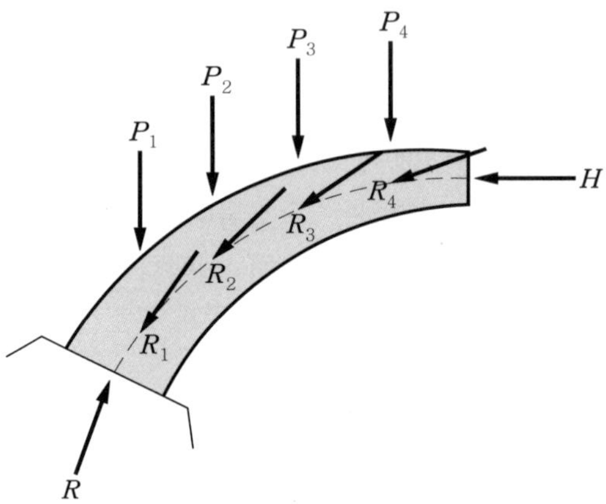

[그림7.2.2] 아치의 합력선 및 압력선

[그림7.2.2]의 점선과 같이 아치의 각 단면에 대하여 좌측 또는 우측에 생기는 모든 외력의 합력을 구하고, 이들 합력의 작용방향이 바뀌는 점을 연결한 것을 **합력선**(合力線, Resultant Line)이라 한다. 이때 모든 합력이 압축력인 경우에는 **압력선**(壓力線, Pressure Line)이라고도 한다. 압력선이 합력인 압축력의 작용방향을 나타내는 선이므로, 임의 점에서의 압축력의 작용방향은 그 점에서의 접선 방향이 된다. 따라서 아치의 축선을 압력선과 일치시키면 아치의 모든 단면에는 압축력만 생기고, 휨모멘트와 전단력은 생기지 않는다.

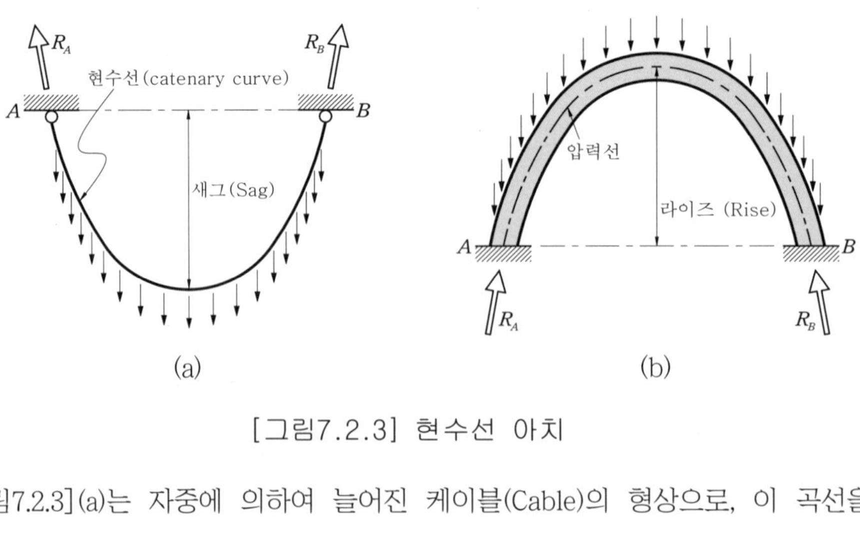

[그림7.2.3] 현수선 아치

[그림7.2.3](a)는 자중에 의하여 늘어진 케이블(Cable)의 형상으로, 이 곡선을

현수선(懸垂線, Catenary Curve)이라 한다. 이 현수선을 뒤집어 아치로 만든 것이 그림(b)와 같은 **현수선 아치**(Catenary Arch)이다. 이처럼 자중을 받는 현수선 아치에서는 아치의 축선과 압력선이 일치하여 축방향 압축력만이 작용한다.

이 밖에도 [그림7.2.4](a)와 같은 수평경간을 따라 등분포하중이 작용하는 **포물선 아치**(Parabolic Arch), 그림(b)와 같은 아치의 축선에 수직한 방향의 등분포하중을 받는 **원형 아치**(Circular Arch)도 아치의 축선과 압력선이 일치하여 모든 단면에 축방향 압축력만 작용하고, 휨모멘트와 전단력은 작용하지 않는다.

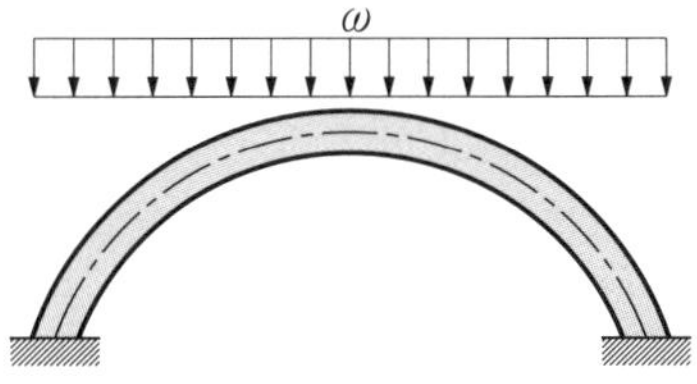

(a) 포물선 아치

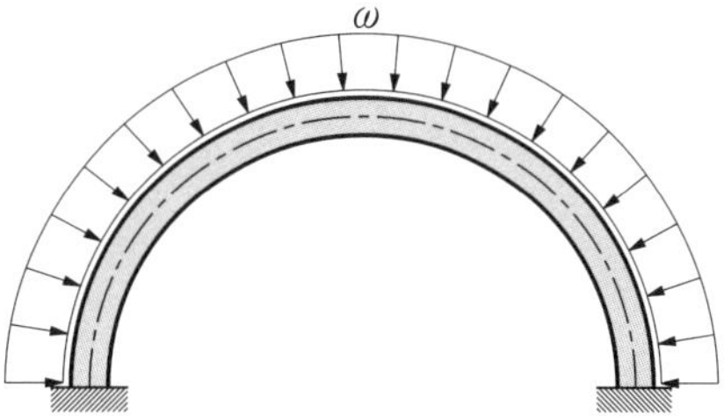

(b) 원형 아치

[그림7.2.4] 축방향 압축력만 작용하는 아치

그러나 임의의 하중을 받는 임의 형상의 대부분의 아치에서는 축선과 압력선이 일치하지 않으므로, 각 단면에는 축방향력과 동시에 휨모멘트와 전단력이 발생한다.

7.2.2 아치의 축선방정식과 접선각

[그림7.2.5] 및 [그림7.2.6]에서와 같이, 아치의 정점 C를 **크라운**(Crown)이라 하고, 양 지점을 잇는 수평선분 AB로부터 아치의 축선까지의 최대연직거리 f를 **라이즈**(Rise)라고 한다. 또한 경간 L에 대한 라이즈 f의 비인 f/L를 **라이즈 비**(Rise Ratio)라고 한다. 일반적으로 아치는 경간에 비하여 라이즈가 클수록 유리한 단면력 상태를 나타낸다. 라이즈가 경간에 비하여 너무 작으면 수평반력이 너무 커져 그 처리가 어렵다. 반대로 라이즈가 경간에 비하여 너무 크면 단면력이 작아져 경제적 설계가 될 것 같지만, 실은 그 길이가 길어지므로 아치의 사용재료가 많아져 비경제적이 된다. 일반적으로 라이즈 비 $f/L=0.3$ 정도가 경제적으로는 좋다고 알려져 있다.

아치의 경간 L과 라이즈 f를 알면 아치의 축선방정식과 접선각을 구할 수 있는데, 여기서는 원형 아치와 포물선 아치에 대하여 살펴보도록 한다.

가. 원형 아치

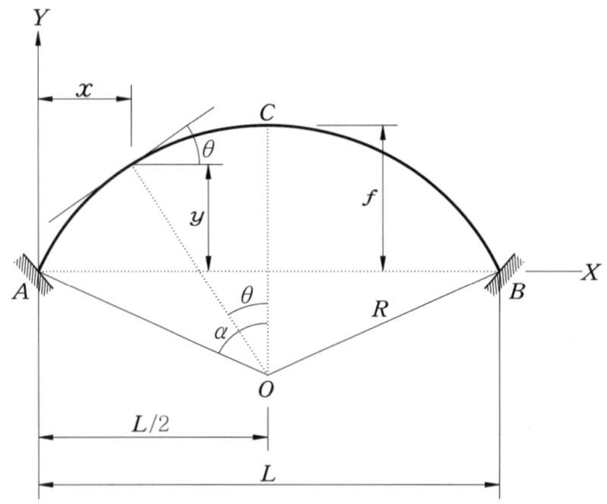

[그림7.2.5] 원형 아치의 축선방정식과 접선각

[그림7.2.5]의 원형 아치에서 경간 L과 라이즈 f가 정해지면, 원호의 반경 R을 다음과 같이 구할 수 있다.

$$\begin{aligned} R^2 &= (R-f)^2 + \left(\frac{L}{2}\right)^2 = R^2 - 2Rf + f^2 + \frac{L^2}{4} \\ 2Rf &= f^2 + \frac{L^2}{4} \\ \therefore\ R &= \frac{1}{2f}\left(f^2 + \frac{L^2}{4}\right) \end{aligned} \tag{7.2.1}$$

한편 원형 아치 축선의 임의 점의 접선각 θ 및 원호 AC의 중심각 α는 그림으로부터 다음과 같이 구할 수 있다.

$$\begin{aligned} \sin\theta &= \frac{1}{R}\left(\frac{L}{2} - x\right) = \frac{1}{2R}(L - 2x) \\ \cos\theta &= \frac{1}{R}\sqrt{R^2 - \left(\frac{L}{2} - x\right)^2} \\ \sin\alpha &= \frac{1}{R}\left(\frac{L}{2}\right) = \frac{L}{2R} \\ \cos\alpha &= \frac{1}{R}(R - f) \end{aligned} \tag{7.2.2}$$

결국 식(7.2.1)에서 원호의 반경 R, 식(7.2.2)에서 아치 축선의 임의 점에서의 접선각 θ와 중심각 α를 알면, 원형 아치 축선의 임의 점의 높이 y는 다음의 축선방정식을 통하여 구할 수 있다.

$$y = R(\cos\theta - \cos\alpha) = \sqrt{R^2 - \left(\frac{L}{2} - x\right)^2} - R + f \tag{7.2.3}$$

나. 포물선 아치

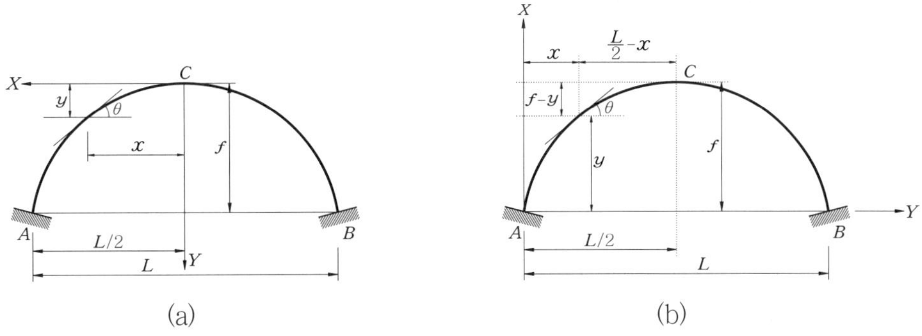

[그림7.2.6] 포물선 아치의 축선방정식과 접선각

[그림7.2.6](a)의 포물선 아치에서 크라운 C점을 원점으로 그림과 같이 직교 좌표축 X - Y축을 설정할 때, 포물선의 방정식은 다음과 같다.

$$y = a\,x^2 \tag{7.2.4}$$

그림(a)에서 $x = L/2$ 일 때 $y = f$ 이므로 이를 식(7.2.4)에 대입하면 다음과 같다.

$$\begin{aligned} f &= a\left(\frac{L}{2}\right)^2 = a\frac{L^2}{4} \\ \therefore\quad a &= \frac{4f}{L^2} \end{aligned} \tag{7.2.5}$$

식(7.2.5)를 식(7.2.4)에 대입하면 그림(a)의 축선방정식을 다음과 같이 구할 수 있다.

$$y = \frac{4f}{L^2}\,x^2 \tag{7.2.6}$$

또한 식(7.2.6)를 이용하면 그림(a)에서 아치 축선의 임의 점에서의 접선각 θ 를 다음과 같이 구할 수 있다.

$$\tan\theta = \frac{dy}{dx} = \frac{8f}{L^2}\,x \tag{7.2.7}$$

한편 [그림7.2.6](b)의 포물선 아치에서 왼쪽 지점 A을 원점으로 그림과 같이 직교 좌표축 X - Y축을 설정할 때, 그림의 $\left(\frac{L}{2} - x\right)$, $(f - y)$ 는 각각 식(7.2.6)의 축선방정식의 x , y에 해당하므로 다음과 같은 식이 성립된다.

$$f - y = \frac{4f}{L^2}\left(\frac{L}{2} - x\right)^2 = f - \frac{4f}{L^2}(Lx - x^2) \tag{7.2.8}$$

따라서 그림(b)의 포물선 아치의 축선방정식은 다음과 같다.

$$y = \frac{4f}{L^2}(Lx - x^2) \tag{7.2.9}$$

또한 그림(b)의 포물선 아치의 접선각 θ 는 다음과 같다.

$$\tan\theta = \frac{dy}{dx} = \frac{4f}{L^2}(L - 2x) \tag{7.2.10}$$

7.2.3 정정아치의 해법

본 단원에서는 여러 가지 아치(Arch) 중 힘의 평형조건식만으로 해석할 수 있는 **정정아치**(Statically Determinate Arch)의 해법을 다루도록 한다.

정정아치의 해법은 정정보 및 정정라멘의 경우와 마찬가지로 행하면 된다. 다만 [그림7.2.7]에서와 같이 아치의 임의 점에서의 축방향력은 그 점에서의 접선방향으로 작용하는 힘을 말하고, 아치의 임의 점에서의 전단력은 그 점에서의 접선에 직각으로 작용하는 힘을 뜻한다.

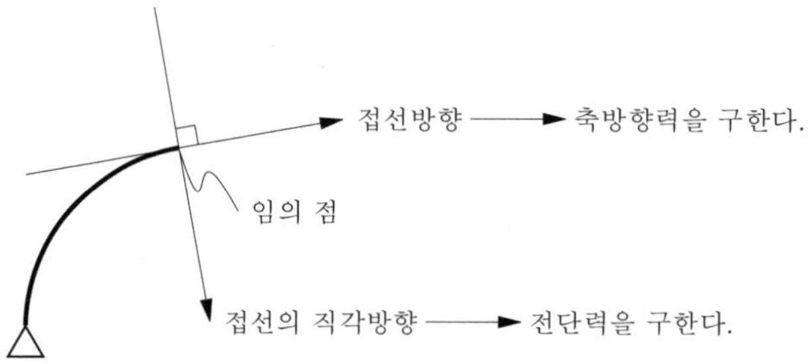

[그림7.2.7] 아치(Arch)의 단면력

◆ ◆ ◆ ◆ ◆ ◆

예제 7.2.1

다음과 같은 단순보형 반원 아치의 단면력을 구하고 단면력도를 그리시오.

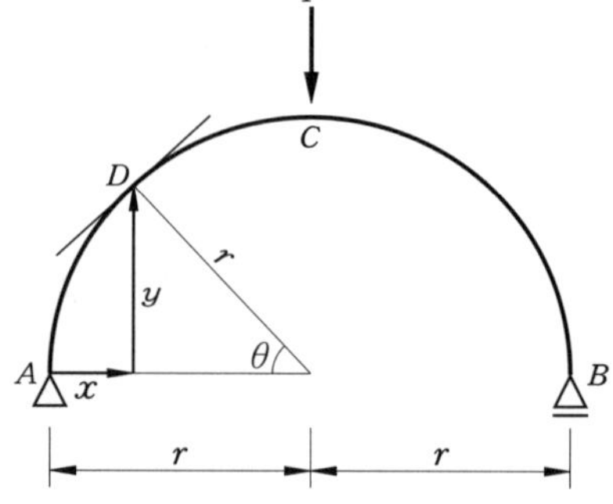

풀이

(1) 반력

반력의 방향을 그림(a)와 같이 가정하고 평형방정식을 세워 반력을 구한다.

$\sum M_B = 0$: $(R_A \times 2r) - (P \times r) = 0$

$\therefore\ R_A = \dfrac{1}{2}P\,(\uparrow)$

$\sum V = 0$: $R_A + R_B - P = 0$

$\therefore\ R_B = \dfrac{1}{2}P\,(\uparrow)$

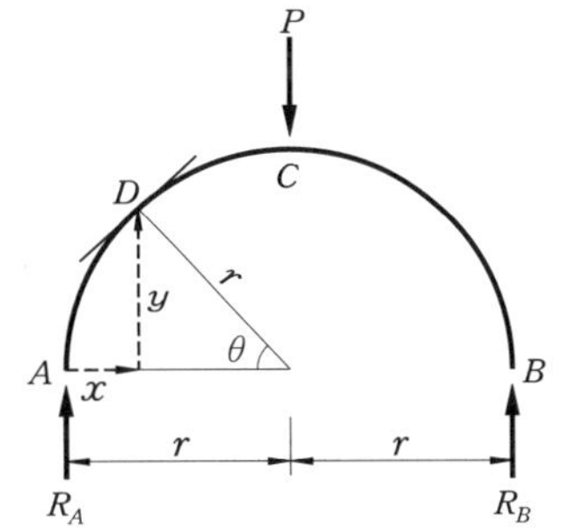

그림(a)

(2) 임의단면의 단면력

임의의 각 θ일 때 전단력, 휨모멘트, 축방향력을 구하기 위하여 그림(b), 그림(c)와 같이 외력을 D점에서의 접선의 수직, 수평분력으로 나눈 후 전단력, 휨모멘트, 축방향력을 구한다.

㉠ AC구간 $(0 \le \theta \le 90^\circ)$

$V_D = \dfrac{1}{2}P\sin\theta$

$M_D = \dfrac{1}{2}P \times x = \dfrac{1}{2}rP(1-\cos\theta)$

$N_D = -\dfrac{1}{2}P\cos\theta$

(여기서, $x = r(1-\cos\theta)$, $y = r\sin\theta$이다.)

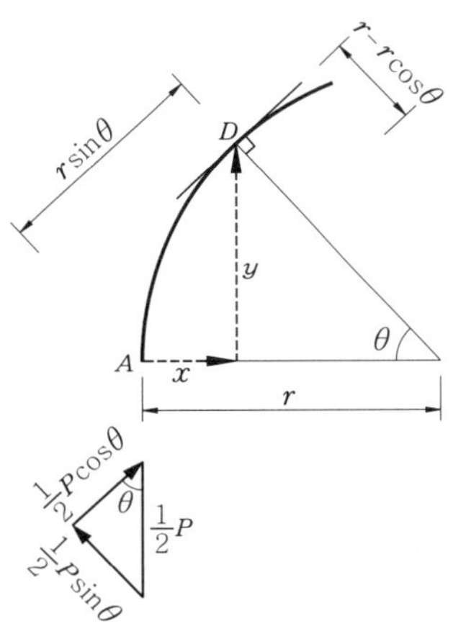

그림(b)

㉡ CB구간 $(90^\circ \le \theta \le 180^\circ)$

$V_D = \dfrac{1}{2}P\sin\theta - P\sin\theta = -\dfrac{1}{2}P\sin\theta$

$M_D = \left(\dfrac{1}{2}P \times x\right) - P(x-r) = \dfrac{1}{2}P(2r-x)$

$= \dfrac{1}{2}rP(1+\cos\theta)$

$N_D = -\dfrac{1}{2}P\cos\theta + P\cos\theta = \dfrac{1}{2}P\cos\theta$

(여기서, $x = r(1-\cos\theta)$, $y = r\sin\theta$이다.)

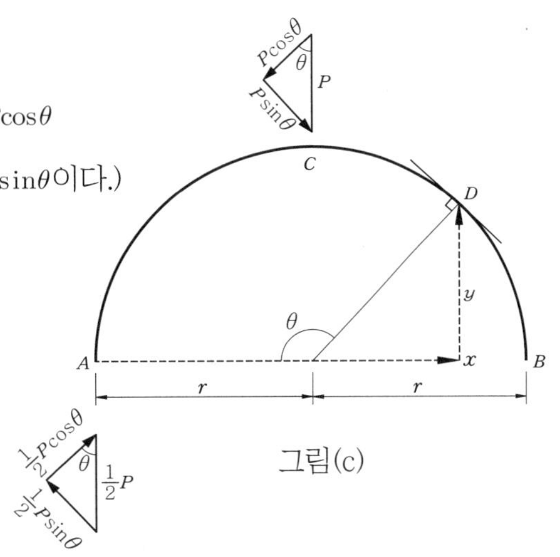

그림(c)

(3) 단면력도

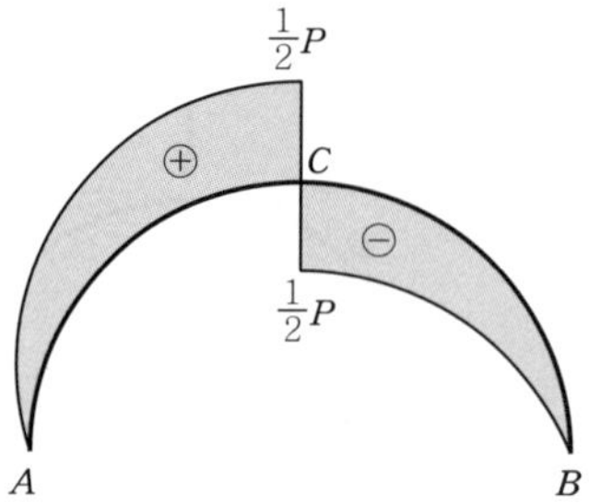

그림(d) 전단력도(S.F.D)

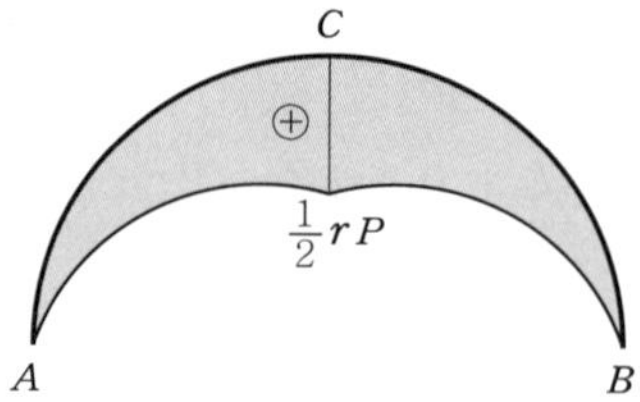

그림(e) 휨모멘트도(B.M.D)

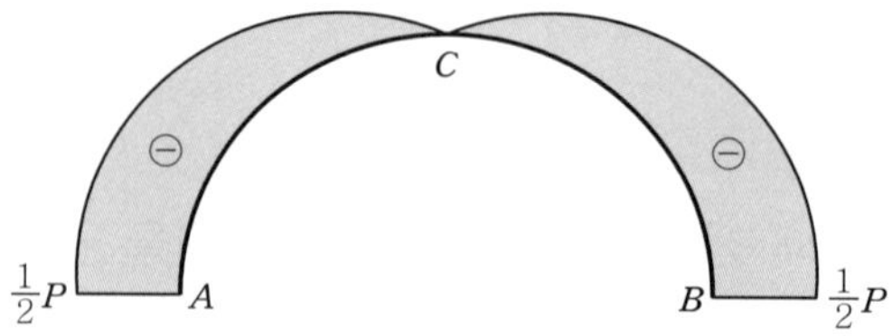

그림(f) 축방향력도(A.F.D)

예제 7.2.2

다음과 같은 캔틸레버형 반원 아치의 단면력을 구하고 단면력도를 그리시오.

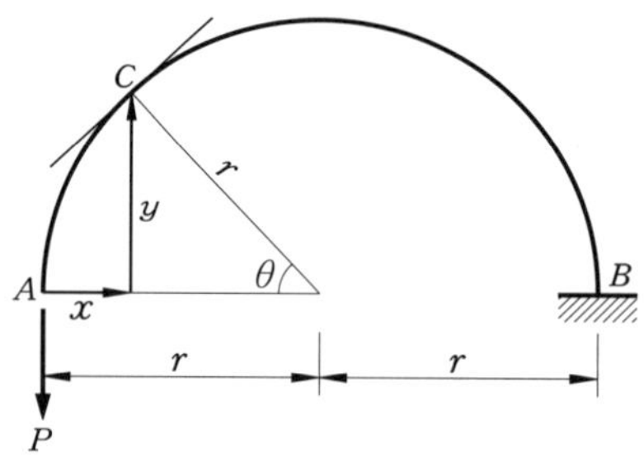

풀이

(1) 반력

반력의 방향을 그림(a)와 같이 가정하고 평형방정식을 세워 반력을 구한다.

$\sum V = 0 \quad : \ -P + R_B = 0$

$\therefore \ R_B = P\,(\uparrow)$

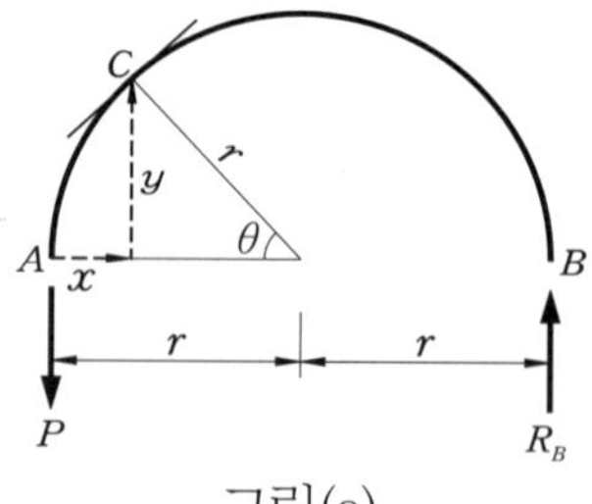

그림(a)

(2) 임의단면의 단면력

임의의 각 θ 일 때 전단력, 휨모멘트, 축방향력을 구하기 위하여 그림(b)와 같이 외력을 C 점에서의 접선의 수직, 수평분력으로 나눈 후 전단력, 휨모멘트, 축방향력을 구한다.

$V_C = -P\sin\theta$

$M_C = -P \times x = -rP(1-\cos\theta)$

$N_C = P\cos\theta$

(여기서, $x = r(1-\cos\theta)$, $y = r\sin\theta$이다.)

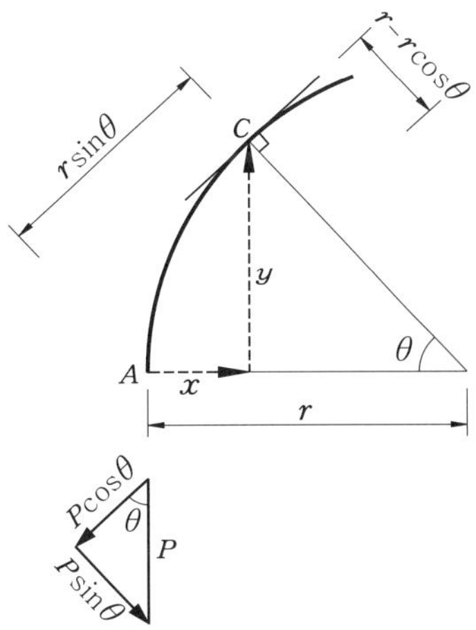

그림(b)

(3) 단면력도

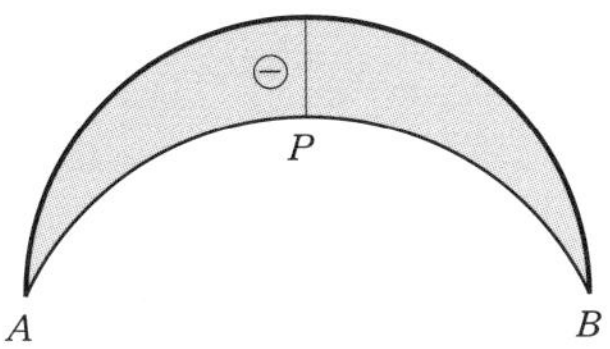

그림(c) 전단력도(S.F.D)

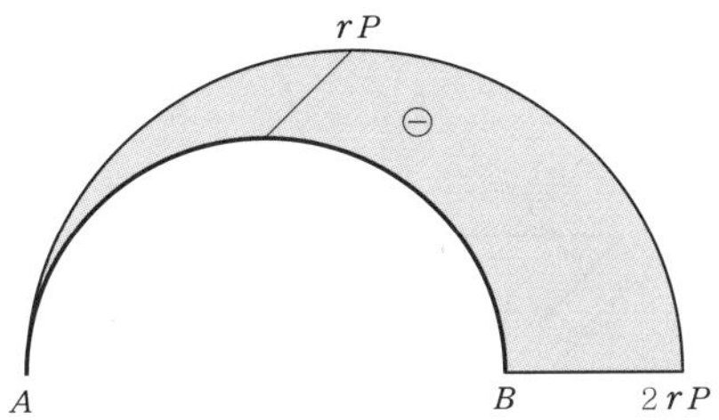

그림(d) 휨모멘트도(B.M.D)

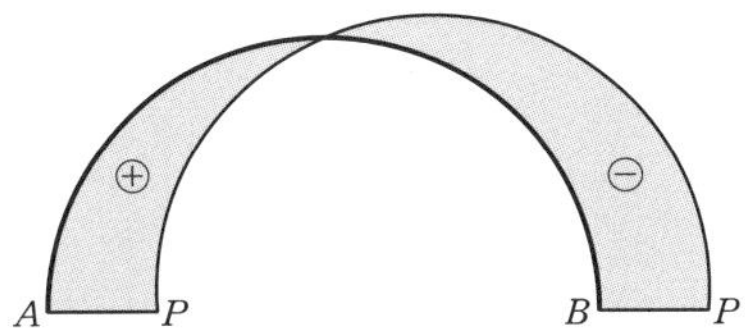

그림(e) 축방향력도(A.F.D)

예제 7.2.3

다음과 같은 3힌지 반원 아치의 단면력을 구하고 단면력도를 그리시오.

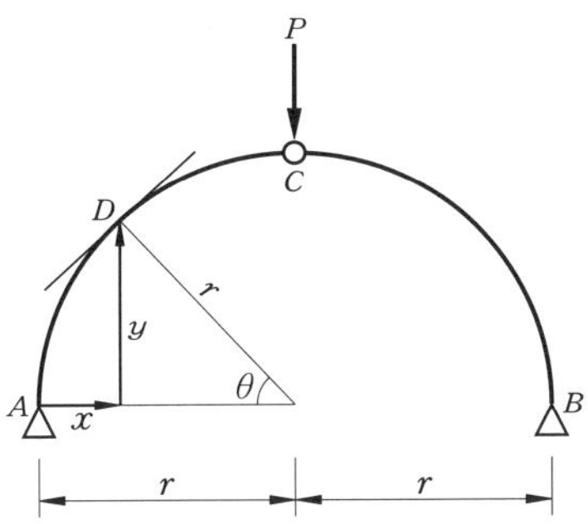

풀이

(1) 반력

반력의 방향을 그림(a)와 같이 가정하고 평형방정식을 세워 반력을 구한다.

$\sum M_B = 0$: $(R_A \times 2r) - (P \times r) = 0$

$\therefore\ R_A = \dfrac{1}{2}P\,(\uparrow)$

$\sum V = 0$: $R_A + R_B - P = 0$

$\therefore\ R_B = \dfrac{1}{2}P\,(\uparrow)$

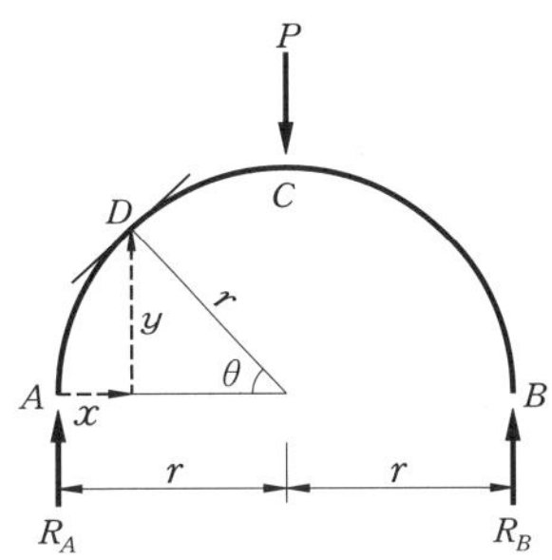

그림(a)

$$\sum M_C = 0 \ : \ rR_A - rH_A = 0 \qquad \therefore \ H_A = \frac{1}{2}P\,(\rightarrow)$$

$$\sum H = 0 \ : \ H_A - H_B = 0 \qquad \therefore \ H_B = \frac{1}{2}P\,(\leftarrow)$$

(2) 임의단면의 단면력

임의의 각 θ 일 때 전단력, 휨모멘트, 축방향력을 구하기 위하여 그림(b), 그림(c)와 같이 외력을 D 점에서의 접선의 수직, 수평분력으로 나눈 후 전단력, 휨모멘트, 축방향력을 구한다.

㉠ AC 구간 $(0 \le \theta \le 90^\circ)$

$$V_D = \frac{1}{2}P\sin\theta - \frac{1}{2}P\cos\theta$$

$$= \frac{1}{2}P(\sin\theta - \cos\theta)$$

$$M_D = \left(\frac{1}{2}P\times x\right) - \left(\frac{1}{2}P\times y\right)$$

$$= \frac{1}{2}P(x-y)$$

$$= \frac{1}{2}rP(1-\cos\theta-\sin\theta)$$

$$N_D = -\frac{1}{2}P\cos\theta - \frac{1}{2}P\sin\theta$$

$$= -\frac{1}{2}P(\cos\theta+\sin\theta)$$

(여기서, $x = r(1-\cos\theta)$, $y = r\sin\theta$이다.)

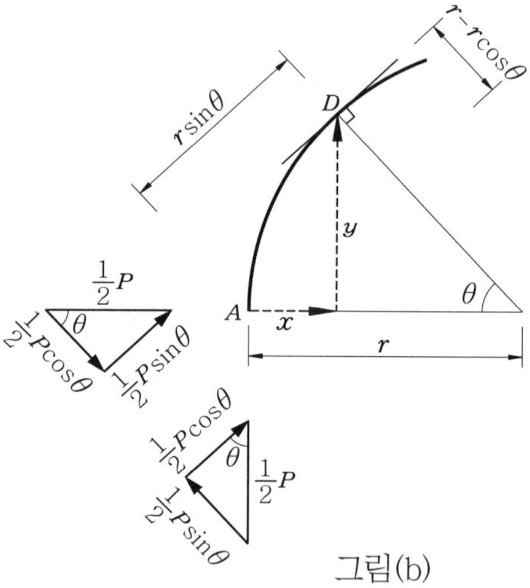

그림(b)

㉡ CB 구간 $(90^\circ \le \theta \le 180^\circ)$

$$V_D = \frac{1}{2}P\sin\theta - \frac{1}{2}P\cos\theta - P\sin\theta = -\frac{1}{2}P(\sin\theta+\cos\theta)$$

$$M_D = \left(\frac{1}{2}P\times x\right) - \left(\frac{1}{2}P\times y\right) - P(x-r) = \frac{1}{2}P(2r-x-y)$$

$$= \frac{1}{2}rP(1+\cos\theta-\sin\theta)$$

$$N_D = -\frac{1}{2}P\cos\theta - \frac{1}{2}P\sin\theta + P\cos\theta$$

$$= \frac{1}{2}P(\cos\theta-\sin\theta)$$

(여기서, $x = r(1-\cos\theta)$, $y = r\sin\theta$이다.)

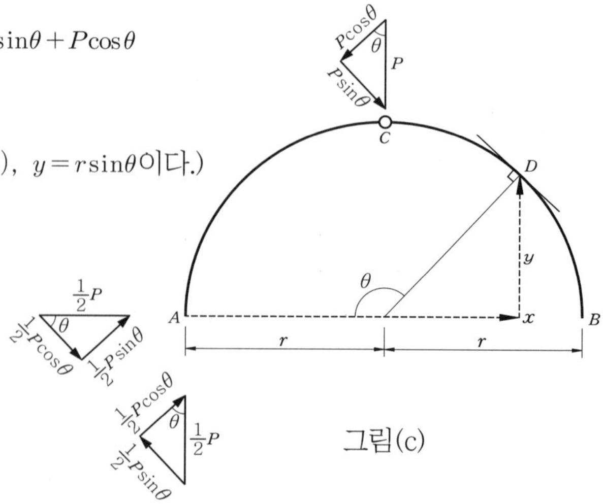

그림(c)

(3) 단면력도

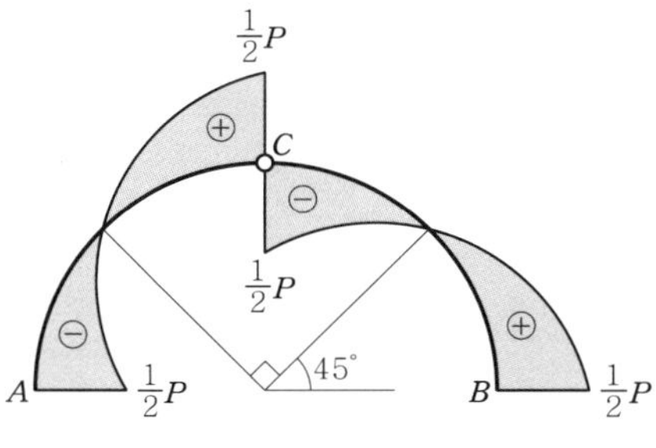

그림(d) 전단력도(S.F.D)

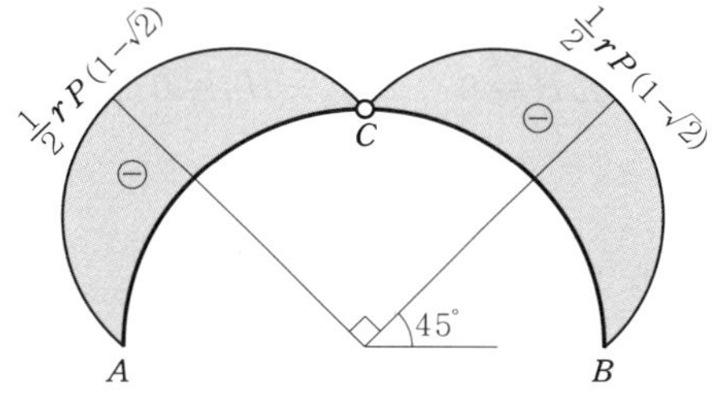

그림(e) 휨모멘트도(B.M.D)

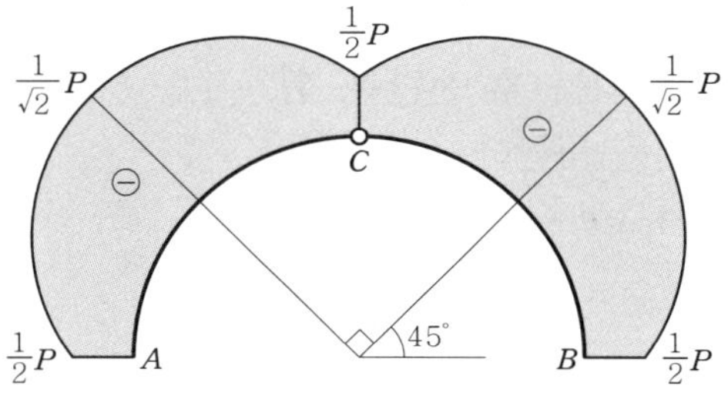

그림(f) 축방향력도(A.F.D)

예제 7.2.4

다음과 같은 3힌지 반원 아치의 단면력을 구하고 단면력도를 그리시오.

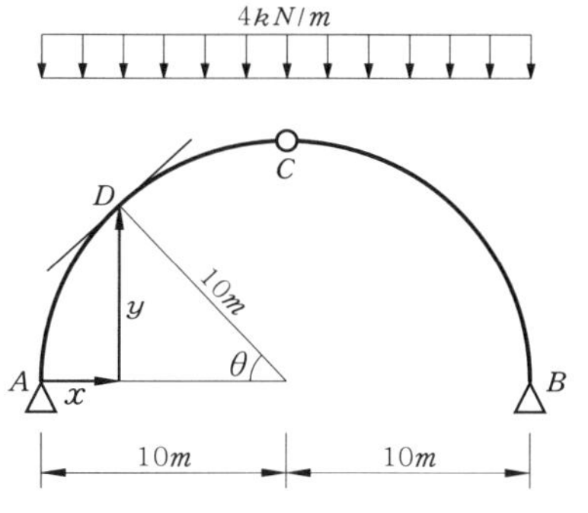

풀이

(1) 반력

반력의 방향을 그림(a)와 같이 가정하고 평형방정식을 세워 반력을 구한다.

$\sum M_B = 0$: $(R_A \times 20) - \left(4 \times 20 \times \frac{20}{2}\right) = 0$

$\therefore\ R_A = 40\,kN\ (\uparrow)$

$\sum V = 0$: $R_A + R_B - (4 \times 20) = 0$

$\therefore\ R_B = 40\,kN\ (\uparrow)$

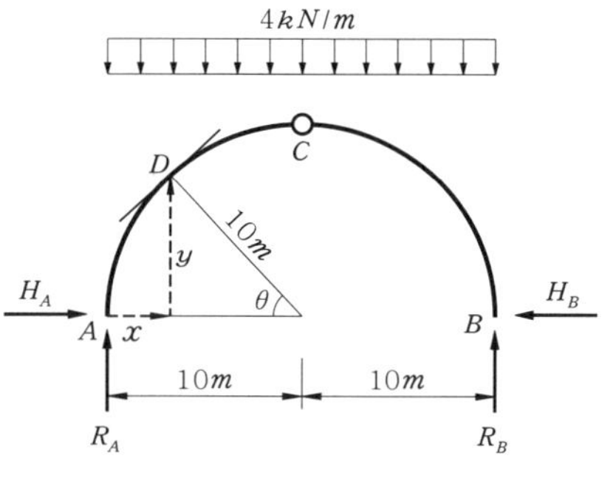

그림(a)

$$\sum M_C = 0 \ : \ (R_A \times 10) - (H_A \times 10) - \left(4 \times 10 \times \frac{10}{2}\right) = 0$$

$$\therefore \ H_A = 20\,kN\,(\rightarrow)$$

$$\sum H = 0 \quad : \ H_A - H_B = 0$$

$$\therefore \ H_B = 20\,kN\,(\leftarrow)$$

(2) 임의단면의 단면력

임의의 각 θ일 때 전단력, 휨모멘트, 축방향력을 구하기 위하여 그림(b)와 같이 외력을 D점에서의 접선의 수직, 수평분력으로 나눈 후 전단력, 휨모멘트, 축방향력을 구한다.

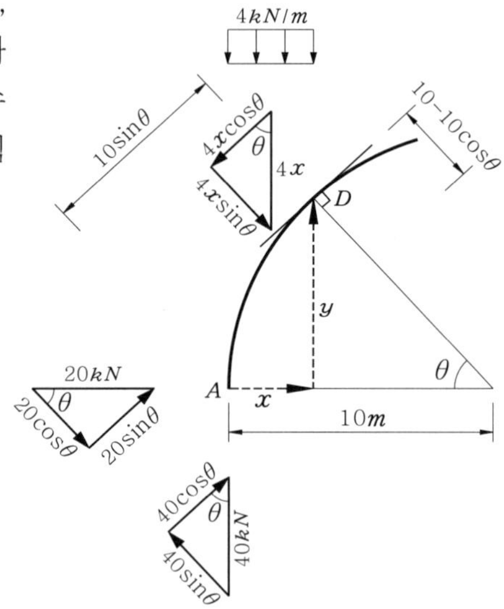

그림(b)

$$V_D = 40\sin\theta - 20\cos\theta - 4x\sin\theta$$

$$= 4\sin\theta(10 - x) - 20\cos\theta$$

$$= 20\cos\theta(2\sin\theta - 1)$$

$$M_D = (40 \times x) - (20 \times y) - \left(4x \times \frac{1}{2}x\right)$$

$$= 40x - 20y - 2x^2$$

$$= 200\sin\theta(\sin\theta - 1)$$

$$N_D = -40\cos\theta - 20\sin\theta + 4x\cos\theta$$

$$= 4\cos\theta(x - 10) - 20\sin\theta$$

$$= 20\sin\theta(2\sin\theta - 1) - 40$$ (여기서 $x = 10(1 - \cos\theta)$, $y = 10\sin\theta$이다.)

(3) 단면력도

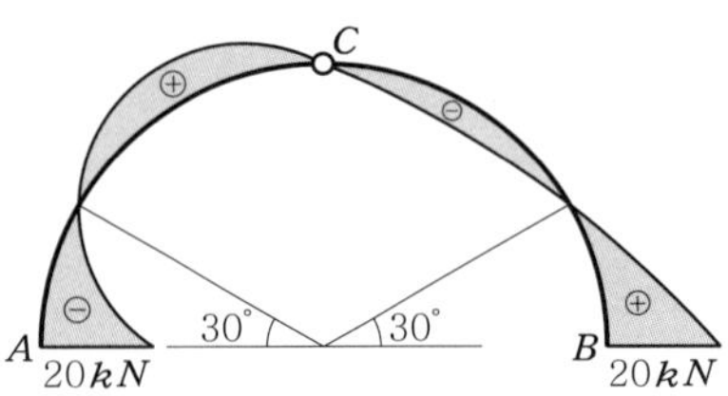

그림(c) 전단력도(S.F.D)

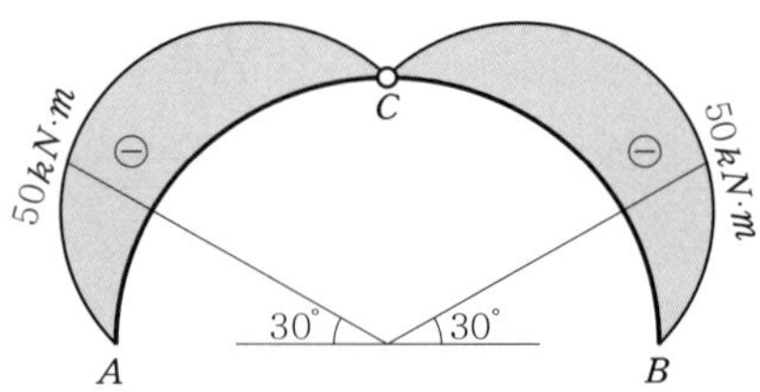

그림(d) 휨모멘트도(B.M.D)

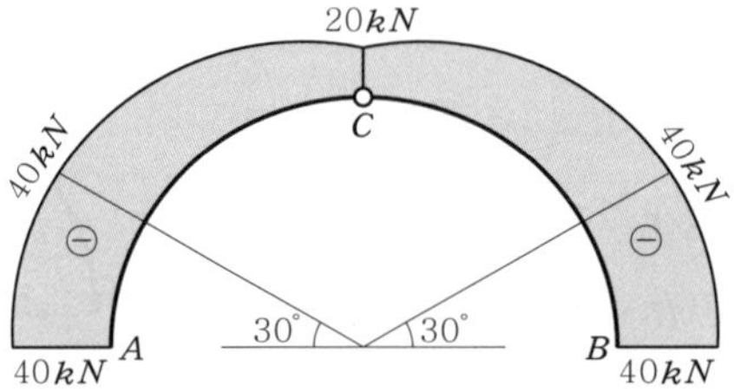

그림(e) 축방향력도(A.F.D)

예제 7.2.5

다음과 같은 3힌지 반원 아치의 단면력을 구하고 단면력도를 그리시오.

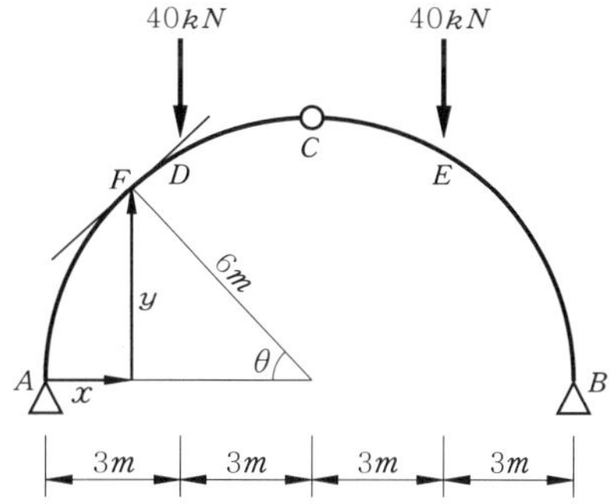

풀이

(1) 반력

반력의 방향을 그림(a)와 같이 가정하고 평형방정식을 세워 반력을 구한다.

$\sum M_B = 0$: $(R_A \times 12) - (40 \times 9) - (40 \times 3) = 0$ $\quad \therefore R_A = 40kN\ (\uparrow)$

$\sum V = 0$: $R_A + R_B - 40 - 40 = 0$ $\quad \therefore R_B = 40kN\ (\uparrow)$

$\sum M_C = 0$: $(R_A \times 6) - (H_A \times 6) - (40 \times 3) = 0$ $\quad \therefore H_A = 60kN\ (\rightarrow)$

$\sum H = 0$: $H_A - H_B = 0$ $\quad \therefore H_B = 60kN\ (\leftarrow)$

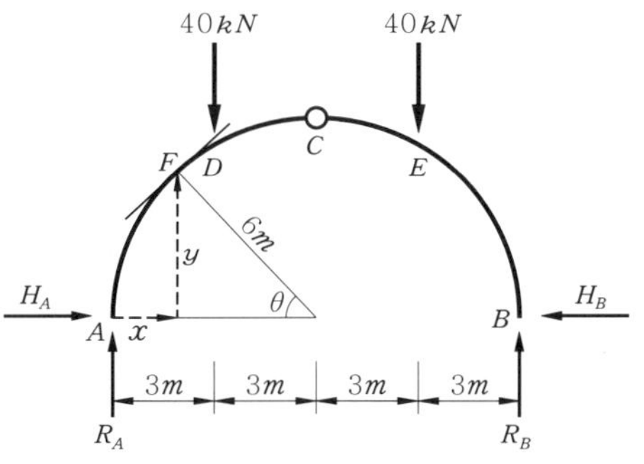

그림(a)

(2) 임의단면의 단면력

임의의 각 θ일 때 전단력, 휨모멘트, 축방향력을 구하기 위하여 그림(b), 그림(c), 그림(d)와 같이 외력을 F점에서의 접선의 수직, 수평분력으로 나눈 후 전단력, 휨모멘트, 축방향력을 구한다.

㉠ AD 구간 $(0 \le \theta \le 60^\circ)$

$$V_F = 40\sin\theta - 60\cos\theta = 40\left(\sin\theta - \frac{3}{2}\cos\theta\right)$$

$$M_F = (40 \times x) - (60 \times y)$$

$$= 240\left(1 - \cos\theta - \frac{3}{2}\sin\theta\right)$$

$$N_F = -40\cos\theta - 60\sin\theta$$

$$= -40\left(\cos\theta + \frac{3}{2}\sin\theta\right)$$

(여기서, $x = 6(1-\cos\theta)$, $y = 6\sin\theta$이다.)

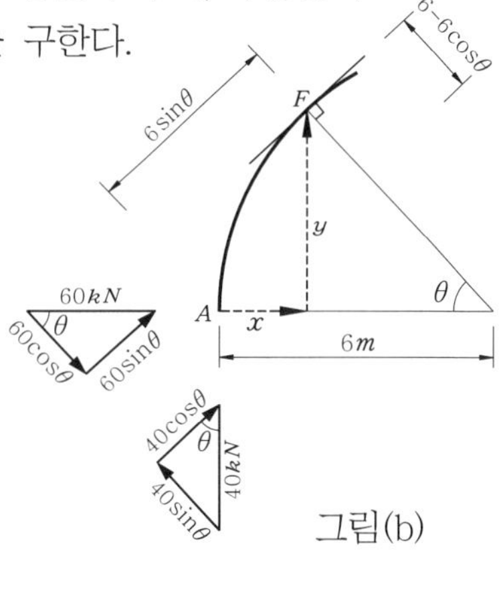

그림(b)

㉡ DE 구간 $(60° \le \theta \le 120°)$

$$V_F = 40\sin\theta - 60\cos\theta - 40\sin\theta$$

$$= -60\cos\theta$$

$$M_F = (40\times x) - (60\times y) - 40(x-3)$$

$$= 60(2-y)$$

$$= 120(1-3\sin\theta)$$

$$N_F = -40\cos\theta - 60\sin\theta + 40\cos\theta$$

$$= -60\sin\theta$$

(여기서, $x = 6(1-\cos\theta)$, $y = 6\sin\theta$이다.)

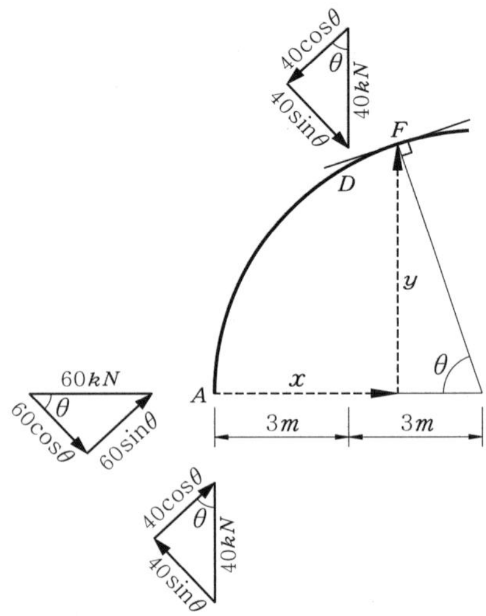

그림(c)

㉢ EB 구간 $(120° \le \theta \le 180°)$

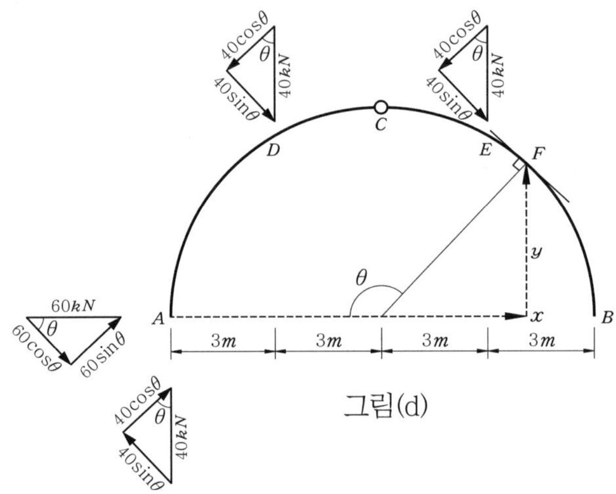

그림(d)

$$V_F = 40\sin\theta - 60\cos\theta - 40\sin\theta - 40\sin\theta = -40\left(\sin\theta + \frac{3}{2}\cos\theta\right)$$

$$M_F = (40\times x) - (60\times y) - 40(x-3) - 40(x-9) = 40\left(12 - x - \frac{3}{2}y\right)$$

$$= 240\left(1 + \cos\theta - \frac{3}{2}\sin\theta\right)$$

$$N_F = -40\cos\theta - 60\sin\theta + 40\cos\theta + 40\cos\theta = 40\left(\cos\theta - \frac{3}{2}\sin\theta\right)$$

(여기서, $x = 6(1-\cos\theta)$, $y = 6\sin\theta$이다.)

(3) 단면력도

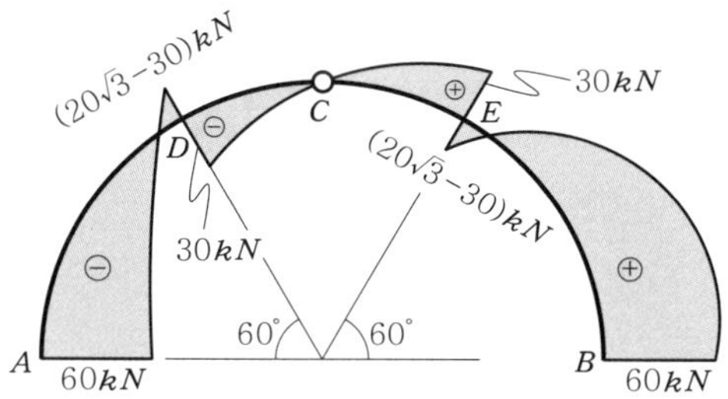

그림(e) 전단력도(S.F.D)

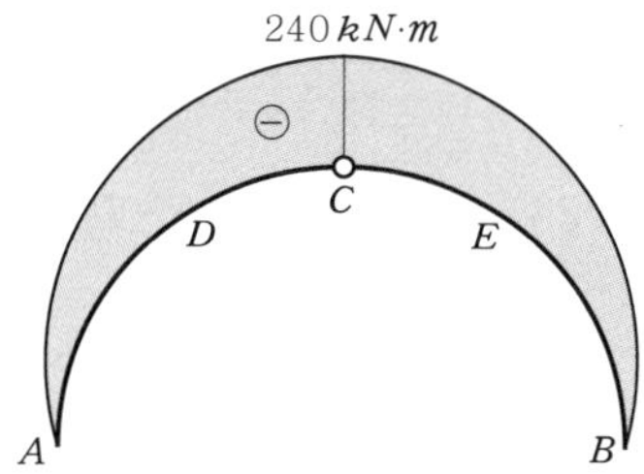

그림(f) 휨모멘트도(B.M.D)

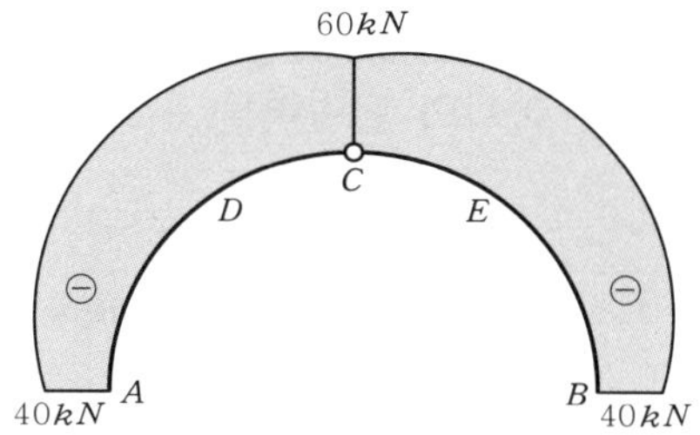

그림(g) 축방향력도(A.F.D)

예제 7.2.6

다음과 같은 3힌지 포물선 아치의 D점에서의 전단력을 구하시오.

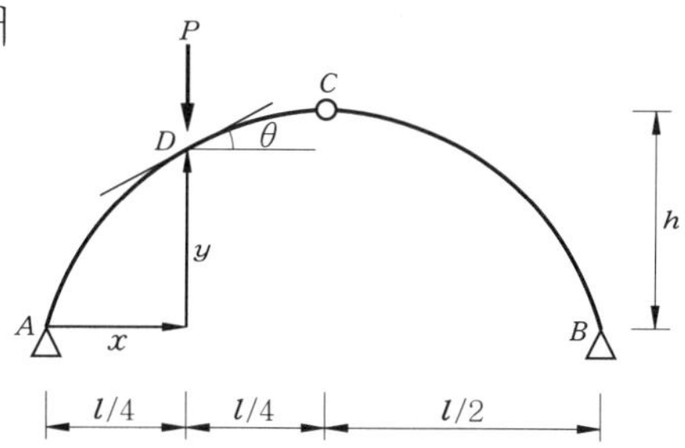

풀이

(1) 반력

반력의 방향을 그림(a)와 같이 가정하고 평형방정식을 세워 반력을 구한다.

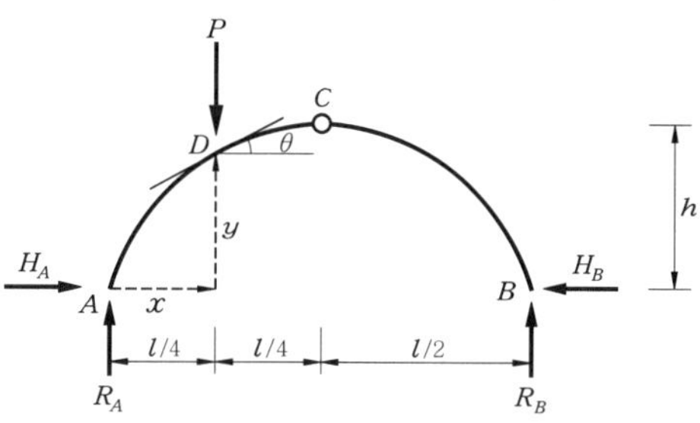

그림(a)

$$\Sigma M_B = 0 \ : \ (R_A \times l) - \left(P \times \frac{3}{4} l\right) = 0$$

$$\therefore \ R_A = \frac{3}{4} P \ (\uparrow)$$

$$\Sigma M_C = 0 \ : \ \left(R_A \times \frac{1}{2} l\right) - (H_A \times h) - \left(P \times \frac{l}{4}\right) = 0 \qquad \therefore \ H_A = \frac{Pl}{8h} \ (\rightarrow)$$

(2) D점의 전단력

D점의 전단력은 D점의 좌측과 우측이 서로 다르므로 각각 구한다. R_A와 H_A의 D점의 접선에 대한 수직 성분 분력에 대해 $\Sigma F = 0$으로 놓고 구할 수 있다.

$$\therefore\ V_{D(좌측)} = R_A\cos\theta - H_A\sin\theta - P\cos\theta$$

$$= -\frac{P}{4}\cos\theta - \frac{Pl}{8h}\sin\theta$$

$$\therefore\ V_{D(우측)} = R_A\cos\theta - H_A\sin\theta$$

$$= -\frac{3}{4}P\cos\theta - \frac{Pl}{8h}\sin\theta$$

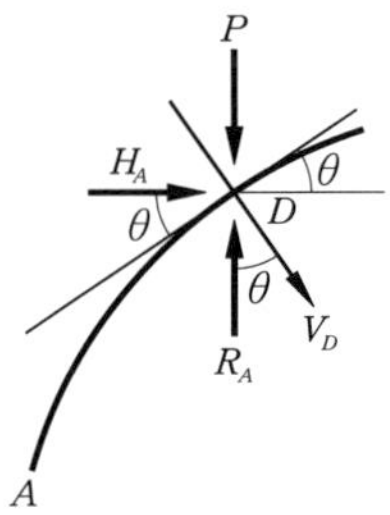

그림(b)

예제 7.2.7

다음과 같은 3힌지 포물선 아치의 단면력을 구하고 단면력도를 그리시오.

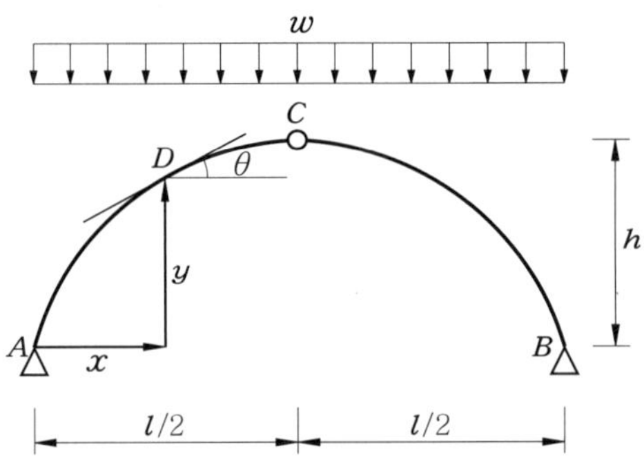

풀이

(1) 반력

반력의 방향을 그림(a)와 같이 가정하고 평형방정식을 세워 반력을 구한다.

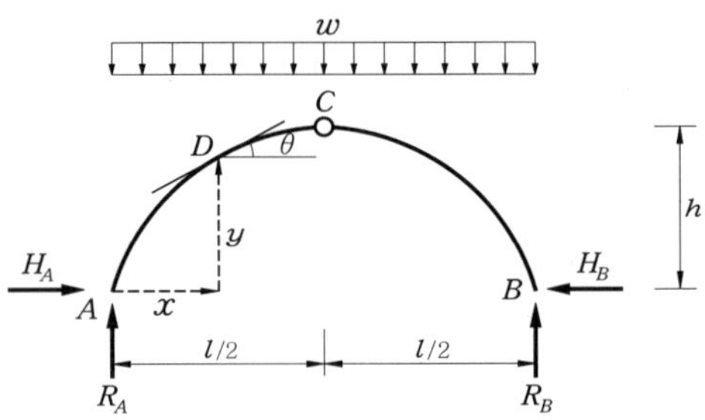

그림(a)

$$\Sigma M_B = 0\ :\ (R_A \times l) - \left(wl \times \frac{l}{2}\right) = 0$$

$$\therefore\ R_A = \frac{1}{2}wl\ (\uparrow)$$

$$\Sigma V = 0\ :\ R_A + R_B - wl = 0$$

$$\therefore\ R_B = \frac{1}{2}wl\ (\uparrow)$$

$$\Sigma M_C = 0\ :\ \left(R_A \times \frac{1}{2}l\right) - (H_A \times h) - \left(\frac{1}{2}wl \times \frac{l}{4}\right) = 0 \qquad \therefore\ H_A = \frac{wl^2}{8h}\ (\rightarrow)$$

$$\Sigma H = 0\ :\ H_A - H_B = 0 \qquad \therefore\ H_B = \frac{wl^2}{8h}\ (\leftarrow)$$

(2) 임의단면의 단면력

임의의 각 θ 일 때 전단력, 휨모멘트, 축방향력을 구하기 위하여 그림(b), 그림(c), 그림(d)와 같이 외력을 D점에서의 접선의 수직, 수평분력으로 나눈 후 전단력, 휨모멘트, 축방향력을 구한다.

$$V_D = -H_A \sin\theta + R_A \cos\theta - wx\cos\theta = -\frac{wl^2}{8h}\sin\theta + \left(\frac{1}{2}wl - wx\right)\cos\theta$$

$$= \left[-\frac{wl^2}{8h}\tan\theta + w\left(\frac{1}{2}l - x\right)\right]\cos\theta \qquad \cdots\cdots\cdots(1)$$

$$M_D = -(H_A \times y) + \left(\frac{1}{2}wl \times x\right) - \frac{1}{2}wx^2 = -\frac{wl^2}{8h}y + \frac{1}{2}wlx - \frac{1}{2}wx^2 \qquad \cdots\cdots\cdots(2)$$

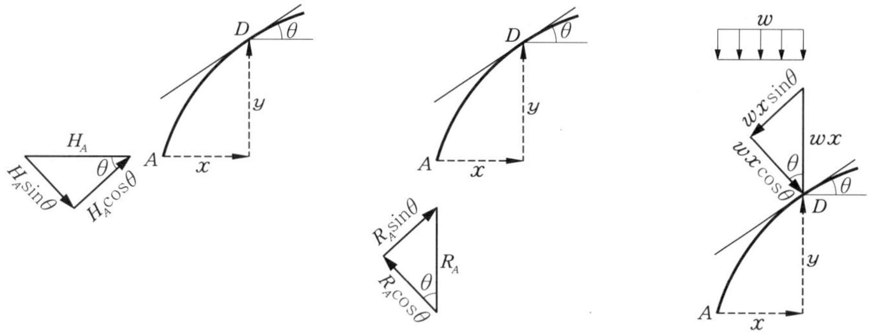

그림(b) 그림(c) 그림(d)

$$N_D = -H_A \cos\theta - R_A \sin\theta + wx\sin\theta = -\frac{wl^2}{8h}\cos\theta - w\left(\frac{1}{2}l - x\right)\sin\theta \qquad \cdots\cdots\cdots(3)$$

두 점 $(\alpha, 0)$, $(\beta, 0)$을 지날 때 포물선의 방정식은 $y = a(x-\alpha)(x-\beta)$이다. 따라서 두 점 $(0, 0)$, $(l, 0)$을 지나므로 포물선의 방정식은 $y = a(x-0)(x-l)$이고, a를 구하기 위하여 포물선의 방정식에 $\left(\frac{1}{2}l, h\right)$를 대입하면 (4)식과 같은 포물선의 방정식을 구할 수 있다.

$$y = \frac{4h}{l^2}(lx - x^2) \qquad \cdots\cdots\cdots(4)$$

포물선의 방정식을 이용하여 다음과 같은 식을 유도할 수 있다.

$$\tan\theta = \frac{4h}{l^2}(l - 2x) \qquad \cdots\cdots\cdots(5)$$

$$\frac{wl^2}{8h}tan\theta = w\left(\frac{1}{2}l - x\right) \qquad \cdots\cdots\cdots(6)$$

(4)식을 (2)식에 대입하고, (5)식을 (1)식에, (6)식을 (3)식에 대입하면

$$\therefore\ V_D = \left[-\frac{wl^2}{8h} \times \frac{4h}{l^2}(l-2x) + w\left(\frac{1}{2}l - x\right)\right]\cos\theta = 0$$

$$\therefore\ M_D = -\frac{wl^2}{8h}y + \frac{1}{2}wlx - \frac{w}{2}x^2 = -\frac{wl^2}{8h} \times \frac{4h}{l^2}(lx - x^2) + \frac{1}{2}wlx - \frac{w}{2}x^2 = 0$$

$$\therefore\ N_D = -\frac{wl^2}{8h}\cos\theta - w\left(\frac{1}{2}l - x\right)\sin\theta = -\frac{wl^2}{8h}\sec\theta$$

※ 위와 같이 등분포하중을 받는 3회전단 포물선 아치의 경우, 전단력이나 휨모멘트는 발생하지 않고 축방향력만 발생함을 알 수 있다.
포물선 아치가 아닌 원호 및 타원 등의 형태를 가진 아치가 등분포하중을 받을 경우에는 휨모멘트와 전단력이 발생하지만, 동일한 경간의 등분포하중을 받는 단순보에 비해 적은 휨모멘트가 발생한다. 이는 다음 그림(e) 및 그림(f)에서 유도된 비교식에서와 같이 임의의 D점에서의 휨모멘트가 수평반력 H에 의해 $H_A \times y$ 만큼 감소하기 때문이다.

① 아치의 경우 : $M_D = (R_A \times x) - \frac{\omega x^2}{2} - (H_A \times y)$

② 단순보의 경우 : $M_x = (R_A \times x) - \frac{\omega x^2}{2}$

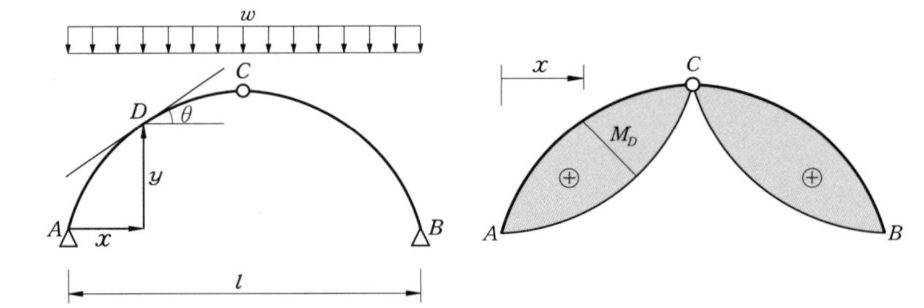

그림(e) 아치 형상 및 휨모멘트도

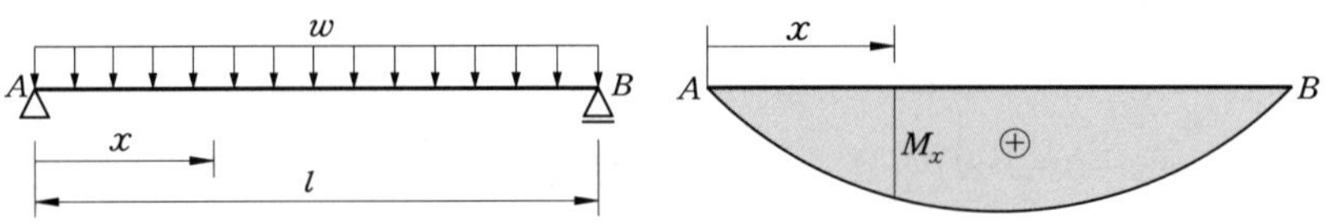

그림(f) 단순보 형상 및 휨모멘트도

◆ ◆ ◆ ◆ ◆ ◆

◈ 연 습 문 제 ◈

7.2.1 다음 중 아치(Arch)의 특성에 대하여 잘못 설명한 것은?

① 아치는 부재축이 원호, 포물선, 현수선 등의 곡선재로 구성된 구조물로, 주로 축방향 압축력이 크게 작용한다.

② 연직하중에 대하여 양 지점에 작용하는 수평반력은 아치에 작용하는 휨모멘트를 감소시킨다.

③ 근래에 지어지는 철근콘크리트나 강재로 만든 아치는 축방향력 뿐만 아니라 휨모멘트와 전단력에 대해서도 저항할 수 있다.

④ 등분포하중이 작용하는 포물선 아치는 아치의 축선과 압력선이 일치함으로 모든 단면에 축방향 압축력과 함께 휨모멘트와 전단력이 작용한다.

7.2.2 3힌지 포물선 아치에 하향 등분포하중이 작용할 때, 단면력에 대한 설명으로 다음 중 맞는 것은?

① 전단력과 압축력은 지점에서 최대가 되고, 중간 힌지에서의 휨모멘트는 ‘0’ 이다.

② 전단력은 지점에서 최대이고, 휨모멘트는 중간 힌지와 지점사이에서 최대이며, 압축력은 중간 힌지에서 최대이다.

③ 부재의 어느 점에서도 휨모멘트는 작용하지 않으나, 압축력과 전단력은 작용한다.

④ 부재의 어느 점에서도 전단력과 휨모멘트는 작용하지 않으며, 압축력만 작용한다.

7.2.3 다음 그림과 같은 3힌지 아치에서 D 점의 전단력 S_D 는?

① $S_D = V_A \cdot \cos\theta + H_A \cdot \sin\theta$

② $S_D = V_A \cdot \cos\theta - H_A \cdot \sin\theta$

③ $S_D = V_A \cdot \sin\theta + H_A \cdot \cos\theta$

④ $S_D = V_A \cdot \sin\theta - H_A \cdot \cos\theta$

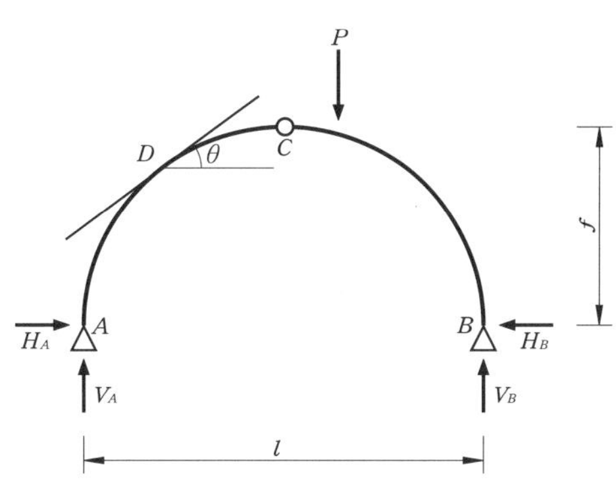

7.2.4 다음 그림과 같은 타이드 아치에서 AB 부재의 부재력 N_{AB} 는?

① H_A

② $\dfrac{P}{2}\sin\theta$

③ $\dfrac{P}{2}\cos\theta$

④ $\dfrac{Pl}{4h}$

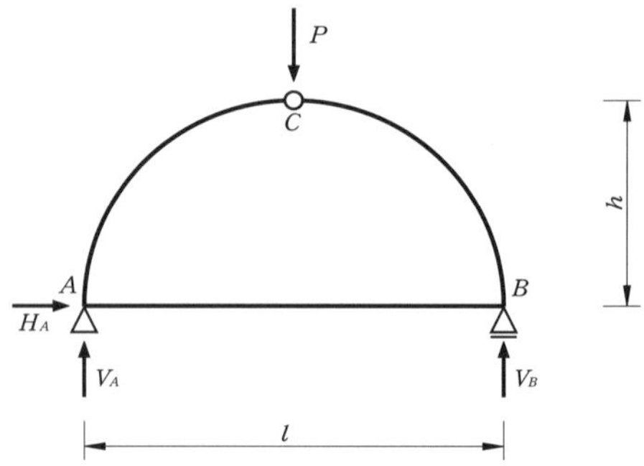

7.2.5 다음과 같은 아치의 휨모멘트도로 옳은 것은?

① 

② 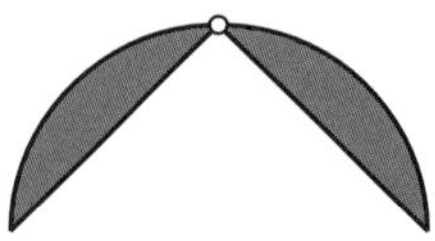

③ 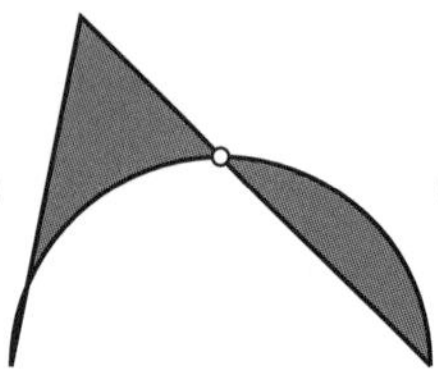

④ 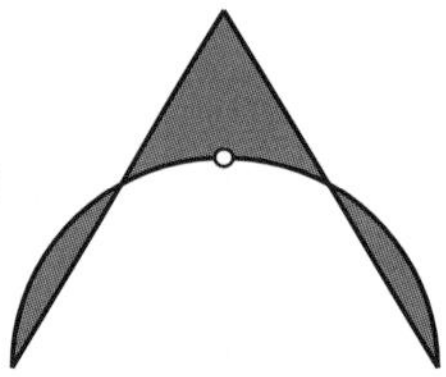

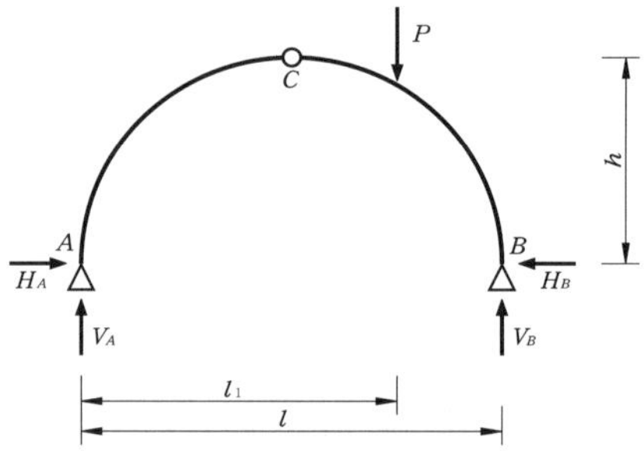

7.2.6 다음과 같은 단순보형 반원 아치의 단면력을 구하고 단면력도를 그리시오.

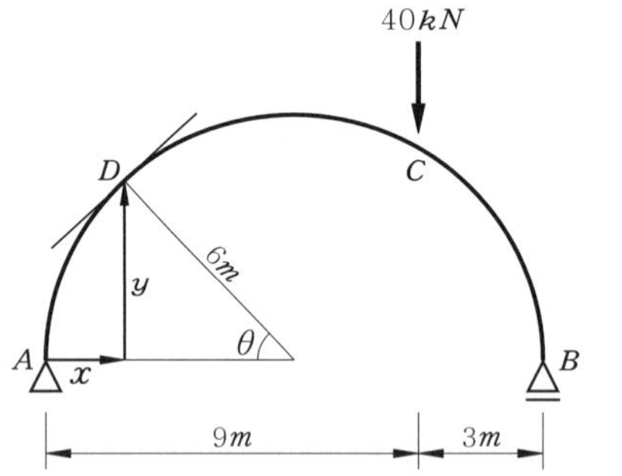

7.2.7 다음과 같은 단순보형 반원 아치의 단면력을 구하고 단면력도를 그리시오.

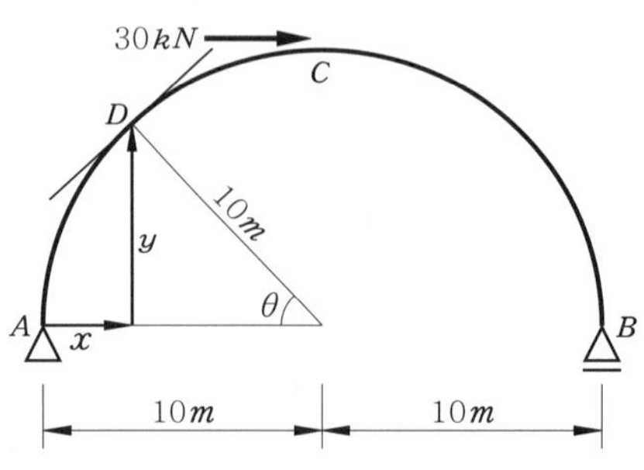

7.2.8 다음과 같은 캔틸레버형 반원 아치의 단면력을 구하고 단면력도를 그리시오.

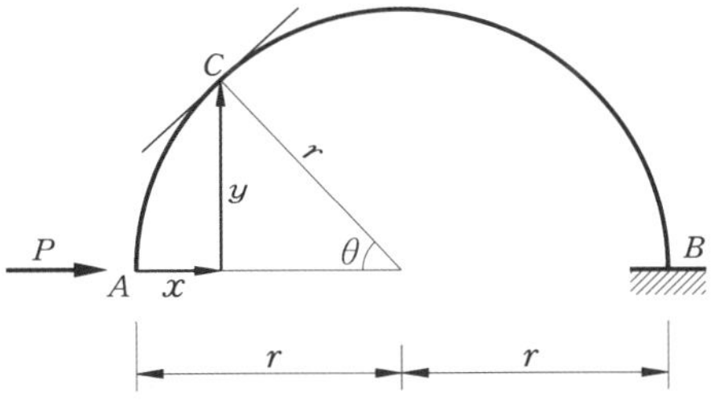

7.2.9 다음과 같은 캔틸레버형 아치의 단면력을 구하고 단면력도를 그리시오.

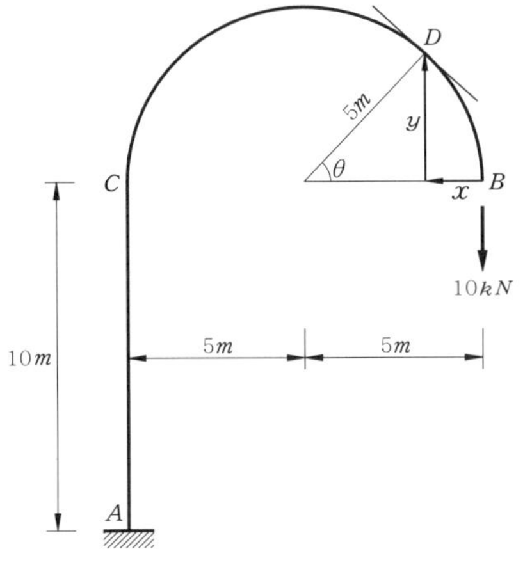

7.2.10 다음과 같은 3힌지 반원 아치의 단면력을 구하고 단면력도를 그리시오.

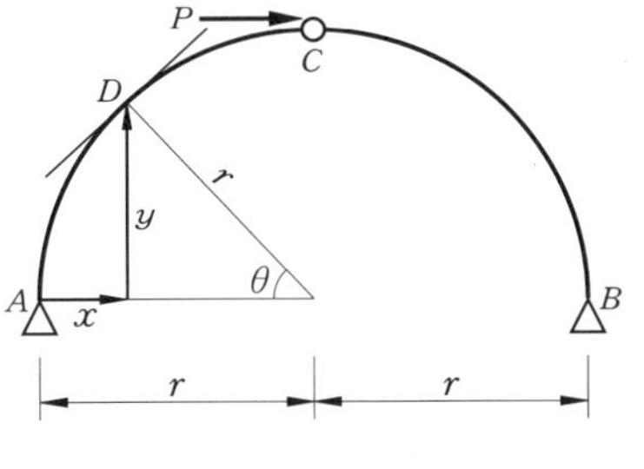

7.2.11 다음과 같은 3힌지 반원 아치의 F점에서의 단면력을 구하시오.

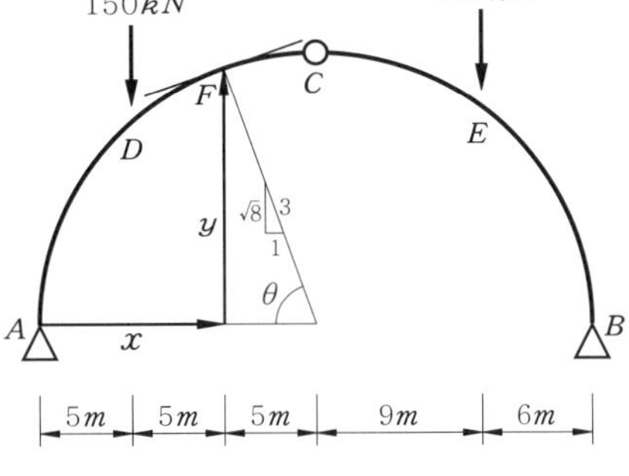

7.2.12 다음과 같은 3힌지 반원 아치의 단면력을 구하고 단면력도를 그리시오.

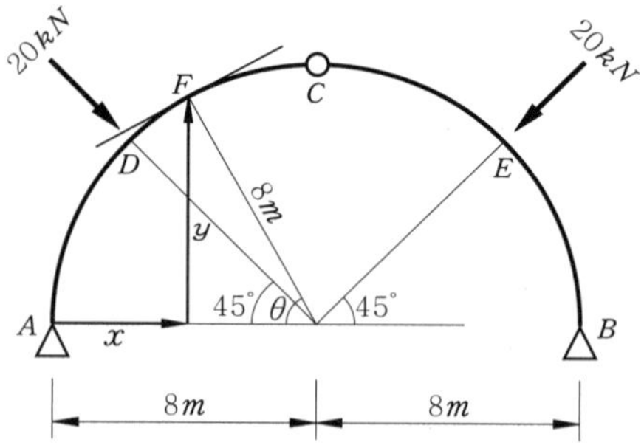

7.2.13 다음과 같은 3힌지 반원 아치의 반경 r 을 구한 뒤, 단면력을 구하고 단면력도를 그리시오.

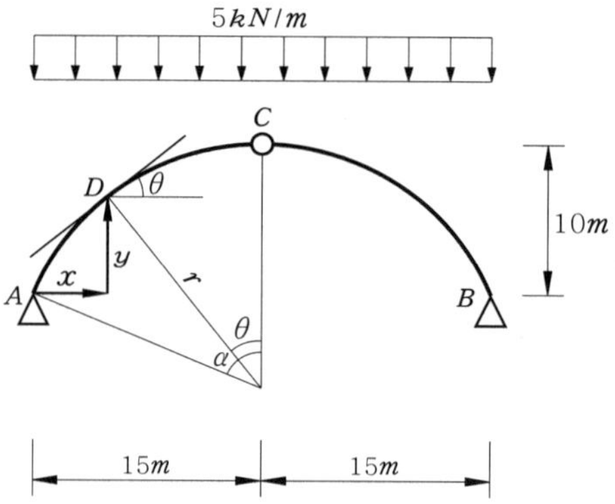

7.2.14 다음과 같은 경사진 3힌지 포물선 아치의 내부 힌지는 아치의 크라운에 배치되어 있다. 크라운의 위치를 구한 뒤, 단면력을 구하고 단면력도를 그리시오.

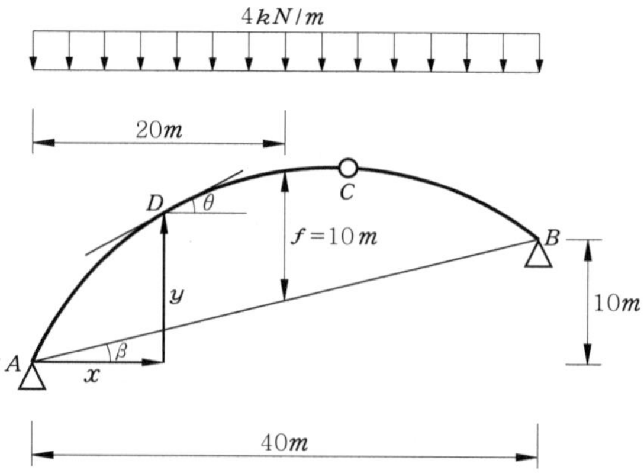

7.3 케이블 (Cable)*

케이블(Cable)은 단면력 중 오직 인장력만을 저항할 수 있는 유연한 부재(Flexible Member)로, 단면에 응력을 균등하게 받기 때문에 재료를 매우 효율적으로 사용할 수 있다. 송전선, 사장교 및 현수교의 케이블, 케이블카(Cable Car)의 삭도(Cableway), 송신탑 및 기중기 등의 받침줄(Guy) 등이 케이블의 대표적인 것들이다. 아치가 주로 축방향 압축력에 의하여 연직하중을 지지하는데 대하여 케이블은 축방향 인장력에 의하여 연직하중을 지지한다. [그림7.2.3](a)와 같이 자중에 의하여 늘어진 케이블의 모양을 **현수선**(懸垂線, Catenary Curve)이라 하고, 자중을 무시하고 수평경간에 따라 작용하는 등분포하중에 의하여 늘어진 케이블의 모양은 **포물선**(抛物線, Parabolic Curve)의 형태가 된다. 여기서는 케이블의 기초적인 사항으로 포물선 형상의 케이블만을 다루기로 한다.

7.3.1 집중하중을 받는 케이블

[그림7.3.1](a)와 같이 케이블의 자중을 무시하고 집중하중 P_1, P_2, P_3 만을 받는 케이블(Cable)을 예로 들어 생각해 본다.

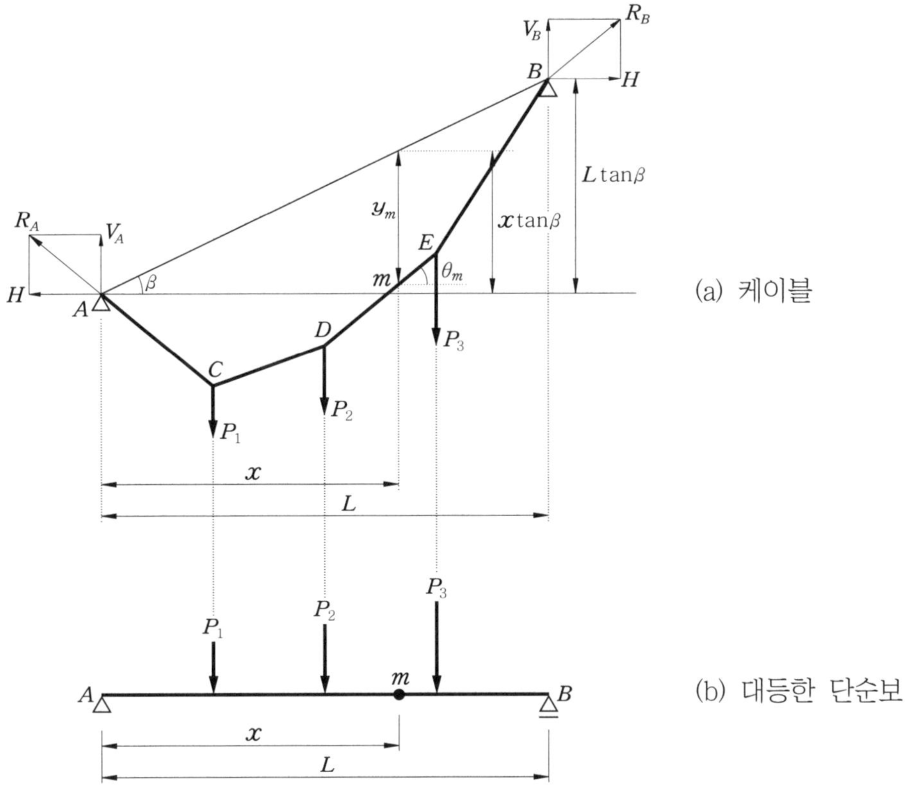

[그림7.3.1] 집중하중을 받는 케이블

[그림7.3.1](a)에서 케이블은 인장력만 저항하므로, 양 지점 A, B에는 케이블의 축선방향의 반력 R_A, R_B가 생기며, 이들 반력은 그림과 같이 수평 및 수직 반력으로 분해할 수 있다. 한편 그림(a)에서 케이블은 유연함으로 잘 휘어지고 하중의 작용위치에 따라 그 형상이 변한다. 또한 케이블은 연직방향의 하중만을 받으므로 양 지점 A, B에 작용하는 수평반력 H는 크기가 같고 방향이 반대이며, 케이블의 임의 단면에 일어나는 인장력의 수평분력은 항상 수평반력 H와 같아야 한다. 다시 말하면 케이블의 어느 단면에서든 인장력의 수평분력은 수평반력 H로 그 값이 항상 일정하다.

[그림7.3.1](a)에서 지점의 반력을 구해보도록 한다. 지점 A의 반력을 구하기 위하여 먼저 지점 B에서의 모멘트의 대수합은 '0', 즉 $\Sigma M_B = 0$을 생각해 보면 다음과 같다.

$$\Sigma M_B = 0 \ : \ V_A L + H\,L \tan\beta - \sum_{i=1}^{3} P_i (L - x_i) = 0$$

또는

$$V_A = \frac{1}{L}\sum_{i=1}^{3} P_i (L - x_i) - H \tan\beta \qquad (7.3.1)$$

여기서 x_i는 지점 A로부터 하중 P_i까지의 수평거리이다.

다음으로 케이블은 휨모멘트에 대한 저항이 없으므로, 임의 점 m에서의 휨모멘트는 '0' 이다. 따라서 그림(a)에서 다음과 같은 조건식을 얻을 수 있다.

$$M_m = V_A x + H\,(x \tan\beta - y_m) - \sum_{i=1}^{2} P_i (x - x_i) = 0 \qquad (7.3.2)$$

여기서 y_m은 점 m과 케이블의 현(弦)과의 연직거리이다.

따라서 식(7.3.1)과 식(7.3.2)를 이용하여 연립방정식을 풀면 V_A와 H의 값을 구할 수 있다.

식(7.3.1)의 V_A의 값을 식(7.3.2)에 대입하면 다음과 같이 쓸 수 있다.

$$\frac{x}{L}\sum_{i=1}^{3} P_i (L - x_i) - H x \tan\beta + H\,(x \tan\beta - y_m) - \sum_{i=1}^{2} P_i (x - x_i) = 0 \qquad (7.3.3)$$

또한 상기 식(7.3.3)을 정리하면 다음과 같다.

$$H\,y_m = \frac{x}{L}\sum_{i=1}^{3} P_i (L - x_i) - \sum_{i=1}^{2} P_i (x - x_i) \qquad (7.3.4)$$

한편 [그림7.3.1](a)의 케이블에 작용하는 하중이 그림(b)와 같이 같은 경간의 대등한 단순보에 작용한다고 생각해 보자. 그러면 그림(b)에서 지점 B에 대하여 $\Sigma M_B = 0$을 취하면, 지점 A의 반력 R_A는 다음과 같이 나타낼 수 있다.

$$R_A = \frac{1}{L}\sum_{i=1}^{3} P_i(L - x_i) \tag{7.3.5}$$

그리고 그림(b)의 단순보에서 임의 점 m에서의 휨모멘트는 점 m의 왼쪽에 있는 외력에 관한 모멘트의 대수합이므로, 다음과 같이 나타낼 수 있다.

$$M_m = R_A\, x - \sum_{i=1}^{2} P_i(x - x_i) \tag{7.3.6}$$

결국 식(7.3.4)의 오른쪽 변과 식(7.3.6)이 똑같다는 사실로부터 다음과 같은 관계식을 얻는다. 다시 말하면 식(7.3.4)에서 오른쪽 변은 [그림7.3.1](a)의 케이블에 작용하는 하중이 그림(b)와 같이 같은 경간의 대등한 단순보에 작용하는 단면 m의 휨모멘트와 같다는 것을 알 수 있다.

$$\text{케이블에서의 } H\, y_m = \text{대등한 단순보에서의 } M_m \tag{7.3.7}$$

상기 식(7.3.7)을 **『케이블의 일반정리』**라고 하는데, 연직하중을 받는 케이블의 임의 점에서의 케이블의 인장력의 수평분력과 그 점에서 케이블의 현(弦)까지의 연직거리를 곱한 값은 케이블에 작용하는 하중이 케이블과 같은 경간의 단순보에 작용할 때 그 점에 일어나는 휨모멘트와 같다. 이 정리는 임의의 연직하중에 대하여 케이블의 현이 수평이든 경사지든 관계없이 성립된다.

한편 케이블의 임의 점 m의 인장력 T_m은 그 수평성분 H와 수직성분 V_m의 합력이 되므로, 다음과 같이 나타낼 수 있다.

$$T_m = \sqrt{H^2 + V_m^2} \tag{7.3.8}$$

또한 [그림7.3.1](a)에서 보는 바와 같이 케이블의 임의 점 m의 접선각 θ_m을 알면, 그 점의 인장력 T_m은 다음과 같이 구할 수 있다.

$$\Sigma H = 0 \ : \ T_m \cos\theta_m - H = 0$$

$$T_m = \sqrt{H^2 + V_m^2} \tag{7.3.9}$$

상기 식(7.3.9)에서 $\cos\theta_m$이 최소일 때, 즉 θ_m이 최대인 점에서 케이블의 인장력 T_m이 최대임을 알 수 있다. 따라서 케이블의 최대인장력은 경사가 가장 큰 지점에서 일어난다. 식(7.3.8)과 식(7.3.9)는 집중하중 뿐만 아니라 등분포하중이 작용하는 케이블에도 적용된다.

◆ ◆ ◆ ◆ ◆ ◆

예제 7.3.1

다음 그림과 같은 케이블에서 각 지점의 반력 V_A, V_B와 각 점과 케이블 현의 연직거리 y_D, y_E 및 최대장력 $T_{\max}$ 를 구하여라.

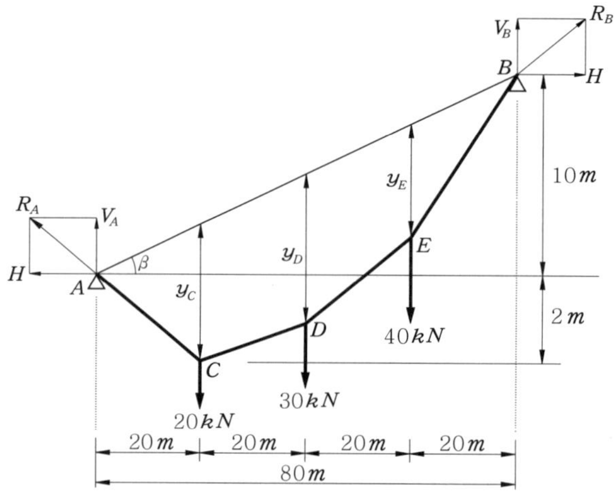

풀이

(1) 수평력 H의 산정

㉠ 그림(a)와 같이 단순보로 가정한 후 반력 $R_{A'}$, $R_{B'}$를 산정

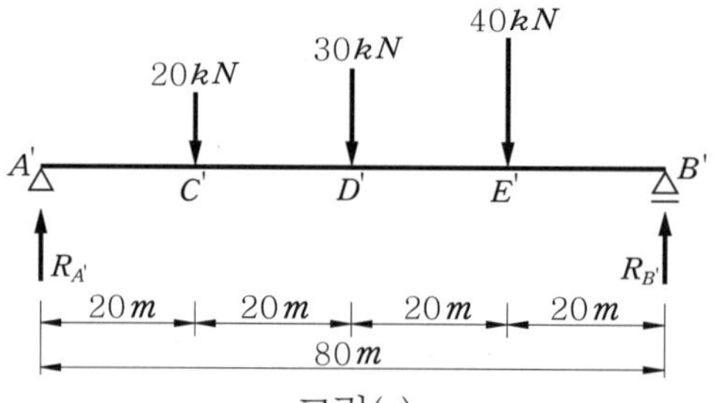

그림(a)

$$\Sigma M_{B'} = 80R_{A'} - 20\times 60 - 30\times 40 - 40\times 20 = 0$$

$$\therefore \ R_{A'} = 40\,kN\,(\uparrow), \quad R_{B'} = 50\,kN\,(\uparrow)$$

㉡ C'점에서의 휨모멘트 $M_{C'}$

$$M_{C'} = R_{A'}\times 20 \qquad \therefore \ M_{C'} = 800\,kN\cdot m$$

㉢ 케이블의 일반정리

가. C점에서의 연직거리 y_C 계산

기울기 β는 알 수 없으나 B점에서의 연직거리를 알고 있으므로 그림(b)와 같이 삼각형의 비례식으로 구할 수 있다.

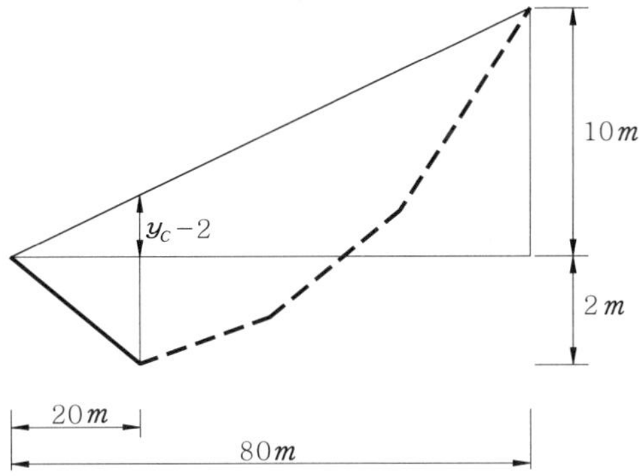

그림(b)

$80m : 10m = 20m : (y_C - 2)$ $\quad\therefore\ y_C = 4.5\,m$

다. 수평력 H의 계산

$M_{C'} = H \times y_C$ $\quad\therefore\ H = 177.78\,kN$

(2) 케이블의 반력 V_A, V_B의 계산

실제 케이블의 반력은 평형방정식으로 구할 수 있다.

$\Sigma M_B = 0\ : (V_A \times 80) + (177.78 \times 10) - (20 \times 60) - (30 \times 40) - (40 \times 20) = 0$

$\therefore\ V_A = 17.78\,kN,\ \ V_B = 72.22\,kN$

(3) 각 점과 케이블 현의 연직거리 y_D, y_E의 계산

㉠ y_D의 계산

단순보에서 D'점에서의 휨모멘트 $M_{D'}$

$M_{D'} = (40 \times 40) - (20 \times 20) = 1200\,kN \cdot m$

$M_{D'} = 177.78 \times y_D$ $\quad\therefore\ y_D = 6.75\,m$

㉡ y_E의 계산

단순보에서 E'점에서의 휨모멘트 $M_{E'}$

$M_{E'} = (40 \times 60) - (20 \times 40) - (30 \times 20) = 1000\,kN \cdot m$

$M_{E'} = 177.78 \times y_E$ $\quad\therefore\ y_E = 5.62\,m$

(4) 최대장력 $T_{\max}$의 산정

케이블의 최대장력은 수평력 H가 일정하므로 수직성분 V_m이 최대인 B 점에서 발생한다.

$T_{\max} = \sqrt{H^2 + V_B^2} = \sqrt{177.78^2 + 72.22^2} = 191.89\,kN$ $\quad\therefore\ T_{\max} = 191.89\,kN$

◆ ◆ ◆ ◆ ◆ ◆

7.3.2 등분포하중을 받는 케이블

자중을 무시하고 수평경간을 따라 연직방향으로 작용한 등분포하중을 받는 케이블의 모양은 포물선이다. 현수교의 바닥판을 여러 개의 현수재로 매달아 놓은 케이블은 그 모양을 포물선이라고 가정할 수 있다. 여기서는 이러한 등분포하중을 받는 포물선 모양의 케이블에 대하여 살펴보기로 한다.

가. 포물선 케이블의 축선방정식

케이블의 형상을 나타내는 축선방정식은 좌표의 원점을 어느 점에 잡느냐에 따라 달라진다. 다음은 케이블의 왼쪽 지점을 원점으로 잡는 경우와 케이블의 최하단을 원점으로 잡는 경우에 대하여 케이블의 축선방정식을 구해보도록 한다.

(1) 원점이 케이블의 왼쪽 지점인 경우

[그림7.3.2](a)는 현(弦)이 각 β 만큼 기울어져 있는 케이블로서 수평경간에 따라 등분포하중이 작용하고 있으며, 이때 좌표의 원점은 왼쪽 지점 A 이며 가로축을 X축, 세로축을 Y축으로 설정하였다. 그림(a)에서 케이블의 경간의 중점인 C점에서의 y_m의 값, f를 새그(Sag)라고 하며, 어떤 경우든지 연직으로 측정한다. 또한 경간 L에 대한 새그 f의 비인 f/L를 **새그 비**(Sag Ratio)라고 한다.

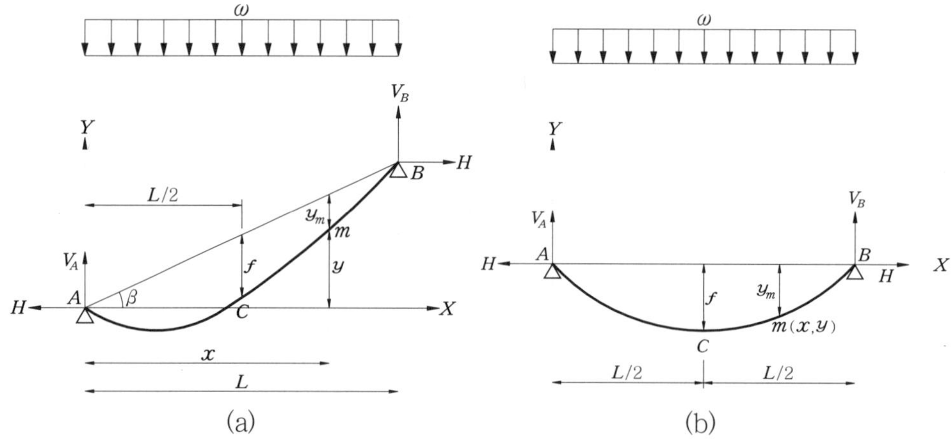

[그림7.3.2] 원점이 왼쪽 지점인 포물선 케이블

[그림7.3.2](a)에서 원점인 지점 A로부터 거리 x만큼 떨어져 있는 임의의 점 m에서 케이블의 일반정리를 적용하면 다음과 같다.

$$H\,y_m = \frac{\omega}{2}(L\,x - x^2) \tag{7.3.10}$$

상기 식(7.3.10)에서 $x = L/2$ 이면 $y_m = f$ 이므로, 이를 대입하면 다음과 같다.

$$H\,f = \frac{\omega L^2}{8} \qquad \text{또는} \qquad H = \frac{\omega L^2}{8f} \tag{7.3.11}$$

상기 식(7.3.11)은 케이블의 현이 수평이든 경사지든 관계없이 성립된다.
식(7.3.11)을 식(7.3.10)에 대입하면 다음과 같다.

$$y_m = \frac{\omega}{2H}(Lx - x^2) = \frac{8f}{\omega L^2}\,\frac{\omega}{2}(Lx - x^2) = \frac{4f}{L^2}(Lx - x^2) \tag{7.3.12}$$

[그림7.3.2](a)에서 $y = x\tan\beta - y_m$ 이므로, 이 식에 식(7.2.12)의 y_m 을 대입하면 다음과 같다.

$$y = x\tan\beta - \frac{4f}{L^2}(Lx - x^2) \tag{7.3.13}$$

결국 상기 식(7.3.13)은 [그림7.3.2](a)의 포물선 케이블의 축선방정식이다.
한편 그림(b)와 같이 $\beta = 0$ 인 케이블의 축선방정식은 다음과 같다.

$$y = \frac{4f}{L^2}(x^2 - Lx) \tag{7.3.14}$$

(2) 원점이 케이블의 최하단인 경우

이번에는 [그림7.3.3](a)와 같이 케이블의 최하단 C 점을 좌표의 원점으로 하고, 가로축을 X 축, 세로축을 Y 축으로 설정하였을 때 케이블의 축선방정식을 구해보자.

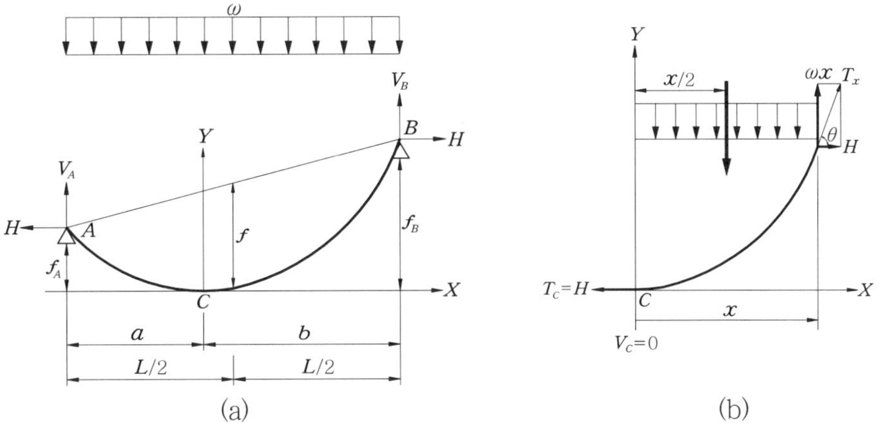

[그림7.3.3] 원점이 케이블의 최하단인 포물선 케이블

[그림7.3.3](b)와 같이 원점 C의 오른쪽 부분에 대한 자유물체도를 생각해 본다. 원점 C에서의 인장력 T_C는 부재축방향의 수평력이고 케이블에서 모든 단면에 작용하는 인장력의 수평분력은 일정한 값 H이므로, $T_C = H$임을 알 수 있다. 또한 H는 케이블의 양 지점에 작용하는 수평반력과 같다.

그리고 원점 C로부터 임의의 수평거리 x만큼 떨어진 단면에 작용하는 인장력을 T_x라 하면 힘의 평형방정식 $\Sigma H=0$, $\Sigma V=0$에 의해 인장력 T_x의 수평분력은 H와 같고, 수직분력은 $w\,x$와 같아야 함으로 다음과 같은 식이 성립된다.

$$T_x \cos\theta = H \qquad , \qquad T_x \sin\theta = \omega x \tag{7.3.15}$$

상기 식(7.3.15)와 [그림7.3.3](b)로부터 다음의 관계를 알 수 있다.

$$\tan\theta = \frac{\omega x}{H} \tag{7.3.16}$$

상기 식(7.3.16)으로부터 이 케이블 곡선의 기울기는 다음과 같다.

$$\frac{dy}{dx} = \tan\theta = \frac{\omega x}{H} \tag{7.3.17}$$

한편 상기 식(7.3.17)을 적분하면 다음과 같다.

$$y = \frac{\omega x^2}{2H} + C \tag{7.3.18}$$

여기서 $x=0$일 때 $y=0$이므로, 적분상수는 $C=0$이다.

그리고 식(7.3.11)의 $H = \omega L^2/8f$를 적용하면, [그림7.3.3](a)와 같이 케이블의 최하단을 원점으로 하는 포물선 케이블의 축선방정식은 다음과 같이 나타낼 수 있다.

$$y = \frac{\omega}{2H}x^2 = \frac{4f}{L^2}x^2 \tag{7.3.19}$$

나. 포물선 케이블의 인장력

(1) 원점이 케이블의 왼쪽 지점인 경우

[그림7.3.2]와 같이 원점을 케이블의 왼쪽 지점으로 잡은 경우, 포물선 케이블의 인장력의 수평분력은 식(7.3.11)으로 계산된다. 또한 원점에서 수평거리 x만큼 떨어진 점으로부터 오른쪽으로 길이가 ds이고 이의 수평성분이 dx, 수직성분이 dy인 미소한 요소를 생각해 보자.

[그림7.3.4]에서 케이블의 임의 점 x에서의 인장력 T_x는 다음과 같이 나타낼 수 있다.

$$T_x = \frac{ds}{dx} H \tag{7.3.20}$$

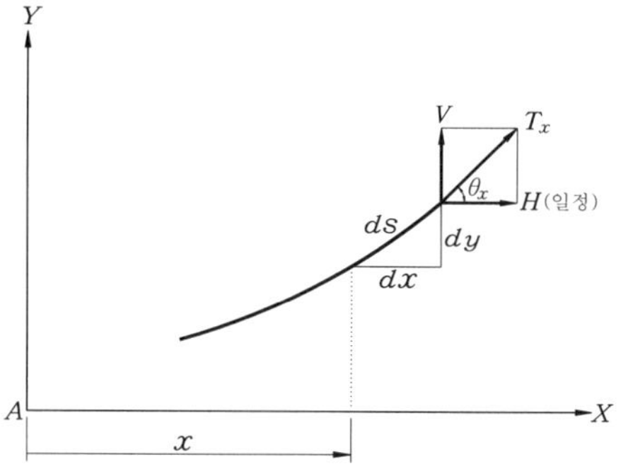

[그림7.3.4] 원점이 왼쪽 지점인 포물선 케이블의 인장력

[그림7.3.2](a)와 같이 케이블의 현이 각 β만큼 기울어져 있는 경우, 식(7.3.13)을 미분하면 다음과 같이 된다.

$$\frac{dy}{dx} = \frac{8f}{L^2}x - \frac{4f}{L} + \tan\beta = \frac{8n}{L}x - 4n + \tan\beta \tag{7.3.21}$$

여기서 $n = f/L$로, n은 케이블의 새그 비(Sag Ratio)를 뜻한다.

한편 ds, dx 및 dy는 다음과 같은 관계가 성립된다.

$$ds = \sqrt{dx^2 + dy^2} = dx\sqrt{1 + \left(\frac{dy}{dx}\right)^2} \tag{7.3.22}$$

식(7.3.22)를 식(7.3.20)에 대입하면 다음과 같다.

$$T_x = \frac{ds}{dx}H = H\sqrt{1 + \left(\frac{dy}{dx}\right)^2} \tag{7.3.23}$$

식(7.3.23)을 식(7.3.21)에 대입하면, 임의 점 x에서의 케이블의 인장력 T_x는 다음과 같다.

$$T_x = H\sqrt{1 + \frac{64n^2}{L^2}x^2 + 16n^2 + \tan^2\beta - \frac{64n^2}{L}x + \frac{16n}{L}x\tan\beta - 8n\tan\beta} \tag{7.3.24}$$

상기 식(7.3.24)에 의하여 케이블의 양단 A, B에서의 인장력 T_A, T_B는 다음과 같다.

$$x = 0 \ : \quad T_A = H\sqrt{1 + 16n^2 + \tan^2\beta - 8n\tan\beta}$$

$$x = L \ : \quad T_B = H\sqrt{1 + 16n^2 + \tan^2\beta + 8n\tan\beta} \tag{7.3.25}$$

[그림7.3.2](a)에서 지점 B가 지점 A보다 높기 때문에 최대 인장력은 T_B가 된다. 한편 [그림7.3.2](b)와 같이 케이블의 현이 수평($\beta=0$) 인 경우에는 양단의 인장력이 최대이며, 그 값은 다음과 같다.

$$T_{\max} = H\sqrt{1+16n^2} \tag{7.3.26}$$

한편 케이블의 인장력의 수평분력 H가 구해지고, 케이블의 임의 점 x의 접선각 θ_x를 알면, 그 점의 인장력 T_x은 다음과 같이 구할 수도 있다.

$$T_x = \frac{H}{\cos\theta_x} \quad , \quad T_A = \frac{H}{\cos\theta_A} \quad , \quad T_B = \frac{H}{\cos\theta_B} \tag{7.3.27}$$

(2) 원점이 케이블의 최하단인 경우

[그림7.3.3](a)와 같이 원점을 케이블의 최하단에 잡은 경우, 케이블의 임의 점 x에서의 인장력 T_x는 [그림7.3.3](b)와 같이 수평분력 H와 수직분력 $V=\omega x$의 합력이므로 다음과 같은 관계식이 성립된다.

$$T_x = \sqrt{H^2+V^2} = \sqrt{H^2+\omega^2 x^2} \tag{7.3.28}$$

여기서 수평분력 H는 식(7.3.19)로부터 $H=\dfrac{\omega}{2y}x^2$이므로, 케이블 양단 A와 B에서의 인장력의 수평분력은 $H_A=\dfrac{\omega}{2f_A}a^2$, $H_B=\dfrac{\omega}{2f_B}b^2$이고, 수직분력은 $V_A=\omega a$, $V_B=\omega b$가 된다. 따라서 점 A, B에서의 인장력 T_A, T_B는 다음과 같다.

$$\begin{aligned} T_A &= \sqrt{H_A^2+V_A^2} = \sqrt{\left(\frac{\omega}{2f_A}a^2\right)^2+\omega^2a^2} = \omega a\sqrt{1+\left(\frac{a}{2f_A}\right)^2} \\ T_B &= \sqrt{H_B^2+V_B^2} = \sqrt{\left(\frac{\omega}{2f_B}b^2\right)^2+\omega^2b^2} = \omega b\sqrt{1+\left(\frac{b}{2f_B}\right)^2} \end{aligned} \tag{7.3.29}$$

다. 포물선 케이블의 길이

(1) 케이블의 현이 수평인 경우

[그림7.3.3](a)의 케이블에서 지점 A와 B의 높이가 같다면, 곡선 CA의 길이 S_A와 곡선 CB의 길이 S_B는 같다. 또한 [그림7.3.3](a)에서 $f_A=f_B=f$이고,

$a=b=L/2$ 이다. 따라서 케이블의 길이 S_O는 다음과 같이 나타낼 수 있다.

$$S_O = S_A + S_B = 2S_B = 2\int_0^{L/2} \sqrt{1+\left(\frac{dy}{dx}\right)^2}\, dx \tag{7.3.30}$$

한편 식(7.3.19)를 x에 대하여 적분하면 다음과 같다.

$$\frac{dy}{dx} = \frac{8h}{L^2}x \tag{7.3.31}$$

식(7.3.31)을 식(7.3.30)에 대입하면 케이블의 길이 S_O는 다음과 같다.

$$S_O = 2\int_0^{L/2} \sqrt{1+\left(\frac{64h^2}{L^4}x^2\right)}\, dx \tag{7.3.32}$$

식(7.3.32)를 적분하면, 지점 A와 B의 높이가 같은 포물선 케이블의 길이의 참값은 다음과 같다.

$$S_O = \frac{L}{2}\sqrt{1+16n^2} + \frac{L}{8n}\ln\left(4n+\sqrt{1+16n^2}\right) \tag{7.3.33}$$

여기서 $n=f/L$ 이며 새그 비(Sag Ratio)를 뜻한다.

한편 식(7.3.33)의 참값에 거의 근접하는 실용적인 근사식은 다음과 같다.

$$S_O = L\left(1+\frac{8}{3}n^2 - \frac{32}{5}n^4 + \cdots\right) \tag{7.3.34}$$

(2) 케이블의 현이 각 β만큼 기울어진 경우

이번에는 [그림7.3.5]에서와 같이 수평인 현 AB에 대하여 케이블의 현 $A'B'$가 각 β만큼 기울어져 있는 경우, 케이블의 길이 S_O를 산정해 보도록 한다.

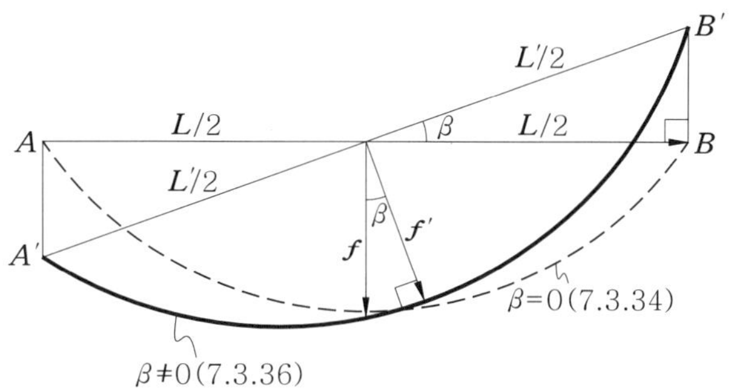

[그림7.3.5] 현이 기울어진 케이블의 길이

현 $A'B'$가 각 β만큼 기울어져 있는 경우에 포물선 케이블의 길이는 경간

L', 새그(Sag) f', 새그 비 n'를 다음과 같이 가정하여 수평한 케이블의 길이와 같다고 생각하고 구하면 된다.

$$L' = \frac{L}{\cos\beta} \quad , \quad f' \approx f\cos\beta$$

$$n' = \frac{f'}{L'} = \frac{f\cos\beta}{L/\cos\beta} = n\cos^2\beta \qquad (7.3.35)$$

따라서 $\beta \neq 0$인 경우의 포물선 케이블의 길이는 식(7.3.34)에서 L 대신 L', n 대신 n'를 대입하면 실용적인 면에서 충분한 정확도를 가진 다음과 같은 근사식을 얻을 수 있다.

$$S_O = L'\left(1 + \frac{8}{3}n'^{\,2} - \frac{32}{5}n'^{\,4} + \cdots\right) \qquad (7.3.36)$$

라. 포물선 케이블의 탄성신장

케이블이 후크의 법칙이 성립하는 탄성범위내에서 하중을 받는다면, 케이블은 탄성신장이 일어나 늘어난다. 이때 신장량 ΔS는 다음과 같이 구할 수 있다.

$$\Delta S = \int_0^{S_O} \frac{T_x\,ds}{EA}$$

또는

$$\Delta S = \frac{1}{EA}\int_0^{S_O}\left(H\frac{ds}{dx}\right)ds = \frac{H}{EA}\int_0^{L}\left[1 + \left(\frac{dy}{dx}\right)^2\right]dx \qquad (7.3.37)$$

케이블의 현이 경사진 경우에는 식(7.3.13)으로부터 $\dfrac{dy}{dx} = \tan\beta - \dfrac{4f}{L} + \dfrac{8f}{L^2}x$ 이므로, 이 값을 식(7.3.37)에 대입하고 적분하면 신장량 ΔS를 다음과 같이 나타낼 수 있다.

$$\Delta S = \frac{HL}{EA}\left(1 + \frac{16}{3}n^2 + \tan^2\beta\right) \qquad (7.3.38)$$

또한 케이블의 현이 수평일 때에는 식(3.3.38)에서 $\beta = 0$이므로, 신장량 ΔS는 다음과 같이 표시된다.

$$\Delta S = \frac{HL}{EA}\left(1 + \frac{16}{3}n^2\right) \qquad (7.3.39)$$

◆ ◆ ◆ ◆ ◆ ◆

예제 7.3.2

그림과 같은 케이블이 현에 직각방향으로 분포된 등분포 하중 $\omega = 2kN/m$ 를 받고 있다. 최대처짐을 $1m$ 로 제한할 때 케이블의 최대장력과 길이, 탄성신장량을 구하여라. (단, 케이블의 자중은 무시하며, $E = 2.0 \times 10^5 MPa$, $A = 1250mm^2$)

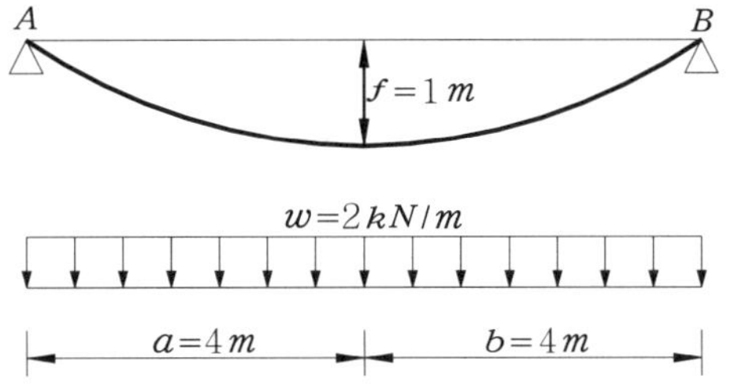

풀이

(1) 케이블의 최대장력 $T_{\max}$

㉠ 수평력 H의 산정

케이블의 일반정리를 통해 구할 수 있다.

$$H = \frac{\omega L^2}{8f} = 16kN$$

㉡ 처짐비 n 의 산정

$$n = \frac{f}{L} = 0.125$$

㉢ 최대장력 $T_{\max}$

가. 원점이 케이블의 왼쪽인 경우

케이블의 현이 수평이므로 양단에서 인장력이 최대이며

$$T_{\max} = H\sqrt{1+16n^2} = 16\sqrt{1+16 \times 0.125^2} = 17.9kN$$

나. 원점이 케이블의 최하단인 경우

케이블의 현이 수평이므로 $T_{\max} = T_A = T_B$

$$T_{\max} = \sqrt{H_A^2 + V_A^2} = \omega a \sqrt{1+\left(\frac{a}{2f_A}\right)^2} = 2 \times 4 \times \sqrt{1+\left(\frac{a}{2\times 1}\right)^2} = 17.9kN$$

(2) 케이블의 길이 S_O

$$S_O = \frac{L}{2}\sqrt{1+16n^2} + \frac{L}{8n}\ln\left(4n + \sqrt{1+16n^2}\right) = 8.32m \qquad \text{(정해식)}$$

$$S_O = L\left(1 + \frac{8}{3}n^2 - \frac{32}{5}n^4\right) = 8.32m \qquad \text{(근사식)}$$

(3) 케이블의 탄성신장량 ΔS

$$\Delta S = \frac{HL}{EA}\left(1 + \frac{16}{3}n^2\right) = 5.55mm$$

예제 7.3.3

다음과 같은 Cable 구조물에서 Cable AB 에서의 최대장력과 Cable BC 에서의 최대장력을 구하시오. (단, Cable 은 완전유연하고 임의 점에서의 휨모멘트는 0 으로 가정한다.)

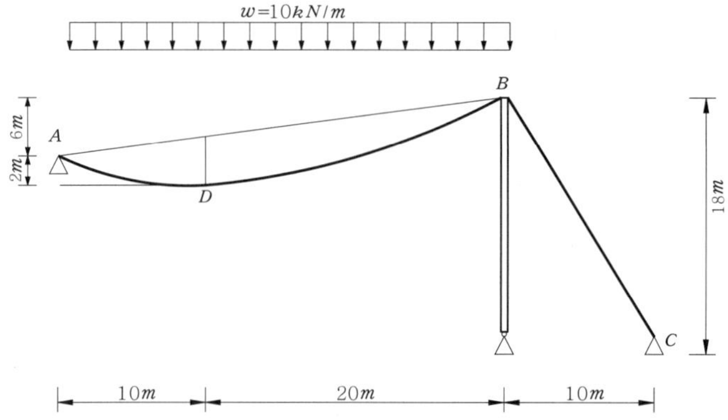

풀이-1

(1) Cable AB 에서 Cable 의 일반정리

그림(a)와 같이 Cable AB 를 분리시킨 후 Cable 의 일반정리를 적용하면

$$H \cdot y_D = R_A \times 10 - \frac{w \times 10^2}{2}$$

여기서, y 를 삼각비에 의하여 구하면

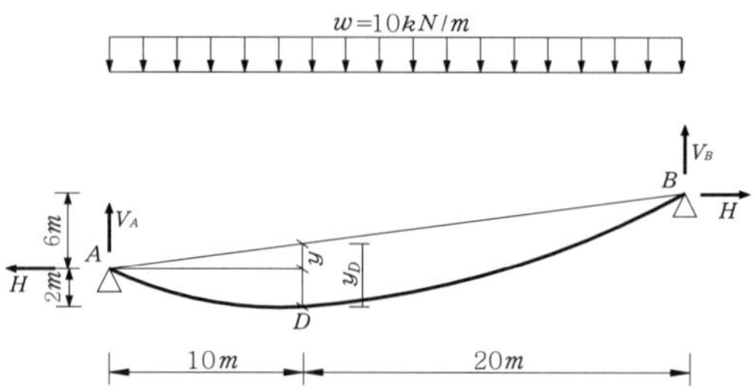

그림(a)

$$y = \frac{6 \times 10}{30} = 2\,m\,,\quad y_D = y + 2 = 4\,m$$

대등한 단순보에서의 반력 $R_A = \dfrac{wL}{2} = 150\,kN$

그러므로 $H \times 4 = 150 \times 10 - \dfrac{10 \times 10^2}{2}$ $\quad\therefore\ H = 250\,kN$

(2) Cable AB 의 최대장력 ${}_{AB}T_{\max}$

$$\Sigma M_B = 0\ :\ \Sigma M_B = 6H + 30\,V_A - \frac{10 \times 30^2}{2} = 0$$

$$\therefore\ V_A = 100\,kN\,,\quad V_B = 200\,kN$$

케이블의 현이 경사일 경우 케이블의 최대인장력은 높은 지점 B 에서 발생하므로

$$\therefore\ {}_{AB}T_{\max} = \sqrt{H^2 + V_B^2} = \sqrt{250^2 + 200^2} = 320.2\,kN$$

(3) *Cable* BC 의 최대장력 $_{BC}T_{\max}$

그림(b)와 같이 *Cable* BC 장력의 수평분력은 *Cable* AB 의 수평반력인 $250kN$ 이다.

따라서 *Cable* BC 장력의 수직성분은

$$P_y = \frac{18 \times 250}{10} = 450kN$$

Cable BC 의 최대장력은

$$\therefore\ _{BC}T_{\max} = \sqrt{250^2 + 450^2} = 514.8kN$$

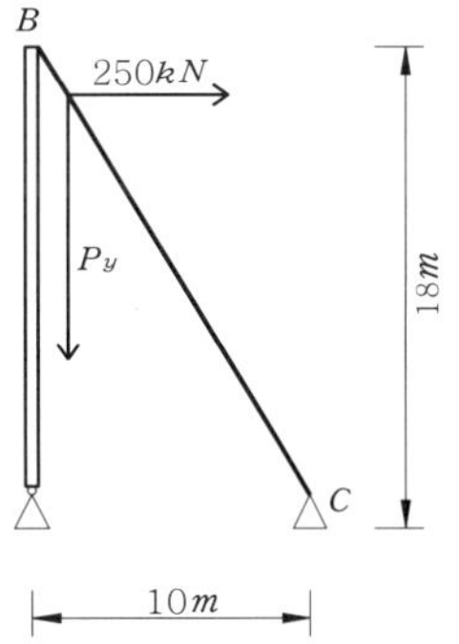

그림(b)

풀이-2

(1) *Cable* AB 의 방정식

그림(a)와 같이 *Cable* AB 를 분리시킨 후 원점이 D 인 좌표축을 택한다.

이때 케이블의 방정식은

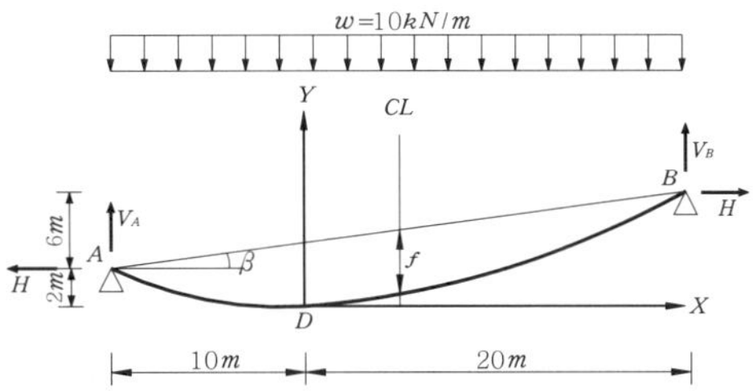

그림(a)

$$y = \frac{\omega}{2H}x^2 = \frac{10}{2H}x^2$$

점 B (20 , 8)에서 $\therefore\ H = 250kN$

$H = \dfrac{wL^2}{8f}$ 이므로 $\therefore\ f = 4.5m$

(2) *Cable* AB 의 최대장력 $_{AB}T_{\max}$

케이블의 현이 경사일 경우 케이블의 최대인장력은 높은 지점 B 에서 발생한다.

$$_{AB}T_{\max} = T_B = H\sqrt{1 + 16n^2 + \tan^2\beta + 8n\tan\beta} = 320.2\ kN$$

(여기서, $n = \dfrac{f}{L} = 0.15,\ \tan\beta = 0.2$)

(3) *Cable* BC 의 최대장력 $_{BC}T_{\max}$

그림(b)와 같이 *Cable* BC 장력의 수평분력은 *Cable* AB 의 수평반력인 $250kN$ 이다.

따라서 *Cable* BC 장력의 수직성분은

$$P_y = \frac{18 \times 250}{10} = 450kN$$

Cable BC 의 최대장력은

$$\therefore\ _{BC}T_{\max} = \sqrt{250^2 + 450^2} = 514.8kN$$

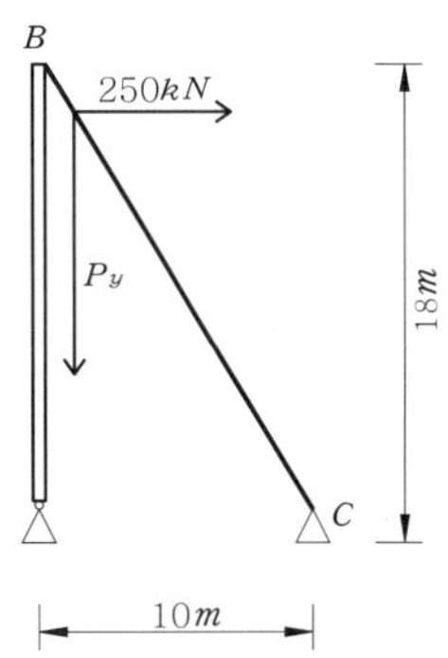

그림(b)

예제 7.3.4

그림과 같이 기울어진 케이블에서 수평길이 $L=8m$, 등분포하중은 수평길이에 따라 $w=2kN/m$, 지점 B는 지점 A보다 $2m$ 높다. 케이블 중앙점 C에서 케이블의 현까지의 수직거리는 $1m$ 이다. 이 케이블의 최대장력과 길이, 탄성신장량을 구하여라. (단, 케이블의 자중은 무시하며, $E=2.0\times10^5 MPa$, $A=1250mm^2$)

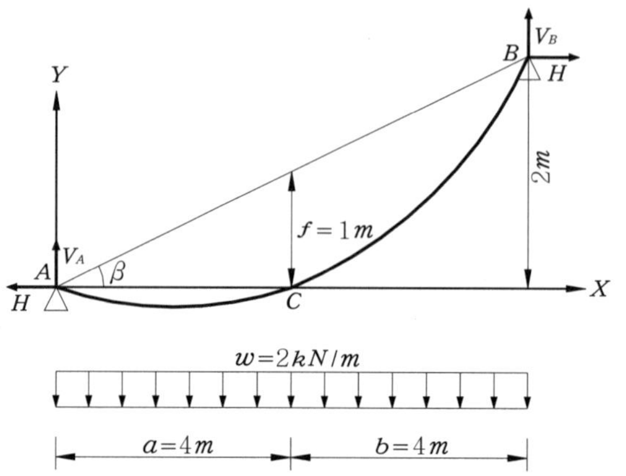

풀이

(1) 케이블의 최대장력 $T_{\max}$

㉠ 수평력 H의 산정

케이블의 일반정리를 통해 구할 수 있다.

$$H=\frac{wL^2}{8f}=16kN$$

㉡ 처짐비 n 의 산정

$$n=\frac{f}{L}=0.125$$

㉢ 최대장력 $T_{\max}$

케이블의 현이 경사일 경우 케이블의 최대인장력은 높은 지점 B에서 발생한다.

$$T_{\max}=T_B=H\sqrt{1+16n^2+\tan^2\beta+8n\tan\beta}=20kN$$

(여기서, $\tan\beta=0.25$, $\cos\beta=0.97$)

(2) 케이블의 길이 S_O

$$S_O=L'\left(1+\frac{8}{3}n'^2-\frac{32}{5}n'^4\right)=8.54\,m \qquad \text{(근사식)}$$

(여기서, $L'=\dfrac{L}{\cos\beta}=8.25$, $f'\approx f\cos\beta=0.97$, $n'=\dfrac{f'}{L'}=0.1176$)

(3) 케이블의 탄성신장량 ΔS

$$\Delta S=\frac{HL}{EA}\left(1+\frac{16}{3}n^2+\tan^2\beta\right)=5.87\,mm$$

◈ 연 습 문 제 ◈

7.3.1 다음 중 케이블(Cable)의 특성에 대하여 잘못 설명한 것은?

① 케이블은 단면력 중 오직 인장력만을 저항할 수 있는 유연한 부재로, 단면에 응력을 균등하게 받기 때문에 재료를 매우 효율적으로 사용할 수 있다.

② 케이블 자중에 의하여 늘어진 케이블의 모양을 현수선이라고 한다.

③ 자중을 무시하고 수평경간에 따라 작용하는 등분포하중에 의하여 늘어진 케이블의 모양은 포물선의 형태이다.

④ 연직하중을 받는 케이블의 임의 점에서의 케이블의 인장력의 수평분력과 그 점에서 케이블의 현(弦)까지의 연직거리를 곱한 값은 케이블에 작용하는 하중이 케이블과 같은 경간의 단순보에 작용할 때 그 점에 일어나는 전단력과 같다.

7.3.2 다음 그림과 같은 케이블에서 각 지점의 반력 V_A, V_B와 각 점과 케이블 현의 연직거리 y_D, y_E 및 최대장력 $T_{\max}$를 구하여라.

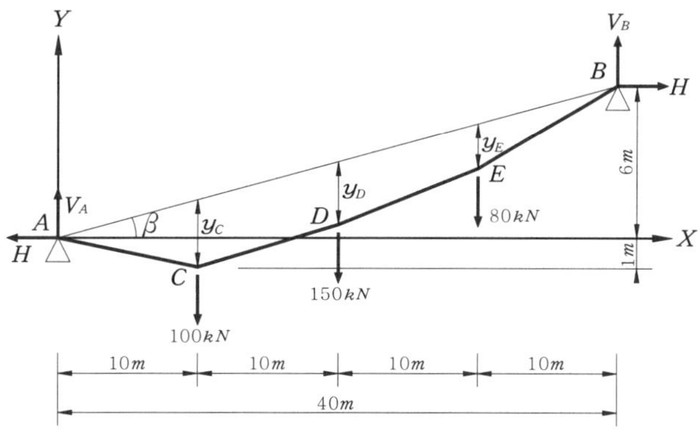

7.3.3 다음 그림과 같은 케이블에서 케이블의 허용인장력이 $100kN$ 일 때, 이 케이블이 지지할 수 있는 최대 등분포하중 $\omega\ kN/m$ 를 결정하여라.

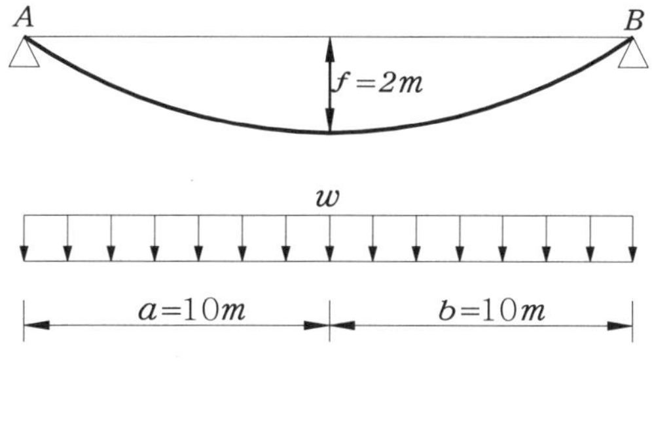

7.3.4 그림과 같은 케이블이 무게 $\omega = 5kN/m$ 의 보를 지지하고 있다. 케이블의 최대허용장력이 $1000kN$ 일 때 소요되는 케이블의 최소길이를 구하여라. (단, 케이블의 자중은 무시하며, 처짐에는 제한이 없다.)

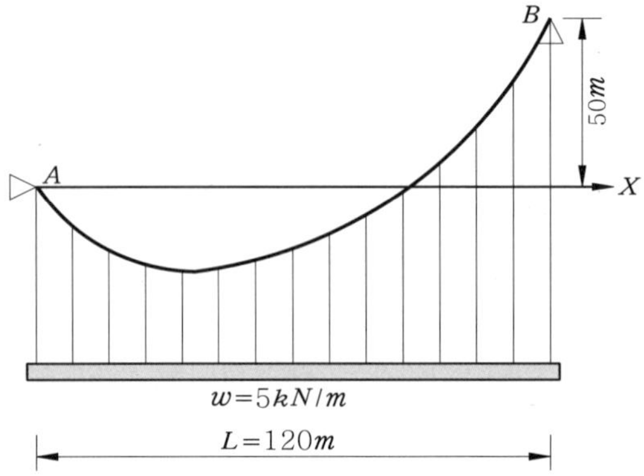

7.3.5 그림과 같은 케이블이 무게 $\omega = 5kN/m$ 의 보를 지지하고 있을 때 다음을 구하여라. (단, 케이블의 자중은 무시하며, $E = 2.0 \times 10^5 MPa$, $A = 6000mm^2$)

(1) 케이블의 방정식　(2) 반력성분　(3) 최대장력

(4) 케이블의 길이　(5) 케이블의 탄성신장량

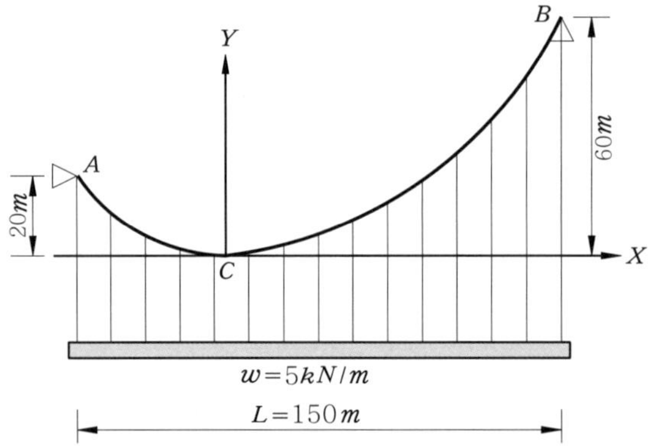

7.3.6 다음 그림과 같이 길이 $200m$인 양단에 강선을 매달았을 때 강선의 중심점의 처짐을 $25m$로 유지하려고 할 때 최대 인장력을 구하시오. (단, 강선의 자중은 수평거리 $1m$당 $1kN$이다.)

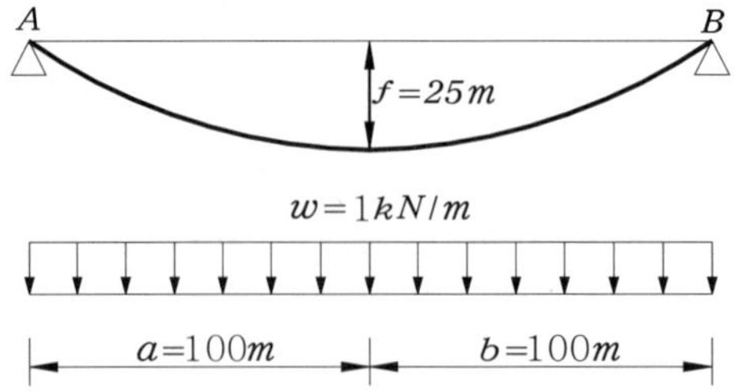

CHAPTER 8

제 8 장 정정트러스

트러스(Truss)란 2개 이상의 직선부재를 결합시켜 삼각형의 단위형태를 구성하고, 때로는 이들을 조합 및 분할하는 식으로 원하는 전체형태를 만든 구조물을 말한다. 일반적으로 트러스는 부재 간 절점을 활절로 가정하고 자중을 제외한 모든 하중이 절점에만 작용토록 계획하여 부재가 축방향력에만 저항하도록 한다. 보통 트러스의 부재에 작용하는 축방향력을 **부재력**(部材力, Member Force)이라고 한다. 트러스는 부재의 주된 단면력이 축방향력이기 때문에 휨재에 비하여 단면의 효율이 높아 사용되는 재료가 경제적임으로 경간이 긴 구조물에서 많이 사용된다. 트러스는 부재의 조립방법에 따라 **정정트러스**(Statically Determinate Truss)와 **부정정트러스**(Statically Indeterminate Truss)로 크게 구분할 수 있는데, 여기서는 정정트러스에 대하여 살펴보도록 한다.

8.1 트러스의 구성과 종류

트러스의 형상과 이에 작용하는 외력이 한 평면 안에 있는 트러스를 **평면트러스**(Plane Truss)라 하고, 공간에 있는 트러스를 **입체트러스**(Space Truss)라고 한다. 트러스의 해법을 고찰하기 전에 먼저 트러스의 각 부분의 명칭과 종류에 대하여 정리해보도록 한다.

8.1.1 트러스 각 부분의 명칭

트러스를 구성하는 각 부분의 명칭을 [그림8.1.1]을 대상으로 살펴보면 다음과 같다.

① 현재(弦材, Chord Member) : 트러스의 외곽을 형성하는 부재로, 상현재와 하현재로 나눌 수 있다.

② 상현재(上弦材, Upper Chord Member) : 위쪽에 있는 현재로, 그림에서

$U_1 \sim U_4$에 해당한다.

③ 하현재(下弦材, Lower Chord Member) : 아래쪽에 있는 현재로, 그림에서 $L_1 \sim L_6$에 해당한다.

④ 복재(腹材, Web Member) : 트러스의 내부에 있는 부재로, 수직재와 경사재로 나눌 수 있다.

⑤ 수직재(垂直材, Vertical Member) : 수직으로 놓인 복재로, 그림에서 $V_1 \sim V_5$에 해당한다.

⑥ 경사재(傾斜材, Diagonal Member) : 경사지게 놓인 복재로, 그림에서 $D_1 \sim D_4$에 해당한다.

⑦ 단주(端柱, End Post) : 양단에 놓인 복재로, 그림에서 U_0, U_5에 해당한다. 단주는 가끔 상현재 또는 하현재에 포함시키기도 한다.

⑧ 절점 또는 격점(Panel Point) : 부재와 부재의 접합점으로, 그림에서 $A \sim L$에 해당한다.

⑨ 격간(格間, Panel) : 한 개의 수평부재 끝에 있는 절점과 절점 사이로, 그림에서 A와 B 사이, H와 I 사이 등이 이에 해당한다.

⑩ 격간거리(格間距離, Panel Length) : 격간의 수평거리로, 그림에서 α로 표시되어 있는 것이 이에 해당한다.

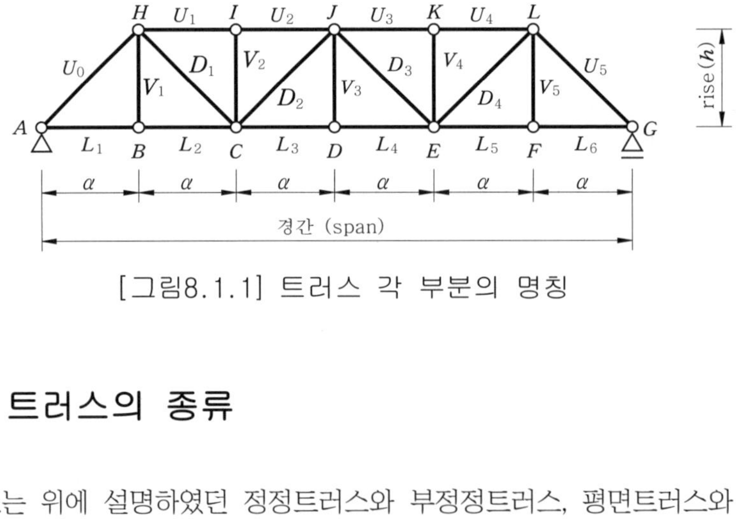

[그림8.1.1] 트러스 각 부분의 명칭

8.1.2 트러스의 종류

트러스는 위에 설명하였던 정정트러스와 부정정트러스, 평면트러스와 입체트러스로 구분할 수 있을 뿐만 아니라 용도에 따라 지붕트러스와 교량트러스, 지지방법에 따라 단순보형 트러스, 캔틸레버형 트러스, 겔버보형 트러스 등으로 분류할 수 있다. 또 현재의 형상, 활하중의 재하위치, 복재의 배치 형식 등에 따라 분류된다. 트러스의 현재 형상에 따른 분류로는 현재가 평행한 트러스를 **평행현 트러스**(Parallel Chord Truss)라고 하고, 현재가 경사진 트러스를 **경사현 트러스**(Inclined Chord Truss)하며, 현재가 곡면형태인 트러스를 **곡현 트러스**(Curved Chord Truss)라고 한다. 한편 트러스는 활하중의 작용위치에 따라 상현재의 절점에 활하중이 작용하는 트러스를 **상로**(上路)**트러스**(Deck Truss), 하현재의 절점에 활하중이 작용하는 트러스를 **하로**(下路)**트러스**(Through Truss)라 한다.

[그림8.1.2]는 복재의 배치 및 형상에 따라 여러 가지 이름으로 불리우는 대표적인 트러스들을 보여주고 있다.

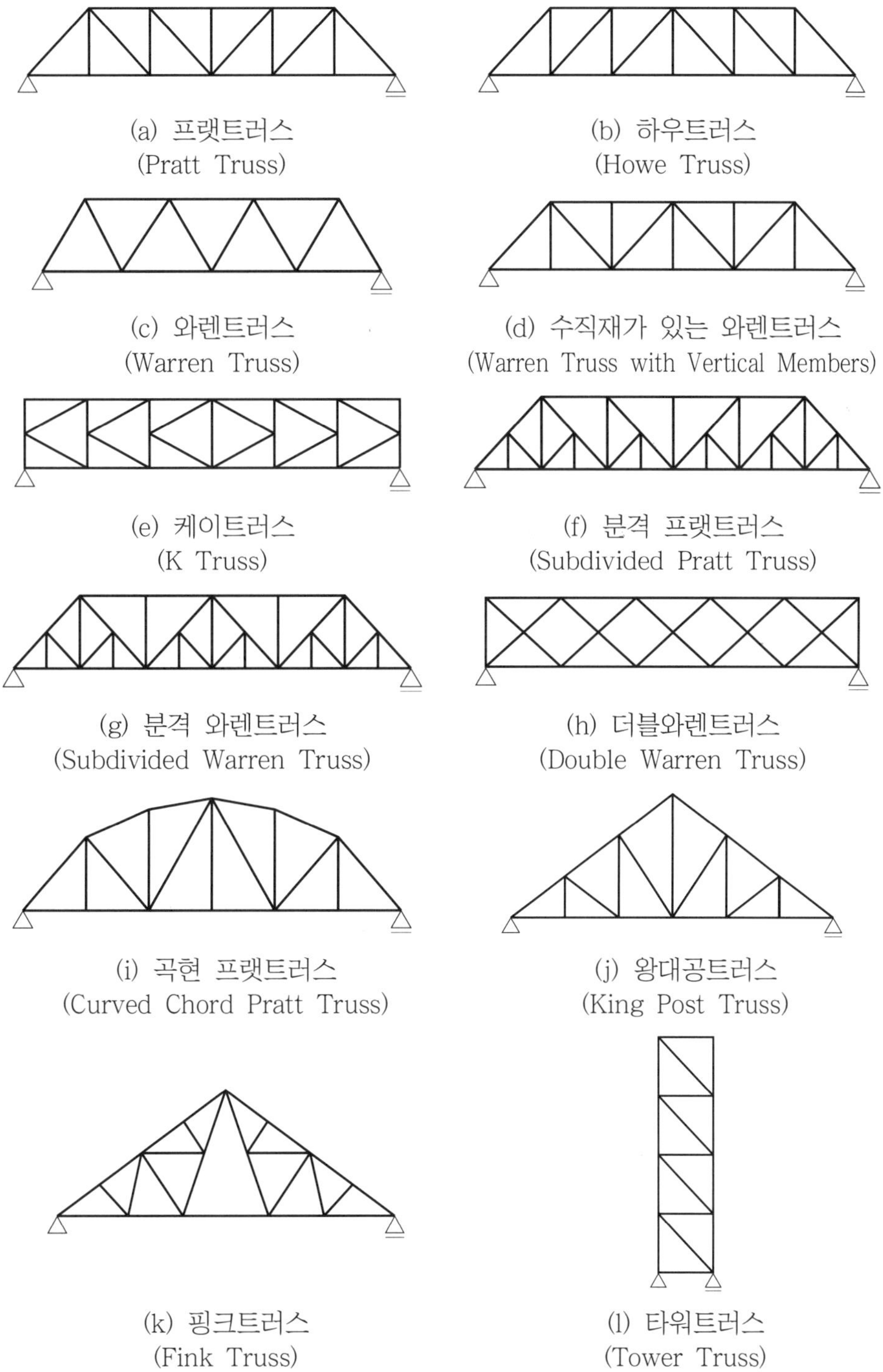

[그림8.1.2] 트러스의 종류

그림(a) ~ (i)는 교량에 많이 사용되는 트러스이다.

그림(a)의 **프랫트러스**(Pratt Truss)는 경사재가 양단에서 중앙부를 향하여 하향(↘ 또는 ↙)하는 형태의 트러스로, 경사재는 주로 인장력를, 수직재는 주로 압축력을 받는다. 이 트러스는 철골트러스에 적합하다.

그림(b)의 **하우트러스**(Howe Truss)는 경사재가 양단에서 중앙부를 향하여 상향(↗ 또는 ↖)하는 형태의 트러스로, 경사재는 주로 압축력을, 수직재는 주로 인장력을 받는다. 이 트러스는 목재트러스에 적합하다.

그림(c)의 **와렌트러스**(Warren Truss)는 경사재가 상향(↗)과 하향(↘)을 교대로 하고 수직재가 없는 트러스, 사재가 교대로 압축력과 인장력을 받는데 트러스의 중앙을 향하여 상향의 경사재는 주로 압축력을, 하향의 경사재는 주로 인장력을 받는다. 이 트러스는 한 절점에 접합되는 부재수가 적은 것이 장점이다.

그림(d)는 **수직재가 있는 와렌트러스**(Warren Truss with Vertical Members)로, 격간이 긴 하로 트러스의 경우에 트러스와 직각방향으로 설치되는 가로보들의 간격을 줄일 목적으로 수직재를 설치하는 경우가 있다. 이때 수직재는 현재의 길이를 줄이고, 가로보에 작용하는 하중을 트러스의 절점에 전달시키며, 가로보의 단면을 줄일 수 있다.

그림(e)의 **케이트러스**(K Truss)는 복재가 K자로 된 트러스로, 격간거리가 짧고 높이가 큰 트러스의 경우 경사재의 경사를 적절히 할 수 있다. 참고로 트러스의 경사재는 수평선에 대한 경사각이 45° 일 때 가장 좋고, 최대 60° 를 넘지 않는 것이 바람직하다.

그림(f)와 그림(g)의 **분격**(分格)**트러스**(Subdivided Truss)는 격간을 분할한 트러스로, 높이가 큰 트러스는 격간거리가 길어지므로 격간을 분할할 필요가 생긴다.

그림(h)는 와렌트러스의 경사재 2개가 엇갈려 설치된 **더블와렌트러스**(Double Warren Truss)이다. 그림(a) ~ (h)는 평행현 트러스이다.

그림(i)는 현재가 곡면형태이고 복재가 프랫트러스 형식을 가지고 있는 **곡현 프랫트러스**(Curved Chord - Pratt Truss)로 교량 뿐만 아니라 곡면지붕에도 사용된다.

그림(j)의 **왕대공트러스**(King Post Truss)는 중앙에 왕대공(King Post)이 있고 경사재가 양단에서 중앙부를 향하여 하향(↘ 또는 ↙)하는 형태의 트러스로, 경사재는 주로 압축력를, 수직재는 주로 인장력을 받는다. 이 트러스는 보통 양식 목조지붕틀에 쓰이며 ㅅ자보, 왕대공, 평보, 빗대공, 달대공 등의 부재로 구성되어 있다.

그림(k)의 **핑크트러스**(Fink Truss)는 보통 양식 철골 지붕틀에 쓰이는 산형(山形) 트러스로, 복재의 길이를 짧게 유지할 수 있는 장점이 있다.

그림(l)의 **탑**(塔)**트러스**(Tower Truss)는 지점을 기준으로 위로 솟아 있는 캔틸레버 형태의 트러스이다.

8.1.3 트러스의 내적 안정조건

트러스의 안정(安定, Stable) 또는 불안정(不安定, Unstable)에 대한 판별과 안정구조물 중에서 정정(静定, Statically Determinate)과 부정정(不静定, Statically Indeterminate)에 대한 판별은 이미 1.6절에서 설명하였으므로, 여기서는 내적으로 안정한 트러스의 구성조건에 대하여 살펴보도록 한다.

트러스가 내적으로 안정하기 위해서는 미지의 부재수가 내적 안정에 필요한 평형조건식의 수 보다 많아야 한다. 또한 트러스가 내적으로 안정하려면 각 절점에서의 자유물체도마다 2개의 평형조건식 $\Sigma V=0$, $\Sigma H=0$ 이 성립되어야 한다. 따라서 트러스에서의 절점 수를 k 라 하면 평형조건식의 총수는 $2k$ 개이다. 그러나 트러스가 외적으로 안정을 유지하려면 트러스 전체에 대하여 3개의 평형조건식 $\Sigma V=0$, $\Sigma H=0$, $\Sigma M=0$ 을 만족해야 하므로, 내적 안정에 필요한 평형조건식의 수는 $(2k-3)$ 개가 된다. 따라서 트러스의 부재수를 s 라 하면 트러스의 부재에는 축방향력이 1개만 작용하므로 $s < 2k-3$ 이면 평형조건식의 수보다 부재수가 부족함으로 일반적으로 내적 불안정이다. 따라서 트러스의 내적 안정에 필요한 조건은 다음과 같다.

$$s \geq 2k-3 \tag{8.1.1}$$

또한 내적으로 안정한 트러스를 만들려면 먼저 [그림8.1.3](a)와 같이 가장 기본적인 요소로 3개의 절점과 3개의 부재를 사용하여 삼각형의 형상으로 서로 연결하여 만들 수 있고, 다음부터는 그림(b)와 같이 1개의 절점과 2개의 부재를 사용하여 그때까지 만들어진 트러스에 덧붙여 만들어 나갈 수 있다.

즉 k 개의 절점으로 구성된 내적으로 안정한 트러스를 만들기 위해서는 맨 처음의 삼각형을 만들기 위하여 3개의 절점에 대하여 3개의 부재가 필요하며, 나머지 $(k-3)$ 개의 절점에 대해서는 각기 2개씩의 부재가 필요하다. 따라서 필요한 부재의 총수 s 는 다음과 같이 구해진다.

$$s = 3+2(k-3) = 2k-3 \tag{8.1.2}$$

상기 식(8.1.2)는 내적으로 안정한 트러스를 만드는데 필요한 부재의 최소 개수이다.

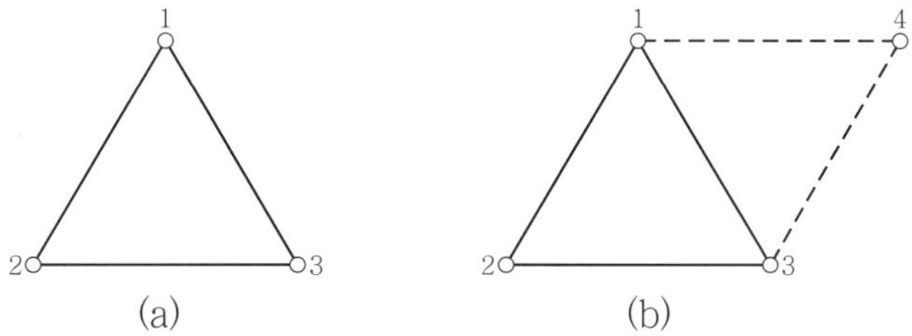

[그림8.1.3] 트러스의 구성방법

◆ ◆ ◆ ◆ ◆ ◆ ◆

예제 8.1.1

다음과 같은 트러스의 안정·불안정 및 정정·부정정을 판별하여라.

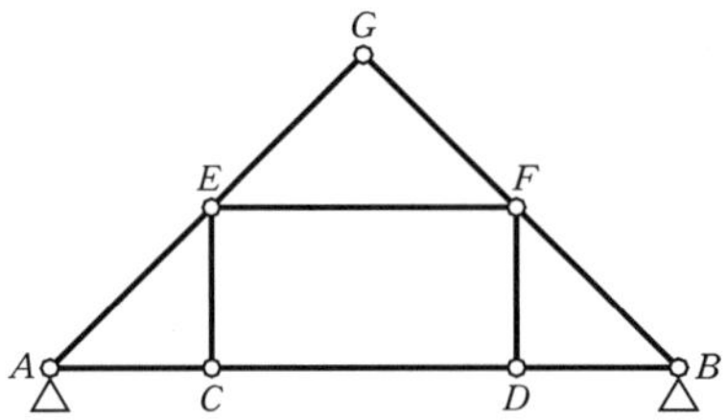

그림(a)

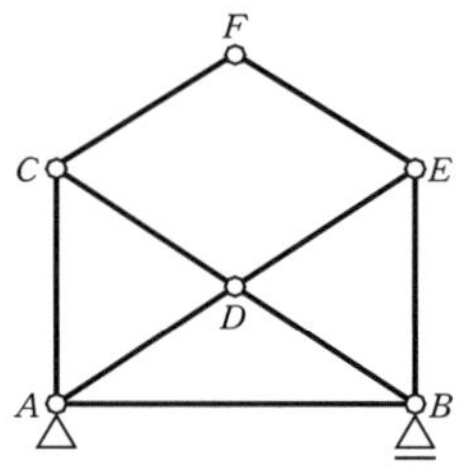

그림(b)

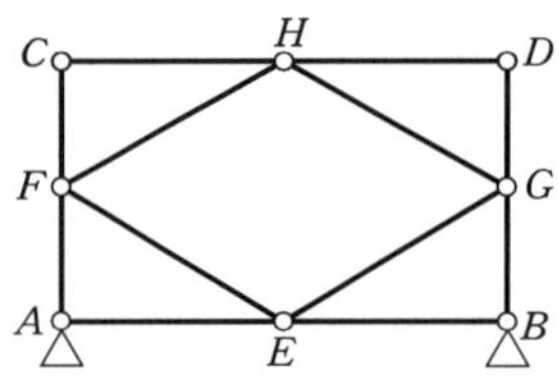

그림(c)

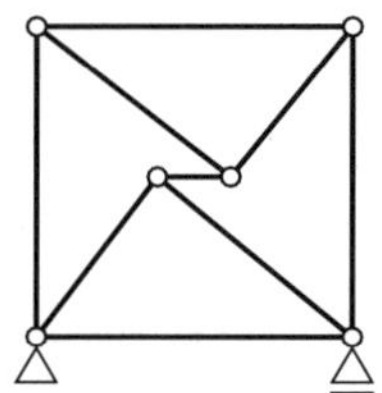

그림(d)

풀이

(1) 그림(a)

반력수 $n=4$, 부재수 $s=10$, 강절수 $r=0$, 절점수 $k=7$

구조물의 판별식 : $m=n+s+r-2k=4+10+0-2\times 7=0$

위의 판별식으로는 $m=0$ 이므로 안정이며 정정구조물로 계산된다.

한편 트러스의 내적 안정에 필요한 조건은 다음 조건을 만족시켜야 한다.

$$s \geq 2k-3$$

그러나 그림(a)는 $s<2k-3=2\times 7-3=11$이므로 내적 불안정구조로 판정된다.

이상의 검토결과, 그림(a)의 트러스는 외력에 대하여 그림과 같이 대변형(大變形)이 생기므로 내적 또는 형의 불안정상태에 있는 구조물이다. 이는 시각적으로 볼 때 사각형 $CDEF$의 절점이 모두 힌지로 외부에 접하고 있기 때문이다.

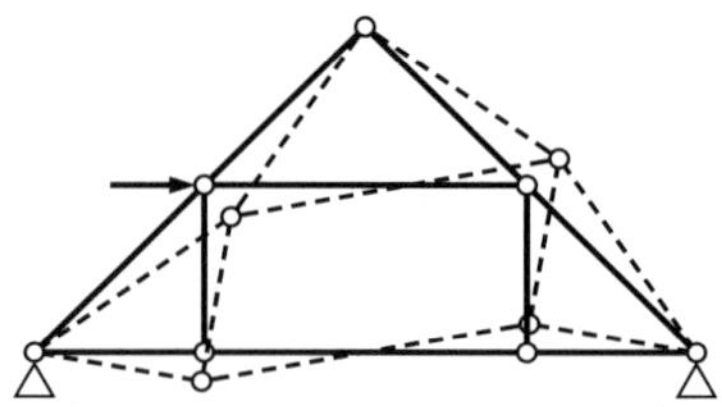

∴ 불안정구조물

(2) 그림(b)

반력수 $n=3$, 부재수 $s=9$, 강절수 $r=0$, 절점수 $k=6$

구조물의 판별식 : $m=n+s+r-2k=3+9+0-2\times 6=0$

위의 판별식으로는 $m=0$ 이므로 안정이며 정정구조물이다.

한편 트러스의 내적 안정에 필요한 조건은 다음 조건을 만족시켜야 한다.

$$s \geq 2k-3$$

그림(b)에서 $s = 2k - 3 = 2 \times 6 - 3 = 9$이므로 내적 안정구조물로 판정된다.

∴ 정정구조물

※ 시각적 관찰로 볼 때 사각형 $CDEF$의 절점이 모두 힌지이지만 절점 D가 외부에 접하지 않고 내부에 있으므로 내적 또는 형의 안정상태에 있음에 유의해야 한다.

(3) 그림(c)

반력수 $n = 4$, 부재수 $s = 12$, 강절수 $r = 0$, 절점수 $k = 8$

구조물의 판별식 : $m = n + s + r - 2k = 4 + 12 + 0 - 2 \times 8 = 0$

위의 판별식으로는 $m = 0$ 이므로 안정이며 정정구조물이다.

한편 트러스의 내적 안정에 필요한 조건은 다음 조건을 만족시켜야 한다.

$$s \geq 2k - 3$$

그러나 그림(c)는 $s < 2k - 3 = 2 \times 8 - 3 = 13$이므로 내적 불안정구조로 판정된다.

이상의 검토결과, 그림(c)의 트러스는 외력에 대하여 그림과 같이 대변형(大變形)이 생기므로 내적 또는 형의 불안정상태에 있는 구조물이다. 이는 시각적으로 볼 때 사각형 $EFGH$의 절점이 모두 힌지로 외부에 접하고 있기 때문이다.

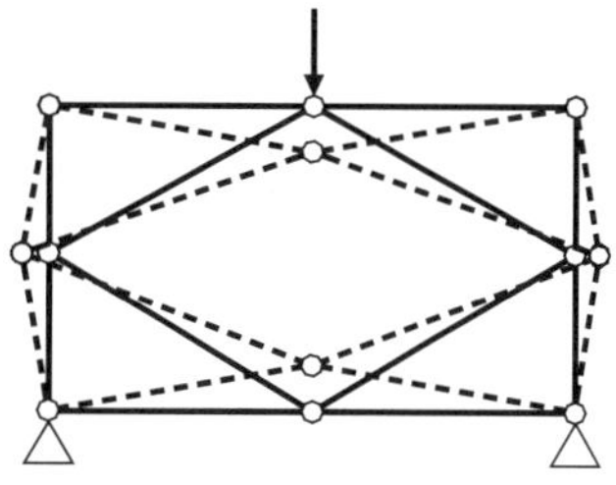

∴ 불안정구조물

(4) 그림(d)

반력수 $n = 3$, 부재수 $s = 9$, 강절수 $r = 0$, 절점수 $k = 6$

구조물의 판별식 : $m = n + s + r - 2k = 3 + 9 + 0 - 2 \times 6 = 0$

위의 판별식으로는 $m = 0$ 이므로 안정이며 정정구조물이다.

한편 트러스의 내적 안정에 필요한 조건은 다음 조건을 만족시켜야 한다.

$$s \geq 2k - 3$$

그림(c)에서 $s = 2k - 3 = 2 \times 6 - 3 = 9$이므로 내적 안정구조물로 판정된다.

∴ 정정구조물

◆ ◆ ◆ ◆ ◆ ◆

◈ 연 습 문 제 ◈

8.1.1 다음과 같은 트러스의 안정·불안정 및 정정·부정정을 판별하여라.

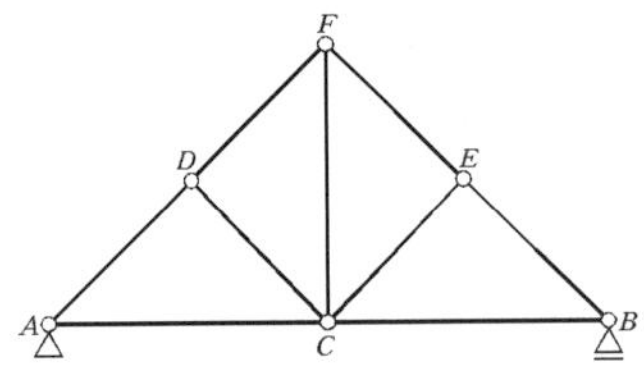

그림(a)

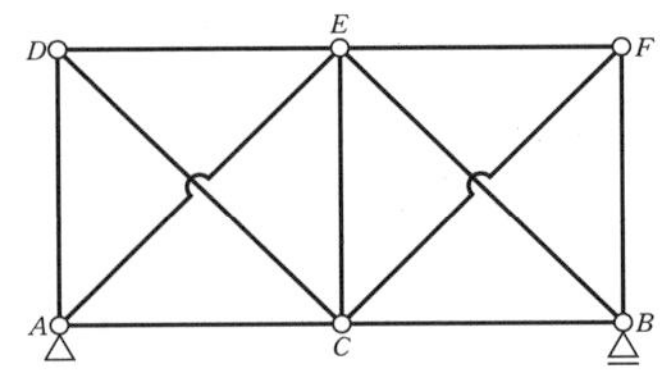

그림(b)

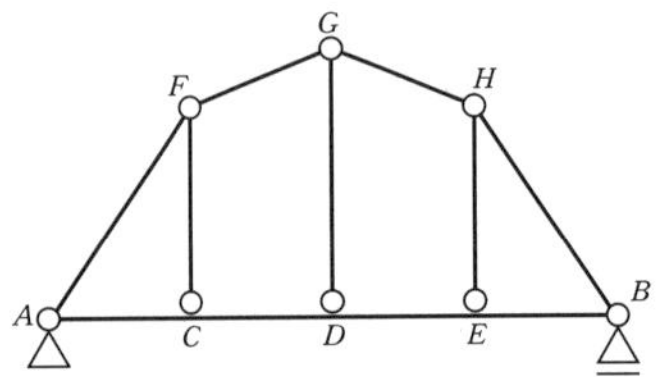

그림(c)

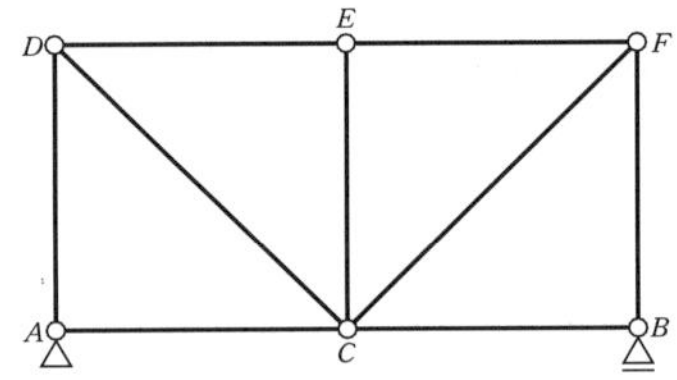

그림(d)

8.2 트러스 해법상의 가정

트러스 계산의 편의성과 함께 축방향력만이 작용하는 이상적인 트러스의 부재력을 구하기 위해서는 다음과 같은 가정이 필요하다.

① 트러스를 구성하는 각 부재의 절점은 마찰이 전혀 없이 회전이 자유로운 완전한 활절(滑節, Hinge Joint , Pin Joint)로 생각한다.
그런데 실제 트러스의 절점은 용접 및 긴결재의 접합이나 접합부의 마찰 등으로 인하여 사실상 강절이거나 이상적인 활절이 아니기 때문에 이 가정과는 맞지 않는다. 그러나 정밀해석 결과, 실제 절점과 활절로 가정한 절점으로 인한 부재력의 차이는 실용상 지장이 없을 정도로 작으므로 특별한 경우를 제외하고는 활절로 가정하여도 무방하다.

② 모든 부재는 직선이고, 각 부재축은 양단의 절점을 연결한 선과 일치한다.
만일 부재가 직선이 아니라면 축방향력에 의하여 부재에는 휨모멘트가 발생할 것이다. 또한 만약 양단의 절점을 연결한 선이 부재축과 일치하지 않는다면 편심 축방향력으로 인하여 부재에는 휨모멘트가 일어날 것이다.

③ 모든 하중은 절점에만 집중하여 작용한다.
만일 하중이 부재 중간에 작용하면 부재에는 휨모멘트와 전단력이 일어날 것이다. 실제 트러스를 구성하는 각 부재의 자중이나 부재 중간에 작용하는 경미한 하중은 트러스에 작용하는 하중에 비하여 극히 작으므로 무시하거나 그 부재의 인접 절점에 작용하는 집중하중으로 바꾸어 생각해도 큰 오차는 생기지 않는다.

④ 평면트러스의 경우, 부재와 작용하는 하중은 같은 평면 내에 있다.

⑤ 트러스의 변형은 미소하여 힘의 평형은 트러스의 변형 전의 형상과 하중위치에 대하여 생각한다.
즉 하중이 작용하여도 절점의 위치는 변하지 않은 것으로 가정한다.

⑥ 부재의 응력은 그 재료의 탄성한도 이내에 있다.

상기와 같은 가정으로 인하여 트러스의 모든 부재는 축방향력만이 작용하게 되는데, 이렇게 계산되는 응력을 **1차응력**(1次應力, Primary Stress)이라고 한다.

그러나 실제 트러스는 위와 같은 가정이 맞지 않기 때문에 부재에 휨모멘트가 일어나는데 이러한 휨응력을 트러스의 **2차응력**(2次應力, Secondary Stress)이라고 한다.

경우에 따라서 2차응력이 상당히 커서 이에 대한 고려가 필요한 경우에는 1차응력과 함께 2차응력도 검토되어야 한다.

◈ 연 습 문 제 ◈

8.2.1 트러스 해석을 위한 가정 중 틀린 것은?

① 각 부재는 마찰 없는 핀(Pin)으로 연결되어 있다.
② 부재의 응력은 탄성한계 내에 있다.
③ 부재는 직선재이다.
④ 내력은 전단력과 축력을 함께 고려한다.
⑤ 하중은 절점에만 작용한다.

8.2.2 트러스 해법상의 가정 중 틀린 것은?

① 하중은 격점에만 작용한다.
② 변형은 미소하므로 무시한다.
③ 부재는 직선재와 곡선재를 혼용하여 사용할 수 있다.
④ 전단력과 휨모멘트는 작용하지 않는다.

8.2.3 트러스 구조물 해석시 가정사항이다. 틀린 것은?

① 부재는 마찰이 없고 힌지(Hinge)로 연결된다.
② 축방향력은 작용하나 휨모멘트와 전단력은 무시한다.
③ 부재응력은 탄성한도 내에 성립한다.
④ 하중은 절점에 집중하여 작용한다.
⑤ 부재의 변형과 함께 2차응력은 반드시 고려한다.

8.3 평면트러스의 해법

평면트러스의 부재력을 구하기 위해서는 먼저 트러스를 지지하는 반력을 산정해야 한다. 물론 캔틸레버 트러스의 경우에는 지점의 반력산정을 생략하고 부재력을 구할 수 있다. 정정트러스의 반력계산은 다른 정정구조물의 반력계산과 마찬가지로 힘의 정역학적 평형조건식을 적용하여 구하면 된다.

정정트러스의 해법은 여러 가지 수식해법과 도해법이 있으나, 본 교재에서는 도해법을 생략하고, 수식해법 중 가장 기본적인 방법인 절점법(節點法, Method of joints)과 단면법(斷面法, Method of sections) 그리고 복합트러스의 해법에서 사용되는 부재치환법(部材置換法, Method of substitute member)에 대하여 살펴보도록 한다.

8.3.1 절점법

절점법(節點法, Method of Joints)은 트러스의 한 절점에 작용하는 외력(하중과 반력)과 2개 이하의 미지의 부재력을 가지고 힘의 평형조건식 $\Sigma V=0$, $\Sigma H=0$ 을 사용하여 트러스의 부재력을 구하는 방법이다. 일명 **격점법**(格點法)이라고도 한다.

절점법의 수식해법 순서를 정리하면 다음과 같다.

① 트러스 전체를 하나의 보로 생각하고 힘의 정역학적 평형조건식을 사용하여 지점의 반력을 구한다. 물론 캔틸레버 트러스는 지점의 반력을 구하지 않고도 부재력을 구할 수 있으므로 이 과정을 생략할 수 있다.

② 2개 이하의 미지의 부재력이 있는 절점에서부터 미지의 부재력을 포함하여 절점을 절단시킨다. 절점법에서는 조건식이 $\Sigma V=0$ 과 $\Sigma H=0$, 2개뿐이므로, 미지의 부재력이 2개 이하인 절점부터 순차적으로 선택하여 계산해야함에 주의해야 한다.

[표8.3.1] 부재력의 표시방법

부 재	외력 P의 작용방향	외력 P와 부재력 N의 평형상태	부재력 N의 표시방법	부호
인장재		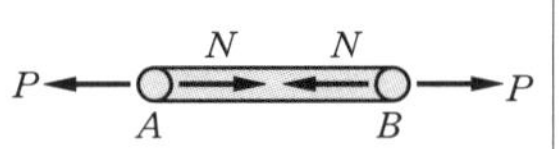		(+)
압축재		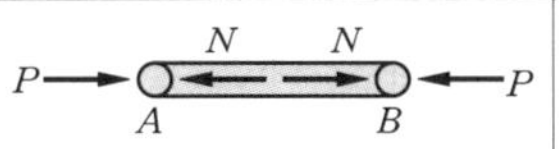		(−)

③ 절점에서 절단된 미지의 부재력을 가정하되, 가정하는 방향은 인장력(절점을 끌어당기는 힘)으로 한다. [표8.3.1]은 부재력의 표시방법을 나타내고 있다. [표8.3.1]에서 외력 P와 평형상태를 유지하기 위해서 부재력 N은 외력 P와 반대방향으로 작용해야 하기 때문이다. 간단하게 생각하는 방법은 절점만을 생각할 때 부재력이 절점을 끌어당기는 즉 절점으로부터 멀리 떨어지는 방향이면 인장(+)이고, 절점을 미는 즉 절점으로 가까워지는 방향이면 압축(−)으로 생각하면 된다.

④ 절점에 작용하는 외력(하중과 반력)과 미지의 부재력을 가지고 힘의 평형조건식 $\Sigma V=0$ 과 $\Sigma H=0$ 을 적용하여 부재력을 구한다. 계산과정에서 외력(하중과 반력)과 미지 부재력의 힘의 부호는 수학의 직교좌표의 부호와 같게 계산한다. 즉 오른쪽이나 위쪽으로 향하는 힘은 양(+)으로, 왼쪽이나 아래쪽으로 향하는 힘은 음(−)으로 표기한다.

⑤ 이때 계산된 결과의 부호가 양(+)이면 가정이 맞으므로 인장력이고, 음(−)이면 가정이 반대이므로 압축력으로 판정한다.

⑥ 이후 미지의 부재력이 2개 이하인 절점을 대상으로 순차적으로 상기와 같은 방식으로 계산을 반복 수행한다. 이때 계산중에 발생하는 오류는 이후의 부재력 계산에 영향을 미치므로 특히 주의하여야 한다.

절점법은 순차적인 계산과정이 필요하고 뒤의 계산이 앞의 계산에 영향을 받기 때문에 절점수가 적은 트러스나 상용트러스의 부재력 계산 및 공식을 만드는데 주로 사용된다.

◆ ◆ ◆ ◆ ◆ ◆

예제 8.3.1

다음과 같은 트러스의 부재력을 절점법으로 구하여라.

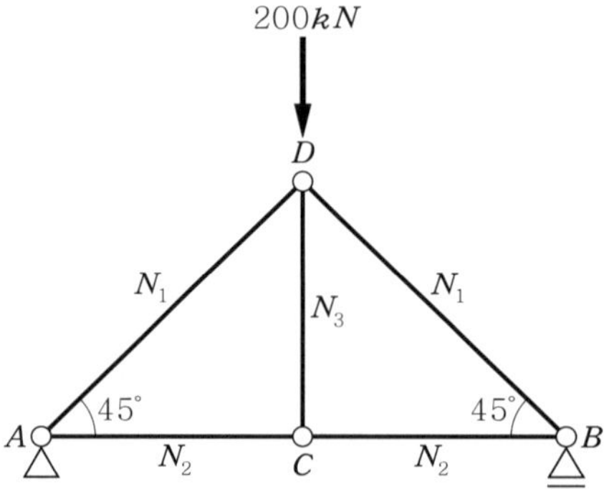

풀이

(1) 반력

반력 R_A 및 R_B를 구하면 대칭하중이므로

$$R_A = R_B = \frac{\text{전체하중}}{2} = \frac{200}{2} = 100\,kN\,(\uparrow)$$

(2) 부재력

① 그림(a)와 같이 절점 A 를 중심으로 2개의 부재 N_1, N_2 를 절단하고, N_1, N_2 를 인장력으로 가정한다.

② 그림(b)와 같이 부재 N_1 의 부재력을 분해한다.

③ 절점 A 에서

$$\Sigma V = 0 \quad : \quad N_1 \sin 45^\circ + 100 = 0$$

$$\therefore \; N_1 = -\frac{100}{\sin 45^\circ} = -\frac{100}{1/\sqrt{2}} = -100\sqrt{2}\,kN \quad (\text{압축})$$

※ 계산된 결과값이 음(−)이므로 가정된 방향과 반대인 압축력이 된다.

④ 절점 A 에서

$$\Sigma H = 0 \quad : \quad N_1 \cos 45^\circ + N_2 = 0$$

$$\therefore \; N_2 = -N_1 \cos 45^\circ = -(-100\sqrt{2}) \times \frac{1}{\sqrt{2}} = 100\,kN \quad (\text{인장})$$

※ 계산된 결과값이 양(+)이므로 가정한 방향과 일치하는 인장력이다.

⑤ 절점 C 에서

$$\Sigma V = 0 \quad : \quad N_3 = 0 \qquad\qquad \therefore \; N_3 = 0$$

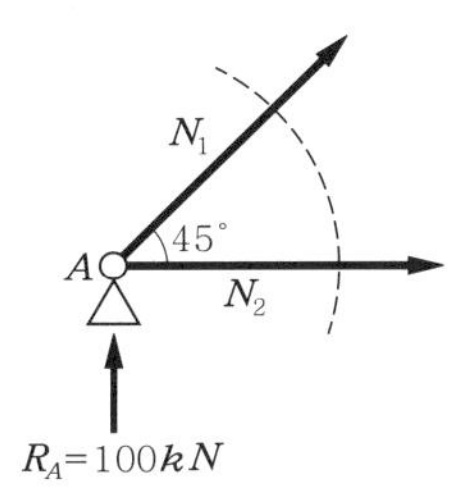

그림(a)

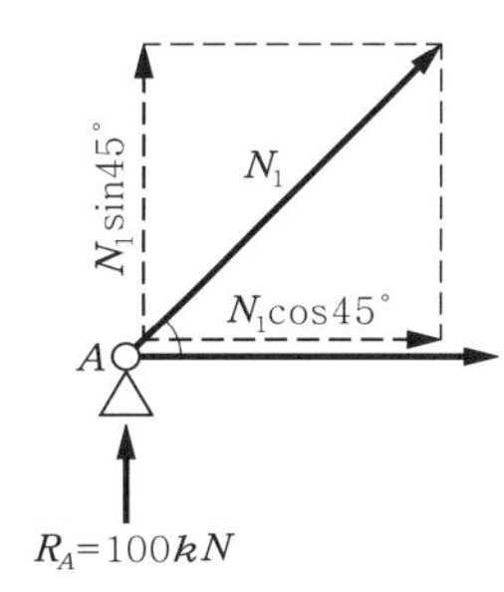

그림(b)

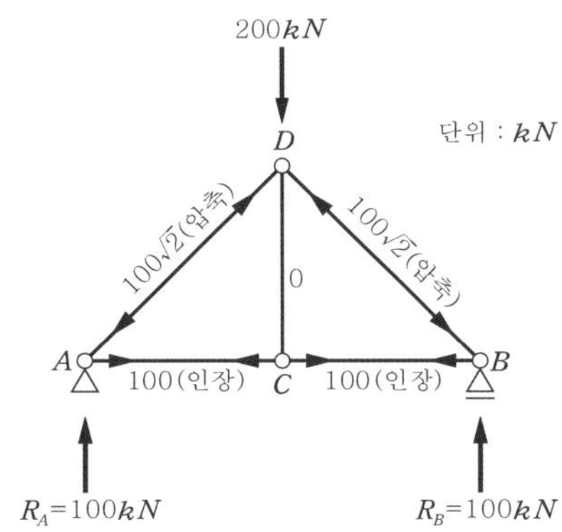

그림(c)

예제 8.3.2

다음과 같은 트러스의 부재력을 절점법을 이용하여 구하여라.

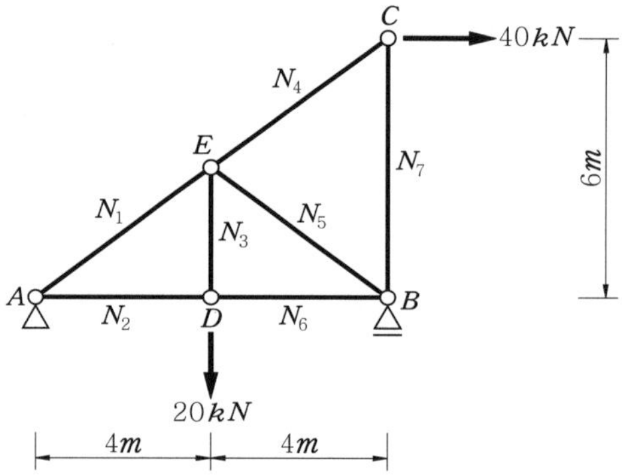

풀이

(1) 반력

트러스 전체에서 평형방정식을 적용하여 반력 R_A, R_B, H_A를 다음과 같이 구할 수 있다.

$\Sigma M_A = 0 \quad : \quad 20 \times 4 + 40 \times 6 - 8R_B = 0 \qquad \therefore \; R_B = 40\,kN \; (\uparrow)$

$\Sigma V = 0 \quad : \quad R_A + R_B - 20 = 0 \qquad \therefore \; R_A = -20\,kN \; (\downarrow)$

$\Sigma H = 0 \quad : \quad H_A + 40 = 0 \qquad \therefore \; H_A = -40\,kN \; (\leftarrow)$

(2) 부재력

① 그림(a)와 같이 절점 A를 중심으로 각 부재들을 인장으로 가정한다.

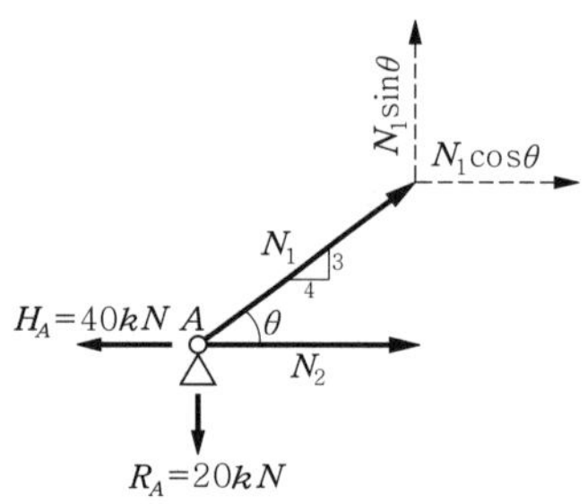

그림(a)

$\Sigma V = 0 \quad : \quad N_1 \sin\theta - 20 = 0$

$\therefore \; N_1 = 33.33\,kN$ (인장)

$\Sigma H = 0 \quad : \quad N_1 \cos\theta + N_2 - 40 = 0$

$\therefore \; N_2 = 13.33\,kN$ (인장)

② 그림(b)와 같이 절점 D를 중심으로 각 부재들을 인장으로 가정한다.

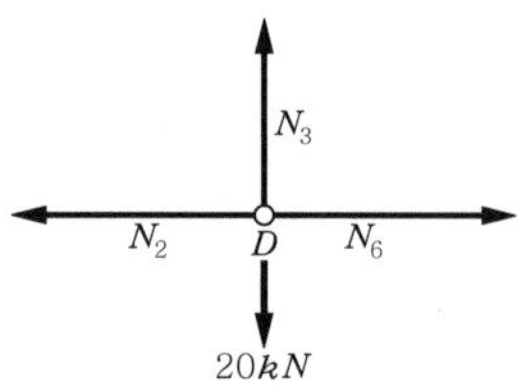

그림(b)

$\Sigma V = 0 \quad : \quad N_3 - 20 = 0$

$\therefore \; N_3 = 20\,kN$ (인장)

$\Sigma H = 0 \quad : \quad -N_2 + N_6 = 0$

$\therefore \; N_6 = 13.33\,kN$ (인장)

③ 그림(c)와 같이 절점 B를 중심으로 각 부재들을 인장으로 가정한다.

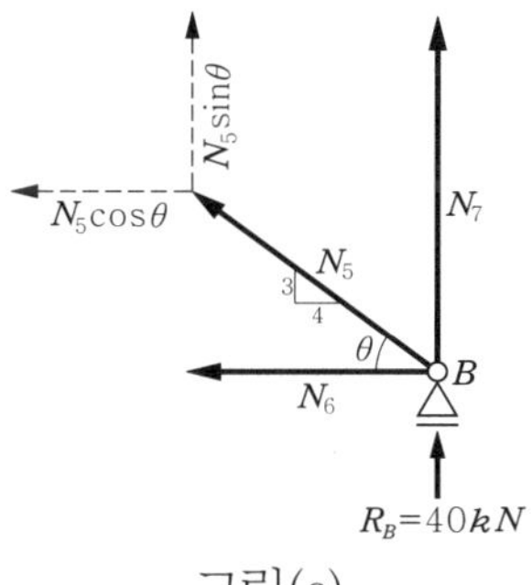

$$\Sigma H = 0 \;:\; -N_6 - N_5\cos\theta = 0$$

$$\therefore\; N_5 = -16.67\,kN \text{ (압축)}$$

$$\Sigma V = 0 \;:\; N_5\sin\theta + N_7 + 40 = 0$$

$$\therefore\; N_7 = -30\,kN \text{ (압축)}$$

그림(c)

④ 그림(d)와 같이 절점 C를 중심으로 각 부재들을 인장으로 가정한다.

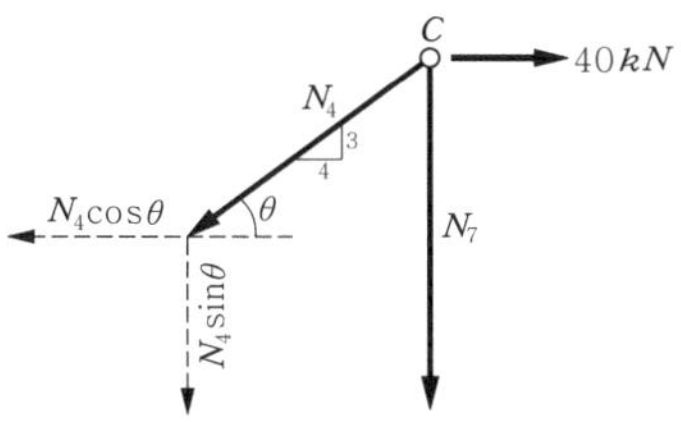

$$\Sigma H = 0 \;:\; -N_4\cos\theta + 40 = 0$$

$$\therefore\; N_4 = 50\,kN \text{ (인장)}$$

그림(d)

⑤ 트러스 전체의 부재력은 그림(e)와 같다.

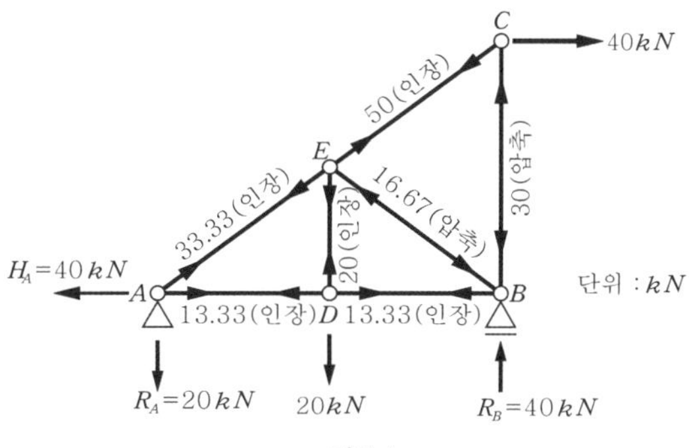

그림(e)

예제 8.3.3

다음와 같은 트러스의 부재력을 절점법을 이용하여 구하여라.

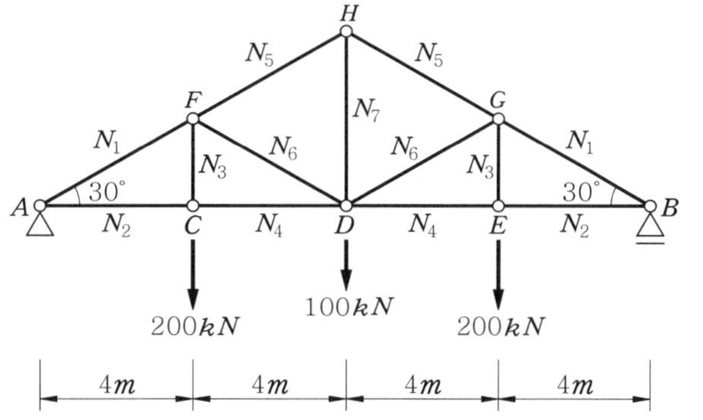

풀이

(1) 반력

반력 R_A 및 R_B 를 구하면 대칭하중이므로

$$R_A = R_B = \frac{\text{전체하중}}{2} = \frac{500}{2} = 250\,kN\,(\uparrow)$$

(2) 부재력

① 그림(a)와 같이 절점 A 를 중심으로 2개의 부재 N_1, N_2 를 절단하고 N_1, N_2 를 인장력으로 가정한다.

② 부재력 N_1 을 수직분력으로 분해한다.

③ 절점 A 에서

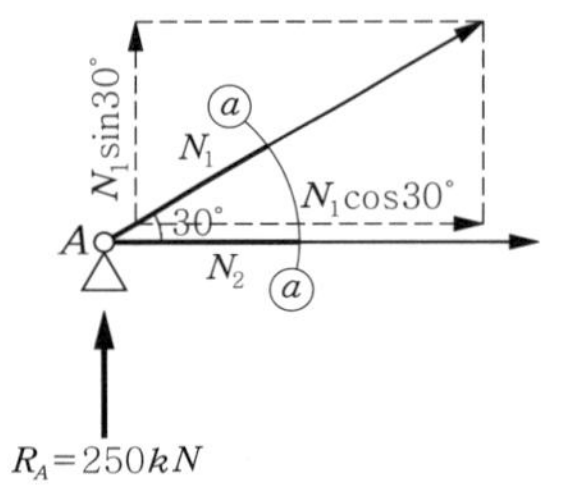

그림(a)

$$\Sigma V=0 \;:\; N_1\sin30^\circ + 250 = 0$$

$$\therefore\; N_1 = -\frac{250}{\sin30^\circ} = -500\,kN \;\text{(압축)}$$

$$\Sigma H=0 \;:\; -N_1\cos30^\circ + N_2 = 0$$

$$\therefore\; N_2 = N_1\cos30^\circ = 433\,kN \;\text{(인장)}$$

④ 그림(b)에서 절점 C 를 중심으로 ⓑ~ⓑ를 따라 절단하고, 미지의 N_3 를 인장력으로 가정하면,

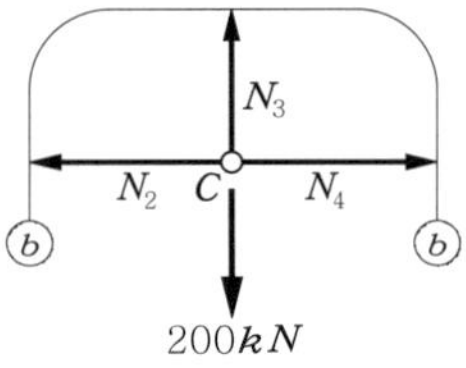

그림(b)

$$\Sigma V=0 \;:\; N_3 - 200 = 0$$

$$\therefore\; N_3 = 200\,kN \;\text{(인장)}$$

$$\Sigma H=0 \;:\; N_4 - N_2 = 0$$

$$\therefore\; N_4 = N_2 = 433\,kN \;\text{(인장)}$$

⑤ 그림(c)에서 절점 F 를 중심으로 ⓒ~ⓒ 선을 따라 절단하고, N_5 와 N_6 의 부재력을 분해하면

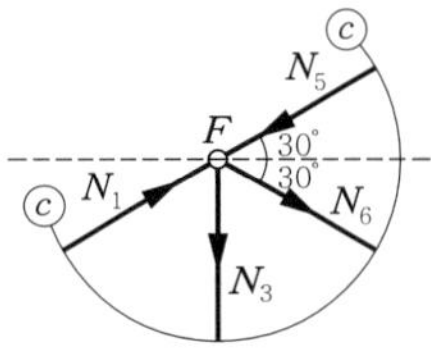

그림(c)

$\Sigma V=0$

$: N_1\sin30^\circ - N_3 - N_6\sin30^\circ - N_5\sin30^\circ = 0$

$N_6 + N_5 = 100$ ························ (a)

$\Sigma H=0$

$: N_1\cos30^\circ + N_6\cos30^\circ - N_5\cos30^\circ = 0$

$N_6 - N_5 = -500$ ························ (b)

식(a)과 (b)를 연립방정식에 의해 풀면

$\therefore\; N_5 = 300\,kN$ (인장),

$N_6 = -200\,kN$ (압축)

⑥ 그림(d)에서 절점H를 기준으로 N_5와 N_7를 분해한다. 계산된 결과 값에 의해 N_5은 압축력을 미지의 N_7은 인장력으로 가정한다.

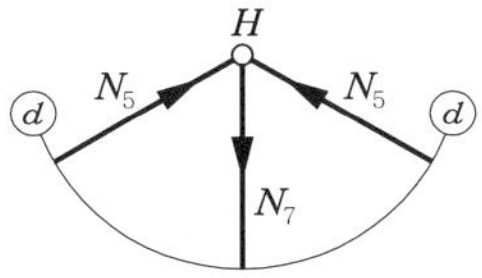

그림(d)

$$\Sigma V = 0 \ : \ 2N_5 \sin 30^\circ - N_7 = 0$$

$$\therefore \ N_7 = 300kN \ (\text{인장})$$

예제 8.3.4

다음과 같은 트러스의 부재력을 절점법을 이용하여 구하여라.

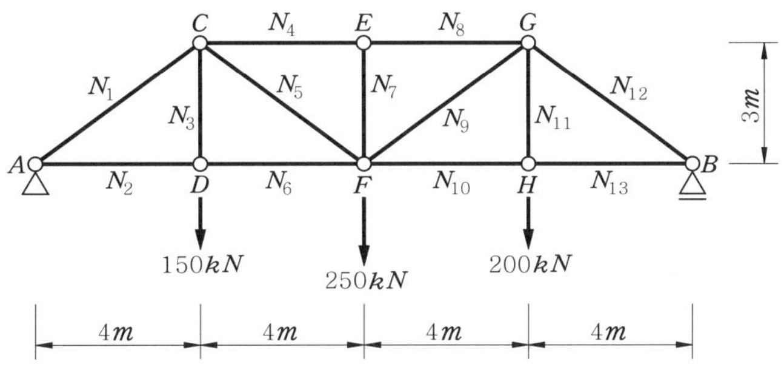

풀이

(1) 반력

트러스 전체에서 평형방정식을 적용하여 반력 R_A와 R_B를 다음과 같이 구할 수 있다.

$$\Sigma M_A = 0 \ : \ 150 \times 4 + 250 \times 8 + 200 \times 12 - R_B \times 16 = 0$$

$$\therefore \ R_B = 312.5kN \ (\uparrow)$$

$$\Sigma V = 0 \ : \ 312.5 - 150 - 250 - 200 + R_A = 0$$

$$\therefore \ R_A = 287.5kN \ (\uparrow)$$

(2) 부재력

① 절점A를 중심으로 N_1과 N_2를 분해하고 각 부재들을 인장으로 가정한다. (그림(a))

$$\Sigma V = 0 \ : \ N_1 \sin\theta + 287.5 = 0 \qquad \therefore \ N_1 = -479.17kN \ (\text{압축})$$

$$\Sigma H = 0 \ : \ N_1 \cos\theta + N_2 = 0 \qquad \therefore \ N_2 = -N_1 \cos\theta = 383.33kN \ (\text{인장})$$

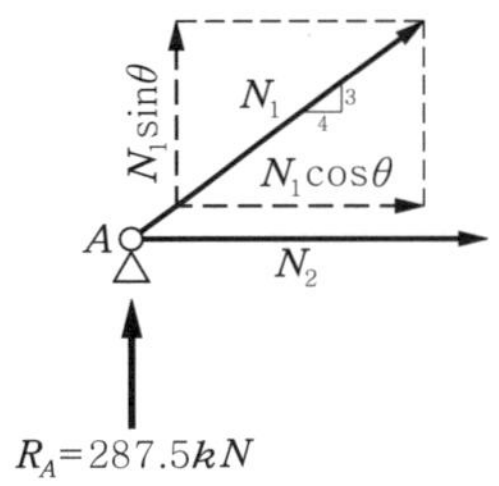

그림(a)

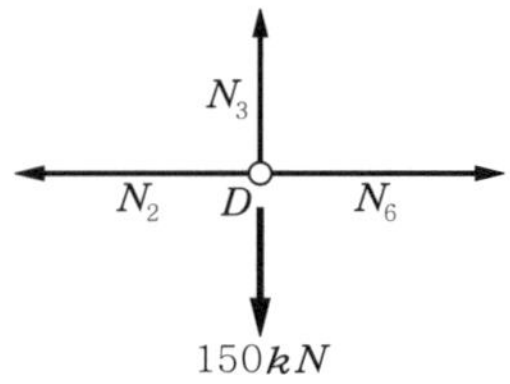

그림(b)

② 절점D에서 N_3, N_6을 인장으로 가정한다. (그림(b))

$\Sigma V=0$: $N_3-150=0$ $\quad\therefore$ $N_3=150kN$ (인장)

$\Sigma H=0$: $-N_2+N_6=0$ $\quad\therefore$ $N_6=383.33kN$ (인장)

③ 절점C를 중심으로 연결된 부재들의 부재력을 그림(c)에 표기된 방향대로 가정하고 힘을 분해하면

$\Sigma V=0$: $-N_1\sin\theta-N_3-N_5\sin\theta=0$

$\therefore$ $N_5=229.17kN$ (인장)

$\Sigma H=0$: $-N_1\cos\theta+N_5\cos\theta+N_4=0$

$\therefore$ $N_4=-566.67kN$ (압축)

④ 절점E를 중심으로 그림(d)와 같이 부재력 N_7, N_8을 인장으로 가정한다.

$\Sigma V=0$: $N_7=0$ $\quad\therefore$ $N_7=0$

$\Sigma H=0$: $-N_4+N_8=0$ $\quad\therefore$ $N_8=-566.67kN$ (압축)

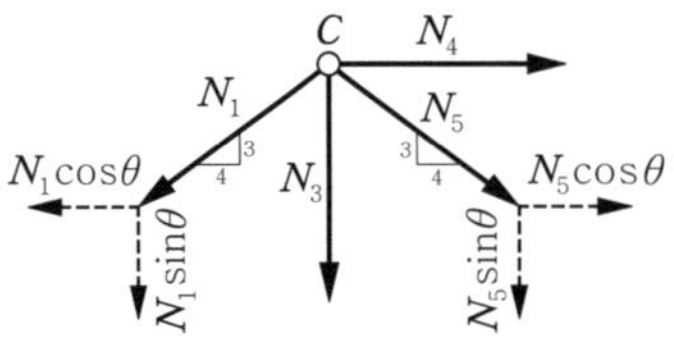

그림(c)

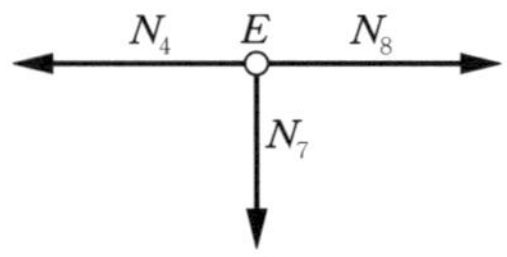

그림(d)

⑤ 그림(e)에서 부재 N_{12}와 N_{13}은 ①항과 같은 풀이 방법으로 계산한다.

$\Sigma V=0$: $N_{12}\sin\theta+312.5=0$ $\quad\therefore$ $N_{12}=-520.83kN$ (압축)

$\Sigma H=0$: $-N_{12}\cos\theta-N_{13}=0$ $\quad\therefore$ $N_{13}=416.67kN$ (인장)

⑥ 절점H를 기준으로 연결된 부재력 N_{10}과 N_{11}은 ②항과 같은 풀이과정을 통해 부재력을 구할 수 있다.

$\Sigma V=0$: $N_{11}-200=0$ $\quad\therefore$ $N_{11}=200\,kN$ (인장)

$$\Sigma H=0 \;:\; -N_{10}+N_{13}=0 \qquad \therefore\; N_{10}=416.67\,kN \text{ (인장)}$$

⑦ 부재 N_9 는 앞에 ④~⑥항에서 계산된 결과값을 토대로 그림(f)에 표기하고 미지의 N_9 는 인장으로 가정하면

$$\Sigma V=0 \;:\; -N_9\sin\theta - N_{11} - N_{12}\sin\theta = 0$$

$$\therefore\; N_9 = 187.5\,kN \text{ (인장)}$$

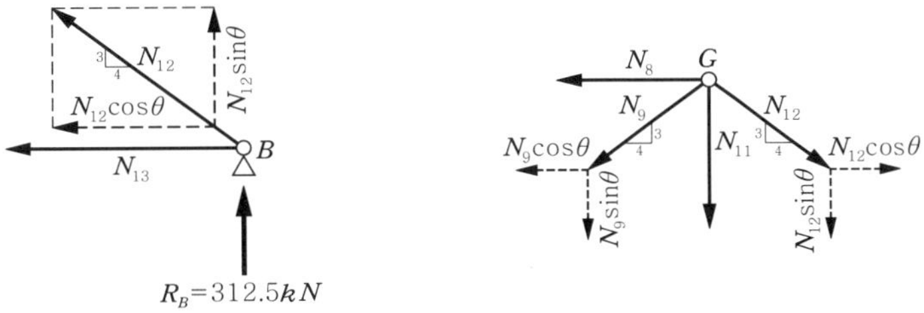

그림(e) 그림(f)

⑧ 트러스 전체의 부재력 값은 그림(g)와 같다.

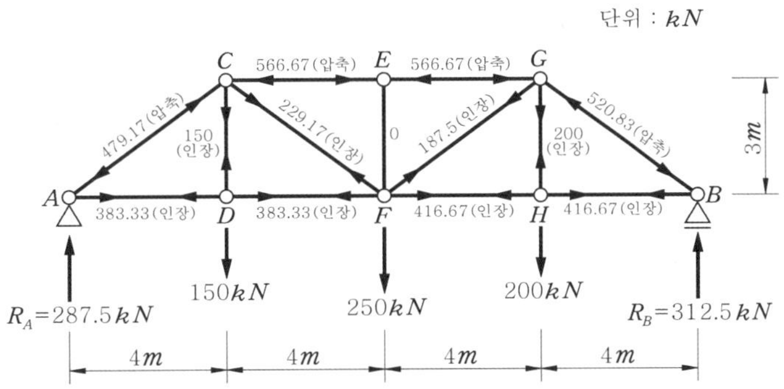

그림(g)

◆ ◆ ◆ ◆ ◆ ◆

8.3.2 단면법

단면법(斷面法, Method of Sections)은 트러스를 임의의 가상단면으로 절단하여 이 가상단면으로 잘려지는 부재들의 부재력과 그 단면의 어느 한 쪽의 외력(하중과 반력)에서 힘의 평형조건식($\Sigma V=0$, $\Sigma H=0$, $\Sigma M=0$)을 만족해야 한다는 것을 이용하여 절단된 부재의 부재력을 구하는 방법으로, **절단법**(切斷法)이라고도 한다. 단면법은 해법의 편의상 **모멘트법**(Method of Moment)과 **전단력법**(Method of Shear)으로 나누기도 한다. 모멘트법은 절단된 가상단면상의 부재력과 어느 한 쪽의 외력에 대하여 $\Sigma M=0$ 만을 이용하여 부재력을 구하는 방법으로, 주로 현재의 부재력을 구하는데 사용된다. 한편 전단력법은 절단된 가상단면

상의 부재력과 어느 한 쪽의 외력에 대하여 $\Sigma V=0$, $\Sigma H=0$을 이용하여 부재력을 구하는 방법으로, 주로 수직재 및 경사재의 부재력을 구하는데 사용된다. 단면법의 수식해법 순서를 정리하면 다음과 같다.

① 트러스 전체를 하나의 보로 생각하고 힘의 정역학적 평형조건식을 사용하여 지점의 반력을 구한다. 물론 캔틸레버 트러스는 지점의 반력을 구하지 않고도 부재력을 구할 수 있으므로 이 과정을 생략할 수 있다.

② 부재력을 구하고자 하는 부재를 포함하여 미지의 부재가 3개 이하가 되도록 가상단면을 절단하여 전체 트러스를 두 개의 구조체로 나눈다.
단면법에서는 조건식이 3개뿐이므로, 미지의 부재력이 3개 이하가 되도록 절단하여야 함에 주의해야 한다.

③ 절점법에서와 마찬가지로 가상단면에 의하여 절단된 부재에 대한 미지의 부재력을 가정하되, 가정하는 방향은 인장력(절점을 끌어당기는 힘)으로 한다.

④ 분리된 2개의 구조체 중 어느 한 쪽의 외력(하중과 반력)과 미지의 부재력에 대해 힘의 평형조건식($\Sigma V=0$, $\Sigma H=0$, $\Sigma M=0$)을 적용하여 부재력을 구한다. 계산과정에서 외력(하중과 반력)과 미지 부재력의 힘의 부호는 수학의 직교좌표의 부호와 같게 계산한다. 즉 오른쪽이나 위쪽으로 향하는 힘은 양(+)으로, 왼쪽이나 아래쪽으로 향하는 힘은 음(−)으로 표기한다.

⑤ 이때 계산된 결과의 부호가 양(+)이면 가정이 맞으므로 인장력이고, 음(−)이면 가정이 반대이므로 압축력으로 판정한다.

절점법은 미지의 부재력이 2개 이하인 절점부터 순차적으로 풀어야 하는데 비하여 단면법은 임의 단면의 임의 부재력을 바로 구할 수 있다. 또한 절점법은 계산과정에서 어느 한 부재의 계산착오가 이후 계산되는 부재에 영향을 미치는데 비하여 단면법은 앞의 계산과 뒤의 계산이 별개이므로 앞의 계산결과가 뒤의 계산결과에 영향을 주지 않는다.

◆ ◆ ◆ ◆ ◆ ◆

예제 8.3.5

다음 그림과 같은 트러스의 부재력 U_1, D_1, L_1을 절단법으로 구하여라.

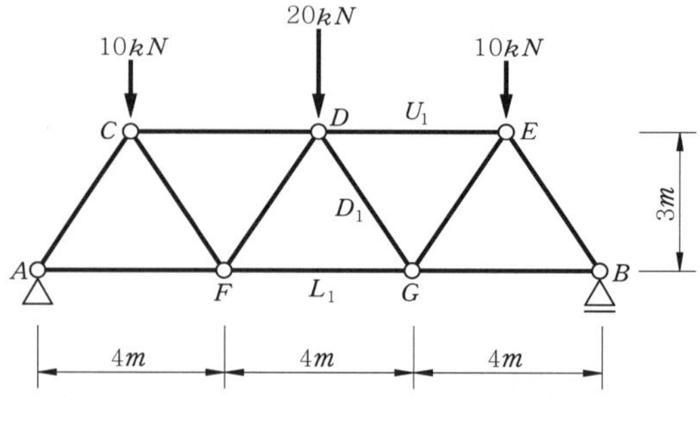

풀이

(1) 반력

$$R_A = R_B = \frac{\text{전체하중}}{2} = \frac{40kN}{2} \qquad \therefore R_A = R_B = 20kN\ (\uparrow)$$

(2) 부재력

① 그림(a)와 같이 절단 후 부재력 U_1, D_1, L_1 을 인장으로 가정하고 모멘트법으로 풀이한다.

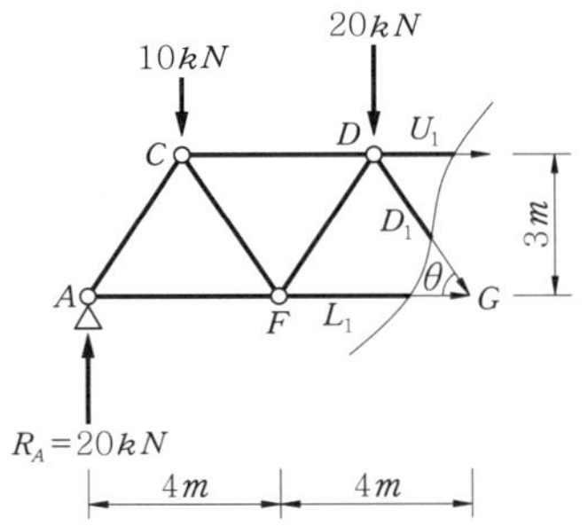

그림(a)

$$\Sigma M_G = 0$$

$$: 20\times 8m - 10\times 6m - 20\times 2m + U_1\times 3 = 0$$

$$\therefore\ U_1 = -20kN\ (\text{압축})$$

② 부재력 L_1 을 구하기 위해 절점D를 중심으로 모멘트법을 적용한다.

$$\Sigma M_D = 0\ :\ 20\times 6m - 10\times 4m - L_1\times 3 = 0$$

$$\therefore\ L_1 = 26.7kN\ (\text{인장})$$

③ 부재력 D_1 를 구하기 위해 D_1 을 인장력으로 가정하고 수평과 수직방향으로 힘을 분해하여 전단력법으로 풀이한다.

$$\Sigma V = 0\ :\ 20 - 10 - 20 - D_1\times\sin\theta = 0$$

$$10 + D_1\times\frac{3}{\sqrt{13}} = 0 \qquad \therefore\ D_1 = -12kN\ (\text{압축})$$

예제 8.3.6

다음 그림과 같은 트러스에서 N_4, N_5, N_6 의 부재력을 절단법을 이용하여 구하여라.

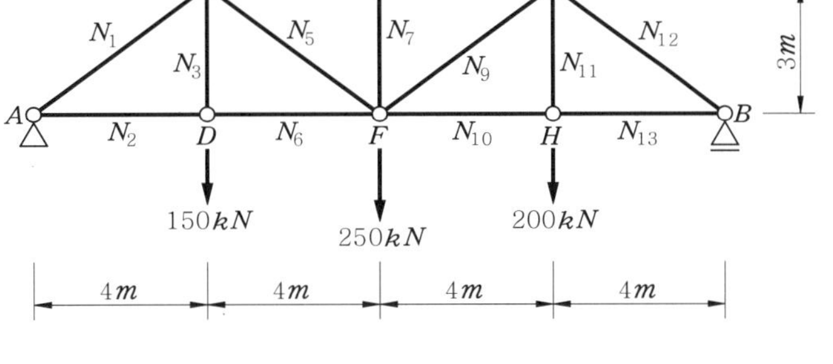

풀이

(1) 반력

예제 8.3.4와 같이 평형방정식으로 구할 수 있다.

$\therefore\ R_A = 287.5\,kN\ (\uparrow)$ $\qquad$ $\therefore\ R_B = 312.5\,kN\ (\uparrow)$

(2) 부재력

① 부재력을 구하기 위해 그림(a)와 같이 절단한 후 N_4, N_5, N_6 을 인장력으로 가정한다.

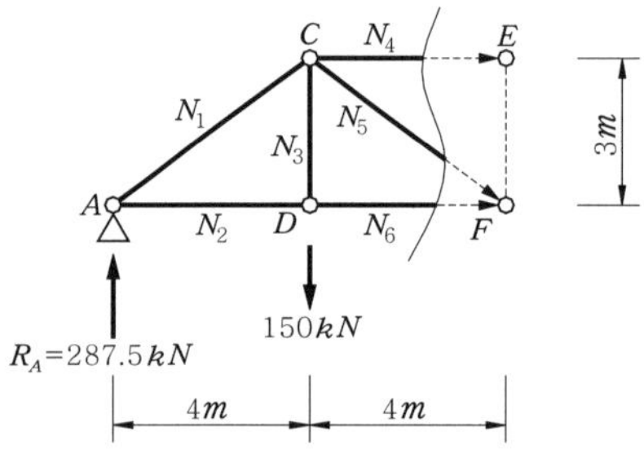

그림(a)

$$\Sigma M_F = 0\ :$$

$$287.5 \times 8m - 150 \times 4m + N_4 \times 3m = 0$$

$\therefore\ N_4 = -566.67\,kN$ (압축)

② N_6의 부재력을 구하기 위해 절점 C를 중심으로 모멘트법을 적용한다.

$$\Sigma M_C = 0\ :\ 287.5 \times 4m - N_6 \times 3m = 0$$

$\therefore\ N_6 = 383.33\,kN$ (인장)

③ N_5의 힘을 수직, 수평방향으로 분해하여 전단력법을 적용한다.

$$\Sigma V = 0\ :\ 287.5 - 150 - N_5 \sin\theta = 0$$

$\therefore\ N_5 = 229.17\,kN$ (인장)

예제 8.3.7

다음 그림과 같은 트러스의 부재력 U_1, D_1, L_1, V_1 을 절단법으로 구하여라.

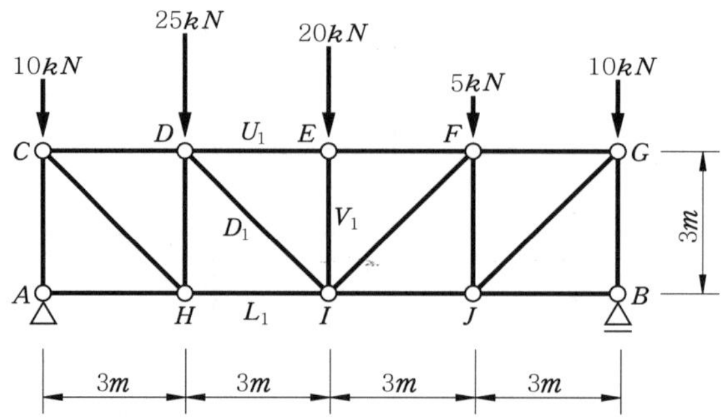

풀이

(1) 반력

$\Sigma M_A = 0$: $25\times 3 + 20\times 6 + 5\times 9 + 10\times 12 - 12\times R_B = 0$

$\therefore\ R_B = 30\,kN\ (\uparrow)$

$\Sigma V = 0$: $10 + 25 + 20 + 5 + 10 - R_A - R_B = 0$

$\therefore\ R_A = 40\,kN\ (\uparrow)$

(2) 부재력

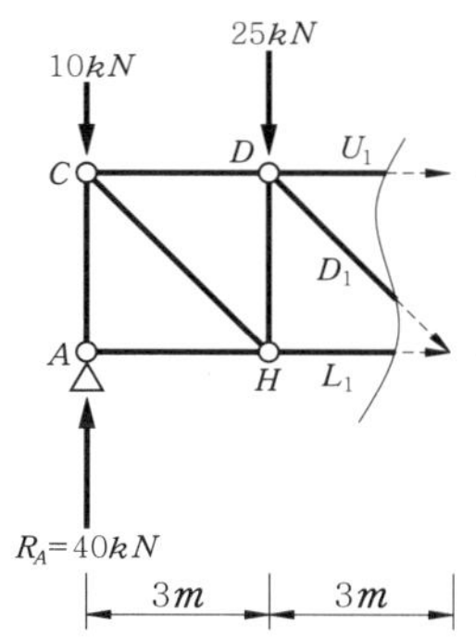

그림(a)

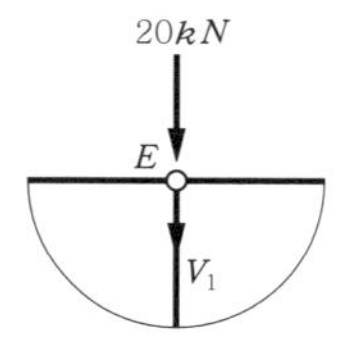

그림(b)

① 그림(a)와 같이 절단 후 부재력 U_1, D_1, L_1을 인장력으로 가정한다. 먼저, 부재력 U_1을 구하기 위해 다른 부재 D_1과 L_1의 연장선상의 교점인 I점에 모멘트의 중심을 잡고 $\Sigma M_I = 0$에서 U_1를 구한다.

$\Sigma M_I = 0$: $40\times 6 - 10\times 6 - 25\times 3 + U_1\times 3 = 0$

$\therefore\ U_1 = -35\,kN$ (압축)

② 절점 D을 중심으로 부재력 L_1을 구한다.

$\Sigma M_D = 0$: $40\times 3 - 10\times 3 - 3\times L_1 = 0$

$\therefore\ L_1 = 30\,kN$ (인장)

③ D_1의 힘을 수직, 수평방향으로 분해하여 전단력법을 적용한다.

$\Sigma V = 0$: $40 - 10 - 25 - D_1 \sin 45^\circ = 0$

$\therefore\ D_1 = 5\sqrt{2}\,kN$ (인장)

④ 그림(b)와 같이 V_1을 인장으로 가정하면

$\Sigma V = 0$: $20 + V_1 = 0$ $\qquad\therefore\ V_1 = -20\,kN$ (압축)

◆ ◆ ◆ ◆ ◆ ◆

8.3.3 부재치환법

정정트러스 중에는 [그림8.3.1]과 같이 거의 모든 절점에서 3개의 미지의 부재가 있기 때문에 절점법이나 단면법으로는 직접 부재력을 구할 수 없는 것들이 있다. 이러한 트러스를 **복합트러스**(Complex Truss)라고 한다.

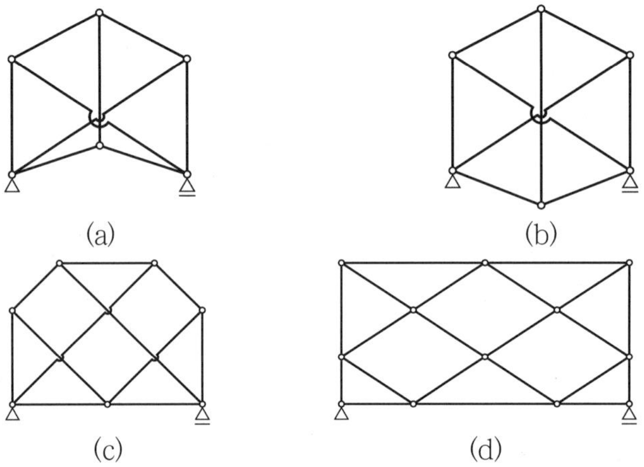

[그림8.3.1] 복합트러스

부재치환법(部材置換法, Method of Substitute Member)은 복합트러스의 실용적인 해법 중 하나로, 부재의 구성방법을 일부 변경하여 트러스의 부재력을 구한 후에 다시 부재구성을 원래상태로 되돌려서 변경에 의해 영향을 받은 부분을 수정하는 방법이다. 여기서는 [그림8.3.2](a)와 같은 복합트러스를 예로 들어 부재치환법을 설명하기로 한다.

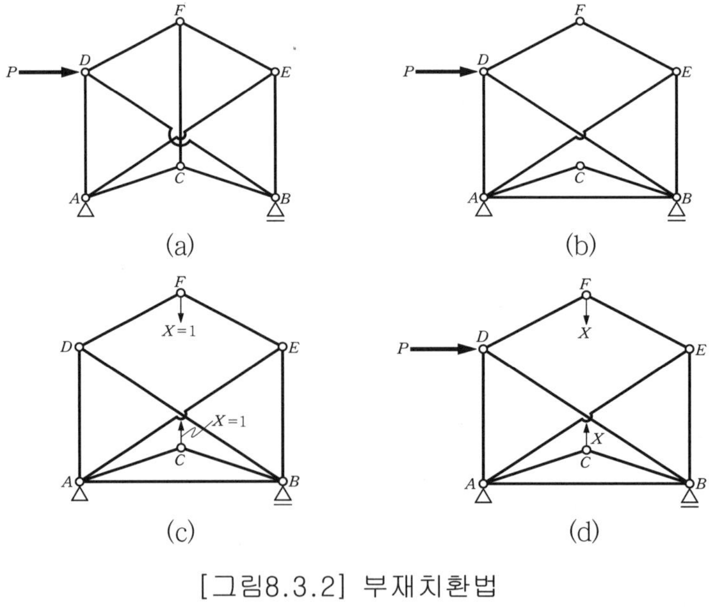

[그림8.3.2] 부재치환법

그림(a)의 트러스는 절점법이나 단면법을 사용하여 직접 부재력을 구할 수 없으므로, CF 부재를 제거하고 가상의 AB 부재를 삽입한 그림(b)와 같은 트러스를 먼저 생각한다. 여기서 새로이 삽입된 가상의 AB 부재를 **치환부재**(置換部材, Displaced Member)라고 한다. 그러면 주어진 하중에 대한 그림(b)의 트러스의 임의 부재의 부재력 N' 는 절점 F 로부터 계산을 시작하는 절점법을 통하여 모두 구할 수 있다. 한편 그림(c)와 같이 변경된 트러스의 절점 C 와 F 에 CF 부재의 부재축 방향으로 단위 인장력 $X=1$ 을 작용시켜 그림(c)의 트러스의 임의 부재의 부재력 $\overline{N}$ 을 구한다. 이때 만약 그림(c)의 트러스에서 절점 C 와 F 에 단위 인장력 대신에 임의의 인장력 X 를 작용시키면, 임의의 부재력은 $\overline{N}X$ 가 된다. 따라서 그림(d)와 같이 변경된 트러스에 주어진 하중과 절점 C 와 F 에 작용하는 임의의 인장력 X 를 동시에 작용시키면 트러스의 임의의 부재력 N 은 다음과 같이 된다.

$$N = N' + \overline{N}X \tag{8.3.1}$$

한편 상기 식(8.3.1)에 의하여 치환부재인 AB 부재의 부재력 N_{AB} 는 다음과 같이 나타낼 수 있다.

$$N_{AB} = N'_{AB} + \overline{N_{AB}}X \tag{8.3.2}$$

여기서 실질적으로 치환부재 AB 는 없는 부재이므로, AB 부재의 부재력 N_{AB} 가 '0' 이 되도록 임의의 인장력 X 의 값을 정하면 치환부재 AB 는 불필요하게 된다. 따라서 그림(d)의 트러스에서 치환부재 AB 를 제거하면, 그림(a)의 실제 트러스에서 CF 부재 대신에 이 부재가 트러스의 다른 부분에 미치는 영향을 힘 X 로 바꾸어 놓은 것이므로, 그림(a)의 실제 트러스와 같다. 그러므로 식(8.3.2)에서 $N_{AB}=0$ 으로 놓아 구한 X 의 값은 CF 부재의 부재력 N_{CF} 가 된다.

$$\begin{aligned} N_{AB} &= N'_{AB} + \overline{N_{AB}}X = 0 \\ \therefore\ X &= N_{CF} = -\frac{N'_{AB}}{\overline{N_{AB}}} \end{aligned} \tag{8.3.3}$$

결국 상기 식(8.3.3)에서 X 값이 구해지면 식(8.3.1)에 의하여 주어진 실제 트러스의 모든 부재력을 구할 수 있다.

◆ ◆ ◆ ◆ ◆ ◆

예제 8.3.8

다음 그림과 같은 복합트러스의 부재력을 구하여라.

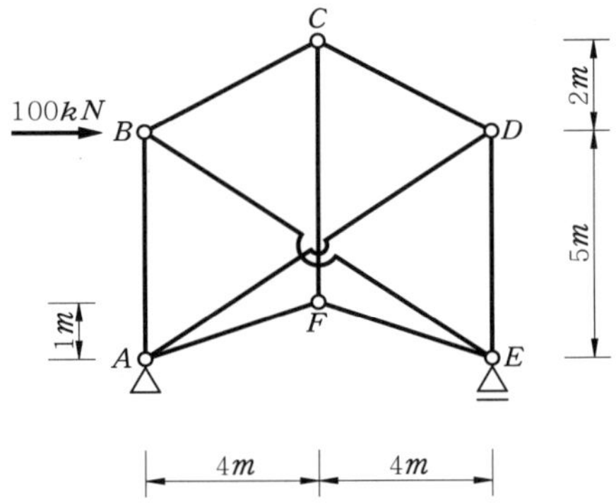

풀이-1 부재치환법

(1) 반력

트러스 전체에 평형방정식을 적용하여 H_A, V_A, V_E를 구하면

$\Sigma H = 0$: $100 + H_A = 0$ $\qquad\therefore\ H_A = -100\,kN\,(\leftarrow)$

$\Sigma M_A = 0$: $100 \times 5 - 8 \times R_E = 0$ $\qquad\therefore\ R_E = 62.5\,kN\,(\uparrow)$

$\Sigma V = 0$: $R_A + R_E = 0$ $\qquad\therefore\ R_A = -62.5\,kN\,(\downarrow)$

그림(a)와 같이 부재 CF를 제거하고 그 대신 가상의 부재 AE를 삽입한다. 그림(a) 트러스는 단순 트러스로서 주어진 하중에 의한 부재력 N'를 그림(b)와 같이 구하였다.

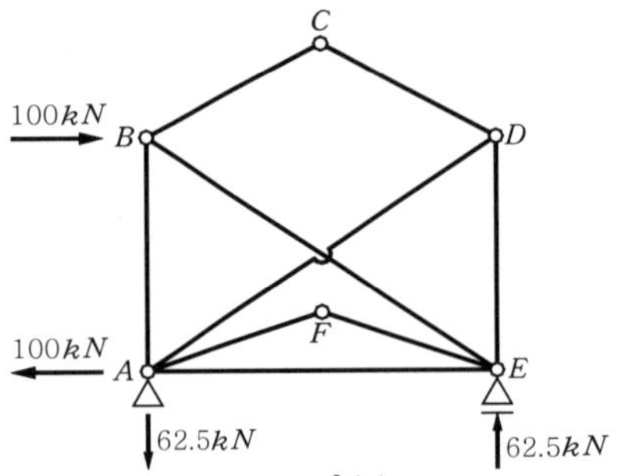

그림(a)

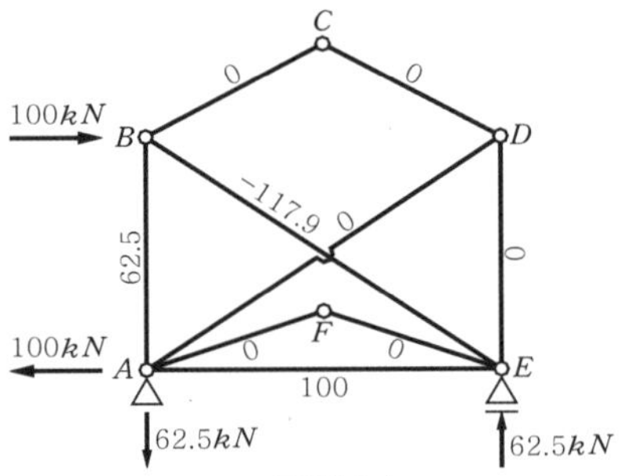

그림(b)

한편 그림(c)와 같이 절점 C, F에 부재 CF의 부재축 방향으로 단위 인장력 1을 작용시킨 트러스의 부재력 $\overline{N}$를 그림(d)와 같이 구하였다.

절점 C, F에 단위인장력 1 대신에 임의의 인장력 X를 작용 시키면 부재력은 $\overline{N}\cdot X$가 된다. 문제에서 주어진 트러스의 부재력 N은 그림(a)의 트러스의 부재력 N'와 절점 C, F에 단위인장력 1 대신에 임의의 인장력 X를 작용시킨 부재력은 $\overline{N}\cdot X$의 합과 같다.

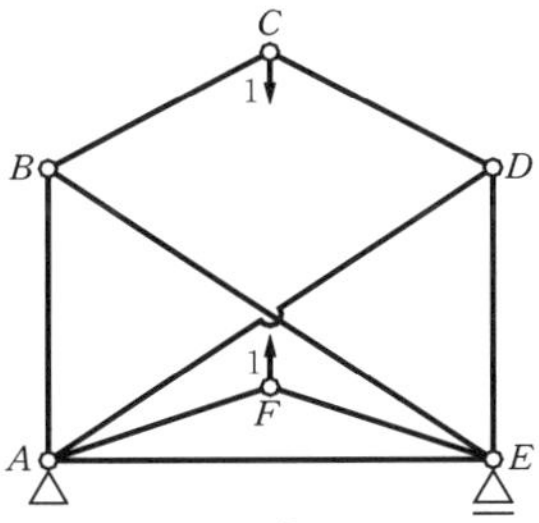

그림(c)

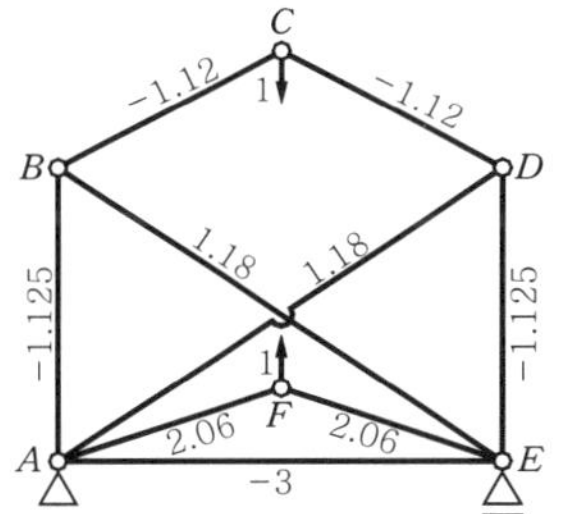

그림(d)

이를 식으로 나타내면 $N = N' + \overline{N} \cdot X$ 가 된다. 이 식을 가상의 부재 AE에 적용하면, 가상의 부재 AE의 실제 부재력은 '0' 이 되므로

$0 = N'_{AE} + \overline{N_{AE}} \cdot X = 100 - 3X$

$\therefore \ X = 33.33$

$N = N' + \overline{N} \cdot X$ 식을 이용하여 실제 트러스의 부재력을 그림(e)와 같이 구할 수 있다.

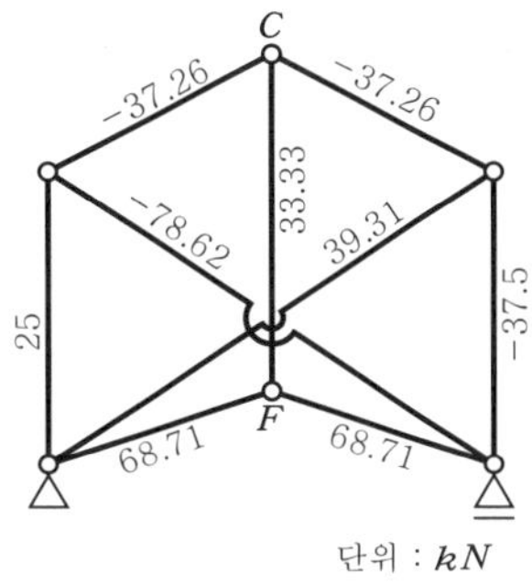

그림(e)

풀이-2 부재력 가정법

(1) 반력

$\Sigma H = 0 \ : \ 100 + H_A = 0 \qquad \therefore \ H_A = -100\,kN\,(\leftarrow)$

$\Sigma M_A = 0 \ : \ 100 \times 5 - 8 \times R_E = 0 \qquad \therefore \ R_E = 62.5\,kN\,(\uparrow)$

$\Sigma V = 0 \ : \ R_A + R_B = 0 \qquad \therefore \ R_A = -62.5\,kN\,(\downarrow)$

(2) 절점C 에서 힘의 평형조건을 고려

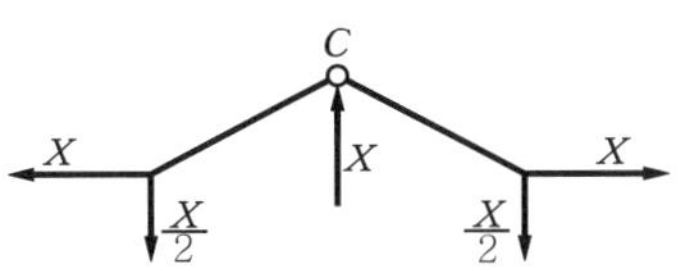

그림(a)

부재 CD의 부재력의 수평성분을 X라고 가정하면 그림(a)와 같은 조건으로 힘의 평형을 이룬다.

(3) 절점F 에서 힘의 평형조건을 고려

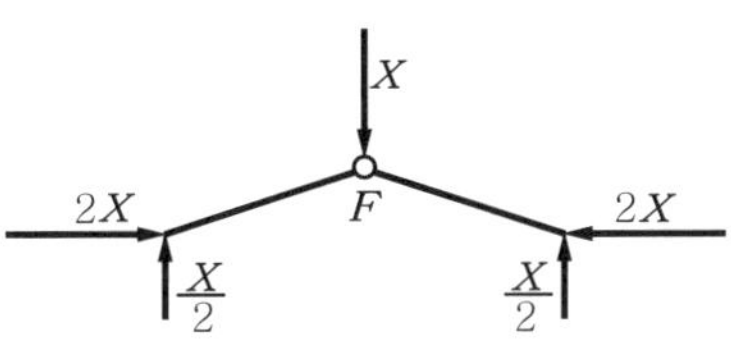

그림(b)

수직부재인 부재 CF 의 부재력은 절점 C와 절점F 에서 동일하게 작용하므로 그림(b)와 같은 조건으로 힘의 평형을 이루게 된다.

(4) 복합트러스 구조물의 오른쪽에 대한 자유물체도를 고려

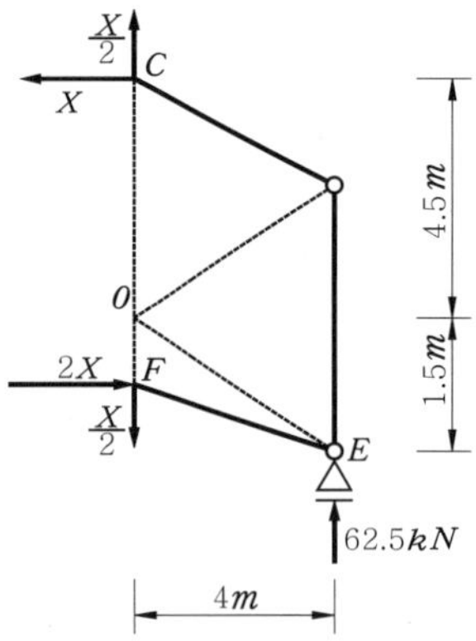

그림(c)

① $\sum M_0 = 0 \;:\; -62.5 \times 4 + 4.5 \times X + 1.5 \times 2X = 0$

$\therefore\ X = -33.33\,kN$

② 부재 CD의 부재력 $= \sqrt{33.33^2 + \left(\dfrac{33.33}{2}\right)^2}$

$= 37.26\,kN$ (압축)

③ 부재 FE의 부재력 $= \sqrt{(2 \times 33.33)^2 + \left(\dfrac{33.33}{2}\right)^2}$

$= 68.71\,kN$ (인장)

(5) 각 절점에서 힘의 평형조건을 고려하여 부재력을 구하면 그림(d)와 같다.

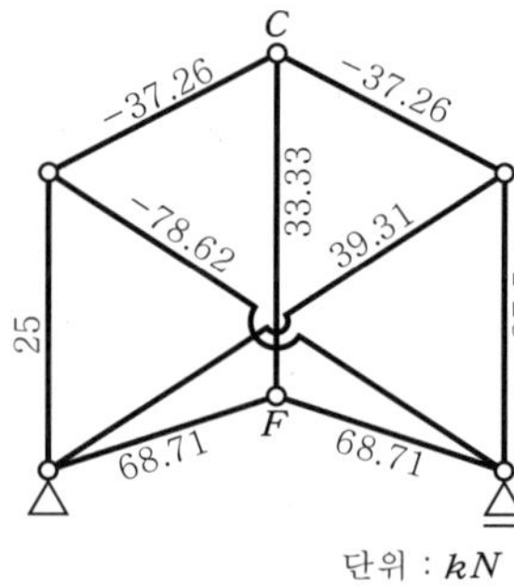

그림(d)

◆ ◆ ◆ ◆ ◆ ◆

◈ 연 습 문 제 ◈

8.3.1 아래 그림과 같은 트러스의 부재력을 절점법으로 구하여라.

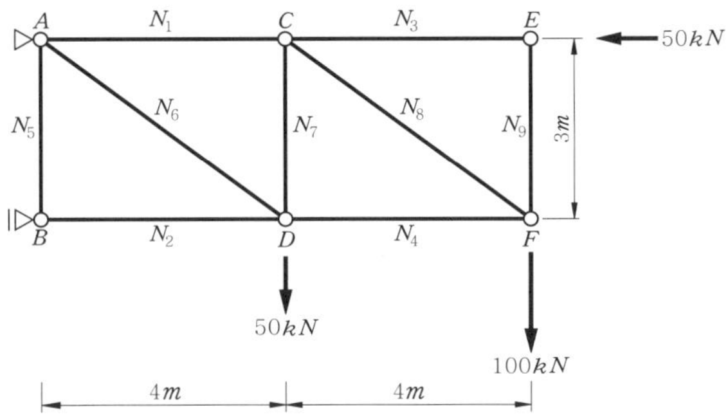

8.3.2 아래 그림과 같은 트러스의 부재력을 절점법으로 구하여라.

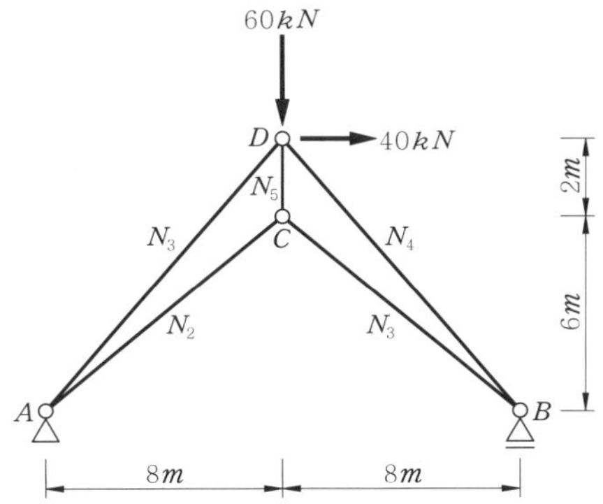

8.3.3 트러스의 부재력을 절점법을 이용하여 구하여라.

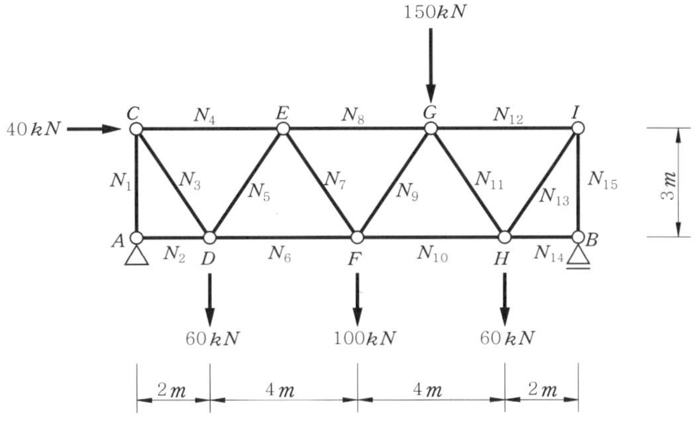

8.3.4 트러스의 부재력을 절점법을 이용하여 구하여라.

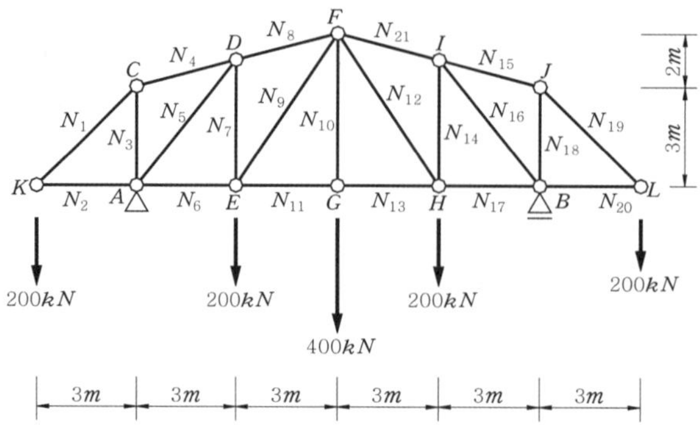

8.3.5 아래 트러스의 부재력 N_1, N_2, N_3을 절단법으로 구하여라.

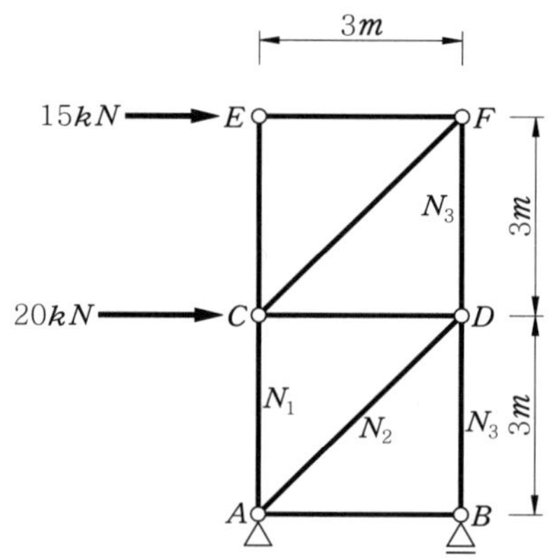

8.3.6 아래 트러스의 부재력 N_1, N_2, N_3을 절단법으로 구하여라.

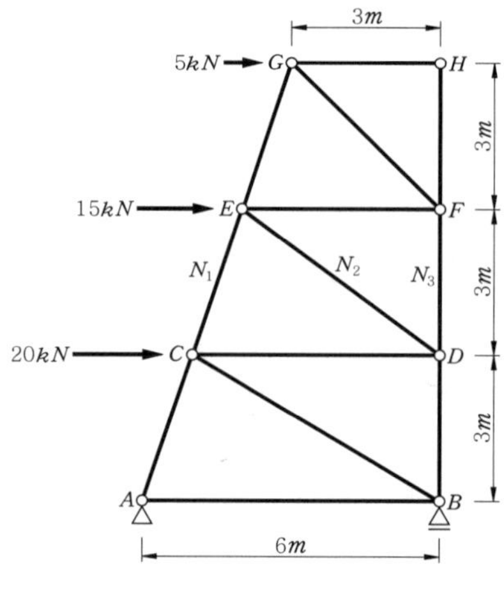

8.3.7 다음 트러스의 부재력 N_1, N_2, N_3, N_4를 구하여라.

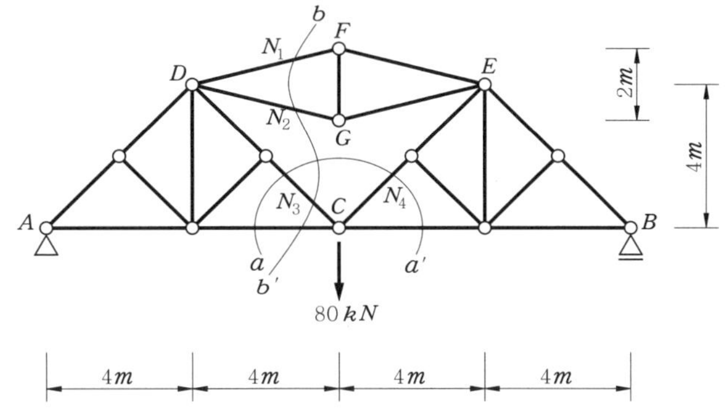

8.3.8 다음 트러스의 부재력 N_1, N_2를 구하여라.

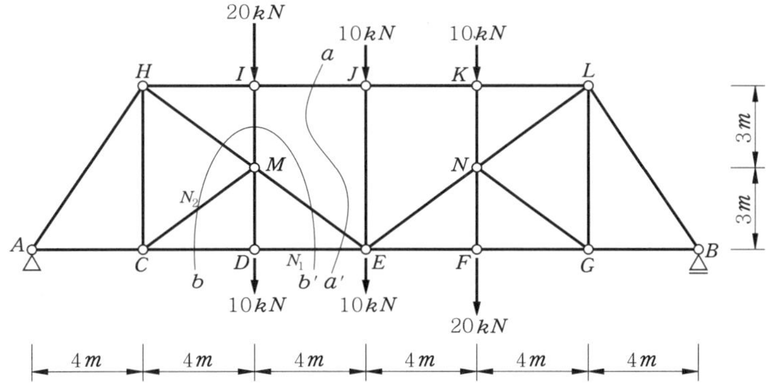

8.3.9 다음과 같은 정정트러스에서 EF의 부재력을 구하시오. 그리고 부재 EF의 단면적이 $10cm^2$, 탄성계수가 $2.0\times10^5 MPa$일 때 부재 EF의 축방향 변형량은 얼마인가?

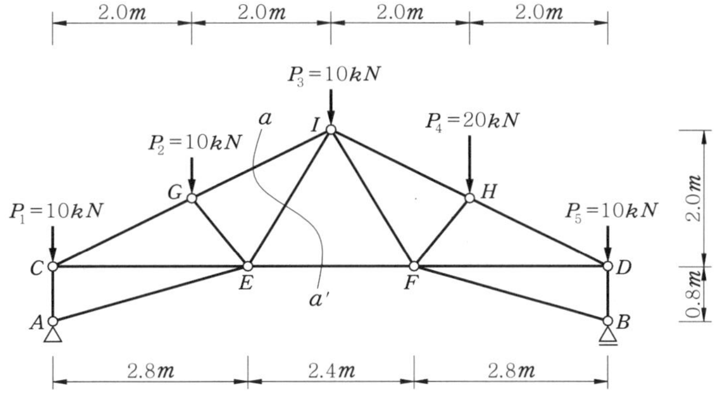

8.4 트러스 부재력의 성질

트러스의 해석에 있어서 부재력이 '0' 인 부재를 미리 알 수 있으면 매우 편리하다. 이들 부재는 절점에 대한 관찰만으로도 쉽게 판명할 수 있는데, 각 절점에서의 힘의 평형조건식 $\Sigma V=0$, $\Sigma H=0$ 을 적용하는 과정에서 부재력이 '0' 인 부재를 알 수 있게 된다.

트러스의 구성에서 부재력이 '0' 인 부재를 설치하는 이유는 구조적 안정성 확보, 시공성의 향상, 다른 연결부재와의 관계, 변동하중에 대한 대비, 미관 등을 위하여 필요할 수 있기 때문이다. 또한 트러스 해석상 가정에서 변형을 무시하나 실제로는 변형이 생기므로, 이 변형을 방지하기 위함이기도 하다.

여기서는 트러스에서 부재력이 '0' 인 부재와 관련된 이와 같은 성질들을 정리해보도록 한다.

8.4.1 한 절점에 2개의 부재가 있을 때

① 같은 직선상에 있지 않은 2개의 부재가 한 절점에서 연결되고 이 절점에 외력이 작용하지 않을 때, 이 2개 부재의 부재력은 모두 '0' 이다.

{예} [그림8.4.1](a)에서 절점 H에 외력이 작용하지 않으므로, 하현재 L_3과 수직재 V_3의 부재력은 $L_3=0$, $V_3=0$ 이다. 한편 그림(b)에서 절점 J에 외력이 작용하지 않으므로, 상현재 U_4와 수직재 V_5의 부재력은 $U_4=0$, $V_5=0$ 이다.

② 같은 직선상에 있지 않은 2개의 부재가 한 절점에서 연결되고 이 절점에 어느 한 부재와 같은 방향으로 외력이 작용할 때, 외력과 같은 방향의 부재의 부재력은 작용하는 외력과 같고, 다른 부재의 부재력은 '0' 이다.

{예} [그림8.4.1](b)에서 절점 F에 외력 P_4가 절점을 누르는 형태인 압축력으로 작용하므로, 외력과 같은 방향의 부재인 수직재 V_1의 부재력은 $V_1=P_4$ (압축)이고, 다른 부재인 상현재 U_1의 부재력은 $U_1=0$ 이다.

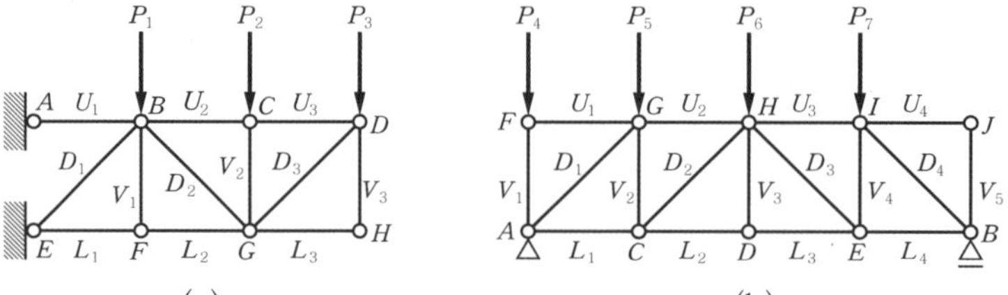

[그림8.4.1] 트러스 부재력의 성질

8.4.2 한 절점에 3개의 부재가 있을 때

① 한 절점에 3개의 부재가 연결되고 이 중 2개의 부재가 동일직선상에 있을 때, 이 절점에 외력이 작용하지 않으면, 동일직선상에 있는 2개의 부재의 부재력은 서로 같고, 다른 한 부재의 부재력은 '0' 이다.

{예} [그림8.4.1](a)에서 절점 F 에 외력이 작용하지 않으므로, 동일직선상에 있는 2개의 부재인 하현재 L_1, L_2 의 부재력은 $L_1 = L_2$ 이고, 다른 한 부재인 수직재 V_1 의 부재력은 $V_1 = 0$ 이다. 한편 그림(b)에서 절점 D 에 외력이 작용하지 않으므로, 동일직선상에 있는 2개의 부재인 하현재 L_2, L_3 의 부재력은 $L_2 = L_3$ 이고, 다른 한 부재인 수직재 V_3 의 부재력은 $V_3 = 0$ 이다.

② 한 절점에 3개의 부재가 연결되고 이 중 2개의 부재가 동일직선상에 있을 때, 이 절점에 동일직선상에 있지 않은 1개의 부재와 같은 방향으로 외력이 작용하면, 외력과 같은 방향의 부재의 부재력은 작용하는 외력과 같고, 동일직선상에 있는 2개의 부재의 부재력은 서로 같다.

{예} [그림8.4.1](a)에서 절점 C 에 외력 P_2 가 절점을 누르는 형태인 압축력으로 작용하므로, 외력과 같은 방향의 부재인 수직재 V_2 의 부재력은 $V_2 = P_2$ (압축)이고, 동일직선상에 있는 2개의 부재인 상현재 U_2, U_3 의 부재력은 $U_2 = U_3$ 이다.

8.4.3 한 절점에 4개의 부재가 있을 때

① 한 절점에 4개의 부재가 연결되고 이 중 2개씩 동일직선상에 있을 때, 그 절점에 외력이 작용하지 않으면, 동일직선상에 있는 2개 부재의 부재력은 서로 같다.

{예} [그림8.4.2]에서 트러스의 임의의 절점 M 에 외력이 작용하지 않으므로, 서로 동일직선상에 있는 2개씩의 부재인 N_1 과 N_2 그리고 N_3 과 N_4 의 부재력은 $N_1 = N_2$, $N_3 = N_4$ 이다.

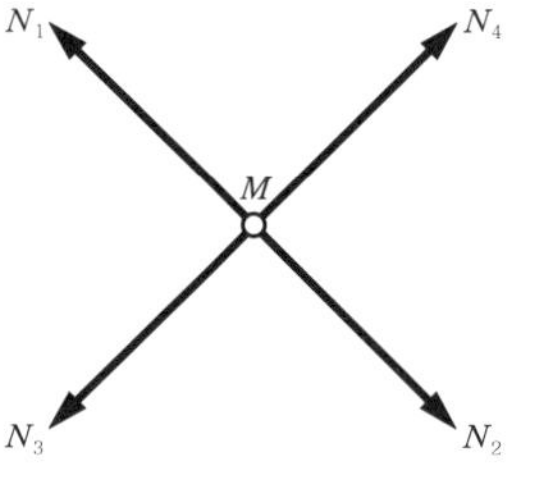

[그림8.4.2] 한 절점에 4개의 부재가 2개씩 동일직선상에 있는 경우

◆ ◆ ◆ ◆ ◆ ◆ ◆

예제 8.4.1

다음 그림과 같은 트러스에 하중 P가 작용할 때 부재력이 '0' 인 부재를 구하여라.

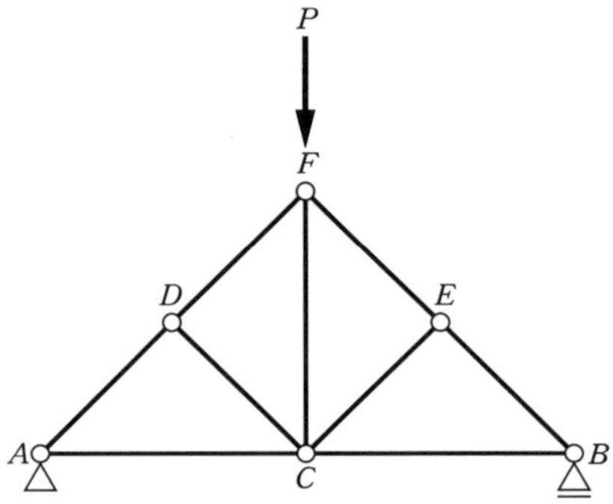

풀이

① 절점A와 절점B는 각각 한 절점에 2개의 부재가 있지만, 외력인 지점의 반력 $R_A = P/2(\uparrow)$, $R_B = P/2(\uparrow)$이 작용함으로, 이들 부재의 부재력은 모두 '0' 이 아니다.

② 절점D에 3개의 부재 AD, DF, CD가 연결되고 이 중 2개의 부재 AD, DF가 동일직선상에 있고 절점D에 외력이 작용하지 않으므로, 동일직선상에 있지 않은 부재 CD의 부재력은 '0' 이 된다.

③ E절점에 모인 3개의 부재 CE, EF, EB 중에서 2개의 부재 EF, EB가 동일직선상에 있고 E절점에 외력이 작용하지 않으므로 다른 1개 부재 CE의 부재력은 '0' 이다.

④ 앞의 ②, ③에서 계산한 부재력이 '0' 인 부재 CD, CE를 없다고 생각하고, 나머지 부재들만 표시하면 그림(a)와 같다.
그림(a)에서 3개의 부재 AC, CB, CF가 모인 절점C에 외력이 작용하지 않으므로 부재 CF의 부재력도 '0' 이 된다.

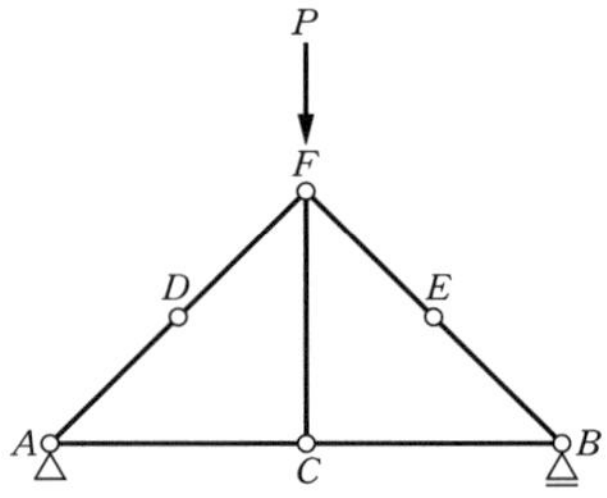

그림(a)

∴ ②, ③, ④에 의하여 부재력이 '0' 인 부재는 부재 CD, CE, CF로 총 3개이다

예제 8.4.2

다음 그림과 같은 트러스에 하중 P가 작용할 때 부재력이 '0' 인 부재를 구하여라.

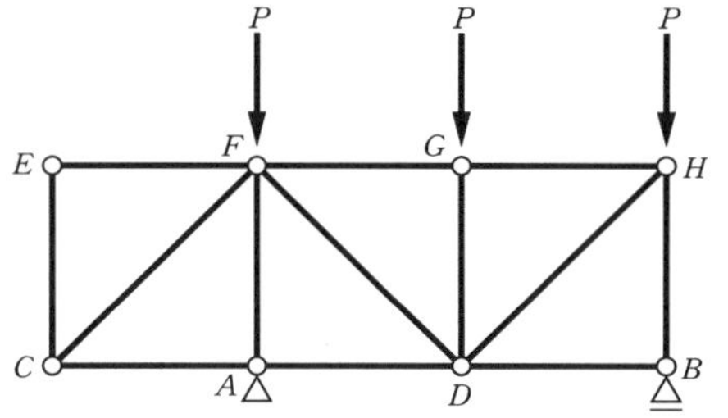

풀이

① 같은 직선상에 있지 않는 2개의 부재가 모인 절점E에 외력이 작용하지 않으므로, $CE=0$, $EF=0$ 이다.

② 절점C에 모인 3개의 부재 CE, CA, CF 중 CE의 부재력이 '0' 이므로, 절점C에는 2개의 부재가 있는 것과 같고 절점에 외력이 작용하지 않으므로, $CA=0$, $CF=0$ 이다.

③ 한 절점에 3개의 부재가 연결되고 이 중 2개의 부재가 동일직선상에 있을 때, 이 절점에 동일직선상에 있지 않은 1개의 부재와 같은 방향으로 외력이 작용하면, 외력과 같은 방향의 부재의 부재력은 작용하는 외력과 같고, 동일직선상에 있는 2개의 부재의 부재력은 서로 같다. 따라서 절점A에서 부재 CA와 AD는 같아야 함으로, $CA=AD=0$ 이다.

④ 같은 직선상에 있지 않은 2개의 부재가 한 절점에서 연결되고 이 절점에 어느 한 부재와 같은 방향으로 외력이 작용할 때, 외력과 같은 방향의 부재의 부재력은 작용하는 외력과 같고, 다른 부재의 부재력은 '0' 이다. 따라서 절점B에서 부재 BH는 지점반력 R_B와 같은 방향이므로 같은 크기의 부재력이 발생하며, 다른 부재 BD의 부재력은 $BD=0$ 이다.

∴ 부재력이 '0' 인 부재는 CE, EF, CA, CF, AD, BD로 총 6개이다.

예제 8.4.3

다음 그림과 같이 트러스가 수직하중 P를 받을 때 부재력이 '0' 인 부재수를 구하여라.

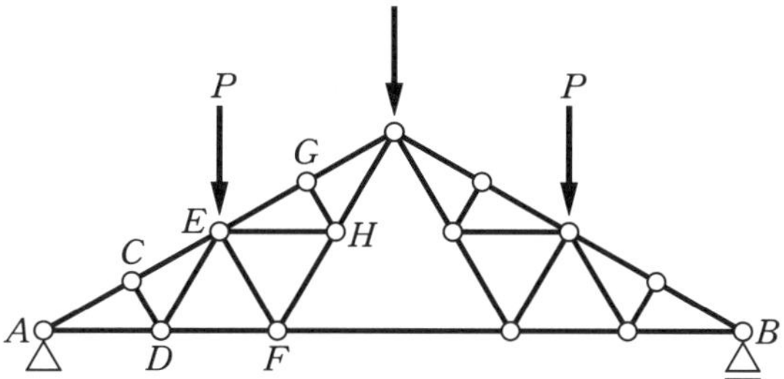

풀이

① 절점 A 와 절점 B 는 각각 한 절점에 2개의 부재가 있지만, 외력인 지점의 반력이 작용함으로, 이들 부재의 부재력은 모두 '0' 이 아니다.

② 문제의 트러스는 대칭 트러스이므로 좌측반분(左側半分)만을 생각할 때, 한 절점에 3개의 부재가 모이고 이들 중 2개의 부재가 동일직선상에 있는 절점 C 와 절점 G 에 외력이 작용하지 않으므로, 부재 CD 와 GH 의 부재력은 '0' 이다.

③ 절점 D 와 H 에는 실제로 4개의 부재가 모여 있으나, 이들 중 1개씩 즉 부재 CD 와 GH 의 부재력이 '0' 임이 앞에서 판명되었으므로, 3개의 부재가 모인 것과 마찬가지인데, 이 절점에 외력이 작용하지 않으므로 동일직선상에 있지 않은 부재 DE 와 EH 의 부재력은 '0' 이 된다.

∴ 트러스의 좌측반분(左側半分)만을 생각할 때 부재력이 '0' 인 부재는 부재 CD, GH, DE, EH 4개이므로, 트러스의 우측반분(右側半分)까지 합산하면 모두 **8개**가 된다.

◆ ◆ ◆ ◆ ◆ ◆

◈ 연 습 문 제 ◈

8.4.1 다음 그림과 같이 불균형 하중을 받는 트러스에서 부재력이 '0' 인 부재 수는?

① 3개
② 4개
③ 5개
④ 6개

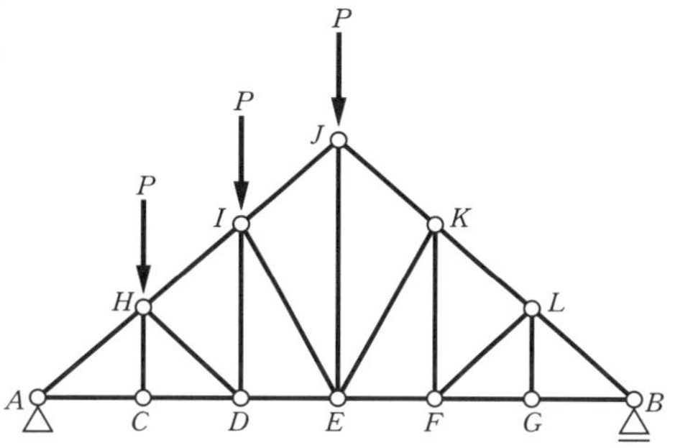

8.4.2 다음 그림과 같은 트러스에서 CD 부재의 부재력은?

① 30 kN (인장력)
② 30 kN (압축력)
③ 50 kN (인장력)
④ 50 kN (압축력)

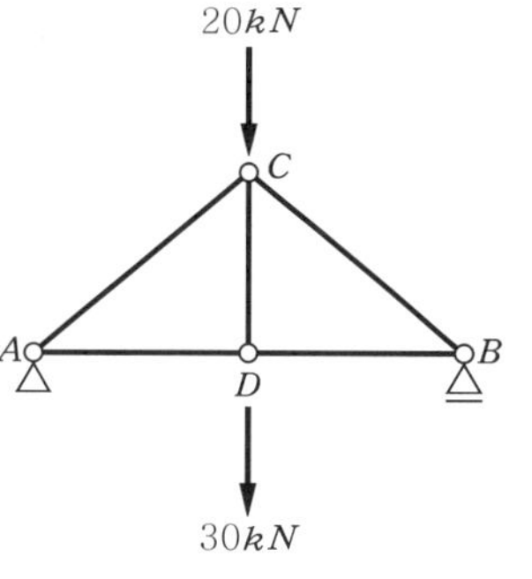

8.4.3 다음 그림과 같은 트러스에서 N_1과 N_2의 부재력으로 옳은 것은?

	N_1	N_2
①	P (인장)	$\sqrt{2}\,P$ (압축)
②	$\sqrt{2}\,P$ (인장)	P (압축)
③	$\sqrt{2}\,P$ (인장)	$\sqrt{2}\,P$ (압축)
④	$\sqrt{2}\,P$ (압축)	$\sqrt{2}\,P$ (인장)

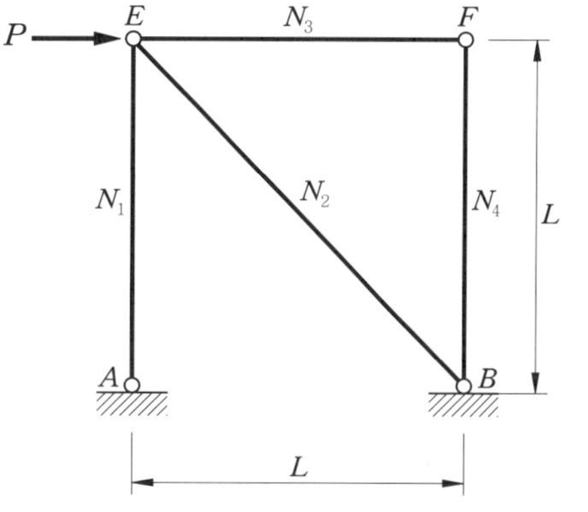

8.4.4 다음 그림과 같은 트러스의 절점 b에 부재 ab와 평행인 방향으로 하중 $P=30\,kN$이 작용할 때 부재 cd의 단면력은?

① 15 kN (인장)
② 30 kN (인장)
③ 30 kN (압축)
④ 0

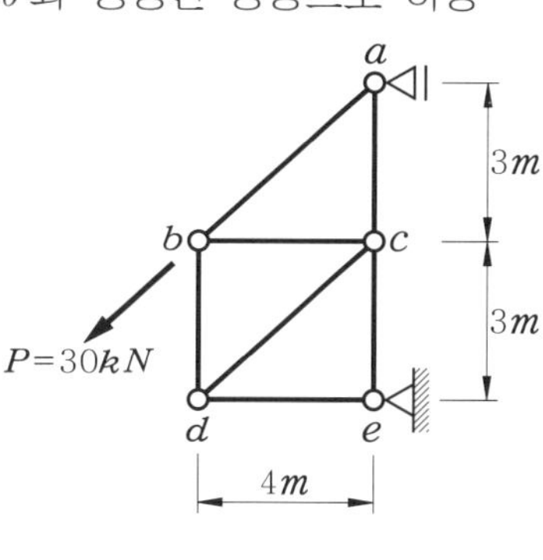

8.5 트러스의 사고방법

이 절에서는 이제까지 배웠던 복잡한 트러스의 수식적인 해법들은 잠시 잊고, 트러스 중 가장 많이 사용되고 있는 평행현(平行弦) 트러스와 산형(山形) 트러스를 대상으로 이들에 대한 기본적인 사고방법을 알아보도록 한다.

8.5.1 평행현 트러스의 사고방법

가. 프랫트러스 (Pratt Truss)

[그림8.5.1]는 정해진 단위길이의 수수깡을 재료로 사용하여 여러 가지 경간의 다리를 만든 모형들을 보여주고 있다.

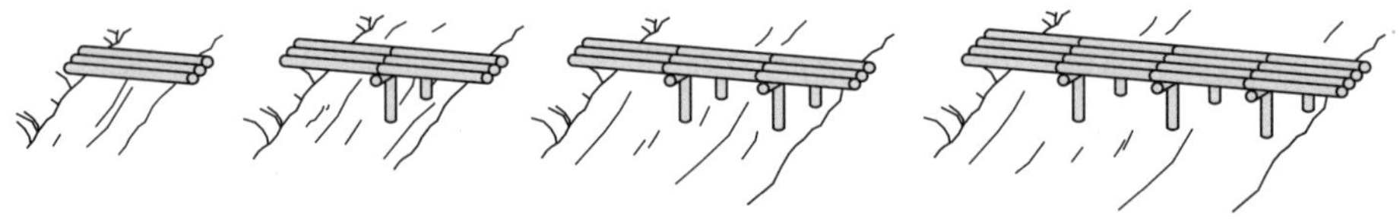

(a) (b) (c) (d)

[그림8.5.1] 여러 가지 경간의 다리

[그림8.5.1](a)는 강폭이 작은 관계로 1개의 수수깡들을 양단에 걸치는 것만으로도 충분히 다리를 놓을 수 있으나, 그림(b)~그림(d)는 1개의 수수깡을 걸치는 것만으로는 용이하지 않아 수수깡 연결부에 기둥을 설치하였다. [그림8.5.1]에서 수수깡을 통나무라고 생각하면 원시시대에는 누구나 이런 식의 초보적인 방법으로 다리를 놓았을 것이다.

그러나 그림(b)~그림(d)의 경우, 강바닥에 단단히 박아 놓은 기둥인 목침(木枕)은 세월이 지남에 따라 밑둥이 점차 부패할 것이고 이에 큰 비라도 내리면 붕괴되는 상태가 염려된다. 따라서 다리 보를 보강하는 근본적인 대책을 강구해 보도록 하자.

[그림8.5.1](b)의 경우, [그림8.5.2](a)와 같이 물속에 잠겨 안전에 염려가 되는 기둥인 목침의 중간을 잘라 제거하여 생각해 보면, 목침은 공중에 뜨게 되어 기둥으로서의 기능을 잃어버리게 된다. 따라서 [그림8.5.2](a)가 구조적 안전성을 확보하기 위해서는 특별한 보강이 필요한데, 이때 [그림8.5.2](b)와 같이 그 잘라진 기둥을 양단부에서 거꾸로 줄로 달아매는 참신한 아이디어가 나올 수 있다. 이 결과 기둥은 트러스의 수직재가 되어 상부하중에 의한 압축력을 줄에 전달하고, 줄에는 인장력이 발생하여 상현재에 해당하는 수수깡 보에 압축력을 부담시키는 합리적인 평형시스템이 이루어진다. 이것은 [그림8.5.2](c)와 같은 트러스로 나타낼 수 있다.

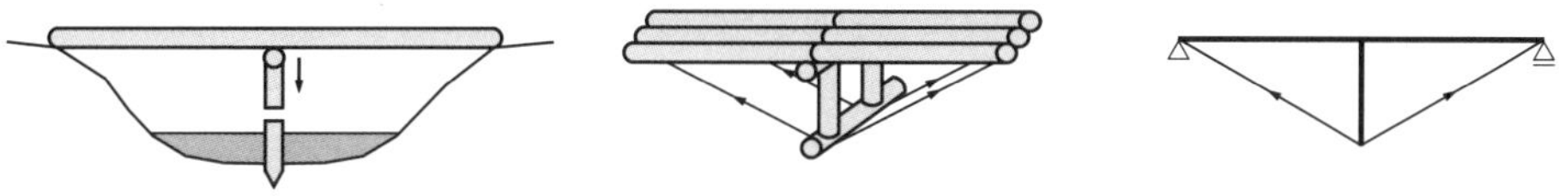

(a) (b) (c)

[그림8.5.2] 2경간 다리의 보강

상기와 같은 보강방법은 간단하므로, [그림8.5.1](c)의 3경간 다리도 [그림 8.5.3]과 같이 적용할 수 있다.

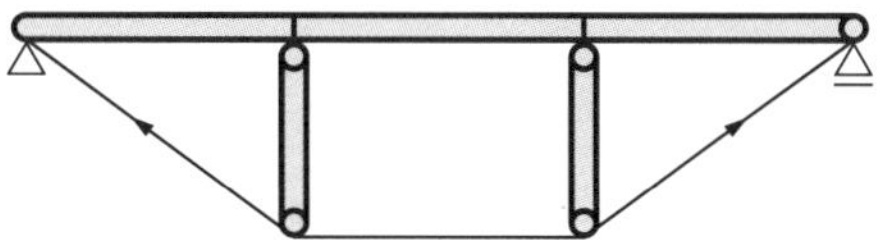

[그림8.5.3] 3경간 다리의 보강

그러나 [그림8.5.1](d)의 4경간 다리는 상황이 달라진다. [그림8.5.4](a)에서 볼 수 있듯이 단순히 수직재들의 하부를 줄로 묶기만 해서는 중앙의 수직재 CG는 구조적인 기능을 발휘하지 못한 채 공중에 매달린 채로 있게 된다. 즉 수직재 CG로부터의 연직력에 대하여 하현재 GF와 GH의 인장력에는 연직방향의 분력이 존재하지 않기 때문에 수직재 CG의 부재력은 '0' 이 된다. 따라서 중앙의 사각형 $BDHF$구간에 대한 별도의 보강이 필요하다. 이때 BCD구간을 2경간의 다리 보로 생각하면 [그림8.5.2]와 같은 경우가 되므로 [그림8.5.4](b)와 같은 보강이 가능하다. 결국 [그림8.5.1](d)의 4경간 다리는 [그림8.5.4](c)와 같은 보강 트러스 형식의 다리 보로 완성된다.

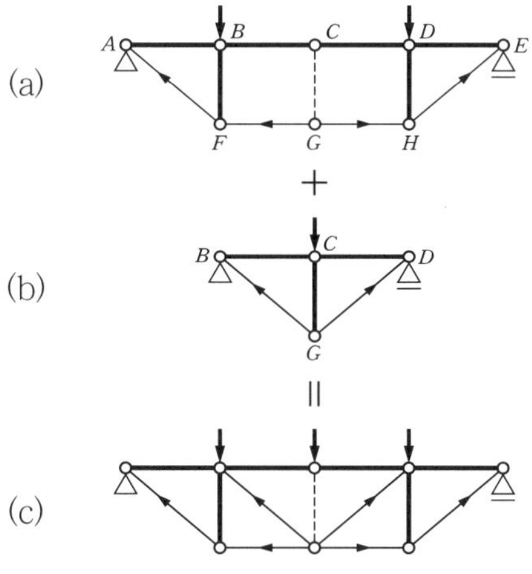

[그림8.5.4] 4경간 다리

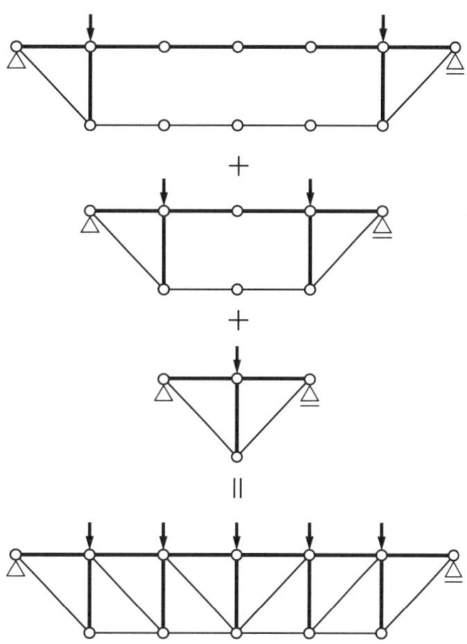

[그림8.5.5] 다(多)경간 다리

다리의 경간 수가 더 늘어나도 앞에서와 같은 사고방법은 같아지는데, [그림8.5.5]는 6경간을 가진 다리의 경우에 대한 응용순서를 나타내고 있다. 경간 수가 많아도 수수깡인 수직재를 경사재인 줄로 달아매면 된다.

이와 같은 평행현인 트러스를 **프랫트러스**(Pratt Truss)라 부르는데, 프랫트러스는 상현재와 수직재가 압축재이고, 하현재와 경사재가 인장재임을 알 수 있다.

나. 하우트러스 (Howe Truss)

이번에는 [그림8.5.6]과 같이 하현재의 절점에 활하중이 작용하고 지점이 하부에 있는 트러스를 생각해 보자.

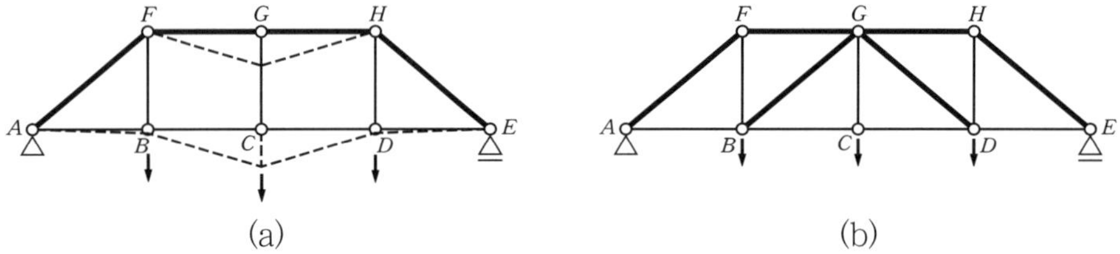

[그림8.5.6] 하우트러스의 사고

[그림8.5.6](a)는 경사재가 없는 관계로 중앙의 사각형 $BDHF$구간은 하중에 대하여 점선처럼 쉽게 변형하여 초기의 형상을 유지할 수 없는 불안정구조물이 된다. 따라서 트러스의 안정화를 위해서는 어떤 방법이로든 수직재 CG가 연직으로 이동하지 못하도록 해야 한다. 이에 대한 한 가지 대책으로 [그림8.5.8](b)와 같이 대각선 BG와 DG를 따라 경사재를 배치하면 상현재의 절점G는 연직방향으로 이동하지 못하고 안정화된 트러스가 완성된다. 그림(b)에서 경사재는 상현재의 절점을 떠받치고 있는 기능을 하고 있기 때문에 압축재가 되고, 수직재는 마치 상현재의 절점에 매달리는 기능을 하기 때문에 인장재가 된다.

상기와 동일한 사고방법을 다(多)경간 트러스에 적용하면 [그림8.5.7]과 같은 형식의 트러스가 된다.

이와 같은 평행현인 트러스를 **하우트러스**(Howe Truss)라 부르는데, 하우트러스는 상현재와 경사재가 압축재이고, 하현재와 수직재가 인장재임을 알 수 있다.

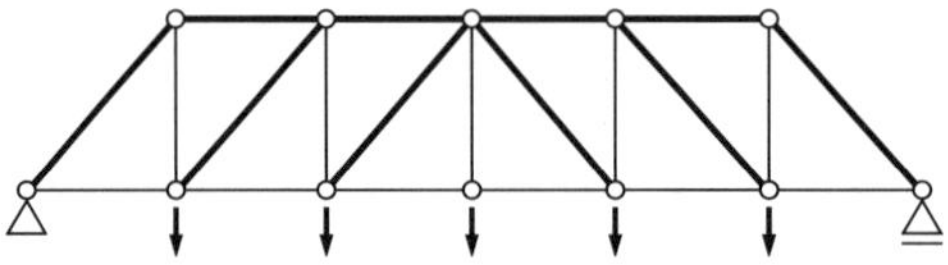

[그림8.5.7] 다(多)경간의 하우트러스

하우트러스가 프랫트러스와 비교하여 가장 중요한 차이점은 수직재와 경사재의 역학적인 기능이 역전되었다는 것이다. 즉 프랫트러스에서는 수직재가 압축력을 경사재가 인장력을 부담하는데 비하여, 하우트러스에서는 수직재가 인장력을 경사재가 압축력을 부담하고 있다.

철골부재로 구성된 트러스에서는 압축부재에 대해서는 좌굴에 대한 고려를 해야 함으로 기본적으로 압축부재의 길이를 짧게 하는 것이 바람직하다. 그래서 경사재에 비하여 길이가 짧은 수직재를 압축재로 계획하는 것이 합리적이므로, 철골트러스로는 하우트러스 보다는 프랫트러스를 이용하는 바람직하다.

하우트러스는 인장접합이 곤란한 목조트러스에 적합한 구조라고 생각해도 좋을 것이다.

다. 와렌트러스 (Warren Truss)

여기서 이야기를 다시 [그림8.5.6](a)의 불안정트러스로 되돌려본다. 앞의 하우트러스에서는 불안정상태인 사각형 $BDHF$ 구간에 대하여 대각선 BG와 DG를 따라 경사재를 배치하여 상현재의 절점 G를 구속시켰지만, 이번에는 다른 방법으로 [그림8.5.8]과 같이 대각선 CF와 CH를 따라 경사재를 배치하여 하현재의 절점 C의 이동을 구속하여 트러스의 안정을 도모할 수 있다. [그림8.5.6](b)에서 경사재 CF와 CH가 하현재의 절점을 매달고 있는 기능을 하고 있기 때문에 인장재가 되고, 수직재 CG는 압축재로 되어있는 것에 주의해야 한다.

이와 같은 평행현인 트러스를 **와렌트러스**(Warren Truss)라 부른다. 와렌트러스는 하현재와 상현재의 절점을 교대로 달아매거나 떠받칠 수 있도록 경사재를 배치함으로써, 경사재 및 수직재가 교대로 인장과 압축을 반복한다.

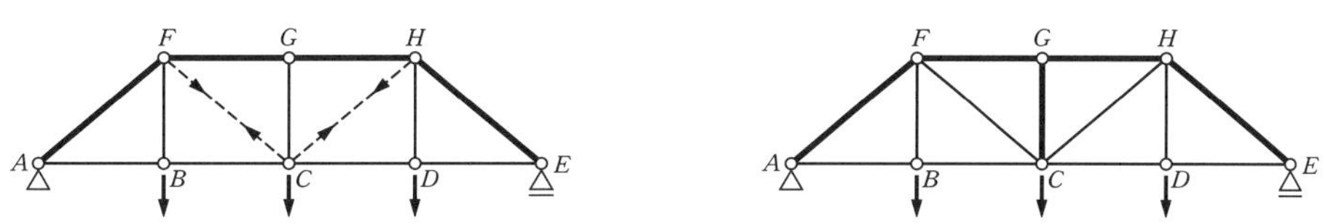

(a) (b)

[그림8.5.8] 와렌트러스의 사고

[그림8.5.9]은 다(多)경간의 와렌트러스의 예로서, 그림(a)는 하부지점형의 와렌트러스이고 그림(b)는 상부지점형의 와렌트러스이다. 이들 와렌트러스에 있어서도 경사재와 수직재의 부재력이 교대로 반전되고 있음에 주목하여야 한다.

(a) (b)

[그림8.5.9] 다(多)경간의 와렌트러스

한편 [그림8.5.10](a)에서처럼 절점 A, B, C, D, E에 연직하중이 작용하지 않도록 계획을 하면 수직재에는 부재력이 생기지 않으므로 수직재를 그림(b)와 같이 제거할 수 있다. [그림8.5.10](b)는 수직재가 없이 경사재만으로 복재(Web Member)로 구성된 매우 단순하고 명쾌한 와렌트러스가 된다. 그림(b)와 같은 와렌트러스는 절점에 모이는 부재수가 적기 때문에 철골의 접합이 용이한 장점이 있다. 단지 이런 와렌트러스는 압축력을 받는 상현재의 부재길이가 커지기 때문에 좌굴이나 횡보강에 대한 고려에 주의하여야 한다.

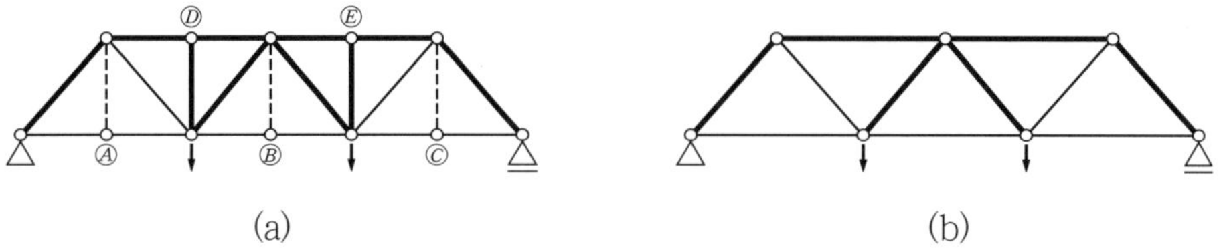

[그림8.5.10] 수직재가 없는 와렌트러스의 사고

8.5.2 산형 트러스의 사고방법

건축의 지붕구조에서는 구배 때문에 산형(山形) 트러스가 많이 사용된다. 대표적인 산형(山形) 트러스로는 왕대공트러스(King Post Truss)와 핑크트러스(Fink Truss)가 있다.

여기서는 이들 트러스가 어떻게 평형을 유지하고 부재력이 구분되는지에 대한 기본적인 사고방법을 살펴보도록 한다.

가. 왕대공트러스 (King Post Truss)

[그림8.5.11](a)는 연직하중을 받고 있는 단순지지 형태의 왕대공트러스(King Post Truss)를 보여주고 있다.

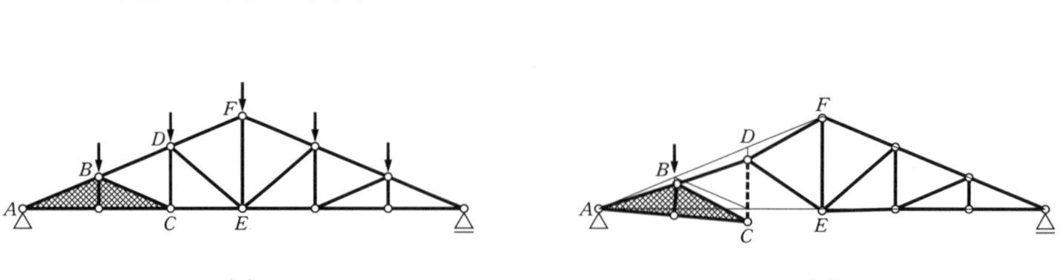

[그림8.5.11] 왕대공트러스의 사고

그림(a)에서 음영된 기본요소 $\triangle ABC$를 주목해 보자.

만약 그림(b)에서와 같이 트러스로부터 수직재 CD를 제거한다면, 기본요소 ·

$\triangle ABC$는 B점 주위에서 회전을 시작하여 그림(b)처럼 변형하고 붕괴해 버릴 것이다. 그렇게 되지 않는 이유는 수직재 CD에 인장력이 작용하여 기본요소 $\triangle ABC$를 매달고 있기 때문이다. 즉 [그림8.5.11]와 같은 연직하중을 받는 왕대공트러스의 수직재는 인장재이다.

기본요소 $\triangle ABC$의 자유물체도를 그려보면 [그림8.5.12](a)와 같이 나타낼 수 있다. 또한 그림(a)에서 경사재 BC가 압축인 것도 확인할 수 있다. 한편 [그림8.5.12](b)와 같이 트러스요소 $\triangle ADE$에 대하여 살펴보면 D점에 작용하는 연직하중 P와 수직재 EF의 인장력 T가 생기게 되고, 같은 원리로 경사재 DE도 압축력을 받게 될 것이다.

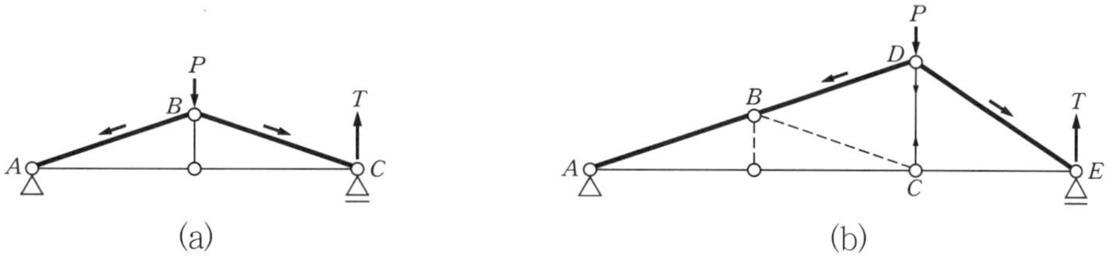

[그림8.5.12] 왕대공트러스의 자유물체도

이와 같이 일반적인 연직하중을 받는 왕대공트러스는 상현재와 경사재는 압축력을, 하현재와 수직재는 인장력을 받고 있음을 알 수 있다.

참고로 왕대공트러스는 프랫트러스와 경사재의 조립방법이 닮았으나, 일반적인 연직하중을 받는 경우에 대하여 왕대공트러스의 경사재는 압축재인데 비하여 프랫트러스의 경사재는 인장재인 점에 주의하여야 한다. 경사재의 기능이라는 관점에서 보면 왕대공트러스는 오히려 하우트러스와 유사하다고 할 수 있다.

나. 핑크트러스 (Fink Truss)

[그림8.5.13](a)는 연직하중을 받고 있는 단순지지 형태의 핑크트러스(Fink Truss)를 보여주고 있다.

먼저 [그림8.5.13](b)에서 기본요소 $\triangle ACG$를 주목해 보면 [그림8.5.2]에서 살펴보았던 프랫트러스에서의 하향의 삼각형 요소이므로, 수직재 BG와 상현재 AB와 BC가 압축재이고 경사재 AG와 CG가 인장재가 되는 것을 알 수 있다.

다음 [그림8.5.13](c)에서 기본요소 $\triangle AEF$를 주목해 보면, 그림(b)의 경우와 마찬가지로, 수직재 CF와 상현재 AC와 CE가 압축재이고 경사재 AF와 EF가 인장재가 되는 것을 또한 알 수 있다. 결국 핑크트러스의 부재력의 종류를 완성하면 [그림8.5.13](d)와 같다.

이와 같이 일반적인 연직하중을 받는 핑크트러스는 상현재와 수직재는 압축력을, 하현재와 경사재는 인장력을 받고 있음을 알 수 있다. 경사재의 기능이라는 관점에서 보면 핑크트러스는 프랫트러스와 유사하다고 할 수 있다.

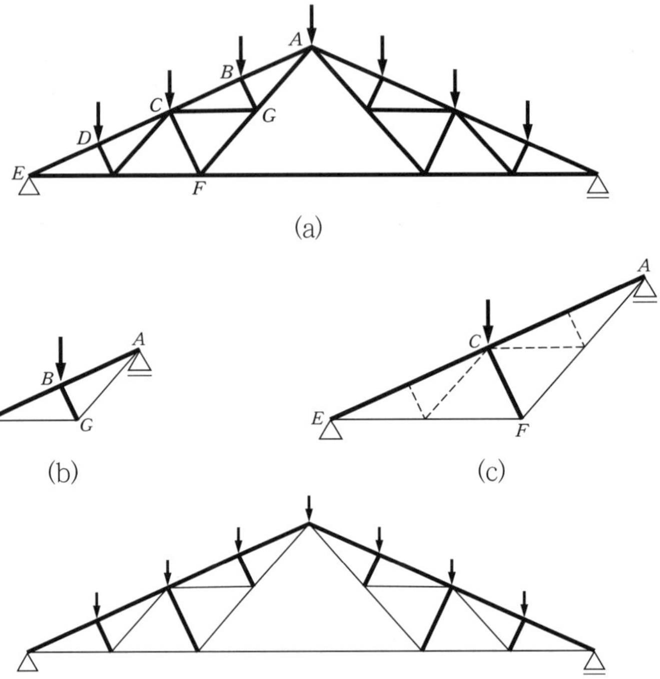

[그림8.5.13] 핑크트러스의 사고

◆ ◆ ◆ ◆ ◆ ◆ ◆

예제 8.5.1

다음의 트러스 그림(a)~(c)에 인장과 압축부재 및 영부재를 구분하여 표기하시오.

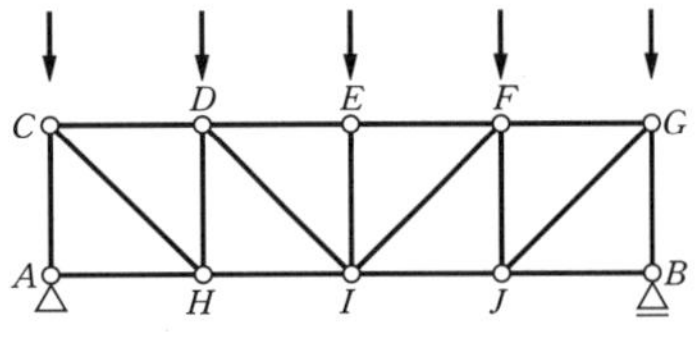

그림(a)

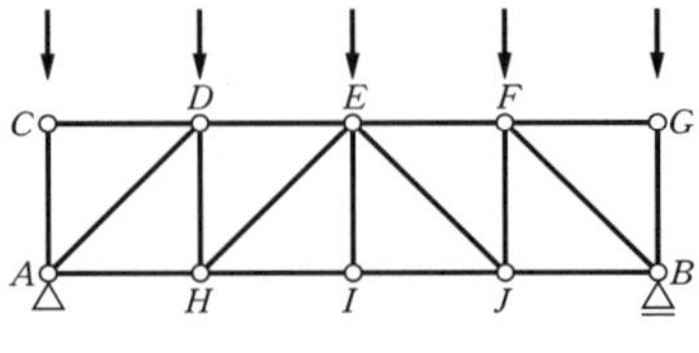

그림(b)

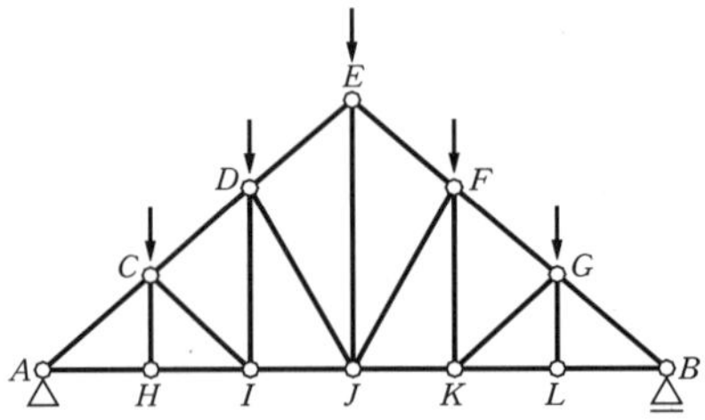

그림(c)

풀이

(1) 그림(a)의 프랫트러스에서 만약 중앙부 수직재 EI와 경사재 DI, FI가 없을 경우, 그림(d)와 같이 변형하는 불안정구조물이 될 것이다. 따라서 경사재 DI, FI는 인장, 수직재 EI는 압축, 상현재 DE, EF는 압축을 받음으로써 안정화된 트러스가 된다. 그리고 절점 A와 B에서는 수평방향 외력이 없으므로 수평재 AH와 BJ는 영부재가 된다.
결국 각 절점에서 힘의 평형방정식과 프랫트러스의 특징을 이용하여 트러스의 인장부재는 T, 압축부재는 C로 영부재는 '0' 으로 표기하면 그림(e)와 같다.

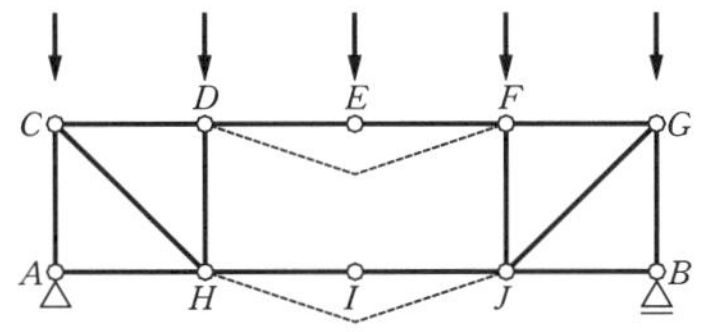

그림(d)

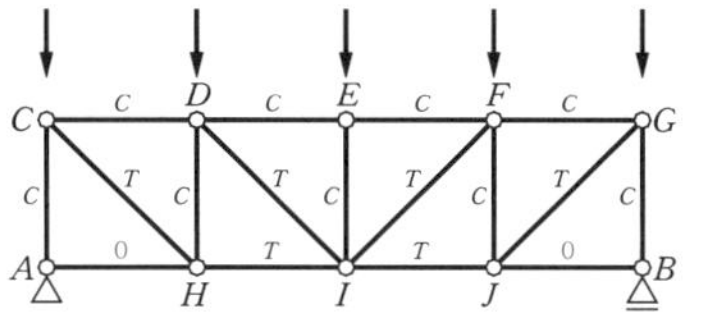

그림(e)

(2) 그림(b)의 하우트러스에서 만약 중앙부 수직재 EI와 경사재 EH, EJ가 없을 경우, 그림(f)와 같이 변형하는 불안정구조물이 될 것이다. 따라서 경사재 EH, EJ는 압축을 받고, 하현재 HI, IJ는 인장을 받음으로써 안정화된 트러스가 된다. 그리고 절점 I에서 수직방향 외력이 없으므로 수직재 EJ는 영부재가 되고, 절점 C와 G에서 수평방향 외력이 없으므로 수평재 CD와 FG는 영부재가 된다.
결국 각 절점에서 힘의 평형방정식과 하우트러스의 특징을 이용하여 트러스의 인장부재는 T, 압축부재는 C로 영부재는 '0' 으로 표기하면 그림(g)와 같다.

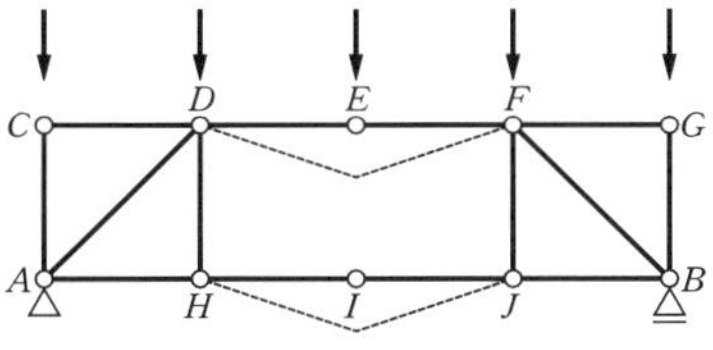

그림(f)

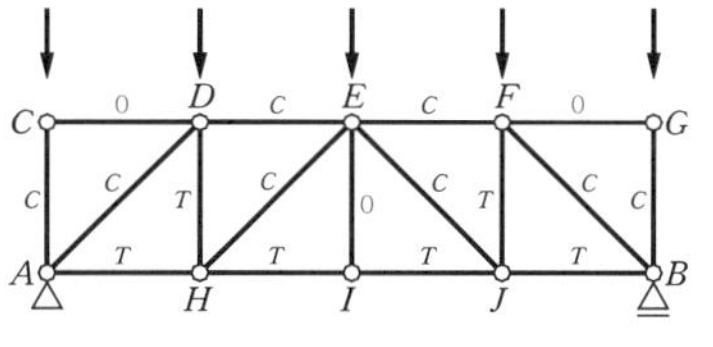

그림(g)

(3) 그림(c)의 왕대공트러스에서 만약 수직재 DI를 제거한다면, 그림(h)처럼 변형하여 붕괴할 것이다. 따라서 수직재 DI가 인장을 받음으로써 안정화된 트러스가 됨을 알 수 있다. 또한 그림(i)와 같이 $\triangle ADJ$의 자유물체도를 그려보면 왕대공(King Post)인 수직재 EJ의 인장력 T가 생기게 되고, 경사재 DJ, AC, CD는 압축력을 받게 된다. 그리고 절점 H와 L에서는 수직방향 외력이 없으므로 수직재 CH와 GL은 영부재가 된다.
결국 각 절점에서 힘의 평형방정식과 왕대공트러스의 특징을 이용하여 트러스의 인장부재는 T, 압축부재는 C로 영부재는 '0' 으로 표기하면 그림(j)와 같다.

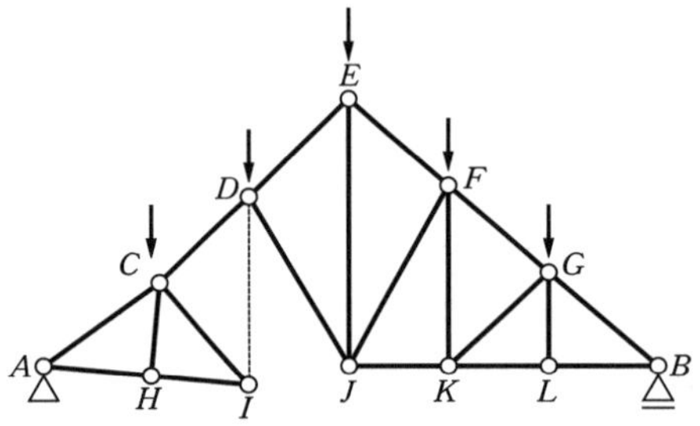

그림(h)

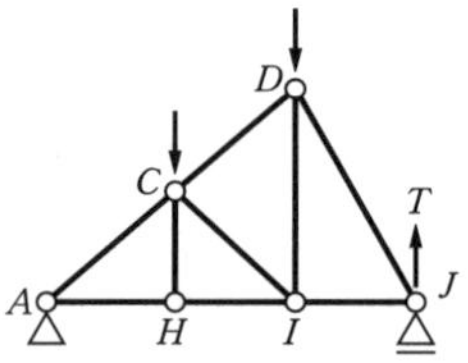

그림(i)

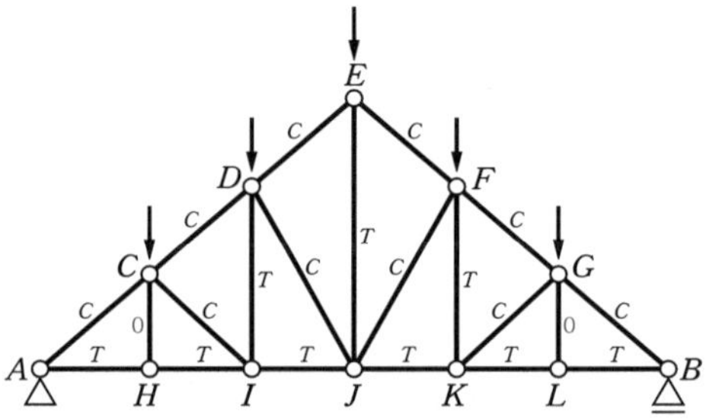

그림(j)

◆ ◆ ◆ ◆ ◆ ◆

◈ 연 습 문 제 ◈

8.5.1 다음과 같은 트러스의 일반적인 성질에 대한 설명으로 옳지 않은 것은?

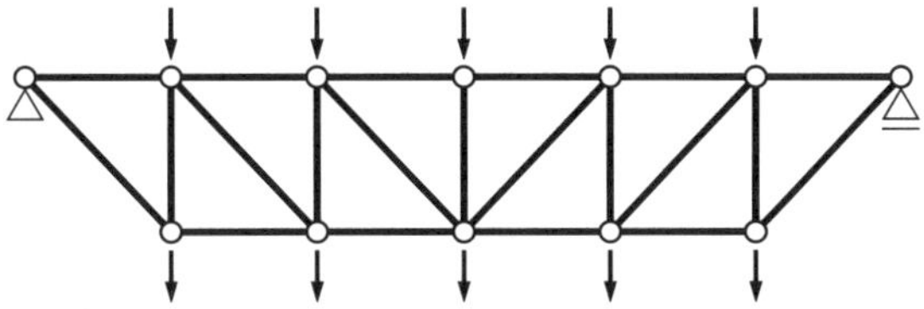

① 프랫트러스(Pratt Truss)로, 일반적으로 목조트러스 보다는 철골트러스에 적합이다.
② 상현재는 모두 압축재이며, 하현재는 모두 인장재이다.
③ 수직재는 모두 압축재이며, 경사재는 모두 인장재이다.
④ 상현재와 하현재의 부재력은 중앙부에서 단부로 갈수록 작아진다.
⑤ 수직재와 경사재의 부재력은 중앙부에서 단부로 갈수록 작아진다.

8.5.2 다음과 같은 트러스의 일반적인 성질에 대한 설명으로 옳지 않은 것은?

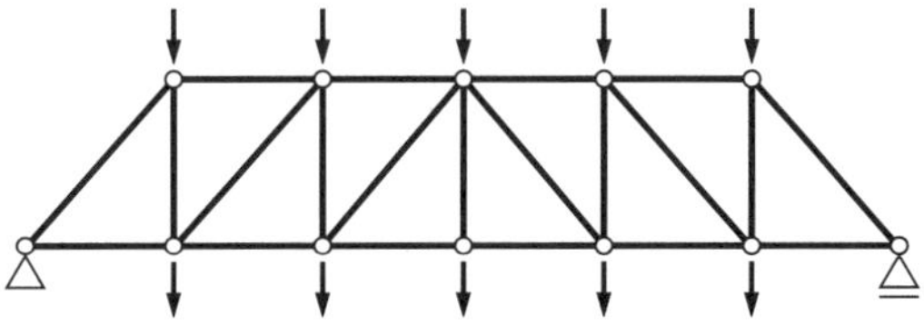

① 하우트러스(Howe Truss)로, 일반적으로 목조트러스에 적합한 구조이다.
② 상현재는 모두 압축재이며, 하현재는 모두 인장재이다.
③ 수직재는 모두 압축재이며, 경사재는 모두 인장재이다.
④ 수직재와 경사재의 부재력은 중앙부에서 단부로 갈수록 커진다.
⑤ 상현재와 하현재의 부재력은 단부에서 중앙부로 갈수록 커진다.

8.5.3 다음과 같은 트러스의 일반적인 성질에 대한 설명으로 옳지 않은 것은?

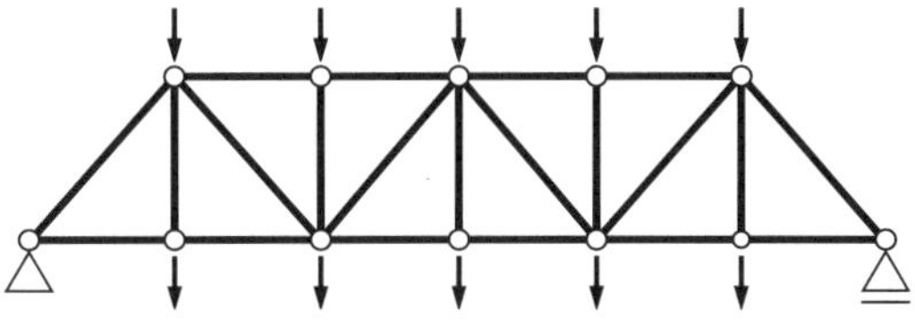

① 하부지점형의 수직재가 있는 와렌트러스(Warren Truss)이다.
② 상현재는 모두 압축재이며, 하현재는 모두 인장재이다.
③ 수직재는 모두 압축재이며, 경사재는 모두 인장재이다.
④ 수직재와 경사재의 부재력은 중앙부에서 단부로 갈수록 커진다.
⑤ 상현재와 하현재의 부재력은 단부에서 중앙부로 갈수록 커진다.

8.5.4 다음과 같은 트러스의 일반적인 성질에 대한 설명으로 옳지 않은 것은?

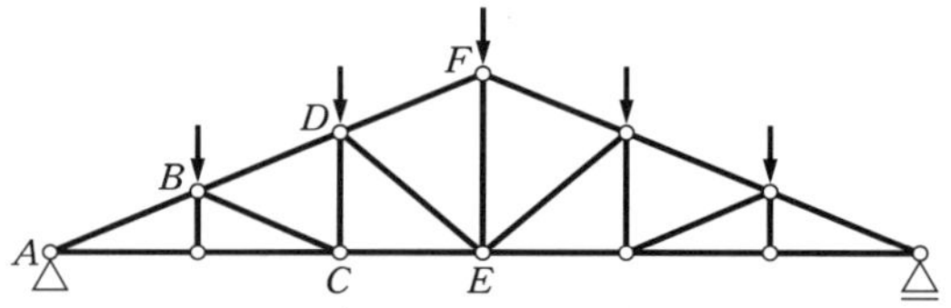

① 단순지지 형태의 왕대공트러스(King Post Truss)이다.
② 수직재 EF는 왕대공(King Post)으로 인장재이다.
③ 복재(腹材, Web Member)의 수직재는 모두 압축재이며, 복재의 경사재는 모두 인장재이다.
④ 상현재는 압축재이며, 하현재는 인장재이다.

8.5.5 다음과 같은 트러스의 일반적인 성질에 대한 설명으로 옳지 않은 것은?

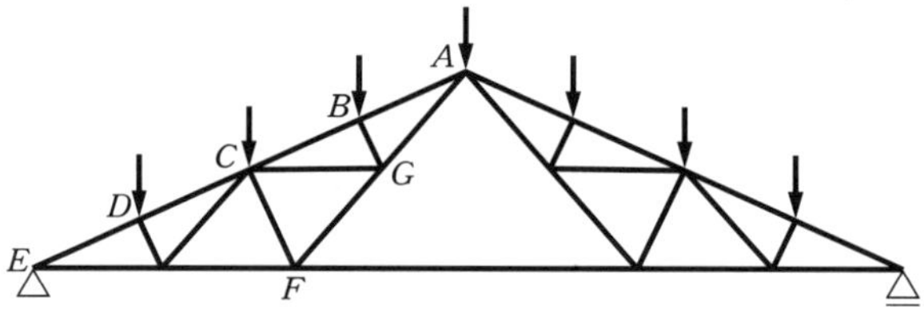

① 단순지지 형태의 핑크트러스(Fink Truss)이다.
② 수직재 BG와 상현재 AB와 BC는 압축재이다.
③ 경사재 AG와 CG는 인장재이다.
④ 수직재 CF는 인장재이다.
⑤ 하현재는 모두 인장재이다.

8.6 입체트러스 (Space Truss)*

입체트러스(Space Truss)란 트러스의 형상과 이에 작용하는 외력이 한 평면 안에 있지 않고 공간에 있으며, 부재 간 절점을 활절로 하여 부재가 축방향력만을 받도록 한 트러스를 말한다. 입체트러스의 기본형은 [그림8.6.1](a)와 같이 6개의 부재와 4개의 절점으로 구성된 삼각뿔 형태이다. 이 기본형은 [그림8.6.1](b)처럼 동일평면에 있지 않는 3개의 부재와 1개의 절점이 추가됨으로써 확대되어 나아갈 수 있다.

[그림8.6.1] 입체트러스의 구성

입체트러스를 해석하는 기본적인 방법은 일반적으로 평면트러스의 경우와 같으며, 입체트러스의 해법상의 가정도 평면트러스의 경우와 거의 동일하다. 다만 평면트러스의 활절은 1축에 대하여 회전이 자유로운데 비하여, 입체트러스의 활절은 3축에 대하여 회전이 자유롭다는 것에 주목하여야 한다. 이런 의미에서 입체트러스의 활절과 같은 절점을 **유니버설 절점**(Universal Joint)이라고 한다.

8.6.1 공간에서의 힘의 평형방정식

입체트러스에 작용하는 힘은 공간에서 이루어지므로, 이들 힘의 평형방정식을 알아야 입체 트러스를 해석할 수 있다.

가. 공간에서의 힘의 분해, 합성 및 모멘트

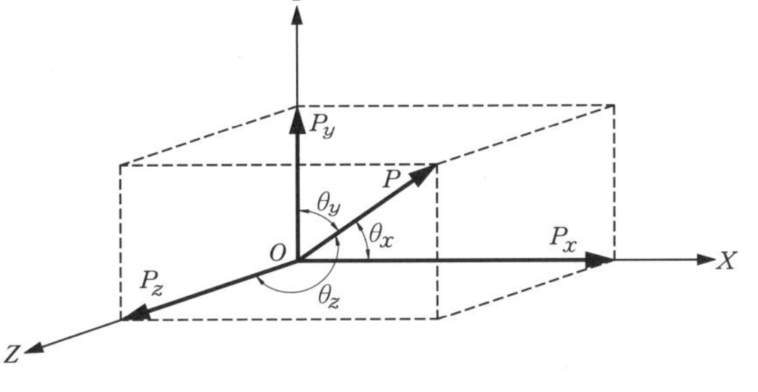

[그림8.6.2] 공간에서의 힘의 표시

[그림8.6.2]는 공간에 존재하는 1개의 힘 P로, 작용점 O를 원점으로 직교 좌표축 X, Y, Z축을 설정하고 힘 P와 각 좌표축의 양(+)의 방향과 이루는 각도를 각각 θ_x, θ_y, θ_z라고 하면, 힘 P의 X, Y, Z축 방향의 분력은 다음과 같다.

$$P_x = P\cos\theta_x$$
$$P_y = P\cos\theta_y \qquad (8.6.1)$$
$$P_z = P\cos\theta_z$$

한편 분력 P_x, P_y, P_z는 이들의 합력이 힘 P이므로, 힘 P의 크기는 다음과 같다.

$$P = \sqrt{P_x^2 + P_y^2 + P_z^2} \qquad (8.6.2)$$

또한 힘 P의 방향은 다음과 같이 나타낼 수 있다.

$$\theta_x = \cos^{-1}\frac{P_x}{P}$$
$$\theta_y = \cos^{-1}\frac{P_y}{P} \qquad (8.6.3)$$
$$\theta_z = \cos^{-1}\frac{P_z}{P}$$

그리고 식(8.6.1)과 식(8.6.2)에 의하여 다음과 같은 관계가 있음을 알 수 있다.

$$\cos^2\theta_x + \cos^2\theta_y + \cos^2\theta_z = 1 \qquad (8.6.4)$$

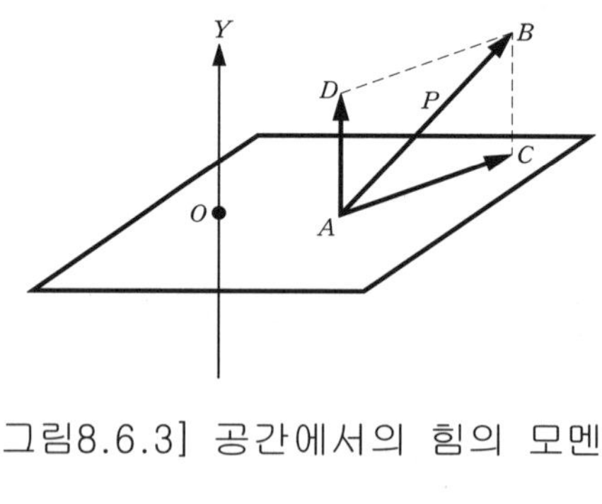

[그림8.6.3] 공간에서의 힘의 모멘트

공간에서의 모멘트는 임의 축에 대하여 정의되는데, 동일평면상에서의 모멘트의 정리는 공간에서도 적용된다. [그림8.6.3]에서 Y축에 대하여 자유롭게 회전할 수 있는 물체 내부의 한 점A에 힘 P가 작용하는 경우, 이 힘 P를 점A를 포함하고 Y축에 직교하는 평면 OAC내에 작용하는 분력 $\overrightarrow{AC} = P\cos\theta$와 이 평면에 수직방향으로 작용하는 분력 $\overrightarrow{AD} = P\sin\theta$로 분해하면, 전자인 분력 $\overrightarrow{AC}$만이 물체를 Y축에 대하여 회전시킨다. 이때 힘 P의 Y축에 대한 모멘트 M_y는 점

O에서 힘 $\overrightarrow{AC}$에 내린 수선의 길이를 L이라 하면 다음과 같다.

$$M_y = P\cos\theta \cdot L \tag{8.6.5}$$

나. 공간에서의 평형 방정식

공간에서 작용하는 힘들을 합성하면 하나의 합력과 하나의 모멘트로 되므로 이들 힘을 받는 물체는 합력의 작용방향으로 이동하고 모멘트의 작용방향으로 회전하게 된다. 따라서 공간에서 힘을 받는 물체가 이동하지도 회전하지도 않고 정지상태에 있으려면 합력과 모멘트가 동시에 '0'이 되어야 한다. 합력이 '0'이 되려면, 물체에 작용하는 모든 외력의 임의의 직교 좌표축 X, Y, Z에 대한 분력의 합계 ΣP_x, ΣP_y, ΣP_z가 각각 '0'이 되어야 한다. 또한 모멘트가 '0'이 되려면, 임의의 직교 좌표축 X, Y, Z축에 대한 모멘트의 합계 ΣM_x, ΣM_y, ΣM_z가 각각 '0'이 되어야 한다. 따라서 일반적인 공간에서 힘의 정역학적 평형방정식은 다음과 같다.

$$\begin{gathered} \Sigma P_x = 0\ ,\quad \Sigma P_y = 0\ ,\quad \Sigma P_z = 0 \\ \Sigma M_x = 0\ ,\quad \Sigma M_y = 0\ ,\quad \Sigma M_z = 0 \end{gathered} \tag{8.6.6}$$

만일 모든 힘이 평행일 때 X축을 이들 힘과 평행하게 잡으면, $\Sigma P_y = 0$, $\Sigma P_z = 0$ 및 $\Sigma M_x = 0$은 항상 만족하므로 공간에서의 힘의 평형방정식은 다음과 같이 된다.

$$\Sigma P_x = 0\ ,\quad \Sigma M_y = 0\ ,\quad \Sigma M_z = 0 \tag{8.6.7}$$

또한 만일 모든 힘이 한 점에서 만나고 이 점을 좌표의 원점으로 하면, $\Sigma M_x = 0$, $\Sigma M_y = 0$, $\Sigma M_z = 0$은 항상 만족하므로 공간에서의 힘의 평형방정식은 다음과 같이 된다.

$$\Sigma P_x = 0\ ,\quad \Sigma P_y = 0\ ,\quad \Sigma P_z = 0 \tag{8.6.8}$$

8.6.2 입체트러스의 안정 및 정정 조건

가. 입체트러스 지점의 종류

평면트러스의 한 지점은 독립된 2개의 반력성분을 가질 수 있으며, 1개의 반력성분을 가지는 이동단(Roller Support)과 2개의 반력성분을 가지는 회전단(Hinge Support)에 의하여 지탱된다. 이에 비하여 입체트러스의 한 지점은 임의의 직교

좌표축 X, Y, Z에 대하여 독립된 3개의 반력성분을 가질 수 있다. 한편 이들 반력성분 가운데 1개 또는 2개가 되도록 설계할 수도 있다. 입체트러스의 지점을 크게 3종류로 분류하면 다음과 같다.

① **볼 소켓 지점**(Ball and Socket Support) : [그림8.6.4](a)처럼 유니버설 절점과 같은 형식의 지점으로, **유니버설 지점**(Universal Support) 또는 **힌지 지점**(Hinged Support)이라고도 한다. 이 지점은 임의의 직교 좌표축 X, Y, Z에 대하여 독립된 3개의 반력성분을 가진다.

② **홈 속의 로울러 지점**(Slotted Roller Support) : [그림8.6.4](b)처럼 연직방향 및 직교하는 두 수평방향 가운데 어느 한 방향의 이동을 구속하는 홈이 파인 로울러지점으로, 두 방향의 변위를 방지하고 오직 홈 방향으로의 변위만을 허용한다. 이 지점은 임의의 직교 좌표축 X, Y, Z에 대하여 독립된 2개의 반력성분을 가진다.

③ **볼 지점**(Ball Support) : [그림8.6.4](c)처럼 둥근 볼(Spherical Ball), 평판, 평판 로울러 등으로 되어있는 지점으로, 지지면에 직각인 한 방향으로만 이동을 구속한다. 이 지점은 임의의 직교 좌표축 X, Y, Z에 대하여 1개의 반력성분을 가진다.

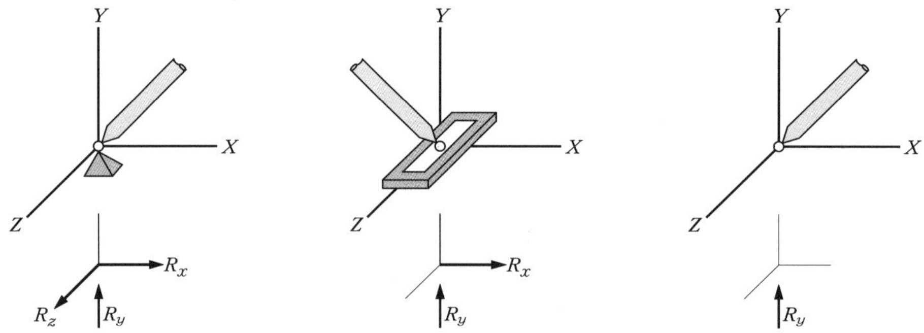

(a) 볼 소켓 지점 (b)홈 속의 로울러 지점 (c) 볼 지점

[그림8.6.4] 입체트러스 지점의 종류

나. 입체트러스의 정정조건

일반적으로 하중을 받아 평형상태에 있는 안정한 입체트러스에서 부재력과 지점 반력은 미지의 힘이다. 트러스부재의 부재력은 축방향력 1개만 작용하므로 부재의 총수를 s, 지점 반력의 총수를 n이라 하면, 미지의 힘의 총수는 $n+s$가 된다. 한편 이들 미지의 힘을 구하기 위한 조건식으로는 지점을 포함한 각 절점마다 식(8.6.8)로 표시되는 3개의 평형조건식이 성립됨으로, 지점을 포함한 절점의 총수를 k라고 하면 평형조건식은 $3k$개다. 따라서 $n+s$개의 미지의 힘을 모

두 $3k$개의 평형조건식을 통하여 구할 수 있다면 그 트러스는 정정(靜定, Statically Determinate)이다. 그러므로 입체트러스가 정정구조물이 되기 위한 조건식은 다음과 같다.

$$n + s = 3k \tag{8.6.9}$$

따라서 입체트러스의 전제적인 부정정차수 m은 일반적으로 다음과 같다.

$$m = n + s - 3k \tag{8.6.10}$$

여기서 $m = 0$이면 정정, $m > 0$이면 부정정, $m < 0$이면 불안정이다.

일반적으로 하나의 입체구조물이 정역학적 평형상태를 유지하려면 식(8.6.6)으로 표시되는 공간에서의 평형조건식 6개가 성립되어야 하므로, 미지의 반력이 6개이면 구조물 전체에 대한 자유물체도에 대하여 6개의 평형조건식을 적용하여 모든 반력을 구할 수 있다. 이때 이 구조물은 외적으로 정정이다. 그러므로 입체트러스와 같은 입체구조물의 외적 부정정차수 m_e는 다음과 같은 식으로 나타낼 수 있다.

$$m_e = n - 6 \tag{8.6.11}$$

여기서 $m_e = 0$이면 외적으로 정정, $m_e > 0$이면 외적으로 부정정, $m_e < 0$이면 외적으로 불안정이다.

8.6.3 입체트러스의 해석

입체트러스의 해석에 있어서의 가정과 해석방법은 일반적으로 평면트러스의 경우와 동일하다. 다만 입체트러스에서는 한 절점에 대한 평형조건식이 식(8.6.8)에 의하여 3개가 성립된다는 것이다. 따라서 한 절점에 결합된 부재의 수가 3개이면 미지의 부재력이 3개이므로 평면트러스의 절점법과 마찬가지로 그 절점에서의 자유물체도에 대하여 평형조건식 3개를 적용하여 부재력을 구할 수 있다. 한 절점에 4개 이상의 부재가 결합되어있는 경우에는 그 가운데 3개의 부재력을 제외한 나머지 부재력을 알고 있으면 미지의 3개의 부재력을 구할 수 있다. 결국 입체트러스의 절점법에서는 3개 이하의 미지의 부재력이 있는 절점에서부터 외력(하중과 반력)에 대한 평형조건식을 이용하여 미지의 부재력을 산정하고, 이후 미지의 부재력이 3개 이하인 절점을 대상으로 순차적으로 상기와 같은 방식으로 계산을 반복 수행하면 된다. 그러나 트러스가 정정구조물이라도 절점법만으로는 모든 부재력을 구할 수 없는 경우가 있는데, 이런 경우에는 단면법이나 부재치환법 등 다른 적절한 해법을 사용하여야 한다.

다음은 입체트러스의 해석에 필요한 몇 가지 기본적인 관계들을 설명하고자 한다.

[그림8.6.5]와 같이 입체트러스의 어느 한 절점O을 원점으로 하는 직교 좌표축 X, Y, Z을 설정한다. 이 절점O에 결합된 길이 L의 임의의 경사진 부재 OA와 좌표축 X, Y, Z의 양(+)의 방향과 이루는 각도를 각각 θ_x, θ_y, θ_z라고 한다. 이때 부재 OA의 길이 L의 직교 좌표축 X, Y, Z에의 투영길이를 각각 L_x, L_y, L_z라고 하면 다음과 같은 관계가 성립된다.

$$L = \sqrt{L_x^2 + L_y^2 + L_z^2} \tag{8.6.12}$$

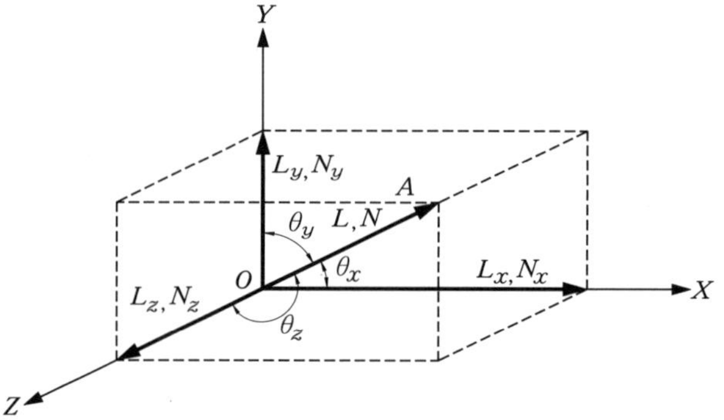

[그림8.6.5] 입체트러스의 해석

한편 [그림8.6.5]에 표시한 바와 같이 부재 OA의 부재력 N의 직교 좌표축 X, Y, Z방향의 분력성분을 각각 N_x, N_y, N_z 라고 하면 다음과 같다.

$$\begin{aligned} N_x &= N\cos\theta_x \\ N_y &= N\cos\theta_y \\ N_z &= N\cos\theta_z \end{aligned} \tag{8.6.13}$$

그리고 상기 식(8.6.13)에서 $\cos\theta_x = L_x/L$, $\cos\theta_y = L_y/L$, $\cos\theta_z = L_z/L$ 이므로 다음의 관계가 성립된다.

$$\begin{aligned} N_x &= N\left(\frac{L_x}{L}\right) \\ N_y &= N\left(\frac{L_y}{L}\right) \\ N_z &= N\left(\frac{L_z}{L}\right) \end{aligned} \tag{8.6.14}$$

또한 상기 식(8.6.14)로부터 다음의 관계가 성립된다.

$$\frac{N}{L} = \frac{N_x}{L_x} = \frac{N_y}{L_y} = \frac{N_z}{L_z} \tag{8.6.15}$$

한편 상기 식(8.6.15)으로부터 한 부재의 3개의 부재력 성분 가운데 어느 한 부재력 성분을 다른 부재력 성분의 항으로 표시할 수도 있다.

예를 들자면 $N_x = N_y \left(\dfrac{L_x}{L_y}\right) = N_z \left(\dfrac{L_x}{L_z}\right)$ 이다.

◆ ◆ ◆ ◆ ◆ ◆

예제 8.6.1

아래 입체트러스의 반력과 부재력을 계산하라. 단, 지점 A와 C는 x 방향으로, 지점 B는 z 방향으로 자유롭게 이동할 수 있는 로울러이다.

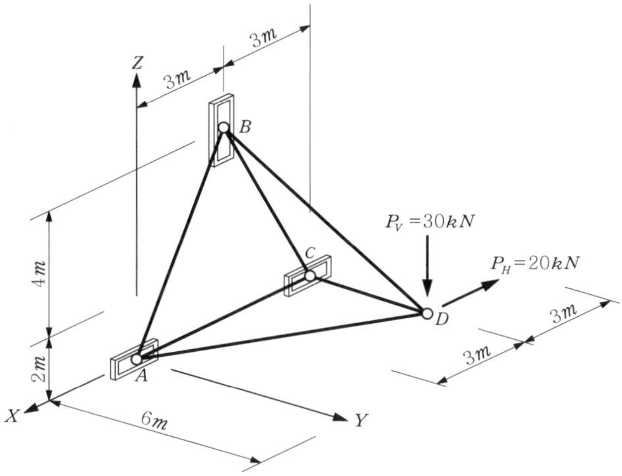

풀이

지점의 종류에 따라 반력성분을 그림(a)와 같이 표시할 수 있다.
$n+s=3k$ 로부터 $6+6=3\times4$ 가 되므로 이 입체트러스는 정정구조물이다.

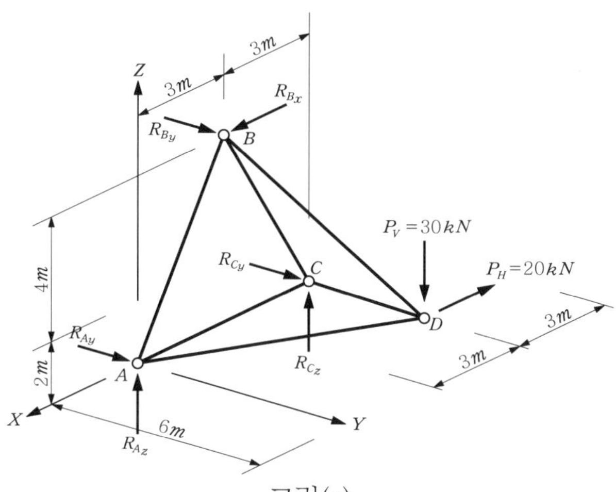

그림(a)

(1) 반력

각 절점에서의 반력의 방향을 그림(a)와 같이 가정하면, 다음과 같은 평형방정식을 세울 수 있다.

$$\sum X=0 \quad : \quad R_{Bx}-20 = 0 \qquad \therefore\ R_{Bx}=20\,kN$$

$$\sum Y=0 \quad : \quad R_{Ay}+R_{By}+R_{Cy} = 0$$

$$\sum Z=0 \quad : \quad R_{Az}+R_{Cz}-30 = 0$$

그리고, x 축에 대한 모멘트를 모두 취하면,

$$\sum M_x=0 \ : \ 30\times 6+R_{By}\times 6 = 0 \qquad \therefore\ R_{By}=-30\,kN$$

마찬가지로 y 축과 z 축에 대한 모멘트를 모두 취하면,

$$\sum M_y=0 \ : \ 30\times 3+20\times 2-R_{Bx}\times 6-R_{Cz}\times 6 = 0$$

$$\therefore\ R_{Cz}=1.67\,kN$$

$$\sum M_z=0 \ : \ -20\times 6+R_{By}\times 3+R_{Cy}\times 6 = 0 \qquad \therefore\ R_{Cy}=35\,kN$$

구해진 각각의 반력을 평형방정식에 대입하면 나머지 반력을 구할 수 있다.

$$\therefore\ R_{Ay}=-5\,kN \qquad \therefore\ R_{Az}=28.33\,kN$$

구해진 각 절점에서의 반력을 바르게 도시하면 그림(b)와 같다.

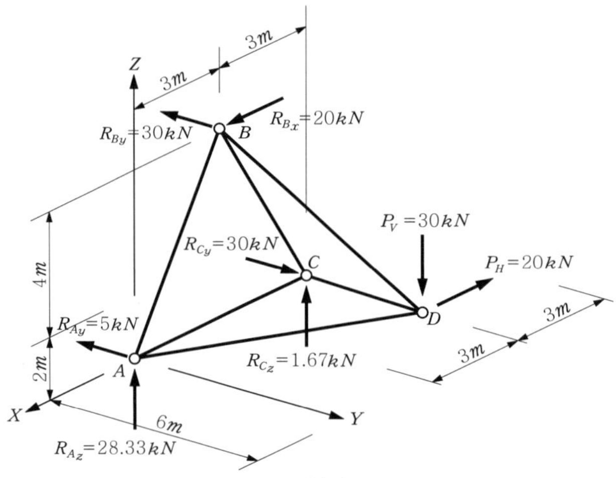

그림(b)

(2) 트러스 부재력

그평형조건식을 통해 각각의 부재력을 구한다.

그림(c)와 같이 A점의 자유물체도를 통해 부재력을 구하면,

$$\sum X=0 \ : \ -X_{AB}-F_{AC}-X_{AD} = -\frac{1}{\sqrt{5}}F_{AB}-F_{AC}-\frac{3}{7}F_{AD} = 0$$

$$\sum Y=0 \ : \ -5+Y_{AD} = -5+\frac{6}{7}F_{AD} = 0 \qquad \therefore\ F_{AD}=5.83\,kN \text{ (인장)}$$

$$\sum Z=0 \ : \ 28.33+Z_{AB}+Z_{AD} = 28.33+\frac{2}{\sqrt{5}}F_{AB}+\frac{2}{7}F_{AD} = 0$$

$$\therefore\ F_{AB} = 33.54\,kN\ (압축)$$

구해진 부재력으로 $\Sigma X = 0$ 를 취하면

$$-\frac{1}{\sqrt{5}} \times (-33.54) - F_{AC} - \frac{3}{7} \times 5.83 = 0 \qquad \therefore\ F_{AC} = 12.5\,kN\ (인장)$$

또한 그림(d)와 같이 B점의 자유물체도를 통해 부재력을 구하면,

$$\Sigma X = 0\ :\ 20 - X_{BA} - X_{BC} = 20 - \frac{1}{\sqrt{5}} \times 33.54 - \frac{1}{\sqrt{5}} F_{BC} = 0$$

$$\therefore\ F_{BC} = 11.18\,kN\ (인장)$$

$$\Sigma Y = 0\ :\ -30 + Y_{BD} = -30 + \frac{6}{\sqrt{52}} F_{BD} = 0$$

$$\therefore\ F_{BD} = 36.06\,kN\ (인장)$$

그림(e)와 같이 C점의 자유물체도를 통해 부재력을 구하면,

$$\Sigma Y = 0\ :\ 35 + Y_{CD} = 35 + \frac{6}{7} F_{CD} = 0 \qquad \therefore\ F_{CD} = 40.83\,kN\ (압축)$$

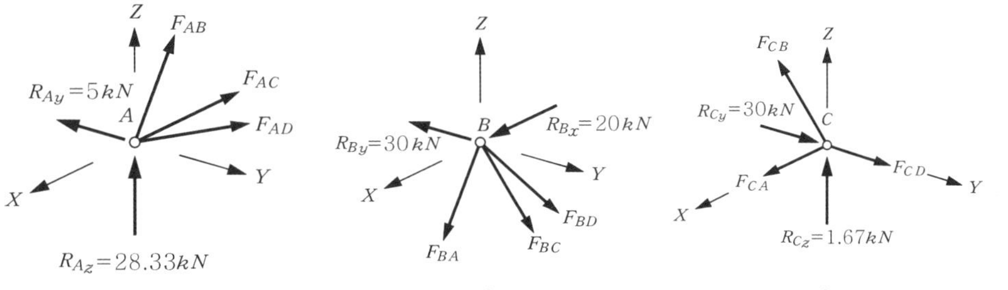

그림(c) 그림(d) 그림(e)

구해진 트러스의 부재력을 표로 정리하면 다음과 같다.

부재	l_x (m)	l_y (m)	l_z (m)	l (m)	F_x (kN)	F_y (kN)	F_z (kN)	F (kN)
AB	3	0	6	6.71	-15	0	-28.33	-33.54
AC	6	0	0	6	12.5	0	0	12.5
AD	3	6	2	7	2.5	5	1.67	5.83
BC	3	0	6	6.71	5	0	10	11.18
BD	0	6	4	7.21	0	30	20	36.06
CD	3	6	2	7	-17.5	-35	-11.67	-40.83

예제 8.6.2

다음 그림과 같은 입체트러스의 부재력을 구하라. 단, 각각의 지점은 그림과 같이 B점은 볼 소켓 지점이고, C점과 E점은 볼 지점, D점은 홈 속의 로울러 지점으로 지지되어 있다.

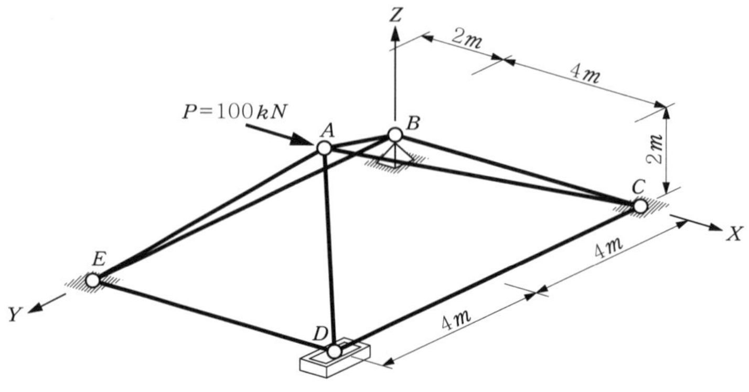

풀이

지점의 종류에 따라 반력은 그림(a)와 같이 표시할 수 있다.

$n+s=3k$ 로부터 $7+8=3\times5$ 가 되므로 이 입체트러스는 정정구조물이다.

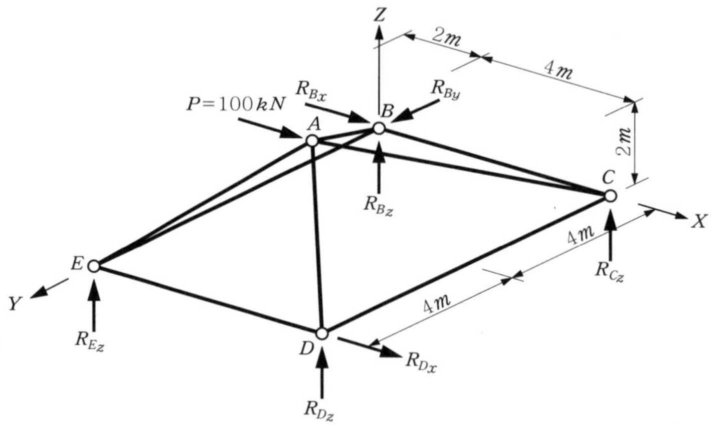

그림(a)

(1) 반력

각 절점에서의 반력의 방향을 그림(a)와 같이 가정하면, 다음과 같은 평형방정식을 세울 수 있다.

① $\Sigma X=0$: $R_{Bx}+R_{Dx}-100=0$

② $\Sigma Y=0$: $R_{By}=0$ $\quad\therefore\ R_{By}=0$

③ $\Sigma Z=0$: $R_{Bz}+R_{Cz}+R_{Dz}+R_{Ez}=0$

그리고 각 축에 대한 모멘트를 모두 취하면,

④ $\Sigma M_x = 0$: $R_{Dz} \times 8 + R_{Ez} \times 8 = 0$ $\quad\therefore\ R_{Dz} = -R_{Ez}$

⑤ $\Sigma M_y = 0$: $100 \times 2 - R_{Cz} \times 6 - R_{Dz} \times 6 = 0$

⑥ $\Sigma M_z = 0$: $-100 \times 4 - R_{Dx} \times 8 = 0$ $\quad\therefore\ R_{Dx} = -50\,kN$

구해진 반력들을 ③, ⑤식에 대입하면,

$\therefore\ R_{Bx} = -50\,kN$ $\qquad\therefore\ R_{Bz} = -R_{Cz}$

여기서, 이 입체트러스는 미지의 반력이 7개이므로 $m_e = n - 6$ 으로부터 외적 1차부정정임을 알 수 있다. 따라서 나머지 반력 R_{Bz}, R_{Cz}, R_{Dz}, R_{Ez} 들은 부재력과 각 절점에서의 평형방정식을 통해 구하여야한다.

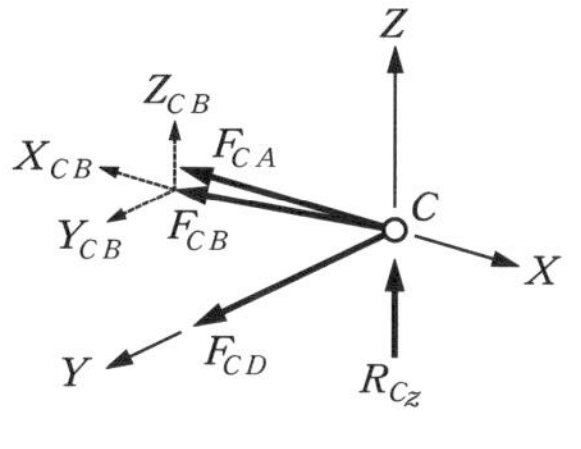

그림(b)

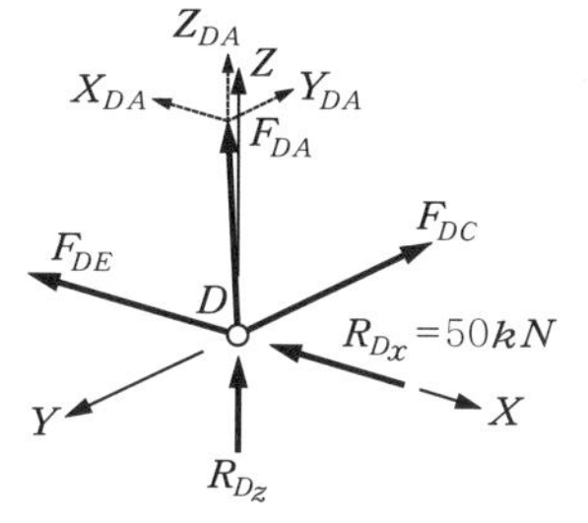

그림(c)

먼저 그림(b)와 같이 C 점의 자유물체도에서,

⑦ $\Sigma X = 0$: $R_{Cz} + Z_{AC} = R_{Cz} + \frac{2}{6} F_{AC} = 0$ $\quad\therefore\ F_{AC} = -3R_{Cz}$

⑧ $\Sigma Y = 0$: $F_{CD} + Y_{AC} = F_{CD} + \frac{4}{6} F_{AC} = 0$ $\quad\therefore\ F_{CD} = 2R_{Cz}$

그리고 그림(c)와 같이 D 점의 자유물체도에서,

⑨ $\Sigma X = 0$: $R_{Dz} + Z_{AD} = R_{Dz} + \frac{2}{6} F_{AD} = 0$ $\quad\therefore\ F_{AD} = -3R_{Dz}$

⑩ $\Sigma Y = 0$: $F_{CD} + Y_{AD} = F_{CD} + \frac{4}{6} F_{AD} = 0$ $\quad\therefore\ F_{CD} = -\frac{2}{3} F_{AD}$

⑩식에 ⑧, ⑨식에서 구해진 F_{CD} 및 F_{AD} 를 대입하면,

$F_{CD} = 2R_{Cz} = -\frac{2}{3} F_{AD} = -3R_{Dz}$ $\quad\therefore\ R_{Cz} = R_{Dz}$

③, ⑤식으로부터 나머지 반력을 구하면

$\therefore\ R_{Cz} = R_{Dz} = 16.67kN$ $\qquad\therefore\ R_{Bz} = R_{Ez} = -16.67kN$

구해진 각 절점에서의 반력을 바르게 도시하면 그림(d)와 같다.

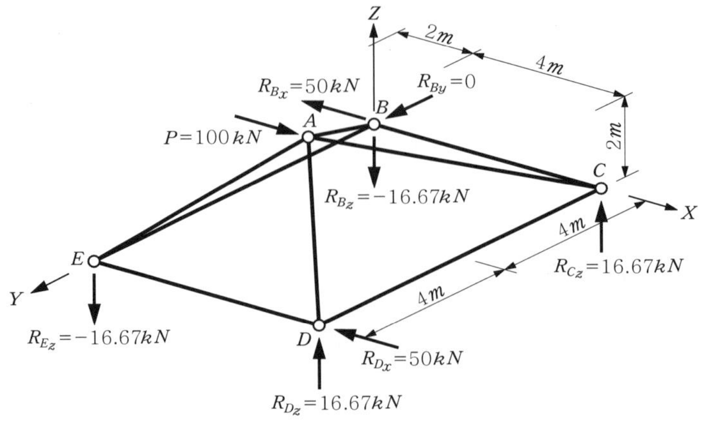

그림(d)

(2) 트러스 부재력

여기서 부재력 F_{AD}, F_{AC}, F_{CD}는 반력계산시 세운 ⑦~⑨식을 통해 구해지며, 나머지 부재력은 평형조건식을 통해 구할 수 있다.

$\therefore\ F_{AC}=50\,kN$ (압축) $\therefore\ F_{AD}=50\,kN$ (압축) $\therefore\ F_{CD}=33.33\,kN$ (인장)

그림(b)에서 F_{BC}는 $\Sigma X=0$을 통해 구할 수 있으므로,

$$\Sigma X=0\ :\ -F_{BC}+X_{AC}=-F_{BC}+F_{AC}\times\frac{2}{3}=0$$

$$\therefore\ F_{BC}=33.33\,kN\ (인장)$$

마찬가지로 그림(c)에서 F_{DE}는 $\Sigma X=0$을 통해 구할 수 있으므로,

$$\Sigma X=0\ :\ -50-F_{DE}-F_{AD}\times\frac{2}{3}=0$$

$$\therefore\ F_{DE}=16.67\,kN\ (압축)$$

그림(e)와 같이 B점의 자유물체도를 통해 부재력을 구하면,

$$\Sigma X=0\ :\ -50+33.33+\frac{2}{\sqrt{24}}F_{BA}=0$$

$$\therefore\ F_{BA}=40.82\,kN\ (인장)$$

$$\Sigma Y=0\ :\ F_{BE}+Y_{BA}=F_{BE}+\frac{4}{\sqrt{24}}F_{BA}=0$$

$$\therefore\ F_{BE}=33.33\,kN\ (압축)$$

그림(f)와 같이 E점의 자유물체도를 통해 부재력을 구하면,

$$\Sigma X=0\ :\ F_{EB}+Y_{EA}=F_{EB}+\frac{4}{\sqrt{24}}F_{EA}=0$$

$$\therefore\ F_{EA}=40.82\,kN\ (인장)$$

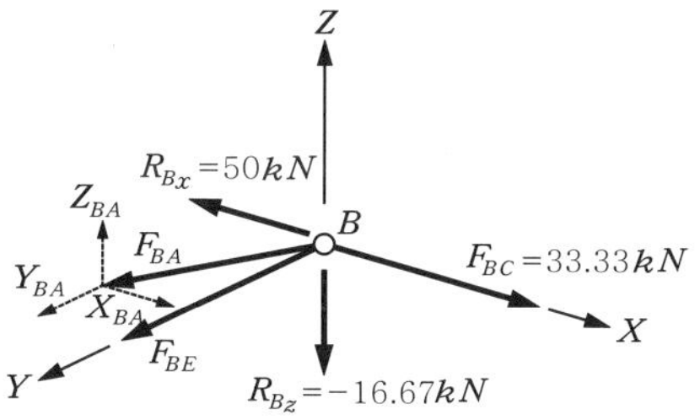

그림(e)

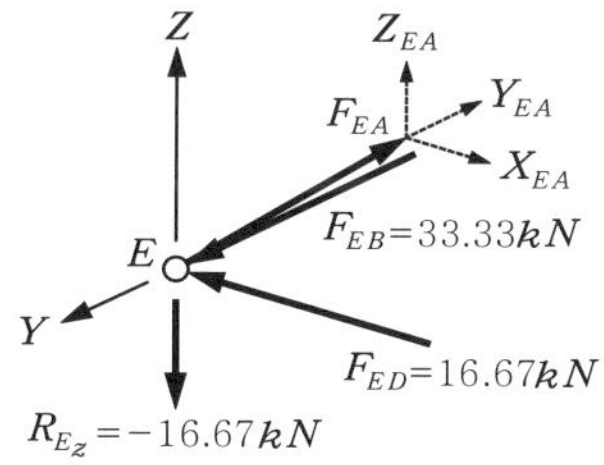

그림(f)

구해진 트러스의 부재력을 표로 정리하면 다음과 같다.

부재	l_x (m)	l_y (m)	l_z (m)	l (m)	F_x (kN)	F_y (kN)	F_z (kN)	F (kN)
AB	2	4	4	4.9	16.67	33.33	16.67	40.82
AC	4	4	2	6	-33.33	-33.33	-16.67	-50
AD	4	4	2	6	-33.33	-33.33	-16.67	-50
AE	2	4	4	4.9	16.67	33.33	16.67	40.82
BC	6	0	0	6	33.33	0	0	33.33
BE	0	8	0	8	0	-33.33	0	-33.33
CD	0	8	0	8	0	33.33	0	33.33
DE	6	0	0	6	-16.67	0	0	-16.67

◆ ◆ ◆ ◆ ◆ ◆

◈ 연 습 문 제 ◈

8.6.1 다음 그림과 같은 입체트러스의 부재력을 구하여라. 단, 각각의 지점은 그림과 같이 A점은 볼 지점, B점은 볼 소켓 지점이고, C점은 홈 속의 로울러 지점으로 지지되어 있다.

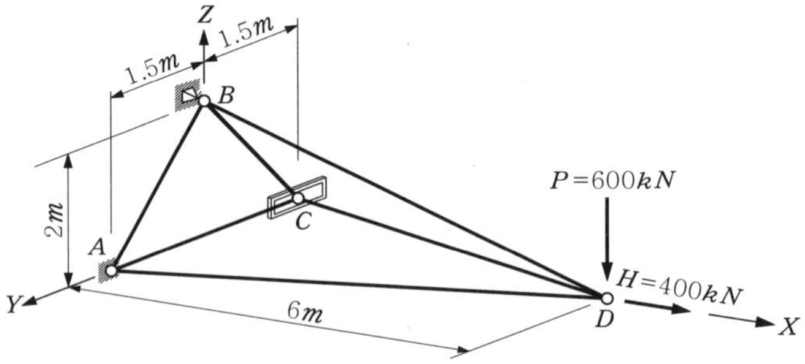

8.6.2 다음 그림과 같은 입체트러스의 부재력을 구하여라. 단, 각각의 지점은 그림과 같이 A점은 볼 소켓 지점이고, B점은 홈 속의 로울러 지점, C점은 케이블로 지지되어 있다.

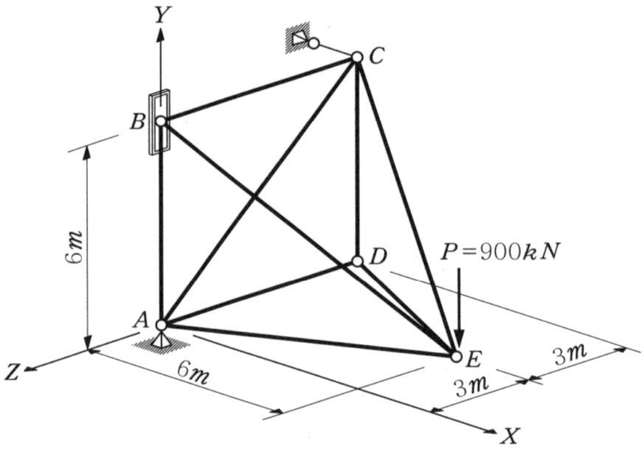

8.6.3 다음 그림과 같은 입체트러스의 부재력을 구하여라. 단, 모든 지점은 그림과 같이 홈 속의 로울러 지점이며 방향은 그림과 같다.

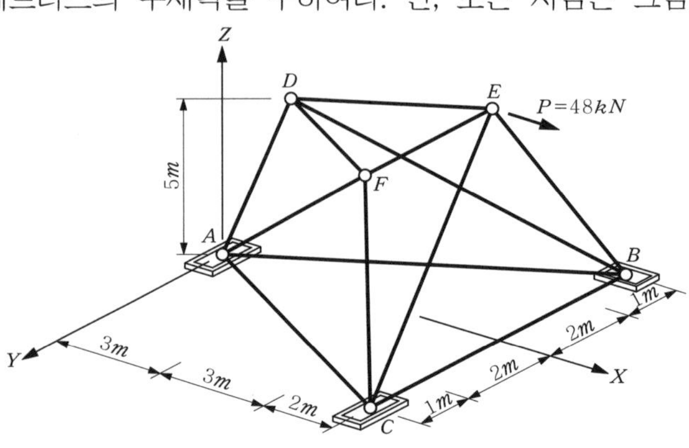

8.6.4 다음 그림과 같은 입체트러스의 반력을 구하여라. 단, 모든 부재의 길이는 $4m$ 이고 모든 지점은 그림과 같이 볼 소켓 지점이다.

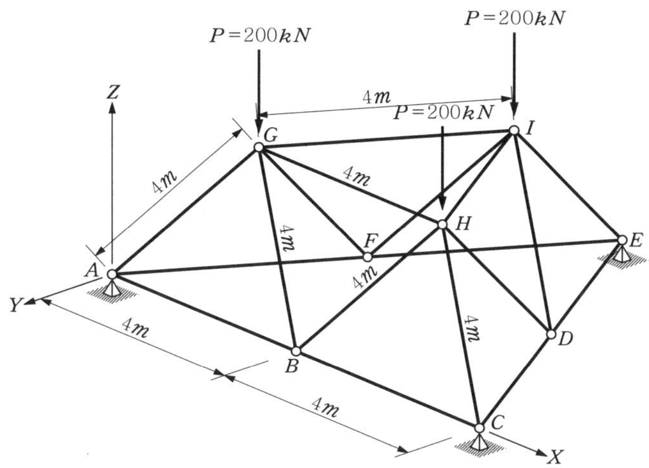

CHAPTER 9

제 9 장 비 틀 림

일반적으로 보는 휨모멘트와 전단력의 영향을 주로 받으며, 기둥에는 축방향력 외에 종종 휨모멘트와 전단력이 작용한다. 부재에는 이러한 힘들 이외에 길이방향의 축을 중심으로 부재를 비트는 비틀림(Torsion)이 작용할 수 있다. 비틀림은 일반적으로 휨모멘트 및 전단력과 동시에 작용하며, 때로는 축방향력도 같이 작용할 수 있다.

본 장에서는 비틀림 이론의 기초적인 부분으로, 비틀림을 받는 원형봉을 중심으로 그 응력과 변형의 산출식을 구해보도록 한다.

9.1 비틀림의 정의와 표시

비틀림(Torsion)이란 어떤 부재가 길이방향의 축을 중심으로 회전하는 우력에 의하여 비틀어지는 작용을 받는 것을 말한다. [그림9.1.1](a)는 한 끝이 고정되어 있는 원형봉에 길이방향의 축을 중심으로 회전하는 2개의 우력 $T_1 = P_1 l_1$, $T_2 = P_2 l_2$가 작용하여 부재를 비틀고 있는 경우를 보여주고 있다.

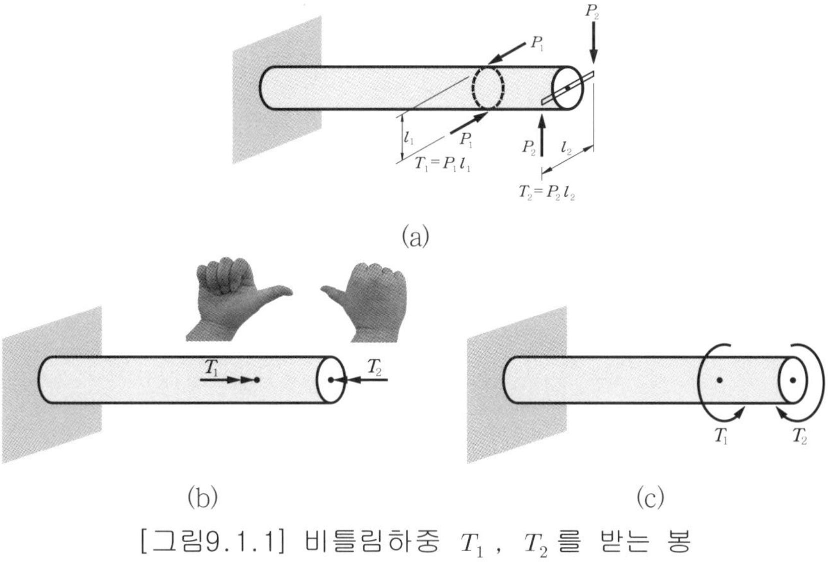

[그림9.1.1] 비틀림하중 T_1, T_2를 받는 봉

[그림9.1.1](a)의 우력을 간단히 표시하는 방법으로, 그림(b)와 같이 2개의 화살표로 나타내는 벡터(Vector)를 이용할 수 있다. 그림(b)에서 화살표는 우력이 작용하는 면에 수직하고 오른손법칙에 의하여 그 방향을 결정한다. 오른손의 엄지손가락을 화살표방향으로 향하고 나머지 손가락을 감쌀 때, 감싸지는 손가락의 방향이 비틀림의 회전방향이 된다. 이 비틀림은 그림(c)와 같이 휘어진 화살표로 직접 표시할 수도 있다.

[그림9.1.1]에 표시한 우력 T_1, T_2와 같이 부재에 비틀림을 일으키는 하중을 **비틀림모멘트**(Twisting Moment), **비틀림우력**(Twisting Couple), 또는 **토오크**(Torque) 라고도 부른다.

모터나 엔진을 사용하는 많은 기계의 전동축(Shaft)은 회전하는 축으로 비틀림하중이 지배적인 하중으로 작용하는 경우가 많은데, 이러한 회전축의 설계를 위해서는 비틀림하중에 의해 발생하는 응력해석이 필수적이다.

9.2 원형단면 봉의 비틀림

[그림9.2.1](a)와 같이 원형단면을 가진 봉의 양단에 비틀림모멘트 T가 작용하여 봉이 비틀어지는 경우를 생각해 보자.

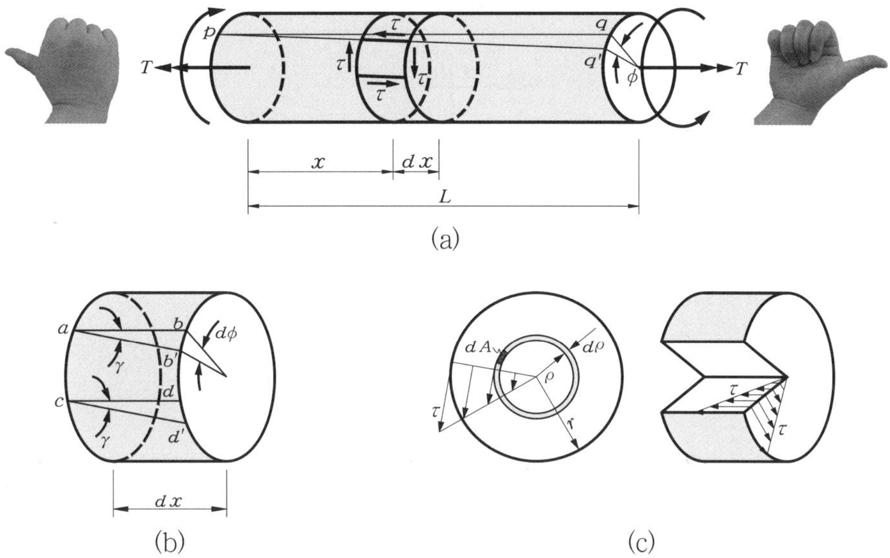

[그림9.2.1] 순수비틀림을 받고 있는 원형단면 봉

이와 같이 봉이 비틀림모멘트만을 받고 있는 것을 **순수비틀림**(Pure Torsion) 상태에 있다고 한다. 순수비틀림 상태에서 단면의 대칭성을 고려하면 원형단면 봉의 반지름은 직선을 유지하고, 그 단면들은 원형을 유지하면서 길이방향의 축 둘레를 강체로서 회전한다고 가정할 수 있다. 또한 봉의 모든 비틀림각이 작다고 가정하면 그 봉의 길이와 단면의 반지름도 변하지 않는다고 생각할 수 있다.

[그림9.2.1](a)에서 비틀림을 받는 동안 봉의 한쪽 끝 단면은 맞은편 끝 단면에 대하여 상대적으로 각 ϕ만큼 회전하게 되는데, 이에 선 pq와 같은 봉의 표면 위의 부재길이방향의 직선은 각 ϕ만큼 회전하여 pq'의 위치에 올 것이다. 이때 회전된 각 ϕ를 **비틀림각**(Angle of Twist)이라고 한다. 이 비틀림에 의한 회전 때문에 그림에 표시된 임의의 거리에서 미소거리 dx만큼 떨어져 있는 두 횡단면사이의 요소에서 그 표면 위의 직사각형 요소는 비틀어진 마름모꼴이 된다. 이 요소를 그림(b)와 같이 원판모양으로 분리하여 보면, 표면 위의 원래 직사각형 요소 $abcd$가 비틀림을 받는 동안 오른쪽 횡단면이 반대쪽 횡단면에 대하여 회전하므로 점 b, d가 각각 점 b', d'로 이동하게 된다. 회전하는 동안 그 요소의 각 변의 길이는 변하지 않으나 모서리의 각들은 변하게 되므로 이 요소는 순수전단(Pure Shear)상태에 있고, 그 전단변형률(Shear Strain) γ는 다음과 같이 나타난다.

$$\gamma = \frac{b\,b'}{a\,b} \tag{9.2.1}$$

이때 거리 bb'는 그림(b)에서 보는 바와 같이 미소각 $d\phi$에 대한 반지름 r인 작은 부채꼴의 호의 길이인데, 여기서 미소각 $d\phi$는 한 횡단면의 다른 횡단면에 대한 회전각이다. 따라서 $bb' = rd\phi$이다. 또한 거리 ab는 요소의 길이 dx와 같다. 이들 관계를 식(9.2.1)에 대입하면 다음과 같은 식을 얻을 수 있다.

$$\gamma = \frac{r\,d\phi}{dx} \tag{9.2.2}$$

상기 식(9.2.2)에서 $d\phi/dx$는 비틀림각 ϕ의 변화율을 나타내는데, 일반적으로 ϕ와 $d\phi/dx$는 x의 함수이다. $d\phi/dx$는 기호 θ로 나타내며 이것을 **단위길이당 비틀림각**(Angle of Twist per Unit Length)이라고 부른다. 따라서 식(9.2.2)는 다음과 같이 표현된다.

$$\gamma = \frac{r\,d\phi}{dx} = r\,\theta \tag{9.2.3}$$

상기 식(9.2.3)은 순수비틀림의 특별한 경우로서, 모든 단면이 같은 크기의 비틀림을 받는다면 변화율 $d\phi/dx$는 봉의 길이방향에 따라 일정한 값을 갖는다. 그러므로 $\theta = \phi/L$을 얻을 수 있는데, 여기서 L은 봉의 전체길이이다. 따라서 식(9.2.3)은 순수비틀림의 식으로 다음과 같이 나타낼 수 있다.

$$\gamma = r\,\theta = r\phi/L \tag{9.2.4}$$

상기 식(9.2.4)는 오직 기하학적 개념만을 가지고 유도한 것으로, 재료가 탄성, 비탄성 또는 선형, 비선형이든 상관없이 원형단면을 가진 봉에는 모두 적용된다.

한편 원형단면 봉의 전단응력 τ는 [그림9.2.1](a)에 표시된 것과 같은 방향을 가진다. 선형탄성재료에 있어서 이러한 전단응력은 후크의 법칙(Hooke's Law)에 의하여 전단변형률과의 관계($\tau = G\gamma$)가 있으므로, 식(9.2.3)으로부터 다음과 같은 식을 얻을 수 있다.

$$\tau = G\gamma = G\,r\,\theta \tag{9.2.5}$$

여기서 G는 전단탄성계수(Shear Modulus of Elasticity)이다.

식(9.2.3) 및 식(9.2.5)는 그 부재의 표면에서의 전단변형률 및 전단응력을 단위길이당 비틀림각 θ와의 관계로 표시한 것이다.

한편 부재 내부에서의 전단변형률과 전단응력은 부재의 표면에 대하여 사용했던 것과 같은 방식으로 구할 수 있다. 봉의 횡단면의 반지름은 비틀림을 받는 동안 직선을 유지하고 원형은 일그러지지 않으므로, 표면 위의 요소 $abcd$에 대하여 앞에서 설명한 것은, [그림9.2.1](c)에서 보는 바와 같이, 반지름이 ρ인 내부

원통의 표면 위에 있는 비슷한 요소에 대해서도 적용된다. 그러므로 이와 같은 내부 요소도 순수전단(Pure Shear)상태에 있게 되며, 따라서 이에 대응하는 전단변형률 및 전단응력은 다음과 같이 나타낼 수 있다.

$$\gamma = \rho\,\theta \quad , \qquad \tau = G\,\rho\,\theta \tag{9.2.6}$$

상기 식(9.2.6)은 전단변형률과 전단응력이 부재축의 중심으로부터 반지름 방향의 거리 ρ에 따라 선형적으로 변하며, 그들의 최대값은 바깥 표면 위에서 존재함을 말해주고 있다. [그림9.2.1](c)는 이러한 전단응력분포를 보여주고 있다.

다음은 비틀림모멘트 T와 이로 인한 비틀림각 ϕ 사이의 관계식을 구해보도록 한다.

[그림9.2.1](c)에 표시한 전단응력들의 합력은 전체 비틀림모멘트 T와 같아야 한다. 그림(c)에서 미소면적 dA에 작용하는 전단력은 $\tau \cdot dA$이고, 이 힘의 봉의 부재축에 대한 모멘트는 $\tau \cdot dA \cdot \rho$이다. 그리고 식(9.2.6)의 두 번째 식을 이용하면 이 모멘트는 $G \cdot \theta \cdot \rho^2 \cdot dA$와 같다. 따라서 전체 비틀림모멘트 T는 이와 같은 요소의 모멘트들을 단면적 전체에 걸쳐 합한 것이 되므로, 다음과 같이 나타낼 수 있다.

$$T = \int G\theta\rho^2 dA = G\theta \int \rho^2 dA = G\,\theta\, I_P \tag{9.2.7}$$

여기서 I_P는 단면극2차모멘트로, $I_P = \int_A \rho^2\, dA$이다. 한편 반지름이 r이고 지름이 d인 원에 대한 단면극2차모멘트는 $I_P = \pi r^4/2 = \pi d^4/32$이다.

다음 상기 식(9.2.7)로부터 다음과 같은 식이 얻어진다.

$$\theta = \frac{T}{G I_P} \tag{9.2.8}$$

상기 식(9.2.8)에서 단위길이당 비틀림각 θ는 비틀림모멘트 T에 비례하고 $G I_P$에 반비례함을 알 수 있다. 여기서 $G I_P$를 **비틀림강도**(Torsional Rigidity)라고 한다. 전체 비틀림각 ϕ는 θL이므로, 식(9.2.8)은 다음과 같이 된다.

$$\phi = \frac{TL}{G I_P} \tag{9.2.9}$$

여기서 비틀림각 ϕ는 라디안(Radian)으로 측정된다. 만약 SI단위계를 사용한다면 비틀림모멘트 T는 $N \cdot m$, 길이 L은 미터(m), 전단탄성계수 G는 파스칼(Pa), 그리고 단면극2차모멘트는 미터의 4제곱(m^4) 등으로 표시된다.

$G I_P / L$는 원형단면 봉의 **비틀림강성도**(Torsional Stiffness)로, 부재축의 한끝이 다른 한 끝에 대하여 단위각회전을 하는데 필요한 비틀림모멘트를 의미한다. 또한 $L / G I_P$는 비틀림강성도의 역수로 **비틀림유연도**(Torsional Flexibility)라고 하는데, 이것은 단위 비틀림모멘트를 일으키는 회전각을 의미한다. 이것들은 식

(3.3.2)의 축강성도와 식(3.3.3)의 축유연도와 비슷한 것이다.

식(9.2.9)는 각종 재료의 전단탄성계수 G를 계산하는데 이용된다. 어떤 재료를 원형단면 봉 형태의 모형으로 제작하여 비틀림시험을 실시한 후, 비틀림모멘트 T에 대한 비틀림각 ϕ를 알아낸 다음, 식(9.2.9)에 대입하여 전단탄성계수 G를 구하면 된다.

한편 식(9.2.8)의 단위길이당 비틀림각 θ를 τ에 관한 식(9.2.5)에 대입하면 비틀림을 받는 원형단면 봉의 최대전단응력 $\tau_{\max}$를 다음과 같이 구할 수 있다.

$$\tau_{\max} = \frac{T\,r}{I_P} \tag{9.2.10}$$

상기 식(9.2.10)을 **비틀림식**(Torsional Formula)이라고 하는데, 이 식에서 최대전단응력 $\tau_{\max}$는 가해지는 비틀림모멘트 T와 반지름 r에 비례하고, 단면극2차모멘트 I_P에 반비례함을 알 수 있다. 식(9.2.10)에 $r = d/2$, $I_P = \pi d^4/32$을 대입하면, 원형단면 봉의 최대전단응력은 다음과 같이 나타낼 수 있다.

$$\tau_{\max} = \frac{16\,T}{\pi\,d^3} \tag{9.2.11}$$

한편 원형단면 봉의 중심으로부터 거리 ρ만큼 떨어진 곳의 전단응력은 식(9.2.6)으로부터 다음과 같이 나타낼 수 있다.

$$\tau = \frac{T\,\rho}{I_P} \tag{9.2.12}$$

◆ ◆ ◆ ◆ ◆ ◆

예제 9.2.1

다음 그림과 같이 중실 원형단면을 가진 양단고정 보가 2개의 서로 반대방향으로 작용하는 비틀림모멘트 $T_0 = 30\,kN\cdot m$를 받을 때, 다음을 구하여라. (여기서, 부재의 전단탄성계수 G는 $79000\,MPa$이다.)

(1) A와 D점에서의 반력 T_A와 T_D

(2) B점에서의 비틀림각 ϕ_B

(3) 중앙부 E점에서의 비틀림각 ϕ_E

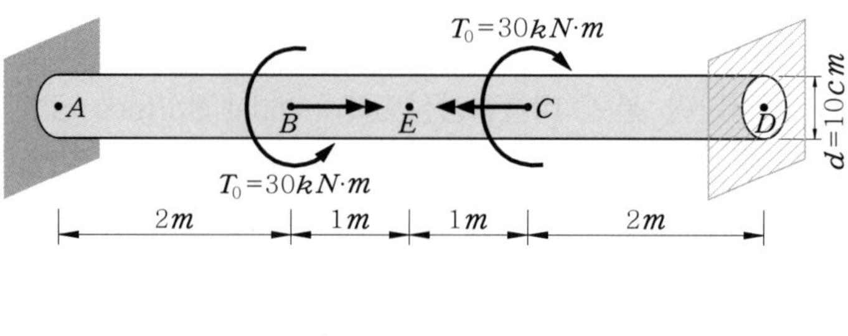

풀이

중실 원형단면 봉의 단면극2차모멘트 I_P는 다음과 같다.

$$I_P = \frac{\pi d^4}{32} = \frac{\pi \times 100^4}{32} = 9817477\,mm^4$$

(1) A와 D점에서의 반력 T_A와 T_D

A와 D점은 고정단이므로 이 점에서의 비틀림각 ϕ_A와 ϕ_D는 '0' 이고, 반력 T_A와 T_D를 과잉력으로 놓고 자유물체도를 그리면 다음과 같다. 여기서는 반력 T_A와 T_D의 방향은 ↞ 로 가정하고, ↞ 의 방향을 양(+), ↠ 의 방향을 음(−)으로 생각하자.

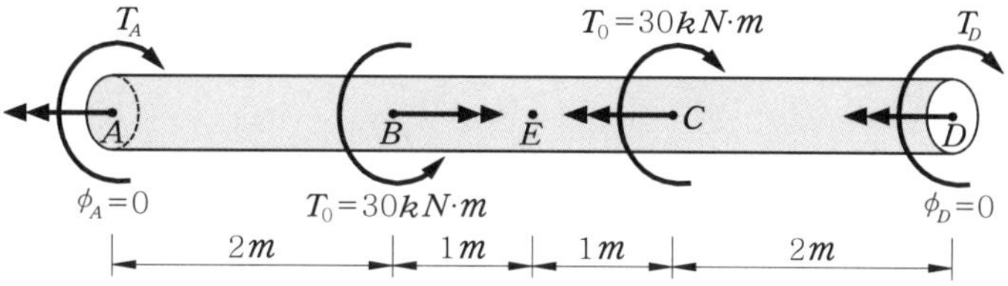

이때 $\phi_A=0$ 이므로,

$$\phi_A = \phi_B+\phi_C+\phi_D = \frac{-30\times 2}{G I_P}+\frac{30\times 4}{G I_P}+\frac{T_D\times 6}{G I_P} = -60+120+6T_D=0$$

$\therefore\ T_D = -10\,kN\cdot m\,(↠)$ ⇦ 음(−)의 부호를 가지므로 가정한 방향과 반대

한편 A점에서의 반력 T_A는 평형방정식 $\Sigma T=0$ 으로부터 구할 수 있다.

$\Sigma T=0$: $T_A - T_0 + T_0 + T_D = 0$

$T_A - 30 + 30 - 10 = 0$

$\therefore\ T_A = 10\,kN\cdot m\,(↞)$ ⇦ 양(+)의 부호를 가지므로 가정한 방향과 동일

(2) B점에서의 비틀림각 ϕ_B

B점에 비틀림을 발생시키는 비틀림모멘트는 T_A이므로

$$\therefore\ \phi_B = \frac{T\,L}{G I_P} = \frac{(10\times 10^6)\times(2\times 10^3)}{79000\times 9817477} = 0.026\,rad = 1.49^\circ\ (\text{degree})$$

(3) 중앙부 E점에서의 비틀림각 ϕ_E

E점에 작용하는 비틀림모멘트는 T_A와 B점에 작용하는 T_0이므로

$$\therefore\ \phi_E = \frac{T_A\times 3m}{G I_P} - \frac{T_0\times 1m}{G I_P} = \frac{(10\times 3\times 10^9)-(30\times 1\times 10^9)}{79000\times 9817477} = 0\ rad = 0^\circ$$

◆ ◆ ◆ ◆ ◆ ◆

예제 9.2.2

다음 그림과 같은 원형단면을 가진 양단이 고정된 봉이 있다. 이 봉의 B 점에 설치된 강체인 수직재의 끝에 수평력 P가 작용하고 이 봉의 최대전단응력이 $100\,MPa$ 이라면, 수평력 P의 최대허용값은 얼마인가?

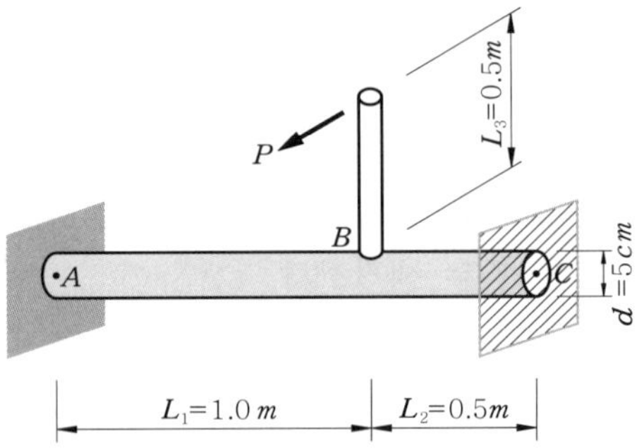

풀이

(1) 중실 원형단면 봉의 단면극2차모멘트 I_P

$$I_P = \frac{\pi d^4}{32} = \frac{\pi \times 50^4}{32} = 613592\,mm^4$$

(2) B 점에서의 비틀림모멘트 T_B 계산

$$T_B = P\,L_3 = P \times 0.5m = -500P\ N \cdot mm\ (\twoheadrightarrow)$$

(3) 반력 산정

C 점의 반력 T_C를 과잉력으로 선정한 후 그림(a)와 그림(b)로 분리하고 자유물체도와 적합조건을 이용하여 반력을 구한다.

① 자유물체도

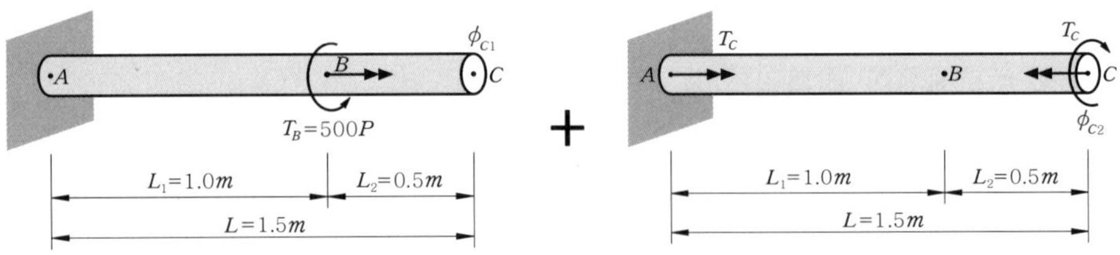

그림(a) 그림(b)

여기서 반력 및 비틀림모멘트의 방향은 $\twoheadleftarrow$ 의 방향을 양(+), $\twoheadrightarrow$ 의 방향을 음(−)으로 생각하자.

그림(a)에서 외력 T_B에 의한 C 점에서의 비틀림각 ϕ_{C1}

$$\phi_{C1} = \frac{T_B L_2}{G\,I_P} = \frac{1}{G\,I_P}(-500P \times 500)$$

그림(b)에서 과잉력 T_C로 인한 C점에서의 비틀림각 ϕ_{C2}

$$\phi_{C2} = \frac{T_C L}{G\,I_P} = \frac{1}{G\,I_P}\,(T_C \times 1500)$$

② 적합조건

C점은 고정단이므로 비틀림각 $\phi_C = 0$ 이다.

$\therefore\ \phi_C = \phi_{C1} + \phi_{C2} = 0$

$-500P \times 500 + T_C \times 1500 = 0$

$\therefore\ T_C = 166.7P$ (↞) ⇦ 양(+)의 부호를 가지므로 가정한 방향과 동일

$\sum T = 0\ :\ T_A + T_B + T_C = 0$ 이므로,

$$T_A - 500\,P + 166.7\,P = 0$$

$\therefore\ T_A = 333.3P$ (↠) ⇦ 양(+)의 부호를 가지므로 가정한 방향과 동일

(4) 수평력 P의 최대허용값 산정

비틀림식 $\tau_{\max} = \dfrac{T \cdot r}{I_P}$ 에서 최대전단응력은 비틀림모멘트 T가 최대가 되는 곳에서 발생한다.

① 최대비틀림모멘트 $T_{\max}$ 의 계산

$$\tau_{\max} = \frac{T_{\max} \cdot r}{I_P} = \frac{T_{\max} \times 25}{613592} = 100\,MPa$$

$\therefore\ T_{\max} = 2454368\,N$

② P의 최대허용값 계산

$T_{\max} = 2454368\,N = 333.3\,P = T_A$

$\therefore\ P = 7363.8\,N = 7.36\,kN$

◆ ◆ ◆ ◆ ◆ ◆

◈ 연 습 문 제 ◈

9.2.1 다음 그림과 같이 길이 $3m$, 직경 $50mm$ 원형단면 봉이 양 단부에 작용하는 비틀림모멘트 T에 의해 양 단부 간 비틀림각이 $\phi = 0.1rad$ 로 측정되었다면, 이 원형단면봉의 최대전단응력 $\tau_{\max}$ 는 얼마인가? (여기서, 전단탄성계수는 $G = 3.0 \times 10^4 MPa$ 이다.)

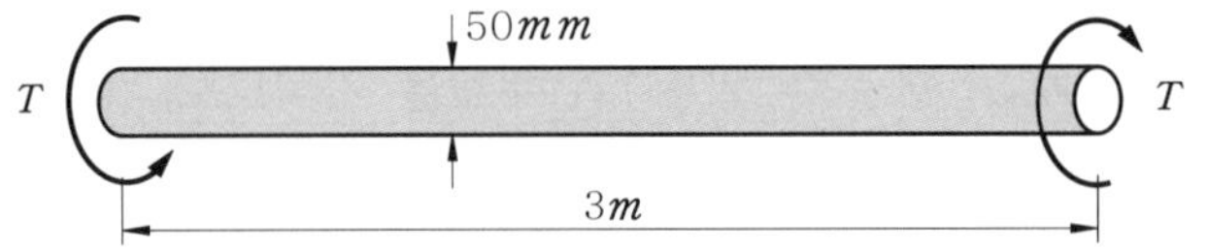

9.2.2 다음 그림과 같이 지름 $d = 50mm$ 인 캔틸레버 원형단면 봉 AB의 자유단부에 지름이 $D = 200mm$ 인 플레이트를 용접한 후, 한쪽 끝에서 $P = 10kN$ 의 힘을 작용시켰다. 원형단면 봉 AB에 생기는 최대전단응력 $\tau_{\max}$ 는 얼마인가?

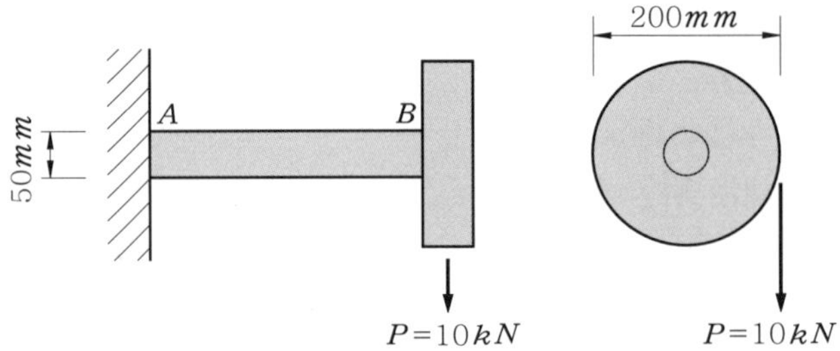

9.2.3 지름 $d = 60mm$ 이고, 길이 $L = 2m$ 인 원형강봉의 최대허용전단응력을 측정한 결과, $\tau_{\max} = 150 MPa$ 로 측정되었다. 이 원형강봉의 최대허용비틀림모멘트는 얼마인가? 또한 최대비틀림모멘트가 작용할 때 이 원형강봉의 비틀림각은 몇 도(°) 비틀렸는지 구하여라. (단, $G = 8.0 \times 10^4 MPa$ 이다.)

9.2.4 중실원형단면으로 이루어진 어떤 회전축의 허용전단응력 $\tau_{allow} = 50 MPa$ 이고, 이 회전축이 길이 $L = 2m$ 이고 허용비틀림각 $\phi_{allow} = 2°$ 이다. 직경 $d = 50mm$ 이고 $G = 8.0 \times 10^4 MPa$ 일 때, 이 회전축의 최대허용비틀림모멘트 T_{allow} 는 얼마인가?

9.3 중공 원형단면 봉의 비틀림

[그림9.3.1]과 같은 **중공 원형단면 봉**(中空圓形斷面奉, Hollow Circular Bar)은 속이 채워진 원형단면 봉에 비하여 비틀림하중을 저항하는데 매우 효율적이다. 앞에서 설명하였듯이 비틀림모멘트에 의하여 원형단면 봉의 내부에 일어나는 전단응력은 봉의 바깥 표면에서 최대이고 중심에서 '0' 인 삼각형 분포이므로, 봉 내부에 발생하는 대부분의 전단응력은 그 허용전단응력보다 훨씬 작다. 따라서 봉의 경제적인 단면과 중량 절감을 위해서는 중공 원형단면 봉을 사용하는 것이 유리하다.

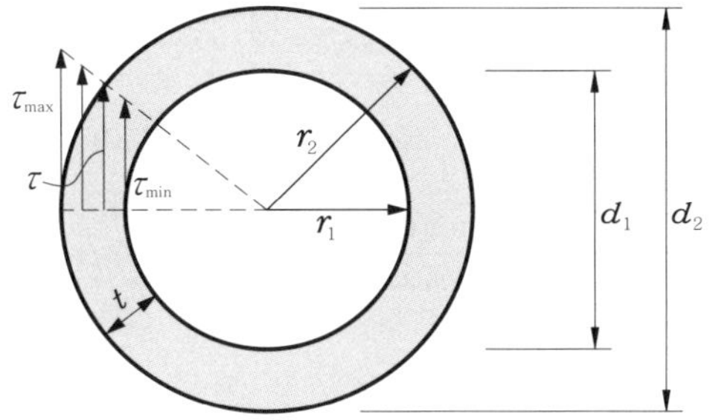

[그림9.3.1] 중공 원형단면 봉 (Hollow Circular Bar)

[그림9.3.1]과 같은 중공 원형단면 봉의 비틀림 해석방법은 원형단면 봉에 대하여 했던 것과 동일하다. 따라서 중공 원형단면 봉에서 전단변형률 γ 와 전단응력 τ 의 기본적인 표현은 식(9.2.6)을 그대로 적용하면 된다. 물론 반지름 방향의 거리 ρ 는 중공 원형단면 봉의 안쪽 반지름 r_1 과 바깥 반지름 r_2 의 사이로 제한된다.

또한 비틀림모멘트 T 와 단위길이당 비틀림각 θ 사이의 관계는 식(9.2.7) 및 식(9.2.8)과 같다. 다만 이때 단면극2차모멘트 I_P 의 적분한계는 $\rho = r_1$ 에서부터 $\rho = r_2$ 까지로, 중공 원형단면 봉의 단면극2차모멘트 I_P 는 다음과 같다.

$$I_P = \frac{\pi}{2}\left(r_2^4 - r_1^4\right) = \frac{\pi}{32}\left(d_2^4 - d_1^4\right) \tag{9.3.1}$$

여기서 d_1 은 중공 원형단면 봉의 안쪽 지름이고, d_2 는 바깥 지름을 나타낸다.

◆ ◆ ◆ ◆ ◆ ◆

예제 9.3.1

다음 그림과 같이 중공 원형단면을 가진 캔틸레버 보가 비틀림모멘트 $T = 20\ kN \cdot m$ 를 받을 때, 이 보에 작용하는 최대비틀림응력을 구하여라.

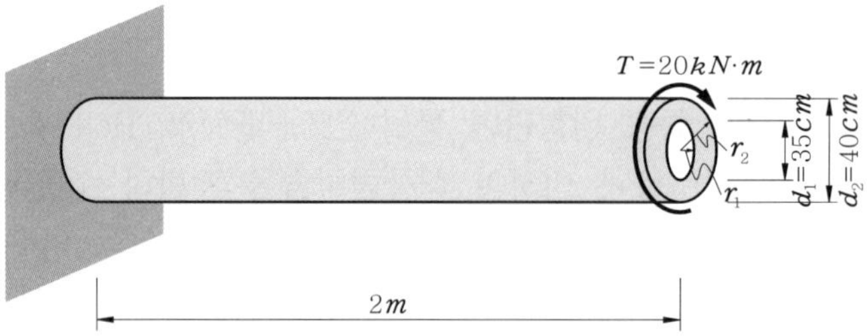

풀이

최대비틀림응력은 최대전단응력으로, $\tau_{\max}=\dfrac{T\cdot r}{I_P}$ 에서

$r=r_2=\dfrac{d_2}{2}=200\,mm$ ⇦ r은 중공 원형단면의 외곽부 원의 반지름이므로

$$I_P=\frac{\pi}{32}\left(d_2^4-d_1^4\right)=\frac{\pi}{32}\left(400^4-350^4\right)=1{,}040{,}038{,}974\,mm^4$$

$$\therefore\quad \tau_{\max}=\frac{T\times r_{\max}}{I_P}=\frac{\left(2.0\times10^7\right)\times200}{1{,}040{,}038{,}974}=3.85\,N/mm^2=3.85\,MPa$$

예제 9.3.2

다음 2개의 그림(a)와 같은 중공단면의 봉과 그림(b)와 같은 중실단면의 봉이 있다. 이 봉들은 모두 동일 재료, 동일 길이(L)이며, 동일한 외측 반경(r)을 가진다. 중공단면의 내측 반경이 $0.8\,r$이고, 이 2개의 봉이 비틀림모멘트를 받는 경우, 이 2개의 봉에 대하여 다음을 구하여라.

(1) 동일한 비틀림모멘트를 받을 때, 최대전단응력 및 비틀림각 크기 비교

(2) 중량에 대한 비틀림 강도 비교

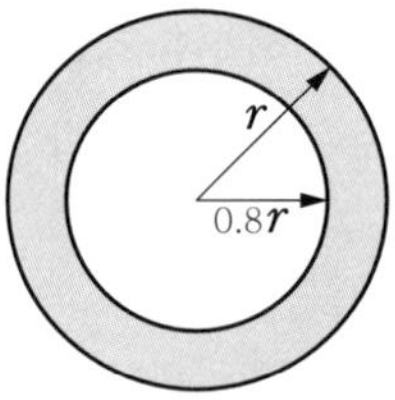

그림(a) 중공단면 봉

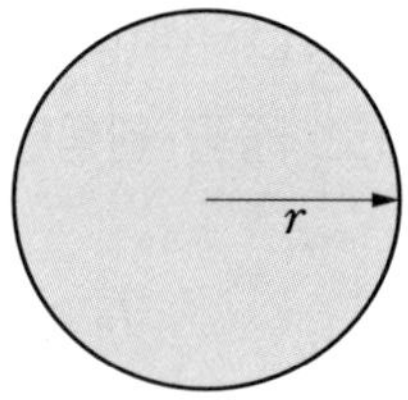

그림(b) 중실단면 봉

풀이

(1) 동일한 비틀림모멘트를 받을 때, 최대전단응력 및 비틀림각 크기 비교

$\tau_{\max}=\dfrac{T\cdot r}{I_P}$, $\theta=\dfrac{T}{G\,I_P}$ 이므로, 최대전단응력 및 비틀림각의 크기는 $\dfrac{1}{I_P}$에 비례함.

① 그림(a) 중공단면 봉의 단면극2차모멘트 I_{P1}

$$I_{P1} = \frac{\pi}{2}\{r^4 - (0.8\,r)^4\} = 0.2952\,\pi\,r^4$$

② 그림(b) 중실단면 봉의 단면극2차모멘트 I_{P2}

$$I_{P2} = \frac{\pi\,r^4}{2} = 0.5\,\pi\,r^4$$

③ 중실단면 봉에 대한 중공단면 봉의 비교

$$\frac{1/I_{P1}}{1/I_{P2}} = \frac{1/0.2952}{1\,/\,0.5} \approx 1.69$$

∴ 그림(a)의 중공단면이 그림(b)의 중실단면에 비해 최대전단응력 및 비틀림각이 약 69% 더 크다.

즉 동일한 비틀림모멘트에 대하여 그림(a)의 중공단면이 그림(b)의 중실단면에 비하여 최대전단응력과 비틀림각이 더 크다.

(2) 중량에 대한 비틀림 강도 비교

(가) 비틀림 강도의 계산

최대전단응력이 $\tau_{\max}$ 일 때, 비틀림 강도는 $T = \dfrac{\tau_{\max}\,I_P}{r}$ 로 구한다.

① 그림(a) 중공단면 봉의 비틀림 강도 T_1

$$T_1 = \frac{\tau_{\max}\,I_{P1}}{r} = 0.2952\,\pi\,r^3\,\tau_{\max}$$

② 그림(b) 중실단면 봉의 비틀림 강도 T_2

$$T_2 = \frac{\tau_{\max}\,I_{P2}}{r} = 0.5\,\pi\,r^3\,\tau_{\max}$$

(나) 중량 계산

부재의 중량 $W = A\,\gamma\,L$ 이므로 중량은 면적에 비례함.

(여기서, γ = 재료의 비중)

① 그림(a) 중공단면 봉의 단면적 A_1

$$A_1 = \pi\,\{r^2 - (0.8r)^2\} = 0.36\,\pi\,r^2\,, \quad W_1 = A_1\,\gamma\,L = 0.36\,\pi\,r^2\,\gamma\,L$$

② 그림(b) 중실단면 봉의 단면적 A_2

$$A_2 = \pi\,r^2\,, \quad W_2 = A_2\,\gamma\,L = \pi\,r^2\,\gamma\,L$$

(다) 중량에 대한 비틀림 강도 $s = T/W$

① 그림(a) 중공단면 봉의 중량에 대한 비틀림 강도 s_1

$$s_1 = \frac{T_1}{W_1} = \frac{0.2952\,\tau_{\max}\,\pi\,r^3}{0.36\,\pi\,r^2\,\gamma\,L} = 0.82\frac{\tau_{\max}\,r}{\gamma\,L}$$

② 그림(b) 중실단면 봉의 중량에 대한 비틀림 강도 s_2

$$s_2 = \frac{T_2}{W_2} = \frac{0.5\,\tau_{\max}\,\pi\,r^3}{\pi\,r^2\,\gamma\,L} = 0.5\frac{\tau_{\max}\,r}{\gamma\,L}$$

③ 중실단면 봉에 대한 중공단면 봉의 비교 s_1/s_2

$$\frac{s_1}{s_2} = \frac{0.82}{0.5} = 1.64$$

∴ 그림(a)의 중공단면이 그림(b)의 중실단면에 비해 중량에 대한 비틀림 강도가 약 64% 더 크다.

즉 그림(a)의 중공단면이 그림(b)의 중실단면에 비하여 중량에 대하여 견딜 수 있는 비틀림모멘트가 더 크므로 더 효율적이다.

◆ ◆ ◆ ◆ ◆ ◆

◈ 연 습 문 제 ◈

9.3.1 다음 그림과 같은 원형강관의 축이 있다. 축은 $40MPa$의 허용전단응력과 $0.75°/m$ 의 허용비틀림변형률을 넘지 않도록 $1200\,N{\cdot}m$ 의 토크를 전달해야만 한다. 축의 두께 t가 바깥 지름 d_2의 1/10 로 정해졌을 때, 필요한 바깥 지름 d_2를 구하여라. (여기서, 강관의 전단탄성계수 G는 $78\,GPa$ 이다.)

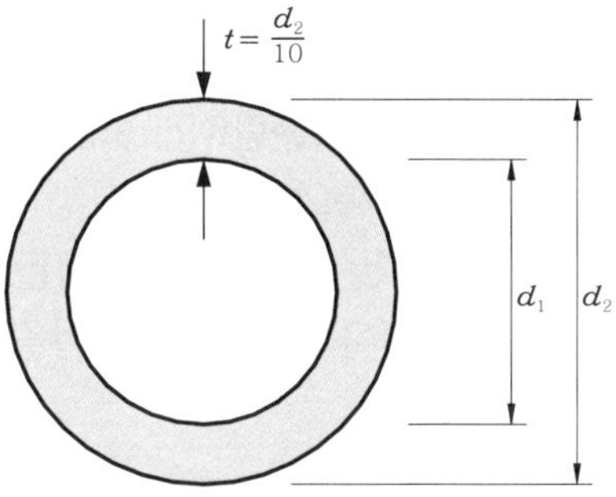

9.3.2 그림과 같이 양 끝단에 작용하는 비틀림모멘트 T에 의하여 길이 $L=0.5m$, 내경과 외경이 각각 $30mm$, $40mm$ 인 원형강관이 비틀림을 받고 있다. 비틀림모멘트 $T=650\,N{\cdot}m$ 일 때 비틀림각 ϕ가 $0.068rad$ 으로 측정되었다. 이 강관의 전단탄성계수 G와 최대전단응력 $\tau_{\max}$ 를 구하여라.

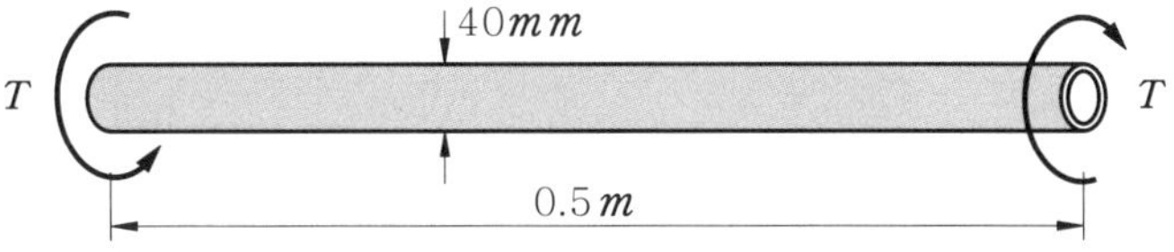

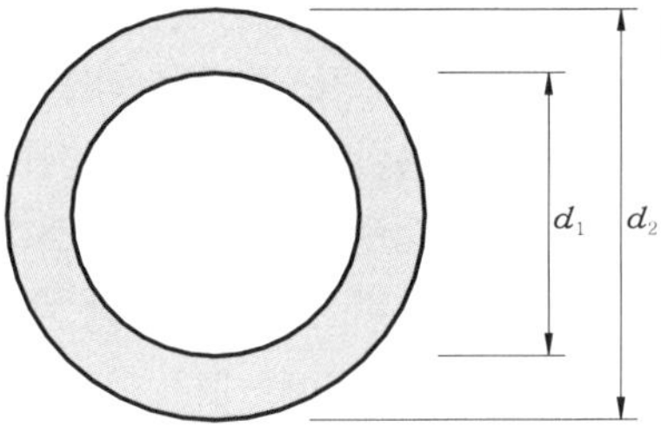

9.3.3 다음 그림과 같은 원형강관이 있다. 외경이 $d_2=100mm$, 내경이 $d_1=70mm$이고, 비틀림모멘트 $T=700\,N{\cdot}m$ 가 작용하고 있을 때, 강관의 내면과 외면에 작용하는 전단응력 τ_1 과 τ_2 를 계산하여라.

9.3.4 다음 그림과 같이 $5kN/m^2$의 풍압을 받는 표지판을 지지하는 중공원형관 기둥이 있다. 이 기둥의 직경 $D=300mm$ 이고, 두께 $t=15mm$ 일 때, 이 기둥에 생기는 최대전단응력과 이 기둥의 꼭지점에서의 회전각을 구하시오. (단, 전단탄성계수는 $G=80\,GPa$ 임.)

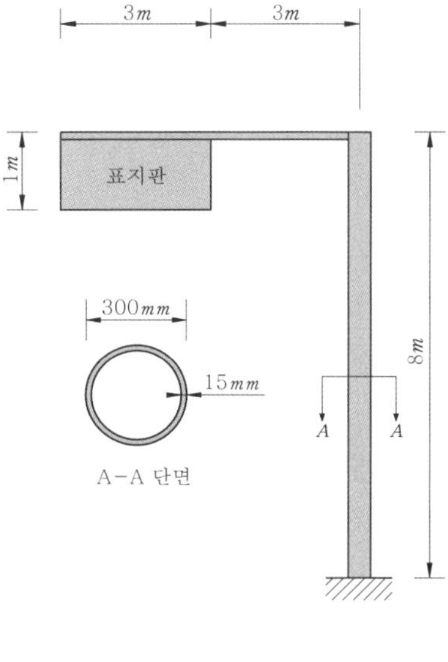

9.4 비균일분포 비틀림*

앞 절에서 이제까지 설명한 것은 단면이 전체길이에 걸쳐 균일한 봉에 순수비틀림이 작용한 경우였다.

비균일분포 비틀림(Nonuniform Torsion)은 봉의 단면이 균일하지 않고 작용하는 비틀림이 봉의 길이에 따라 변한다는 점에서 순수비틀림과는 다르다.

본 절에서는 비균일분포 비틀림이 작용하는 봉의 해석에 있어서 앞에서 배운 순수비틀림식을 응용하는 방법을 살펴보도록 한다.

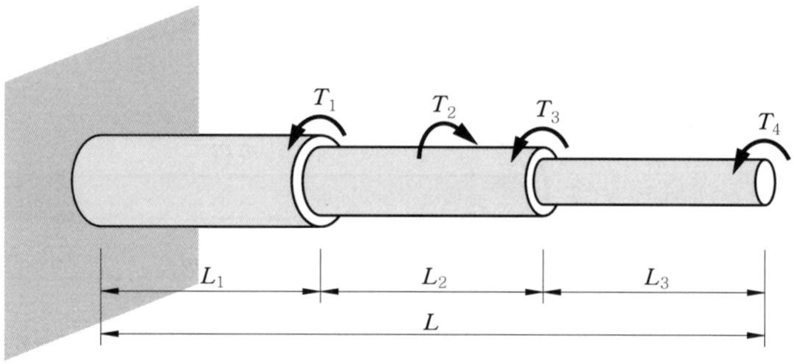

[그림9.4.1] 비균일분포 비틀림을 받는 봉

[그림9.4.1]은 비균일분포 비틀림을 받는 봉의 예를 보여주고 있다.

이 봉은 서로 다른 지름을 가진 3부분으로 구성되어 있고 단면이 변화하는 곳 또는 하중들의 사이에 비틀림하중이 작용하고 있어서, 봉의 각 단면은 비틀림을 받고 있다. 따라서 앞 절에서 유도된 순수비틀림식을 적용할 수 있는데, 그러기 위해서는 각 부분에서의 내부 비틀림의 크기와 방향을 결정하는 것이 필요하다.

즉 내부 비틀림으로부터 식(9.2.10)을 이용하여 최대전단응력 $\tau_{\max}$를 구할 수 있고, 식(9.2.9)를 이용하여 비틀림각 ϕ를 계산할 수 있다. 한쪽 끝에 대한 다른 한쪽 끝의 전체 비틀림각 ϕ는 일반적으로 다음과 같은 식을 사용하여 구할 수 있다.

$$\phi = \sum_{i=1}^{n} \frac{T_i L_i}{G_i I_{Pi}} \tag{9.4.1}$$

여기서 아래첨자 i는 봉의 각 부분의 번호이고, n은 전체 부분의 수이다.

높은 국부응력은 지름이 갑자기 변하는 위치에서 발생하지만 이 국부응력이 전체 비틀림각에 상대적으로 주는 영향은 작으므로, 식(9.4.1)은 정확한 식으로 이용될 수 있다.

한편 [그림9.4.2](a)와 같이 단면과 비틀림이 부재축에 따라 변화하는 봉의 경우에는 대수적 합계를 구하는 식(9.4.1)을 적분식으로 바꾸어야 한다.

[그림9.4.2](a)는 변단면을 가진 봉(Tapered Bar)으로 부재축을 따라 단위길이당의 비틀림강도 q를 받고 있다. 그림(b)에서 보는 바와 같이 봉의 왼쪽 끝에서 거리 x 만큼 떨어져 있는 비틀림 T_x는 정역학적으로 구할 수 있다.

즉 봉의 단면이 부재축을 따라 선형변화를 한다고 가정하면, 비틀림식인 식(9.2.10)을 이용하여 그 단면의 최대전단응력 $\tau_{\max}$ 를 구할 수 있다.

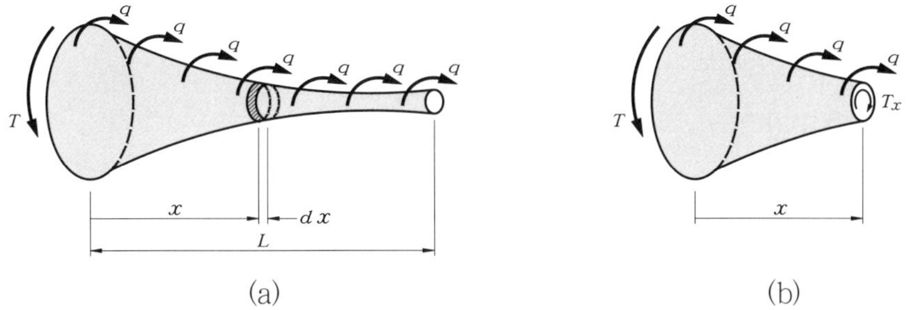

[그림9.4.2] 단면과 비틀림이 변하는 봉

[그림9.4.2](a)에서 길이가 dx 인 한 요소의 미소 비틀림각 $d\phi$ 는 다음과 같이 구할 수 있다.

$$d\phi = \frac{T_x dx}{G I_{Px}} \qquad (9.4.2)$$

여기서 I_{Px} 는 한쪽 끝에서 거리 x 만큼 떨어진 위치의 단면극2차모멘트이다. 따라서 봉의 전체 비틀림각 ϕ 는 다음과 같은 적분식으로 나타낼 수 있다.

$$\phi = \int_0^L d\phi = \int_0^L \frac{T_x dx}{G I_{Px}} \qquad (9.4.3)$$

상기 적분식은 어떤 경우에서는 해석적인 형태로 계산될 수 있지만, 그렇지 못하면 수치해법(數値解法)으로 계산하여야 한다. 식(9.4.1)과 식(9.4.3)은 원형단면 봉이나 중공 원형단면 봉 모두에 적용할 수 있다.

◆ ◆ ◆ ◆ ◆ ◆ ◆

예제 9.4.1

그림과 같이 서로 다른 직경의 원형강봉이 접합된 캔틸레버 보가 A 점과 B 점에 각각 $T_1 = 2kN\cdot m$, $T_2 = 4kN\cdot m$ 의 비틀림모멘트를 받고 있을 때, A 점에서의 비틀림각은 얼마인가? (단, $G = 7.9\times 10^4 MPa$ 이다.)

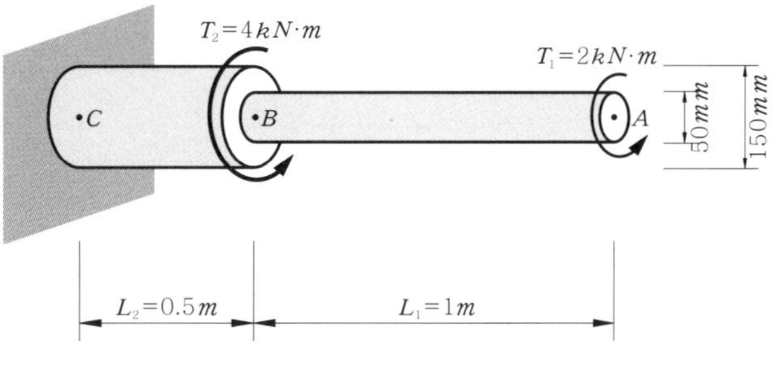

풀이

비균일분포 비틀림을 받는 부재이므로,

$\phi=\sum_{i=1}^{n}\frac{T_i L_i}{G_i I_{Pi}}$ 로 구할 수 있으며, G가 일정하므로 $\phi=\sum_{i=1}^{n}\frac{T_i L_i}{G I_{Pi}}$ 가 된다.

(1) 각 구간의 단면극2차모멘트 I_P

$$AB\text{ 구간 : } I_{P_{(AB)}}=\frac{\pi d^4}{32}=613592\,mm^4$$

$$BC\text{ 구간 : } I_{P_{(BC)}}=\frac{\pi d^4}{32}=49700978\,mm^4$$

(2) 각 구간에서의 비틀림모멘트 T

$$AB\text{ 구간 : } T_{AB}=T_1=2kN\cdot m=2\times10^6\,N\cdot mm$$

$$BC\text{ 구간 : } T_{BC}=T_1+T_2=2kN\cdot m+4kN\cdot m=6\times10^6\,N\cdot mm$$

(3) B 점에서의 비틀림각 ϕ_B

$\phi_B=AB$ 구간의 비틀림각 + BC 구간의 비틀림각

$$\therefore\ \phi_B=\sum\frac{T_i L_i}{G I_{Pi}}=\frac{1}{G}\left(\frac{T_{AB}\times L_1}{I_{P_{(AB)}}}+\frac{T_{BC}\times L_2}{I_{P_{(BC)}}}\right)$$

$$=\frac{1}{7.9\times10^4}\left(\frac{(2\times10^6)\times1000}{613592}+\frac{(6\times10^6)\times500}{49700977}\right)$$

$$=0.042\,rad=2.4^\circ\,(\text{degree})$$

예제 9.4.2

다음 그림과 같이 길이 $L=1m$ 인 원형단면의 변단면 봉이 있다. 이 부재 단부 A 의 단면은 직경이 $20mm$ 이고 반대쪽 B 의 단부는 직경이 $40mm$ 이다. 봉이 각 단부에 비틀림모멘트 $T=0.5kN\cdot m$ 가 작용하여 비틀림이 발생한다면 봉의 전체 비틀림각은 얼마인가? (단, $G=7.9\times10^4MPa$ 이다.)

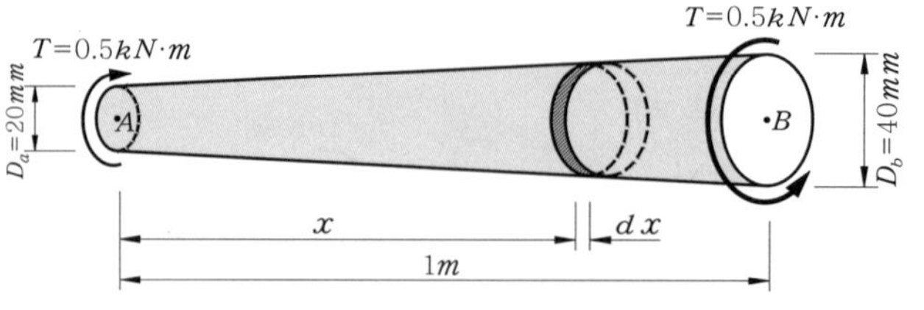

풀이

임의의 점 x 에서의 봉의 직경 d_x

$$D_x=D_a+\frac{D_b-D_a}{L}x=20+0.02x$$

임의의 점 x 에서의 단면극2차모멘트 I_{Px}

$$I_{Px} = \frac{\pi D_x^4}{32} = \frac{\pi}{32}(20+0.02x)^4$$

봉의 전체 비틀림각 ϕ

$$\phi = \int_0^L d\phi = \int_0^L \frac{T_x dx}{G I_{Px}}$$ 이고, $T_x = T = 0.5\,kN\cdot m$ 로 일정하므로,

$$\phi = \int_0^L \frac{T\,dx}{G I_{Px}} = \int_0^L \frac{32T}{\pi G}\frac{1}{(20+0.02x)^4}dx = \frac{32T}{\pi G}\left[\frac{1}{0.06(20+0.02x)^3}\right]_0^L$$

$$\therefore\ \phi = \frac{32\times 500}{\pi\times 7.9\times 10^4}\times\left[-\frac{1}{0.06(20+20)^3}+\frac{1}{0.06(20+0)^3}\right] = 0.054\,rad = 3.07^\circ\ (\text{degree})$$

◆ ◆ ◆ ◆ ◆ ◆

◈ 연 습 문 제 ◈

9.4.1 외경 $d_2=25mm$를 가지는 원형강관에 부착된 기어가 그림과 같이 비틀림 모멘트를 받고 있다. 원경강관의 허용전단응력이 $83MPa$이고, 허용비틀림 변형율이 $6.6°/m$, 전단탄성계수 $G=80GPa$일 때 , 허용가능한 원경강관의 최대 내경 d_1을 구하시오

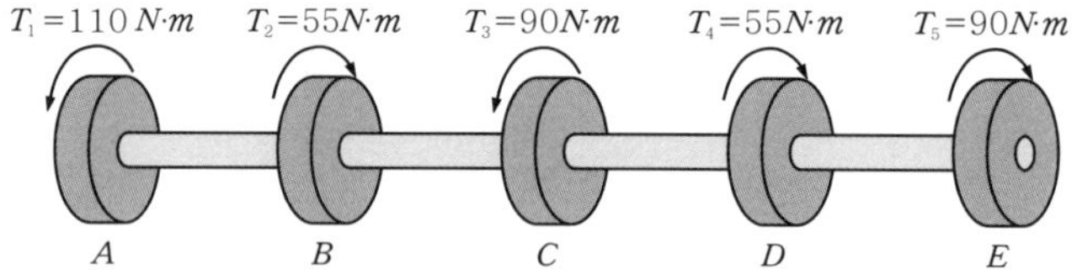

9.4.2 다음 그림과 같이 서로 다른 직경의 원형강봉이 접합된 캔틸레버보가 A점과 B점에 각각 $T_1=3kN\cdot m$, $T_2=1kN\cdot m$의 비틀림모멘트를 받고 있다. 이 때 원형강봉의 최대전단응력 $\tau_{\max}$과 C점에서의 비틀림각 ϕ_C를 구하여라. (단, $G=8.0\times10^4 MPa$ 이다.)

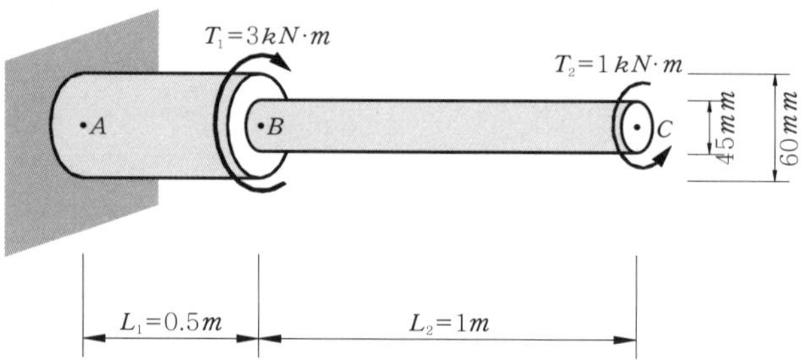

9.4.3 다음 그림과 같이 서로 다른 직경의 원형강봉이 접합된 캔틸레버보가 있다. 원형강봉의 최대전단응력 $\tau_{\max}$과 D점에서의 비틀림각 ϕ_D를 구하여라. (단, $G=8.0\times10^4 MPa$ 이다.)

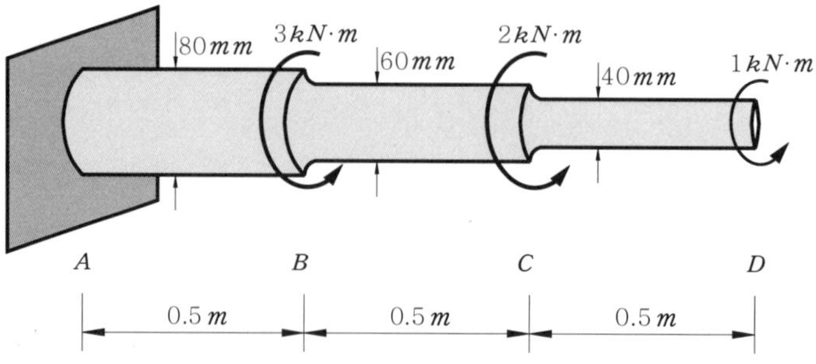

9.5 순수전단*

이미 앞 절에서 살펴보았듯이 원형단면 봉 및 중공 원형단면 봉이 비틀림을 받으면 전단응력 τ는 부재축방향의 평면 위와 단면 전체에 걸쳐 작용한다.

[그림9.5.1]에서 2개의 단면사이와 2개의 부재축방향의 평면 사이에서 분리시킨 얇은 미소요소 $abcd$는 4면 위에 전단응력만이 작용하는 **순수전단**(純粹剪斷, Pure Shear)상태에 있다. 이들 전단응력의 방향은 작용하는 비틀림모멘트에 의하여 결정되는데, [그림9.5.1]의 경우에는 그림에 표시된 바와 같이 전단응력의 방향이 결정된다. 따라서 미소요소 $abcd$에 작용하는 전단응력은 그림(b)에 표시한 것과 같은 방향을 갖는다. 만약 봉의 내부로부터 미소요소를 절취한다면 전단응력의 크기가 작은 것을 제외하고는 그림과 유사한 모양의 요소가 존재할 것이다.

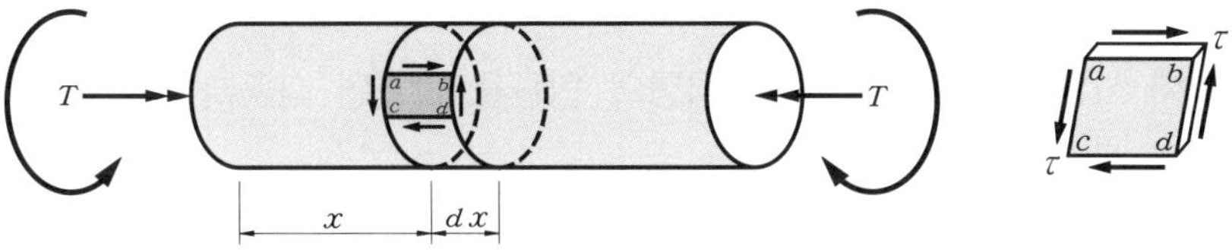

(a) (b)

[그림9.5.1] 비틀림을 받는 봉의 미소요소에서의 전단응력

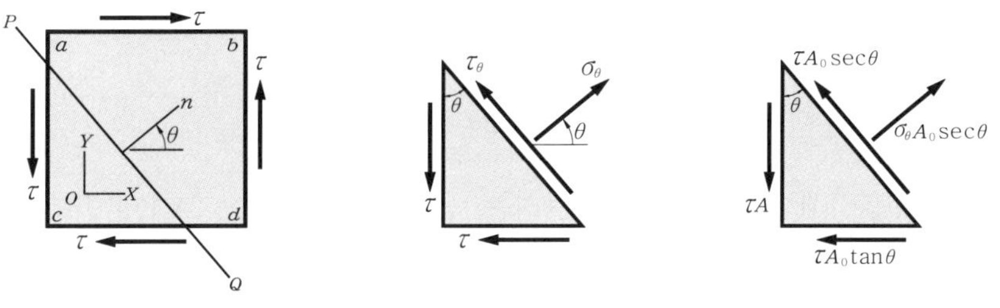

(a) (b) (c)

[그림9.5.2] 순수전단상태의 한 미소요소에서 경사면에 작용하는 응력

순수전단상태에서 봉의 부재축에서 경사진 면에 작용하는 응력은 [그림9.5.2](a)에 다시 그려진 미소요소 $abcd$를 고려하면 구할 수 있다. 그림(a)는 미소요소의 앞면을 표시한 것인데, 이 면은 어떤 응력에도 구속받지 않는다. 또 전단응력 τ는 그림(a)와 같이 4면에 작용한다. 편의상 그림을 X, Y축으로 표시하였고, 경사면의 응력을 구하기 위하여 XY평면에 수직한 PQ평면으로 미소요소를 잘라 X축과 각 θ를 이루는 면의 법선 n을 표시하였다. 그러면 삼각형모양의 요소가 그림(b)와 같은 자유물체도로 분리된다. 그림(b)에서 요소의 왼쪽면과 아랫면에는 전단응력 τ가 작용하고, 경사면 위에는 양(+)의 방향인 수직응력 σ_θ와 전단응력 τ_θ가 작용한다.

경사면에 작용하는 응력 σ_θ 와 τ_θ 는 그림(b)의 삼각형요소의 3면에 작용하는 힘의 평형으로부터 구할 수 있다. 또한 이들 힘은 응력에 그들이 작용하는 면의 면적을 곱함으로써 계산할 수 있다. 만약 그림(b)의 삼각형요소에서 왼쪽면의 면적을 A_o 라 하면, 아랫면은 $A_o \tan\theta$, 경사면은 $A_o \sec\theta$ 가 된다. 따라서 이 삼각형 요소에 작용하는 힘들은 그림(c)와 같이 나타낼 수 있다. 한편 그림(c)에서 왼쪽 면과 아랫면에 작용하는 힘들은 경사면에 수직인 성분과 경사면에 평행한 성분으로 분해할 수 있다. 그리고 이 요소에 대해 각각 같은 방향의 힘들로 2개의 평형조건식을 세울 수 있다.

첫 번째 식으로 경사면에 수직인 방향의 힘들을 합하면 다음과 같다.

$$\sigma_\theta A_o \sec\theta = \tau A_o \sin\theta + \tau A_o \tan\theta \cos\theta$$

또는 (9.5.1)

$$\sigma_\theta = 2\tau \sin\theta \cos\theta$$

두 번째 식은 경사면에 평행한 방향의 힘들을 합하면 다음과 같다.

$$\tau_\theta A_o \sec\theta = \tau A_o \cos\theta - \tau A_o \tan\theta \sin\theta$$

또는 (9.5.2)

$$\tau_\theta = \tau(\cos^2\theta - \sin^2\theta)$$

한편 삼각함수 공식에 의하면 $2\sin\theta\cos\theta = \sin 2\theta$ 이고, $\cos^2\theta - \sin^2\theta = \cos 2\theta$ 이므로, 식(9.5.1)과 식(9.5.2)는 다음과 같은 간단한 형태로 바꾸어 쓸 수 있다.

$$\sigma_\theta = \tau \sin 2\theta$$
$$\tau_\theta = \tau \cos 2\theta \qquad (9.5.3)$$

상기 식(9.5.3)에서 경사면에 작용하는 응력 σ_θ 와 τ_θ 는 XY 평면에 작용하는 전단응력 τ 와 경사평면의 방향을 결정짓는 각 θ 에 의하여 구할 수 있음을 알 수 있다.

식(9.5.3)을 이용하여 경사면의 방향을 따라 변화하는 수직응력 σ_θ 와 전단응력 τ_θ 의 거동을 그래프로 표현해 보면 [그림9.5.3]과 같다.

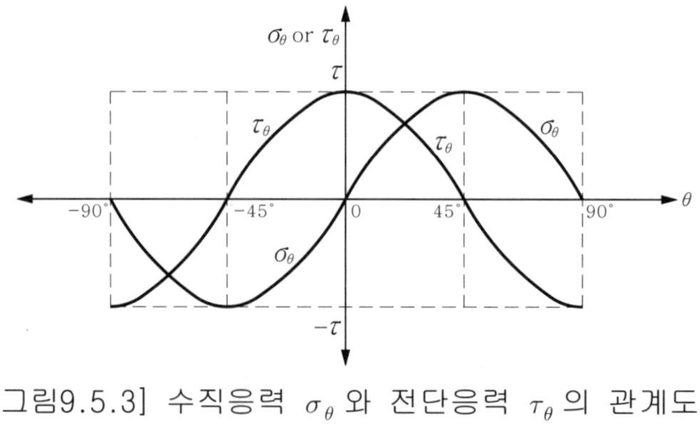

[그림9.5.3] 수직응력 σ_θ 와 전단응력 τ_θ 의 관계도표

[그림9.5.2](a)의 요소에서 $\theta=0$ 일 때, 즉 오른쪽 면에서의 응력은 $\sigma_\theta=0$, $\tau_\theta=\tau$ 임을 [그림9.5.3]을 통하여 확인할 수 있다. 한편 수직응력 σ_θ 는 $\theta=45°$ 일 때 양(+)의 최대값에 도달하며, 이때의 응력은 인장응력으로 $\sigma_\theta=\tau$ 이다. 마찬가지로 수직응력 σ_θ 는 $\theta=-45°$ 일 때 음(–)의 최대값에 도달하며, 이때의 응력은 압축응력으로 $\sigma_\theta=-\tau$ 이다. 그리고 $\theta=\pm45°$ 일 때 $\tau_\theta=0$ 이다. 즉 각 45° 만큼 회전한 미소요소는 수직한 방향으로 같은 크기의 인장과 압축응력을 받으며, 전단응력은 나타나지 않는다. 결국 정리하면 미소요소가 [그림9.5.4](a)에 표시된 방향으로 작용하는 전단응력을 받는 경우, 수직응력은 [그림9.5.4](b)에 표시된 방향으로 작용한다.

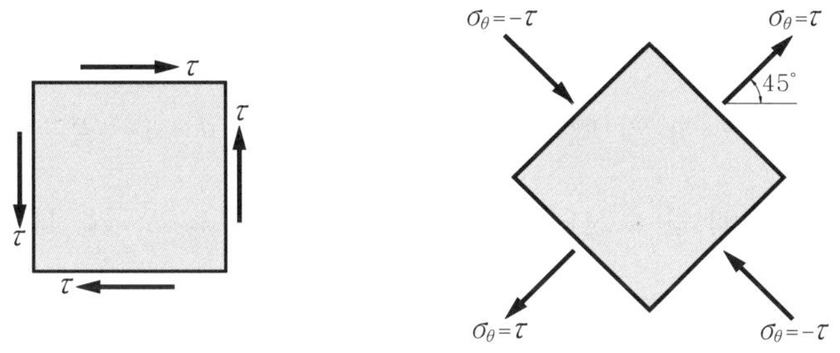

(a) $\theta=0$ 일 때 (b) $\theta=45°$ 일 때

[그림9.5.4] 순수전단상태에서 $\theta=0$ 과 $\theta=45°$ 일 때의 응력

순수전단상태에서 X 축으로부터 45°면 위에 최대인장응력이 생긴다는 것은 인장에 약한 취성재료가 비틀림을 받으면 45°나선평면(Helical Plane)을 따라 파괴된다는 것을 설명한다. [그림9.5.5]는 실제로 인장에 약한 취성재료인 분필에 비틀림을 가했을 때의 파괴형상을 보여주고 있는데, 인장응력이 크게 작용하는 45° 방향의 연직방향으로 균열이 발생하면서 나선형 면을 따라 비틀림 파괴된다.

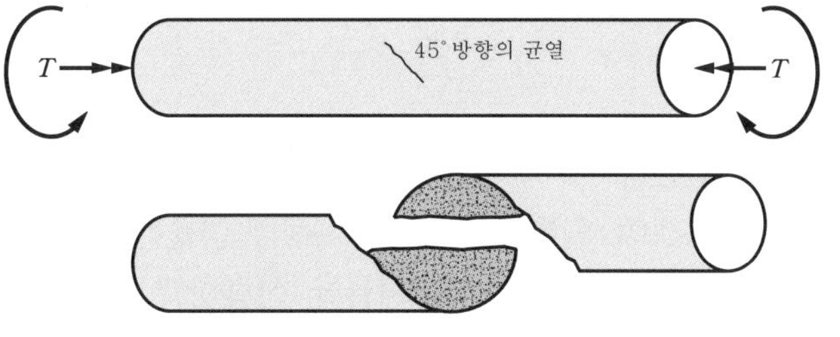

[그림9.5.5] 비틀림을 받는 분필의 나선형 인장파괴

다음으로 재료가 순수전단을 받을 때에 일어나는 변형률에 대하여 살펴보도록 한다.

[그림9.5.4](a)와 같은 미소요소는 전단변형률 γ 를 받게 되므로, [그림9.5.6](a)와 같은 모양으로 변형이 이루어지는데, 이것은 이미 3.1.2절에서 설명한 바 있다. 전단변형률 γ 는 요소의 모양 변화를 나타내는 각변화로 측정한다. [그림9.5.6](a)에서 요소의 왼쪽 아래 모서리와 오른쪽 위 모서리는 최초 직각인 상태

에서 전단변형률 γ만큼 감소되며, 나머지 다른 두 모서리는 전단변형률 γ만큼 각이 증가하나, 요소의 길이와 지면에 수직한 요소의 두께는 변하지 않는다. 즉 요소는 최초의 직사각형에서 평행사변형으로 모양이 변하는데 이러한 모양의 변화를 **전단변형**(剪斷變形, Shear Distortion)이라고 한다.

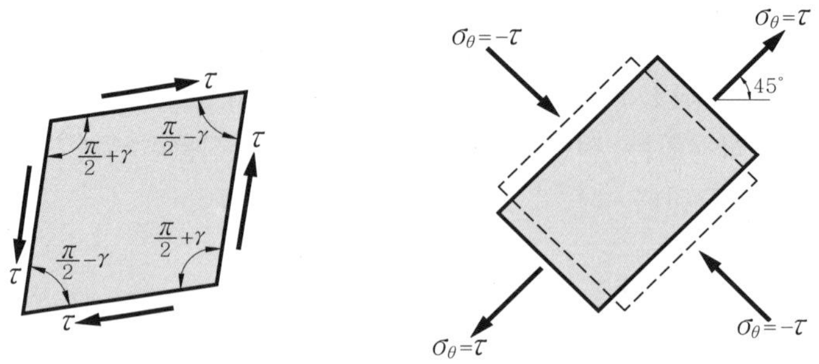

(a) $\theta=0$ 일 때　　　　(b) $\theta=45°$ 일 때

[그림9.5.6] 순수전단상태에서 $\theta=0$ 과 $\theta=45°$ 일 때의 변형률

[그림9.5.6](b)의 45°면에 기울어진 미소요소에 일어나는 변형률을 생각해 본다.

45°면에 작용하는 인장응력은 요소를 그 방향으로 신장시키려고 하며, 또 프아송효과(Poisson Effect)에 의하여 그와 수직방향으로 요소를 줄어들게 하려 한다. 또한 135°면에 작용하는 압축응력은 요소를 그 방향으로 줄어들게 하며, 그와 수직방향으로 요소를 늘리려고 한다. 즉 미소요소는 [그림9.5.6](b)와 같은 모양으로 변하게 된다. 그러나 이 요소는 직사각형을 유지하며 전단변형은 일어나지 않는다.

만약 재료가 선형탄성체이고 $\theta=0$ 에서의 요소의 전단변형률 γ가 전단응력 τ와 관계가 있다면, 후크의 법칙(Hooke's Law)에 의하여 다음과 같다.

$$\gamma = \frac{\tau}{G} \tag{9.5.4}$$

$\theta=45°$ 기울어진 요소에 있어서 프아송 비(Poisson's Radio)와 후크의 법칙(Hooke's Law)을 이용하여 일축응력에서의 수직변형률을 구할 수 있다. 즉 인장응력 $\sigma_\theta=\tau$는 τ/E인 양(+)의 수직변형률을 산출하고, 또한 $-\nu\tau/E$인 수직방향에서의 음(−)의 수직변형률을 산출하게 되므로, 45°방향의 최종적인 수직변형률 ϵ은 다음과 같이 정리된다.

$$\epsilon = \frac{\tau}{E} + \frac{\nu\tau}{E} = \frac{\tau}{E}(1+\nu) \tag{9.5.5}$$

상기 식(9.5.5)에서 수직변형률 ϵ는 양(+)의 값인 신장을 의미한다. 한편 이와 수직인 $\theta=135°$의 수직변형률은 같은 크기의 음(−)의 값인 수축을 의미한다.

즉 순수전단은 요소를 45°방향으로는 신장시키고, 135°방향으로는 수축시키는데, 이것은 [그림9.5.6](a)의 변형된 요소의 모양과 같다.

◆ ◆ ◆ ◆ ◆ ◆

예제 9.5.1

다음 그림과 같은 중공 원형단면 봉이 비틀림모멘트 $T=15kN\cdot m$ 를 받고 있다. 이 봉의 외경 $D_1=120mm$ 이고, 내경 $D_2=100mm$ 일 때, 이 봉에 발생하는 최대전단응력, 최대인장응력, 최대압축응력은 각각 얼마인지 구하여라.

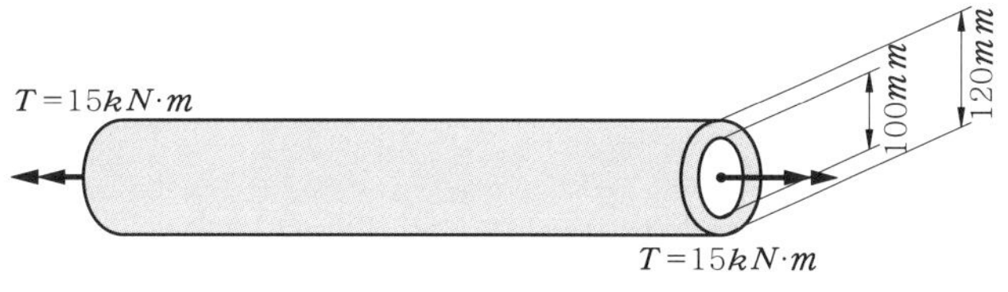

풀이

(1) 단면극2차모멘트 I_P

$$I_P=\frac{\pi}{32}\left(D_1^4-D_2^4\right)=\frac{\pi}{32}\left(120^4-100^4\right)=10540043\,mm^4$$

(2) 최대전단응력

$$\tau_{\max}=\frac{T\cdot r}{I_P}=\frac{(-15\times10^6)\times60}{10540043}=-85.4\,MPa$$

(3) 최대인장응력 및 최대압축응력

순수전단상태일 때의 수직응력은 $\sigma_\theta=\tau\sin2\theta$ 로 구할 수 있다.

또한 $\theta=-45°$, $\theta=+45°$ 일 때, 각각 최대인장응력 및 최대압축응력을 나타낸다.

∴ 최대인장응력 : $\sigma_{\max}=\tau_{\max}\sin(2\times-45°)=85.4\,MPa$

∴ 최대압축응력 : $\sigma_{\max}=\tau_{\max}\sin(2\times45°)=-85.4\,MPa$

예제 9.5.2

다음의 중공 원형단면 강봉은 최대전단변형률 $\gamma_{\max}=1.75\times10^{-3}rad$ 을 일으키는 비틀림모멘트 T 를 받고 있다. 이 봉의 외경과 내경이 각각 $200mm$, $180mm$ 일 때, 이 봉에 발생하는 최대인장응력 $\sigma_{\max}$ 를 구하고, 작용하는 비틀림모멘트 T 를 구하여라. (여기서 전단탄성계수는 $G=7.9\times10^4\,MPa$ 임.)

풀이

(1) 중공 원형단면 강봉의 단면극2차모멘트 I_P

$$I_P = \frac{\pi}{32}\left(200^4 - 180^4\right) = 54019685.68\,mm^4$$

(2) 최대전단응력 $\tau_{\max}$

$\gamma = \dfrac{\tau}{G}$ 이므로, $\gamma_{\max} = \dfrac{\tau_{\max}}{G}$

$\therefore\ \tau_{\max} = \gamma_{\max} \times G = \left(1.75 \times 10^{-3}\right) \times \left(7.9 \times 10^4\right) = 138.25\,MPa$

(3) 최대인장응력 $\sigma_{\max}$

순수전단상태에서 $\sigma_{\max} = \tau_{\max}$ 이므로,

$\therefore\ \sigma_{\max} = 138.25\,MPa$

또는 $\sigma_{\max} = \tau_{\max}\sin 2\theta$ 이고, $\theta = \pm 45^\circ$ 일 때, 최대수직응력을 가지므로,

$\therefore\ \sigma_{\max} = 138.25 \times \sin(2 \times 45^\circ) = 138.25\,MPa$

(4) 비틀림모멘트 T

$\tau_{\max} = \dfrac{T \cdot r}{I_P}$ 이므로,

$$\therefore\ T = \frac{\tau_{\max} \cdot I_P}{r} = \frac{138.25 \times 54019685.68}{100} = 74682215.45\,N \cdot mm = 74.7\,kN \cdot m$$

◆ ◆ ◆ ◆ ◆ ◆

◈ 연 습 문 제 ◈

9.5.1 길이 $L=1\,m$ 이고, 외경이 $100mm$, 내경이 $90mm$ 인 동관이 있다. 비틀림각 $\phi=2.5^\circ$ 를 발생시키는 비틀림모멘트 T를 받고 있을 때, 최대전단응력 $\tau_{\max}$ 과 이때의 비틀림모멘트 T를 구하여라. ($G=4.0\times10^4 MPa$)

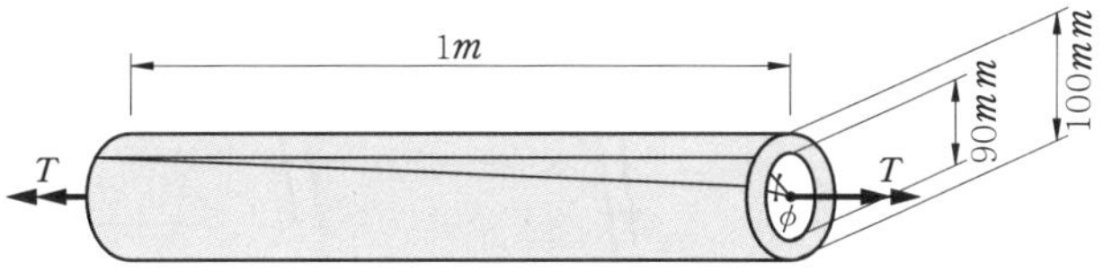

9.5.2 외경이 $15mm$ 인 동관에 비틀림모멘트 $T=0.05kN\cdot m$ 가 작용한다. 이때 동관 표면에 있고 동관 축에 대해 45° 기울어진 요소의 수직변형률 $\epsilon=1.26\times10^{-3}$ 이라면, 이 동관의 내경은 얼마인가? (단, 동관의 $E=1.0\times10^5 MPa$, $G=4.0\times10^4 MPa$, $\nu=0.34$ 이다.)

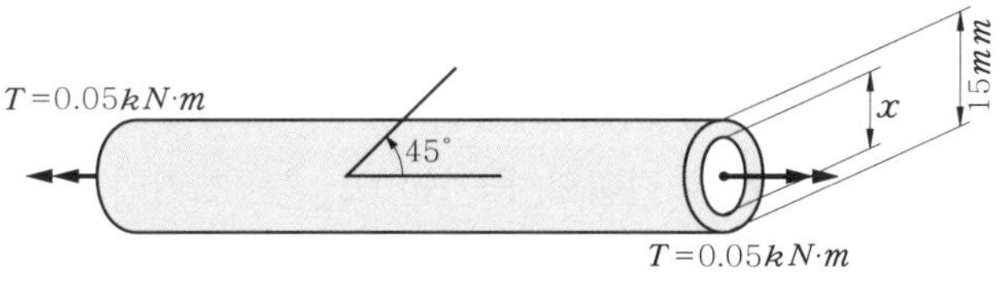

9.6 탄성계수와 전단탄성계수 사이의 관계*

앞 절에서 유도한 식을 사용하여 탄성계수(Modulus of Elasticity) E와 전단탄성계수(Shear Modulus of Elasticity) G 사이의 관계를 나타내는 식을 유도해 보기로 한다.

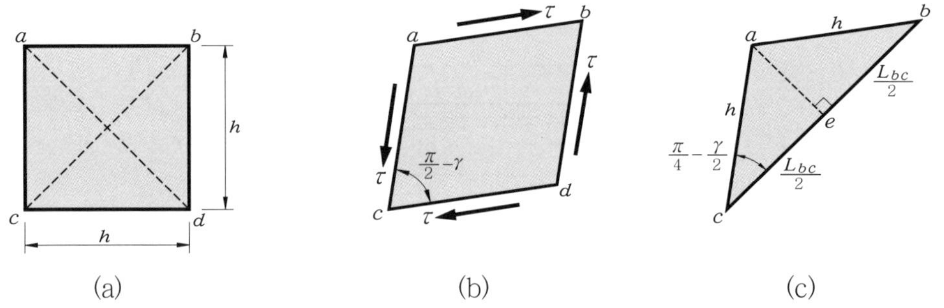

[그림9.6.1] 순수전단에서의 정사각형 요소의 변형

이를 위하여 [그림9.6.1](a)에 표시한 각 변의 길이가 h 인 정사각형 요소를 생각해 보자. 앞 절에서 설명한 바와 같이 이 요소가 전단응력 τ의 순수전단을 받으면, 그림(b)와 같이 각 변의 길이 h는 변하지 않고 전단변형률 $\gamma = \tau/G$의 마름모꼴로 찌그러진다. 이로 인하여 대각선 bc는 길이가 늘어나고 대각선 ad는 줄어든다. 이때 대각선 bc의 길이의 증가분 Δ_{bc}는 초기의 길이 $\sqrt{2}\,h$에 45°방향의 수직변형률 ϵ을 곱하여 다음과 같이 구할 수 있다.

$$\Delta_{bc} = \sqrt{2}\ h\,\epsilon \tag{9.6.1}$$

상기 식(9.6.1)은 식(9.5.5)를 이용하여 다음과 같이 표현할 수 있다.

$$\Delta_{bc} = \frac{\sqrt{2}\,h\tau}{E}(1+\nu) \tag{9.6.2}$$

여기서, ν는 프아송 비(Poisson's Radio)이다.

길이의 증가분 Δ_{bc}는 찌그러진 요소의 기하학적 모양을 이용하여 전단변형률 γ와 관계지을 수 있는데, [그림9.6.1](b)에 그려진 마름모를 1/2로 잘라서 얻어진 그림(c)의 삼각형 abc를 생각해 보자. 그림(c)에서 각 acb는 $\pi/4-\gamma/2$로, 그림(b)의 각acd의 1/2이다. 또한 그림(c)에서 삼각형의 변 ab와 변 ac의 길이는 h이고, 삼각형의 나머지 변 bc의 길이는 L_{bc}로 표시한다. L_{bc}는 초기 대각선 길이인 $\sqrt{2}\,h$에 신장량 Δ_{bc}를 더한 것으로 다음과 같다.

$$L_{bc} = \sqrt{2}\,h + \Delta_{bc} \tag{9.6.3}$$

그림(c)에서 점a로부터 변 bc에 수선 ae를 내려 변 bc를 2등분한다. 이때 새로운 삼각형 ace 로부터 다음과 같은 식이 성립된다.

$$\cos\left(\frac{\pi}{4}-\frac{\gamma}{2}\right) = \frac{L_{bc}}{2h} \tag{9.6.4}$$

또한 식(9.6.3)을 식(9.6.4)에 대입하면, 식(9.6.4)는 다음과 같다.

$$\cos\left(\frac{\pi}{4}-\frac{\gamma}{2}\right) = \frac{\sqrt{2}\,h+\Delta_{bc}}{2h} = \frac{1}{\sqrt{2}}+\frac{\Delta_{bc}}{2h} \tag{9.6.5}$$

한편 삼각함수에서 $\cos(\alpha-\beta)=\cos\alpha\cos\beta+\sin\alpha\sin\beta$ 의 관계가 성립됨으로 식(9.6.5)의 첫 번째 항은 다음과 같이 표현할 수 있다.

$$\begin{aligned}\cos\left(\frac{\pi}{4}-\frac{\gamma}{2}\right) &= \cos\frac{\pi}{4}\cos\frac{\gamma}{2}+\sin\frac{\pi}{4}\sin\frac{\gamma}{2} \\ &= \frac{1}{\sqrt{2}}\left(\cos\frac{\gamma}{2}+\sin\frac{\gamma}{2}\right)\end{aligned} \tag{9.6.6}$$

식(9.6.5)와 식(9.6.6)을 비교하고, 전단변형률 γ는 미소각이므로 $\cos\frac{\gamma}{2}\approx 1$, $\sin\frac{\gamma}{2}\approx\frac{\gamma}{2}$ 로 볼 수 있음에 착안하면 다음과 같은 식을 얻는다.

$$\Delta_{bc}=\frac{\sqrt{2}\,h\,\gamma}{2} \tag{9.6.7}$$

또한 $\gamma=\tau/G$이므로 식(9.6.7)은 다음과 같다.

$$\Delta_{bc}=\frac{\sqrt{2}\;h\,\tau}{2\,G} \tag{9.6.8}$$

식(9.6.7)과 식(9.6.8)은 전단변형률 γ와 전단응력 τ 사이의 길이 증가분의 관계를 나타내고 있다.

식(9.6.1)과 식(9.6.7)을 비교하면 순수전단상태에 있는 요소에서는 다음과 같은 관계가 성립됨을 알 수 있다.

$$\epsilon = \frac{\gamma}{2} \tag{9.6.9}$$

또한 식(9.6.2)와 식(9.6.8)을 비교하면 다음과 같은 식이 성립된다.

$$G = \frac{E}{2(1+\nu)} \tag{9.6.10}$$

상기 식(9.6.10)에서 E, G 및 ν는 선형탄성체에서 독립적인 상수가 아님을 알 수 있다. 이들 중 2개를 알면 다른 하나를 계산할 수 있다.

◆ ◆ ◆ ◆ ◆ ◆

예제 9.6.1

탄성계수 $E=2.05\times10^5 MPa$ 이고, 프와송 비 $\nu=0.3$ 일 때, 전단탄성계수 G는 얼마인가?

풀이

$$G=\frac{E}{2(1+\nu)}=\frac{2.05\times10^5}{2(1+0.3)}\fallingdotseq 7.88\times10^4 MPa$$

예제 9.6.2

다음 그림과 같은 지름 $50\,mm$ 인 원형단면 봉이 비틀림모멘트 $T=1200\,N\cdot m$ 를 받고 있다. 이 봉의 축에 $45°$ 각도로 스트레인 게이지를 부착하여 변형을 측정한 결과 변형률이 $\epsilon=305\times10^{-6}$으로 측정되었다. 원형단면봉의 전단탄성계수 G를 구하여라.

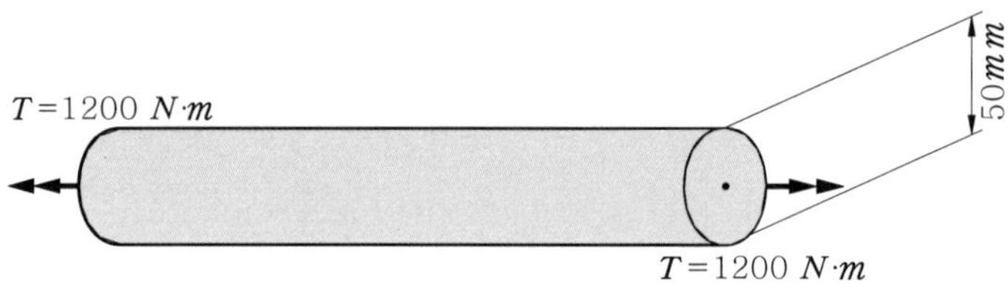

풀이

(1) 단면극2차모멘트 I_P

$$I_P=\frac{\pi}{32}\times50^4=613{,}592.3\,mm^4$$

(2) 최대전단응력

$$\tau_{\max}=\frac{T\cdot r}{I_P}=\frac{(1.2\times10^6)\times25}{613{,}592.3}=48.9\,MPa$$

(3) 최대전단변형률

$$\gamma_{\max}=2\,\epsilon_{\max}=610\times10^{-6}$$

(4) 전단탄성계수

$$G=\frac{T_{\max}}{\gamma_{\max}}=\frac{48.9}{610\times10^{-6}}=80{,}163.9\,MPa$$

◆ ◆ ◆ ◆ ◆ ◆

◈ 연 습 문 제 ◈

9.6.1 순수전단상태의 어떤 요소가 전단응력 $\tau = 95\,MPa$ 를 받고 있다. 이 요소의 탄성계수 $E = 1.2 \times 10^5 MPa$ 이고, 프와송비 $\nu = 0.34$ 라면 전단변형률 γ 는 얼마인가?

9.6.2 어떤 원형봉이 비틀림모멘트 T 를 받고 있다. 이 원형봉의 길이방향 축에 대해 $45°$ 기울어진 요소가 비틀림모멘트 T 에 의해 인장응력 $\sigma = 70\,MPa$ 이 발생한다면, 이 원형봉의 최대전단변형률 γ 와 수직변형률 ϵ 을 구하여라. (단, 원형봉의 $E = 1.1 \times 10^5 MPa$, $\nu = 0.33$ 이다.)

9.6.3 다음 그림과 같이 외경이 $80\,mm$ 내경이 $50\,mm$ 인 알루미늄관이 비틀림모멘트 $T = 4\,kN \cdot m$ 를 받고 있다. 이 관의 전단탄성계수 $G = 28\,GPa$ 일 때, 알루미늄관의 축에 $45°$ 기울어진 요소의 최대 수직변형률 $\epsilon_{\max}$ 과 최대 전단변형률 $\gamma_{\max}$ 을 구하여라.

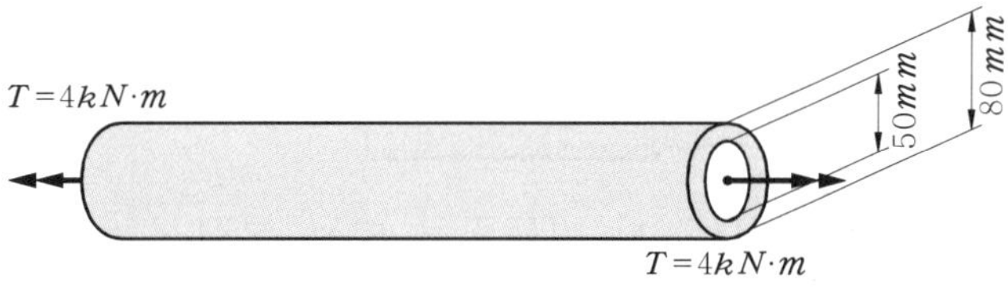

9.6.4 다음 그림과 같이 외경이 $100\,mm$ 내경이 $50\,mm$ 인 알루미늄관이 비틀림모멘트 T 를 받고 있다. 이 관의 전단탄성계수 $G = 28\,GPa$ 이고, 최대변형률 $\epsilon_{\max} = 0.65 \times 10^{-3}$ 일 때 비틀림 모멘트 T 를 구하여라.

9.7 비틀림을 받는 부정정구조물*

정정구조물보다 과잉 구속된 부정정구조물이 비틀림을 받을 때는 힘의 평형조건식뿐만 아니라 변형조건식이 있어야 해석이 가능하다.

여기서는 3.4.1절에서 소개하였던 유연도법(Flexibility Method)을 사용하여 비틀림하중만을 받는 간단한 부정정구조물의 해석에 대하여 알아보도록 한다.

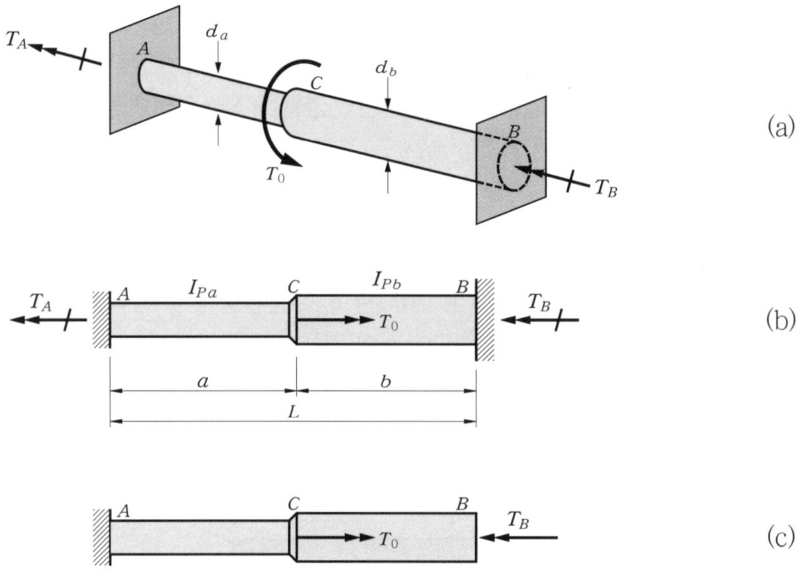

[그림9.7.1] 비틀림을 받는 부정정 봉

비틀림을 받는 부정정구조물의 유연도법을 사용한 해석을 살펴보기 위하여 [그림9.7.1](a), (b)와 같이 부재 AC와 부재 CB가 각각 지름 d_a와 d_b를 가진 양단이 고정인 봉재가 C점에서 비틀림 T_o를 받을 때를 생각해 보자.

해석의 목적은 양 단부에서의 반력비틀림 T_A와 T_B, 최대전단응력, 그리고 T_o가 작용하는 C점의 단면에서의 회전각 ϕ_C를 구하는 것이다.

먼저 반력비틀림 T_A와 T_B를 구하려면 정적인 평형으로부터 다음과 같은 식을 얻을 수 있다.

$$T_A + T_B = T_o \tag{9.7.1}$$

미지수 T_A와 T_B 사이의 두 번째 식을 얻기 위하여, 과잉반력(Redundant Reaction)을 T_B라고 정한다. 이후 지점 B를 제거하면 [그림9.7.1](c)와 같은 기본구조물(Primary Structure)을 얻을 수 있다. 그림(c)에서 비틀림모멘트 T_o와 T_B는 하중으로 표시된다. 이들 비틀림모멘트는 B점에서 2개의 부분 AC와 CB의 비틀림각의 대수합과 같은 비틀림각 ϕ_B를 일으킨다. 따라서 다음과 같은 식이 성립된다.

$$\phi_B = \frac{T_o\, a}{G\, I_{Pa}} - \frac{T_B\, a}{G\, I_{Pa}} - \frac{T_B\, b}{G\, I_{Pb}} \tag{9.7.2}$$

여기서 I_{Pa} 와 I_{Pb} 는 각각 봉의 AC 와 CB 부분의 단면극2차모멘트이다.

그런데 변형적합조건식으로 원래 상태의 봉에서 단부 B 점에서의 회전각은 $\phi_B = 0$ 이므로, 식(9.7.2)에 적용하면 다음과 같은 미지수 T_A 와 T_B 사이의 두 번째 식이 얻어진다.

$$\frac{T_o\, a}{I_{Pa}} - \frac{T_B\, a}{I_{Pa}} - \frac{T_B\, b}{I_{Pb}} = 0 \tag{9.7.3}$$

따라서 식(9.7.1)과 식(9.7.3)으로부터 양단부의 반력 비틀림 T_A 와 T_B 를 다음과 같이 구할 수 있다.

$$\begin{aligned} T_A &= T_o \left(\frac{I_{Pa}\, b}{I_{Pa}\, b + I_{Pb}\, a} \right) \\ T_B &= T_o \left(\frac{I_{Pb}\, a}{I_{Pa}\, b + I_{Pb}\, a} \right) \end{aligned} \tag{9.7.4}$$

만약 봉이 일정한 단면을 가졌다면, $I_{Pa} = I_{Pb} = I_P$ 가 되므로, 식(9.7.4)는 다음과 같은 식이 된다.

$$\begin{aligned} T_A &= \frac{T_o\, b}{L} \\ T_B &= \frac{T_o\, a}{L} \end{aligned} \tag{9.7.5}$$

상기 식(9.7.5)는 양단이 고정이고 축하중을 받는 봉에 관한 식(3.4.7), 식(3.4.8)과 유사하다.

한편 봉의 각 부분에서의 최대전단응력은 비틀림식(9.2.10)을 이용하여 다음과 같이 구할 수 있다.

$$\tau_{AC} = \frac{T_A\, d_a}{2\, I_{Pa}} \quad , \quad \tau_{CB} = \frac{T_B\, d_b}{2\, I_{Pb}} \tag{9.7.6}$$

식(9.7.4)를 식(9.7.6)에 대입하면, [그림9.7.1](a), (b)에서 각 부분에서의 최대전단응력을 다음과 같이 구할 수 있다.

$$\tau_{AC} = \frac{T_o\, b\, d_a}{2\,(I_{Pa} b + I_{Pb} a)} \quad , \quad \tau_{CB} = \frac{T_o\, a\, d_b}{2\,(I_{Pa} b + I_{Pb} a)} \tag{9.7.7}$$

상기 식(9.7.7)에서 곱 $b\, d_a$ 와 곱 $a\, d_b$ 를 비교하면 봉의 어느 부분이 더 큰 전단응력을 갖게 되는지 알 수 있다.

마지막으로 T_o가 작용하는 C점의 단면에서의 회전각 ϕ_C를 구해보도록 하자. 봉의 AC와 CB부분은 회전에 대한 적합조건을 만족하기 위하여 같은 각으로 회전해야 하므로, 이 각은 봉 양쪽 부분의 회전각과 같다. 따라서 회전각 ϕ_C는 다음과 같이 구할 수 있다.

$$\phi_C = \frac{T_o a}{G I_{Pa}} = \frac{T_B b}{G I_{Pa}} = \frac{T_o a b}{G(I_{Pa} b + I_{Pb} a)} \tag{9.7.8}$$

만약 $a = b = L/2$이고, $I_{Pa} = I_{Pb} = I_P$라면, 식(9.7.8)은 다음과 같은 식이 된다.

$$\phi_C = \frac{T_o L}{4 G I_P} \tag{9.7.9}$$

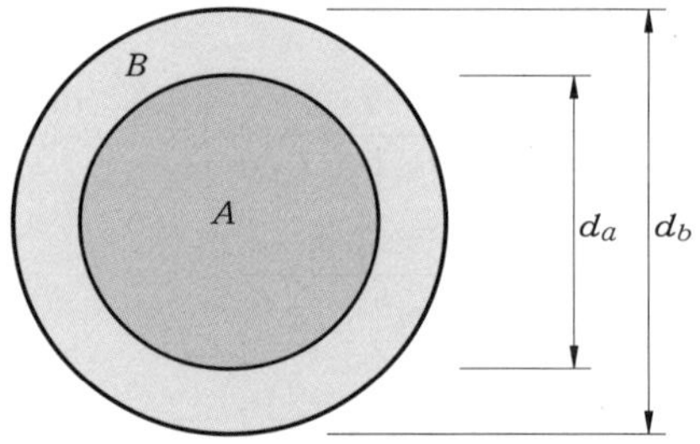

[그림9.7.2] 두 재료로 구성된 합성봉

한편 **합성봉**(Composite Bar)은 몇 개의 서로 다른 재료를 동심원 형태로 견고히 결합시켜 단일 봉처럼 작용하도록 만든 것을 말한다. [그림9.7.2]는 내부의 원형 봉 A와 외곽의 중공 원형봉 B가 결합한 합성봉의 예로서, 이들 두 부분이 같은 재료로 만들어졌다면 이 봉은 단일 봉과 같은 거동으로 앞 절에서 유도된 모든 식들을 그대로 적용할 수 있다. 그러나 두 부분이 다른 재료로 구성되었다면 봉은 부정정이 되어 다음과 같은 주의깊은 해석이 필요하게 된다. [그림9.7.2]의 해석을 위하여 아래와 같은 기호를 사용하기로 한다.

G_A , G_B : 내부(A)와 외부(B) 각 부재의 전단탄성계수
d_a , d_b : 내부(A)와 외부(B) 각 부재의 지름
I_{Pa} , I_{Pb} : 내부(A)와 외부(B) 각 부재의 단면극2차모멘트

또한 합성봉이 전체 비틀림모멘트 T를 받는다고 할 때, 내부(A)와 외부(B)에 작용하는 각각의 비틀림모멘트를 T_A, T_B라고 하자.

이때 첫 번째 방정식은 다음과 같은 평형조건식으로부터 얻을 수 있다.

$$T = T_A + T_B \tag{9.7.10}$$

한편 합성봉의 비틀림각은 각 부분이 같은 크기로 회전하므로, 회전적합조건으로부터 다음과 같은 두 번째 방정식을 얻을 수 있다.

$$\phi = \frac{T_A L}{G_A I_{Pa}} = \frac{T_B L}{G_B I_{Pb}} \tag{9.7.11}$$

여기서 L 은 합성봉의 길이이다.

따라서 식(9.7.10)과 식(9.7.11)을 풀면, 봉의 두 부분이 부담하는 비틀림모멘트 T_A, T_B 를 다음과 같이 구할 수 있다.

$$T_A = T\left(\frac{G_A I_{Pa}}{G_A I_{Pa} + G_B I_{Pb}}\right) \quad , \quad T_B = T\left(\frac{G_B I_{Pb}}{G_A I_{Pa} + G_B I_{Pb}}\right) \tag{9.7.12}$$

한편 상기 식(9.7.12)를 식(9.7.11)에 대입하면 다음과 같은 회전각 ϕ 를 구할 수 있다.

$$\phi = \frac{T L}{G_A I_{Pa} + G_B I_{Pb}} \tag{9.7.13}$$

봉의 전단응력은 비틀림식(9.2.10)을 각 부분에 적용함으로써 구할 수 있다. 예를 들어 내부(A)와 외부(B)에서의 최대전단응력을 각각 τ_A, τ_B 라 하면 다음과 같이 나타낼 수 있다.

$$\tau_A = \frac{T_A (d_a/2)}{I_{Pa}} \quad , \quad \tau_B = \frac{T_B (d_b/2)}{I_{Pb}} \tag{9.7.14}$$

◆ ◆ ◆ ◆ ◆ ◆

예제 9.7.1

양단이 고정된 중실 원형단면 봉이 그림과 같이 각 점에서 비틀림모멘트 T_1, T_2, T_3 를 받고 있을 때, 이 봉의 각 지점 A, B 에 발생하는 반력비틀림 T_A, T_B 에 대한 식을 도출하여라. (단, 봉의 재료는 균질하다.)

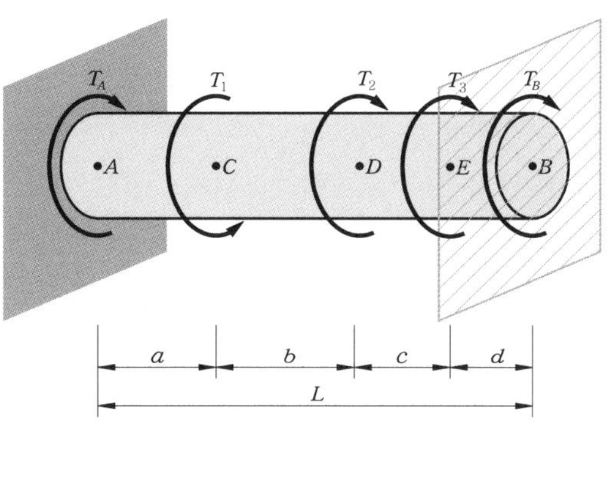

풀이

(1) 힘의 평형조건식

$$T_A + T_B = T_1 - T_2 - T_3$$

(2) 변형의 적합조건식

T_B 를 과잉반력으로 가정하고, B 점에서의 비틀림각 ϕ_B 를 구한다.

ϕ_B 는 각각의 비틀림모멘트에 의한 각 점에서의 비틀림각을 더한 값이고,

$\phi = \dfrac{T\,L}{G\,I_P}$ 이므로

$\phi_B = \dfrac{(aT_1 - aT_2 - aT_3 - aT_B) - (bT_2 + bT_3 + bT_B) - (cT_3 + cT_B) - dT_B}{G\,I_P}$ 가 된다.

여기서, B 점은 고정단이므로, 비틀림각은 '0' 이 된다.

$$\therefore\ \phi_B = (aT_1 - aT_2 - aT_3 - aT_B) - (bT_2 + bT_3 + bT_B) - (cT_3 + cT_B) - dT_B = 0$$

(3) 반력 T_A, T_B 의 계산

$$(aT_1 - aT_2 - aT_3 - aT_B) - (bT_2 + bT_3 + bT_B) - (cT_3 + cT_B) - dT_B = 0$$

$$\therefore\ T_B = \frac{aT_1 - (a+b)T_2 - (a+b+c)T_3}{a+b+c+d} = \frac{aT_1 - (a+b)T_2 - (a+b+c)T_3}{L}$$

$$T_A + T_B = T_1 - T_2 - T_3$$

$$\therefore\ T_A = \frac{(b+c+d)T_1 - (c+d)T_2 - dT_3}{L}$$

예제 9.7.2

다음 그림과 같이 서로 다른 길이와 다른 단면을 가진 양단이 고정인 봉재가 있다. 이 봉재의 최대허용전단응력이 $80MPa$ 일 때, C 점에서 허용가능한 비틀림모멘트 T_{allow} 를 구하여라.

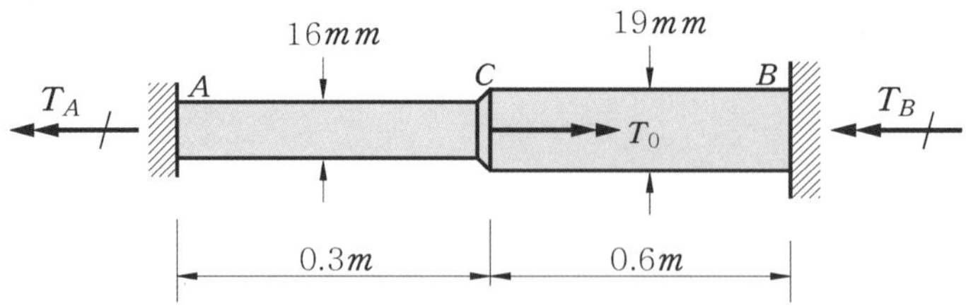

풀이

(1) 단면극2차모멘트 I_P

$$I_{PA} = \frac{\pi \times d_A^4}{32} = \frac{\pi \times 16^4}{32} = 6{,}434\,mm^4$$

$$I_{PB} = \frac{\pi \times d_B^4}{32} = \frac{\pi \times 19^4}{32} = 12,794mm^4$$

(2) 양단의 비틀림반력

$$T_A = T_0\left(\frac{I_{PA}\cdot b}{I_{PA}\cdot b + I_{PB}\cdot a}\right) = T_0\left(\frac{6,434 \times 600}{6,434 \times 600 + 12,794 \times 300}\right) = 0.5014T_0$$

$$T_B = T_0 - T_A = 0.4986\,T_0$$

(3) C 점에서의 허용비틀림모멘트 T_{allow}

$$T_{AC} = \frac{T_A \cdot d_A}{2I_{PA}} = \frac{16\,T_A}{\pi d_A^3} = \frac{16 \times 0.5014\,T_0}{\pi \cdot 16^3} = 80\,N/mm^2$$

$$\therefore \; T_0 = 128.32N.mm$$

$$T_{CB} = \frac{T_B \cdot d_B}{2I_{PB}} = \frac{16\,T_B}{\pi d_B^3} = \frac{16 \times 0.4986\,T_0}{\pi \cdot 19^3} = 80\,N/mm^2$$

$$\therefore \; T_0 = 216.087N.mm$$

$\therefore$ C 점에서 허용가능한 비틀림모멘트 $T_{allow} = 128.32\,N \cdot mm$

◆ ◆ ◆ ◆ ◆ ◆

◈ 연 습 문 제 ◈

9.7.1 양단이 고정된 중실 원형단면 봉이 그림과 같이 C점과 E점에 T_0의 비틀림모멘트를 받고 있다. 이 봉의 각 지점 A, B에 발생하는 반력비틀림 T_A, T_B를 구하고, C점과 D점에서의 비틀림각 ϕ_C 및 ϕ_D를 구하여라. (단, 봉의 재료는 균질하다.)

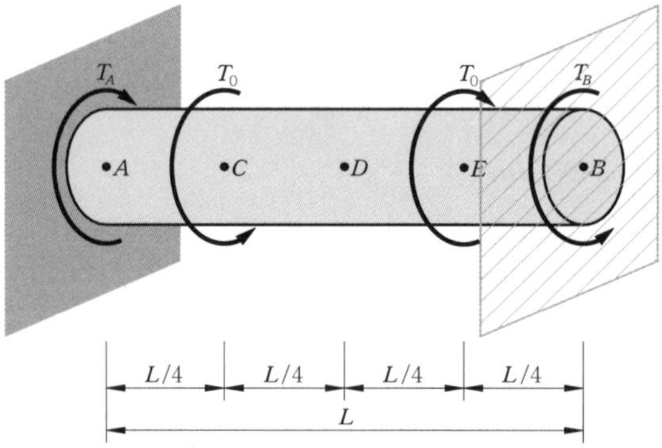

9.7.2 다음 그림과 같이 서로 다른 길이와 다른 단면을 가진 양단이 고정인 봉재가 있다. 이 봉재의 최대허용전단응력이 $55MPa$일 때, C점에서 허용가능한 비틀림 모멘트 T_{allow}를 구하여라.

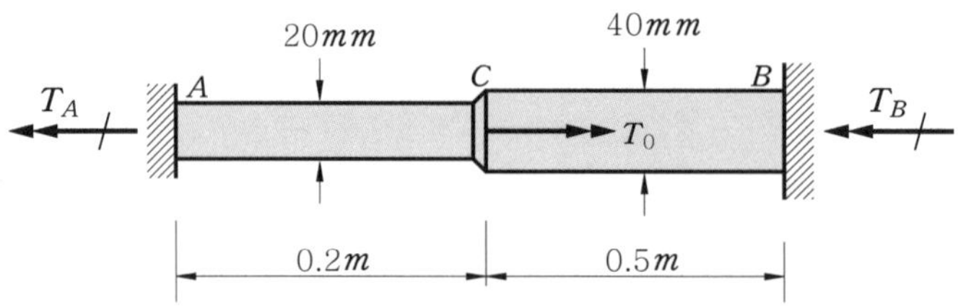

9.8 순수전단과 비틀림에 의한 변형에너지*

어느 물체가 정적인 하중을 받아 변형을 할 때, 하중에 의해 일을 하며 변형에너지가 그 물체에 흡수된다. 열에 의한 소실이 없다면 일은 변형에너지와 같을 것이다. 본 교재에서는 앞서 3.3.4절에서 축방향력에 의한 변형에너지를 이미 살펴보았다. 이런 일과 변형에너지에 대한 관계는 순수전단상태에 있는 요소의 변형에너지를 구하는데도 같은 방식으로 사용된다.

[그림9.8.1](a)와 같이 순수전단을 받고 있는 한 미소요소를 다시 고찰해 보자.

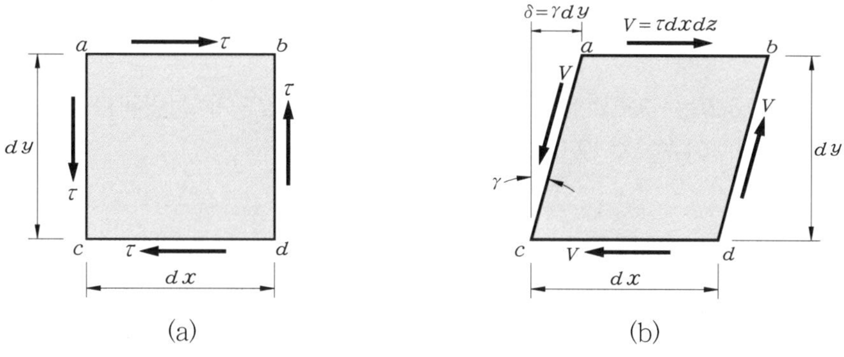

[그림9.8.1] 순수전단상태의 미소요소

[그림9.8.1](a)에서 미소요소는 가로변의 길이가 dx, 세로변의 길이가 dy이고, 두께가 dz로, 전단응력이 '0'에서 최종 값 τ까지 점점 증가함에 따라 그림(b)와 같이 상부면 ab는 하부면 cd에 대하여 수평방향으로 거리 δ의 변위를 하게 된다. 이때 상부면에 작용하는 전단력 V는 $\tau dxdz$이며, 상부면 전단력 V로 인하여 수평방향으로 이동한 거리 δ는 γdy가 된다. 그런데 측면 ac와 bd에 작용하는 전단력은 일을 하지 않으므로, 이것이 요소에 작용하는 일의 전부이다.

만약 재료가 선형탄성적으로 후크의 법칙(Hooke's Law)을 따른다면, 하중-변위선도(Load-Deflection Diagram)는 [그림9.8.2]와 같은 직선이 된다.

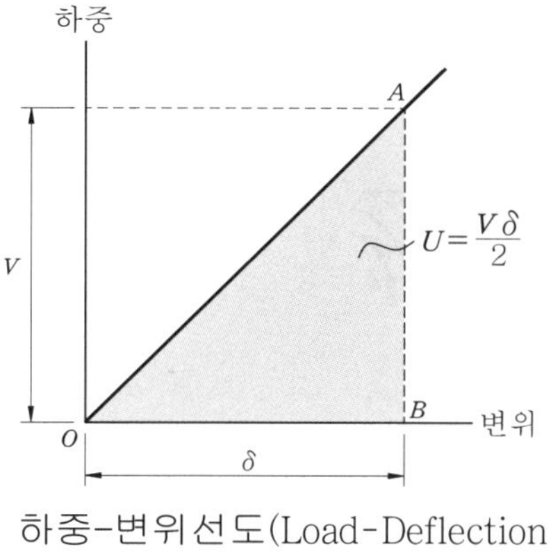

[그림9.8.2] 하중-변위선도(Load-Deflection Diagram)

요소에 저장되는 변형에너지 U는 전단력에 의해 한 일 W와 같으므로, 이 변형에너지는 하중-변위선도(Load-Deflection Diagram) 아래의 면적과 같다. 따라서 순수전단상태에서의 변형에너지는 다음과 같이 나타낼 수 있다.

$$U = W = \frac{V\delta}{2} = \frac{\tau\gamma\, dx\, dy\, dz}{2} \tag{9.8.1}$$

여기서 일과 변형에너지의 단위는 SI단위계에서 joule(J)로, $1J = 1\ N \cdot m$ 이다.

한편 [그림9.8.1]에서 요소의 체적은 $dx\, dy\, dz$ 이므로, 단위 체적당 변형에너지인 변형에너지밀도 u 는 다음과 같이 나타낼 수 있다.

$$u = \frac{\tau\,\gamma}{2} \tag{9.8.2}$$

상기 식(9.8.2)는 후크의 법칙(Hooke's Law), $\tau = G\,\gamma$가 성립됨으로, 다음과 같은 식으로 바꾸어 쓸 수 있다.

$$u = \frac{\tau^2}{2G} \quad , \quad u = \frac{G\gamma^2}{2} \tag{9.8.3}$$

상기 식(9.8.3)에서 첫 번째 식은 변형에너지밀도 u 를 전단응력 τ의 함수로 나타낸 것이고, 두 번째 식은 전단변형률 γ의 함수로 나타낸 것이다.

순수전단에서의 변형에너지밀도에 대한 식을 구하였다면, 순수비틀림을 받는 원형단면 봉에 저장되는 변형에너지의 값을 쉽게 구할 수 있다. [그림9.8.3](a)와 같이 내부 반지름이 r_1 이고, 외부 반지름이 r_2 인 단면을 가진 중공 원형 봉이 비틀림 T를 받는 경우를 생각해 보자.

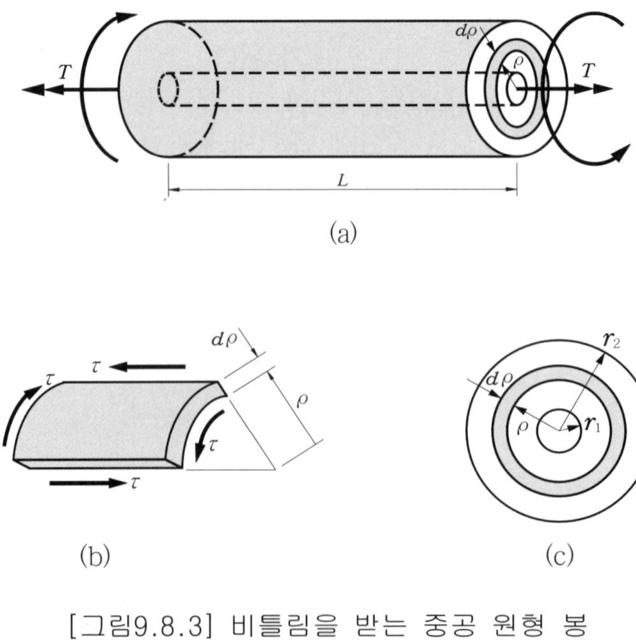

[그림9.8.3] 비틀림을 받는 중공 원형 봉

이 중공 원형 봉에서 떼어낸 작은 요소를 [그림9.8.3](b)에 표시하였다. 이 요소는 비틀림공식 $\tau = T\rho / I_P$에 의하여 요소의 측면에 전단응력 τ를 받고 있는데, 임의의 반지름 ρ에서의 변형에너지밀도는 식(9.8.3)에 의하여 다음과 같다.

$$u = \frac{\tau^2}{2G} = \frac{T^2\rho^2}{2GI_P^2} \tag{9.8.4}$$

요소 중공관에서의 변형에너지 dU는 밀도 u에 중공관의 체적을 곱하여 다음과 같이 나타난다.

$$dU = u\,L\,dA = \frac{T^2\rho^2 L\,dA}{2GI_P^2} \tag{9.8.5}$$

여기서 L은 중공관의 길이이고, $dA = 2\pi\rho\,d\rho$는 요소 중공관 끝면의 고리모양의 면적이다.

결국 중공 원형관의 전체 변형에너지 U는 경계 $\rho = r_1$과 $\rho = r_2$ 사이에서 dU에 대한 앞의 식을 적분함으로써 다음과 같이 얻을 수 있다.

$$U = \int dU = \frac{T^2 L}{2GI_P^2}\int_{\rho=r_1}^{\rho=r_2} \rho^2\,dA \tag{9.8.6}$$

상기 식(9.8.6)에서 적분식은 단면극2차모멘트 I_P를 나타낸다. 따라서 순수비틀림을 받는 원형 봉의 탄성 변형에너지는 다음과 같이 나타난다.

$$U = \frac{T^2 L}{2GI_P} \tag{9.8.7}$$

상기 식(9.8.7)은 변형에너지 U를 작용하는 비틀림모멘트 T의 함수로 나타낸 것이다.

또 하나의 식은 비틀림각에 대한 식 $\phi = TL/GI_P$을 대입하여 다음과 같이 구할 수 있다.

$$U = \frac{GI_P\phi^2}{2L} \tag{9.8.8}$$

상기 식(9.8.8)은 변형에너지 U를 비틀림각 ϕ의 함수로 나타낸 것이다.

한편 순수비틀림에 변형에너지는 [그림9.8.4]와 같은 봉에 대한 **비틀림-회전각 선도**(Torque-Rotation Diagram)를 통하여 직접적으로 구할 수 있다. 이 선도는 재료가 후크의 법칙(Hooke's Law)을 따르면 변형률이 작은 경우에 선형이 된다. 봉이 비틀림을 받는 동안 비틀림모멘트 T는 선도의 직선 아래 면적에 해당하는 일을 하므로 봉이 갖게 되는 탄성변형에너지는 다음과 같다.

$$U = \frac{T\phi}{2} \tag{9.8.9}$$

상기 식(9.8.9)를 비틀림각에 대한 식 $\phi = TL/GI_P$과 결부시키면 변형에너지에 관한 식(9.8.7)과 식(9.8.8)을 얻을 수 있다.

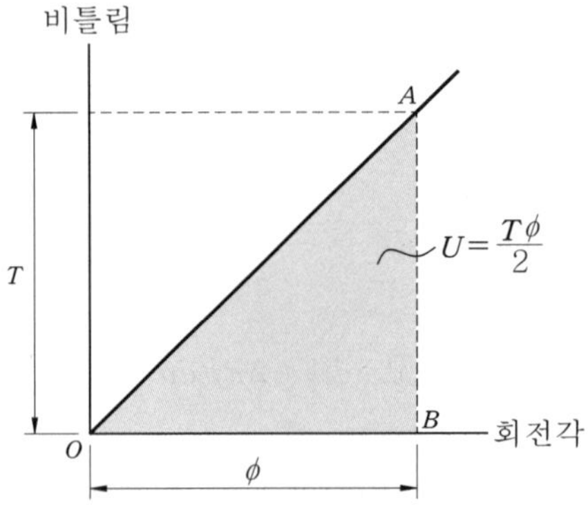

[그림9.8.4] 순수비틀림에 의한 봉의 비틀림-회전각선도

한편 [그림9.4.1]이나 [그림9.4.2]와 같이 비균일분포 비틀림을 받는 봉의 변형에너지는 좀 더 일반적인 식으로 표현되어야 한다. [그림9.4.2]에서 봉의 한쪽 끝에서 거리 x만큼 떨어진 위치까지의 길이 dx인 원판 모양의 요소를 생각해 보자.

이 요소에 작용하는 비틀림모멘트가 T_x이고, 그 단면의 단면극2차모멘트가 I_{Px}라 할 때, 식(9.8.7)로부터 요소의 변형에너지 dU는 다음과 같은 식으로 얻을 수 있다.

$$dU = \frac{T_x^2 dx}{2GI_{Px}} \tag{9.8.10}$$

따라서 봉의 전체 변형에너지 U는 다음과 같이 나타낼 수 있다.

$$U = \int_0^L \frac{T_x^2 dx}{2GI_{Px}} \tag{9.8.11}$$

또한 식(9.8.8)로부터 요소의 변형에너지 dU를 다음과 같은 식으로 표현할 수도 있다.

$$dU = \int_0^L \frac{GI_{Px}(d\phi)^2}{2dx} = \frac{GI_{Px}}{2}\left(\frac{d\phi}{dx}\right)^2 dx \tag{9.8.12}$$

여기서 $d\phi$는 요소의 비틀림각이고, $d\phi/dx$는 단위길이당의 비틀림각 θ이다. 따라서 봉의 전체 변형에너지 U는 다음과 나타낼 수도 있다.

$$U = \int_0^L \frac{GI_{Px}}{2}\left(\frac{d\phi}{dx}\right)^2 dx \qquad (9.8.13)$$

식(9.8.11)과 식(9.8.13)은 각각 비틀림모멘트 또는 비틀림각이 x 의 함수로 표시될 때 비균일분포 비틀림의 변형에너지를 구하는데 이용된다.

◆ ◆ ◆ ◆ ◆ ◆ ◆

예제 9.8.1

그림(a)와 같이 A 점이 고정단이고 B 점이 자유단인 길이 L 의 원형강봉이 있다. 이 원형강봉이 다음과 같은 조건일 때, 각각의 변형에너지 U_x 를 구하시오.

(1) B 점에 비틀림모멘트 T 가 작용할 경우 (그림(b))

(2) 중앙부 C 점에 비틀림모멘트 T 가 작용할 경우 (그림(c))

(3) B 점과 C 점에 비틀림모멘트 T 가 동시에 작용할 경우 (그림(d))

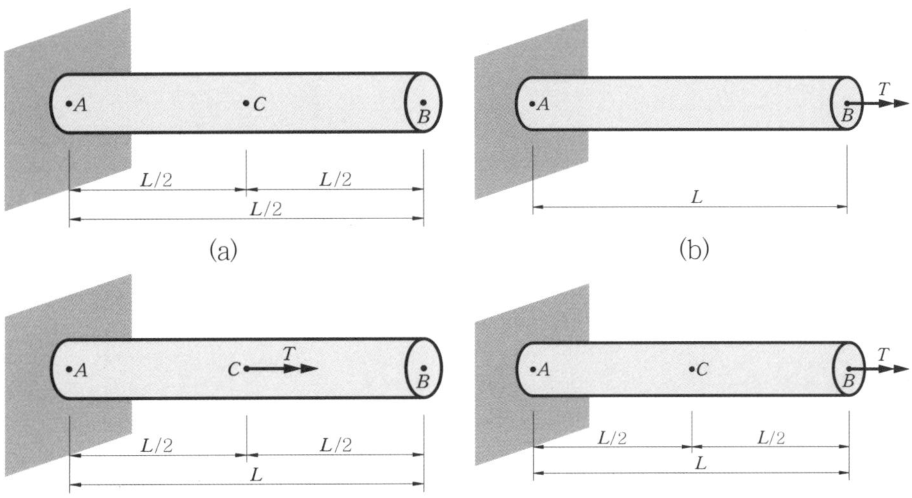

(a) (b) (c) (d)

풀이

(1) B 점에 비틀림모멘트 T 가 작용할 경우의 변형에너지 U_1

$$U_1 = \frac{T^2 L}{2GI_P}$$

(2) 중앙부 C 점에 비틀림모멘트 T 가 작용할 경우의 변형에너지 U_2

$$U_2 = \frac{T^2\left(\frac{L}{2}\right)}{2GI_P} = \frac{T^2 L}{4GI_P}$$

(3) B 점과 C 점에 비틀림모멘트 T 가 동시에 작용할 경우의 변형에너지 U_3

$$U_3 = \frac{T^2\left(\frac{L}{2}\right)}{2GI_P} + \frac{(2T)^2\left(\frac{L}{2}\right)}{2GI_P} = \frac{T^2 L}{4GI_P} + \frac{4T^2 L}{4GI_P} = \frac{5T^2 L}{4GI_P}$$

※ 참고사항 : B점과 C점에 비틀림모멘트 T가 동시에 작용했을 때의 변형에너지 U_3과 각각 따로 작용했을 때의 변형에너지 U_1, U_2의 합은 서로 같지 않음을 알 수 있다. 이는 3.3절에서 유도된 것과 같이 변형에너지가 하중에 대해 2차함수로 표현되기 때문이다.

예제 9.8.2

길이 $L=2m$ 이고, 직경 $D=150mm$ 인 중실원형단면봉이 있다. 이 봉에 발생하는 최대전단응력 $\tau_{\max}=75MPa$ 라면 변형에너지 U는 얼마인가? (여기서, 전단탄성계수는 $G=75GPa$ 이다.)

풀이

(1) 단면극2차모멘트 I_P의 계산

$$I_P = \frac{\pi D^4}{32} = \frac{\pi \times 150^4}{32} = 49700977 mm^4$$

(2) 비틀림모멘트 T의 계산

$$\tau_{\max} = \frac{T \cdot r}{I_P}$$ 이므로,

$$T = \frac{\tau_{\max} I_p}{r} = \frac{75 \times 49700977}{75} = 49700977 N \cdot mm$$

(3) 변형에너지 U의 계산

$$U = \frac{T^2 L}{2GI_P} = \frac{49700977^2 \times 2000}{2 \times 75000 \times 49700977} = 662679 N \cdot mm = 662.7 J$$

◆ ◆ ◆ ◆ ◆ ◆

◈ 연 습 문 제 ◈

9.8.1 길이 $L=1.2\,m$ 이고, 직경 $400mm$ 인 중실원형단면봉이 순수전단상태에서 비틀림모멘트 T를 받고 있다. 이때 발생하는 최대전단변응력이 $\tau_{\max}=75\,MPa$ 라면 변형에너지 U는 얼마인가? (단, $G=41\,GMPa$ 이다.)

9.8.2 다음 그림과 같이 직경이 다른 봉재가 비틀림 모멘트 T를 받고 있다. 이 봉재의 비틀림각 $\phi=3.0^\circ$ 라면 변형에너지 U는 얼마인가? (단, $G=81\,GMPa$ 이다.)

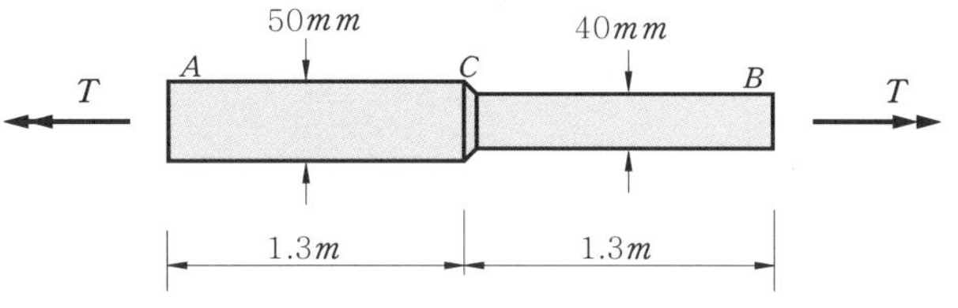

9.8.3 다음 그림과 같이 길이가 L 이고, 한쪽은 고정 한쪽은 자유단인 강봉이 있다. 이 강봉의 자유단에 비틀림 모멘트 T가 작용하고 있고, 강봉의 전 길이에 걸쳐서 단위 길이당 비틀림 모멘트 t가 작용하고 있다. 강봉의 자유단에 비틀림 모멘트 T만 작용할 때의 변형에너지 U_1, 단위 길이당 비틀림 모멘트 t만 작용할 때의 변형에너지 U_2, 자유단의 비틀림모멘트 T와 단위 길이당 비틀림 모멘트 t가 동시에 작용할 때의 변형에너지 U_3를 구하시오.

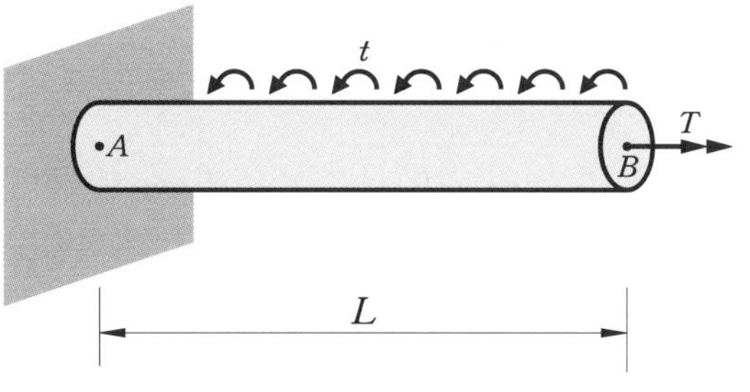

9.9 두께가 얇은 관의 비틀림*

앞 절에서 이제까지 설명한 비틀림이론은 원형단면을 가진 봉이나 중공 원형봉의 경우였다. 본 절에서는 임의 형상의 두께가 얇은 관의 비틀림에 대하여 논의하고자 한다.

9.9.1 전단흐름

[그림9.9.1](a)는 임의의 단면형상을 가진 얇은 관이 양 끝에 작용하는 비틀림 모멘트 T를 받고 있는 경우이다. 여기서 모든 단면은 같은 치수를 갖고 있으며, 관의 두께 t는 단면의 둘레에 따라 변화할 수도 있으나 관의 전폭에 비하여 작다고 가정한다.

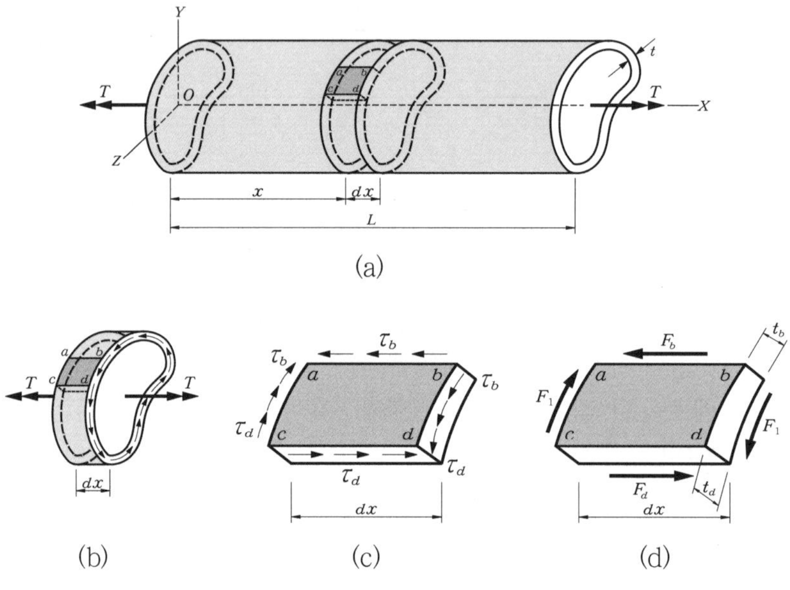

[그림9.9.1] 임의의 단면 형상을 가진 두께가 얇은 관의 비틀림

[그림9.9.1](b)는 임의의 거리 x에서 미소길이 dx만큼 떨어진 2개의 단면사이를 자른 관의 요소를 보여주고 있다. 그림(b)에서 비틀림모멘트 T로 인하여 오른쪽 단면에 반시계방향향의 전단응력 τ가 단면에 평행하게 분포하며 관의 둘레를 따라 흐르고 있다. TN

전단응력 τ의 크기를 구하기 위해서 그림(b)에서 직사각형 요소 $abcd$를 절취하여 그림(c)와 같은 자유물체로 분리하여 본다. 그림(c)에서 전단응력 τ는 bd단면 위에 작용하고 있는데, 이들 전단응력은 b에서부터 d까지 단면을 이동함에 따라 그 세기가 변할 수 있다고 가정된다. 따라서 b에서의 전단응력을 τ_b, d에서의 전단응력을 τ_d라고 표시한다. 한편 그림(c)에서 평형조건으로부터 반대쪽인

ac 단면 위에는 크기가 같고 방향이 반대인 전단응력이 작용하고 있음을 알 수 있다. 또한 그림(c)에서 평형조건으로부터 요소의 상부 면인 ab 위에 전단응력 τ_b가, 요소의 하부 면인 cd에는 전단응력 τ_d가 일정한 크기로 작용하고 있다. 요소의 상부 면과 하부 면에 작용하는 전단응력 τ_b와 τ_d는 그림(d)와 같이 힘 F_b와 F_d를 일으키는데, 이들 힘은 각각 전단응력에 응력이 작용하는 면적을 곱함으로써 다음과 같이 구할 수 있다.

$$F_b = \tau_b\, t_b\, dx \quad , \qquad F_d = \tau_d\, t_d\, dx \tag{9.9.1}$$

여기서 t_b와 t_d는 각각 b와 d에서의 관의 두께이다.

한편 그림(d)에서 힘 F_1은 측면 ac와 bd 위에 작용하는 전단응력에 의하여 일어나지만, 이 힘들은 논의 대상이 아니다.

X축방향으로의 평형조건으로부터 $F_b = F_d$ 임을 알 수 있으며, 따라서 식(9.9.1)은 다음과 같이 된다.

$$\tau_b\, t_b = \tau_d\, t_d \tag{9.9.2}$$

상기 식(9.9.2)에서 X축방향인 ab와 cd의 위치는 임의로 선택된 것이므로, 이 식으로부터 전단응력과 관의 두께와의 곱은 그 단면의 모든 점에서 항상 일정하다는 것을 알 수 있다. 이 곱을 **전단흐름**(Shear Flow)이라 하며, 기호 f로 표시한다.

$$f = \tau t = constant \tag{9.9.3}$$

따라서 가장 큰 전단응력은 관의 두께가 가장 얇은 곳에서 일어나고, 가장 작은 전단응력은 관의 두께가 가장 두꺼운 곳에서 일어난다. 물론 관의 두께가 일정한 부분에서는 전단응력 또한 일정하다.

9.9.2 전단흐름(f)과 비틀림모멘트(T)

전단흐름 f와 관에 작용하는 비틀림모멘트 T와의 관계에 대하여 살펴보기로 한다.

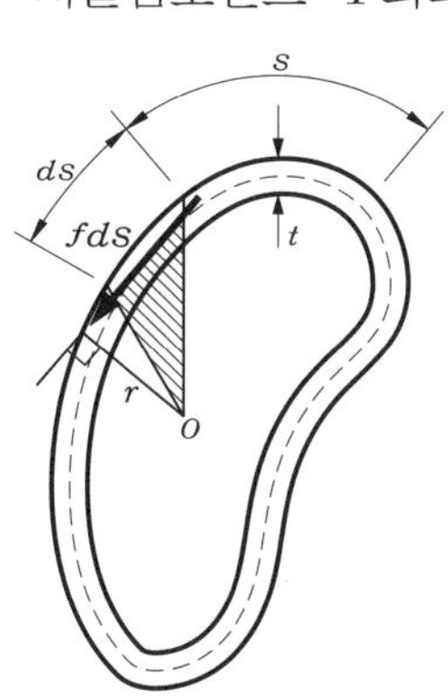

[그림9.9.2] 두께가 얇은 관의 단면

[그림9.9.2]에서 얇은 관 두께의 중앙선을 따라 표시한 점선의 길이를 s 라고 할 때, 단면 안의 ds 길이의 작은 면적요소를 생각해 보자. 이때 면적요소 위에 작용하는 전단력은 $f\,ds$ 이고, 어떤 점 O에 대한 이 힘의 모멘트 dT는 다음과 같다.

$$dT = r f\, ds \tag{9.9.4}$$

여기서 r은 O점으로부터 힘 $f\,ds$의 작용선까지의 수직거리이다. 또한 힘의 작용선은 요소 ds의 중앙선에 접선방향이다. 전단응력에 의하여 일어나는 전체 비틀림모멘트 T는 그 단면의 중앙선을 따라 전체길이 L_m에 걸쳐 적분함으로써 다음과 같이 구할 수 있다.

$$T = \int dT = f\int_0^{L_m} r\, ds \tag{9.9.5}$$

상기 식(9.9.5)에서 적분은 단순한 기하학적 해석으로 설명할 수 있는데, $r\,ds$는 [그림9.9.2]에 표시한 사선을 그은 삼각형 면적의 2배에 해당한다. 여기서 삼각형은 밑변이 ds이고 높이가 r임을 고려하면, 단면의 평균중심선으로 둘러싸인 면적 A_m의 2배를 나타낸다. 따라서 식(9.9.5)는 다음과 같이 표시된다.

$$T = 2\,f\,A_m \tag{9.9.6}$$

이 식으로부터 다음과 식이 나타난다.

$$f = \tau t = \frac{T}{2\,A_m}\ , \qquad \tau = \frac{T}{2\,tA_m} \tag{9.9.7}$$

상기 식(9.9.7)로부터 어떤 얇은 관에 대한 전단흐름 f와 전단응력 τ를 구할 수 있다.

9.9.3 변형에너지(U)와 비틀림각(ϕ)

비틀림각 ϕ는 관의 변형에너지를 고려하면 구할 수 있다. 따라서 얇은 관이 순수비틀림을 받을 때의 변형에너지를 먼저 구해보도록 한다. 이 경우 관의 요소들이 순수전단력을 받고 있으므로 변형에너지밀도 u는 식(9.8.3)에 의하여 $u = \tau^2/2G$이다. 따라서 [그림9.9.2]에서 단면적 $t\,ds$와 [그림9.9.1]에서의 길이 dx를 가진 관의 작은 요소에 대한 변형에너지 dU는 다음과 같이 구할 수 있다.

$$dU = (\tau^2\,/\,2G)\,t\,ds\,dx = \frac{\tau^2 t^2}{2G}\frac{ds}{t}dx = \frac{f^2}{2G}\frac{ds}{t}dx \tag{9.9.8}$$

따라서 얇은 관의 전체 변형에너지 U는 다음과 같다.

$$U = \int dU = \frac{f^2}{2G}\int_0^{L_m}\left[\int_0^L dx\right]\frac{ds}{t} \tag{9.9.9}$$

여기서 전단흐름 f는 상수이므로 적분기호 밖에 있다. 또한 관 두께 t는 평균중심선 부근의 위치에 따라 변하므로, ds와 함께 적분기호 안에 있다. 괄호 안의 적분은 관의 길이 L과 같으므로 식(9.9.9)는 다음과 같이 된다.

$$U = \frac{f^2 L}{2G} \int_0^{L_m} \frac{ds}{t} \tag{9.9.10}$$

상기 식(9.9.10)에 식(9.9.7)의 전단흐름을 대입하면 다음과 같이 된다.

$$U = \frac{T^2 L}{8GA_m^2} \int_0^{L_m} \frac{ds}{t} \tag{9.9.11}$$

상기 식(9.9.11)은 얇은 관의 변형에너지를 비틀림모멘트 T의 함수로 나타내고 있다.

변형에너지에 관한 식은 일반적으로 **비틀림상수**(Torsion Constant) J로 알려진 새로운 단면성능을 도입함으로써 더욱 간단한 형식으로 나타낼 수 있다. 얇은 관에 대한 비틀림상수 J는 다음과 같다.

$$J = \frac{4A_m^2}{\displaystyle\int_0^{L_m} \frac{ds}{t}} \tag{9.9.12}$$

이 비틀림상수 J에 의해 변형에너지에 관한 식(9.9.11)은 다음과 같이 된다.

$$U = \frac{T^2 L}{2GJ} \tag{9.9.13}$$

상기 식(9.9.13)은 비틀림상수 J가 단면극2차모멘트 I_P를 대신한 것을 제외하고는 원형 봉에서의 변형에너지에 대한 식(9.8.7)과 동일하다.

일정한 관 두께 t를 가진 단면의 경우에는 비틀림상수 J에 관한 식(9.9.12)가 다음과 같이 간소화된다.

$$J = \frac{4tA_m^2}{L_m} \tag{9.9.14}$$

여기서 비틀림상수 J의 단위는 길이에 대한 4제곱이다.

식(9.9.12)와 식(9.9.14)를 이용하여 여러 가지 단면형상을 가진 얇은 관의 비틀림상수 J를 구할 수 있다. 예를 들어 [그림9.9.3]과 같이 두께 t, 평균중심선까지의 반지름 r을 가진 얇은 원형 관의 경우를 살펴보자. 평균중심선의 길이 L_m과 그것에 의하여 둘러싸인 면적 A_m은 다음과 같다.

$$L_m = 2\pi r \quad , \quad A_m = \pi r^2 \tag{9.9.15}$$

따라서 [그림9.9.3]과 같은 얇은 원형 관의 비틀림상수 J는 식(9.9.15)를 식

(9.9.14)에 대입함으로써, 다음과 같이 구할 수 있다.

$$J = 2\pi r^3 t \tag{9.9.16}$$

또 [그림9.9.4]과 같은 얇은 직사각형 관의 비틀림상수 J를 구해보자. 이 관의 두께는 양측면의 것이 t_1 , 상하부의 것이 t_2이고, 단면의 평균중심선을 기준으로 높이가 h, 폭이 b이다. 따라서 평균중심선의 길이 L_m과 그것에 의하여 둘러싸인 면적 A_m 그리고 식(9.9.12)의 적분항은 다음과 같다.

$$L_m = 2(b+h) \quad , \quad A_m = bh$$
$$\int_0^{L_m} \frac{ds}{t} = 2\int_0^h \frac{ds}{t_1} + 2\int_0^b \frac{ds}{t_2} = 2\left(\frac{h}{t_1} + \frac{b}{t_2}\right) \tag{9.9.17}$$

따라서 [그림9.9.4]과 같은 얇은 직사각형 관의 비틀림상수 J는 식(9.9.17)을 식(9.9.12)에 대입함으로써, 다음과 같이 구할 수 있다.

$$J = \frac{2b^2h^2t_1t_2}{bt_1 + ht_2} \tag{9.9.18}$$

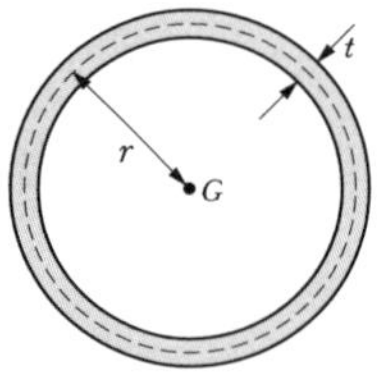

[그림9.9.3] 얇은 원형 관

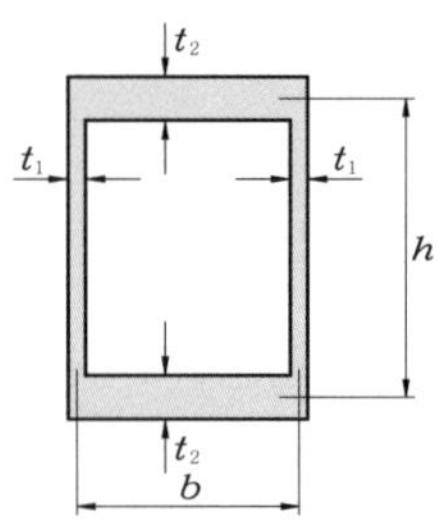

[그림9.9.4] 얇은 직사각형 관

한편 여러 가지 단면형상의 얇은 관에 대한 비틀림각 ϕ는 비틀림모멘트 T에 의해 이루어진 일과 얇은 관의 변형에너지를 같게 놓음으로써 구할 수 있다.

$$\frac{T\phi}{2} = \frac{T^2L}{2GJ} \quad , \quad \phi = \frac{TL}{GJ} \tag{9.9.19}$$

상기 식(9.9.19)은 비틀림상수 J가 단면극2차모멘트 I_P를 대신한 것을 제외하고는 원형 봉에서의 비틀림각 ϕ 대한 식(9.2.9)과 동일하다.

한편 단위길이당 비틀림각 θ는 길이 L로 비틀림각 ϕ를 나눔으로써 다음과 같다.

$$\theta = \frac{T}{GJ} \tag{9.9.20}$$

여기서 GJ는 일반적으로 **비틀림강도**(Torsional Rigidity)라고 한다.

◆ ◆ ◆ ◆ ◆ ◆

예제 9.9.1

외경이 $230mm$ 두께가 $30mm$ 이니 중공원형관이 비틀림모멘트 $T=136kN.m$ 를 받고 있을 때, (1) 두께가 얇은 관의 비틀림이론을 적용하여 원형관의 최대전단응력을 구하고, (2) 정확한 비틀림이론을 적용하여 원형관의 최대전단응력을 구하시오.

풀이

(1) 두께가 얇은 관의 비틀림이론을 적용하여 원형관의 최대전단응력

$$\tau=\frac{T}{2tA_m}=\frac{136,000,000}{2\times 30\times\pi\times 107.5^2}=62.4MPa$$

(2) 정확한 비틀림이론을 적용하여 원형관의 최대전단응력

$$I_P=\frac{\pi}{32}(230^4-200^4)=117,653,627mm^4$$

$$\tau=\frac{Tr}{I_P}=\frac{136,000,000\times 115}{117,653,627}=132.9MPa$$

이 결과들로 볼 때, 두께가 얇은 관의 비틀림이론은 정확한 비틀림 이론에 비하여 전단응력값이 너무 작게 나오게 되는 것을 알 수 있다. 그러므로 두께가 얇은 관의 비틀림이론은 두께가 매우 얇은 관에만 적용하여야 한다.

예제 9.9.2

그림과 같이 두께가 얇은 원형관과 정사각형관이 있다. 2개의 관은 같은 재료로 만들어져 있으며 같은 길이, 같은 두께, 같은 단면적을 가지고 있다. 2개의 관이 똑같은 비틀림 모멘트를 받고 있을 때 전단응력의 비와 비틀림각의 비를 구하여라.

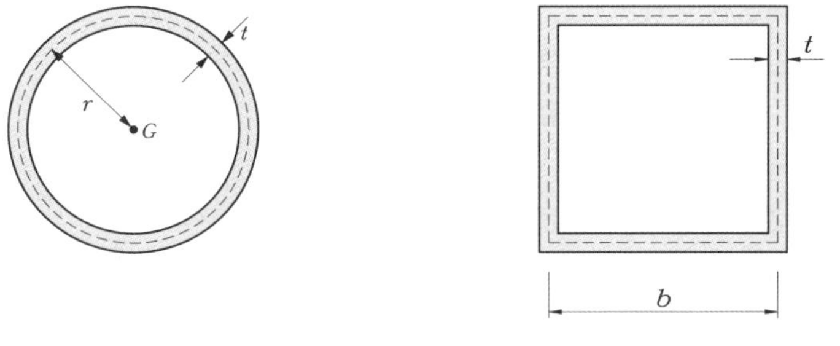

풀이

원형관의 단면적 $A_1=2\pi rt$, 정사각형관의 단면적 $A_2=4bt$

이때, $A_1=A_2$이므로 $b=\frac{\pi r}{2}$

원형관의 평균중심선의 단면적은 $A_{m1}=\pi r^2$,

정사각형관의 평균중심선의 단면적은 $A_{m2}=b^2=\frac{\pi^2 r^2}{4}$,

원형관의 평균중심선의 길이는 $L_{m1} = 2\pi r$,

정사각형관의 평균중심선의 길이는 $L_{m2} = 4b = 2\pi r$,

원형관의 비틀림상수는 $J_1 = \dfrac{4tA_{m1}^2}{L_{m1}} = 2\pi r^3 t$,

정사각형관의 비틀림상수는 $J_2 = \dfrac{4tA_{m2}^2}{L_{m2}} = \dfrac{\pi^3 r^3 t}{8}$,

원형관과 정사각형관의 전단응력의비 τ_1/τ_2

$$\therefore \frac{\tau_1}{\tau_2} = \frac{\dfrac{T}{2tA_{m1}}}{\dfrac{T}{2tA_{m2}}} = \frac{A_{m2}}{A_{m1}} = \frac{\dfrac{\pi^2 r^2}{4}}{\pi r^2} \frac{\pi}{4}$$

원형관과 정사각형관의 비틀림각의비 ϕ_1/ϕ_2

$$\therefore \frac{\phi_1}{\phi_2} = \frac{\dfrac{TL}{GL_1}}{\dfrac{TL}{GJ_2}} = \frac{J_2}{J_1} = \frac{\dfrac{\pi^3 r^3 t}{8}}{2\pi r^3 t} \frac{\pi^2}{16}$$

이 결과들로 볼 때, 원형관이 정사각형관보다 전단응력이 작으며, 회전에 대해 더 큰 강성을 가지고 있음을 알 수 있다.

예제 9.9.3

다음 그림과 같이 $3kN/m^2$의 풍압을 받는 표지판을 지지하는 중공원형관 기둥이 있다. 이 기둥의 직경 $D = 150mm$이고, 두께 $t = 10mm$일 때, 다음을 구하여라.

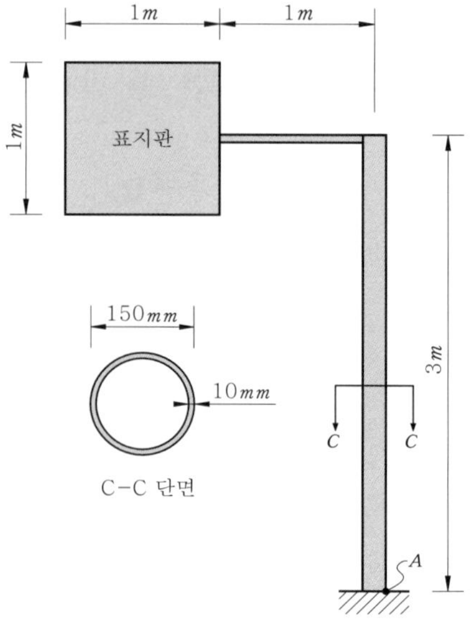

(1) 표지판에 작용하는 풍하중에 의한 기둥 하부의 점 A의 표면에서 발생하는 전단응력의 크기

(2) 표지판에 작용하는 풍하중에 의한 기둥 하부의 점 A의 표면에서 발생하는 휨응력의 크기

(3) 점 A의 표면에 발생하는 휨응력과 전단응력에 의하여 발생하는 주응력의 크기

(4) 점 A의 표면에 발생하는 휨응력과 전단응력에 의하여 발생하는 최대전단응력의 크기

(단, 두께가 얇은 관의 단면2차모멘트 근사공식은 $I = \pi r^3 t$이고 풍하중은 표지판의 정면에만 작용한다.)

풀이

(1) 단면성능 및 전단응력

① 단면성능

$I = \pi r^3 t = \pi(70)^3 \times 10 = 10.78 \times 10^6 mm^4$

$J = 2\pi r^3 t = 2 \times (10.78 \times 10^6) = 21.56 \times 10^6 mm^4$

$A = 2\pi rt = 2 \times \pi \times 70 \times 10 = 4.4 \times 10^3 mm^2$

② 작용하중 계산

$V = 1 \times 1 \times 3 = 3kN$

$T = 3 \times 1.5 = 4.5kN \cdot m = 4.5 \times 10^6 N \cdot mm$

③ 전단력 V에 의한 전단응력

$$\tau_V = \frac{4V}{3A}\frac{r_2^2 + r_2 r_1 + r_1^2}{r_2^2 + r_1^2} = \frac{2V}{A} = \frac{2 \times 3 \times 10^3}{4.4 \times 10^3} = 1.36\,N/mm^2 = 1.36\,MPa$$

④ 비틀림모멘트 T에 의한 전단응력

$$\tau_T = \frac{T}{2tA_m} = \frac{4.5 \times 10^6}{2 \times 10 \times (\pi \times 140^2/4)} = 14.62\,N/mm^2 = 14.62\,MPa$$

⑤ 점 A 에서의 전단응력 τ_A

$\tau_A = \tau_T - \tau_V = 14.62 - 1.36 = 13.26\,MPa$

(2) 휨응력의 크기

$M = 3 \times 3 = 9kN \cdot m = 9 \times 10^6 N \cdot mm$

$$\sigma_A = \frac{M}{I}y = \frac{9 \times 10^6}{10.78 \times 10^6} \times 75 = 62.62\,MPa$$

(3) 주응력의 크기

$\tau_A = 13.26\,MPa$, $\sigma_A = 62.62\,MPa$

$$\sigma_{1,2} = \frac{\sigma_A}{2} \pm \sqrt{\left(\frac{\sigma_A}{2}\right)^2 + \tau_A^2} = \frac{62.62}{2} \pm \sqrt{\left(\frac{62.62}{2}\right) + 13.26^2} = 31.31 \pm 34$$

$= 65.31\,MPa$ (최대), $-2.69MPa$ (최소)

(4) 최대전단응력의 크기

$$\tau_{\max} = \frac{\sigma_1 - \sigma_2}{2} = \frac{65.31 + 2.69}{2} = 34\,MPa$$

◆ ◆ ◆ ◆ ◆ ◆

◈ 연 습 문 제 ◈

9.9.1 다음 그림과 같은 원형강관에 $15kN\cdot m$의 비틀림모멘트가 작용할 때 두께가 얇은 관의 비틀림이론을 적용하여 원형강관의 전단력과 비틀림각을 구하여라. (전단탄성계수 $G=70GPa$, $r=156mm$, $t=12mm$, 원형강관의 길이 $L=1.2m$)

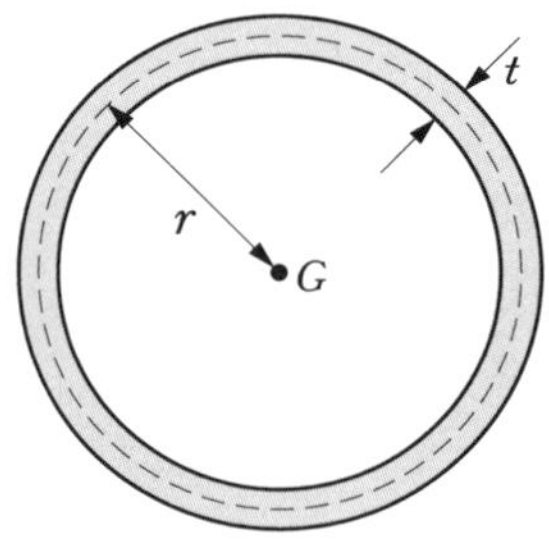

9.9.2 다음 그림과 같은 길이 $3m$인 직사각형강관에 $20kN\cdot m$의 비틀림모멘트가 작용할 때 두께가 얇은 관의 비틀림이론을 적용하여 직사각형강관의 전단력과 비틀림각을 구하여라. (전단탄성계수 $G=70GPa$)

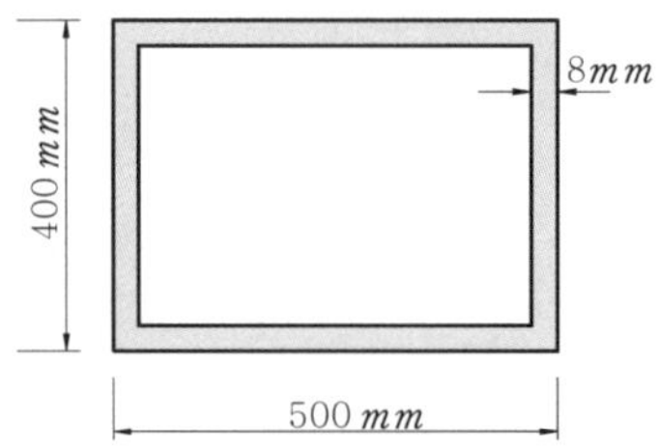

9.9.3 직경 d인 원형강봉을 대신하여 두께가 t이고 단면의 크기가 $d\times 2d$인 각형강관을 사용하려 한다. 각형강관의 최대전단응력이 강봉의 최대전단응력을 초과하지 않기 위한 각형강관의 최소두께 $t_{\min}$을 구하여라.

9.9.4 중공단면을 가진 길고 두께가 얇은 테이퍼 관 AB가 비틀림모멘트 T를 받고 있다. 관의 두께는 t로 일정하고 길이는 L이다. 양단 A, B에서 관 두께의 중앙선을 따라 젠 직경은 각각 d_a와 d_b이다. 이 관의 비틀림각 ϕ를 구하여라.

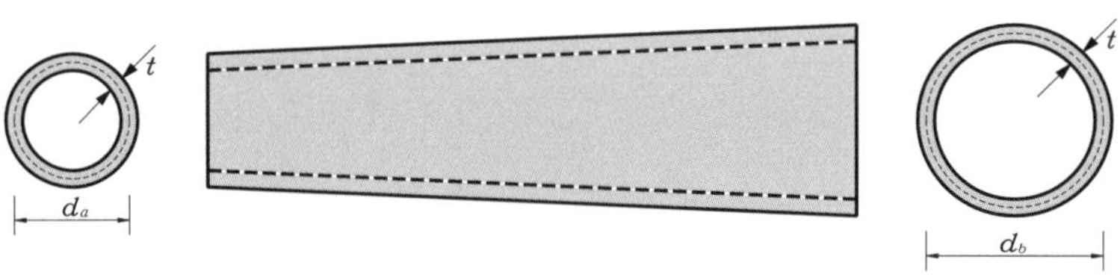

CHAPTER 10

제10장 정정구조물의 변위

구조물이 외력을 받으면 탄성체인 부재는 변형 및 변위와 동시에 응력이 발생된다. 이에 구조물이 그 기능을 충분히 발휘하기 위해서는 고정하중, 활하중, 설하중, 풍하중, 지진하중, 토압, 수압, 온도, 열 등 여러 형태의 **하중효과**(荷重效果, Load Effect)보다 구조물의 **저항한계상태**(抵抗限界狀態,, Resistance Limit State)가 커야 한다.

이러한 저항한계상태는 2가지로 분류할 수 있다.

첫 번째가 **강도한계상태**(强度限界狀態, Strength Limit State)로, 구조물의 예상 수명 기간 내에 발생 가능한 최대하중에 대하여 구조적으로 파괴되지 않고 안전성을 확보하는 것이다. 여기서 강도한계란 골조의 불안정성, 기둥의 좌굴, 보의 횡좌굴, 접합부 파괴, 인장부재의 항복, 피로파괴, 취성파괴 등을 예로 들 수 있다.

두 번째는 **사용한계상태**(使用限界狀態, Serviceability Limit State)로, 전체적 또는 부분적인 파괴를 기준으로 삼는 강도한계상태와는 달리, 구조물이 파괴에 이르지는 않더라도 허용된 범위내에서 구조물의 거동을 제한함으로써 구조물의 사용성을 향상시키는 것이다. 과다한 처짐, 과다한 균열, 과다한 진동, 과다한 장기변형, 과다한 횡변위 등에 대한 한계가 이에 해당된다. 처짐을 예로 들면, 보나 슬래브의 과다한 처짐은 칸막이벽에 균열을 일으켜 미관을 해치고, 문, 창문 등의 기능을 저해하며, 균열로 인한 누수문제를 일으키는 등 건물의 사용에 지장을 주기 때문에 이러한 부재들의 설계에서는 반드시 처짐에 대한 제한을 두어야 하는 것이다. 따라서 일반적으로 구조설계시 외력에 대한 구조물의 변위 계산은 항상 필요하다.

또한 앞으로 제11장에서 배울 부정정구조물은 정정구조물보다 과잉 구속된 구조물로, 힘의 평형조건식뿐만 아니라 변형조건식이 있어야 지점반력 및 부재의 단면력을 구할 수 있으므로, 정정구조물의 변위산정은 매우 중요하다.

본 장에서는 정정보 및 정정구조물의 변위를 산정할 수 있는 여러 가지 해법에 대하여 자세히 살펴보도록 한다.

10.1 보의 처짐곡선의 미분방정식

보가 하중을 받으면 초기 직선의 길이방향 축을 가진 보는 곡선의 형태로 변형되는데, 이때 보의 변형된 곡선을 **처짐곡선**(Deflection Curve)이라고 한다.

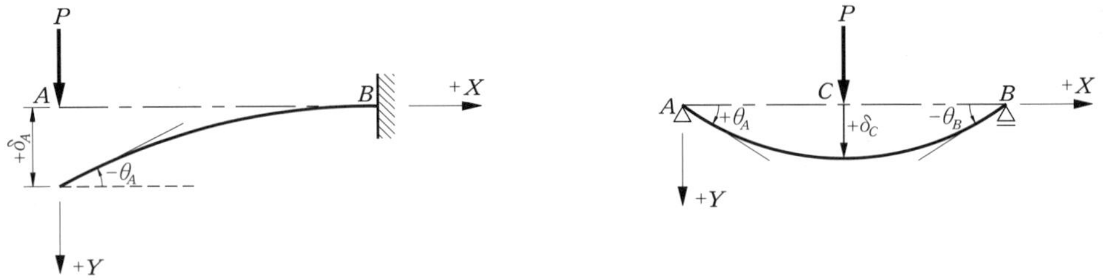

(a) (b)

[그림10.1.1] 처짐과 처짐각

[그림10.1.1]은 캔틸레버 보와 단순보가 집중하중을 받아 변형했을 때의 처짐곡선을 보여주고 있다. [그림10.1.1]에서 변형 전인 초기 직선상의 축의 어느 한 점에 대한 곡선상의 변위의 수직방향 성분을 **처짐**(Deflection)이라고 한다. 본 교재에서 처짐의 부호는 하향으로 처질 때를 양(+), 상향으로 처질 때를 음(−)이라 규정하기로 한다. [그림10.1.1](a)에서 A점의 처짐은 $+\delta_A$, 그림(b)에서 C점의 처짐은 $+\delta_C$로 표시된다.

한편 변형 전인 초기 직선상의 축을 기준으로 처짐곡선상의 어느 한 점에서 그은 접선과 이루는 각을 **처짐각**(Deflection Angle) 또는 **회전각**(回轉角, Rotation Angle)이라고 한다. 본 교재에서 처짐각의 부호는 접선이 본래의 부재축에 대하여 시계방향(↻)으로 회전할 때를 양(+), 반시계방향(↺)으로 회전할 때를 음(−)이라 규정하기로 한다. [그림10.1.1](a)에서 A점의 처짐각은 $-\theta_A$이고, 그림(b)에서 A점의 처짐각은 $+\theta_A$, B점의 처짐각은 $-\theta_B$로 표시된다.

보의 처짐곡선에 대한 일반적인 방정식을 얻기 위하여 [그림10.1.2](a)와 같은 캔틸레버 보 AB를 생각해 보기로 한다.

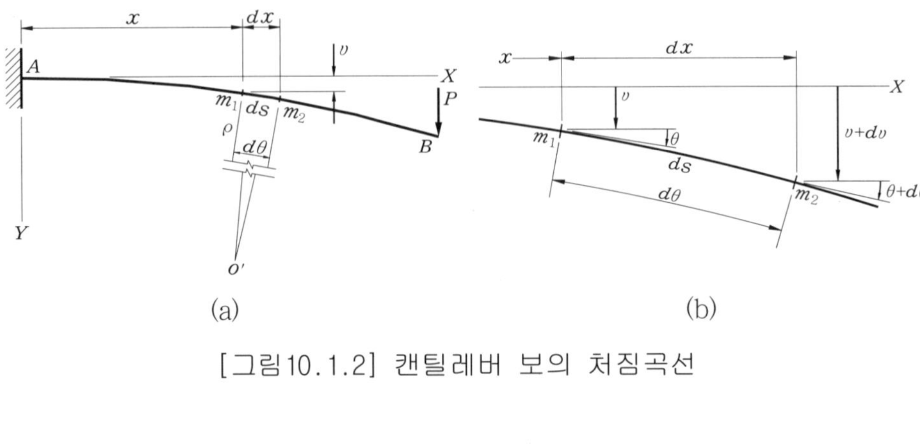

(a) (b)

[그림10.1.2] 캔틸레버 보의 처짐곡선

먼저 [그림10.1.2](a)에서 고정단 A를 원점으로 오른쪽으로 X축을, 아래쪽으로 Y축을 잡는다. 이때 XY평면은 대칭평면으로써 모든 하중이 이 평면 안에 작용한다고 가정하면 XY평면은 **휨평면**(Plane of Bending)이 된다. 원점으로부터 x만큼 떨어진 임의의 점 m_1에서의 보의 처짐 v는 X축으로부터 처짐곡선까지의 Y방향 변위이다. 본 교재에서 선택한 축은 아랫방향의 처짐이 양(+)이고, 윗방향의 처짐이 음(–)이다. 보의 처짐 v가 x의 함수로 표현될 때 처짐곡선의 방정식을 구할 수 있다. 처짐곡선상의 임의 점 m_1에서의 접선과 X축이 이루는 각도를 처짐각 θ라 하자. 만약 X, Y축이 그림과 같다면 이 처짐각은 시계방향(↻)이므로 양(+)이 된다. 다음은 두 번째 점 m_2를 보자. m_2는 처짐곡선상의 m_1에서 미소길이 ds만큼 떨어진 점으로, X축상에서는 원점A에서 $x+dx$거리만큼 떨어진 곳이 된다. 이 점에서의 처짐은 $v+dv$인데, 여기서 dv는 점 m_1에서 점 m_2로 이동함에 따른 처짐의 증가분이다. 또한 점 m_2에서의 회전각은 $\theta+d\theta$인데, 여기서 $d\theta$는 좌표점 이동에 따른 처짐각의 증가분이다. 처짐곡선상의 점 m_1과 m_2에서의 접선에 수직인 선을 그리면, 두 수직선이 만나는 점이 생기는데, 이때 교차점 O'를 **곡률중심**(曲率中心, Center of Curvature)이라 하고, O'부터 그 곡선까지의 거리를 **곡률반경**(曲率半徑, Radius of Curvature) ρ(rho)라 한다. **곡률**(曲率, Curvature) κ(Kappa)는 곡률반경의 역수를 의미하며, 그림에서 $\rho\, d\theta = ds$이므로 곡률 κ는 다음과 같이 표시된다.

$$\kappa = \frac{1}{\rho} = \frac{d\theta}{ds} \tag{10.1.1}$$

곡률의 부호규약은 좌표축 방향과 관계되는데, [그림10.1.3]과 같은 좌표축에서는 보가 위쪽으로 볼록하면 곡률은 양(+)이고, 아래쪽으로 볼록하면 음(–)이다. 양(+)의 곡률은 양(+)의 $d\theta/ds$값과 같으며, 이것은 양(+)의 X축 방향으로 보를 따라 이동할수록 처짐각 θ가 증가함을 의미한다.

[그림10.1.3] 곡률의 부호규약

[그림10.1.2]에서 보면 처짐곡선의 기울기(Slope)는 일차함수 dv/dx가 되는데, dx는 극히 미소한 값이므로 기울기는 처짐각 θ의 탄젠트(Tangent) 값이 된다.

$$\frac{dv}{dx} = \tan\theta \quad \text{or} \quad \theta = \arctan\frac{dv}{dx} \tag{10.1.2}$$

일반적으로 대부분의 보는 하중을 받으면 아주 작은 회전을 일으키므로 극히 작은 곡률을 가지고 직선에 가까운 처짐을 보인다. 따라서 처짐각 θ 는 매우 작은 값으로 약간의 유사관계식을 만들 수 있다.

[그림10.1.2](b)로부터 $ds = dx/\cos\theta$, θ 가 매우 작은 값일 때 $\cos\theta \approx 1$ 이므로 $ds \approx dx$, 그러므로 식(10.1.1)은 다음과 같이 표시된다.

$$\kappa = \frac{1}{\rho} = \frac{d\theta}{dx} \tag{10.1.3}$$

또한 θ 가 매우 작은 값일 때 $\tan\theta \approx \theta$ 이므로, 식(10.1.2)는 다음과 같아진다.

$$\theta \approx \tan\theta = \frac{dv}{dx} \tag{10.1.4}$$

그리고 보의 회전이 작기 때문에 처짐각과 기울기가 같다고 가정할 수 있다. 단 여기서 처짐각은 라디안(Radian)으로 측정한다. 식(10.1.4)의 θ 를 x 에 관하여 미분하면 다음과 같다.

$$\frac{d\theta}{dx} = \frac{d^2v}{dx^2} \tag{10.1.5}$$

식(10.1.5)를 식(10.1.3)에 대입하면 곡률 κ 는 다음과 같이 표시된다.

$$\kappa = \frac{1}{\rho} = \frac{d\theta}{dx} = \frac{d^2v}{dx^2} \tag{10.1.6}$$

식(10.1.6)의 방정식은 보의 곡률과 처짐의 관계를 보여주고 있다. 이 식은 회전이 작으면 어떤 재료의 보에도 적용이 가능하다.

만약 보의 재료가 선형탄성적이고, 후크의 법칙을 따른다면 곡률은 다음 식이 성립된다.

$$\kappa = \frac{1}{\rho} = -\frac{M}{EI} \tag{10.1.7}$$

여기서 M 은 휨모멘트를, EI 는 보의 **휨강도**(Flexural Rigidity)를 나타낸다.

상기 식(10.1.7)은 이미 제5장에서 식(5.1.13)으로 성립됨을 증명해 보인 바 있다.

결국 식(10.1.6)과 식(10.1.7)을 조합하면 보의 처짐곡선의 기본 미분방정식이 만들어진다.

$$\kappa = \frac{d\theta}{dx} = \frac{d^2v}{dx^2} = -\frac{M}{EI} \tag{10.1.8}$$

식(10.1.8)의 부호규약을 정리하면 다음과 같다.

① 좌표축의 X 축은 오른쪽 방향, Y 축은 아래쪽 방향이 양(+)이다.

② 곡률(κ)은 보가 위쪽으로 볼록하면 양(+)이고, 아래쪽으로 볼록하면 음(−)이다.

③ 처짐각(θ)은 X축으로부터 시계방향(↻)일 때 양(+)이다.
④ 처짐(v)은 아래쪽 방향일 때 양(+)이다.
⑤ 휨모멘트(M)는 보의 상부가 압축일 때 양(+)이다.

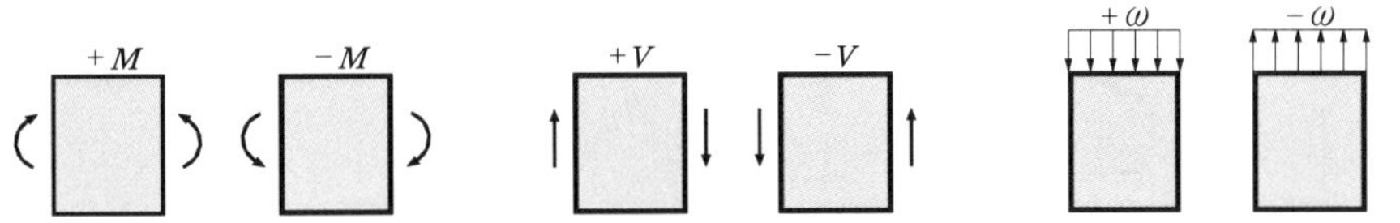

[그림10.1.4] 휨모멘트, 전단력, 등분포하중의 부호규약

다음은 식(10.1.8)의 처짐곡선의 기본 미분방정식의 응용으로, 하중, 전단력 및 휨모멘트의 상관관계를 이용하여 $\omega=-dV/dx$, $V=dM/dx$를 식(10.1.8)에 대입하면 다음과 같은 식을 얻는다.

$$\frac{d^3v}{dx^3} = -\frac{V}{EI} \tag{10.1.9}$$

$$\frac{d^4v}{dx^4} = \frac{\omega}{EI} \tag{10.1.10}$$

여기서 V는 전단력을, ω는 등분포하중을 나타낸다. 보의 처짐 v는 경우에 따라 식(10.1.9), 식(10.1.10)을 적용하여 구하면 편리할 수 있다.

식을 간단하게 표현하기 위하여 미분기호 대신 프라임(Prime)을 사용하면 다음과 같다.

$$v' = \frac{dv}{dx}, \quad v'' = \frac{d^2v}{dx^2}, \quad v''' = \frac{d^3v}{dx^3}, \quad v'''' = \frac{d^4v}{dx^4} \tag{10.1.11}$$

상기 표기법을 이용하여 다음과 같은 형태로 처짐곡선의 미분방정식을 표현할 수 있다.

$$EIv'' = -M, \qquad EIv''' = -V, \qquad EIv'''' = \omega \tag{10.1.12}$$

상기와 같이 보의 처짐곡선의 미분방정식을 고찰해보았다. 우리는 이 식들을 이용하여 적분함으로써 보의 처짐문제를 해결할 수 있다. 이때 적분과정에서 생기는 적분상수(C)는 적절한 보의 경계조건과 연속조건을 통하여 산정할 수 있다. 예를 들어 보의 각 지점에서의 경계조건에서 캔틸레버 보의 고정단은 처짐각과 처짐이 모두 '0' 이고, 단순보의 양 지지단의 처짐은 '0' 이다. 한편 집중하중의 작용점에서 좌우측의 처짐각과 처짐은 연속조건에 의하여 같아야 한다.

다음 [표10.1.1]은 구조역학에서 자주 나오는 각종 보의 여러 하중상태에 따른 처짐각과 처짐에 대한 공식을 정리해 보았다.

[표10.1.1] 보의 처짐각(θ)과 처짐(δ)공식

보	번호	하중상태	처짐각 θ	처짐 δ
캔틸레버보	①	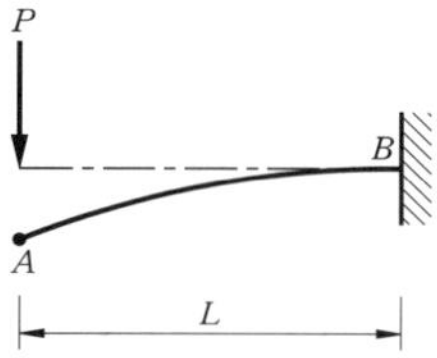	★ $\theta_A = -\dfrac{PL^2}{2EI}$ $\theta_B = 0$	★ $\delta_A = \dfrac{PL^3}{3EI}$
	②	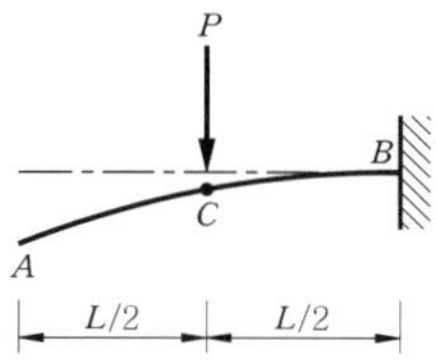	$\theta_A = \theta_C = -\dfrac{PL^2}{8EI}$ $\theta_B = 0$	$\delta_A = \dfrac{5PL^3}{48EI}$
	③	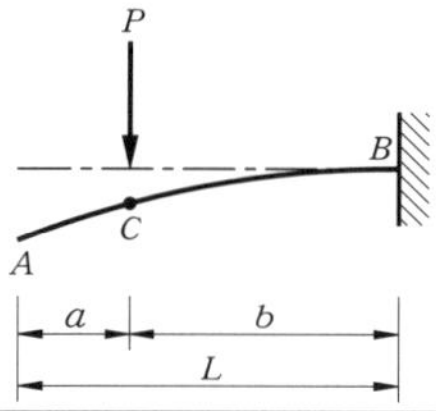	$\theta_A = \theta_C = -\dfrac{Pb^2}{2EI}$ $\theta_B = 0$	$\delta_A = \dfrac{Pb^2}{6EI}(3L-b)$
	④	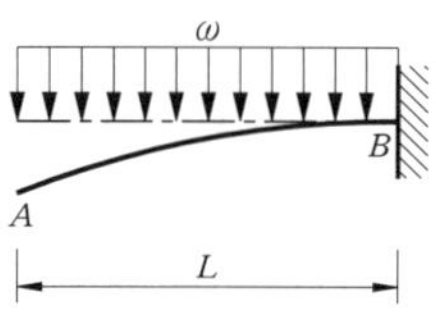	★ $\theta_A = -\dfrac{\omega L^3}{6EI}$ $\theta_B = 0$	★ $\delta_A = \dfrac{\omega L^4}{8EI}$
	⑤	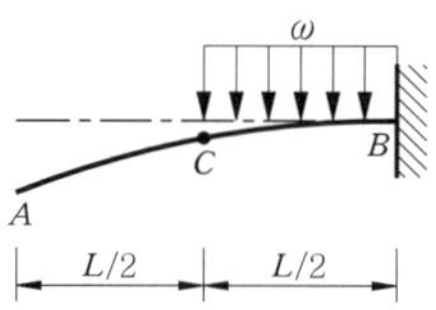	$\theta_A = \theta_C = -\dfrac{\omega L^3}{48EI}$ $\theta_B = 0$	$\delta_A = \dfrac{7\omega L^4}{384EI}$
	⑥	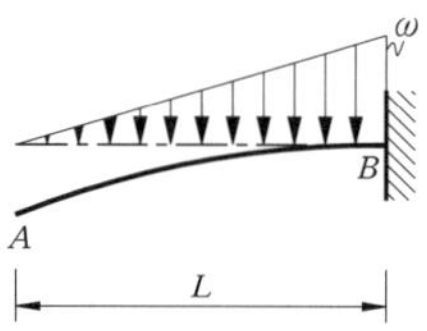	$\theta_A = -\dfrac{\omega L^3}{24EI}$ $\theta_B = 0$	$\delta_A = \dfrac{\omega L^4}{30EI}$
	⑦	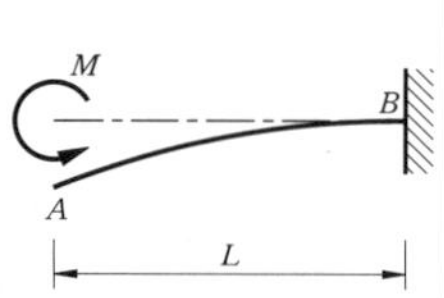	★ $\theta_A = -\dfrac{ML}{EI}$ $\theta_B = 0$	★ $\delta_A = \dfrac{ML^2}{2EI}$

보	번호	하중상태	처짐각 θ	처짐 δ
단순보	⑧	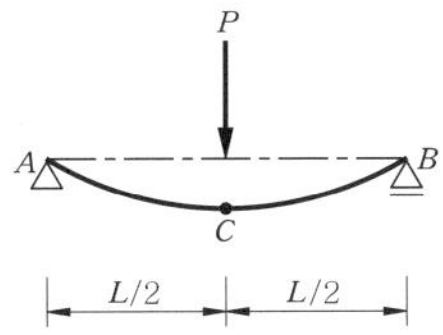	★ $\theta_A = \dfrac{PL^2}{16EI}$ ★ $\theta_B = -\dfrac{PL^2}{16EI}$	★ $\delta_C = \dfrac{PL^3}{48EI}$
	⑨	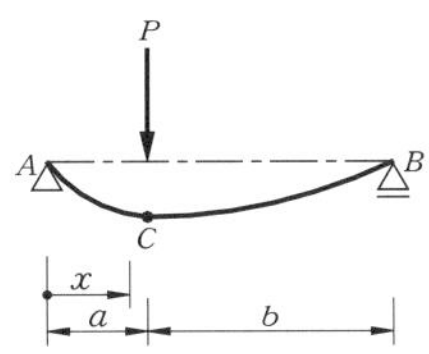	$\theta_A = \dfrac{Pab}{6EI}\left(1+\dfrac{b}{L}\right)$ $\theta_B = -\dfrac{Pab}{6EI}\left(1+\dfrac{a}{L}\right)$	$\delta_C = \dfrac{Pa^2b^2}{3EIL}$ $\delta_{\max} = \dfrac{Pb}{3EIL}\sqrt{\left(\dfrac{a^2+2ab}{3}\right)^3}$ $\left(x = \sqrt{(a^2+2ab)/3}\right.$ 일 때)
	⑩	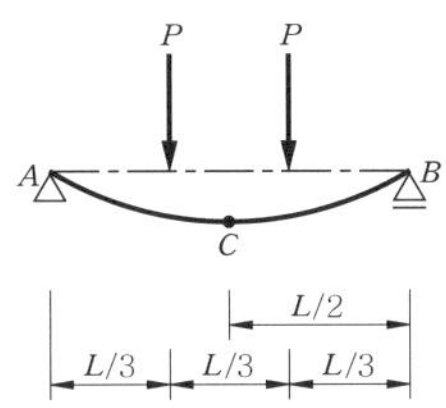	$\theta_A = \dfrac{PL^2}{9EI}$ $\theta_B = -\dfrac{PL^2}{9EI}$	$\delta_C = \dfrac{23PL^3}{648EI}$
	⑪	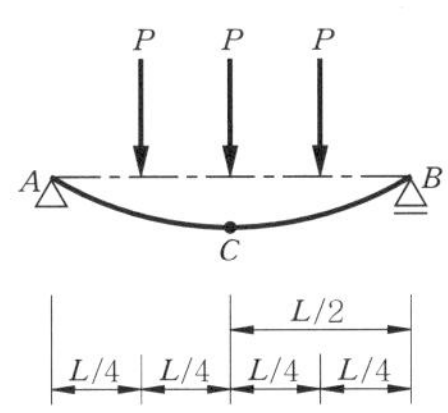	$\theta_A = \dfrac{5PL^2}{32EI}$ $\theta_B = -\dfrac{5PL^2}{32EI}$	$\delta_C = \dfrac{19PL^3}{384EI}$
	⑫	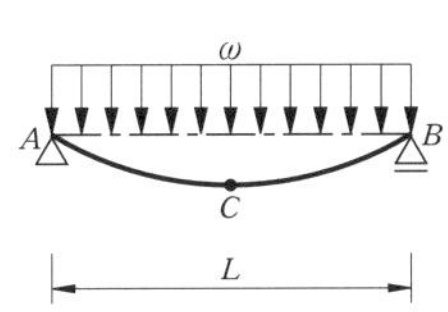	★ $\theta_A = \dfrac{\omega L^3}{24EI}$ ★ $\theta_B = -\dfrac{\omega L^3}{24EI}$	★ $\delta_C = \dfrac{5\omega L^4}{384EI}$
	⑬	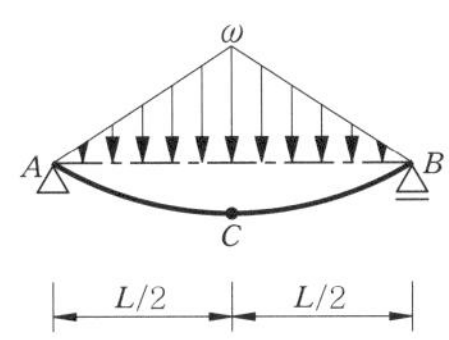	$\theta_A = \dfrac{5\omega L^3}{192EI}$ $\theta_B = -\dfrac{5\omega L^3}{192EI}$	$\delta_C = \dfrac{\omega L^4}{120EI}$
	⑭	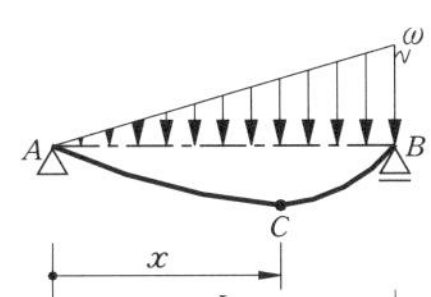	$\theta_A = \dfrac{7\omega L^3}{360EI}$ $\theta_B = -\dfrac{8\omega L^3}{360EI}$	$\delta_{\max} = \delta_C = 0.00652\dfrac{\omega L^4}{EI}$ $(x = 0.5193L$ 일 때)

보	번호	하중상태	처짐각 θ	처짐 δ
단순보	⑮	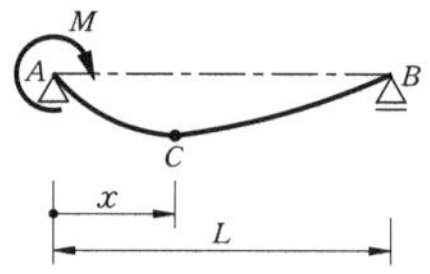	★ $\theta_A = \dfrac{ML}{3EI}$ ★ $\theta_B = -\dfrac{ML}{6EI}$	$\delta_{\max} = \dfrac{ML^2}{9\sqrt{3}\,EI}$ ($x = 0.423L$ 일 때)
	⑯	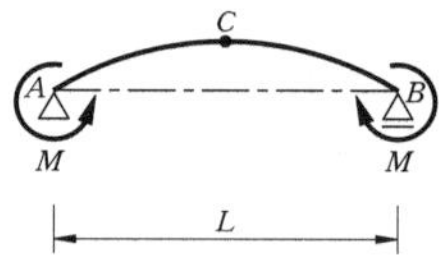	★ $\theta_A = -\dfrac{ML}{2EI}$ ★ $\theta_B = \dfrac{ML}{2EI}$	$\delta_C = -\dfrac{ML^2}{8EI}$
부정정보	⑰	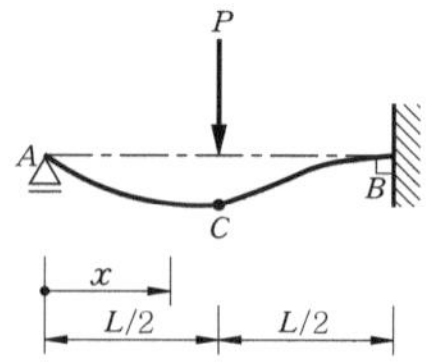	$\theta_A = \dfrac{PL^2}{32EI}$ $\theta_B = 0$	$\delta_C = \dfrac{7PL^3}{768EI}$ $\delta_{\max} = \dfrac{PL^3}{48\sqrt{5}\,EI}$ ($x = L/\sqrt{5}$ 일 때)
	⑱	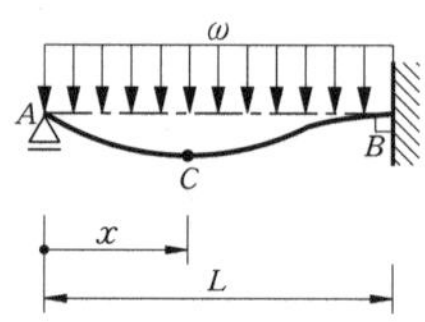	$\theta_A = \dfrac{\omega L^3}{48EI}$ $\theta_B = 0$	★ $\delta_{\max} = \delta_C = \dfrac{\omega L^4}{185EI}$ ($x = 0.422L$ 일 때)
	⑲	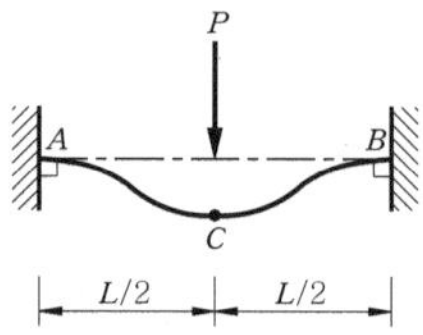	$\theta_A = 0$ $\theta_B = 0$	★ $\delta_C = \dfrac{2PL^3}{384EI}$
	⑳	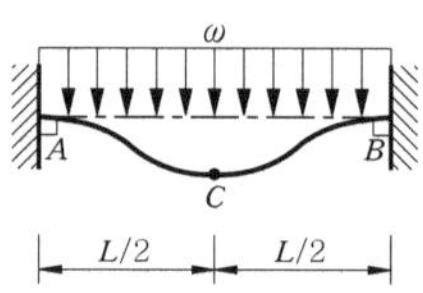	$\theta_A = 0$ $\theta_B = 0$	★ $\delta_C = \dfrac{\omega L^4}{384EI}$

상기 표[10.1.1]에서 ★표의 공식은 구조역학의 문제풀이에 많이 나오므로, 반드시 암기해 두는 것이 바람직하다.

◆ ◆ ◆ ◆ ◆ ◆

예제 10.1.1

일단고정(A), 타단 자유단(B), 길이 L 인 캔틸레버 보가 B 에서 집중하중 P 를 받을 때 보 AB 의 처짐곡선식을 구하고, B 점의 처짐각 θ_B 와 처짐 δ_B 를 구하여라.

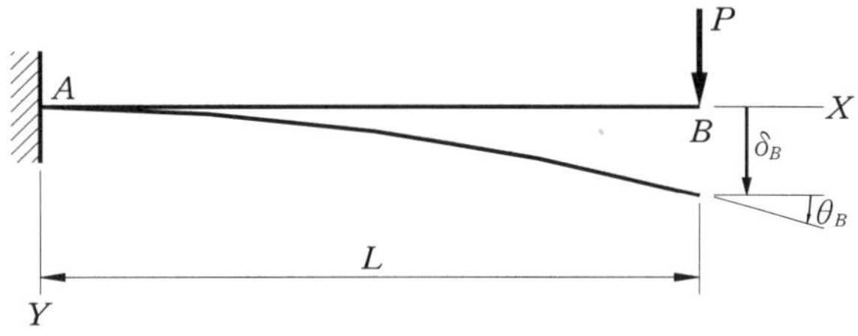

풀이-1

A 점을 원점으로 X 축이 오른쪽, Y 축이 아래쪽으로 향한다고 가정한다.

$EIv'' = -M$ 식을 이용하면

$$EIv'' = -M = -(-PL + Px) = PL - Px$$

$$EIv' = PLx - \frac{1}{2}Px^2 + C_1 \qquad (1)$$

$$EIv = \frac{1}{2}PLx^2 - \frac{1}{6}Px^3 + C_1x + C_2 \qquad (2)$$

첫 번째 경계조건으로 고정단 A 에서 처짐각이 '0' ($v'_{x=0} = 0$)이므로, 식(1)에서

$$0 = PL \cdot 0 - \frac{1}{2}P \cdot 0^2 + C_1 \qquad \therefore\ C_1 = 0$$

두 번째 경계조건으로 고정단 A 에서 처짐이 '0' ($v_{x=0} = 0$)이므로, 식(2)에서

$$0 = \frac{1}{2}PL \cdot 0^2 - \frac{1}{6}P \cdot 0^3 + C_1 \cdot 0 + C_2 \qquad \therefore\ C_2 = 0$$

한편 B 점의 처짐각 θ_B 는 식(1)에서

$$\theta_B = v'_{(x=L)} = \frac{1}{EI}\left(PL^2 - \frac{1}{2}PL^2\right) = \frac{PL^2}{2EI}\ (\curvearrowright)$$

(⇐ 부호가 양수이므로 처짐각은 시계방향임.)

B 점의 처짐 δ_B 는 식(2)에서

$$\delta_B = v_{(x=L)} = \frac{1}{EI}\left(\frac{1}{2}PL^3 - \frac{1}{6}PL^3\right) = \frac{PL^3}{3EI}\ (\downarrow)$$

(⇐ 부호가 양수이므로 처짐은 하향임.)

풀이-2

B 점을 원점으로 X 축이 왼쪽, Y 축이 아래쪽으로 향한다고 가정하면, 풀이가 간편해지지만 처짐각 결과값에서 부호가 바뀜에 주의해야 한다.

$$EIv'' = -M = -(-Px) = Px$$

$$EIv' = \frac{P}{2}x^2 + C_1 \qquad (1)$$

$$EIv = \frac{P}{6}x^3 + C_1 x + C_2 \qquad (2)$$

첫 번째 경계조건으로 고정단 A에서 처짐각이 '0' ($v'_{x=L} = 0$)이므로, 식(1)에서

$$0 = \frac{P}{2}L^2 + C_1 \qquad \therefore\ C_1 = -\frac{PL^2}{2}$$

두 번째 경계조건으로 고정단 A에서 처짐이 '0' ($v_{x=L} = 0$)이므로, 식(2)에서

$$0 = \frac{P}{6}L^3 - \frac{PL^3}{2} + C_2 = -\frac{PL^3}{3} + C_2 \qquad \therefore\ C_2 = \frac{PL^3}{3}$$

한편 B점의 처짐각 θ_B는 식(1)에서

$$\theta_B = v'_{x=0} = \frac{1}{EI}\left(\frac{P}{2}\cdot 0^2 - \frac{PL^2}{2}\right) = -\frac{PL^2}{2EI}\,(\curvearrowright)$$

(※ 왼쪽으로 X축이 진행하였으므로, 음수이면 처짐각은 시계방향임에 주의!)
B점의 처짐 δ_B는 식(2)에서

$$\delta_B = v_{x=0} = \frac{1}{EI}\left(\frac{P}{6}\cdot 0^3 + C_1\cdot 0 + \frac{PL^3}{3}\right) = \frac{PL^3}{3EI}\,(\downarrow)$$

(⇐ 부호가 양수이므로 처짐은 하향임.)

예제 10.1.2

일단고정(A), 타단 자유단(B), 길이 L인 캔틸레버 보가 전 길이에 대하여 등분포하중 ω를 받을 때 보 AB의 처짐곡선식을 구하고, B점의 처짐각 θ_B와 처짐 δ_B를 구하여라.

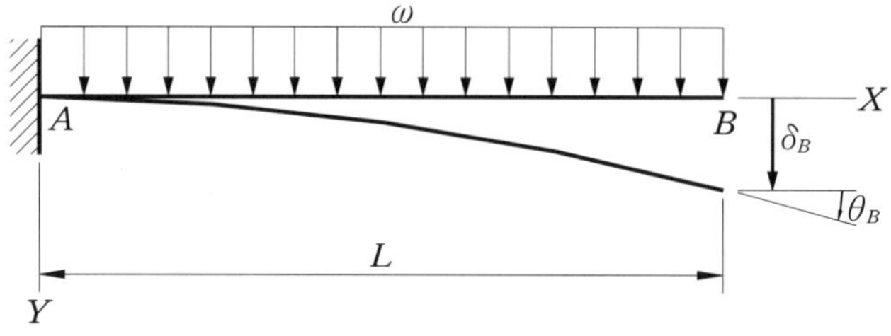

풀이-1

$EIv'' = -M$ 식을 이용하면

$$EIv'' = -M = -\left(-\frac{\omega L^2}{2} + \omega L x - \frac{\omega x^2}{2}\right) = \frac{\omega L^2}{2} - \omega L x + \frac{\omega x^2}{2}$$

$$EIv' = \frac{\omega L^2}{2}x - \frac{\omega L}{2}x^2 + \frac{\omega}{6}x^3 + C_1 \qquad (1)$$

$$EIv = \frac{\omega L^2}{4}x^2 - \frac{\omega L}{6}x^3 + \frac{\omega}{24}x^4 + C_1 x + C_2 \qquad (2)$$

첫 번째 경계조건으로 고정단 A 에서 처짐각이 '0' ($v'_{x=0}=0$) 이므로, 식(1)에서

$$0 = \frac{\omega L^2}{2}\cdot 0 - \frac{\omega L}{2}\cdot 0^2 + \frac{\omega}{6}\cdot 0^3 + C_1 \qquad \therefore\ C_1 = 0$$

두 번째 경계조건으로 고정단 A 에서 처짐이 '0' ($v_{x=0}=0$)이므로, 식(2)에서

$$0 = \frac{\omega L^2}{4}\cdot 0^2 - \frac{\omega L}{6}\cdot 0^3 + \frac{\omega}{24}\cdot 0^4 + C_1\cdot 0 + C_2 \qquad \therefore\ C_2 = 0$$

한편 B 점의 처짐각 θ_B 는 식(1)에서

$$\theta_B = v'_{(x=L)} = \frac{1}{EI}\left(\frac{\omega L^3}{2} - \frac{\omega L^3}{2} + \frac{\omega L^3}{6}\right) = \frac{\omega L^3}{6EI}\ (\curvearrowright)$$

(⇐ 부호가 양수이므로 처짐각은 시계방향임.)

B 점의 처짐 δ_B 는 식(2)에서

$$\delta_B = v_{(x=L)} = \frac{1}{EI}\left(\frac{\omega L^4}{4} - \frac{\omega L^4}{6} + \frac{\omega L^4}{24}\right) = \frac{\omega L^4}{8EI}\ (\downarrow)$$

(⇐ 부호가 양수이므로 처짐은 하향임.)

풀이-2

B 점을 원점으로 X 축이 왼쪽, Y 축이 아래쪽으로 향한다고 가정하면, 풀이가 간편해지지만 처짐각 결과값에서 부호가 바뀜에 주의해야 한다.

$$EIv'' = -M = \frac{\omega x^2}{2}$$

$$EIv' = \frac{\omega}{6}x^3 + C_1 \qquad (1)$$

$$EIv = \frac{\omega}{24}x^4 + C_1 x + C_2 \qquad (2)$$

첫 번째 경계조건으로 고정단 A 에서 처짐각이 '0' ($v'_{x=L}=0$)이므로, 식(1)에서

$$0 = \frac{\omega}{6}L^3 + C_1 \qquad \therefore\ C_1 = -\frac{\omega L^3}{6}$$

두 번째 경계조건으로 고정단 A 에서 처짐이 '0' ($v_{x=L}=0$)이므로, 식(2)에서

$$0 = \frac{\omega}{24}L^4 - \frac{\omega L^4}{6} + C_2 \qquad \therefore\ C_2 = \frac{\omega L^4}{8}$$

한편 B 점의 처짐각 θ_B 는 식(1)에서

$$\theta_B = v'_{(x=0)} = \frac{1}{EI}\left(\frac{\omega}{6}\cdot 0^3 - \frac{\omega L^3}{6}\right) = -\frac{\omega L^3}{6EI}\ (\curvearrowright)$$

(※ 왼쪽으로 X 축이 진행하였으므로, 음수이면 처짐각은 시계방향임에 주의!)

B 점의 처짐 δ_B 는 식(2)에서,

$$\delta_B = v_{(x=0)} = \frac{1}{EI}\left(\frac{\omega}{24}\cdot 0^4 + C_1\cdot 0 + \frac{\omega L^4}{8}\right) = \frac{\omega L^4}{8EI}(\downarrow)$$

(⇐ 부호가 양수이므로 처짐은 하향임.)

예제 10.1.3

길이 L 인 단순보 AB가 중앙부 C에서 집중하중 P를 받을 때 처짐곡선식을 구하라. 또 각 지점의 처짐각 θ_A와 θ_B 그리고 보 중앙부의 처짐 δ_C를 구하여라.

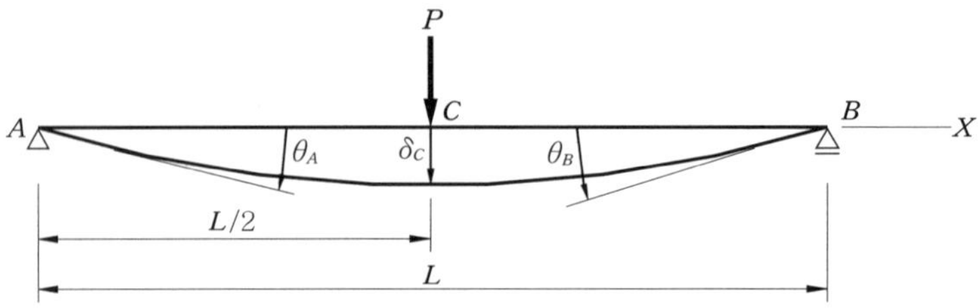

풀이

$EIv'' = -M$식을 이용하되 집중하중 P를 경계로 식이 구분되어진다.

$$EIv'' = -M = -\frac{P}{2}x \qquad \left(0 \le x \le \frac{L}{2}\right)$$

$$EIv'' = -M = \frac{P}{2}x - \frac{PL}{2} \qquad \left(\frac{L}{2} \le x \le L\right)$$

$$EIv' = -\frac{P}{4}x^2 + C_1 \qquad \left(0 \le x \le \frac{L}{2}\right) \qquad (1\text{-}1)$$

$$EIv' = \frac{P}{4}x^2 - \frac{PL}{2}x + C_2 \qquad \left(\frac{L}{2} \le x \le L\right) \qquad (1\text{-}2)$$

$$EIv = -\frac{P}{12}x^3 + C_1x + C_3 \qquad \left(0 \le x \le \frac{L}{2}\right) \qquad (2\text{-}1)$$

$$EIv = \frac{P}{12}x^3 - \frac{PL}{4}x^2 + C_2x + C_4 \qquad \left(\frac{L}{2} \le x \le L\right) \qquad (2\text{-}2)$$

첫 번째 경계조건으로 중앙부 C점에서 처짐각이 '0' ($v'_{x=L/2} = 0$)이므로, 식(1-1)에서

$$0 = -\frac{P}{4}\cdot\frac{L^2}{4} + C_1 \qquad \therefore\ C_1 = \frac{PL^2}{16}$$

식(1-2)에서

$$0 = \frac{P}{4}\cdot\frac{L^2}{4} - \frac{PL}{2}\cdot\frac{L}{2} + C_2 \qquad \therefore\ C_2 = \frac{3PL^2}{16}$$

두 번째 경계조건으로 A점에서 처짐이 '0' ($v_{x=0} = 0$)이므로, 식(2-1)에서

$$0 = -\frac{P}{12}\cdot 0^3 + \frac{PL^2}{16}\cdot 0 + C_3 \qquad \therefore\ C_3 = 0$$

세 번째 경계조건으로 B점에서 처짐이 '0' ($v_{x=L} = 0$)이므로, 식(2-2)에서

$$0 = \frac{P}{12} \cdot L^3 - \frac{PL}{4} \cdot L^2 + \frac{3PL^2}{16} \cdot L + C^4 \qquad \therefore\ C_4 = -\frac{PL^3}{48}$$

한편 A 점의 처짐각 θ_A 는 식(1-1)에서

$$\theta_A = v'_{(x=0)} = \frac{1}{EI}\left(-\frac{P}{4} \cdot 0^2 + \frac{PL^2}{16}\right) = \frac{PL^2}{16EI}(\curvearrowright)$$

B 점의 처짐각 θ_B 는 식(1-2)에서

$$\theta_B = v'_{(x=L)} = \frac{1}{EI}\left(\frac{P}{4} \cdot L^2 - \frac{PL}{2} \cdot L + \frac{3PL^2}{16}\right) = -\frac{PL^2}{16EI}(\curvearrowleft)$$

C 점의 처짐 δ_C 는 식(2-1)에서

$$\delta_C = v_{x=L/2} = \frac{1}{EI}\left(-\frac{P}{12} \cdot \left(\frac{L}{2}\right)^3 + \frac{PL^2}{16} \cdot \frac{L}{2} + 0\right) = \frac{PL^3}{48EI}(\downarrow)$$

식(2-2)에서

$$\delta_C = v_{x=L/2} = \frac{1}{EI}\left(\frac{P}{12}\left(\frac{L}{2}\right)^3 - \frac{PL}{4}\left(\frac{L}{2}\right)^2 + \frac{3PL^2}{16}\frac{L}{2} - \frac{PL^3}{48}\right)$$

$$= \frac{PL^3}{48EI}(\downarrow)$$

예제 10.1.4

길이 L 인 단순보가 전 길이에 대하여 등분포하중 ω 를 받을 때 보 AB 의 처짐곡선식을 구하고, 양단부의 처짐각 θ_A 와 중앙부 C 점의 처짐 δ_C 를 구하여라.

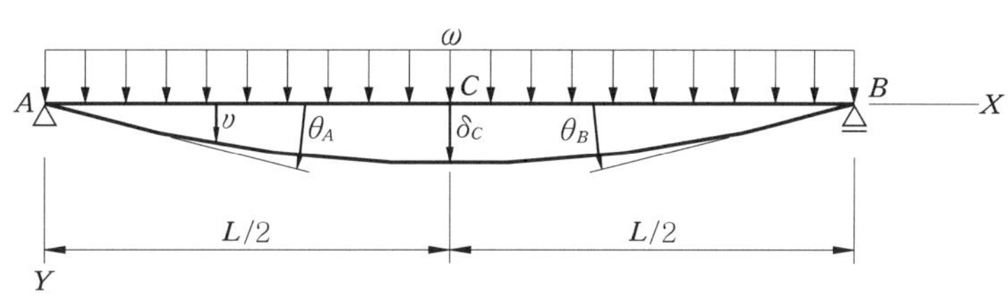

풀이

$EIv'' = -M$ 식을 이용하면

$$EIv'' = -M = -\left(\frac{\omega L}{2}x - \frac{\omega x^2}{2}\right) = -\frac{\omega L}{2}x + \frac{\omega x^2}{2}$$

$$EIv' = -\frac{\omega L}{4}x^2 + \frac{\omega}{6}x^3 + C_1 \qquad (1)$$

$$EIv = -\frac{\omega L}{12}x^3 + \frac{\omega}{24}x^4 + C_1 x + C_2 \qquad (2)$$

첫 번째 경계조건으로 중앙부 C 점에서 처짐각이 '0' ($v'_{x=L/2} = 0$)이므로, 식(1)에서

$$0 = -\frac{\omega L}{4} \cdot \left(\frac{L}{2}\right)^2 + \frac{\omega}{6} \cdot \left(\frac{L}{2}\right)^3 + C_1 \qquad \therefore\ C_1 = \frac{\omega L^3}{24}$$

두 번째 경계조건으로 A 점에서 처짐이 '0' ($v_{x=0} = 0$)이므로, 식(2)에서

$$0 = -\frac{\omega L}{12}\cdot 0^3 + \frac{\omega}{24}\cdot 0^4 + \frac{\omega L^3}{24}\cdot 0 + C_2 \qquad \therefore\ C_2 = 0$$

한편 A 점의 처짐각 θ_A 는 식(1)에서

$$\theta_A = v'_{x=0} = \frac{1}{EI}\left(-\frac{\omega L}{4}\cdot 0^2 + \frac{\omega}{6}\cdot 0^3 + \frac{\omega L^3}{24}\right) = \frac{\omega L^3}{24EI}(\curvearrowright)$$

(⇐ 부호가 양수이므로 처짐각은 시계방향임.)

C 점의 처짐 δ_C 는 식(2)에서

$$\delta_C = v_{x=L/2} = \frac{1}{EI}\left(-\frac{\omega L}{12}\cdot\left(\frac{L}{2}\right)^3 + \frac{\omega}{24}\cdot\left(\frac{L}{2}\right)^4 + \frac{\omega L^3}{24}\cdot\frac{L}{2}\right)$$

$$= \frac{5\omega L^4}{384EI}(\downarrow)$$

(⇐ 부호가 양수이므로 처짐은 하향임.)

예제 10.1.5

길이 L 인 단순보 AB 가 집중하중 P 를 받을 때 처짐곡선식을 구하여라. 또 각 지점의 처짐각 θ_A 와 θ_B 그리고 보 중앙부의 처짐 δ_C 및 최대처짐 $\delta_{\max}$ 를 구하여라.

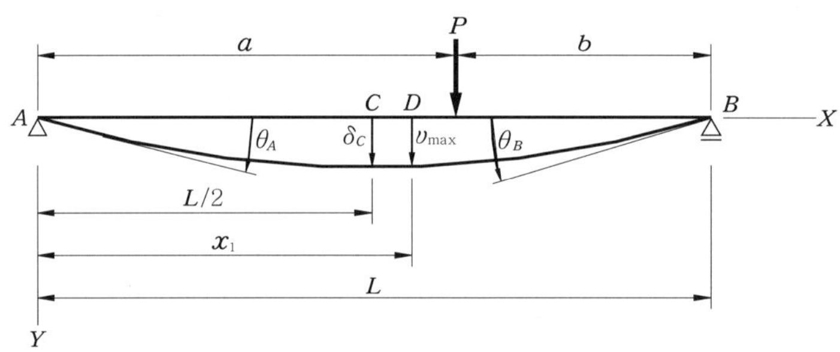

풀이

$EIv'' = -M$ 식을 이용하되 집중하중 P 를 경계로 식이 구분되어진다.

$$EIv'' = -M = -\left(\frac{\omega L}{2}x - \frac{\omega x^2}{2}\right) = -\frac{\omega L}{2}x + \frac{\omega x^2}{2}$$

$$EIv' = -\frac{\omega L}{4}x^2 + \frac{\omega}{6}x^3 + C_1 \qquad (1)$$

$$EIv = -\frac{\omega L}{12}x^3 + \frac{\omega}{24}x^4 + C_1 x + C_2 \qquad (2)$$

$$EIv'' = -M = -\frac{Pb}{L}x \qquad (0 \le x \le a)$$

$$EIv'' = -M = -\frac{Pb}{L}x + P(x-a) \qquad (a \le x \le L)$$

$$EIv' = -\frac{Pb}{2L}x^2 + C_1 \qquad (0 \le x \le a) \qquad (1\text{-}1)$$

$$EIv' = -\frac{Pb}{2L}x^2 + \frac{P(x-a)^2}{2} + C_2 \qquad (a \le x \le L) \qquad (1-2)$$

$$EIv = -\frac{Pb}{6L}x^3 + C_1 x + C_3 \qquad (0 \le x \le a) \qquad (2-1)$$

$$EIv = -\frac{Pb}{6L}x^3 + \frac{P(x-a)^3}{6} + C_2 x + C_4 \qquad (a \le x \le L) \qquad (2-2)$$

4개의 적분상수 C_1, C_2, C_3, C_4를 구하기 위해서는 경계조건을 이용한 4개의 연립방정식이 필요하다.

① $x=a$에서 보의 각 구간에서 구한 처짐각($v'_{x=a}$)은 같다.

식(1-1)과 식(1-2)에 각각 $x=a$를 대입하여 같게 놓으면 다음과 같다.

$$-\frac{Pb}{2L}a^2 + C_1 = -\frac{Pb}{2L}a^2 + \frac{P(a-a)^2}{2} + C_2 \qquad \therefore\ C_1 = C_2$$

② $x=a$에서 보의 각 구간에서 구한 처짐($v_{x=a}$)은 같다.

식(2-1)과 식(2-2)에 각각 $x=a$를 대입하여 같게 놓으면 다음과 같다.

$$-\frac{Pb}{6L}a^3 + C_1 a + C_3 = -\frac{Pb}{6L}a^3 + \frac{P(a-a)^3}{6} + C_2 a + C_4$$

$$C_1 a + C_3 = C_2 a + C_4 \qquad \therefore\ C_3 = C_4$$

③ 지점 A의 처짐은 '0' ($v_{x=0}=0$)이다. 식(2-1)에서

$$0 = -\frac{Pb}{6L}\cdot 0^3 + C_1\cdot 0 + C_3 \qquad \therefore\ C_3 = 0$$

④ 지점 B의 처짐은 '0' ($v_{x=L}=0$)이다. 식(2-2)에서

$$0 = -\frac{Pb}{6L}L^3 + \frac{P(L-a)^3}{6} + C_2 L + C_4$$

$$-\frac{Pb}{6}L^2 + \frac{Pb^3}{6} + C_2 L + C_4 = 0$$

결국 ①, ②, ③, ④의 식을 풀이하면 다음과 같은 적분상수가 구해진다.

$$C_1 = C_2 = \frac{Pb(L^2-b^2)}{6L}$$

$$C_3 = C_4 = 0$$

따라서 식(1-1)과 식(1-2)의 보의 처짐각에 대한 식은 다음과 같이 완성된다.

$$EIv' = -\frac{Pb}{2L}x^2 + \frac{Pb(L^2-b^2)}{6L}$$

$$EIv' = \frac{Pb}{6L}(L^2-b^2-3x^2) \qquad (0 \le x \le a) \qquad (3-1)$$

$$EIv' = -\frac{Pb}{2L}x^2 + \frac{P(x-a)^2}{2} + \frac{Pb(L^2-b^2)}{6L}$$

$$EIv' = \frac{Pb}{6L}(L^2-b^2-3x^2) + \frac{P(x-a)^2}{2} \qquad (a \le x \le L) \qquad (3-2)$$

한편 식(2-1)과 식(2-2)의 처짐곡선식은 다음과 같이 완성된다.

$$EIv = -\frac{Pb}{6L}x^3 + \frac{Pb(L^2-b^2)}{6L}x$$

$$EIv = \frac{Pbx}{6L}(L^2-b^2-x^2) \qquad (0 \le x \le a) \qquad (4\text{-}1)$$

$$EIv = -\frac{Pb}{6L}x^3 + \frac{P(x-a)^3}{6} + \frac{Pb(L^2-b^2)}{6L}x$$

$$EIv = \frac{Pbx}{6L}(L^2-b^2-x^2) + \frac{P(x-a)^3}{6} \qquad (a \le x \le L) \qquad (4\text{-}2)$$

처짐각 θ_A 를 구하기 위해서는 식(3-1)에 $x=0$ 을 대입하면 된다.

$$\theta_A = v'_{x=0} = \frac{Pb}{6LEI}(L^2-b^2) = \frac{Pab(L+b)}{6LEI}\ (\curvearrowright)$$

처짐각 θ_B 를 구하기 위해서는 식(3-2)에 $x=L$ 을 대입하면 된다.

$$\theta_B = v'_{x=L} = \frac{1}{EI}\left(\frac{Pb}{6L}(-2L^2-b^2) + \frac{P(L-a)^2}{2}\right)$$

$$= -\frac{Pab(L+a)}{6LEI}\ (\curvearrowleft)$$

보 중앙부 C 점의 처짐 δ_C 를 구하기 위해서는 $a>b$ 일 때 식(4-1)에 $x=L/2$ 을 대입하면 된다.

$$\delta_C = v_{x=L/2} = \frac{Pb}{12EI}\left(L^2-b^2-\frac{L^2}{4}\right) = \frac{Pb(3L^2-4b^2)}{48EI}\ (\downarrow)$$

한편 최대처짐이 발생하는 위치는 처짐곡선 기울기가 수평인$\left(\frac{dv}{dx}=0\right)$ D 점에서 발생한다. $a>b$ 일 때 최대처짐 D 점은 집중하중 P 의 좌측에 있게 되므로 식(3-1)을 '0'으로 놓으면 된다. 이때 A 에서 D 점까지의 거리를 x_1 이라고 하면 x_1 은 다음과 같이 구해진다.

$$\frac{Pb}{6L}(L^2-b^2-3x_1^2)=0 \qquad \therefore\ x_1 = \sqrt{\frac{L^2-b^2}{3}}$$

따라서 x_1 을 식(4-1)에 대입하면 최대처짐 $\delta_{\max}$ 를 구할 수 있다.

$$\delta_{\max} = v_{x=x_1} = \frac{Pbx_1}{6L}(L^2-b^2-x_1^2) = \frac{Pb(L^2-b^2)^{3/2}}{9\sqrt{3}LEI}\ (\downarrow) \qquad (a \ge b)$$

상기 결과를 통하여 보면 최대처짐($\delta_{\max}$) 은 항상 보의 중앙점(C 점) 근처에서 일어나므로 중앙부 처짐(δ_C) 값은 최대처짐의 근사값이 된다.
극한의 경우(b 가 '0'에 수렴할 때), 최대처짐($\delta_{\max}$) 과 중앙부 처짐(δ_C) 사이의 오차는 최대처짐값의 3% 내외이다.

예제 10.1.6

다음 그림과 같은 부등단면의 캔틸레버 보의 자유단 A 점에서의 처짐 δ_A 를 구하여라.

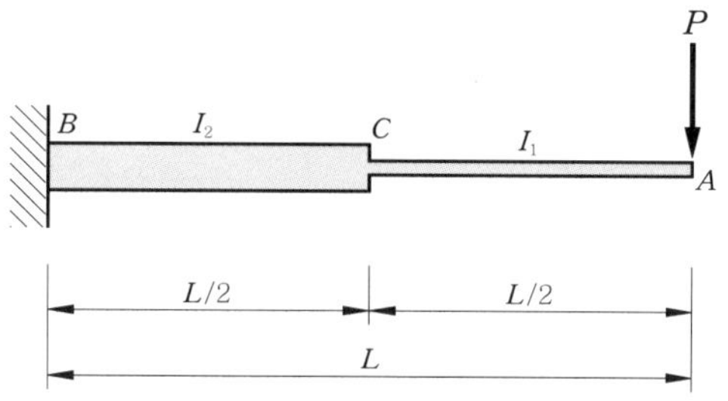

풀이

A 점을 원점으로 $EIv'' = -M$ 식을 이용하되 단면2차모멘트가 달라지는 $L/2$ 구간을 기준점으로 구분하여 식을 세운다.

(a) AC 구간

$$EI_1 v'' = -M = -(-Px) = Px \qquad \left(0 \le x \le \frac{L}{2}\right)$$

$$EI_1 v' = \frac{P}{2}x^2 + C_1 \qquad \left(0 \le x \le \frac{L}{2}\right) \qquad (1)$$

$$EI_1 v = \frac{P}{6}x^3 + C_1 x + C_2 \qquad \left(0 \le x \le \frac{L}{2}\right) \qquad (2)$$

(b) CB 구간

$$EI_2 v'' = -M = -(-Px) = Px \qquad \left(\frac{L}{2} \le x \le L\right)$$

$$EI_2 v' = \frac{P}{2}x^2 + C_3 \qquad \left(\frac{L}{2} \le x \le L\right) \qquad (3)$$

$$EI_2 v = \frac{P}{6}x^3 + C_3 x + C_4 \qquad \left(\frac{L}{2} \le x \le L\right) \qquad (4)$$

첫 번째 경계조건으로 고정단 B 점에서 처짐각이 '0' ($v'_{x=L} = 0$)이므로, 식(3)에서

$$0 = \frac{P}{2}L^2 + C_3 \qquad \therefore\ C_3 = -\frac{PL^2}{2}$$

두 번째 경계조건으로 고정단 B 점에서 처짐이 '0' ($v_{x=L} = 0$)이므로, 식(4)에서

$$0 = \frac{P}{6}L^3 - \frac{PL^3}{2} + C_4 = -\frac{PL^3}{3} + C_4 \qquad \therefore\ C_4 = \frac{PL^3}{3}$$

한편 C 점에서의 처짐각 및 처짐은 AC 구간이나 CB 구간이 서로 같으므로,

$$\theta_C = v'_{x=L/2} = \frac{1}{EI_2}\left\{\frac{P}{2}\left(\frac{L}{2}\right)^2 - \frac{PL^2}{2}\right\} = \frac{1}{EI_1}\left\{\frac{P}{2}\left(\frac{L}{2}\right)^2 + C_1\right\}$$

$$\therefore\ C_1 = -\frac{PL^2}{8}\left(\frac{3I_1}{I_2} + 1\right)$$

$$\delta_C = v_{x=L/2} = \frac{1}{EI_2}\left\{ \frac{P}{6}\left(\frac{L}{2}\right)^3 - \frac{PL^2}{2}\left(\frac{L}{2}\right) + \frac{PL^3}{3} \right\}$$

$$= \frac{1}{EI_1}\left\{ \frac{P}{6}\left(\frac{L}{2}\right)^3 - \frac{PL^2}{8}\left(\frac{3I_1}{I_2}+1\right)\left(\frac{L}{2}\right) + C_2 \right\}$$

$$\therefore \quad C_2 = \frac{PL^3}{24}\left(\frac{7I_1}{I_2}-1\right)$$

따라서 자유단 A 점에서의 처짐 δ_A 는 AC 구간의 처짐식을 통해 구할 수 있으며 이를 구하면 다음과 같다.

$$\therefore \quad \delta_A = v_{x=0} = \frac{1}{EI_1}\left[\frac{P}{6}\times 0^3 - \frac{PL^2}{8}\left(\frac{3I_1}{I_2}+1\right)\times 0 + \frac{PL^3}{24}\left(\frac{7I_1}{I_2}+1\right) \right]$$

$$= \frac{PL^3}{24E}\left(\frac{7}{I_2}+\frac{1}{I_1}\right)$$

예제 10.1.7

다음과 같이 길이가 L, 높이가 H 인 캔틸레버 보가 상부면이 T_1, 하부면이 T_2 로 균일한 온도의 영향을 받는다. 이때 자유단 B 점에서의 처짐각 θ_B 및 처짐 δ_B 를 구하여라. (여기서, α 는 열팽창계수이고, $T_1 > T_2$ 이며 단면 상하를 따라 선형적 온도분포를 가진다.)

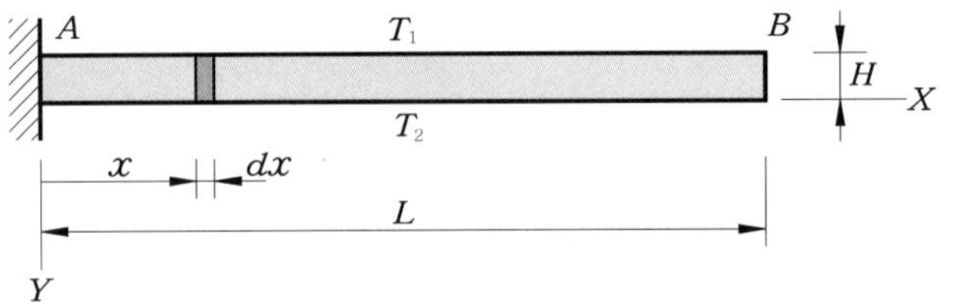

풀이

3.5.1절「온도변화의 영향」에서 온도변화로 인한 부재의 길이변화 δ_t 는

$$\delta_t = \alpha \cdot \Delta T \cdot L$$

로 구할 수 있다.

그러나 이 보는 단면 높이에 따라 온도변화가 일정하지 않으므로 보의 상부면과 하부면의 길이변화는 서로 다르며, 상부면과 하부면의 온도차 $T_2 - T_1$ 으로 인해 곡률이 발생하며, 보에서는 수직처짐이 생기게 된다. 이 수직처짐을 구하기 위해 그림(a)와 같은 미소요소에서의 길이변화를 먼저 고려한다. 상·하부면이 동일했을 때의 온도를 T_0 라고 하면, $T_1 > T_2$ 이므로 상·하부면의 길이변화 차이는 다음과 같이 구할 수 있다.

$$H\cdot d\theta = \alpha(T_1 - T_0)\,dx - \alpha(T_2 - T_0)\,dx$$

$$\therefore \quad \frac{d\theta}{dx} = -\frac{\alpha(T_2 - T_1)}{H}$$

여기서 $\frac{d\theta}{dx}=\frac{d^2\nu}{dx^2}$ 즉, 곡률 ν'' 을 의미한다. 따라서 처짐 곡선식을 다음과 같이 정리할 수 있다.

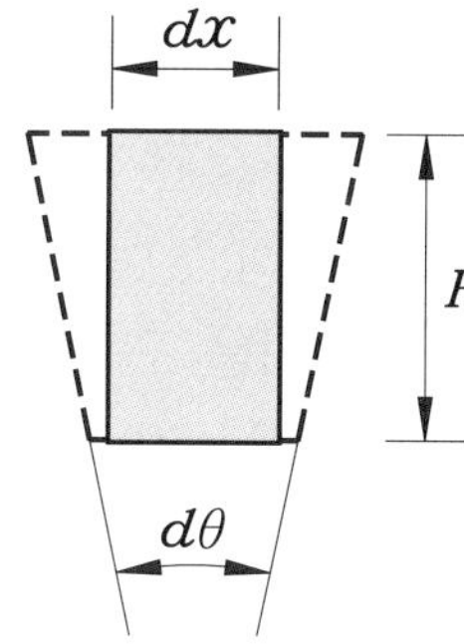

그림(a)

$$\nu'' = -\frac{\alpha(T_2-T_1)}{H}$$

$$\nu' = -\frac{\alpha(T_2-T_1)}{H}x + C_1$$

$$\nu = -\frac{\alpha(T_2-T_1)}{2H}x^2 + C_1\cdot x + C_2$$

이 식을 정리하면, 지점 A 에서의 처짐은 발생하지 않으므로

$$\nu(0)=0 \qquad \therefore\ C_2=0$$

또한 지점 A 에서는 처짐각도 발생하지 않으므로

$$\nu'(0)= -\frac{\alpha(T_2-T_1)}{H}\times 0 + C_1 = 0 \qquad \therefore\ C_1=0$$

따라서 이를 정리하여 표현하면,

$$\nu'' = -\frac{\alpha(T_2-T_1)}{H}$$

$$\nu' = -\frac{\alpha(T_2-T_1)}{H}x$$

$$\nu = -\frac{\alpha(T_2-T_1)}{2H}x^2$$

문제에서 요구한 자유단 B 점에서의 처짐각 θ_B 를 구하면,

$$\therefore\ \theta_B = \nu'(L) = -\frac{\alpha(T_2-T_1)L}{H}$$

자유단 B 점에서의 처짐 δ_B 를 구하면,

$$\therefore\ \delta_B = \nu(L) = -\frac{\alpha(T_2-T_1)L^2}{2H}$$

◆ ◆ ◆ ◆ ◆ ◆

◈ 연 습 문 제 ◈

10.1.1 길이 L인 단순보 AB가 중앙부 C에서 휨모멘트 M_0를 받을 때 처짐곡선식을 구하여라. 또 각 지점의 처짐각 θ_A와 θ_B 그리고 보 중앙부의 처짐 δ_C를 구하여라.

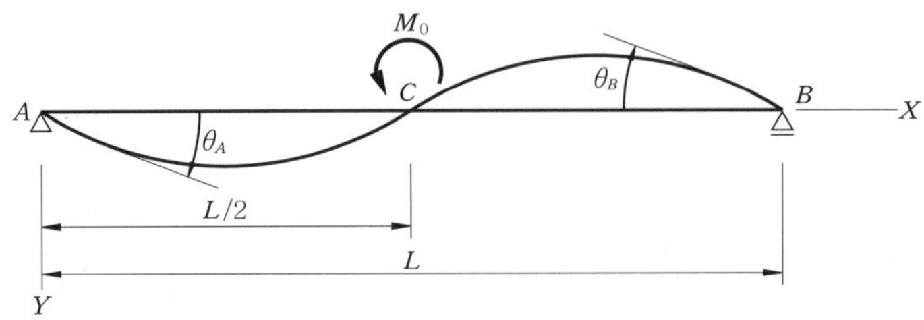

10.1.2 다음과 같이 등분포하중 w를 받는 내민보의 처짐곡선식을 구하여라. 또 각 지점의 처짐각 θ_A, θ_B, θ_C와 그리고 처짐 δ_C를 구하여라.

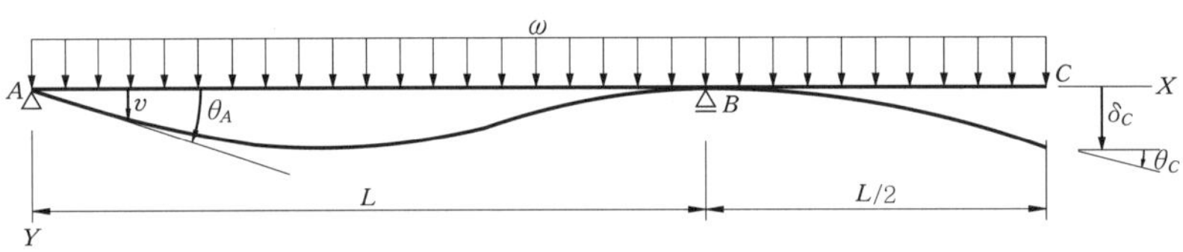

10.1.3 다음과 같이 하중을 받는 캔틸레버 보의 처짐곡선식을 구하라. 또 B점과 C점에서의 처짐과 처짐각을 구하여라.

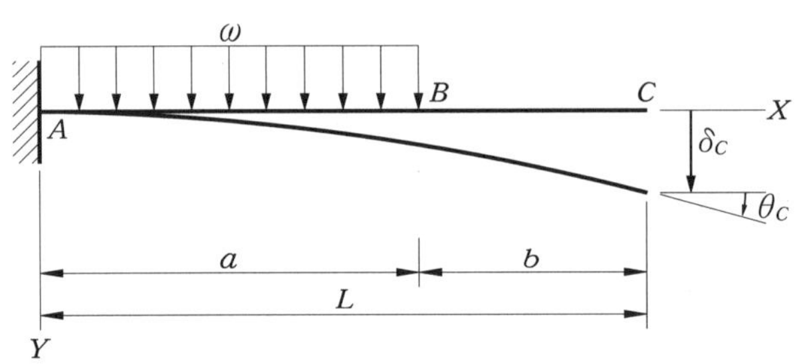

10.1.4 다음과 같이 하중을 받는 캔틸레버 보의 처짐곡선식을 구하라. 또 B점과 C점에서의 처짐과 처짐각을 구하여라.

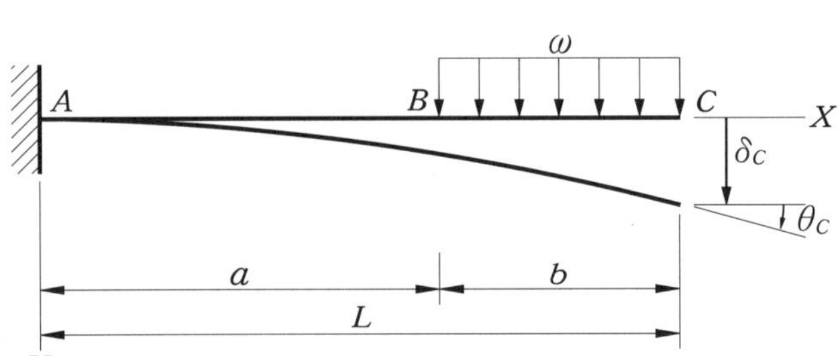

10.1.5 다음과 같이 하중을 받는 캔틸레버 보의 처짐곡선식을 구하여라. 또 B점과 C점에서의 처짐과 처짐각을 구하여라.

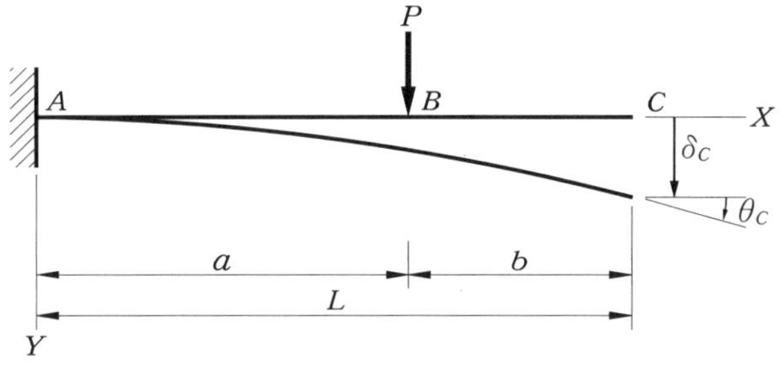

10.1.6 다음과 같이 하중을 받는 캔틸레버 보의 처짐곡선식을 구하여라. 또 B점에서의 처짐과 처짐각을 구하여라.

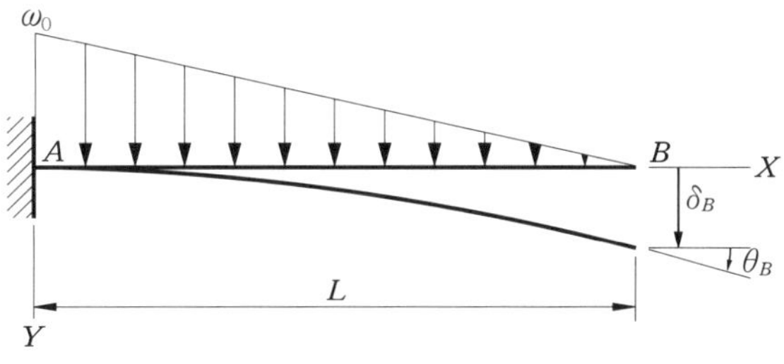

10.1.7 길이 L인 캔틸레버 보 AC가 2개의 집중하중 $2P$, P를 받을 때 처짐곡선식을 구하여라. 또 B점, C점의 처짐각 θ_B와 θ_C 그리고 처짐 δ_B와 δ_C을 구하여라.

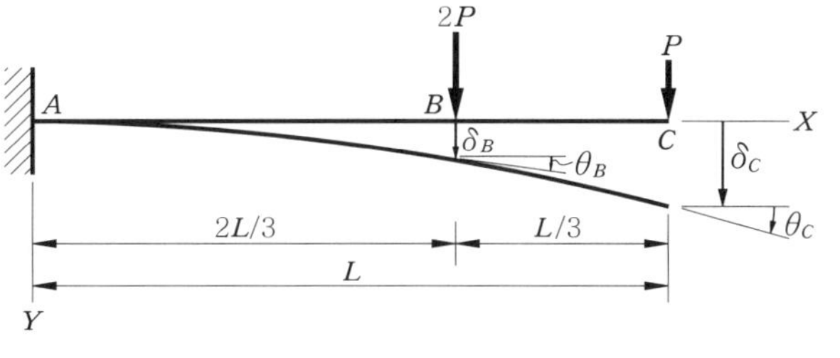

10.1.8 길이 $2L$인 내민보 AE가 등분포하중 ω를 받을 때 처짐곡선식을 구하여라. 또 A점의 처짐각 θ_A, 처짐 δ_A와 C점의 처짐 δ_C을 구하여라.

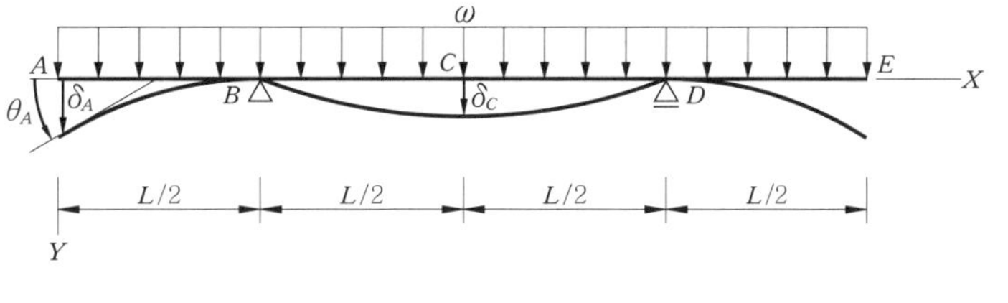

10.1.9 길이 L인 단순보가 전 길이에 대하여 등변분포하중 ω를 받을 때 보 AB의 처짐곡선식을 구하고, 양단부의 처짐각 θ_A, θ_B와 처짐 δ_C를 구하여라.

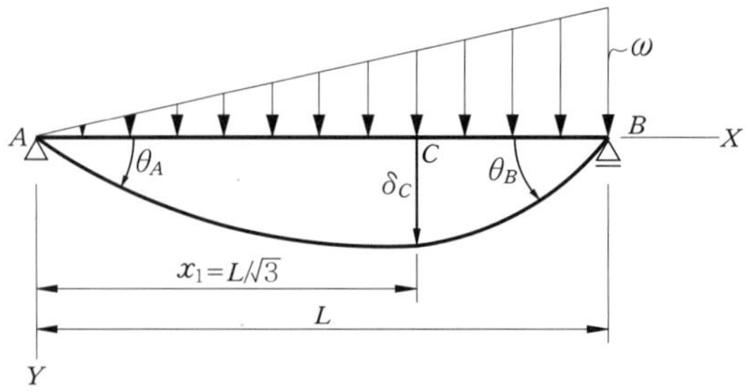

10.1.10 다음과 같이 길이가 L, 높이가 H인 단순보가 상부면이 T_1, 하부면이 T_2로 균일한 온도의 영향을 받는다. 이때 보의 처짐곡선식과 지점 A에서의 처짐각 θ_A 및 중앙부 C점에서의 처짐 δ_C를 구하여라. (여기서, α는 열팽창계수, $T_1 > T_2$이며 단면 상하를 따라 선형적 온도분포를 가진다.)

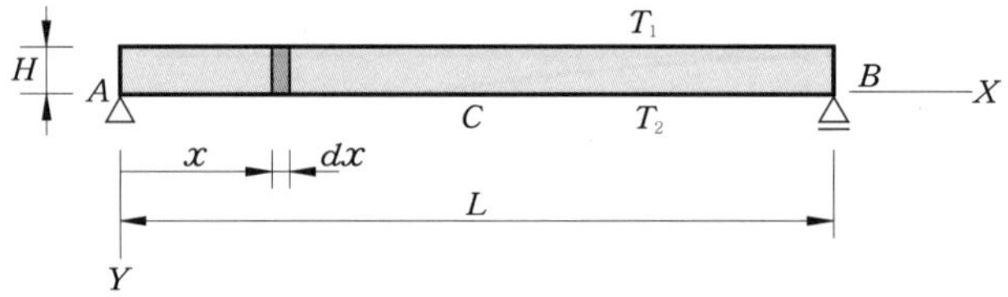

10.1.11 다음 그림과 같은 높이 H의 내민보 ABC가 있다. 이 보의 상부면이 T_1, 하부면이 T_2로 균일한 온도의 영향을 받을 때, 자유단 C점에서의 처짐 δ_C를 구하여라. (여기서, α는 열팽창계수, $T_1 > T_2$이며 단면 상하를 따라 선형적 온도분포를 가진다.)

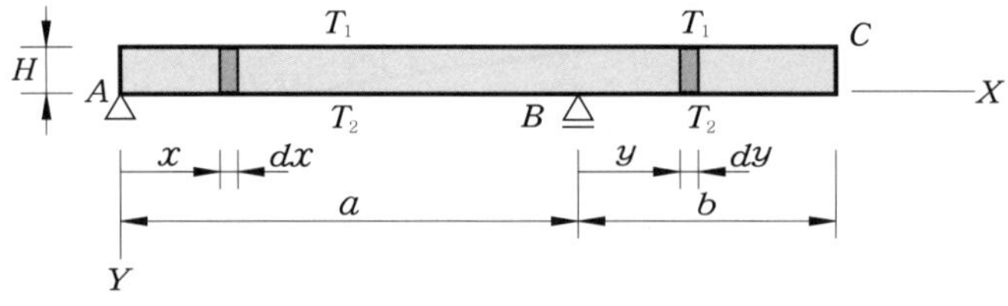

10.2 탄성하중법 (Elastic Load Method)

앞에서 살펴본 처짐곡선의 미분방정식과 하중, 전단력 및 휨모멘트의 상관관계를 살펴보면 다음과 같은 대응관계가 있다.

$$\frac{d\theta}{dx} = \frac{d^2v}{dx^2} = -\frac{M}{EI} \tag{10.2.1}$$

$$\frac{d^2M}{dx^2} = \frac{d}{dx}\left(\frac{dM}{dx}\right) = \frac{dV}{dx} = -\omega \tag{10.2.2}$$

따라서 [그림10.2.1]에서 보는 바와 같이 다음과 같은 관계가 성립된다.

『 휨모멘트 M을 휨강도 EI로 나눈 후 방향을 역전시킨 가상하중이 작용하는 가상 보에서 각 점의 전단력은 실제 보의 그 점의 처짐각 θ와 같고, 각 점의 휨모멘트는 실제 보의 그 점의 처짐 δ와 같다. 』

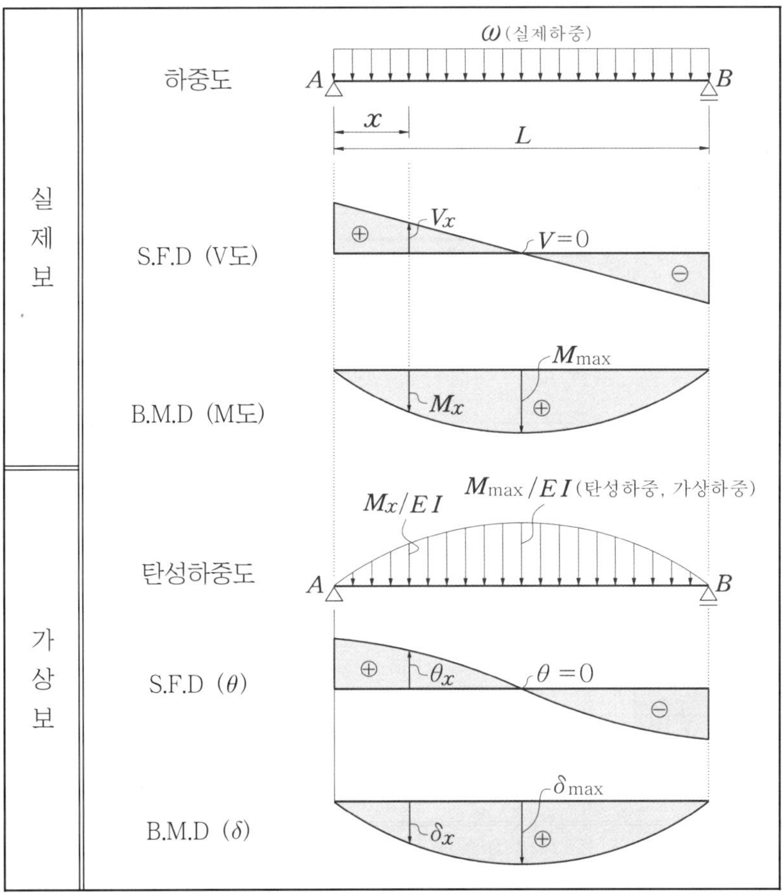

[그림10.2.1] 탄성하중법의 개념

여기서 가상하중 M/EI을 **탄성하중**(彈性荷重, Elastic Load)이라 하고, 탄성이론으로 보의 변형을 구하는 이런 해법을 **탄성하중법**(彈性荷重法, Elastic Load

Method)이라고 한다. 탄성하중법은 1868년 독일의 Otto Mohr 교수에 의해 발표된 것으로 **모어의 정리**(Mohr's Theorem)라고도 한다.

탄성하중법은 [그림10.2.1]과 같은 단순보에서는 직접 적용이 가능하나, 캔틸레버 보, 내민보, 겔버보와 같이 고정단, 자유단, 중간 지점, 중간힌지를 가진 보에서는 실제 보와 다른 가상 보로 치환이 이루어져야 한다. 왜냐하면 한 예로 캔틸레버 보의 경우 탄성하중법을 직접 적용하면 고정단에서는 변위가 일어나고, 자유단에서는 변위가 일어나지 않는 모순이 발생한다. 따라서 보의 변위에 대한 경계조건(Boundary Condition) 및 연속조건(Continuity Condition)을 감안하여 탄성하중법을 적용할 수 있도록 실제 보의 지점 및 절점을 변환하여 가상 보로 만드는 작업이 필요하다. 이 가상 보를 **공액보**(共軛보, Conjugate Beam)라 하고, 실제 보의 지점 및 절점은 공액보에서 다음의 [그림10.2.2]와 같이 변환된다.

① 외단부의 회전단과 이동단은 변하지 않는다.
② 고정단 ⇒ 자유단
③ 자유단 ⇒ 고정단
④ 중간 지점 ⇒ 중간 힌지
⑤ 중간 힌지 ⇒ 중간 지점

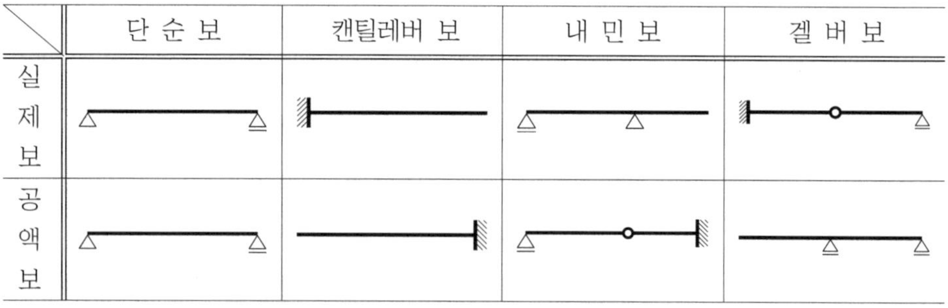

[그림10.2.2] 실제보와 공액보

[그림10.2.3]은 탄성하중의 쉬운 적용을 위하여 기본도형에 따른 도심과 면적을 보여주고 있다.

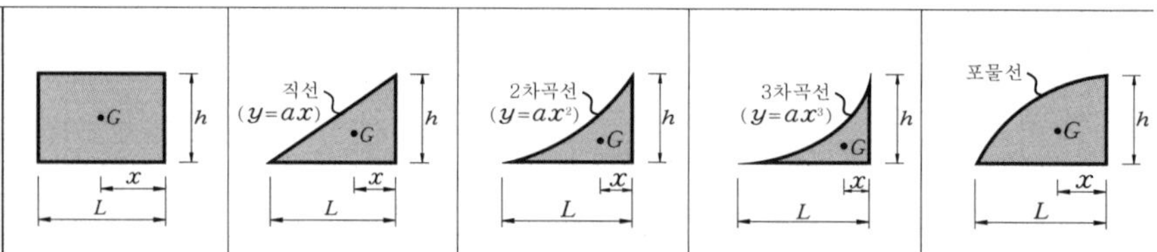

도형					
도심 G	$x=\frac{1}{2}L$	$x=\frac{1}{3}L$	$x=\frac{1}{4}L$	$x=\frac{1}{5}L$	$x=\frac{3}{8}L$
면적 A	$A=Lh$	$A=\frac{1}{2}Lh$	$A=\frac{1}{3}Lh$	$A=\frac{1}{4}Lh$	$A=\frac{2}{3}Lh$

[그림10.2.3] 탄성하중의 도심과 면적

◆ ◆ ◆ ◆ ◆ ◆

예제 10.2.1

다음 그림과 같이 집중하중을 P를 받는 캔틸레버 보의 B점에서의 처짐과 처짐각을 구하여라.

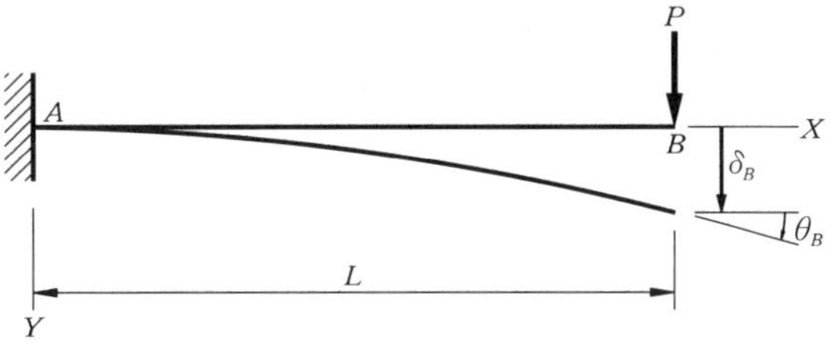

풀이

그림(a)와 같이 휨모멘트도(B.M.D)를 나타낼 수 있다.

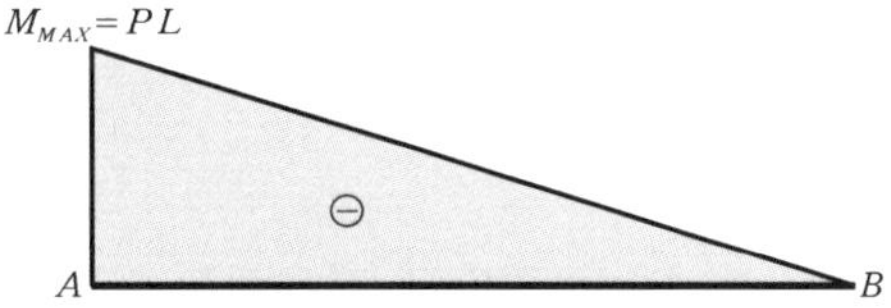

그림(a) 휨모멘트도(B.M.D)

이때 $\dfrac{M}{EI}$이 하중으로 작용하는 것으로 가정하고 지점의 조건을 변환하면 그림(b)와 같다.

그림(b)에서 지점의 반력을 구하면

$$R_B = \frac{1}{2}\cdot\frac{PL}{EI}\cdot L = \frac{PL^2}{2EI}$$

한편 B점에서의 처짐각 θ_B는 $\dfrac{M}{EI}$이 하중으로 작용할 때의 B점에서 전단력과 같으므로

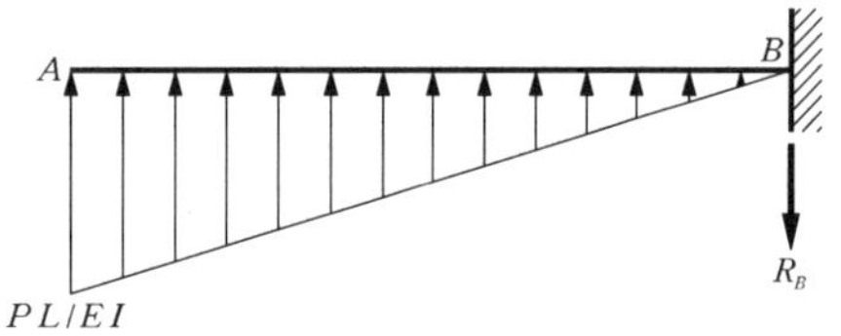

그림(b) 탄성하중도

$$\theta_B = R_B = \frac{PL^2}{2EI}\ (\curvearrowright)$$ (⇐ 부호가 양수이므로 처짐각은 시계방향임.)

B점의 처짐 δ_B는 $\dfrac{M}{EI}$이 하중으로 작용할 때의 B점에서 휨모멘트와 같으므로

$$\delta_B = M_B = \frac{PL}{EI}\cdot L\cdot\frac{1}{2}\cdot\frac{2}{3}L = \frac{PL^3}{3EI}\ (\downarrow)$$

(⇐ 부호가 양수이므로 처짐은 하향임.)

예제 10.2.2

다음과 같이 등분포하중을 받는 캔틸레버 보의 B점에서 처짐과 처짐각을 구하여라.

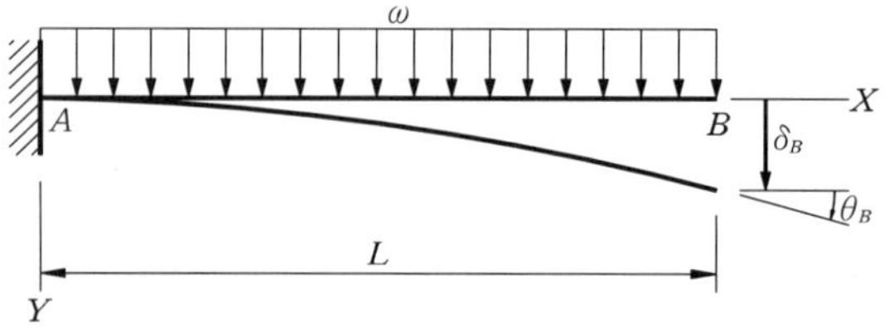

풀이

그림(a)과 같이 휨모멘트도(B.M.D)를 나타낼 수 있다.

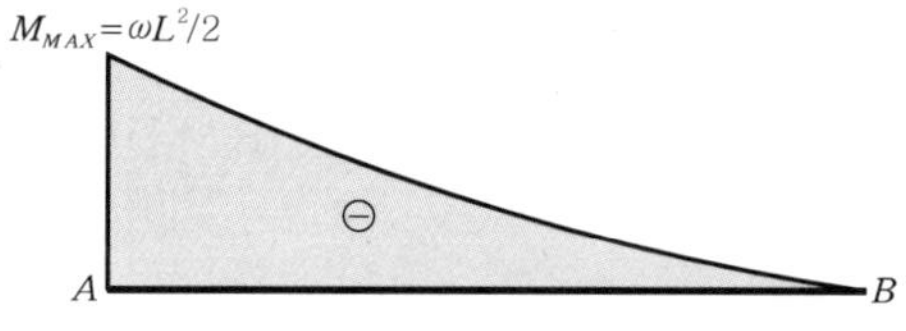

그림(a) 휨모멘트도(B.M.D)

이때 $\dfrac{M}{EI}$이 하중으로 작용하는 것으로 가정하고 지점의 조건을 변환하면 그림(b)와 같다.

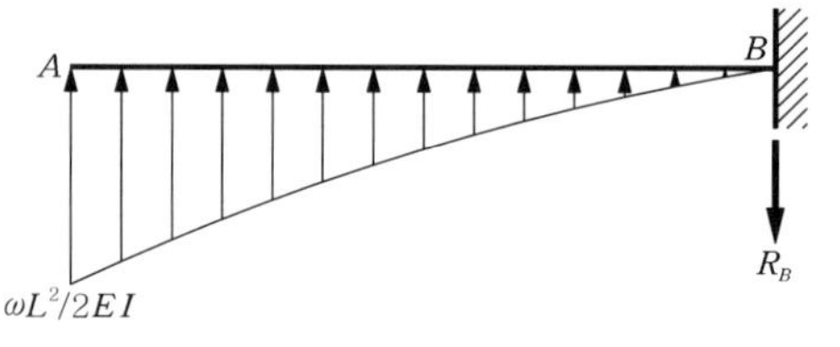

그림(b) 탄성하중도

그림(b)에서 지점의 반력을 구하면

$$R_B = \frac{wL^2}{2EI} \cdot L \cdot \frac{1}{3} = \frac{wL^3}{6EI}$$

한편 B에서의 처짐각 θ_B는 $\dfrac{M}{EI}$이 하중으로 작용할 때의 B점에서 전단력과 같으므로

$$\theta_B = R_B = \frac{wL^3}{6EI}\ (\curvearrowright) \qquad (\Leftarrow \text{ 부호가 양수이므로 처짐각은 시계방향임.})$$

B점의 처짐 δ_B는 $\dfrac{M}{EI}$이 하중으로 작용할때의 B점에서 휨모멘트와 같으므로

$$\delta_B = M_B = \frac{wL^2}{2EI} \cdot L \cdot \frac{1}{3} \cdot \frac{3}{4} L = \frac{wL^4}{8EI}\ (\downarrow)$$

(⇐ 부호가 양수이므로 처짐은 하향임.)

예제 10.2.3

길이 L 인 단순보 AB 가 중앙부 C 에서 집중하중 P 를 받을 때 각 지점의 처짐각 θ_A 와 θ_B 그리고 보 중앙부의 처짐 δ_C 를 구하여라.

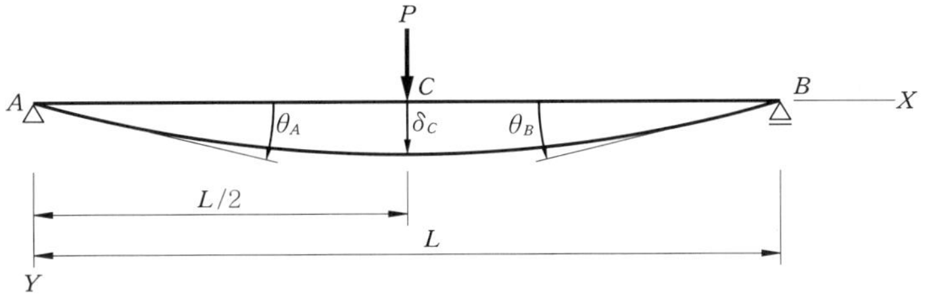

풀이

그림(a)과 같이 휨모멘트도(B.M.D)를 나타낼 수 있다.

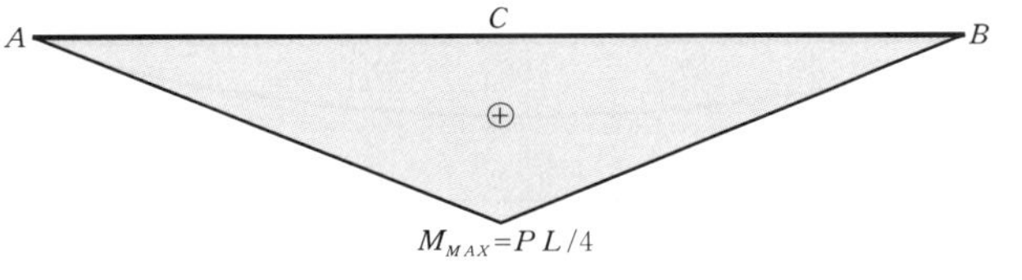

그림(a) 휨모멘트도(B.M.D)

이때 $\dfrac{M}{EI}$ 이 하중으로 작용하는 것으로 가정하면 그림(b)와 같다.

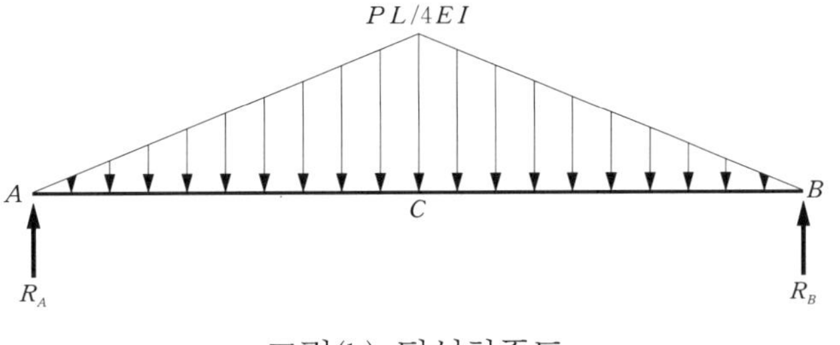

그림(b) 탄성하중도

그림(b)에서 지점의 반력을 구하면

$$R_A = R_B = \frac{1}{2} \cdot \frac{PL}{4EI} \cdot L \cdot \frac{1}{2} = \frac{PL^2}{16EI}$$

지점 A 의 처짐각 θ_A 는 $\dfrac{M}{EI}$ 이 하중으로 작용할 때 A 점의 전단력과 같으므로

$$\theta_A = R_A = \frac{PL^2}{16EI}(\curvearrowright)$$ (⇐ 부호가 양수이므로 처짐각은 시계방향임.)

지점 B 의 처짐각 θ_B 는 $\dfrac{M}{EI}$ 이 하중으로 작용할 때 B 점의 전단력과 같으므로

$$\theta_B = -R_B = -\frac{PL^2}{16EI}(\curvearrowleft) \quad (\Leftarrow \text{ 부호가 음수이므로 처짐각은 반시계방향임.})$$

C점의 처짐 δ_C는 $\dfrac{M}{EI}$이 하중으로 작용할때의 C점에서 휨모멘트와 같으므로

$$\delta_C = M_C = \frac{PL^2}{16EI}\cdot\frac{L}{2} - \frac{PL^2}{16EI}\cdot\frac{L}{6} = \frac{PL^3}{48EI}(\downarrow)$$

(⇐ 부호가 양수이므로 처짐은 하향임.)

예제 10.2.4

길이 L인 단순보 AB가 등분포하중 w를 받을 때 각 지점의 처짐각 θ_A와 θ_B 그리고 보 중앙부의 처짐 δ_C를 구하여라.

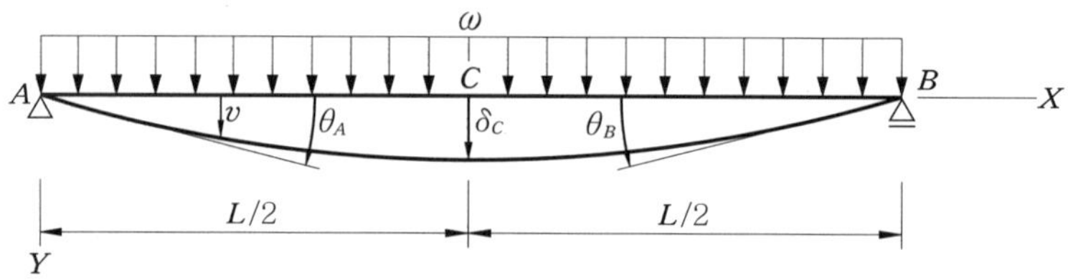

풀이

그림(a)과 같이 휨모멘트도(B.M.D)를 나타낼 수 있다.

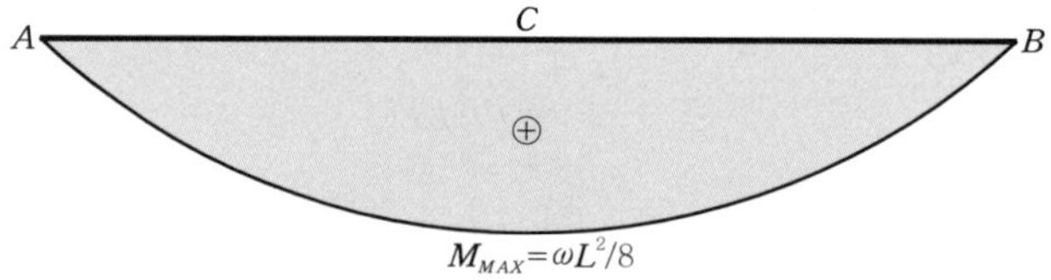

그림(a) 휨모멘트도(B.M.D)

이때 $\dfrac{M}{EI}$이 하중으로 작용하는 것으로 가정하면 그림(b)와 같다.

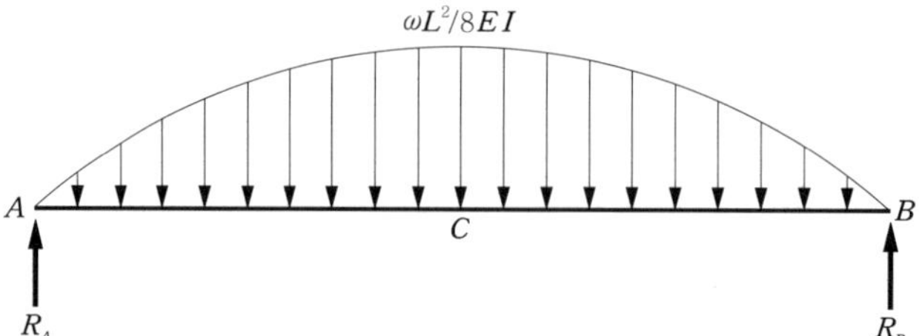

그림(b) 탄성하중도

그림(b)에서 지점의 반력을 구하면

$$R_A = R_B = \frac{1}{2}\cdot\frac{wL^2}{8EI}\cdot L\cdot\frac{2}{3} = \frac{wL^3}{24EI}$$

지점 A에서의 처짐각 θ_A는 $\dfrac{M}{EI}$이 하중으로 작용할때의 A점에서 전단력과

같으므로

$$\theta_A = R_A = \frac{wL^3}{24EI}(\curvearrowright) \qquad (\Leftarrow \text{ 부호가 양수이므로 처짐각은 시계방향임.})$$

지점 B 에서의 처짐각 θ_B 는 $\frac{M}{EI}$ 이 하중으로 작용할때의 B 점에서 전단력과 같으므로

$$\theta_B = -R_B = -\frac{wL^3}{24EI}(\curvearrowleft) \qquad (\Leftarrow \text{ 부호가 음수이므로 처짐각은 반시계방향임.})$$

C 점의 처짐 δ_C 는 $\frac{M}{EI}$ 이 하중으로 작용할때의 C 점에서 휨모멘트와 같으므로

$$\delta_C = M_C = \frac{wL^3}{24EI}\cdot\frac{L}{2} - \frac{wL^2}{8EI}\cdot\frac{L}{2}\cdot\frac{2}{3}\cdot\frac{3L}{16} = \frac{5wL^4}{384EI}(\downarrow)$$

(⇐ 부호가 양수이므로 처짐은 하향임.)

예제 10.2.5

다음과 같은 하중을 받는 길이 L 인 단순보 AB 의 각 지점에서의 처짐각 θ_A 와 θ_B, 그리고 보 중앙부의 처짐 δ_C 를 구하여라.

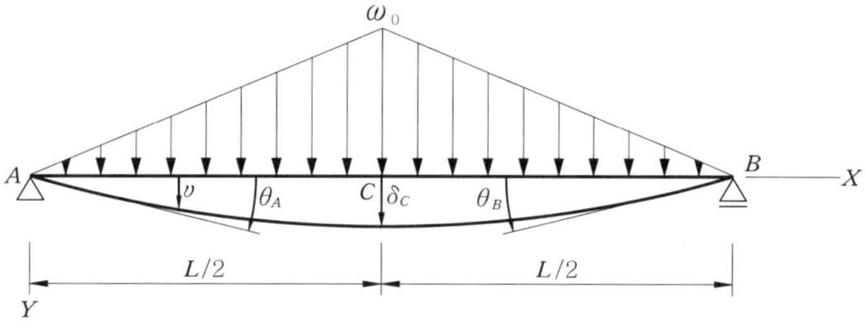

풀이

휨모멘트를 x 에 관하여 정리하면

$$M_x = -\frac{w_o}{3L}x^3 + \frac{w_oL}{4}x \qquad (0 \le x \le \frac{L}{2})$$

$$M_x = \frac{w_o}{3L}x^3 - w_ox^2 + \frac{3w_oL}{4}x - \frac{w_oL^2}{12} \qquad (\frac{L}{2} \le x \le L)$$

그림(a)과 같이 휨모멘트도(B.M.D)를 나타낼 수 있다.

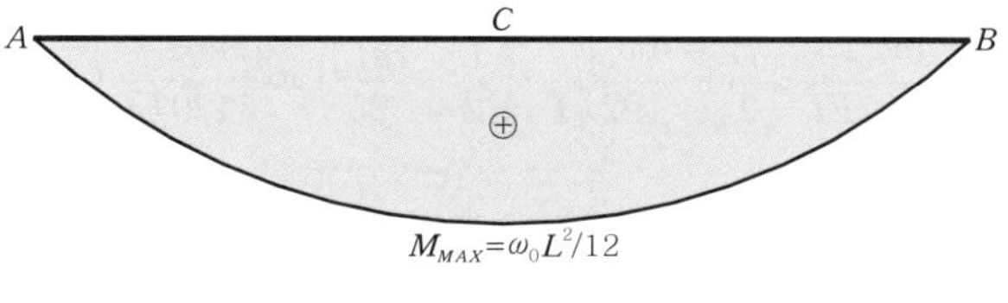

그림(a) 휨모멘트도(B.M.D)

이때 $\dfrac{M}{EI}$ 이 하중으로 작용하는 것으로 가정하면 그림(b)와 같다.

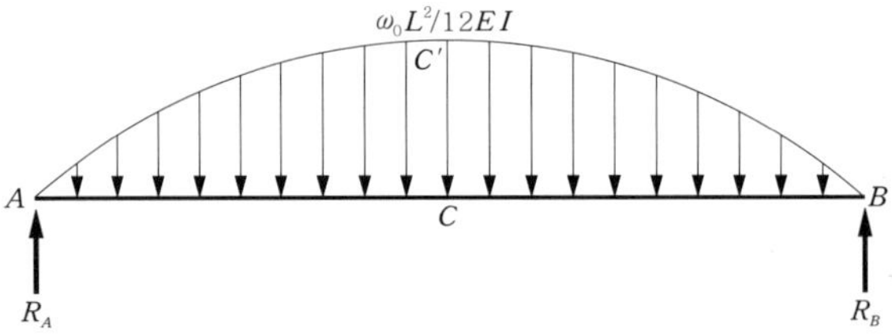

그림(b) 탄성하중도

그림(b)에서 지점의 반력을 구하면

$$R_A = \frac{1}{EI}\int_0^{\frac{L}{2}}\left(-\frac{w_0}{3L}x^3 + \frac{w_oL}{4}x\right)dx = \frac{5w_oL^3}{192EI}$$

$$R_B = R_A = \frac{5w_oL^3}{192EI}$$

지점 A의 처짐각 θ_A는 $\dfrac{M}{EI}$이 하중으로 작용할 때 A점의 전단력과 같으므로

$$\theta_A = R_A = \frac{5w_oL^3}{192EI}(\curvearrowright)$$ (⇐ 부호가 양수이므로 처짐각은 시계방향임.)

지점 B의 처짐각 θ_B는 $\dfrac{M}{EI}$이 하중으로 작용할 때 B점의 전단력과 같으므로

$$\theta_B = -R_B = -\frac{5w_oL^3}{192EI}(\curvearrowleft)$$ (⇐ 부호가 음수이므로 처짐각은 반시계방향임.)

한편, 도형 ACC'의 Y축에 대한 도심의 좌표 $\bar{x}$를 구하면

$$\bar{x} = \frac{S_y}{A}$$ ($S_y = Y$축에 대한 단면 1차모멘트, $A =$ 단면적)

$$S_y = \frac{1}{EI}\int_0^{\frac{L}{2}} xy\,dx = \frac{1}{EI}\int_0^{\frac{L}{2}} x\left(-\frac{w_o}{3L}x^3 + \frac{w_oL}{4}x\right)dx = \frac{w_oL}{120EI}$$

$$\bar{x} = \frac{S_y}{A} = \frac{w_oL^4/120EI}{5w_oL^3/192EI} = \frac{8L}{25}$$

C점의 처짐 δ_C는 $\dfrac{M}{EI}$이 하중으로 작용할 때 C점의 휨모멘트와 같으므로

$$\delta_C = M_C = \frac{5w_oL^3}{192EI}\cdot\frac{L}{2} - \frac{5w_oL^3}{192EI}\cdot\left(\frac{L}{2}-\frac{8L}{25}\right) = \frac{w_oL^4}{120EI}(\downarrow)$$

(⇐ 부호가 양수이므로 처짐은 하향임.)

◆ ◆ ◆ ◆ ◆ ◆

◈ 연 습 문 제 ◈

10.2.1 다음 그림과 같이 집중하중을 $2P$, P를 받는 캔틸레버 보의 B점과 C점에서의 처짐과 처짐각을 구하여라.

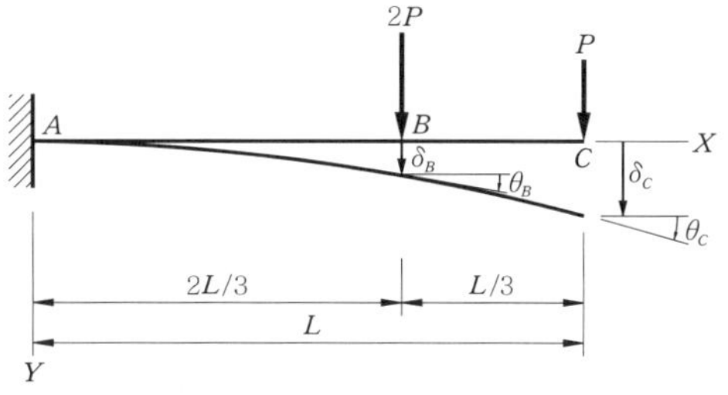

10.2.2 다음과 같은 하중을 받는 길이 $2L$인 단순보 AE의 처짐각 θ_A와 보 중앙부의 처짐 δ_C를 구하여라.

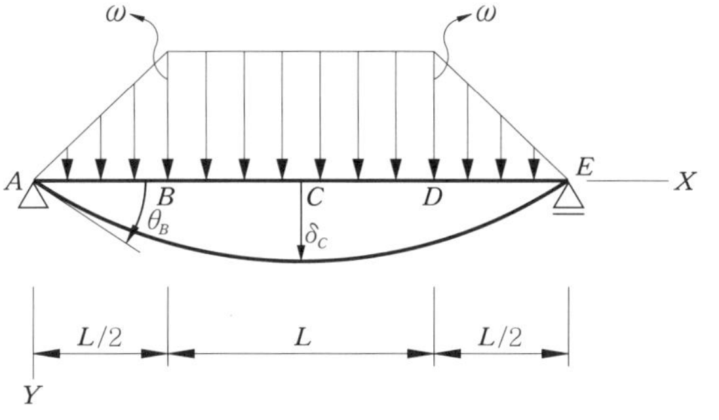

10.2.3 다음 그림과 같은 내민보에 집중하중 P가 작용할 때 양 지점의 처짐각, 그리고 C점의 처짐각과 처짐을 구하여라.

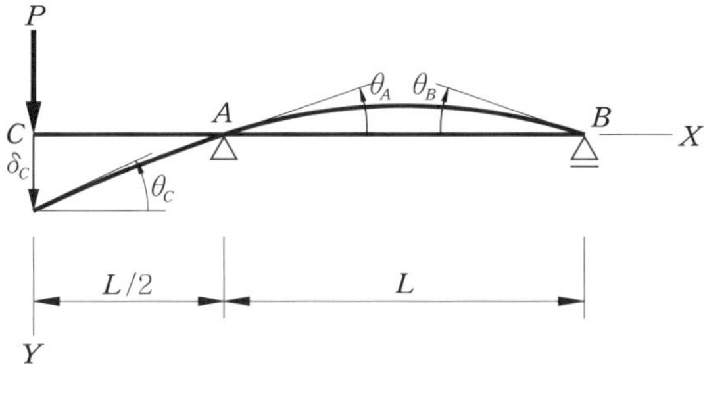

10.2.4 다음과 같은 집중하중을 받는 길이 L인 단순보 AB의 처짐각 θ_A와 보 중앙부의 처짐 δ_C를 구하여라.

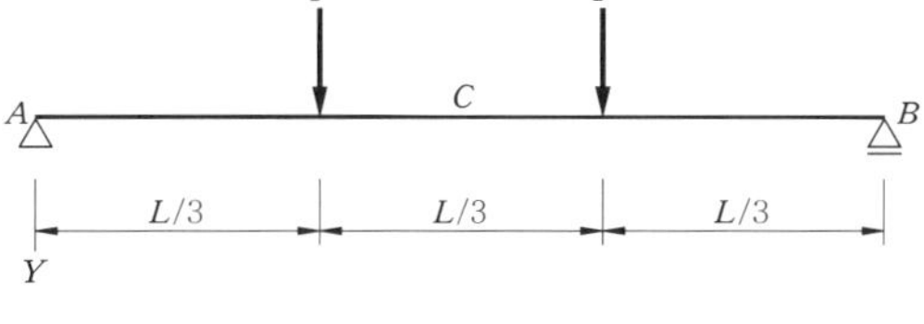

10.3 탄성변형에 의한 일

구조물이 외력을 받아 탄성변형과 함께 평형상태를 유지하는 경우, 외력의 작용점은 이동하게 되므로 외력은 일을 하게 된다. 이때 외력에 의한 일을 **외부 일**(External Work)이라고 한다.

한편 외력에 의하여 구조물은 내력 즉 응력(Stress)을 받게 되는데, 탄성한도이내에서는 외부 일이 모두 응력의 형태로 구조체의 내부에 저장된다. 이때 내력에 의하여 내부에 저장되는 일을 **내부 일**(Internal Work)이라고 한다.

내부 일은 탄성변형을 하는 구조물의 내부에 저장되는 에너지라고 하여 **변형에너지**(Strain Energy)라고도 하며, **탄성에너지**(Elastic Energy), **탄성변형에너지**(Elastic Strain Energy)라고 불리기도 한다. 본 교재에서는 변형에너지라는 용어를 사용하도록 한다.

탄성변형에 의한 일을 구할 때 고려해야 하는 기본적인 가정들은 다음과 같다.

① 구조물의 재료는 선형탄성적이고 후크의 법칙(Hooke's Law)을 따른다.
② 하중은 '0'으로부터 천천히 가해져서 점차 증가하여 최종값 P에 이른다고 가정한다. 이런 하중은 운동으로 인한 동적효과나 관성효과가 없기 때문에 **정하중**(靜荷重, Static Load)이라 부른다.
③ 구조물의 변형이 매우 미소하여 변형에 의한 외력의 상대적 위치는 변하지 않는다.
④ 중첩의 원리(Principle of Superposition)가 성립된다.
⑤ 변형 전에 부재축에 수직인 평면은 변형 후에도 부재축에 수직한다. 이를 『평면유지의 가정』이라고 한다.

10.3.1 외부 일 (External Work)

일(Work)이란 물리학적으로 힘의 크기와 힘의 작용선 방향의 변위성분의 곱으로 정의되지만, 정하중(Static Load)을 받는 탄성체에서의 외부 일을 구할 때는 몇 가지 주의가 필요하다. 기본적인 개념을 설명하기 위해서 [그림10.3.1]과 같은 인장력 P를 받는 길이 L의 탄성체인 균일단면부재(Prismatic Member)를 생각해 보자.

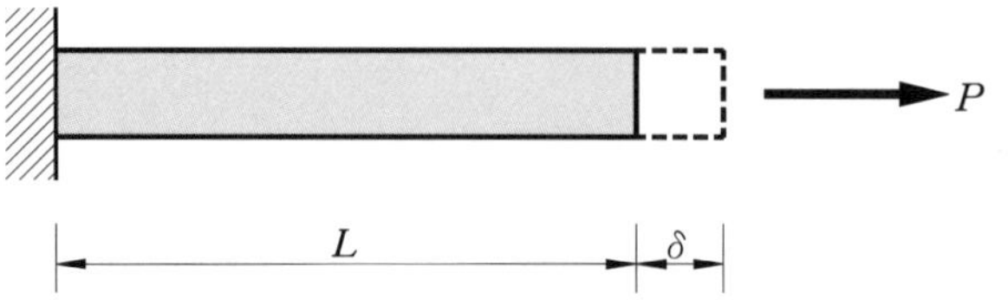

[그림10.3.1] 인장력이 하는 일

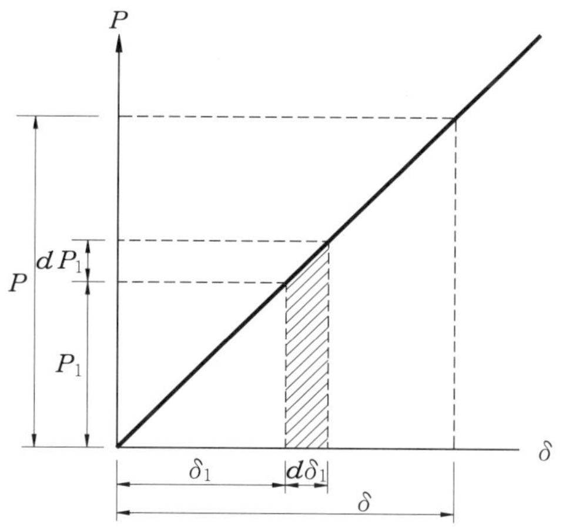

[그림10.3.2] 하중-변위선도 (Load-Deflection Diagram)

여기서 인장력 P는 정하중이므로, 하중이 천천히 가해져 '0'으로부터 최종값 P까지 점차 증가해 가는 것으로 가정되며, 하중이 최종값 P에 도달할 때 신장량 δ에 도달하게 되고, 그 이후에는 하중은 일정한 값을 유지한다.

이때 하중 P가 하는 외부 일을 계산하기 위하여 [그림10.3.2]와 같은 하중-변위선도(Load-Deflection Diagram)를 사용한다. [그림10.3.2]에서 세로축은 하중을 가로축은 변위를 나타내며, '0'으로부터 최종값 P 사이의 어떤 하중값 P_1에 대응하는 신장량을 δ_1이라 하자. 하중이 dP_1만큼 증가할 때 신장량은 $d\delta_1$만큼 증가하게 되는데, 이 신장량이 증가되는 동안에 하중 P_1에 의하여 이루어진 일량은 $P_1 \cdot d\delta_1$이며, 이는 [그림10.3.2]의 빗금으로 표시된 미소면적에 해당된다. 따라서 하중 P_1이 '0'으로부터 최종 하중값 P까지 변화하고 동시에 δ_1이 '0'으로부터 최종 변위값 δ까지 변화하는 동안 하중에 의하여 이루어진 총 외부 일 W는 이 미소면적을 적분한 값이 된다. 이는 하중에 의하여 이루어진 일량으로 하중-변위선도 아래의 면적과 같다. 이를 수식으로 표현하면 다음과 같다.

$$W = \int_0^{\delta} P_1 \, d\delta_1 = \frac{P\delta}{2} \tag{10.3.1}$$

즉, 탄성체에 하중 P가 작용하여 힘의 작용선 방향으로 변위 δ가 생겼을 때, 하중 P에 의하여 이루어진 외부 일 W는 하중 P와 변위 δ와의 곱의 1/2이다.

여기서 일의 부호는 힘과 변위의 방향이 같으면 양(+)이고, 반대이면 음(−)이 된다.

한편 [그림10.3.3]과 같이 모멘트하중 M이 발생하면 처짐각 θ로 각변위(角變位)가 일어나는데, 이때 모멘트하중 M이 하는 외부 일 W를 [그림10.3.4]와 같은 모멘트-처짐각선도(Moment-Deflection Angle Diagram)로 나타낼 수 있고, 이를 앞의 유도방식과 같이 계산해 보면 다음과 같이 된다.

$$W = \int_0^{\theta} M_1 \, d\theta_1 = \frac{M\theta}{2} \qquad (10.3.2)$$

즉, 탄성체에 모멘트하중 M이 작용하여 모멘트방향으로 처짐각 θ가 생겼을 때, 모멘트하중 M에 의하여 이루어진 외부 일 W는 모멘트하중 M과 처짐각 θ와의 곱의 1/2 이다.

여기서 일의 부호는 모멘트하중과 처짐각의 방향이 같으면 양(+)이고, 반대이면 음(−)이 된다.

[그림10.3.3] 모멘트가 하는 일

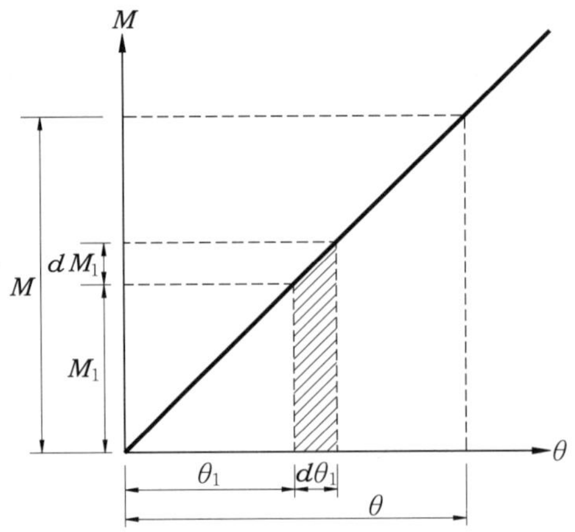

[그림10.3.4] 모멘트-처짐각선도 (Moment-Deflection Angle Diagram)

결국 탄성체인 구조물에 여러 개의 하중 P 및 모멘트하중 M이 외력으로 작용할 때 각 작용점이 각각 δ와 θ로 변위하였다면, 이들 외력이 한 외부 일 W는 식(10.3.1)과 식(10.3.2)에 의하여 다음과 같이 정의된다.

$$W = \frac{1}{2}(\Sigma P\delta + \Sigma M\theta) \qquad (10.3.3)$$

◆ ◆ ◆ ◆ ◆ ◆

예제 10.3.1

다음 그림과 같은 캔틸레버 보에서 처음에 B점에 집중하중 P_1만이 작용하였을 때 B점의 처짐이 δ_1이었고, 나중에 작용한 C점의 집중하중 P_2로 인하여

B점의 변위가 δ_2 만큼 증가하였다. 이 경우 집중하중 P_1이 한 외부 일을 구하여라.

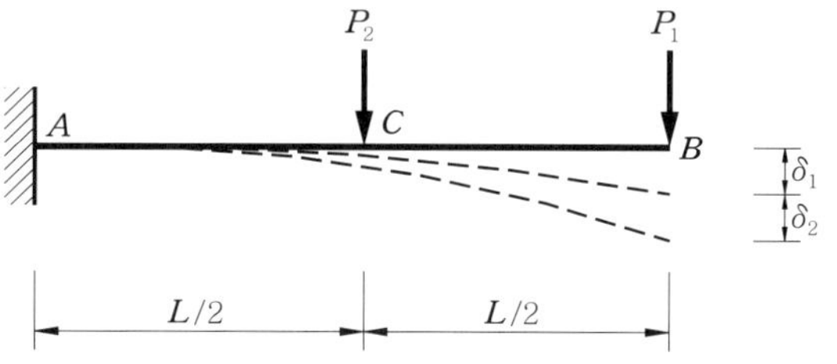

풀이

먼저 정하중 P_1이 '0'으로부터 최종값 P_1까지 점차 증가해 감으로 처음 P_1이 한 일의 양은 $P_1\delta_1/2$이며, 나중에 작용한 C점의 집중하중 P_2로 인하여 발생한 B점의 변위 δ_2는 처음부터 일정한 크기 P_1이므로 나중에 P_1이 한 일의 양은 $P_1\delta_2$이다.

따라서 집중하중 P_1이 한 외부 일의 총합 W_{P1}는 다음과 같다.

$$W_{P1} = \frac{1}{2}P_1\delta_1 + P_1\delta_2$$

예제 10.3.2

다음 그림과 같은 단순보의 C점에 $P_1 = 60\,kN$이 작용할 때 점 C, D의 수직변위가 각각 $0.5\,cm$, $0.4\,cm$이고, D점에 $P_2 = 30\,kN$이 작용할 때 점 C, D의 수직변위가 각각 $0.2\,cm$, $0.25\,cm$일 때

(a) P_1이 먼저 작용한 다음 P_2가 작용한 경우

(b) P_2가 먼저 작용한 다음 P_1이 작용한 경우

(c) P_1과 P_2가 동시에 작용한 경우

에 대하여 P_1과 P_2가 한 일의 총합을 구하여라.

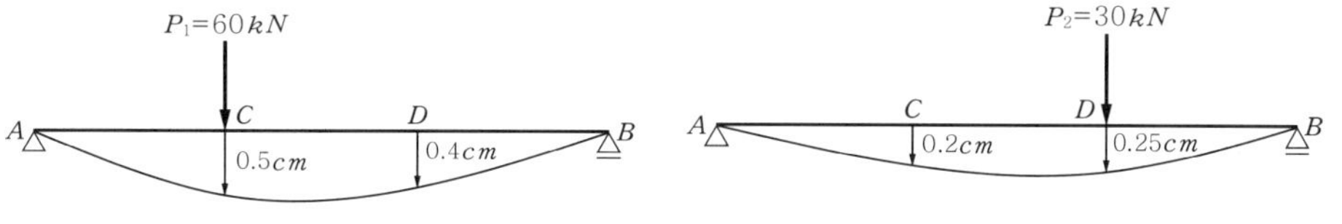

풀이

(a) P_1이 먼저 작용한 다음 P_2가 작용한 경우

P_1이 한 일 : $W_{P1} = \frac{1}{2}\times 60\times 0.5 + 60\times 0.2 = 27\,kN\cdot cm$

P_2가 한 일 : $W_{P2} = \frac{1}{2}\times 30\times 0.25 = 3.75\,kN\cdot cm$

$\therefore\ W = W_{P1} + W_{P2} = 27 + 3.75 = 30.75\,kN\cdot cm$

(b) P_2가 먼저 작용한 다음 P_1이 작용한 경우

$$P_2\text{가 한 일 : } W_{P2} = \frac{1}{2} \times 30 \times 0.25 + 30 \times 0.4 = 15.75\,kN \cdot cm$$

$$P_1\text{이 한 일 : } W_{P1} = \frac{1}{2} \times 60 \times 0.5 = 15\,kN \cdot cm$$

$$\therefore \quad W = W_{P2} + W_{P1} = 15.75 + 15 = 30.75\,kN \cdot cm$$

(c) P_1과 P_2가 동시에 작용한 경우

$$\delta_C = 0.5\,cm + 0.2\,cm = 0.7\,cm$$

$$\delta_D = 0.4\,cm + 0.25\,cm = 0.65\,cm$$

$$\therefore \quad W = W_{P1} + W_{P2} = \frac{1}{2} \times 60 \times 0.7 + \frac{1}{2} \times 30 \times 0.65 = 30.75\,kN \cdot cm$$

위의 결과로부터 집중하중 P_1과 P_2의 작용순서에 관계없이 집중하중 P_1과 P_2가 한 일의 총합은 같다는 것을 알 수 있다.

예제 10.3.3

다음 그림과 같은 캔틸레버 보의 자유단 B점에 집중하중 P와 모멘트하중 M이 작용할 때

(a) 집중하중 P가 먼저 작용한 경우
(b) 모멘트하중 M이 먼저 작용한 경우
(c) 집중하중 P와 모멘트하중 M이 동시에 작용한 경우

에 대하여 집중하중 P와 모멘트하중 M이 한 일의 총합을 구하여라.

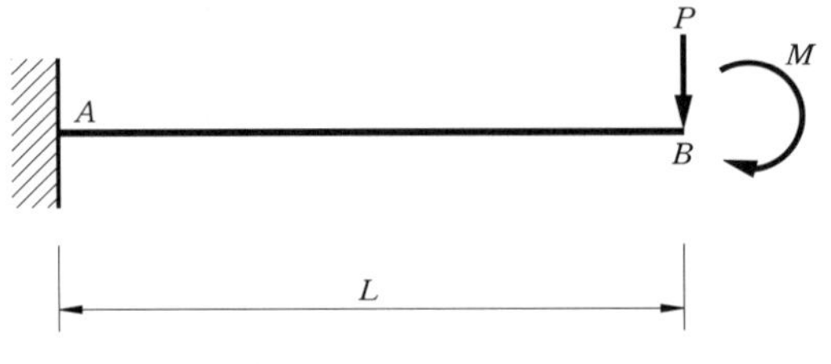

풀이

자유단 B점에 집중하중 P가 작용할 때 $\theta_{B1} = \dfrac{PL^2}{2EI}(\curvearrowright)$, $\delta_{B1} = \dfrac{PL^3}{3EI}(\downarrow)$

자유단 B점에 모멘트하중 M이 작용할 때 $\theta_{B2} = \dfrac{ML}{EI}(\curvearrowright)$, $\delta_{B2} = \dfrac{ML^2}{2EI}(\downarrow)$

(a) 집중하중 P가 먼저 작용한 경우

$$P\text{가 한 일은 } W_P = \frac{1}{2}P\delta_{B1} + P\delta_{B2} = \frac{P}{2} \times \frac{PL^3}{3EI} + P \times \frac{ML^2}{2EI} = \frac{P^2L^3}{6EI} + \frac{PML^2}{2EI}$$

$$M\text{이 한 일은 } W_M = \frac{1}{2}M\theta_{B2} = \frac{M}{2} \times \frac{ML}{EI} = \frac{M^2L}{2EI}$$

$$\therefore\ \ W = W_P + W_M = \frac{P^2L^3}{6EI} + \frac{PML^2}{2EI} + \frac{M^2L}{2EI}$$

(b) 모멘트하중 M이 먼저 작용한 경우

M이 한 일은 $W_M = \frac{1}{2}M\theta_{B2} + M\theta_{B1} = \frac{M}{2} \times \frac{ML}{EI} + M \times \frac{PL^2}{2EI} = \frac{M^2L}{2EI} + \frac{PML^2}{2EI}$

P가 한 일은 $W_P = \frac{1}{2}P\delta_{B1} = \frac{P}{2} \times \frac{PL^3}{3EI} = \frac{P^2L^3}{6EI}$

$$\therefore\ \ W = W_P + W_M = \frac{P^2L^3}{6EI} + \frac{M^2L}{2EI} + \frac{PML^2}{2EI}$$

(c) 집중하중 P와 모멘트하중 M이 동시에 작용한 경우

$$\theta_B = \theta_{B1} + \theta_{B2} = \frac{PL^2}{2EI} + \frac{ML}{EI}\ (\curvearrowright)$$

$$\delta_B = \delta_{B1} + \delta_{B2} = \frac{PL^3}{3EI} + \frac{ML^2}{2EI}\ (\downarrow)$$

$$\begin{aligned}\therefore\ \ W &= \frac{P\delta_B}{2} + \frac{M\theta_B}{2} = \frac{P}{2}\left(\frac{PL^3}{3EI} + \frac{ML^2}{2EI}\right) + \frac{M}{2}\left(\frac{PL^2}{2EI} + \frac{ML}{EI}\right) \\ &= \frac{P^2L^3}{6EI} + \frac{PML^2}{4EI} + \frac{PML^2}{4EI} + \frac{M^2L}{2EI} = \frac{P^2L^3}{6EI} + \frac{PML^2}{2EI} + \frac{M^2L}{2EI}\end{aligned}$$

위의 결과로부터 집중하중 P나 모멘트하중 M의 작용순서와 관계없이 집중하중 P와 모멘트하중 M이 한 일의 총합은 같다는 것을 알 수 있다.

따라서 탄성체인 구조물에 여러 개의 외력(P, M 등)이 작용할 때 이들 외력이 한 일의 총합은 외력의 작용순서와 관계없이 같다는 것을 알 수 있다.

◆ ◆ ◆ ◆ ◆ ◆

10.3.2 중첩의 원리 (Principle of Superposition)

중첩의 원리는 이제까지 별다른 생각없이 자연스럽게 사용해 온 원리로, 여기서는 한번 살펴보고 넘어가고자 한다.

임의의 구조물에 하중 P_1, P_2, P_3, …… , P_n이 작용하는 경우, 어떤 정역학적 양(靜力學的 量) Y(이것은 반력, 축방향력, 휨모멘트, 전단력, 처짐, 처짐각 등과 같은 양을 의미한다.)는 다음과 같이 나타낼 수 있다.

$$Y = P_1Y_1 + P_2Y_2 + P_3Y_3 + \cdots\cdots + P_nY_n \qquad (10.3.4)$$

여기서 Y_1은 하중상태 P_1만이 1 이고 나머지 하중은 모두 '0' 일때의 Y값을 의미한다. 마찬가지로 Y_2, Y_3, Y_n은 각각 P_2, P_3, P_n만이 1 이고 나머지 하중은 모두 '0' 일때의 Y값을 뜻한다.

결국 식(10.3.4)는 구조물에 작용하는 하중과 정역학적 양이 1차함수의 관계에 있음을 나타낸다. 바꾸어 말하면 다수의 하중에 의한 구조물의 정역학적 양은 다수의 하중을 임의의 순서로 1개씩 작용시켰을 때의 정역학적 양의 총합(總合)으

로 나타낼 수 있다. 이것을 **중첩의 원리**(Principle of Superposition)라고 한다.

중첩의 원리는 특별한 경우를 제외하고 보통 암묵 가운데에서도 구조역학에서 다양하게 쓰이는 대단히 유효한 원리로, 아래의 조건을 만족한다는 것을 전제로 한다.

① 힘과 변형은 비례한다. (Hooke's Law)

② 변형의 전후에 있어서 힘의 작용위치, 방향의 변화가 무시할 수 있을 만큼 변형은 매우 작다. (미소변형)

◆ ◆ ◆ ◆ ◆ ◆

예제 10.3.4

다음 그림과 같은 부등단면의 캔틸레버 보의 자유단 A점에서의 처짐 δ_A를 중첩의 원리를 이용하여 구하여라.

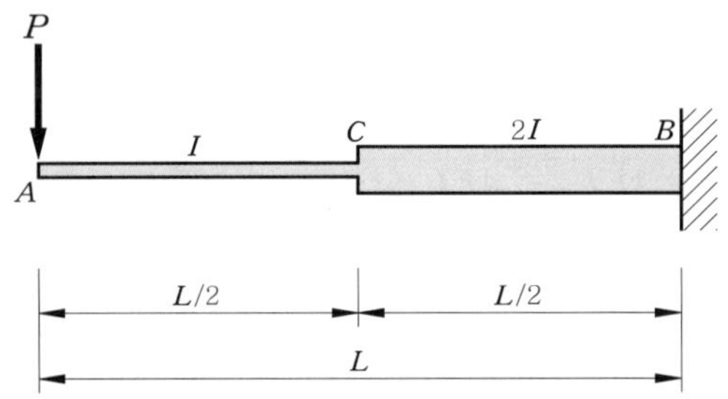

풀이

자유단 A점에서의 처짐 δ_A는 다음 그림(a), (b)와 같이 AB보를 AC보 및 CB보로 분리하여 각각의 처짐 및 처짐각을 구한 후 중첩하여 계산할 수 있다.

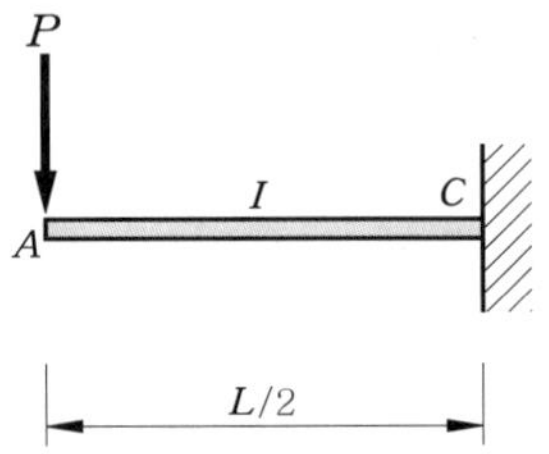

그림(a)

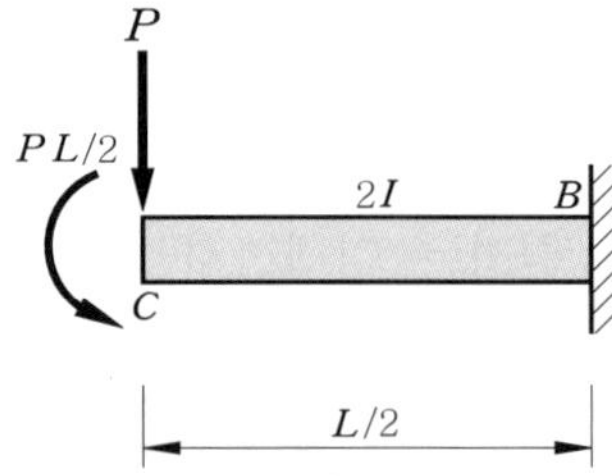

그림(b)

(a) C점을 고정단으로 가정한 캔틸레버 보 AC의 A점에서의 처짐 δ_1

$$\delta_1 = \frac{P(L/2)^3}{3EI} = \frac{PL^3}{24EI}(\downarrow)$$

(b) AC보에 의한 휨모멘트를 받는 캔틸레버 보 CB의 C점에서의 처짐 δ_C

$$\delta_C = \frac{P(L/2)^3}{3(2EI)} + \frac{(PL/2)(L/2)^2}{2(2EI)} = \frac{5PL^3}{96EI}$$

(c) 캔틸레버 보 CB의 C점에서의 처짐각 θ_C

CB보의 자유단 C점에서의 처짐각 θ_C는 A점의 처짐에 영향을 미치므로,

$$\theta_C = \frac{P(L/2)^2}{2(2EI)} + \frac{(PL/2)(L/2)}{2EI} = \frac{3PL^2}{16EI}$$

(d) 캔틸레버 보 CB의 처짐 및 처짐각에 의한 A점의 처짐 δ_2

$$\delta_2 = \delta_C + \theta_C\left(\frac{L}{2}\right) = \frac{7PL^3}{48EI}(\downarrow)$$

(e) AB보의 자유단 A점에서의 전체처짐 δ_A

$$\therefore\ \ \delta_A = \delta_1 + \delta_2 = \frac{PL^3}{24EI} + \frac{7PL^3}{48EI} = \frac{3PL^3}{16EI}(\downarrow)$$

◆ ◆ ◆ ◆ ◆ ◆

10.3.3 변형에너지 (Strain Energy)

탄성체인 구조물이 외력을 받으면 응력과 함께 변형이 생기는데, 응력이 탄성한도이내이면 에너지의 손실은 무시할 수 있으므로 에너지보존법칙이 성립된다. 즉, 외력이 한 일(= 외부 일, W)은 탄성체에 저장된 변형에너지(= 내부 일, U)와 같다.

$$W = U \tag{10.3.5}$$

변형에너지를 내력이 한 일로부터 직접 구해보면 다음과 같다.

탄성체의 전체체적을 V라 하고, 이 탄성체 내부의 단위길이 1인 정육면체 요소를 생각해 본다. 이 요소에 작용하는 수직응력을 σ, 전단응력을 τ라 하고, 이에 대한 축방향변형률을 ϵ, 전단변형률을 γ라 하자. 여기서 σ와 τ를 힘으로, ϵ 과 γ를 변위로 볼 수 있고, σ, τ, ϵ, γ가 최초 '0'으로부터 점차 증가하여 최종값에 이르는 것으로 생각하면 단위체적에 저장되는 변형에너지 u는 아래와 같다.

$$u = \frac{1}{2}(\sigma\epsilon + \tau\gamma) \tag{10.3.6}$$

식(10.3.6)에서 수직응력 σ는 축방향력 또는 휨모멘트에 의하여 발생하고, 전단응력 τ는 전단력 또는 비틀림모멘트에 의하여 발생한다.

한편 미소체적 dV의 요소에 저장되는 변형에너지 dU는 식(10.3.6)에 의하여 다음과 같이 표현할 수 있다.

$$dU = \frac{1}{2}(\sigma\epsilon + \tau\gamma)\,dV \tag{10.3.7}$$

따라서 탄성체의 전체체적 V에 저장되는 변형에너지 U는 다음 식(10.3.8)과 같이 되며, 이 식이 변형에너지의 기본식이다.

$$U = \frac{1}{2}\int_V (\sigma\epsilon + \tau\gamma)\,dV \tag{10.3.8}$$

가. 축방향력에 의한 변형에너지

[그림10.3.5]와 같이 단면적 A, 길이 L, 탄성계수 E의 탄성체인 균일단면부재(Prismatic Member)가 축방향력 N을 받는 경우를 통하여 축방향력에 의한 변형에너지 U_N을 구해보도록 한다.

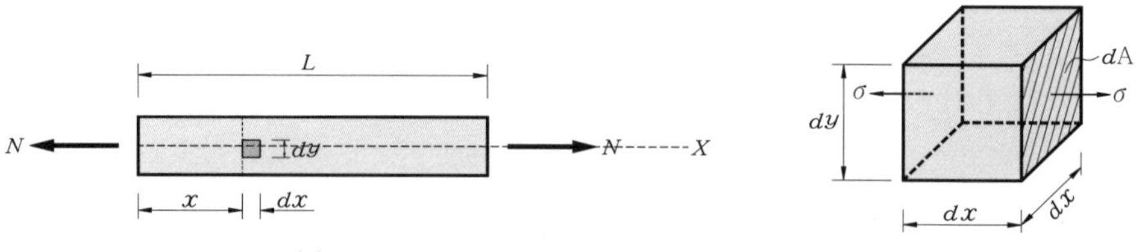

(a) (b)

[그림10.3.5] 축방향력을 받는 균일단면재

변형에너지의 기본식(10.3.8)에 $\sigma = N/A$, $\epsilon = N/EA$, $dV = dA \cdot dx$를 대입하면 축방향력에 의한 변형에너지 U_N을 다음과 같이 직접 구할 수 있다.

$$U_N = \frac{1}{2}\int_V (\sigma\epsilon)\, dV = \frac{1}{2}\int_0^L \int_A \left(\frac{N}{A}\right)\left(\frac{N}{EA}\right) dA \cdot dx$$
$$= \int_0^L \frac{N^2}{2EA} dx = \frac{N^2 L}{2EA} \qquad (10.3.9)$$

나. 휨모멘트에 의한 변형에너지

[그림10.3.6]과 같이 단면2차모멘트 I, 길이 L, 탄성계수 E의 탄성체인 단순보가 외력을 받으면 휨모멘트 M와 전단력 V가 발생한다.

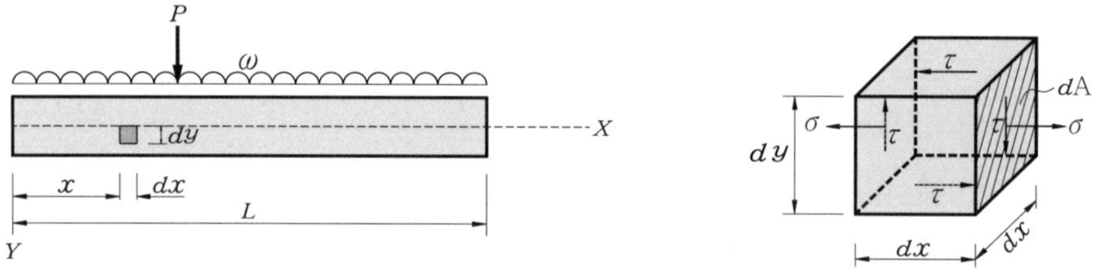

(a) (b)

[그림10.3.6] 외력을 받는 단순보

이 경우는 휨모멘트에 의한 변형에너지 U_M과 전단력에 의한 변형에너지 U_V가 공존하지만, 수직응력 σ에 의한 변형은 길이변형이고, 전단응력 τ에 의한 변형은 각변형(角變形)이므로 서로 관계가 없다. 따라서 전체변형에너지 U는 휨모멘트에 의한 변형에너지 U_M과 전단력에 의한 변형에너지 U_V를 각각 구하여 합산하면 된다.

변형에너지의 기본식(10.3.8)에 $\sigma = My/I$, $\epsilon = My/EI$, $dV = dA \cdot dx$ 를 대입하면 휨모멘트에 의한 변형에너지 U_M을 직접 구할 수 있다.

$$\begin{aligned} U_M &= \frac{1}{2}\int_V (\sigma\epsilon)\, dV = \frac{1}{2}\int_0^L \int_A (\frac{M}{I}y)(\frac{M}{EI}y) dA \cdot dx \\ &= \int_0^L \frac{M^2}{2EI}dx \int_A \frac{y^2}{I} dA = \int_0^L \frac{M^2}{2EI}dx \end{aligned} \tag{10.3.10}$$

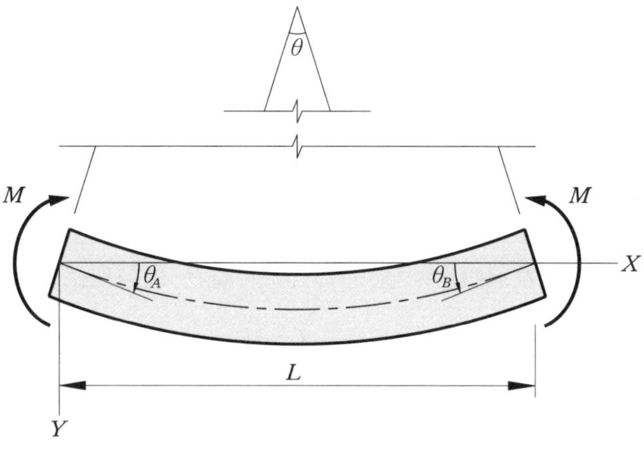

[그림10.3.7] 순수 휨이 작용하는 경우

[그림10.3.7]과 같이 순수 휨을 받는 길이 L의 부재의 경우는 휨모멘트 M이 일정하므로 휨모멘트에 의한 변형에너지 U_M은 다음과 같다.

$$U_M = \int_0^L \frac{M^2}{2EI}dx = \frac{M^2 L}{2EI} \tag{10.3.11}$$

다. 전단력에 의한 변형에너지

한편 [그림10.3.6]에서 전단력 V가 작용하는 단면의 중립축으로부터의 거리 y에 있는 요소에 작용하는 전단응력을 τ, 구하고자 하는 전단응력 위치의 외측에 있는 단면의 중립축에 대한 단면1차모멘트를 S, 구하고자 하는 전단응력 위치의 단면 폭을 b, 전 단면의 중립축에 대한 단면2차모멘트를 I라 할 때, 길이 L, 단면적 A, 전단탄성계수 G인 부재의 전단력에 의한 변형에너지 U_V를 구해보자.

변형에너지의 기본식(10.3.8)에 $\tau = VS/Ib$, $\gamma = VS/IbG$, $dV = dA \cdot dx$ 를 대입하면 전단력에 의한 변형에너지 U_V를 구할 수 있다.

$$\begin{aligned} U_V &= \frac{1}{2}\int_V (\tau\gamma)\, dV = \frac{1}{2}\int_0^L \int_A \left(\frac{VS}{Ib}\right)\left(\frac{VS}{IbG}\right) dA \cdot dx \\ &= \int_0^L \frac{V^2}{2GA} \cdot A \int_A \frac{S^2}{I^2 b^2} dA \cdot dx \end{aligned}$$

여기서 $k = A\int_A \frac{S^2}{I^2 b^2} dA$ 라 놓으면, 전단력에 의한 변형에너지 U_V를 다음과 같이 나타낼 수 있다.

$$U_V = k\int_0^L \frac{V^2}{2GA}dx \qquad (10.3.12)$$

상기 식(10.3.12)에서 k는 단면형상에 따라 결정되는 상수로, **전단형상계수**(剪斷形狀係數, Form Factor for Shear)라고 한다. k는 어떤 단면형상이든 $k>1$이며, 직사각형 단면의 경우는 $k=6/5$, 원형 단면의 경우는 $k=10/9$이다.

라. 변형에너지공식

이상 일반적으로 탄성체인 구조물이 축방향력 N, 휨모멘트 M, 전단력 V을 받을 때의 변형에너지 U(= 내부 일)는 다음과 같은 공식으로 정리할 수 있다.

$$U = U_N + U_M + U_V = \int_0^L \frac{N^2}{2EA}dx + \int_0^L \frac{M^2}{2EI}dx + k\int_0^L \frac{V^2}{2GA}dx \qquad (10.3.13)$$

일반적으로 위 식에서 보의 경우, 휨모멘트에 의한 변형에너지 U_M가 가장 많은 영향을 주며, 축방향력에 의한 변형에너지 U_N과 전단력에 대한 변형에너지 U_V는 비교적 적은 값이 되므로, 보의 변형에너지는 보통 휨모멘트에 의한 변형에너지 U_M만 생각하는 경우가 많다.

10.3.4 실제일의 방법 (Method of Real Work)

종합하면 구조물의 탄성변형에 의한 일은 외부 일과 변형에너지(= 내부 일)로 구분되며, 에너지보존법칙이 성립됨으로 외부 일 W와 변형에너지 U는 같다. ($W = U$)

따라서 탄성체인 구조물에 실제로 작용하는 외력이 작용할 때 다음과 같은 실제일의 식이 성립된다.

$$\frac{1}{2}(\Sigma P\delta + \Sigma M\theta) = \int_0^L \frac{N^2}{2EA}dx + \int_0^L \frac{M^2}{2EI}dx + k\int_0^L \frac{V^2}{2GA}dx \qquad (10.3.14)$$

이 식을 사용하면 구조물의 변위를 구할 수 있는데, 이 변위계산방법을 **실제일의 방법**(Method of Real Work)이라고 한다.

다만 이 방법은 집중하중이나 모멘트하중 가운데 1개만 작용하는 경우에 한하여 그 하중의 작용점에서의 변위만을 계산할 수 있으므로 제한적으로 사용될 뿐, 실용적이지 못한다.

참고로 거의 모든 구조물의 변위계산에 적용가능한 실용적인 해법으로는 앞으로 배울 가상일의 방법(= 단위하중법)이 있다.

◆ ◆ ◆ ◆ ◆ ◆

예제 10.3.5

동일한 캔틸레버 보가 다음 그림과 같은 3가지 하중조건 (a), (b), (c)를 가질 때,

(a) 자유단 B점에 집중하중 P가 작용하는 경우,
보의 변형에너지와 수직처짐 δ_B를 구하여라.

(b) 자유단 B점에 모멘트하중 M_0이 작용하는 경우,
보의 변형에너지와 처짐각 θ_B를 구하여라.

(c) 자유단 B점에 집중하중 P와 모멘트하중 M_0이 동시에 작용하는 경우,
보의 변형에너지를 구하여라.

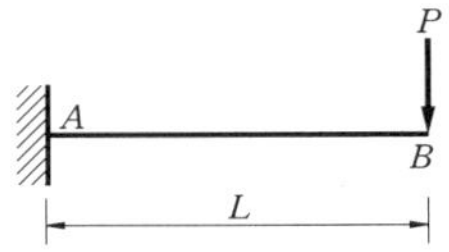

(a)

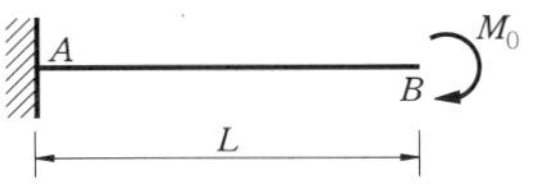

(b)

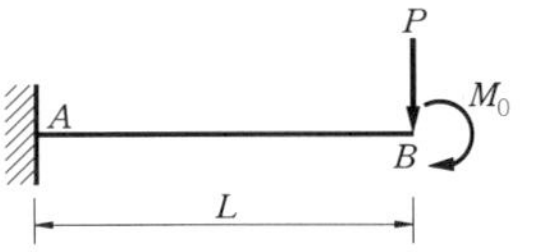

(c)

풀이

(a) 자유단 B점에 집중하중 P가 작용하는 경우

B점을 원점으로 거리 x의 휨모멘트는 $M_x = -Px$이므로, 보의 변형에너지는

$$U = \int_0^L \frac{M^2}{2EI}dx = \int_0^L \frac{(-Px)^2}{2EI}dx = \frac{P^2L^3}{6EI}$$

한편 집중하중 P에 의한 외부 일은 $W = \dfrac{P\cdot\delta_B}{2}$이고, $W = U$이므로

$$\frac{P\cdot\delta_B}{2} = \frac{P^2L^3}{6EI} \qquad \therefore \ \delta_B = \frac{PL^3}{3EI}$$

(b) 자유단 B점에 모멘트하중 M_0만 작용하는 경우

B점을 원점으로 거리 x의 휨모멘트는 $M_x = -M_0$이므로, 보의 변형에너지는

$$U = \int_0^L \frac{M^2}{2EI}dx = \int_0^L \frac{(-M_0)^2}{2EI}dx = \frac{M_0^2L}{2EI}$$

한편 모멘트하중 M에 의한 외부 일은 $W = \dfrac{M_0\theta_B}{2}$이고, $W = U$이므로

$$\frac{M_0\theta_B}{2} = \frac{M_0^2L}{2EI} \qquad \therefore \ \theta_B = \frac{M_0L}{EI}(\curvearrowright)$$

(c) 집중하중 P와 모멘트하중 M_0이 동시에 작용하는 경우

B점을 원점으로 거리 x의 휨모멘트는 $M_x = -Px - M_0$이므로, 보의 변형에너지는 다음과 같다.

$$U = \int_0^L \frac{M^2}{2EI} dx = \int_0^L \frac{(-Px - M_0)^2}{2EI} dx$$
$$= \frac{P^2 L^3}{6EI} + \frac{PM_0 L^2}{2EI} + \frac{M_0^2 L}{2EI}$$

상기 식에서 첫 번째 항은 (a)에서 보듯이 집중하중 P에 의한 변형에너지이고, 마지막 항은 (b)에서와 같이 모멘트하중 M_0에 의한 변형에너지이다. 이 식에서 우리는 2개의 하중 P, M_0가 동시에 작용할 경우, 집중하중 P와 모멘트하중 M_0에 의한 변형에너지의 합 이외에 추가적인 항이 나타남을 확인할 수 있다. 이는 2개 이상의 하중이 작용할 때, 구조물의 변형에너지는 중첩의 원리를 적용하여 각각의 하중으로 인한 변형에너지를 합하여서는 구할 수 없음을 뜻한다. 즉, 변형에너지는 중첩의 원리를 적용할 수 없다. 그 이유는 변형에너지가 1차함수가 아닌 하중의 2차함수이기 때문이다. 또한 2개 이상의 하중이 작용하는 부재에서는 $W = U$를 이용하여 처짐을 계산할 수 없다는 것도 알 수 있다.
예를 들어 이 경우, $W = U$라 놓으면 다음과 같다.

$$\frac{P\delta_{B2}}{2} + \frac{M_0\theta_{B2}}{2} = \frac{P^2 L^3}{6EI} + \frac{PM_0 L^2}{2EI} + \frac{M_0^2 L}{2EI}$$

여기서, δ_{B2}와 θ_{B2}는 2개의 하중을 받는 보의 B점에서의 처짐과 처짐각이다. 만약 $W = U$가 성립하고, 위 식이 맞다하더라도 미지수가 2개이고 식은 오직 1개뿐이므로 δ_{B2}와 θ_{B2}를 구할 수 없다.

◆ ◆ ◆ ◆ ◆ ◆

◈ 연 습 문 제 ◈

10.3.1 탄성변형에너지(Elastic Strain Energy)에 관한 설명 중 옳지 않은 것은?

① 물체에 가해지는 모든 하중은 '0'에서 점차로 증가하는 하중이다.

② 어떤 봉(棒)에 P의 인장력이 가해져 힘의 작용방향으로 δ만큼 변형이 발생하였다면 P에 의해 행하여진 외부 일은 $P \cdot \delta$이다.

③ 인장력을 받고 있는 어떤 봉(棒) 내부에 저장되는 변형에너지는 그 봉의 강성도(Stiffness)가 크면 클수록 적다.

④ 수직응력 σ를 받는 어떤 봉(棒)이 ϵ의 변형률을 일으켰을 때 물체의 단위체적당에 저장되는 변형에너지는 $\dfrac{\sigma^2}{2E} = \dfrac{E \cdot \epsilon^2}{2}$이다.

10.3.2 길이가 $25\,cm$이고 단면적이 $12\,cm^2$인 균일 단면봉이 $2700\,kgf$의 인장 하중을 받고 있다. 이 봉의 탄성계수가 $2.1 \times 10^6\,kgf/cm^2$일 때 이 봉 속에 저장되는 변형에너지는?

① $3.62\,kgf \cdot cm$ ② $4.54\,kgf \cdot cm$

③ $5.78\,kgf \cdot cm$ ④ $6.23\,kgf \cdot cm$

10.3.3 다음에서 레질리언스계수(Modulus of Resilience)의 단위로 맞는 것은?

① kN/m^3 ② kN/m

③ kN/m^2 ④ 단위 없음

10.3.4 다음 그림과 같이 자유단에 집중하중 P를 받고 있는 캔틸레버 보에서 휨모멘트에 의한 변형에너지는? (단, EI ; 일정)

① $\dfrac{P^2L^3}{3EI}$ ② $\dfrac{P^2L^3}{4EI}$

③ $\dfrac{P^2L^3}{5EI}$ ④ $\dfrac{P^2L^3}{6EI}$

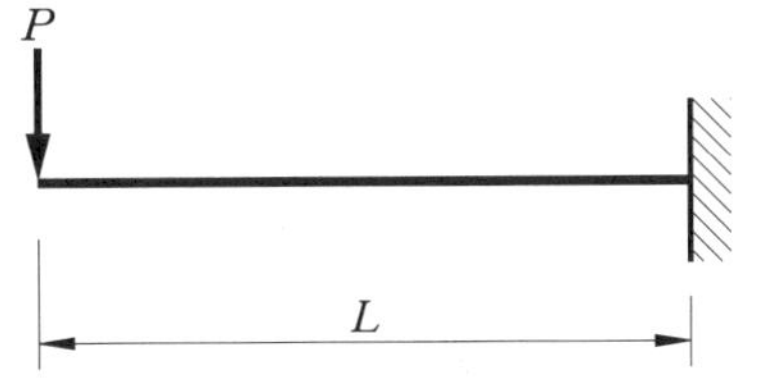

10.3.5 다음 그림과 같이 캔틸레버 보에 저장되는 변형에너지는? (단, EI ; 일정)

① $\dfrac{\omega^2L^5}{10EI} + \dfrac{M^2L}{5EI}$

② $\dfrac{\omega^2L^5}{20EI} + \dfrac{M^2L}{4EI}$

③ $\dfrac{\omega^2L^5}{30EI} + \dfrac{M^2L}{3EI}$

④ $\dfrac{\omega^2L^5}{40EI} + \dfrac{M^2L}{2EI}$

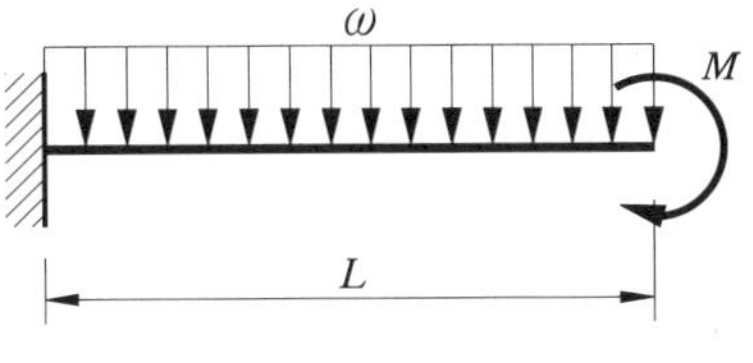

10.4 가상일의 원리

앞에서 실제일(Real Work)과 관련된 일과 변형에너지에 대한 개념을 살펴보았으나, 구조물의 변위를 구하는데는 여기서 배울 가상일의 원리(Principle of Virtual Work)가 매우 유효하다. 가상일의 원리는 단위하중법(Unit Load Method)으로 유도되며, 거의 모든 종류의 구조물의 변위를 구할 수 있다. 여기서 변위란 처짐, 축방향변형, 회전각, 전단변형, 상대변위, 이동 등을 뜻한다.

가상(假想, Virtual)이란 어떤 양이 가정적이거나, 실제적이나 물리적으로 존재하지 않는 것을 의미한다. 그러므로 **가상변위**(假想變位, Virtual Displacement)란 구조물에 작용하는 하중으로 인한 실제변위가 아닌 어느 구조물에 임의로 작용하는 가상의 변위를 말하며, 가상변위가 일어나는 동안 실제 힘이 한 일을 **가상일**(Virtual Work)이라고 한다. 가상일은 구조물에 작용하는 외력이 하는 **외부 가상일**(External Virtual Work)과 내력이 하는 **내부 가상일**(Internal Virtual Work)로 구분된다.

예를 들어 [그림10.4.1](a)와 같이 정역학적으로 평형상태를 유지하면서 여러 힘을 받고 있는 입자의 경우, 임의의 방향으로 입자에 가상의 변위를 주면 가상변위로 인하여 이들 힘이 한 가상일의 합은 '0' 이 된다. 이는 이들 힘이 평형상태를 유지하고 있기 때문으로, 외관상으로 가장 간단한 가상변위의 원리를 보여주고 있다.

또한 [그림10.4.1](b)와 같이 정역학적으로 평형상태를 유지하면서 여러 하중을 받는 강체의 경우, 강체는 전체적인 변위만을 일으키고 변형되지 않으므로 내부 가상일은 '0' 이다. 그리고 여러 하중이 평형상태를 유지하므로 입자와 마찬가지로 강체에 미소의 가상변위를 줄 때 이 강체에 작용하는 모든 외력이 하는 가상일의 합은 '0' 이다. 이를 강체에 대한 가상일의 원리라고 한다.

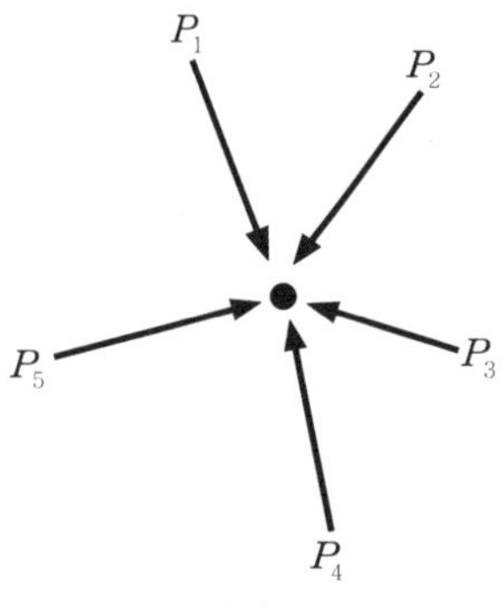

(a) 입자의 경우

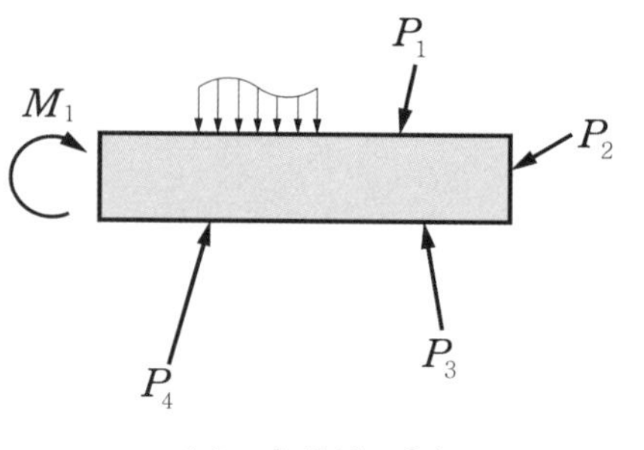

(b) 강체의 경우

[그림10.4.1] 가상일의 원리

한편 앞의 10.3절에서 살펴보았듯이 실제로 작용하는 외력에 대하여 평형상태에 있는 구조물의 탄성변형에 의한 일은 에너지보존법칙에 의하여 외부 일 W

와 변형에너지(=내부 일) U는 같으며, 또 다른 표현으로 외부 일 W와 변형에너지 U의 합은 '0'이다.

마찬가지로 평형상태에 있는 구조물에 가상변위를 주면 에너지보존법칙에 따라 외력이 하는 외부 가상일과 내력이 하는 내부 가상일의 합은 '0'이 된다. 여기서 외부 가상일을 $\overline{W}$, 내부 가상일을 $\overline{U}$라 하면 다음과 같은 식으로 표시된다.

$$\overline{W} + \overline{U} = 0 \tag{10.4.1}$$

그런데 일반적으로 외부 가상일 $\overline{W}$와 내부 가상일 $\overline{U}$는 크기가 같고 부호가 반대이므로, 부호를 생각하지 않고 절대값만을 생각하면 상기 식은 다음 식과 같이 표현할 수 있다.

$$\overline{W} = \overline{U} \tag{10.4.2}$$

결국 가상일의 원리에 의하면, 『 여러 가지 하중을 받아 평형상태를 유지하고 있는 변형 가능한 구조물에 작은 가상변형을 주면 외부하중에 의한 가상일은 내력(합응력)에 의한 가상일과 같다. 』

10.4.1 외부 가상일 (External Virtual Work)

외력이 하는 가상일을 설명하기 위하여 다음의 [그림10.4.2]를 예로 들어 보자. [그림10.4.2](a)는 외력 P_1, P_2, P_3, ······ , P_m, ······ 이 작용하는 평형상태에 있는 탄성체이며, [그림10.4.2](b)는 그림(a)와 동일한 탄성체에 그림(a)와 전혀 상관이 없는 외력 $\overline{P_1}$, $\overline{P_2}$, $\overline{P_3}$, ······ , $\overline{P_n}$, ······ 이 작용하며 평형상태를 유지하고 있다.

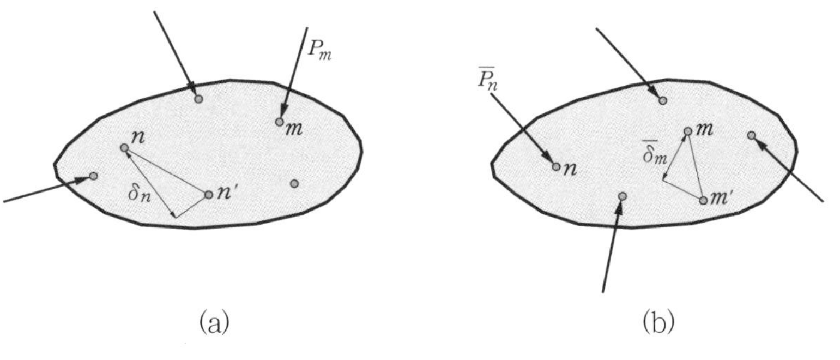

[그림10.4.2] 외부 가상일의 예

한편 그림(a)의 외력으로 인하여 그림(b)의 하중 $\overline{P_n}$의 작용점 n이 n'로 변위하였고, 이때 하중 $\overline{P_n}$의 작용선 방향성분의 변위를 δ_n이라 한다. 그리고 그림(b)의 외력으로 인하여 그림(a)의 하중 P_m의 작용점 m이 m'로 변위하였고, 이때 하중 P_m의 작용선 방향성분의 변위를 $\overline{\delta_m}$이라 한다.

이와 같은 조건에서 그림(a)의 외력에 대한 그림(b)의 변위는 가상변위이며, 반대로 그림(b)의 외력에 대한 그림(a)의 변위는 가상변위이다. 따라서 이들은 외력이 하는 가상일로서, 평형상태의 탄성체에 작용하는 모든 외력에 대하여 다음과 같은 외부 가상일의 기본식이 성립된다.

$$\overline{W} = \sum P_i \overline{\delta_i} = P_1 \overline{\delta_1} + P_2 \overline{\delta_2} + P_3 \overline{\delta_3} + \cdots\cdots + P_m \overline{\delta_m} + \cdots\cdots \tag{10.4.3}$$

또는

$$\overline{W} = \sum \overline{P_i} \delta_i = \overline{P_1} \delta_1 + \overline{P_2} \delta_2 + \overline{P_3} \delta_3 + \cdots\cdots + \overline{P_n} \delta_n + \cdots\cdots \tag{10.4.4}$$

참고로 상기 외부 가상일의 식은 나중에 10.6.1절에서 설명할 베티의 정리(Betti's theorem)에 의하면 다음과 같은 관계가 성립된다.

$$\overline{W} = \sum P_i \overline{\delta_i} = \sum \overline{P_i} \delta_i \tag{10.4.5}$$

상기 식은 외력이 모멘트인 경우에도 물론 성립되며, 이때의 변위는 회전각 θ이다. 즉 외력이 모멘트일 때의 외부 가상일의 식은 다음과 같다.

$$\overline{W} = \sum M_i \overline{\theta_i} = \sum \overline{M_i} \theta_i \tag{10.4.6}$$

10.4.2 내부 가상일 (Internal Virtual Work)

전체체적 V의 탄성체에 실제 외력 $P(N,\ M,\ V$ 등)가 작용하여 평형상태에 있을 때, 미소체적 dV의 정육면제 요소에 작용하는 수직응력을 σ, 전단응력을 τ라 하고, 이에 대한 축방향변형률을 ϵ, 전단변형률을 γ라 하자. 또한 동일한 이 탄성체에 이미 작용하고 있는 외력 P와 전혀 상관이 없는 가상 외력 $\overline{P}(\overline{N},\ \overline{M},\ \overline{V}$ 등)가 작용할 때, 미소체적 dV의 정육면체 요소에 작용하는 수직응력을 $\overline{\sigma}$, 전단응력을 $\overline{\tau}$라 하고, 이에 대한 축방향변형률을 $\overline{\epsilon}$, 전단변형률을 $\overline{\gamma}$라 하자.

이에 평형상태의 탄성체에 작용하는 모든 외력에 대한 내부 가상일의 기본식은 다음과 같다.

$$\overline{U} = \int_V (\sigma \overline{\epsilon} + \tau \overline{\gamma})\, dV \tag{10.4.7}$$

또는

$$\overline{U} = \int_V (\overline{\sigma} \epsilon + \overline{\tau} \gamma)\, dV \tag{10.4.8}$$

가. 축방향력에 의한 내부 가상일

단면적 A, 길이 L, 탄성계수 E의 탄성체에 실제 외력에 의한 축방향력을 N, 가상 외력에 의한 축방향력을 $\overline{N}$이라고 할 때, 기본식(10.4.7)에 $\sigma = N/A$, $\overline{\epsilon} = \overline{N}/EA$, $dV = dA \cdot dx$를 대입하면 축방향력에 의한 내부 가상일 $\overline{U_N}$을 직접

구할 수 있다.

$$\overline{U_N} = \int_V \sigma \bar{\epsilon}\, dV = \int_0^L \int_A \left(\frac{N}{A}\right)\left(\frac{\overline{N}}{EA}\right) dA \cdot dx$$
$$= \int_0^L \frac{N\overline{N}}{EA^2} \int_A dA \cdot dx = \int_0^L \frac{N\overline{N}}{EA} dx \qquad (10.4.9)$$

나. 휨모멘트에 의한 내부 가상일

단면적 A, 길이 L, 탄성계수 E, 단면2차모멘트 I의 탄성체에 실제 외력에 의한 휨모멘트를 M, 가상 외력에 의한 휨모멘트를 $\overline{M}$, 단면에서 중립축으로부터 요소의 위치까지의 거리를 y이라 할 때, 기본식(10.4.7)에 $\sigma = My/I$, $\bar{\epsilon} = \overline{M}y/EI$, $dV = dA \cdot dx$를 대입하면 휨모멘트에 의한 내부 가상일 $\overline{U_M}$을 직접 구할 수 있다.

$$U_M = \int_V (\sigma \bar{\epsilon})\, dV = \int_0^L \int_A \left(\frac{M}{I}y\right)\left(\frac{\overline{M}}{EI}y\right) dA \cdot dx$$
$$= \int_0^L \frac{M\overline{M}}{EI^2} \int_A y^2 dA \cdot dx = \int_0^L \frac{M\overline{M}}{EI} dx \qquad (10.4.10)$$

다. 전단력에 의한 내부 가상일

단면적 A, 길이 L, 전단탄성계수 G, 단면2차모멘트 I의 탄성체에 실제 외력에 의한 전단력을 V, 가상 외력에 의한 전단력을 $\overline{V}$, 단면의 중립축으로부터의 거리 y에 있는 요소에 작용하는 전단응력을 τ, 구하고자 하는 전단응력 위치의 외측에 있는 단면의 중립축에 대한 단면1차모멘트를 S, 구하고자 하는 전단응력 위치의 단면 폭을 b라 할 때, 기본식(10.4.7)에 $\tau = VS/Ib$, $\bar{\gamma} = \overline{V}S/IbG$, $dV = dA \cdot dx$를 대입하면 전단력에 의한 내부 가상일 $\overline{U_V}$를 직접 구할 수 있다.

$$\overline{U_V} = \int_V (\tau \bar{\gamma})\, dV = \int_0^L \int_A \left(\frac{VS}{Ib}\right)\left(\frac{\overline{V}S}{IbG}\right) dA \cdot dx$$
$$= \int_0^L \left(\frac{V\overline{V}}{G}\right) dx \int_A \left(\frac{S^2}{I^2b^2}\right) dA$$

여기서, $k = A\int_A \frac{S^2}{I^2b^2} dA$라 놓으면

$$\overline{U_V} = k\int_0^L \frac{V\overline{V}}{GA} dx \qquad (10.4.11)$$

여기서 k는 단면형상에 따라 결정되는 상수로, **전단형상계수**(Form Factor for Shear)라고 한다. 어떤 단면형상이든 $k > 1$이며, 직사각형 단면의 경우는 $k = 6/5$, 원형 단면의 경우는 $k = 10/9$이다.

라. 내부 가상일 공식

이상 일반적으로 탄성체인 구조물이 축방향력 N, 휨모멘트 M, 전단력 V을 받을 때의 내부 가상일 $\overline{U}$는 다음과 같은 공식으로 정리할 수 있다.

$$\overline{U}=\overline{U_N}+\overline{U_M}+\overline{U_V}=\int_0^L \frac{N\overline{N}}{EA}dx+\int_0^L \frac{M\overline{M}}{EI}dx+k\int_0^L \frac{V\overline{V}}{GA}dx \qquad (10.4.12)$$

한편 상기 식(10.4.12)는 내부 가상일의 기본식으로, 여기서는 식(10.4.7)을 이용하였으나, 식(10.4.8)을 이용하여도 똑같은 결과를 얻을 수 있다.

일반적으로 상기 식(10.4.12)에서 보의 경우, 휨모멘트에 의한 내부 가상일 $\overline{U_M}$이 가장 많은 영향을 주며, 축방향력에 의한 내부 가상일 $\overline{U_N}$과 전단력에 대한 내부 가상일 $\overline{U_V}$는 비교적 적은 값이 되므로, 보의 내부 가상일은 보통 휨모멘트에 의한 내부 가상일 $\overline{U_M}$만 생각하는 경우가 많다.

10.4.3 가상일의 방법 (Method of Virtual Work)

앞에서 살펴본 외부 가상일의 식(10.4.5), (10.4.6)과 내부 가상일의 식(10.4.12)을 식(10.4.2)에 대입하면 다음과 같은 가상일의 원리식이 성립된다.

$$\sum \overline{P_i}\,\delta_i \ (\text{or} \sum \overline{M_i}\,\theta_i) = \int_0^L \frac{N\overline{N}}{EA}dx+\int_0^L \frac{M\overline{M}}{EI}dx+k\int_0^L \frac{V\overline{V}}{GA}dx \qquad (10.4.13)$$

상기 가상일의 원리식(10.4.13)을 이용하여 구조물 임의의 한 점 i의 변위(δ_i , θ_i 등)를 구하려면 식(10.4.13)에 가상의 단위하중 $\overline{P}=1$ (또는 $\overline{M}=1$)을 점 i에 구하려고 하는 변위의 방향으로 작용시킨 후 다음 식을 풀면 된다.

$$\delta_i \ (\text{or} \ \theta_i) = \int_0^L \frac{N\overline{N}}{EA}dx+\int_0^L \frac{M\overline{M}}{EI}dx+k\int_0^L \frac{V\overline{V}}{GA}dx \qquad (10.4.14)$$

이 방법에 의한 변위계산방법을 **가상일의 방법**(Method of Virtual Work)이라고 한다. 에너지법의 일종인 가상일의 방법은 정정보 뿐 아니라 정정라멘조, 정정아치, 정정트러스 등의 변위계산에 매우 효율적인 해법으로, 일명 **단위하중법**(單位荷重法, Unit Load Method)이라고 한다.

가. 단위하중법 (Unit Load Method)

본 교재에서는 단위하중법에서 풀이의 편의상 식(10.4.14)를 다음과 같이 수정하여 사용하도록 한다.

$$\delta_i \ (\text{or} \ \theta_i) = \int_0^L \frac{N_o N_1}{EA}ds+\int_0^L \frac{M_o M_1}{EI}ds+k\int_0^L \frac{V_o V_1}{GA}ds \qquad (10.4.15)$$

여기서, N_o : 실제 하중에 의한 부재의 축방향력
M_o : 실제 하중에 의한 임의 점의 휨모멘트
V_o : 실제 하중에 의한 임의 점의 전단력
N_1 : 가상 단위하중에 의한 부재의 축방향력
M_1 : 가상 단위하중에 의한 임의 점의 휨모멘트
V_1 : 가상 단위하중에 의한 임의 점의 전단력
ds : 부재의 미소길이로서, 라멘의 경우는 수평방향 부재는 dx, 수직방향 부재는 dy라 표시하고, 반지름 r인 아치의 경우는 $ds = r \cdot d\theta$ 이다.

정정보, 정정라멘, 정정아치는 축방향력이나 전단력에 의한 변위가 휨모멘트에 의한 변위에 비하여 매우 작으므로 이들을 무시하고 다음 식과 같이 휨모멘트에 의한 변위만 고려하는 것이 보통이다.

$$\delta_i \text{ (or } \theta_i) = \int_0^L \frac{M_o M_1}{EI} ds \tag{10.4.16}$$

정정트러스의 경우, 각 부재는 축방향력만이 작용하고, N_o, N_1은 각 부재마다 전 길이에 걸쳐 일정한 축방향력을 가진다. 그래서 트러스 전체에 대한 내부 가상일은 각각의 부재를 합하면 되며, 축방향력에 의한 변위만을 고려한 다음 식이 된다.

$$\delta_i \text{ (or } \theta_i) = \int_0^L \frac{N_o N_1}{EA} ds = \sum \frac{N_o N_1 L}{EA} \tag{10.4.17}$$

나. 가상 단위하중

단위하중법으로 각종 구조물의 변위를 구하려면 구하려는 변위에 따라 적절한 가상 단위하중을 적정한 곳에 작용시켜야 한다. 다음은 [그림10.4.3]와 같은 하중을 받는 정정구조물을 통하여 가상 단위하중을 적용방법을 알아보도록 한다.

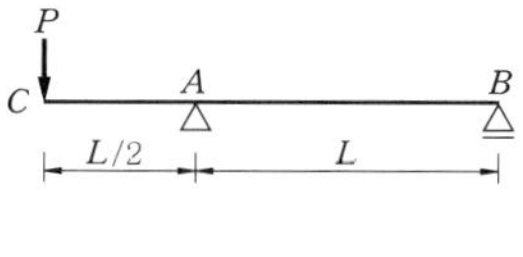

(a) 정정보

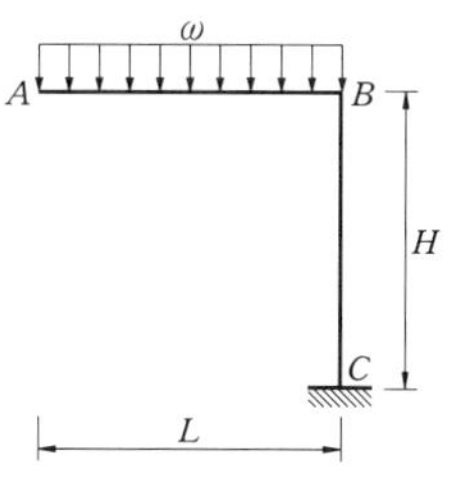

(b) 정정라멘

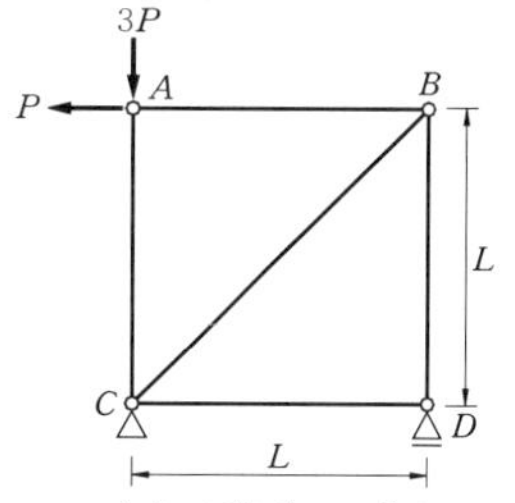

(c) 정정트러스

[그림10.4.3] 하중이 작용하는 각종 정정구조물

① 구조물의 어떤 한 점의 수직처짐 및 수평처짐을 구할 때는 처짐을 구하려는 바로 그 점에 가상 단위하중 $\overline{P} = 1$을 작용시킨다.
예를 들어 [그림10.4.3](a)의 정정보의 경우, C점의 수직처짐을 구하기 위

해서는 C점에 수직방향으로 가상 단위하중 $\overline{P}=1$을 [그림10.4.4](a)와 같이 작용시킨 후 식(10.4.16)을 풀면 된다.

[그림10.4.3](b)의 정정라멘의 경우, A점의 수평처짐을 구하기 위해서는 A점에 수평방향의 가상 단위하중 $\overline{P}=1$을 [그림10.4.4](b)와 같이 작용시킨 후 식(10.4.16)을 풀면 된다.

[그림10.4.3](c)의 정정트러스의 경우, B점의 수평처짐을 구하기 위해서는 B점에 수평방향으로 가상 단위하중 $\overline{P}=1$을 [그림10.4.4](c)와 같이 작용시킨 후 식(10.4.17)을 풀면 된다.

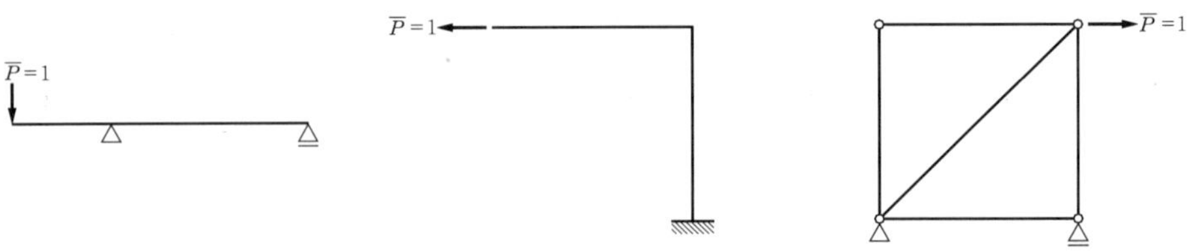

(a) 정정보 (b) 정정라멘 (c) 정정트러스

[그림10.4.4] 한 절점의 처짐 산정시 가상 단위하중의 예

② 구조물의 어떤 한 점의 처짐각을 구할 때는 처짐각을 구하려는 바로 그 점에 가상 단위모멘트하중 $\overline{M}=1$을 작용시킨다.

예를 들어 [그림10.4.3](a)의 정정보의 경우, C점의 회전각을 구하기 위해서는 C점에 가상 단위모멘트하중 $\overline{M}=1$을 [그림10.4.5](a)와 같이 작용시킨 후 식(10.4.16)을 풀면 된다.

[그림10.4.3](b)의 정정라멘의 경우, A점의 처짐각을 구하기 위해서는 A점에 가상단위모멘트하중 $\overline{M}=1$을 [그림10.4.5](b)와 같이 작용시킨 후 식(10.4.16)을 풀면 된다.

(a) 정정보 (b) 정정라멘

[그림10.4.5] 한 절점의 처짐각 산정시 가상 단위하중의 예

③ 정정트러스의 두 절점사이의 상대변위를 구할 때는 두 절점 사이의 직선을 작용선으로 서로 반대방향의 가상 단위하중 $\overline{P}=1$을 두 절점에 각각 작용시킨다.

예를 들어 [그림10.4.3](c)의 정정트러스의 경우, 절점 A와 B의 상대변위를 구하기 위해서는 [그림10.4.6](a)와 같이 방향이 서로 반대인 한 쌍의 가상 단위하중 $\overline{P}=1$을 절점 A와 B에 작용시킨 후 식(10.4.17)을 풀면 된다. 한편 절점 A와 D의 상대변위를 구하기 위해서는 [그림10.4.6](b)와 같이 방향이 서로 반대인 한 쌍의 가상 단위하중 $\overline{P}=1$을 절점 A와 D에 작용시킨 후 식(10.4.17)을 풀면 된다.

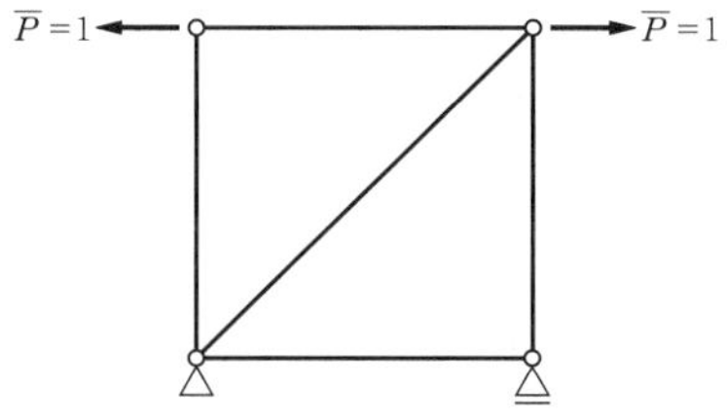

(a) 절점 A와 B의 상대변위

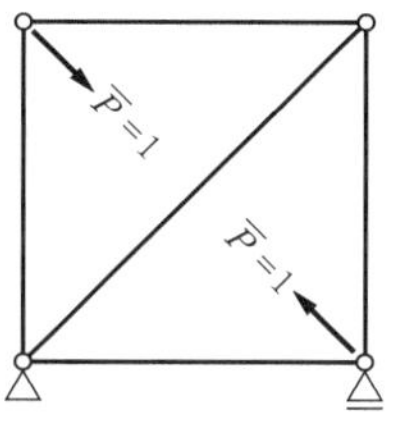

(b) 절점 A와 D의 상대변위

[그림10.4.6] 두 절점사이의 상대변위 산정시 가상 단위하중의 예

④ 정정트러스의 어떤 한 부재의 회전각을 구할 때는 그 부재의 길이가 L이라면 양 절점에 부재의 직각방향으로 크기가 같고 방향이 서로 반대인 가상 우력하중 $\overline{P}=1/L$을 각각 작용시킨다. 참고로 가상 우력하중 $\overline{P}=1/L$에 길이 L을 곱하면 가상 단위우력 '1' 이 된다.
예를 들어 [그림10.4.3](c)의 정정트러스의 경우, 부재 AB의 회전각을 구하기 위해서는 [그림10.4.7]과 같이 크기가 같고 방향이 서로 반대인 가상 우력하중 $\overline{P}=1/L$ 을 절점 A와 B에 작용시킨 후 식(10.4.17)을 풀면 된다.

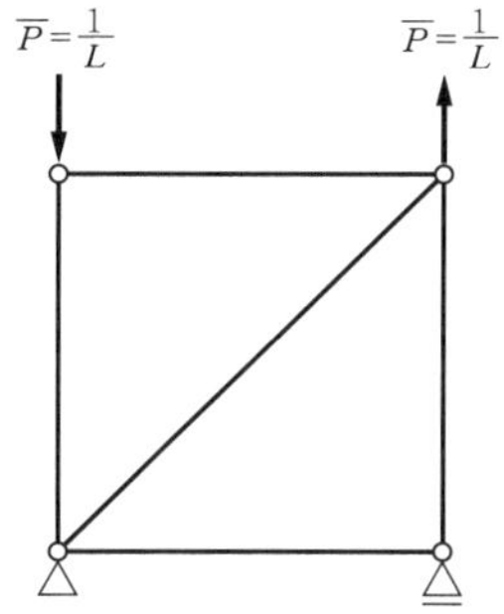

[그림10.4.7] 한 부재의 회전각 산정시 가상 단위하중의 예

⑤ 정정트러스의 어떤 한 절점에 연결되어 있는 두 부재의 상대 회전각을 구할 때는 그 두 부재의 길이가 L_1, L_2라면 각 부재별로 양 절점에 부재의 직각방향으로 크기가 같고 방향이 서로 반대인 가상 우력하중 $\overline{P_1}=1/L_1$, $\overline{P_2}=1/L_2$을 각각 작용시킨다. 이때 두 부재에 작용하는 가상 단위우력의 방향은 반대이어야 한다.
예를 들어 [그림10.4.3](c)의 정정트러스의 경우, 절점A에 연결된 부재

AB와 부재 AC의 상대 회전각을 구하기 위해서는 [그림10.4.8]과 같이 각 부재에 각각 가상 단위우력을 형성하는 한 쌍의 가상 우력하중 $\overline{P_1} = 1/L$, $\overline{P_2} = 1/L$을 각각 두 부재의 양단에 작용시킨 후 식(10.4.17)을 풀면 된다. 여기서 두 부재에 작용하는 가상 단위우력의 방향이 반대임에 주목해야 한다.

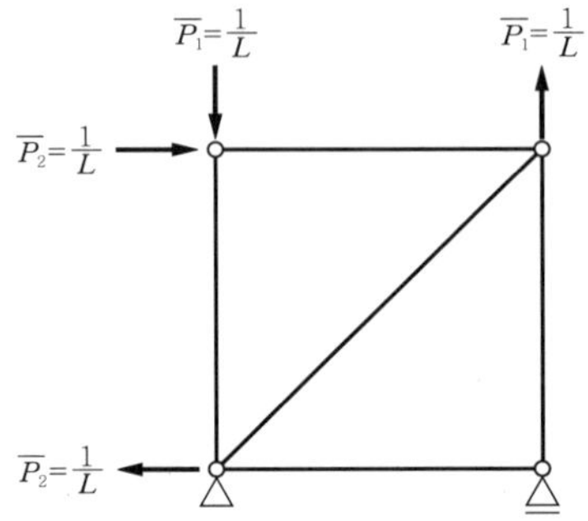

[그림10.4.8] 두 부재의 상대 회전각 산정시 가상 단위하중의 예

다. 단위하중법에 의한 변위계산순서

단위하중법에 의한 구조물의 변위계산순서를 정리해 보면 다음과 같다.

① 구조물에 작용하는 실제 하중에 의한 모든 부재의 단면력(축방향력 N_o, 휨모멘트 M_o, 전단력 V_o)을 구한다.

② 각종 구조물의 변위를 구하기 위해서 구하려고 하는 변위에 따라 적절한 가상 단위하중을 적정한 곳에 작용시켜 구조물의 모든 부재에 대한 단면력(축방향력 N_1, 휨모멘트 M_1, 전단력 V_1)을 구한다.

③ 위 ①, ②에서 구한 구조물의 동일위치의 각 단면력을 구조물 종류에 따라 식(10.4.15), 식(10.4.16), 식(10.4.17)에 대입하여 변위(δ_i, θ_i 등)를 구한다.

④ 위 ③에서 나온 결과값의 부호를 통하여 변위방향을 결정한다. 이때 계산결과가 양(+)이면 변위가 ②에서 설정한 가상 단위하중과 같은 방향임을 뜻하고, 음(−)이면 반대 방향임을 뜻한다.

◆ ◆ ◆ ◆ ◆ ◆

예제 10.4.1

다음 그림과 같이 집중하중 P를 받는 내민보의 C점에서의 처짐 δ_C 및 처짐각 θ_C와 A점, B점에서의 처짐각 θ_A, θ_B를 구하여라.

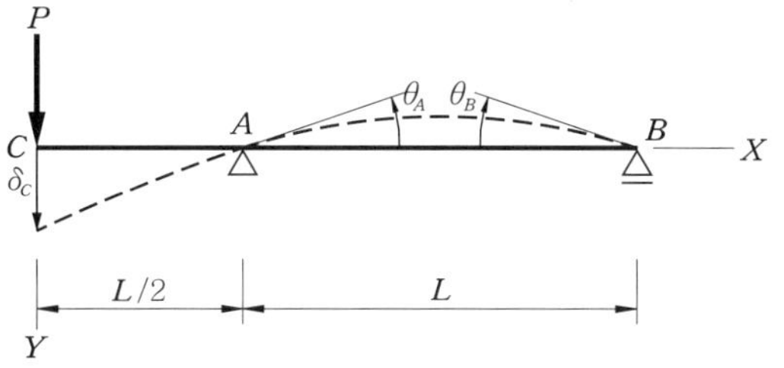

풀이

임의의 점 x에서의 휨모멘트를 x에 관하여 정리하면 다음과 같다.

$$M_x = -Px \qquad (0 \le x \le L/2)$$

$$M_x = -Px + \frac{3Px}{2} - \frac{3PL}{4} \qquad (L/2 \le x \le 3L/2)$$

그림(a)는 C점에서의 처짐 δ_C를 구하기 위하여 C점에 $\overline{P}=1$의 가상 단위하중을 작용시킨 모습이다.

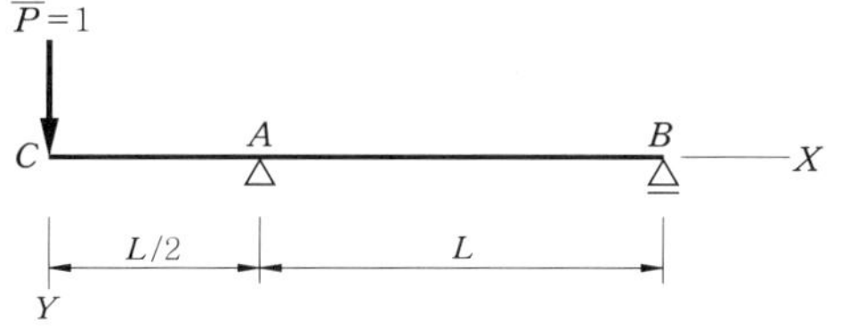

그림(a)

$\overline{P}=1$의 가상하중이 작용할 때 임의의 점 x에서의 휨모멘트를 x에 관하여 정리하면 다음과 같다.

$$\overline{M_x} = -x \qquad (0 \le x \le L/2)$$

$$\overline{M_x} = -x + \frac{3x}{2} - \frac{3L}{4} \qquad (L/2 \le x \le 3L/2)$$

따라서 C점에서의 처짐 δ_C를 구하면

$$\begin{aligned}\delta_C &= \int_0^{L/2} \frac{M_x\overline{M_x}}{EI}dx + \int_{L/2}^{3L/2} \frac{M_x\overline{M_x}}{EI}dx \\ &= \frac{1}{EI}\int_0^{\frac{L}{2}} (-Px)(-x)dx + \frac{1}{EI}\int_{\frac{L}{2}}^{\frac{3L}{2}} \left(-Px + \frac{3Px}{2} - \frac{3PL}{4}\right)\left(-x + \frac{3x}{2} - \frac{3L}{4}\right)dx \\ &= \frac{PL^3}{8EI}\ (\downarrow)\end{aligned}$$

C 점에서의 처짐각 θ_C 를 구하기 위하여 C 점에 $\overline{M}=1$ 의 가상 단위하중을 작용시키면 그림(b)와 같다.

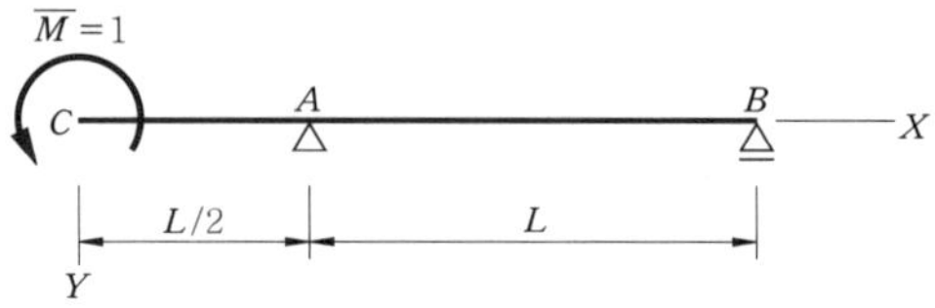

그림(b)

$\overline{M}=1$ 의 가상하중이 작용할 때 임의의 점 x 에서의 휨모멘트를 x 에 관하여 정리하면 다음과 같다.

$$\overline{M_x} = -1 \qquad (0 \le x \le L/2)$$

$$\overline{M_x} = \frac{x}{L} - \frac{3}{2} \qquad (L/2 \le x \le 3L/2)$$

따라서 C 점에서의 처짐각 δ_C 를 구하면

$$\begin{aligned}\theta_C &= \int_0^{L/2} \frac{M_x \overline{M_x}}{EI} dx + \int_{L/2}^{3L/2} \frac{M_x \overline{M_x}}{EI} dx \\ &= \frac{1}{EI}\int_0^{\frac{L}{2}} (-Px)(-1)dx + \frac{1}{EI}\int_{\frac{L}{2}}^{\frac{3L}{2}} \left(\frac{Px}{2} - \frac{3PL}{4}\right)\left(\frac{x}{L} - \frac{3}{2}\right)dx \\ &= \frac{7PL^2}{24EI} \ (\curvearrowleft)\end{aligned}$$

한편, 그림(c)는 A 점에서의 처짐각을 구하기 위하여 A 점에 $\overline{M}=1$ 의 가상 단위하중을 작용시킨 모습이다.

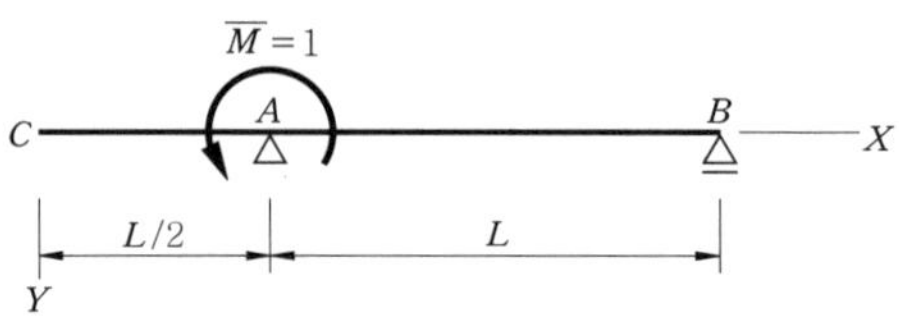

그림(c)

$\overline{M}=1$ 의 가상하중이 작용할 때 임의의 점 x 에서의 휨모멘트를 x 에 관하여 정리하면 다음과 같다.

$$\overline{M_x} = 0 \qquad (0 \le x \le L/2)$$

$$\overline{M_x} = \frac{x}{L} - \frac{3}{2} \qquad (L/2 \le x \le 3L/2)$$

따라서 A 점에서의 처짐각 θ_A 를 구하면

$$\theta_A = \int_0^{L/2} \frac{M_x \overline{M_x}}{EI} dx + \int_{L/2}^{3L/2} \frac{M_x \overline{M_x}}{EI} dx$$

$$= \frac{1}{EI}\int_0^{\frac{L}{2}} -Px \times 0 dx + \frac{1}{EI}\int_{\frac{L}{2}}^{\frac{3L}{2}} \left(-Px + \frac{3Px}{2} - \frac{3PL}{4}\right)\left(\frac{x}{L} - \frac{3}{2}\right)dx = \frac{PL^2}{6EI} \ (\curvearrowleft)$$

그림(d)는 B 점에서의 처짐각을 구하기 위하여 B 점에 $\overline{M}=1$ 의 가상 단위하중을 작용시킨 모습이다.

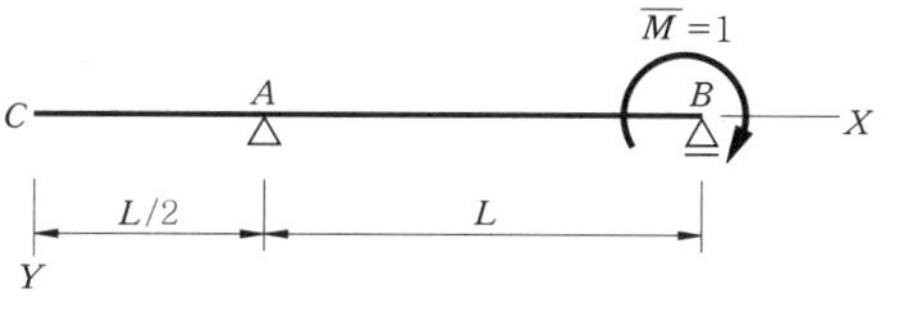

그림(d)

$\overline{M}=1$ 의 가상하중이 작용할 때 임의의 점 x 에서의 휨모멘트를 x 에 관하여 정리하면 다음과 같다.

$$\overline{M_x} = 0 \qquad (0 \le x \le L/2)$$

$$\overline{M_x} = -\frac{x}{L} + \frac{1}{2} \qquad (L/2 \le x \le 3L/2)$$

따라서 B 점에서의 처짐각 θ_B 를 구하면

$$\theta_B = \int_0^{L/2} \frac{M_x \overline{M_x}}{EI} dx + \int_{L/2}^{3L/2} \frac{M_x \overline{M_x}}{EI} dx$$

$$= \frac{1}{EI}\int_0^{\frac{L}{2}} -Px \times 0\, dx + \frac{1}{EI}\int_{\frac{L}{2}}^{\frac{3L}{2}} \left(-Px + \frac{3Px}{2} - \frac{3PL}{4}\right)\left(-\frac{x}{L} + \frac{1}{2}\right)dx$$

$$= \frac{PL^2}{12EI} \ (\curvearrowright)$$

예제 10.4.2

다음 그림과 같이 등분포하중을 받는 라멘의 A 점에서의 처짐각과 수직처짐, 수평처짐을 구하여라.

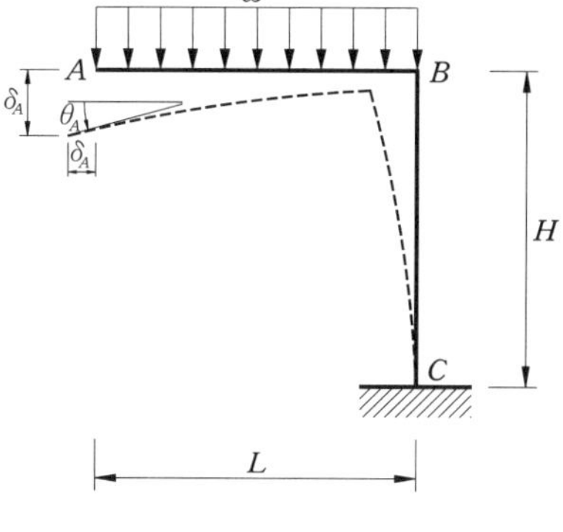

풀이

AB 재의 임의의 점 x 에서의 휨모멘트를 x 에 관하여 정리하면 다음과 같다.

$$M_x = -\frac{wx^2}{2} \qquad (0 \le x \le L)$$

BC 재의 임의의 점 y 에서의 휨모멘트를 y 에 관하여 정리하면 다음과 같다.

$$M_y = -\frac{wL^2}{2} \qquad (0 \le y \le H)$$

그림(a)는 A 점에서의 수직처짐을 구하기 위하여 A 점에 $\overline{P}=1$ 의 가상 단위하중을 작용시킨 모습이다.

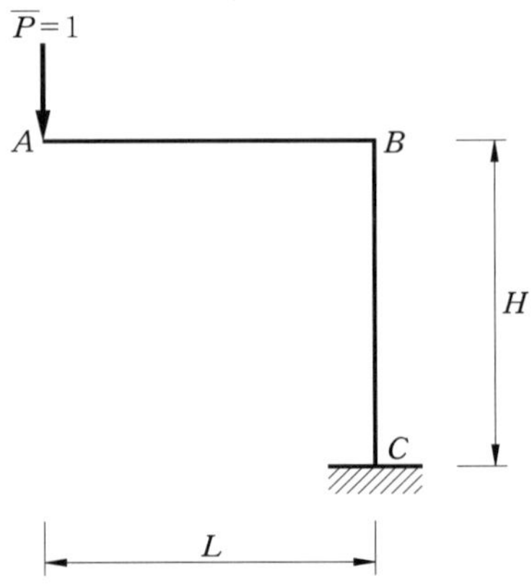

그림(a)

$\overline{P}=1$ 의 가상하중이 작용할 때, AB 재의 임의의 점 x 에서의 휨모멘트를 x 에 관하여 정리하면 다음과 같다.

$$\overline{M_x} = -x \qquad (0 \le x \le L)$$

BC 재의 임의의 점 y 에서의 휨모멘트를 y 에 관하여 정리하면 다음과 같다.

$$\overline{M_y} = -L \qquad (0 \le y \le H)$$

따라서 A 점에서의 수직처짐 δ_A 를 구하면

$$\begin{aligned}\delta_A &= \int_0^L \frac{M_x\overline{M_x}}{EI}dx + \int_0^H \frac{M_y\overline{M_y}}{EI}dy \\ &= \frac{1}{EI}\int_0^L\left(-\frac{wx^2}{2}\right)(-x)\,dx + \frac{1}{EI}\int_0^H\left(-\frac{wL^2}{2}\right)(-L)\,dy \\ &= \frac{wL^3(L+4H)}{8EI} \ (\downarrow)\end{aligned}$$

그림(b)는 A 점에서의 수평처짐을 구하기 위하여 A 점에 $\overline{P}=1$ 의 가상 단위하중을 작용시킨 모습이다.

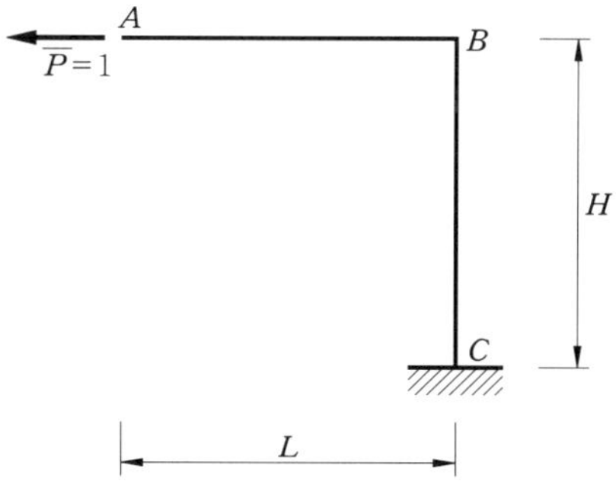

그림(b)

$\overline{P}=1$ 의 가상하중이 작용할 때, AB 재의 임의의 점 x 에서의 휨모멘트를 x 에 관하여 정리하면 다음과 같다.

$$\overline{M_x} = 0 \qquad (0 \le x \le L)$$

BC 재의 임의의 점 y 에서의 휨모멘트를 y 에 관하여 정리하면 다음과 같다.

$$\overline{M_y} = -y \qquad (0 \le y \le H)$$

따라서 A 점에서의 수평처짐 δ_A 를 구하면

$$\begin{aligned}\delta_A &= \int_0^L \frac{M_x \overline{M_x}}{EI}\,dx + \int_0^H \frac{M_y \overline{M_y}}{EI}\,dy \\ &= \frac{1}{EI}\int_0^L \left(-\frac{wx^2}{2}\right)\times 0\,dx + \frac{1}{EI}\int_0^H \left(-\frac{wL^2}{2}\right)(-y)\,dy \\ &= \frac{wL^2H^2}{4EI}\ (\leftarrow)\end{aligned}$$

한편, 그림(c)는 A 점에서의 처짐각을 구하기 위하여 A 점에 $\overline{M}=1$ 의 가상 단위하중을 작용시킨 모습이다.

$\overline{M}=1$ 의 가상하중이 작용할 때, AB 재의 임의의 점 x 에서의 휨모멘트를 x 에 관하여 정리하면 다음과 같다.

$$\overline{M_x} = -1 \qquad (0 \le x \le L)$$

BC 재의 임의의 점 y 에서의 휨모멘트를 y 에 관하여 정리하면 다음과 같다.

$$\overline{M_y} = -1 \qquad (0 \le y \le H)$$

따라서 A 점에서의 처짐각 θ_A 를 구하면

$$\begin{aligned}\theta_A &= \int_0^L \frac{M_x \overline{M_x}}{EI}\,dx + \int_0^H \frac{M_y \overline{M_y}}{EI}\,dy \\ &= \frac{1}{EI}\int_0^L \left(-\frac{wx^2}{2}\right)(-1)\,dx + \frac{1}{EI}\int_0^H \left(-\frac{wL^2}{2}\right)(-1)\,dy\end{aligned}$$

$$= \frac{wL^2(L+3H)}{6EI} \ (\curvearrowleft)$$

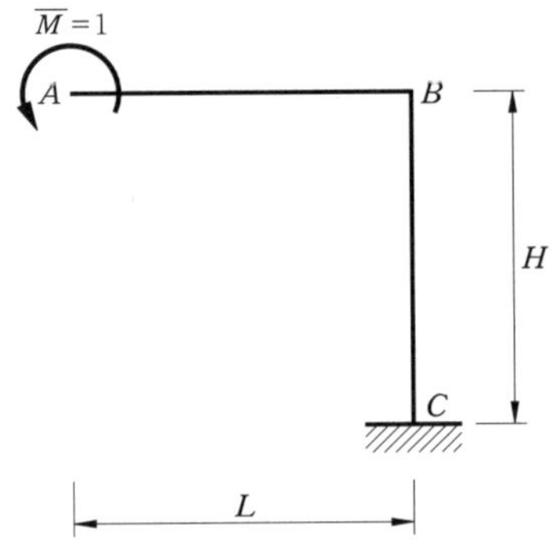

그림(c)

예제 10.4.3

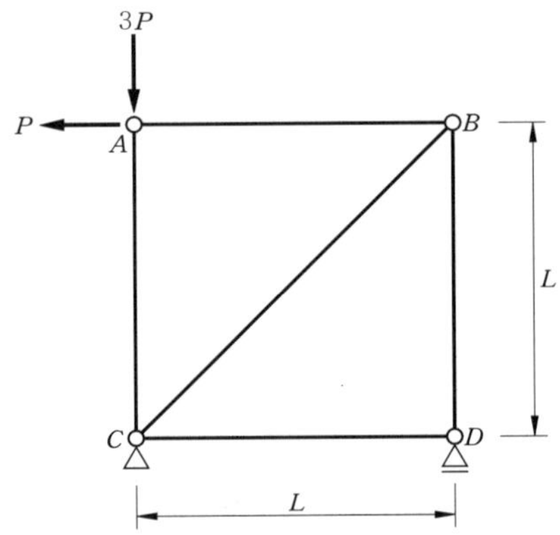

다음 그림과 같은 트러스에서
(1) 절점 B의 수평변위
(2) 절점 A와 B의 상대변위
(3) 절점 A와 D의 상대변위
(4) 부재 AB의 회전각
(5) 부재 AC와 부재 AB의 상대회전각을 구하여라.
(단, 모든 부재의 EA는 일정하다.)

풀이

주어진 하중에 의한 트러스의 부재력도는 그림(a)와 같이 구하였다.

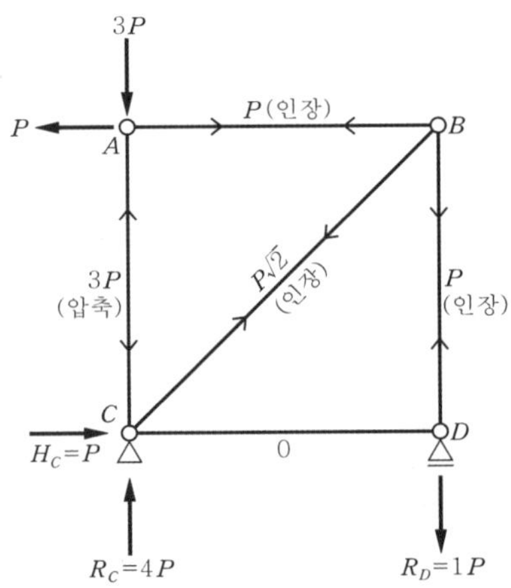

그림(a)

(1) 절점 B의 수평변위를 구하기 위하여 그림(b)와 같이 B점에 수평으로 가상 단위하중 $\overline{P}=1$을 작용시킨 후 그림(c)과 같은 부재력도를 구하였다.

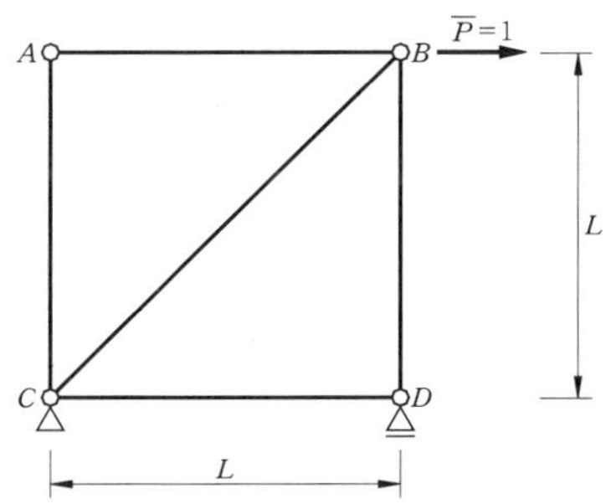

그림(b)

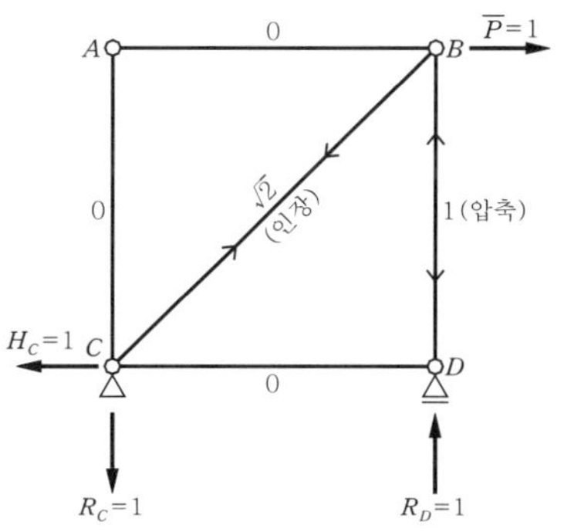

그림(c)

실제 하중에 의한 트러스의 부재력 N과 가상하중에 의한 트러스의 부재력 $\overline{N}$을 다음 표와 같이 정리하였다.

부재명	N	$\overline{N}$	L	$N\cdot\overline{N}\cdot L$
AB	P	0	L	0
AC	$-3P$	0	L	0
BC	$-P\sqrt{2}$	$\sqrt{2}$	$L\sqrt{2}$	$-2PL\sqrt{2}$
CD	0	0	L	0
BD	P	-1	L	$-PL$
계				$-PL(2\sqrt{2}+1)$

절점B의 수평변위를 구하면,

$$\delta_B = \sum \frac{N\cdot\overline{N}\cdot L}{EA} = -\frac{PL(2\sqrt{2}+1)}{EA}$$

(⇐ 부호가 음수이므로 수평변위는 가상단위하중과 반대방향임.)

(2) 절점 A와 B의 상대변위를 구하기 위하여 그림(d)와 같이 방향이 서로 반대인 한 쌍의 가상 단위 하중 $\overline{P}=1$을 절점 A와 B에 작용시킨후 그림(e)와 같은 부재력도를 구하였다.

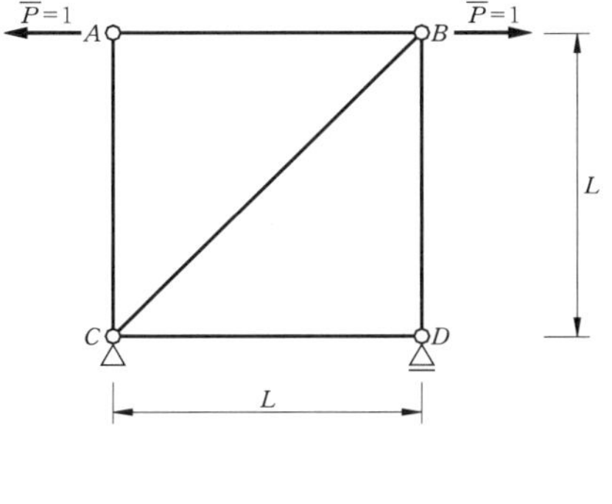

그림(d)

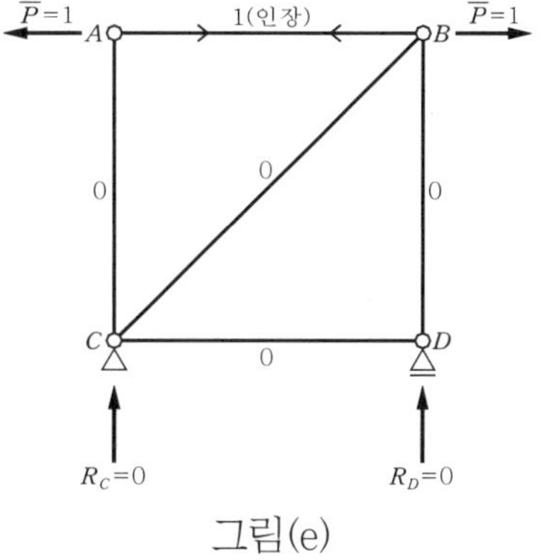

그림(e)

실제 하중에 의한 트러스의 부재력 N과 가상하중에 의한 트러스의 부내력 $\overline{N}$을 다음 표와 같이 정리하였다.

부재명	N	$\overline{N}$	L	$N\cdot\overline{N}\cdot L$
AB	P	1	L	PL
AC	$-3P$	0	L	0
BC	$-P\sqrt{2}$	0	$L\sqrt{2}$	0
CD	0	0	L	0
BD	P	0	L	0
계				PL

절점 A와 B의 상대변위를 구하면,

$$\delta_{AB} = \sum \frac{N\cdot\overline{N}\cdot L}{EA} = \frac{PL}{EA}$$

(3) 절점 A와 D의 상대변위를 구하기 위하여 그림(f)와 같이 방향이 서로 반대인 한 쌍의 가상 단위하중 $\overline{P}=1$을 절점 A와 D에 작용시킨 후 그림(g)와 같은 부재력도를 구하였다.

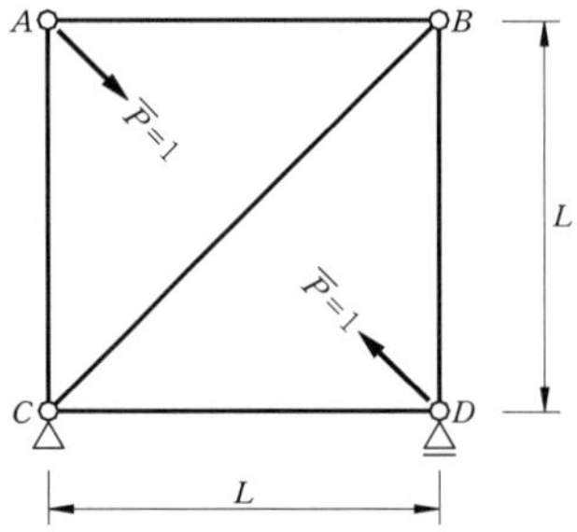

그림(f)

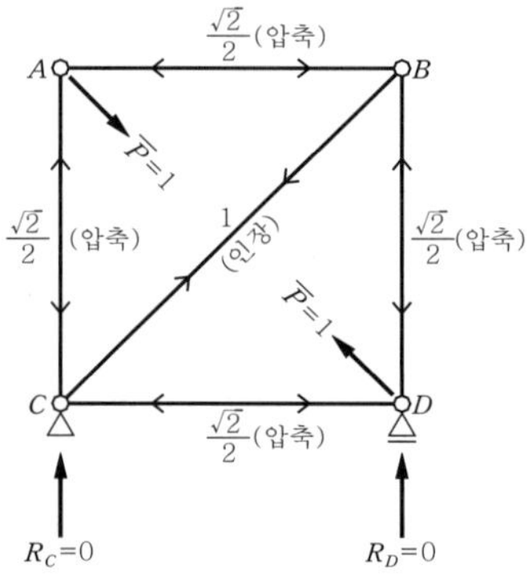

그림(g)

실제 하중에 의한 트러스의 부재력 N과 가상하중에 의한 트러스의 부재력 $\overline{N}$을 다음 표와 같이 정리하였다.

부재명	N	$\overline{N}$	L	$N\cdot\overline{N}\cdot L$
AB	P	$-\sqrt{2}/2$	L	$-PL\sqrt{2}/2$
AC	$-3P$	$-\sqrt{2}/2$	L	$3PL\sqrt{2}/2$
BC	$-P\sqrt{2}$	1	$L\sqrt{2}$	$-2PL$
CD	0	$-\sqrt{2}/2$	L	0
BD	P	$-\sqrt{2}/2$	L	$-PL\sqrt{2}/2$
계				$-\frac{PL(\sqrt{2}-4)}{2}$

절점 A와 D의 상대변위를 구하면,

$$\delta_{AD} = \sum \frac{N \cdot \overline{N} \cdot L}{EA} = -\frac{PL(\sqrt{2}-4)}{2EA}$$

(⇐ 부호가 음수이므로 상대변위는 가상단위하중과 반대방향임.)

(4) 부재 AB의 회전각을 구하기 위하여 그림(h)와 같이 방향이 서로 반대인 한 쌍의 가상 우력하중 $\overline{P} = \dfrac{1}{L}$ 을 절점 A와 B에 작용시킨후 그림(i)와 같은 부재력도를 구하였다.

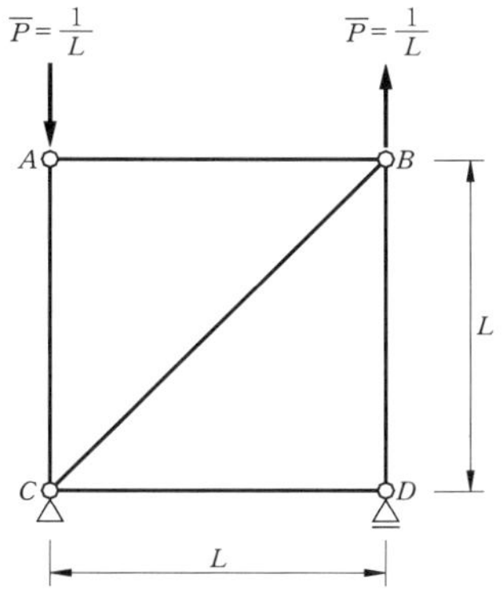

그림(h)

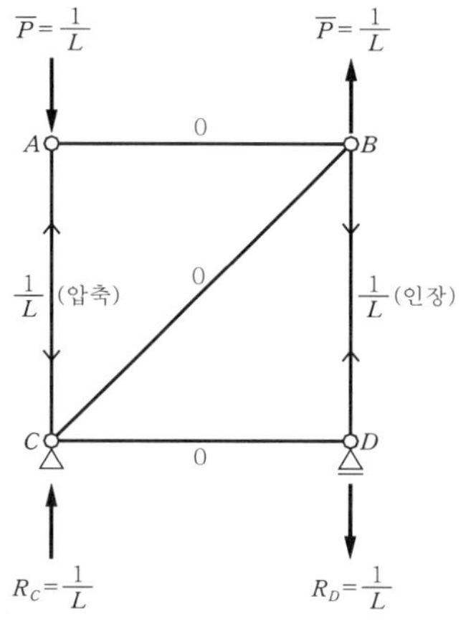

그림(i)

실제 하중에 의한 트러스의 부재력 N과 가상하중에 의한 트러스의 부내력 $\overline{N}$을 다음 표와 같이 정리하였다.

부재명	N	$\overline{N}$	L	$N \cdot \overline{N} \cdot L$
AB	P	0	L	0
AC	$-3P$	$-1/L$	L	$3P$
BC	$-P\sqrt{2}$	0	$L\sqrt{2}$	0
CD	0	0	L	0
BD	P	$1/L$	L	P
계				$4P$

부재 AB의 회전각을 구하면,

$$\theta_{AB} = \sum \frac{N \cdot \overline{N} \cdot L}{EA} = \frac{4P}{EA}$$

(⇐ 부호가 양수이므로 상대회전각은 가상단위하중과 같은 반시계방향임.)

(5) 부재 AB와 부재 AC의 상대 회전각을 구하기 위해서는 그림(j)와 같이 각 부재에 각각 단위우력을 형성하는 한 쌍의 가상 우력하중 $\overline{P_1} = \dfrac{1}{L}$, $\overline{P_2} = \dfrac{1}{L}$을 각각 작용시키며, 이에 그림(k)와 같은 부재력도를 구하였다.

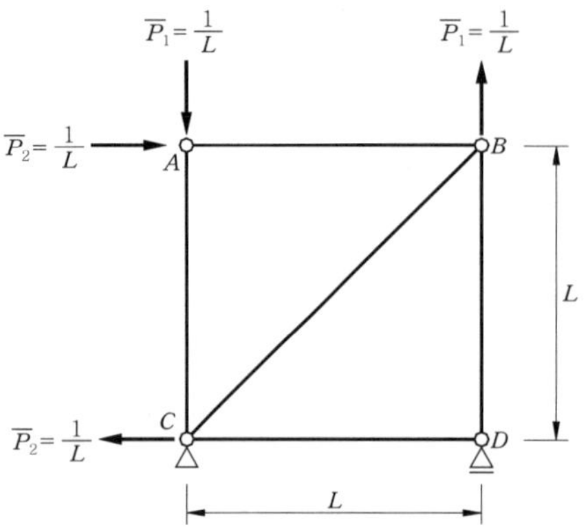

그림(j)

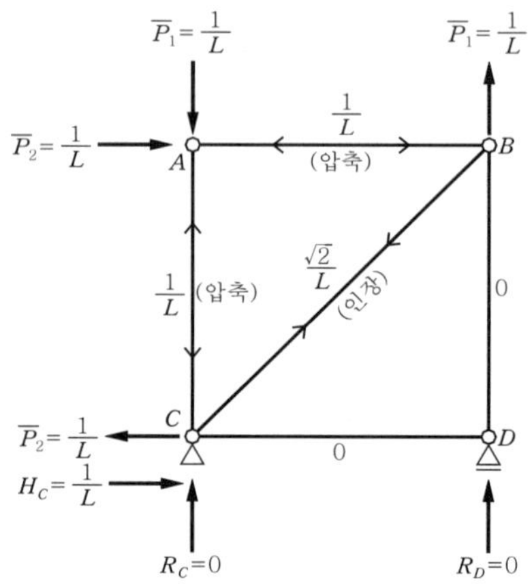

그림(k)

실제 하중에 의한 트러스의 부재력 N과 가상하중에 의한 트러스의 부재력 $\overline{N}$을 다음 표와 같이 정리하였다.

부재명	N	$\overline{N}$	L	$N \cdot \overline{N} \cdot L$
AB	P	$-1/L$	L	$-P$
AC	$-3P$	$-1/L$	L	$3P$
BC	$-P\sqrt{2}$	$\sqrt{2}/L$	$L\sqrt{2}$	$-2P\sqrt{2}$
CD	0	0	L	0
BD	P	0	L	0
계				$2P(1-\sqrt{2})$

부재 AB와 부재 AC의 상대 회전각을 구하면,

$$\theta_{AB-AC} = \sum \frac{N \cdot \overline{N} \cdot L}{EA} = \frac{2P(1-\sqrt{2})}{EA}$$

예제 10.4.4

다음 그림과 같이 부등단면을 가진 캔틸레버 보 AB가 자유단인 B점에 집중하중 P를 받고 있을 때, B점의 처짐 δ_B를 구하여라.
(단, 이 보의 단면은 폭이 b로 일정하고, A점에서의 높이는 h_a이고 자유단에서의 높이는 $h_b = h_a/2$로 선형 변화한다.)

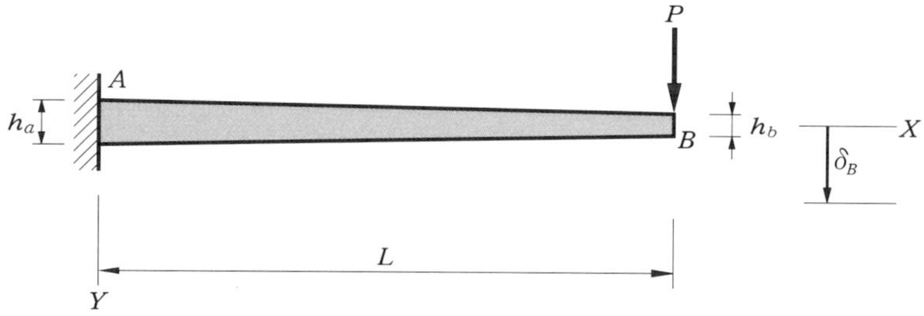

풀이

B점을 원점으로 AB재의 임의 점 x에서의 휨모멘트를 x에 관하여 정리하면 다음과 같다.

$$M_x = -P\cdot x \qquad (0 \le x \le L)$$

또한 $\overline{P}=1$의 가상하중이 B점에 작용할 때, AB재의 임의의 점 x에서의 휨모멘트를 x에 관하여 정리하면 다음과 같다.

$$\overline{M_x} = -x \qquad (0 \le x \le L)$$

부등단면이므로 임의의 점 x에서의 단면2차모멘트 I_x를 계산하여야 하며, 이를 구하면 아래와 같다.

$$I_x = \frac{bh_a^3}{96}\left(1+\frac{x}{L}\right)^3 \qquad (0 \le x \le L)$$

따라서 B점에서의 수직처짐 δ_B를 구하면

$$\begin{aligned}\delta_B &= \int_0^L \frac{M_x\overline{M_x}}{EI_x}dx \\ &= \frac{1}{E}\int_0^L \frac{P\cdot x^2}{\dfrac{b\cdot h_a^3}{96}\left(1+\dfrac{x}{L}\right)^3}dx = \frac{96P}{b\cdot E\cdot h_a^3}\int_0^L \frac{x^2}{\left(1+\dfrac{x}{L}\right)^3}dx \\ &= \frac{96PL^3}{bEh_a^3}\int_0^L \frac{x^2}{(L+x)^3}dx\end{aligned}$$

여기서, $L+x=y$로 치환하면 쉬운 계산이 가능하다. (단, $x=0$일 때, $y=L$이고, $x=L$일 때, $y=2L$이고, $dx=dy$가 된다.)

$$\begin{aligned}\delta_B &= \frac{96PL^3}{bEh_a^3}\int_L^{2L}\frac{(y-L)^2}{(y)^3}dx = \frac{96PL^3}{bEh_a^3}\int_L^{2L}\frac{y^2}{y^3}-\frac{2yL}{y^3}+\frac{L^2}{y^3}dx \\ &= \frac{96PL^3}{b\cdot E\cdot h_a^3}\left[\ln y+\frac{2L}{y}-\frac{L^2}{2y^2}\right]_L^{2L} = \frac{96PL^3}{b\cdot E\cdot h_a^3}\left(\ln 2-\frac{5}{8}\right)\end{aligned}$$

$$\therefore\ \delta_B = \frac{6.542\,PL^3}{b\,E\,h_a^3}$$

예제 10.4.5

다음 그림(a)와 같은 단순보 AB의 중앙부 C점에 집중하중 $2P$가 작용하고 있다. 이 보의 높이 h는 일정하나 폭이 그림(b)와 같이 변할 때, 중앙부 C점의 처짐 δ_C를 구하여라.

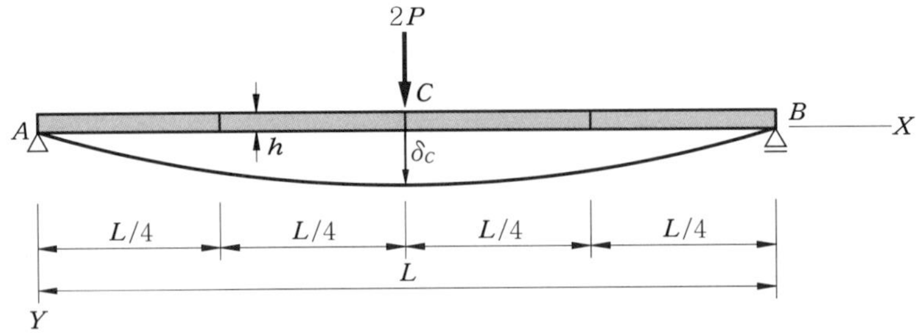

(a)

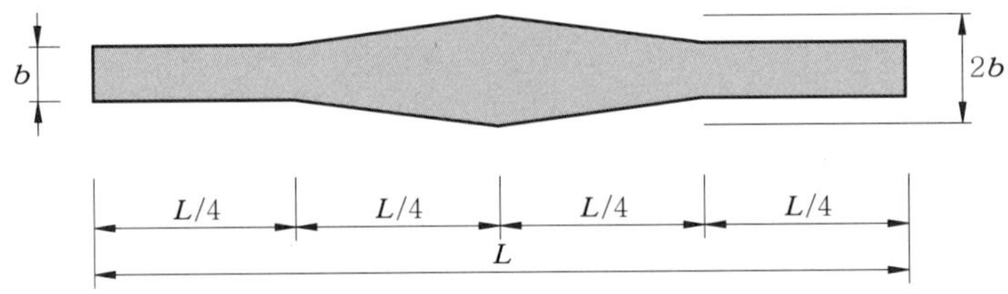

(b)

풀이

A점을 원점으로 AB재의 임의 점 x에서의 휨모멘트를 x에 관하여 정리하면 다음과 같다.

$$M_x = P \cdot x \qquad \left(0 \le x \le \frac{L}{2}\right)$$

$$M_x = P \cdot x - 2P\left(x - \frac{L}{2}\right) = P\,(L - x) \qquad \left(\frac{L}{2} \le x \le L\right)$$

또한 $\overline{P} = 1$의 가상하중이 C점에 작용할 때, AB재의 임의의 점 x에서의 휨모멘트를 x에 관하여 정리하면 다음과 같다.

$$M_x = \frac{x}{2} \qquad \left(0 \le x \le \frac{L}{2}\right)$$

$$M_x = \frac{x}{2} - \left(x - \frac{L}{2}\right) = \frac{1}{2}\,(L - x) \qquad \left(\frac{L}{2} \le x \le L\right)$$

보가 부분적으로 부등단면이므로 구간별로 폭 b_x 및 단면2차모멘트 I_x를 계산하여야 하며, 이를 구하면 아래와 같다.

$$b_x = b \qquad \left(0 \le x \le \frac{L}{4}\right)$$

$$b_x = \frac{4b}{L}x \qquad \left(\frac{L}{4} \le x \le \frac{L}{2}\right)$$

$$I_x = \frac{bh^3}{12} \qquad \left(0 \le x \le \frac{L}{4}\right)$$

$$I_x = \frac{b_x h^3}{12} = \frac{bh^3}{3L}x \qquad \left(\frac{L}{4} \le x \le \frac{L}{2}\right)$$

여기서, 하중이 중앙부에 작용하고 단면이 좌우대칭이므로,

$$\delta_C = 2 \times \left(\int_0^{\frac{L}{2}} \frac{M_x \overline{M_x}}{EI_x} dx \right)$$

가 성립된다. 따라서 중앙부 C점의 처짐을 구하면,

$$\begin{aligned}
\delta_C &= 2 \times \left(\int_0^{\frac{L}{2}} \frac{M_x \overline{M_x}}{EI_x} dx \right) \\
&= 2 \times \left(\frac{1}{EI} \int_0^{\frac{L}{4}} \frac{P \cdot x^2}{2} dx + \frac{1}{E} \int_{\frac{L}{4}}^{\frac{L}{2}} \frac{P \cdot x^2}{2I_x} dx \right) \\
&= 2 \times \left(\frac{6P}{E \cdot b \cdot h^3} \int_0^{\frac{L}{4}} x^2\, dx + \frac{3PL}{2E \cdot b \cdot h^3} \int_{\frac{L}{4}}^{\frac{L}{2}} x\ dx \right) \\
&= 2 \times \left(\frac{6P}{E \cdot b \cdot h^3} \left[\frac{1}{3}x^3 \right]_0^{\frac{L}{4}} + \frac{3PL}{2E \cdot b \cdot h^3} \left[\frac{1}{2}x^2 \right]_{\frac{L}{4}}^{\frac{L}{2}} \right) = 2 \times \left(\frac{PL^3}{32E \cdot b \cdot h^3} + \frac{9PL^3}{64E \cdot b \cdot h^3} \right)
\end{aligned}$$

$$\therefore \ \delta_C = \frac{11PL^3}{32E \cdot b \cdot h^3}$$

예제 10.4.6

다음 그림과 같은 반원형 아치에서 B점의 수평변위 δ_B를 구하여라. (단, 부재의 EI는 일정하다.)

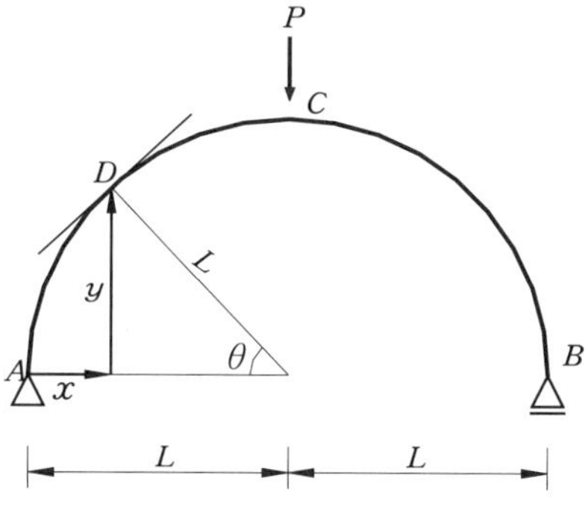

풀이

좌우대칭 구조이므로 좌측반분에 대해 구한 후 2배를 하여 결과값을 얻는다.

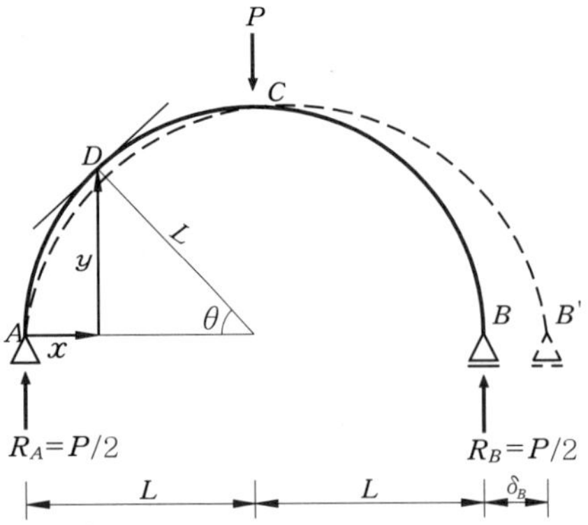

그림(a)

A점을 원점으로 AC구간의 임의의 점D에서의 외력에 의한 휨모멘트 일반식을 구하면 다음과 같다.

$$M_0 = R_A \cdot x \qquad (0 \le x \le L)$$

여기서, $x = L(1-\cos\theta)$ 이므로,

$$\therefore\ M_0 = R_A L(1-\cos\theta) = \frac{PL}{2}(1-\cos\theta) \qquad \left(0 \le \theta \le \frac{\pi}{2}\right)$$

또한 $\overline{P}=1$ 의 가상하중이 B점에 작용할 때, AC구간의 임의의 점D에서의 휨모멘트 일반식을 구하면 다음과 같다. (그림(b) 참조)

$$M_1 = H_A \cdot y = y \qquad (0 \le y \le L)$$

여기서, $y = L\sin\theta$ 이므로,

$$\therefore\ M_1 = L\sin\theta \qquad \left(0 \le \theta \le \frac{\pi}{2}\right)$$

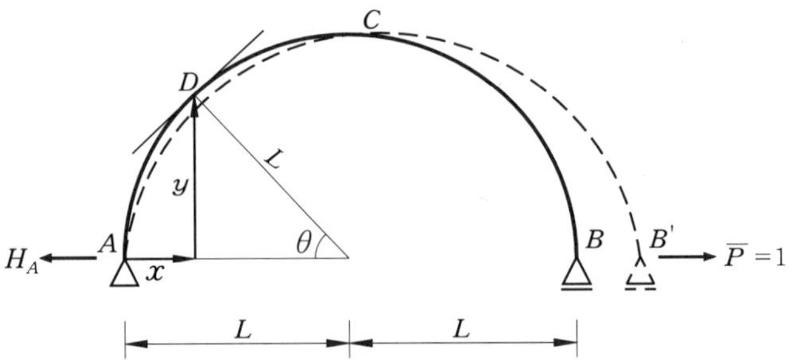

그림(b)

수평변위 δ_B를 구하기 위해서는 부재의 길이를 알아야한다. 이는 미소각일 때 부재의 길이를 ds 라 하면 $ds = L \cdot d\theta$ 로 구할 수 있다.
따라서 수평변위 δ_B를 구하면,

$$\delta_B = 2\int_A^C \frac{M_0 M_1}{EI} ds = 2\int_0^{\pi/2} \frac{M_0 M_1}{EI} ds$$

$$= \frac{2}{EI}\int_0^{\pi/2} \left[\frac{PL}{2}(1-\cos\theta) \times L\sin\theta \right] L \cdot d\theta$$

$$= \frac{PL^3}{EI} \int_0^{\pi/2} (1-\cos\theta) \times \sin\theta \, d\theta$$

여기서, $1-\cos\theta = t$, $\sin\theta\, d\theta = dt$로 치환하면 계산이 용이하다.

(단, $\theta = 0$일 때 $t=0$이고, $\theta = \pi/2$일 때 $t=1$이 된다.)

$$\delta_B = \frac{PL^3}{EI} \int_0^1 t \, dt$$

$$\therefore \;\; \delta_B = \frac{PL^3}{2EI}$$

◆ ◆ ◆ ◆ ◆ ◆ ◆

10.4.4 지점침하, 온도변화, 제작오차를 고려한 가상일의 방법

이 절에서는 앞에서 배운 가상일의 방법을 좀 더 확대시켜, 지점침하, 온도변화 그리고 부재의 제작오차가 발생한 경우에 대하여 살펴보도록 한다.

지점이 침하하는 경우, 구조물에 작용하는 가상하중 $\overline{P_i}$에 의한 각 지점 j ($j = 1, 2, 3, \cdots\cdots$)의 가상반력을 $\overline{R_j}$, 각 지점의 침하량을 δ_j라 할 때 지점침하로 인한 외부 가상일은 다음과 같다.

$$\overline{W_R} = \sum \overline{R_j}\, \delta_j \qquad (10.4.18)$$

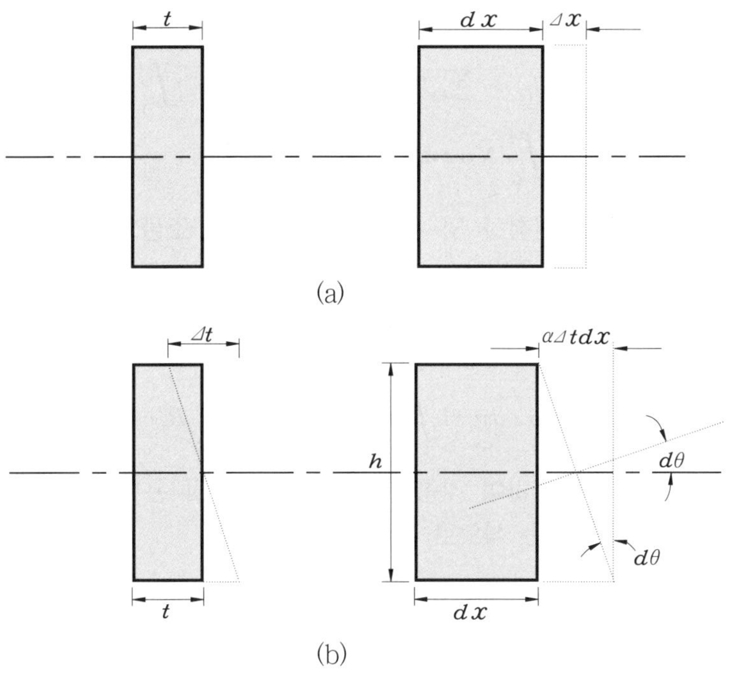

그림[10.4.9] 온도변화에 따른 부재의 변위

구조물에 온도변화가 t 만큼 균일하게 변화하는 경우는 그림[10.4.9](a)와 같이 부재길이방향으로 미소길이 dx 에 대하여 $\Delta x = \alpha\ t\ dx$ 만큼 늘어나거나 줄어듦으로 내부 가상일은 다음과 같다. 여기서 α 는 재료의 선팽창계수를 뜻한다.

$$\overline{U_N} = \int_0^L \overline{N}\ \alpha\ t\ dx \tag{10.4.19}$$

또한 구조물의 단면 내 온도변화가 균일하지 않고, 부재축에서의 온도변화 t 를 기준으로 단면의 상하연단까지 직선변화하여 상하연단의 온도차가 Δt (상단이 하단보다 저온)이면 그림[10.4.9](a)와 같이 부재길이방향으로 미소길이 dx 에 대하여 $\Delta x = \alpha\, t\, dx$ 만큼 늘어나거나 줄어듦과 동시에 그림[10.4.9](b)와 같이 미소길이 dx 에 대하여

$$d\theta = \frac{\alpha\ \Delta t}{h} dx \tag{10.4.20}$$

만큼 기울어짐으로 이때의 내부 가상일은 다음과 같다. 여기서 h 는 부재 높이를 뜻한다.

$$\begin{aligned}\overline{U_N} + \overline{U_M} &= \int_0^L \overline{N}\, \alpha\, t\, dx + \int_0^L \overline{M}\, d\theta \\ &= \int_0^L \overline{N}\ \alpha\ t\ dx + \int_0^L \overline{M}\ \frac{\alpha\ \Delta t}{h} dx\end{aligned} \tag{10.4.21}$$

따라서 지점침하 및 온도변화를 고려한 가상일의 식은 앞에서 배운 이들이 고려되지 않은 가상일의 원리식(10.4.13)에 지점침하로 인한 외부 가상일의 식(10.4.18)과 온도변화로 인한 내부 가상일의 식(10.4.21)을 추가하면 다음과 같이 된다.

$$\begin{aligned}\sum \overline{P_i}\, \delta_i\ (\text{or} \sum \overline{M_i}\, \theta_i) + \sum \overline{R_j}\, \delta_j = &\int_0^L \frac{N\overline{N}}{EA} dx + \int_0^L \frac{M\overline{M}}{EI} dx + k\int_0^L \frac{V\overline{V}}{GA} dx \\ &+ \int_0^L \overline{N}\, \alpha\, t\, dx + \int_0^L \overline{M}\ \frac{\alpha\ \Delta t}{h} dx\end{aligned} \tag{10.4.22}$$

결국 각종 하중, 지점침하 및 온도변화에 의한 구조물의 임의 점 i의 변위를 구하는 일반식은 단위하중법을 사용하면 다음과 같이 된다.

$$\begin{aligned}\delta_i\ (\text{or}\ \theta_i) = &\int_0^L \frac{N\overline{N}}{EA} dx + \int_0^L \frac{M\overline{M}}{EI} dx + k\int_0^L \frac{V\overline{V}}{GA} dx \\ &+ \int_0^L \overline{N}\, \alpha\, t\, dx + \int_0^L \overline{M}\ \frac{\alpha\ \Delta t}{h} dx - \sum \overline{R_j}\, \delta_j\end{aligned} \tag{10.4.23}$$

상기 식(10.4.23)에 의하여 각종 하중, 지점침하 및 온도변화에 의한 정정트러스의 경우는 다음과 같은 식으로 정리된다.

$$\delta_i\ (\text{or}\ \theta_i) = \sum \frac{N\overline{N}L}{EA} + \sum \overline{N}\, \alpha\, t\, L - \sum \overline{R_j}\, \delta_j \tag{10.4.24}$$

한편 정정트러스에서 제작실수로 인하여 부재의 길이가 ΔL 만큼의 오차가 있

는 경우, 길게 제작하였다면 온도가 오른 것과 같고, 짧게 제작하였다면 온도가 내린 것과 같으므로 상기 식(10.4.24)에서 $\alpha t L$ 대신에 ΔL 를 대입하면 트러스의 부재길이의 제작오차로 인한 변위를 구할 수 있다.

$$\delta_i \text{ (or } \theta_i) = \sum \frac{N\overline{N}L}{EA} + \sum \overline{N}\,\Delta L - \sum \overline{R_j}\,\delta_j \qquad (10.4.25)$$

◆ ◆ ◆ ◆ ◆ ◆

예제 10.4.7

다음 그림과 같이 집중하중 P 를 받는 내민보가 있다. 단면의 높이가 h 인 CB 보의 온도를 재어보니 단면 상단은 10 ℃, 하단은 0 ℃로 측정되었다. 또한 지점 A, B 가 각각 아래로 20㎜, 30㎜ 침하하였다면, 이때 C 점의 처짐과 A 점, B 점의 처짐각을 구하여라. (단, CB 보의 상단과 하단사이에서의 온도변화는 선형적이며 선팽창계수 $\alpha = 1.2 \times 10^{-5}/$℃ 이다.)

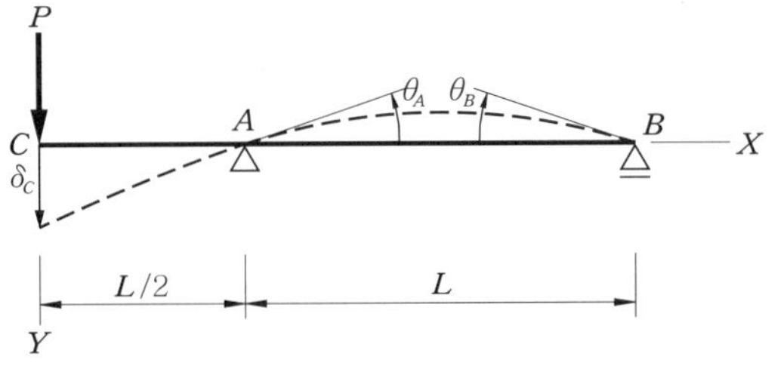

풀이

임의의 점 x 에서의 휨모멘트를 x 에 관하여 정리하면 다음과 같다.

$$M_x = -Px \ \ (0 \le x \le L/2), \qquad M_x = -Px + \frac{3Px}{2} - \frac{3PL}{4} \ \ (L/2 \le x \le 3L/2)$$

그림(a)는 C 점에서의 처짐을 구하기 위하여 C 점에 $\overline{P}=1$ 의 가상 단위하중을 작용시킨 모습이다.

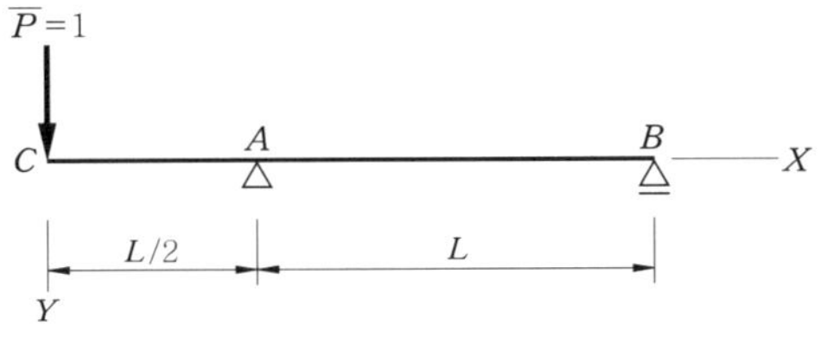

그림(a)

$\overline{P}=1$ 의 가상하중이 작용할 때 임의의 점 x 에서의 휨모멘트를 x 에 관하여 정리하면 다음과 같다.

$$\overline{M_x} = -x \ \ (0 \le x \le L/2), \qquad \overline{M_x} = -x + \frac{3x}{2} - \frac{3L}{4} \ \ (L/2 \le x \le 3L/2)$$

따라서 내민보의 온도변화와 지점침하를 고려한 C 점에서의 처짐 δ_C 를 구하면

$$\delta_C = \int_0^{\frac{L}{2}} \frac{M_x \overline{M_x}}{EI} dx + \int_{\frac{L}{2}}^{\frac{3L}{2}} \frac{M_x \overline{M_x}}{EI} dx$$

$$+ \int_0^{\frac{L}{2}} \overline{M_x} \frac{\alpha \Delta t}{h} dx + \int_{\frac{L}{2}}^{\frac{3L}{2}} \overline{M_x} \frac{\alpha \Delta t}{h} dx - \sum \overline{R_j} \delta_j$$

$$= \frac{1}{EI} \int_0^{\frac{L}{2}} (-Px)(-x) dx + \frac{1}{EI} \int_{\frac{L}{2}}^{\frac{3L}{2}} (-Px + \frac{3Px}{2} - \frac{3PL}{4})(-x + \frac{3x}{2} - \frac{3L}{4}) dx$$

$$+ \int_0^{\frac{L}{2}} (-x) \frac{1.2 \times 10^{-5} \times (-10)}{h} dx$$

$$+ \int_{\frac{L}{2}}^{\frac{3L}{2}} (-x + \frac{3x}{2} - \frac{3L}{4}) \frac{1.2 \times 10^{-5} \times (-10)}{h} dx - (-\frac{3}{2} \times 20 + \frac{1}{2} \times 30)$$

$$= \frac{PL^3}{8EI} + \frac{9 \times 10^{-5} L^2}{2h} + 15\, mm\ (\downarrow)$$

한편, 그림(b)는 A 점에서의 처짐각을 구하기 위하여 A 점에 $\overline{M} = 1$ 의 가상 단위하중을 작용시킨 모습이다.

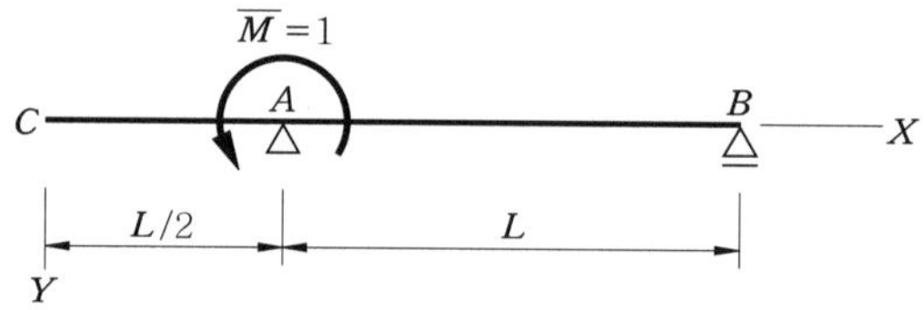

그림(b)

$\overline{M} = 1$ 의 가상하중이 작용할 때 임의의 점 x 에서의 휨모멘트를 x 에 관하여 정리하면 다음과 같다.

$$\overline{M_x} = 0 \quad (0 \le x \le L/2), \qquad \overline{M_x} = \frac{x}{L} - \frac{3}{2} \quad (L/2 \le x \le 3L/2)$$

따라서 내민보의 온도변화와 지점침하를 고려한 A 점에서의 처짐각 θ_A 를 구하면

$$\theta_A = \int_0^{\frac{L}{2}} \frac{M_x \overline{M_x}}{EI} dx + \int_{\frac{L}{2}}^{\frac{3L}{2}} \frac{M_x \overline{M_x}}{EI} dx$$

$$+ \int_0^{\frac{L}{2}} \overline{M_x} \frac{\alpha \Delta t}{h} dx + \int_{\frac{L}{2}}^{\frac{3L}{2}} \overline{M_x} \frac{\alpha \Delta t}{h} dx - \sum \overline{R_j} \delta_j$$

$$= \frac{1}{EI} \int_0^{\frac{L}{2}} - Px \times 0\, dx + \frac{1}{EI} \int_{\frac{L}{2}}^{\frac{3L}{2}} (-Px + \frac{3Px}{2} - \frac{3PL}{4})(\frac{x}{L} - \frac{3}{2}) dx$$

$$+\int_{0}^{\frac{L}{2}} 0\times\frac{1.2\times10^{-5}\times(-10)}{h}dx$$

$$+\int_{\frac{L}{2}}^{\frac{3L}{2}}(\frac{x}{L}-\frac{3}{2})\ \frac{1.2\times10^{-5}\times(-10)}{h}dx-(-\frac{1}{L}\times20+\frac{1}{L}\times30)$$

$$=\frac{PL^2}{6EI}+\frac{6\times10^{-5}L}{h}-\frac{10}{L}\quad(\curvearrowleft)$$

그림(c)는 B 점에서의 처짐각을 구하기 위하여 B 점에 $\overline{M}=1$ 의 가상 단위하중을 작용시킨 모습이다.

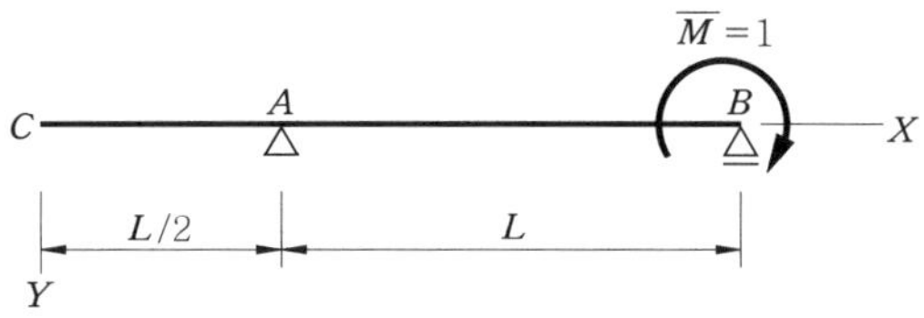

그림(c)

$\overline{M}=1$ 의 가상하중이 작용할 때 임의의 점 x 에서의 휨모멘트를 x 에 관하여 정리하면 다음과 같다.

$$\overline{M_x}=0\ \ (0\le x\le L/2)\ ,\qquad \overline{M_x}=-\frac{x}{L}+\frac{1}{2}\ \ (L/2\le x\le 3L/2)$$

따라서 내민보의 온도변화와 지점침하를 고려한 B 점에서의 처짐각 θ_B 를 구하면

$$\theta_B=\int_{0}^{\frac{L}{2}}\frac{M_x\overline{M_x}}{EI}dx+\int_{\frac{L}{2}}^{\frac{3L}{2}}\frac{M_x\overline{M_x}}{EI}dx$$

$$+\int_{0}^{\frac{L}{2}}\overline{M_x}\ \frac{\alpha\Delta t}{h}dx+\int_{\frac{L}{2}}^{\frac{3L}{2}}\overline{M_x}\ \frac{\alpha\Delta t}{h}dx-\sum\overline{R_j}\,\delta_j$$

$$=\frac{1}{EI}\int_{0}^{\frac{L}{2}}-Px\times0\,dx+\frac{1}{EI}\int_{\frac{L}{2}}^{\frac{3L}{2}}(-Px+\frac{3Px}{2}-\frac{3PL}{4})(-\frac{x}{L}+\frac{1}{2})dx$$

$$+\int_{0}^{\frac{L}{2}} 0\times\frac{1.2\times10^{-5}\times(-10)}{h}dx$$

$$+\int_{\frac{L}{2}}^{\frac{3L}{2}}(-\frac{x}{L}+\frac{1}{2})\ \frac{1.2\times10^{-5}\times(-10)}{h}dx-(\frac{1}{L}\times20-\frac{1}{L}\times30)$$

$$=\frac{PL^2}{12EI}+\frac{6\times10^{-5}L}{h}+\frac{10}{L}\quad(\curvearrowright)$$

예제 10.4.8

다음 그림과 같이 등분포하중을 받는 라멘이 있다. 단면의 높이가 h 인 AB 보의 온도를 재어보니 단면 상단은 0℃ , 하단은 20℃ 로 측정되었다. A 점에서의 처짐각과 수직처짐을 구하여라. (단, AB 보의 상단과 하단 사이에서의 온도변화는 선형적이며 선팽창계수 $\alpha = 1.2 \times 10^{-5}/℃$ 이다.)

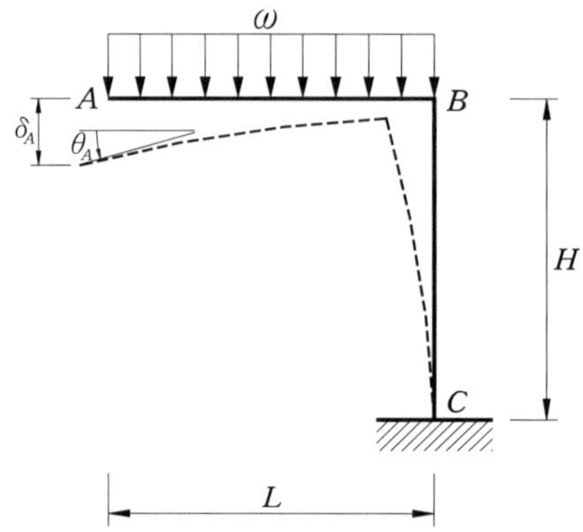

풀이

AB 재의 임의의 점 x 에서의 휨모멘트를 x 에 관하여 정리하면 다음과 같다.

$$M_x = -\frac{wx^2}{2} \qquad (0 \le x \le L)$$

BC 재의 임의의 점 y 에서의 휨모멘트를 y 에 관하여 정리하면 다음과 같다.

$$M_y = -\frac{wL^2}{2} \qquad (0 \le y \le H)$$

그림(a)는 A 점에서의 수직처짐을 구하기 위하여 A 점에 $\overline{P} = 1$ 의 가상 단위하중을 작용시킨 모습이다.

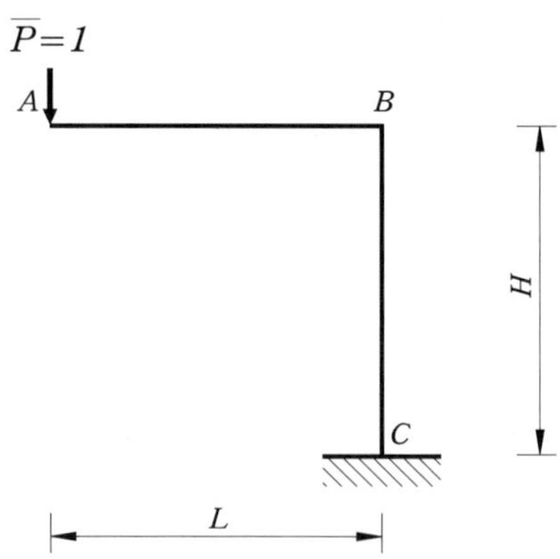

그림(a)

$\overline{P} = 1$ 의 가상하중이 작용할 때, AB 재의 임의의 점 x 에서의 휨모멘트를 x 에 관하여 정리하면 다음과 같다.

$\overline{M_x} = -x \qquad\qquad (0 \le x \le L)$

BC 재의 임의의 점 y 에서의 휨모멘트를 y 에 관하여 정리하면 다음과 같다.

$M_y = -L \qquad\qquad (0 \le y \le H)$

따라서 AB 보의 온도변화를 고려한 A 점에서의 수직처짐 δ_A 를 구하면

$$\begin{aligned}
\delta_A &= \int_0^L \frac{M_x \overline{M_x}}{EI}\,dx + \int_0^H \frac{M_y \overline{M_y}}{EI}\,dy + \int_0^L \overline{M_x}\,\frac{\alpha \Delta t}{h}\,dx \\
&= \frac{1}{EI}\int_0^L \left(-\frac{w x^2}{2}\right)(-x)\,dx + \frac{1}{EI}\int_0^H \left(-\frac{w L^2}{2}\right)(-L)\,dy \\
&\quad + \int_0^L (-x)\left(\frac{1.2\times 10^{-5}\times 20}{h}\right)dx \\
&= \left(\frac{w L^3 (L+4H)}{8EI}\right) - \left(\frac{12\times 10^{-5} L^2}{h}\right) \quad (\downarrow)
\end{aligned}$$

한편, 그림(b)는 A 점에서의 처짐각을 구하기 위하여 A 점에 $\overline{M}=1$ 의 가상 단위하중을 작용시킨 모습이다.

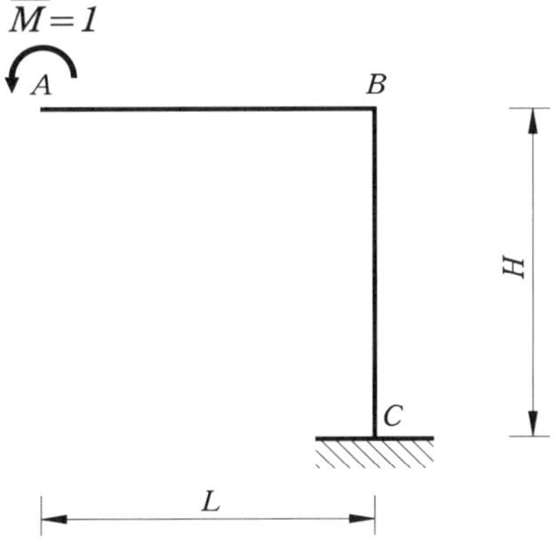

그림(b)

$\overline{M}=1$ 의 가상하중이 작용할 때, AB 재의 임의의 점 x 에서의 휨모멘트를 x 에 관하여 정리하면 다음과 같다.

$\overline{M_x} = -1 \qquad\qquad (0 \le x \le L)$

BC 재의 임의의 점 y 에서의 휨모멘트를 y 에 관하여 정리하면 다음과 같다.

$M_y = -1 \qquad\qquad (0 \le y \le H)$

따라서 AB 보의 온도변화를 고려한 A 점에서의 처짐각 θ_A 를 구하면

$$\theta_A = \int_0^L \frac{M_x \overline{M_x}}{EI}\,dx + \int_0^H \frac{M_y \overline{M_y}}{EI}\,dy + \int_0^L \overline{M_x}\,\frac{\alpha \Delta t}{h}\,dx$$

$$= \frac{1}{EI}\int_0^L\left(-\frac{wx^2}{2}\right)(-1)\,dx + \frac{1}{EI}\int_0^H\left(-\frac{wL^2}{2}\right)(-1)\,dy$$
$$+ \int_0^L(-1)\left(\frac{1.2\times10^{-5}\times20}{h}\right)dx$$
$$= \frac{wL^2(L+3H)}{6EI} - \frac{24\times10^{-5}L}{h} \quad (\curvearrowleft)$$

예제 10.4.9

다음 그림과 같은 트러스에서

(1) 부재 BC의 온도가 20℃ 만큼 상승하였을 때 절점B의 수평변위,

(2) 지점 C와 D가 각각 아래로 2㎝, 3㎝ 침하하였을 때 절점B의 수직변위를 구하여라. (단, 부재의 EA는 일정하고 부재의 선팽창계수는 α이다.)

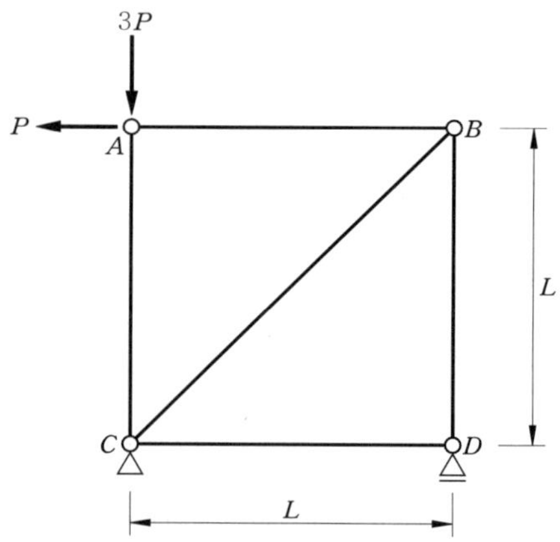

풀이

주어진 하중에 의한 트러스의 부재력도는 그림(a)와 같이 구하였다.

(1) 절점B의 수평변위를 구하기 위하여 그림(b)와 같이 B점에 수평으로 가상 단위 하중 $\overline{P}=1$을 작용시킨 후 그림(c)와 같은 부재력도를 구하였다.

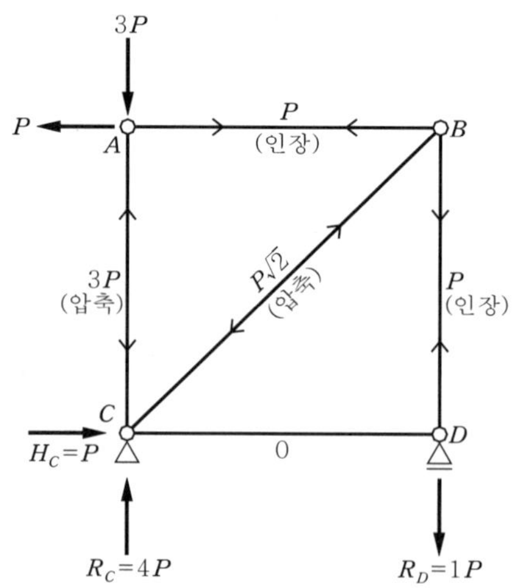

그림(a)

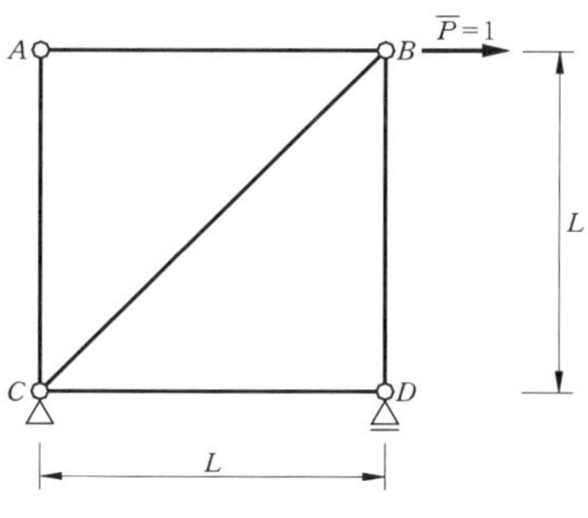

그림(b)

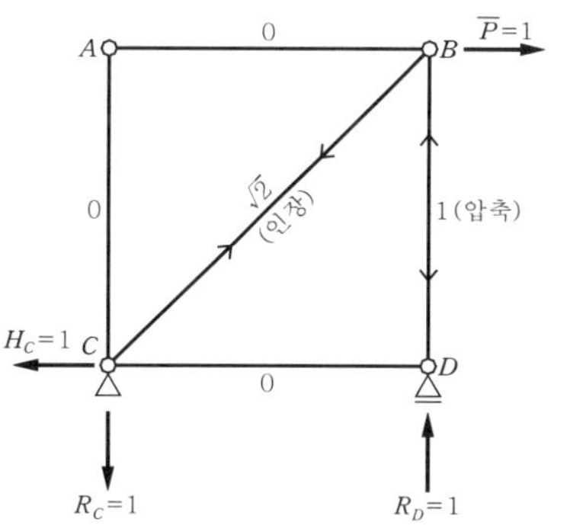

그림(c)

실제 하중에 의한 트러스의 부재력 N과 가상하중에 의한 트러스의 부재력 $\overline{N}$을 다음 표와 같이 정리하였다.

부재명	N	$\overline{N}$	L	$N\cdot\overline{N}\cdot L$
AB	P	0	L	0
AC	$-3P$	0	L	0
BC	$-P\sqrt{2}$	$\sqrt{2}$	`$L\sqrt{2}$	$-2PL\sqrt{2}$
CD	0	0	L	0
BD	P	-1	L	$-PL$
계				$-PL(2\sqrt{2}+1)$

부재 BC의 온도 변화가 있을 때 절점B의 수평변위를 구하면,

$$\delta_B=\sum\frac{N\cdot\overline{N}\cdot L}{EA}+\sum\overline{N}\,\alpha\,t\,L=-\frac{PL(2\sqrt{2}+1)}{EA}+20\,\alpha\,L$$

(2) 절점B의 수직변위를 구하기 위하여 그림(d)와 같이 B점에 수직으로 가상 단위 하중 $\overline{P}=1$을 작용시킨 후 그림(e)와 같은 부재력도를 구하였다.

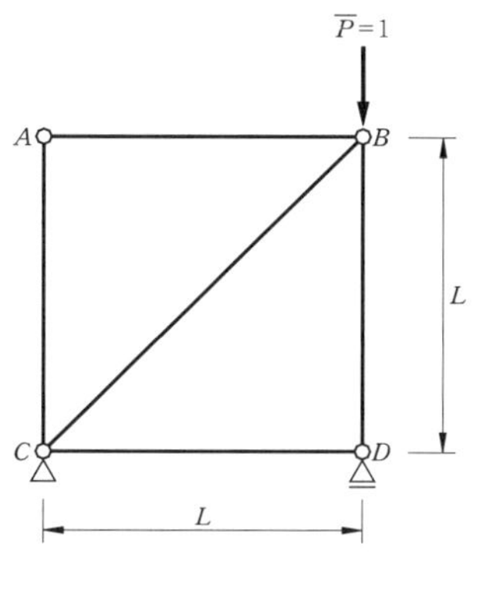

그림(d)

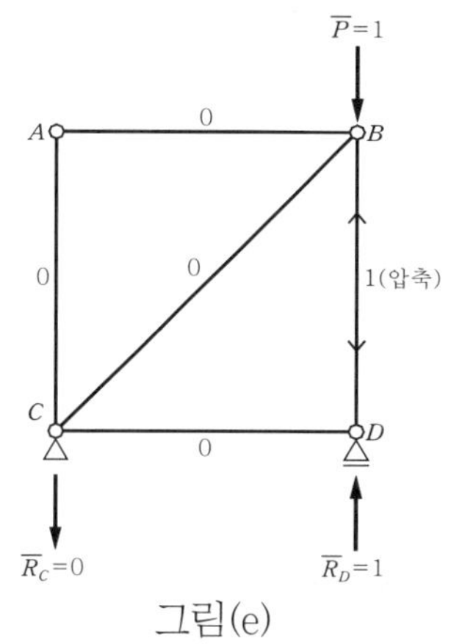

그림(e)

실제 하중에 의한 트러스의 부재력 N과 가상하중에 의한 트러스의 부재력 $\overline{N}$을 다음 표와 같이 정리하였다.

부재명	N	$\overline{N}$	L	$N\cdot\overline{N}\cdot L$
AB	P	0	L	0
AC	$-3P$	0	L	0
BC	$-P\sqrt{2}$	0	$L\sqrt{2}$	0
CD	0	0	L	0
BD	P	-1	L	$-PL$
계				$-PL$

따라서 지점 C와 D가 각각 아래로 2㎝, 3㎝ 침하하였을 때 절점B의 수직변위를 구하면,

$$\delta_B = \sum\frac{N\cdot\overline{N}\cdot L}{EA} - \sum\overline{R_j}\delta_j = -\frac{PL}{EA} - (0\times2 - 1\times3)$$
$$= -\frac{PL}{EA} + 3\ cm$$

예제 10.4.10

다음 그림과 같은 트러스에서 B점에는 수직하중 $50kN$이 C점에는 수평하중이 $80kN$ 작용한다. 그런데 제작오차로 인해 BD부재의 길이가 원래 길이보다 $3mm$ 작아 구조물에 부가력을 만든다. 이런 조건하에서 C점의 수평변위 δ_C는 얼마인가? (단, $E=205000MPa$이고, 모든 부재의 단면적 $A=500mm^2$ 이다)

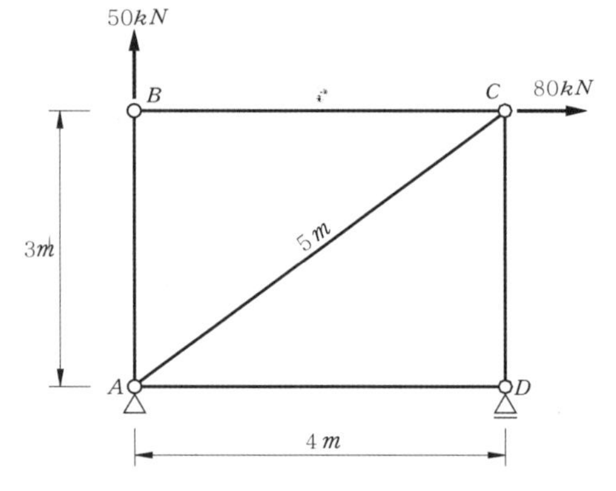

풀이

제작오차를 고려하지 않은 외력에 의한 트러스의 부재력도는 그림(a)와 같이 구할 수 있다.

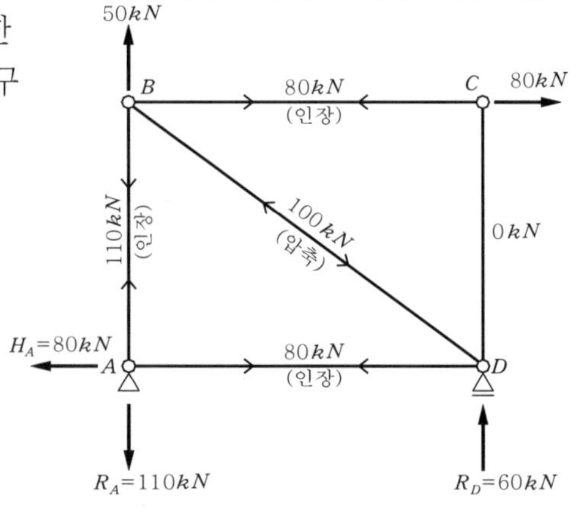

그림(a)

그리고 절점 C 에서의 수평변위 δ_C 를 구하기 위하여 그림(b)와 같이 C 점에 수평으로 가상 단위하중 $\overline{P}=1$ 을 작용시키면, 그림(c)와 같이 부재력도를 구할 수 있다.

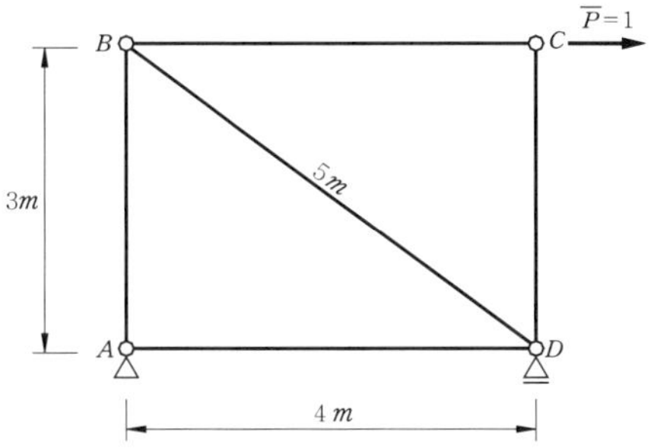

그림(b)

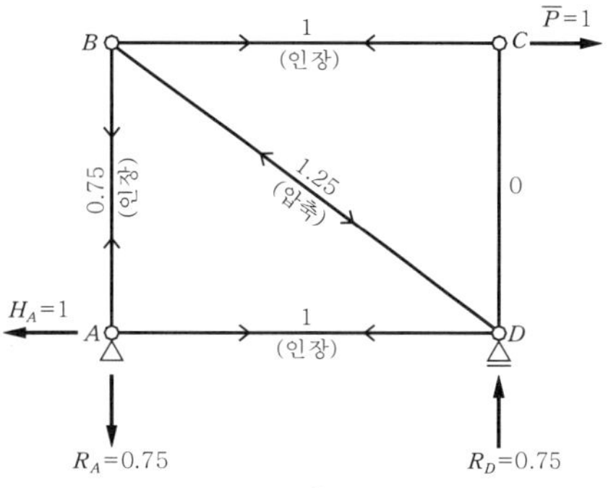

그림(c)

절점 C 에서의 변위는 제작오차로 인한 변위를 구하는 일반식을 통해 구한다.

$$\delta_i\ (\text{or}\ \theta_i)\ =\ \sum\frac{N\overline{N}L}{EA}+\sum\overline{N}\ \Delta L-\sum\overline{R_j}\,\delta_j$$

여기서, 지점침하는 발생하지 않으므로 식을 다시 정리하면,

$$\delta_i\ (\text{or}\ \theta_i)\ =\ \sum\frac{N\overline{N}L}{EA}+\sum\overline{N}\ \Delta L$$

가 된다.

실제 하중에 의한 트러스의 부재력 N 과 가상하중에 의한 트러스의 부재력 $\overline{N}$ 을 다음 표와 같이 정리하였고, 이를 위 식에 대입하여 δ_C 를 구할 수 있다.

부재명	N (kN)	$\overline{N}$ (kN)	L (m)	ΔL (m)	$N\cdot\overline{N}\cdot L$	$\overline{N}\cdot\Delta L$
AB	110	0.75	3	0	247.5	0
AD	80	1	4	0	320	0
BC	80	1	4	0	320	0
BD	−100	−1.25	5	0.003	625	−0.00375
CD	0	0	3	0	0	0
계					1512.5	−0.00375

부재 BD 가 $3mm$ 짧게 제작되었을 때 절점 C 의 수평변위를 구하면,

$$\therefore\ \delta_C=\sum\frac{N\cdot\overline{N}\cdot L}{EA}+\sum\overline{N}\cdot\Delta L=\frac{1512.5\times10^6}{205000\times500}+(-0.00375\times10^3)\approx11mm$$

◆ ◆ ◆ ◆ ◆ ◆

◈ 연 습 문 제 ◈

10.4.1 다음 그림과 같이 집중하중을 P를 받는 캔틸레버 보의 B점에서의 처짐과 처짐각을 구하여라.

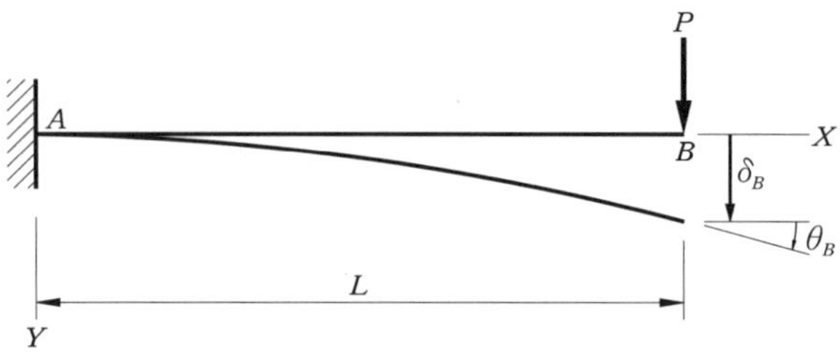

10.4.2 다음과 같이 등분포하중을 받는 캔틸레버 보의 B점에서 처짐과 처짐각을 구하여라.

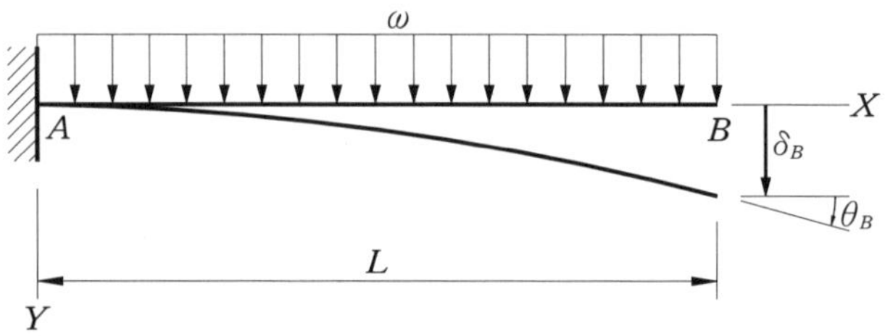

10.4.3 길이 L인 단순보 AB가 중앙부 C에서 집중하중 P를 받을 때 A점의 처짐각 θ_A와 보 중앙부의 처짐 δ_C를 구하여라.

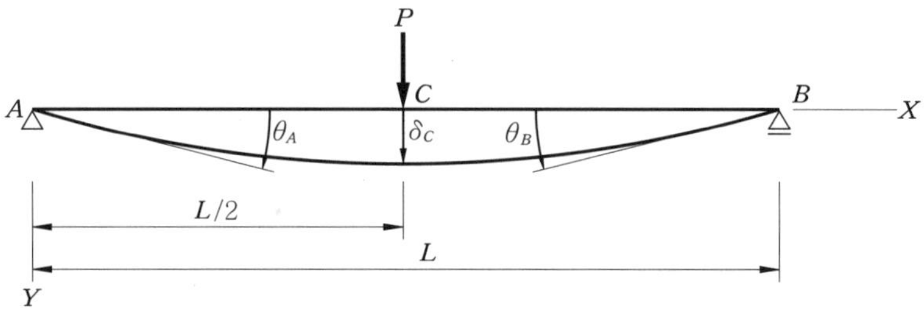

10.4.4 길이 L인 단순보 AB가 등분포하중 w를 받을 때 각 지점의 처짐각 θ_A와 보 중앙부의 처짐 δ_C를 구하여라.

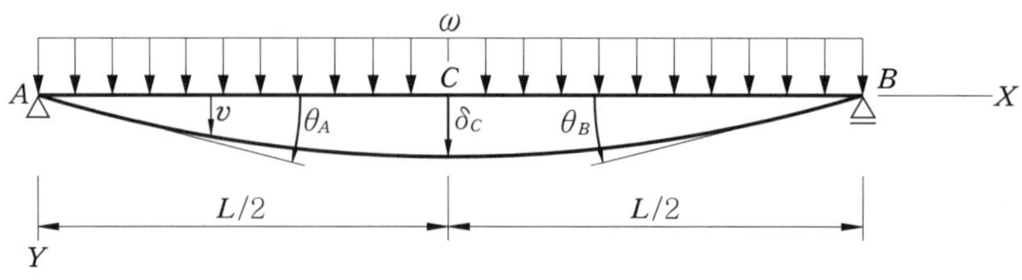

10.4.5 다음 그림과 같이 집중하중 $2P$, P를 받는 캔틸레버 보의 B점과 C점에서의 처짐과 처짐각을 구하여라.

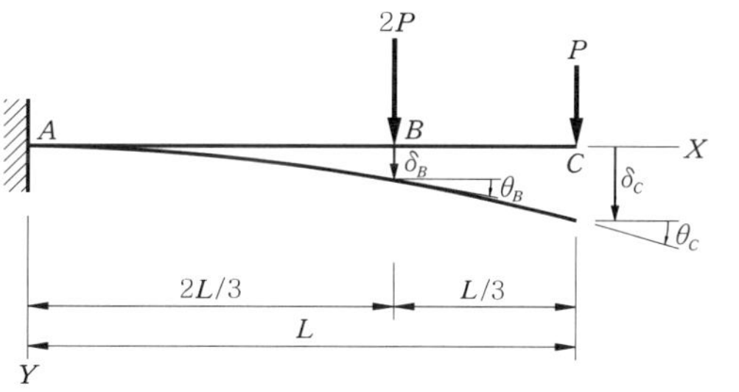

10.4.6 다음과 같은 하중을 받는 길이 L인 단순보 AB의 A점에서의 처짐각 θ_A와 보 중앙부의 처짐 δ_C를 구하여라.

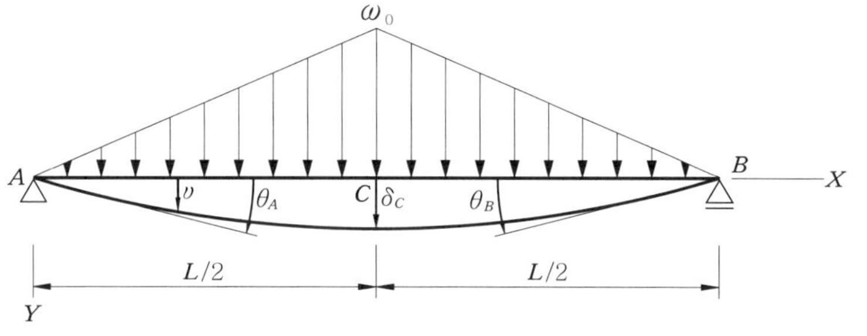

10.4.7 다음 그림과 같은 하중을 받는 길이 $2L$인 단순보 AE의 A점에서의 처짐각과 C점에서의 처짐을 구하여라.

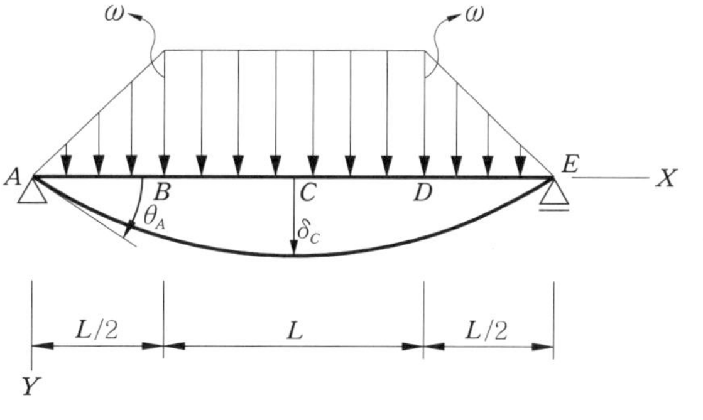

10.4.8 다음 그림과 같이 집중하중 $2P$, P를 받는 라멘의 A점에서의 처짐각과 수직처짐, B점에서의 수평처짐을 구하여라.

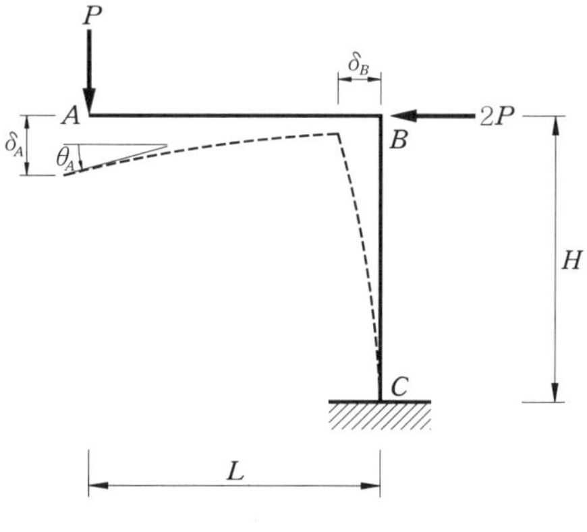

10.4.9 다음 그림과 같이 등분포하중을 받는 라멘의 B점에서의 처짐각, C점에서의 수직처짐, E점에서의 수평처짐을 구하여라.

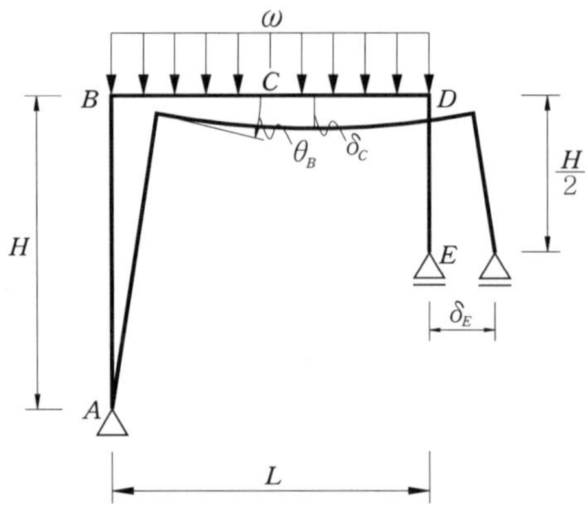

10.4.10 다음과 트러스의 중앙부 C점의 수직변위 δ_C를 구하여라. 단, 모든 부재의 EA는 일정하다.

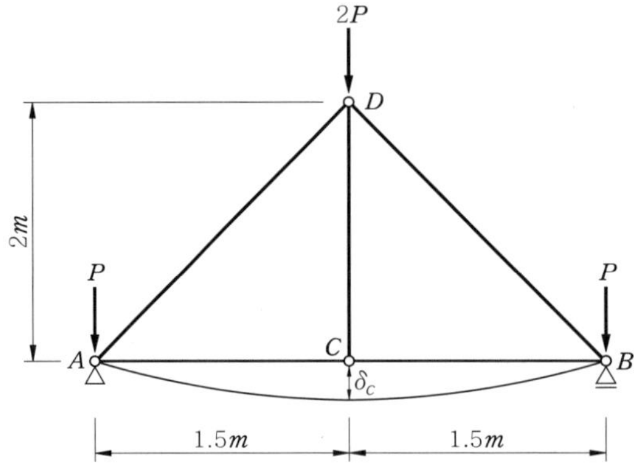

10.4.11 다음과 트러스의 C점의 수직변위 δ_C를 구하여라. 단, 모든 부재의 EA는 일정하다.

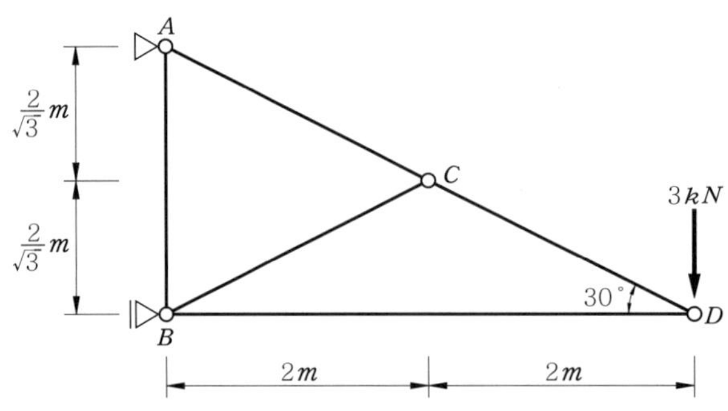

10.4.12 다음과 같은 부등단면의 캔틸레버 보가 있다. 이 보가 자유단 B점에 집중하중을 받고 있을 때, B점에서의 처짐 δ_B를 구하라. 이 보의 단면은 두께가 얇은 원형관이고, $h_a = 300mm$, $h_b = 150mm$, $t = 6mm$, $E = 200000MPa$이다.

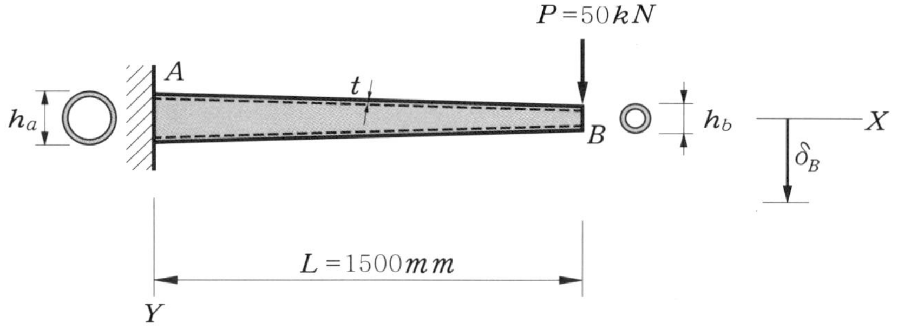

10.4.13 다음 그림과 같은 높이 H의 내민보 ABC가 있다. 이 보의 상부면이 T_1, 하부면이 T_2로 균일한 온도의 영향을 받을 때, 자유단 C점에서의 처짐 δ_C를 단위하중법을 통해 구하여라. (여기서, α : 열팽창계수, $T_1 > T_2$이며 단면 상하를 따라 선형적 온도분포를 가진다.)

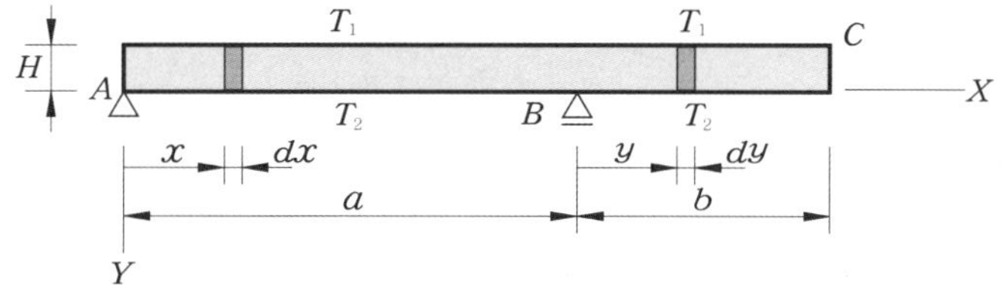

10.4.14 다음 그림과 같은 반원형 아치에서 B점의 수평변위 δ_B를 구하여라. (단, 부재의 EI는 일정하다.)

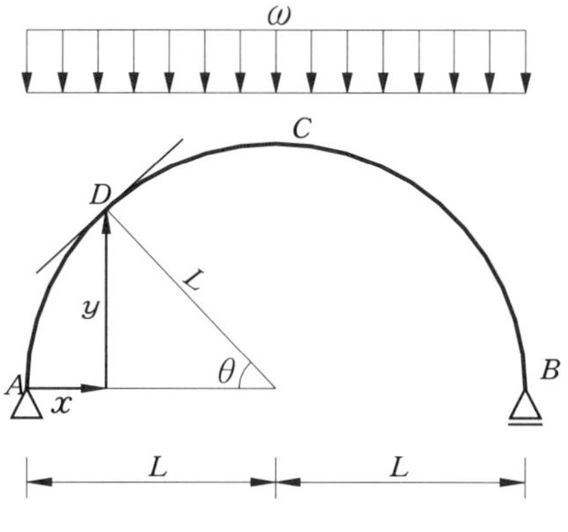

10.5 카스틸리아노의 정리

1879년 이탈리아의 Alberto Castigliano에 의해 발표된 카스틸리아노의 정리는 작용하는 하중으로 인하여 탄성구조물 내부에 축적된 변형에너지를 이용하여 구조물의 변위를 구하는데 이용될 뿐 아니라 부정정구조물 해법에도 널리 사용되는 중요한 정리이다.

10.5.1 카스틸리아노의 제1정리(Castigliano's 1st Theorem)

먼저 카스틸리아노의 제1정리에 대하여 알아보고, 이 정리를 사용하여 정정구조물의 변위를 구해보도록 한다.

예를 들어 탄성체인 구조물에 독립적으로 작용하는 하중 P_1, P_2, P_3, ……, P_i, ……, P_n이 작용하여 평형상태를 유지할 때, 구조물의 임의 위치의 단면력(N, M, V)은 다음과 같이 표현할 수 있다. 여기서 하중 P_i는 집중하중 또는 모멘트하중이다.

$$N = N_1 P_1 + N_2 P_2 + N_3 P_3 + \cdots\cdots + N_i P_i + \cdots\cdots + N_n P_n$$

$$M = M_1 P_1 + M_2 P_2 + M_3 P_3 + \cdots\cdots + M_i P_i + \cdots\cdots + M_n P_n$$

$$V = V_1 P_1 + V_2 P_2 + V_3 P_3 + \cdots\cdots + V_i P_i + \cdots\cdots + V_n P_n \tag{10.5.1}$$

여기서, N_1, N_2, N_3, ……, N_n과 M_1, M_2, M_3, ……, M_n 및 V_1, V_2, V_3, ……, V_n은 각각 가상 단위하중 $P_1 = 1$, $P_2 = 1$, $P_3 = 1$, ……, $P_n = 1$에 의한 구조물의 축방향력, 휨모멘트, 전단력을 나타낸다.

식(10.5.1)을 구조물에 작용하는 임의의 하중 P_i로 편미분하면 다음이 같이 된다.

$$\frac{\partial N}{\partial P_i} = N_i \ , \qquad \frac{\partial M}{\partial P_i} = M_i \ , \qquad \frac{\partial V}{\partial P_i} = V_i \tag{10.5.2}$$

그리고 구조물에 작용하는 하중 가운데 임의의 하중 P_i의 작용점 i의 P_i의 작용방향의 변위 $\delta_i\,(\text{or } \theta_i)$를 구하는 단위하중법은 식(10.4.14)로 다음과 같다.

$$\delta_i\ (\text{or } \theta_i) \ = \ \int_0^L \frac{N\overline{N}}{EA} dx + \int_0^L \frac{M\overline{M}}{EI} dx + k\int_0^L \frac{V\overline{V}}{GA} dx \tag{10.5.3}$$

그런데 식(10.5.3)의 $\overline{N}$, $\overline{M}$, $\overline{V}$는 가상 단위하중 $\overline{P_i} = 1$ (또는 $\overline{M_i} = 1$)이 $\overline{P_i}$ 방향으로 작용할 때의 단면력이므로, 식(10.5.1)의 N_i, M_i, V_i와 동일하다. 즉, $\overline{N} = N_i$, $\overline{M} = M_i$, $\overline{V} = V_i$이다. 따라서 식(10.5.2)를 식(10.5.3)에 대입하면 다음과 같다.

$$\delta_i \text{ (or } \theta_i) = \int_0^L \frac{N}{EA}\left(\frac{\partial N}{\partial P_i}\right)dx + \int_0^L \frac{M}{EI}\left(\frac{\partial M}{\partial P_i}\right)dx + k\int_0^L \frac{V}{GA}\left(\frac{\partial V}{\partial P_i}\right)dx \qquad (10.5.4)$$

한편, 이 구조물의 변형에너지는 식(10.3.12)로 다음과 같다.

$$U = \int_0^L \frac{N^2}{2EA}dx + \int_0^L \frac{M^2}{2EI}dx + k\int_0^L \frac{V^2}{2GA}dx \qquad (10.5.5)$$

상기 식(10.5.5)를 임의의 하중 P_i로 편미분하면 다음이 같이 된다.

$$\frac{\partial U}{\partial P_i} = \int_0^L \frac{N}{EA}\left(\frac{\partial N}{\partial P_i}\right)dx + \int_0^L \frac{M}{EI}\left(\frac{\partial M}{\partial P_i}\right)dx + k\int_0^L \frac{V}{GA}\left(\frac{\partial V}{\partial P_i}\right)dx \qquad (10.5.6)$$

결국 식(10.5.4)와 식(10.5.6)에 의하여 다음과 같은 카스틸리아노의 제1정리가 성립된다.

$$\delta_i \text{ (or } \theta_i) = \frac{\partial U}{\partial P_i} = \int_0^L \frac{N}{EA}\left(\frac{\partial N}{\partial P_i}\right)dx + \int_0^L \frac{M}{EI}\left(\frac{\partial M}{\partial P_i}\right)dx + k\int_0^L \frac{V}{GA}\left(\frac{\partial V}{\partial P_i}\right)dx \qquad (10.5.7)$$

상기 식(10.5.7)은 다음과 같이 표현할 수 있다.

『 탄성구조물에 외력이 작용하여 평형을 이룰 때, 구조물의 어떤 한 점 i에 작용하는 하중 P_i 방향의 변위는 구조물 내부에 축적된 변형에너지를 P_i로 편미분한 것과 같다. 』

상기 식(10.5.7)은 카스틸리아노(Castigliano)가 처음으로 증명한 것으로, **카스틸리아노의 제1정리**(Castigliano's 1st Theorem)라고 하며, 지점침하 및 온도변화가 없는 보, 라멘, 트러스 등의 어떤 구조물에도 적용할 수 있다.

한편 카스틸리아노의 제1정리로부터 하중이 작용하지 않은 어떤 한 점 i의 변위도 구할 수 있는데, 이 경우 점 i에 변위를 구하고자 하는 방향으로 가상하중 $\overline{P_i}$를 작용시켜 변형에너지를 구한 후 이를 $\overline{P_i}$로 편미분한 결과로부터 최종 $\overline{P_i}=0$ 으로 두면 된다.

정정보, 정정라멘, 정정아치는 축방향력이나 전단력에 의한 변위가 휨모멘트에 의한 변위에 비하여 매우 작으므로 이들을 무시하고 다음 식과 같이 휨모멘트에 의한 변위만 고려하는 것이 보통이다.

$$\delta_i \text{ (or } \theta_i) = \int_0^L \frac{M}{EI}\left(\frac{\partial M}{\partial P_i}\right)ds \qquad (10.5.8)$$

여기서, ds : 부재의 미소길이로서, 라멘의 경우는 수평방향 부재는 dx,
수직방향 부재는 dy라 표시하고,
반지름 r인 아치의 경우는 $ds = r \cdot d\theta$ 이다.

정정트러스의 경우, 각 부재마다 전 길이에 걸쳐 일정한 축방향력만을 가진다. 그래서 트러스 전체에 대한 내부 가상일은 각각의 부재를 합하면 되며, 축방향력에 의한 변위만을 고려한 다음 식이 된다.

$$\delta_i \ (\text{or} \ \theta_i) = \int_0^L \frac{N}{EA}\left(\frac{\partial N}{\partial P_i}\right) ds = \sum \frac{NL}{EA}\left(\frac{\partial N}{\partial P_i}\right) \qquad (10.5.9)$$

위에서 나온 계산결과가 양(+)이면 변위가 하중 P_i (또는 가상하중 $\overline{P_i}$)와 같은 방향임을 뜻하고, 음(−)이면 반대 방향임을 뜻한다.

카스틸리아노의 제1정리는 가상일의 원리와 마찬가지로 에너지보존법칙을 이용한 것으로, 에너지법의 일종인 카스틸리아노의 제1정리를 이용한 변위계산방법은 가상일의 방법(단위하중법)을 이용한 변위계산법과 계산의 시작부분만 다를 뿐 나머지의 계산법은 거의 같음을 알 수 있다.

10.5.2 카스틸리아노의 제2정리(Castigliano's 2nd Theorem)

앞에서 배운 카스틸리아노의 제1정리는 구조물의 모든 점에 적용가능하다. 따라서 만일 하중 P_i 의 작용점이 변위하지 않으면 다음과 같은 식이 성립된다.

$$\frac{\partial U}{\partial P_i} = 0 \qquad (10.5.10)$$

상기 식(10.5.10)은 부정정구조물의 반력을 구할 때 사용되며, 다음과 같이 표현할 수 있다.

『 탄성 구조물에 외력이 작용하여 평형을 이를 때, 구조물 내부에 축적된 변형에너지를 변위가 없는 지점 i 의 반력 P_i 로 편미분한 것은 '0' 이 된다. 』

상기 식(10.5.10)은 **카스틸리아노의 제2정리**(Castigliano's 2nd Theorem)라고 하며, 지점침하 및 온도변화가 없는 보, 라멘, 트러스 등의 어떤 구조물에도 적용할 수 있다.

또한 식(10.5.6)을 한번 더 임의의 하중 P_i 로 편미분하면 다음이 같이 된다.

$$\begin{aligned}\frac{\partial^2 U}{\partial {P_i}^2} &= \int_0^L \frac{\partial N}{\partial P_i}\frac{N_i}{EA}dx + \int_0^L \frac{\partial M}{\partial P_i}\frac{M_i}{EI}dx + k\int_0^L \frac{\partial V}{\partial P_i}\frac{V_i}{GA}dx \\ &= \int_0^L \frac{N_i^2}{EA}\,dx + \int_0^L \frac{M_i^2}{EI}\,dx + k\int_0^L \frac{V_i^2}{GA}\,dx \ > \ 0 \end{aligned} \qquad (10.5.11)$$

상기 식(10.5.11)은 변형에너지 U가 변위가 없는 외력 P_i 에 관하여 극소치를 취하는 것을 의미한다. 따라서 카스틸리아노의 제2정리를 **최소일의 정리**(Theorem of Least Work)라고도 한다.

카스틸리아노의 제2정리(Castigliano's 2nd Theorem) 또는 최소일의 정리(Theorem of Least Work)는 부정정구조물의 해법에 널리 이용된다.

◆ ◆ ◆ ◆ ◆ ◆ ◆

예제 10.5.1

다음 그림과 같이 집중하중을 P를 받는 캔틸레버 보의 B점에서의 처짐과 처짐각을 구하여라.

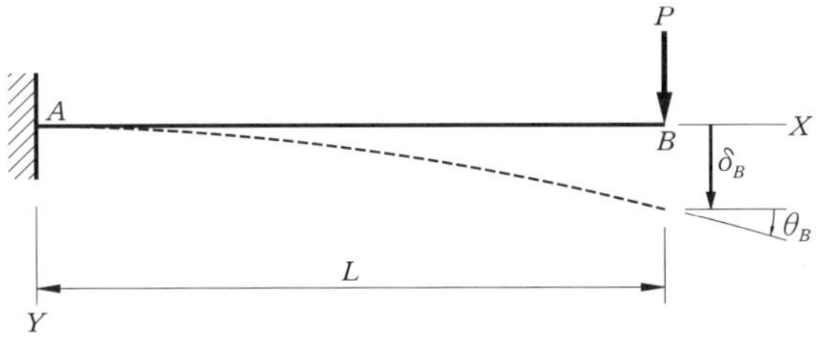

풀이

B점에서의 처짐 δ_B를 구하기 위하여 그림(a)와 같이 B점에 가상하중 P_B를 작용시킨 후 임의의 점 x에서의 휨모멘트를 x에 관하여 정리하면

$$M_x = (P+P_B)x - (P+P_B)L$$

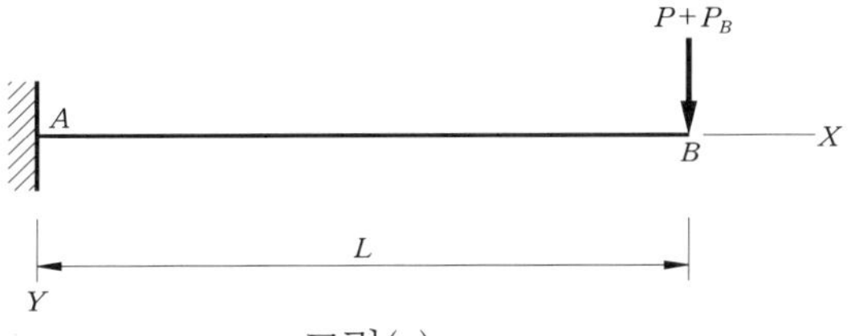

그림(a)

카스틸리아노의 정리에 의하여

$\delta_i = \int_0^L \frac{M}{EI}\left(\frac{\partial M}{\partial P_i}\right)dx$ 이므로 B점에서의 처짐 δ_B를 구하면

$$\begin{aligned}\delta_B &= \frac{1}{EI}\int_0^L M\left(\frac{\partial M}{\partial P_B}\right)dx \\ &= \frac{1}{EI}\int_0^L [(P+P_B)x-(P+P_B)L]\cdot\frac{\partial[(P+P_B)x-(P+P_B)L]}{\partial P_B}dx \\ &= \frac{1}{EI}\int_0^L [(P+P_B)x-(P+P_B)L]\cdot(x-L)\,dx\end{aligned}$$

윗식에서 $P_B=0$을 대입하면

$$\delta_B = \frac{1}{EI}\int_0^L (Px-PL)(x-L)\,dx = \frac{1}{EI}\int_0^L (Px^2-2PLx+PL^2)\,dx$$

$$= \frac{PL^3}{3EI}(\downarrow)$$

B 점에서의 처짐각 θ_B 를 구하기 위하여 그림(b)와 같이 B 점에 가상하중 M_B 를 작용시킨 후 임의의 점 x 에서의 휨모멘트를 x 에 관하여 정리하면

$$M_x = P_x - PL - M_B$$

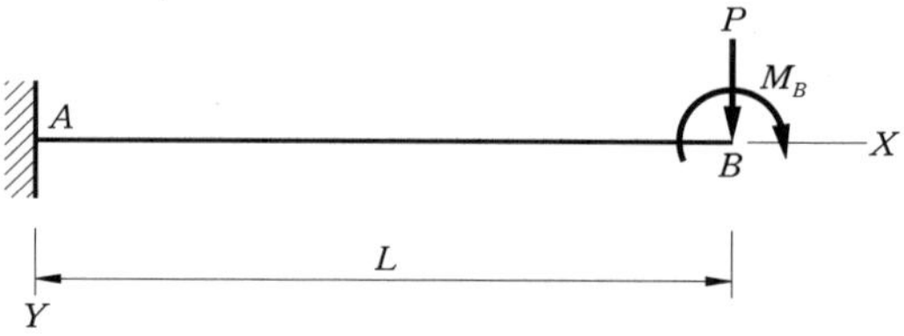

그림(b)

카스틸리아노의 정리에 의하여

$\theta_i = \int_0^L \frac{M}{EI}\left(\frac{\partial M}{\partial M_i}\right)dx$ 이므로 B 점에서의 처짐각 θ_B 를 구하면

$$\theta_B = \frac{1}{EI}\int_0^L M\left(\frac{\partial M}{\partial M_B}\right)dx = \frac{1}{EI}\int_0^L (P_x - PL - M_B)\,\frac{\partial(P_x - PL - M_B)}{\partial M_B}\,dx$$

$$= \frac{1}{EI}\int_0^L -(P_x - PL - M_B)\,dx$$

윗식에서 $M_B = 0$ 을 대입하면

$$\theta_B = \frac{1}{EI}\int_0^L -(P_x - PL)\,dx = \frac{PL^2}{2EI}(\curvearrowright)$$

예제 10.5.2

다음과 같이 등분포하중을 받는 캔틸레버 보의 B 점에서 처짐과 처짐각을 구하여라.

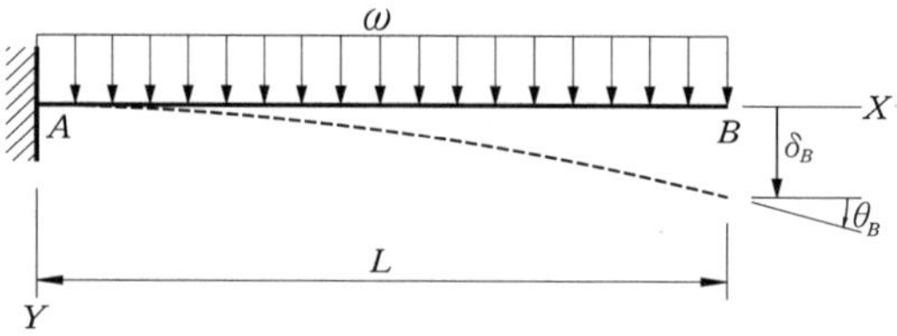

풀이

B 점에서의 처짐 δ_B 를 구하기 위하여 그림(a)와 같이 B 점에 가상하중 P_B 를 작용시킨 후 임의의 점 x 에서의 휨모멘트를 x 에 관하여 정리하면

$$M_x = -\frac{w}{2}x^2 + (wL + P_B)\,x - \frac{wL^2}{2} - P_BL$$

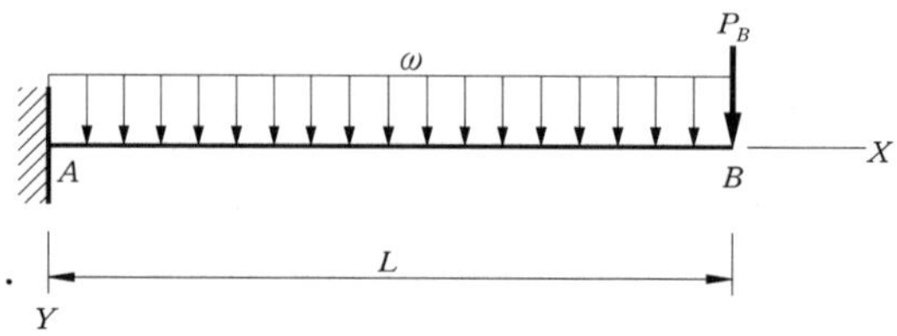

그림(a)

카스틸리아노의 정리에 의하여

$\delta_i = \int_0^L \frac{M}{EI}\left(\frac{\partial M}{\partial P_i}\right) dx$ 이므로 B 점에서의 처짐 δ_B 를 구하면

$$\begin{aligned}\delta_B &= \frac{1}{EI}\int_0^L M\left(\frac{\partial M}{\partial P_B}\right) dx \\ &= \frac{1}{EI}\int_0^L \left[-\frac{w}{2}x^2 + (wL + P_B)x - \frac{wL^2}{2} - P_B L\right] \\ &\quad \times \frac{\partial\left[-\frac{w}{2}x^2 + (wL + P_B)x - \frac{wL^2}{2} - P_B L\right]}{\partial P_B} dx \\ &= \frac{1}{EI}\int_0^L \left[-\frac{w}{2}x^2 + (wL + P_B)x - \frac{wL^2}{2} - P_B L\right](x - L)\,dx\end{aligned}$$

위의 식에서 $P_B = 0$ 을 대입하면

$$\begin{aligned}\delta_B &= \frac{1}{EI}\int_0^L \left(-\frac{w}{2}x^2 + wLx - \frac{wL^2}{2}\right)(x - L)\,dx \\ &= \frac{1}{EI}\int_0^L \left(-\frac{w}{2}x^3 + \frac{3wL}{2}x^2 - \frac{3wL^2}{2}x + \frac{wL^3}{2}\right) = \frac{wL^4}{8EI}(\downarrow)\end{aligned}$$

B 점에서의 처짐각 θ_B 를 구하기 위하여 그림(b)와 같이 B 점에 가상하중 M_B 를 작용시킨 후 임의의 점 x 에서의 휨모멘트를 x 에 관하여 정리하면

$$M_x = -\frac{w}{2}x^2 + wLx - \frac{wL^2}{2} - M_B$$

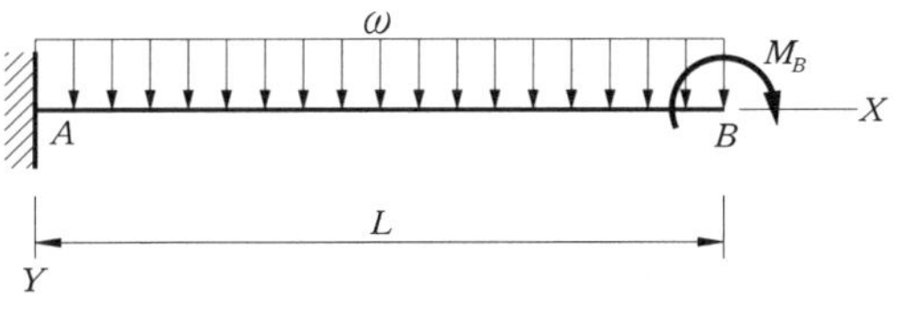

그림(b)

카스틸리아노의 정리에 의하여

$\theta_i = \int_0^L \frac{M}{EI}\left(\frac{\partial M}{\partial M_i}\right) dx$ 이므로 B 점에서의 처짐각 θ_B 를 구하면

$$\begin{aligned}\theta_B &= \frac{1}{EI}\int_0^L M\left(\frac{\partial M}{\partial M_B}\right) dx \\ &= \frac{1}{EI}\int_0^L \left(-\frac{w}{2}x^2 + wLx - \frac{wL^2}{2} - M_B\right) \times \frac{\partial\left(-\frac{w}{2}x^2 + wLx - \frac{wL^2}{2} - M_B\right)}{\partial M_B} dx \\ &= \frac{1}{EI}\int_0^L \left(-\frac{w}{2}x^2 + wLx - \frac{wL^2}{2} - M_B\right)\cdot(-1)\,dx\end{aligned}$$

윗식에서 $M_B = 0$ 을 대입하면

$$\theta_B = \frac{1}{EI}\int_0^L \left(\frac{w}{2}x^2 - wLx + \frac{wL^2}{2}\right) dx = \frac{wL^3}{6EI}\ (\curvearrowright)$$

예제 10.5.3

길이 L 인 단순보 AB 가 중앙부 C 에서 집중하중 P 를 받을 때 A 점의 처짐각 θ_A 와 보 중앙부의 처짐 δ_C 를 구하라.

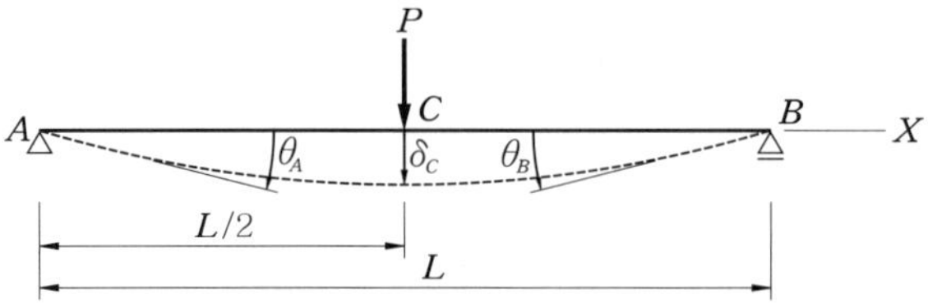

풀이

C 점에서의 처짐 δ_C 를 구하기 위하여 그림(a)와 같이 C 점에 가상하중 P_C 를 작용시킨 후 임의의 점 x 에서의 휨모멘트를 x 에 관하여 정리하면

$$M_x = \frac{1}{2}(P+P_C)x \qquad (0 \le x \le \frac{L}{2})$$

$$M_x = -\frac{1}{2}(P+P_C)x + \frac{L}{2}(P+P_C) \qquad (\frac{L}{2} \le x \le L)$$

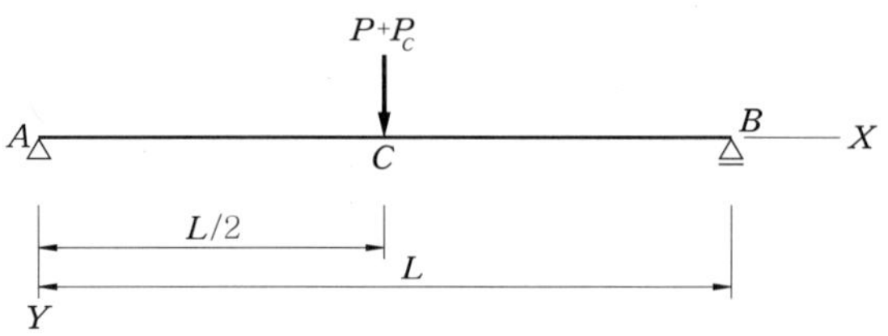

그림(a)

카스틸리아노의 정리에 의하여

$\delta_i = \int_0^L \frac{M}{EI}\left(\frac{\partial M}{\partial P_i}\right)dx$ 이므로 C 점에서의 처짐 δ_C 를 구하면

$$\delta_C = \frac{1}{EI}\int_0^L M\left(\frac{\partial M}{\partial P_C}\right)dx$$

$$= \frac{1}{EI}\int_0^{\frac{L}{2}} \frac{1}{2}(P+P_C)\,x \times \frac{\partial\left[\frac{1}{2}(P+P_C)\,x\right]}{\partial P_C}\,dx$$

$$+\frac{1}{EI}\int_{\frac{L}{2}}^{L}\left[-\frac{1}{2}(P+P_C)x+\frac{L}{2}(P+P_C)\right]\times\frac{\partial\left[-\frac{1}{2}(P+P_C)\,x+\frac{L}{2}(P+P_C)\right]}{\partial P_C}dx$$

$$= \frac{1}{EI}\int_0^{\frac{L}{2}} \frac{1}{2}(P+P_C)\,x \cdot \frac{1}{2}x\,dx$$

$$+\frac{1}{EI}\int_{\frac{L}{2}}^{L}\left[-\frac{1}{2}(P+P_C)\,x+\frac{L}{2}(P+P_C)\right]\times\left(-\frac{1}{2}x+\frac{L}{2}\right)dx$$

윗식에서 $P_C=0$ 을 대입하면

$$\delta_C = \frac{1}{EI}\int_0^{\frac{L}{2}}\left(\frac{P}{2}x\right)\cdot\left(\frac{1}{2}x\right)dx + \frac{1}{EI}\int_{\frac{L}{2}}^{L}\left(-\frac{P}{2}x+\frac{PL}{2}\right)\cdot\left(-\frac{1}{2}x+\frac{L}{2}\right)dx$$

$$= \frac{PL^3}{48EI}\ (\downarrow)$$

A 점에서의 처짐각 θ_A 를 구하기 위하여 그림(b)와 같이 A 점에 가상하중 M_A 를 작용시킨 후 임의의 점 x 에서의 휨모멘트를 x 에 관하여 정리하면

$$M_x = \left(\frac{P}{2}-\frac{M_A}{L}\right)x + M_A \qquad \left(0 \le x \le \frac{L}{2}\right)$$

$$M_x = \left(-\frac{P}{2}-\frac{M_A}{L}\right)x + \frac{PL}{2} + M_A \qquad \left(\frac{L}{2} \le x \le L\right)$$

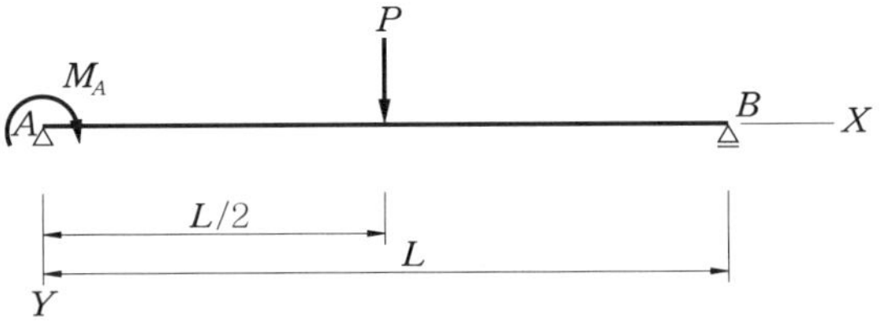

그림(b)

카스틸리아노의 정리에 의하여

$\theta_i = \int_0^L \frac{M}{EI}\left(\frac{\partial M}{\partial M_i}\right)dx$ 이므로 A 점에서의 처짐각 θ_A 를 구하면

$$\theta_A = \frac{1}{EI}\int_0^L M\left(\frac{\partial M}{\partial M_A}\right)dx$$

$$= \frac{1}{EI}\int_0^{\frac{L}{2}}\left[\left(\frac{P}{2}-\frac{M_A}{L}\right)x+M_A\right]\times\frac{\partial\left[\left(\frac{P}{2}-\frac{M_A}{L}\right)x+M_A\right]}{\partial M_A}dx$$

$$+\frac{1}{EI}\int_{\frac{L}{2}}^{L}\left[\left(-\frac{P}{2}-\frac{M_A}{L}\right)x+\frac{PL}{2}+M_A\right]\times\frac{\partial\left[\left(-\frac{P}{2}-\frac{M_A}{L}\right)x+\frac{PL}{2}+M_A\right]}{\partial M_A}dx$$

$$= \frac{1}{EI}\int_0^{\frac{L}{2}}\left[\left(\frac{P}{2}-\frac{M_A}{L}\right)x+M_A\right]\times\left(-\frac{x}{L}+1\right)dx$$

$$+\frac{1}{EI}\int_{\frac{L}{2}}^{L}\left[\left(-\frac{P}{2}-\frac{M_A}{L}\right)x+\frac{PL}{2}+M_A\right]\times\left(-\frac{x}{L}+1\right)dx$$

윗식에서 $M_A = 0$ 을 대입하면

$$\theta_A = \frac{1}{EI}\int_0^{\frac{L}{2}}\frac{P}{2}x\left(1-\frac{1}{L}x\right)dx + \frac{1}{EI}\int_{\frac{L}{2}}^{L}\left(-\frac{P}{2}x+\frac{PL}{2}\right)\cdot\left(1-\frac{1}{L}x\right)dx$$

$$= \frac{PL^2}{16EI}\ (\curvearrowright)$$

예제 10.5.4

길이 L인 단순보 AB가 등분포하중 w를 받을 때 A점의 처짐각 θ_A와 보 중앙부의 처짐 δ_C를 구하라.

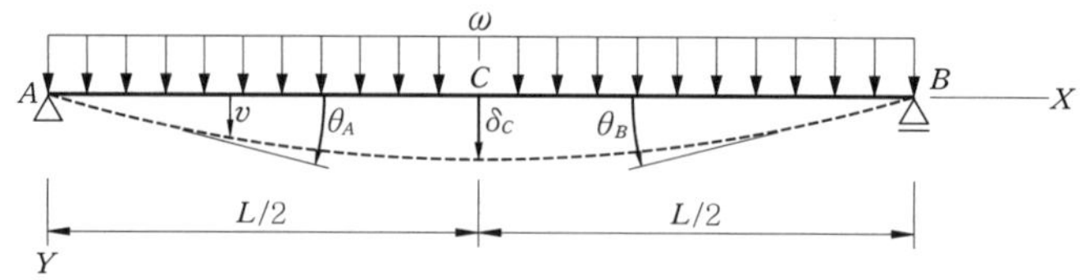

풀이

C점에서의 처짐 δ_C를 구하기 위하여 그림(a)와 같이 C점에 가상하중 P_C를 작용시킨 후 임의의 점 x에서의 휨모멘트를 x에 관하여 정리하면

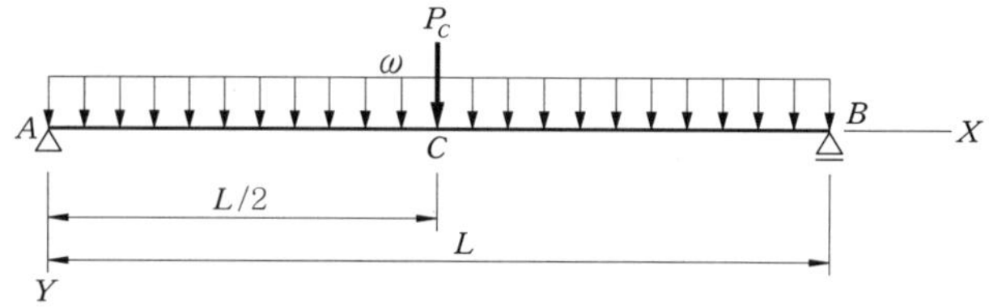

그림(a)

$$M_x = -\frac{w}{2}x^2 + \left(\frac{wL}{2} + \frac{P_C}{2}\right)x \qquad \left(0 \le x \le \frac{L}{2}\right)$$

$$M_x = -\frac{w}{2}x^2 + \left(\frac{wL}{2} - \frac{P_C}{2}\right)x + \frac{P_C L}{2} \qquad \left(\frac{L}{2} \le x \le L\right)$$

카스틸리아노의 정리에 의하여

$\delta_i = \int_0^L \frac{M}{EI}\left(\frac{\partial M}{\partial P_i}\right)dx$ 이므로 C점에서의 처짐 δ_C를 구하면

$$\delta_C = \frac{1}{EI}\int_0^L M\left(\frac{\partial M}{\partial P_C}\right)dx$$

$$= \frac{1}{EI}\int_0^{\frac{L}{2}}\left[-\frac{w}{2}x^2 + \left(\frac{wL}{2} + \frac{P_C}{2}\right)x\right] \times \frac{\partial\left[-\frac{w}{2}x^2 + \left(\frac{wL}{2} + \frac{P_C}{2}\right)x\right]}{\partial P_C}dx$$

$$+ \frac{1}{EI}\int_{\frac{L}{2}}^{L}\left[-\frac{w}{2}x^2 + \left(\frac{wL}{2} - \frac{P_C}{2}\right)x + \frac{P_C L}{2}\right]$$

$$\times \frac{\partial\left[-\frac{w}{2}x^2 + \left(\frac{wL}{2} - \frac{P_C}{2}\right)x + \frac{P_C L}{2}\right]}{\partial P_C}dx$$

$$= \frac{1}{EI}\int_0^{\frac{L}{2}}\left[-\frac{w}{2}x^2 + \left(\frac{wL}{2} + \frac{P_C}{2}\right)x\right] \cdot \frac{x}{2}dx$$

$$+ \frac{1}{EI}\int_{\frac{L}{2}}^{L}\left[-\frac{w}{2}x^2 + \left(\frac{wL}{2} - \frac{P_C}{2}\right)x + \frac{P_C L}{2}\right] \times \left(-\frac{x}{2} + \frac{L}{2}\right)dx$$

윗식에서 $M_A = 0$ 을 대입하면

$$\theta_A = \frac{1}{EI}\int_0^{\frac{L}{2}}\left(-\frac{w}{2}x^2+\frac{wL}{2}x\right)\cdot\left(\frac{1}{2}x\right)dx$$
$$+\frac{1}{EI}\int_{\frac{L}{2}}^{L}\left(-\frac{w}{2}x^2+\frac{wL}{2}x\right)\cdot\left(-\frac{1}{2}x+\frac{L}{2}\right)dx$$
$$= \frac{5wL^4}{384EI}\ (\downarrow)$$

A 점에서의 처짐각 θ_A 를 구하기 위하여 그림(b)와 같이 A 점에 가상하중 M_A 를 작용시킨 후 임의의 점 x 에서의 휨모멘트를 x 에 관하여 정리하면

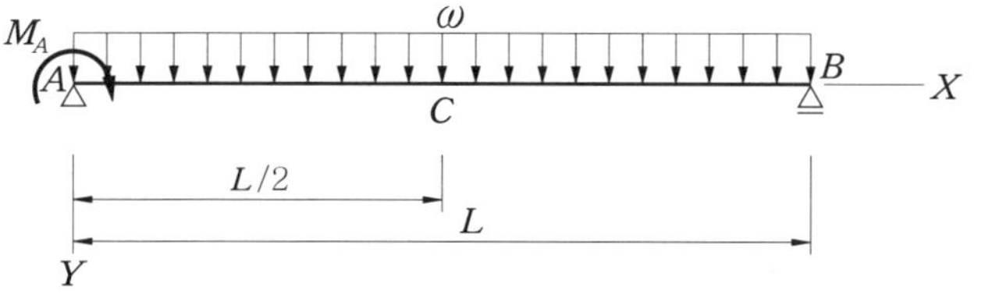

그림(b)

$$M_x = -\frac{w}{2}x^2+\left(\frac{wL}{2}-\frac{M_A}{L}\right)x+M_A$$

카스틸리아노의 정리에 의하여

$\theta_i = \int_0^L \frac{M}{EI}\left(\frac{\partial M}{\partial M_i}\right)dx$ 이므로 A 점에서의 처짐각 θ_A 를 구하면

$$\theta_A = \frac{1}{EI}\int_0^L M\left(\frac{\partial M}{\partial M_A}\right)dx$$
$$= \frac{1}{EI}\int_0^L\left[-\frac{w}{2}x^2+\left(\frac{wL}{2}-\frac{M_A}{L}\right)x+M_A\right]\times\frac{\partial\left[-\frac{w}{2}x^2+\left(\frac{wL}{2}-\frac{M_A}{L}\right)x+M_A\right]}{\partial M_A}dx$$
$$= \frac{1}{EI}\int_0^L\left[-\frac{w}{2}x^2+\left(\frac{wL}{2}-\frac{M_A}{L}\right)x+M_A\right]\times\left(-\frac{1}{L}x+1\right)dx$$

윗식에서 $M_A = 0$ 을 대입하면

$$\theta_A = \int_0^L\left(-\frac{w}{2}x^2+\frac{wL}{2}x\right)\cdot\left(-\frac{1}{L}x+1\right)dx$$
$$= \int_0^L\left(\frac{w}{2L}x^3-wx^2+\frac{wL}{2}x\right)dx = \frac{wL^3}{24EI}\ (\curvearrowright)$$

◆ ◆ ◆ ◆ ◆ ◆

◈ 연 습 문 제 ◈

10.5.1 다음 그림과 같이 집중하중 $2P$, P를 받는 캔틸레버 보의 B점과 C점에서의 처짐과 처짐각을 구하여라.

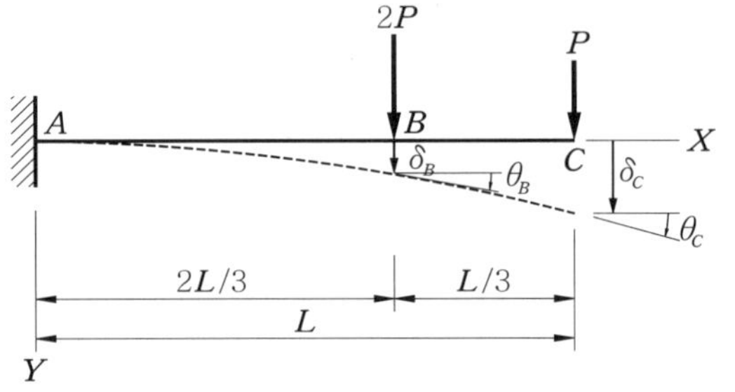

10.5.2 다음 그림과 같이 집중하중 P를 받는 내민보의 C점에서의 처짐과 A점, B점에서의 처짐각을 구하여라.

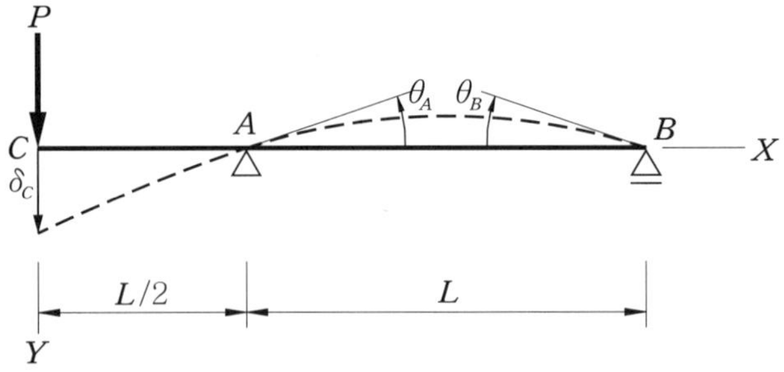

10.5.3 다음 그림과 같이 집중하중 $2P$, P를 받는 라멘의 A점에서의 처짐각과 수직처짐, B점에서의 수평처짐을 구하여라.

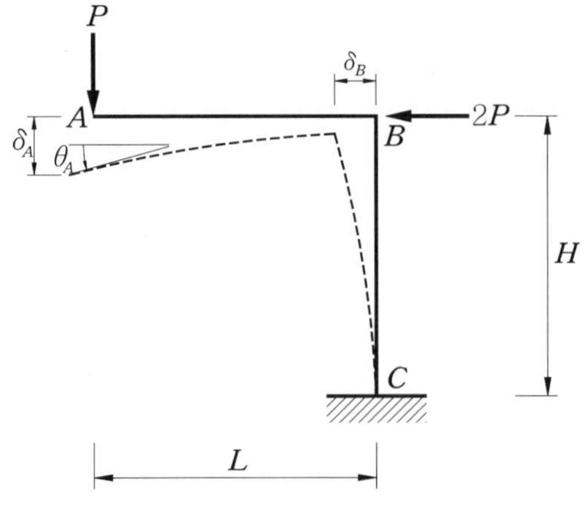

10.5.4 다음 그림과 같이 등분포하중을 받는 라멘의 A 점에서의 처짐각과 수직처짐, 수평처짐을 구하여라.

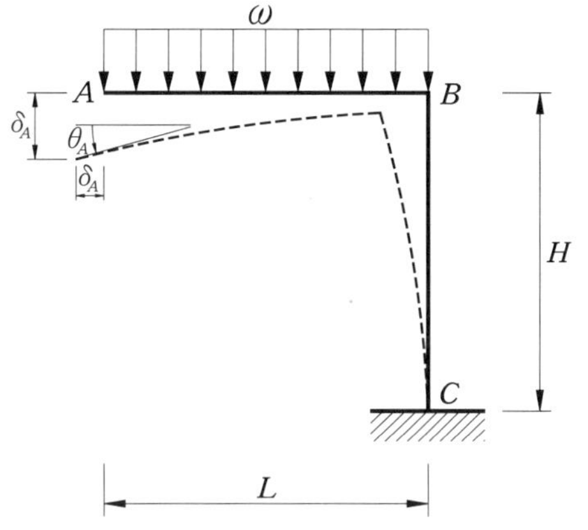

10.5.5 다음 그림과 같이 등분포하중을 받는 라멘의 B 점에서의 처짐각, C 점에서의 수직처짐, E 점에서의 수평처짐을 구하여라.

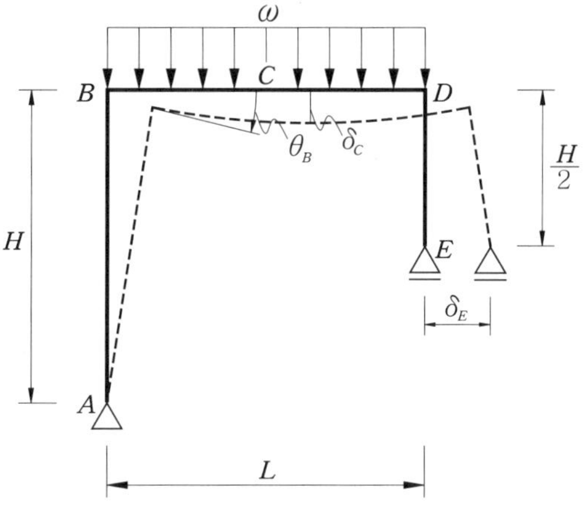

10.6 상반작용의 정리

상반정리(相反定理, Reciprocal Theorem)는 에너지법 탄성이론의 일종인 베티의 정리(Betti's Theorem)와 맥스웰의 정리(Maxwell's Theorem)를 총칭하는 말로, 구조해석과 응용역학에 있어서 중요한 개념이다. 이 정리는 중첩의 원리가 적용되는 선형탄성구조물에만 적용되며, 이에 변위는 변형되지 않은 기하학적 형상에 대하여 해석이 가능하도록 충분히 작아야 하며, 구조물의 재료는 후크의 법칙(Hooke's Law)이 성립되어야 한다는 가정조건이 따른다.

10.6.1 베티의 정리 (Betti's Theorem)

[그림10.6.1]과 같이 지점침하 및 온도변화가 없는 동일한 탄성구조물에 서로 관련이 없는 i 하중계와 k 하중계가 제각기 따로 작용하여 구조물이 각기 탄성변형을 할 때의 일에 대하여 생각해보자.

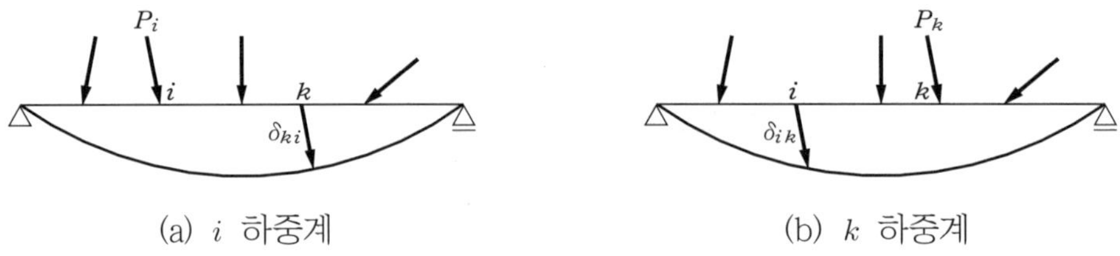

[그림10.6.1] i 하중계와 k 하중계

[그림10.6.1](a)와 같이 구조물에 i 하중계가 작용할 때 k 하중계 중 임의하중 P_k 의 작용점 k 의 하중 P_k 방향으로의 변위를 δ_{ki} 라 하고, [그림10.6.1](b)와 같이 구조물에 k 하중계가 작용할 때 i 하중계 중 임의하중 P_i 의 작용점 i 의 하중 P_i 방향으로의 변위를 δ_{ik} 라 한다. 여기서 사용하는 δ_{ki} , δ_{ik} 와 같이 변위를 표시하는 기호를 **맥스웰의 기호**(Maxwell's Notation)라고 하는데, 이 기호의 첫 번째 아래첨자는 변위의 위치와 방향을 표시하고, 두 번째 아래첨자는 변위의 원인이 되는 하중계를 의미한다.

[그림10.6.1]에서 그림(a)의 i 하중계를 실제하중계로, 그림(b)의 k 하중계를 가상하중계로 생각하면, 가상일의 식은 다음과 같다.

$$\Sigma P_i \delta_{ik} = \int_0^L \frac{N_i N_k}{EA} dx + \int_0^L \frac{M_i M_k}{EI} dx + k \int_0^L \frac{V_i V_k}{GA} dx \qquad (10.6.1)$$

한편 [그림10.6.1]에서 그림(b)의 k 하중계를 실제하중계로, 그림(a)의 i 하중계를 가상하중계로 생각하면, 가상일의 식은 다음과 같이 된다.

$$\Sigma P_k \delta_{ki} = \int_0^L \frac{N_k N_i}{EA} dx + \int_0^L \frac{M_k M_i}{EI} dx + k \int_0^L \frac{V_k V_i}{GA} dx \qquad (10.6.2)$$

결국 식(10.6.1)과 식(10.6.2)에 의하여 다음과 같은 관계식이 성립된다.

$$\Sigma P_i \delta_{ik} = \Sigma P_k \delta_{ki} \tag{10.6.3}$$

상기 식(10.6.3)은 다음과 같이 표현할 수 있다.

『 지점침하 및 온도변화가 없는 동일한 탄성구조물에 서로 관계없는 i 하중계와 k 하중계가 제각기 작용할 때, i 하중계가 k 하중계에 의한 변위에 대하여 하는 가상일은 k 하중계가 i 하중계에 의한 변위에 대하여 하는 가상일과 같다. 』

이 관계는 1872년 베티(E. Betti)에 의하여 증명된 것으로 **베티의 정리**(Betti's Theorem) 또는 **상반가정일의 정리**(Reciprocal Virtual Work Theorem)라고 한다.

10.6.2 맥스웰의 정리 (Maxwell's Theorem)

[그림10.6.2](a)와 같이 베티의 정리(Betti's Theorem)인 식(10.6.3)에서 하중계 대신에 각기 1개의 힘 P_i 와 P_k 만이 작용하면 식(10.6.3)은 다음과 같이 된다.

$$P_i \delta_{ik} = P_k \delta_{ki} \tag{10.6.4}$$

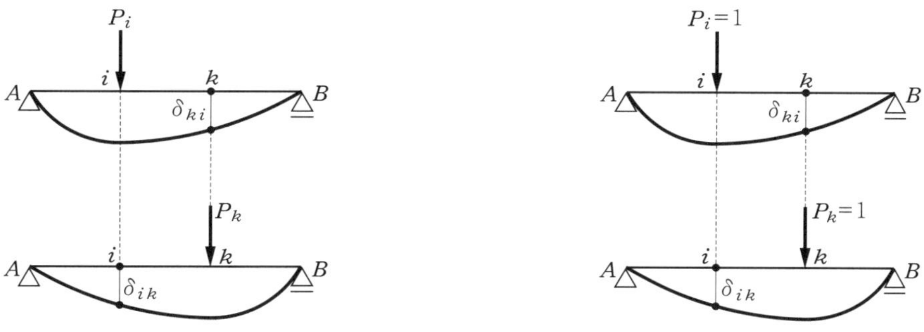

(a) 베티의 정리 (b) 맥스웰의 정리

[그림10.6.2] 베티의 정리와 맥스웰의 정리

식(10.6.4)에서 [그림10.6.2](b)와 같이 힘 P_i 와 P_k 가 같거나 1이면 다음과 같다.

$$\delta_{ik} = \delta_{ki} \tag{10.6.5}$$

식(10.6.4)와 식(10.6.5)는 다음과 같이 표현할 수 있다.

『 지점침하 및 온도변화가 없는 동일한 탄성구조물의 어떤 한 점 k 에 작용하는 단위하중 $P_k = 1$ 에 의한 다른 한 점 i 의 P_i 작용방향의 변위 δ_{ik} 는 점i 에 작용하는 단위하중 $P_i = 1$ 에 의한 점k 의 P_k 작용방향의 변위 δ_{ki} 와 같다. 』

이 관계는 1864년 맥스웰(J.C. Maxwell)이 발표한 것으로 **맥스웰의 정리**

(Maxwell's Theorem) 또는 **상반변위의 정리**(Reciprocal Displacement Theorem) 라고 한다.

10.6.3 상반정리 (Reciprocal Theorem)

앞에서 이미 소개한 베티의 정리(Betti's Theorem)와 맥스웰의 정리(Maxwell's Theorem)를 총칭하여 **상반정리**(相反定理, Reciprocal Theorem)라고 하는데, 두 하중계가 모두 모멘트이거나 1개는 힘, 다른 1개는 모멘트인 경우에도 성립된다. 단, 하중계가 모멘트인 경우에 변위는 처짐각 θ 이다.

두 하중계가 모두 모멘트로 각각 M_i , M_k 이면 다음과 같다.

$$M_i\,\theta_{ik} = M_k\,\theta_{ki} \qquad (10.6.6)$$

식(10.6.6)에서 [그림10.6.3](a)와 같이 모멘트 M_i 와 M_k 가 같거나 1이면 다음과 같다.

$$\theta_{ik} = \theta_{ki} \qquad (10.6.7)$$

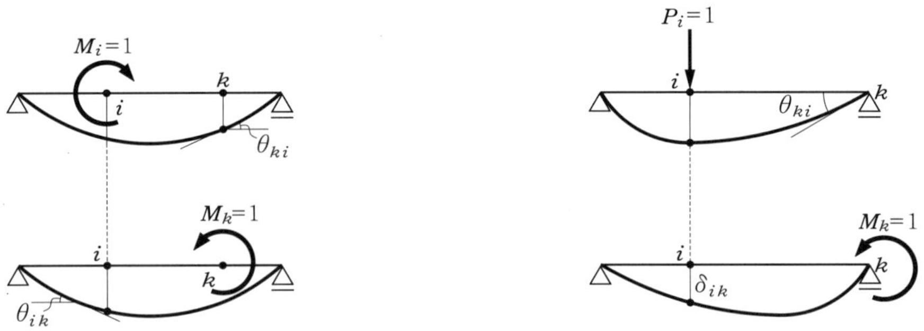

(a) 모멘트-모멘트 하중계 (b) 힘-모멘트 하중계

[그림10.6.3] 상반정리

두 하중계 중 하나는 힘 P_i 이고 다른 하나는 모멘트 M_k 이면 다음과 같다.

$$P_i\,\delta_{ik} = M_k\,\theta_{ki} \qquad (10.6.8)$$

식(10.6.8)에서 [그림10.6.3](b)와 같이 힘 P_i 와 모멘트 M_k의 값이 같거나 1이면 다음과 같다.

$$\delta_{ik} = \theta_{ki} \qquad (10.6.9)$$

식(10.6.9)은 점 k 에 작용하는 단위모멘트 $M_k = 1$ 에 의한 점 i 의 처짐 δ_{ik} 와 점 i 에 작용하는 단위하중 $P_i = 1$ 에 의한 점 k 의 처짐각 θ_{ki} 의 값이 같다는 것을 의미한다.

◆ ◆ ◆ ◆ ◆ ◆

예제 10.6.1

다음 그림(a)와 (b)는 동일한 단순보이나 서로 다른 하중이 작용한다. 그림(a)와 같이 보의 중앙부 C점에 작용하는 집중하중 $P_C = 80\,kN$에 의한 D점의 처짐 δ_{DC}는 $16\,mm$로 확인되었다. 그림(b)와 같이 D점에 하중 $P_D = 100\,kN$이 작용할 때 C점의 처짐 δ_{CD}를 구하여라.

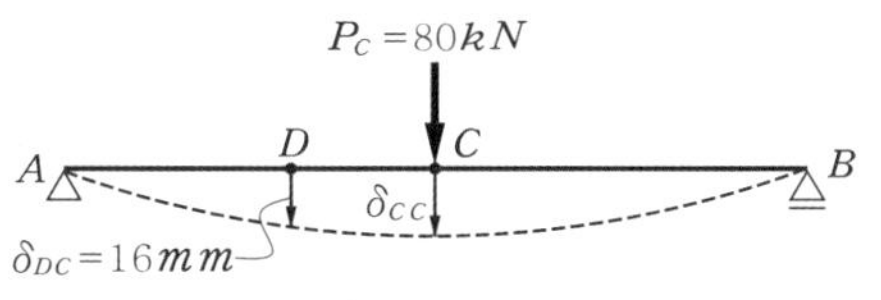

(a)

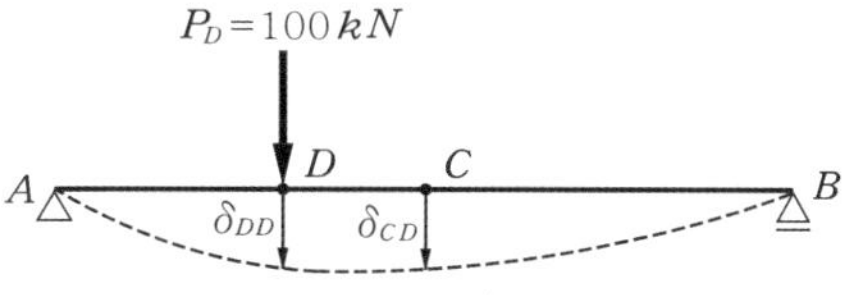

(b)

풀이

맥스웰의 정리(Maxwell's Theorem)인 식(10.6.4)을 이용하면

$$P_C \cdot \delta_{CD} = P_D \cdot \delta_{DC}$$

$$\therefore\ \delta_{CD} = \frac{P_D \times \delta_{DC}}{P_C} = \frac{100kN \times 16mm}{80kN} = 20\,mm$$

예제 10.6.2

다음 그림(a)와 같은 캔틸레버 보에 집중하중 $P_A = 50\,kN$이 작용할 경우 C점의 처짐각이 $0.01\,rad$이라면, 그림(b)와 같이 C점에 모멘트하중 $M_C = 120\,kN \cdot m$가 작용할 때 자유단인 A점에서의 처짐은 얼마인가?

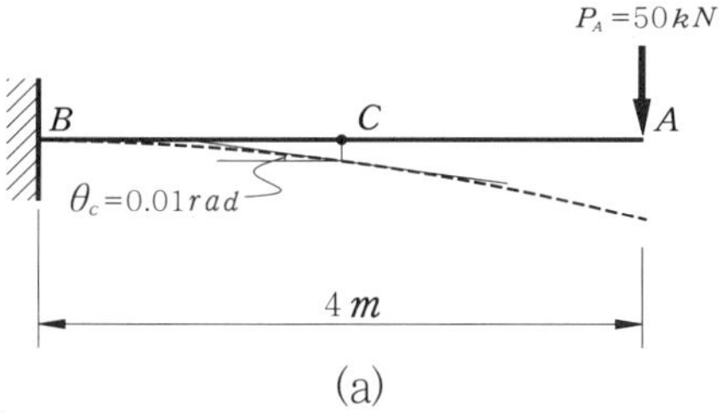

(a)

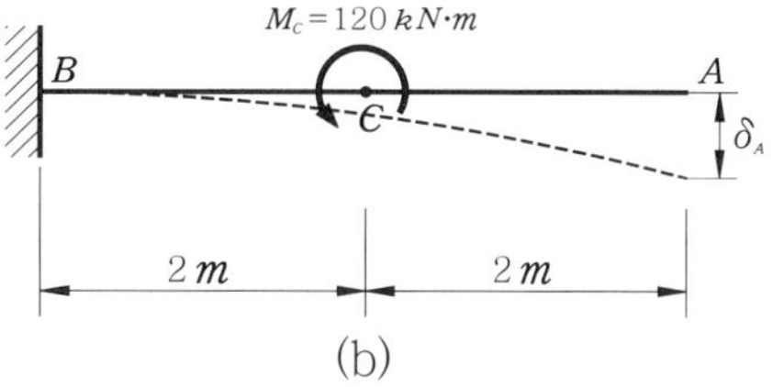

(b)

풀이

상반정리(Reciprocal Theorem)인 식(10.6.8)을 이용하면

$$P_A \cdot \delta_{AC} = M_C \cdot \theta_{CA}$$

여기서 δ_{AC}는 C점의 모멘트하중 M_C로 인하여 발생하는 A점의 처짐 δ_A,

θ_{CA}는 A점의 집중하중 P_A로 인하여 발생하는 C점의 처짐각 θ_C임.

$$\therefore\ \delta_A = \delta_{AC} = \frac{M_C \times \theta_{CA}}{P_A} = \frac{120\,kN \cdot m \times 0.01}{50\,kN} = 0.024m = 24mm$$

◆ ◆ ◆ ◆ ◆ ◆

◈ 연 습 문 제 ◈

10.6.1 외력을 받는 임의의 구조물에 있어서 i 점에 작용하는 하중 P_i 에 의한 k 점의 변위량을 δ_{ki} , k 점에 작용하는 하중 P_k 에 의한 i 점의 변위량을 δ_{ik} 라 했을 때 상반작용의 원리(Reciprocal Theorem)를 나타내는 식은?

① $P_i \cdot \delta_{ik} = P_k \cdot \delta_{ki}$ ② $P_i \cdot \delta_{ki} = P_k \cdot \delta_{ik}$

③ $P_i \cdot P_k = \delta_{ki} \cdot \delta_{ik}$ ④ $\delta_{ik} = \delta_{ki}$

10.6.2 다음 그림과 같이 단순보 AB 의 B 단에 모멘트하중 $M_B = 2tf \cdot m$ (↺)이 주어졌을 때 A , B 의 처짐각이 각각 $0.1\,radian$, $0.15\,radian$ 이었다. 이때 A 단에 모멘트하중 $M_A = 3tf \cdot m$ (↻)를 주었을 때 B 단의 처짐각은?

① $0.45\,radian$ ② $0.35\,radian$

③ $0.25\,radian$ ④ $0.15\,radian$

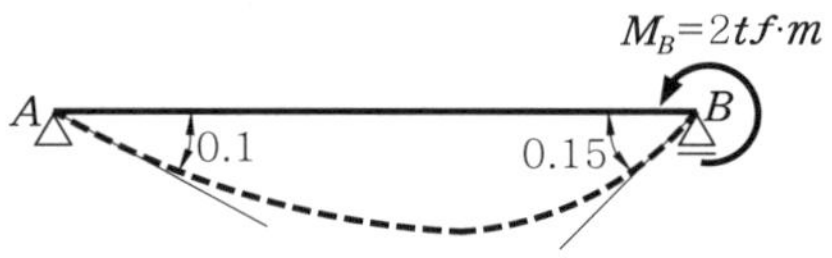

10.6.3 다음 그림과 같이 단순보의 m 점에 P 의 하중이 작용할 때 n 점에 δ_{nm} 이라는 처짐이 생긴다면 P 라는 하중이 n 점에 작용한다면 m 점에 생기는 처짐의 크기는? (단, 휨강성계수 EI 의 값은 일정하다.)

① $0.5\,\delta_{nm}$

② $1.0\,\delta_{nm}$

③ $1.5\,\delta_{nm}$

④ $2.0\,\delta_{nm}$

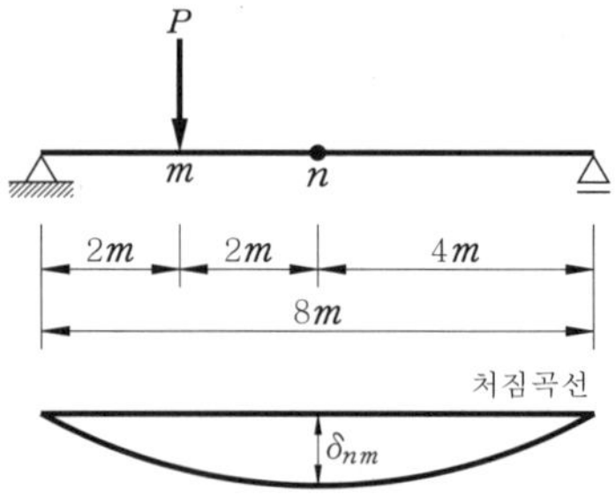

10.6.4 일에 관한 다음 사항 중 옳지 않은 것은?

① 카스틸리아노의 정리에서 변위를 '0'으로 한 것이 최소일의 원리이다.

② 맥스웰의 정리에서 $P=1$ 로 한 것이 카스틸리아노의 정리이다.

③ 베티의 정리에서 하중을 1 로 한 것이 맥스웰의 정리이다.

④ 맥스웰의 정리를 이용하여 부정정구조물의 영향선을 구하면 편리하다.

10.7 충격력을 받는 보*

본 교재에서는 정역학(靜力學, Statics)을 다루고 있는데, 정적인 힘의 작용에서 속도는 무시될 만큼 작은 것으로 가정된다. 그러나 실질적으로 우리가 일상에서 경험하는 힘의 대부분은 정적이라고 할 수 없다. 예를 들어 체육관 바닥에 작용하는 힘이나 크레인이 짐을 들어올릴 때에 작용하는 힘은 **동적하중**(動的荷重, Dynamic Load)이다. 여기서는 보 위에 중량물이 떨어질 때 충격력의 작용과 탄성체인 보의 거동을 살펴보도록 한다.

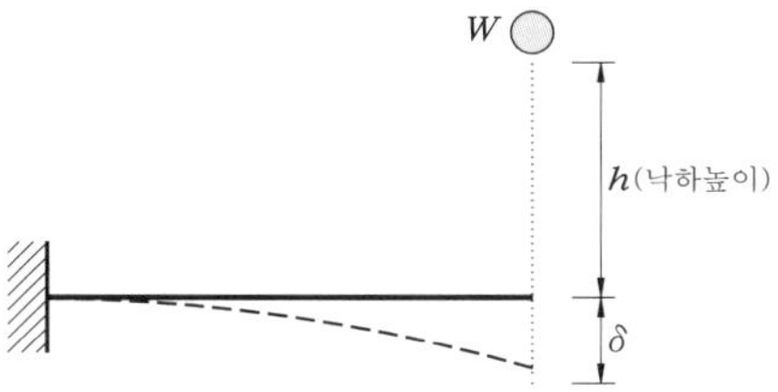

(a) 충격력을 받는 보

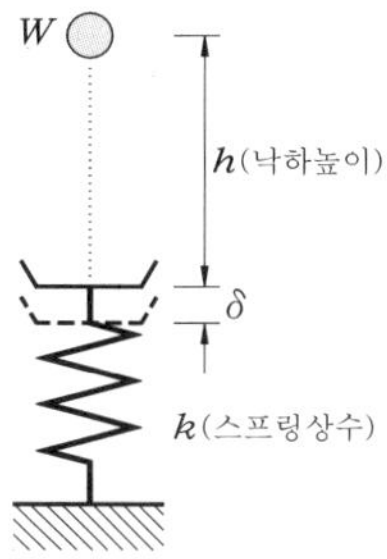

(b) 탄성체의 모델화

[그림10.7.1] 탄성체인 보에서의 추의 자유낙하

[그림10.7.1](a)와 같이 탄성체인 보의 상부 h의 높이에서 중량 W의 추가 자유낙하할 때, 보의 휨강성을 스프링상수 k로 나타내어 그림(b)와 같이 단순하게 모델화할 수 있다. 단 이때 스프링의 탄성은 유지되고 스프링상수는 정적 및 동적인 힘의 작용과는 상관없이 똑같다고 가정한다. 또한 추의 국부변형 및 관성의 영향도 무시한다.

그림(b)에서 추 W가 스프링 상부의 접시에 충돌하여 스프링이 축소되고 다시 상부로 복원력이 작용해서 추의 속도를 감소시켜 스프링이 축소되는 양이 어느 처짐값 δ에 도달하여 속도가 '0' 이 된다고 생각할 수 있다. 이때 δ는 스프링축소량의 최대값으로, 스프링은 가장 큰 힘을 받는다. 여기서 탄성체가 에너지를 받는 것으로 생각하면 추가 가지고 있던 위치에너지의 감소분이 모두 스프링의 휨에너지로 대신하게 되므로 다음과 같이 나타낼 수 있다.

$$W(h+\delta) = \frac{1}{2}P\delta \qquad (10.7.1)$$

여기서 P는 스프링에 작용하는 동적인 힘, 즉 충격력에 상응하는 등가의 정적인 힘을 뜻한다.

스프링상수 k를 이용하여 $\delta = P/k$를 식(10.7.1)에 대입하고 이를 P에 대하여 풀면 다음과 같이 된다.

$$P = W\left\{1+\sqrt{1+2h/\left(\frac{W}{k}\right)}\right\} \qquad (10.7.2)$$

상기 식(10.7.2)에서 $W/k = \delta_s$라고 하면 다음과 같이 나타낼 수 있다.

$$P = W\left\{1 + \sqrt{1 + \frac{2h}{\delta_s}}\right\} \tag{10.7.3}$$

여기서 δ_s는 추의 중량 W가 스프링에 정적으로 작용하는 경우의 축소량을 뜻한다.

또한 식(10.7.3)의 양변을 스프링상수 k로 나누면 다음과 같다.

$$\delta = \delta_s\left\{1 + \sqrt{1 + \frac{2h}{\delta_s}}\right\} \tag{10.7.4}$$

한편 식(10.7.3)과 식(10.7.4)에서 $h=0$ 으로 놓으면 다음과 같이 된다.

$$P = 2W \quad , \qquad \delta = 2\delta_s \tag{10.7.5}$$

상기 식(10.7.5)에서 중량물을 탄성체에 급격하게 재하하면, 정적으로 재하하는 경우의 2배에 해당하는 중량이 작용하는 것과 같은 효과를 나타내고 있음을 보여주고 있다. 또 식(10.7.3)과 식(10.7.4)에 의하면 h가 δ_s에 비하여 클 경우에는 대단히 큰 힘이 충격력으로 작용하게 된다는 것을 알 수 있다.

즉, δ_s가 작다는 것은 스프링상수 k가 크다는 것으로, 바꾸어 말하면 탄성체의 강성이 크다는 것을 의미하고, 만약 추의 중량 W와 낙하높이 h가 같다면 강성이 큰 탄성체에 주는 충격력이 더 커지게 된다.

◆ ◆ ◆ ◆ ◆ ◆

예제 10.7.1

다음 2개의 보 (a)와 (b)의 중앙에 $W=100kN$의 중량물이 $50mm$ 의 높이에서 자유 낙하된 경우의 충격력 및 처짐량을 구하고 이를 통해 최대 휨응력을 비교하라. (단, 두 보의 $EI = 1.5\times10^{13}N\cdot mm^2$로 동일하며, 보의 질량 및 국부변형의 영향은 무시한다.)

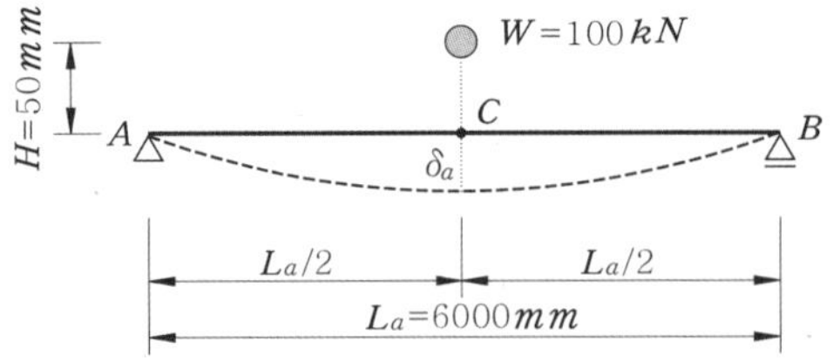

(a)

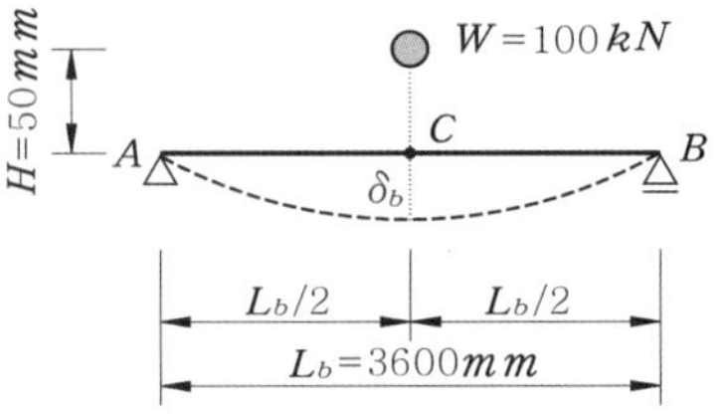

(b)

풀이

(1) $100kN$의 중량물이 정적으로 작용하는 경우의 처짐량

$$\delta_{sa} = \frac{WL_a^3}{48EI} = \frac{10\times10^3\times(6000)^3}{48\times(1.5\times10^{13})} = 30mm$$

$$\delta_{sb} = \frac{WL_b^3}{48EI} = \frac{10 \times 10^3 \times (3600)^3}{48 \times (1.5 \times 10^{13})} = 6.48\,mm$$

(2) 충격력에 상응하는 등가의 정적하중 계산

$$P_a = W\left(1 + \sqrt{1 + \frac{2H}{\delta_{sa}}}\right) = 100 \times \left(1 + \sqrt{1 + \frac{2 \times 50}{30}}\right) = 308.17\,kN$$

$$P_b = W\left(1 + \sqrt{1 + \frac{2H}{\delta_{sb}}}\right) = 100 \times \left(1 + \sqrt{1 + \frac{2 \times 50}{6.48}}\right) = 505.4\,kN$$

(3) 충격력에 의한 처짐량

$$\delta_a = \delta_{sa}\left(1 + \sqrt{1 + \frac{2H}{\delta_{sa}}}\right) = 30 \times \left(1 + \sqrt{1 + \frac{2 \times 50}{30}}\right) = 92.45\,mm$$

$$\delta_b = \delta_{sb}\left(1 + \sqrt{1 + \frac{2H}{\delta_{sb}}}\right) = 6.48 \times \left(1 + \sqrt{1 + \frac{2 \times 50}{6.48}}\right) = 32.75\,mm$$

(4) 충격력 및 처짐을 통한 최대휨응력 비교

① 충격력 비교 : $P_a < P_b$

→ 보 (a)가 보 (b)보다 변형이 되기 쉽기 때문에 충격력은 작아진다.

② 처짐 비교 : $\delta_a > \delta_b$

→ 보 (a)가 보 (b)보다 충격력은 작으나, 휨은 크다.

③ 최대휨응력 비교

→ 보 (a) 및 보 (b)의 최대휨모멘트 발생지점에서의 곡률 계산

$$\left(\frac{1}{\rho}\right)_a = \frac{M_a}{EI} = \frac{(308.17 \times 10^3 \times 6000)/4}{1.5 \times 10^{13}} = 0.0000308\,mm^{-1}$$

$$\left(\frac{1}{\rho}\right)_b = \frac{M_b}{EI} = \frac{(505.4 \times 10^3 \times 6000)/4}{1.5 \times 10^{13}} = 0.0000303\,mm^{-1}$$

여기서, $\epsilon = \frac{\sigma}{E} = \frac{M}{EI}y = \frac{1}{\rho}y$ 이다.

∴ 곡률은 거의 같으며, 휨응력은 곡률에 비례하므로 최대휨응력 역시 거의 같다.

◆ ◆ ◆ ◆ ◆ ◆

예제 10.7.2

다음 그림(a)와 같은 캔틸레버 보의 자유단 끝부분에 $W=100N$의 중량물이 $H=100mm$의 높이에서 자유 낙하할 경우, 보에 발생하는 최대응력을 구하라. (단, 보의 단면은 그림(b)와 같이 $B\times D=100mm\times 30mm$ 이고, $E=2.0\times 10^5 MPa$ 이다.)

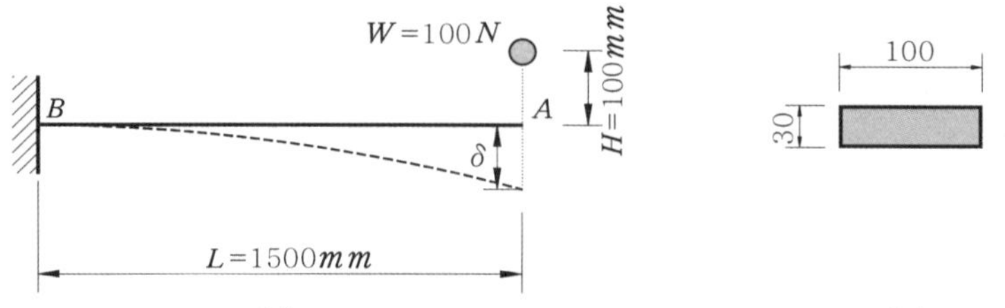

(a) (b)

풀이

(1) 캔틸레버 보의 단면2차모멘트 계산

$$I = \frac{BD^3}{12} = \frac{100\times 30^3}{12} = 225000\,mm^4$$

(2) $100N$의 중량물이 정적으로 작용하는 경우의 처짐량

$$\delta_s = \frac{WL^3}{3EI} = \frac{100\times(1500)^3}{3\times(2.0\times 10^5)\times 225000} = 2.5\,mm$$

(3) 충격력에 상응하는 등가의 정적하중 계산

$$P = W\left(1+\sqrt{1+\frac{2H}{\delta_s}}\right) = 100\times\left(1+\sqrt{1+\frac{2\times 100}{2.5}}\right) = 1000\,N$$

(4) 충격력에 의한 최대 휨모멘트

$$M_{\max} = PL = 1000\times 1500 = 1.5\times 10^6\,N\cdot mm$$

(5) 충격력에 의한 최대 휨응력 계산

$$\therefore\ \sigma_{\max} = \frac{M_{\max}}{I}y = \frac{1.5\times 10^6}{225000}\times 15 = 100\,MPa$$

CHAPTER 11

제 11 장 부정정구조물의 해석

구조물의 해석은 지점반력 및 부재의 단면력을 구하는 것으로, 정정구조물은 그 미지수가 정역학적 평형조건식($\Sigma V=0$, $\Sigma H=0$, $\Sigma M=0$)의 개수와 같기 때문에 이것으로 계산이 가능하다. 그러나 정정구조물보다 과잉 구속된 m 차 부정정구조물의 해석은 힘의 평형조건식 외에 m 개의 정역학적 방정식을 주는 변형조건식과 같은 m 개의 독립된 가정이 더 필요하다. 따라서 부정정구조물의 해석은 보통 정정구조물에 비하여 많은 계산시간이 소요되고, 단면적, 단면2차모멘트 등과 같은 부재의 단면성능 및 탄성계수와 같은 재료의 역학적 성질을 알아야 정확한 계산이 가능하다. 또한 부정정구조물은 하중 외에도 지점의 부등침하, 부재의 온도변화 및 제작오차 등에 의하여 응력이 추가로 발생하는 단점이 있다.

근래에 와서 대부분의 구조물이 부정정구조물인 것은 다층건물의 출현, 철근콘크리트 라멘구조의 보편화, 강구조에서 용접기술의 발달, 컴퓨터 해석프로그램의 발달 등을 그 원인으로 들 수 있다. 그리고 정정구조물에 비하여 부정정구조물의 가장 큰 장점은 **잉여력**(剩餘力, Redundant Force)이 확보됨으로 인하여 구조물의 안전도가 추가된다는데 있다. 예로 정정구조물은 최대휨모멘트가 발생하는 곳의 단면이 그 내력을 다하면 즉시 붕괴가 되지만, 부정정구조물은 어느 일부 부재가 과대응력을 받는 경우에 휨모멘트 등의 부재내력을 응력이 낮은 부분으로 재분배시키는 능력을 가지고 있기 때문에 전체적인 붕괴를 지연시킬 수 있다. 또한 부정정구조물은 정정구조물에 비하여 단면력이 작아 부재의 단면이 작아져 재료가 절약되고, 그 연속성으로 인하여 구조물의 처짐이 작고, 단면이 작아 긴 경간의 구조물에서 가볍게 보여 미관상으로도 더 좋을 수 있다.

본 장에서는 부정정구조물의 해법 중 **변위법**(變位法, Displacement Method)으로 분류되는 처짐각법, 모멘트분배법과 **응력법**(應力法, Force Method)으로 분류되는 3연모멘트법, 변위일치의 방법, 최소일의 방법에 대하여 알아보도록 한다. 또한 수평하중을 받는 다층라멘의 근사해법인 포탈법과 캔틸레버법을 다루기로 한다.

11.1 처짐각법 (Slope Deflection Method)

처짐각법(Slope Deflection Method)은 1915년 미국 Minesota 대학의 G.A. Maney교수에 의하여 발표된 부정정구조물의 해법으로, 절점각과 부재각을 미지수로 하고 재단(材端)의 응력과 각 부재의 변형과의 관계를 평형조건식에 적용하여 단면력을 구하는 방법이다. 처짐각법은 다음에 배울 모멘트분배법과 함께 대표적인 변위법으로, 모멘트분배법을 이해하기 위한 기본이 되며, 소규모의 각종 부정정구조물의 해석에 매우 유용하다.

처짐각법에서는 다음과 같은 가정이 전제조건으로 되어야 한다.

① 부재는 직선인 선재로 취급한다.
② 절점에 모인 부재는 핀(힌지)접합을 한 것을 제외하고, 모두 강접합으로 본다.
③ 부재의 축방향력 및 전단력에 대한 변위는 무시한다.
④ 부재의 휨모멘트에 의한 변위는 고려하지만 이에 의한 부재의 길이변화는 고려하지 않는다.

11.1.1 처짐각방정식의 유도

가. 부재AB가 양단 고정일 때의 처짐각방정식

먼저 처짐각법의 기본식인 처짐각방정식(Slope Deflection Equation)을 유도해 보면서, 각종 용어와 부호를 정리해 보도록 한다.

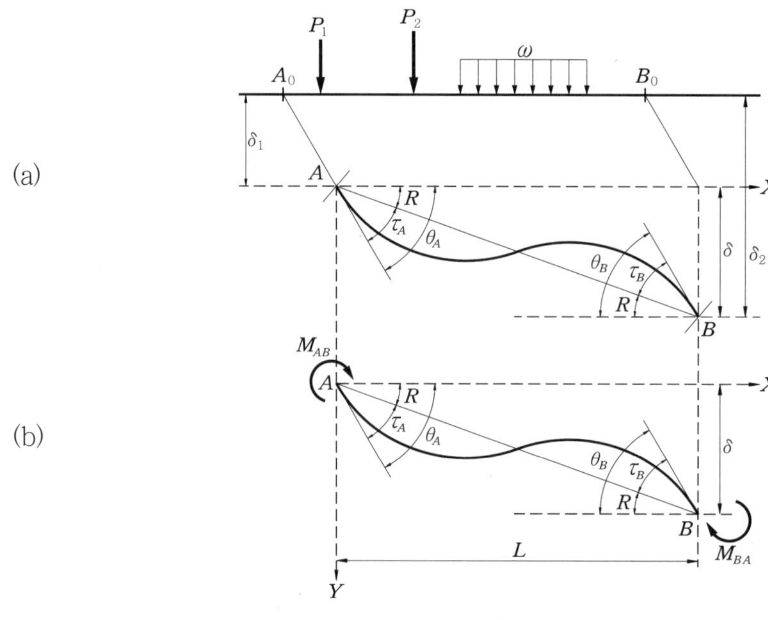

[그림11.1.1] 처짐각방정식의 유도

[그림11.1.1](a)는 구조물을 구성하는 변형 전의 임의의 부재A_0B_0가 각종 하중을 받아 부재AB로 변위되었을 때를 나타내고 있으며, 그림(b)는 그림(a)의 변위된 부재AB가 단순지지된 것으로 생각하기 위하여 재단의 강절점인 A, B에 일어나는 단부모멘트를 하중 M_{AB}, M_{BA}로 치환한 것이다.

[그림11.1.1]에서 변위된 부재AB의 재단(材端) A, B를 잇는 직선과 변위된 부재AB에서 절점 A, B의 접선이 이루는 각 τ_A, τ_B가 생기는데, τ_A, τ_B를 **접선각**(接線角, Angle of Tangent) 또는 **접선회전각**(接線回轉角, Angle of Tangent Rotation)이라고 한다. 접선각의 부호는 변위된 부재AB의 재단 A, B를 잇는 직선을 기준으로 접선이 시계방향이면 양(+)이고, 반시계방향이면 음(−)이다.

θ_A, θ_B는 **절점각**(節點角, Angle of Joint) 또는 **절점회전각**(節點回轉角, Angle of Joint Rotation)을 뜻하는데, 변위 전의 부재축을 기준으로 변위된 부재AB에서 절점 A, B의 접선이 이루는 각을 말한다. 절점각의 부호는 변위된 부재AB에서 절점 A, B의 접선이 변위 전의 부재축을 기준으로 시계방향이면 양(+)이고, 반시계방향이면 음(−)이다.

한편 [그림11.1.1]에서 변위된 부재AB의 재단(材端) A, B를 잇는 직선과 변위 전의 부재A_0B_0가 절점 A, B에서 이루는 각 R이 생기는데, 이때 각 R을 **부재각**(部材角, Angle of Member) 또는 **부재회전각**(部材回轉角, Angle of Member Rotation)이라고 한다. [그림11.1.1]에서 부재각 R은 미소량의 변위에 대하여 $R=\delta/L$로 표현할 수 있으며, 여기서 δ는 부재 양단의 상대변위, 즉 $\delta=\delta_2-\delta_1$을 뜻한다. 부재각의 부호는 변위된 부재AB의 재단 A, B를 잇는 직선이 변위 전의 부재축을 기준으로 시계방향이면 양(+)이고, 반시계방향이면 음(−)이다.

M_{AB}, M_{BA}는 **재단모멘트**(End Moment)라고 하는데, 부재의 끝부분에서 그 부재를 굽히려고 하는 모멘트를 말한다. M_{AB}는 부재AB의 A단에 작용하는 재단모멘트를 뜻하고, M_{BA}는 부재AB의 B단에 작용하는 재단모멘트를 뜻한다. 재단모멘트의 부호는 모멘트의 회전방향이 시계방향이면 양(+)이고, 반시계방향이면 음(−)이다.

[그림11.1.1]에서 부재AB의 양단 A, B의 절점각 θ_A, θ_B는 다음과 같다.

$$\theta_A = \tau_A + R \quad , \quad \theta_B = \tau_B + R \tag{11.1.1}$$

상기 식(11.1.1)에서 접선각 τ_A, τ_B는 [그림11.1.1](b)에서 보는 바와 같이 부재AB를 단순보로 생각할 때, 재단모멘트에 의한 양 지점의 처짐각과 부재AB의 중간에 작용하는 하중에 의한 양 지점의 처짐각의 합과 같다. 따라서 θ_A', θ_B'를 부재AB를 단순보로 생각할 때의 중간하중에 의한 양 지점의 처짐각이라고 하면 식(11.1.1)은 다음과 같다.

$$\theta_A = \frac{M_{AB}L}{3EI} - \frac{M_{BA}L}{6EI} + \theta_A{}' + R \quad , \quad \theta_B = \frac{M_{BA}L}{3EI} - \frac{M_{AB}L}{6EI} + \theta_B{}' + R \tag{11.1.2}$$

상기 식(11.1.2)을 연립방정식으로 풀어 재단모멘트 M_{AB}, M_{BA}를 구하면 다음과 같다.

$$\begin{aligned} M_{AB} &= \frac{2EI}{L}(2\theta_A + \theta_B - 3R) - \frac{2EI}{L}(2\theta_A{}' + \theta_B{}') \\ M_{BA} &= \frac{2EI}{L}(2\theta_B + \theta_A - 3R) - \frac{2EI}{L}(2\theta_B{}' + \theta_A{}') \end{aligned} \tag{11.1.3}$$

여기서 $C_{AB} = -\frac{2EI}{L}(2\theta_A{}' + \theta_B{}')$, $C_{BA} = -\frac{2EI}{L}(2\theta_B{}' + \theta_A{}')$, $K = \frac{I}{L}$ 라고 놓으면 식(11.1.3)은 다음과 같이 된다.

$$\begin{aligned} M_{AB} &= 2EK(2\theta_A + \theta_B - 3R) + C_{AB} \\ M_{BA} &= 2EK(2\theta_B + \theta_A - 3R) + C_{BA} \end{aligned} \tag{11.1.4}$$

상기 식(11.1.4)는 중요한 처짐각법의 기본식으로, 이를 **처짐각방정식**(Slope Deflection Equation)이라고 한다. 또한 이 방정식을 사용하여 부정정구조물을 구하는 해법을 **처짐각법**(Slope Deflection Method)이라고 한다.

한편 식(11.1.4)는 두 식의 아래첨자가 서로 바뀐 것에 지나지 않으므로, 이 두 식을 하나로 통합하여 표현할 수 있다. 즉 생각하는 부재의 한쪽 재단을 근단(Near End) n으로, 다른 한쪽 재단을 원단(Far End) f로 나타내면 다음과 같이 처짐방정식의 기본식을 표현할 수 있다.

$$M_{nf} = 2EK(2\theta_n + \theta_f - 3R) + C_{nf} \tag{11.1.5}$$

식(11.1.4)에서 $\theta_A = \theta_B = R = 0$으로 놓으면 각각 $C_{AB} = M_{AB}$, $C_{BA} = M_{BA}$가 되므로, C_{AB}, C_{BA}는 양단 고정인 부재 AB에 작용하는 중간하중에 의한 재단모멘트와 같은 것으로 **고정단모멘트**(Fixed End Moment, F.E.M)라고 한다. 고정단모멘트의 부호는 모멘트의 회전방향이 시계방향이면 양(+)이고, 반시계방향이면 음(−)이며, 고정단모멘트는 중간하중이 작용하면 결정되는 상수로서 **하중항**(荷重項, Load Term)이라고도 한다.

식(11.1.4)에서 K를 **강성**(剛性, Stiffness), **강도**(剛度, Stiffness) 또는 **강성계수**(剛性係數, Stiffness Factor)라고 하며, 부재의 단면2차모멘트 I를 그 부재길이 L로 나눈 값을 말한다.

$$K = \frac{I}{L} \tag{11.1.6}$$

한편 임의의 표준재 강성(강도)를 **표준강성**(標準剛性, 표준강도) K_0라 하고, 강비 k를 구할 때 쓰인다. **강비**(剛比, Stiffness Ratio) k는 라멘과 같은 각 부재의 휨변형에 대한 저항의 대소를 표시하는 계수로, 부재 AB의 강성을 K_{AB}라고 하면 K_{AB}를 표준강성 K_0로 나눈 값으로 부재 AB의 강비 k_{AB}는 다음과 같이 나타낸다.

$$k_{AB} = \frac{K_{AB}}{K_0} \tag{11.1.7}$$

따라서 $K = K_0 \cdot k$로 하고, $2EK\theta_A = \phi_A$, $2EK\theta_B = \phi_B$, $2EK(-3R) = \psi$라 놓으면 처짐각방정식의 기본식(11.1.4)는 다음과 같은 실용식으로 작성된다.

$$\begin{aligned} M_{AB} &= k_{AB}(2\phi_A + \phi_B + \psi) + C_{AB} \\ M_{BA} &= k_{BA}(2\phi_B + \phi_A + \psi) + C_{BA} \end{aligned} \tag{11.1.8}$$

한편 식(11.1.8)은 식(11.1.5)와 같은 표현법으로 표시하면 다음과 같다.

$$M_{nf} = k_{nf}(2\phi_n + \phi_f + \psi) + C_{nf} \tag{11.1.9}$$

처짐각방정식의 실용식(11.1.8), (11.1.9)는 실제계산에 있어서는 기본식을 대신하여 많이 쓰이게 된다. 앞으로 식(11.1.8), (11.1.9) 가운데 ϕ, ψ는 편의상 θ, R과 마찬가지로 절점각, 부재각이라 부르기로 한다.

나. 하중항 (Load Term)

다음은 **하중항**(荷重項, Load Term)에 대하여 구체적으로 살펴보도록 한다.

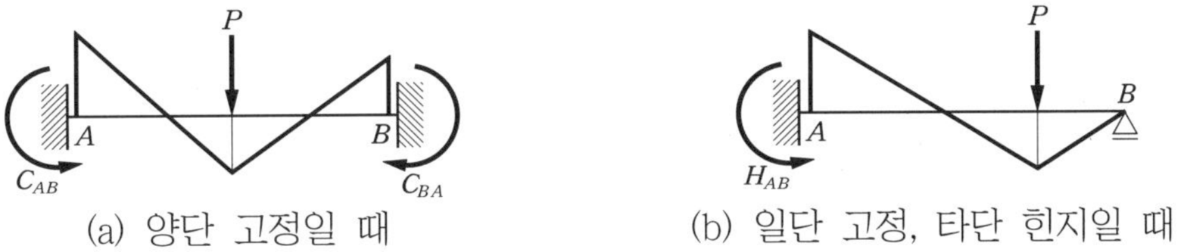

(a) 양단 고정일 때　　(b) 일단 고정, 타단 힌지일 때

[그림11.1.2] 하중항의 표시

하중항은 [그림11.1.2](a)와 같이 부재 AB가 양단 고정일 때는 C_{AB}, C_{BA}로 표시되지만, 그림(b)와 같이 일단고정 타단힌지일 때에는 고정단모멘트를 H_{AB}로 표시한다. 여기서 H_{AB}는 A단 고정, B단 힌지를 의미하며, H_{AB}와 C_{AB}, C_{BA}는 다음과 같은 관계식이 성립된다.

$$H_{AB} = C_{AB} - \frac{C_{BA}}{2} \tag{11.1.10}$$

식(11.1.10)에서 C_{AB}, C_{BA}의 절대값이 같고 부호가 다른 경우, $H_{AB}=\frac{3}{2}C_{AB}$가 됨을 알 수 있다.

처짐각방정식에서 하중항은 중간하중에 의한 반력모멘트인 고정단모멘트로서 여러 가지 하중상태에 대한 값은 직접 구하여도 되지만, 다음의 [표11.1.1]을 이용하면 편리하다.

[표11.1.1] 하중항 (고정단모멘트)

하중상태		(C) : 양단고정		(H) : 일단고정, 타단힌지	
		C_{AB}	C_{BA}	H_{AB} (A단고정)	H_{BA} (B단고정)
①	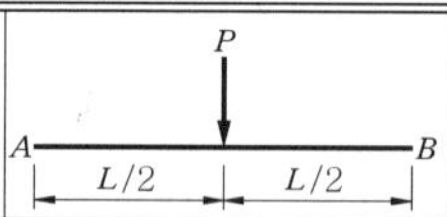	$-\frac{PL}{8}$	$\frac{PL}{8}$	$-\frac{3PL}{16}$	$\frac{3PL}{16}$
②	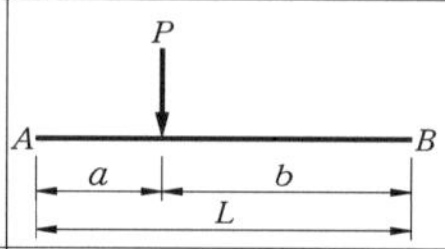	$-\frac{Pab^2}{L^2}$	$\frac{Pa^2b}{L^2}$	$-\frac{Pab}{2L^2}(L+b)$	$\frac{Pab}{2L^2}(L+a)$
③	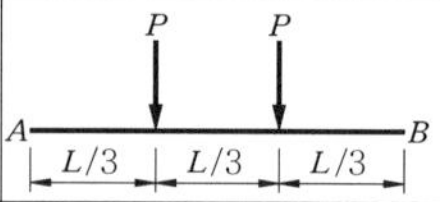	$-\frac{2PL}{9}$	$\frac{2PL}{9}$	$-\frac{PL}{3}$	$\frac{PL}{3}$
④	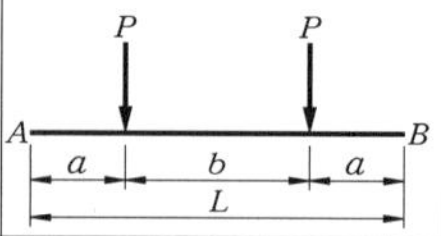	$-\frac{Pa}{L}(L-a)$	$\frac{Pa}{L}(L-a)$	$-\frac{3Pa}{2L}(L-a)$	$\frac{3Pa}{2L}(L-a)$
⑤	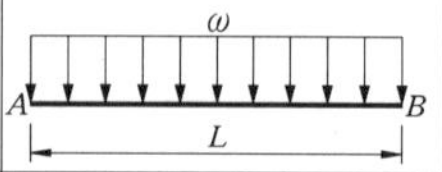	$-\frac{\omega L^2}{12}$	$\frac{\omega L^2}{12}$	$-\frac{\omega L^2}{8}$	$\frac{\omega L^2}{8}$
⑥	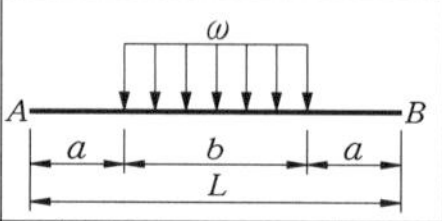	$-\frac{\omega b}{12L}\times[6a(a+b)+b^2]$	$\frac{\omega b}{12L}\times[6a(a+b)+b^2]$	$-\frac{\omega b}{8L}\times[6a(a+b)+b^2]$	$\frac{\omega b}{8L}\times[6a(a+b)+b^2]$
⑦	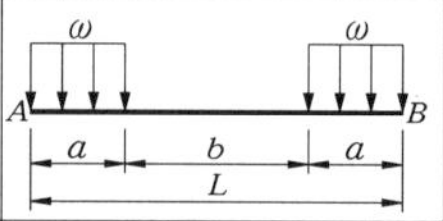	$-\frac{\omega a^2}{6L}\times(3L-2a)$	$\frac{\omega a^2}{6L}\times(3L-2a)$	$-\frac{\omega a^2}{4L}\times(3L-2a)$	$\frac{\omega a^2}{4L}\times(3L-2a)$
⑧	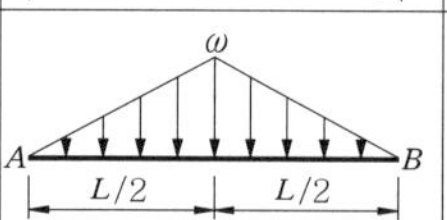	$-\frac{5\omega L^2}{96}$	$\frac{5\omega L^2}{96}$	$-\frac{5\omega L^2}{64}$	$\frac{5\omega L^2}{64}$
⑨	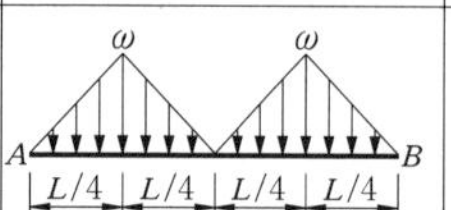	$-\frac{17\omega L^2}{384}$	$\frac{17\omega L^2}{384}$	$-\frac{17\omega L^2}{256}$	$\frac{17\omega L^2}{256}$
⑩	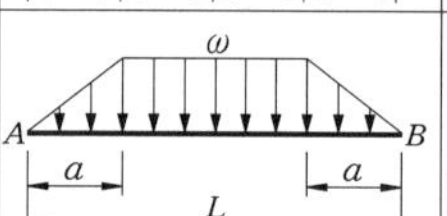	$-\frac{\omega}{12L}\times(L^3-2a^2L+a^3)$	$\frac{\omega}{12L}\times(L^3-2a^2L+a^3)$	$-\frac{\omega}{8L}\times(L^3-2a^2L+a^3)$	$\frac{\omega}{8L}\times(L^3-2a^2L+a^3)$
⑪	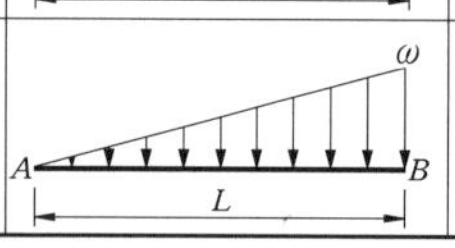	$-\frac{\omega L^2}{30}$	$\frac{\omega L^2}{20}$	$-\frac{7\omega L^2}{120}$	$\frac{\omega L^2}{15}$

다. 부재AB가 일단 고정, 타단 힌지일 때의 처짐각방정식

이제까지 살펴본 처짐각법의 기본식(11.1.4), (11.1.5)와 처짐각방정식의 실용식 (11.1.8), (11.1.9)는 부재AB의 양단이 고정일 때를 기준으로 한 식으로, 이 식만을 사용해도 거의 모든 부정정 보나 라멘의 해석이 가능할 수 있으나, 부재의 일단이 고정, 타단이 힌지(Hinge)인 경우에 대한 처짐각방정식을 유도하여 사용하면 계산이 편리하다.

식(11.1.5)에서 원단이 힌지(Hinge)이면 $M_{fn}=2EK(2\theta_f+\theta_n-3R)+C_{fn}=0$이므로 θ_f는 다음과 같다.

$$\theta_f=-\frac{1}{2}(\theta_n-3R)-\frac{C_{fn}}{4EK} \tag{11.1.11}$$

한편 식(11.1.10)을 통하여 볼 때 $H_{nf}=C_{nf}-\frac{C_{fn}}{2}$이므로 C_{fn}은 다음과 같다.

$$C_{fn}=2C_{nf}-2H_{nf} \tag{11.1.12}$$

따라서 식(11.1.11)과 식(11.1.12)를 식(11.1.5)에 대입하면 다음과 같다.

$$M_{nf}=3EK(\theta_n-R)+H_{nf} \tag{11.1.13}$$

식(11.1.13)에서 $K=K_0\cdot k$로 하고, $2EK\theta_n=\phi_n$, $2EK\theta_f=\phi_f$, $2EK(-3R)=\psi$라 놓으면 부재의 일단이 힌지(Hinge)인 경우에 대한 처짐각방정식의 기본식 (11.1.13)은 다음과 같은 실용식으로 작성된다.

$$M_{nf}=k\left(\frac{3}{2}\phi_n+\frac{\psi}{2}\right)+H_{nf} \tag{11.1.14}$$

라. 유효강비 (k_e)

앞에서 배운 강비 k는 부재AB의 양단이 고정일 때를 기준으로 한 것으로, 부재의 일단이 힌지(Hinge)인 경우 위의 강비 k를 수정하여 양단이 고정인 경우와 동일하게 취급하여 사용하기도 한다. 이때 수정된 강비 k_e를 **유효강비**(有效剛比, Effective Stiffness Ratio)라고 하는데, **등가강비**(等價剛比, Equivalent Stiffness Ratio), **환산강비**(換算剛比, Reduced Stiffness Ratio), **수정강비**(修正剛比, Modified Stiffness Ratio)라고도 부른다.

그리고 구조물이 힘을 받아 변형할 때, 그 변형이 대칭 또는 역대칭이 되는 경우도 있다. 이러한 경우 대칭성이나 역대칭성을 고려하여 구조물의 반쪽만 해석하면 계산이 간단해지는데, 이때에도 유효강비(k_e)가 사용된다.

(1) 부재의 일단이 핀(Pin) 또는 힌지(Hinge)인 경우의 유효강비

[그림11.1.3]과 같이 일단 고정, 타단이 핀(또는 힌지)인 부재AB에 대하여 고정단모멘트를 포함한 처짐각방정식의 실용식을 세워보면 다음과 같다.

$$M_{AB} = k_0(2\phi_A + \phi_B) + C_{AB} \ , \quad M_{BA} = k_0(2\phi_B + \phi_A) + C_{BA}$$

이때 B점이 힌지(Hinge)이기 때문에 $M_{BA} = 0$ 이므로, $\phi_B = \frac{1}{2}(-\frac{C_{BA}}{k_0} - \phi_A)$ 가 된다. 따라서 $M_{AB} = k_0(\frac{3}{2}\phi_A) + C_{AB} - \frac{C_{BA}}{2} = \frac{3}{4}k_0(2\phi_A) + H_{AB}$가 된다.

즉, 처짐각방정식에서 B점의 절점각 ϕ_B을 생각하지 않는 대신에 부재AB의 강비를 $k_e = \frac{3}{4}k_0$ 라고 하면 된다는 것을 알 수 있다.

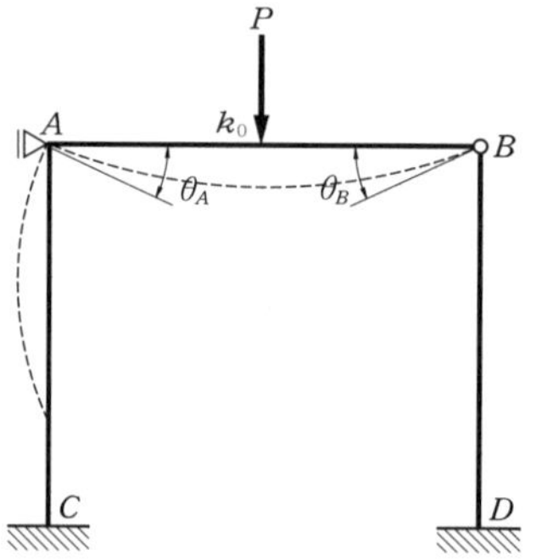

[그림11.1.3] 일단고정, 타단이 핀(또는 힌지)인 부재AB

(2) 대칭변형을 할 경우의 유효강비

[그림11.1.4]의 경우와 같이 대칭변형을 하는 부재AB를 생각해 보자.

대칭변형을 하기 때문에 처짐각방정식에서 $\theta_A = -\theta_B$ 또는 $\phi_A = -\phi_B$ 이므로, 부재AB의 재단모멘트는 다음과 같다.

$$M_{AB} = k_0(2\phi_A + \phi_B) = k_0(2\phi_A - \phi_A) = k_0\phi_A = \frac{k_0}{2}(2\phi_A)$$

즉 처짐각방정식에서 B점의 절점각 ϕ_B를 '0' 또는 무시하면, 부재AB의 유효강비로 본래 강비의 $\frac{1}{2}$ 을 이용하면 된다는 것을 알 수 있다.

따라서 $k_e = \frac{1}{2}k_0$ 로, 유효강비 k_e 를 계산하는 강비로 사용하면 B점의 절점각을 고려하지 않아도 재단모멘트를 계산할 수 있다.

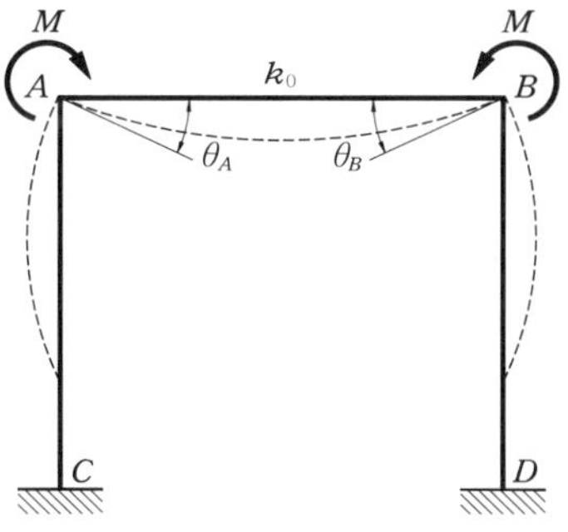

[그림11.1.4] 대칭변형을 하는 부재AB

(3) 역대칭 변형을 할 경우의 유효강비

이번에는 [그림11.1.5]와 같이 역대칭 변형을 하는 부재AB를 생각해 보자.

역대칭변형을 하기 때문에 처짐각방정식에서 $\theta_A = \theta_B$ 또는 $\phi_A = \phi_B$이므로, 부재AB의 재단모멘트는 다음과 같다.

$$M_{AB} = k_0(2\phi_A + \phi_B) = k_0(3\phi_A) = \frac{3}{2}k_0(2\phi_A)$$

즉 처짐각방정식에서 B점의 절점각 ϕ_B을 생각하지 않는 대신에 부재AB의 유료강비를 $k_e = \frac{3}{2}k_0$라고 하면 된다는 것을 알 수 있다.

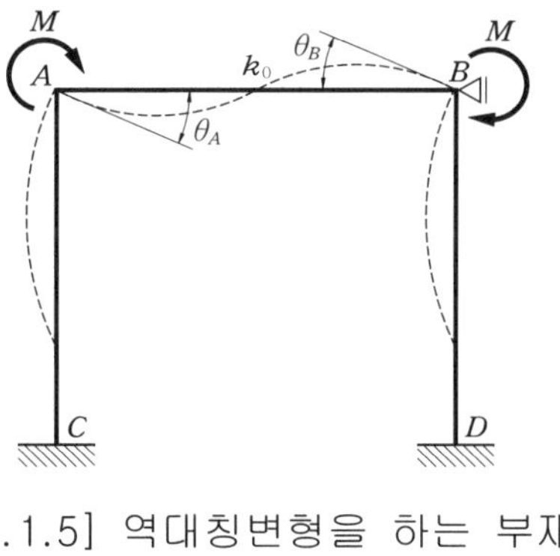

[그림11.1.5] 역대칭변형을 하는 부재AB

위에서 살펴보았듯이 원래 강비(k_0)는 부재의 양단조건 및 변형상태에 따라 유효강비(k_e)로 환산하여 사용할 수 있으며, 이때 유효강비(k_e)는 일단고정, 타단이 핀(또는 힌지)인 부재의 경우에는 $\frac{3}{4}k_0$, 대칭변형의 경우는 $\frac{1}{2}k_0$, 역대칭변형의 경우에는 $\frac{3}{2}k_0$임을 알 수 있다. 한편 양단이 강절인 부재는 고정단과 마찬가지로 유효강비(k_e)가 k_0 이며, 일단이 고정이고 타단이 자유인 부재는 회전저항을 하지 않으므로 유효강비(k_e)가 '0' 이다.

유효강비(k_e)는 처짐각법뿐만 아니라 모멘트분배법에서도 유효하게 사용되는 개념으로, 다음 [표11.1.2]는 부재의 상태별 유효강비(k_e)를 정리한 것이다.

[표11.1.2] 부재의 상태별 유효강비

부재의 상태	유효강비 (k_e)
양단 고정(또는 강절)	k_0
일단 고정 타단 핀(또는 힌지)	$\frac{3}{4}k_0 = 0.75k_0$
일단 고정 타단 자유	0
대칭 변형	$\frac{1}{2}k_0 = 0.5k_0$
역대칭 변형	$\frac{3}{2}k_0 = 1.5k_0$

마. 대칭성 및 역대칭성의 이용

앞에서도 기술했듯이 구조물이 대칭 및 역대칭 변형을 하는 경우에 유효강비(k_e)를 적용하면 풀이과정이 훨씬 간편해지는데, 처짐각법 뿐 아니라 모멘트분배법에서도 유효하게 사용되므로, 여기서는 이들의 적용방법에 대하여 구체적으로 정리해 보도록 한다.

(1) 대칭라멘이 대칭 연직하중을 받을 때

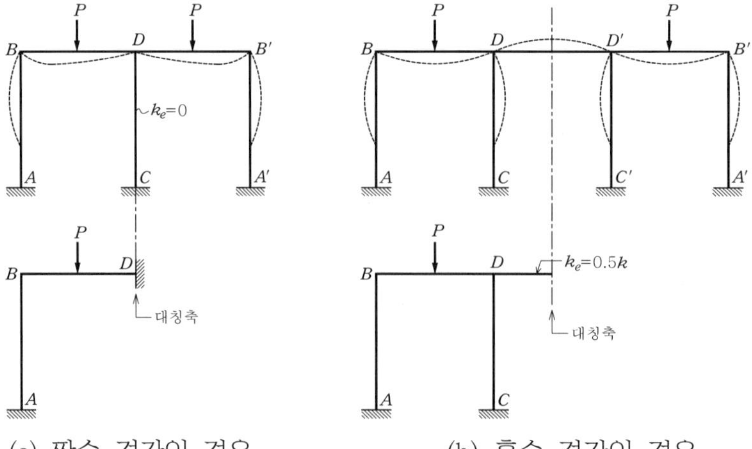

(a) 짝수 경간인 경우　　　　(b) 홀수 경간인 경우

[그림11.1.6] 대칭라멘이 대칭 연직하중을 받을 때

① [그림11.1.6](a)에서 대칭축상의 절점D는 변위하지 않으므로, 절점D를 고정단으로 하고, 라멘의 좌측분인 ABD골조만을 계산하면 된다. 이때 부재 CD의 유효강비는 $k_e = 0$ 이다.

② [그림11.1.6](b)에서 대칭축상의 부재DD' 이 대칭 변형재이므로, 이 부재의 유효강비를 $k_e = 0.5k$ 로 하여 라멘의 좌측반분만 계산하면 된다.

(2) 대칭재가 역대칭 하중을 받을 때

[그림11.1.7]에서 대칭축상의 부재BB' 가 역대칭 변형재이므로, 이 부재의 유효강비를 $k_e = \dfrac{3}{2}k$ 로 하여 구조물의 좌측반분만 계산하면 된다.

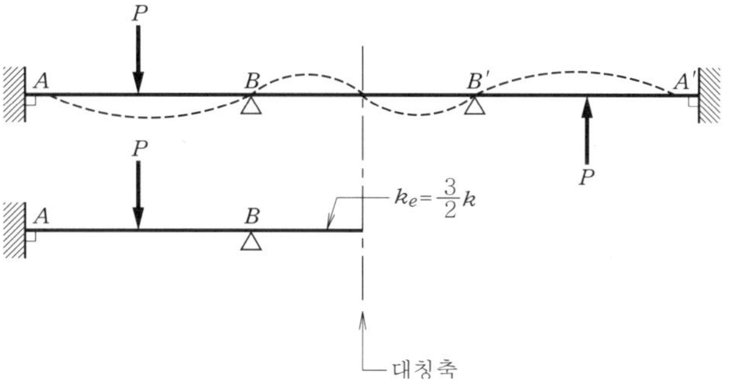

[그림11.1.7] 대칭재가 역대칭 하중을 받을 때

(3) 대칭라멘이 수평하중을 받을 때

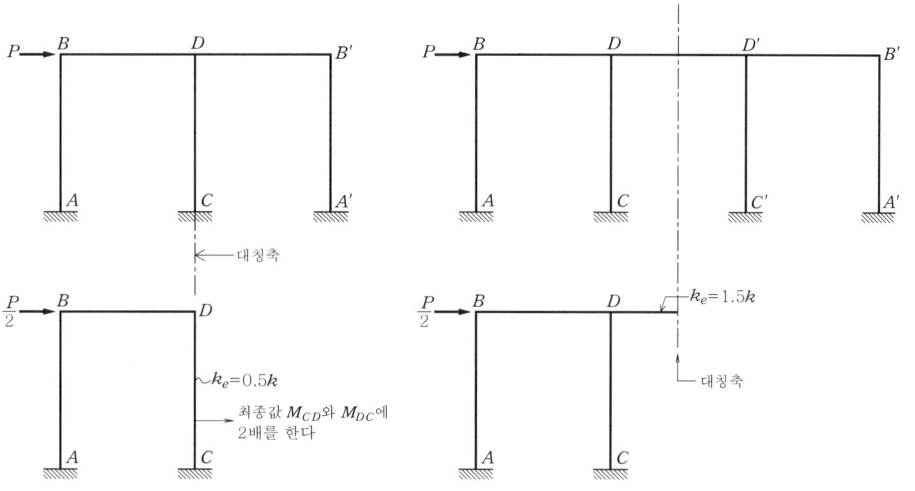

(a) 짝수 경간인 경우 (b) 홀수 경간인 경우

[그림11.1.8] 대칭라멘이 수평하중을 받을 때

① [그림11.1.8](a)의 라멘은 수평하중 P를 $P/2$로 하고, 대칭축상의 부재CD의 유효강비를 $k_e = 0.5k$로 하여 라멘의 좌측반분만 계산한 후, 부재$A'B'$의 단면력은 부재AB와 같게 하고, 좌측반분만으로 계산된 부재CD의 재단모멘트 M_{CD}와 M_{DC}에 2배를 한 값을 최종 부재CD의 단면력으로 결정한다.

② [그림11.1.8](b)의 라멘은 수평하중 P를 $P/2$로 하고, 대칭축상의 부재 DD'는 역대칭 변형재이므로 유효강비를 $k_e = 1.5k$로 하여 라멘의 좌측반분만 계산한 후, 부재$A'B'$의 단면력은 부재AB와 같게 하고, 부재$C'D'$의 단면력은 부재CD와 같게 한다.

바. 유효강비(k_e)를 고려한 처짐각방정식

앞에서 배운 식(11.1.8), 식(11.1.9), 식(11.1.14)는 모두 강비 k를 이용한 처짐각방정식이었다.

그런데 부재의 일단이 고정, 타단이 힌지(Hinge)인 구조물과 대칭 및 역대칭 변형이 있는 구조물의 경우에는 유효강비 k_e를 고려한 처짐각방정식을 사용하면 계산이 편리하다. 따라서 유효강비(k_e)를 고려한 처짐각방정식을 정리해 보면 다음과 같다.

① 부재AB가 양단 고정일 때의 처짐각방정식은 $k_e = k$이므로 식(11.1.9) 그대로 다음과 같다.

$$M_{nf} = k_e\,(\,2\phi_n + \phi_f + \psi\,) + C_{nf} \tag{11.1.15}$$

② 부재AB가 일단 고정, 타단 힌지일 때의 처짐각방정식은 $k_e = 3k/4$에서 $k = 4k_e/3$이므로 식(11.1.14)는 다음과 같이 된다.

$$M_{nf} = k_e\,(\,2\phi_n + \frac{2}{3}\psi\,) + H_{nf} \tag{11.1.16}$$

11.1.2 처짐각법의 평형방정식

앞의 처짐각방정식에서 보았듯이 처짐각법에서는 부재의 재단모멘트를 구하기 위해서 절점각과 부재각을 미지수로 한다. 이들 미지수를 구하기 위해서는 미지수의 개수만큼의 조건식이 필요한다. 이 조건식이 처짐각법의 평형방정식으로, 모멘트의 평형방정식인 절점방정식과 전단력의 평형조건식인 층방정식이 있다.

가. 절점방정식 (모멘트방정식)

구조물의 어떤 절점 m 에 강접합된 n 개의 부재들(1 , 2 , 3 , …… , n)이 모여 있고, 절점 m 에 외력으로서의 모멘트가 작용하지 않을 때, 절점 m 이 평형을 유지하기 위해서는 절점 m 에 모인 각 부재의 재단모멘트 M_{m1} , M_{m2} , M_{m3} , …… , M_{mn} 의 총합은 '0' 이어야 한다. 즉,

$$\sum_{i=1}^{n} M_{mi} = 0 \tag{11.1.17}$$

예를 들어 [그림11.1.9]에서 절점 B 에 모인 재단모멘트는 M_{BA}, M_{BC}, M_{BE} 로, 이들 재단모멘트의 합은 '0' 이다. 즉 $M_{BA}+M_{BC}+M_{BE}=0$

또한 구조물의 어떤 절점 m 에 강접합된 n 개의 부재들(1 , 2 , 3 , …… , n)이 모여있고, 절점 m 에 외력으로서의 모멘트 M 이 작용할 때, 절점 m 이 평형을 유지하기 위해서는 절점 m 에 모인 각 부재의 재단모멘트 M_{m1} , M_{m2} , M_{m3} , …… , M_{mn} 의 총합은 모멘트 M 과 같아야 한다. 즉,

$$\sum_{i=1}^{n} M_{mi} = M \tag{11.1.18}$$

예를 들어 [그림11.1.9]에서 절점 E 에 모인 재단모멘트는 M_{EF}, M_{ED}, M_{EB} 로, 이들 재단모멘트의 합은 외력으로부터의 모멘트 $M=P_1L_1$ 과 같다. 즉,

$$M_{EF}+M_{ED}+M_{EB}=P_1L_1$$

위의 식(11.1.17)과 식(11.1.18)을 **절점방정식**(節點方程式, Joint Equation) 또는 **모멘트방정식**(Moment Equation)이라고 한다.

절점방정식은 절점마다 1개씩 세울 수 있으므로, 미지수와 모든 절점의 수효가 같으면 절점방정식만으로 연립방정식을 통하여 미지수를 결정할 수 있다. 예를 들어 [그림11.1.9]에서는 절점 B, C, D, E 에서 4개의 절점방정식이 성립된다.

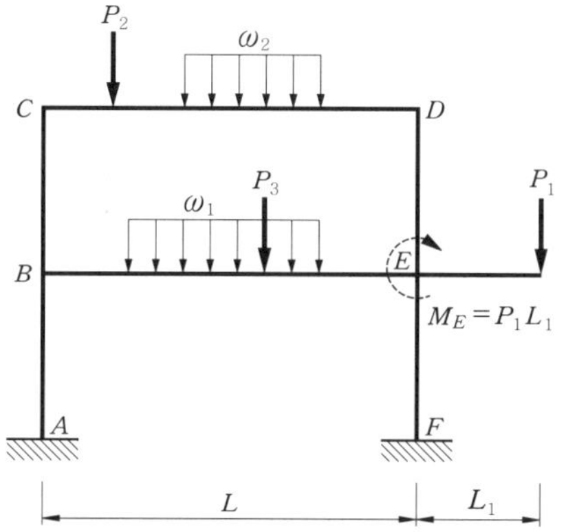

[그림11.1.9] 절점방정식의 산정

나. 층방정식 (전단력방정식)

[그림11.1.10](a)와 같은 라멘이 수평하중을 받아 절점이 이동할 때는 절점각 외에 부재각이 미지수로 처짐각방정식에 추가된다.

이때 기둥이 연직인 라멘의 경우, 수평한 보에는 부재각이 생기지 않는다는 가정 하에 같은 층의 기둥은 상단의 절점이 같은 수평이동량을 나타낸다고 생각한다.

[그림11.1.10](a)의 경우는 기둥의 부재각이 각 층마다 공통이므로 층수만큼의 부재각이 미지수가 되며, 그러므로 층수에 해당하는 층방정식이 필요하다.

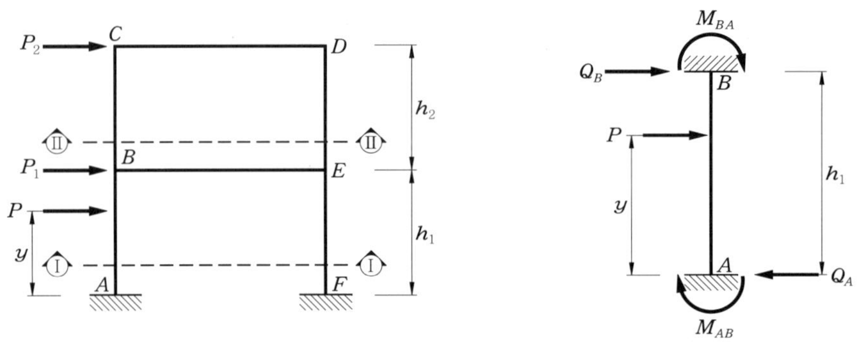

(a) (b)

[그림11.1.10] 층방정식의 산정

[그림11.1.10](a)의 경우 각 층의 층전단력을 V_{II}, V_{I} 이라고 하면, 이들 **층전단력**(層剪斷力, Story Shear)은 각각 단면Ⅱ ~ Ⅱ, 단면Ⅰ ~ Ⅰ로부터 상부에 작용하는 수평력의 총합이다.

따라서 그림(a)에서 $V_{\text{II}} = P_2$, $V_{\text{I}} = P_1 + P_2 + P$가 된다.

각 층의 층전단력 V는 그 층의 기둥들에 분배되는데, 그 층의 개별 기둥의 전단력을 Q라고 하면 Q의 총합은 층전단력 V와 같게 된다. 즉,

$$V = \Sigma Q \tag{11.1.19}$$

예를들어 [그림11.1.10](b)와 같이 개별 기둥 AB의 전단력 Q_A와 기둥 상, 하단의 재단모멘트 M_{AB}, M_{BA}의 사이에는 힘의 평형조건식에 의하여 다음과 같은 식이 성립된다.

$$\Sigma M_B = 0 \ : \ M_{AB} + M_{BA} - P(h_1 - y) + Q_A h_1 = 0$$

$$\therefore \ Q_A = -\frac{M_{AB} + M_{BA}}{h_1} - \frac{Py}{h_1} + P \tag{11.1.20}$$

위의 식(11.1.19)와 식(11.1.20)을 이용한 식을 **층방정식**(層方程式, Bent Equation) 또는 **전단력방정식**(剪斷力方程式, Shear Equation)이라고 하는데, 층방정식은 각 층마다 1개씩 성립된다.

[그림11.1.10](a)의 경우에 대하여 각 층의 층방정식을 세워보면 다음과 같다.

① 제 II 층방정식

$$\sum H = 0 \quad : P_2 - Q_B - Q_E = 0$$

$$\sum M_C = 0 \ : M_{BC} + M_{CB} + Q_B h_2 = 0 \quad \Rightarrow \quad Q_B = -\frac{M_{BC}+M_{CB}}{h_2}$$

$$\sum M_D = 0 \ : M_{DE} + M_{ED} + Q_E h_2 = 0 \quad \Rightarrow \quad Q_E = -\frac{M_{DE}+M_{ED}}{h_2}$$

$$\therefore \ P_2 + \frac{M_{BC}+M_{CB}}{h_2} + \frac{M_{DE}+M_{ED}}{h_2} = 0 \quad \text{또는} \ P_2 = -\frac{M_{BC}+M_{CB}+M_{DE}+M_{ED}}{h_2}$$

② 제 I 층방정식

$$\sum H = 0 \quad : P_1 + P_2 + P - Q_A - Q_F = 0$$

$$\sum M_B = 0 \ : M_{AB} + M_{BA} + Q_A h_1 - P(h_1 - y) = 0$$

$$\Rightarrow \quad Q_A = -\frac{M_{AB}+M_{BA}}{h_1} - \frac{Py}{h_1} + P$$

$$\sum M_E = 0 \ : \ M_{EF} + M_{FE} + Q_F h_1 = 0 \quad \Rightarrow \quad Q_F = -\frac{M_{EF}+M_{FE}}{h_1}$$

$$\therefore \quad P_1 + P_2 + \frac{M_{AB}+M_{BA}}{h_1} + \frac{Py}{h_1} + \frac{M_{EF}+M_{FE}}{h_1} = 0$$

$$\text{또는} \quad P_1 + P_2 = -\frac{M_{AB}+M_{BA}+M_{EF}+M_{FE}}{h_1} - \frac{Py}{h_1}$$

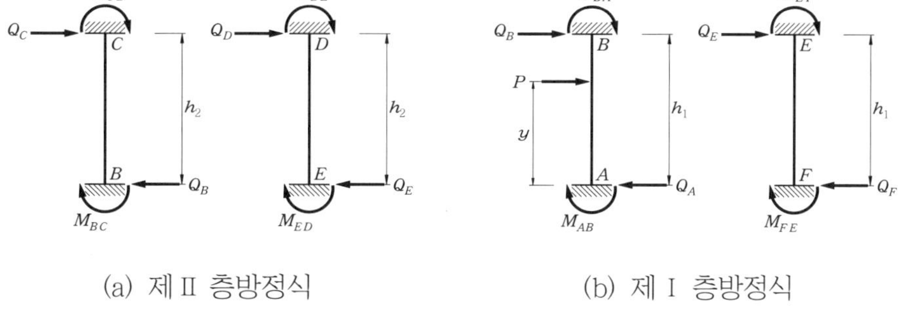

(a) 제 II 층방정식　　　　(b) 제 I 층방정식

[그림11.1.11] 각 층의 층방정식

11.1.3 처짐각법의 해법

가. 처짐각법의 미지수와 방정식 수

처짐각방정식의 실용식에서 미지수는 1개의 부재에 대하여 부재 양단의 절점각 ϕ_n, ϕ_f 와 부재각 ψ 의 3개이며, 이들을 구하기 위한 방정식에는 절점의 개수와 같은 수의 절점방정식과 층의 개수와 같은 수의 층방정식이 있다. 따라서 구조물 전체에 대해서는 부재수의 3배에 달하는 미지수가 있다고 생각되어 풀이과정에서 복잡한 계산이 예상될 수 있으나, 실제로는 해법상의 가정에 의하여 미지수의 수가 현저하게 감소된다. 다음은 처짐각법의 미지수의 선정에 있어서 일반적인 원칙을 정리해 본다.

① 절점각(θ 또는 ϕ)의 개수는 구조물의 절점의 개수와 같다.
② 기둥이 연직이면 수평한 보는 회전하지 않으므로, 부재각(R 또는 ψ)이 생기지 않는다.
③ 수평방향으로 변위하지 못하도록 구속된 구조물은 부재각(R 또는 ψ)이 생기지 않는다.
④ 부재각(R 또는 ψ)의 개수는 라멘의 층수와 같다.
⑤ 고정단에서의 절점각(θ 또는 ϕ)은 '0' 이다.
⑥ 일단 고정, 타단 힌지일 경우에 처짐각방정식(11.1.14) 또는 식(11.1.16)을 사용하면 힌지부의 절점각을 생각할 필요가 없다.
⑦ 대칭라멘이 대칭 연직하중을 받아 대칭변형을 할 경우, 대칭관계의 절점각은 서로 크기가 같고 부호는 반대이다. ([그림11.1.6] 참조)
⑧ 대칭재가 역대칭 하중을 받거나 대칭라멘이 수평하중을 받아 역대칭 변형을 할 경우, 대칭관계의 절점각은 서로 크기와 부호가 같다. ([그림11.1.7], [그림11.1.8] 참조)

나. 처짐각법의 해법 순서

처짐각법에 의한 부정정구조물의 일반적인 해법순서를 정리해 보면 다음과 같다.
① 각 부재의 강성(K), 강비(k) 및 유효강비(k_e)를 구한다.
② 구해야할 미지수인 절점각(θ 또는 ϕ) 및 부재각(R 또는 ψ)을 선정한다.
③ 하중항을 구한다.
④ 각 부재에 대한 처짐각방정식을 세운다. 이때 강성(K), 강비(k), 유효강비(k_e) 중 어느 것을 사용하느냐에 따라 처짐각방정식이 달라짐으로 주의하여야 한다.
⑤ 각 절점에 대한 절점방정식과 각 층에 대한 층방정식을 세운다.

⑥ 절점방정식과 층방정식을 연립방정식으로 풀어 절점각(θ 또는 ϕ) 및 부재각(R 또는 ψ)의 값을 구한다.
⑦ 절점각 및 부재각의 값을 처짐각방정식에 대입하여 각 부재의 재단모멘트(M_{nf})를 구한다.
⑧ 각 부재의 재단모멘트(M_{nf})에 의하여 구조물 전체의 휨모멘트도(B.M.D)를 그린다.
⑨ 휨모멘트도를 이용하여 지점반력 및 나머지 단면력도를 그린다.

다. 휨모멘트도 및 전단력도의 작도방법

여기서는 구해진 각 부재의 재단모멘트를 가지고 휨모멘트도(B.M.D) 및 전단력도(S.F.D)를 그리는 방법에 대하여 설명하고자 한다.

본 교재에서는 재단모멘트가 어떤 부재의 양단에 가했을 때 부재가 굽혀지는데, 그 부재가 휘는 인장측에 휨모멘트도를 작도하기로 하였다.

먼저 간단한 예로 [그림11.1.12](a)와 같이 길이 l인 어떤 AB부재의 재단모멘트가 각각 $+M_{AB}$, $-M_{BA}$로 구해졌고 절점A와 절점B 사이에는 어떠한 하중도 작용하지 않을 때, 그림(b)에서 보는 같이 AB부재의 휨모멘트도 작도순서는 다음과 같다.

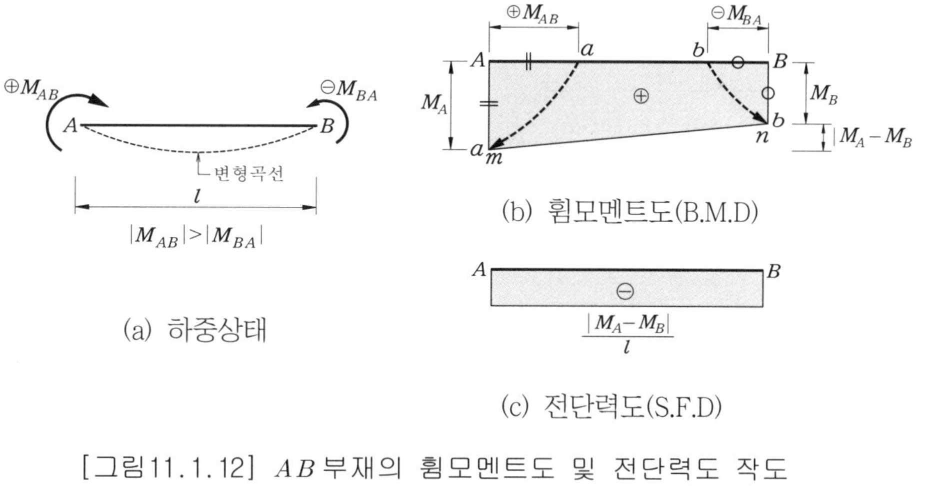

(a) 하중상태

(b) 휨모멘트도(B.M.D)

(c) 전단력도(S.F.D)

[그림11.1.12] AB부재의 휨모멘트도 및 전단력도 작도

① 절점A와 절점B를 기준으로 AB부재선상에 M_{AB}와 M_{BA}의 크기에 비례하는 거리 Aa와 Bb를 잡는다.
② 선Aa는 절점A를 중심으로 90° 회전시키고, 선Bb는 절점B를 중심으로 90° 회전시키는데, 회전방향은 재단모멘트의 부호에 따른다. 따라서 선Aa는 재단모멘트 M_{AB}의 부호가 양(+)이므로 시계방향으로 회전시키고, 선 Bb는 재단모멘트 M_{BA}의 부호가 음(−)이므로 반시계방향으로 회전시킨다.

③ 절점A를 중심으로 시계방향으로 90° 회전된 선Aa의 끝점을 m이라 하고, 절점B를 중심으로 반시계방향으로 90° 회전된 선Bb의 끝점을 n이라고 한다.

④ 결국 $AmnB$를 연결한 사다리꼴은 AB부재의 휨모멘트도(B.M.D)가 된다.

한편 [그림11.1.12](b)의 휨모멘트도를 통하여 그림(c)와 같은 전단력도를 구할 수 있는데, 이때 전단력의 크기는 양단의 휨모멘트 M_A와 M_B의 차를 부재의 길이 l로 나눈 값인데, 휨모멘트 M_A와 M_B가 서로 같은 부호를 가지므로 $|M_A - M_B| / l$ 이 된다.

마찬가지로 [그림11.1.13](a)와 같이 길이 l인 어떤 CD부재의 재단모멘트가 각각 $+M_{CD}$, $+M_{DC}$로 구해졌고 절점C와 절점D 사이에는 어떠한 하중도 작용하지 않을 때, 휨모멘트도와 전단력도를 구해보면 그림(b) 및 그림(c)와 같이 나타난다. 이때 그림(c)에서 전단력의 크기는 양단의 휨모멘트 M_C와 M_D의 차를 부재의 길이 l로 나눈 값인데, 휨모멘트 M_C와 M_D가 서로 다른 부호를 가지므로 $(|M_C - M_D|) / l$ 또는 $(|M_C| + |M_D|) / l$ 이 된다.

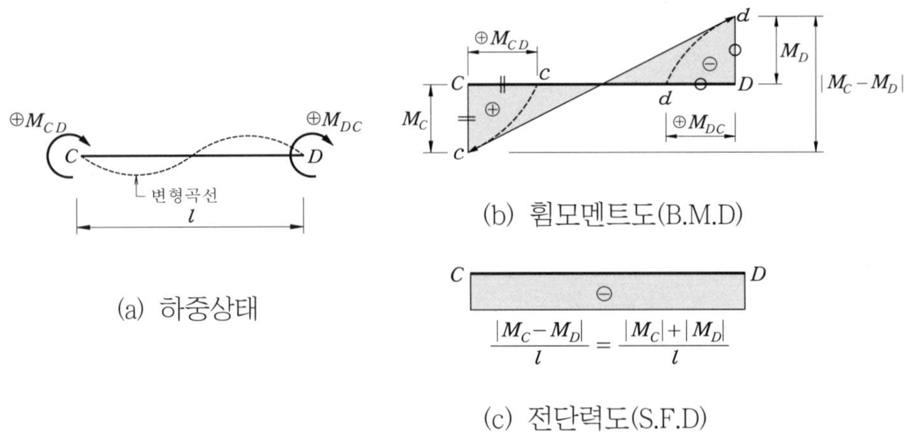

(a) 하중상태

(b) 휨모멘트도(B.M.D)

(c) 전단력도(S.F.D)

[그림11.1.13] CD부재의 휨모멘트도 및 전단력도 작도

다음으로 [그림11.1.14](a)와 같이 길이 l인 어떤 EF부재의 재단모멘트가 각각 $-M_{EF}$, $+M_{FE}$로 구해졌고 절점E와 절점F 사이에는 등분포하중 ω가 작용할 때, 휨모멘트도와 전단력도를 구해보면 [그림11.1.14](b) 및 그림(c)와 같이 나타난다.

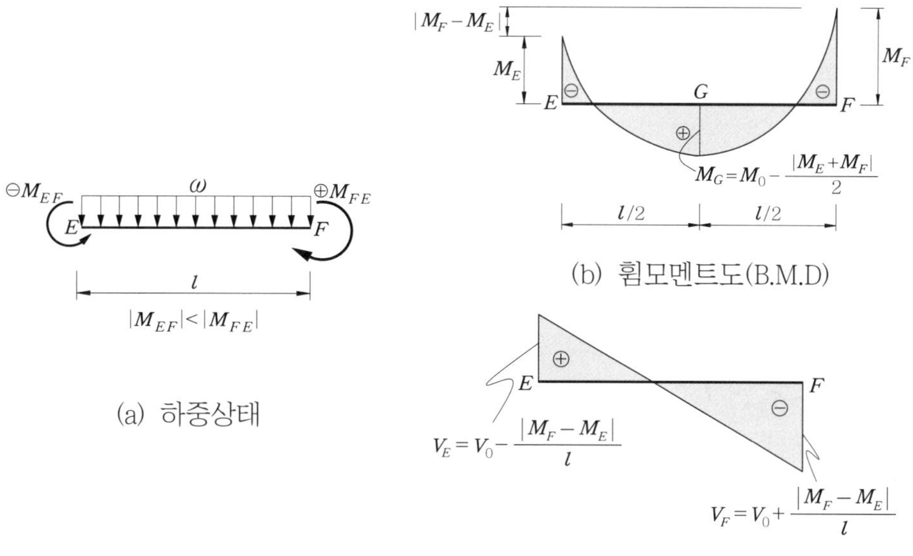

(a) 하중상태

(b) 휨모멘트도(B.M.D)

(c) 전단력도(S.F.D)

[그림11.1.14] EF 부재의 휨모멘트도 및 전단력도 작도

이때 [그림11.1.14](b)의 휨모멘트도에서 중앙부의 휨모멘트 M_G는 다음과 같이 구한다.

$$M_G = M_O - \frac{|M_E + M_F|}{2} \tag{11.1.21}$$

상기 식(11.1.21)에서 M_O는 양단이 단순보일 때의 중간하중으로 인한 중앙부의 휨모멘트로, 여기서는 등분포하중 ω가 작용하므로 $M_O = \omega\, l^2 / 8$ 이다. 여기서 중앙부의 휨모멘트 M_G의 크기는 M_O를 기준으로 양단의 휨모멘트 M_E와 M_F의 평균값을 뺀 값임을 알 수 있다. 여기서 주의할 것은 만약 $M_E = M_F$가 아니면 중앙부 휨모멘트 M_G가 최대휨모멘트가 아니라는 사실이다.

또한 [그림11.1.14](c)에서 양단부에 작용하는 전단력 V_E, V_F는 다음과 같이 구한다.

$$|M_E| < |M_F| \text{ 일 때}$$

$$V_E = V_O - \frac{|M_F - M_E|}{l} \quad , \quad V_F = V_O + \frac{|M_F - M_E|}{l} \tag{11.1.22}$$

상기 식(11.1.22)에서 V_O는 양단이 단순보일 때의 중간하중으로 인한 단부의 전단력으로, 여기서는 등분포하중 ω가 작용하므로 $V_O = \omega\, l / 2$ 이다. 여기서 양단부의 전단력 V_E, V_F의 크기는 V_O를 기준으로 양단의 휨모멘트 M_E와 M_F의 차를 부재의 길이 l로 나눈 값만큼을 휨모멘트가 작은 쪽인 전단력 V_E에서는 빼고, 휨모멘트가 큰 쪽인 전단력 V_F에서는 더한 것을 알 수 있다.

마지막으로 [그림11.1.15](a)와 같이 길이 l인 어떤 GH부재의 재단모멘트가 각각 $-M_{GH}$, $+M_{HG}$로 구해졌고 절점G와 절점H 사이에는 집중하중 P가 작용할 때, 휨모멘트도와 전단력도를 구해보면 [그림11.1.15](b) 및 그림(c)와 같이 나타난다.

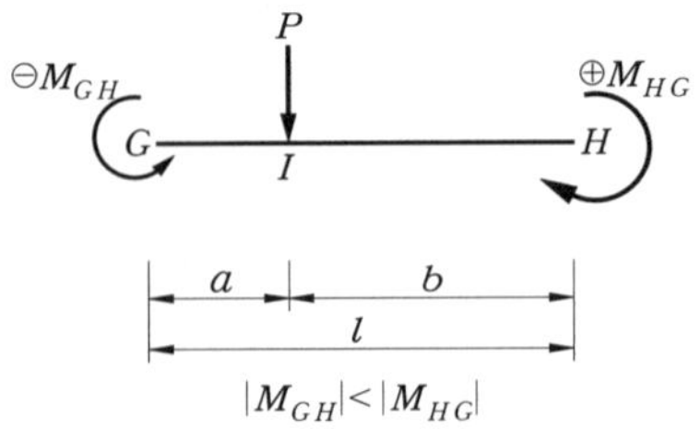

(a) 하중상태

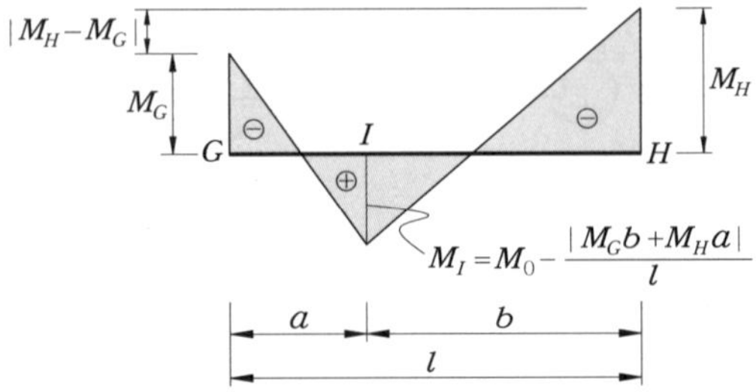

(b) 휨모멘트도(B.M.D)

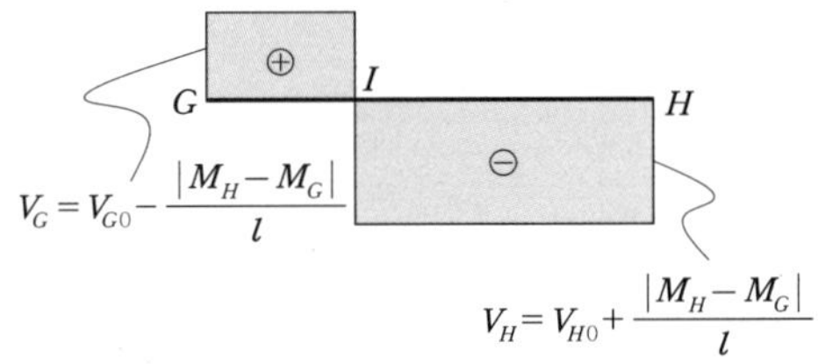

(c) 전단력도(S.F.D)

[그림11.1.15] GH부재의 휨모멘트도 및 전단력도 작도

이때 그림(b)의 휨모멘트도에서 집중하중이 작용하는 점I의 휨모멘트 M_I는 다음과 같이 구한다.

$$M_I = M_O - \frac{|M_G\,b + M_H\,a|}{l} \qquad (11.1.23)$$

상기 식(11.1.23)에서 M_O는 양단이 단순보일 때의 집중하중 P로 인한 점I에서의 휨모멘트로, 여기서는 $M_O = P\,a\,b\,/\,l$이다. 여기서 점I에서의 휨모멘트 M_I의 크기는 M_O를 기준으로 $(|M_G\,b + M_H\,a|)\,/\,l$ 에 해당되는 값을 뺀 것임을 알 수 있다.

만약 $a = b$라면 식(11.1.23)은 $M_I = M_O - \frac{|M_G + M_H|}{2}$가 된다.

또한 [그림11.1.15](c)에서 양단부에 작용하는 전단력 V_G, V_H는 다음과 같이 구한다.

$$|M_G| < |M_H| \text{ 일 때}$$

$$V_G = V_{GO} - \frac{|M_H - M_G|}{l} \quad , \quad V_H = V_{HO} + \frac{|M_H - M_G|}{l} \qquad (11.1.24)$$

상기 식(11.1.24)에서 V_{GO}, V_{HO}는 각각 양단이 단순보일 때의 집중하중 P로 인한 단부의 전단력으로, 여기서는 $V_{GO} = Pb/l$, $V_{HO} = Pa/l$ 이다. 여기서 양단부의 전단력 V_G, V_H의 크기는 V_{GO}와 V_{HO}를 기준으로 양단의 휨모멘트 M_G와 M_H의 차를 부재의 길이 l로 나눈 값만큼을 휨모멘트가 작은 쪽인 전단력 V_G에서는 빼고, 휨모멘트가 큰 쪽인 전단력 V_H에서는 더한 것임을 알 수 있다.

◆ ◆ ◆ ◆ ◆ ◆

예제 11.1.1

다음과 같은 부정정 라멘의 재단모멘트를 구하고, 휨모멘트도를 구하여라.
(여기서, 각 부재의 단면2차모멘트 I는 모두 같다.)

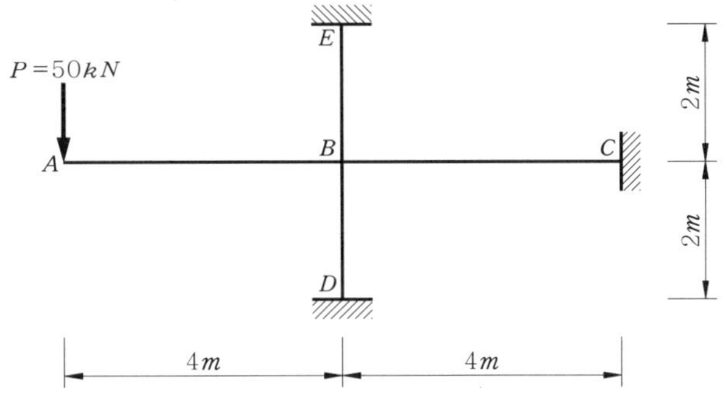

풀이

점 C, D, E는 고정단이므로 $\phi_C = \phi_D = \phi_E = 0$ 이고, $\phi_B = ?$ (미지수)
횡변위가 발생하지 않으므로 부재각으로 인한 $\psi = 0$ 이다.

(1) 고정단모멘트
  모든 부재는 중간하중이 없으므로 하중항이 존재하지 않는다.

(2) 각 부재의 강성 및 강비 계산
  ① 각 부재의 강성

$K_{AB} = 0$ (∵ A점이 자유단임.), $K_{BC} = \dfrac{I}{4} = 0.25I$

$K_{BD} = \dfrac{I}{2} = 0.5I$, $K_{BE} = \dfrac{I}{2} = 0.5I$

  ② 부재의 강비 ($K_0 = K_{BC} = 0.25I$로 가정하여 강비를 계산)

$k_{AB} = 0$, $k_{BC} = \dfrac{K_{BC}}{K_0} = \dfrac{0.25I}{0.25I} = 1$

$k_{BD} = \dfrac{K_{BD}}{K_0} = \dfrac{0.5I}{0.25I} = 2$, $k_{BE} = \dfrac{K_{BE}}{K_0} = \dfrac{0.5I}{0.25I} = 2$

(3) 처짐각방정식

$M_{AB} = 0$

$M_{BA} = 50 \times 4 = 200\,kN \cdot m$

$M_{BC} = k_{BC}(2\phi_B + \phi_C + \psi) + C_{BC} = 1 \cdot (2\phi_B + 0 + 0) = 2\phi_B$

$$M_{CB} = k_{BC}(2\phi_C + \phi_B + \psi) + C_{BC} = 1\cdot(0 + \phi_B + 0) = \phi_B$$

$$M_{BD} = k_{BD}(2\phi_B + \phi_D + \psi) + C_{BD} = 2\cdot(2\phi_B + 0 + 0) = 4\phi_B$$

$$M_{DB} = k_{DB}(2\phi_D + \phi_B + \psi) + C_{DB} = 2\cdot(0 + \phi_B + 0) = 2\phi_B$$

$$M_{BE} = k_{BE}(2\phi_B + \phi_E + \psi) + C_{BE} = 2\cdot(2\phi_B + 0 + 0) = 4\phi_B$$

$$M_{EB} = k_{EB}(2\phi_E + \phi_B + \psi) + C_{EB} = 2\cdot(0 + \phi_B + 0) = 2\phi_B$$

(4) 절점방정식

$$\Sigma M_B = 0$$

$$M_{BA} + M_{BC} + M_{BD} + M_{BE} = 200 + 2\phi_B + 4\phi_B + 4\phi_B = 200 + 10\phi_B = 0$$

$$\therefore\ \phi_B = -20\,kN\cdot m$$

(5) 재단모멘트 계산

ϕ_B 값을 처짐각방정식에 대입하여 재단모멘트를 계산한다.

$M_{AB} = 0\,kN\cdot m$,　　$M_{BA} = 200\,kN\cdot m$,　　$M_{BC} = -40\,kN\cdot m$

$M_{CB} = -20\,kN\cdot m$,　　$M_{BD} = -80\,kN\cdot m$,　　$M_{DB} = -40\,kN\cdot m$

$M_{BE} = -80\,kN\cdot m$,　　$M_{EB} = -40\,kN\cdot m$,

(6) 휨모멘트도(B.M.D)

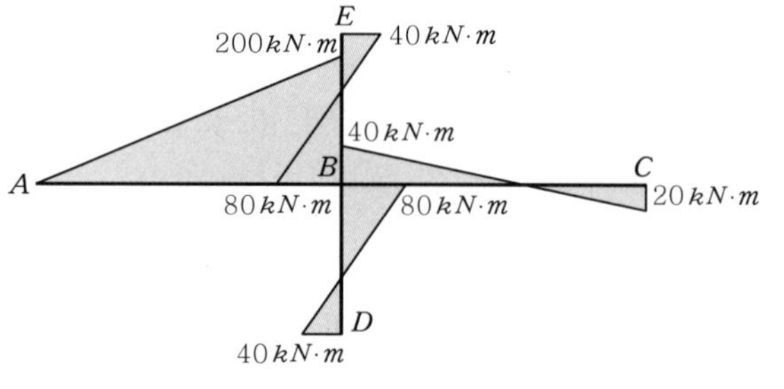

예제 11.1.2

다음과 같은 부정정 라멘의 휨모멘트도 및 전단력도를 구하여라.
(여기서, k는 강비이다.)

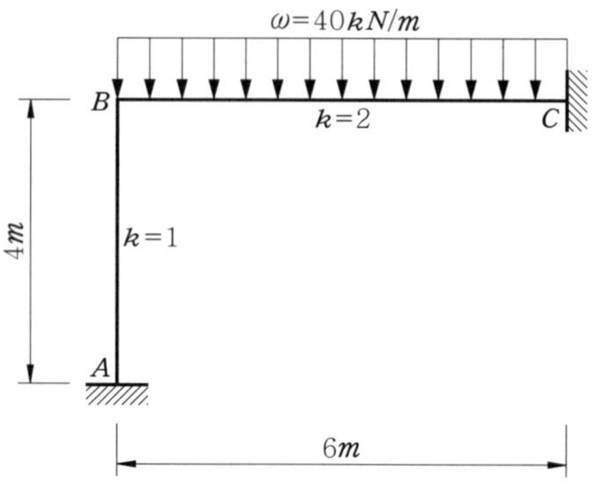

풀이

A 점과 C 점은 고정단이므로 $\phi_A = \phi_C = 0$, $\phi_B = ?$ (미지수)
횡변위가 발생하지 않으므로 부재각으로 인한 $\psi = 0$ 이다.

(1) 고정단모멘트

AB 부재는 중간하중이 없으므로 하중항이 존재하지 않는다.
BC 부재의 고정단모멘트(하중항)

$$C_{BC} = -\frac{\omega L^2}{12} = -\frac{40 \times 6^2}{12} = -120\,kN\cdot m$$

$$C_{CB} = \frac{\omega L^2}{12} = \frac{40 \times 6^2}{12} = 120\,kN\cdot m$$

(2) 처짐각방정식

$$M_{AB} = k_{AB}(2\phi_A + \phi_B + \psi) + C_{AB} = 1\cdot(\phi_B) = \phi_B$$

$$M_{BA} = k_{BA}(2\phi_B + \phi_A + \psi) + C_{BA} = 1\cdot(2\phi_B) = 2\phi_B$$

$$M_{BC} = k_{BC}(2\phi_B + \phi_C + \psi) + C_{BC} = 2\cdot(2\phi_B) - 120 = 4\phi_B - 120$$

$$M_{CB} = k_{CB}(2\phi_C + \phi_B + \psi) + C_{CB} = 2\cdot(\phi_B) + 120 = 2\phi_B + 120$$

(3) 절점방정식

$$\Sigma M_B = 0$$

$$M_{BA} + M_{BC} = 2\phi_B + 4\phi_B - 120 = 0 \qquad \therefore\ \phi_B = 20\,kN\cdot m$$

(4) 재단모멘트 계산

ϕ_B 값을 처짐각방정식에 대입하여 재단모멘트를 계산한다.

$$M_{AB} = 20\,kN\cdot m,\quad M_{BA} = 40\,kN\cdot m,\quad M_{BC} = -40\,kN\cdot m,\quad M_{CB} = 160\,kN\cdot m$$

(5) 전단력 계산

① AB 부재의 전단력

그림(a)와 같이 AB 부재의 자유물체도에서 점 B 에서의 모멘트의 합은 '0' 이므로 $\Sigma M_B = 0$ 이다.

$\Sigma M_B = 20 + 40 - H_A \times 4 = 0$

$\therefore\ H_A = 15\,kN\ (\rightarrow)$

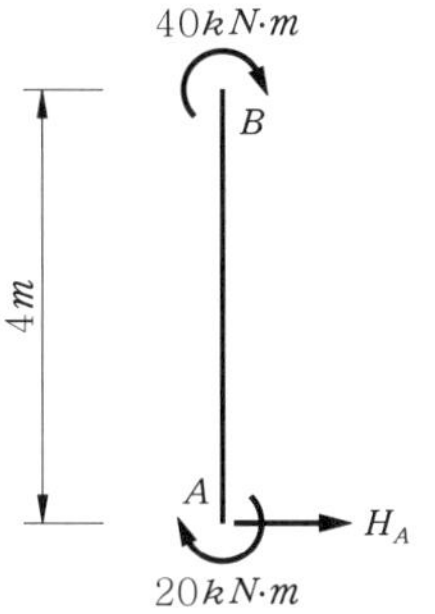

그림(a) AB 부재의 자유물체도

② BC 부재의 전단력

$\sum M_C = 0$:

$-40 + V_B \times 6 - 240 \times 3 + 160 = 0$

$\therefore \ V_B = 100\,kN\,(\uparrow)$

$\sum V = 0$:

$V_B + V_C - 40 \times 6 = 0$

$\therefore \ V_C = 140\,kN\,(\uparrow)$

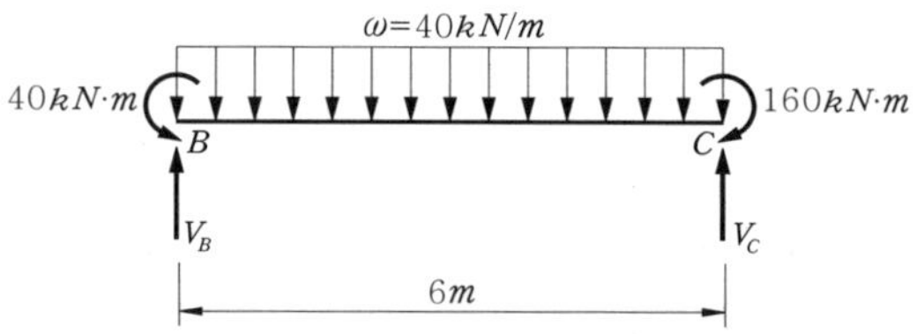

그림(b) BC 부재의 자유물체도

③ BC 부재의 임의의 점 x 에서의 전단력 계산

점 B 에서 우측으로 x 만큼 떨어진 위치의 전단력을 구하면

$V_x = V_B - w \cdot x = 100 - 40x$

④ BC 부재의 $V_x = 0$ 인 지점에서 양(+)의 최대휨모멘트가 발생하므로, x 를 구하면,

$V_x = 100 - 40x = 0 \qquad \therefore \ x = 2.5\,m$

(6) BC 부재에서 휨모멘트의 일반식 및 양(+)의 최대휨모멘트 계산

임의의 점 x 에서의 휨모멘트 M_x

$$M_x = -40 + V_B \times x - \frac{w}{2}x^2 = -20x^2 + 100x - 40$$

$x = 2.5\,m$ 일 때, 양(+)의 최대휨모멘트값을 가지므로 이를 대입하면,

$$M_{x=2.5m} = -20 \times 2.5^2 + 100 \times 2.5 - 40 = 85\,kN \cdot m$$

(7) 휨모멘트도 및 전단력도

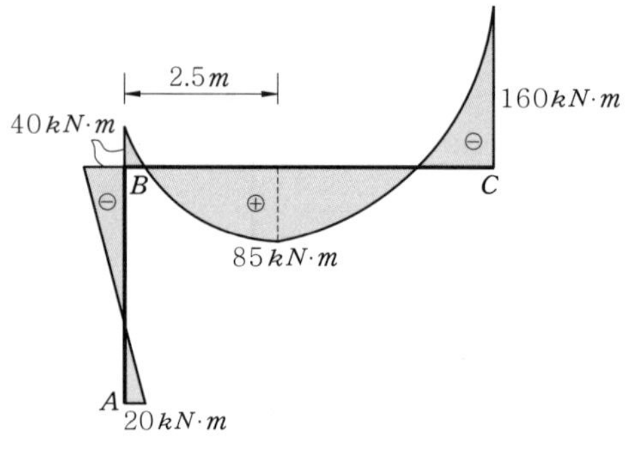

그림(c) 휨모멘트도(B.M.D)

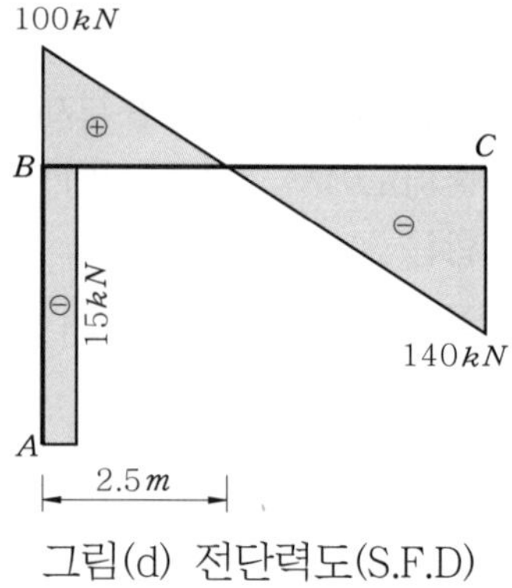

그림(d) 전단력도(S.F.D)

예제 11.1.3

다음과 같은 부정정 라멘의 휨모멘트도 및 전단력도를 구하여라.
(여기서, k는 강비이다.)

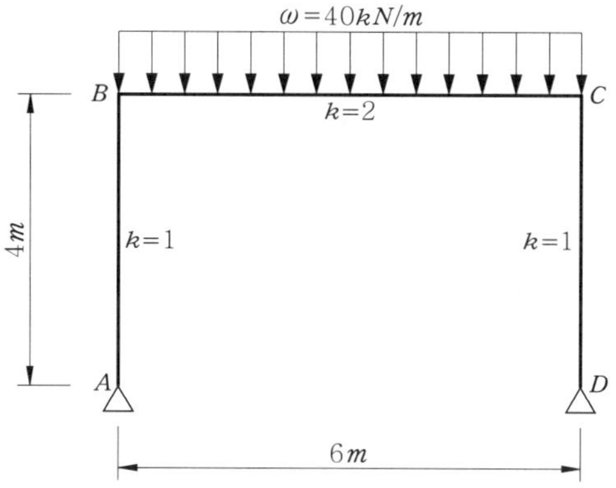

풀이-1 강비를 사용하여 일반적으로 풀 경우

횡변위가 발생하지 않으므로 부재각으로 인한 $\psi=0$ 이다.

지점 A와 D는 회전단이므로 $\phi_A=?$ (미지수), $\phi_D=?$ (미지수)

절점 B와 C에서 절점은 회전하므로 $\phi_B=?$ (미지수), $\phi_C=?$ (미지수)

(1) 고정단모멘트

AB부재 및 CD부재는 중간하중이 없으므로 하중항이 존재하지 않는다.

BC부재의 고정단모멘트(하중항)

$$C_{BC}=-\frac{\omega L^2}{12}=-\frac{40\times 6^2}{12}=-120\,kN\cdot m$$

$$C_{CB}=\frac{\omega L^2}{12}=\frac{40\times 6^2}{12}=120\,kN\cdot m$$

(2) 처짐각방정식

$M_{AB}=2\phi_A+\phi_B,\qquad M_{BA}=2\phi_B+\phi_A$

$M_{BC}=2(2\phi_B+\phi_C)-120,\qquad M_{CB}=2(2\phi_C+\phi_B)+120$

$M_{CD}=2\phi_C+\phi_D,\qquad M_{DC}=2\phi_D+\phi_C$

(3) 절점방정식

$\Sigma M_A=0$ (A점이 회전단이므로 재단모멘트 $M_{AB}=0$ 이다.)

: $M_{AB}=2\phi_A+\phi_B=0$ .... ①

$\Sigma M_B=0$

: $M_{BA}+M_{BC}=\phi_A+6\phi_B+2\phi_C-120=0$ .... ②

$\Sigma M_C=0$

: $M_{CB}+M_{CD}=2\phi_B+6\phi_C+\phi_D+120=0$ .... ③

$\sum M_D=0$ (D점이 회전단이므로 재단모멘트 $M_{DC}=0$ 이다.)

: $M_{DC}=2\phi_D+\phi_C=0$ ············ ④

①식부터 ④식을 모두 연립하여 풀면,

$\therefore\ \phi_A=-17.143,\quad \phi_B=34.286,\quad \phi_C=-34.286,\quad \phi_D=17.143$

(4) 재단모멘트 계산

ϕ_A, ϕ_B, ϕ_C, ϕ_D 값을 처짐각방정식에 대입하여 재단모멘트를 계산한다.

$M_{AB}=0\,kN\cdot m$, $M_{BA}=51.43\,kN\cdot m$, $M_{BC}=-51.43\,kN\cdot m$

$M_{CB}=51.43\,kN\cdot m$, $M_{CD}=-51.43\,kN\cdot m$, $M_{DC}=0\,kN\cdot m$

(5) 전단력 계산

① AB부재 및 CD부재의 전단력

$\sum M_B=0$: $M_{AB}+M_{BC}-H_A\times 4=0$ $\therefore\ H_A=12.86\,kN\,(\rightarrow)$

$\sum M_C=0$: $M_{CD}+M_{DC}-H_D\times 4=0$ $\therefore\ H_D=-12.86\,kN\,(\leftarrow)$

② BC부재의 전단력

$\sum M_C=0$: $M_{BC}+M_{CB}+V_B\times 6-40\times 6\times 3=0$ $\therefore\ V_B=120\,kN\,(\uparrow)$

$\sum V=0$: $V_B+V_C-40\times 6=0$ $\therefore\ V_C=120\,kN\,(\uparrow)$

③ BC부재의 임의의 점 x 에서의 전단력 계산

점B에서 우측으로 x 만큼 떨어진 위치의 전단력을 구하면

$V_x=V_B-w\,x\ =\ 120-40x$

④ BC부재의 $V_x=0$ 인 지점에서 양(+)의 최대휨모멘트가 발생하므로 x 를 구하면,

$V_x=120-40x=0$ $\therefore\ x=3.0\,m$

(6) BC부재에서 휨모멘트의 일반식 및 양(+)의 최대휨모멘트 계산

임의의 점 x 에서의 휨모멘트 M_x

$$M_x=M_{BC}+V_B\times x-\frac{w}{2}x^2\ =\ -20x^2+120x-51.43$$

$x=3.0\,m$ 일 때, 양(+)의 최대휨모멘트값을 가지므로 이를 대입하면,

$$M_{\max}=-20\times 3^2+120\times 3.0-51.43=128.57\,kN\cdot m$$

(7) 휨모멘트도 및 전단력도

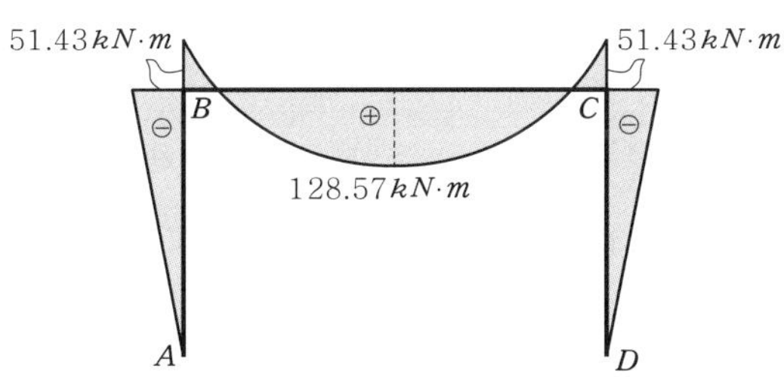

그림(a) 휨모멘트도(B.M.D)

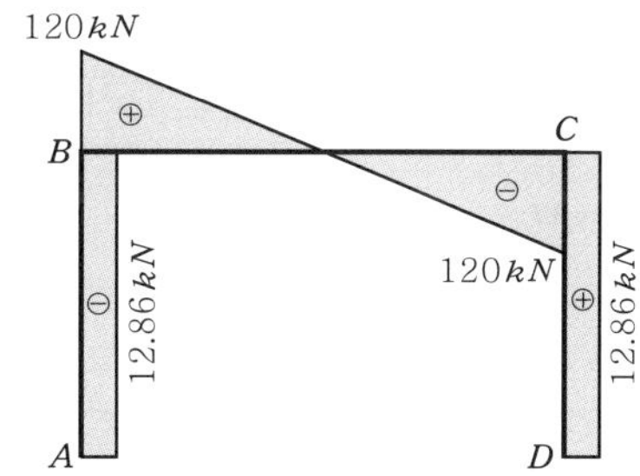

그림(b) 전단력도(S.F.D)

풀이-2 대칭성을 이용한 유효강비를 고려하여 풀 경우

본 예제는 그림(c)와 같이 대칭변형을 하므로 $\phi_A = -\phi_D$, $\phi_B = -\phi_C$ 이므로, 유효강비를 고려하여 좌측반분만 계산하면 풀이가 간편하다.
단, 여기서는 처짐각방정식이 달라짐에 유의해야 한다.
횡변위가 발생하지 않으므로 부재각으로 인한 $\psi = 0$ 이다.

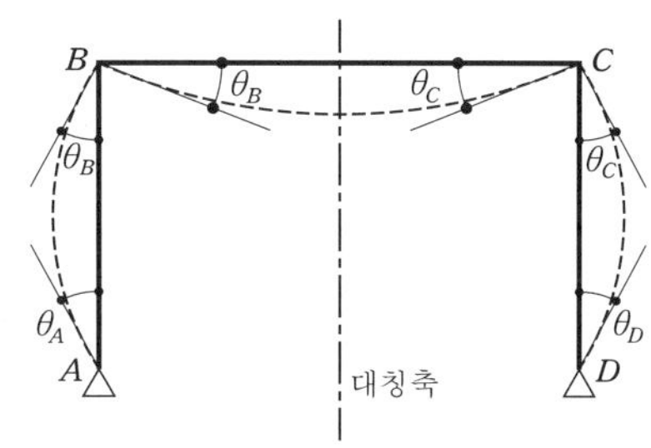

그림(c) 변형도

AB 부재의 유효강비 : 일단고정 타단힌지이므로, $_ek_{AB} = \dfrac{3}{4}k_0 = 0.75 \times 1 = 0.75$

BC 부재의 유효강비 : 대칭변형을 고려함으로, $_ek_{BC} = \dfrac{1}{2}k_0 = 0.5 \times 2 = 1$

(1) 고정단모멘트

AB 부재 및 CD 부재는 중간하중이 없으므로 하중항이 존재하지 않는다.
BC 부재의 고정단모멘트(하중항)

$$C_{BC} = -\frac{\omega L^2}{12} = -\frac{40 \times 6^2}{12} = -120\,kN\cdot m$$

(2) 처짐각방정식

$M_{AB} = 0$ (A 점이 회전단이므로 재단모멘트 $M_{AB} = 0$ 이다.)

$$M_{BA} = {}_ek_{BA}(2\phi_B + \psi) + H_{BA} = 0.75(2\phi_B) = 1.5\phi_B$$

$$M_{BC} = {}_ek_{BC}(2\phi_B + \psi) + C_{BC} = 2\phi_B - 120$$

(3) 절점방정식

$\Sigma M_B = 0$

$\because\ M_{BA} + M_{BC} = 1.5\phi_B + 2\phi_B - 120 = 3.5\phi_B - 120 = 0$ ············ ①

$\therefore\ \phi_B = 34.286\,kN\cdot m$

(4) 재단모멘트 계산

ϕ_B 값과 대칭변형을 고려하여 모든 재단모멘트를 계산한다.

$M_{AB} = 0\,kN\cdot m$, $M_{BA} = 51.43\,kN\cdot m$, $M_{BC} = -51.43\,kN\cdot m$

$M_{CB} = 51.43\,kN\cdot m$, $M_{CD} = -51.43\,kN\cdot m$, $M_{DC} = 0\ kN\cdot m$

(5) 전단력 계산, 휨모멘트도 및 전단력도

〈풀이-1 : 강비를 사용하여 일반적으로 풀 경우〉와 동일한 결과임을 알 수 있다.

예제 11.1.4

다음과 같은 부정정 연속보의 휨모멘트도 및 전단력도를 구하여라.
(단, 모든 부재의 EI는 일정하다.)

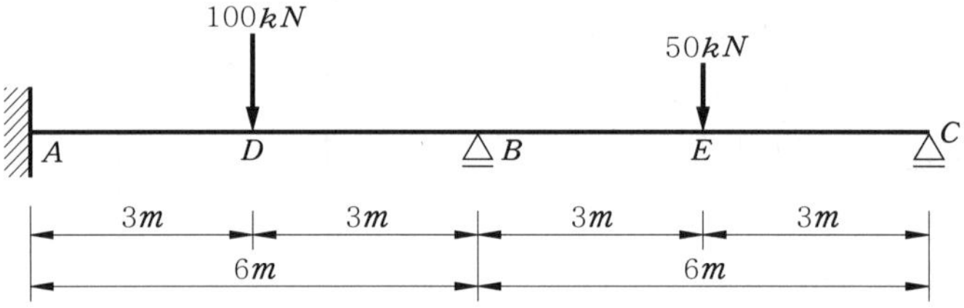

풀이-1 유효강비를 사용하여 풀 경우

절점 A 의 회전각이 '0' 이므로 $\phi_A = 0$

횡변위가 발생하지 않으므로 부재각으로 인한 $\psi = 0$ 이다.

(1) 하중항 (고정단모멘트)

$$C_{AB} = -\frac{PL}{8} = -\frac{100\times 6}{8} = -75\,kN\cdot m\,,\quad C_{BA} = \frac{PL}{8} = \frac{100\times 6}{8} = 75\,kN\cdot m$$

$$H_{BC} = C_{BC} - \frac{C_{CB}}{2} = \frac{3}{2}C_{BC} = \frac{3}{2}\times -\frac{PL}{8} = -\frac{3PL}{16}$$

$$= -\frac{3\times 50\times 6}{16} = -56.25\,kN\cdot m$$

(2) 유효강비 산정

EI가 일정하고 부재의 길이가 같으므로 모든 부재의 강비는 $k=1$ 이지만, 본 풀이는 유효강비 k_e 를 사용하도록 한다.

AB 부재의 유효강비 : 양단 고정이므로, $k_{AB} = k = 1$

BC 부재의 유효강비 : 일단 힌지임으로, $k_{BC} = 0.75\,k = 0.75\times 1 = 0.75$

(3) 처짐각방정식

$$M_{AB} = k_{AB}(2\phi_A + \phi_B + \psi) + C_{AB} = 1\cdot(\phi_B) - 75 = \phi_B - 75$$

$$M_{BA} = k_{BA}(2\phi_B + \phi_A + \psi) + C_{BA} = 1\cdot(2\phi_B) + 75 = 2\phi_B + 75$$

$$M_{BC} = k_{BC}(2\phi_B) + H_{BC} = 0.75\cdot(2\phi_B) - 56.25 = 1.5\phi_B - 56.25$$

$$M_{CB} = 0$$

(4) 절점방정식

$\Sigma M_B = 0 \;:\; M_{BA} + M_{BC} = 0 \,, \qquad 2\phi_B + 75 + 1.5\phi_B - 56.25 = 0$

$\therefore\; \phi_B = -5.36\,kN\cdot m$

(5) 재단모멘트

위에서 구한 ϕ_B를 처짐각방정식에 대입하여 재단모멘트를 구하면 다음과 같다.

$M_{AB} = -80.4\,kN\cdot m \,, \qquad M_{BA} = 64.3\,kN\cdot m$

$M_{BC} = -64.3\,kN\cdot m \,, \qquad M_{CB} = 0\ kN\cdot m$

(6) 반력 산정

위에서 구한 재단모멘트와 평형방정식을 이용하여 반력을 구해본다.

$\Sigma M_B = -80.4 - (100\times 3) + 6R_A + 64.3 = 0 \qquad \therefore\; R_A = 52.7\,kN\,(\uparrow)$

$\Sigma M_B = -6R_C + (50\times 3) - 64.3 = 0 \qquad \therefore\; R_C = 14.3\,kN\,(\uparrow)$

$\Sigma V = 52.7 + 14.3 + R_B = 150\,kN \qquad \therefore\; R_B = 83\,kN\,(\uparrow)$

(7) 이로부터, 휨모멘트도 및 전단력도를 구하면 다음과 같다.

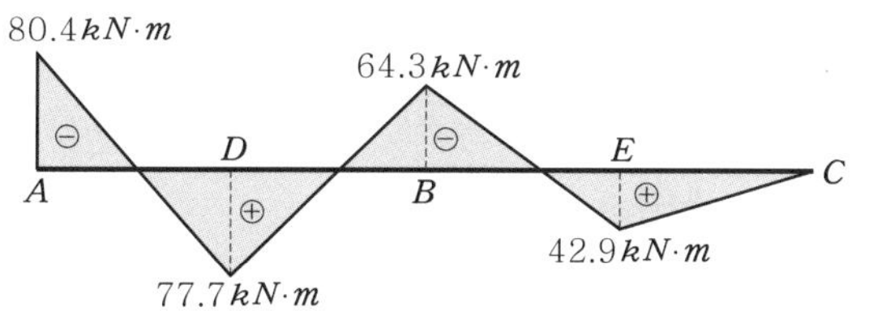

그림(a) 휨모멘트도(B.M.D)

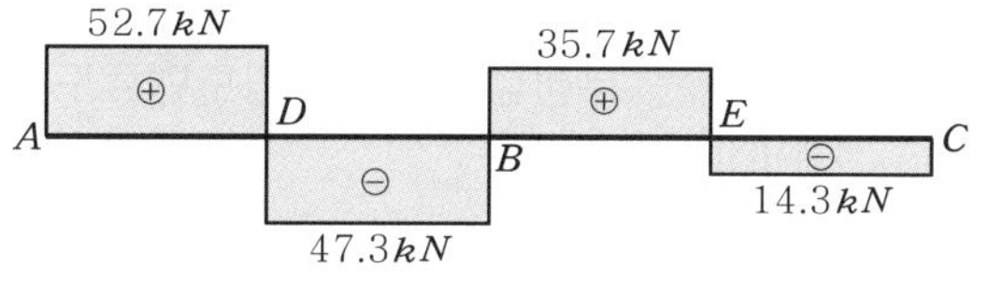

그림(b) 전단력도(S.F.D)

풀이-2 강비를 사용하여 일반적으로 풀 경우

(1) 하중항 (고정단모멘트)

$$C_{AB} = -\frac{PL}{8} = -\frac{100\times 6}{8} = -75\,kN\cdot m \,, \qquad C_{BA} = \frac{PL}{8} = \frac{100\times 6}{8} = 75\,kN\cdot m$$

$$H_{BC} = C_{BC} - \frac{C_{CB}}{2} = \frac{3}{2}C_{BC} = \frac{3}{2}\times -\frac{PL}{8} = -\frac{3PL}{16}$$

$$= -\frac{3\times 50\times 6}{16} = -56.25\,kN\cdot m$$

(2) 처짐각방정식

절점 A의 회전각이 '0' 이므로 $\phi_A = 0$

절점 A, B, C가 이동하지 않으므로 $\psi = 0$

EI가 일정하고 부재의 길이가 같으므로 모든 부재의 강비 $k = 1$ 이고,

$$M_{AB} = k_{AB}(2\phi_A + \phi_B + \psi) + C_{AB} = \phi_B - 75 \quad \cdots\cdots\cdots\cdots ①$$

$$M_{BA} = k_{BA}(2\phi_B + \phi_A + \psi) + C_{BA} = 2\phi_B + 75 \quad \cdots\cdots\cdots\cdots ②$$

$$M_{BC} = k_{BC}(2\phi_B + \phi_C + \psi) + H_{BC} = 2\phi_B + \phi_C - 56.25 \quad \cdots\cdots\cdots\cdots ③$$

$$M_{CB} = k_{CB}(2\phi_C + \phi_B + \psi) = 2\phi_C + \phi_B = 0 \quad \cdots\cdots\cdots\cdots ④$$

(3) 절점방정식

$$\Sigma M_B = M_{BA} + M_{BC} = 0 \quad \Rightarrow \quad 4\phi_B + \phi_C = -18.75 \quad \cdots\cdots\cdots\cdots ⑤$$

(4) 식④와 식⑤을 연립하여 풀면,

$\therefore \ \phi_B = -5.36, \quad \phi_C = 2.68$

(5) 위에서 구한 ϕ_B, ϕ_C를 처짐각방정식에 대입하여 재단모멘트를 구하면,

$M_{AB} = -80.4\,kN \cdot m$, $\quad M_{BA} = 64.3\,kN \cdot m$

$M_{BC} = -64.3\,kN \cdot m$, $\quad M_{CB} = 0\,kN \cdot m$

(6) 휨모멘트도 및 전단력도 작성

〈풀이-1: 유효강비를 사용하여 풀 경우〉와 동일한 결과임을 알 수 있다.

예제 11.1.5

다음과 같은 수평하중을 받는 부정정 라멘의 휨모멘트도 및 전단력도를 구하여라. (여기서, k는 강비이다.)

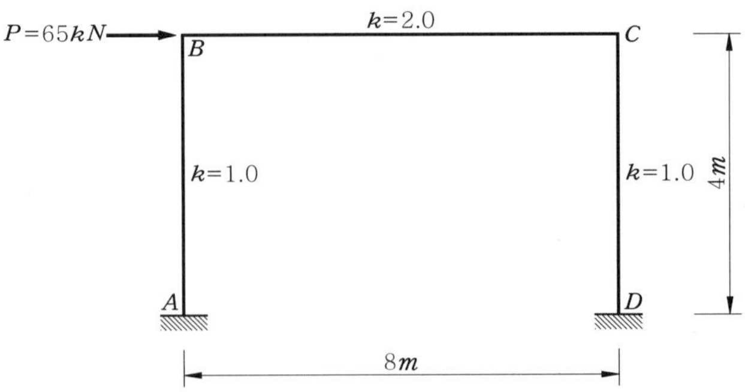

풀이-1 강비를 사용하여 일반적으로 풀 경우

· 횡하중 P에 의해 횡변위가 발생하므로 $\psi = ?$ 즉, 미지수이다

· 점A와 점D는 고정단이므로, $\phi_A = \phi_D = 0$

· 모든 부재에 중간하중이 없으므로, 모든 $C_{nf} = 0$

· BC재는 역대칭 변형을 하므로 $\theta_B = \theta_C$ 이고, 따라서 $\phi_B = \phi_C$ 가 된다.

(1) 처짐각방정식

$M_{AB} = 1 \times (\phi_B + \psi) = \phi_B + \psi$

$M_{BA} = 1 \times (2\phi_B + \psi) = 2\phi_B + \psi$

$M_{BC} = 2 \times (2\phi_B + \phi_C) = 6\phi_B$
$(\because \ \phi_C = \phi_B)$

$M_{CB} = 2 \times (2\phi_C + \phi_B) = 6\phi_B$
$(\because \ \phi_C = \phi_B)$

$M_{CD} = 1 \times (2\phi_C + \psi) = 2\phi_B + \psi$
$(\because \ \phi_C = \phi_B)$

$M_{DC} = 1 \times (\phi_C + \psi) = \phi_B + \psi$
$(\because \ \phi_C = \phi_B)$

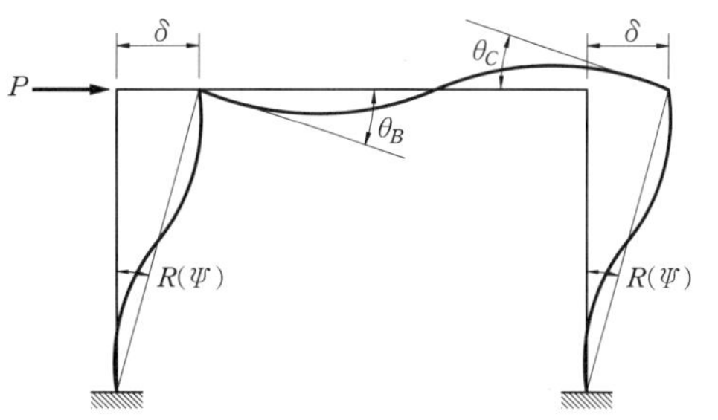

역대칭이므로 $\phi_B = \phi_C$

그림(a)

(2) 절점방정식 (B점과 C점에서의 방정식은 같다.)

$\Sigma M_B = 0$: $M_{BA} + M_{BC} = 0$

$2\phi_B + 6\phi_B + \psi = 0$

$\therefore \ 8\phi_B + \psi = 0$

(3) 층방정식

$\Sigma H = 0$: $P - Q_A - Q_D = 0$

$\Sigma M_B = 0$: $M_{BA} + M_{AB} + Q_A h = 0 \ \Rightarrow \ Q_A = -\dfrac{M_{BA} + M_{AB}}{h}$

$Q_A = Q_D$ 이므로 $P + 2 \times \dfrac{M_{BA} + M_{AB}}{h} = 0$

$\therefore \ 2(\phi_B + \psi + 2\phi_B + \psi) = 6\phi_B + 2\psi = -260$

(4) 처짐각방정식과 층방정식을 연립하여 풀면,

$\phi_B = 10$, $\quad \psi = -80$

(5) 위에서 구한 ϕ_B 및 ψ를 대입하여 재단모멘트를 구하면,

$M_{AB} = -70\,kN\cdot m$, $\quad M_{BA} = -60\,kN\cdot m$, $\quad M_{BC} = 60\,kN\cdot m$

$M_{CB} = 60\,kN\cdot m$, $\quad M_{CD} = -60\,kN\cdot m$, $\quad M_{DC} = -70\,kN\cdot m$

(6) 재단모멘트와 층방정식으로부터 각 기둥에 작용하는 전단력을 구한다.

$$Q_A = \frac{M_{AB} + M_{BA}}{h} = \frac{(-70) + (-60)}{4} = -32.5\,kN$$

$$Q_D = \frac{M_{CD} + M_{DC}}{h} = \frac{(-60) + (-70)}{4} = -32.5\,kN$$

(7) 같은 방법으로 보에 작용하는 전단력을 구한다.

$$V_B = \frac{M_{BC} + M_{CB}}{L} = \frac{60 + 60}{8} = 15\,kN$$

(8) 이로부터 휨모멘트도 및 전단력도를 그리면 다음과 같다.

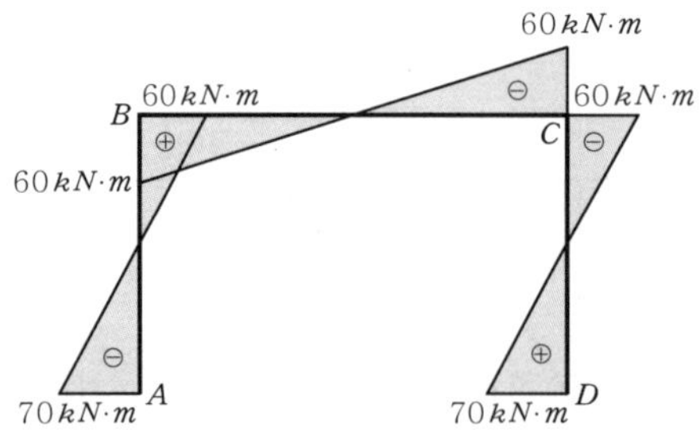

그림(b) 휨모멘트도(B.M.D)

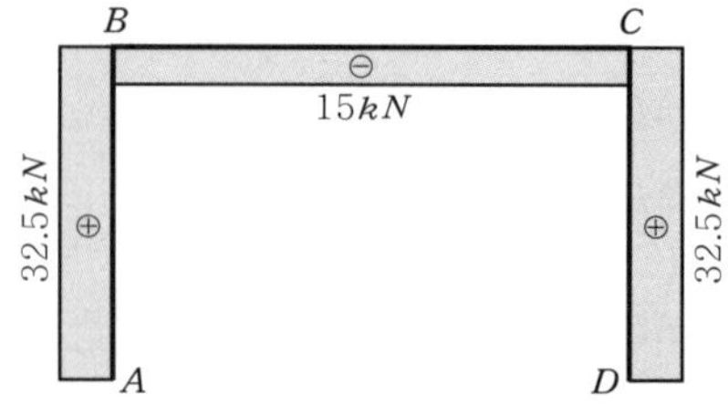

그림(c) 전단력도(S.F.D)

풀이-2 대칭성을 이용한 유효강비를 고려하여 풀 경우

· 대칭라멘이 수평하중을 받고 홀수경간이므로 대칭축상의 부재 BC의 유효강비를 $k_e = 1.5k = 3.0$ 으로 하여 좌측반분만 계산하면 된다.

· 작용하는 횡력을 원래 크기의 절반인 $P/2 = 32.5kN$ 이 작용하는 것으로 놓고 계산한다.

· 횡하중 $P/2$에 의해 횡변위가 발생하므로 $\psi = ?$ 즉, 미지수이다.

· 모든 부재에 중간하중이 없으므로, 모든 $C_{nf} = 0$

· A점은 고정단이므로 $\phi_A = 0$ 이고, B점에서는 절점각이 발생하므로 $\phi_B = ?$ 즉, 미지수이다.

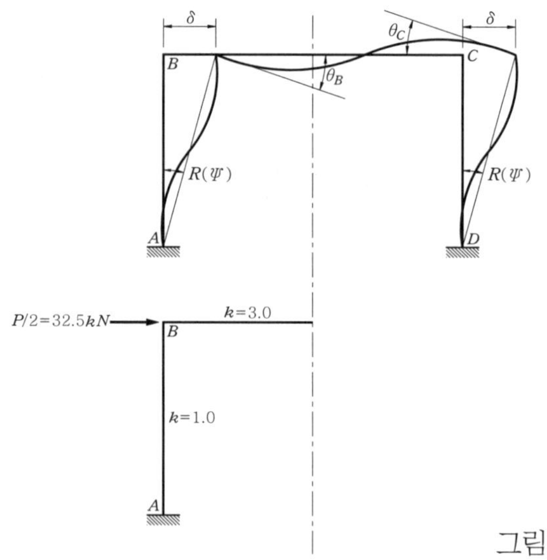

그림(a)

(1) 처짐각방정식

$M_{AB} = 1 \times (\phi_B + \psi) = \phi_B + \psi$

$M_{BA} = 1 \times (2\phi_B + \psi) = 2\phi_B + \psi$

$M_{BC} = 3 \times 2\phi_B = 6\phi_B$

(2) 절점방정식

$\Sigma M_B = 0$:

$M_{BA} + M_{BC} = 0$

$2\phi_B + 6\phi_B + \psi = 0$

$\therefore\ 8\phi_B + \psi = 0$

(3) 층방정식

$$\Sigma H = 0 \ :\ \frac{P}{2} - Q_A = 0$$

$$\Sigma M_A = 0 \ :\ M_{BA} + M_{AB} + Q_A h = 0 \ \Rightarrow\ Q_A = -\frac{M_{BA} + M_{AB}}{h}$$

$$\therefore\ \frac{P}{2} + \frac{M_{BA} + M_{AB}}{h} = 0 \ \Rightarrow\ \phi_B + \psi + 2\phi_B + \psi = 3\phi_B + 2\psi = -130$$

(4) 절점방정식과 층방정식을 연립하여 풀면,

$\phi_B = 10$, $\psi = -80$

(5) 위에서 구한 ϕ_B 및 ψ 를 대입하여 재단모멘트를 구하면,

$$M_{AB} = -70\,kN\cdot m\ , \qquad M_{BA} = -60\,kN\cdot m\ , \qquad M_{BC} = 60\,kN\cdot m$$

(6) 대칭성을 고려하여 나머지 단면력을 구할 수 있다.

$$M_{DC} = M_{AB} = -70\,kN\cdot m\ , \qquad M_{CD} = M_{BA} = -60\,kN\cdot m$$

$$M_{CB} = M_{BC} = 60\,kN\cdot m$$

(7) 휨모멘트도 및 전단력도 작성

〈풀이-1: 강비를 사용하여 일반적으로 풀 경우〉와 동일한 결과임을 알 수 있다.

예제 11.1.6

다음과 같은 수평하중을 받는 부정정 라멘의 휨모멘트도 및 전단력도를 구하여라. (여기서, k 는 강비이다.)

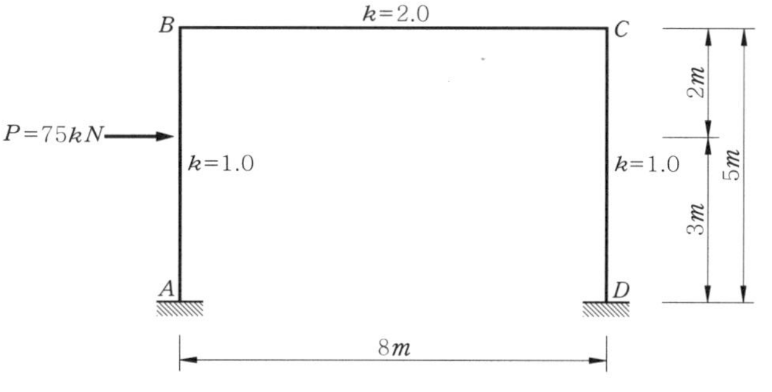

풀이

점A 와 점D 는 고정단이므로 $\phi_A = \phi_D = 0$ 이다. 대칭라멘이 아니므로 BC 재는 역대칭 변형을 하지 않고, 따라서 $\theta_B \neq \theta_C$ 이다. AB 재에 중간하중이 작용하므로, 고정단모멘트(하중항)를 계산하여야 한다.

① 고정단모멘트

$$C_{AB} = -\frac{75\times 3\times 2^2}{5^2} = -36kN\cdot m\ , \qquad C_{BA} = \frac{75\times 3^2\times 2}{5^2} = 54kN\cdot m$$

② 재단모멘트

$$M_{AB} = 1\cdot(\phi_B+\psi)-36 = \phi_B+\psi-36$$
$$M_{BA} = 1\cdot(2\phi_B+\psi)+54 = 2\phi_B+\psi+54$$
$$M_{BC} = 2\cdot(2\phi_B+\phi_C) = 4\phi_B+2\phi_C$$
$$M_{CB} = 2\cdot(2\phi_C+\phi_B) = 4\phi_C+2\phi_B$$
$$M_{CD} = 1\cdot(2\phi_C+\psi) = 2\phi_C+\psi$$
$$M_{DC} = 1\cdot(\phi_C+\psi) = \phi_C+\psi$$

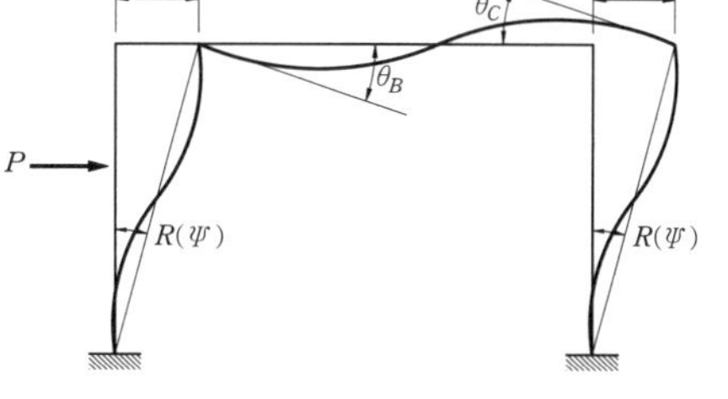

그림(a) $\phi_B \neq \phi_C$

③ 절점방정식

$\sum M_B = 0$: $M_{BA} + M_{BC} = 0$

$2\phi_B + \psi + 54 + 4\phi_B + 2\phi_C = 0 \qquad \therefore\ 6\phi_B + 2\phi_C + \psi = -54$

$\sum M_C = 0$: $M_{CB} + M_{CD} = 0$

$4\phi_C + 2\phi_B + 2\phi_C + \psi = 0 \qquad \therefore\ 2\phi_B + 6\phi_C + \psi = 0$

④ 층방정식

$\sum H = 0$: $P - Q_A - Q_D = 0$

$\sum M_B = 0$: $M_{AB} + M_{BA} + Q_A h - 2P = 0 \quad \Rightarrow \quad Q_A = -\dfrac{M_{AB} + M_{BA} - 2P}{h}$

$\sum M_C = 0$: $M_{CD} + M_{DC} + Q_D h = 0 \quad \Rightarrow \quad Q_D = -\dfrac{M_{CD} + M_{DC}}{h}$

$$\therefore\ P + \frac{M_{AB} + M_{BA} - 2P}{h} + \frac{M_{CD} + M_{DC}}{h} = 0 \quad \Rightarrow \quad 3\phi_B + 3\phi_C + 4\psi = -243$$

⑤ 절점방정식과 층방정식을 연립하여 풀면,

$\phi_B = -1.56$, $\quad \phi_C = 11.94$, $\quad \psi = -68.52$

⑥ 위에서 구한 ϕ_B 및 ψ 를 대입하여 재단모멘트를 구하면,

$M_{AB} = -106.08\,kN \cdot m$, $\quad M_{BA} = -17.64\,kN \cdot m$, $\quad M_{BC} = 17.64\,kN \cdot m$

$M_{CB} = 44.64\,kN \cdot m$, $\quad M_{CD} = -44.64\,kN \cdot m$, $\quad M_{DC} = -56.58\,kN \cdot m$

⑦ 재단모멘트와 층방정식으로부터 각 기둥에 작용하는 전단력을 구한다.

$$Q_A = -\frac{M_{BA} + M_{AB} - 2P}{h} = -\frac{-17.64 - 106.08 - 2 \times 75}{5} = 54.75\,kN$$

$$Q_D = -\frac{M_{CD} + M_{DC}}{h} = -\frac{-44.64 - 56.58}{5} = 20.25\,kN$$

⑧ 이로부터 휨모멘트도 및 전단력도를 구하면 다음과 같다.

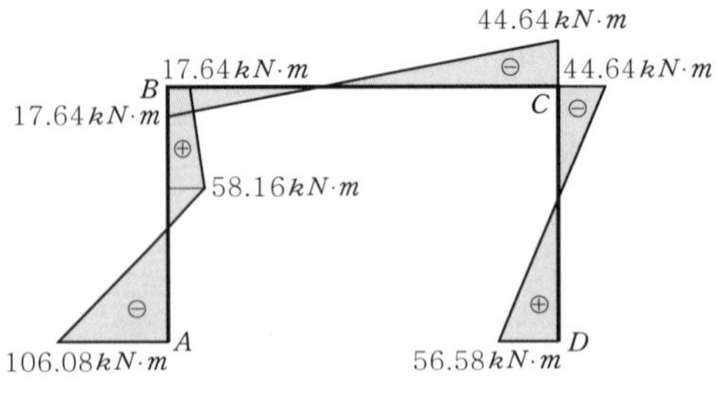

그림(b) 휨모멘트도(B.M.D)

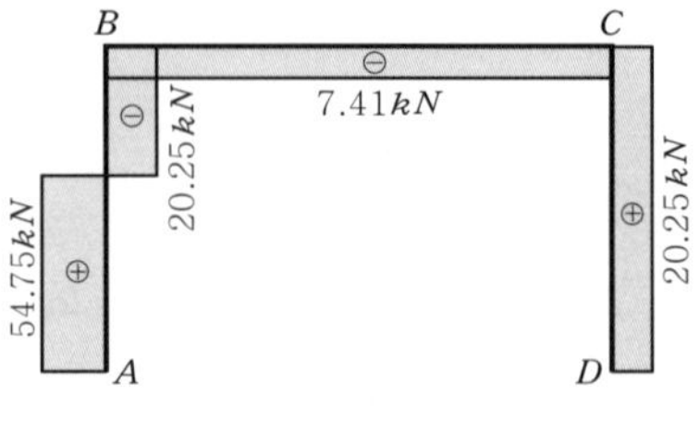

그림(c) 전단력도(S.F.D)

예제 11.1.7

다음과 같은 수평하중을 받는 부정정 라멘의 휨모멘트도 및 전단력도를 구하여라. (여기서, k는 강비이다.)

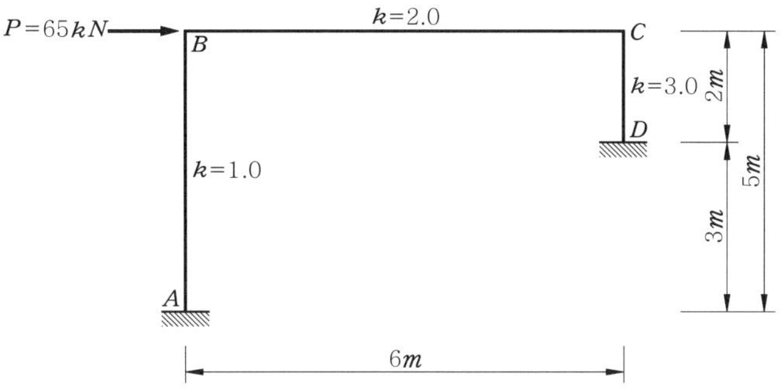

풀이

그림(a)와 같이 B점의 변위 δ_B과 C점의 변위 δ_C는 같기 때문에 다음의 식이 성립된다.

$$R_1 = -\frac{\delta_B}{h_{AB}} \quad \Rightarrow \quad \delta_B = R_1 \cdot h_{AB}$$

$$R_2 = -\frac{\delta_A}{h_{CD}} \quad \Rightarrow \quad \delta_C = R_2 \cdot h_{CD}$$

$\delta_B = \delta_C$ 이므로 $R_1 \cdot h_{AB} = R_2 \cdot h_{CD}$

$$\therefore \ R_2 = \frac{h_{AB}}{h_{CD}} \cdot R_1 = 2.5 R_1 \ \Rightarrow \ \psi_2 = 2.5\psi_1$$

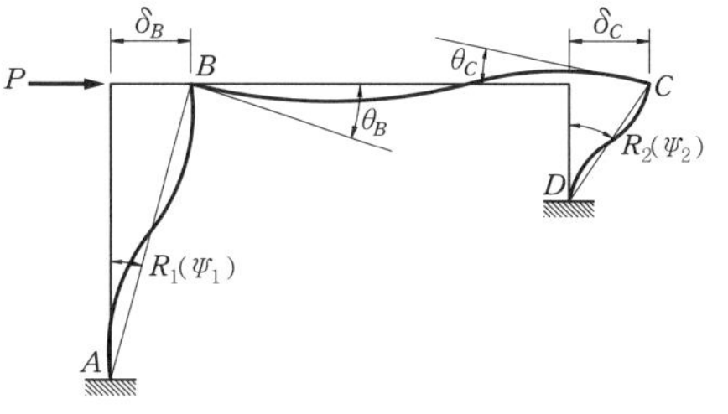

그림(a)

① 재단모멘트

$M_{AB} = 1 \cdot (\phi_B + \psi_1) = \phi_B + \psi_1$, $\quad M_{BA} = 1 \cdot (2\phi_B + \psi_1) = 2\phi_B + \psi_1$

$M_{BC} = 2 \cdot (2\phi_B + \phi_C) = 4\phi_B + 2\phi_C$, $\quad M_{CB} = 2 \cdot (2\phi_C + \phi_B) = 4\phi_C + 2\phi_B$

$M_{CD} = 3 \cdot (2\phi_C + \psi_2) = 6\phi_C + 7.5\psi_1$, $\quad M_{DC} = 3 \cdot (\phi_C + \psi_2) = 3\phi_C + 7.5\psi_1$

② 절점방정식

$$\Sigma M_B = 0 \ : \ M_{BA} + M_{BC} = 0$$

$$2\phi_B + \psi_1 + 4\phi_B + 2\phi_C = 0$$

$$\therefore \ 6\phi_B + 2\phi_C + \psi_1 = 0$$

$$\Sigma M_C = 0 \ : \ M_{CB} + M_{CD} = 0$$

$$4\phi_C + 2\phi_B + 6\phi_C + 7.5\psi_1 = 0$$

$$\therefore \ 2\phi_B + 10\phi_C + 7.5\psi_1 = 0$$

④ 층방정식

$\sum H=0 \;:\; P-Q_A-Q_D=0$

$\sum M_B=0 \;:\; M_{AB}+M_{BA}+5Q_A=0 \quad\Rightarrow\quad Q_A=-\dfrac{M_{AB}+M_{BA}}{5}$

$\sum M_C=0 \;:\; M_{CD}+M_{DC}+2Q_D=0 \quad\Rightarrow\quad Q_D=-\dfrac{M_{CD}+M_{DC}}{2}$

$\therefore\; P+\dfrac{M_{BA}+M_{AB}}{5}+\dfrac{M_{CD}+M_{DC}}{2}=0 \quad\Rightarrow\quad 6\phi_B+45\phi_C+79\psi_1=-650$

⑤ 절점방정식과 층방정식을 연립하여 풀면,

$\phi_B=-1.29\,,\quad \phi_C=11.096\,,\quad \psi_1=-14.45$

⑥ 위에서 구한 ϕ_B 및 ψ_1 를 대입하여 재단모멘트를 구하면,

$M_{AB}=-15.74\,kN\cdot m\,,\quad M_{BA}=-17.03\,kN\cdot m\,,\quad M_{BC}=17.03\,kN\cdot m$

$M_{CB}=41.8\,kN\cdot m\,,\quad M_{CD}=-41.8\,kN\cdot m\,,\quad M_{DC}=-75.09\,kN\cdot m$

⑦ 이로부터 휨모멘트도 및 전단력도를 구하면 다음과 같다.

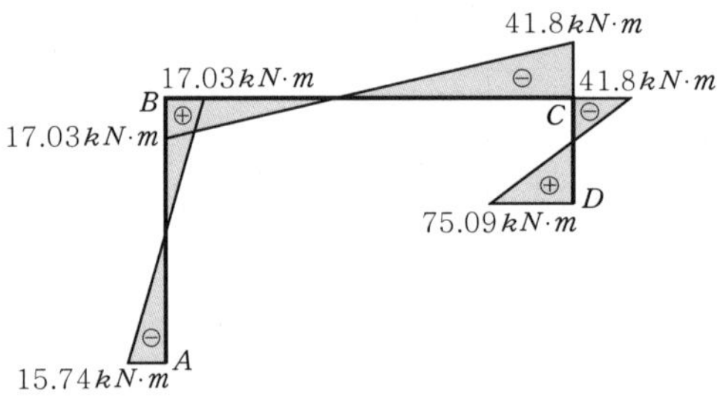

그림(b) 휨모멘트도(B.M.D)

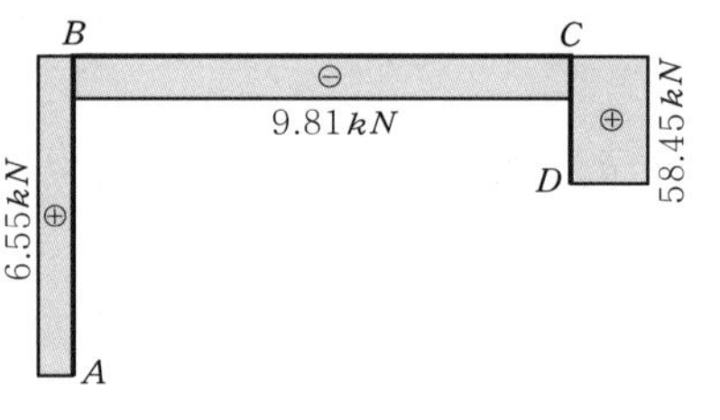

그림(c) 전단력도(S.F.D)

◆ ◆ ◆ ◆ ◆ ◆

◈ 연 습 문 제 ◈

11.1.1 다음과 같은 부정정 라멘의 휨모멘트도 및 전단력도를 구하여라. (여기서, k는 강비이다.)

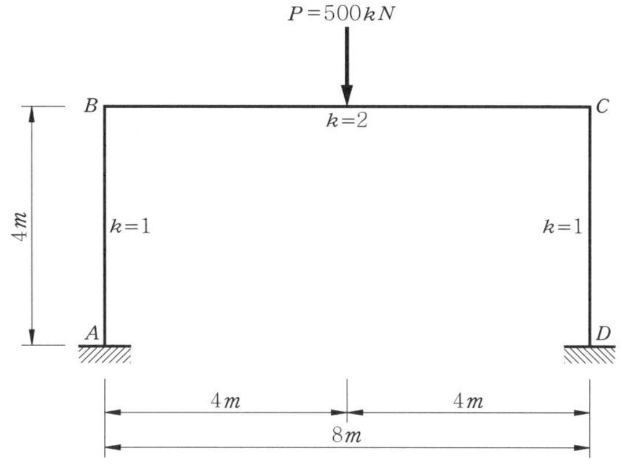

11.1.2 다음과 같은 부정정 보의 휨모멘트도 및 전단력도를 구하여라. (단, 모든 부재의 EI는 일정하다.)

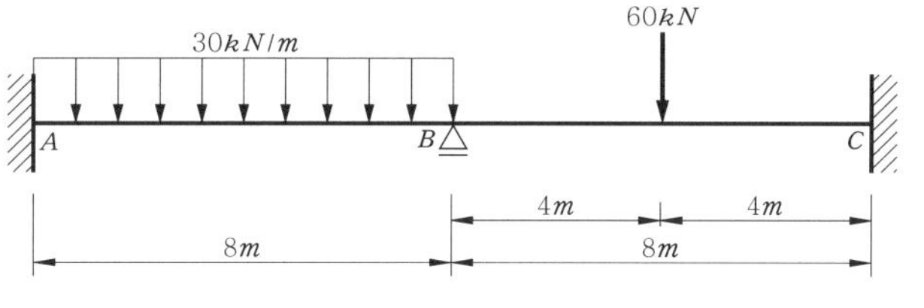

11.1.3 다음과 같은 부정정 보의 휨모멘트도 및 전단력도를 구하여라. (단, 모든 부재의 $EI = 165{,}600\ kN{\cdot}m^2$ 이고, B점에서 $5cm$ 지점침하가 발생하였다.)

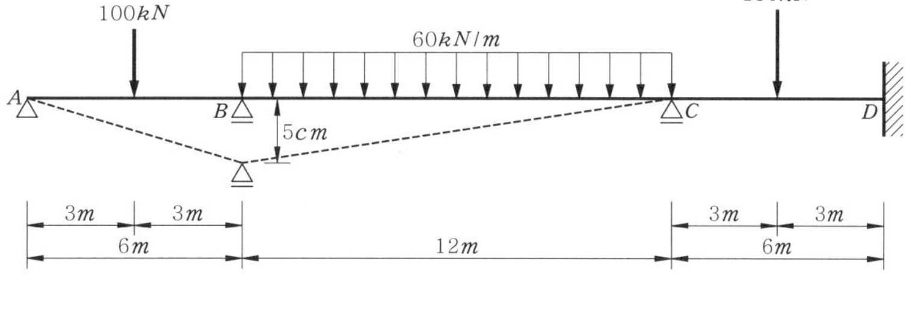

11.1.4 다음과 같은 수평하중을 받는 부정정 라멘의 휨모멘트도와 전단력도를 구하여라. (여기서, k 는 강비이다.)

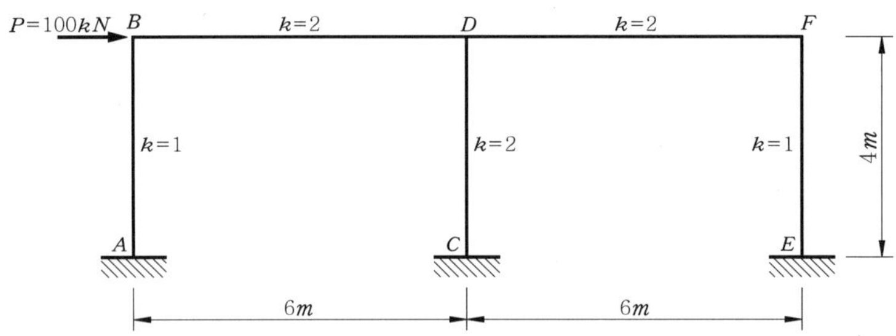

11.1.5 다음과 같은 수평하중을 받는 부정정 라멘의 휨모멘트도와 전단력도를 구하여라. (여기서, k 는 강비이다.)

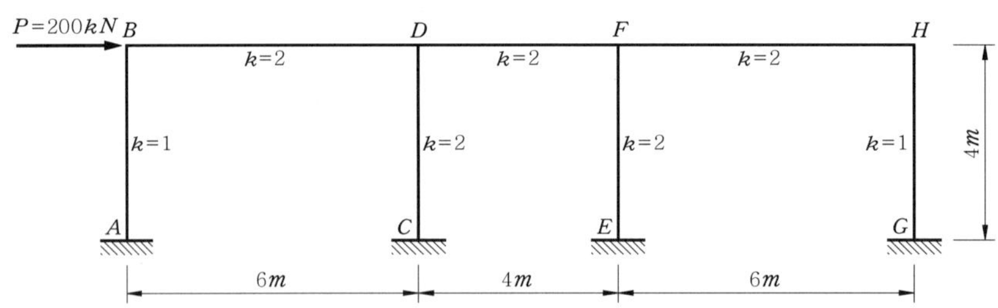

11.1.6 다음과 같은 수평하중을 받는 부정정 라멘의 휨모멘트도 및 전단력도를 구하여라. (여기서, k 는 강비이다.)

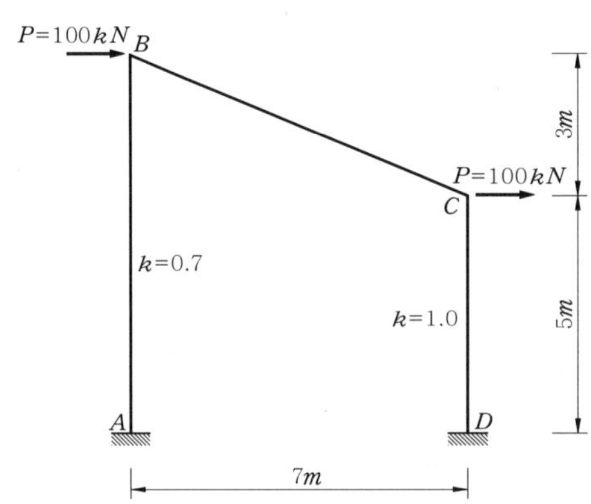

11.2 모멘트분배법 (Moment Distribution Method),

모멘트분배법(Moment Distribution Method)은 1930년 미국 Illinois 대학의 Hardy Cross 교수에 의하여 발표된 부정정구조물의 해법으로, 부재의 변형은 다루지 않고서도 재단(材端)에 일어나는 모멘트만을 생각하여 푸는 방법으로 **고정모멘트법**(Fixing Moment Method) 또는 **Hardy Cross법**(Hardy Cross's Method)이라고도 한다.

모멘트분배법은 처짐각법에서 출발한 해법으로, 처짐각법에서와 같이 그 계산과정에서 절점각과 부재각을 미지수로 하여 복잡하게 연립방정식을 풀 필요가 없으며, 대부분의 계산과정이 덧셈(+), 뺄셈(−), 곱셈(×), 나눗셈(÷)만을 사용하고, 정해진 규칙에 따라 단순, 반복적으로 계산되어 점차 정확한 값에 접근하며, 계산도중에 계산착오를 수시로 검토할 수 있는 장점이 있다.

특히 모멘트분배법은 연속보나 직사각형 형태의 부재각이 생기지 않는 부정정 라멘의 풀이에 편리하며, 고층의 다(多)스팬 라멘에서는 다른 해법에 비하여 노력과 시간이 현저히 적게 든다.

11.2.1 모멘트분배법의 이해

모멘트분배법의 이해를 돕기 위하여 본 해법에 대한 기본적인 사고와 이에 대한 각종 용어 및 개념을 설명하기로 한다.

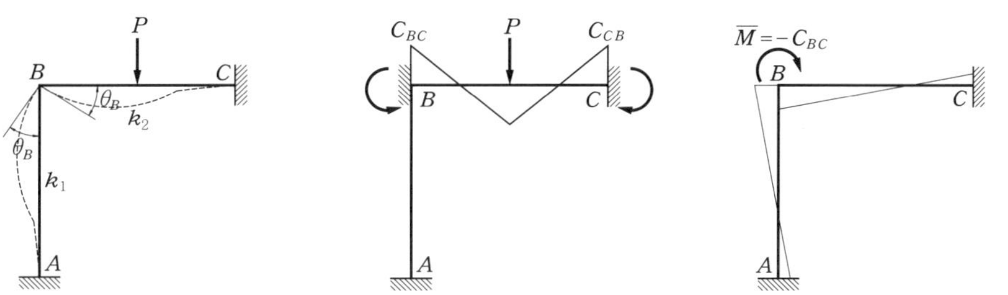

(a) (b) (c)

[그림11.2.1] 모멘트분배법의 기본적 사고

[그림11.2.1](a)에서 보는 바와 같이 구조물에 하중 P가 작용하면 절점B는 회전하며, 절점방정식에 의하여 절점B에서의 재단모멘트의 합은 '0' 이다. 즉 $\Sigma M_B=0$ 이다.

그런데 모멘트분배법에서는 인위적으로 절점B를 회전하지 못하도록 구속시키는 모멘트가 필요한데, [그림11.2.1](b)와 같이 절점B의 회전을 고정시킴으로써 생기는 모멘트를 **고정단모멘트**(Fixed End Moment, F.E.M)라고 하며, 여기서는 C_{BC}, C_{CB}로 표시된다. 고정단모멘트는 절점을 구속함으로써 $\Sigma M=0$ 을 만족하지 않고 남은 모멘트이므로 **불평형모멘트**(Unvalanced Moment, M_u), 또는 **절점**

회전구속모멘트(Locking Moment)라고도 부른다.

고정단모멘트(F.E.M)는 앞서 처짐각법에서 배웠던 하중항으로, 부재 양단이 고정일 때는 C_{nf} 로, 일단고정 타단힌지일 때에는 H_{nf} 로 표시한다. 각종 하중상태에 의한 고정단모멘트(F.E.M)는 [표11.1.1]과 같다.

한편 [그림11.2.1](c)와 같이, 모멘트분배법에서 인위적으로 고정상태로 구속시킨 절점B를 원래의 상태로 해제하기 위하여 고정단모멘트 C_{BC}와 크기가 같고 방향이 반대인 모멘트를 가해주는데, 이 불평형모멘트의 역방향모멘트를 **해제모멘트**(Releasing Moment, $\overline{M}$) 또는 **해방모멘트**라고 한다.

따라서 해제모멘트를 $\overline{M}$이라 하고 불평형모멘트를 M_u 라고 하면, $\overline{M}$은 다음과 같은 관계식이 성립된다.

$$\overline{M} = -M_u = -\Sigma(F.E.M) \tag{11.2.1}$$

한편 [그림11.2.1](c)와 같이, 절점B에 가해진 해제모멘트 $\overline{M}$에 의한 재단모멘트는 처짐각법에 의하여 다음과 같이 구해진다. 여기서 k_1, k_2는 각각 AB부재와 BC부재의 유효강비를 나타낸다.

$M''_{AB} = k_1(\phi_B)$, $M'_{BA} = k_1(2\phi_B)$, $M'_{BC} = k_2(2\phi_B)$, $M''_{CB} = k_2(\phi_B)$

절점B의 절점방정식 $\Sigma M'_B = 0$: $M'_{BA} + M'_{BC} = \overline{M}$

따라서 $2\phi_B = \dfrac{\overline{M}}{k_1+k_2}$ 이므로

$$M'_{BA} = \frac{k_1}{k_1+k_2}\overline{M} \quad , \quad M'_{BC} = \frac{k_2}{k_1+k_2}\overline{M}$$

$$M''_{AB} = \frac{1}{2}\frac{k_1}{k_1+k_2}\overline{M} = \frac{1}{2}M'_{BA} \quad , \quad M''_{CB} = \frac{1}{2}\frac{k_2}{k_1+k_2}\overline{M} = \frac{1}{2}M'_{BC}$$

여기서 $\dfrac{k_1}{k_1+k_2} = \mu_1$, $\dfrac{k_2}{k_1+k_2} = \mu_2$ 로 놓으면

$M'_{BA} = \mu_1\overline{M}$, $M'_{BC} = \mu_2\overline{M}$ 가 된다.

이는 결국 절점B에 있어서 가해지는 해제모멘트($\overline{M}$)가 강비의 분배비율(μ)에 따라 분배되고, 다른 끝의 고정단인 절점A와 절점C에는 절점B에서 분배된 모멘트의 1/2이 생기게 됨을 의미한다.

이때 절점B에서의 μ를 **분배율**(分配率, Distribution Factor), 분배된 모멘트를 **분배모멘트**(Distributed Moment, M')라 하고, 절점A와 절점C에서의 1/2을 **도달률**(到達率, Carry-Over Factor), 도달된 모멘트를 **도달모멘트**(Carry-Over Moment, M'')라고 한다.

다시 정리하면 여러 부재가 강절로 연결된 한 절점에 모멘트 M이 작용할 때, 모멘트 M은 각 부재의 강비 또는 유효강비에 비례하여 각 재단에 분배된다. 이 모멘트 M이 분배되는 비율을 **분배율**(分配率, Distribution Factor, DF, μ)이라 하고, 이것은 그 부재의 강비 또는 유효강비를 그 절점에 강절로 연결된 모든 부재의 강비 또는 유효강비의 합으로 나눈 것과 같다. 즉

$$DF\,(\mu) = \frac{k}{\sum k} \qquad (11.2.2)$$

그리고 해제모멘트 $\overline{M}$을 각 재단(材端)의 분배율 μ에 의해 분배한 모멘트를 **분배모멘트**(Distributed Moment)라고 하는데, 보통 DM 또는 M'로 표시하며, 다음과 같이 나타낼 수 있다.

$$DM\,(M') = \mu \times \overline{M} = \frac{k}{\sum k} \times \overline{M} \qquad (11.2.3)$$

또한 타단이 고정일 경우, 부재의 분배모멘트의 1/2이 타단에 도달하게 되는데, 이것을 **도달모멘트**(Carry-Over Moment, CM, M'')라 하며 1/2을 **도달률**(Carry-Over Factor, CF)이라고 한다. 이 도달모멘트는 보통 CM 또는 M''로 표시하며, 타단이 고정일 경우는 다음과 같이 나타낼 수 있다.

$$CM\,(M'') = \frac{1}{2} \times DM\,(M') \qquad (11.2.4)$$

한편 유효강비를 고려하는 경우, 타단이 힌지(Hinge) 또는 핀(Pin)이거나 자유단이면 모멘트는 도달하지 않으므로, 도달률(CF)은 '0' 이 된다.

유효강비(k_e)는 앞서 처짐각법에서와 동일하게 모멘트분배법에서도 사용되는데, 도달률과 함께 정리해 보면 다음 [표11.2.1]과 같다.

[표11.2.1] 유효강비와 도달률

부재조건	휨모멘트 분포	유효강비(k_e)	도달률(CF)
타단 고정재	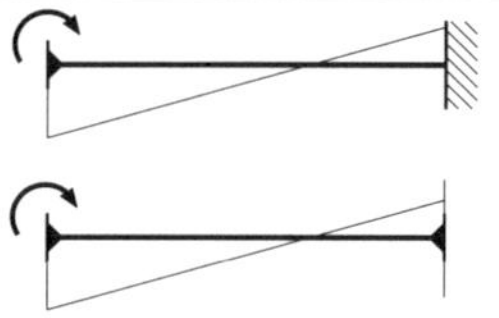	k	$\frac{1}{2}$
타단 힌지재	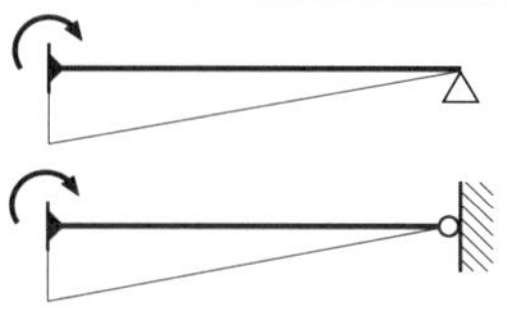	$\frac{3}{4}k = 0.75k$	0
타단 자유재		0	0
대칭 변형재	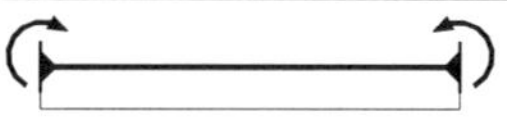	$\frac{1}{2}k = 0.5k$	-1
역대칭 변형재		$\frac{3}{2}k = 1.5k$	1

한편 앞서 배운 처짐각법에서 구조물이 대칭 및 역대칭 변형하는 경우에 유효강비(k_e)를 적용하면 구조물의 반쪽만 풀이하면 되므로 계산과정이 훨씬 간편해졌는데, 모멘트분배법에서도 처짐각법에서와 동일하게 적용된다.

다시 [그림11.2.1]의 경우로 돌아가서, 고정단인 절점 A, 절점 C에서는 원단인 절점B로부터 전달되어 오는 모멘트를 모두 흡수하므로 고정단모멘트(F.E.M)와 도달모멘트의 합계가 고정단에서의 불평형모멘트로 되지 않으며, 따라서 분배할 모멘트가 없으므로 모멘트분배를 끝낸다. 결국 각 재단모멘트(M_{nf})는 각 재단의 고정단모멘트(C_{nf}), 분배모멘트(M'_{nf}), 도달모멘트(M''_{nf})를 합하면 구해진다.

$$M_{AB} = C_{AB} + M'_{AB} + M''_{AB} = M''_{AB} = \frac{1}{2}\mu_1 \overline{M}$$

$$M_{BA} = C_{BA} + M'_{BA} + M''_{BA} = M'_{BA} = \mu_1 \overline{M}$$

$$M_{BC} = C_{BC} + M'_{BC} + M''_{BC} = C_{BC} + M'_{BC} = C_{BC} + \mu_2 \overline{M}$$

$$M_{CB} = C_{CB} + M'_{CB} + M''_{CB} = C_{CB} + M''_{CB} = C_{CB} + \frac{1}{2}\mu_2 \overline{M}$$

여기서 [그림11.2.1]의 경우와 같이 고정했다가 해제해야 할 절점이 1개이면 단 1회의 고정, 해제만으로 정밀한 재단모멘트를 구할 수 있음을 알 수 있다.

다음으로 [그림11.2.2](a)처럼 해제모멘트를 가하는 절점이 2개인 경우에 대하여 살펴보면, 아래와 같은 순서에 의하여 계산이 이루어질 수 있다.

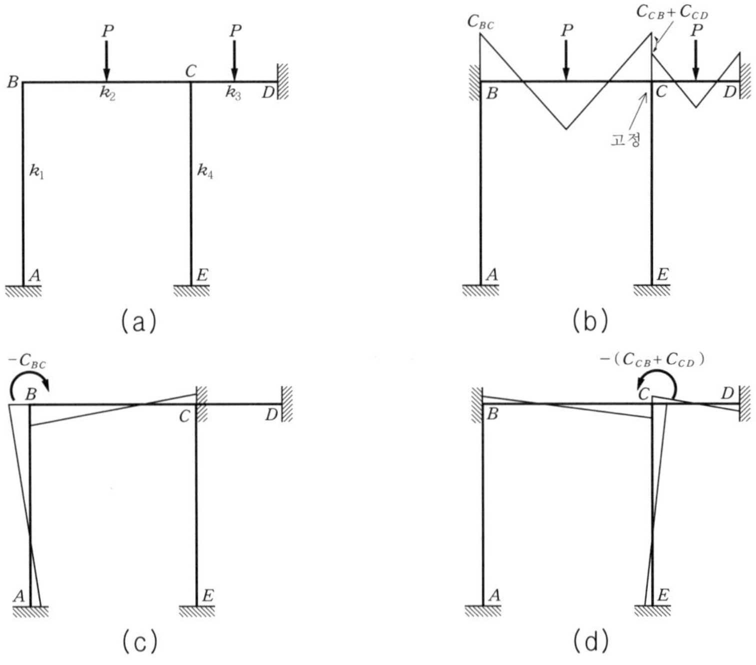

[그림11.2.2] 해제모멘트를 가하는 절점이 2개일 때 모멘트분배법의 사고

① [그림11.2.2](b)처럼 절점B와 절점C를 고정시키고 고정단모멘트를 구한다.

② 이때 절점B에서는 $-C_{BC}$, 절점C에서는 $-(C_{CB}+C_{CD})$가 해제모멘트가 된다.

③ 그림(c)처럼 절점C를 인위적으로 고정시키고, 절점B에 해제모멘트 $-C_{BC}$를 가하여 분배율, 분배모멘트 및 도달모멘트를 구한다.

④ 이번에는 그림(d)처럼 절점B를 인위적으로 고정시키고, 절점C에 해제모멘트

$-(C_{CB}+C_{CD})$를 가하여 분배율, 분배모멘트 및 도달모멘트를 구한다.

⑤ 앞의 ③에서 구한 절점 C의 도달모멘트는 절점 C를 인위적으로 고정시켰기 때문에 생긴 모멘트이므로, 이 역방향모멘트를 해제모멘트로 하여 다시 한번 분배모멘트와 도달모멘트를 구한다.

⑥ 마찬가지로 앞의 ④에서 구한 절점 B의 도달모멘트의 역방향모멘트를 해제모멘트로 하여 다시 한번 분배모멘트와 도달모멘트를 구한다.

⑦ 다음으로 이 도달모멘트들이 충분히 작은 값이 될 때까지 이 계산을 반복 시행한다.

⑧ 마지막으로 각 재단모멘트(M_{nf})는 각 재단의 고정단모멘트, 분배모멘트, 도달모멘트를 합하여 구한다.

이상과 같이 해제모멘트를 가하는 절점이 2개 이상인 경우에는 단 1회의 고정, 해제만으로는 정밀한 재단모멘트를 계산할 수 없다. 이는 한 절점이 고정했다가 해제되어 그 절점이 $\Sigma M=0$ 을 만족하여도 그 절점에 도달한 다른 도달모멘트가 그 절점에서 새로운 불평형모멘트가 되기 때문이다. 이 새로운 불평형모멘트를 앞에서와 마찬가지로 해제하여 모멘트를 분배하면 그 절점에서 $\Sigma M=0$ 을 만족하지만 그 절점의 원단으로부터 전달되는 또 다른 도달모멘트가 또 새로운 불평형모멘트가 되기 때문에 또 다시 이를 해제하여야 한다.

위와 같은 계산을 반복하다 보면 각 절점의 불평형모멘트는 점차로 '0' 에 가까워지므로, 각 재단모멘트가 반복횟수를 많이 하면 할수록 완전한 값에 가까운 값을 얻게 된다. 일반적으로 모멘트분배법에서 실용적인 해석값을 얻기 위해서는 2회 또는 3회 분배 정도면 충분한다.

11.2.2 절점에 변위가 없는 구조물의 모멘트분배법

가. 수식해법 (數式解法)

앞에서 설명한 것은 절점에 변위가 없는 구조물의 경우로, 기본적인 모멘트분배법의 이해로부터 수식해법(數式解法)의 순서를 요약하면 다음과 같은데, 이 방법은 고정했다가 해제해야 할 절점이 1개인 간단한 부정정구조물의 해법에 적당하다.

① 각 부재의 강비(k) 또는 유효강비(k_e)를 구하고, 분배율(DF, μ)을 계산한다.

$$DF\ (\mu)=\frac{k}{\Sigma\, k}$$

② 고정단모멘트(FEM)를 계산한다. 고정단모멘트는 앞서 처짐각법에서 배웠던 하중항을 이용하며, [표11.1.1]과 같다.

③ 불평형모멘트(M_u) 및 해제모멘트($\overline{M}$)를 계산한다. 불평형모멘트는 고정단 모

멘트의 합이며, 해제모멘트는 불평형모멘트와 크기가 같고 부호만이 반대이다.

$$\overline{M} = -M_u = -\sum(F.E.M)$$

④ 분배모멘트(DM, M')를 계산한다. 분배모멘트는 해제모멘트($\overline{M}$)에 분배율(DF, μ)을 곱하여 구한다.

$$DM(M') = \mu \times \overline{M} = \frac{k}{\sum k} \times \overline{M}$$

⑤ 도달모멘트(CM, M'')를 계산한다. 도달모멘트는 분배모멘트(DM, M')에 도달률(CF)을 곱하여 구한다. 도달률은 [표11.2.1]과 같다.

$$CM(M'') = CF \times DM(M')$$

⑥ 재단모멘트(M_{nf})를 계산한다. 각 재단모멘트는 각 재단의 고정단모멘트, 분배모멘트, 도달모멘트를 합하여 구한다.

$$M_{nf} = FEM + DM(M') + CM(M'')$$

⑦ 각 부재의 재단모멘트(M_{nf})에 의하여 구조물 전체의 휨모멘트도(B.M.D)를 그린다.

⑧ 휨모멘트도(B.M.D)를 이용하여 지점반력 및 나머지 단면력도를 그린다.

나. 도상해법 (圖上解法)

이 해법은 도상 위에서 정해진 규칙에 따라 단순, 반복적으로 행해지므로, 고정했다가 해제해야 할 절점이 2개 이상인 복잡한 부정정구조물에서 계산이 편리하다.

[그림11.2.3]의 라멘도를 참고로, 절점에 변위가 없는 구조물의 경우에 대하여 도상해법(圖上解法)의 순서를 정리해 보면 다음과 같다.

① 라멘도의 각 절점마다 부재끝모멘트를 위한 계산용 기입란을 만들고, 부재명을 기입한다. 예를 들어 AB의 칸에는 부재 AB의 A끝모멘트의 정보를 기입한다. 이때 부재명과 함께 화살표로 표시하면 구분이 쉬워진다.

② 각 부재의 강비(k) 또는 유효강비(k_e)를 구하고, 이것을 바탕으로 분배율(DF, μ)을 계산하여 DF란에 기입하는데 그 값을 ( )로 묶는다. 이때 각 절점에서의 $\sum(DF) = 1$ 임을 확인한다.

③ 고정단모멘트를 계산하여 FEM란에 기입한다.

④ 각 절점에 포함되는 모든 고정단모멘트를 합하여 부호를 반대로 바꾼 해제모멘트($\overline{M_1} = -\sum FEM$)를 구하고, 이를 FEM란 외측 우단 $\overline{M_1}$ 위치에 기입한다.

⑤ $\overline{M_1}$에 각 부재의 분배율(DF)을 곱한 제1차 분배모멘트($DM_1 = \mu\,\overline{M_1}$)를 구하고, 이를 DM_1란에 기입한다. 이것으로 1회 모멘트분배가 완료된다.

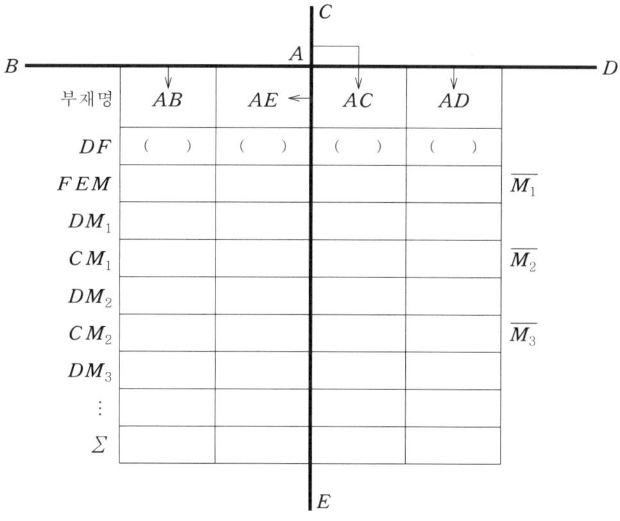

[그림11.2.3] 모멘트분배법의 도상해법

⑥ 각 재단에 그 부재의 타단에서 전달되는 제1차 도달모멘트($CM_1 = CF \cdot DM_1$)를 CM_1 란에 기입한다. 여기서 CF는 도달률로서 타단이 고정인 경우에는 1/2 이다.

⑦ 각 절점에 포함되는 모든 제1차 도달모멘트를 합하여 부호를 반대로 바꾼 해제모멘트($\overline{M_2} = -\Sigma CM_1$)를 CM_1란 외측 우단 $\overline{M_2}$ 위치에 기입한다.

⑧ $\overline{M_2}$ 에 각 부재의 분배율을 곱한 제2차 분배모멘트($DM_2 = \mu \overline{M_2}$)를 DM_2란에 기입한다. 이것으로 2회 모멘트분배가 완료된다.

⑨ 위의 2회 모멘트분배(⑥~⑧)와 같은 방법으로, CM_3, DM_3을 구하면 2회 모멘트분배가 완료된 것이고, CM_n, DM_n을 구하면 n회 모멘트분배가 완료된 것이 된다. 반복횟수를 많이 하면 할수록 최종 결과값은 완전한 값에 가까워지나, 실용상 2회 또는 3회 정도면 적당하다.

⑩ 각 재단의 칸마다 FEM에서 $DM_1, CM_1, DM_2, CM_2, DM_3, \cdots\cdots, DM_n$까지 세로로 합계하면 각 부재의 재단모멘트가 구해진다. 이때 ( )속에 있는 분배율(DF)은 합계하면 안되므로 주의하여야 한다.

⑪ 각 부재의 재단모멘트(M_{nf})에 의하여 구조물 전체의 휨모멘트도(B.M.D)를 그린다.

⑫ 휨모멘트도(B.M.D)를 이용하여 지점반력, 전단력도(S.F.D) 및 축방향력도(A.F.D)를 그린다.

◆ ◆ ◆ ◆ ◆ ◆

예제 11.2.1

다음과 같은 부정정 연속보의 휨모멘트도와 전단력도를 모멘트분배법으로 구하여라. (여기서, I는 단면2차모멘트이다.)

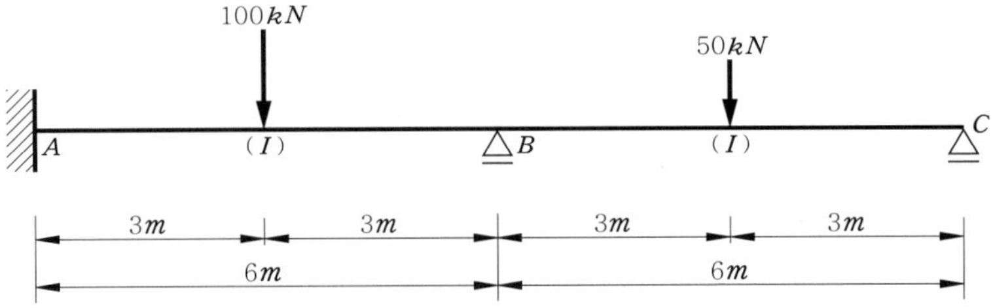

풀이-1 유효강비를 이용하는 방법

(1) 각 부재의 강성 및 강비 계산

① 각 부재의 강성

$$K_{AB} = \frac{I}{6}, \qquad K_{BC} = \frac{I}{6}$$

② 부재의 유효강비 ($K_{AB} = K_0$로 가정하고 계산)

$$k_{AB} = \frac{K_{AB}}{K_0} = \frac{I}{6} \times \frac{6}{I} = 1.0$$

$$k_{BC} = \frac{K_{BC}}{K_0} = \frac{3}{4} \times \frac{I}{6} \times \frac{6}{I} = 0.75 \text{ (}\because \text{ 타단힌지이므로 } k_e = \frac{3}{4}k = 0.75k\text{)}$$

(2) 분배율(DF)

$$\mu_{AB} = \frac{k}{\sum k} = \frac{1}{\infty + 1} = 0$$

$$\mu_{BA} = \frac{k}{\sum k} = \frac{1}{1+0.75} = 0.57$$

$$\mu_{BC} = \frac{k}{\sum k} = \frac{0.75}{1+0.75} = 0.43$$

$$\mu_{CB} = \frac{k}{\sum k} = \frac{0.75}{0.75+0} = 1$$

(3) 고정단모멘트(FEM)

$$C_{AB} = -\frac{PL}{8} = -75\,kN\cdot m$$

$$C_{BA} = \frac{PL}{8} = 75\,kN\cdot m$$

$$H_{BC} = C_{BC} - \frac{C_{CB}}{2} = \frac{3}{2}C_{BC} = -\frac{3PL}{16} = -56.25\,kN\cdot m$$

(4) 모멘트 분배표

도상해법을 통해 모멘트 분배표로 정리하면 그림(a)와 같다.

	A		B			C
	AB		BA	BC		CB
DF	(0)		(0.57)	(0.43)		(1)
FEM	−75	(75)	75	−56.25	(−18.75)	0
DM_1	0		−10.69	−8.06		0
CM_1	−5.35		0	0		0
DM_2	0		0	0		0
Σ	−80.35		64.31	−64.31		0

그림(a) 모멘트 분배표

(5) 재단모멘트

$M_{AB} = -80.35\,kN\cdot m$, $\qquad M_{BA} = 64.31\,kN\cdot m$

$M_{BC} = -64.31\,kN\cdot m$, $\qquad M_{CB} = 0$

(6) 휨모멘트도 및 전단력도

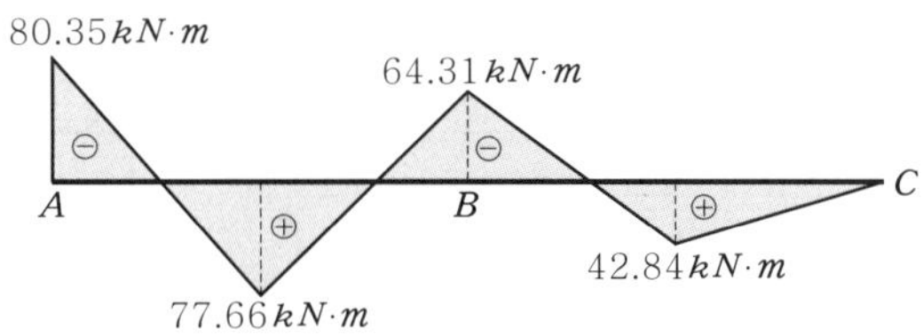

그림(b) 휨모멘트도(B.M.D)

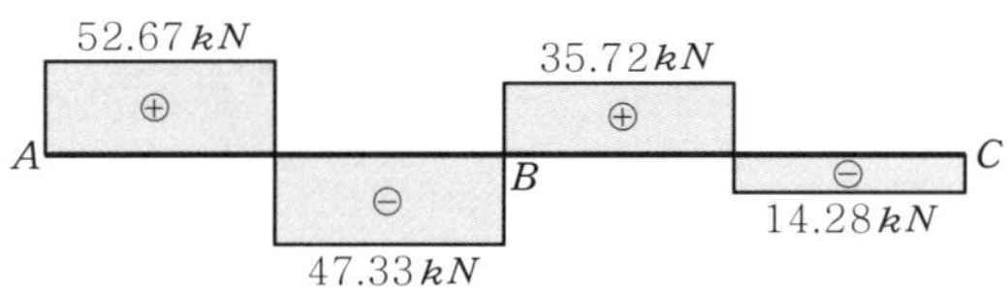

그림(c) 전단력도(S.F.D)

풀이-2 유효강비를 이용하지 않는 방법

(1) 각 부재의 강성 및 강비 계산

① 각 부재의 강성

$$K_{AB} = \frac{I}{6}\,, \qquad K_{BC} = \frac{I}{6}$$

② 부재의 강비 ($K_{AB} = K_0$ 로 가정하고 계산)

$$k_{AB} = k_{BC} = \frac{I}{6} \times \frac{6}{I} = 1.0$$

(2) 분배율(DF)

$$\mu_{AB} = \frac{k}{\sum k} = \frac{1}{\infty + 1} = 0\,, \qquad \mu_{BA} = \frac{k}{\sum k} = \frac{1}{1+1} = 0.5$$

$$\mu_{BC} = \frac{k}{\sum k} = \frac{1}{1+1} = 0.5\,, \qquad \mu_{CB} = \frac{k}{\sum k} = \frac{1}{1+0} = 1$$

(3) 고정단모멘트(FEM)

$$C_{AB} = -\frac{PL}{8} = -75\,kN\cdot m\ , \qquad C_{BA} = \frac{PL}{8} = 75\,kN\cdot m$$

$$C_{BC} = -\frac{PL}{8} = -37.5\,kN\cdot m\ , \qquad C_{CB} = \frac{PL}{8} = 37.5\,kN\cdot m$$

(4) 모멘트 분배표

유효강비를 이용하지 않을 경우, 타단이 핀(Pin)일지라도 타단으로 전달되는 도달모멘트의 도달율은 0.5임에 유의한다.

	AB (A)		BA (B)	BC (B)		CB (C)	
DF	(0)		(0.5)	(0.5)		(1)	
FEM	−75	(75)	75	−37.5	(−37.5)	37.5	(−37.5)
DM_1	0		−18.75	−18.75		−37.5	
CM_1	−9.38		0	−18.75	(18.75)	−9.38	(9.38)
DM_2	0		9.38	9.38		9.38	
CM_2	4.69		0	4.69	(−4.69)	4.69	(−4.69)
DM_3	0		−2.35	−2.35		−4.69	
CM_3	−1.18		0	−2.35	(2.35)	−1.18	(1.18)
DM_4	0		1.18	1.18		1.18	
Σ	−80.87		64.46	−64.45		0	

그림(a) 모멘트 분배표

(5) 재단모멘트

$M_{AB} = -80.87\,kN\cdot m$, $\qquad M_{CB} = 0$

$M_{BA} = 64.45\,kN\cdot m$, $\qquad M_{BC} = -64.45\,kN\cdot m$

(6) 휨모멘트도 및 전단력도

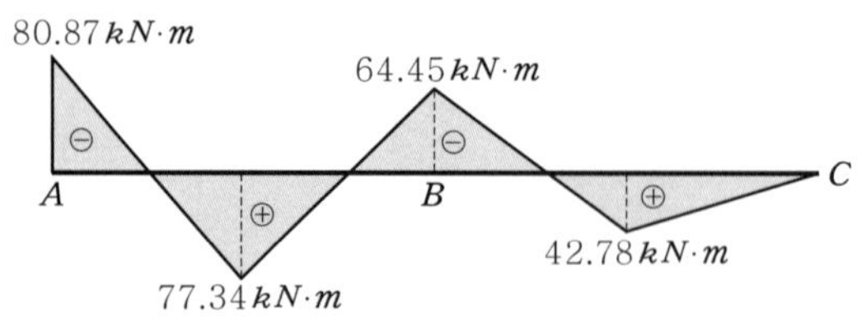

그림(b) 휨모멘트도(B.M.D)

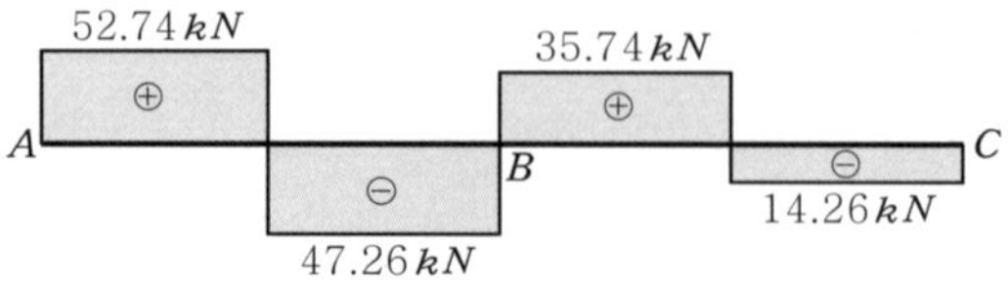

그림(c) 전단력도(S.F.D)

예제 11.2.2

다음과 같은 부정정 라멘의 휨모멘트도와 전단력도를 모멘트분배법의 수식해법과 도상해법으로 구하여라. (여기서, I는 단면2차모멘트이다.)

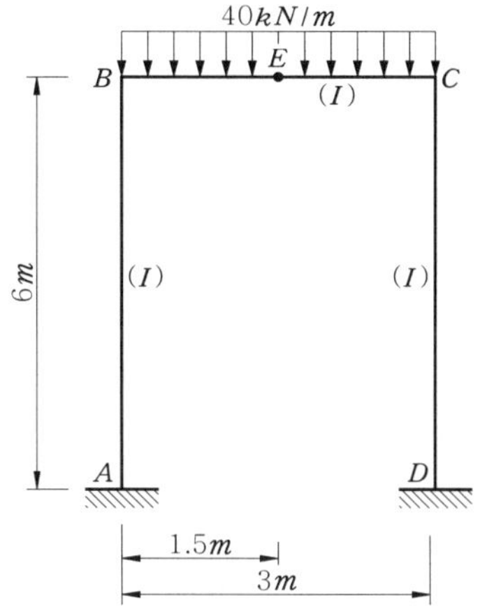

풀이-1 수식해법

(1) 부재의 강성 및 강비 계산

① 각 부재의 강성

$$K_{AB} = \frac{I}{6}, \qquad K_{BC} = \frac{I}{3}, \qquad K_{CD} = \frac{I}{6}$$

② 부재의 강비 ($K_{AB} = K_{CD} = K_0$로 가정하여 강비를 계산)

$$k_{AB} = \frac{K_{AB}}{K_0} = \frac{I}{6} \times \frac{6}{I} = 1.0, \qquad k_{CD} = \frac{K_{CD}}{K_0} = \frac{I}{6} \times \frac{6}{I} = 1.0$$

$$k_{BC} = \frac{K_{BC}}{K_0} = \frac{I}{3} \times \frac{6}{I} \times \left(\frac{1}{2}\right) = 1.0 \quad (\because \text{ 대칭변형재이므로 } k_e = 0.5k)$$

③ 대칭라멘이므로 대칭축의 좌측반분을 계산하고 우측반분은 대응관계에 있는 재단모멘트에 부호만 바꾸면 된다.

(2) 분배율(DF)

$$\mu_{AB} = \frac{k}{\sum k} = \frac{1}{\infty + 1} = 0, \qquad \mu_{BA} = \mu_{BC} = \frac{k}{\sum k} = \frac{1}{1+1} = 0.5$$

(3) 고정단모멘트(FEM)

$$C_{BC} = -\frac{wL^2}{12} = -30\,kN\cdot m, \qquad C_{CB} = \frac{wL^2}{12} = 30\,kN\cdot m$$

(4) B점의 해제모멘트

$$\overline{M} = -C_{BC} = 30\,kN\cdot m$$

(5) B 점의 분배모멘트

$$M_{BA}^{'} = \mu_{BA} \times \overline{M} = 0.5 \times 30 = 15 kN\cdot m$$

$$M_{BC}^{'} = \mu_{BC} \times \overline{M} = 0.5 \times 30 = 15 kN\cdot m$$

(6) A 단의 도달모멘트

$$M_{AB}^{''} = \frac{1}{2} M_{BA}^{'} = \frac{1}{2} \times 15 = 7.5 kN\cdot m$$

(7) 재단모멘트

$$M_{AB} = M_{AB}^{''} = 7.5 kN\cdot m$$

$$M_{BA} = M_{BA}^{'} = 15 kN\cdot m$$

$$M_{BC} = C_{BC} + M_{BC}^{'}$$

$$= -30 + 15 = -15 kN\cdot m$$

대칭축 우측반분의 재단모멘트는 대응점에 있는 좌측 재단모멘트와 크기는 같고 부호만 반대로 하면 된다.

$$M_{DC} = -M_{AB} = -7.5 kN\cdot m$$

$$M_{CD} = -M_{BA} = -15 kN\cdot m$$

$$M_{CB} = -M_{BC} = 15 kN\cdot m$$

(8) 휨모멘트도와 전단력도의 작도

$$M_E = \frac{wL^2}{8} - \frac{|M_B| + |M_C|}{2} = 30 kN\cdot m$$

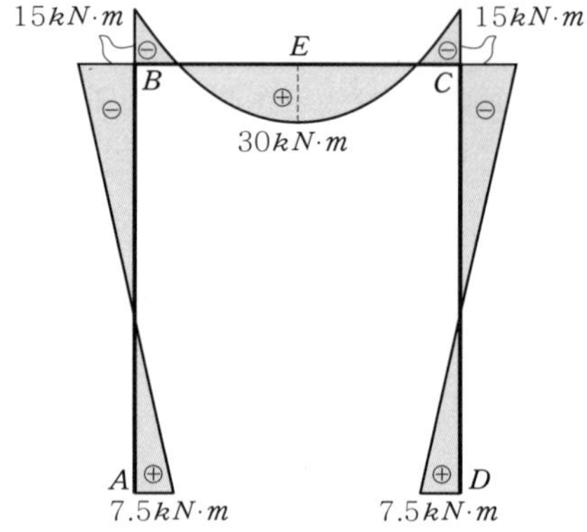

그림(a) 휨모멘트도(B.M.D)

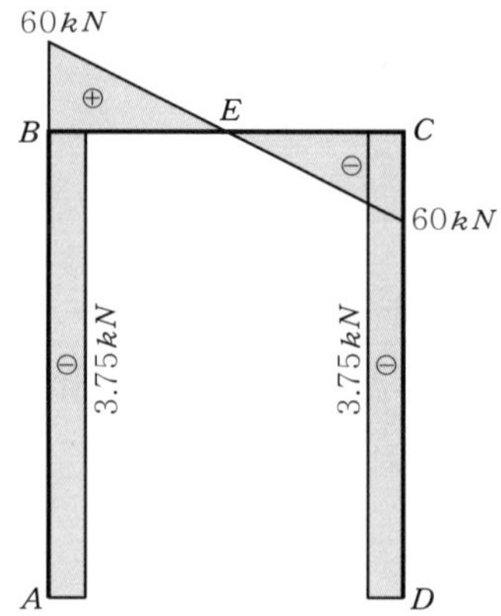

그림(b) 전단력도(S.F.D)

풀이-2 도상해법

(1)~(3) 풀이-1과 동일

(4) 모멘트 분배표 & 재단모멘트

$$M_{AB} = 7.5 kN\cdot m$$

$$M_{BC} = -15 kN\cdot m$$

$$M_{BA} = 15 kN\cdot m$$

대칭축 우측반분의 재단모멘트는 대응점에 있는 좌측 재단모멘트와 크기는 같고 부호만 반대로 하면 된다.

$$M_{DC} = -M_{AB} = -7.5 kN\cdot m$$

$$M_{CD} = -M_{BA} = -15 kN\cdot m$$

$$M_{CB} = -M_{BC} = -(-15 kN\cdot m) = 15 kN\cdot m$$

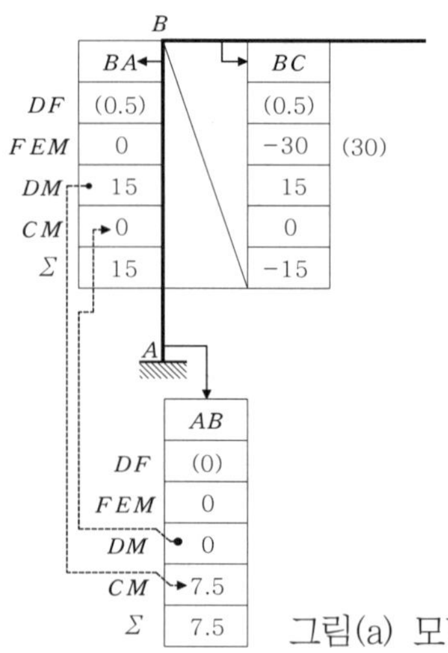

그림(a) 모멘트 분배표

(5) 휨모멘트도와 전단력도의 작도

$$M_E = \frac{wL^2}{8} - \frac{|M_B + M_C|}{2} = \frac{40kN/m \times (3m)^2}{8} - \frac{15kN\cdot m + 15kN\cdot\ m}{2} = 30 kN\cdot m$$

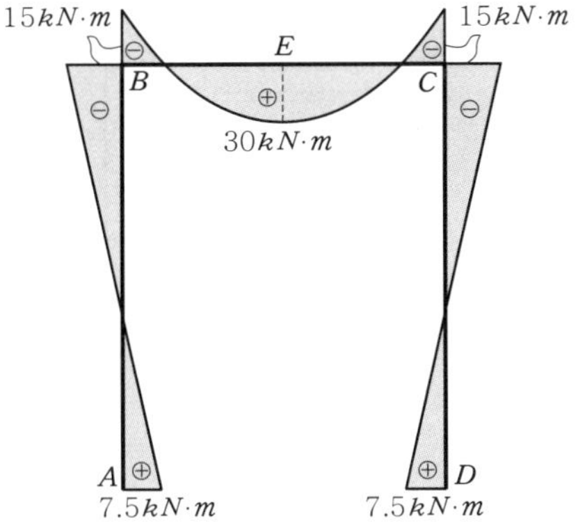

그림(b) 휨모멘트도(B.M.D)

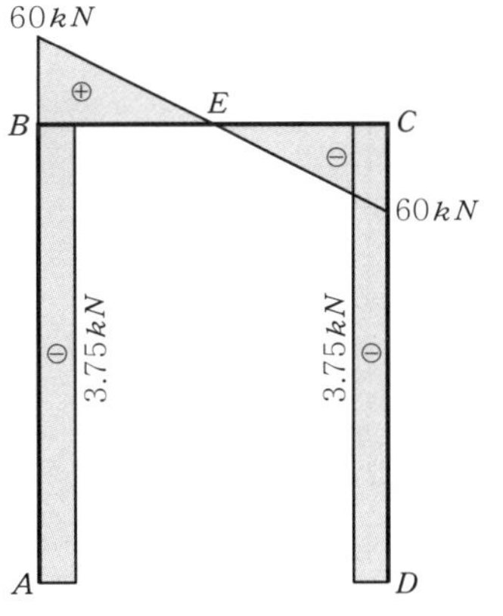

그림(c) 전단력도(S.F.D)

예제 11.2.3

다음과 같은 부정정 라멘을 모멘트분배법을 이용하여 휨모멘트도와 전단력도를 구하여라. (여기서, k는 강비임.)

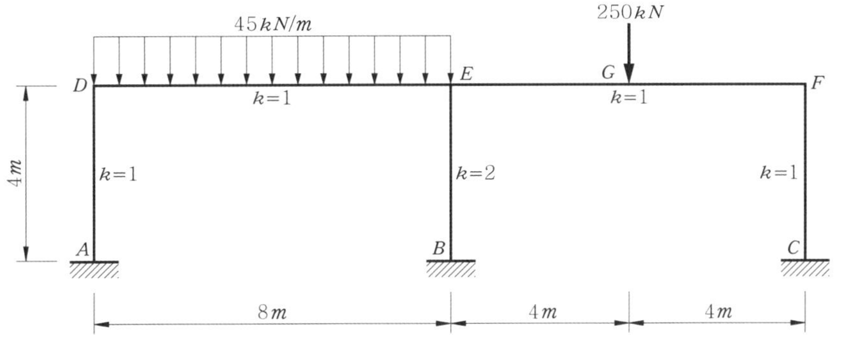

풀이

(1) 분배율(DF, μ)

$$\mu_{DA}=\mu_{DE}=\mu_{FE}=\mu_{FC}=\frac{1}{1+1}=0.5\ ,\qquad \mu_{ED}=\mu_{EF}=\frac{1}{2+1+1}=0.25$$

$$\mu_{EB}=\frac{2}{2+1+1}=0.5\ ,\qquad \mu_{AD}=\mu_{CF}=\frac{1}{\infty+1}=0\ ,\qquad \mu_{BE}=\frac{2}{\infty+2}=0$$

(2) 고정단모멘트(FEM)

$$C_{DE}=-\frac{wL^2}{12}=-\frac{45\times8^2}{12}=-240\,kN\cdot m\ ,\qquad C_{ED}=\frac{wL^2}{12}=\frac{45\times8^2}{12}=240\,kN\cdot m$$

$$C_{EF}=-\frac{PL}{8}=-\frac{250\times8}{8}=-250\,kN\cdot m\ ,\qquad C_{FE}=\frac{PL}{8}=\frac{250\times8}{8}=250\,kN\cdot m$$

(3) 모멘트 분배표

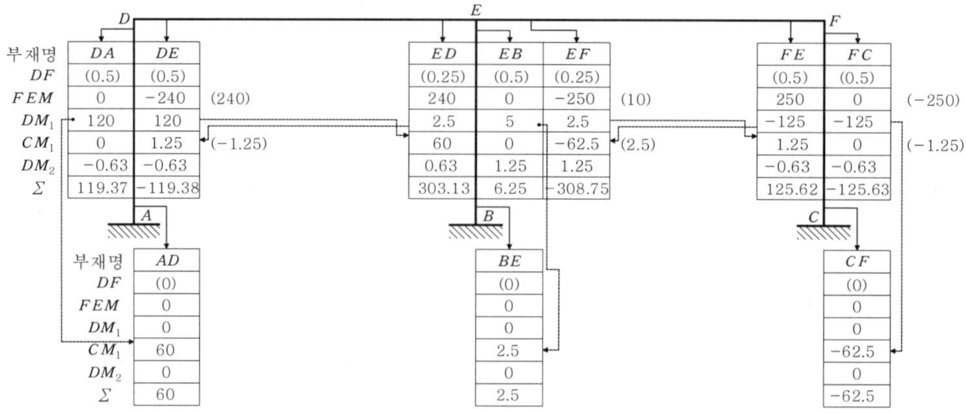

그림(a) 모멘트 분배표

(4) 휨모멘트도(B.M.D) 및 전단력도(S.F.D) 산정

① 기둥의 전단력 산정

$$V_{A\sim D} = -\frac{|119.37|+|60|}{4} = -44.84\,kN \qquad \therefore\ H_A = 44.84\,kN\,(\rightarrow)$$

$$V_{B\sim E} = -\frac{|6.25|+|2.5|}{4} = -2.19\,kN \qquad \therefore\ H_B = 2.19\,kN\,(\rightarrow)$$

$$V_{C\sim F} = \frac{|125.63|+|62.5|}{4} = 47.03\,kN \qquad \therefore\ H_C = 47.03\,kN\,(\leftarrow)$$

E점에서의 휨모멘트를 좌측에서부터 구하면

$$M_E = 60 - 44.84\times4 - 45\times8\times4 + 8R_A = -303.13\,kN\cdot m$$

$$\therefore\ R_A = 157.03\,kN\,(\uparrow)$$

E점에서의 휨모멘트를 우측에서부터 구하면

$$M_E = 62.5 - 47.03\times4 - 250\times4 + 8R_C = -308.75\,kN\cdot m$$

$$\therefore\ R_C = 102.11\,kN\,(\uparrow)$$

힘의 평형조건식 $\Sigma V = 0$ 에 의하여

$$\Sigma V = -45\times8 - 250 + 157.03 + 102.11 + R_B = 0$$

$$\therefore\ R_B = 350.86\,kN\,(\uparrow)$$

② 보 $D\sim E$ 구간의 전단력 및 휨모멘트 산정

D점으로 우측으로의 거리를 x라 할 때

x만큼 떨어진 전단력은 $V_x = 157.03 - 45x$

보 DE에서 D단의 전단력은 $V_D = V_{x=0} = 157.03 - 45\times0 = 157.03\,kN$

보 DE에서 E단의 전단력은 $V_E = V_{x=8} = 157.03 - 45\times8 = -202.97\,kN$

또한 [그림11.1.14]의 경우에 해당되므로, 전단력 V_D, V_E를 다음과 같이 구할 수도 있다.

여기서 $V_o = \dfrac{\omega l}{2} = \dfrac{45\times8}{2} = 180\,kN$이므로

$$V_D = V_o - \frac{|M_E - M_D|}{l} = 180 - \frac{|303.13 - 119.38|}{8} = 157.03\,kN$$

$$-V_E = V_o + \frac{|M_E - M_D|}{l} = 180 + \frac{|303.13 - 119.38|}{8} = 202.97\,kN$$

한편 $M_x = 60 - 44.84 \times 4 + 157.03x - 45x \times \frac{x}{2} = -22.5x^2 + 157.03x - 119.36$

만약 $D \sim E$ 구간에서의 양(+)의 최대휨모멘트를 구하려면 전단력이 '0'인 지점을 찾아야하므로, $V_x = 157.03 - 45x = 0$ 으로 놓으면 $x = 3.49m$ 임.

$$\therefore\ M_{x=3.49m} = -22.5x^2 + 157.03x - 119.36$$
$$= -22.5 \times 3.49^2 + 157.03 \times 3.49 - 119.36$$
$$= 154.62\,kN \cdot m$$

③ 보 $E \sim F$ 구간의 전단력 및 휨모멘트 산정

[그림11.1.15]의 경우에 해당되므로, 전단력 V_E, V_F 를 다음과 같이 구할 수도 있다.

여기서 $V_o = \frac{P}{2} = \frac{250}{2} = 125\,kN$ 이므로

$$V_E = V_o + \frac{|M_E - M_F|}{8} = 125 + \frac{|308.75 - 125.62|}{8} = 147.89\,kN$$

$$-V_F = V_o - \frac{|M_E - M_F|}{8} = 125 - \frac{|308.75 - 126.62|}{8} = 102.11\,kN$$

한편 G 점의 휨모멘트 M_G 는 다음과 같이 구할 수 있다.

여기서 $M_o = \frac{Pl}{4} = \frac{250 \times 8}{4} = 500\,kN \cdot m$

$$M_G = M_o - \frac{|M_E + M_F|}{2} = 500 - \frac{|308.75 + 126.62|}{2} = 282.81\,kN \cdot m$$

또한 G 점의 휨모멘트 M_G 는 다음과 같이 구할 수도 있다.

E 점으로 우측으로의 거리를 x 라 할 때

휨모멘트 $M_x = 147.89x - 308.75$

G 점의 휨모멘트 M_G 는 $x = 4m$ 이므로

$\therefore\ M_G = 147.89 \times 4 - 308.75 = 282.81\,kN \cdot m$

(5) 휨모멘트도(B.M.D) 및 전단력도(S.F.D) 작도

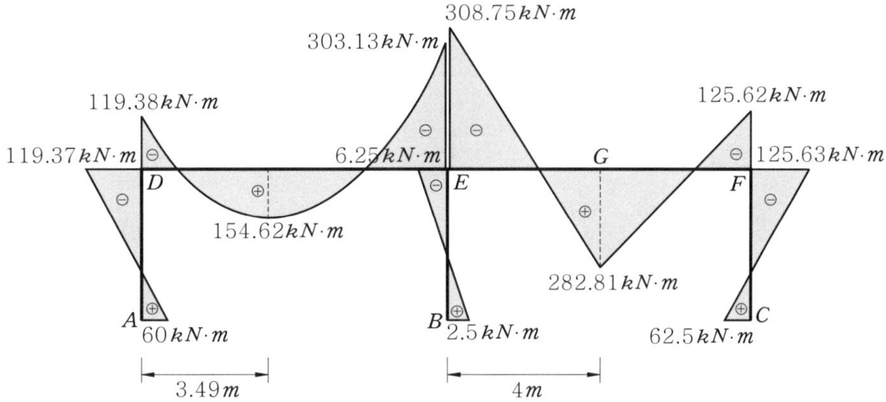

그림(b) 휨모멘트도(B.M.D)

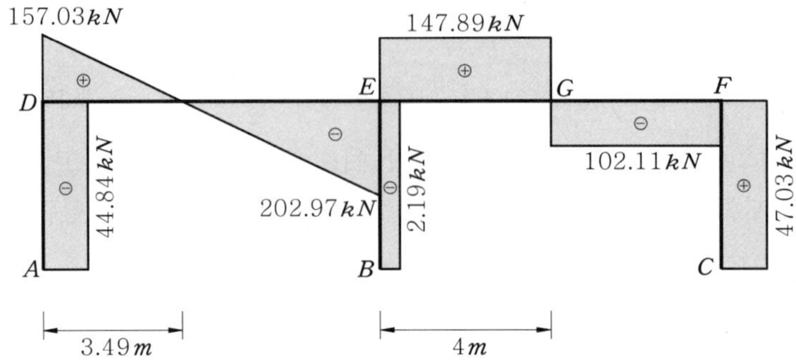

그림(c) 전단력도(S.F.D)

예제 11.2.4

다음과 같은 부정정 라멘의 휨모멘트도 및 전단력도를 모멘트분배법으로 구하여라. (여기서, k는 강비임.)

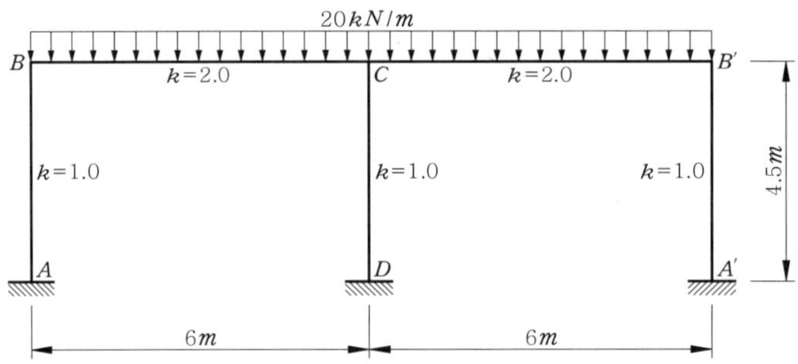

풀이

(1) 대칭라멘이고, 대칭변형을 하므로 D점의 회전각 $\theta_D=0$ $(\phi_D=0)$ 이다. 따라서 그림(a)와 같이 C점을 고정으로 하여 좌측반분만 계산한다.

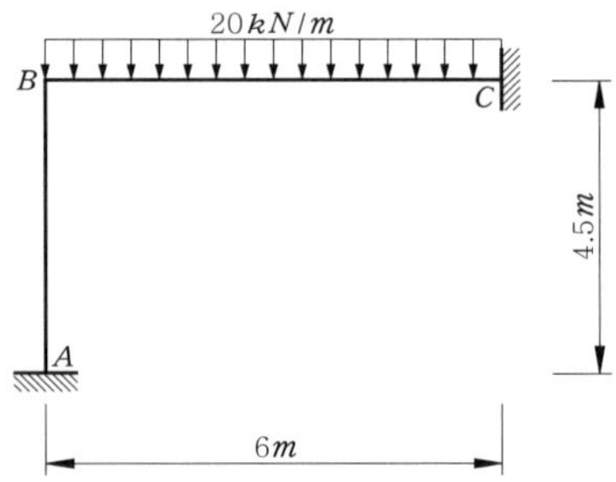

그림(a)

(2) 분배율 (μ)

$$\mu_{AB}=\frac{1}{\infty+1}=0\ ,\qquad \mu_{BC}=\frac{1}{2+1}=0.67$$

$$\mu_{BA}=\frac{1}{2+1}=0.33\ ,\qquad \mu_{CB}=\frac{2}{2+\infty}=0$$

(3) 고정단모멘트 (FEM)

$$C_{BC}=-\frac{\omega L^2}{12}=-60\,kN\cdot m\ ,\qquad C_{BC}=\frac{\omega L^2}{12}=60\,kN\cdot m$$

(4) 모멘트 분배표 & 재단모멘트

$M_{AB} = 10kN \cdot m$, $M_{BA} = 20kN \cdot m$

$M_{BC} = -20kN \cdot m$, $M_{CB} = 80kN \cdot m$

대칭축 우측반분의 재단모멘트는 대응점에 있는 좌측 재단모멘트와 크기는 같고 부호만 반대로 하면 된다.

$M_{CB'} = -80kN \cdot m$, $M_{B'C} = 80kN \cdot m$

$M_{B'A'} = -20kN \cdot m$, $M_{A'B'} = -10kN \cdot m$

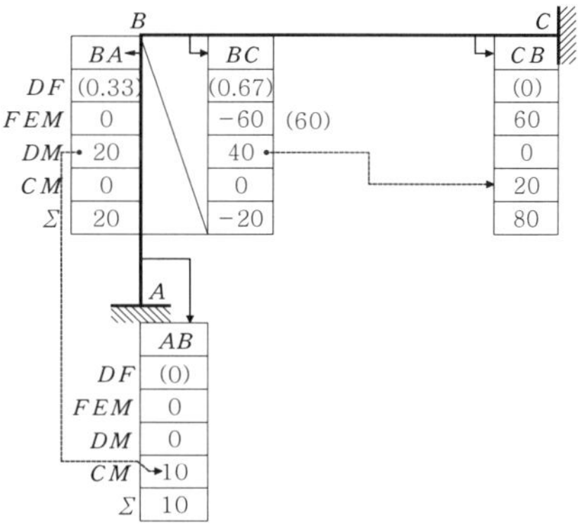

그림(b) 모멘트 분배표

(5) 휨모멘트도 및 전단력도

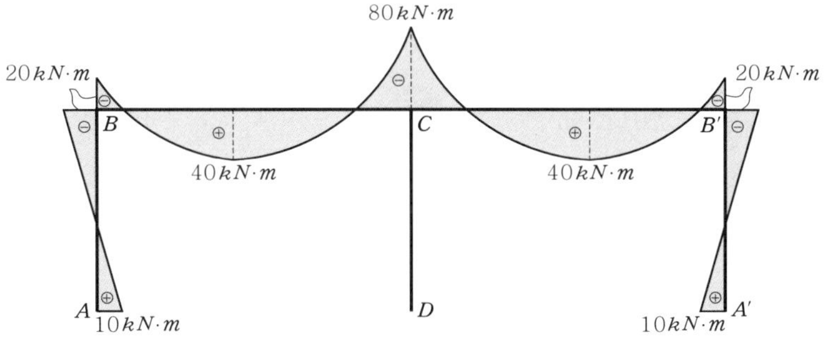

그림(c) 휨모멘트도(B.M.D)

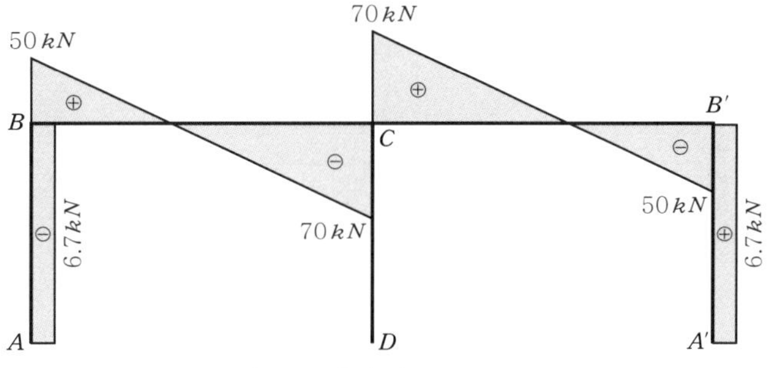

그림(d) 전단력도(S.F.D)

예제 11.2.5

다음과 같은 라멘의 휨모멘트도와 전단력도를 모멘트분배법으로 구하여라. (여기서, k 는 강비임.)

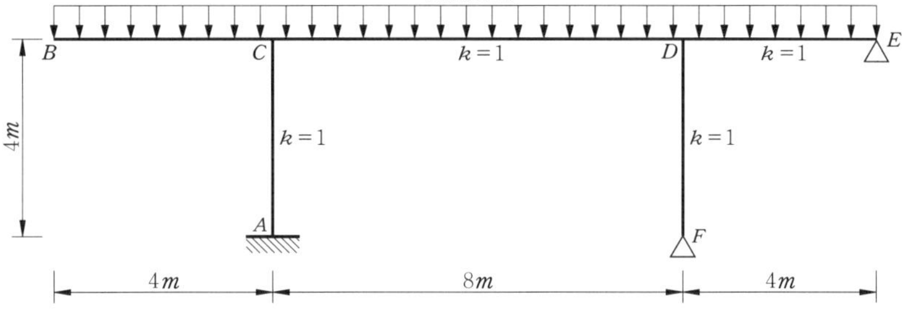

풀이-1 유효강비를 이용하는 방법

(1) 분배율(DF)

DE재는 타단힌지재이므로 유효강비 $k_e = 3k/4$ 로 하여 분배율을 구한다.

$$\mu_{CB} = \frac{k}{\sum k} = \frac{0}{1+1} = 0\,, \qquad \mu_{CA} = \mu_{CD} = \frac{k}{\sum k} = \frac{1}{1+1} = 0.5$$

$$\mu_{DC} = \frac{k}{\sum k} = \frac{1}{1+0.75+0.75} = 0.4\,, \qquad \mu_{DE} = \mu_{DF} = \frac{k}{\sum k} = \frac{0.75}{1+0.75+0.75} = 0.3$$

$$\mu_{AC} = \frac{k}{\sum k} = \frac{1}{1+\infty} = 0\,, \qquad \mu_{ED} = \mu_{FD} = \frac{k}{\sum k} = \frac{0.75}{0.75+0} = 1$$

(2) 고정단모멘트(FEM)

$$C_{CB} = \frac{wL^2}{2} = 480\,kN\cdot m\,, \qquad C_{CD} = -\frac{wL^2}{12} = -320\,kN\cdot m$$

$$C_{DC} = \frac{wL^2}{12} = 320\,kN\cdot m\,, \qquad H_{DE} = -\frac{wL^2}{8} = -120\,kN\cdot m$$

(3) 모멘트 분배표

부재명	CB	CA	CD		DC	DF	DE		ED	
DF	(0)	(0.5)	(0.5)		(0.4)	(0.3)	(0.3)		(1)	
FEM	480	0	-320	(-160)	320	0	-120	(-200)	0	(0)
DM_1	0	-80	-80		-80	-60	-60		0	
CM_1	0	0	-40	(40)	-40	0	0	(40)	0	(0)
DM_2	0	20	20		16	12	12		0	
CM_2	0	0	8	(-8)	10	0	0	(-10)	0	(0)
DM_3	0	-4	-4		-4	-3	-3		0	
CM_3	0	0	-2	(2)	-2	0	0	(2)	0	(0)
DM_4	0	0	1		0.8	0.6	0.6		0	
Σ	480	-64	-417		220.8	-50.4	-170.4		0	

부재명	AC		FD	
DF	(0)		(1)	
FEM	0	(0)	0	(0)
DM_1	0		0	
CM_1	-40	(40)	0	(0)
DM_2	0		0	
CM_2	10	(-10)	0	(0)
DM_3	0		0	
CM_3	-2	(2)	0	(0)
DM_4	0		0	
Σ	-32		0	

그림(a) 모멘트 분배표

(4) 재단모멘트

$M_{CB} = 480\,kN\cdot m$, $M_{CA} = -64\,kN\cdot m$, $M_{AC} = -32\,kN\cdot m$

$M_{CD} = -417\,kN\cdot m$, $M_{DC} = 220.8\,kN\cdot m$, $M_{DF} = -50.4\,kN\cdot m$

$M_{FD} = 0\,kN\cdot m$, $M_{DE} = -170.4\,kN\cdot m$, $M_{ED} = 0\,kN\cdot m$

(5) 휨모멘트도 및 전단력도

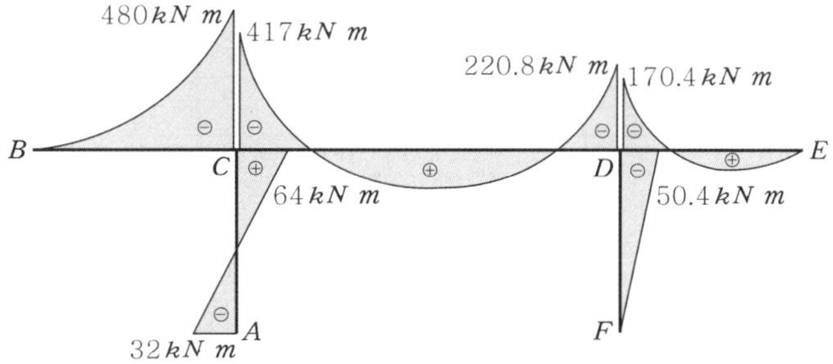

그림(b) 휨모멘트도(B.M.D)

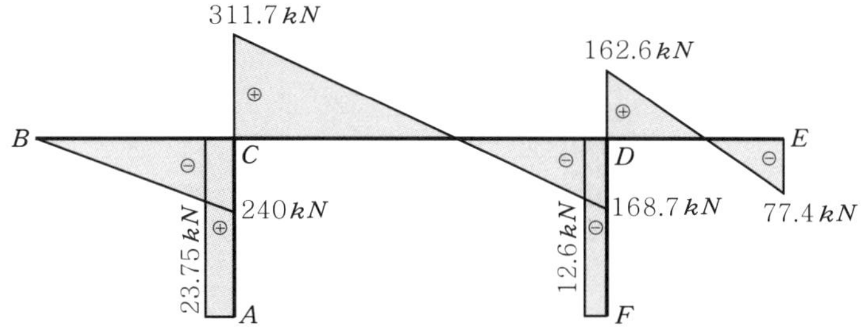

그림(c) 전단력도(S.F.D)

풀이-2 유효강비를 이용하지 않는 방법

(1) 분배율(DF)

$$\mu_{CB} = \frac{k}{\sum k} = \frac{0}{1+1} = 0\,, \qquad \mu_{CA} = \mu_{CD} = \frac{k}{\sum k} = \frac{1}{1+1} = 0.5$$

$$\mu_{DC} = \mu_{DF} = \mu_{DE} = \frac{k}{\sum k} = \frac{1}{1+1+1} = 0.33$$

$$\mu_{AC} = \frac{k}{\sum k} = \frac{1}{1+\infty} = 0\,, \qquad \mu_{ED} = \mu_{FD} = \frac{k}{\sum k} = \frac{1}{1+0} = 1$$

(2) 고정단모멘트(FEM)

$$C_{CB} = \frac{wL^2}{2} = 480\,kN\cdot m$$

$$C_{CD} = -\frac{wL^2}{12} = -320kN\cdot m\,, \qquad C_{DC} = \frac{wL^2}{12} = 320\,kN\cdot m$$

$$C_{DE} = -\frac{wL^2}{12} = -80\,kN\cdot m\,, \qquad C_{ED} = \frac{wL^2}{12} = 80\,kN\cdot m$$

(3) 모멘트 분배표

유효강비를 이용하지 않을 경우, 타단이 핀(Pin)일지라도 타단으로 전달되는 도달모멘트의 도달율은 0.5임에 유의한다.

부재명	CB	CA	CD		DC	DF	DE		ED	
DF	(0)	(0.5)	(0.5)		(0.33)	(0.33)	(0.33)		(1)	
FEM	480	0	−320	(−160)	320	0	−80	(−240)	80	(−80)
DM_1	0	−80	−80		−80	−80	−80		−80	
CM_1	0	0	−40	(40)	−40	0	−40	(80)	−40	(40)
DM_2	0	20	20		26.67	26.67	26.67		40	
CM_2	0	0	13.33	(−13.33)	10	20	20	(−50)	13.33	(−13.33)
DM_3	0	−6.67	−6.67		−16.67	−16.67	−16.67		−13.33	
CM_3	0	0	−8.33	(8.33)	−3.33	−6.67	−6.67	(16.67)	−8.33	(8.33)
DM_4	0	4.17	4.17		5.56	5.56	5.56		8.33	
Σ	480	−62.5	−417.5		222.23	−51.11	−171.11		0	

부재명	AC		FD	
DF	(0)		(1)	
FEM	0	(0)	0	(0)
DM_1	0		0	
CM_1	−40	(40)	−40	(40)
DM_2	0		40	
CM_2	10	(−10)	−13.33	(−13.33)
DM_3	0		−13.33	
CM_3	−3.33	(3.33)	−8.33	(8.33)
DM_4	0		8.33	
Σ	−33.33		0	

그림(a) 모멘트 분배표

(4) 재단모멘트

$M_{CB} = 480\,kN\cdot m$, $M_{CA} = -62.5kN\cdot m$, $M_{AC} = -33.33\,kN\cdot m$

$M_{CD} = -417.5\,kN\cdot m$, $M_{DC} = 222.23\,kN\cdot m$, $M_{DF} = -51.11\,kN\cdot m$

$M_{FD} = 0\,kN\cdot m$, $M_{DE} = -171.11\,kN\cdot m$, $M_{ED} = 0\,kN\cdot m$

(5) 휨모멘트도 및 전단력도

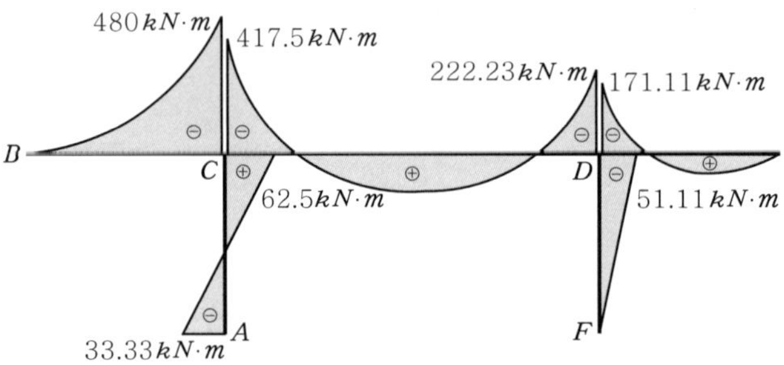

그림(b) 휨모멘트도(B.M.D)

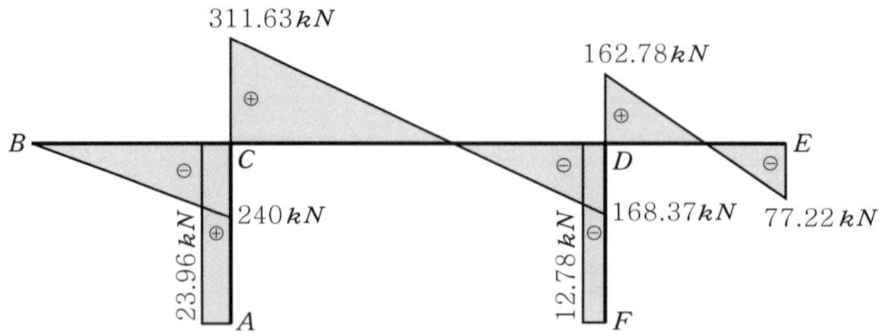

그림(c) 전단력도(S.F.D)

◆ ◆ ◆ ◆ ◆ ◆

11.2.3 절점이 변위하는 구조물의 모멘트분배법

구조물이 수평하중을 받을 때와 같이 절점이 변위하는 경우에 대한 해법을 알아보도록 한다.

이런 경우 먼저 각 층 기둥 상, 하부 절점을 회전하지 않게 수평 이동시킨 후 임의의 부재각이 생겼다고 가정하고, 모멘트분배법을 사용하여 각 층의 층전단력을 계산하며, 이 전단력을 생기게 하기 위해 필요한 각 층의 외력을 구한다. 다음은 절점변위에 대한 영향을 단독으로 생각하고, 위의 외력에 의한 계산결과를 조합시켜 전체적인 평형조건식을 만족시키도록 한다.

여기서는 [그림11.2.4]와 같이 3층 라멘이 수평하중을 받는 경우를 예로 들어 모멘트분배법을 설명하기로 한다.

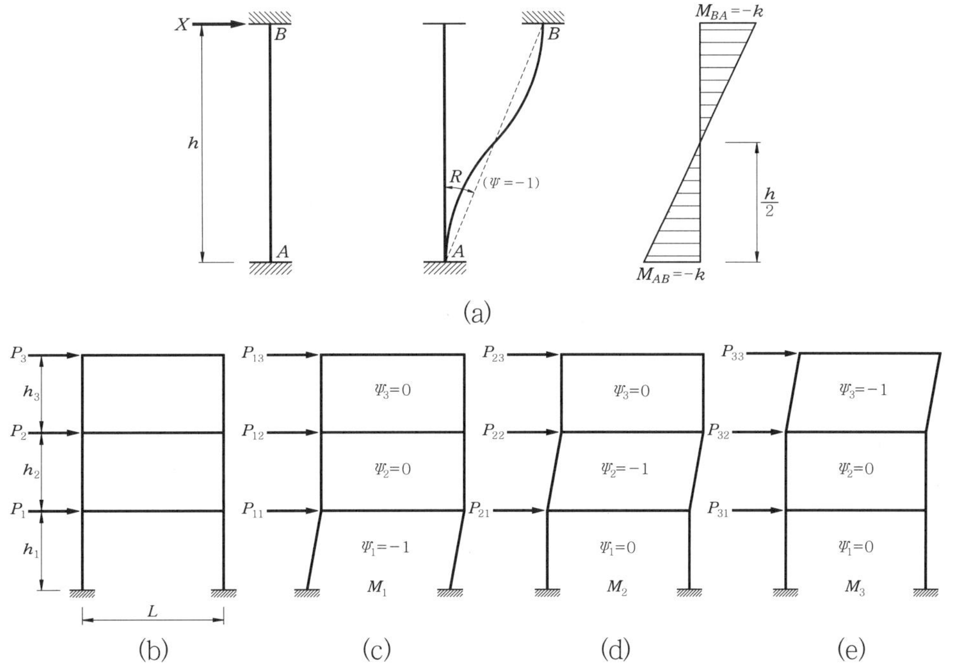

[그림11.2.4] 절점이 변위하는 구조물의 모멘트분배법

[그림11.2.4](a)에 표시한 일반적인 기둥 AB에 대하여 처짐각방정식을 세워보면 다음과 같다.

$$M_{AB}=k(2\phi_A+\phi_B+\psi)+C_{AB} \quad , \quad M_{BA}=k(2\phi_B+\phi_A+\psi)+C_{BA}$$

여기서 절점A와 절점B가 고정이고 하중항이 없어, ϕ_A, ϕ_B, C_{AB}, C_{BA}가 모두 '0'이기 때문에 재단모멘트 M_{AB}, M_{BA}는 다음과 같이 된다.

$$M_{AB}=M_{BA}=k\psi \qquad (11.2.5)$$

이때 부재각 ψ의 값을 -1 (임의의 값이라도 좋다)이라고 가정하면, 다음과 같다.

$$M_{AB} = M_{BA} = -k \tag{11.2.6}$$

식(11.2.6)을 기둥 AB의 고정단모멘트라고 가정하게 된다.

이와 같은 논리에 의하여 [그림11.2.4](b)와 같이 수평하중을 받는 라멘구조물은 각 층 기둥에 부재각이 생기는데, 이것을 ψ_1, ψ_2, ψ_3 라고 하자. 여기서 아래첨자는 층수를 나타낸다.

먼저 [그림11.2.4](c)와 같이 1층기둥에 부재각 $\psi_1 = -1$ 을 주고, $\psi_2 = \psi_3 = 0$ 으로 한다. 그러면 1층의 고정단모멘트가 구해지므로, 이 모멘트로부터 모멘트분배법을 사용하여 각 층의 재단모멘트를 산정하는데, 이를 M_1 이라고 표시한다. 이때 라멘의 각 층에 작용하는 수평력 X_{11}, X_{12}, X_{13} 을 계산하여 둔다.

다음은 그림(d)와 같이 2층기둥에 부재각 $\psi_2 = -1$ 을 주고, $\psi_1 = \psi_3 = 0$ 으로 한다. 2층의 고정단모멘트를 구해 모멘트분배법을 사용하여 각 층의 재단모멘트를 산정하고, 이를 M_2 라고 표시한다. 이때 라멘의 각 층에 작용하는 수평력 X_{21}, X_{22}, X_{23} 을 계산해 둔다.

계속해서 그림(e)와 같이 3층기둥에 부재각 $\psi_3 = -1$ 을 주고, $\psi_1 = \psi_2 = 0$ 으로 한다. 3층의 고정단모멘트를 구해 모멘트분배법을 사용하여 각 층의 재단모멘트를 산정하고, 이를 M_3 이라고 표시한다. 이때 라멘의 각 층에 작용하는 수평력 X_{31}, X_{32}, X_{33} 을 계산해 둔다.

만약 동시에 실제의 부재각 ψ_1, ψ_2, ψ_3 가 존재하면, 재단모멘트 M은 중첩의 원리에 의하여 다음과 같이 표시할 수 있다.

$$M = M_1 \psi_1 + M_2 \psi_2 + M_3 \psi_3 \tag{11.2.7}$$

또한 만약 동시에 실제의 부재각 ψ_1, ψ_2, ψ_3 가 존재하면, 수평력 X는 중첩의 원리에 의하여 다음과 같이 표시할 수 있다.

$$\begin{aligned} X_1 &= X_{11}\psi_1 + X_{21}\psi_2 + X_{31}\psi_3 \\ X_2 &= X_{12}\psi_1 + X_{22}\psi_2 + X_{32}\psi_3 \\ X_3 &= X_{13}\psi_1 + X_{23}\psi_2 + X_{33}\psi_3 \end{aligned} \tag{11.2.8}$$

[그림11.2.4](a)에서 부재각 ψ_1, ψ_2, ψ_3 은 전단력 P_1, P_2, P_3 에 의해서 생기므로, 다음과 같다.

$$P_1 = X_1 \quad , \quad P_2 = X_2 \quad , \quad P_3 = X_3 \tag{11.2.9}$$

따라서 식(11.2.8)은 다음과 같이 나타낼 수 있다.

$$\begin{aligned} P_1 &= X_{11}\psi_1 + X_{21}\psi_2 + X_{31}\psi_3 \\ P_2 &= X_{12}\psi_1 + X_{22}\psi_2 + X_{32}\psi_3 \\ P_3 &= X_{13}\psi_1 + X_{23}\psi_2 + X_{33}\psi_3 \end{aligned} \tag{11.2.10}$$

결국 식(11.2.10)을 연립방정식으로 풀이하면 부재각 ψ_1, ψ_2, ψ_3 을 구할 수 있으므로, 식(11.2.7)로부터 재단모멘트를 산정할 수 있다.

◆ ◆ ◆ ◆ ◆ ◆ ◆

예제 11.2.6

다음과 같이 수평력을 받는 라멘의 휨모멘트도와 전단력도를 모멘트분배법으로 구하여라.
(여기서, k는 강비임.)

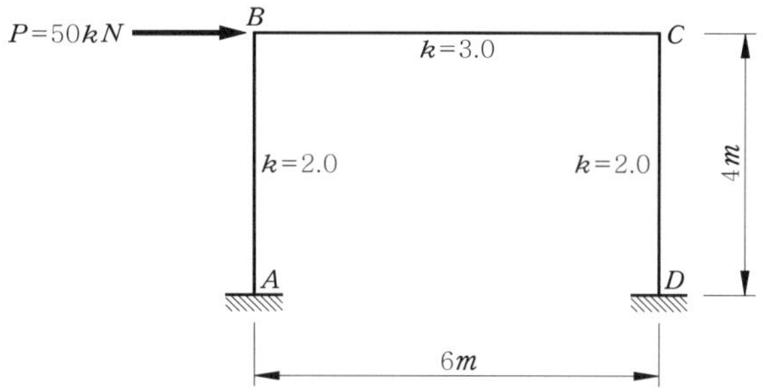

풀이

(1) AB재와 DC재에 임의의 부재각 $\psi=-1$이 생겼다고 가정한다.

(2) 여기서, 각 절점은 고정이고 중간하중이 없으므로, 처짐각방정식을 통해 재단모멘트를 구하면 다음과 같다.

$$M_{AB}=M_{BA}=M_{DC}=M_{CD}=k\,\psi=-2$$

(3) 이 모멘트를 고정단모멘트로 가정하고 도상해법으로 각 부재의 응력 계산을 한다. 단, 좌우 역대칭 변형을 하므로 BC재의 유효강비 $k_e=1.5\times3.0=4.5$로 하여 좌측반분에 대해 구하면 그림(a)와 같다.

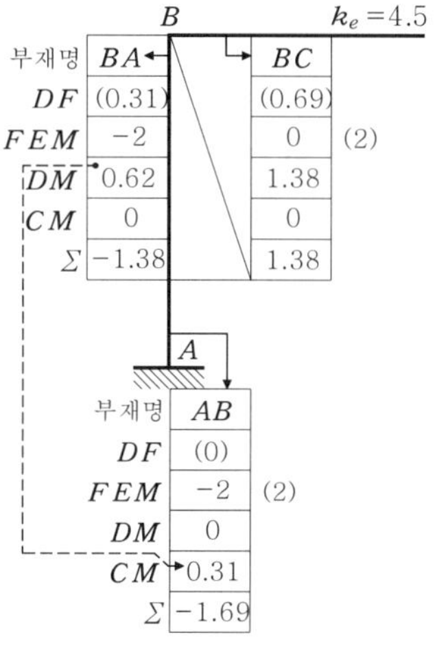

그림(a) 모멘트 분배표

(4) 부재각 $\psi=-1$을 발생시키는 수평력 X를 구하기 위한 층방정식은,

$$\frac{M_{AB}+M_{BA}}{h}+\frac{M_{DC}+M_{CD}}{h}+X=0$$

$$\therefore\ X=2\times(1.69+1.38)/4=1.535\,kN$$

(5) 수평력 $X=1.535\,kN$이 작용했을 때의 재단모멘트가 그림(a)와 같으므로 문제와 같은 $P=50\,kN$의 수평력이 작용했을 때의 재단모멘트를 구하면,

$$\frac{P}{X}=32.57$$

$$M_{AB}=32.57\times(-1.69)=-55.04\,kN\cdot m$$

$$M_{BA}=32.57\times(-1.38)=-44.95\,kN\cdot m$$

$$M_{BC}=32.57\times1.38=44.95\,kN\cdot m$$

(6) 휨모멘트도 및 전단력도

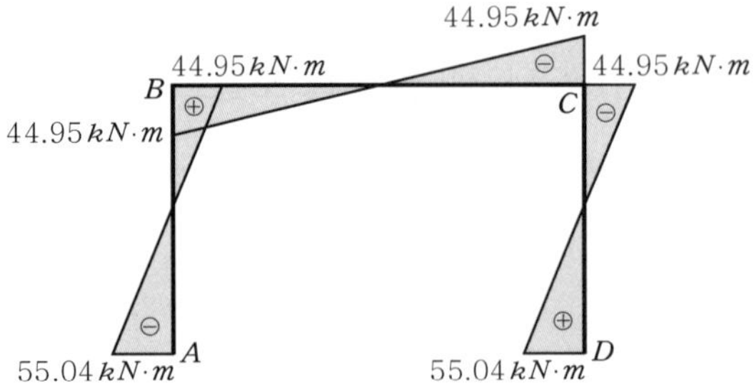

그림(b) 휨모멘트도(B.M.D)

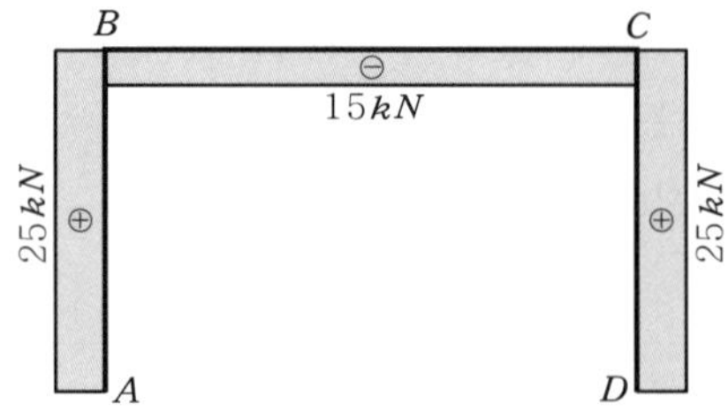

그림(c) 전단력도(S.F.D)

예제 11.2.7

다음과 같은 부정정 라멘의 휨모멘트도와 전단력도를 모멘트분배법으로 구하여라. (여기서, k는 강비임.)

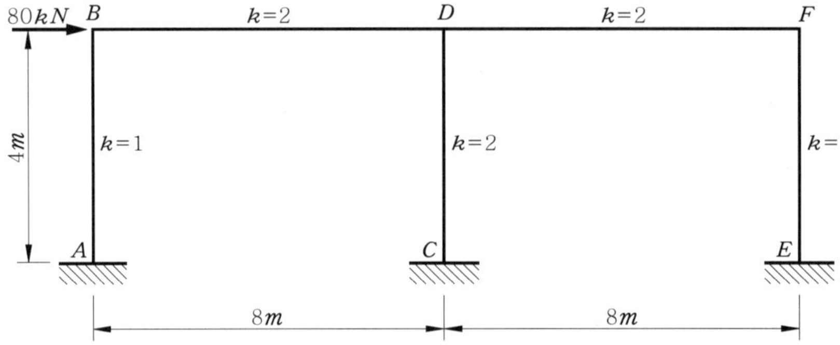

풀이

(1) 수평하중을 받는 대칭라멘이므로 그림(a)와 같이 수평하중을 반으로 줄이고, 대칭축상의 CD재의 유효강비 $k_e = 0.5k$로 하여 풀이한 다음, CD재의 휨모멘트는 2배를 하고, EF재의 휨모멘트는 AB재와 같게 하면 된다.

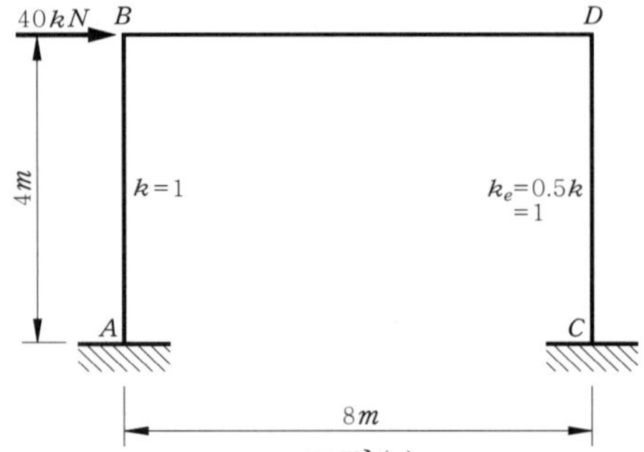

그림(a)

(2) 그림(b)와 같이 부재각 $\psi_1 = -1$이 생겼다고 가정하고, 처짐각방정식을 통해 재단모멘트를 구하면 다음과 같다.

$$M_{AB} = M_{BA} = k\,\psi_1 = -k = -1$$

$$M_{CD} = M_{DC} = k\,\psi_1 = -k = -1$$

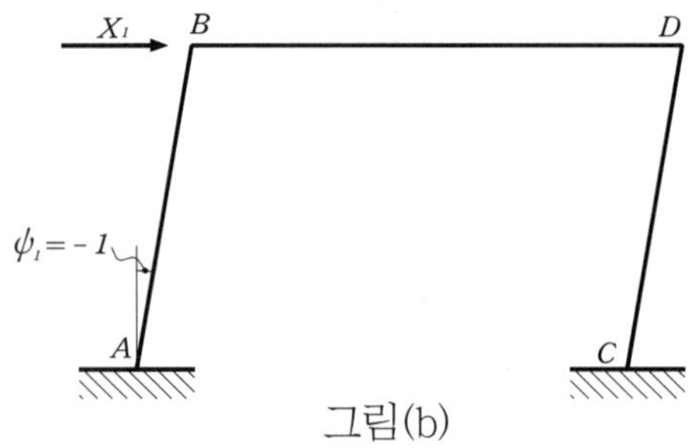

그림(b)

(3) 이 모멘트를 고정단모멘트로 가정하고 도상해법으로 그림(c)와 같이 각 부재의 응력을 계산한다.
이때, 수평력을 X_1 라고 하고 층방정식을 세우면,

$$\frac{2(M_{AB}+M_{BA})}{h}+X_1 = 0\ , \qquad \therefore\ X_1 = 0.815$$

수평력 $40\,kN$ 이 작용할 때 ψ 를 구하면

$$\psi = -\frac{P}{X} = -\frac{40}{0.815} = -49.08$$

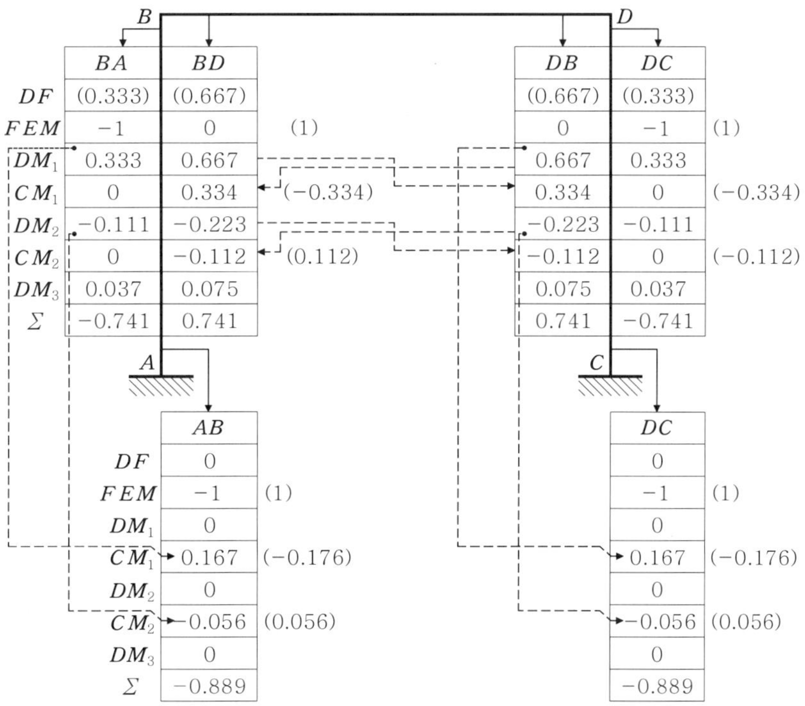

그림(c) 모멘트 분배표

(4) 재단모멘트
$\psi=-1$ 일 때로 가정하고 구한 재단모멘트는 처짐방향이 이미 고려되었으므로 ψ 는 절대값을 사용한다.

$M_{AB} = (-0.889)\times 49.08 = -43.6\,kN\cdot m$

$M_{BA} = (-0.741)\times 49.08 = -36.4\,kN\cdot m$

$M_{CD} = (-0.889)\times 49.08 = -43.6\,kN\cdot m$

$M_{DC} = (-0.741)\times 49.08 = -36.4\,kN\cdot m$

$M_{BD} = 0.741\times 49.08 = 36.4\,kN\cdot m$

$M_{DB} = 0.741\times 49.08 = 36.4\,kN\cdot m$

(5) 휨모멘트의 작도

CD재의 휨모멘트는 2배를 하여 휨모멘트도를 작성한다.

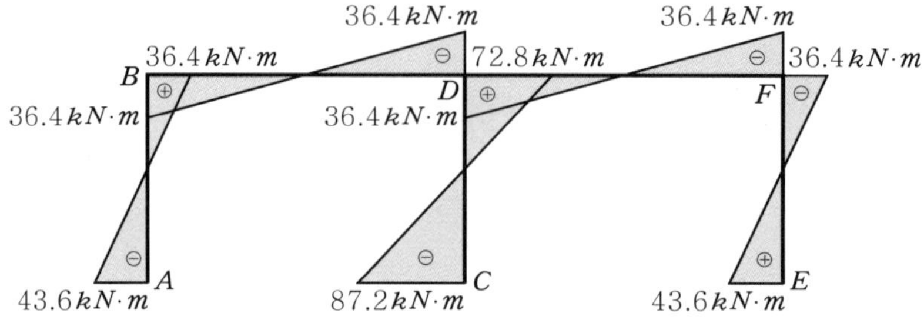

그림(d) 휨모멘트도(B.M.D)

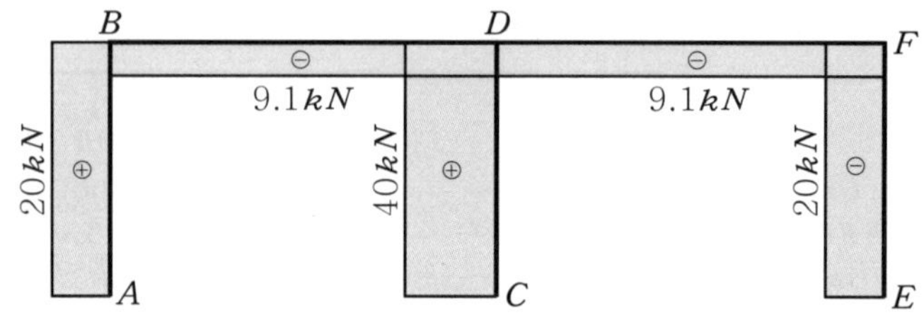

그림(e) 전단력도(S.F.D)

예제 11.2.8

다음과 같은 라멘의 휨모멘트도와 전단력도를 모멘트분배법으로 구하여라.
(여기서, k는 강비임.)

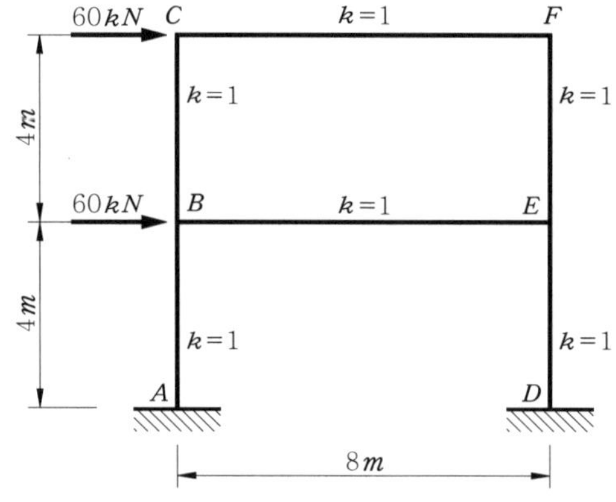

풀이

(1) 그림(a)와 같이 부재각 $\psi_1 = -1$, $\psi_2 = 0$ 생겼다고 가정하고, 처짐각방정식을 통해 재단모멘트를 구하면 다음과 같다.

$M_{AB} = M_{BA} = k\,\psi_1 = -k = -1$

$M_{BD} = M_{DB} = k\,\psi_1 = -k = -1$

(2) 이 모멘트를 고정단모멘트로 가정하고 도상해법으로 각 부재의 응력을 계산한다. 단, 좌우 역대칭 변형을 하므로 BE, CF 재의 유효강비 $k_e = 1.5 \times 1 = 1.5$로 하여 좌측반분에 대해 구하면 그림(c)와 같다.

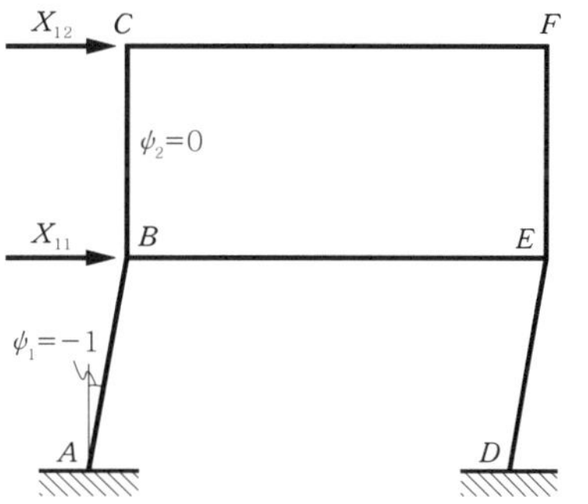

그림(a)

(3) 이때, 1층, 2층에 작용하는 전단력을 X_{11}, X_{12} 라고 하고 층방정식을 세우면,

2층에서, $\dfrac{2(M_{BC}+M_{CB})}{h}+X_{12} = 0$

$$\therefore\ X_{12} = -\frac{2}{h}(M_{BC}+M_{CB}) = -\frac{2}{4}(0.2646+0.0855) = -0.1751$$

1층에서, $\dfrac{2(M_{AB}+M_{BA})}{h}+X_{11} = 0$

$$\therefore\ X_{11} = -\frac{2}{h}(M_{AB}+M_{BA}) = -\frac{2}{4}(-0.8575-0.7069) = 0.7822$$

(4) 그림(b)와 같이 부재각 $\psi_1 = 0$, $\psi_2 = -1$ 이 생겼다고 가정하고, 처짐각방정식을 통해 재단모멘트를 구하면 다음과 같다.

$M_{BC} = M_{CB} = k\ \psi_1 = -k = -1$

$M_{EF} = M_{FE} = k\ \psi_1 = -k = -1$

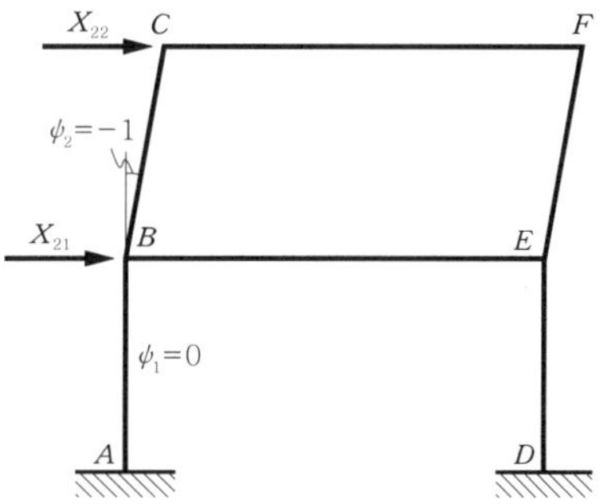

그림(b)

(5) 이 모멘트를 고정단모멘트로 가정하고 도상해법으로 각 부재의 응력을 계산한다.
단, 좌우 역대칭 변형을 하므로 BE, CF 재의 유효강비 $k_e = 1.5 \times 1 = 1.5$ 로 하여 좌측반분에 대해 구하면 그림(d)와 같다.

(6) 이때 1층, 2층에 작용하는 전단력을 X_{11}, X_{12} 라고 하고 층방정식을 세우면,

2층에서, $\dfrac{2(M_{BC}+M_{CB})}{h}+X_{22} = 0$

$$\therefore\ X_{22} = -\frac{2}{h}(M_{BC}+M_{CB}) = -\frac{2}{4}(-0.5924-0.5316) = 0.562$$

1층에서, $\dfrac{2(M_{AB}+M_{BA})}{h}+X_{21} = 0$

$$\therefore\ X_{21} = -\frac{2}{h}(M_{AB}+M_{BA}) = -\frac{2}{4}(0.114+0.2361) = -0.1751$$

(7) 이때 실제 부재각을 ψ_1, ψ_2 라고 놓으면 식(11.5.10)으로부터

$$P_1 = X_{11}\psi_1 + X_{21}\psi_2 \quad (1-1)$$

$$P_2 = X_{12}\psi_1 + X_{22}\psi_2 \quad (1-2)$$

식(1-1),(1-2)를 풀이하여 쓰면

$$120 = 0.7822\,\psi_1 - 0.1751\,\psi_2 \quad (2-1)$$

$$60 = -0.1751\,\psi_1 + 0.562\,\psi_2 \quad (2-2)$$

식(2-1),(2-2)를 연립하여 풀면

$\psi_1 = 190.6$, $\psi_2 = 166.11$

(8) 식(11.5.7)로부터, 실제의 재단모멘트를 다음과 같이 구하였다.

$$M_{AB} = (-0.8575\times190.6) + (0.114\times166.11) = 144.5\,kN\cdot m$$

$$M_{BA} = (-0.7069\times190.6) + (0.2361\times166.11) = -95.52\,kN\cdot m$$

$$M_{BE} = (0.4423\times190.6) + (0.3563\times166.11) = 143.49\,kN\cdot m$$

$$M_{BC} = (0.2646\times190.6) + (-0.5924\times166.11) = -47.97\,kN\cdot m$$

$$M_{CB} = (0.0855\times190.6) + (-0.5316\times166.11) = -72\,kN\cdot m$$

$$M_{CF} = (-0.0885\times190.6) + (0.5316\times166.11) = 71.44\,kN\cdot m$$

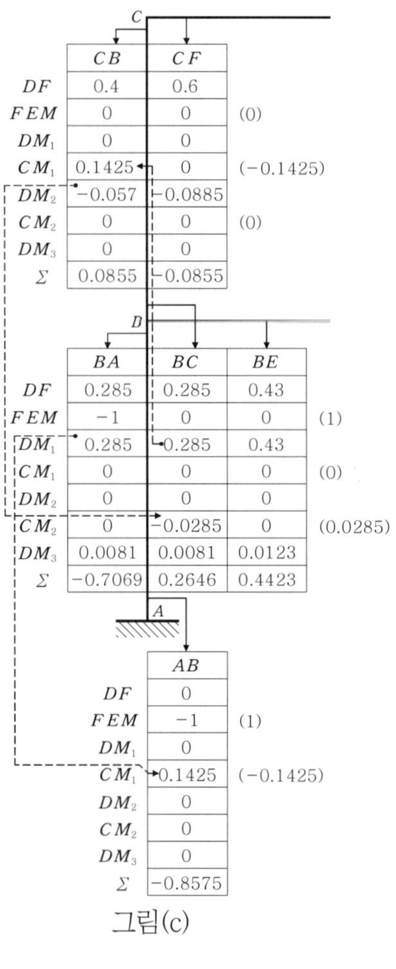

그림(c)

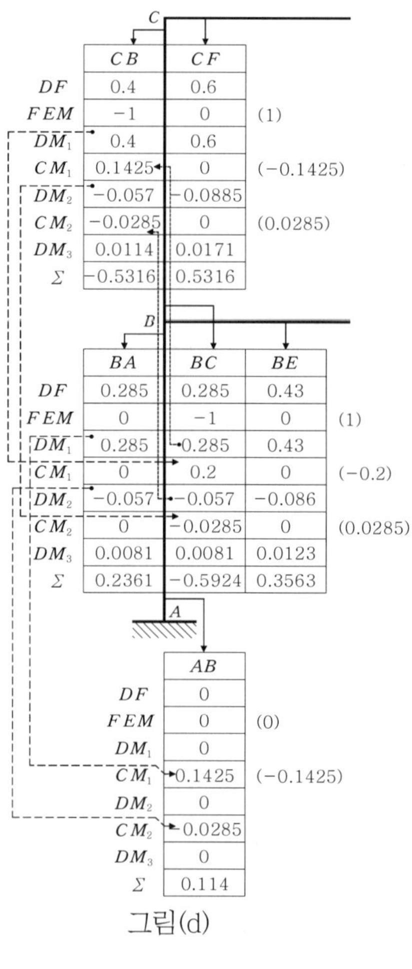

그림(d)

(9) 휨모멘트도와 전단력도의 작도

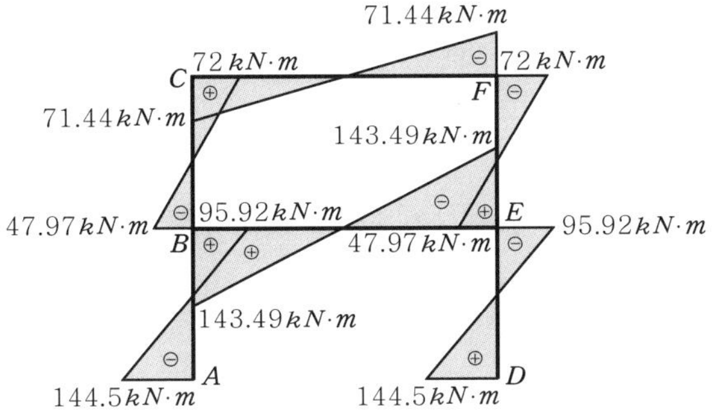

그림(e) 휨모멘트도(B.M.D)

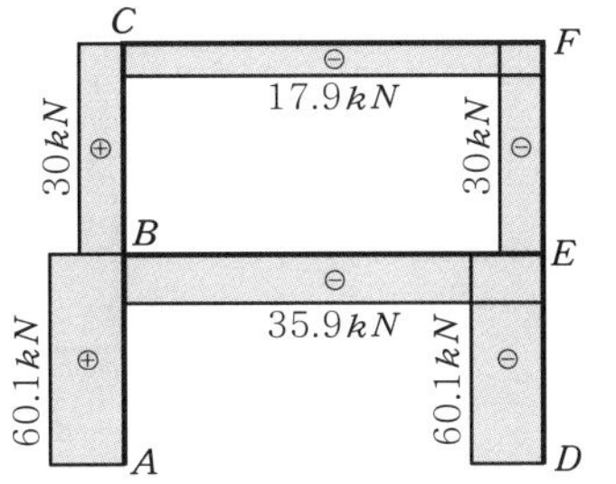

그림(f) 전단력도(S.F.D)

◆ ◆ ◆ ◆ ◆ ◆

◈ 연습문제 ◈

11.2.1 다음과 같은 부정정 연속보의 휨모멘트도와 전단력도를 모멘트분배법으로 구하여라. (여기서, I 는 단면2차모멘트이다.)

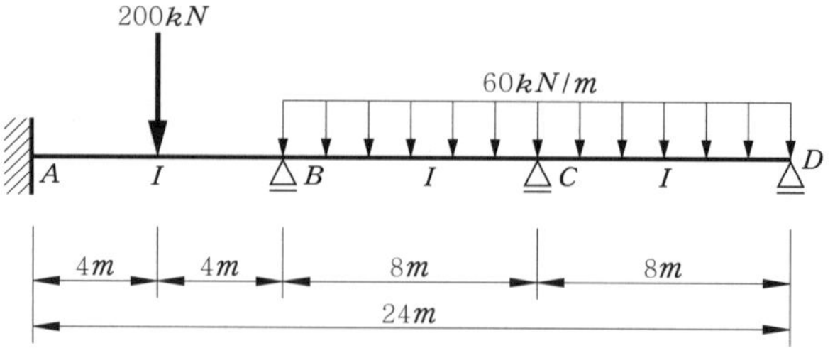

11.2.2 다음과 같은 부정정 라멘의 재단모멘트를 구하고 휨모멘트도를 모멘트분배법으로 구하여라. (여기서 각 부재의 단면2차모멘트 I 는 모두 같다.)

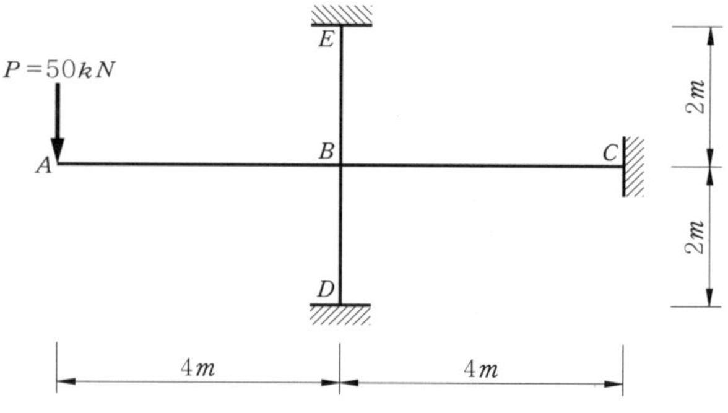

11.2.3 다음과 같은 부정정 라멘의 휨모멘트도와 전단력도를 모멘트분배법으로 구하여라. (여기서 k 는 강비이다.)

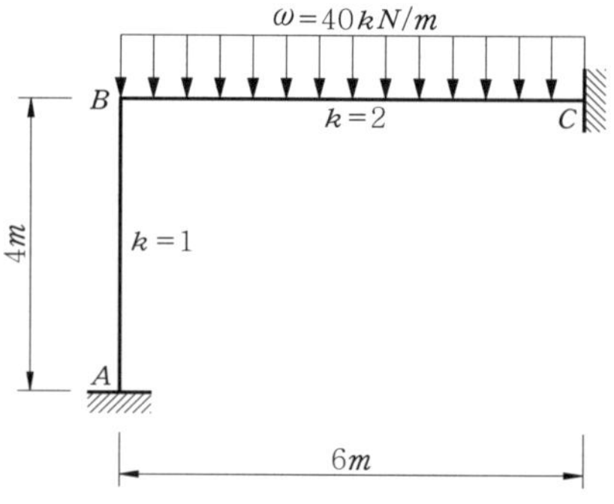

11.2.4 다음과 같은 부정정 라멘의 휨모멘트도와 전단력도를 모멘트분배법으로 구하여라. (여기서 k 는 강비이다.)

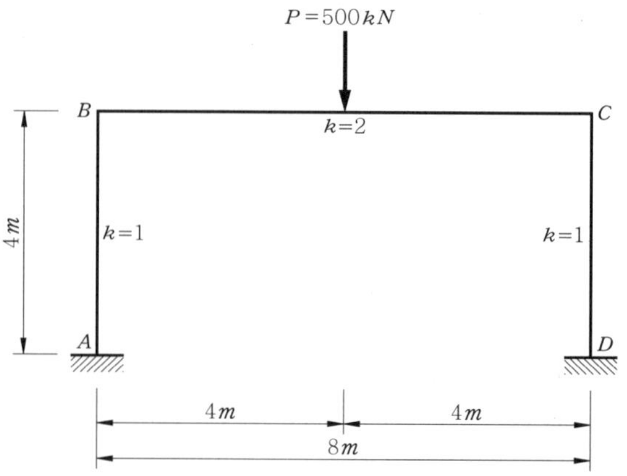

11.2.5 다음과 같은 부정정 라멘의 휨모멘트도와 전단력도를 모멘트분배법으로 구하여라. (여기서 k는 강비이다.)

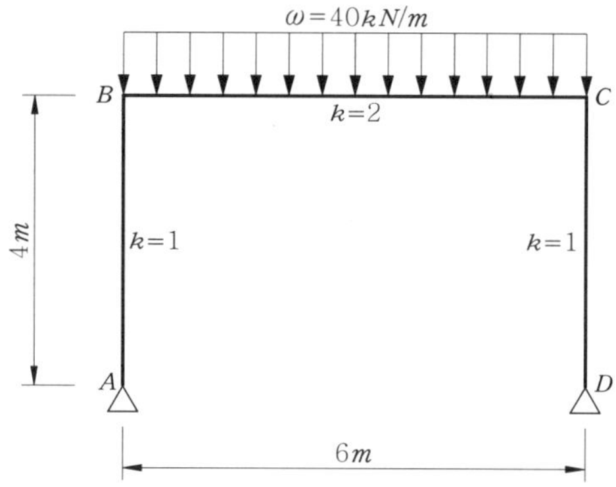

11.2.6 다음과 같은 부정정 라멘의 휨모멘트도($B.M.D$), 전단력도($S.F.D$), 축방향력도($A.F.D$)를 모멘트분배법으로 구하여라. (여기서 k는 강비이다.)

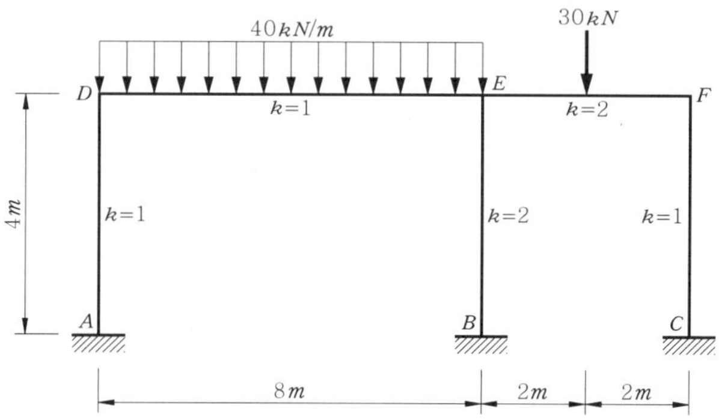

11.2.7 다음과 같은 부정정 라멘의 휨모멘트도(B.M.D)를 모멘트분배법으로 구하여라. (여기서 I는 단면2차모멘트이다.)

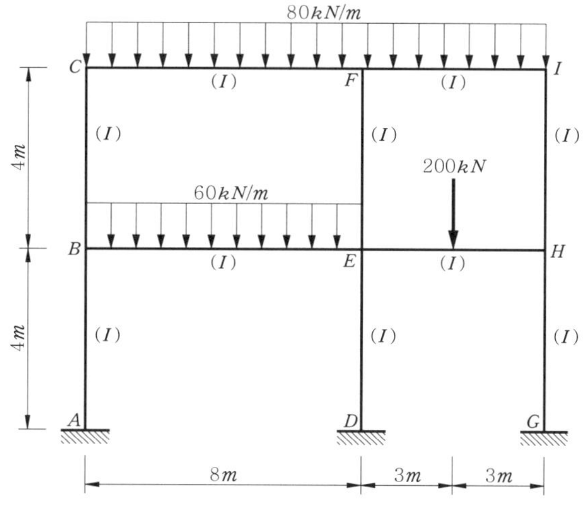

11.2.8 다음과 같은 부정정 라멘의 휨모멘트도와 전단력도를 모멘트분배법으로 구하여라. (여기서 k는 강비이다.)

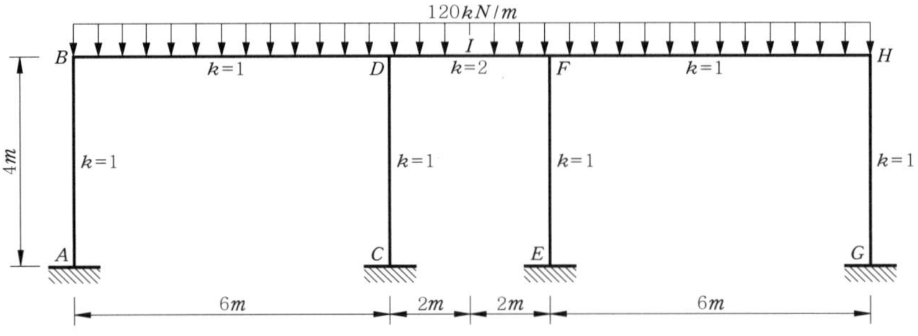

11.2.9 다음과 같은 수평하중을 받는 부정정 라멘의 휨모멘트도와 전단력도를 모멘트분배법으로 구하여라. (여기서 k는 강비이다.)

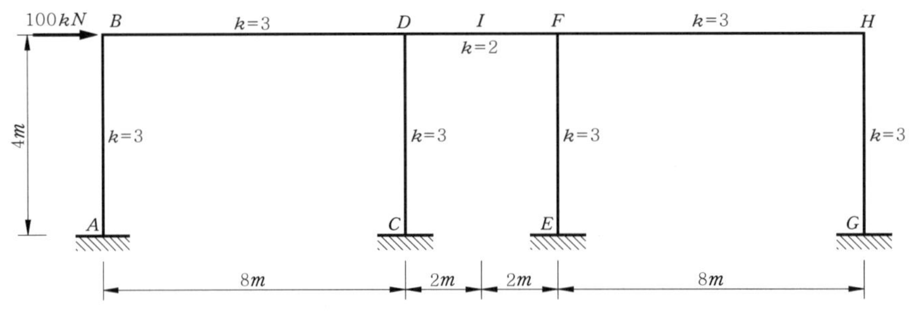

11.3 3연모멘트법 (Three-Moment Method)

3연모멘트법(Three-Moment Method)은 1857년 프랑스 사람 Clapeyron이 발표한 부정정 연속보의 해법으로, 연속보에서 연속된 3개의 지점의 휨모멘트를 미지수로 하는 **3연모멘트방정식**(Three-Moment Equation)을 세우고 이를 이용한 연립방정식을 풀어 지점의 휨모멘트를 구하는 방법이다.

11.3.1 3연모멘트방정식 (Three-Moment Equation)

먼저 일명 **클라페롱의 방정식**(Clapeyron's Equation)이라고도 부르는 3연모멘트 방정식(Three-Moment Equation)을 유도해 보도록 한다.

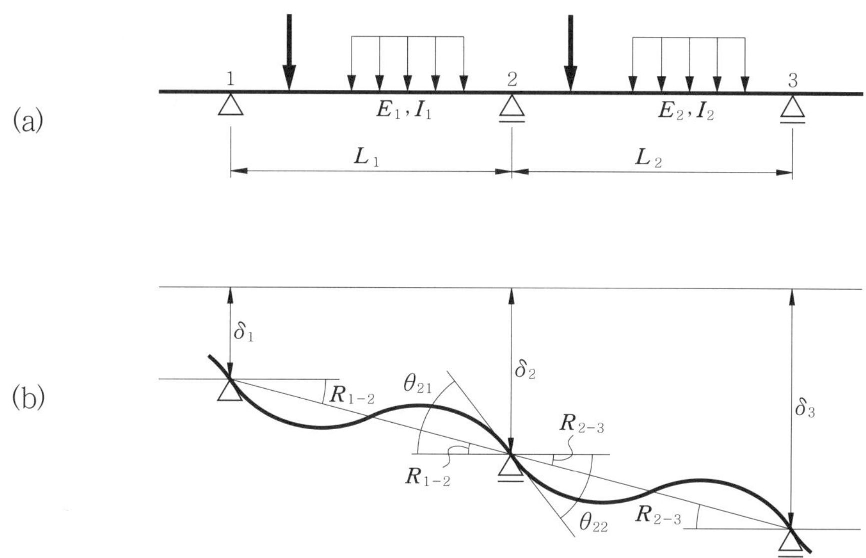

[그림11.3.1] 연속된 3개의 지점을 가진 연속보

[그림11.3.1]의 그림(a)와 같이 연속된 3개의 지점을 가진 연속보에서 지점 1, 2, 3의 휨모멘트를 각각 M_1, M_2, M_3라 하고, 지점 1~2간, 지점 2~3간의 탄성계수를 각각 E_1, E_2, 지점 1~2간, 지점 2~3간의 단면2차모멘트를 각각 I_1, I_2, 지점 1~2간, 지점 2~3간의 스팬을 L_1, L_2라 하자. 이 경우 각종 하중의 작용과 지점침하로 인하여 그림(b)와 같이 변형되었고, 이때 각 지점 1, 2, 3의 미소량의 침하량을 δ_1, δ_2, δ_3 라고 할 때, 임의의 연속된 3개 지점의 휨모멘트 상호간의 관계식을 살펴보도록 한다.

한편 그림(b)의 R_{1-2}, R_{2-3}과 같이 지점이 침하하기 전과 침하한 후의 인접한 2개의 지점을 잇는 직선이 이루는 각을 **부재각**(Angle of Member) 또는 **부재회전각**(Angle of Member Rotation)이라 하며, 침하 전의 양 지점을 잇는 직선에 대하여 침하 후의 양 지점을 잇는 직선이 시계방향이면 양(+), 반시계방향이면 음(−)이라 한다. 이때 부재각 R_{1-2}, R_{2-3}은 다음과 같이 표시할 수 있다.

$$R_{1-2} = \frac{\delta_2 - \delta_1}{L_1} \quad , \quad R_{2-3} = \frac{\delta_3 - \delta_2}{L_2} \tag{11.3.1}$$

지점 2에서 그 좌우 보의 탄성처짐곡선이 연속이기 위해서는 좌측의 처짐각 θ_{21}과 우측의 처짐각 θ_{22}가 같아야 함으로 다음과 같다.

$$\theta_{21} = \theta_{22} \qquad \text{or} \qquad \theta_{21} - \theta_{22} = 0 \tag{11.3.2}$$

한편 지점 1~2간을 단순보로 생각할 때, 이 단순보에 작용하는 중간하중과 지점에 작용하는 모멘트하중에 의한 지점 2의 처짐각을 각각 θ_{21}', θ_{21}''라 하고, 지점 2~3간을 단순보로 생각할 때, 이 단순보에 작용하는 중간하중과 지점에 작용하는 모멘트하중에 의한 지점 2의 처짐각을 각각 θ_{22}', θ_{22}''라 하면 다음과 같다.

$$\theta_{21} = \theta_{21}' + \theta_{21}'' + R_{1-2} \tag{11.3.3.a}$$

$$\theta_{22} = \theta_{22}' + \theta_{22}'' + R_{2-3} \tag{11.3.3.b}$$

따라서 식(11.3.3.a)와 식(11.3.3.b)를 식(11.3.2)에 대입하면 다음과 같이 된다.

$$\theta_{21}'' - \theta_{22}'' + \theta_{21}' - \theta_{22}' + R_{1-2} - R_{2-3} = 0 \tag{11.3.4}$$

여기서 [그림11.3.1]의 그림(a)의 모든 위치에 일어나는 휨모멘트를 양(+)이라 가정하면 지점 1~2간과 지점 2~3간을 단순보로 생각할 때 양 지점에 작용하는 모멘트하중은 [그림11.3.2]의 그림(a), 그림(b)와 같이 작용한다.

[그림11.3.2] 단순보로 가정할 때 양 지점에 작용하는 모멘트하중

[그림11.3.2]의 그림(a)의 경우, 지점에 작용하는 모멘트하중에 의한 지점 2의 처짐각 θ_{21}''을 구하여 보면 다음과 같다.

$$\theta_{21}'' = -\frac{M_2 L_1}{3E_1 I_1} - \frac{M_1 L_1}{6E_1 I_1} = -\frac{(2M_2 + M_1)L_1}{6E_1 I_1} \tag{11.3.5}$$

[그림11.3.2]의 그림(b)의 경우, 지점에 작용하는 모멘트하중에 의한 지점 2의 처짐각 θ_{22}''을 구하여 보면 다음과 같다.

$$\theta_{22}'' = -\frac{M_2 L_2}{3E_2 I_2} - \frac{M_3 L_2}{6E_2 I_2} = -\frac{(2M_2 + M_3)L_2}{6E_2 I_2} \tag{11.3.6}$$

식(11.3.5)와 식(11.3.6)을 식(11.3.4)에 대입하면 다음과 같다.

$$-\frac{(2M_2 + M_1)L_1}{6E_1 I_1} - \frac{(2M_2 + M_3)L_2}{6E_2 I_2} + \theta_{21}' - \theta_{22}' + R_{1-2} - R_{2-3} = 0 \tag{11.3.7}$$

결국 식(11.3.7)의 양변에 -6 을 곱하여 정리하고, 식(11.3.1)을 대입하면, 다음과 같이 연속보에서 임의의 연속된 3개 지점의 휨모멘트 상호간의 관계를 표시하는 일반식인 **3연모멘트방정식**(Three-Moment Equation)이 유도된다.

$$M_1\left(\frac{L_1}{E_1 I_1}\right) + 2M_2\left(\frac{L_1}{E_1 L_1} + \frac{L_2}{E_2 I_2}\right) + M_3\left(\frac{L_2}{E_2 I_2}\right) - 6(\theta_{21}' - \theta_{22}') - 6\left(\frac{\delta_2 - \delta_1}{L_1} - \frac{\delta_3 - \delta_2}{L_2}\right) = 0 \tag{11.3.8}$$

11.3.2 3연모멘트법의 적용

3연모멘트방정식을 사용한 부정정 연속보의 해법은 임의의 연속된 2경간의 3개 지점에 대하여 적용할 수 있으나, 3개 지점사이에 내부힌지와 같은 불연속점이 있어서는 안 되고, 연속보의 중간지점에 모멘트하중이 작용하는 경우는 그 지점의 좌우 양측의 휨모멘트가 달라지므로 이 방법을 적용할 수 없다.

3연모멘트법은 먼저 연속보의 미지수(부정정여력)인 휨모멘트의 수와 3연모멘트방정식의 수가 일치하도록 스팬을 정한다. 그래야 연립방정식을 통하여 미지수인 휨모멘트를 구할 수 있다.

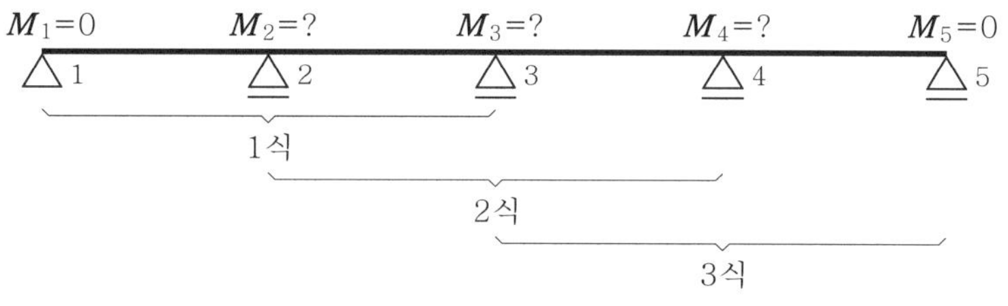

[그림11.3.3] 4경간의 연속보

[그림11.3.3]의 4경간의 연속보를 예로 들면 미지수(부정정여력)인 휨모멘트는 M_2, M_3, M_4 로 그 수가 3개이다. 따라서 3연모멘트방정식 3개가 필요하게 되므로, [그림11.3.3]과 같이 1식, 2식, 3식의 3개의 방정식을 선정하면 된다.

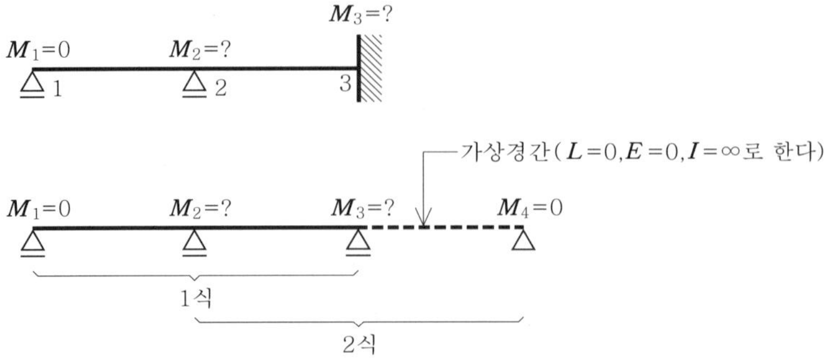

[그림11.3.4] 2경간의 고정단이 있는 연속보

[그림11.3.4]의 경우와 같이 고정단이 있는 부정정 연속보는 고정단 바깥쪽에 경간 $L=0$, 탄성계수 $E=0$, 단면2차모멘트 $I=\infty$ 인 가상경간을 설치하고, 방정식의 수를 미지수(부정정여력)인 휨모멘트의 수와 일치시키면 된다. [그림11.3.4]에서 미지수인 부정정여력은 M_2, M_3 로 2개이므로, 가상경간을 설치하여 방정식 2개를 선정한다.

미지수(부정정여력)인 휨모멘트의 수와 같은 수의 방정식이 식(11.3.8)을 통하여 구해졌으면 이것을 연립하여 풀면 중간지점의 휨모멘트 값을 구할 수 있다. 그리고 중간지점의 휨모멘트 값을 통하여 구조물의 지점반력 및 부재의 단면력을 정역학으로 구할 수 있다.

◆ ◆ ◆ ◆ ◆ ◆

예제 11.3.1

다음 그림과 같은 부정정 연속보의 반력 R_A, R_B, R_C 를 구하여라.
(단, EI가 일정하고, 지점침하는 없다.)

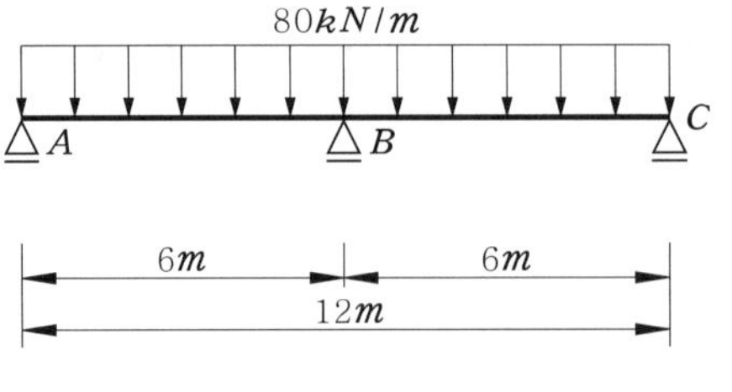

풀이

미지수(부정정여력)가 1개이므로 1개의 3연모멘트 방정식을 선정한다.
EI가 일정하고 지점침하가 없으므로

$$M_1 L_1 + 2M_2(L_1 + L_2) + M_3 L_2 = 6EI(\theta_{21} - \theta_{22})$$

가 성립된다. 여기서,

$M_1 = 0$,　　$M_2 = M_B$,　　$M_3 = 0$

$L_1 = 6$,　　$L_2 = 6$,　　$\theta_{21} = -\dfrac{720}{EI}$,　　$\theta_{22} = \dfrac{720}{EI}$

이므로 위 식에 대입하여 정리하면,

$\therefore\ M_B = -360\,kN\cdot m$

구조물의 평형방정식에 의하여 B점 좌측에서 구한 휨모멘트의 합은

$\Sigma M_B = 6R_A - 80\times6\times3 = -360$ 이므로　　$\therefore\ R_A = 180\,kN(\uparrow)$

좌우대칭이므로　$\therefore\ R_C = 180\,kN(\uparrow)$

구조물의 평형방정식에 의하여 $\Sigma H = 0$ 이므로

$\Sigma H = R_A + R_B + R_C - 80\times12 = 0$　　$\therefore\ R_B = 600\,kN(\uparrow)$

예제 11.3.2

다음 그림과 같은 부정정 연속보의 반력 R_A, R_B, R_C, R_D를 구하여라.
(단, EI가 일정하고, 지점침하는 없다.)

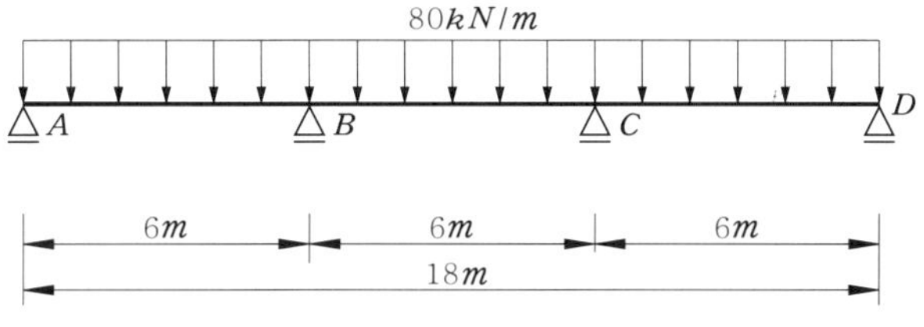

풀이

미지수(부정정여력)가 2개이므로 2개의 3연모멘트 방정식 수가 필요하게 되며, 그림(a), 그림(b)에서 2개의 3연모멘트 방정식을 선정한다.

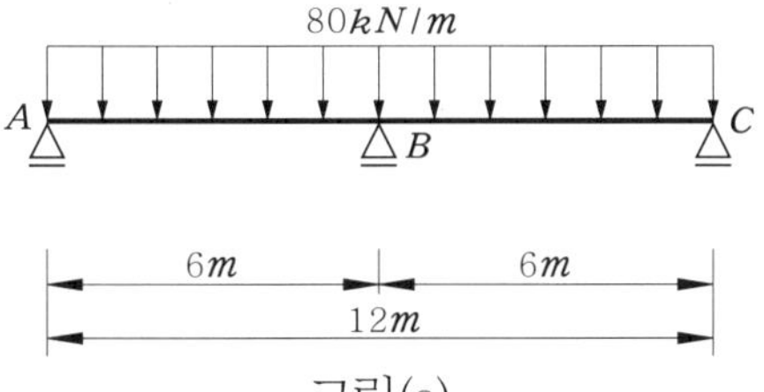

그림(a)

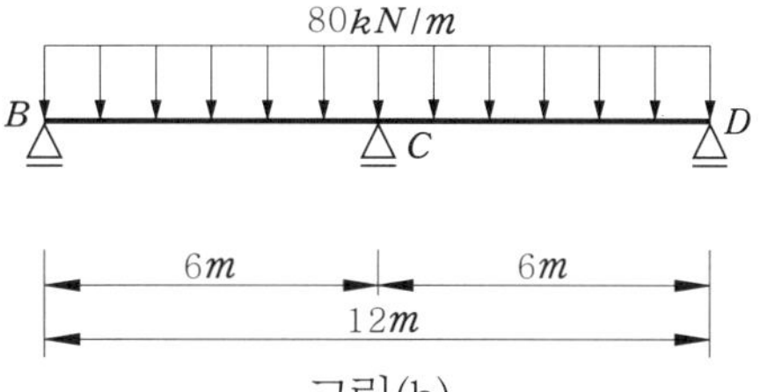

그림(b)

EI가 일정하고 지점침하가 없으므로 그림(a)에서,

$$M_1L_1 + 2M_2(L_1+L_2) + M_3L_2 = 6EI(\theta_{21} - \theta_{22})$$

가 성립된다. 여기서,

$M_1 = 0$,　　$M_2 = M_B$,　　$M_3 = M_C$,

$L_1 = 6$,　　$L_2 = 6$,　　$\theta_{21} = -\dfrac{720}{EI}$,　　$\theta_{22} = \dfrac{720}{EI}$

이므로 위 식에 대입하여 정리하면,

$$4M_B + M_C + 1440 = 0 \qquad \cdots\cdots\cdots (1)$$

또한 그림(b)에서도 그림(a)와 마찬가지로

$$M_1 L_1 + 2M_2(L_1 + L_2) + M_3 L_2 = 6EI(\theta_{21} - \theta_{22})$$

가 성립되며 이때,

$M_1 = M_B$, $M_2 = M_C$, $M_3 = 0$,

$L_1 = 6$, $L_2 = 6$, $\theta_{21} = -\dfrac{720}{EI}$, $\theta_{22} = \dfrac{720}{EI}$

이므로 위 식에 대입하여 정리하면,

$$M_B + 4M_C + 1440 = 0 \qquad \cdots\cdots\cdots (2)$$

(1), (2)식을 연립방정식으로 풀면

$M_B = -288\,kN\cdot m$, $M_C = -288\,kN\cdot m$

구조물의 평형방정식에 의하여 B점 좌측에서 구한 휨모멘트의 합은

$\Sigma M_B = 6R_A - 80 \times 6 \times 3 = -288$ 이므로 $\therefore\ R_A = 192\,kN(\uparrow)$

C점 좌측에서 구한 휨모멘트의 합은

$\Sigma M_C = 12R_A + 6R_B - 80 \times 12 \times 6 = -288$ 이므로 $\therefore\ R_B = 528\,kN(\uparrow)$

좌우대칭이므로 $\therefore\ R_C = 528\,kN(\uparrow)$, $R_D = 192\,kN(\uparrow)$

예제 11.3.3

다음 그림과 부정정 보의 휨모멘트 M_A, M_B를 구하여라.
(단, EI가 일정하고, 지점침하는 없다.)

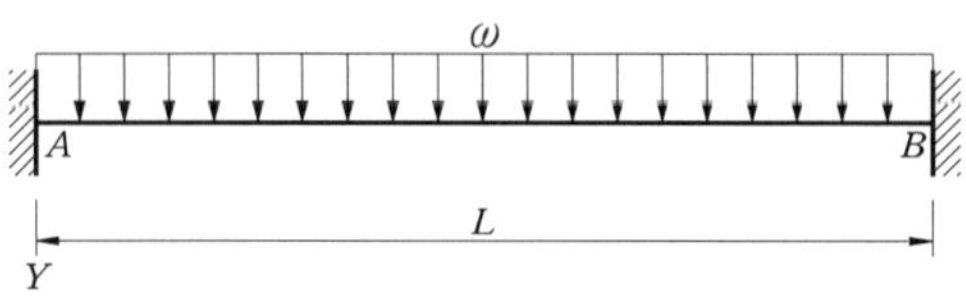

풀이

위 부정정보는 3차부정정 구조이지만 문제에서 연직하중만 작용하여 수평반력이 일어나지 않으므로 2차부정정구조로 풀이할 수 있다.
미지수(부정적여력)가 2개이므로 2개의 3연모멘트 방정식 수가 필요하게 되며, 그림(a), 그림(b)와 같이 가상 스팬을 설치하여 2개의 3연모멘트 방정식을 산정한다.
EI가 일정하고 지점침하가 없으므로 그림(a)에서,

$$M_1 L_1 + 2M_2(L_1 + L_2) + M_3 L_2 = 6EI(\theta_{21} - \theta_{22})$$

가 성립된다. 여기서,

$M_1 = 0$, $M_2 = M_A$, $M_3 = M_B$,

$L_1 = 0$, $L_2 = 6$, $\theta_{21} = 0$, $\theta_{22} = \dfrac{wL^3}{24EI}$

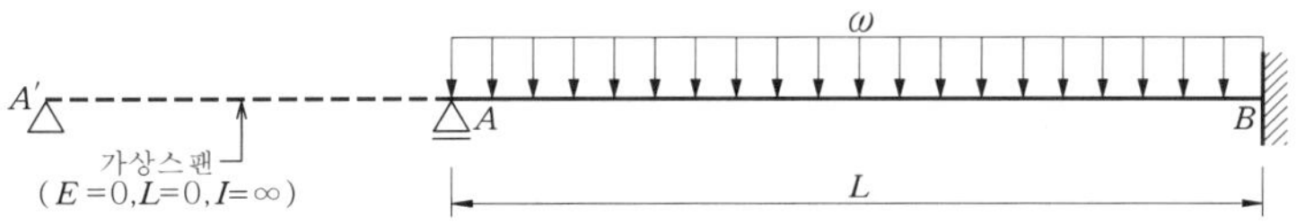

그림(a)

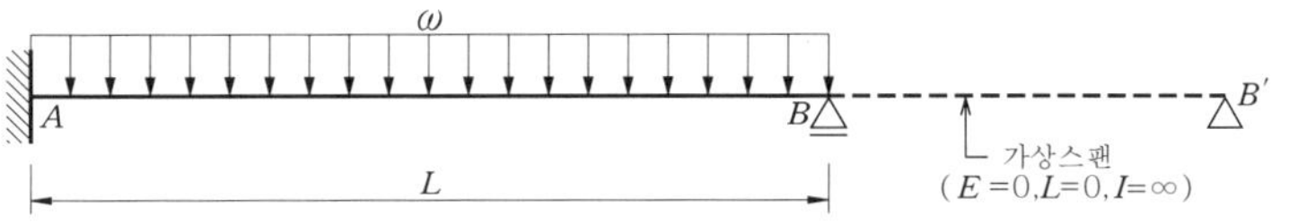

그림(b)

이므로 위 식에 대입하여 정리하면,

$$2M_A L + M_B L + \frac{wL^3}{4} = 0 \qquad \cdots\cdots\cdots (1)$$

또한 그림(b)에서도 그림(a)와 마찬가지로

$$M_1 L_1 + 2M_2(L_1 + L_2) + M_3 L_2 = 6EI(\theta_{21} - \theta_{22})$$

가 성립되며 이때,

$$M_1 = M_A, \quad M_2 = M_B, \quad M_3 = 0,$$

$$L_1 = L, \quad L_2 = 0, \quad \theta_{21} = -\frac{wL^3}{24EI}, \quad \theta_{22} = 0$$

이므로 위 식에 대입하여 정리하면,

$$M_A L + 2M_B L + \frac{wL^3}{4} = 0 \qquad \cdots\cdots\cdots (2)$$

(1)식과 (2)식을 연립방정식으로 풀면

$$\therefore\ M_A = -\frac{wL^2}{12}, \qquad M_B = -\frac{wL^2}{12}$$

예제 11.3.4

다음 그림과 같은 부정정 연속보의 반력 R_A, R_B, R_C, M_A를 구하여라. (단, EI가 일정하고, 지점침하는 없다.)

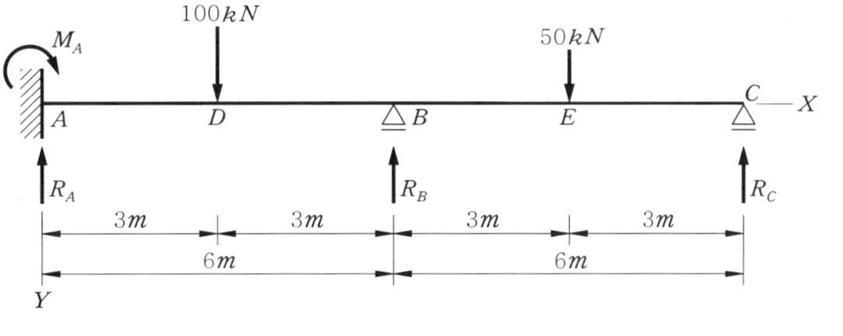

풀이

미지수(부정정여력)가 2개이므로 2개의 3연모멘트 방정식 수가 필요하게 되며, 그림(a), 그림(b)에서 2개의 3연모멘트 방정식을 선정한다.

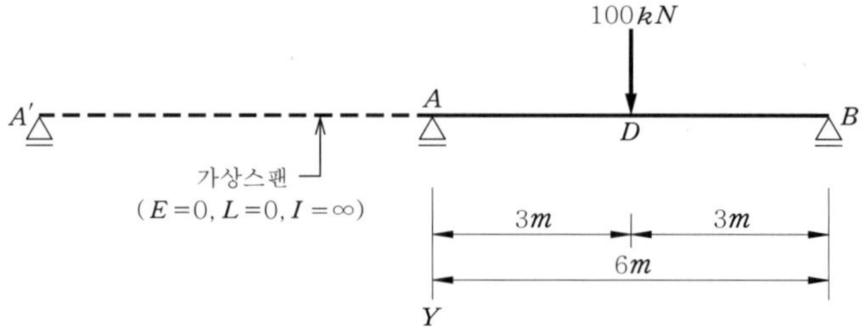

그림(a)

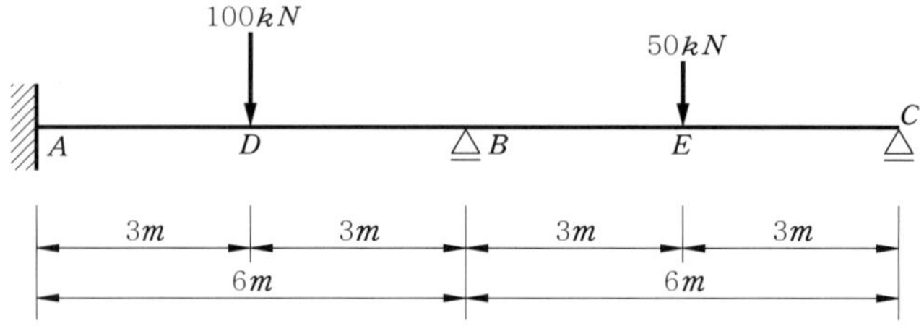

그림(b)

EI가 일정하고 지점침하가 없으므로 그림(a)에서,

$$M_1 L_1 + 2M_2(L_1 + L_2) + M_3 L_2 = 6EI(\theta_{21} - \theta_{22})$$

가 성립된다. 여기서,

$M_1 = 0$, $M_2 = M_A$, $M_3 = M_B$,

$L_1 = 0$, $L_2 = 6$, $\theta_{21} = 0$, $\theta_{22} = \dfrac{225}{EI}$

이므로 위 식에 대입하여 정리하면,

$$2M_A + M_B + 225 = 0 \quad \cdots\cdots\cdots (1)$$

또한 그림(b)에서도 그림(a)와 마찬가지로

$$M_1 L_1 + 2M_2(L_1 + L_2) + M_3 L_2 = 6EI(\theta_{21} - \theta_{22})$$

가 성립되며 이때,

$M_1 = M_A$, $M_2 = M_B$, $M_3 = 0$,

$L_1 = 6$, $L_2 = 6$, $\theta_{21} = -\dfrac{225}{EI}$, $\theta_{22} = \dfrac{225}{2EI}$

이므로 위 식에 대입하여 정리하면,

$$6M_A + 24M_B + 2025 = 0 \quad \cdots\cdots\cdots (2)$$

(1)식과 (2)식을 연립방정식으로 풀면

$$M_A = -\frac{1125}{14} \fallingdotseq -80.4\,kN\cdot m, \qquad M_B = -\frac{450}{7} \fallingdotseq 64.3\,kN\cdot m$$

구조물의 평형방정식에 의하여

$$\sum M_B = 6R_C - 50 \times 3 = -64.3$$

$$\sum M_A = 14.3 \times 12 - 50 \times 9 + 6R_B - 100 \times 3 = -80.3$$

$$\sum V = 0 \ : \quad R_A + 83 + 14.3 - 100 - 50 = 0$$

$$\therefore R_A = 52.7\,kN(\uparrow), \qquad R_B = 83\,kN(\uparrow), \qquad R_C = 14.3\,kN(\uparrow)$$

◆ ◆ ◆ ◆ ◆ ◆

◈ 연 습 문 제 ◈

11.3.1 다음 그림과 같은 부정정 연속보의 반력 R_A, R_B, R_C, M_A, M_C를 구하여라. (단, EI가 일정하고, 지점침하는 없다.)

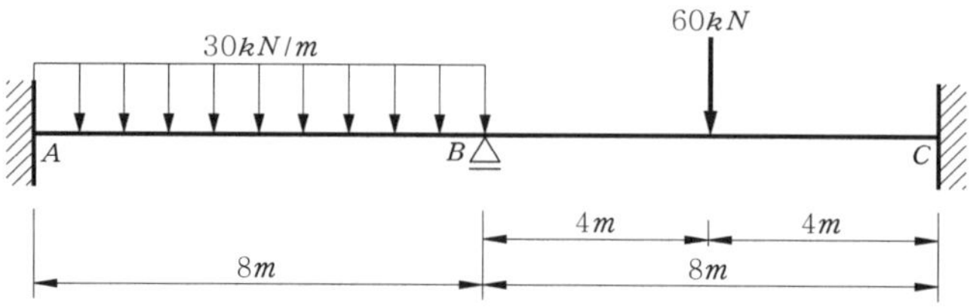

11.3.2 다음 그림과 같은 부정정 연속보의 반력 R_A, R_B, R_C, R_D, M_A를 구하여라. (단, EI가 일정하고, 지점침하는 없다.)

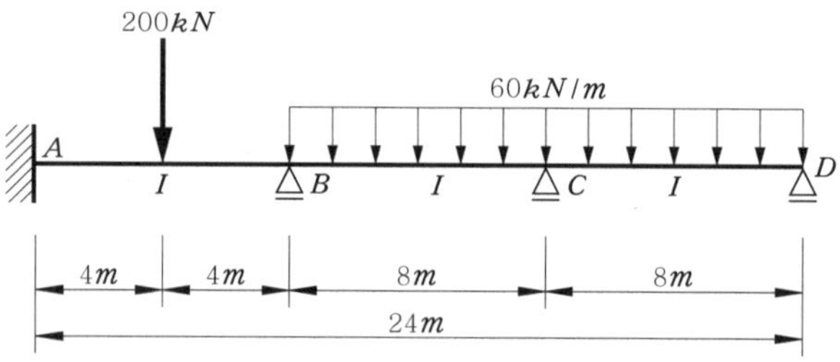

11.3.3 다음 그림과 같은 부정정 연속보의 반력 R_A, R_B, R_C, M_A를 구하여라. 단, EI가 일정하고, 지점침하는 없다.)

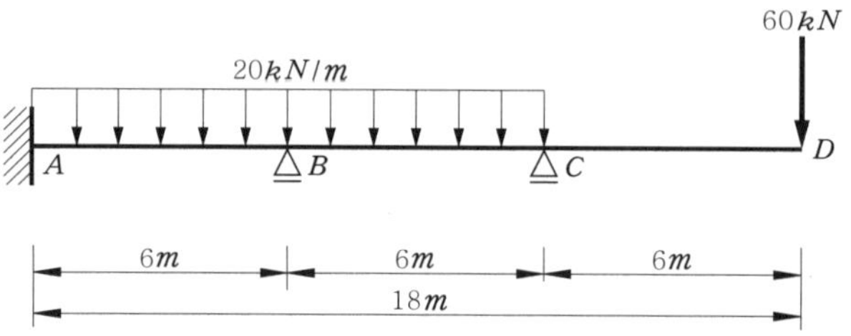

11.3.4 다음 그림과 같은 부정정 연속보지의 B점의 휨모멘트를 구하여라. (단, $EI = 165600\,kN \cdot m^2$이고, B점에서 $5cm$ 지점침하가 발생하였다.)

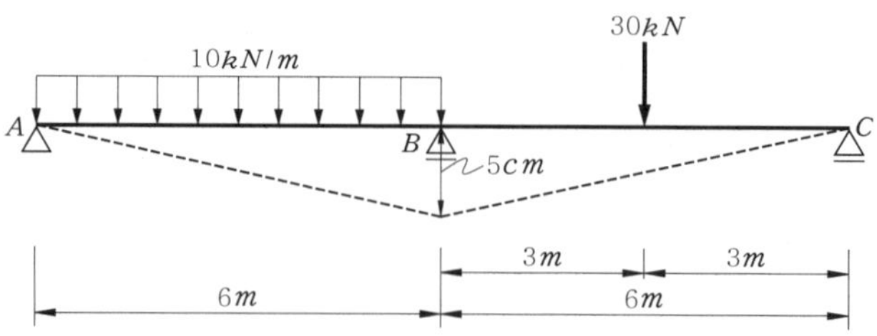

11.4 변위일치의 방법

변위일치의 방법(Method of Consistent Displacement)이란 부정정구조물로부터 주어진 구조물의 적당한 수의 지점반력을 제거하거나 부재를 절단하여 정정의 **기본구조물**(基本構造物, Primary Structure)을 만들고, 이때 제거된 지점반력이나 절단된 부재의 단면력을 미지수로 **변위의 적합조건**(Compatibility of Displacement)을 이용하고 **가상일의 원리**(Principle of Virtual Work)를 적용하여 부정정구조물의 단면력을 구하는 해법이다. 여기서 제거된 지점반력이나 절단된 부재의 단면력을 **부정정여력**(不靜定餘力, Statically Indeterminate Redundant Force)이라 하는데, 이를 앞으로 X로 표시하기로 한다. **기본구조물**(基本構造物, Primary Structure)은 **이완구조물**(弛緩構造物, Released Structure)이라고도 불리우는데, 부정정구조물에서 부정정여력의 수가 보통 부정정차수와 일치하도록 지점반력이 제거되었거나 부재가 절단된 안정구조물로서 정정이어야 한다. 한편 부정정여력을 어떻게 선정하느냐는 부정정여력계산의 난이도를 좌우하는 중요한 선택사항이 된다.

기본구조물에서 부정정여력이 '0' ($X=0$)이고 주어진 하중만이 작용할 때와 부정정여력만이 작용할 때의 부정정여력방향의 변위의 합은 '0' 이어야 한다는 변위의 구속조건(Condition of Restraint)과 부재의 절단면에서의 부정정여력 작용방향의 상대변위가 '0' 이어야 한다는 연속조건(Continuity Condition)을 **변위의 적합조건**(Compatibility of Displacement)이라고 한다.

이때 변위의 적합조건을 나타내는 식을 **탄성방정식**(Elastic Equation), **적합방정식**(Compatibility Equation), **겹침방정식**(Superposition Equation), **맥스웰-모어 방정식**(Maxwell-Mohr's Equation)이라고 한다.

탄성방정식을 사용하여 부정정구조물을 해석하는 방법을 **변위일치의 방법**(Method of Consistent Displacement)이라 하며, 거의 모든 부정정구조물의 해석에 적용된다. 이 방법은 가상일의 원리를 적용하여 풀이한다고 하여 **응력법**(Energy Method) 또는 **가상일의 방법**(Method of Virtual Work)이라고도 한다.

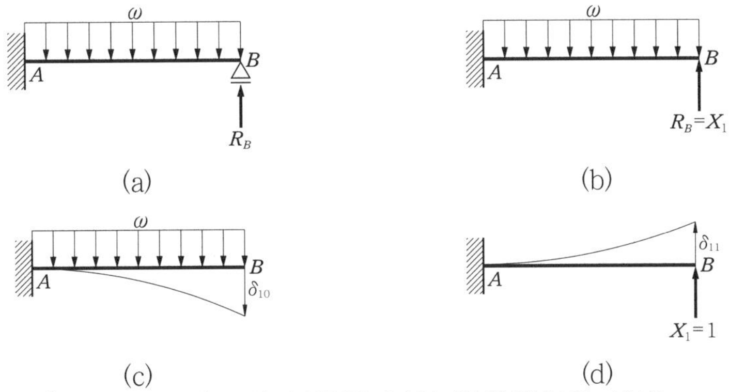

[그림11.4.1] 1차 부정정 보의 변위일치의 방법

변위일치의 방법에 대한 설명을 위하여, 먼저 다음 [그림11.4.1]과 같은 부정정 구조물의 보를 예로 들어본다.

[그림11.4.1](a)는 1차 부정정 보로, 지점 B의 반력 R_B를 부정정여력 X_1로 선정하면, 그림(a)는 그림(b)와 같이 원래 주어진 하중과 부정정여력 X_1이 하중으로 작용하는 정정의 기본구조물인 캔틸레버 보로 표시할 수 있다. 그리고 그림(b)와 같은 보의 변위는 그림(c)와 같이 원래 주어진 하중만이 작용할 때 ($X_1=0$)의 변위 δ_{10}와 그림(d)와 같이 단위부정정여력 $X_1=1$만이 작용할 때의 변위 δ_{11}를 X_1배한 것의 합과 같다고 볼 수 있다. 다음으로 그림(a)에서 지점 B의 처짐이 '0' ($\delta_B=0$)이라는 점에 주목하면 다음과 같은 변위의 적합조건이 성립된다.

$$\delta_{10}+\delta_{11}X_1=0 \tag{11.4.1}$$

상기 탄성방정식(11.4.1)에서 δ_{10}과 δ_{11}은 제10장에서 배운 각종 정정구조물의 변위해법을 통하여 구할 수 있으므로 부정정여력 X_1을 바로 구할 수 있으며, 나머지 반력 3개는 힘의 평형조건식으로 구한다. 마지막으로 [그림11.4.1](a)의 1차 부정정 보의 각종 단면력은 반력과 하중을 통하여 구할 수 있다.

◆ ◆ ◆ ◆ ◆ ◆

예제 11.4.1

다음과 같이 길이가 L인 1차 부정정 보의 단면력도를 구하여라. (단, 부재의 EI는 일정하다.)

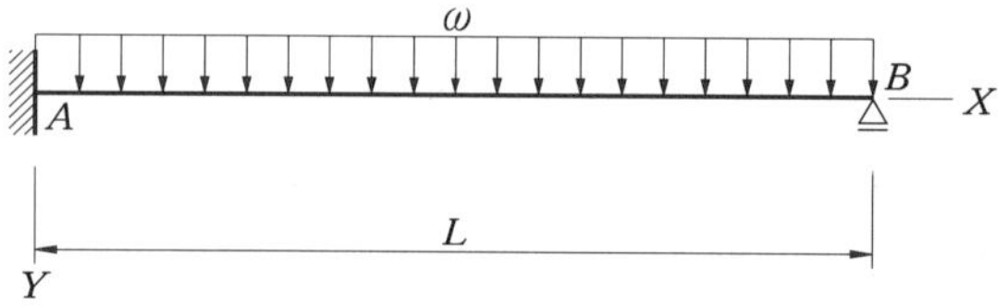

풀이-1

B점에서의 반력 R_B를 부정정여력 X_1으로 놓고, 원래 주어진 하중 ω와 부정정여력 X_1이 각각 작용하는 정정구조물인 캔틸레버 보로 표시하면 그림(a), 그림(b)와 같다.

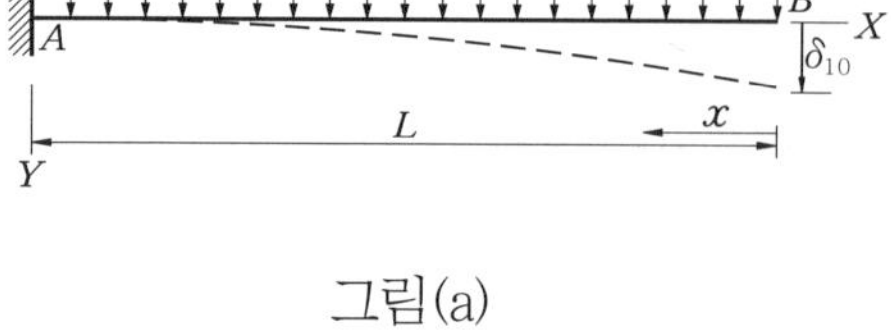

그림(a)

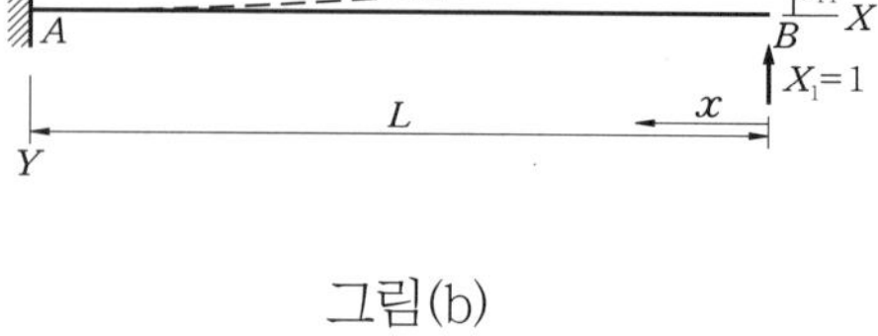

그림(b)

(1) 원래 주어진 하중 ω에 의한 처짐 δ_{10}

$$\delta_{10} = \frac{\omega L^4}{8EI}$$

(2) 부정정여력 $X_1 = 1$ 일 때의 처짐 δ_{11}

$$\delta_{11} = \frac{X_1 L^3}{3EI} = \frac{L^3}{3EI}$$

(3) B 점에서의 반력 R_B

$$\delta_{10} + \delta_{11} X_1 = \delta_{10} + \delta_{11} R_B = 0 \qquad (\text{여기서, } X_1 \neq 1)$$

$$\frac{\omega L^4}{8EI} + \frac{L^3}{3EI} \times R_B = 0 \qquad \therefore R_B = \frac{3\omega L}{8} (\uparrow)$$

(4) A 점에서의 반력 R_A

$$\omega L + R_A + R_B = 0 \qquad \therefore R_A = \frac{5\omega L}{8} (\uparrow)$$

(5) B 점에서 임의의 거리 x 만큼 떨어진 곳에서의 휨모멘트 M_x

$$M_x = -\frac{\omega x^2}{2} + \frac{3\omega L}{8} x$$

(6) A 점에서의 휨모멘트 M_A

$$\therefore M_A = -\frac{\omega L^2}{2} + \frac{3\omega L}{8} \times L = -\frac{\omega L^2}{8} (\curvearrowleft)$$

(7) 중앙부 최대휨모멘트 발생지점 및 최대휨모멘트 M_C 계산

$$V_x = \frac{dM_x}{dx} = -\omega x + \frac{3\omega L}{8} = 0$$

$$\therefore x = \frac{3L}{8}$$

($\because$ 전단력이 '0' 인 지점에서 최대휨모멘트 발생)

$$\therefore M_{x=\frac{3L}{8}} = -\frac{\omega(3L/8)^2}{2} + \frac{3\omega L}{8} \times (3L/8) = \frac{9\omega L^2}{128} (\curvearrowright)$$

(8) 단면력도

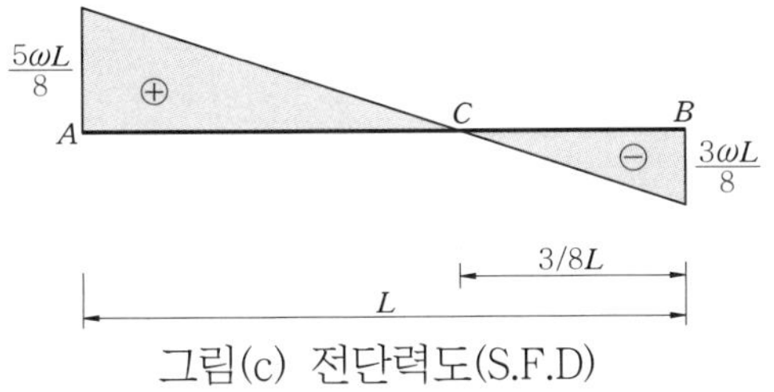

그림(c) 전단력도(S.F.D)

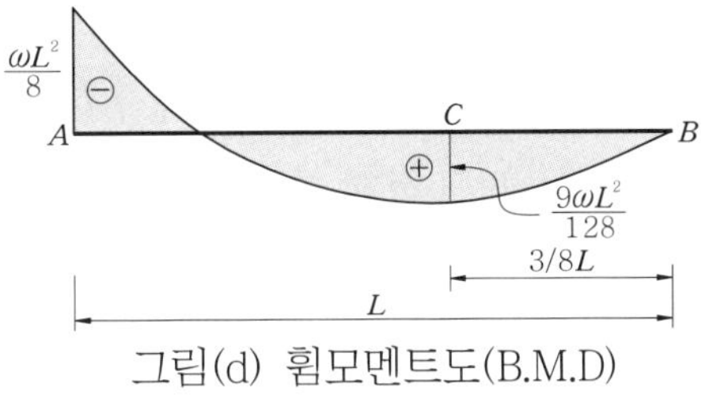

그림(d) 휨모멘트도(B.M.D)

풀이-2

지점 A의 반력 M_A를 부정정여력 X_1로 선정하면 그림(e)와 같이 원래 주어진 하중과 부정정여력 X_1이 모멘트하중으로 작용하는 정정구조물인 단순보로 표시할 수 있다. 그리고 그림(f)와 같이 원래 주어진 하중만이 작용할 때 $(X_1 = 0)$의 처짐각 θ_{10}와 그림(g)와 같이 단위 부정정 여력 $X_1 = 1$만이 작용할 때의 처짐각 θ_{11}를 X_1배한 것의 합이 같으므로 $\theta_{10} + \theta_{11}X_1 = 0$의 식이 성립된다.

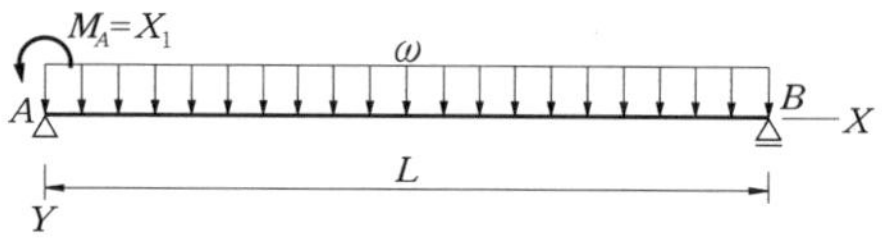

그림(e)

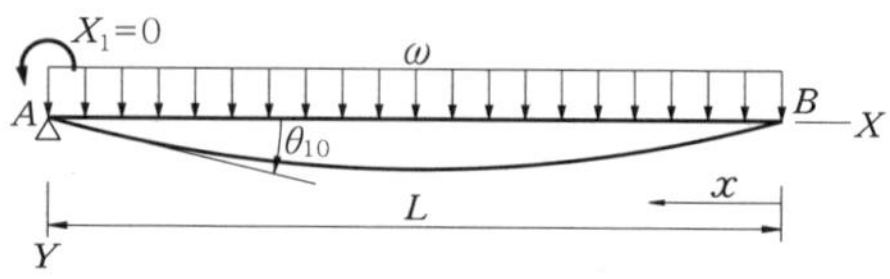

그림(f)

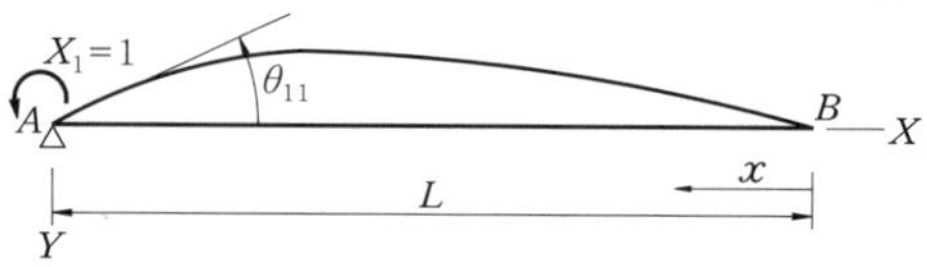

그림(g)

(1) 원래 주어진 하중 및 부정정여력 X_1에 의한 처짐각 θ_{10}, θ_{11}

각각의 처짐각은 가상일의 원리로 구할 수 있으며, 계산의 편의를 위하여 B점을 원점으로 놓고 계산한다.

원래 주어진 하중에 의한 임의의 점 x에서의 휨모멘트 M_0는

$$M_0 = -\frac{wx^2}{2} + \frac{wLx}{2}$$

부정정여력 $X_1 = 1$이 A점에 작용할 때 임의의 점 x에서의 휨모멘트 M_1은

$$M_1 = -\frac{x}{L}$$

가상일의 원리를 통해 각각의 처짐각을 구하면,

$$\theta_{10} = \int_0^L \frac{M_0 M_1}{EI} dx = \frac{1}{EI}\int_0^L \left(\frac{wx^3}{2L} - \frac{wx^2}{2}\right) dx = -\frac{wL^3}{24EI} (\curvearrowright)$$

$$\theta_{11} = \int_0^L \frac{M_1^2}{EI} dx = \frac{1}{EI}\int_0^L \frac{x^2}{L^2} dx = \frac{L}{3EI} (\curvearrowleft)$$

여기서, A점은 고정단이므로 $\theta_{10} + \theta_{11}X_1 = 0$를 만족해야 한다. 그러므로

$$X_1 = -\frac{\theta_{10}}{\theta_{11}} = \frac{wL^2}{8} (\curvearrowleft) \qquad \therefore\ M_A = X_1 = \frac{wL^2}{8} (\curvearrowleft)$$

(2) 각 지점의 반력 R_A, R_B

구조물의 평형방정식에 의하여

$$\Sigma M_A = -\frac{wL^2}{8} + \frac{wL^2}{2} - R_B L = 0$$

$$R_A + R_B = wL$$

$$\therefore R_A = \frac{5wL}{8}\ (\uparrow) \qquad\qquad R_B = \frac{3wL}{8}\ (\uparrow)$$

따라서 단면력도를 그리면 [풀이-1]의 그림(c), (d)의 결과와 동일하다.

◆ ◆ ◆ ◆ ◆ ◆

이번에는 변위일치의 방법에 대한 이해를 돕기 위하여 좀 더 복잡한 [그림11.4.2]와 같은 2차 부정정구조물의 보를 예로 들어본다.

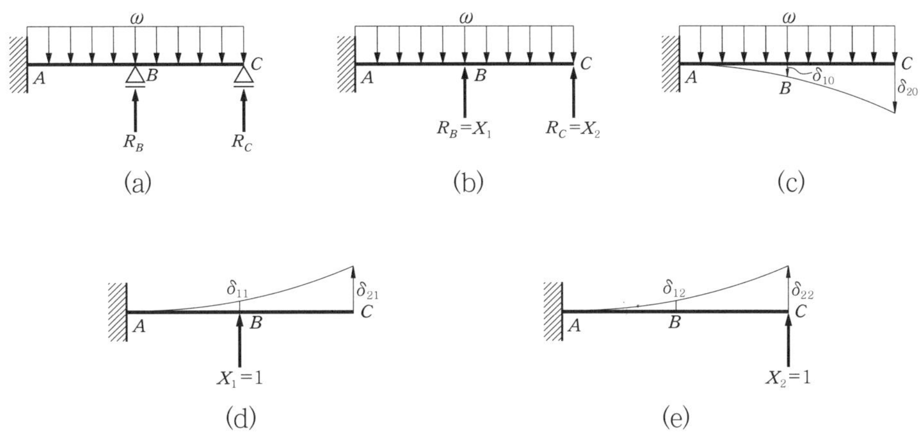

[그림11.4.2] 2차 부정정 보의 변위일치의 방법

[그림11.4.2](a)는 2차 부정정 보로, 지점 B, C의 반력 R_B, R_C를 각각 부정정여력 X_1, X_2로 선정하면, 그림(a)는 그림(b)와 같이 원래 주어진 하중과 부정정여력 X_1, X_2이 하중으로 작용하는 정정의 기본구조물인 캔틸레버 보로 표시할 수 있다. 그리고 그림(b)와 같은 보의 변위는 그림(c)와 같이 원래 주어진 하중만이 작용할 때($X_1 = 0$)의 변위 δ_{10}, δ_{20}와 그림(d)와 같이 단위부정정여력 $X_1 = 1$만이 작용할 때의 변위 δ_{11}, δ_{21}를 X_1배한 것과 그림(e)와 같이 단위부정정여력 $X_2 = 1$만이 작용할 때의 변위 δ_{12}, δ_{22}를 X_2배한 것의 합과 같다고 볼 수 있다. 다음으로 그림(a)에서 지점 B의 처짐이 '0' ($\delta_B = 0$) 그리고 지점 C의 처짐이 '0' ($\delta_C = 0$)인 점에 주목하면 다음과 같은 변위의 적합조건이 성립된다.

$$\delta_{10} + \delta_{11}X_1 + \delta_{12}X_2 = 0 \qquad (11.4.2)\ (a)$$

$$\delta_{20} + \delta_{21}X_1 + \delta_{22}X_2 = 0 \qquad (11.4.2)\ (b)$$

상기 탄성방정식(11.4.2)(a),(b)에서 δ_{10}, δ_{11}, δ_{12}, δ_{20}, δ_{21}, δ_{22}는 역시 각종 정정구조물의 변위해법을 통하여 구할 수 있으므로 부정정여력 X_1, X_2는 두 식의 연립방정식을 통하여 구할 수 있으며, 나머지 반력 3개는 힘의 평형조건식으로 구한다. 마지막으로 [그림11.4.2](a)의 2차부정정 보의 각종 단면력은 반력과 하중을 통하여 구할 수 있다.

위와 같은 방법으로 n차 부정정구조물의 탄성방정식을 구하여 보면 다음과 같다.

$$\begin{array}{c} \delta_{10}+\delta_{11}X_1+\delta_{12}X_2+\cdots\cdots\cdots+\delta_{1k}X_k+\cdots\cdots\cdots+\delta_{1n}X_n=0 \\ \delta_{20}+\delta_{21}X_1+\delta_{22}X_2+\cdots\cdots\cdots+\delta_{2k}X_k+\cdots\cdots\cdots+\delta_{2n}X_n=0 \\ \cdots\cdots\cdots\cdots\cdots\cdots\cdots\cdots\cdots\cdots\cdots\cdots\cdots\cdots\cdots\cdots \\ \delta_{i0}+\delta_{i1}X_1+\delta_{i2}X_2+\cdots\cdots\cdots+\delta_{ik}X_k+\cdots\cdots\cdots+\delta_{in}X_n=0 \\ \cdots\cdots\cdots\cdots\cdots\cdots\cdots\cdots\cdots\cdots\cdots\cdots\cdots\cdots\cdots\cdots \\ \delta_{n0}+\delta_{n1}X_1+\delta_{n2}X_2+\cdots\cdots\cdots+\delta_{nk}X_k+\cdots\cdots\cdots+\delta_{nn}X_n=0 \end{array} \tag{11.4.3}$$

식(11.4.3)을 일반식으로 표시하면 다음과 같다.

$$\delta_{i0}+\Sigma\ \delta_{ik}X_k=0 \qquad (i,k=1,2,\cdots\cdots\cdots,n) \tag{11.4.4}$$

상기 식(11.4.4)에서 δ_{i0}는 기본구조물에 원래 주어진 하중만이 작용하는 경우 점i의 부정정여력 X_i 방향의 변위로, 하중, 지점침하, 온도변화 등이 주어지면 결정되는 상수로서 **하중항**(荷重項, Load Term)이라고 한다. 한편 δ_{ik}는 기본구조물에 단위부정정여력 $X_k=1$이 작용할 경우 점i의 부정정여력 X_i 방향의 변위로, 하중, 지점침하, 온도변화와는 상관없이 구조물의 형상과 구조역학적 성질에 따라 결정되는 상수로서 **유연도계수**(柔軟度係數, Flexibility Coefficient)라고 한다. 이런 이유로 변위일치의 방법을 **유연도법**(柔軟度法, Flexibility Method)이라고도 부른다.

상기 탄성방정식(11.4.3) 및 (11.4.4)에서 δ_{i0}와 δ_{ik}는 역시 각종 정정구조물의 변위해법을 통하여 구할 수 있으며, 이에 부정정여력 X_k는 n원 1차 연립방정식을 통하여 산정할 수 있다. 또한 상기 식(11.4.3) 및 (11.4.4)에서 상반정리에 의하여 $\delta_{ik}=\delta_{ki}$가 성립함을 알 수 있다.

부정정여력 X_k가 n원 1차 연립방정식을 통하여 구해졌으면, 마지막으로 구조물의 지점반력 및 부재의 단면력을 정역학적으로 구할 수 있다.

참고로 n차 부정정구조물의 지점반력(R), 부재의 단면력(N, M, V)은 다음과 같은 식으로 구할 수도 있다.

$$R=R_0+\sum_{i=1}^{n}R_iX_i\,,\ \ N=N_0+\sum_{i=1}^{n}N_iX_i\,,\ \ M=M_0+\sum_{i=1}^{n}M_iX_i\,,\ \ V=V_0+\sum_{i=1}^{n}V_iX_i \tag{11.4.5}$$

상기 식(11.4.5)에서 R_0, N_0, M_0, V_0는 기본구조물에 원래 주어진 하중만이 작용할 때의 지점반력, 축방향력, 휨모멘트, 전단력이며, R_i, N_i, M_i, V_i는 기본구조물에 단위부정정여력 $X_i=1$만이 작용할 때의 지점반력, 축방향력, 휨모멘트, 전단력이다.

◆ ◆ ◆ ◆ ◆ ◆

예제 11.4.2

다음과 같이 길이가 L 인 2차 부정정 보의 단면력도를 구하여라. (단, 부재의 EI 는 일정하다.)

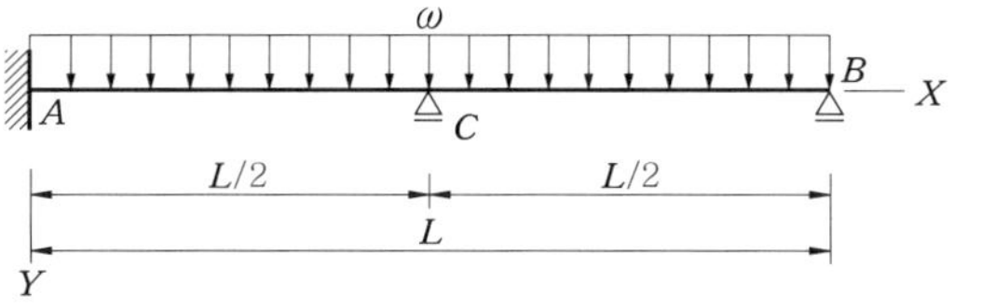

풀이

B 점 및 C 점에서의 반력 R_B 와 R_C 를 부정정여력 X_1 , X_2 로 놓고, 원래 주어진 하중 ω 와 부정정여력 X_1 , X_2 가 각각 작용하는 정정구조물인 캔틸레버 보로 표시하면 다음 그림(b)~(d)와 같다.

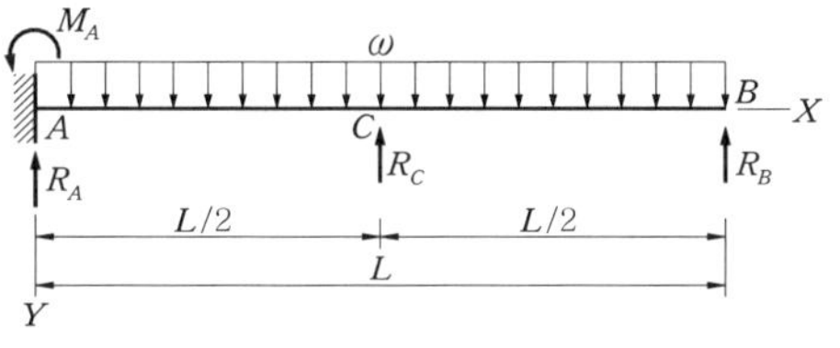

그림(a)

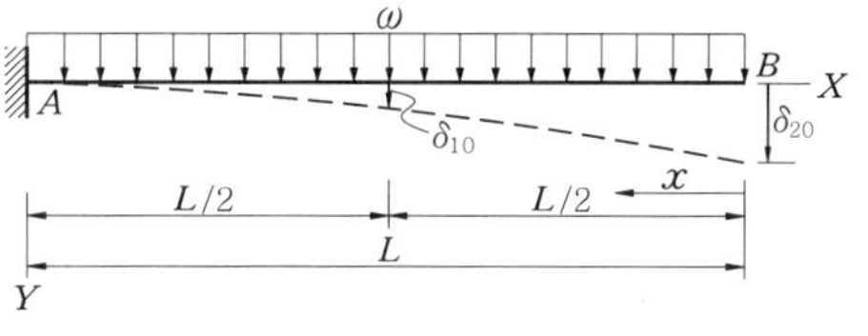

그림(b)

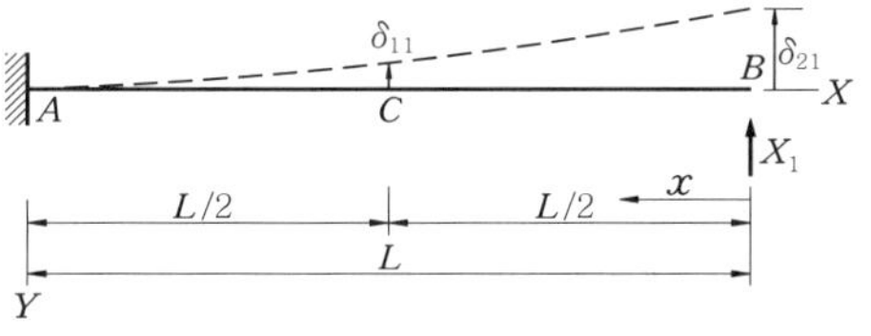

그림(c)

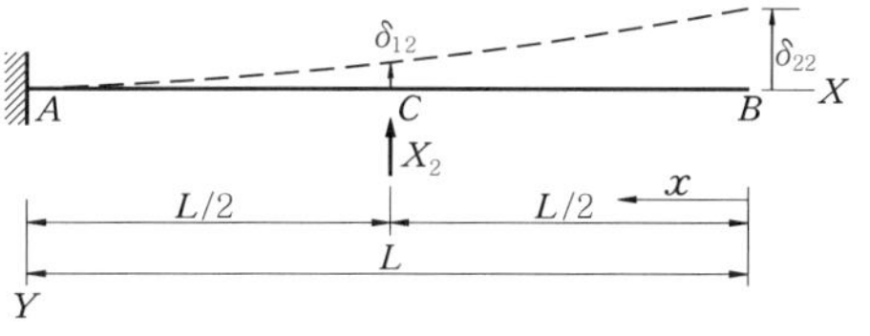

그림(d)

(1) 원래 주어진 하중 ω 에 의한 처짐 δ_{10} , δ_{20}

$$\delta_{20} = \frac{\omega L^4}{8EI}(\downarrow)$$

C 점에서의 처짐 δ_{10} 은 가상일의 원리를 이용하여 구할 수 있다.

$$M_0 = \frac{\omega}{2}x^2 \qquad (0 \le x \le L)$$

$$M_1 = 0 \qquad \left(0 \le x \le \frac{L}{2}\right)$$

$$M_1 = x - \frac{L}{2} \qquad \left(\frac{L}{2} \le x \le L\right)$$

$$\therefore \ \delta_{10} = \frac{1}{EI}\int_{L/2}^{L} M_0 M_1 \, dx = \frac{1}{EI}\int_{L/2}^{L} \frac{\omega x^2}{2} \times \left(x - \frac{L}{2}\right) dx = \frac{17\omega L^4}{384EI}(\downarrow)$$

(2) 부정정여력 X_1 에 의한 처짐 δ_{11} , δ_{21}

$$\delta_{21} = \frac{X_1 L^3}{3EI}\,(\uparrow)$$

C 점에서의 처짐 δ_{11} 은 가상일의 원리를 이용하여 구할 수 있다.

$$M_0 = X_1\, x \qquad (0 \le x \le L)$$

$$M_1 = 0 \qquad \left(0 \le x \le \frac{L}{2}\right)$$

$$M_1 = x - \frac{L}{2} \qquad \left(\frac{L}{2} \le x \le L\right)$$

$$\therefore\ \delta_{11} = \frac{1}{EI}\int_{L/2}^{L} M_0 M_1\, dx = \frac{1}{EI}\int_{L/2}^{L} X_1 x \times \left(x - \frac{L}{2}\right) dx = \frac{5X_1 L^3}{48EI}\,(\uparrow)$$

(3) 부정정여력 X_2 에 의한 처짐 δ_{12} , δ_{22}

마찬가지로 C 점에서의 처짐 δ_{12} 를 먼저 가상일의 원리를 이용하여 구한다.

$$M_0 = 0 \qquad \left(0 \le x \le \frac{L}{2}\right)$$

$$M_0 = X_2\left(x - \frac{L}{2}\right) \qquad \left(\frac{L}{2} \le x \le L\right)$$

$$M_1 = 0 \qquad \left(0 \le x \le \frac{L}{2}\right)$$

$$M_1 = x - \frac{L}{2} \qquad \left(\frac{L}{2} \le x \le L\right)$$

$$\therefore\ \delta_{12} = \frac{1}{EI}\int_{L/2}^{L} M_0 M_1\, dx = \frac{1}{EI}\int_{L/2}^{L} X_2\left(x - \frac{L}{2}\right) \times \left(x - \frac{L}{2}\right) dx = \frac{X_2 L^3}{24EI}\,(\uparrow)$$

B 점에서의 처짐 δ_{22} 는 C 점의 처짐에 CB 구간 보의 처짐각에 의한 처짐 δ_{22}' 을 더하면 구할 수 있다.

$$M_0 = 0 \qquad \left(0 \le x \le \frac{L}{2}\right)$$

$$M_0 = X_2\left(x - \frac{L}{2}\right) \qquad \left(\frac{L}{2} \le x \le L\right)$$

$$M_1 = 1 \qquad (0 \le x \le L)$$

$$\therefore\ \theta_{22} = \frac{1}{EI}\int_{L/2}^{L} M_0 M_1\, dx = \frac{1}{EI}\int_{L/2}^{L} X_2\left(x - \frac{L}{2}\right) dx = \frac{X_2 L^2}{8EI}$$

$$\therefore\ \delta_{22}' = \theta_{22} \times \frac{L}{2} = \frac{X_2 L^2}{8EI} \times \frac{L}{2} = \frac{X_2 L^3}{16EI}$$

$$\therefore\ \delta_{22} = \delta_{12} + \delta_{22}' = \frac{X_2 L^3}{24EI} + \frac{X_2 L^3}{16EI} = \frac{5X_2 L^3}{48EI}\,(\uparrow)$$

(4) 부정정여력 X_1 , X_2 의 계산

B 점과 C 점은 지점이므로 처짐이 '0' ($\delta_B = \delta_C = 0$) 이다. 따라서 B 점의 경우

$$\delta_{20}+\delta_{21}+\delta_{22}=0 \qquad \therefore \ \frac{17\omega L^4}{384EI}+\left(-\frac{5X_1L^3}{48EI}\right)+\left(-\frac{X_2L^3}{24EI}\right)=0$$

C 점의 경우

$$\delta_{10}+\delta_{11}+\delta_{12}=0 \qquad \therefore \ \frac{\omega L^4}{8EI}+\left(-\frac{X_1L^3}{3EI}\right)+\left(-\frac{5X_2L^3}{48EI}\right)=0$$

위 식을 연립하여 풀면 다음과 같이 각 지점의 반력을 구할 수 있다.

$$\therefore \ R_B=X_1=\frac{11}{56}\omega L\,(\uparrow) \qquad \therefore \ R_C=X_2=\frac{32}{56}\omega L\,(\uparrow)$$

$$\sum V=0 \ : \ -\omega L+R_A+R_B+R_C=0 \qquad \therefore \ R_A=\frac{13}{56}\omega L\,(\uparrow)$$

또한, A 점의 모멘트 반력은

$$\sum M_A=0 \ : \ M_A+\frac{\omega L^2}{2}-\frac{32}{56}\omega L\times\frac{L}{2}-\frac{11}{56}\omega\times L=0 \qquad \therefore \ M_A=\frac{1}{56}\omega L^2\,(\curvearrowleft)$$

(5) 단면력도

단면력도를 그리기 위해 보의 휨모멘트 일반식을 구한다.

$$M_x=-\frac{\omega L^2}{56}+\frac{13\omega L}{56}x-\frac{\omega}{2}x^2 \qquad \left(0\le x\le\frac{L}{2}\right)$$

$$M_x=-\frac{\omega L^2}{56}+\frac{13\omega L}{56}x+\frac{32\omega L}{56}\left(x-\frac{L}{2}\right)-\frac{\omega}{2}x^2 \qquad \left(\frac{L}{2}\le x\le L\right)$$

$L/2$ 구간에서의 최대 부모멘트의 크기 계산

$$M_x=-\frac{\omega L^2}{56}+\frac{13\omega L}{56}x-\frac{\omega}{2}x^2 \qquad (\ x=L/2\text{을 대입}\ )$$

$$\therefore \ M_C=-\frac{3}{112}\omega L^2$$

AC 구간에서의 양(+)의 최대휨모멘트의 크기를 구하기 위해 AC 구간에서 전단력 $V_x=0$ 인 점을 구한다.

$$V_x=\frac{dM_x}{dx}=-\omega x+\frac{13}{56}\omega L=0 \qquad \therefore \ x=\frac{13}{56}L$$

$$\therefore \ M_{AC}=\frac{57}{6272}\omega L^2\,(\curvearrowright)$$

CB 구간에서의 양(+)의 최대휨모멘트의 크기를 구하기 위해 CB 구간에서 전단력 $V_x=0$ 인 점을 구한다.

$$V_x=\frac{dM_x}{dx}=-\omega x+\frac{45}{56}\omega L=0 \qquad \therefore \ x=\frac{45}{56}L$$

$$\therefore \ M_{CB}=\frac{121}{6272}\omega L^2\,(\curvearrowright)$$

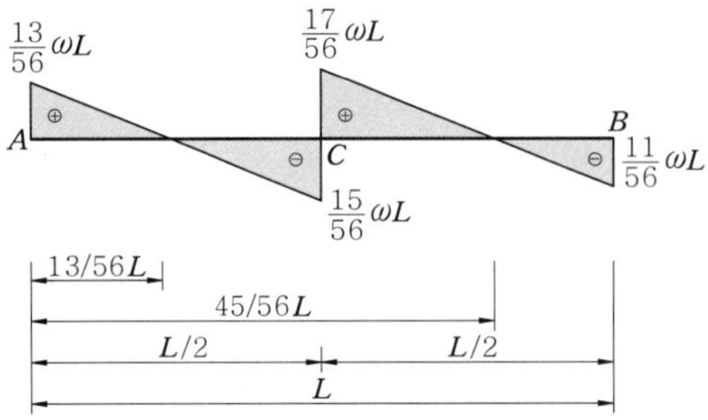

그림(e) 전단력도(S.F.D)

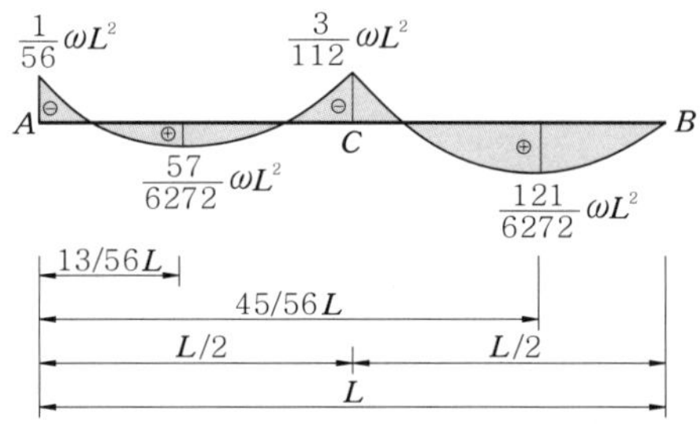

그림(f) 휨모멘트도(B.M.D)

예제 11.4.3

다음 그림과 같은 격자보의 반력 및 교차점의 처짐 δ_C 를 구하여라.
(단, $E = 205000\,MPa$ 이고, $I = 23700\,cm^4$ 으로 모든 부재가 동일하다.)

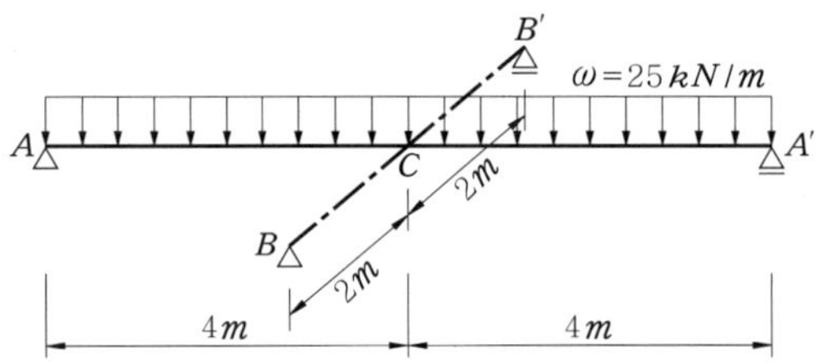

풀이

교차점의 처짐을 δ_C, 에서 보 AA' 와 보 BB' 의 처짐을 각각 δ_{CA}, δ_{CB} 라고 하면, 교차점에서의 처짐은 각 보가 동일함으로,

$$\delta_C = \delta_{CA} = \delta_{CB}$$

그런데, 보 AA' 는 보 BB' 에 의해 변형이 구속되므로, 이를 부정정여력 X 로 표현하면 다음 그림(a) 및 그림(b)와 같다.

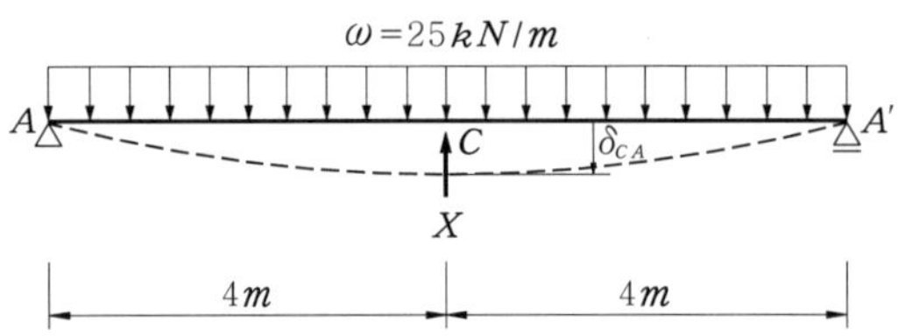

그림(a) 보 AA'

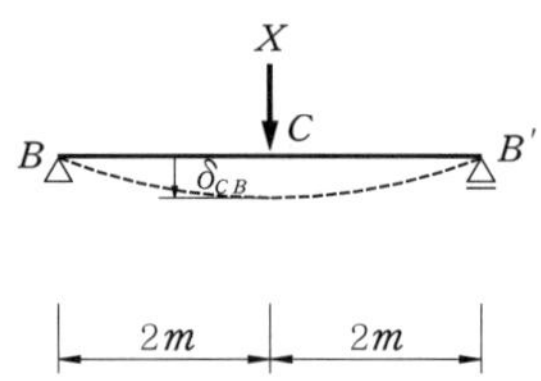

그림(b) 보 BB'

(1) 보 AA' 의 처짐 δ_{CA}

$$\delta_{CA} = \frac{5\omega L_{AA'}^4}{384EI} - \frac{XL_{AA'}^3}{48EI}$$

(2) 보 BB' 의 처짐 δ_{CB}

$$\delta_{CB} = \frac{XL_{BB'}^3}{48EI}$$

(3) 부정정여력 X

$\delta_{CA} = \delta_{CB}$ 이므로,

$$\frac{5 \times 25 \times 8^4}{384EI} - \frac{X \times 8^3}{48EI} = \frac{X \times 4^3}{48EI} \qquad \therefore \; X = 111.11kN$$

(4) 보 AA' 의 반력 R_A

$R_A = R_{A'}$ 이고 좌우 대칭이므로

$\Sigma V=0$: $\Sigma V = -25\times 8 + 111.11 + 2R_A = 0 \qquad \therefore \; R_A = R'_A = 44.45\,kN\,(\uparrow)$

(5) 보 BB' 의 반력 R_B

$$\therefore \; R_B = R_{B'} = \frac{X}{2} = 55.55\,kN$$

(6) 보의 처짐 δ_C

$$\delta_C = \delta_{CB} = \frac{X L_{BB'}^3}{48EI} = \frac{111111.11 \times 4000^3}{48 \times 205000 \times 23700 \times 10^4} = 3.05mm$$

∴ 하향으로 $3.05mm$ 처짐이 발생한다.

예제 11.4.4

다음 그림과 같은 등분포하중 ω 를 받는 길이 L 인 캔틸레버 보의 자유단 B 점이 스프링에 의해 지지되고 있다. 이때 C 점의 반력 R_C 와 B 점의 처짐 δ_B 을 구하여라.

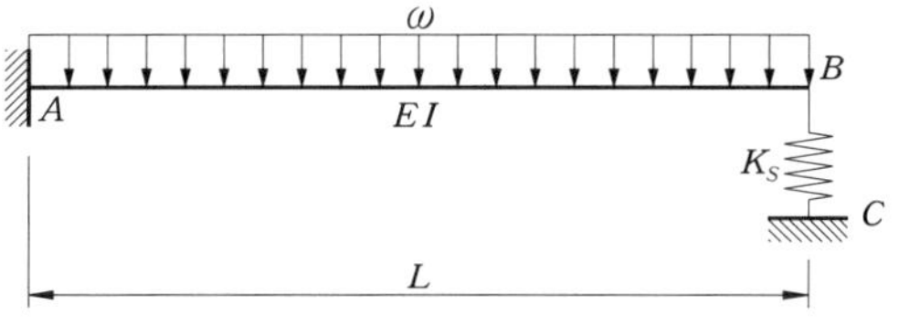

풀이

캔틸레버 보 AB 는 스프링에 의해 변형이 구속되므로, 다음 그림과 같이 분리하여 생각할 수 있다. (X 는 스프링반력이며, 부정정여력이 된다.)

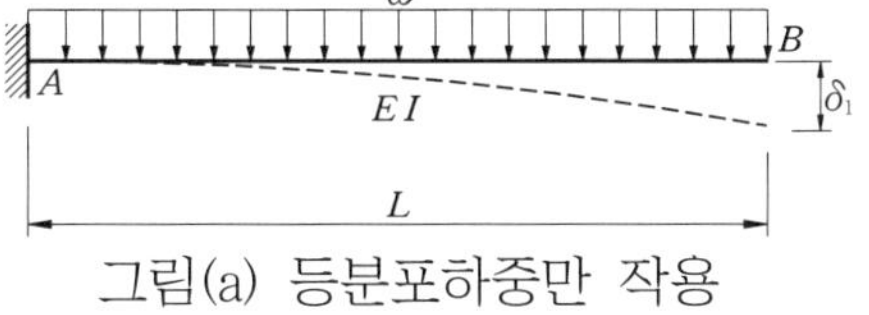

그림(a) 등분포하중만 작용

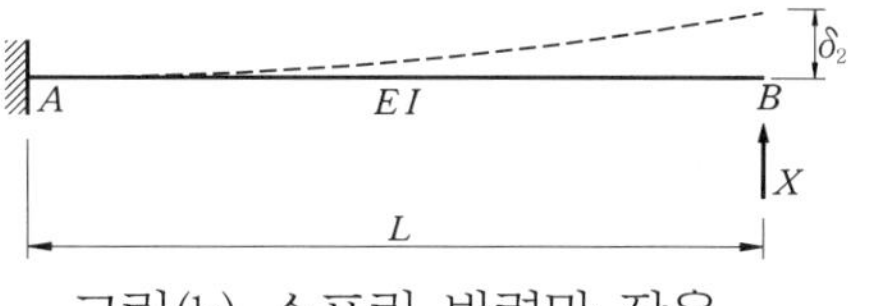

그림(b) 스프링 반력만 작용

(1) 등분포하중에 의한 보의 처짐 δ_1 및 스프링 반력에 의한 보의 처짐 δ_2

$$\delta_1 = \frac{\omega L^4}{8EI}, \qquad \delta_2 = \frac{XL^3}{3EI}$$

(2) 스프링의 처짐량 δ_S

$$\delta_S = \frac{X}{K_S}$$

(3) B 점에서의 처짐 δ_B

B 점의 처짐은 등분포하중에 의한 보의 처짐량 δ_1 과 스프링반력에 의한 보의 처짐량 δ_2 의 합과 같다. 단, 처짐의 방향이 반대이므로 식을 정리하면,

$$\delta_B = \delta_1 + (-\delta_2) = \frac{\omega L^4}{8EI} - \frac{XL^3}{3EI}$$

또한 B 점에서의 처짐량은 스프링의 처짐량 δ_S 와 같으므로

$\delta_B = \dfrac{\omega L^4}{8EI} - \dfrac{XL^3}{3EI} = \dfrac{X}{K_S} = \delta_S$ 가 된다.

(4) 부정정여력 X

$$\frac{X}{K_S} = \frac{\omega L^4}{8EI} - \frac{XL^3}{3EI}$$

$$X + \frac{K_S X L^3}{3EI} = \frac{K_S \omega L^4}{8EI} \qquad \therefore\ X \times \left(1 + \frac{K_S L^3}{3EI}\right) = \frac{K_S \omega L^4}{8EI}$$

여기서, 식을 단순화하기 위해 보의 강성을 K_B 로 놓고 스프링 반력에 의한 캔틸레버의 처짐량으로부터 보의 강성 K_B 를 구하면

$$K_B = \frac{3EI}{L^3}$$

가 된다. 이를 대입하여 부정정여력 X 를 구하면

$$X \times \left(1 + \frac{K_S}{K_B}\right) = \frac{3K_S \omega L}{8K_B} \qquad \therefore\ X = \frac{3\omega L}{8}\left(\frac{K_S}{K_S + K_B}\right)$$

(5) C 점의 반력 R_C

C 점의 반력 R_C 는 스프링 요소의 힘의 평형조건으로 구할 수 있으며, 부정정여력 X 와 같다.

$$\therefore\ R_C = X = \frac{3\omega L}{8}\left(\frac{K_S}{K_S + K_B}\right)$$

(6) B 점의 처짐 δ_B

B 점의 처짐량 δ_B 는 스프링의 처짐량 δ_S 와 같다

$$\therefore\ \delta_B = \delta_S = \frac{X}{K_S} = \frac{3\omega L}{8}\left(\frac{K_S}{K_S + K_B}\right) \times \frac{1}{K_S} = \frac{3\omega L}{8}\left(\frac{1}{K_S + K_B}\right)$$

예제 11.4.5

다음 그림과 같은 부정정 라멘의 반력을 구하고 단면력도를 그려라. (단, 모든 부재의 EI는 $165600\,kN\cdot m^2$ 이다.)

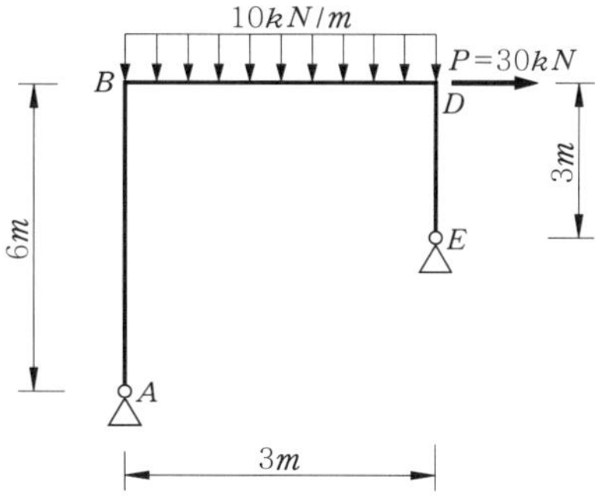

풀이

지점 E의 수평반력 H_E를 부정정여력 X_1로 선정하면 그림(a)와 같이 원래 주어진 하중과 부정정여력 X_1이 하중으로 작용하는 정정라멘으로 표시할 수 있다.
그리고 그림(b)와 같이 원래 주어진 하중만이 작용할 때($X_1=0$)의 변위 δ_{10}와 그림(c)와 같이 단위 부정정여력 $X_1=1$만이 작용할 때의 변위 δ_{11}를 X_1배한 것의 합이 같으므로 $\delta_{10}+\delta_{11}X_1=0$의 식이 성립된다.

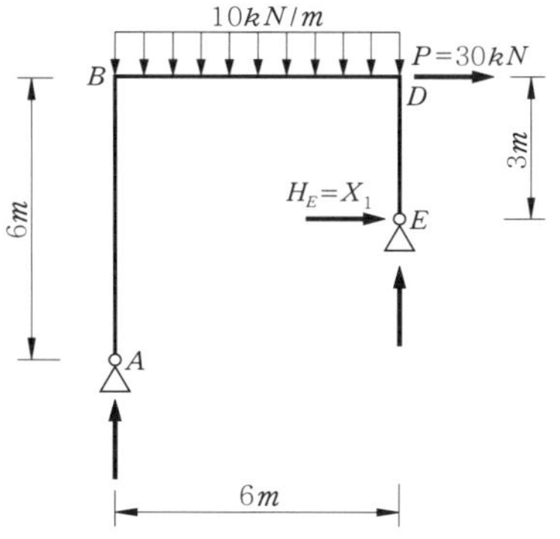

그림(a)

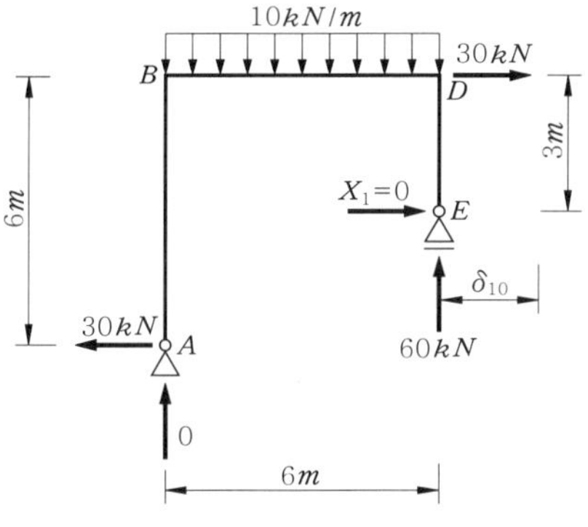

그림(b)

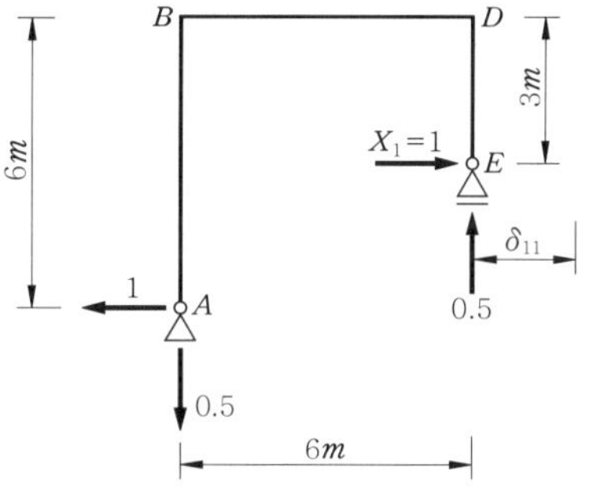

그림(c)

(1) 원래 주어진 하중($X_1=0$)에 의한 변위 δ_{10}

δ_{10}를 구하기 위한 M_x를 구하면,

$$M_x = 30x \qquad (A \le x \le B)$$

$$M_x = 180-5x^2 \qquad (B \le x \le D)$$

$$M_x = 0 \qquad (E \le x \le D)$$

δ_{10} 를 구하기 위한 $\overline{M_x}$ 를 구하면,

$$\overline{M_x} = x \qquad (A \le x \le B)$$

$$\overline{M_x} = 6 - 0.5x \qquad (B \le x \le D)$$

$$\overline{M_x} = x \qquad (E \le x \le D)$$

δ_{10} 을 구하면,

$$\begin{aligned}\delta_{10} &= \frac{1}{EI}\int M_x \cdot \overline{M_x}\, dx \\ &= \frac{1}{EI}\int_0^6 30x \cdot x\, dx + \frac{1}{EI}\int_0^6 (180-5x^2)(6-0.5x)\, dx + \frac{1}{EI}\int_0^3 0 \cdot x\, dx \\ &= \frac{1}{EI}\int_0^6 30x^2 dx + \frac{1}{EI}\int_0^6 (2.5x^3 - 30x^2 - 90x + 1080)\, dx \\ &= \frac{5670}{EI} = \frac{5670}{165600} = 0.0342\,m = 3.42\,cm\end{aligned}$$

(2) 단위 부정정여력 $X_1 = 1$ 에 의한 변위 δ_{11}

$$\begin{aligned}\delta_{11} &= \frac{1}{EI}\int \overline{M_x}^{\,2} dx \\ &= \frac{1}{EI}\int_0^6 x \cdot x dx + \frac{1}{EI}\int_0^6 (6-0.5x)(6-0.5x)\, dx + \frac{1}{EI}\int_0^3 x \cdot x dx \\ &= \frac{1}{EI}\int_0^6 x^2 dx + \frac{1}{EI}\int_0^6 (0.25x^2 - 6x + 36)\, dx + \frac{1}{EI}\int_0^3 x^2 dx \\ &= \frac{207}{EI} = \frac{207}{165600} = 0.00125\,m = 0.125\,cm\end{aligned}$$

(3) 부정정여력 X_1 및 구조물의 반력 계산

$$X_1 = -\frac{\delta_{10}}{\delta_{11}} = -\frac{3.42}{0.125} = -27.36\,kN$$

$\therefore\ H_E = X_1 = -27.36\,kN\,(\leftarrow)$ (부호가 음수이므로 좌향임.)

구조물의 평형방정식에 의하여

$$\Sigma H = H_A + H_E + 30 = 0$$

$\therefore\ H_A = -2.64\,kN\,(\leftarrow)$ (부호가 음수이므로 좌향임.)

$\Sigma M_A = 60 \times 3 + 30 \times 6 - 27.36 \times 3 - 6R_E = 0 \qquad \therefore\ R_E = 46.32\,kN\,(\uparrow)$

$\Sigma R = R_A + R_E - 60 = 0 \qquad \therefore\ R_A = 13.68\,kN\,(\uparrow)$

(4) 단면력도

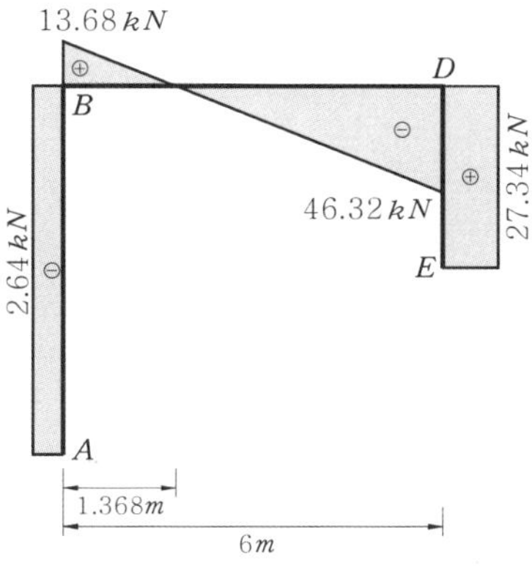

그림(d) 전단력도(S.F.D)

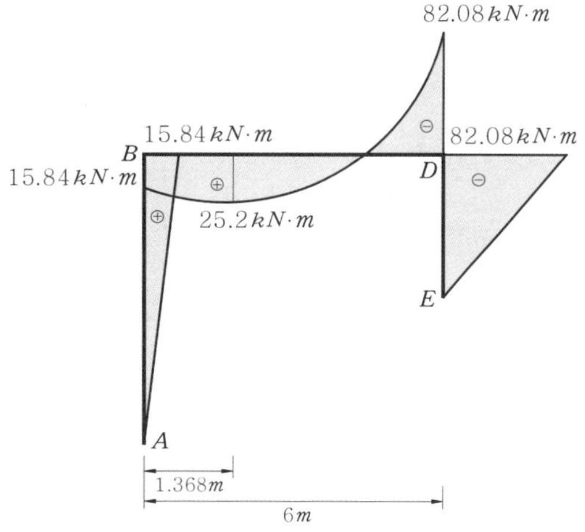

그림(e) 휨모멘트도(B.M.D)

예제 11.4.6

다음 그림과 같은 부정정 반원아치의 반력을 구하고 도시하여라. (단, 축력 및 전단력에 의한 영향은 무시한다.)

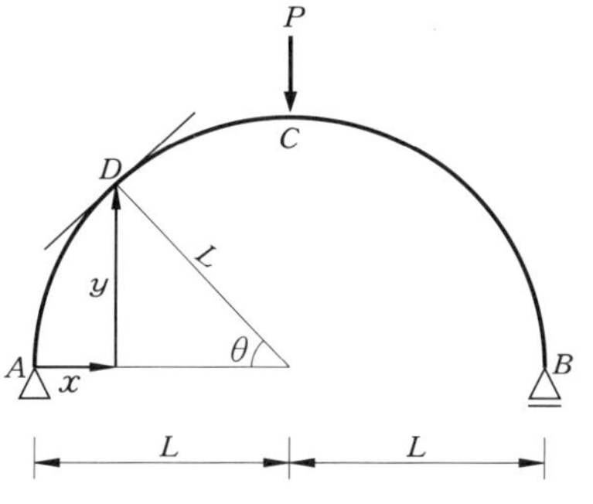

풀이

1차 부정정 반원아치이므로 그림(a)와 같이 B점에 부정정여력 X_1이 작용하는 정정아치로 바꾸어 풀 수 있다.

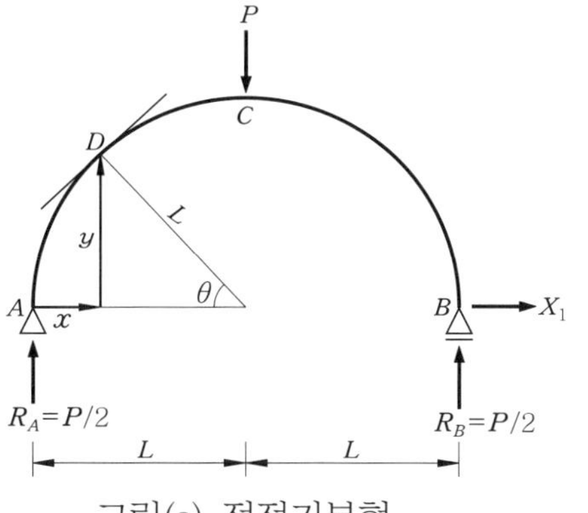

그림(a) 정정기본형

(1) 하중 P에 의한 정정 반원아치의 B점에서의 수평변위 δ_{10}

단위하중법을 통해 B점의 변위 δ_{10}을 계산할 수 있다. (예제 10.4.6을 참조)

$$M_0 = R_A L\,(1-\cos\theta) = \frac{PL}{2}(1-\cos\theta) \qquad \left(0 \le \theta \le \frac{\pi}{2}\right)$$

$$M_1 = L\sin\theta \qquad \left(0 \le \theta \le \frac{\pi}{2}\right)$$

$$\delta_{10} = 2\int_A^C \frac{M_0 M_1}{EI}ds = 2\int_0^{\pi/2}\frac{M_0M_1}{EI}ds$$
$$= \frac{2}{EI}\int_0^{\pi/2}\left[\frac{PL}{2}(1-\cos\theta)\times L\sin\theta\right]L\cdot d\theta$$
$$= \frac{PL^3}{EI}\int_0^{\pi/2}(1-\cos\theta)\times\sin\theta\,d\theta$$

여기서, $1-\cos\theta = t$, $\sin\theta\cdot d\theta = dt$로 치환하면 계산이 용이하다. 여기서 $\theta=0$일때 $t=0$ 이고, $\theta=\pi/2$ 일 때 $t=1$ 이 된다.

$$\delta_{10} = \frac{PL^3}{EI}\int_0^1 t\,dt \qquad \therefore\ \delta_{10} = \frac{PL^3}{2EI}$$

(2) 부정정여력 X_1이 단위하중으로 작용할 경우의 수평변위 δ_{11}

부정정여력 $X_1=1$이 외력으로 작용하는 정정아치는 그림(b)와 같이 표현할 수 있다.

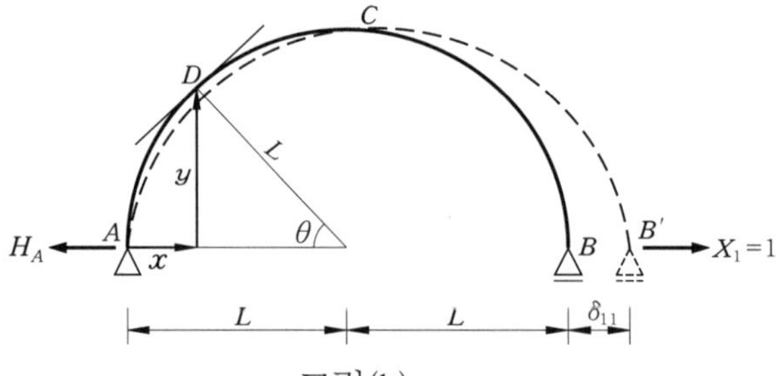

그림(b)

$$M_0 = H_A\cdot y = L\sin\theta \qquad \left(0 \le \theta \le \frac{\pi}{2}\right)$$

$$M_1 = H_A\cdot y = L\sin\theta \qquad \left(0 \le \theta \le \frac{\pi}{2}\right)$$

$$\delta_{11} = 2\int_A^C\frac{M_0M_1}{EI}ds = 2\int_0^{\pi/2}\frac{M_0M_1}{EI}ds$$
$$= \frac{2}{EI}\int_0^{\pi/2}(L^2\sin^2\theta)\,L\cdot d\theta$$
$$= \frac{2L^3}{EI}\int_0^{\pi/2}\sin^2\theta\,d\theta$$

$$\delta_{11} = \frac{2L^3}{EI}\left[\frac{1}{2}\theta + \frac{1}{4}\sin^2\theta\right]_0^{\pi/2} \qquad \therefore\ \delta_{11} = \frac{\pi L^3}{2EI}$$

(3) 부정정여력 X_1

실제 구조물은 부정정여력 X_1에 의해 수평변위가 구속되므로, 다음의 변형 조건식을 통해 부정정여력 X_1을 구할 수 있다.

$$\delta_{10} + \delta_{11}X_1 = 0$$

$$\frac{PL^3}{2EI} + \frac{\pi L^3}{2EI}X_1 = 0 \qquad \therefore \quad X_1 = -\frac{P}{\pi}$$

(4) 각 점에서의 반력

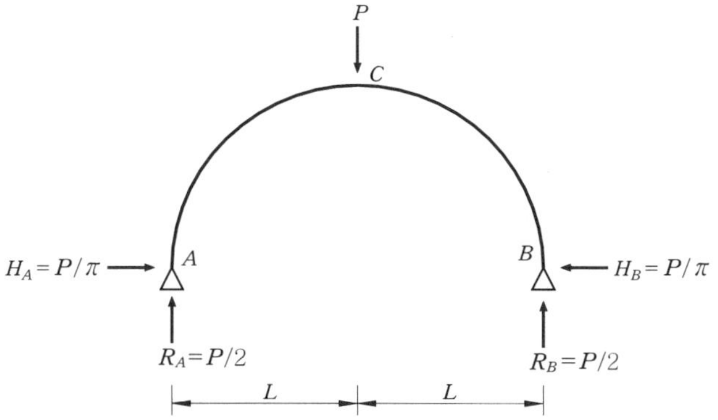

그림(c) 부정정 반원아치의 반력

예제 11.4.7

다음 그림과 같은 부정정 트러스의 반력과 부재력을 구하여라.

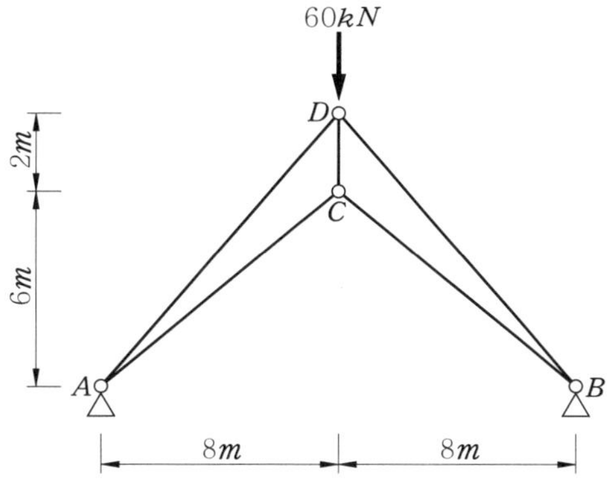

풀이

지점 B의 수평반력 H_A를 부정정 여력 X_1로 선정하면 그림(a)와 같이 원래 주어진 하중과 부정정여력 X_1이 하중으로 작용하는 정정트러스로 표시할 수 있다. 그리고 그림(b)와 같이 원래 주어진 하중만이 작용할 때($X_1 = 0$)의 변위 δ_{10}와 그림(c)와 같이 단위 부정정 여력 $X_1 = 1$만이 작용할 때 변위 δ_{11}를 X_1배한 것의 합이 같으므로 $\delta_{10} + \delta_{11}X_1 = 0$의 식이 성립된다.

그림(d), (e)는 그림(b), (c)의 부재력을 나타낸 것이다.

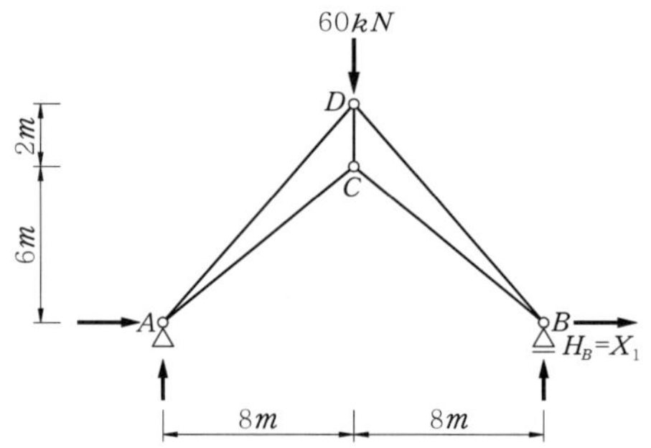

그림(a)

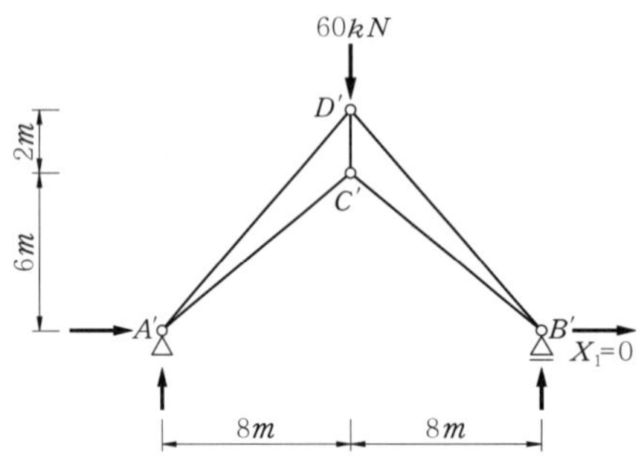

그림(b)

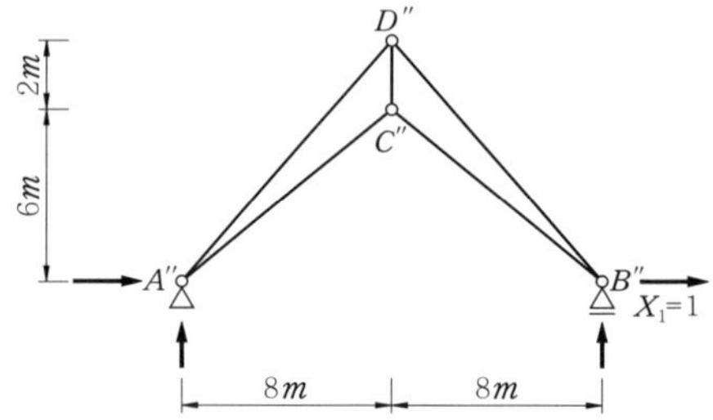

그림(c)

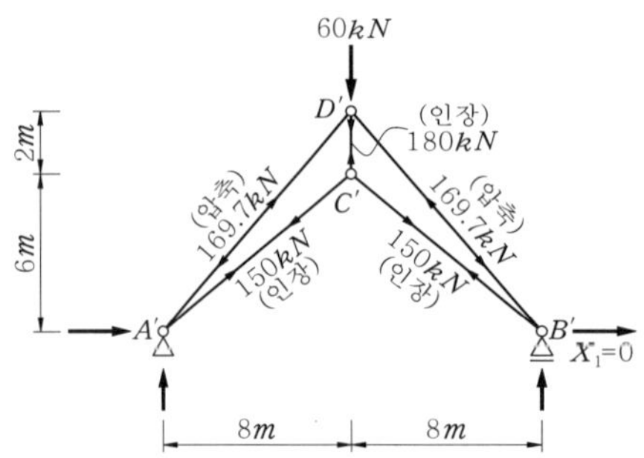

그림(d)

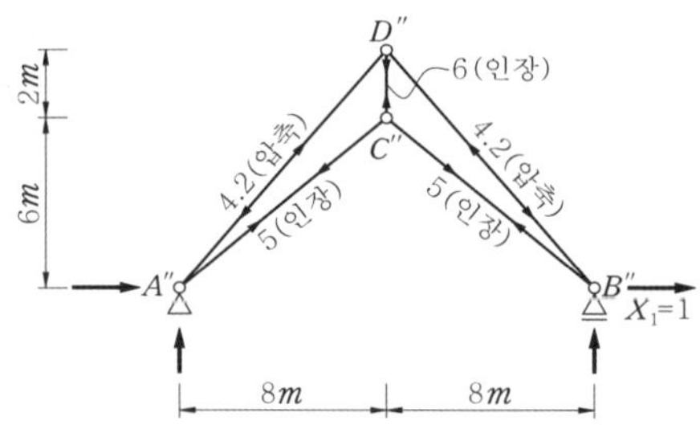

그림(e)

δ_{10} 을 구하기 위하여 실제 하중에 의한 트러스의 부재력 N과 가상하중에 의한 트러스의 부재력 $\overline{N}$를 다음 표와 같이 정리하였다.

부재명	N	$\overline{N}$	$L(cm)$	$N \cdot \overline{N} \cdot L$
$A'C'$	150	5	1000	750000
$C'B'$	150	5	1000	750000
$A'D'$	−169.7	−4.2	$800\sqrt{2}$	$570192\sqrt{2}$
$D'B'$	−169.7	−4.2	$800\sqrt{2}$	$570192\sqrt{2}$
$C'D'$	160	6	200	192000
계				3304746.5

$$\therefore \quad \delta_{10} = \sum \frac{N \cdot \overline{N} \cdot L}{EA} = \frac{3304746.5}{EA} cm$$

δ_{11} 을 구하기 위하여 실제 하중에 의한 트러스의 부재력 N과 가상하중에 의한 트러스의 부재력 $\overline{N}$를 다음 표와 같이 정리하였다.

부재명	N	$\overline{N}$	$L(cm)$	$N \cdot \overline{N} \cdot L$
$A''C''$	5	5	1000	25000
$C''B''$	5	5	1000	25000
$A''D''$	−4.2	−4.2	$800\sqrt{2}$	19957.4
$D''B''$	−4.2	−4.2	$800\sqrt{2}$	19957.4
$C''D''$	6	6	200	7200
계				97114.8

$$\therefore \delta_{11} = \sum \frac{N \cdot \overline{N} \cdot L}{EA} = \frac{97114.8}{EA} cm$$

$$\therefore X_1 = H_B = -\frac{\delta_{10}}{\delta_{11}} = -\frac{3304746.5}{97114.8} = -34 kN$$

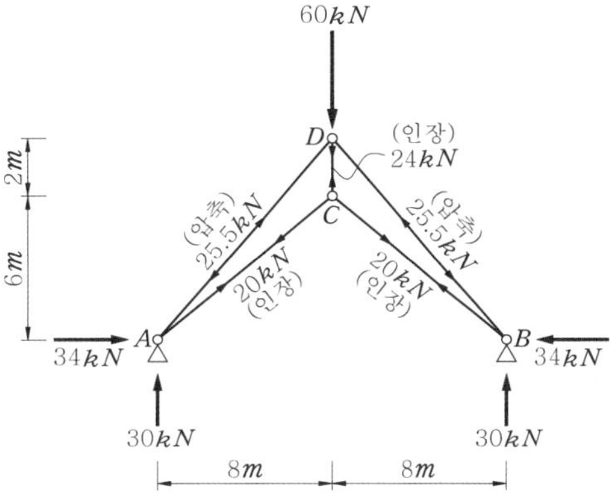

그림(F) 트러스 부재력도

예제 11.4.8

다음 그림과 같은 교차된 대각선 부재와 힌지지점을 가진 부정정 트러스의 반력과 부재력을 구하여라. (단, 모든 부재의 EA는 21000 kN이다.)

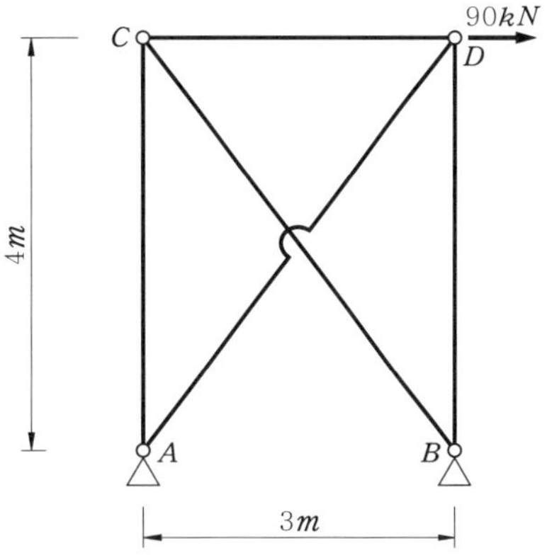

풀이

지점 A 의 수평반력 H_A 를 부정정여력 X_1 로 선정하면 그림(a)와 같이 원래 주어진 하중과 부정정여력 X_1 이 하중으로 작용하는 정정트러스로 표시할 수 있다. 그리고 그림(b)와 같이 원래 주어진 하중만이 작용할 때($X_1=0$)의 변위 δ_{10} 와 그림(c)와 같이 단위 부정정여력 $X_1=1$ 만이 작용할 때의 변위 δ_{11} 를 X_1 배한 것의 합이 같으므로 $\delta_{10}+\delta_{11}X_1=0$ 의 식이 성립된다.

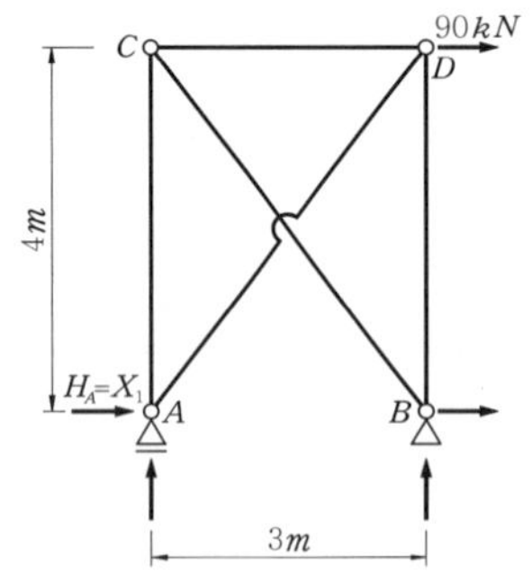

그림(a)

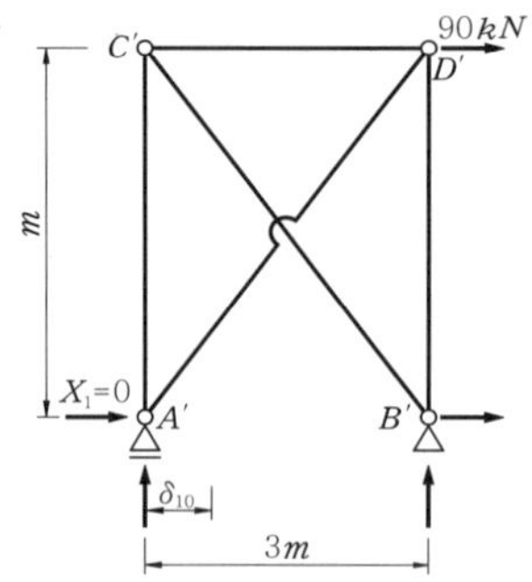

그림(b)

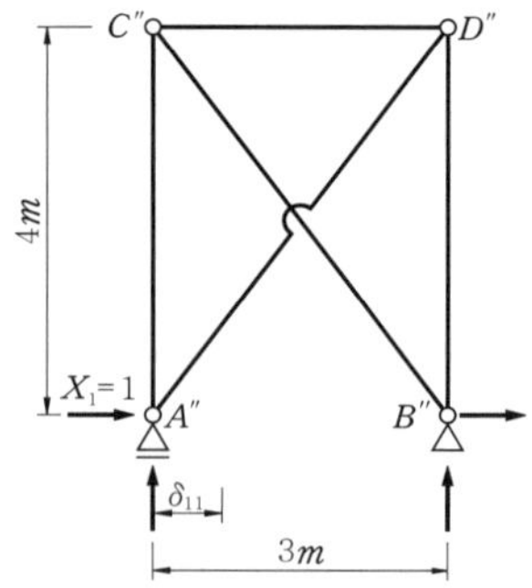

그림(c)

그림(d),(e)는 그림(b),(c)의 부재력을 나타낸 것이다.

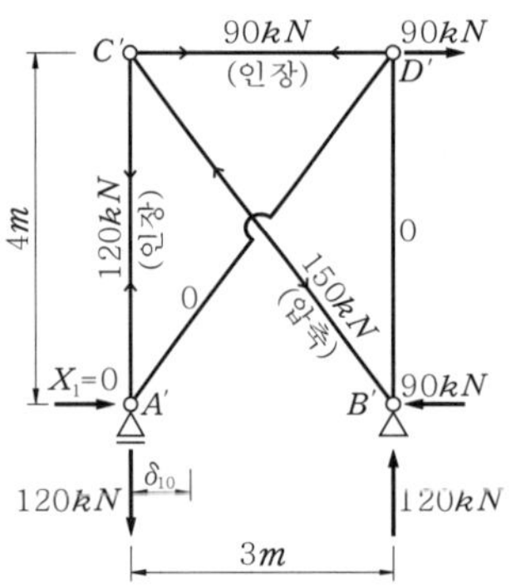

그림(d)

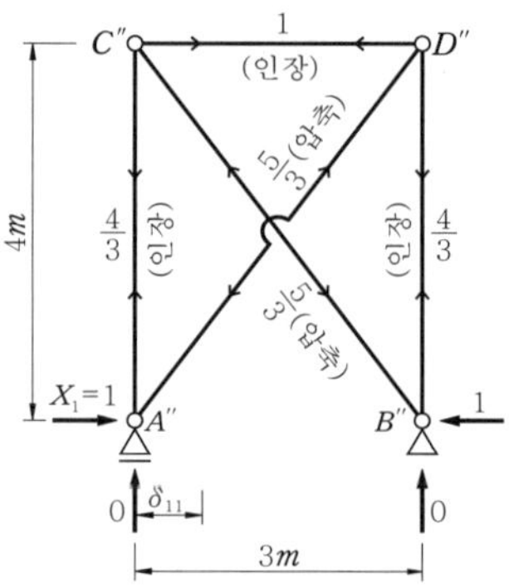

그림(e)

δ_{10} 을 구하기 위하여 실제 하중에 의한 트러스의 부재력 N과 가상하중에 의한 트러스의 부재력 $\overline{N}$를 다음 표와 같이 정리하였다.

부재명	N	$\overline{N}$	$L\,(cm)$	$N\cdot\overline{N}\cdot L$
$A'C'$	120	$\frac{4}{3}$	400	64000
$C'D'$	90	1	300	27000
$B'D'$	0	$\frac{4}{3}$	400	0
$A'D'$	0	$-\frac{5}{3}$	500	0
$B'C'$	-150	$-\frac{5}{3}$	500	125000
계				216000

$$\therefore \ \delta_{10} = \sum \frac{N \cdot \overline{N} \cdot L}{EA} = \frac{216000}{21000} = 10.286\,cm$$

δ_{11} 을 구하기 위하여 실제 하중에 의한 트러스의 부재력 N과 가상하중에 의한 트러스의 부내력 $\overline{N}$를 다음 표와 같이 정리하였다.

부재명	N	$\overline{N}$	$L(cm)$	$N \cdot \overline{N} \cdot L$
$A''C'$	$\frac{4}{3}$	$\frac{4}{3}$	400	$\frac{6400}{9}$
$C'D'$	1	1	300	300
$B''D'$	$\frac{4}{3}$	$\frac{4}{3}$	400	$\frac{6400}{9}$
$A''D'$	$-\frac{5}{3}$	$-\frac{5}{3}$	500	$\frac{12500}{9}$
$B''C'$	$-\frac{5}{3}$	$-\frac{5}{3}$	500	$\frac{12500}{9}$
계				4500

$$\therefore \ \delta_{11} = \sum \frac{N \cdot \overline{N} \cdot L}{EA} = \frac{4500}{21000} = 0.214\,cm$$

$$X_1 = -\frac{\delta_{10}}{\delta_{11}} = -\frac{10.286}{0.214} = -48.065$$

$\therefore \ H_A = X_1 = -48\,kN\,(\leftarrow)$

(부호가 음수이므로 좌향임.)

구조물의 평형방정식에 의하여

$\sum H = H_A + H_B + 90 = 0$ 이므로

$\therefore \ H_B = -42\,kN\,(\leftarrow)$

(부호가 음수이므로 좌향임.)

$\sum M_A = 90 \times 4 - R_B \times 3 = 0$ 이므로

$\therefore \ R_B = 120\,kN\,(\uparrow)$

$\therefore \ R_A = -R_B = -120\,kN\,(\downarrow)$

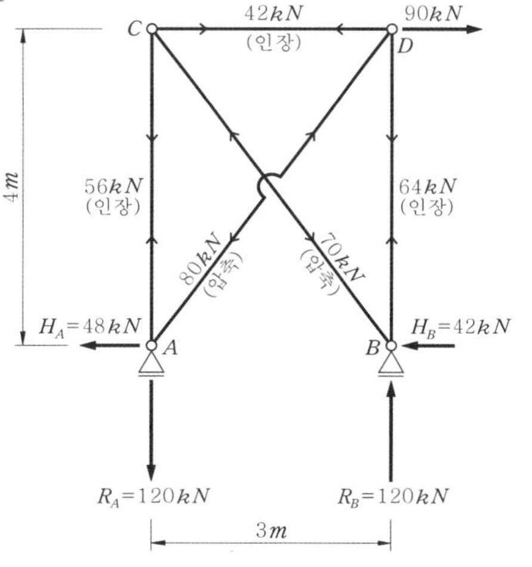

그림(f) 트러스 부재력도

◆ ◆ ◆ ◆ ◆ ◆

◈ 연 습 문 제 ◈

11.4.1 다음 그림과 1차 부정정 보의 단면력도를 구하여라.

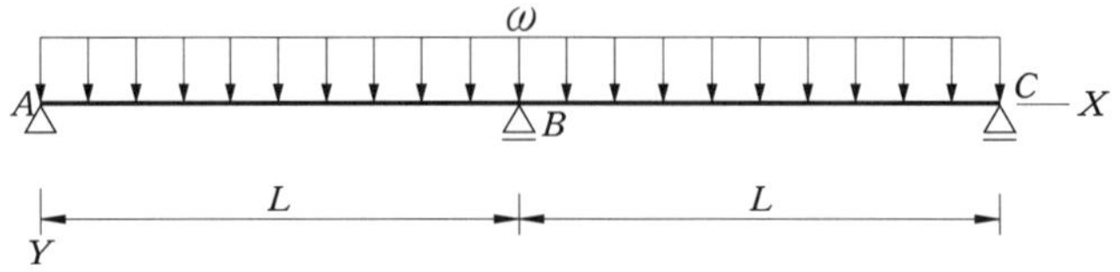

11.4.2 다음 그림과 같이 등분포하중 ω가 작용하는 부정정 보가 있을 때, 고정단에서 발생하는 휨모멘트 M_A, M_B를 구하고 단면력도를 그려라.

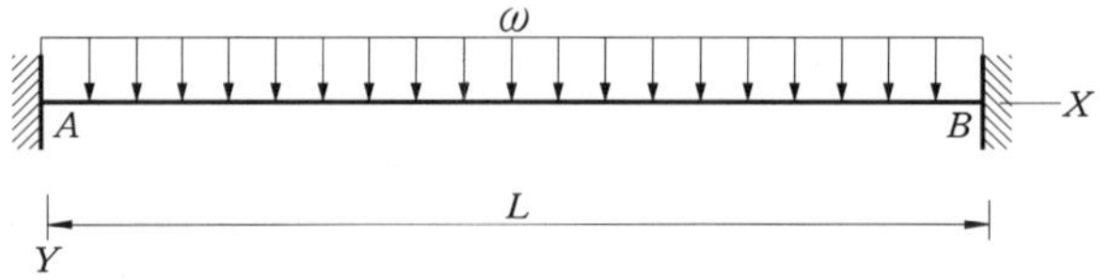

11.4.3 다음 그림과 같은 부정정 보의 반력을 구하고 단면력도를 그려라

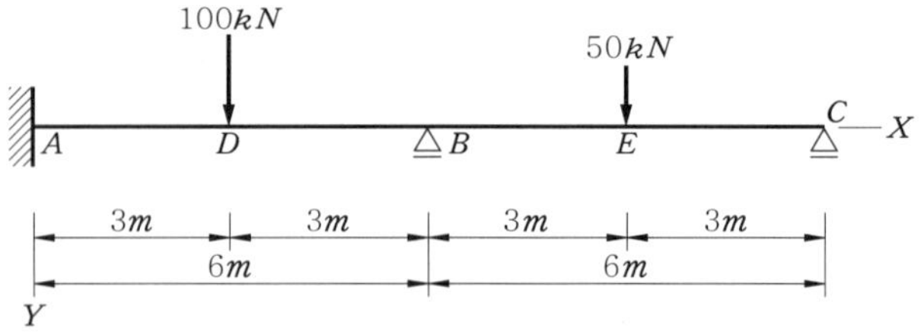

11.4.4 다음 그림과 같은 부정정 보의 반력 M_A, M_B를 구하고, 단면력도를 그리시오.

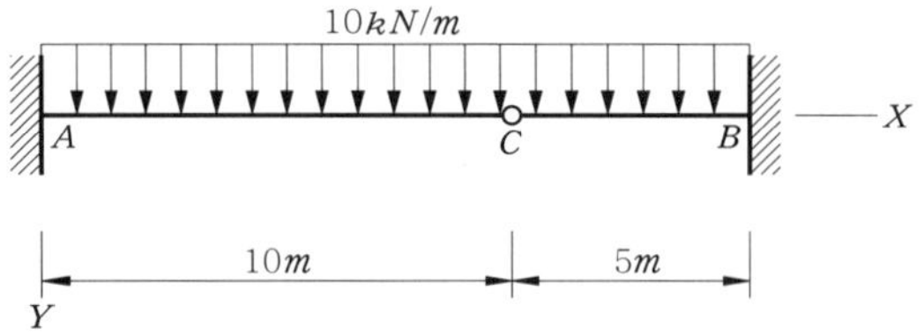

11.4.5 다음 그림과 같이 단순보 위에 캔틸레버 보가 얹혀 있을 때, C점에서의 처짐 δ_C를 구하여라.

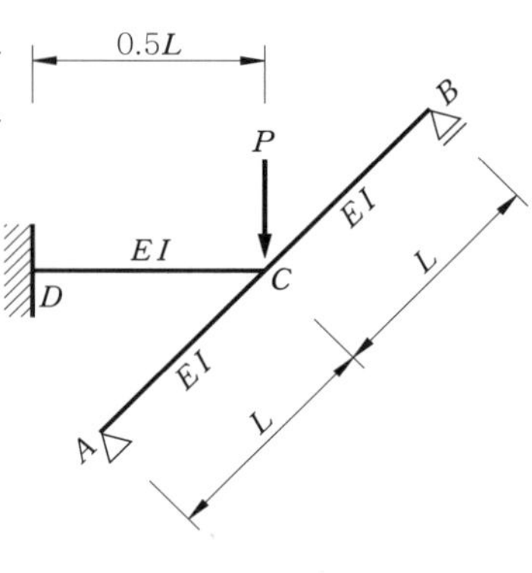

11.4.6 다음 그림과 같이 스프링으로 연결된 2개의 캔틸레버 보의 한쪽 보에 등분포하중 ω가 작용하고 있다. 스프링에 작용하는 압축력 X의 일반식과 스프링의 강성 $K_S = 0$ 일 경우와 $K_S = \infty$ 일 경우의 X와 B점의 처짐 δ_B를 구하여라.

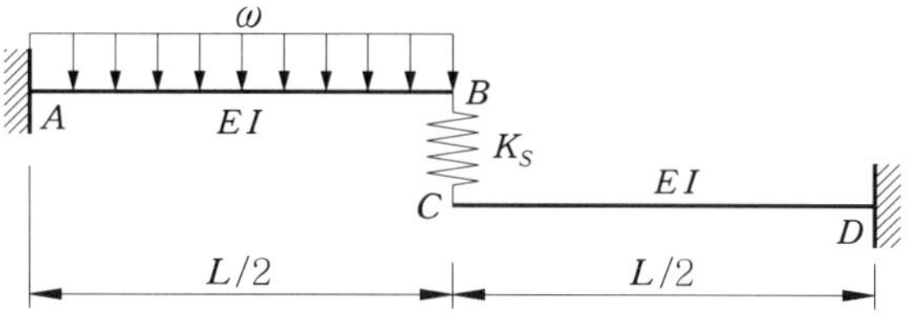

11.4.7 다음 그림과 같은 스프링으로 지지된 등분포하중이 작용하는 보가 있을 때, 각 지점의 반력 R_A, R_B, R_C를 구하고, 각각의 수직처짐 δ_A, δ_B, δ_C를 구하여라.

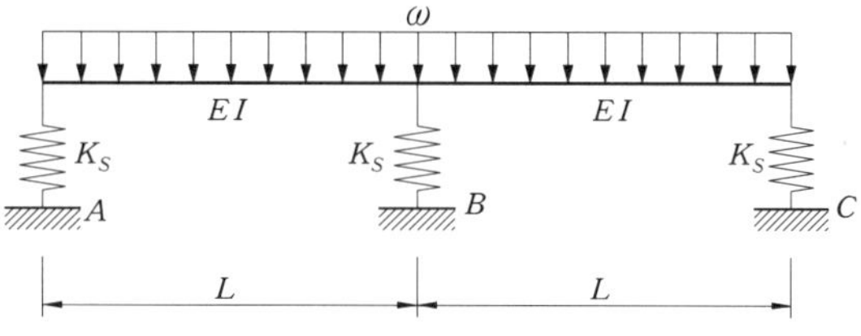

11.4.8 다음 그림과 부정정 라멘의 반력 R_A, H_A, R_E, H_E, M_E을 구하여라.

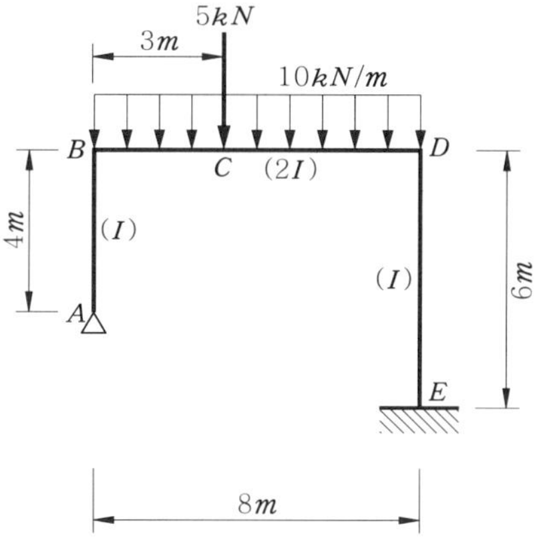

11.4.9 다음 그림과 같은 부정정 트러스의 반력과 부재력을 구하여라.

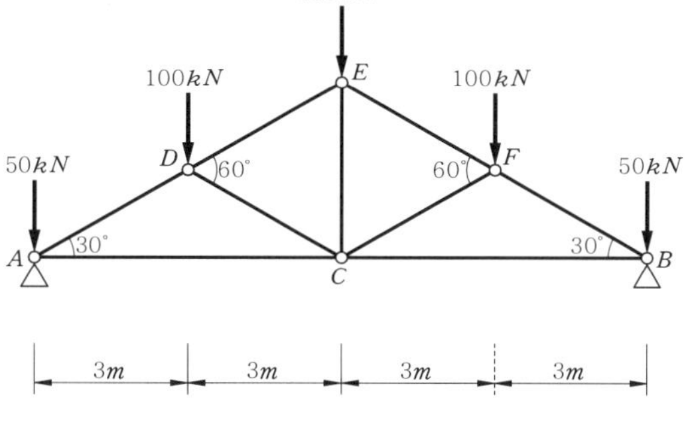

11.5 최소일의 방법 (Method of Least Work)

10.5.2절 카스틸리아노의 제2정리에서 설명한 최소일의 원리를 이용하여 부정정구조물을 푸는 해법을 **최소일의 방법**(Method of Least Work)이라고 한다.

이 해법은 지점침하 및 온도변화가 없는 보, 라멘, 트러스 등의 어떤 구조물에도 적용가능하며, 특히 부정정트러스나 합성구조물의 해석에 효과적이라고 한다.

최소일의 방법은 변위일치의 방법과 비슷한데, 부정정구조물로부터 주어진 구조물의 적당한 수의 지점반력을 제거하거나 부재를 절단하여 부정정여력 X를 만들고, 원래 주어진 하중과 부정정여력이 함께 작용하는 정정의 기본구조물을 형성시킬 때, 지점은 부정정여력방향으로 변위하지 않으며, 부정정여력인 절단된 단면의 상대변위는 '0' 이다. 따라서 기본구조물에서 원래 주어진 하중과 적절하게 선정된 부정정여력 X_1, X_2, ……, X_n의 작용에 의한 변형에너지 U를 구하고, 변형에너지 U를 임의의 부정정여력 X_i로 편미분하면 그 값이 '0' 이 되므로 다음과 같은 식이 성립된다.

$$\frac{\partial U}{\partial X_i} = 0 \qquad (i = 1, 2, 3, \cdots\cdots, n) \qquad (11.5.1)$$

상기 식(11.5.1)은 n원 1차 연립방정식으로 나타나므로, 이를 풀면 모든 부정정여력을 구할 수 있다. 부정정여력이 구해지면, 변위일치의 방법과 마찬가지로 구조물의 지점반력 및 부재의 단면력을 정역학적으로 구할 수 있다.

실용계산에서는 전단력의 변형에너지를 무시하고, 식(11.5.1)을 다음과 같이 사용하는 것이 일반적이다.

$$\frac{\partial U}{\partial X_i} = \sum \frac{N}{EA}\left(\frac{\partial N}{\partial X_i}\right) L + \sum \int_0^L \frac{M}{EI}\left(\frac{\partial M}{\partial X_i}\right) dx - 0 \qquad (11.5.2)$$

여기서 N, M은 부정정여력 X_1, X_2, ……, X_n의 함수인 축방향력과 휨모멘트이다.

◆ ◆ ◆ ◆ ◆ ◆

예제 11.5.1

다음 그림과 같은 1차 부정정 연속보의 반력 R_A, R_B, R_C를 구하고 단면력도를 구하시오.

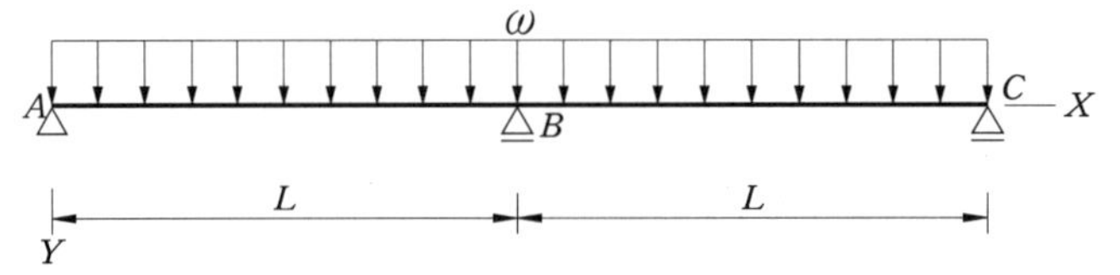

풀이

지점 B의 반력 R_B를 부정정여력 X_1로 선정하면 그림(a)와 같이 정정구조물인 단순보로 표시할 수 있다.

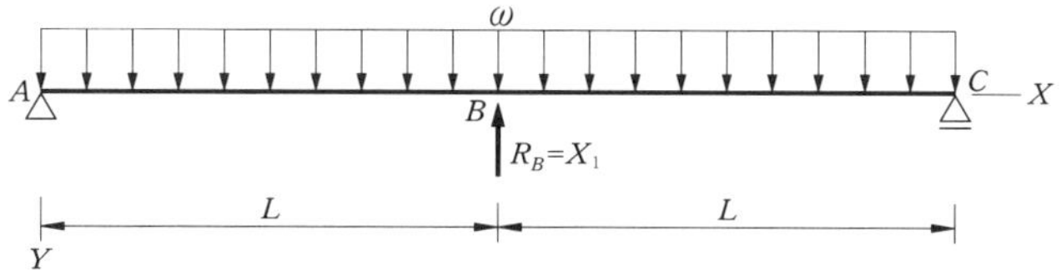

그림(a)

최소일의 방법에서 변형에너지 U를 구하고, 변형에너지 U를 부정정여력 X_1로 편미분하면 그 값이 '0' 이 된다.

(1) 보 AC의 휨모멘트 일반식

$$M_x = \left(wL - \frac{X_1}{2}\right)x - \frac{wx^2}{2} \qquad (A \le x \le B)$$

$$M_x = \left(wL - \frac{X_1}{2}\right)x - \frac{wx^2}{2} \qquad (C \le x \le B)$$

(2) 변형에너지 U

$$U = \int \frac{M^2 dx}{2EI} = 2 \times \left[\frac{1}{2EI}\int_0^L \left[\left(wL - \frac{X_1}{2}\right)x - \frac{wx^2}{2}\right]^2 dx\right]$$

$$= \frac{1}{EI}\int_0^L \left[\left(wL - \frac{X_1}{2}\right)x - \frac{wx^2}{2}\right]^2 dx$$

(3) 각 점에서의 반력 계산

$$\frac{\partial U}{\partial X_1} = \frac{2}{EI}\int_0^L \left[\left(wL - \frac{X_1}{2}\right)x - \frac{wx^2}{2}\right]\left(-\frac{x}{2}\right)dx = 0 \qquad \therefore\ X_1 = R_B = \frac{5wL}{4}(\uparrow)$$

구조물의 평형방정식에 의하여

$$\Sigma V = 0 \ :\ \Sigma V = R_A + R_B + R_C - 2wL = 0$$

$$\Sigma M_A = 2wL \cdot L - \frac{5wL}{4} \cdot L - 2L \cdot R_C = 0 \qquad \therefore\ R_A = R_C = \frac{3wL}{8}(\uparrow)$$

(4) 단면력도

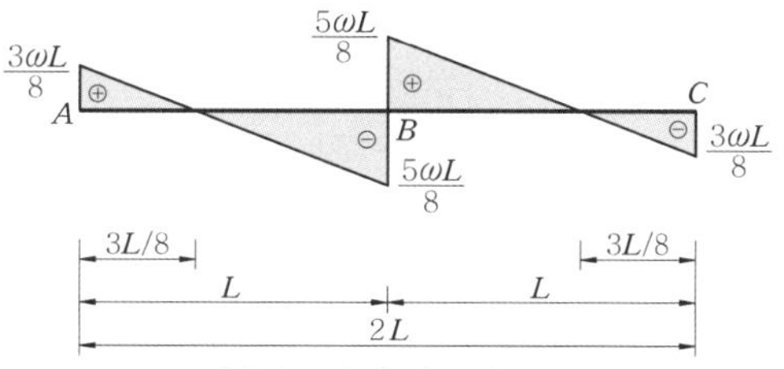

그림(b) 전단력도(S.F.D)

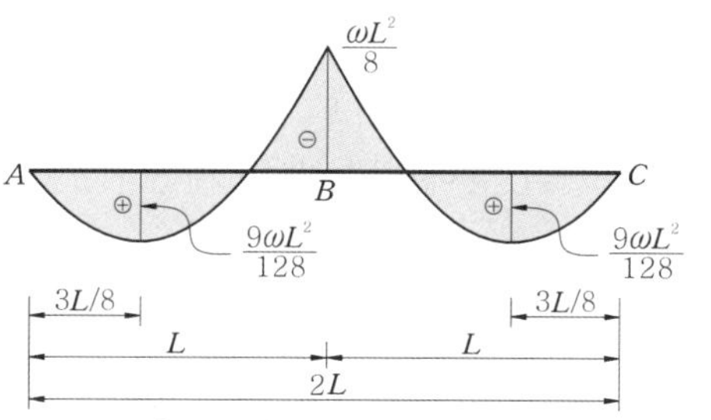

그림(c) 휨모멘트도(B.M.D)

예제 11.5.2

다음 그림과 같은 부정정 연속보의 반력 R_A, R_B, R_C, M_A 를 구하고, 단면력도를 구하시오.

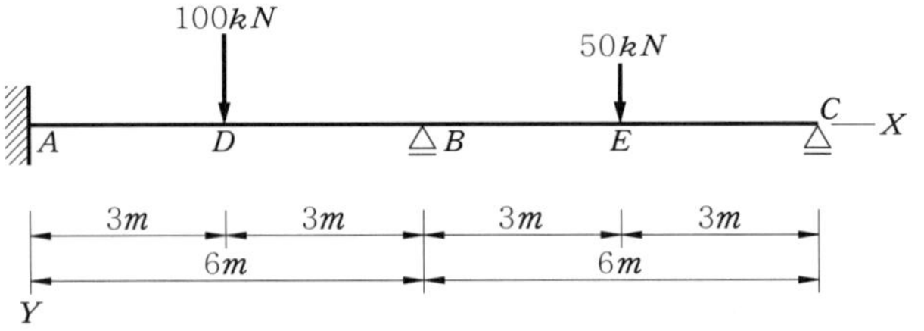

풀이

지점 B, C의 반력 R_B, R_C를 부정정여력 X_1, X_2 로 선정하면 그림(a)와 같은 정정구조물인 캔틸레버 보로 표시할 수 있다.

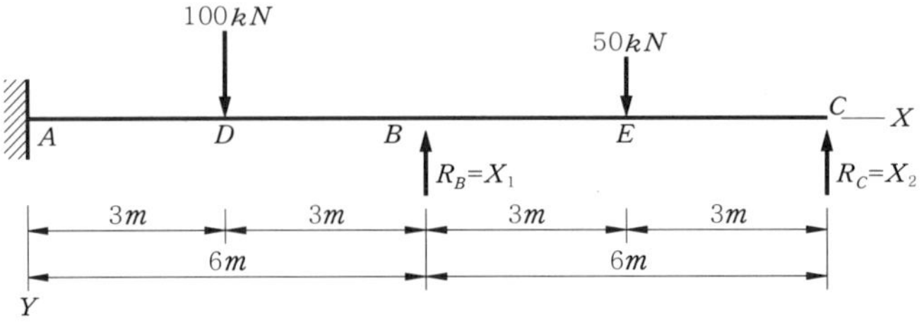

그림(a)

최소일의 방법에서 변형에너지 U를 구하고, 변형에너지 U를 부정정여력 X_1, X_2 로 각각 편미분하면 그 값이 '0' 이 된다.

(1) 보 AC의 휨모멘트 일반식

$M_x = X_2 x \qquad (C \le x \le E)$

$M_x = (X_2 - 50)x + 3X_2 \qquad (E \le x \le B)$

$M_x = (X_1 + X_2 - 50)x - 150 + 6X_2 \qquad (B \le x \le D)$

$M_x = (X_1 + X_2 - 150)x + 3X_1 + 9X_2 - 300 \qquad (D \le x \le A)$

(2) 변형에너지 U

$$U = \int \frac{M^2 dx}{2EI} = \frac{1}{2EI}\int_0^3 (X_2 x)^2 dx + \frac{1}{2EI}\int_0^3 [(X_2 - 50)x + 3X_2]^2 dx$$
$$+ \frac{1}{2EI}\int_0^3 [(X_1 + X_2 - 50)x - 150 + 6X_2]^2 dx$$
$$+ \frac{1}{2EI}\int_0^3 [(X_1 + X_2 - 150)x + 3X_1 + 9X_2 - 300]^2 dx$$

(3) 각 점에서의 반력 계산

$$\frac{\partial U}{\partial X_1} = \frac{1}{EI}\int_0^3 (X_2 x)(0)\, dx + \frac{1}{EI}\int_0^3 [(X_2 - 50)x + 3X_2](0)\, dx$$
$$+ \frac{1}{EI}\int_0^3 [(X_1 + X_2 - 50)x - 150 + 6X_2]\, x\, dx$$

$$+\frac{1}{EI}\int_0^3 [(X_1+X_2-150)x+3X_1+9X_2-300](x+3)\,dx=0$$

위 식을 정리하면

$$4X_1+10X_2-475=0 \qquad \cdots\cdots\cdots ①$$

$$\frac{\partial U}{\partial X_2}=\frac{1}{EI}\int_0^3 (X_2x)(x)dx+\frac{1}{EI}\int_0^3[(X_2-50)x+3X_2](x+3)dx$$
$$+\frac{1}{EI}\int_0^3[(X_1+X_2-50)x-150+6X_2](x+6)dx$$
$$+\frac{1}{EI}\int_0^3[(X_1+X_2-150)x+3X_1+9X_2-300](x+9)dx=0$$

위 식을 정리하면

$$20X_1+64X_2-2575=0 \qquad \cdots\cdots\cdots ②$$

①, ② 두 식을 연립하여 풀면

$X_1=83$ $\qquad$ $X_2=14.3$

$\therefore\ R_B=X_1=83\,kN(\uparrow)$ $\qquad$ $R_C=X_2=14.3\,kN(\uparrow)$

구조물의 평형방정식에 의하여

$\Sigma V=0\ :\ \Sigma V=R_A+R_B+R_C-150=0$

$\Sigma M_A=M_A+100\times3-83\times6+50\times9-14.3\times12=0$

$\therefore\ M_A=-80.4\,kN\cdot m\,(\curvearrowleft)$, $\qquad$ $R_A=52.7\,kN(\uparrow)$

(4) 단면력도

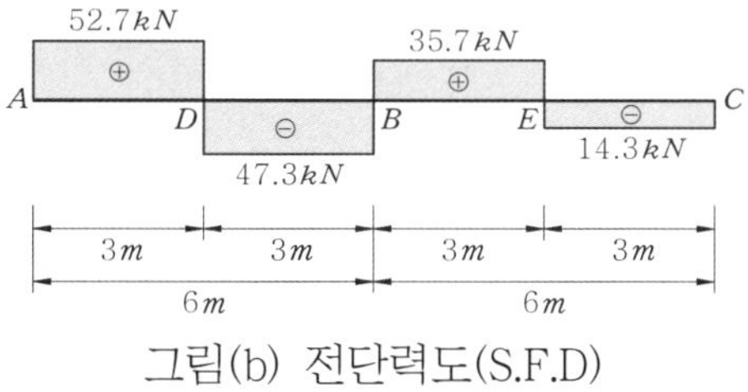

그림(b) 전단력도(S.F.D)

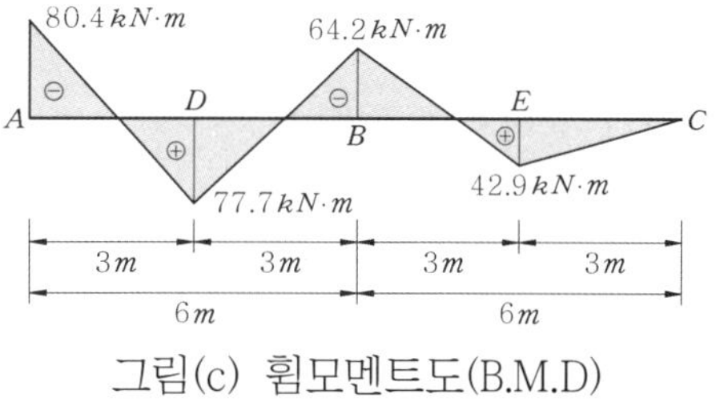

그림(c) 휨모멘트도(B.M.D)

예제 11.5.3

다음 그림과 같이 단순보 위에 캔틸레버 보가 얹혀 있을 때, C점에서의 처짐 δ_C를 구하시오.

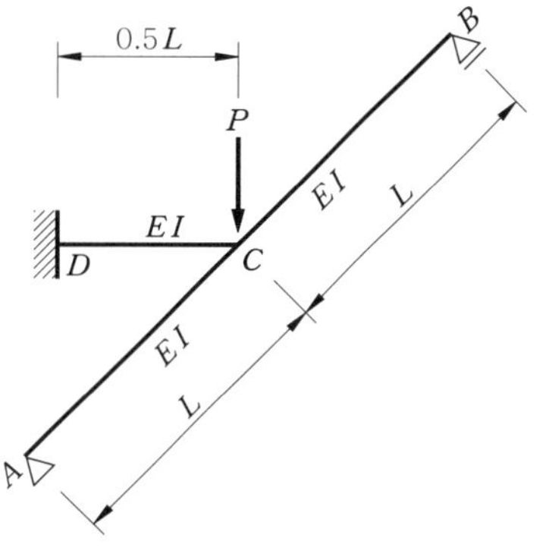

풀이

위 구조물은 다음과 같이 2개의 부분으로 분리하여 생각할 수 있고, 캔틸레버 보는 단순보에 의해 처짐이 구속된다.

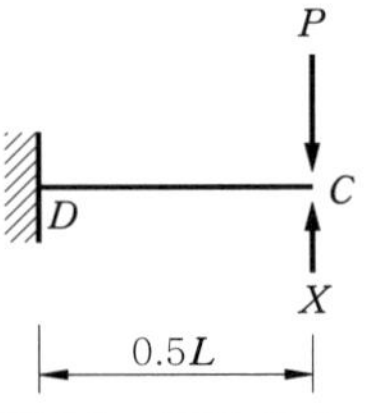

그림(a) 캔틸레버 보

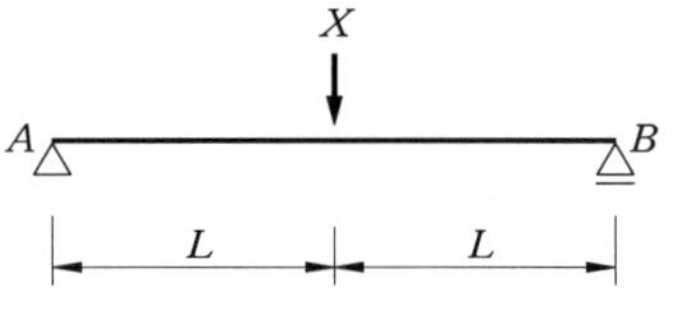

그림(b) 단순보

(1) 캔틸레버 보 CD의 휨모멘트 일반식

$$M_x = Px - Xx \qquad (0 \le x \le 0.5L)$$

(2) 단순보 AB의 휨모멘트 일반식

하중이 중앙에 작용하므로 단순보의 반력 $R_A = R_B = \dfrac{X}{2}$ 가 된다. 따라서,

$$M_x = \frac{X}{2}x \qquad (0 \le x \le L)$$

(3) 부정정여력 X

$$\frac{\partial U}{\partial X} = \frac{1}{EI}\left[\left(\int_0^{0.5L}(Px - Xx)\times(-x)dx\right) + 2\times\left(\int_0^L\left(\frac{X}{2}x\right)\times\left(\frac{1}{2}x\right)dx\right)\right] = 0$$

$$= \frac{1}{EI}\left[\left(\int_0^{0.5L}(Xx^2 - Px^2)\,dx\right) + 2\times\left(\int_0^L\left(\frac{X}{4}x^2\right)dx\right)\right] \qquad \therefore\ X = \frac{1}{5}P$$

(4) C점에서의 처짐 δ_C

$$\delta_{C_{(CANTI)}} = \frac{P(0.5L)^3}{3EI} - \frac{X(0.5L)^3}{3EI} = \frac{P(0.5L)^3}{3EI} - \frac{(1/5)P\times(0.5L)^3}{3EI} = \frac{PL^3}{30EI}$$

$$\delta_{C_{(BEAM)}} = \frac{X(2L)^3}{48EI} = \frac{(1/5)P(2L)^3}{48EI} = \frac{PL^3}{30EI} \qquad \therefore\ \delta_C = \delta_{C_{(CANTI)}} = \delta_{C_{(BEAM)}} = \frac{PL^3}{30EI}$$

예제 11.5.4

다음 그림과 같은 등분포하중 ω를 받는 길이 L인 캔틸레버 보의 자유단 B점이 스프링에 의해 지지되고 있다. 이때 C점의 반력 R_C와 B점의 처짐 δ_B을 구하라.

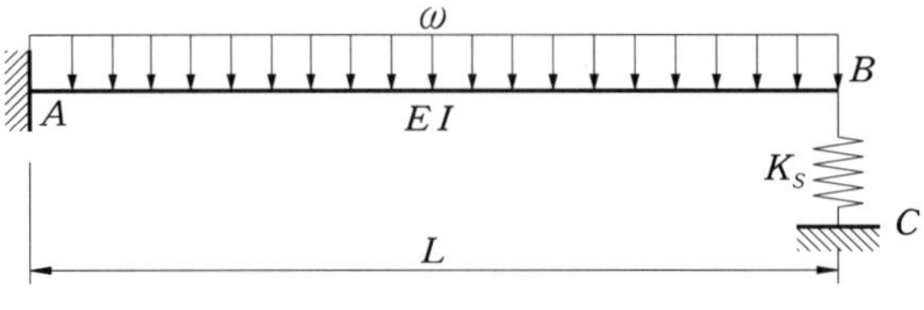

풀이

캔틸레버 보 AB는 스프링에 의한 변형이 구속되므로, 다음 그림과 같이 분리하여 생각할 수 있다.

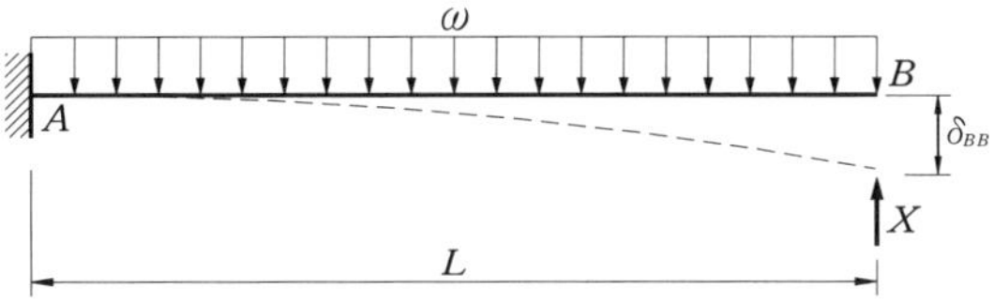

그림(a) 캔틸레버 보

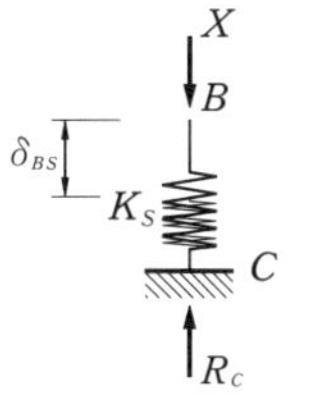

그림(b) 스프링

(1) 캔틸레버 보 AB에서의 휨모멘트 일반식 M_x

$$M_x = X \times x - \frac{1}{2}\omega x^2$$

(2) C점의 반력 R_C

힘의 평형조건에 의해 $R_C = X$가 된다. 또한 그림(a)에서 B점의 변위 δ_{BB}와 그림(b)에서 B점의 변위 δ_{BS}는 같으므로 다음과 같은 식을 통하여 X를 구한다.

$$\delta_{BB} = \frac{1}{EI}\int_0^l M_x \frac{\partial M_x}{\partial X} dx = \frac{-X}{K_S} = \delta_{BS}$$

$$\delta_{BB} - \delta_{BS} = \frac{1}{EI}\int_0^L \left(X \times x - \frac{1}{2}\omega x^2 \right) \times x \, dx + \frac{X}{K_S} = 0$$

$$= \frac{1}{EI}\left[\frac{1}{3}X x^3 - \frac{1}{8}\omega x^4 \right]_0^L + \frac{X}{K_S} = \frac{XL^3}{3EI} - \frac{\omega L^4}{8EI} + \frac{X}{K_S} = 0$$

위 식에서 $\frac{3EI}{L^3} = K_B$로 치환하여 좀 더 쉽게 정리하여 X를 구한다.

$$\therefore \; R_C = X = \frac{3\omega L}{8}\left(\frac{K_S}{K_B + K_S} \right)$$

(3) B점의 처짐 δ_B

δ_B는 스프링의 감소된 길이 δ_{BS}로 구할 수 있다.

$$\therefore \; \delta_B = \delta_{BS} = \frac{X}{K_S} = \frac{3\omega L}{8}\left(\frac{K_S}{K_B + K_S} \right) \times \frac{1}{K_S} = \frac{3\omega L}{8}\left(\frac{1}{K_B + K_S} \right)$$

예제 11.5.5

다음 그림과 같은 부정정 트러스의 반력과 부재력을 구하여라.

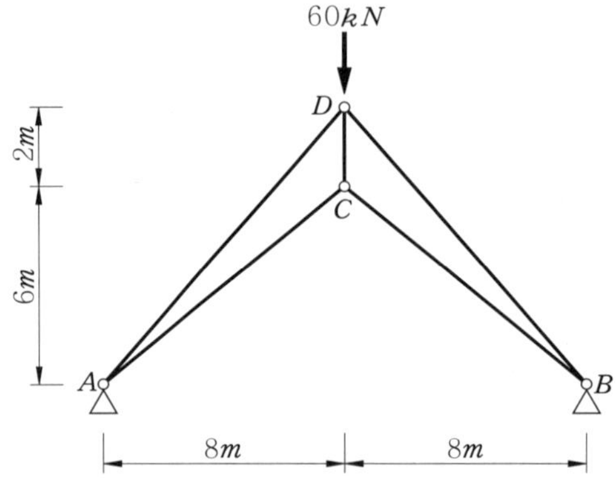

풀이

지점 B의 수평반력 H_A를 부정정여력 X로 선정하면 그림(a)와 같이 원래 주어진 하중과 부정정여력 X이 하중으로 작용하는 정정트러스로 표시할 수 있다. 이때 트러스의 부재력을 그림(b)에서 나타내었다.

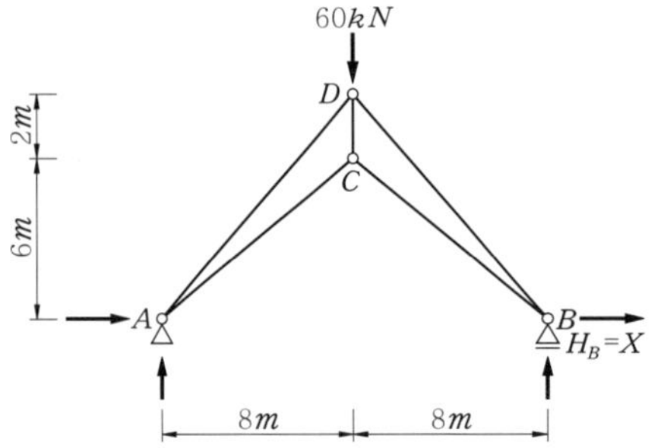

그림(a)

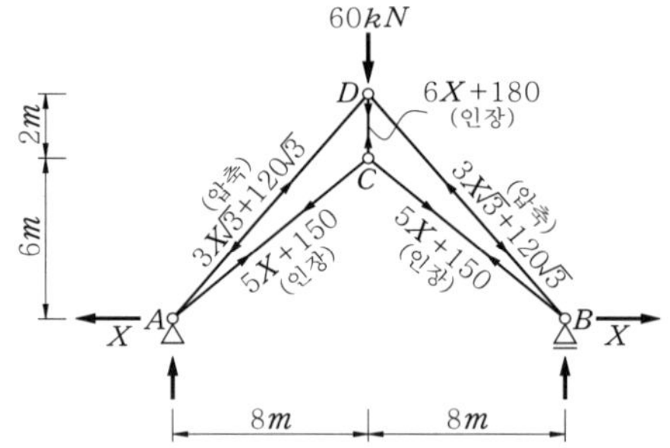

그림(b)

최소일의 방법으로 계산하면,

$\dfrac{\partial U}{\partial X_i} = \sum \dfrac{N}{EA}\left(\dfrac{\partial N}{\partial X_i}\right)L = 0$ 가 되며 각 부재에 대해 다음과 같이 정리된다.

부재명	N	$\dfrac{\partial N}{\partial X_i}$	$L(m)$	$N \cdot \dfrac{\partial N}{\partial X_i} \cdot L$
AC	$5X+150$	5	10	$250X+7500$
CB	$5X+150$	5	10	$250X+7500$
AD	$-3X\sqrt{2}-120\sqrt{2}$	$-3\sqrt{2}$	$8\sqrt{2}$	$144X\sqrt{2}+5760\sqrt{2}$
DB	$-3X\sqrt{2}-120\sqrt{2}$	$-3\sqrt{2}$	$8\sqrt{2}$	$144X\sqrt{2}+5760\sqrt{2}$
CD	$6X+180$	6	2	$72X+2160$
계		$(572+288\sqrt{2})X+17160+11520\sqrt{2}$		

$$\therefore \; \frac{\partial U}{\partial X_i} = \sum \frac{N}{EA}\left(\frac{\partial N}{\partial X_i}\right)L = \frac{(572+288\sqrt{2})X+17160+11520\sqrt{2}}{EA} = 0$$

$\therefore \; X = H_B = -34\,kN\,(\leftarrow)$

$\therefore \; H_A = 34\,kN\,(\rightarrow)$

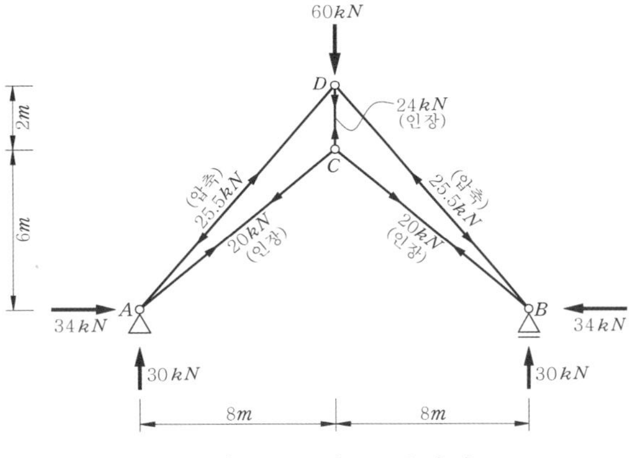

그림(c) 트러스 부재력도

예제 11.5.6

다음 그림과 같은 교차된 대각선 부재와 힌지지점을 가진 부정정 트러스의 반력과 부재력을 구하여라. (단, 모든 부재의 EA 는 $210000\,kN$ 이다.)

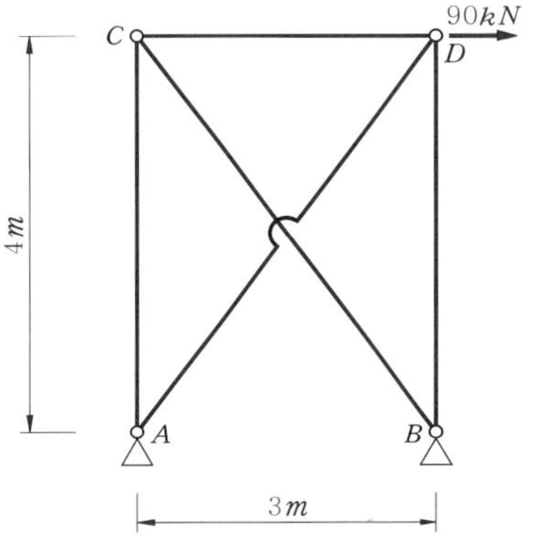

풀이

지점 A 의 수평반력 H_A 를 부정정여력 X_1 로 선정하면 그림(a)와 같은 정정트

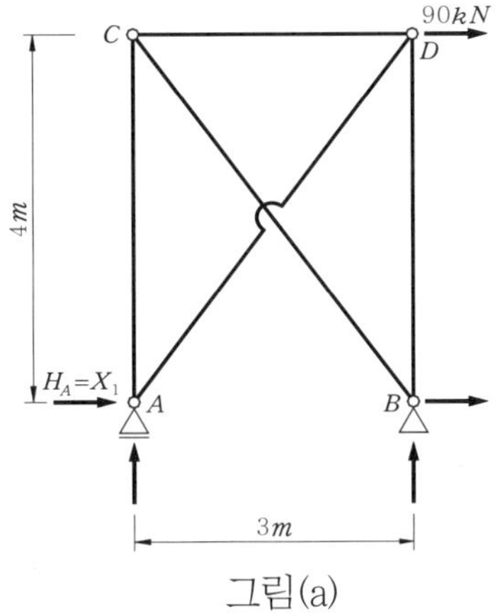

그림(a)

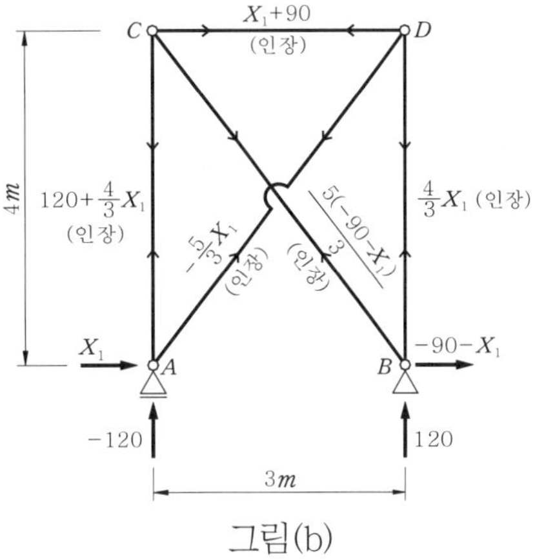

그림(b)

러스로 표시할 수 있다. 이때 트러스의 부재력을 그림(b)에서 나타내었다. 최소일의 방법으로 계산하면,

$\dfrac{\partial U}{\partial X_i} = \sum \dfrac{N}{EA}\left(\dfrac{\partial N}{\partial X_i}\right)L = 0$ 가 되며 각 부재에 대해 다음과 같이 정리된다.

부재명	N	$\dfrac{\partial N}{\partial X_i}$	$L(cm)$	$N\cdot\dfrac{\partial N}{\partial X_i}\cdot L$
AC	$120+\dfrac{4}{3}X_1$	$\dfrac{4}{3}$	400	$64000+\dfrac{6400}{9}X_1$
CD	$90+X_1$	1	300	$27000+300X_1$
BD	$\dfrac{4}{3}X_1$	$\dfrac{4}{3}$	400	$\dfrac{6400}{9}X_1$
AD	$-\dfrac{5}{3}X_1$	$-\dfrac{5}{3}$	500	$\dfrac{12500}{9}X_1$
BC	$-\dfrac{5}{3}(90+X_1)$	$-\dfrac{5}{3}$	500	$125000+\dfrac{12500}{9}X_1$
계				$216000+\dfrac{40500}{9}X_1$

$$\therefore\ \frac{\partial U}{\partial X_i} = \sum \frac{N}{EA}\left(\frac{\partial N}{\partial X_i}\right)L = \frac{1}{EA}\left(216000+\frac{40500}{9}X_1\right) = 0$$

따라서

$\therefore\ H_A = X_1 = -48\,kN\ (\leftarrow)$

(부호가 음수이므로 좌향임.)

구조물의 평형방정식에 의하여

$\Sigma H = H_A + H_B + 90 = 0$ 이므로

$\therefore\ H_B = -42\,kN\ (\leftarrow)$

(부호가 음수이므로 좌향임.)

$\Sigma M_A = 90\times 4 - R_B\times 3 = 0$ 이므로

$\therefore\ R_B = 120\,kN\,(\uparrow)$

$\therefore\ R_A = -R_B = -120\,kN\,(\downarrow)$

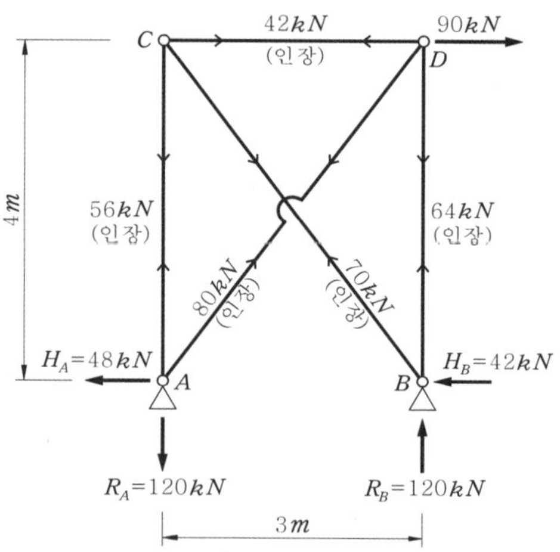

그림(c) 트러스 부재력도

◆ ◆ ◆ ◆ ◆ ◆

◈ 연 습 문 제 ◈

11.5.1 다음 그림과 같은 1차 부정정 보의 각점에서의 반력 R_A, R_B, M_A 를 구하고 단면력도를 구하시오.

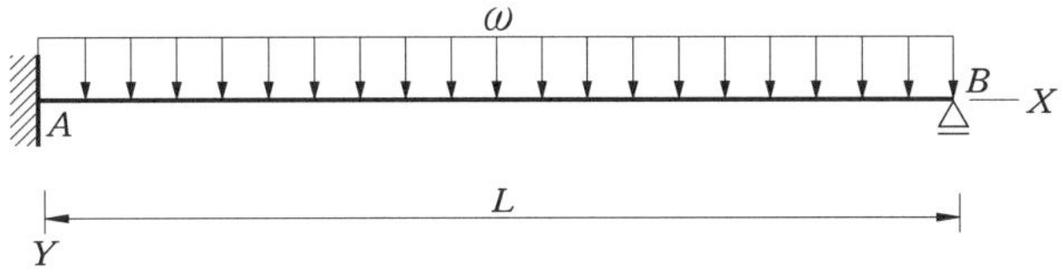

11.5.2 다음 그림은 캔틸레버 보와 트러스의 합성구조물이다. 이 구조물에서 다음을 구하시오.

① 캔틸레버 보의 고정단 모멘트 M_A ② 트러스의 부재력 N_{BC} 및 N_{BD}

③ B 점의 수직처짐 δ_B

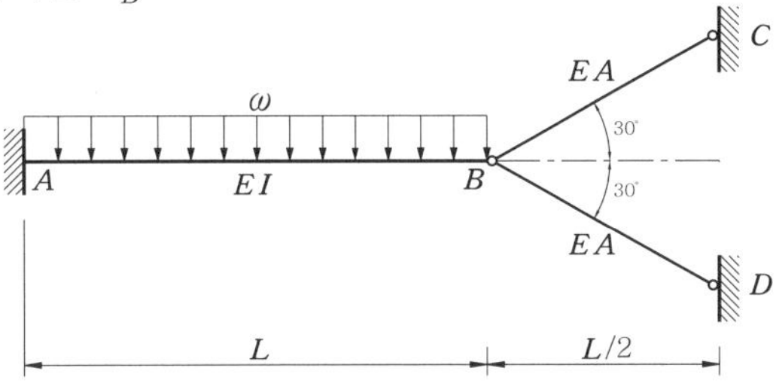

11.5.3 다음 그림과 같은 격자보의 반력 및 교차점의 처짐 δ_C 를 구하여라. (단, $E = 205000\,MPa$ 이고, $I = 23700\,cm^4$ 으로 모든 부재가 동일하다.)

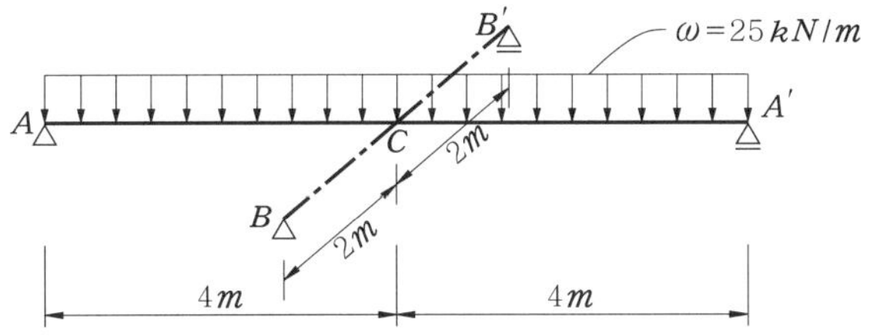

11.5.4 다음 그림과 같은 부정정 트러스의 반력과 부재력을 구하여라.

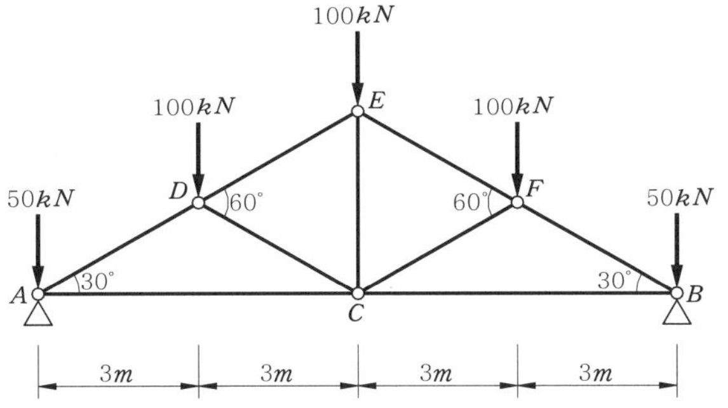

11.6 수평하중을 받는 다층라멘의 근사해법

수평하중을 받는 다층라멘의 근사적인 해석법으로 잘 알려진 포탈법(Portal Method)과 캔틸레버법(Cantilever Method)에 대하여 알아보도록 한다.

이 두 근사해법은 모든 기둥과 보의 중심에 변곡점이 존재한다는 가정 하에 성립되며, 다만 차이점은 보 전단력의 상대적 크기를 부여하는 방법에 있다.

또한 이 두 근사해법은 해석에 있어서 골조를 구성하는 부재의 단면성능이나 재료의 역학적 성질이 필요하지 않는다.

11.6.1 포탈법 (Portal Method)

포탈법(Portal Method)은 1915년 Albert Smith에 의하여 제안된 근사해법으로, 수평하중으로 인한 같은 층에서의 보의 전단력은 모두 같다고 가정한다.

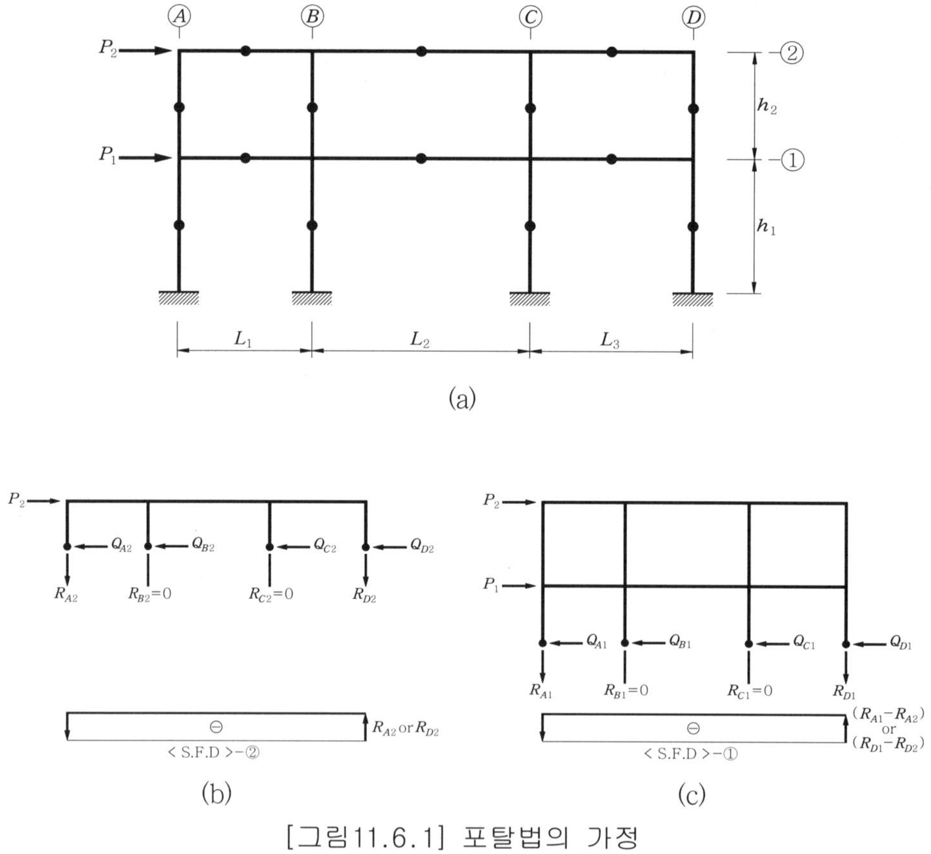

[그림11.6.1] 포탈법의 가정

[그림11.6.1](a)는 3경간, 2층의 라멘으로, Ⓐ, Ⓑ, Ⓒ, Ⓓ는 기둥선을, ①, ②는 보선을 나타낸다.

그림(b)는 꼭대기에서 2층기둥의 변곡점인 중간까지의 골조의 자유물체도를, 그림(c)는 꼭대기에서 1층기둥의 변곡점인 중간까지의 골조의 자유물체도를 보여주고 있다.

[그림11.6.1]을 보면, 각 층의 보선에 따라 전단력이 일정하다는 기본적인 가정에서 의하여 다음과 같은 추론이 성립된다.

① 수평하중으로 인하여 외부기둥에는 같은 크기의 반력, 즉 압축력과 인장력이 작용하며, 내부기둥에는 반력이 없다.
② 보의 재단모멘트는 수직전단력(V)과 보 경간(L)의 $1/2$ 과의 곱, 즉 $VL/2$ 이 되며, 보 경간 L_1, L_2, L_3 에 비례한다.
③ 기둥의 재단모멘트는 각 기둥이 지지하는 보의 길이, 즉 L_1, L_1+L_2, L_2+L_3, L_3 또는 $L_1/2$, $(L_1+L_2)/2$, $(L_2+L_3)/2$, $L_3/2$ 에 비례한다.
④ 층마다 각 기둥의 수평전단력은 그 기둥이 지지하는 보 길이의 비, 즉 $L_1/2$, $(L_1+L_2)/2$, $(L_2+L_3)/2$, $L_3/2$ 에 비례한다.

상기 ④번의 추론은 [그림11.6.2]에 나타낸 바와 같이 전체수평하중이 각 층 4개의 기둥에 $L_1/2$, $(L_1+L_2)/2$, $(L_2+L_3)/2$, $L_3/2$ 의 비율로 분배됨을 의미한다. 만약 보의 경간이 동일하다면 내부기둥의 수평전단력은 외부기둥의 수평전단력의 2 배가 된다.

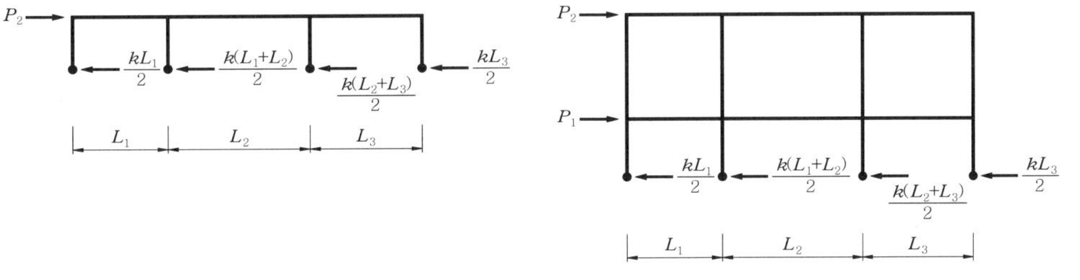

(a) 2층기둥의 수평전단력 (b) 1층기둥의 수평전단력

[그림11.6.2] 포탈법에서의 기둥의 수평전단력 분배

포탈법(Portal Method)의 해석순서를 정리해 보면 다음과 같다.

① 외부기둥의 반력 산정 : [그림11.6.1](b), (c)와 같이 각각의 자유물체의 모멘트방정식을 이용하여 각 층 외부기둥의 반력을 다음과 같이 계산한다.

$$\text{수평력} \times \frac{\text{층고}}{2} = \text{외부기둥의 반력} \times \text{양측 외부기둥의 상호거리} \qquad (11.6.1)$$

② 보의 단면력 산정 : 외부기둥의 반력이 각 층의 보의 전 경간(Span)에 걸쳐 동일한 전단력으로 작용한다고 가정되었기 때문에 보의 전단력과 휨모멘트를 구할 수 있다.
외부기둥의 반력으로 보의 일정한 수직전단력(V)을 구한 후, 수직전단력(V)에 보 경간(L)의 $1/2$ 을 곱함으로써 각 보의 부재축을 따라서 시계방

향의 보의 재단모멘트(M_{ij})를 구한다. 즉 $M_{ij} = VL/2$ 이다.

③ 기둥의 재단모멘트 산정 : 절점방정식에서 어떤 절점에 외력으로서의 모멘트가 작용하지 않을 때, 그 절점에 모인 각 부재의 재단모멘트의 총합은 '0' 이다. 따라서 같은 절점에서 시계방향의 보의 재단모멘트의 대수적 합계는 반시계방향의 기둥의 재단모멘트의 대수적 합계와 같다는 조건을 사용하여 기둥의 재단모멘트를 구한다.

④ 기둥의 전단력 산정 : 각 기둥의 재단모멘트를 각 층 높이의 1/2로 나눔으로써 각 기둥의 전단력을 구한다.

⑤ 같은 층 기둥에서의 수평저항 전단력의 합계가 그 층 위에 있는 전체수평하중과 같음을 검토한다.

한편 앞의 순서와는 반대로, 처음에 기둥의 수평전단력과 재단모멘트를 구하고, 이후 절점방정식을 사용하여 보의 재단모멘트와 전단력을 구할 수도 있다.

◆ ◆ ◆ ◆ ◆ ◆

예제 11.6.1

다음과 같이 수평하중을 받는 다층 라멘의 단면력을 포탈법으로 구하여라.

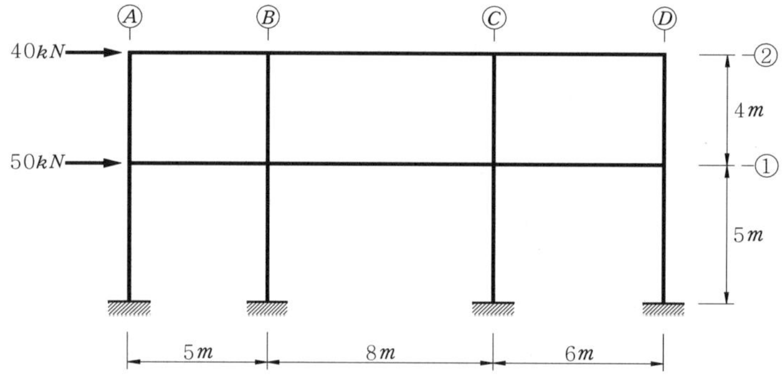

풀이

(1) 외부 기둥의 축력

포탈법에서는 각 보선을 따라 전단력이 일정하므로 내부 기둥에서는 축력이 없고, 외부 기둥에는 같은 크기의 인장력과 압축력이 있다.

그림(a), 그림(b)와 같이 2층, 1층 기둥의 변곡점인 중간점까지의 자유물체도를 그리고, 모멘트방정식을 이용하여 외부 기둥의 축력을 구한다.

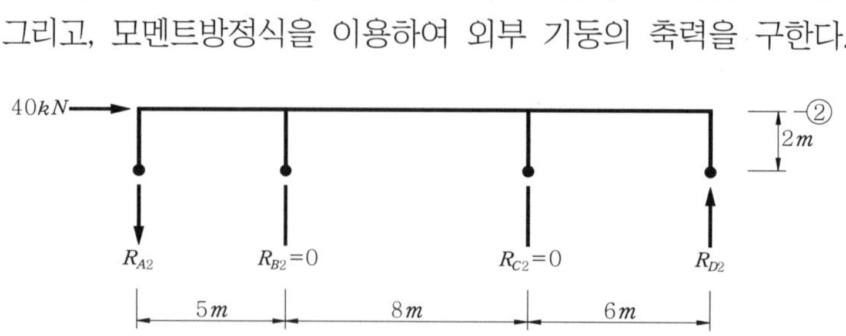

그림(a)

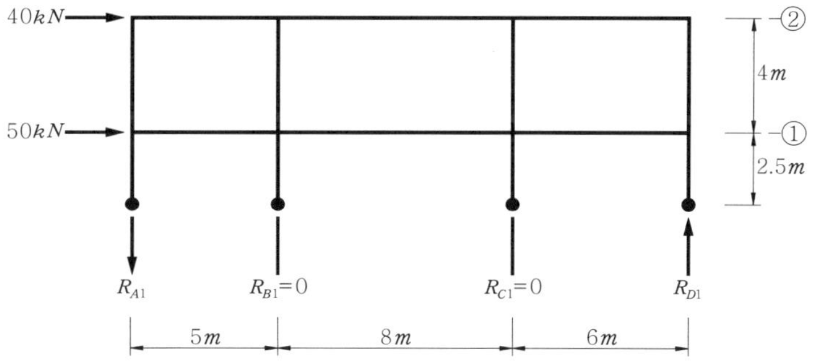

그림(b)

그림(a)에서

$40\,kN \times 2\,m = R_{D2} \times 19\,m$ $\therefore\ R_{D2} = 4.21\,kN\,(\uparrow),\ \ R_{A2} = 4.21\,kN\,(\downarrow)$

그림(b)에서

$(40\,kN \times 6.5\,m) + (50\,kN \times 2.5\,m) = R_{D1} \times 19\,m$

$\therefore\ R_{D1} = 20.26\,kN\,(\uparrow),\ \ R_{A1} = 20.26\,kN\,(\downarrow)$

(2) 보의 전단력과 휨모멘트

보선2의 전단력은 : $R_{A2} = -4.21\,kN$

보선1의 전단력은 : $(R_{A1} - R_{A2}) = -(20.26 - 4.21) = -16.05\,kN$

그리고 보의 전단력과 휨모멘트의 관계에서 $\dfrac{M_1 + M_2}{L} = V$ 이고,

이때 $M_1 = M_2$ 이므로 $M = \dfrac{VL}{2}$ 이다.

따라서 그림(c), 그림(d)와 같이 보의 전단력과 휨모멘트를 나타낼 수 있다.

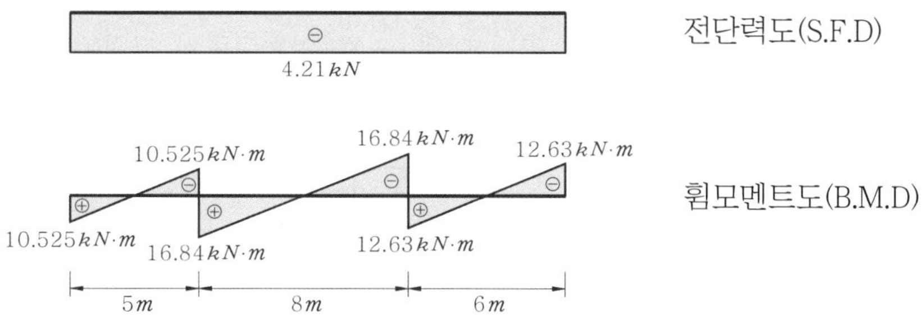

그림(c) 보선2의 전단력과 휨모멘트

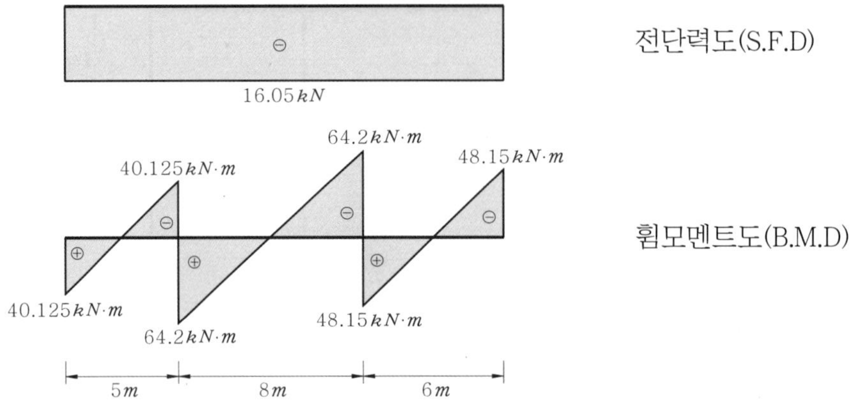

그림(d) 보선1의 전단력과 휨모멘트

(3) 기둥의 휨모멘트

위에서 구한 보의 재단모멘트를 이용하여 각 절점에서의 재단모멘트 대수합은 '0' 이라는 절점방정식을 세워 그림(e)와 같은 기둥의 휨모멘트를 구하였다.

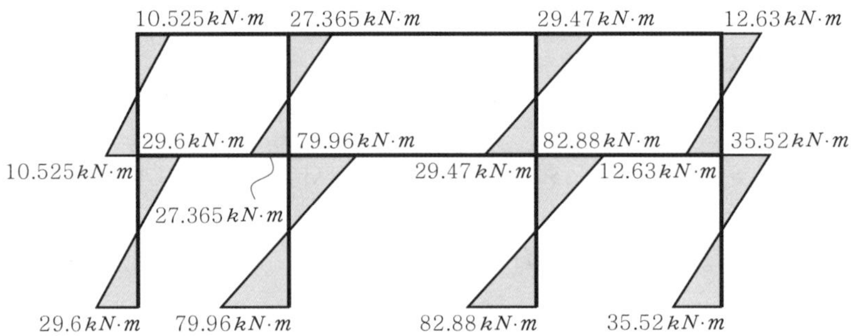

그림(e) 기둥의 휨모멘트

(4) 기둥의 전단력

각 기둥의 재단모멘트를 각 층 높이의 $\frac{1}{2}$ 로 나눔으로써 그림(f)와 같이 각 기둥의 전단력을 구하였다.

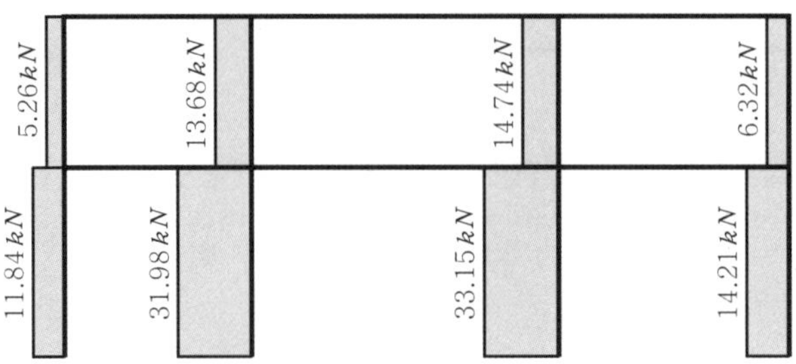

그림(f) 기둥의 전단력

◆ ◆ ◆ ◆ ◆ ◆

11.6.2 캔틸레버법 (Cantilever Method)

캔틸레버법(Cantilever Method)은 1908년 A.C. Wilson에 의하여 제안된 근사해법으로, 수평하중으로 인한 기둥의 반력은 모든 기둥단면이 같다고 생각하고 구한 기둥 중심선으로부터의 각 거리에 비례하며, 기둥 중심선을 기준으로 한 쪽의 기둥에는 압축반력이, 다른 쪽에서는 인장반력이 작용한다는 가정이 주어진다.

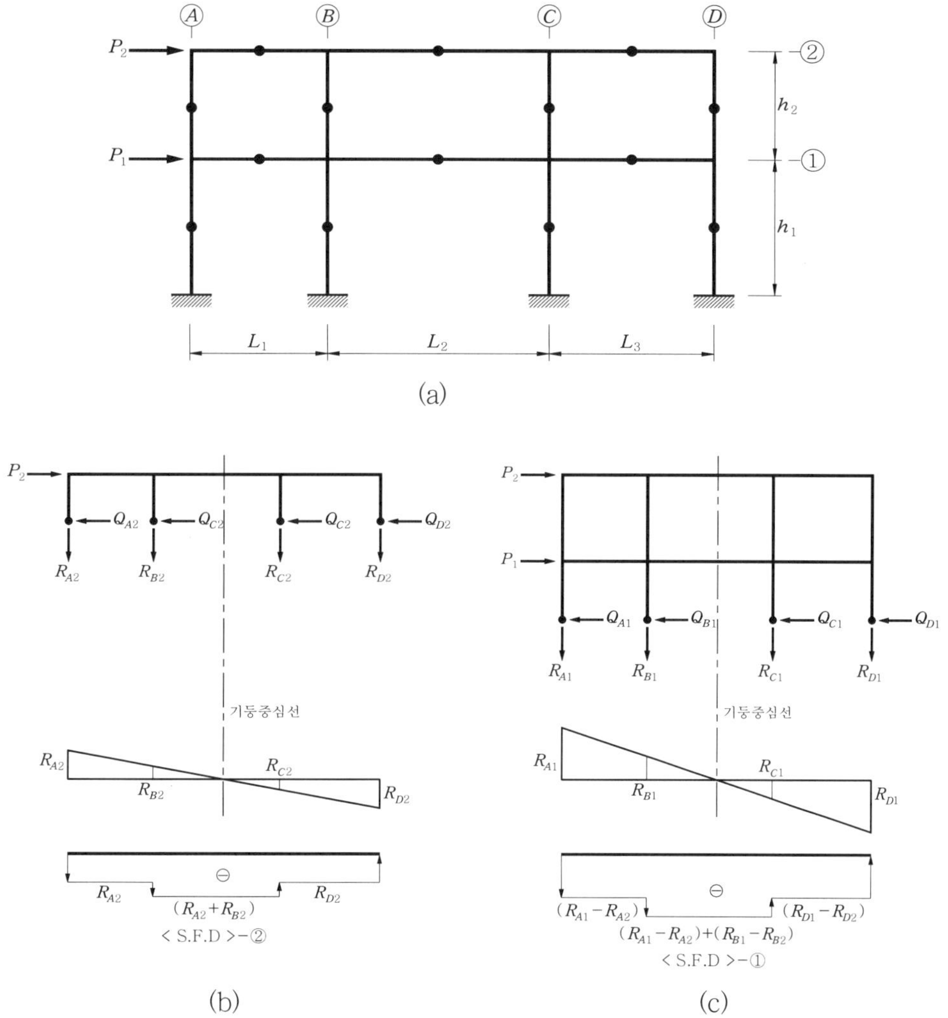

[그림11.6.3] 캔틸레버법의 가정

[그림11.6.3](a)는 포탈법에서 예로 사용했던 [그림11.6.1](a)와 같은 3경간, 2층의 라멘이다. 그림(b)는 꼭대기에서 2층기둥의 변곡점인 중간까지의 골조의 자유물체도를, 그림(c)는 꼭대기에서 1층기둥의 변곡점인 중간까지의 골조의 자유물체도를 보여주고 있다.

그림(b)와 (c)를 보면, 기둥 중심선을 기준으로 양쪽 각 기둥까지의 거리에 비례하여 기둥의 반력이 결정됨을 알 수 있다. 따라서 포탈법에 비하여 내부기둥에 반력이 생기고, 기둥사이의 보 경간에 작용하는 수직전단력이 구간별로 일정한 값을 유지하고 있다.

포탈법에서 같은 층의 보에 작용하는 수직전단력이 모두 일정한 것과는 대조적으로 캔틸레버법에서는 중간 경간의 보에서 수직전단력이 최대가 된다. 또한 모든 층에서 보에 작용하는 수직전단력의 상대적 크기는 같다.

캔틸레버법(Cantilever Method)의 해석순서를 정리해 보면 다음과 같다.

① 기둥단면 중심선 위치 산정 : 모든 기둥단면이 동일하다고 가정하고, 기둥단면 중심선의 위치를 구한다.

② 기둥의 반력 산정 : [그림11.6.3](b), (c)와 같이 각각의 자유물체의 모멘트 방정식을 이용하여 각 층 기둥의 반력을 계산한다. 이때 기둥 중심선을 기준으로 수평력이 작용하는 쪽의 기둥은 인장반력이, 그 반대쪽의 기둥은 압축반력이 작용하며, 각 기둥의 반력은 기둥 중심선에서부터 거리에 비례한다.

③ 보의 단면력 산정 : [그림11.6.3](b), (c)와 같이 기둥의 반력으로부터 전단력선도를 도식화하고, 이것으로부터 시계방향의 보의 재단모멘트를 구한다.

④ 기둥의 재단모멘트 산정 : 같은 절점에서 시계방향의 보의 재단모멘트의 대수적 합계는 반시계방향의 기둥의 재단모멘트의 대수적 합계와 같다는 절점방정식을 이용하여 기둥의 재단모멘트를 구한다.

⑤ 기둥의 전단력 산정 : 각 기둥의 재단모멘트를 각 층 높이의 1/2로 나눔으로써 각 기둥의 전단력을 구한다.

⑥ 같은 층 기둥에서의 수평저항 전단력의 합계가 그 층 위에 있는 전체수평하중과 같음을 검토한다.

한편 캔틸레버법에서도 포탈법에서와 마찬가지로, 앞의 순서와 반대로 처음에 기둥의 수평전단력과 재단모멘트를 구하고, 이후 절점방정식을 사용하여 보의 재단모멘트와 전단력을 구할 수 있다.

◆ ◆ ◆ ◆ ◆ ◆

예제 11.6.2

다음과 같이 수평하중을 받는 다층 라멘의 단면력을 캔틸레버법으로 구하여라.

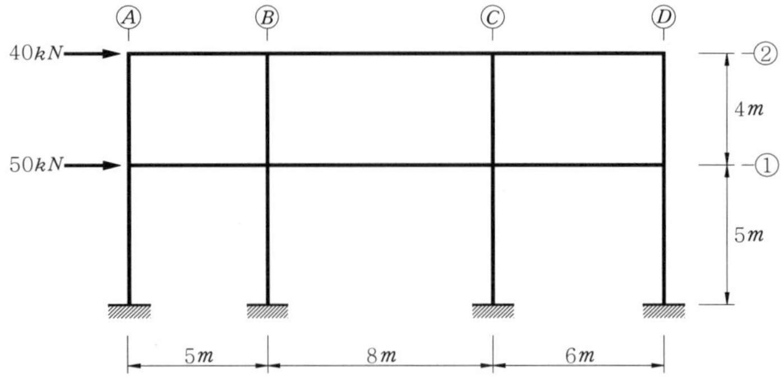

풀이

(1) 기둥의 중심선 계산

모든 기둥의 면적을 '1' 이라 가정하고, Ⓐ열 기둥에서부터 기둥중심까지의 거리를 x 라 하면, $x = \dfrac{1\times 0+1\times 5+1\times 13+1\times 19}{4} = 9.25$

(2) 각 층 기둥의 축력

축력은 중심선 좌측 기둥에서는 인장이고 중심선 우측에서는 압축이며 각각은 기둥 중심선으로 부터의 거리의 상수배와 같다.

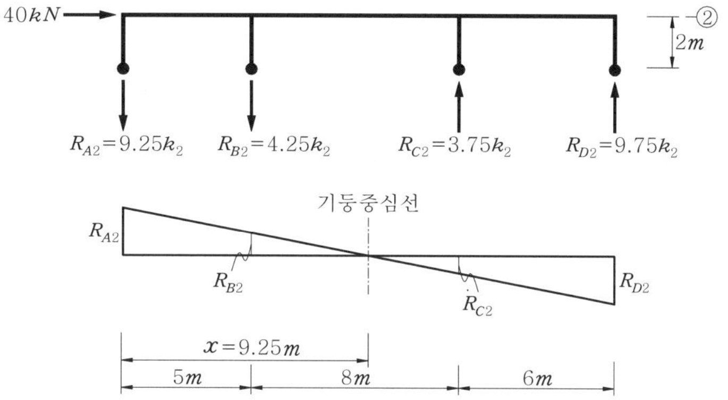

그림(a)

그림(a)의 자유물체도를 이용하여 기둥의 중심선을 축으로 모멘트를 취하면

$40\times 2 = k_2(9.25^2+4.25^2+3.75^2+9.75^2)$ $\quad\therefore\ k_2 = 0.376$

따라서, $R_{A2} = 3.478\,kN$, $R_{B2} = 1.598\,kN$, $R_{C2} = 1.41\,kN$, $R_{D2} = 3.666\,kN$

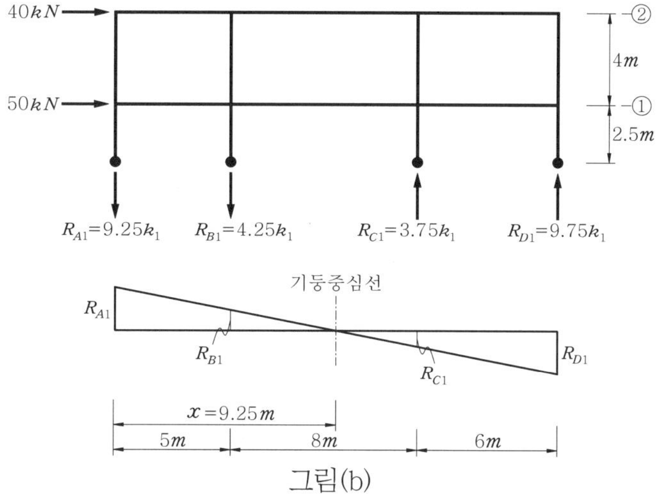

그림(b)

그림(b)의 자유물체도를 이용하여 기둥의 중심선을 축으로 모멘트를 취하면

$(40\times 6.5)+(50\times 2.5) = k_1(9.25^2+4.25^2+3.75^2+9.75^2)$ $\quad\therefore\ k_2 = 1.8096$

따라서 $R_{A1} = 16.739$, $R_{B1} = 7.691$, $R_{C1} = 6.786$, $R_{D1} = 17.644$

(3) 보의 전단력과 휨모멘트

기둥의 축력을 이용하여 보의 전단력을 구하고, 보의 전단력과 휨모멘트의 관계에서 $\dfrac{M_1 + M_2}{L} = V$ 이고, 이때 $M_1 = M_2$ 이므로 $M = \dfrac{VL}{2}$ 이다.

따라서 보선2의 전단력과 휨모멘트를 그림(c)와 같이 나타낼 수 있다.

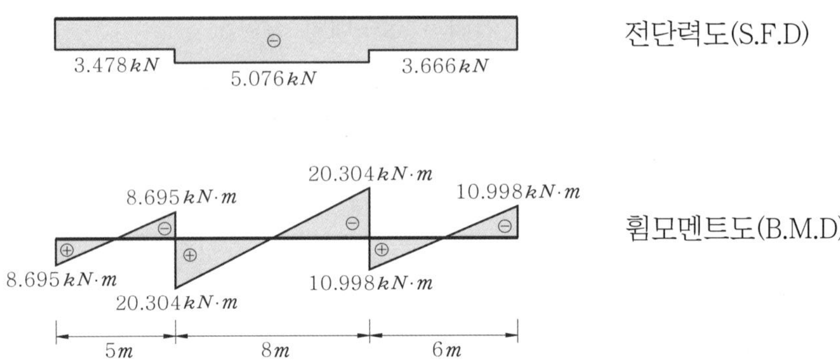

그림(c) 보선2의 전단력과 휨모멘트

마찬가지로 보선1의 전단력과 휨모멘트를 그림(d)와 같이 나타낼 수 있다.

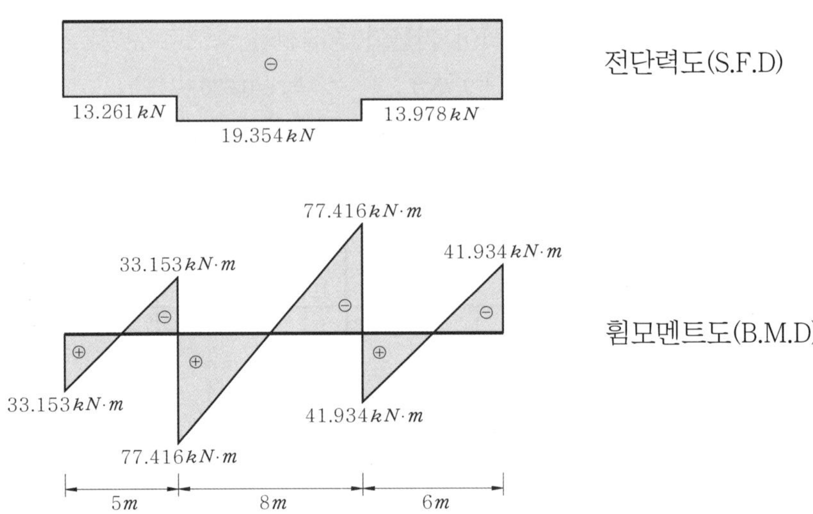

그림(d) 보선1의 전단력과 휨모멘트

(4) 기둥의 휨모멘트

위에서 구한 보의 재단모멘트를 이용하여 각 절점에서의 재단모멘트 대수합은 '0' 이라는 절점방정식을 세워 그림(e)와 같은 기둥의 휨모멘트를 구하였다.

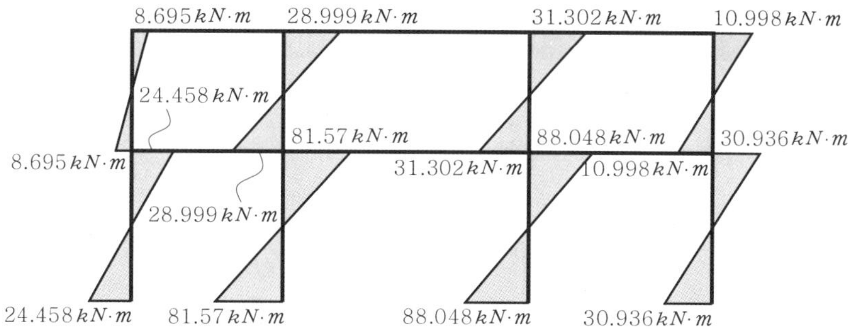

그림(e) 기둥의 휨모멘트

(5) 기둥의 전단력

각 기둥의 재단모멘트를 각 층 높이의 $\frac{1}{2}$ 로 나눔으로써 그림(f)와 같이 각 기둥의 전단력을 구하였다.

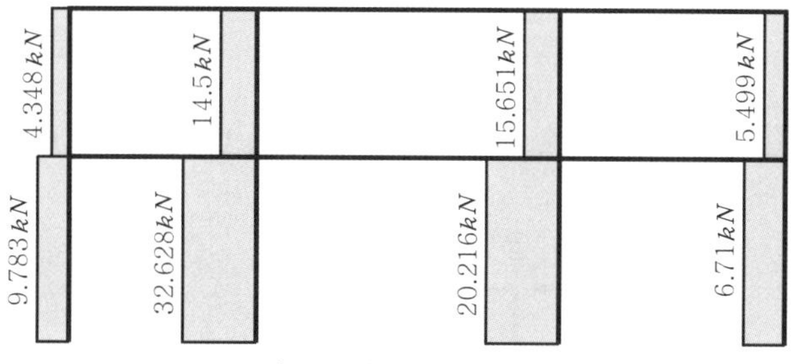

그림(f) 기둥의 전단력

◆ ◆ ◆ ◆ ◆ ◆

◈ 연 습 문 제 ◈

11.6.1 다음과 같이 수평하중을 받는 다층 라멘의 단면력을 포탈법으로 구하여라.

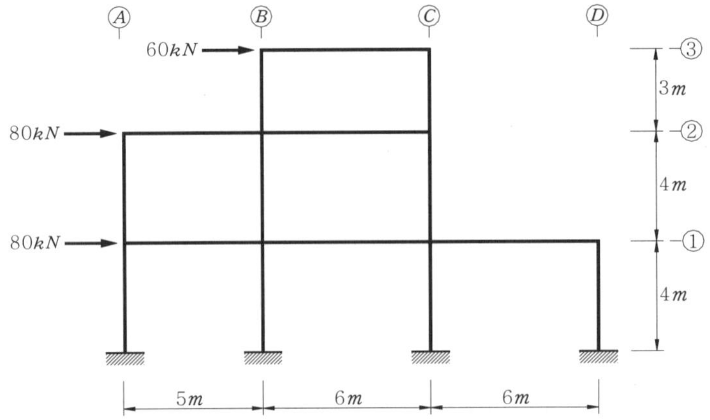

11.6.2 다음과 같이 수평하중을 받는 다층 라멘의 단면력을 캔틸레버법으로 구하여라.

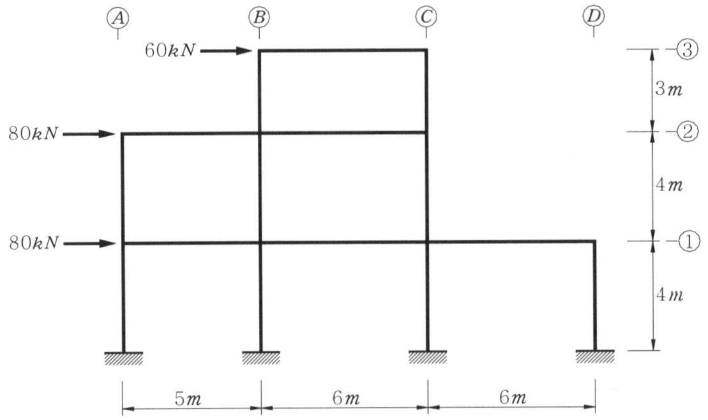

11.6.3 다음과 같이 수평하중을 받는 다층 라멘의 단면력을 포탈법으로 구하여라.

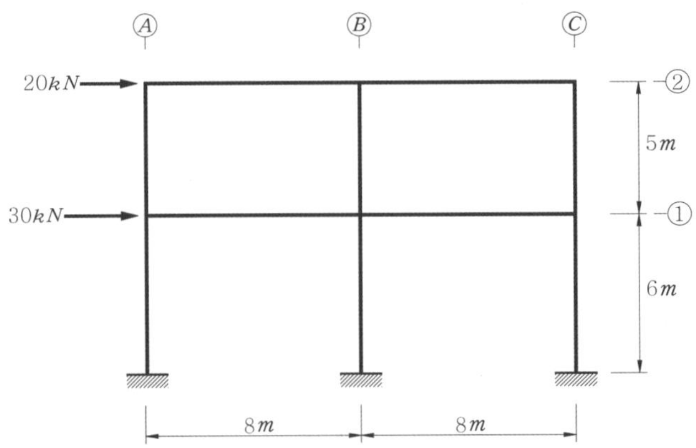

◈ 부 록 ◈

A. 그리스 문자

소문자	대문자	명 칭	소문자	대문자	명 칭
α	A	alpha(알파)	ν	N	nu(뉴)
β	B	beta(베타)	ξ	Ξ	ksi(크사이)
γ	Γ	gamma(감마)	o	O	omicron(오미크론)
δ	Δ	delta(델타)	π	Π	pi(파이)
ϵ	E	epsilon(입실론)	ρ	P	rho(로우)
ζ	Z	zeta(제타)	σ	Σ	sigma(시그마)
η	H	eta(에타)	τ	T	tau(타우)
θ	Θ	theta(쎄타)	υ	Y	upsilon(윱실론)
ι	I	iota(이오타)	ϕ	Φ	phi(파이)
κ	K	kappa(카파)	χ	X	chi(카이)
λ	Λ	lambda(람다)	ψ	Ψ	psi(프사이)
μ	M	mu(뮤)	ω	Ω	omega(오메가)

B. SI단위 접두어

접두어	기 호	승 수
tera	T	10^{12} = 1 000 000 000 000
giga	G	10^{9} = 1 000 000 000
mega	M	10^{6} = 1 000 000
kilo	k	10^{3} = 1 000
hecto	h	10^{2} = 100
deka	da	10^{1} = 10
deci	d	10^{-1} = 0.1
centi	c	10^{-2} = 0.01
milli	m	10^{-3} = 0.001
micro	μ	10^{-6} = 0.000 001
nano	n	10^{-9} = 0.000 000 001
pico	p	10^{-12} = 0.000 000 000 001

C. 단위환산표

(a) 길이의 단위

기준 \ 환산	mm (Millimeter)	cm (Centimeter)	m (Meter)	in (Inch)	ft (Foot)	yd (Yard)
mm	1	0.1	0.001	0.03937	0.0032808	0.0010936
cm	10	1	0.01	0.3937	0.032808	0.010936
m	1000	100	1	39.37	3.28083	1.0936
in	25.4	2.54	0.0254	1	0.0833	0.02778
ft	304.8	30.48	0.3048	12	1	0.333
yd	914.4	91.44	0.9144	36	3	1

※ 기준 단위를 환산 단위로 바꾸려면 기준 단위에 해당 칸의 숫자를 곱한다.

(b) 힘의 단위

기준 \ 환산	N	dyn	tf	kgf	lbf
N	1	1×10^{5}	1.02×10^{-4}	1.02×10^{-1}	2.248×10^{-1}
dyn	1×10^{-5}	1	1.02×10^{-9}	1.02×10^{-6}	2.248×10^{-6}
tf	9.807×10^{3}	9.807×10^{8}	1	1×10^{3}	2.205×10^{3}
kgf	9.807	9.807×10^{5}	1×10^{-3}	1	2.205
lbf	4.448	4.448×10^{5}	4.536×10^{-4}	4.536×10^{-1}	1

※ 기준 단위를 환산 단위로 바꾸려면 기준 단위에 해당 칸의 숫자를 곱한다.

(c) 응력의 단위

기준 \ 환산	kPa $(=10^3Pa)$	MPa $(=N/mm^2)$	kgf/mm^2	kgf/cm^2	psi $(=lbf/in^2)$
kPa	1	1×10^{-3}	1.01972×10^{-4}	1.01972×10^{-2}	1.4504×10^{-1}
MPa	1×10^{3}	1	1.01972×10^{-1}	1.01972×10^{1}	1.4504×10^{2}
kgf/mm^2	9.80665×10^{3}	9.80665	1	1×10^{2}	1.4223×10^{3}
kgf/cm^2	9.80665×10^{1}	9.80665×10^{-2}	1×10^{-2}	1	1.4223×10^{1}
psi	6.89476	6.89476×10^{-3}	7.031×10^{-4}	7.031×10^{-2}	1

※ 기준 단위를 환산 단위로 바꾸려면 기준 단위에 해당 칸의 숫자를 곱한다.

D. 평면도형의 단면성능

* NOTE

$A=$ 면적

$\bar{x}$, $\bar{y}=$ 도심까지의 거리

I_x , $I_y=$ 각각 x , y 축에 대한 단면2차모멘트

$I_{xy}=$ x , y 축에 대한 단면상승모멘트

$I_{BB}=$ $B-B$ 축에 대한 단면2차모멘트

평면도형	단 면 성 능
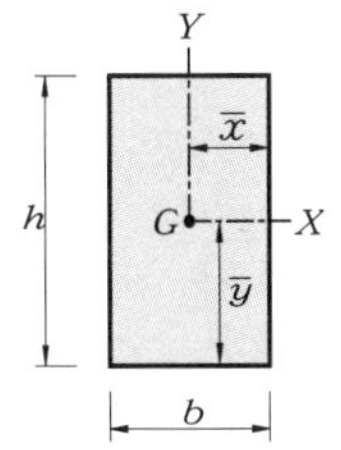	$A=bh$ $\bar{x}=\frac{b}{2}$ $\bar{y}=\frac{h}{2}$ $I_x=\frac{bh^3}{12}$ $I_y=\frac{bh^3}{12}$ $I_{xy}=0$ $I_P=\frac{bh}{12}(h^2+b^2)$
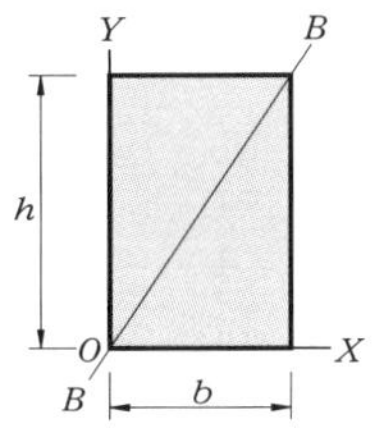	$I_x=\frac{bh^3}{3}$ $I_y=\frac{bh^3}{3}$ $I_{xy}=\frac{b^2h^2}{4}$ $I_P=\frac{bh}{3}(h^2+b^2)$ $I_{BB}=\frac{b^3h^3}{6(b^2+h^2)}$
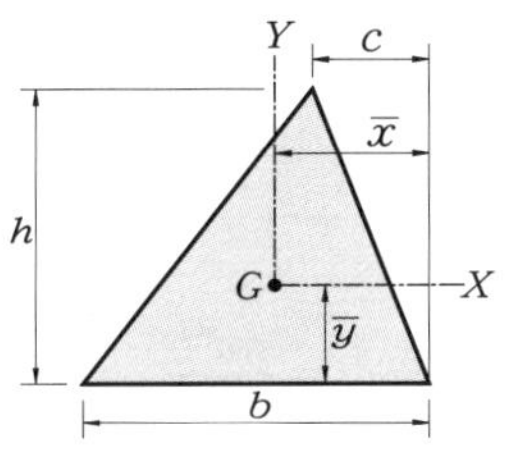	$A=\frac{bh}{2}$ $\bar{x}=\frac{b+c}{3}$ $\bar{y}=\frac{h}{3}$ $I_x=\frac{bh^3}{36}$ $I_y=\frac{bh}{36}(b^2-bc+c)$ $I_{xy}=\frac{bh^2}{72}(b-2c)$ $I_P=\frac{bh}{36}(h^2+b^2-bc+c^2)$
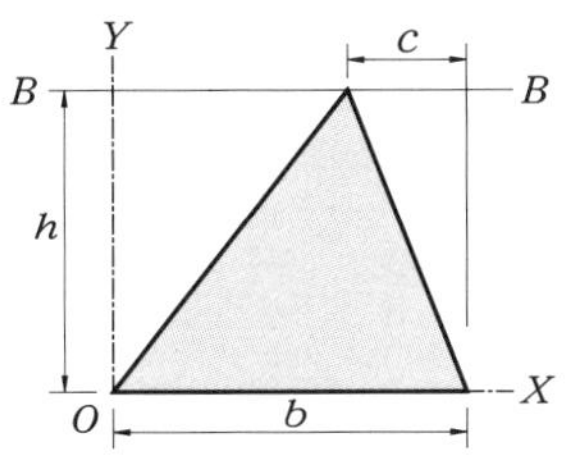	$I_x=\frac{bh^3}{12}$ $I_y=\frac{bh^3}{12}(3b^2-3bc+c^2)$ $I_{xy}=\frac{bh^2}{24}(3b-2c)$ $I_{BB}=\frac{bh^3}{4}$
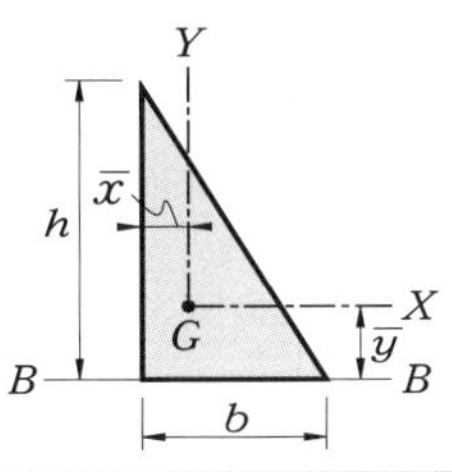	$A=\frac{bh}{2}$ $\bar{x}=\frac{b}{3}$ $\bar{y}=\frac{h}{3}$ $I_x=\frac{bh^3}{36}$ $I_y=\frac{hb^3}{36}$ $I_{xy}=-\frac{b^2h^2}{72}$ $I_P=\frac{bh}{36}(h^2+b^2)$ $I_{BB}=\frac{bh^3}{12}$

평면도형	단 면 성 능
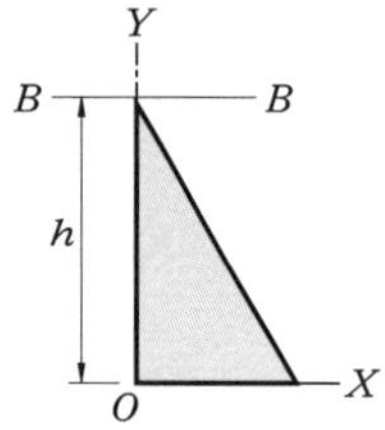	$I_x = \dfrac{bh^3}{12}$ $I_y = \dfrac{hb^3}{12}$ $I_{xy} = -\dfrac{b^2h^2}{24}$ $I_P = \dfrac{bh}{12}(h^2+b^2)$ $I_{BB} = \dfrac{bh^3}{4}$
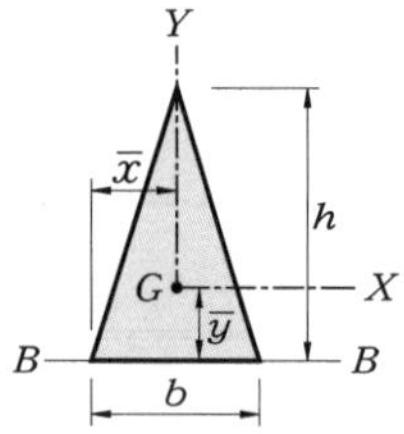	$A = \dfrac{bh}{2}$ $\bar{x} = \dfrac{b}{2}$ $\bar{y} = \dfrac{h}{3}$ $I_x = \dfrac{bh^3}{36}$ $I_y = \dfrac{hb^3}{48}$ $I_{xy} = 0$ $I_P = \dfrac{bh}{144}(4h^2+3b^2)$ $I_{BB} = \dfrac{bh^3}{12}$
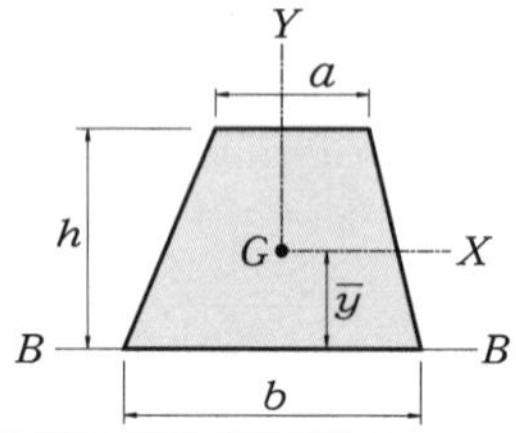	$A = \dfrac{h(a+b)}{2}$ $\bar{y} = \dfrac{h(2a+b)}{3(a+b)}$ $I_x = \dfrac{h^3(a^2+4ab+b^2)}{36(a+b)}$ $I_{BB} = \dfrac{h^3(3a+b)}{12}$
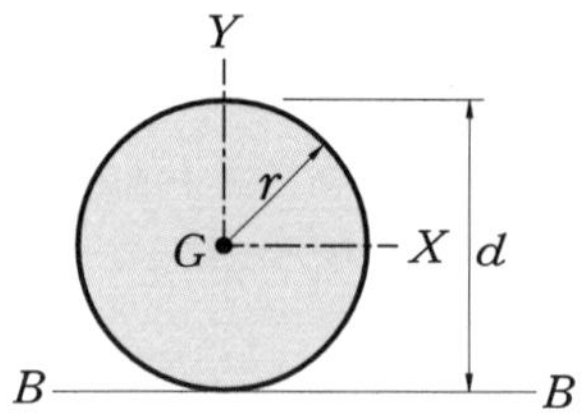	$A = \pi r^2 = \dfrac{\pi d^2}{4}$ $I_x = I_y = \dfrac{\pi r^4}{4} = \dfrac{\pi d^4}{64}$ $I_{BB} = \dfrac{5\pi d^4}{64} = \dfrac{5\pi r^4}{4}$ $I_{xy} = 0$ $I_P = \dfrac{\pi d^4}{32} = \dfrac{\pi r^4}{2}$
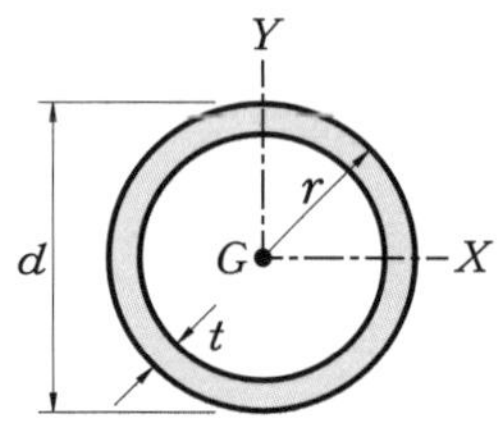	$A = 2\pi rt = \pi dt$ $I_x = I_y = \pi r^3 t = \dfrac{\pi d^3 t}{8}$ $I_{xy} = 0$ $I_P = 2\pi r^3 t = \dfrac{\pi d^3 t}{4}$
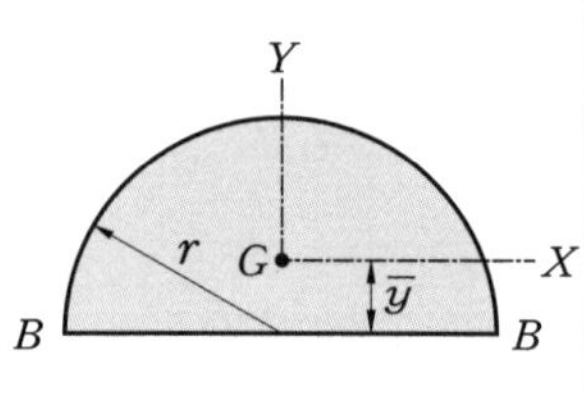	$A = \dfrac{\pi r^2}{2}$ $\bar{y} = \dfrac{4r}{3\pi}$ $I_x = \dfrac{(9\pi^2-64)r^4}{72\pi}$ $I_y = \dfrac{\pi r^4}{8}$ $I_{xy} = \dfrac{bh^2}{72}(b-2c)$ $I_{BB} = \dfrac{\pi r^4}{8}$
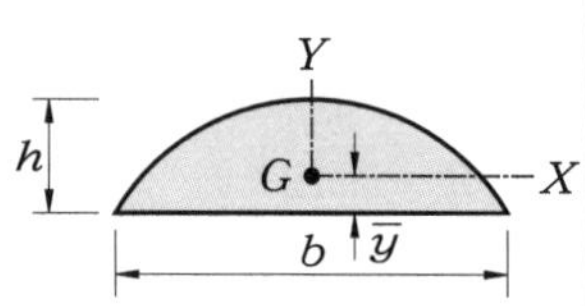	$I_x = \dfrac{bh^3}{12}$ $I_y = \dfrac{bh^3}{12}(3b^2-3bc+c^2)$ $I_{xy} = \dfrac{bh^2}{24}(3b-2c)$ $I_{BB} = \dfrac{bh^3}{4}$

평면도형	단 면 성 능
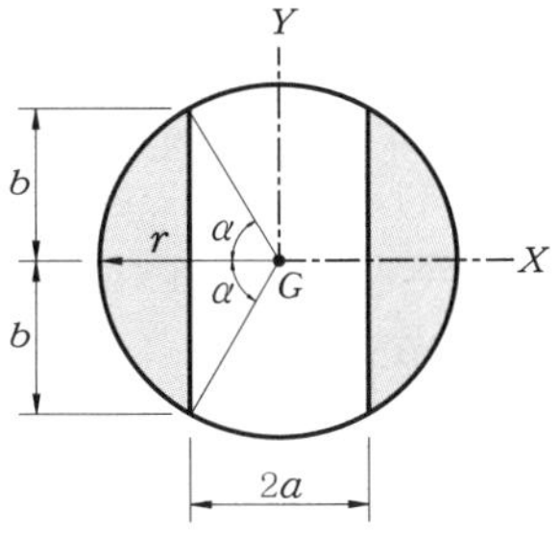	α = 중심각 (α ≤ π/2) $\alpha=\cos^{-1}\frac{a}{r}$ $b=\sqrt{b^2-a^2}$ $A=2r^2\left(\alpha-\frac{ab}{r^2}\right)$ $I_x=\frac{r^4}{6}\left(3\alpha-\frac{3ab}{r^2}-\frac{2ab^3}{r^4}\right)$ $I_y=\frac{r^4}{2}\left(\alpha-\frac{ab}{r^2}+\frac{2ab^3}{r^4}\right)$ $I_{xy}=0$
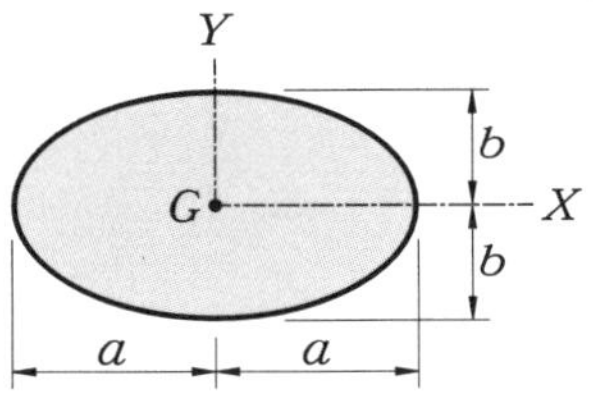	$A=\pi ab$ $I_x=\frac{\pi ab^3}{4}$ $I_x=\frac{\pi ba^3}{4}$ $I_{xy}=0$ $I_P=\frac{\pi ab}{4}(b^2+a^2)$ 원의 둘레 : $\pi[1.5(a+b)-\sqrt{ab}\,]$ $(a/3\le b\le a)$ $417b^2/a+4a$ $(0\le b\le a/3)$
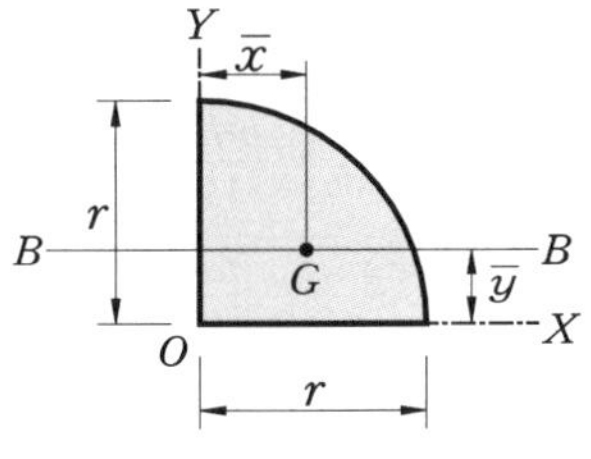	$A=\frac{\pi r^2}{4}$ $\bar{x}=\bar{y}=\frac{4r}{3\pi}$ $I_x=I_y=\frac{\pi r^4}{16}$ $I_{xy}=\frac{r^4}{8}$ $I_{BB}=\frac{(9\pi^2-64)r^4}{144\pi}$
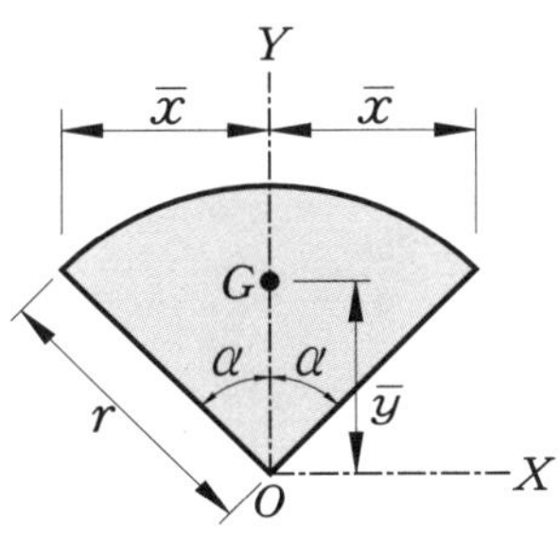	α = 중심각 (α ≤ π/2) $A=\alpha r^2$ $\bar{x}=r\sin\alpha$ $\bar{y}=\frac{2r\sin\alpha}{3\alpha}$ $I_x=\frac{r^4}{4}(\alpha+\sin\alpha\cos\alpha)$ $I_y=\frac{r^4}{4}(\alpha-\sin\alpha\cos\alpha)$ $I_{xy}=0$ $I_P=\frac{\alpha r^4}{2}$
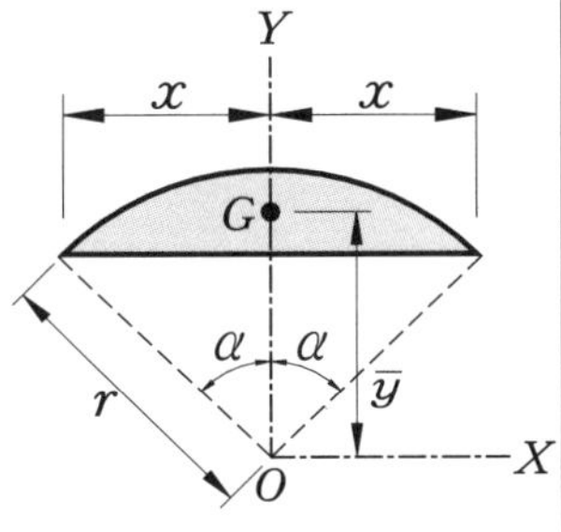	α = 중심각 (α ≤ π/2) $A=r^2(\alpha-\sin\alpha\cos\alpha)$ $\bar{y}=\frac{2r}{3}\left(\frac{\sin^3\alpha}{\alpha-\sin\alpha\cos\alpha}\right)$ $I_{xy}=0$ $I_x=\frac{r^4}{4}(\alpha-\sin\alpha\cos\alpha+2\sin^3\alpha\cos\alpha)$ $I_y=\frac{r^4}{12}(3\alpha-3\sin\alpha\cos\alpha+2\sin^3\alpha\cos\alpha)$

평면도형	단 면 성 능
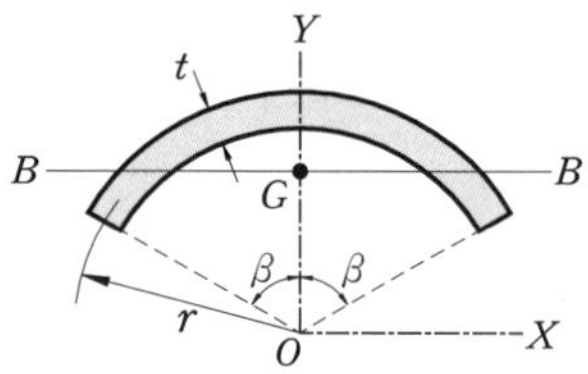	아치형 도형 β=부채꼴의 중심각의 반 $(\beta \le \pi/2)$ $A=2\beta rt \qquad \bar{y}=\dfrac{r\sin\beta}{\beta} \qquad I_{xy}=0$ $I_x=r^3t(\beta+\sin\beta\cos\beta) \qquad I_y=r^3t(\beta-\sin\beta\cos\beta)$ $I_{BB}=r^3t\left(\dfrac{2\beta+\sin2\beta}{2}-\dfrac{1+\cos2\beta}{\beta}\right)$
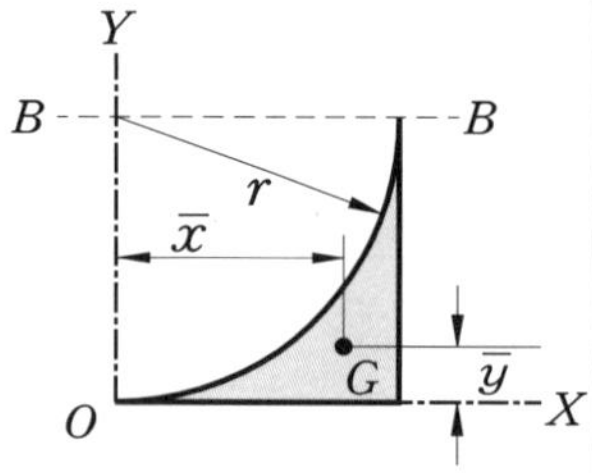	$A=\left(1-\dfrac{\pi}{4}\right)r^2$ $\bar{x}=\dfrac{2r}{3(4-\pi)}\approx 0.7766r \qquad \bar{y}=\dfrac{(10-3\pi)r}{3(4-\pi)}\approx 0.2234r$ $I_x=\left(1-\dfrac{5\pi}{16}\right)r^4\approx 0.01825r^4$ $I_y=I_{BB}=\left(\dfrac{1}{3}-\dfrac{\pi}{16}\right)r^4\approx 0.1370r^4$
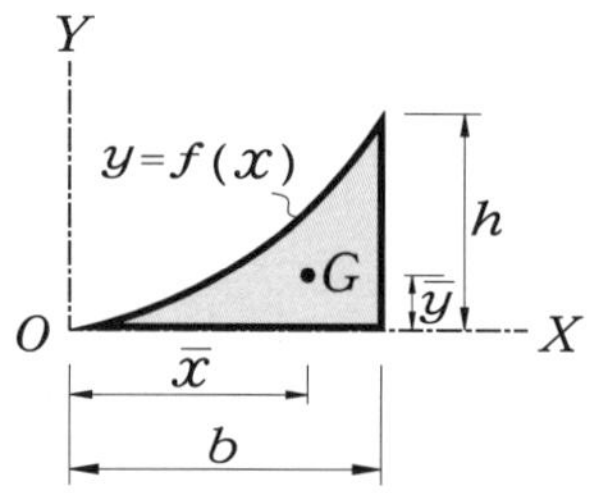	포물선과 x축이 이루는 도형 $y=f(x)=\dfrac{hx^2}{b^2} \qquad A=\dfrac{bh}{3}$ $\bar{x}=\dfrac{3b}{4} \qquad \bar{y}=\dfrac{3h}{10}$ $I_x=\dfrac{bh^3}{21} \qquad I_y=\dfrac{hb^3}{5} \qquad I_{xy}=\dfrac{b^2h^2}{12}$
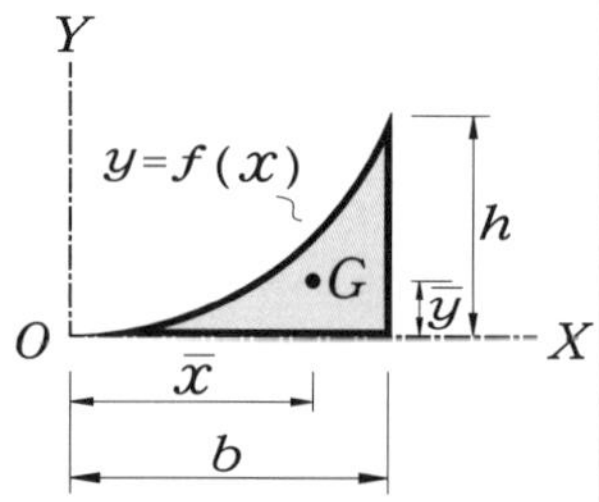	n차의 곡선과 x축이 이루는 도형 $y=f(x)=\dfrac{hx^2}{b^n} \qquad (n>0)$ $A=\dfrac{bh}{n+1} \qquad \bar{x}=\dfrac{b(n+1)}{n+2} \qquad \bar{y}=\dfrac{h(n+1)}{2(2n+1)}$ $I_x=\dfrac{bh^3}{3(3n+1)} \qquad I_y=\dfrac{hb^3}{n+3} \qquad I_{xy}=\dfrac{b^2h^2}{4(n+1)}$
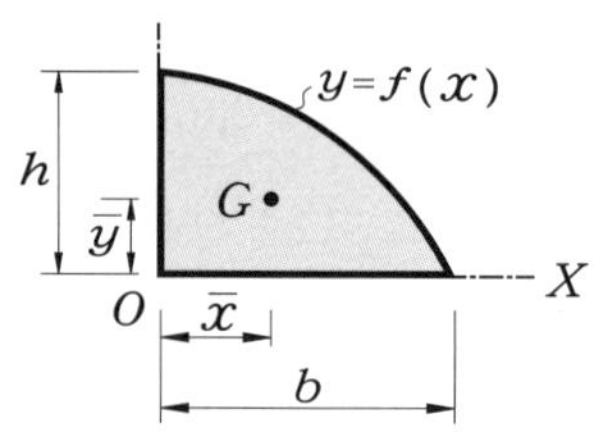	$y=f(x)=h\left(1-\dfrac{x^2}{b^2}\right) \qquad A=\dfrac{2bh}{3}$ $\bar{x}=\dfrac{3b}{8} \qquad \bar{y}=\dfrac{3h}{5}$ $I_x=\dfrac{16bh^3}{105} \qquad I_y=\dfrac{2hb^3}{15} \qquad I_{xy}=\dfrac{b^2h^2}{12}$
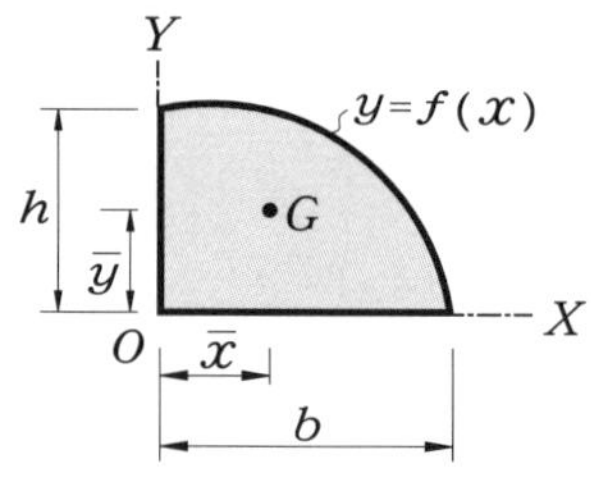	n차의 곡선과 x축, y축이 이루는 도형 $y=f(x)=h\left(1-\dfrac{x^n}{b^n}\right) \qquad (n>0)$ $A=bh\left(\dfrac{n}{n+1}\right) \qquad \bar{x}=\dfrac{b(n+1)}{2(n+2)} \qquad \bar{y}=\dfrac{h(n+1)}{2(2n+1)}$ $I_x=\dfrac{bh^3}{3(3n+1)} \qquad I_y=\dfrac{hb^3}{n+3} \qquad I_{xy}=\dfrac{b^2h^2}{4(n+1)}$

평면도형	단 면 성 능
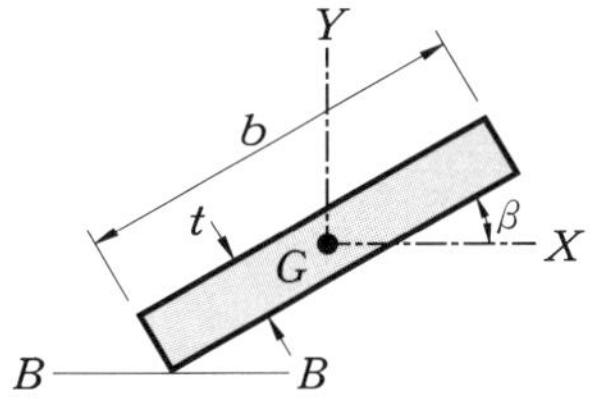	$A = bt$ $I_x = \frac{tb^3}{12}\sin^2\beta \qquad I_y = \frac{tb^3}{12}\cos^2\beta \qquad I_{BB} = \frac{tb^3}{3}\sin^2\beta$
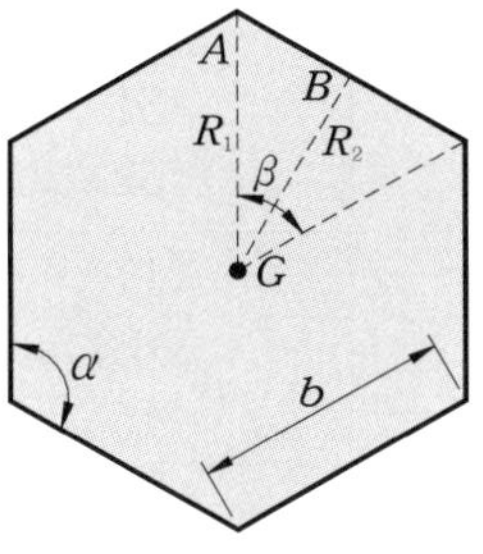	n = 면의 수 ($n \geq 3$)　　b = 면의 한변 길이 α = 면과 면이 이루는 각(꼭지점) β = 한 면에 대한 중심각 R_1 = 중심과 꼭지점 사이의 길이 R_2 = 면과 중심 사이의 길이 I_G = 중심을 통과하는 한 축에 대한 단면2차관성모멘트 $\alpha = \left(\frac{n-2}{n}\right)180^\circ \qquad \beta = \frac{360^\circ}{n} \qquad \alpha + \beta = 180^\circ$ $R_1 = \frac{b}{2}\csc\frac{\beta}{2} \qquad R_2 = \frac{b}{2}\cot\frac{\beta}{2}$ $A = \frac{nb^2}{4}\cot\frac{\beta}{2}$ $I_G = \frac{nb^4}{192}\left(\cot\frac{\beta}{2}\right)\left(3\cot^2\frac{\beta}{2}+1\right)$ $I_P = 2I_G$

E. 재료의 단위체적중량

재 료				tf/m^3	kN/m^3
콘크리트	경량 기포 콘크리트			0.5~0.6	5~6
	무근 콘크리트			2.3	23
	철근 콘크리트			2.4	24
	철골 철근 콘크리트			2.5	25
	보통 모르타르			2.0	20
	경량 콘크리트	1종	$\geq 21MPa$	1.9	19
			$< 21MPa$	1.85	18.5
		2종	$\geq 21MPa$	1.6	16
			$< 21MPa$	1.55	15.5
시멘트	플래이 애쉬 시멘트			3.0	30
	고로 시멘트			3.0~3.1	30~31
	실리카 시멘트			3.1	31
	보통 포틀랜드 시멘트			3.2	32
금 속	마그네슘			1.7	17
	알루미늄			2.66	26.6
	티타늄			4.5	45
	아 연			7.1	71
	주 철			7.0~7.4	70~74
	철			7.85	78.5
	황동 및 청동			8.0~8.6	80~86
	동, 니켈			8.9	89
	은			10.5	105
	텅스텐			19	190
	금			19.3	193
	백 금			21.4	214
석 재	응회암			1.4	14
	사 암			2.2~2.4	22~24
	안산암			2.3	23
	석회암			2.0~2.9	20~29
	점판암			2.7	27
	화강암			2.6~2.9	26~29
	대리석			2.6~2.9	26~29
골 재 충전재	모 래	건 조		1.7	17
		포 수		2.0	20
	자 갈	건 조		1.7	17
		포 수		2.1	21
	잡 석	건 조		1.5	15
		포 수		1.9	19
	모래 혼합 자 갈	건 조		2.0	20
		포 수		2.3	23

재 료			tf/m^3	kN/m^3
목 재	침엽수	삼목, 노송나무	0.4	4
		소나무, 낙엽송	0.5	5
		해송	0.6	6
	광엽수	오동나무	0.3	3
		계수나무	0.5	5
		단풍나무	0.7	7
		가시나무	0.9	9
	기 타	대나무	0.3~0.4	3~4
처리목재	집성재		0.5	5
벽 돌	보통 벽돌		1.9	19
	타 일		2.0~2.4	20~24
흙	건 조		1.3	13
	보통 상태		1.6	16
	포 수		1.8	18
기 타	ALC판		0.65	6.5
	석고보드		0.75	7.5
	플라스틱(나일론)		0.86~1.1	8.6~11
	플라스틱(폴리에틸렌)		0.94~1.4	9.4~14
	고 무		0.96~1.3	9.6~13
	물		1.0	10
	아스팔트		1.0	10
	유 리		2.4~2.8	24~28

F. 재료의 기계적 성질

재 료	탄성계수 E	전단 탄성계수 G	항복응력 σ_y	극한응력 σ_u	프아송 비 ν
	GPa	GPa	MPa	MPa	
알루미늄 알루미늄 합금 · 6061-T6 · 7075-T6 · 2014-T6	70 70~79 70 72 73	26 26~30 26 27 28	20 35~500 270 480 410	70 100~550 310 550 480	0.33
마그네슘	41	15	20~70	100~170	0.35
황 동	96~110	36~41	70~550	200~620	0.34
니 켈	320	80	140~620	310~760	0.31
주 철 회주철	83~170 97	32~69 39	120~290 120	69~480 140~410	0.2~0.3 0.25
청동	96~120	36~44	82~690	200~830	0.34
티타늄	110	40	400	500	0.33
연 철	190	75	210	340	0.3
콘크리트(압축) · 저강도 · 보 통 · 고강도	18 25 30	-	-	10~70 14 28 41	0.1~0.2
석 재 · 화강암 · 석회암 · 대리석	40~70 20~70 50~100	-	-	70~280 20~200 50~180	0.2~0.3
철 · 고강도	190~210	75~80	340~1000	550~1200	0.27~0.3
구 리 · hard-drawn · soft	110~120	40~47	330 55	380 230	0.33~0.36
유 리 · 판유리 · 유리섬유	48~83	19~34	-	30~1000 70 7000~20000	0.2~0.27
벽 돌	10~24	-	-	7~70	-
고 무	0.0007~0.004	0.0002~0.001	1~7	7~20	0.45~0.5
목 재 · 집성재 · 미송나무	10~11 11~13	-	30~40 30~50	30~50 40~70	-

◈ 참고문헌 ◈

1. 『Structural Stability』, W.F. Chen, E.M. Lui, Elsevier, 1987
2. 『Guide to Stability Design Criteria for Metal Structures』, 4th Edition, Edited by Theodore V. Galambos, Wiley Interscience, 1988
3. 『Roark's Formulas for Stress and Strain』, Sixth Edition, Warren C. Young, McGraw Hill, 1989
4. 『Mechanics of Materials』, Third SI Edition, Gere and Timoshenko, Chapman & Hall, 1991
5. 『Advanced Strength and Applied Elasticity』, Third Edition, A.C. Ugural , S.K. Fenster, Prentice Hall, 1995
6. 『Mechanical Properties of Steel and Effect of Cold-Work Forming』 by J. J. Roger Cheng, University of Alberta Edmonton, Alberta, Canada
7. 『最新 建築構造力學』, 김규석, 기문당, 1986
8. 『構造力學』, 노희일 외 4인, 기문당, 1988
9. 『建築 構造力學』, 개정5판, 임남제, 성안당, 1989
10. 『建築構造力學』, 노희일, 산업도서출판공사, 1992
11. 『解法 構造力學』, 장동찬, 기문당, 1993
12. 『건축구조역학Ⅱ』, 함복영 외 7인(譯), 대우출판사, 1994
13. 『建築構造力學教材』, 谷資信 외 3인, 화영사, 1995
14. 『構造力學』, 제4판, 강영종 외 2인(譯), 진영사, 1999
15. 『기술사 구조역학』, 이수곤, 예문사, 2002
16. 『最新 構造解析』, 정일영(譯), 대신기술, 2003
17. 『재료 및 구조역학』, 임청권, 예문사, 2003
18. 『구조역학』, 제5개정판, 양창현, 청문각, 2007
19. 『만화로 배우는 구조역학』, 박재영, 신동철, 안종문 역, 기문당, 2007
20. 『재료역학』, 김두만, 복두출판사, 2007
21. 『구조역학해석』, 제2판, 김상대 외 4인, 문운당, 2008
22. 『건축구조역학』, 김근덕 외 4인, 기문당, 2008
23. 『구조역학』, 김상식, 기문당, 2009
24. 『객관식 응용역학』, 손영선, 한솔아카데미, 2009
25. 『구조역학』, 제2판, 한상철 외 4인, 구미서관, 2010
26. 『응용역학』, 전찬기 외 4인, 성안당, 2011
27. 『역학 및 하중·시스템(KBC 2009)』, 최취경 외 3인, 예문사, 2011
28. 『KDS 2022』, 국토교통부, 2022

◈ 찾아보기 ◈

ㄱ

ㅂ

ㅅ

ㅇ

ㅈ

ㅊ

ㅋ

ㅌ

ㅍ

ㅎ

A

B

C

D

E

F

G

H

I

J

K

L

M

N

O

P

R

S

T

U

V

W

Y

저자 약력

권 용 근 (權 容 覲 , Kwon Yong Keun)

서울시립대학교 공과대학 건축공학과 졸업

서울시립대학교 공과대학원 석사과정 졸업 (건축구조전공)

(현) (주)하이구조 대표이사, 건축구조기술사

(현) 서울시립대학교 건축학부 겸임교수

(현) 서울특별시 건축안전자문단 위원

(현) 서울특별시 송파구 안전진단 자문위원

(현) 서울특별시 송파구 건축심의위원

(현) 서울특별시 성동구 도시계획위원회 위원

마스터 구조역학 정가 50,000원

저 자	권 용 근
발행인	권 용 근
발행처	하이구조
발 행	2012년 8월 27일 제1판 1쇄
	2015년 2월 27일 제1판 2쇄
	2018년 3월 2일 제1판 3쇄
	2023년 3월 2일 제1판 4쇄
주 소	서울특별시 성동구 성수일로 10길 26, 305호 (성수동, 하우스디세종타워)
등 록	제2012-000215호
ISBN	978-89-969279-0-7
	TEL: 02-562-6695~6 FAX: 02-562-6697
	www.higujo.co.kr